中国土木工程学会 2022年学术年会论文集

中国土木工程学会　主编

中国建筑工业出版社

图书在版编目（CIP）数据

中国土木工程学会2022年学术年会论文集/中国土木工程学会主编. —北京：中国建筑工业出版社，2022.9
ISBN 978-7-112-27601-1

Ⅰ.①中… Ⅱ.①中… Ⅲ.①土木工程-学术会议-文集 Ⅳ.①TU-53

中国版本图书馆CIP数据核字（2022）第118369号

责任编辑：王砾瑶　范业庶
责任校对：李美娜

中国土木工程学会2022年学术年会论文集
中国土木工程学会　主编
*
中国建筑工业出版社出版、发行（北京海淀三里河路9号）
各地新华书店、建筑书店经销
北京科地亚盟排版公司制版
北京建筑工业印刷厂印刷
*
开本：787毫米×1092毫米　1/16　印张：48¾　字数：1273千字
2022年9月第一版　2022年9月第一次印刷
定价：**208.00**元
ISBN 978-7-112-27601-1
（39784）
版权所有　翻印必究
如有印装质量问题，可寄本社图书出版中心退换
（邮政编码 100037）

前　　言

中国土木工程学会于2022年9月6、7日在北京召开“中国土木工程学会2022年学术年会”。本次会议重点结合国家和行业发展战略，围绕“双碳目标下土木工程科技创新”主题，邀请了有关政府部门领导、院士、知名专家学者、科技人员和企业代表等进行交流研讨，聚焦土木工程领域发展的重大学术理论和工程实践问题，共同促进我国土木工程领域高质量发展。

本次会议的论文征集工作得到了广大土木工程科技人员的积极响应和踊跃投稿，共收到论文172篇，经大会组委会组织专家审核，从中遴选了89篇在理论上或技术上具有一定创新和工程应用价值的论文，汇编成2022年学术年会论文集。

论文集内容涉及绿色建造、数字建造、韧性城市、智慧城市、智能交通、数字市政、现代桥隧、地下空间高效开发与利用、城市防灾减灾、土木工程高质量发展等方面。由于编撰时间仓促，本论文集难免有疏漏之处，敬请作者和读者谅解。

本次会议的组织召开及论文集的编辑出版得到了学会理事和常务理事、各专业分会、地方学会、会员单位以及本次会议承办单位中国铁道科学研究院集团有限公司的大力支持，在此特一并表示感谢。

中国土木工程学会
2022年学术年会组委会
2022年9月于北京

目　录

某高墩大跨刚构桥孔道摩阻试验的简易方法

李小胜[1]　史召锋[2]　朱克兆[2]　闫海青[2]

（1. 中铁西南科学研究院有限公司，四川 成都，611731；

2. 长江勘测规划设计研究有限责任公司，湖北 武汉，430010）

摘　要：高墩大跨预应力混凝土刚构桥施工监控[1-3]中，为了减少计算误差，获得实测的孔道摩阻系数[4]和孔道偏差系数[4]是非常必要的，由于现场试验条件及工期等限制，用一种最简便而有效的方法进行预应力孔道摩阻试验显得很重要。本文就是在这种情况下，只通过严格控制操作流程和经过严格标定的油压表读数方法进行该项试验并取得了原始数据，利用一元线性回归法[5]和最小二乘法[5]进行了数据处理，计算出了预应力孔道偏差系数和钢绞线与预应力孔道的摩擦系数，结果显示该种方法有一定的可行性。

关键词：刚构桥；施工监控；摩阻试验；摩擦系数；孔道偏差系数；线性回归；最小二乘法

A simple test method for the friction coefficient of strands duct of a high pier large span rigid frame bridge

Li Xiaosheng[1]　*Shi Zhaofeng*[2]　*Zhu Kezhao*[2]　*Yan Haiqing*[2]

（1. Southwest Research Institute of China Railway Engineering Co., Ltd., Chengdu 611731, China;

2. Changjiang Institute of Survey Planning Design Research Co., Ltd., Wuhan 430010, China）

Abstract: During high pier large span prestressed concrete rigid frame bridge construction monitoring, in order to improve the calculation accuracy, to obtain the real values of the friction coefficient between strand and its duct and positioning deviation coefficient of strands duct is very necessary. Due to the restrictions of field test conditions and construction period, a simple and effective test method for the friction coefficient of strands duct is very important. This paper describes that, through strict control of the operation process and a reading method of the oil pressure gauge after strict calibration, we carried out the test and obtained the original data. The data processing was carried out by linear regression method and least squares method, and the positioning deviation coefficient of the strands duct and the friction coefficient between strands and its duct were calculated, and the result shows that the method has feasibility to some extent.

Keywords: rigid frame bridge; construction monitoring; frictional resistance test; friction coefficient between strands and its duct; positioning deviation coefficient of strands duct; linear regression; least squares method

引　言

在预应力刚构梁桥施工控制中，预应力孔道摩阻损失会影响张拉效果，从而影响桥梁的受力和变形，严重者会影响成桥质量。

孔道摩阻损失是指预应力筋与套管之间发生摩擦造成的应力损失，产生摩擦损失的摩擦力由两部分组成：一部分由孔道偏差等因素引起，它与预应力和孔道长度成正比，即偏差系数 k；另一部分由曲线孔道壁对预应力筋产生的附加法向力引起，它与摩擦系数和附加法向力成正比，即摩阻系数 μ。摩阻系数主要反映了管道和预应力钢筋两种材料之间的力学性质；而偏差系数 k 则反映了管道线形的施工质量。在工程实际中，由于施工工艺的影响，管道摩阻损失往往比设计计算值（规范值）大，特别是对于长筋，这种影响更加严重，往往造成预应力施加后实际张拉效果与设计计算存在较大偏差，因此获得孔道摩阻系数 μ 和偏差系数 k 的实际值（实测值），对于矫正计算模型，更准确地给出计算结果，改善施工张拉工艺，更好地达到设计张拉效果等具有指导意义。但是，由于受现场条件、人员及施工工期、试验方法等的制约，在施工现场取得最接近真实的预应力孔道摩阻参数是十分困难的，本文直接利用张拉设备油表读数方法在现场对各试验束取得主、被动端张拉力数据，利用线性回归法对每束各级张拉力进行处理，最后用最小二乘方法将同类型束（顶板束和腹板束）的数据进一步处理并用解方程组的方法分别得到顶板束和底板束的孔道摩阻系数和摩擦系数，给现场监控计算提供了参考。

1　工程概况

某大桥横跨金沙江，主桥桥型为（120＋220＋120）m 连续刚构，立面布置图如图 1 所示。主桥箱梁横断面设计采用单箱单室截面，箱梁顶宽 9.5m，底宽 6.5m，两侧悬臂各长 1.5m。梁高从墩顶的 14.0m 向跨中的 4.5m 以 1.8 次抛物线过渡，跨中梁高高跨比为 1/48.9，墩顶梁高高跨比为 1/15.7；主梁按三向预应力结构设计，纵向预应力采用 27-ϕ^s15.2、21-ϕ^s15.2、19-ϕ^s15.2、15-ϕ^s15.2 高强低松弛钢绞线，钢绞线抗拉强度标准值 f_{pk}＝1860MPa，YM15-27、YM15-21、YM15-19、YM15-15 圆锚体系。主桥主墩 1 号、2 号墩墩身高度均为 62.0m。该桥于 2020 年 5 月建成通车。

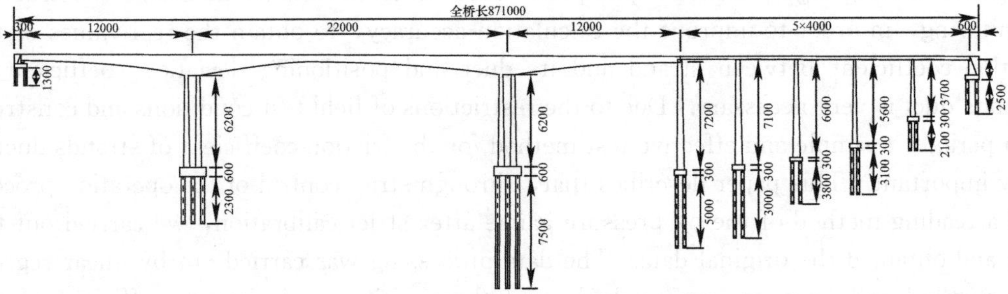

图 1　桥型布置立面图

2　试验方法

由于现场工期紧，且制约因素较多，决定采用直接用油压表在被、主动端读数的方法进行试验。该方法不用反复拆卸千斤顶及锚夹具，各试验等级加载完毕后，可直接控制实际张拉预应力至设计值（由油表指示读数）进行锚固，然后进入下一工序施工，从而节约现场时间和工作量，减少对现场施工进度的影响。图2为本试验示意图。

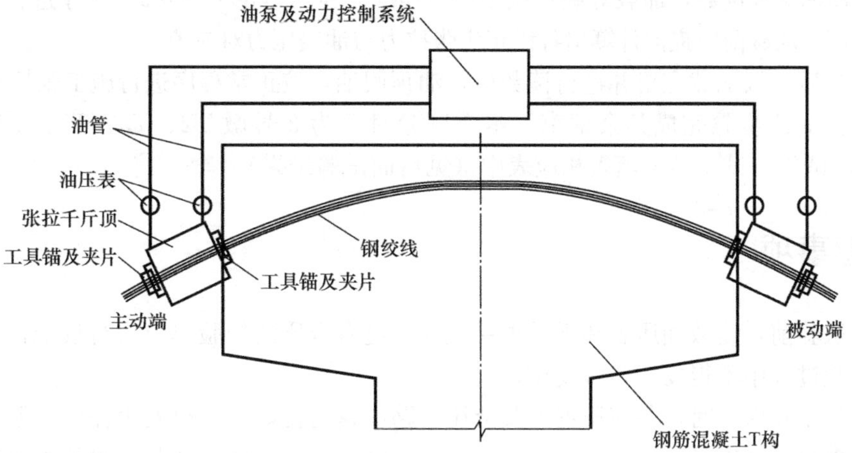

图2　孔道摩阻损失试验设备仪器安装示意

现场将所有相关设备及量测控制仪器就位，经认真检查调试好泵站动力及量测控制系统后，按照图2安装好工作锚、千斤顶和工具锚，试验时采用一端张拉即只用主动端千斤顶张拉，被动端千斤顶张拉至某一初值（例如最大加载等级的10%）时保持荷载（保压）不变，只被动受力。主、被动端受力大小通过安装于主动端和被动端千斤顶进油口的油压表各自读出（油压表经过标定，且有油压和张拉力的换算对应关系）。对各束分级加载读数后，结合后面理论计算公式可以计算出孔道摩阻系数 μ 和偏差系数 k。

由于顶板束竖弯较小而平弯较大，腹板束竖弯较大而平弯较小或无平弯，故将顶板束和腹板束分开来做，具体可选取至少3束不同块段的顶板束和至少3束不同块段的腹板束分别作为试验对象，应在梁体悬臂施工的前几个节段择机进行。为了试验的准确性，尽量选择只有竖弯而无平弯的钢束进行试验。

依据实际情况，本试验选取的对象为2号墩顶板束T2、T5、T7（27-ϕ^s15.2）和腹板束T27、T30、T32（19-ϕ^s15.2）。试验在梁体悬臂对应块段达到设计要求的养护龄期后，本块段纵向预应力正式张拉前进行。

试验操作步骤[6]：

（1）调试张拉设备，人员就位。张拉设备为每根试验束主、被动端配备的张拉系统（含油泵及控制阀、加载千斤顶、锚具等，主、被动端各一套，共两套）以及与其配套的已标定好的读数油表。

（2）选取张拉钢束（例如1号块腹板束T27），千斤顶按图2就位后，锁紧工具锚（锁紧前被动端千斤顶事先顶出5cm左右），两端千斤顶同时进油，当油压达到初读数4MPa（此处为最大加载等级的10%）时两顶封闭保压。

（3）60s后主动端开始张拉（被动端封闭保压），当主动端张拉到一定程度后，观察被动端油表指针的变化情况，当油表指针明显开始转动时，主动端停止张拉并保压60s，然后主动端卸载至初读数，如此反复三次，第三次在被动端油表有明显移动后主动端停止张拉并保压，60s后开始读数记录（此时主、被动端的油表记录作为正式加载前的初读数），读数后主动端不再卸载（被动端一直保压），直接按试验加载等级加载，当加载至 20%时保压 60s，然后对主、被动端油表进行读数记录，接着加载第二级（如设计张拉力的 40%），加载到位后主动端保压 60s 并记录主、被动端油表读数，如此一直加载至完成所有荷载等级并记录各等级主、被动端油表读数，加载等级可按 20%—40%—60%—80%—100%顺序进行，也可灵活安排取值，加载前应提前计算出各级相应张拉力与油表压力对应值。

（4）最后一级加载完毕并进行读数后，油顶回油，按正常程序进行施工张拉及封锚。

（5）按上述步骤完成其余钢束（本次试验对象为 2 号墩 T2、T5、T7、T27、T30、T32）相应试验。试验结果填入相应表中（见后面试验结果）。

3 注意事项

（1）试验前，读数油压表和千斤顶系统要经过有资质的校验单位进行校准标定，并在运输和试验过程中不得发生磕碰现象。

（2）加压及保压时，各液压器件及液压管路应密封良好，不得发生任何渗漏或高低压腔窜油等现象。特别是主、被动端千斤顶、控制阀、油管、油表及其密封处不得有任何渗漏现象。

（3）使用符合相关标准[7]的液压油，液压油的可压缩性要尽量小（忽略不计）。

（4）夹片、锚具等组装前必须擦拭干净，安装后保证每根钢绞线受力均匀。

（5）试验过程中不允许夹片有横向、斜向断裂或碎裂，否则要更换重做。锚板及其锥形锚孔不允许出现过大塑性变形，锚板中心残余变形不应出现明显挠度。

（6）试验过程中可用主动端钢绞线伸长量校核加载张拉力。

（7）现场专人指挥、统一调度，操作、量测、读数、记录人员分工明确，并由有经验的专业人员进行试验。

（8）建议加载速率为 20～60MPa/min。

4 计算原理及公式

根据规范《公路钢筋混凝土及预应力混凝土桥涵设计规范》JTG 3362—2018，后张法张拉时，预应力钢筋与管道壁之间摩擦引起的预应力损失，可按下式计算：

$$\sigma_{l1} = \sigma_{\mathrm{con}}\left[1 - e^{-(\mu\theta + kx)}\right] \tag{1}$$

式中，σ_{l1} 为预应力钢筋与管道壁之间摩擦引起的预应力损失，单位为 MPa；σ_{con} 为预应力钢筋锚下的张拉控制应力，单位为 MPa；θ 为从张拉端至计算截面曲线管道部分切线的夹角之和，以 rad 计；x 为从张拉端至计算截面的管道长度，可近似地取该段管道在构件纵轴上的投影长度，单位为 m；μ 为预应力钢筋与管道壁的摩擦系数；k 为管道每米局部偏差对摩擦的影响系数。

在分级测试出预应力束张拉过程中主动端与被动端的荷载后，通过一元线性回归法确定管道被动端和主动端荷载的比值，再通过二元线性回归法确定预应力管道的 μ、k 值。

设主动端拉力的测试值为 F_z，被动端拉力的测试值为 F_b，由式（1）可得被动端压力 F_b 与主动端压力 F_z 关系为：

$$F_z - F_b = F_z\left[1 - e^{-(\mu\theta + kx)}\right]$$

即：

$$F_b = F_z e^{-(\mu\theta + kx)}$$

两端取对数可得：

$$\mu\theta + kx = -\ln(F_b/F_z)$$

设：

$$Y = -\ln(F_b/F_z)$$

则：

$$\mu\theta + kx - Y = 0$$

由于试验不可避免存在误差，所以上式并不严格等于零，设存在的误差为Δ，则有：

$$\mu\theta + kx - Y = \Delta$$

利用最小二乘法原理，设全部 N 根不同几何尺寸和弯曲形状的钢束测试误差的平方和为如下函数式：

$$H = \sum_{i=1}^{N}(\mu\theta_i + kx_i - Y_i)^2 \quad (2)$$

欲使上式误差最小，应使：

$$\frac{\partial H}{\partial \mu} = 0, \quad \frac{\partial H}{\partial k} = 0$$

将式（2）代入上述求导数公式，经过整理后可得：

$$\begin{cases} \mu\sum_{i=1}^{N}\theta_i^2 + k\sum_{i=1}^{N}x_i\theta_i - \sum_{i=1}^{N}Y_i\theta_i = 0 \\ \mu\sum_{i=1}^{N}\theta_i x_i + k\sum_{i=1}^{N}x_i^2 - \sum_{i=1}^{N}Y_i x_i = 0 \end{cases} \quad (3)$$

由式（3）可解得 μ 和 k。

综上计算原理，对于每一根钢束，在知道钢束的竖弯和平弯、长度等几何形状参数后，在试验过程中必须知道各级张拉荷载下主动端和被动端的拉力大小。不同弯曲度和长度的钢束样本数量最少不得小于 2 根（样本数越多，试验结果越可靠），这是试验的关键。

5 试验结果

5.1 加载测试及线性拟合结果

2019 年 5 月 22 日上午，1 号块腹板束 T27 张拉前进行了试验取值。2019 年 5 月 22 日下午，1 号块顶板束 T2 张拉前进行了试验取值。2019 年 6 月 26 日上午，4 号块腹板束 T30 张拉前进行了试验取值。2019 年 6 月 26 日下午，4 号块顶板束 T5 张拉前进行了试验取值。2019 年 7 月 15 日晚，6 号块腹板束 T32 和顶板束 T7 张拉前分别进行了试验取值。各顶板束、腹板束试验数据见表 1、表 2。

各顶板束主、被动端不同等级张拉加载时实测数据　　表 1

钢束号	主被动端	加载等级	理论加载力（kN）	实测主动端力（kN）	实测被动端力（kN）	F_b/F_z
T2	大里程端主动，小里程端被动	20%	1054.62	1055.50	859.41	0.814
		40%	2109.24	2066.88	1680.73	0.813
		50%	2636.55	2509.36	2101.87	0.838
		60%	3163.86	3141.47	2584.77	0.823

续表

钢束号	主被动端	加载等级	理论加载力（kN）	实测主动端力（kN）	实测被动端力（kN）	F_b/F_z
T5	大里程端主动，小里程端被动	20%	1054.62	1044.68	818.48	0.783
		40%	2109.24	2117.92	1689.44	0.798
		60%	3163.86	3165.90	2502.96	0.791
		80%	4218.48	4264.38	3417.48	0.801
		100%	5273.10	5274.48	4204.06	0.797
T7	大里程端主动，小里程端被动	20%	1054.62	1049.49	852.66	0.812
		40%	2109.24	2104.77	1725.54	0.820
		60%	3163.86	3160.04	2572.57	0.814
		85%	4482.14	4629.89	3735.66	0.807
		100%	5273.10	5270.59	4330.98	0.822

各腹板钢束主、被动端不同等级张拉加载时实测数据　　表2

钢束号	主被动端	加载等级	理论加载力（kN）	实测主动端力（kN）	实测被动端力（kN）	F_b/F_z
T27	大里程端主动，小里程端被动	20%	742.14	739.45	533.40	0.748
		30%	1113.21	1118.72	835.68	0.747
		40%	1484.28	1485.34	1119.84	0.754
		60%	2226.42	2319.73	1726.00	0.744
T30	大里程端主动，小里程端被动	20%	742.14	729.03	563.03	0.772
		40%	1484.28	1486.60	1122.86	0.755
		60%	2226.42	2244.18	1635.91	0.729
		85%	3154.10	3128.02	2345.01	0.750
T32	大里程端主动，小里程端被动	20%	742.14	747.98	552.77	0.739
		40%	1484.28	1489.19	1079.56	0.725
		60%	2226.42	2230.39	1620.49	0.727
		100%	3710.70	3712.81	2659.84	0.716

以被动端拉力为纵轴，主动端拉力为横轴绘出曲线图并进行线性拟合，可得出在高可靠度下被—主动端的比值。图3为顶板束T2、T5、T7的曲线及回归（拟合）结果，图4为腹板束T27、T30、T32的曲线及回归结果。

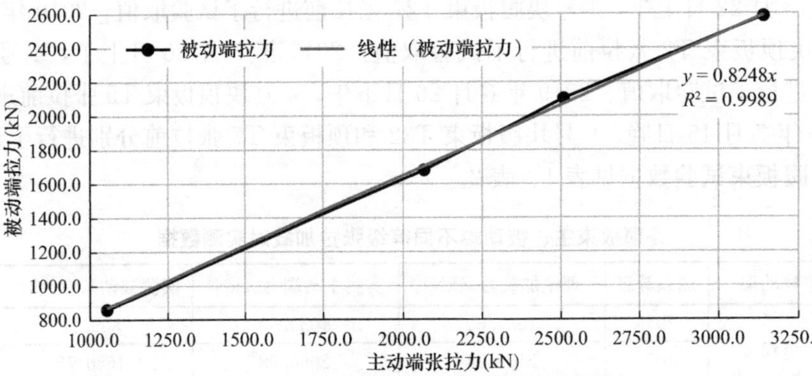

(a) T2被—主动端张拉力关系曲线及线性拟合

图3　顶板束被—主动端张拉力关系曲线及线性拟合（一）

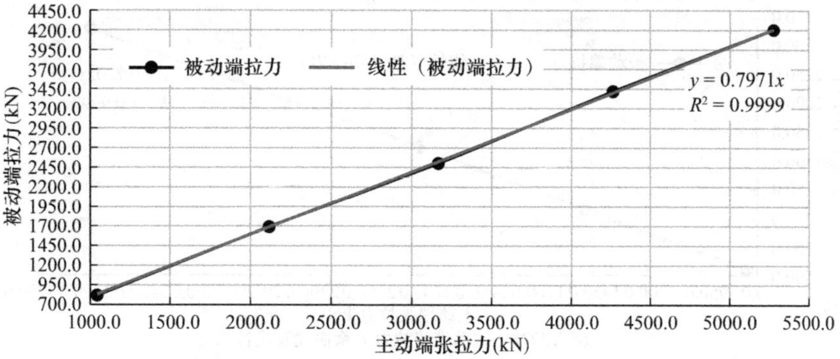

(b) T5被—主动端张拉力关系曲线及线性拟合

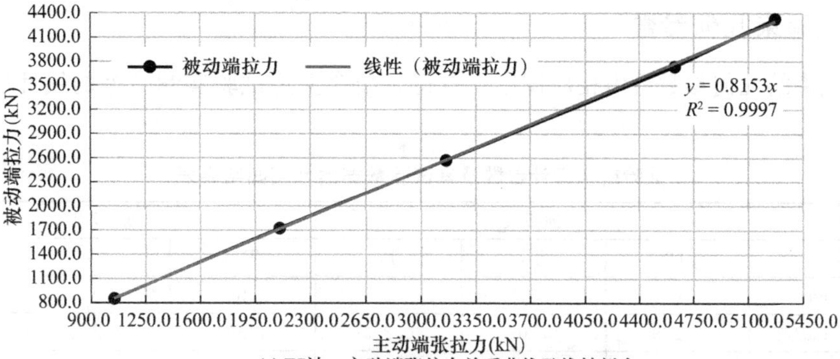

(c) T7被—主动端张拉力关系曲线及线性拟合

图 3　顶板束被—主动端张拉力关系曲线及线性拟合（二）

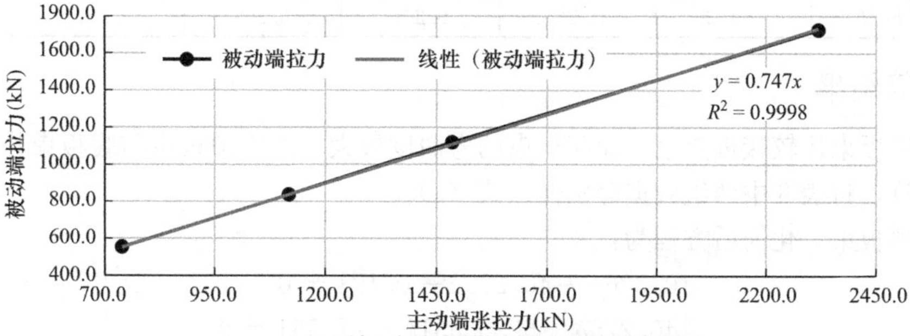

(a) T27被—主动端张拉力关系曲线及线性拟合

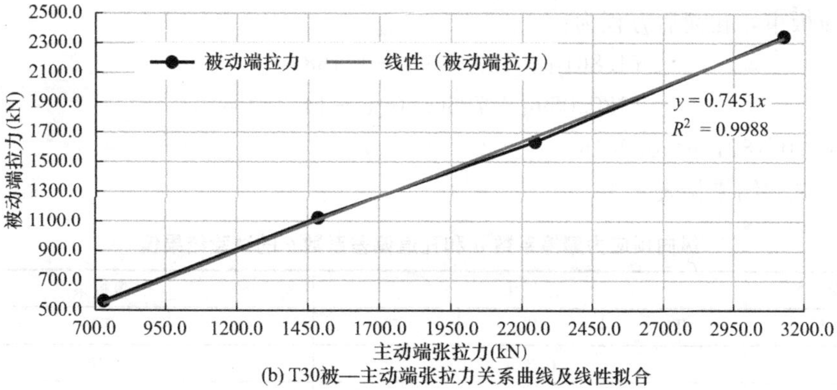

(b) T30被—主动端张拉力关系曲线及线性拟合

图 4　腹板束被—主动端张拉力关系曲线及线性拟合（一）

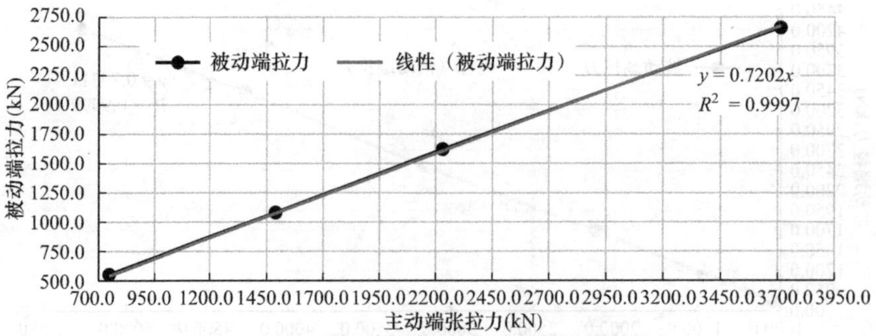

(c) T32被—主动端张拉力关系曲线及线性拟合

图 4　腹板束被—主动端张拉力关系曲线及线性拟合（二）

5.2　各试验束几何参数

各试验束的几何参数可由相应图纸[8]查得，结合上述试验实测数据的线性回归结果，列出表 3。

试验钢束设计参数及其试验数据线性回归结果表　　表 3

位置	顶板束			腹板束		
钢束代号	T2	T5	T7	T27	T30	T32
平弯角（rad）	0	0.279	0	0	0	0
竖弯角（rad）	0.209	0.209	0.209	1.396	1.222	1.222
θ_i（rad）	0.209	0.488	0.209	1.396	1.222	1.222
计算长度 x_i（m）	27.832	45.850	57.815	32.769	49.424	61.237
F_b/F_z	0.8248	0.7971	0.8153	0.7470	0.7451	0.7202
$Y_i=-\ln(F_b/F_z)$	0.193	0.227	0.204	0.292	0.294	0.328

5.3　计算结果

由于顶板束比较接近直束，而腹板束的弯曲度较大，故将顶板束与腹板束作为两组样本分开计算，将表 3 中两组数据分别代入式（3）。

对于顶板束，化简后方程为：

$$\begin{cases}0.326\mu+40.275k-0.194=0\\40.275\mu+6220.531k-27.564=0\end{cases}$$

解得 $\mu\approx0.235$，$k\approx0.0029$。

对于腹板束，化简后方程为：

$$\begin{cases}4.861\mu+180.869k-1.168=0\\180.089\mu+7266.509k-44.200=0\end{cases}$$

解得 $\mu\approx0.182$，$k\approx0.0016$。

综上，试验结果见表 4。

纵向预应力摩擦系数 μ 和孔道偏差系数 k 的试验结果值　　表 4

位置	顶板束			腹板束		
钢束代号	T2	T5	T7	T27	T30	T32
μ	0.235			0.182		
k	0.0029			0.0016		
备注	对于塑料波纹管，规范[4]建议值为 $\mu=0.15\sim0.20$，$k=0.0015$					

5.4 结果分析

从上述试验数据及计算结果可知，顶板束孔道偏差定位系数 k 的实测结果较规范值较大，应该是顶板束由于存在平弯和竖弯两种弯曲，施工中容易造成实际管道与设计管道的较大误差所致；腹板束的孔道偏差定位系数与规范值基本吻合，这与腹板束只存在竖弯而无平弯有关。不论是顶板束还是腹板束，二者的摩擦系数基本上与规范值吻合。另外，引起试验结果与规范值差异的原因还有：①孔道的实际几何形状与设计的理想几何形状差异，比如弯曲半径的差异，定位坐标差异，是否存在不同程度的相对折角等；②试验对象即样本数的有限性及局限性，少数样本不可能代表全部；③理论计算的近似性，理论计算公式是基于数理统计的最小二乘法；④张拉系统中油液的压缩性以及油路损失、油表标定误差等原因；⑤试验方法的近似性，比如未考虑试验过程中的锚固损失、钢筋回缩等因素。

总之，上述两个参数的影响因素十分复杂，要获得比较接近真实的数据，在实际工程中是十分困难的，因为仅从管道几何定位来看，每束管道的偏差是随机的，而且试验中仅取少量代表束作为样本，理论计算本身就存在缺陷。本次试验结果为现场施工监控计算提供了一定参考。

6 结论

用油压表读数方法虽然简单，但对于现场操作人员的专业性、协调性要求较高，另外对于液压设备的功能、可靠性等有较高要求，对于缺乏传感器且工期紧的情况下可考虑使用该方法。如果现场时间充足且满足有配套的压力传感器如穿心式压力环、粘贴应变片等条件，建议采用安装压力环传感器或粘贴应变片并结合油压表读数的方法进行试验，效果应该会更好。但是无论哪种试验方法，都要求在各级加载中有稳定的保压措施和加载方法，特别是加载初值（初读数）的确定是影响试验结果的重要因素，现场往往难以保证，有时候主、被动端虽然加载了初读数，但主动端的力根本没有传递到被动端，这会造成在后续的加载中，主动端虽然加载了较大的力，而被动端的油表却没有明显的变化，从而造成加载试验数据的失真，影响试验结果。

参考文献

[1] 徐君兰，项海帆. 大跨度桥梁施工控制 [M]. 北京：人民交通出版社，2000

[2] 李小胜，张三峰，唐英. 悬臂现浇预应力连续梁桥施工线形监控 [C]//第十七届全国混凝土及预应力混凝土学术会议暨第十三届预应力学术交流会会议论文集. 2015：297-307

[3] 李小胜. 悬臂浇筑连续梁桥施工应力监控 [C]//中国土木工程学会 2016 年学术年会论文集. 北京：中国城市出版社，2016：373-384

[4] JTG 3362—2018 公路钢筋混凝土及预应力混凝土桥涵设计规范 [S]. 北京：人民交通出版社，2018

[5] 林成森. 数值计算方法（下册）[M]. 北京：科学出版社，2005

[6] JTG/T 3650—2020 公路桥涵施工技术规范 [S]. 北京：人民交通出版社，2020

[7] JB/T 12194—2015 液力传动油 [S]. 北京：机械工业出版社，2015

[8] 长江勘测规划设计研究有限责任公司. 龙街大桥施工图设计 [Z]. 2016

作者简介：李小胜（1968—），男，硕士，高级工程师。主要从事桥梁及结构工程、桥梁施工监控方面的研究。

史召锋（1978—），男，硕士，高级工程师。主要从事桥梁结构设计方面的研究。

朱克兆（1983—），男，硕士，高级工程师。主要从事桥梁结构设计方面的研究。

闫海青（1972—），男，本科，教授级高级工程师。主要从事桥梁结构设计方面的研究。

关于 PVC-C 管道技术在自动喷水灭火系统中的应用研究

郭俊沛

（山西四建集团有限公司，山西 太原，030006）

摘　要：随着全国范围内绿色建造理念不断深入，行业内各种“四新”技术被不断推广使用，PVC-C 作为一种新型的节能建筑材料，被广泛应用于消防自动喷水灭火管道系统，综合 PVC-C 材质轻、易安装等优点，弥补其刚性差、对紫外线敏感等缺陷，根据不同建筑场合的安装需求，合理选择应用方案，实现低碳绿色发展目标。

关键词：PVC-C；自动喷水灭火系统；绿色建造；低碳

Study on the application of PVC-C pipe technology in automatic sprinkler system

Guo Junpei

（Shanxi Sijian Group Co.，Ltd.，Taiyuan 030006，China）

Abstract：With the continuous deepening of the concept of green construction across the country，various “four new” technologies in the industry have been continuously promoted and used. As a new type of energy-saving building material，chlorinated polyvinyl chloride（PVC-C）is widely used in automatic sprinkler system. The advantages of PVC-C material are lightweight and easy to install，which can make up for its shortcomings such as poor rigidity and sensitivity to ultraviolet rays. According to the installation requirements of different construction occasions，a reasonable selection of application solutions can achieve the goal of low-carbon green development.

Keywords：chlorinated polyvinyl chloride；automatic sprinkler system；green building；low-carbon

引　言

绿色低碳已经是我国建筑行业的共识，依托科学技术革新，寻求可持续发展之路的理念早已深入人心。PVC-C 材质的管材、管件是一种新型的、行业推广的可应用于消防自动喷淋管道系统的新材料，其工艺简单、效率高、绿色节能，尤其适用于装配式生产，正被大范围采用；但同时也受限于其材质性能特点，面临诸多局限性，对此我们逐一分析其适用条件，找出解决方案，规避缺陷，将 PVC-C 管材、管件的优势应用到最理想状态。

1 PVC-C 的概念

氯化聚氯乙烯（Chlorinated Polyvinyl Chloride，即 PVC-C）是一种新型材料，相对于镀锌钢管，具有高强度、耐火、高韧性、低摩阻、不结垢、安装简便、施工周期短、易改造、性能可靠、寿命长等诸多的优异性能；随着自动喷水灭火系统相关规范《自动喷水灭火系统设计规范》GB 50084—2017、《自动喷水灭火系统施工及验收规范》GB 50261—2017 于 2018 年 1 月 1 日正式发布实施，意味着 PVC-C 材质的管材可正式应用于消防自动喷淋管道系统。PVC-C 材料的主要物理、力学性能见表 1。

主要物理、力学性能　　表 1

指标	参数
密度（kg/m^3）	1450～1650
树脂氯含量（质量分数）	≥67%
导热率［W/(m·K)］	0.137
导电率	绝缘不导电
线膨胀系数（mm/m℃）	0.06～0.07
海澄威廉系数 C	150
泊松比	0.35～0.38
工作压力（23℃，MPa）	>1.38
弹性模量（23℃，MPa）	>2480
屈伸模量（23℃，MPa）	2480
维卡软化温度（℃）	≥108
抗拉强度（MPa）	>48.3
氧指数℃（MPa）	≥60%
压缩强度（MPa）	>66
环刚度（kN/m）	≥6.3
纵向回缩率	≤6%
落锤冲击试验	0℃，TIR≤5%

注：该数据来源于“津达”。

2 缺陷分析及改进措施

PVC-C 材料的优势在这里不再赘述，在此笔者主要对 PVC-C 管材应用于消防喷淋系统过程中存在的问题、缺陷进行分析，以及就对应的改进措施进行探讨研究。

2.1 运输、存放要求较高，避免低温环境、阳光直射

问题分析：

（1）相对于金属材料，塑料刚性较差，易发生划痕、磨损、裂缝等；

（2）气温低于－20℃，具有低温脆性；

（3）阳光直射，在紫外线作用下，会加速 PVC-C 材质管道及管件的老化，导致性能退化，存在安全隐患。

改进措施：

（1）对管道及管件进行有效的包装，在搬运、运输的过程中，不允许随意抛掷、拖

拽，避免与金属管道一同堆放、运输，更不允许其他物体抛掷、重压到管道及管件上。若是由于不当运输，而导致管道及管件表面出现划痕、裂缝、变形等损坏情况，应及时将受损管段或管件替换或丢弃，不可继续使用。

(2) 应避免在低温环境下使用 PVC-C 材料，当不可避免时，运输过程中采取防低温包裹措施，存储环境要求有制暖措施，轻拿轻放，且不宜堆放过高，要以横竖 90°交错方式摆放，防止脆断。

(3) 管道及管件应尽量存储在不受阳光影响的库房之内，在原有包装内保存，避免灰尘及其他因素破坏；当由于条件限制，不可避免要在室外被长期储存时，应使用不透明且防雨的帆布对其进行覆盖保护。管道堆放场地下方要平整，没有尖锐物体，防止管道变形；地势要高，避免水泡。

2.2 承插粘接的特殊性，人为因素影响大，易导致抹胶不均匀、漏抹

问题分析：

特别是紧张工期下的项目，会面临加班、甚至连夜施工的情况，再加上夜间照明、交叉作业等诸多因素的影响，操作工人在施工过程中不可能连续保持注意力集中，就会导致抹胶不均匀、漏抹等情况，最终在试压过程中，会发生渗漏而返工。相对于镀锌钢管螺纹连接，PVC-C 材质误操作的概率更大。抢工及注意力不集中状态下，PVC-C 材质管道、管件试插，容易发生忘记抹胶的现象，这也是试压阶段经常会出现的问题，理论上是可以完全避免，达到一次合格的。

改进措施：

加强操作工人的上岗培训及安全技术交底，尽量避免夜间加班而发生低效率用工；由于特殊原因夜间施工不可避免时，应配置足够的照明及采取相应的安全措施，给工人提供夜间饮用茶水及食品，提升工人专注力。

2.3 化学冷融剂连接固化时间长，不利于快速试压

问题分析：

在 16～49℃环境温度下，*DN*25 PVC-C 材质喷淋管道连接冷融固化时间最少为 1h，*DN*32～*DN*40 为 2.5h，*DN*50 为 7h，*DN*65～*DN*80 更是达到了 16h；而操作温度低于 16℃时，固化时间则更长，比如 *DN*32 管道在 4.5～15℃的环境温度下的固化时间为 32h，在−18～4℃的环境温度的固化时间达到了 72h（表 2）。

冷融剂固化时间表（最大试验压力≥1.6MPa） **表 2**

环境温度 管道尺寸	16～49℃	4.5～15℃	−18～4℃
*DN*25	1h	4h	48h
*DN*32	2.5h	32h	72h
*DN*40	2.5h	32h	72h
*DN*50	7h	48h	96h
*DN*65	16h	96h	96h
*DN*80	16h	96h	96h

在试压进行管道安装质量的检验过程中，发现渗漏点进行维修后，为保证融接质量，在达到规定参数固化时间后，才能进行再次试压，若遇到管径较大（*DN*50 及以上）的渗

漏点，就会导致在次日才能完成试压检验工作，耗费时间长，不具有及时性。

改进措施：

（1）不建议在冬季（环境温度5℃以下）使用PVC-C材质喷淋管道，施工质量无法保障，且冷融剂固化时间过长，施工周期被拉长，不具有快速安装优势。

（2）在受到工期紧张条件制约的情况下，进行室内安装，如果有封闭条件，可以采取措施，提升室内环境温度。

2.4 刚性较差，安装支架数量多

问题分析：

PVC-C材料密度为1650kg/m³，相对于镀锌钢管7870kg/m³而言，质量轻、易搬运，但其刚性方面依然比不上金属管材，管道安装需要更多数量的支吊架固定，否则在管道注水质量加大的状态下，以及夏冬交替、热胀冷缩作用下，易发生变形、挠曲、下坠，影响使用效果及美观。

根据规范，镀锌钢管喷淋管道安装时在每处消防喷淋喷头及弯头、三通、四通处都要安装相应支架，支架间隔在3～6m之间，而PVC-C喷淋管道安装的支架间距为1.2～3m之间。经测算，PVC-C喷淋管道安装的支架数量相比于镀锌钢管喷淋管道安装的支架数量多50%，支架成本相对偏高。支架安装对于管道安装来说是不可或缺的重要组成部分，也占据很大的成本比例。

改进措施：

PVC-C材质的消防喷淋管道，支架数量增多的实际情况已不可避免，支架分为固定支架和吊杆支架，可结合使用。固定支架主要应用于喷头处、管道拐弯处以及其他一些径向、轴向作用力比较强的位置；吊杆支架主要安装在主要承受垂直重力的位置，比如单一管道间距不远的两个固定支架中间。

固定支架材料及安装成本相对于吊杆支架高出约65%，在规范允许的条件下，我们应尽可能减少固定支架的数量，替换为吊杆支架，以节约成本，提高效率，减少污染。

3 PVC-C管材及管件适用范围

（1）安装区域的火灾危险等级应为轻危险级或中危险级Ⅰ级；

（2）只适用于自动喷水灭火湿式系统，严禁用于输送压缩空气及其他气体，并采用快速响应洒水喷头；

（3）管道安装公称直径≤$DN80$，且无吊顶区域安装不得有阳光直射；

（4）安装的环境温度在0～50℃之间。

（5）完全固化好的管道系统可在额定工作压力为1.2MPa的情况下正常持续使用。

4 PVC-C管材及管件安装施工工艺

4.1 施工准备

施工前，应对现场操作人员进行培训，了解PVC-C材料的一般性能，掌握施工工艺和安全措施，特别是化学冷融剂的使用规程。

正式安装之前，应仔细检查管道、管件是否有破损、裂痕、凸起等，杜绝使用损坏的材料。

4.2 管材切割

在需要切割的管材上画线，使用电动切割机、切管器、锯工等工具进行切割，保证端口垂直。

4.3 切口倒角

对管道端口内、外侧进行倒角，避免毛刺和卷边阻碍管道与配件之间的正常融接。

4.4 管件试插

检查管道与配件的配合情形，划线标记，使管道能轻易插入配套管件 1/2～3/4 深处。

4.5 涂抹冷融剂

涂抹前，将管道端口及管件擦拭干净，保持干燥，利用小毛刷，在管件内侧及管道外侧均匀涂抹化学冷融剂。

4.6 管道连接

将管道插入管件内并旋转 1/4 圈，管道必须承插到底，并确保 40s 结合。最后将多余溢出的化学冷融剂擦拭干净，检查接口，确保抹胶均匀。

4.7 固化等待

安装结束后，按照产品要求等待固化时间。

4.8 系统试压

固化时间结束之后，按照设计及规范标准进行试压。仅可利用水压试压，不得采用气体试压。

4.9 其他注意事项

（1）受损管道严禁使用；

（2）室外存储未遮盖保护，已经褪色的管道严禁使用；

（3）不要使用已经超过保质期、已经变成凝胶或脱色的化学冷融剂；

（4）禁止在受污染的容器内进行丙三醇（甘油）及水溶液的混合工作；

（5）管道外表面、管件内表面都要涂冷溶剂，冷溶剂应饱满均匀，严禁不涂冷溶剂，或者少涂冷溶剂；

（6）承插必须到底，按住 20s；

（7）30min 内严禁拖拽接口；

（8）管道、管件严禁使用管钳拧，严禁用力过大；

（9）安装失败管件严禁二次使用；

（10）使用一些螺纹密封剂、垫圈润滑油、阻燃材料时，相关材料必须与 PVC-C 管道系统兼容；

（11）系统试压之前，将水缓慢注入系统，将空气排出系统内。

（12）固化时间未达到厂家说明书要求，不得注水施压。

（13）本工法讲究的是精细施工，施工时要细心，不能野蛮施工。

（14）注意施工过程中的成品保护。

5 综合应用分析

5.1 有吊顶喷淋管道施工（喷淋头为下喷）

当吊顶标高可满足需求，同时工期条件充裕时，水平管道采用镀锌钢管安装，由于金属管道的刚性强，支架数量相对不多，可节约支架成本；喷淋头吊顶追位质量，对于金属管道一直是一个控制的难点，工人施工难度大，特别是面临吊顶狭窄的空间，操作不当很容易导致吊顶下喷淋头突出、倾斜、回缩，甚至出现喷淋头不在一条线的问题；竖向垂直管段若采用 PVC-C 管追位，由于其具有易操作、易改造的优势，采用“摇把弯”安装工艺，可避免以上问题，一次成优，同时避免人工及材料的浪费。

当吊顶标高不能满足用户需求时，为解决问题，应考虑管线绕梁、贴梁施工，镀锌钢管施工难度太大，成本太高，PVC-C 管道简单、快速、易操作的优势此时可以体现出来，最终实现低成本创优。

当面对弧形吊顶时，喷淋头也需要根据弧形角度安装，而弧形角度从 1°～89°不等，PVC-C 管道及管件通过 45°弯头、90°弯头采用“摇把弯”安装工艺任意组合转换，可实现任意角度的喷淋头安装。

5.2 无吊顶喷淋管道施工（喷淋头为上喷）

无吊顶区域采用 PVC-C 管材时，顶板应为水平、光滑顶板，且不能有阳光直射，避免紫外线加速塑料管老化；根据规范要求，喷头溅水盘与顶板的间距不可大于 100mm，而顶板通常会有梁，梁的厚度根据建筑高度、层高等诸多因素为 200～1000mm 不等，甚至更大；当上喷追位管段采用 PVC-C 管材时，刚度不足而长度过长，容易导致喷头倾斜、不垂直，直接影响安装质量，应在喷头末端管段设置定位吊卡，进行固定，既满足使用功能又达到安装质量创优效果。

6 结　论

对于新型材料 PVC-C 的应用，一定要综合考虑其性能及使用环境，按照产品要求进行施工，发掘其优势，规避其劣势，将新材料的绿色、低碳优势发挥到极致；特别是对于消防系统，安全要求级别更高，这就要求施工人员在安装施工中做好前期和过程控制，熟练地掌握 PVC-C 管道安装施工技术，保证消防安装施工的整体质量水平，满足社会对于安全生活与生产的最基本诉求。

消防喷淋管道无论是采用传统的镀锌钢管还是新材料 PVC-C，都具有其各自不可替代的优势，我们应该充分地了解其各方面性能，根据工程的实际情况及需求，选择效率最佳、成本最低的实施方案，最终达到绿色建造的建设理念。

参考文献

[1] 潘培琦. 浅谈氯化聚氯乙烯（PVC-C）管道施工技术 [J]. 居业，2020（6）：68-69
[2] 杨晏茏. 探讨 PVC-C 材料在给水管中的应用 [J]. 科技视界，2019（21）：37-38
[3] 赵晨阳. 工业 PVC-C 塑料管道安装质量控制 [J]. 山西建筑，2013，39（35）：111-112
[4] 唐克能. 冷热水用氯化聚氯乙烯（PVC-C）管道的性能及安装使用 [J]. 上海塑料，2006，3（1）：30-33，38
[5] 刘伯元，肖祥骅，冯立新. 氯化聚氯乙烯在特种管道上的应用 [J]. 绿色建筑，2003，19（6）：30-32

作者简介：郭俊沛（1989—），男，学士，工程师。主要从事建筑机电工程的施工技术研究与应用。

浅谈迁建结合项目的管理措施

于华超　王　岳　秦　健
（中建安装集团有限公司，江苏 南京，210000）

摘　要：亚星 CPE 项目是重点迁建结合项目，通过退城入园加快“双碳”目标的实现，本文结合 CPE 项目建设特点，在施工、安全、成果创新等方面进行了研究。在项目管理过程中，打破常规，把信息化管理与日常生产相融合，并采取绿色施工、推进新技术在项目落地应用，在项目信息化应用、绿色低碳等方面取得了可借鉴的管理成果。同时，该项目管理成果的应用与研究为石化类迁建结合项目施工组织提供了相关技术和管理借鉴。
关键词：迁建结合；信息化管理；绿色低碳

Talking about the management measures of relocation-construction combination projects

Yu Huachao　Wang Yue　Qin Jian
（China Construction Installation Group Co.，Ltd.，Nanjing 210000，China）

Abstract：Yaxing CPE project is a key relocation and construction combination project，which speeds up the realization of the “double carbon” goal by returning to the city and entering the park. Combined with the construction characteristics of CPE project，this paper studies the construction，safety and achievement innovation. In the process of project management，we broke the routine，integrated information management with daily production，adopted green construction and promoted the application of new technologies in the project，and achieved management results that can be used for reference in the application of project information，green and low-carbon. At the same time，the application and research of the project management results provide relevant technical and management reference for the construction organization of petrochemical relocation and construction projects.
Keywords：relocation and construction combination；information management；green and low carbon

1　工程概况

潍坊亚星新材料有限公司响应国家号召，从低碳发展、环境保护格局出发，深化产业功能区建设，加快“双碳”目标的实现。在拆除与新建过程中更好的做到材料充分利旧、资源充分节约、四节一环保等，加快实现自身企业绿色发展。本装置原厂址位于潍坊市主城区，影响了潍坊市整体发展战略，成为潍坊市重点搬迁项目，也是山东省新旧动能转换重点项目，此次搬迁活动对于优化潍坊城区建设和环境保护具有重要意义。项目效果见图 1。

潍坊亚星新材料有限公司5万t/年CPE装置项目包括：CPE上料厂房、CPE主厂房、CPE成品仓库，脱盐水站、冷冻水站、空压制氮站、循环水站等辅助系统。工程量有钢筋2800t、混凝土13500m^3、钢结构6500t、设备850台、电缆421000m。

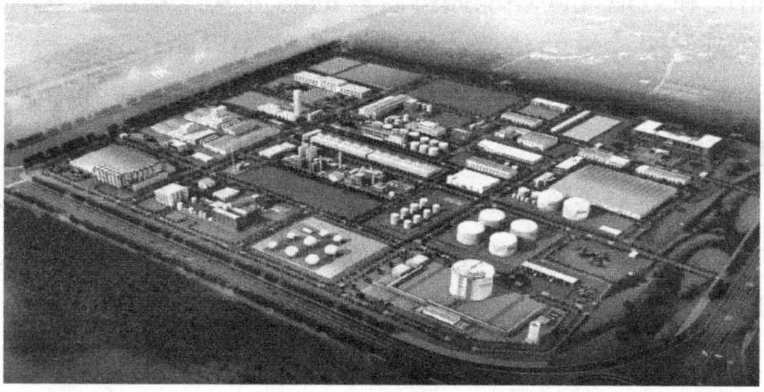

图1 项目效果图

2 项目管理重点

(1) 本项目属于拆除与新建化工施工总承包项目，安全要求高，工艺中涵盖了氯气、氢气、蒸汽等介质，项目施工存在有毒有害、易燃易爆、高温高压等很大的安全风险，对拆除、安装工作的安全性、严密性要求较高，施工管理难度大。

(2) 本工程采用德国赫斯特公司全球独有的盐酸相悬浮法先进生产技术，生产使用的主要设备全部从德国引进，生产工艺先进，设备先进。

(3) 项目设备种类多、数量多，受限空间多、工艺复杂。其中压缩机组、干燥器等设备分体拆除再组装，利旧设备到货时间、施工现场存放、安装空间、成品保护、大型设备吊装等诸多问题需要项目统筹安排。

(4) 本装置关键工艺线路采用衬胶、衬氟等材料，各专业进行数据传递要求准确，计算合理、优化精准，安装要求及性能保证程度高。

(5) 安装施工技术要求高于GB或SH标准，实施难度大。其中核心设备和工艺管道施工要求严格，装置内氯化釜、中间槽等大型设备吊装拆除，每一道工序都要经过的100%检查验收，施工难度非常大。

(6) 装置中工艺管道材质复杂，涉及碳钢、不锈钢、16MnDG、钢骨架聚乙烯塑料复合管等十余种不同材料，其中大曲率弯管、钢骨架聚乙烯塑料复合管等施工技术新颖，对装配和模块化制作要求高。

(7) CPE工艺管道30%利旧，设备85%利旧，利旧工艺设备施工时如何追溯，利旧管道与新管道如何无缝衔接，怎样确保安全高质高效完成是难点。

(8) 项目施工周期涵盖冬雨季，并有疫情防控等客观因素的制约。

3 项目管理措施

3.1 组织管理

3.1.1 组织结构健全

针对工程存在易燃易爆、剧毒介质等特点，优先选用同类工程施工经验丰富、管理水平高的项目人员进行管理，对停产、退料、置换、检测、拆除等危险环节和新技术应用形成有效的组织管理机构，做好责任分工。

3.1.2 实施计划可行

依据现场实际情况和当地气候环境编排合理的总进度计划，对生产诸多要素及各工种进行计划安排，在空间上按一定的位置，在时间上按先后顺序，在数量上按不同的比例，合理地组织起来，在统一指挥下有序地进行，确保预定工期目标实现。

3.1.3 资源配置齐全

根据施工进度计划，确定各资源数量及配置顺序，进行分阶段配置，以满足关键线路控制的要求和进度计划目标的要求，对包括工人技术等级、体能素质、安全意识方面进行优化，弄清机械设施的情况，保证施工机械供应[1]。

3.2 安全管理

3.2.1 建立安全管理组织机构，配备专职安全管理人员

施工过程中设置安全管理机构，配备安全总监1名、安全员5名，分包单位有专职安全管理人员，其余技术人员为兼职安全管理人员。

3.2.2 梳理拆除过程危险源辨识清单，制定防控措施

通过现场检查和图纸分析，结合物料投运时间和危险程度，制定拆除过程危险源辨识清单和防控措施，进行拆除工作主要危险分析并制定防控措施。

3.2.3 开展拆除过程针对性技术交底和培训考核

针对拆除过程危险源辨识清单，制定了项目部安全教育培训制度，开展吹扫、置换、拆除前的针对性交底工作，拆除工人必须经过培训合格后，才能进入现场进行拆除作业施工，确保拆除施工人员受教育率100%。

3.2.4 关注拆除重点环节，加强过程安全监管

拆除现场多数设备管道介质为氯气（有毒有害）、氢气（易燃易爆）等，拆除前必须进行严格吹扫、置换，并且气体检测合格后方可进行拆除工作。拆除过程中每个动火点由建设方监护人员实施监护，每个班组配备气体检测仪。

3.2.5 严格现场安全考核，做到安全闭环管理

充分运用安全规范标准，做到管理制度严格，安全教育完善，安管人员必须每天对现场进行细致的检查，检查尺度要“严”和“准”，发现隐患后，应立即“按规定”要求提出整改，严格考核，针对整改负责人进行必要的交底，形成闭环，确保拆除工作安全进行。

3.3 技术管理

3.3.1 统一拆除工序和组织流程

本项目是新旧动能转换和“碳达峰、碳中和”的社会背景下的大型化工拆除工程，结合新建工程施工思路，制定合理的拆除方案，保证项目安全进行。在拆除时，根据易燃易爆、剧毒等施工特点，对停产、退料、置换、检测、拆除等危险环节进行梳理，严格监督旁站制度，形成拆除前安全检查统一工序和组织流程：先外后里、先上后下、先小后大、先易后难；先仪表电气、后管道、再设备、钢结构；边拆除、边清理、边运输。

3.3.2 对设备、管道进行分类编号，数据标识

拆除工作开始前，根据拆除的装置名称和拆除的设备铭牌、设备清单、仪表元件规格

书、利旧阀门型号并结合现场实际布置，对现场所有拆除设备、阀门、仪表元件进行分类、编码并挂牌，确保编码的唯一性、准确性和统一性。

以通过编码，确保设备的位置唯一性为原则，设备及材料编码由单位工程代码（装置名称）、分部工程代码（单元工程）、分项工程代码（设备分类、仪表元件分类、安装阀门分类）、材料代码（设备位号、仪表元件位号、阀门型号）四部分组成。

3.3.3 拆除工作遵循“最大限度保留其完整性”的原则

采用“优先螺栓拆解，其次切割分解”的施工方法，在转运条件限制范围内尽量整体拆除，节省拆除机械、人工成本，缩短拆除工期，同时为后期设备重新安装提供便利，整体上做到降本增效，拆除前做好可燃气体检测工作。

3.3.4 运用二维码可追溯性的信息化手段，缩短拆除安装施工工期

在对利旧设备、管道打码的同时，项目部运用 BIM 施工模拟技术将拆除的设备及每一段工艺管道进行分区编号，并生成二维码挂在对应设备、工艺管道上，现场安装时，工人通过二维码便能获得 BIM 施工模拟动画对管道安装位置有更直观的了解，此方法可追溯性强，使用方便。

3.3.5 运用 BIM 建模技术，准确掌握预留孔洞，做好设备安装有序穿插

CPE 主厂房各种工艺管道 7000 余米，管径从 *DN*15～*DN*1200 不等，其中穿墙管道数量众多，通过分析比对土建施工图纸与工艺管道布置图，利用 BIM 建模技术，确定每一个管道穿墙预留口位置的准确性，发现问题，立即与设计联系进行整改，确保管道施工的顺利进行。

3.3.6 根据设备多样化，实行针对性施工管控

（1）加强数据分析，确保受限空间内设备吊装工作顺利进行。

现场氯化釜、中间槽等设备采用吊车进行吊装，确定氯化反应釜、中间槽等大型设备进场时间，并且对设备数据及现场施工数据进行仔细分析，确定吊车选型及吊装方法，编制吊装方案，项目部内部多次论证，确保方案的可行性。

（2）研发一种新型设备倒运专利技术成果，实现设备精准模块装配。

CPE 厂房诸多设备不满足吊装条件，针对干燥器等大型设备分段安装、倒运难的现状，项目团队研发一种“新型设备倒运”专利技术成果，运用卷扬机、地坦克及轨道装置组织设备倒运，并采用顶升与提升综合运用技术对设备进行安装，对比传统的滚杠倒运方法，快捷高效安全。

（3）合理运用 PCMS 焊接管理软件，为工艺管道施工提供可靠数据。

增加管道工厂化预制比例，焊接具有较强的可追踪性，项目精准掌握工艺管道施工速度，并与施工计划对比，及时作出相应调整，大大提高了生产效率和管理效率，助力管道模块化施工。

（4）运用 BIM 建模技术，提高衬塑管道及大曲率弯管的一次安装合格率。

充分运用 BIM 建模技术，发现问题，及时调整，配合衬塑调节块使用，大大提高了衬塑管道安装的一次安装合格率，相对传统“两安一拆”的施工方法，缩短了安装工期。同时，针对大曲率弯管，通过 BIM 建模，对弯管曲率半径，弯管角度进行详细计算，最终将数据传给材料供应单位，保证大曲率弯管到场安装的合格率。

（5）PCS 仪表控制系统的实施与应用技术

电仪专业多达 20000 余个控制点位，且类别多，项目施工组织打破常规，在工艺管道施工时，先组装 PCS 系统，再根据工艺管道安装情况进行控制点位安装，最后进行调试，与以往施工顺序为先安装现场控制点、接线，最后组建系统进行调试相比，缩短了施工工期[2]。

3.4 质量管理

（1）强化质量管控意识，运用动态控制原理，进行质量的事前控制、事中控制和事后控制。

（2）强化质量验收标准，在利旧材料、半成品及需要安装的设备进场后，及时提请相关单位组织由建设、供货、施工、监理单位共同参与的检验验收。

（3）强化质量过程管控，落实质量“三检”制度。根据三级质量检查制度，落实从工程队的自检、下道工序施工人员质检到专职质检员的核检。各级的检查均提供书面报告并作为对硬件施工和设备调测质量的考核依据。

3.5 绿色施工管理

（1）现场合理布置施工场地，保护生活区及办公区不受施工活动的有害影响。施工现场建立卫生急救、保健防疫制度，在安全事故和疾病疫情出现时提供及时救助。

（2）现场采用扬尘检测系统对施工现场扬尘进行实时监控，并采用多台洒水车、雾炮及围挡等措施进行扬尘控制，且对裸土进行密网覆盖处理。

（3）项目编制建筑垃圾再利用方案，力争建筑垃圾再利用及回收率达到30%，施工现场生活区设置封闭式垃圾容器，生活垃圾实行袋装化，及时清运，对建筑垃圾进行分类，并汇集到现场临时垃圾站，集中运出。

（4）现场布置30余个高清摄像头进行信息采集，实现对现场生产施工管理远程实时监控，运用吊钩可视化装置，对塔式起重机进行全天候监控。

4 结论

在环境保护、低碳发展大背景下，建筑行业资源节约、信息管理等绿色施工、低碳发展新模式逐渐成为我国建筑行业的发展趋势[3]。建筑企业根据自身技术特点有效迎合绿色施工、低碳环保的施工要求，在保证质量、安全等基本要求的前提下，通过科学管理和技术进步，进行最大限度地节约资源并减少对环境负面影响的施工活动，实现四节一环保，这不仅会对建筑施工企业的资源整合、工程建设管理、施工进程产生巨大的影响，还有利于推动建筑行业朝着高水平、高质量的方向发展。

参考文献

[1] 张雪岭．浅谈拆除工程［J］．四川建材，2011，37（4）：236-237
[2] 吴博阳．信息化在建筑工程管理中的应用探究［J］．现代商贸工业，2017（2）：182-183
[3] 朱慧清．建筑施工管理创新及绿色施工管理［J］．城市建筑，2013（2）：142-143

作者简介： 于华超（1989—），男，学士，工程师。主要从事石油化工工程技术、管理方面研究。
王　岳（1996—），男，学士，助理工程师。主要从事石油化工工程技术方面研究。
秦　建（1986—），男，学士，工程师。主要从事工程技术方面研究。

大湾区城市主干道地铁工程交通疏解方案设计与实践

黄 锐[1] 李 进[2] 徐顺明[1]
（1. 广州地铁集团有限公司，广东 广州，510330；
2. 中国中铁十局集团有限公司，广东 广州，511400）

摘 要：结合广州市轨道交通十三号线二期工程冼村站涉黄埔大道交通疏解案例，在主干道交通人流车流密集情况下，如何疏解交通为工程施工提供场地，对冼村站交通疏解方案进行深入比选研究，解决各施工阶段的地铁施工和道路通行相互矛盾的难题，提出了大湾区城市核心区交通主干道交通疏解对策，为城市核心区交通主干道交通疏解提供经验参考。
关键词：大湾区核心城市；交通主干道；地铁施工；交通疏解；方案设计

Design and practice of traffic relief scheme for urban trunk road subway project in Dawan district

Huang Rui Li Jin Xu Shunming
(1. Guangzhou Metro Group Co.，Ltd.，Guangzhou 510330，China；
2. China Railway 10th Bureau Group Co.，Ltd.，Guangzhou 511400，China)

Abstract：Combined with the case of traffic relief involving Huangpu Avenue at Xiancun station of phase II project of Guangzhou Rail Transit Line 13，how to ease the traffic and provide a site for project construction under the condition of dense traffic flow on the main road，conduct in-depth comparison and research on the traffic relief scheme of Xiancun station，and solve the contradiction between subway construction and road traffic in each construction stage，This paper puts forward the traffic relief countermeasures of the main traffic roads in the urban core area of Dawan district，so as to provide an empirical reference for the traffic relief of the main traffic roads in the urban core area.
Keywords：core city of Dawan district；main traffic roads；subway construction；traffic relief；conceptual design

引言

广州作为大湾区的核心城市发展迅速，城市交通拥堵问题日益凸显，智研咨询发布的数据显示，2020 年广州通勤高峰实际速度分别仅有 29.84km/h，交通问题越来越成为城市特别是大城市发展的瓶颈。为低碳出行，推进交通强国建设，《中华人民共和国国民经济和社会发展第十四个五年规划和 2035 年远景目标纲要》《交通强国建设纲要》明确了推进城市群都市圈交通一体化，加快城际铁路、市域铁路建设，有序推进城市轨道交通发展，到 2035 年基本建成交通强国，实现大湾区都市区 1h 通勤，城市交通拥堵基本缓解的目标。近年来，广州、深圳等作为大湾区核心城市，其轨道交通大规模建设已逐步从市区往郊区延伸，到完善城市核心区内部线网布置，但地铁工程在修建过程中大多需占用现状城市道路，必然使原已拥挤的城市道路交通产生“阵痛”，特别是对城市核心区交通主干道，如何做好城市核心区地铁工程交通疏解方案工作，科学有效减少地铁施工对交通主干道交通的不利影响，是当前地铁建设亟待研究的课题。本文结合广州市轨道交通十三号线二期工程冼村站涉黄埔大道交通疏解案例，对大湾区城市主干道地铁工程交通疏解设计进行研究。

1　工程概况

广州市轨道交通十三号线二期工程，西起于朝阳站，东至鱼珠站，与十三号线一期相接，线路呈东西走向，全长 33.45km，均为地下线敷设。冼村站位于广州市天河区黄埔大道与冼村路交叉口东南方向，属广州珠江新城商业枢纽和核心商务区，沿黄埔大道东西方向布置。冼村站为明暗挖结合车站，与十八号线冼村站呈“L”形换乘，车站南侧进入冼村复建区域红线，预留合建口。左线站台采用暗挖法施工，设置于既有黄埔大道隧道正下方，车站右线站台及站厅采用明挖法施工，为地下四层，设置于黄埔大道南侧，施工期间需封闭车站范围黄埔大道南侧辅道（冼村路—猎德大道段）车道，围蔽长度约为 380m，见图 1。

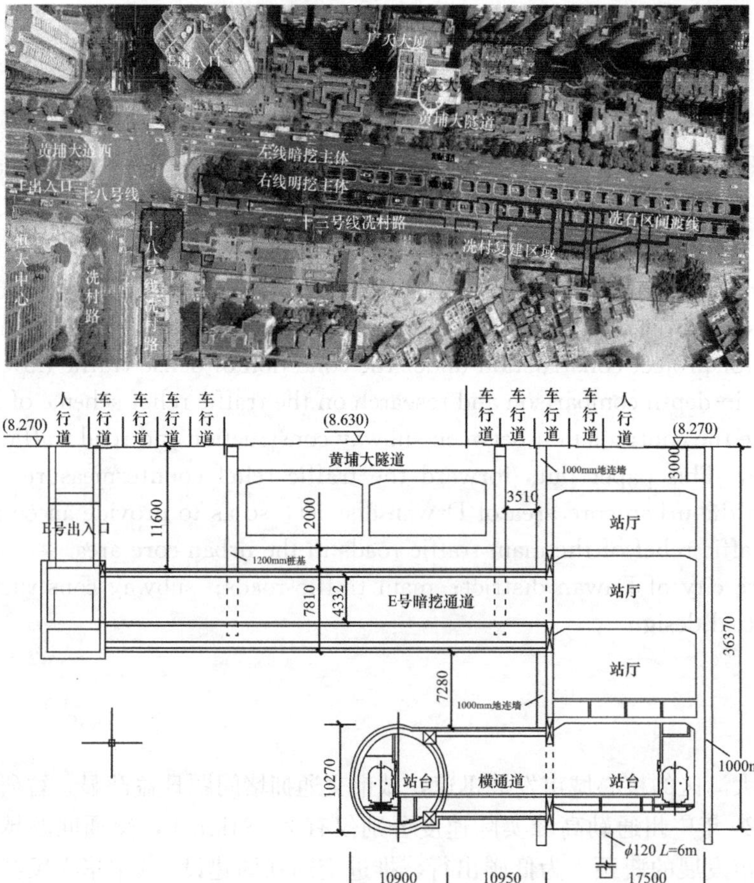

图 1　车站位置及结构断面图

2 交通疏解困难

黄埔大道是广州市一条东西走向的重要主干道，连接天河区及黄埔区，双向 8～10 车道，路宽 60m，体育东路至天河东路段已建成地下行车黄埔大道隧道，双向六车道，冼村站所处位置段黄埔大道为北侧 4 条东向西辅道＋中间双向六车道隧道＋南侧 4 条西向东车道，实施冼村站占道围蔽将降低黄埔大道通行能力，增大区域交通压力，交通疏解难度主要表现在：（1）日常车流量大，黄埔大道单向流量达 6000 车次/h，黄埔大道—冼村路口平行道路交通压力大，且黄埔冼村路口近饱和，在早晚高峰期间大量车流进出城，易发生车流拥堵回顶到临近 1km 的中山一立交位置；（2）行人、非机动车流量大，黄埔大道—冼村路口地处珠江新城商业枢纽和核心商务区，周边分布有各大写字楼、酒店、购物中心、住宅楼，路口西侧紧邻恒大中心、利通广场，南侧有维家思广场，通往珠江新城、猎德商业区；北侧通往正佳广场；东侧靠近石牌村，该路段日常行人、电动车、共享单车密集；（3）途经公交线路多，因该路口临近现状地铁站有一定距离，距离一号线体育西路、三号线石牌桥、五号线猎德站步行距离达 1.0～1.3km，该地区大量市民出行选择公交车，摸查发现公交走廊分布达 29 条线路，见图 2。

图 2 人行与车辆摸查图

3 交通疏解方案各阶段演变及技术对策

为加快推进冼村站工程建设，有效降低施工交通疏解对黄埔大道的交通影响，项目组织对冼村站周边扩大调查，协调市政府、天河区政府、市交通运输局、市公安局、市园林局等单位对冼村站交通疏解方案进行了多次研究讨论，委托交通专业咨询机构（广州学塾加软件科技有限公司），利用专业技术构建并校正周边区域微观仿真模拟，优化交通疏解方案，方案历经多次演变，已趋于合理。

3.1 借一还一初步设计疏解方案无法实施

初步设计交通疏解方案采用“借一还一”方式，封闭黄埔大道南侧辅道，借用南侧冼村地块，将车流疏解至车站南侧冼村地块中。该地块正推进旧村改造复建施工，受到省市重点关注，且疏解路由范围内仍有 8 栋房屋未拆迁，冼村四期回迁房工程已开工，且复建酒店工程紧邻地铁车站基坑，需与复建区域同步建设。初步设计交通疏解方案将影响冼村复建酒店及四期回迁房滞后 4 年开工，借用冼村复建区用地设置交通疏解道的方案难以实施。

3.2 借助交通影响评估与仿真模拟技术提供决策参考

为缓解冼村站围蔽施工对区域交通道路、公交、慢行交通的影响，项目组织广州市交通规划研究院、广州市地铁设计研究院、广州学塾加软件科技有限公司等开展现状扩大调查，对施工期间交通组织及交通影响评估、交通仿真模拟评估等进行技术性定性和定量分析，提出推荐方案，为占道开挖审批部门提供决策参考。

3.2.1 周边交通现状

根据道路围蔽范围，结合《建设项目交通影响评价技术标准》CJJ/T 141—2010 中关于影响评价范围的规定，确定北至天河路、南至花城大道、东至华南快速、西至广州大道为交通影响评价范围，调查“4 横 6 纵”道路路网结构、13 个区域内主要交叉口、35 个公交站等路网交通设施布置及运行情况，其中：黄埔大道承担了大量的区域过境交通，晚高峰车流量近 6700pcu/h，服务水平在 E 或 F 区间，黄埔大道隧道双向车流量约 7600pcu/h；体育东路北往南拥堵，南往北基本畅通；黄埔—冼村路口东进口早晚高峰流量基本一致，但早高峰直行车辆较多，晚高峰掉头、右转车辆增多，东出口晚高峰排队情况较为严重；东进口和北进口早高峰饱和度较高，均在 0.9 以上；早高峰东进口饱和度达到 1.05，如图 3、图 4 所示。

道路名称	方向	地面/隧道/高架	断面位置	流量（pcu/h）	饱和度	服务水平
黄埔大道	东往西	地面	冼村路以东	2483	0.83	D
			冼村路以西	2870	0.96	F
		隧道	猎德大道以东	3913	0.98	F
	西往东	地面	冼村路以西	2730	0.91	E
			冼村路以东	2451	0.82	D
		隧道	猎德大道以东	3697	0.92	E
冼村路	南往北	地面	黄埔大道以南	40	0.07	A
	北往南			823	0.30	A
体育东路	南往北	地面	黄埔大道以北	730	0.35	A
	北往南			1575	0.75	D
猎德大道	南往北	地面	黄埔大道以北	814	0.39	A
			花城大道以北	603	0.29	A
		高架	黄埔大道以北	3763	0.94	E
			花城大道以北	2182	0.55	B
	北往南	地面	黄埔大道以北	1123	0.53	B
			花城大道以北	827	0.39	A
		高架	黄埔大道以北	3218	0.80	D
			花城大道以北	3652	0.91	E
金穗路	东往西	地面	冼村以东	1220	0.45	B
	西往东	地面		1231	0.46	B
花城大道	东往西	地面	珠江东路以西	561	0.76	D
		隧道		1496	0.79	D
	西往东	地面		826	0.82	D
		隧道		1318	0.83	D

图 3　交通路网结构图

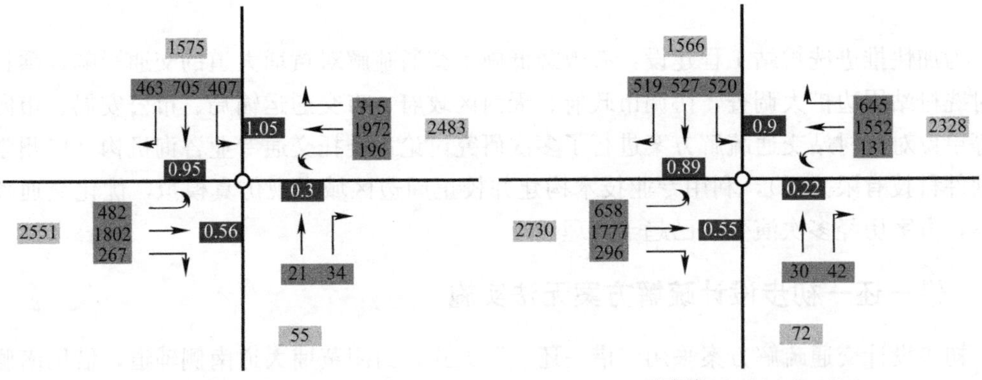

早高峰 8：00～9：00　　晚高峰 18：00～19：00

图 4　冼村站早晚人车流示意图

3.2.2 施工影响分析

占道施工将直接影响的车流有：黄埔—冼村路口的西直、北左、东调和南右；黄埔—猎德路口的西调。冼村站南侧站点共有公交线路 36 条，站点高峰小时上下客人数约 1366 人；北侧共有公交线路 36 条，站点高峰小时上下客人数约 1490 人，如图 5 所示。

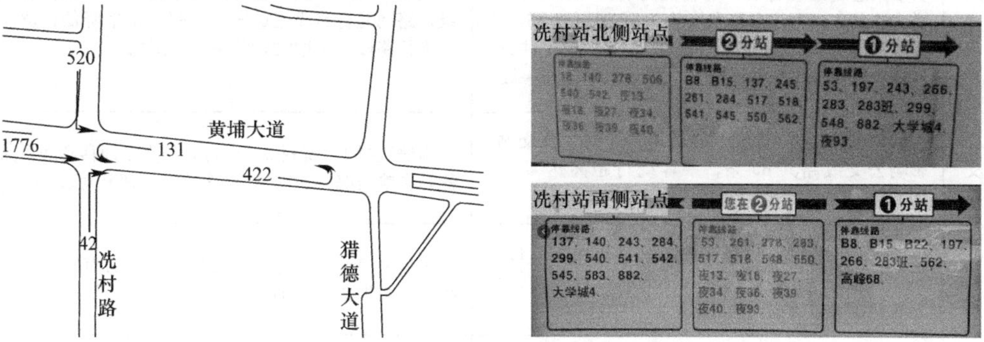

图 5　占道施工影响车流及公交线路图

3.2.3 疏解方案概述与比选分析

（1）扩一借二方案（“3＋2”方案）。该方案主要为黄埔大道南侧全围蔽；北侧占用 1.5m 人行道，改造为东往西三车道，西往东两车道；黄埔大道隧道改造为双向八车道；黄埔—冼村西进口开通左转；取消黄埔—猎德西进口掉头位；取消南北两侧的冼村 1、冼村 2、冼村 3 公交站。

（2）区域分流方案。该方案需进行区域改造疏解，初步方案主要为改造黄埔大道—冼村路口、金穗—冼村路口；黄埔大道南侧全围蔽；黄埔—猎德取消信号控制；黄埔—冼村西进口开通左转；冼村路改造为单向北往南四车道；围蔽路段南侧冼村 1、冼村 2、冼村 3 公交站线路迁移到冼村路西侧新建公交站；珠江公园北门对出的金穗路段设置掉头位。

（3）比选分析。结合仿真排队长度分析，上述两个方案的交通影响各有优缺点。

扩一借二方案。优点：黄埔大道辅道通行能力最大挖潜，隧道通行能力有所增大，分流需求相对较小，对周边路段影响相对较小。缺点：对公共交通及慢行交通影响较显著，安全风险增大，实施周期长，实施期间交通受影响大。

区域分流方案。优点：黄埔大道北侧辅道通行能力不变，对公共交通及慢行交通影响较小，实施难度小、周期短。缺点：南侧辅道全围蔽导致区域分流，对周边路段影响较大。

综合各方面因素，相对扩一借二方案，区域分流方案通过区域分流的措施将交通影响分摊到通行能力富余的冼村路、金穗路等路段，最大限度地减少对公共交通及慢行交通的影响，且方案实施难度小、周期短，因此推荐采用区域分流方案，为占道开挖审批部门提供决策参考（表 1）。

交通分流方案比选分析表　　**表 1**

类别	扩一借二方案	区域分流方案
交通组织	两股强制绕行车流：黄埔—冼村路口西直经施工围蔽段至黄埔—猎德北行车流约 1026pcu/h；黄埔-冼村路口东进口掉头车流 130pcu/h	五股强制绕行车流：除扩一借二方案两股车流外，还有黄埔—冼村路口西进口直行车流 664pcu/h；黄埔—冼村路口北进口左转车流 478pcu/h；黄埔—冼村路口南进口直行和右转的公交车流 72pcu/h

续表

类别	扩一借二方案	区域分流方案
道路交通	黄埔大道冼村路以东地面段通行能力下降，路段流量有所减少，饱和度增大，服务水平降低；黄埔大道隧道瘦身后，通行能力有所增加，流量增大。其中，西往东饱和度从0.92增至0.96，服务水平从E级降为F级；猎德大道高架南往北、花城大道西往东饱和度增大，服务水平各降一级	强制绕行车辆较多，周边路段流量基本略有增加，影响路段较多：黄埔大道西往东隧道从E级降低为F级；路网北行路段流量增大、服务水平降低；黄埔大道平行路段流量增大，服务水平降低
公交	取消南、北侧冼村1、冼村2、冼村3公交站，影响公交线路共69条，乘客绕行距离达440～2900m	南侧冼村1、冼村2、冼村3公交站迁移到冼村路西侧，影响线路共40条，乘客绕行距离相对较小
慢行	慢行空间被较大压缩，行人及非机动车通行不便，北侧人行道部分压缩为1.95m，行人通行空间减少	黄埔大道北侧人行道无变化，少量的南侧行人及非机动车将汇集到北侧
安全	黄埔大道隧道单车道宽度约2.96m，低于《城市道路工程设计规范》CJJ 37—2012中规定的最小宽度3.25m；黄埔大道辅道北侧车行道较窄、双向隔离措施较为简单；黄埔大道北侧人行道宽度1.95m，高峰期间行人及非机动车行驶空间不足	与“扩一借二方案”相比更加安全
实施	实施难度大、周期长（预计5个月）、实施过程交通影响大	实施难度较小，影响小，预计半个月可完成

3.3 以人为本和公交先行区域疏解方案

根据交通影响评估与仿真模拟情况以及市政府会议要求，黄埔大道是广州市重要主干道之一，车流量大，要以人为本，以通达为目标，地铁施工应最大限度地减少对通行车辆的影响，尤其是公共交通；提前做好预案和宣传解释工作，多管齐下，从软、硬件两方面采取保障措施，确保各项工作安全、有序。结合市政府会议精神，在制定交通疏解方案时重点考虑以下方面：①确保疏解方案的可行性，统筹考虑冼村站明挖基坑施工范围影响的市政管线改迁、围护结构施工条件需求，交通疏解方案需与管线迁改方案、围护结构施工方案紧密结合；②以人为本，针对冼村站围蔽区域行人、非机动车流量大的情况，黄埔大道南侧辅道不能全封闭，需预留道路空间优先布设人行道、非机动车道，维持慢行系统的完整性，方便沿线市民出行；③保障公交交通，针对冼村站公交线路多，高峰小时上下客人数过千情况，需充分利用道路空间，在满足施工占道同时，优先保障公交车通行，对围蔽范围内的公交停靠点就近迁移。

经反复研究，设计了2个交通疏解方案：“4＋2”绕行交通疏解方案和“4＋1”绕行交通疏解方案（即黄埔大道北侧辅道东往西方向仍保留4条车道，南侧辅道西往东方向保留1条公交专用车道，施工占用3条车道），见图6、图7。经分析发现：①南侧留2条辅道后，辅道距离明挖基坑导墙将不足1m，距离深基坑不足2m，行车及施工安全风险大大增加；②明挖基坑内给水排水管以及电缆需迁改，黄埔大道隧道既有围护桩与基坑间距仅3.5m，地下空间仅能布设给水排水管，“4＋1”方案的电力管廊需在路面上临迁布置，如预留两车道，电力管廊将无处布置（如布置在地下，将与给水管位置冲突，规范上不允许，且在交通疏解期间无法进行维保，遇突发状况安全风险高）；③冼村站后设置渡线，渡线竖井需占用南侧第二、三、四车道，如预留两车道，渡线竖井无法开挖。

综上考虑，经市政府审议最终同意采取“4+1”区域绕行交通疏解方案。

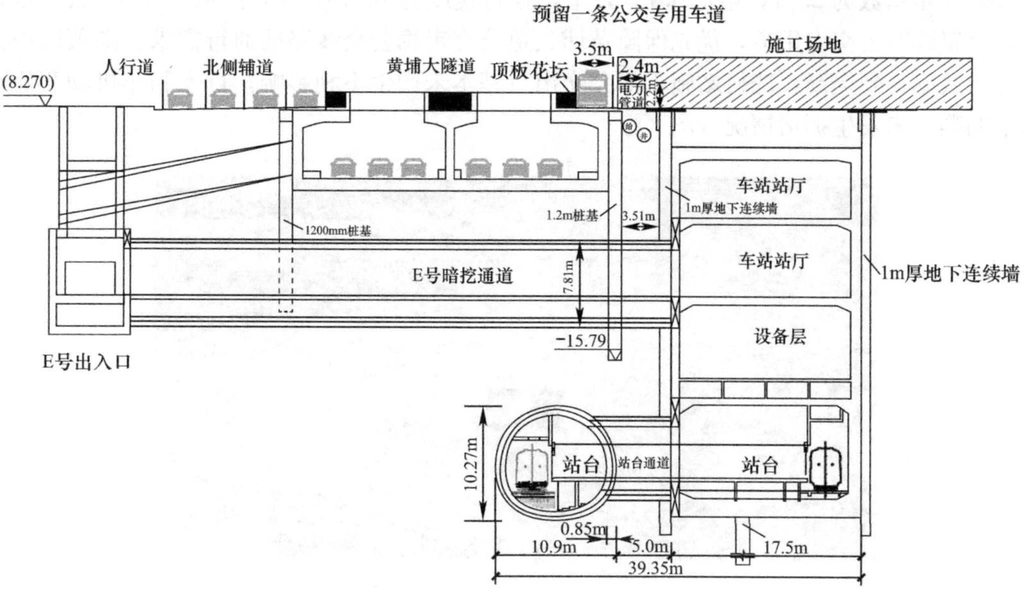

图6　4+1疏解方案剖面图

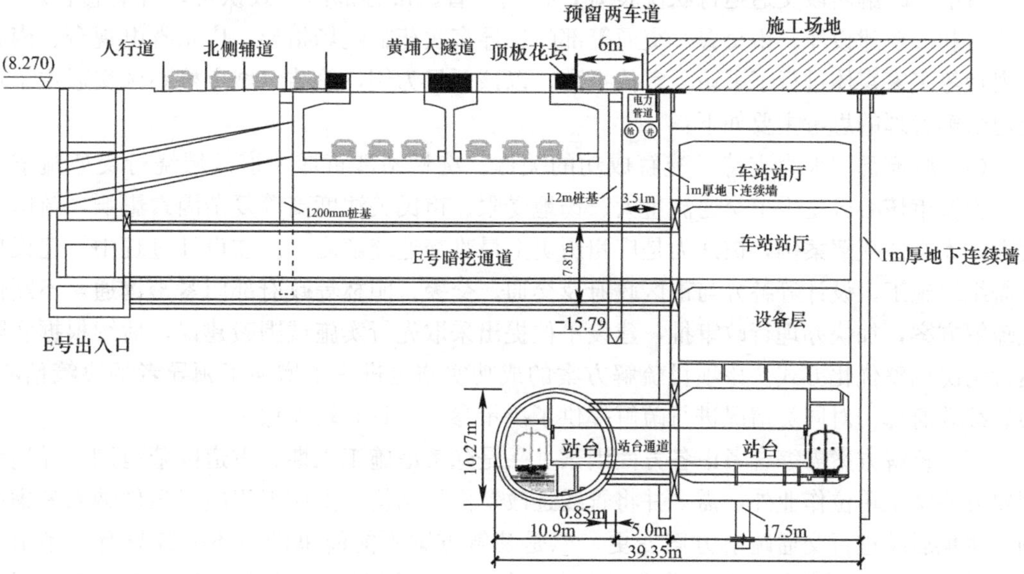

图7　4+2疏解方案剖面图

4　大湾区城市主干道地铁工程交通疏解管理思考

根据4+1疏解方案，实施了外围金穗路、冼村路、体育东路、黄埔大道相关路段占道及绿化许可并完成大量改造，完善交通指引设施布置，累计设置标识标牌63处，标线3000m²，并组织疏导单位安排充足力量，对黄埔大道冼村路口及周边14处路口进行疏导，最终于2021年2月27日成功对黄埔大道南侧辅道（冼村路—猎德大道段）三车道实施试围蔽。围蔽后，路网运作方面，核心区周边道路交通运行平稳，交通压力小幅增大，其中体育东路北行流量增幅约 68%，冼村路南行流量增幅约 45%。晚高峰期间，主要施工影响区域拥堵指数为 2.57，增加 6.7%，平均运行速度为 16.7km/h，降低 8.5%。公交运作方面设置临时公交专用道，优先保障黄埔大道公交走廊公交线路的通行需求。围蔽区内公交运行效率得到提高，冼村站施工对公交出行基本未产生不利影响。行人和非机动车流动基本畅顺，未发生拥堵情况（图 8）。

图 8　车站围蔽后航拍图

目前，疏解路段交通运行状况良好，得到了省、市各部门一致认可，省应急管理厅、省住房和城乡建设厅，市交警、交通等部门领导多次莅临现场指导，广东省电视台、南方电视台等多家媒体进行了采访、宣传报道。以该项目为例，总结对城市核心区交通主干道交通疏解管理的思考主要如下：

（1）政府部门大力支持是疏解成功的关键。冼村站涉黄埔大道区域绕行交通疏解方案，受城市核心区主干道交通流量大、场地受限、市民关注度高等复杂因素影响，疏解难度大，无类似疏解案例，被认为是广州历史上最难交通疏解之一。在设计过程中，建设单位需组织施工、设计等各方与市区政府及交通、交警、园林等政府部门紧密沟通，不断优化疏解方案，加快办理行政审批，建设单位提出采取先行实施试围蔽建议，后续根据实际运行情况调整优化方式。该项目疏解方案的成功实施也进一步增强了领导者的决策信心，为后续政府部门对同类情况进行疏解提供了决策参考，具有较大意义。

（2）疏解方案需综合考虑各方面因素。一是除考虑施工工期、占道围蔽范围、导边计划要方便施工单位作业外，需一并将管线迁改、围护结构、主体工程施工条件纳入考虑范围，避免后续进行交通疏解方案变更；二是疏解方案不能简单借一还一或只有一条疏解道，对于城市核心区交通主干道进行交通疏解，需详细调查周边交通现状压力和运行情况，必要时需结合建设项目交通影响评价范围大胆提出区域绕行疏解改造方案；三是提高站位，坚持以人为本，公交先行服务理念，制定交通疏解方案应确保施工围蔽期间的行人道、非机动车道、公交车道功能齐全，保障人民的幸福感和获得感。

（3）充分利用信息化手段提供方案决策参考。因城市核心区交通主干道交通敏感，应引入信息化手段，全面细致开展围蔽施工交通影响范围现状调查，评估施工期间交通组织及影响，对施工前后交通运行状况进行仿真模拟评估，提供决策参考。同时，在试围蔽后车流量未稳定期进行无人机飞行拍摄采集，为交警部门提供交通运行数据情况，指导开展下一步优化改进工作。

5 结语

为推进交通强国建设，缓解城市交通拥堵问题，近年来各大城市轨道交通建设从区区通地铁，到逐步完善城市核心区内网布置，地铁建设施工期间面临占用城市核心区交通主干道加重交通压力问题，广州市轨道交通十三号线二期工程冼村站涉黄埔大道交通疏解案例，从交通疏解困难角度，阐述了交通疏解方案各阶段演变及技术对策，提出了对城市核心区交通主干道交通疏解管理的思考，为大湾区城市主干道交通疏解提供经验参考，具有一定指导价值。其他工程交通疏解方案在具体制定过程中，会遇到不同的实际困难，应结合现场交通现状、周边环境及建筑、管线分布等具体情况综合研究。

参考文献

[1] 李嘉俊. 广州天河区部分主干路网交通拥堵仿真与改善 [D]. 广东工业大学，2014
[2] 陈鸿斌. 厦门市区域交通影响评价的探索与应用 [J]. 交通与运输，2021 (3)：77-81
[3] 何德华. 黄州立交桥项目施工进度管理研究 [D]. 西安建筑科技大学，2015

作者简介： 黄　锐（1991—）男，硕士，工程师。主要从事轨道交通工程技术设计与管理工作。
李　进（1984—）男，本科，高级工程师。主要从事地铁、复杂大型市政工程施工管理以及交通影响、经济效益分析的研究。
徐顺明（1971—），男，工程硕士，教授级高级工程师。主要从事工程测量和地铁施工技术管理工作。

一种新型岩石液压劈裂器概念设计及其综合评价

魏文义[1] 侯哲生[2] 李香美[3] 刘媛媛[2] 吕承龙[4]
(1. 中铁二十一局集团轨道交通有限公司，山东 济南，250000；
2. 烟台大学土木工程学院，山东 烟台，264000；
3. 烟台市科技创新促进中心，山东 烟台，264000；
4. 烟台大学机电汽车工程学院，山东 烟台，264000)

摘　要：劈裂器在岩石非爆破开挖当中因具有低碳环保、无噪声、轻便等显著优势，在土木工程领域应用广泛。但是，劈裂器因其油缸横截面尺寸远大于劈裂头尺寸，在使用时只能把劈裂头插入钻孔内部，而油缸是不能被插入钻孔的，导致只能对孔口附近的岩石进行破碎，劈裂的深度非常有限，破岩效率相对较低。为了克服现有劈裂器不能完全被插入钻孔的不足，提出一种基于多级串联油缸的岩石劈裂器新概念并对其进行初步设计，其关键创新点是将多个单级油缸串联起来形成整体的多级油缸，该油缸的总输出荷载为串联的多个单级油缸输出荷载之和。该劈裂器的优点是在保证足够输出荷载的前提下具有较小的横截面积，可以被完全插入孔径较小的钻孔内部，能在钻孔内随劈裂器移动而连续破岩或多点同时破岩，从而实现加大劈裂深度提高破岩效率的目的，在岩石非爆破开挖领域具有令人期待的应用前景。

关键词：岩石劈裂器；多级串联油缸；概念设计；应用前景

Conceptual design and comprehensive evaluation of a new type of rock hydraulicsplitter

Wei Wenyi[1] *Hou Zhesheng*[2] *Li Xiangmei*[3] *Liu Yuanyuan*[2] *Lv Chenglong*[4]
(1. China Railway 21th Bureau Group Rail Transit Engineering Co., Ltd., Jinan 250000, China;
2. School of Civil Engineering of Yantai University, Yantai 264000, China;
3. Yantai Sci. & Tech. Innovation Promotion Center, Yantai 264000, China;
4. School of Electromechanical and Automotive Engineering of Yantai University, Yantai 264000, China)

Abstract: Rock splitter is widely used in the field of civil engineering owing to its significant advantages such as low-carbon, environmental protection, noiselessness and portability. However, the cross-section size of its cylinder is much larger than the size of the splitter head, so the splitter head can only be inserted into the drilling hole but its cylinder can't be inserted into the hole when in use. As a result, its rock splitting efficiency is relatively low owing to the reason that the splitting depth is very limited because only the rock near the surface can be broken. In order to overcome this shortcoming, a new concept of rock splitter based on multi-stage series cylinders is presented in this paper, the key innovation of this splitter is to connect several single-stage cylinders in series to form a whole multi-stage cylinder. The total output load of the cylinder is the sum of the output load of several single-stage cylinders in series. The new splitter has the advantages of small cross-sectional area, being fully inserted into a hole with small diameter, and being able to split rock continuously or at multiple points simultaneously as the splitter moves, so its splitting depth will be increased obviously and its rock splitting efficiency will be improved significantly. Therefore, the new splitter will be expected to appear a promising application prospect in the field of non-blasting rock excavation in the future.

Keywords: rock splitter; multi-stage series cylinders; conceptual design; application prospect

引言

在土木工程领域的岩石开挖当中，爆破法因其高效、便捷的优势无疑是应用最为广泛的方法之一。但在某些特殊工程场地，比如处于城市内岩石基坑的开挖，或者临近既有建构筑物的地下工程开挖等，考虑到爆破法的烟尘污染、飞石、噪声和振动等不利影响，爆破法被严格限制使用，故不得不采用非爆破开挖方法[1,2]。目前，用于岩石非爆破开挖的方法主要有机械法和静态膨胀法两大类，其中机械法是采用不同的机械破碎原理，如振动冲击、铣磨切割和液压劈裂等，达到对岩石破碎的目的，而静态膨胀法是采用膨胀剂遇水等发生化学反应时体积膨胀的原理对岩石进行胀裂[3]。在上述这些非爆破破岩方法当中，液压劈裂法破碎岩石仅需电动液压能，无材料损耗，效率较高，操作方便，是一种清洁环保的施工方法。液压劈裂法与冲击破岩法相比，极大地提高了能量利用率，能显著提高破岩效率；与爆破法相比，能显著提高破岩的可控性。正是基于这些优势，液压劈裂法被称为最具发展前景的非爆破破岩方法之一，已逐渐应用于建筑、交通、铁路、地铁、水利水电和矿山等行业的岩石开挖之中[4,5]。

目前，液压劈裂法常用的劈裂器有径向劈裂器、轴向—径向劈裂器、橡胶膨胀劈裂器和柱塞式劈裂棒等，其中径向劈裂器因为其质量较轻、方便携带和工艺简单等优点，在非爆破岩石破碎领域的应用尤为广泛[6,7]。但是，该劈裂器由于其自身构造的原因，尤其是其油缸直径远大于劈裂头的直径以及油管布置于油缸侧壁，在使用时只能将劈裂头插入钻孔内部，而其油缸是无法被插入钻孔的，于是破碎岩石仅仅局限在孔口附近很有限的深度范围之内，不能实现在较深钻孔内部多点连续劈裂或同时劈裂的目的，破岩效率相对不高。鉴于此，本文依据液压机械设计原理，提出一种基于多级串联液压油缸的可完全插入钻孔的劈裂器的新概念，并对其进行初步设计与应用前景分析。

1 现有径向劈裂器简介

目前，工程领域常见的径向劈裂器如图 1 所示，主要由油缸、导向和劈裂头以及其他附属构件组成，其中油缸直径明显大于钻孔直径；劈裂头由一块楔形楔块和两块半月形劈块组成，其直径略小于钻孔直径，长度一般不超过 50cm。当使用此类劈裂器破岩时，预先在岩石表面上钻取钻孔，孔径略大于劈裂头且孔深略大于楔块伸出之后劈裂头总长度，然后将劈裂头完全插入钻孔内部，之后楔块在油缸活塞轴推力的作用下向下伸出，横向推动两块劈块靠近钻孔内壁，随着楔块的进一步伸出，劈块被横向推动并完全挤压钻孔内壁，对孔周岩石施加横向劈裂力直至岩石破裂。

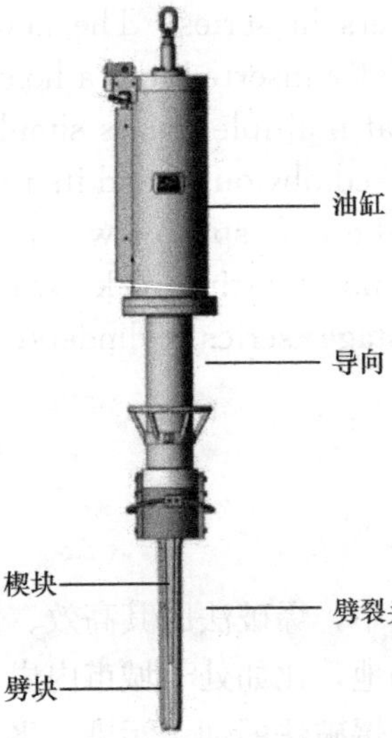

图 1　现有岩石径向劈裂器结构示意图

由图 1 可见，一方面因为油缸为单级油缸，当需要其提供较大的输出荷载时，其横截面积就不能太小；另一方面，油缸的进出油管等构件也布置于油缸侧壁之上，劈裂器所需的横向空间就更大。由于以上两方面的原因，现有的劈裂器只能将劈裂头插入钻孔内部，而油缸是不能被放入钻孔的，这样只能对钻孔孔口部位的岩石进行劈裂，如果需要在垂直方向上继续破岩，就必须先把孔口已经破碎的岩石清理干净之后，重新在岩石表面钻孔劈裂，以此类推。

2　新型劈裂器概念设计

2.1　概念的提出

由上节可知，目前径向劈裂器破岩效率相对低下，只能在孔口附近较浅的深度内破岩，不能实现在较深的钻孔内连续多点破岩，其最主要的原因是劈裂器不能完全被插入钻孔内部。基于此，本次概念设计的思路是，在保证具有足够破岩输出荷载的前提下，减小油缸的横截面积，同时将附属构件调整到油缸的其他部位，设计出一款可以全部伸入钻孔内部并且在孔内能自由移动的新型劈裂器。该劈裂器可以实现在钻孔内部自由移动过程中对钻孔深度方向上不同位置进行连续多点劈裂，或者将多个这种劈裂器串接起来在钻孔内实现多点同时劈裂。

劈裂器能达到破岩目的的前提是必须满足一定的输出荷载。由液压原理可知，液压油缸的输出荷载与油缸的横截面积直接相关，横截面积越大输出荷载越大，反之亦然。为了实现横截面积小的前提下油缸具有足够的输出荷载，本设计提出一种全新的油缸设计理念，即采用多级串联油缸，也就是将多个行程相同的单级油缸纵向串联起来组成一个整体，则其输出荷载为所串联的多个单级油缸输出荷载之和。

假定串联的单级油缸数量为 n，每一个单级油缸的输出荷载分别为 N_1、N_2、…、N_n，则该多级串联油缸的总输出荷载 N 为：

$$N=\sum_{i=1}^{n}N_i$$

当各个单级油缸的内径与活塞杆尺寸均相等且液压油缸相互联通时，各个单级油缸的输出荷载均相等，设各个单级油缸在这种情况下的输出荷载为 N_0，则多级油缸的总输出荷载 N 可表达为：

$$N=nN_0$$

2.2 初步外观与构造设计

基于上述多级串联液压油缸的理念，现以三级串联油缸为例，对油缸外观及构造进行初步设计。如图 2 所示，三个单级油缸首尾相接，其外径、内径、行程、活塞杆和活塞的尺寸均相等，劈裂头横向尺寸与油缸横截面尺寸相当。油缸采用活塞杆内开孔的方式为各级油缸供油，回油路径以小孔的形式设置在油缸侧壁内部，油缸与外部油泵的进油口与出油口设置在油缸的后端盖上。当油路接通并供油时，液压油同时进入三个单级油缸的无杆腔推动活塞向前伸出，总输出荷载为三个单级油缸的输出荷载之和。

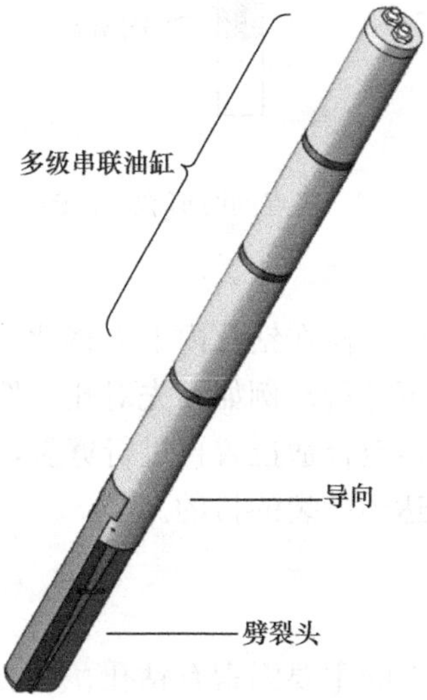

图 2 新型劈裂器外观设计

3 新型劈裂器总体评价

3.1 施工工艺

由于新型劈裂器可完全被插入钻孔内部，则在钻孔深度较大的前提下为了提高破岩效率，可以有以下两种施工工艺。

3.1.1 多点同时劈裂

多点同时劈裂工艺示意图如图 3 所示，是将多个新型劈裂器依次首尾相连串接起来放置于钻孔内部，相邻两劈裂器通过进油管与回油管相连。当打开进油阀时，多个劈裂器油缸同时向下伸出推动楔块向下移动，楔块向下移动的同时横向挤压劈块，从而达到多点同时劈裂的目的。

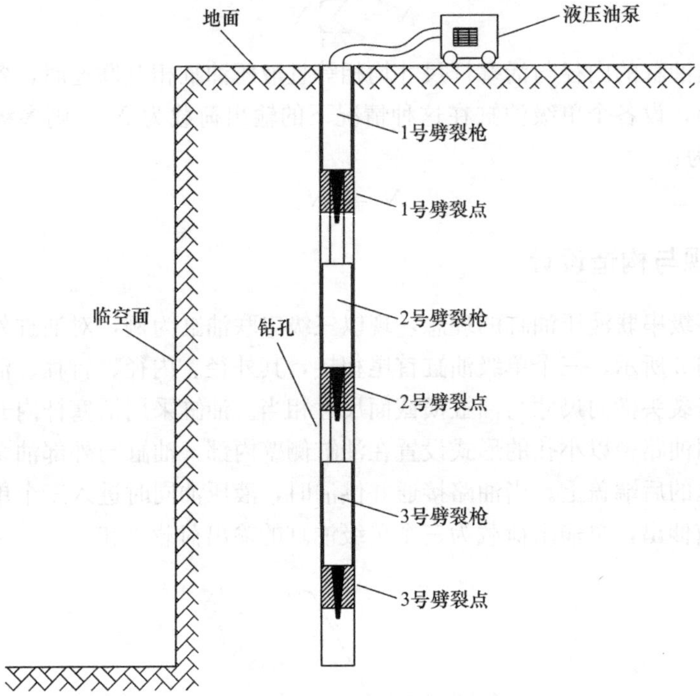

图 3　多点同时劈裂示意图

3.1.2　多点连续劈裂

多点连续劈裂工艺是将一个劈裂器在钻孔内上下移动，根据需要在钻孔的不同深度处进行劈裂，实际施工时可自上而下进行。例如，先对孔口处进行劈裂，劈裂完成后通过油压控制缩回劈块，然后下放劈裂器至合适位置再进行劈裂，依次类推，直至整个钻孔在竖直方向上均产生劈裂裂缝，从而达到劈裂的目的。

3.2　破岩效率

对于劈裂器破岩，影响其效率的主要因素有钻孔、劈裂和清渣三个环节。新型劈裂器与传统劈裂器相比最根本的优势在于对于同一钻孔孔位，一次劈裂的深度明显加大。对于同一深度的待劈裂岩石，如果采用传统劈裂器破岩，一般需多次循环进行钻孔、劈裂和清查，而新型劈裂器的循环次数会明显减少。对于每一循环，尽管新型劈裂器的劈裂时间和清渣时间要长于传统劈裂器的相应时间，尤其是清渣时间，但由于新型劈裂器减少了循环次数，也就显著减少了与钻孔、劈裂和清渣相关的各项重复辅助工作，比如每一循环的钻机就位、准备和撤出，劈裂器的就位、插入和撤出等。因此通过对比可见，新型劈裂器破岩效率与传统劈裂器相比显著提高。

3.3　应用前景

现阶段在岩石基坑开挖、矿山开采、地下隧道开挖和建筑石材开采等领域，由于受环保、飞石、噪声和振动等不良影响，在某些工程场地，爆破法被严格限制使用，液压劈裂法取而代之且已经得到了广泛的应用。在此基础上，推广使用本文提出的破岩效率显著提高的新型劈裂器，其应用市场将会进一步拓宽和加深，其应用前景是值得期待的。

4 结论

为了克服传统径向劈裂器不能完全插入钻孔而导致的破岩效率低下的不足，本文提出了一种可以被完全插入钻孔内部的新型破裂器的概念模型并对其进行了初步外观及构造设计，主要结论如下：

(1) 新型劈裂器的核心设计理念为多级串联液压油缸，通过将多个单级油缸首尾顺次串联起来，在保证足够输出荷载的前提下具有较小的横截面积，劈裂头横向尺寸与油缸横截面尺寸相当，进油与回油管路设置于油缸端盖上。

(2) 新型劈裂器可以实现两种施工工艺，一种是将一个劈裂器插入钻孔内部，在劈裂器上下移动的过程当中对钻孔内部的多个点位实现连续劈裂；另一种是将多个劈裂器串接起来，达到在钻孔内对多个点位同时劈裂的目的。

(3) 由于新型劈裂器可完全被插入钻孔内部，大幅度增加了一次劈裂的深度，有效减少了劈裂过程中的多项重复辅助工作，从而显著提高了破岩效率，在爆破法被限制使用的非爆破岩石开挖领域中具有令人期待的应用前景。

参考文献

[1] 王雁冰. 爆炸的动静作用破岩与动态裂纹扩展机理研究 [D]. 北京：中国矿业大学（北京），2016
[2] 程刚. 成孔液压涨裂破岩机理研究 [D]. 徐州：中国矿业大学，2018
[3] 康楠，刘元雪，余鹏等. 地下工程非爆破开挖机械破碎法机理及应用 [J]. 后勤工程学院学报，2015，31 (3)：21-25
[4] 祈世亮. 液压劈裂机在隧道孤石处理中的应用研究 [J]. 吉林水利，2010 (2)：27-30
[5] 童海海. 液压劈裂机在石材开采中的应用 [J]. 石材，2008 (10)：10-13
[6] 白瑛. 钻孔劈裂器作用下围岩应力场分析 [D]. 武汉：武汉理工大学，2009
[7] 刘海卫. 钻孔劈裂器破岩机理的数值模拟研究 [D]. 武汉：武汉理工大学，2007

作者简介： 魏文义（1974—），男，高级工程师。主要从事地铁工程方面的科研与管理工作。
侯哲生（1974—），男，博士。主要从事岩土工程方面的研究。

强震作用下邻近地面建筑地铁车站的破坏特性研究

邱滟佳[1,2] 张鸿儒[2] 张静堃[2]

（1. 长江勘察规划设计研究院，湖北 武汉，430010；

2. 北京交通大学城市地下工程教育部重点实验室，北京，100044）

摘　要：构建地下车站-场地-地面建筑的静-动力耦合模型，针对强震作用下邻近地面建筑地铁车站的破坏特性进行分析，并通过与单一车站的对比，得到地面建筑对车站非线性发展规律的影响以及邻近地面建筑地铁车站的抗震薄弱环节。结果表明：（1）地面建筑的存在会显著加快车站塑性变形的发生，尤其是站台层靠近地面建筑一侧的侧墙底部，该位置产生塑性铰时车站的层间位移角减小了35%以上；（2）地面建筑的存在不但会使车站更加容易发生失效破坏，也会改变地下结构的破坏模式。站厅层靠近建筑一侧侧墙会是邻近地面建筑地铁车站的抗震薄弱环节；（3）竖向地震会加快车站达到塑性变形和破坏失效，但整体影响不会超过10%。因此，相比于单一车站，应适当提高邻近地面建筑地铁车站的抗震设防要求或加强车站侧墙的配筋，以提高结构整体的抗震能力。

关键词：地铁车站；结构-土-结构相互作用；非线性；地震破坏

Study on failure characteristics of the subway station adjacented to ground building under strong earthquake

Qiu Yanjia[1,2] *Zhang Hongru*[2] *Zhang Jingkun*[2]

（1. Changjiang Institute of survey，planning，design and research，Wuhan 430010，China；

2. Key Laboratory of Urban Underground Engineering of Ministry of Education，Beijing Jiaotong University，Beijing 100044，China）

Abstract：The failure mechanism and failure mode of the subway stations adjacented to ground buildings under strong earthquake are explored based on the nonlinear static-dynamic coupling analysis. By comparing with the single subway station，the influence of adjacent ground buildings on the nonlinear development law of subway station is obtained and the aseismic weak component. The results demonstrate that：（1）The existence of ground building will obviously accelerate the occurrence of plastic deformation of station，especially for the bottom of the side wall near the side of the ground building. When the plastic hinge occurs at this position，the interlayer displacement angle of subway station decreases by more than 35%；（2）The existence of ground building will not only make the station more prone to failure，but also change the failure mode of underground structure. The side wall of the station hall layer near the ground building will be the weak component of the subway station adjacented to ground building；（3）Vertical earthquake will acceler-

ate the station to achieve plastic deformation and failure, but the overall impact will not exceed 10%. Therefore, compared with single stations, the seismic fortification requirements of the subway stations adjacented to ground buildings should be appropriately improved, or the reinforcement of the side wall of the station should be strengthened to improve the seismic capacity of underground structure.
Keywords: subway station; structure-soil-structure interaction; nonlinearity; earthquake damage

引言

基于性能的结构设计是近些年学者们研究的热点。与此同时，在国家做出“双碳”目标的重大决策，土木工程行业转向低碳绿色发展的背景之下，基于性能的结构设计已成为土木工程行业的必然选择。地下结构作为城市基础设施中的关键一环，其对城市可持续发展具有重要意义。基于性能的地下结构抗震设计理论已经有了较大发展。

以大开车站为研究背景，庄海洋等[1]对常规单层双跨车站的地震响应进行了数值仿真分析；对于其他类型的地铁车站，庄海洋[2]和陈磊等[3]分别分析了两层双柱岛式和三拱立柱式地铁车站的非线性响应。根据地下结构的地震响应特性和破坏特性，学者们先后提出了 Pushover 分析方法[4]、静力弹塑性分析方法[5]和反应位移法[6]等。这些抗震设计方法的提出为城市轨道交通地下结构的安全性作出巨大贡献。

然而，由于土地资源日益紧张以及轨道交通网密度的不断加大，大量地铁车站需要修建在各种建筑结构密集的区域。对于坐落在复杂城市环境中邻近地面建筑的车站，地面建筑在地震过程中会传递给车站较大的惯性力，因此地面建筑往往会放大车站的地震响应。

王国波等[7]对邻近地面建筑隧道结构的地震响应进行广泛的参数化分析；Yu[8]利用振动台试验和三维数值模拟的方法探究了在软土地区周边建筑对车站地震响应的影响；而 Zhu 等[9]则利用离心振动台试验探究了在可液化场地中邻近地面建筑地铁车站地震响应的特性，他们的研究无不说明周边建筑对地铁车站地震响应的影响很重要。此外，Gillis[10]以离心试验和数值分析的方法研究了 13 层的高层和 42 层超高层建筑对浅埋明挖地下结构和支撑开挖基坑地震响应的影响。研究表明，地面建筑在地震作用下会向地下结构传递很大侧向荷载，并且荷载延深度非线性分布；传递的荷载与地下结构和基础的几何细节相关。

显然，地面建筑的存在对地下结构地震响应的影响非常显著，邻近地面建筑地铁车站的地震破坏特性一定也会有别于单一车站。然而现有的地下结构地震破坏特性主要针对单一的地铁车站[1-3]，强震作用下结构和土体的非线性是土-结构相互作用的重要特征，其研究成果对改善地铁车站的抗震设计理论有重要意义。

鉴于此，本文采用地下车站-场地-地面建筑的静-动力耦合模型，对强震下邻近地面建筑地铁车站的破坏特性进行有限元数值模拟分析。分析中通过与单一车站破坏特性进行对比，得到地面建筑对地铁车站非线性发展规律的影响以及邻近地面建筑地铁车站的抗震薄弱环节，为地铁车站基于性能的结构设计提供指导和建议。

1 静-动力耦合模型的建立思路

强震作用下车站及地面建筑将会达到弹塑性阶段，此时自重下的应力状态对结构弹塑性响应有着重要影响。尤其是对于地铁车站这种埋入土体的结构，其在上部覆土的重力下就有较大的内力响应。因此，在进行非线性动力分析时需要建立地下车站-场地-地面建筑系统的静-动力耦合模型[1]。

地下车站-场地-地面建筑的静-动力耦合模型可分为两部分，即计算结构在自重作用下静力响应的静力模型以及计算结构在地震作用下动力响应的动力模型。这其中，静力模型的计算结果应是动力分析的初始状态。因此，静-动力耦合模型的建立过程（流程图见图 1）可分为以下 5 步：

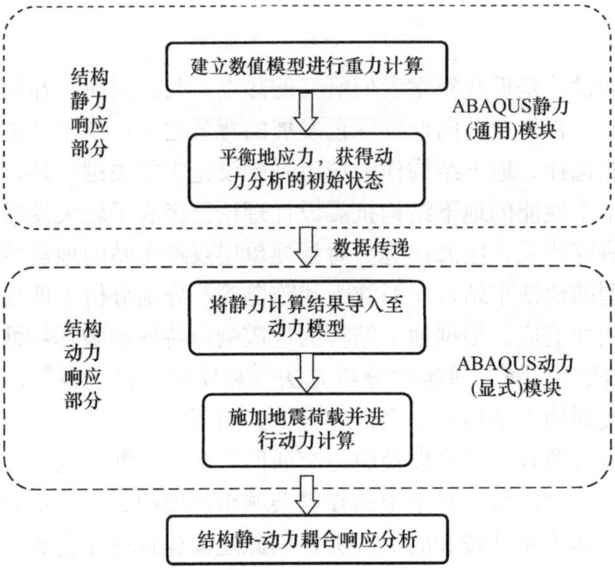

图 1　静-动力耦合模型的流程图

（1）建立地下车站-场地-地面建筑有限元模型，施加重力荷载并设置静力边界。然后对模型进行静力计算，得到场地及结构在重力荷载下的响应；

（2）以步骤 1 中场地及结构的应力为基础或者采用导入 ODB 文件的方法对模型进行地应力平衡，地应力平衡后的结果是动力分析的初始状态；

（3）利用数据传递功能将上述经过地应力平衡后的模型结果导入到动力计算模型中，这一步是静-动力耦合模型的桥梁；

（4）在动力模型中施加地震荷载、设置动力人工边界，然后进行动力计算；

（5）分析结构的静-动力耦合响应。

2　地下车站-场地-地面建筑静-动力耦合模型的建立过程

2.1　模型配置

选取实际工程中常见的二层三跨明挖地铁车站进行数值模拟分析，车站站厅层和站台层的层高分别为 6.8m 和 7.7m；顶板埋深为 2m；各构件尺寸详见图 2。车站周边的地面建筑为典型的 15 层框架结构，建筑的基础为厚度 1m 的筏形基础，如图 3 所示。车站和地面建筑均为混凝土结构，两者的物理参数见表 1。选取北京某一典型工程场地进行分析，场地的地质情况如图 4 所示。

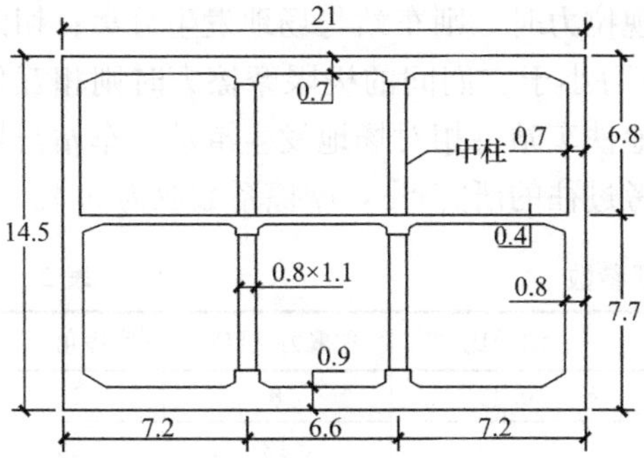

图 2　车站结构的断面图（单位：m）

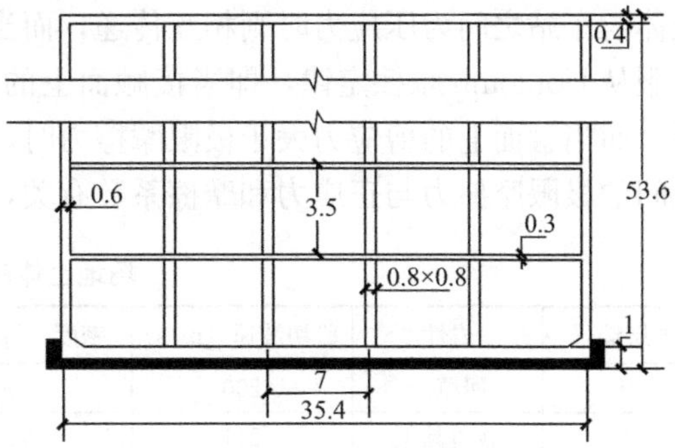

图 3　地面建筑的断面图（单位：m）

地铁车站和地面建筑的物理参数　　**表 1**

结构	构件	混凝土强度等级	密度（kg/m^3）	泊松比	弹性模量（MPa）	柱间距（m）
车站	中柱	C50	2600	0.2	34500	8
	其他	C35	2600	0.2	31500	
地面建筑	中柱	C40	2600	0.2	32500	6
	其他	C35	2600	0.2	31500	

2.2　有限元模型的相关设置

场地土体采用二维平面应变单元（CPE4R）进行模拟，地面建筑和车站则采用梁单元（B21）进行模拟。土体采用 Mohr-Coulomb 非线性本构进行模拟，各土层的参数见表 2；地面建筑及地铁车站的构件均采用理想弹塑性模型，即当达到极限承载力时，构件进入塑性状态，并出现塑性铰。结构各构件的极限承载力与构件尺寸、配筋型号及配筋率等因素有关。结构的配筋均为 HRB400 型号钢筋，该型号钢筋的参数如下：密度 $\rho=7850kg/m^3$、弹性模量 $E=200GPa$、屈服应力 $\sigma_s=400MPa$。地铁车站和地面建筑各构件的配筋率及根据相关参数计算得到的极限承载力见表 3。

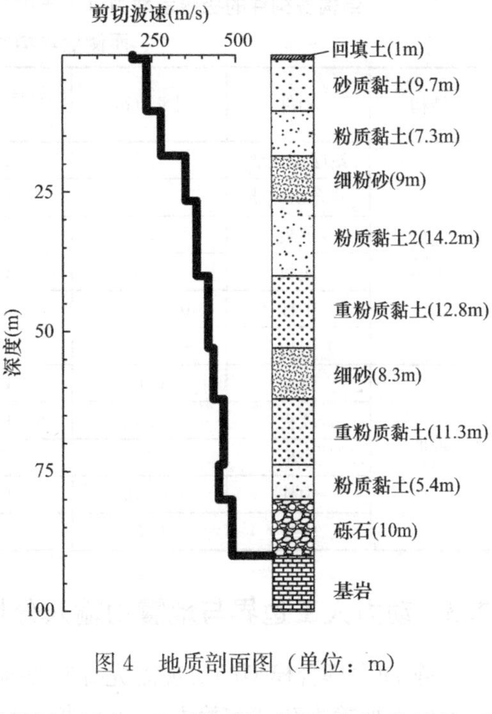

图 4　地质剖面图（单位：m）

为有效地模拟地震波的传播，土体有网格的尺寸应该设置得足够小。根据 Kuhlemyer 等[11]的研究，土体网格的尺寸应满足如下公式：

$$n \leqslant \frac{1}{8}\lambda_{\min} = \frac{1}{8}\,\frac{c_s}{f_{\max}} \tag{1}$$

式中，n 即为网格大小；$\lambda_{\min}$是最小地震波波长；c_s 是土体的剪切波速；$f_{\max}$表示最大分析频率。

由于在强震作用下，地铁车站有可能会与场地土体发生大位移滑动和分离。因此，采用罚函数法对土体与地下结构的接触特性进行模拟——法向上采用“硬”接触，即当场地土体与车站之间为压应力时则相互传递，而当出现拉力时，则车站与场地发生分离；切向上服从 Coulomb 摩擦定律，即当接触面上的剪应力小于它们间的极限摩擦力时则相互传递，而当触面上的剪应力大于极限摩擦力时，则地铁车站将相对场地发生滑动。车站与场地间的极限摩擦力与正应力和摩擦系数有关，参考过往的研究[1-3]，摩擦系数取为 0.4。

场地土体的物理参数 **表 2**

土层编号	岩性	剪切波速（m/s）	密度（kg/m^3）	泊松比	黏聚力（kPa）	摩擦角（°）
1	回填土	200	1900	0.45	8	10
2	砂质黏土	241	1950	0.35	13	26
3	粉质黏土 1	275	1950	0.37	32	12
4	粉细砂	350	1990	0.3	0	25
5	粉质黏土 2	380	2000	0.4	27	15
6	重粉质黏土	417	2100	0.38	30	26
7	细沙	435	2150	0.32	0	30
8	重粉质黏土	460	2150	0.37	28.3	20
9	粉质黏土 3	454	2150	0.43	31	15
10	砾石	485	2170	0.3	0	35

结构各构件的极限承载力（由于中柱主要为承压构件，故采用抗压承载力计算；而侧墙等构件均采用抗弯承载力） **表 3**

结构	构件	尺寸（m）	混凝土强度等级	配筋型号	配筋率（%）	极限承载力（kN·m或kN）
双层车站	站厅层侧墙	0.7	C35	HRB 400	1	1562.4
	站台层侧墙	0.8	C35		1.25	2592
	顶板	0.7	C35		1	1562.4
	底板	0.9	C35		1.25	3321
	中柱	0.8×1.1	C50		2	2999.7
	中板	0.4	C35		1	460.8
地面建筑	侧墙	0.6	C35		1	1123.2
	顶板	0.4	C35		0.75	345.6
	底板	1	C35		1	3312
	中柱	0.8×0.8	C40		1.5	2071.9
	中板	0.3	C35		0.75	210.6

2.3 动力人工边界与地震动输入分析工况

静-动力耦合模型的实现需先计算场地及结构在自重作用下的响应，因此先要在静力模型中施加静力荷载和静力边界条件。其中静力荷载通过在整个模型中施加 Y 方向的重力加速度 g 实现；静力边界条件为模型底部固定，而侧向为竖向自由、水平向固定。之后，采用导入 ODB 文件的方法对模型进行地应力平衡，并通过数据传递功能将完成地应力平衡后的模型应力状态导入 ABAQUS 动力（显示）计算模块，进行动力响应分析。

为模拟半无限空间的辐射阻尼，保证外行波在边界处不会因为发生反射而产生二次波动，在模型的侧向施加 TDOF 动力人工边界[12]，即将模型两侧边界的节点绑定自由度；模型底部边界与地震动输入相关，当输入单一水平地震波时底部边界为竖向固定、水平向施加地震加速度，而当输入水平+竖向地震波时则底部仅施加地震加速度。模型边界至结构的间距设置为 170m，动力模型见图 5。

选择造成大开车站发生严重破坏的阪神地震波（Kobe 波）和北京人工波（本文的分析场地为北京某一典型工程场地）为输入地震动进行分析，这两条地震波的时程曲线和频率特性见图 6 和图 7。分析时将加速度振幅调整为 0.4g 和 0.8g 并施加在模型底部边界上，如图 5 所示。此外，由于强震下除了剪切波（S 波）外，压缩波（P 波）也会对地下结构的破坏产生较大影响[13,14]。因此，地震动输入还考虑垂直入射的 P 波。在水平+竖向强震分析时，地震输入依然选择阪神地震波和人工波。阪神地震波竖直分量原始波形及傅氏谱见图 8；人工波输入的水平及竖直分量均采用图 7 的波形。

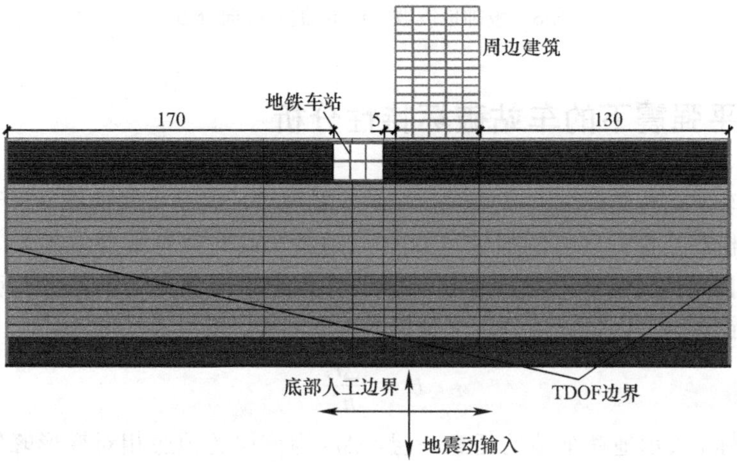

图 5　动力分析模型（单位：m）

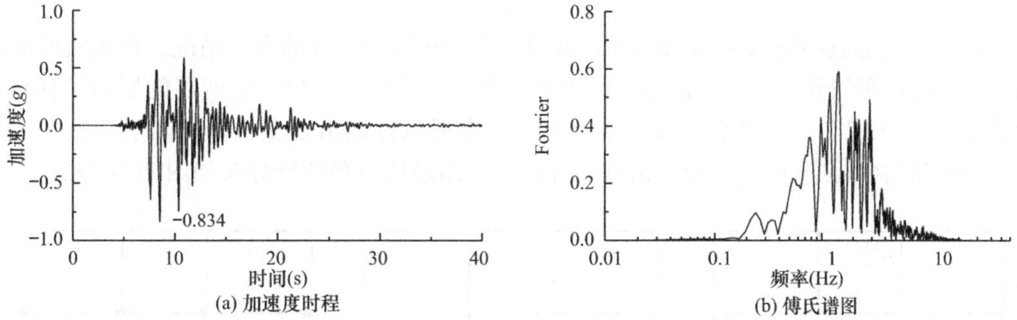

图 6　阪神地震波（Kobe 波）南北向水平分量

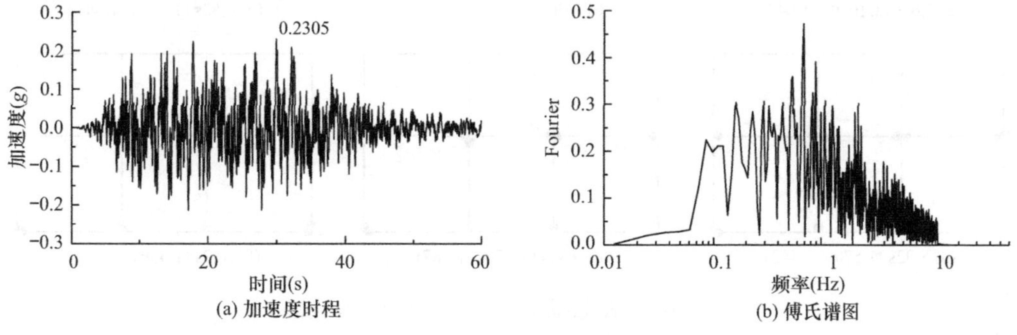

图 7　北京人工波

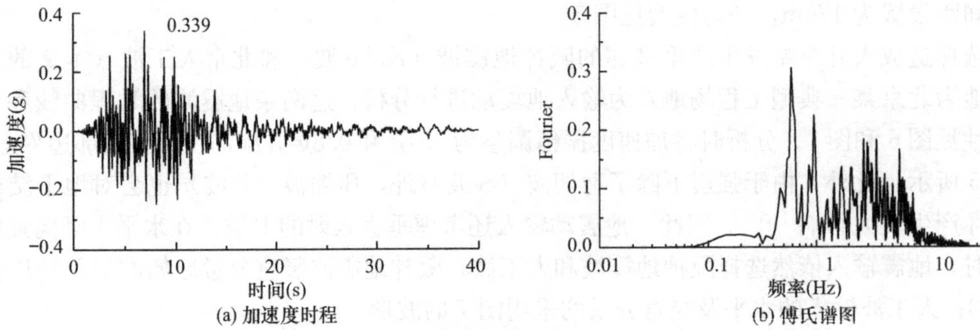

(a) 加速度时程　(b) 傅氏谱图

图8　阪神地震波（Kobe波）竖向分量

3　单一水平强震下的车站破坏特性分析

重点关注车站结构塑性响应（塑性铰）的发展规律，以及当塑性铰发展到一定程度地铁车站的破坏机制。根据现有的研究可知[15]，地铁车站非线性响应的发展与结构的层间位移角相关，且现行规范[16,17]均以控制层间位移角来保证地下结构不发生弹性、塑性失效。因此，地铁车站层间位移角是本文分析的重要因素，其计算公式为：

$$\theta_i = \frac{\Delta r_i}{h_i} \tag{2}$$

式中，下标 i 表示地铁车站的任意一层，Δr_i 为该层的顶底相对变形峰值，h_i 为该层的层高。

3.1　车站塑性铰发展

图9是当地震动输入为0.4g Kobe波时，单一车站塑性铰的发展情况。当地震时间达到7.62s时，车站开始在右侧侧墙底部出现塑性铰，此时车站顶、底两层的层间位移角分别为1/1050和1/644；之后，在7.96s时车站中板也开始出现塑性铰，随后依次在底板（8.52s）和站台层中柱（8.92s）出现塑性铰，车站最后的塑性铰分布如图9(f) 所示。

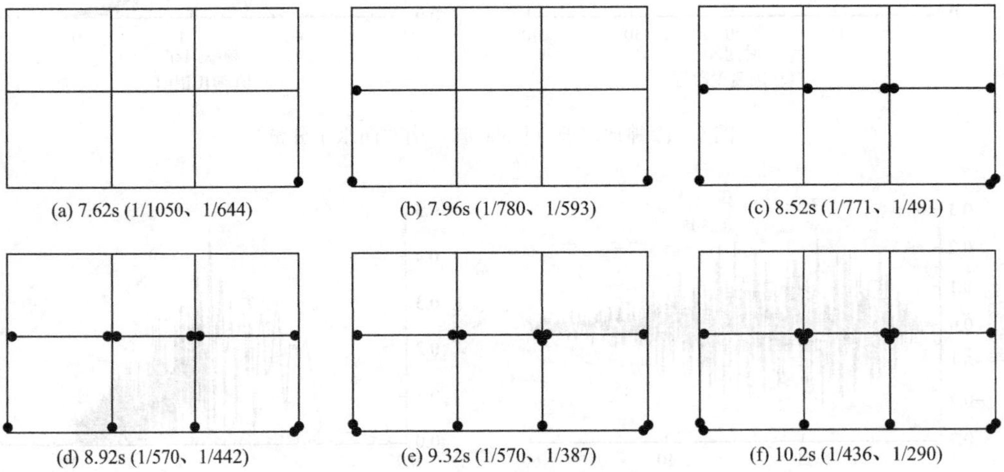
(a) 7.62s (1/1050、1/644)　(b) 7.96s (1/780、1/593)　(c) 8.52s (1/771、1/491)
(d) 8.92s (1/570、1/442)　(e) 9.32s (1/570、1/387)　(f) 10.2s (1/436、1/290)

图9　0.4g Kobe波下单一车站塑性铰的发展

副标题是地震输入的时间以及车站顶、底两层的层间位移角邻近地面建筑地铁车站在 0.4g Kobe 波作用下塑性铰的发展如图 10 所示。车站右端侧墙底部仍最先出现塑性铰，不过与单一车站相比，出现塑性铰的时间提前到了 4.64s，且此时车站顶、底两层层间位移角仅为 1/1519 和 1/1054。其后，塑性铰依次在车站中板、底板、站台层中柱和站厅层中柱出现。

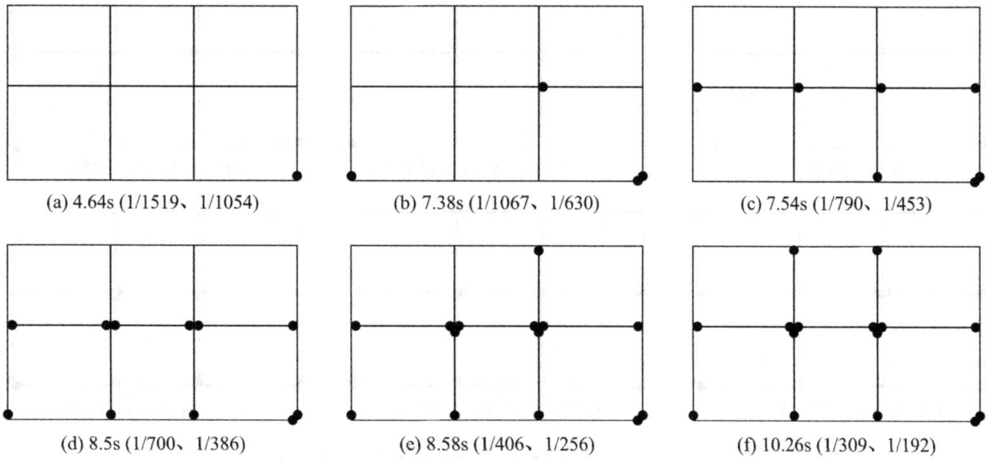

图 10 0.4g Kobe 波下邻近地面建筑地铁车站塑性铰的发展

将车站各构件首次出现塑性铰时结构的层间位移角统计于图 11 中。其中，站厅层构件（顶板、侧墙 1 和中柱 1）均采用站厅层的层间位移角来反映；而站台层构件（中板、底板、侧墙 2 和中柱 2）则均采用站台层的层间位移角。与单一车站相比，邻近地面建筑地铁车站各构件塑性铰出现时对应的层间位移角均有所降低；尤其是站台层侧墙，当层间位移角仅为 1/1054 时，车站站台层靠近地面建筑一侧侧墙底部就出现了塑性铰，这比单一车站的 1/644 降低了 38.9%。

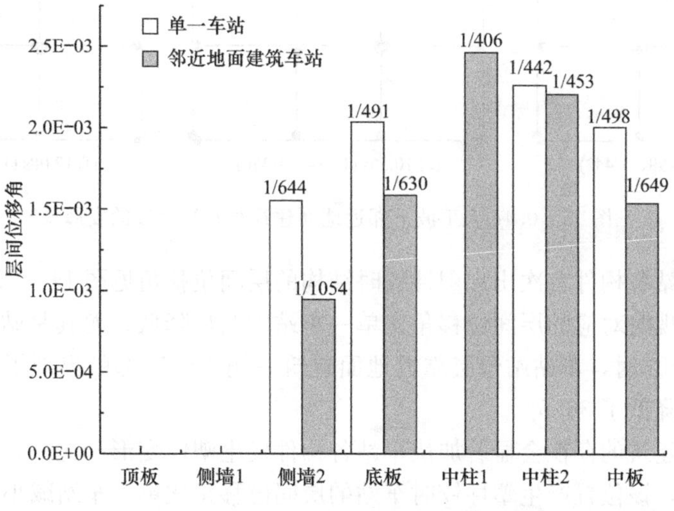

图 11 0.4g Kobe 波下地面建筑对车站塑性铰发展的影响

数字 1 表示站厅层构件；而数字 2 表示站台层构件

0.4g 人工波作用下单一车站和邻近地面建筑车站塑性铰的发展情况见图 12 和图 13。与 Kobe 波作用下的结果相同，人工波作用下单一车站塑性铰仍最先在站台层侧墙的底端出现（7.08s），之后依次在中板（7.96s）、底板（8.3s）、站台层中柱（10.38s）和站厅层中柱（12.06s）上出现塑性铰；邻近地面建筑地铁车站的塑性铰也最先在站台层侧墙底端出现（2.28s），且后续车站各构件塑性铰的发展也与 Kobe 波作用下的结果相同。因此，地震波的不同，不论是对单一车站还是邻近地面建筑车站塑性铰发展顺序的影响均不大。

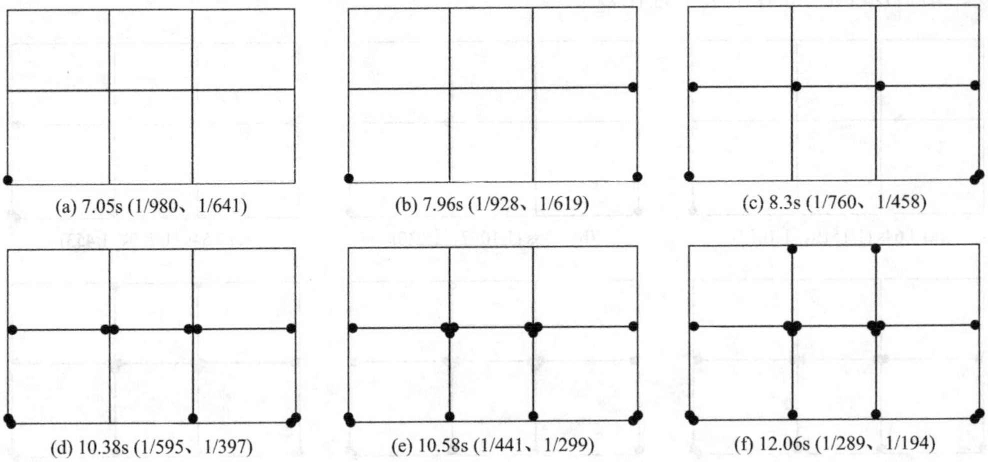

图 12　0.4g 人工波下单一车站塑性铰的发展

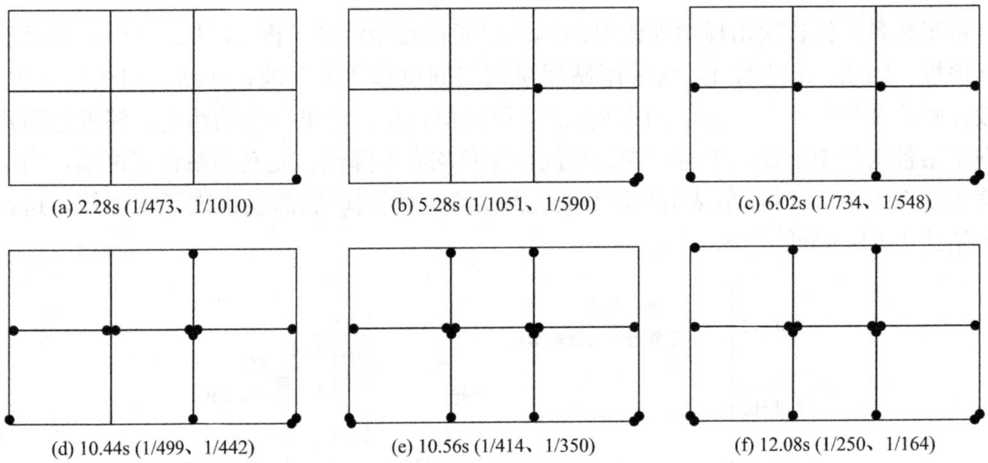

图 13　0.4g 人工波下邻近地面建筑车站塑性铰的发展

人工波下车站各构件首次出现塑性铰时结构的层间位移角见图 14。邻近地面建筑车站各构件塑性铰出现时对应的层间位移角比单一车站均明显降低；尤其是站台层侧墙，当层间位移角为 1/1010 时，车站站台层靠近地面建筑一侧侧墙底部就出现了塑性铰，这比单一车站的 1/641 降低了 36.5%。

综上，地面建筑的存在会显著加快车站各构件发生塑性变形。尤其是车站靠近地面建筑一侧侧墙底部，该位置产生塑性铰时车站的层间位移角比单一车站减小了 35%以上。

3.2　车站结构的破坏模式

由于场地的支撑作用，地下结构不会像地上结构一样当某一层纵向构件两端均出现塑性铰就发生倾倒破坏，如图 15(a)、(b)。因此，以往判定地上结构失效的方法在地下结构中并不适用。Wang[18] 提出，虽然场地会对地下结构有支撑作用，但是当任意构件上出现了 3 个塑性铰，地下结构也会发生破坏，如图 15(c) 所示。本文采用 Wang 的方法进行地下结构的倒塌破坏分析。

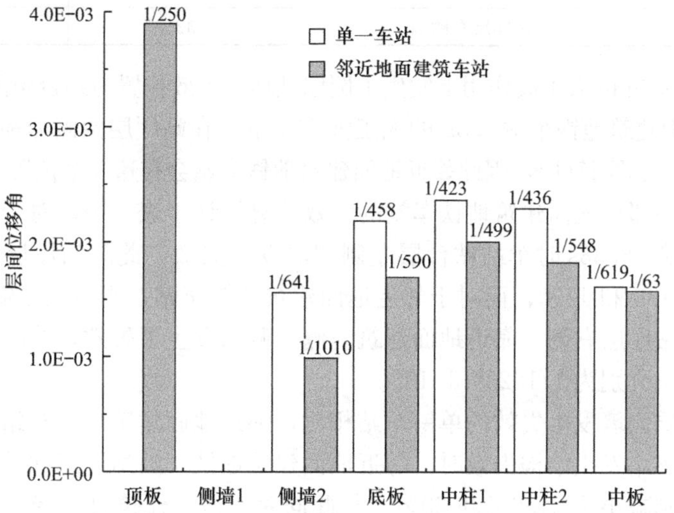

图 14　0.4g 人工波下地面建筑对车站塑性铰发展的影响

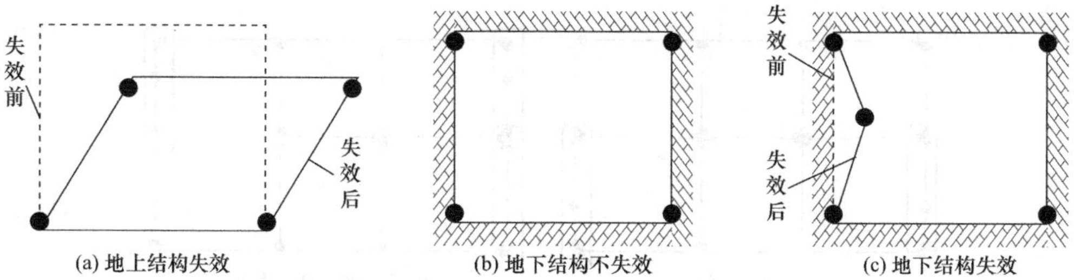

图 15　结构失效示意图

当输入 0.8g Kobe 波时，单一车站和邻近地面建筑车站最终的塑性铰分布如图 16 所示，车站的失效信息统计于表 5。单一车站所有构件均只有一两个塑性铰，因此其并不会发生结构失效。邻近地面建筑地铁车站在地震输入时间为 10.32s 时在站厅层右侧侧墙上出现了 3 个塑性铰，这说明邻近地面建筑地铁车站在该位置出现结构失效，倒塌破坏时车站顶、底两层层间位移角分别为 1/174 和 1/111。

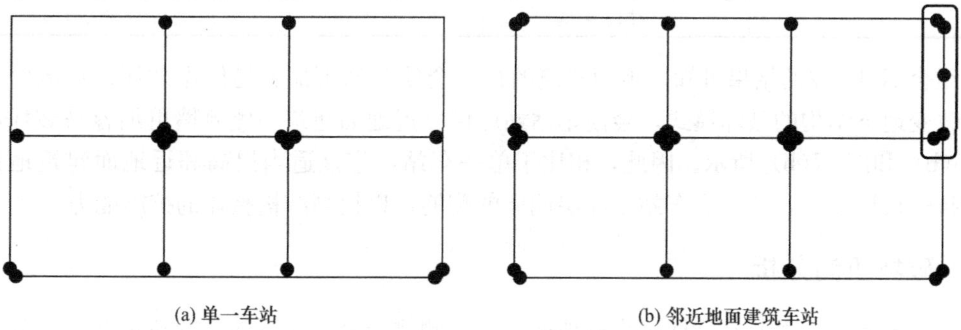

图 16　0.8g Kobe 波下车站塑性铰分布

Kobe 波下车站的失效信息 **表 4**

地面建筑	失效构件	失效时间（s）	失效层间位移角
无	—	—	—
有	站厅层右侧墙	10.32	1/174、1/111

单一车站在 0.8g 的人工波作用下发生了倒塌破坏，失效位置为站台层侧墙，如图 17(a) 所示。而邻近地面建筑地铁车站 0.8g 的人工波作用下会在站厅层两侧墙和站台层左侧侧墙出现 3 个塑性铰，见图 17(b)，因此邻近地面建筑地铁车站会在这 3 个位置发生倒塌破坏。

将单一车站和邻近地面建筑地铁车站的失效信息统计于表 5 中。对于单一车站，当地震动输入时间达到 18.38s 时车站站台层左侧侧墙发生失效，此时站厅层和站台层的层间位移角分别为 1/130 和 1/90；而对于邻近地面建筑地铁车站，当地震动输入时间为 8.44s 时车站结构就在站厅层右侧（靠近地面建筑一侧）侧墙发生了失效，此时车站站厅层和站台层的层间位移角分别为 1/162 和 1/108。

与仅在站台层侧墙发生失效的单一车站相比，邻近地面建筑地铁车站显然更加容易发生倒塌破坏。当车站发生结构失效时，邻近地面建筑地铁车站站厅层和站台层的层间位移角比单一车站分别减小了 24.6％和 20％。与此同时，地面建筑也改变了地铁车站的破坏模式——单一车站的站台层侧墙最先到达破坏，而邻近地面建筑地铁车站则是在站厅层靠近地面建筑一侧侧墙最先达到破坏。

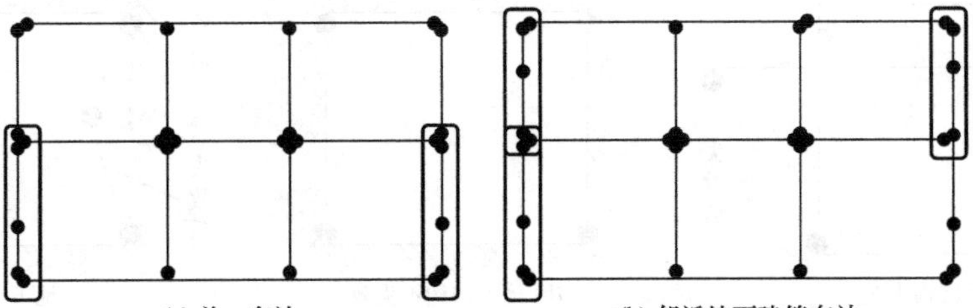

(a) 单一车站　　(b) 邻近地面建筑车站

图 17　0.8g 人工波下车站塑性铰分布

人工波下车站的失效信息 **表 5**

地面建筑	失效构件	失效时间（s）	失效层间位移角
无	站台层左侧墙	18.38	1/130、1/90
	站台层右侧墙	28.58	1/104、1/76
有	站厅层左侧墙	14.46	1/103、1/71
	站厅层右侧墙	8.44	1/162、1/108
	站台层左侧墙	18.46	1/90、1/60

结合 Kobe 波的结果可知，地面建筑的存在会使车站更加容易倒塌破坏；且地面建筑也会改变地下结构的破坏模式，会使车站站厅层靠近地面建筑一侧侧墙更加容易破坏，如图 16(b) 和图 17(b) 所示。因此，相比于单一车站，应该适当提高邻近地面建筑地铁车站的抗震设防要求，或加强车站站厅层侧墙的配筋，以提高结构整体的抗震能力。

3.3　破坏机制分析

站厅层侧墙，尤其是站厅层靠近地面建筑一侧侧墙会是邻近地面建筑地铁车站的抗震薄弱环节。其原因在于周边建筑在地震过程中产生的惯性力通过场地传递给地铁车站，车站站厅层侧墙受到的动土压力会增大很多。

图 18 为单一车站和邻近地面建筑车站右侧侧墙（靠近地面建筑一侧）的最大动土压力，可以明显看出周边建筑的存在增大了车站侧墙上的动土压力，尤其是在 0～4m 的区域，侧墙上的最大动土压力分别增大了 196％（Kobe 波）和 90％（人工波）。因此，邻近地面建筑地铁车站站厅层侧墙的内力响应势必会增大很多，容易在强震下发生结构失效。

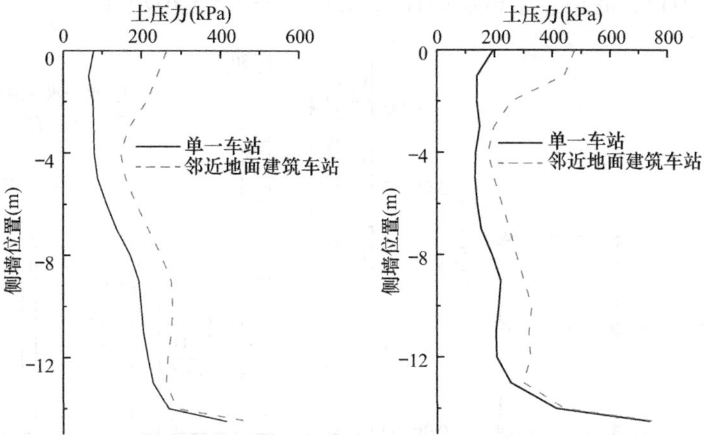

(a) Kobe波 (b) 人工波

图 18　车站右侧侧墙上的土压力

4　地震竖向分量的影响

4.1　车站塑性铰发展

邻近地面建筑车站在 0.4g 水平＋0.4g 竖向 Kobe 波作用下塑性铰的分布及发展情况见图 19。与仅输入水平地震波的结果相比，竖向分量对地铁车站塑性铰的分布影响不大，车站的塑性铰仍主要分布在站台层。其次，竖向地震的存在会在一定程度上加快车站各构件达到塑性变形，但整体影响并不大，考虑竖向地震后，车站各构件达到塑性时的层间位移角平均减小了 5.3％，见图 19(b)。

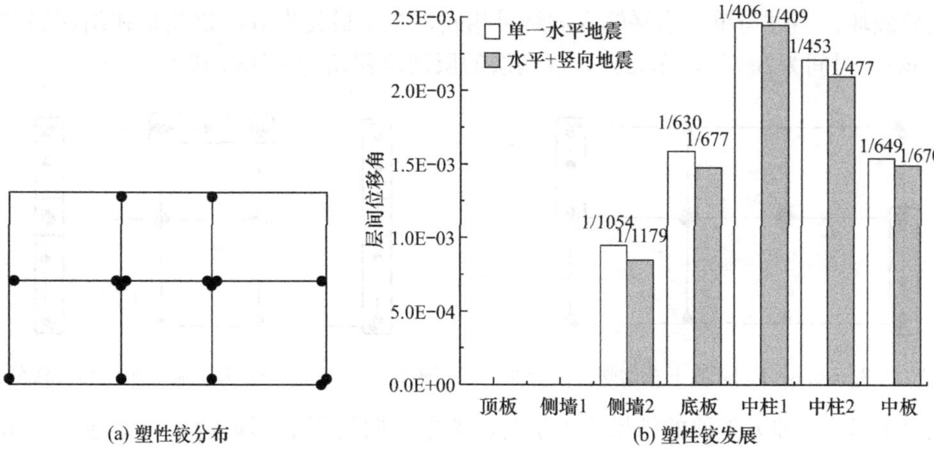

(a) 塑性铰分布 (b) 塑性铰发展

图 19　0.4g＋0.4g Kobe 波共同作用下车站塑性铰发展

邻近地面建筑车站在 0.4g 水平+0.4g 竖向人工波作用下塑性铰的分布及发展情况见图 20。与 Kobe 波作用下的结果相同，人工波竖向分量在一定程度上加快了车站结构各构件达到塑性变形，但整体影响并不大。考虑竖向地震后，车站各构件达到塑性时的层间位移角平均减小了 4%。此外，竖向地震的存在对车站各构件塑性铰出现的顺序影响很小。无论是否考虑竖向地震，邻近地面建筑地铁车站的塑性铰均始于站台层的右侧侧墙底部，之后依次在车站中板、底板、站台层中柱和站厅层中柱上出现塑性铰。

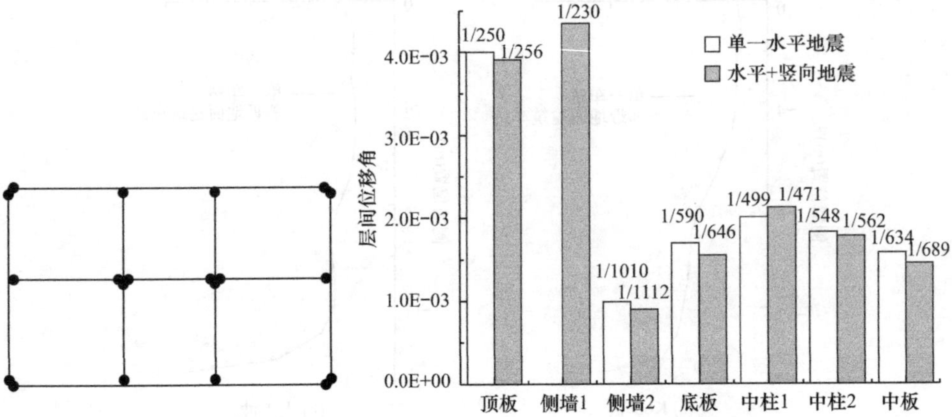

(a) 塑性铰分布　　(b) 塑性铰发展

图 20　0.4g+0.4g 人工波共同作用下车站塑性铰发展

4.2　车站结构的破坏模式

考虑竖向地震之后，地铁车站有两个构件出现了 3 个塑性铰，分别是站厅层右侧侧墙（靠近地面建筑一侧）和站台层左侧侧墙，如图 21 所示。因此，相比于单一水平地震（见图 16b），竖向地震的存在会使邻近地面建筑地铁车站更容易破坏。不过考虑竖向地震后，车站仍然是在站厅层右侧墙最先出现失效（地震动输入时间为 10.2s，此时车站顶、底两层的层间位移角为 1/187 和 1/120）。

当输入 0.8g 水平+0.8g 竖向人工波时，地铁车站有 5 个构件出现了 3 个塑性铰，如图 22 所示，分别是站厅层左、右侧侧墙，站台层左、右侧侧墙和顶板中部。从失效构件的数量和各构件达到失效时车站的层间位移角来看，考虑竖向地震后会使车站结构更容易达到失效破坏。不过与单一水平输入的结果相同，车站最先失效的仍然是在站厅层右侧墙（地震动输入时间为 8.38s，车站顶、底两层的层间位移角为 1/183 和 1/119）。

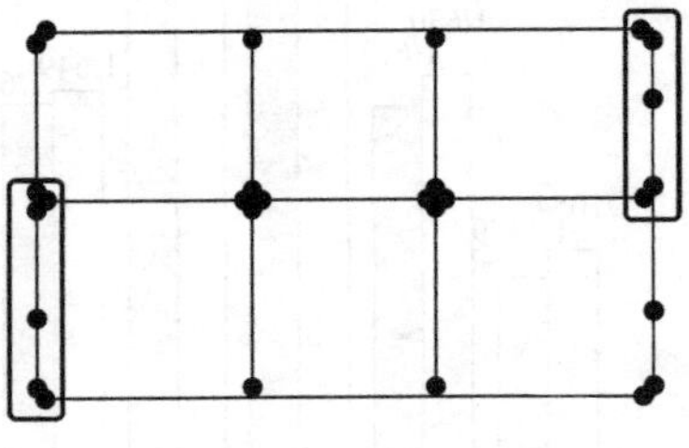

图 21　0.8g+0.8g Kobe 波下车站塑性铰分布

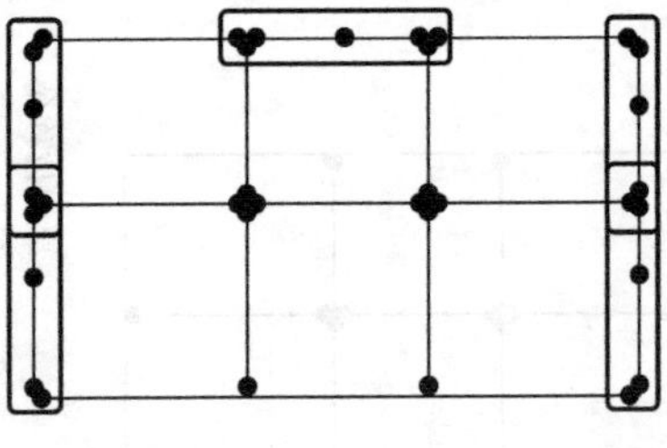

图 22　0.8g+0.8g 人工波下车站塑性铰分布

结合 Kobe 波和人工波的结果可以说明，考虑竖向地震后邻近地面建筑地铁车站的危险构件仍然是站厅层靠近地面建筑一侧的侧墙，且竖向地震对车站发生破坏时结构层间位移角的影响并不大。相比于单一水平输入的 Kobe 波，考虑竖向地震后车站达到失效破坏的顶、底两层层间位移角分别减小了 6.9%和 7.5%；而相比于单一水平输入人工波，考虑竖向地震后车站达到失效破坏的两层间位移角分别减小了 8.5%和 6.9%。

60.8*g*+0.8*g* Kobe 波下车站结构的失效信息 **表 6**

地震动输入	失效构件	失效时间（s）	失效层间位移角
S	站厅层右侧墙	10.32	1/174、1/111
S+P	站厅层右侧墙	10.20	1/187、1/120
	站台层左侧墙	10.44	1/165、1/107

0.8*g*+0.8*g* 人工波下车站结构的失效信息 **表 7**

地震动输入	失效构件	失效时间（s）	失效层间位移角
S	站厅层左侧墙	14.46	1/103、1/71
	站厅层右侧墙	8.44	1/162、1/108
	站台层左侧墙	18.46	1/90、1/60
S+P	站厅层左侧墙	13.12	1/117、1/85
	站厅层右侧墙	8.38	1/177、1/116
	站台层左侧墙	11.78	1/175、1/108
	站台层右侧墙	14.34	1/97、1/59
	中部顶板	19.06	1/93、1/63

5 结论

本文通过构建非线性地下车站-场地-地面建筑的静-动力耦合模型，对邻近地面建筑地铁车站在强震作用下的破坏特性进行了分析。通过与单一车站的结果进行对比，得到周边建筑对地铁车站非线性发展规律的影响以及邻近地面建筑地铁车站的抗震薄弱环节，并得到以下结论：

（1）地面建筑的存在会显著加快车站各构件塑性变形的发生，尤其是站台层靠近地面建筑一侧的侧墙底部，该位置产生塑性铰时车站的层间位移角比单一车站减小了 35%以上。

（2）地面建筑的存在不但会使车站更加容易发生失效破坏，也会改变地下结构的破坏模式。车站站厅层靠近地面建筑一侧侧墙会是邻近地面建筑地铁车站的抗震薄弱环节。因此，相比于单一车站，应该适当提高邻近地面建筑地铁车站弹塑性层间位移角的设防要求，并且在抗震设计时应加强邻近地面建筑地铁车站站厅层侧墙的配筋，以提高地铁车站的抗震能力。

（3）竖向地震会在一定程度上加快车站各构件达到塑性变形和破坏失效，但整体影响并不大，对车站弹性极限和弹塑性极限的影响均小于 10%。竖向分量的存在也不会改变车站塑性铰的发展规律和车站的抗震薄弱环节（即车站站厅层靠近地面建筑一侧侧墙）。

参考文献

[1] 庄海洋，吴祥祖，陈国兴. 考虑初始静应力状态的土-地下结构非线性静、动力耦合作用研究［J］. 岩石力学与工程学报，2011，30（S1）：3112-3119

[2] 庄海洋，陈国兴，胡晓明. 两层双柱岛式地铁车站结构水平向非线性地震反应分析［J］. 岩石力学与工程学报，2006，（S1）：3074-3079

[3] 陈磊，陈国兴，陈苏，龙慧. 三拱立柱式地铁地下车站结构三维精细化非线性地震反应分析 [J]. 铁道学报，2012，34 (11)：100-107
[4] Qiu D，Chen J，Xu Q. Improved pushover analysis for underground large-scale frame structures based on structural dynamic responses [J]. Tunnelling and Underground Space Technology，2020，103：103405
[5] 刘晶波，李彬，刘祥庆. 地下结构抗震设计中的静力弹塑性分析方法 [J]. 土木工程学报，2007，07：68-76
[6] 川岛一彦. 地下构筑物的耐震设计 [M]. 日本：鹿岛出版会，1994：43-60
[7] 王国波，王亚西，陈斌，于艳丽. 隧道-土体-地表结构相互作用体系地震响应影响因素分析 [J]. 岩石力学与工程学报，2015，34 (06)：1276-1287
[8] Miao Y，Zhong Y，Ruan B，et al. Seismic response of a subway station in soft soil considering the structure-soil-structure interaction [J]. Tunnelling and Underground Space Technology，2020，106：103629
[9] Zhu T，Hu J，Zhang Z，et al. Centrifuge Shaking Table Tests on Precast Underground Structure-Superstructure System in Liquefiable Ground [J]. Journal of Geotechnical and Geoenvironmental Engineering，2021，147 (8)：04021055
[10] Gillis K M. Seismic response of shallow underground structures in dense urban environments [D]. University of Colorado at Boulder，2015
[11] Kuhlemeyer RL，Lysmer. J. Finite element method accuracy for wave propagation problems [J]. Journal of the Soil Dynamics Division，1973，99：421-427
[12] Zienkiewicz O C，Bicanic N，Shen F Q. Earthquake input definition and the trasmitting boundary conditions [M]//Advances in computational nonlinear mechanics. Springer，Vienna，1989：109-138
[13] Li W，Chen Q. Effect of vertical ground motions and overburden depth on the seismic responses of large underground structures [J]. Engineering Structures，2020，205：110073
[14] Dong R，Jing L，Li Y，et al. Seismic deformation mode transformation of rectangular underground structure caused by component failure [J]. Tunnelling and Underground Space Technology，2020，98：103298
[15] 杨靖，云龙，庄海洋，等. 三层三跨框架式地铁地下车站结构抗震性能水平研究 [J]. 岩土工程学报，2020，42 (12)：2240-2248
[16] GB 50909—2014 城市轨道交通结构抗震设计规范. 北京：中国计划出版社，2014
[17] GB/T 51336—2018 地下结构抗震设计标准 [S]. 北京：中国计划出版社，2018
[18] Wang J N，Munfakh G A. Seismic design of tunnels [M]. WIT Press，2001

基金项目：国家自然科学基金资助项目（No. 52078033）
作者简介：邱滟佳（1994—），男，博士，主要从事地下结构抗震方面研究。

“低碳城市”理念下光伏发电系统在临建设施中的应用研究

黄　蜀　权利军

（中建五局第三建设有限公司，湖南 长沙，410000）

摘　要：低碳城市指以低能耗、低污染、低排放为发展模式及方向，契合“碳中和”环保理念，通过技术创新、新能源开发等多种手段，尽可能地减少石油、煤炭等高碳能源消耗，减少碳排放量，达到社会发展与环境保护双赢的一种城市发展形态。施工单位加强企业在“碳指标”市场的行业竞争力是必然趋势。本文依托西安幸福林带建设工程，介绍光伏发电系统在项目临建设施中的应用，以期为后续工程提供借鉴。

关键词：低碳城市；碳中和；光伏发电；幸福林带

Application research on temporary construction facilities of photovoltaic power generation system based on the concept of “low-carbon city”

Huang Shu　Quan Lijun

(China Construction Fifth Bureau Third Construction Co.，Ltd.，Changsha 410000，China)

Abstract：Low-carbon city refers to low energy consumption，low pollution，low emissions as the development mode and direction，fit “carbon neutral” environmental protection concept，through technological innovation，new energy development and other means，as far as possible to reduce carbon oil，coal and other high carbon energy consumption，reduce carbon emissions，achieve social development and environmental protection a win-win form of urban development. It is an inevitable trend for construction units to strengthen the industry competitiveness of enterprises in the “carbon index” market. Relying on the construction project of Xi’an Xingfu Forest Belt，this paper introduces the application of photovoltaic power generation system in the temporary construction facilities of the project，in order to provide reference for the subsequent projects.

Keywords：low-carbon city；carbon neutral；photovoltaic power generation；Xingfu Forest Belt

引言

低碳城市指以低能耗、低污染、低排放为发展模式及方向，契合“碳中和”环保理念，通过技术创新、新能源开发等多种手段，尽可能地减少石油、煤炭等高碳能源消耗，减少碳排放量，达到社会发展与环境保护双赢的一种城市发展形态。

1 背景及概况

目前，建筑行业“低碳城市”理念多数都趋向于设计施工成果，作为施工企业，过程中的措施亦不可忽视。尤其是在国家“碳达峰、碳中和”的大环境下，建筑行业作为碳排放“大户”，加强企业在未来“碳指标”市场的行业竞争力是必然趋势。

西安市幸福林带建设工程 PPP 项目建设内容包括综合管廊、地铁配套、地下空间、景观园林、市政道路等工程，建设周期长，体量大。本文以该工程为依托，介绍光伏发电系统在项目临建设施中的应用，以期为后续工程提供借鉴。

2 能源数据统计

本工程选用西安气象站为参考气象站，收集了西安气象站的太阳能辐射数据和日照时数等历史观测数据，以及 NASA 网站近年来的相关测算数据。利用耦合算法，推算出站址所在地的太阳能辐射等气象要素。

3 方案设计

3.1 光伏系统总体材料概述

项目部主要建设 42.75kW 的用户侧自发自用型分布式太阳能光伏发电工程。包括太阳能光伏发电系统及相应的逆变器设施，以 380V 电压等级接入电网，设计时根据屋顶光伏组件的容量和负荷大小合理划分 n 个阵列。

图 1　项目效果图

项目部南边屋顶南北长 6m，东西长 18m，总面积 108m²。分 3 排安装，每排 50 块，总共配备 150 块 285Wp 单晶硅光伏组件及配置相应光伏并网逆变器汇流并联上网。组件总重量约为 2790kg，支架总质量约为 1000kg，占地面积约为 108m²，每平方米平均承重为 2.79kg (图 1)。

3.2 光伏组件的选择

本光伏系统采用 285Wp 单晶硅组件，与其余组件相比，该组件有以下优点：

(1) 晶体硅光伏组件技术成熟，且产品性能稳定，使用寿命长；

(2) 商业用化使用的光伏组件中，单晶硅组件转换效率最高，多晶硅其次，但两者相差不大；

(3) 晶体硅电池组件故障率极低，运行维护最为简单；

(4) 在屋顶上使用晶体硅光伏组件，安装简单方便，布置紧凑，可节约场地；

(5) 尽管非晶硅薄膜电池在价格、弱光响应、高温性能等方面具有一定的优势，但是使用寿命期较短，转换率低，只有13.9%，因此对后期收益会有很大的影响。

因此，综合各种因素，考虑到晶硅电池组件的成熟性和性价比，并且在国内外大规模使用，出货速度快，本工程拟选用285Wp单晶硅电池组件。

3.3 光伏支架的选择

此次分布式光伏发电系统主要建设地位于幸福林带项目部屋顶。考虑到使用寿命、周转特性及屋顶承重等因素，在彩钢瓦屋顶统一采用铝合金材料作为支架主体，重量轻且强度大，排布方式采用平铺的铺设方式。材料本身耐腐蚀性优异，完全能够满足户外长时间使用的要求。光伏方阵根据项目部的建设要求，用0°固定角度，平铺方式安装，采用焊接方式固定光伏支架。考虑到西安市盛行东北风，光伏组件钢结构支架必须在多年极大风速下保持稳定。

4 效益分析

4.1 直接效益

根据项目2017～2020年（4年）实际发电量，施工用电以1.2元/度统计，经济效益见表1。

首次投资经济效益统计表 **表1**

序号	项目	计划经济效益	实际经济效益
1	系统总投资	29.9万元	
2	日发电量	171kW·h	142.5kW·h
3	年发电量	6.2万kW·h	5.2万kW·h
4	施工用电成本节省	37.2万元	31.2万元

此表仅为项目首次使用收益，考虑材料损耗等因素，后续周转经济效益预估见表2。

后续周转经济效益预估 **表2**

上年发电量（万kW·h）	损耗率	下年度年发电量（万kW·h）
5.20	11%	4.63
4.63		4.12
4.12		3.67
3.67		3.26
3.26		2.90
2.90		2.58
合计（万kW·h）	21.16	
年平均发电量（万kW·h）	3.53	
预计效益（万元）	25.39	

注：1. 预计周转项目次数为2次；
2. 预计项目年限为3年；
3. 预计组件损耗率为11%/年（前4年实测数据）。

4.2 间接效益

（1）综合实际与预估数据，光伏发电系统10年内年平均发电量4.2万kW·h，总发电量 41.96 万 kW·h。在全国雾霾形势严峻的情况下，每年相当于节约了 16800kg 标准煤，同时减少 11424kg 碳粉尘、41874kg 二氧化碳（CO_2）、1260kg 二氧化硫（SO_2）、630kg 氮氧化物（NO_x）排放，可有效降低施工企业碳排放量，一定程度上加强了建筑企业在未来“碳指标”市场下的行业竞争力。

（2）项目临建屋顶大面积铺设光伏发电组件，可有效地使项目二层房间室内温度降低 3～4℃，间接地节省了空调费用。

5 总结与展望

随着近年光伏发电技术不断改进，以及 2020 年 6 月 2 日，国家市场监督管理总局、中国国家标准化管理委员会发布光伏标准《分布式光伏发电系统集中运维技术规范》GB/T 38946—2020，光伏发电系统的实用性、规范性大大增强，为下步工作提供了重要指导依据。

“低碳”不能仅仅局限于施工成果，施工企业在过程中的措施对企业本身更为重要，光伏发电系统在临建设施中的应用是建筑施工企业紧跟“碳中和”政策的一次尝试性实践。就行业发展而言，该类型的尝试是可取的，也是必要的，是建筑企业向“低碳”转型必经的一个过程。

通过项目数据对比可知，光伏发电系统确实可以有效节省项目施工用电成本，后续周转产生的效益可观。尤其是在“碳达峰、碳中和”的大环境趋势下，可有效增强建筑施工企业在未来“碳指标”市场下的行业竞争力。

对于目前建筑行业工期普遍为 2～3 年的情况，成本控制是重点，成本控制的重心又在于设备周转与二次投入。因此，合理的结构设计及安装方式，尤其是“小区块分解周转，矩阵式安装固定”模式如何落实是下步实践的重、难点。

参考文献

[1] 李绪光．太阳能光伏并网发电施工技术解析［J］．大众标准化，2021（6）：172-174

[2] 陈梓毅，曹烨，邱国玉．城市分布式光伏发电的经济和环境效益实证分析［J］．生态经济，2018（6）：100-105

[3] 李娟，丁蕾，王娅．太阳能光伏发电技术在绿色建筑中的应用分析［J］．沈阳工程学院学报（自然科学版），2018，14（1）：1-4，22

[4] 李伟．太阳能光伏发电技术应用现状及未来发展趋势研究［J］．江苏科技信息，2018，35（24）：54-56

基于BIM+的单檐歇山屋面钢筋工程质量把控

郑泽伟　张　鹏　张　桐

（中国建筑一局集团第二建筑有限公司，北京，102699）

摘　要：坡屋顶是中国古典建筑屋顶中的典范，以其优美的外观、丰富的立面造型、防渗漏、不易积水等显著特点，被越来越多的人青睐。歇山顶是坡屋顶的一种，又称九脊殿、九脊顶，即由一条正脊、四条戗脊、四条垂脊组成。歇山顶多用于规格较高的建筑当中，如天安门、故宫太和殿、保和殿等。使用现代的钢筋混凝土材料进行复杂的坡屋面施工，对钢筋的绑扎、定位、排布要求是极其高的。通过智能放样机器人对钢筋进行精准定位，施工完成后使用三维扫描仪对钢筋完成质量进行复测，可对钢筋工程施工过程中的精度、质量进行精准把控。

关键词：坡屋面结构；仿古屋面；BIM；智能放样机器人；三维扫描仪

BIM+based quality control of single eave Xieshan roof reinforcement project

Zheng Zewei　Zhang Peng　Zhang Tong

(China Construction Second Engineering Bureau Co., Ltd., Beijing 102699, China)

Abstract: Sloping roof is a model of Chinese classical architectural roof. It is favored by more and more people because of its beautiful appearance, rich facade modeling, anti leakage and not easy to accumulate water. Xie hilltop is a kind of slope roof, also known as nine ridge hall and nine ridge top, which is composed of one main ridge, four berm ridges and four vertical ridges. Xie peak is mostly used in buildings with higher specifications, such as Tian'anmen Gate, Taihe Hall of the Forbidden City, Baohe Hall, etc. When using modern reinforced concrete materials for complex slope roof construction, the requirements for reinforcement binding, positioning and arrangement are extremely high. The reinforcement is accurately positioned by the intelligent setting out robot, and the finished quality of the reinforcement is retested by the three-dimensional scanner after the construction is completed, which can accurately control the accuracy and quality in the construction process of the reinforcement project.

Keywords: sloping roof structure; antique roof; BIM; intelligent lofting robot; 3D scanner

1　工程概况

门急诊医技病房综合楼（医疗用房）等8个［中国医学科学院整形外科医院改扩建工

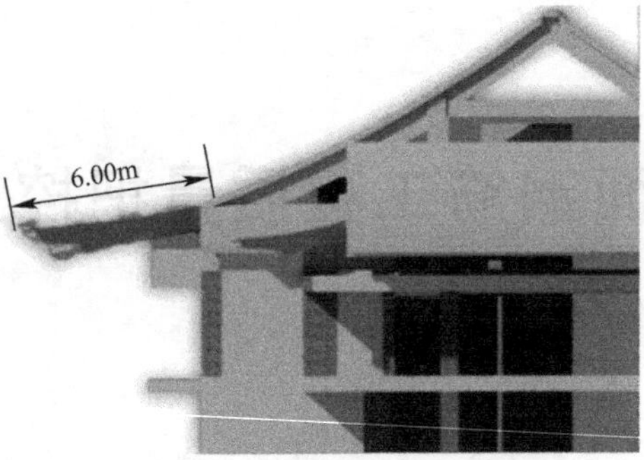

图1　屋面悬挑结构示意

程（Ⅰ期）］项目位于北京市石景山区，总建筑面积为 79434m²，地上4层，地下2层，工程主体部分为混凝土框架-剪力墙结构，屋面部分采用单檐歇山式屋顶，保留了其传统风貌建筑的特点，由医技病房综合楼、动物实验楼以及保留建筑行政楼组成古典式园林建筑群。综合楼包括7个大小不同的屋面，屋面梁由3个半径不同的圆弧构成，其弧度各不相同，最长悬挑达6m（图1）。相较于平屋面工程，斜屋面的钢筋工程更为复杂，面对这样一种结构形式复杂的屋面，对钢筋的施工精度控制有着很高的要求。

2　利用BIM技术辅助钢筋施工的意义

钢筋工程为主体结构分部工程中的分项工程之一，作为结构的主要受拉构件，钢筋的安装质量好坏会直接影响到结构的整体强度、承载能力和抗震性能等，以至于影响结构的安全和使用寿命，足以说明钢筋工程对于建筑工程的重要性。由于钢筋需要通过排布、绑扎/焊接成活，且钢筋根据构件的部位、属性不同其种类也丰富多样，因此在体量大、节点复杂的情况下易出现各种因安装导致的质量问题。通过BIM技术的可视性强、数据集成能力高的特点，可对钢筋在施工过程中的质量进行严格把控，减少误差。

3　工程技术难点

3.1　节点处钢筋排布复杂

现场梁截面尺寸偏大（图2），合模前钢筋要绑扎到位，尤其是底部箍筋和腰筋；现场梁交错复杂，碰撞处多、跨度大，斜梁钢筋插入梁柱节点难，直螺纹连接安装难；梁底多排钢筋密集，因排距过大而需重新穿插钢筋费时费力；回形板浇筑混凝土前注意斜梁两端梁底钢筋保护层，注意下部梁的截挡；斜梁与平梁相交处箍筋为开口箍筋，绑扎牢固，所有箍筋必须垂直于梁方向布置，不可水平布置。

3.2　屋面多弧度

屋面由3个半径不同的圆弧构成，坡度较大（13°～44°）（图3），在钢筋施工过程中需严格对梁板钢筋的弧度、间距与位置进行精准定位，避免在后期安装模板、浇筑混凝土后，形成的整体混凝土屋面外观起伏不定，达不到均匀一致、协调美观的效果。

3.3　角梁端部造型复杂

悬挑端造型存在多处变截面，端部形状十分复杂（图4），算上所有悬挑端造型初步估计共需285个不同空间位置的圆心点，由于角梁端部在仿古建筑屋面中起主要装饰作用，因此该位置对钢筋的排布要求极高。

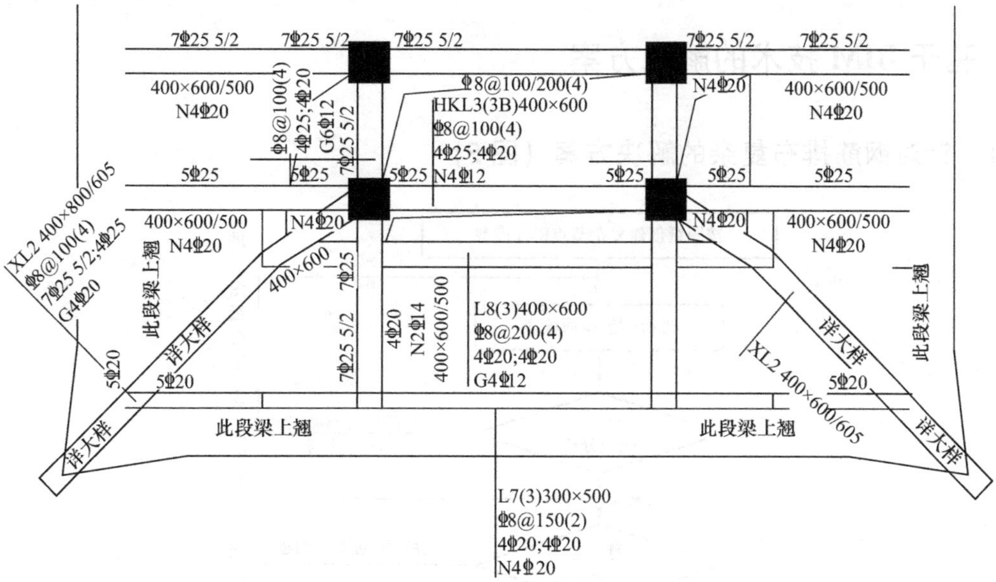

图 2　屋面配筋

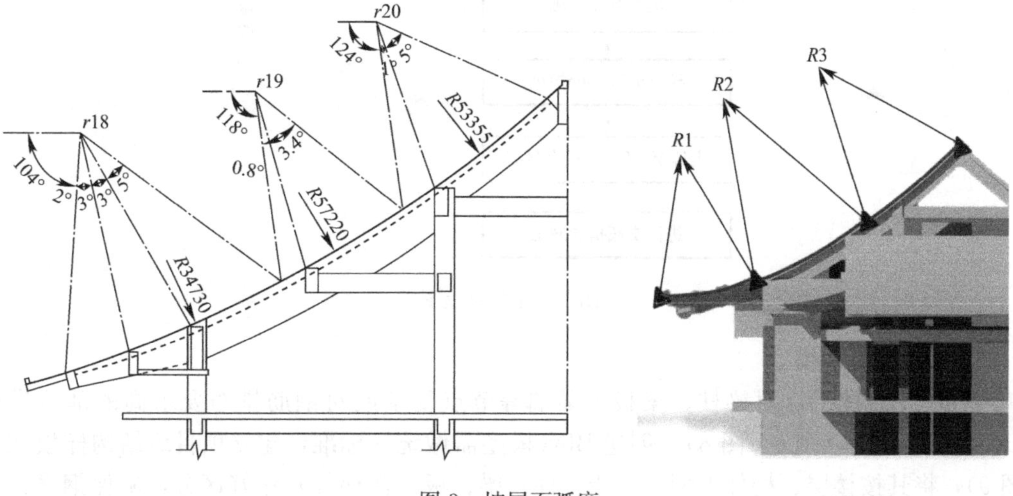

图 3　坡屋面弧度

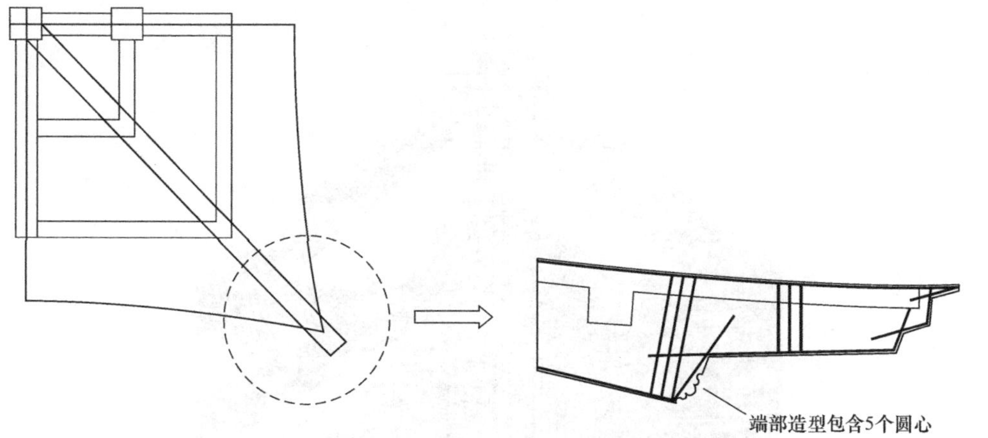

图 4　角梁端部构造

4 基于BIM技术的解决方案

4.1 针对钢筋排布复杂的解决方案（图5）

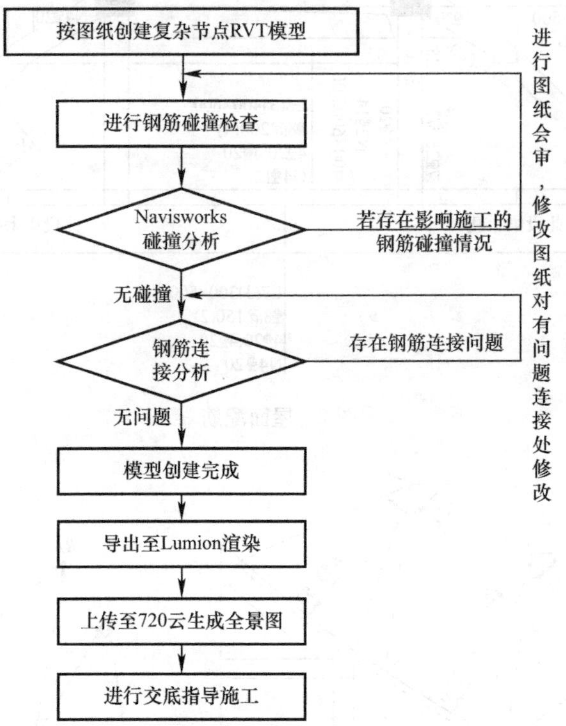

图5 方案流程图

4.1.1 创建Revit模型

根据CAD图纸，对梁柱、梁板、梁端等节点复杂或对钢筋排布要求高的部位进行BIM模型的建立（图6～图8）。创建BIM模型需做统一标准，建立项目级结构样板文件（图9），将其按楼层、构件类型（如墙、柱、梁、板、楼梯等）作好区分，确保钢筋标识准确无误。同时，确保模型构件的尺寸、位置、标高等相关参数与设计图纸信息一致。

图6 坡屋面钢筋排布

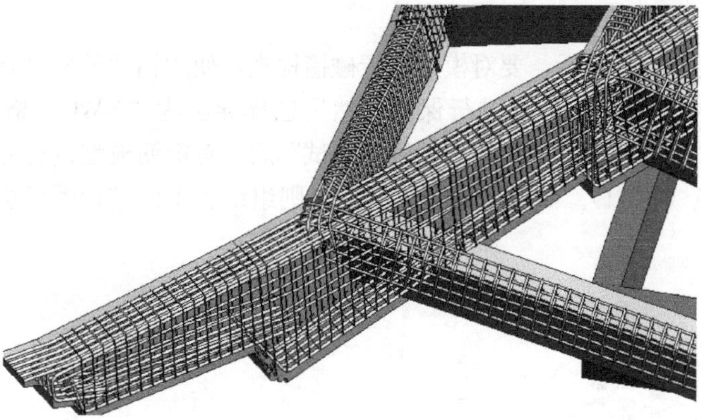

图 7　角梁端部钢筋排布

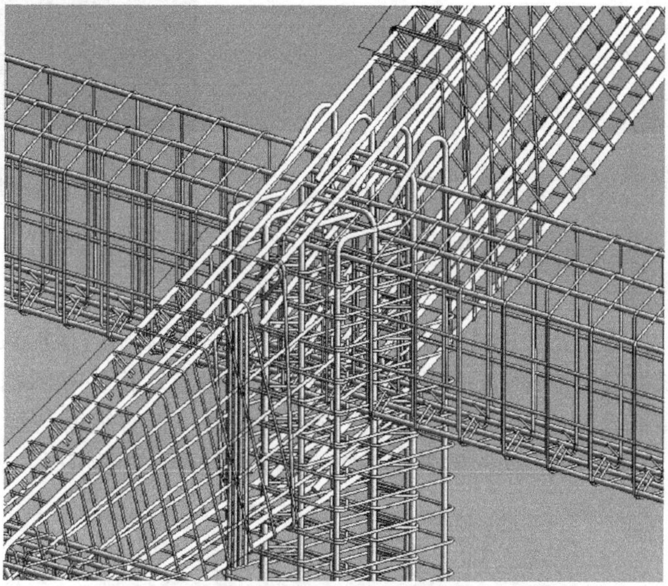

图 8　梁柱复杂节点模型

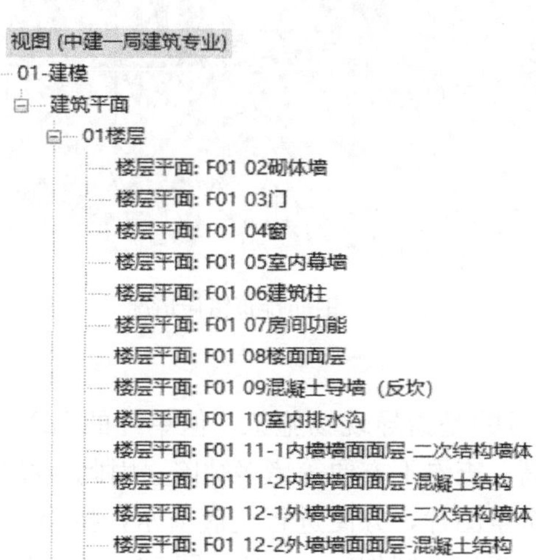

图 9　项目级样板文件

4.1.2 模型碰撞检查

当钢筋模型建立完毕之后，要对模型进行碰撞检查，使用错误的模型指导施工会造成不可估量的损失。在 Revit 中对模型进行保存，然后选择导出为“NWC”格式文件（图 10），在常用面板内的“工具”命令中，找到“添加测试”后，对钢筋模型进行碰撞检测，如有碰撞会显示红绿两色（图 11）。如碰撞是图纸问题，则组织各单位进行图纸会审，对图纸重新进行修改。

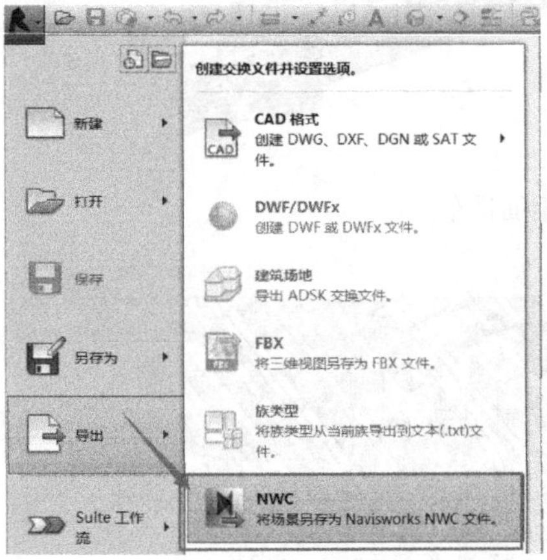

图 10 “NWC”格式文件导出过程

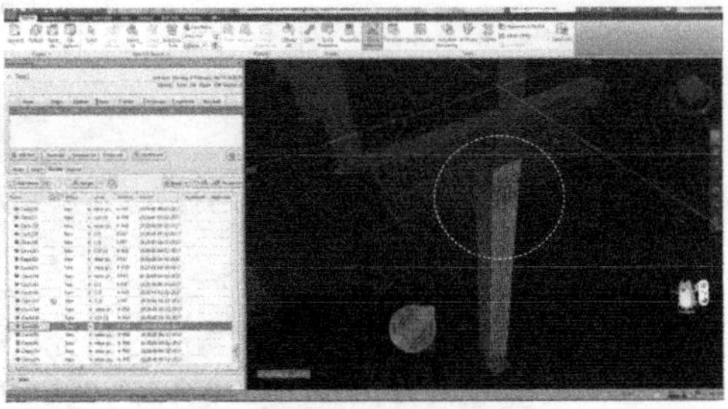

图 11 碰撞检测

4.1.3 钢筋连接分析

碰撞检查后，还需对钢筋的连接部位进行检查。如钢筋采用搭接形式，则观察搭接部位是否存在搭接长度过长/不足，搭接位置有偏差，搭接方式错误等问题；对于梁柱箍筋部位，则需对照图纸看其是否满足箍筋弯折角度，以及是否有纵筋与箍筋连接不规范之处，图 12 标明了模型中屋面梁的纵筋未正确穿过箍筋弯钩的错误情况，需进行调整。

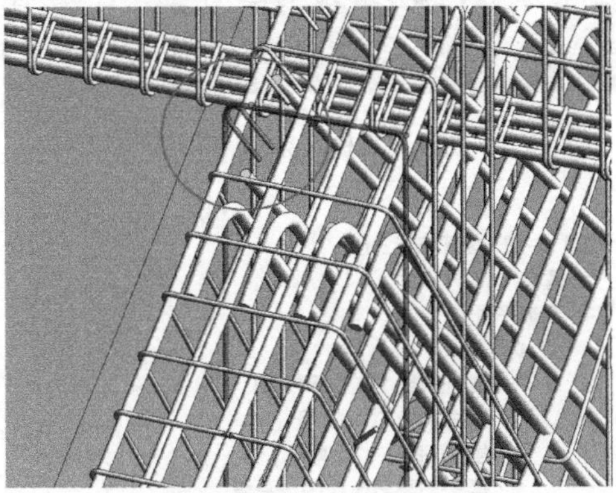

图 12 钢筋排布错误情况

4.1.4 模型创建完成

创建 BIM 模型的最终目的是指导现场施工，但单纯的 BIM 模型存在可视角度受限、信息集成度低、硬件要求高、查看不方便等诸多缺陷。因此，经过一系列调整确保模型准确无误后，将其制作成为全景图片，方便进行交底演示，指导施工。首先，在 Revit 中根据自身需求选择不同的精细程度，制作 dae 文件（图 13）。将制作好的 dae 格式文件在 Lumion 中打开，对钢筋、混凝土进行相应的材质调整（图 14）。在 Lumion 全景模式下渲染出全景图片（图 15），最终上传至 720 云，将图纸中的钢筋信息作为热点添加至全景图片中（图 16），最后生成可分享二维码，供项目人员进行查看。

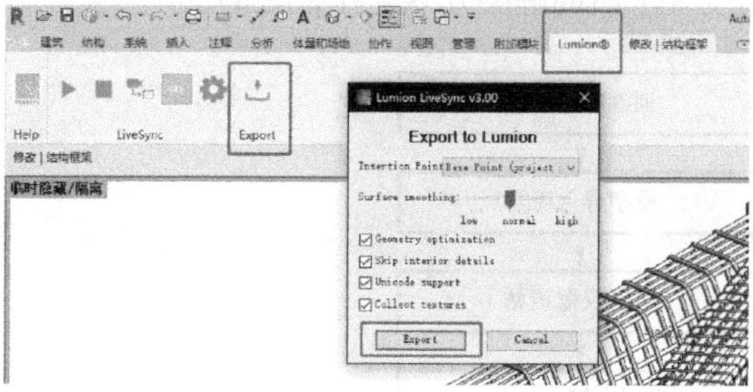

图 13　导出“dae”文件

图 14　调整构件材质

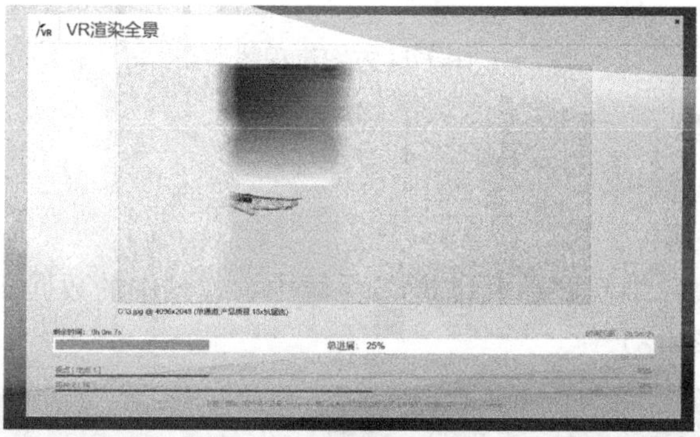

图 15　渲染全景图

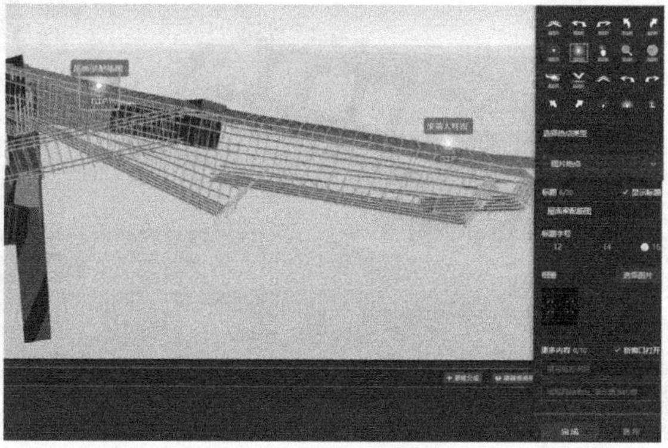

图 16　为全景图添加热点

4.2　针对坡屋面弧度精度要求高的解决方案

针对坡屋面弧度精度要求高的解决方案流程见图 17。

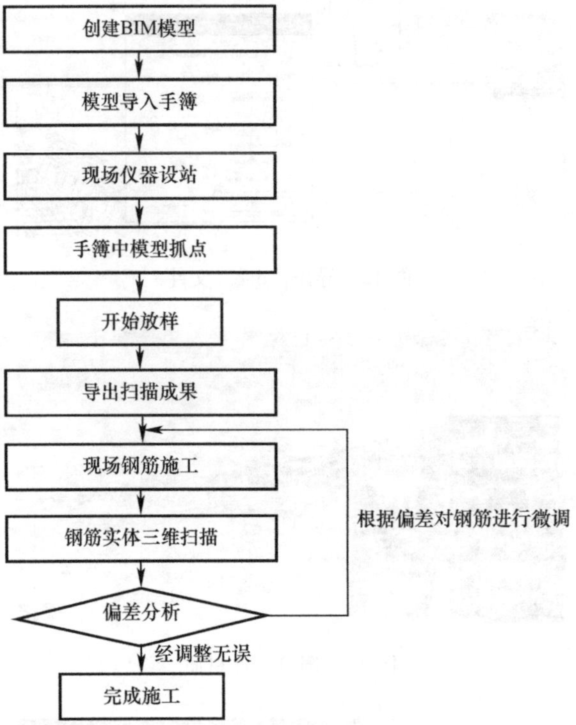

图 17　方案流程图

4.2.1　创建 Revit 模型

同 4.1.1。

4.2.2　将模型导入手簿

将建立好的 Revit 三维模型导入到 RTS 手簿中，模型中的数据会转换为现场的精准的空间坐标定位信息（图 18）。

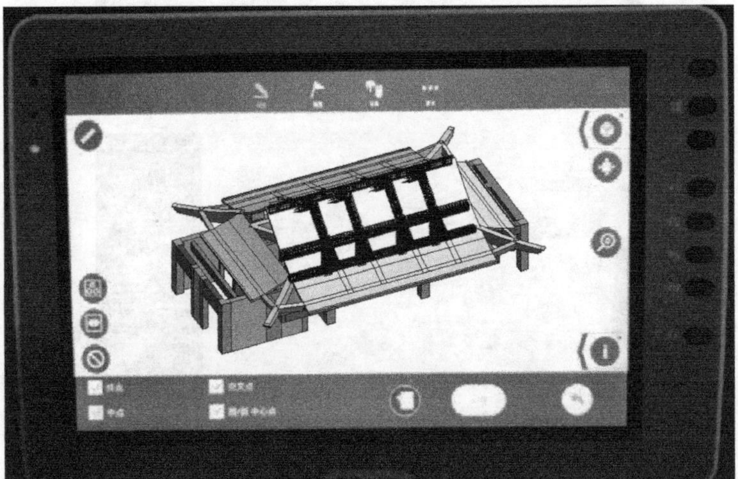

图 18　将 BIM 模型导入手簿

4.2.3 仪器设站

将模型导入手簿后，开始现场放样工作。首先是仪器设站，仪器设站是放样的基础工作。选取一片较为平整的空地，将 RTS 智能放样机器人（后简称为仪器/放样机器人）摆放平整后，通过已知控制点便可快速进行设站并自动调平，再通过照准至少两个后视点来对仪器本身在该空间的坐标进行确定。注意：在设站过程中，要保证棱镜不受施工现场的构件或物品遮挡。

在选取后视点时，宜将两后视点与放样机器人的连线夹角控制在 45°～135°之间。如无法满足该角度，则需增设控制点以满足空间定位要求（图 19）。

本项目采用选取 2 个控制点的方法，在西南侧 4 层屋面板处进行仪器设站。在手簿中选择自动校准后，放样机器人使用激光扫描追踪到棱镜位置，并通过与两个后视点相交，以建立该空间的三维坐标系。

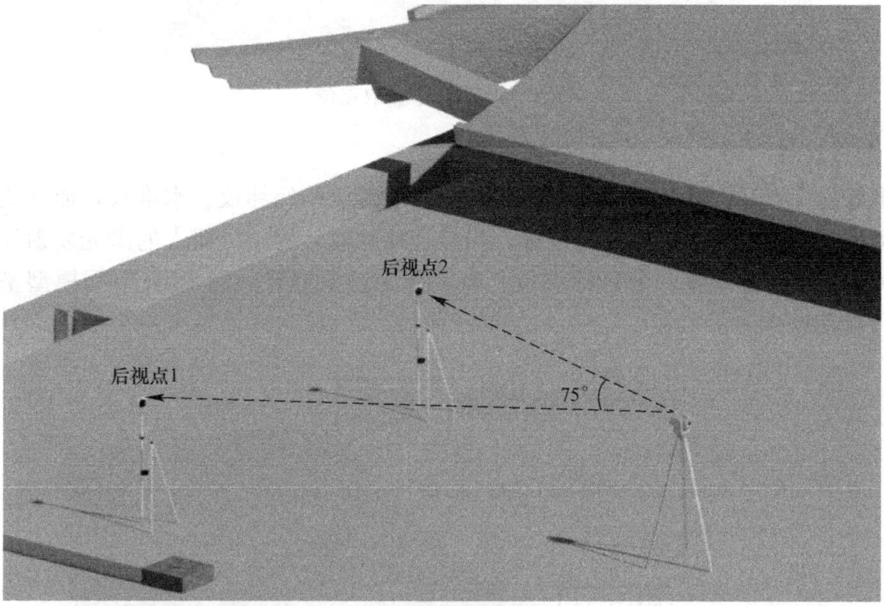

图 19 增设后视点

4.2.4 在手簿中进行模型抓点

由于坡屋面梁由 3 个半径不相同的圆弧组成，要确定弧度，首先要确定该弧度的起点、重点及半径。因此，选择 7 个目标点来控制一根梁的三段弧度。

模型抓点有两种方法：在 BIM 模型上直接创建点位（图 20）或在手簿中进行抓点（图 21）。抓点完成后，要对所抓取的目标点位进行编号并储存该点位的信息数据，抓取精确的目标点位可保证现场的放样点位准确无误，从而确保梁的钢筋绑扎完成后有着与图纸中几乎一致的外形。

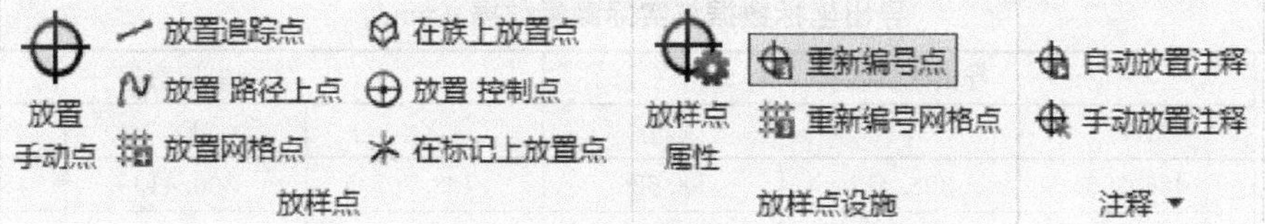

图 20 在模型中创建点位

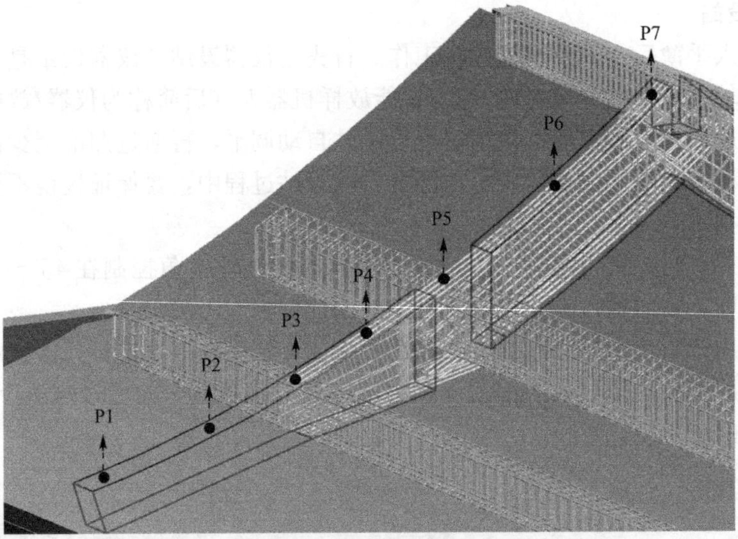

图 21　在手簿中抓取点位

4.2.5　现场放样

抓取好目标点后，开始进行放样工作。不同于传统的经纬仪、水准仪，放样机器人可依靠自动锁定技术自行捕捉棱镜的坐标。当棱镜移动时，放样机器人的激光发射器也将随之移动，以确保跟踪到每一个目标点位。在手簿中，根据导入的 BIM 空间模型坐标数据开始进行自动放样（图 22）。

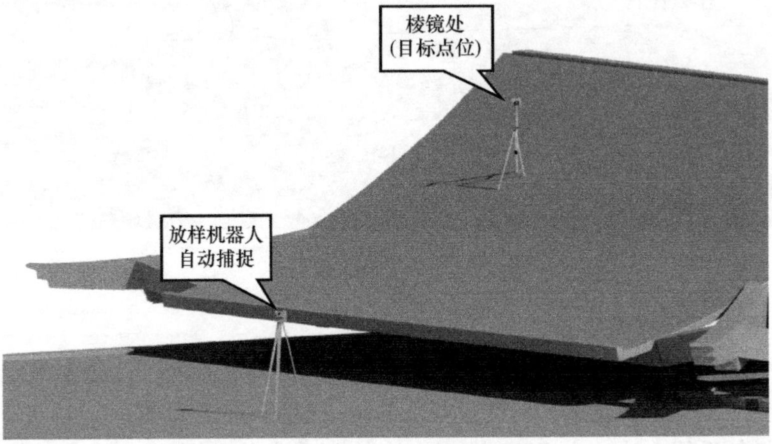

图 22　自动放样示意

本项目实际施工过程中，通过使用 RTS 智能放样机器人对一处屋面梁进行试放样后，将导出的坐标数据与现场实际测量数据进行比较，数据见表 1。

导出坐标数据与实际测量数据（mm）　　**表 1**

目标点位	导出坐标数据			实际坐标数据		
	X_1	Y_1	Z_1	X_2	Y_2	Z_2
P1	486.306	308.413	88.626	488.307	308.413	90.638
P2	490.122	313.421	93.126	420.124	314.522	93.127
P3	493.428	324.345	99.626	491.426	326.557	98.627

续表

目标点位	导出坐标数据			实际坐标数据		
	X_1	Y_1	Z_1	X_2	Y_2	Z_2
P4	499.540	333.486	104.547	499.542	333.486	102.545
P5	505.082	345.962	111.127	506.093	343.960	111.129
P6	513.111	351.156	126.043	513.114	351.157	127.355
P7	528.643	362.456	133.183	529.844	363.457	132.182

偏差值

ΔX	ΔY	ΔZ
2.001	0.000	2.012
1.002	1.101	0.001
−2.002	2.212	−1.001
0.002	0.000	−2.002
1.011	−2.002	0.002
0.003	0.001	1.312
1.201	3.001	−1.001

由表 1 可见，平均偏差值仅为 0.326mm，可见使用 RTS 智能放样机器人进行坡屋面梁钢筋弧度放样的结果极其精确，其偏差低于轴线投测的最大允许偏差值±3mm。经验证该方案可行，采用此方法对整个屋面钢筋工程的施工进行把控，当钢筋施工完成时，对现场进行钢筋工程验收，得到表 2 中的数据。使用 RTS 智能放样机器人对坡屋面钢筋弧度与定位进行把控，将其合格率控制在了 90%以上。其中 4 号小屋面在实际放样过程中由于目标点受木模板遮挡，导致 3 根纵筋未达到合格要求，经后期调整已使其符合要求，即便如此，钢筋施工的合格率仍高达 91.82%。

屋面钢筋弧度及定位合格率检查表 **表 2**

检查部位	1号小屋面	2号大屋面	3号小屋面	4号小屋面	5号大屋面	6号小屋面	7号大屋面	合格率
检查数	10	20	10	10	20	10	30	91.82%
合格数	9	18	10	7	19	9	29	
不合格数	1	1	1	3	0	1	1	

由此可见，在传统放样方式难以精确控制钢筋的弧度及定位时，采用 BIM 模型结合智能放样机器人可解决这一难题，且较大地节约了时间成本。

4.2.6 钢筋实体三维扫描

采用三维激光扫描仪对屋面钢筋进行全方位扫描，将扫描出的点云数据与 BIM 模型中的数据进行对比及偏差分析。为保证扫描后点云数据的完整性与准确性，在扫描时应单次设站，一次完活；且由于是屋面位置，要注意周围是否有树木遮挡，应提前做好准备工作以保证产出优质数据。

将扫描出的点云数据导出至 Trimble Field Link 软件中（图 23），去除多余的噪点模型及其他无用信息。处理后可得到轮廓清晰的模型线图（图 24），然后逆向建模并与原 BIM 模型（图 25）进行对比分析，得出分析图（图 26）。

通过偏差分析生成的柱状图可观察出 BIM 模型与现场实际差距，再对 BIM 模型进行调整使其接近结构真实尺寸，保证 BIM 模型的精确度达到 LOD500 水平。对于部分合同中明确有 BIM 模型交付运维的项目，高精度的模型有很大帮助。

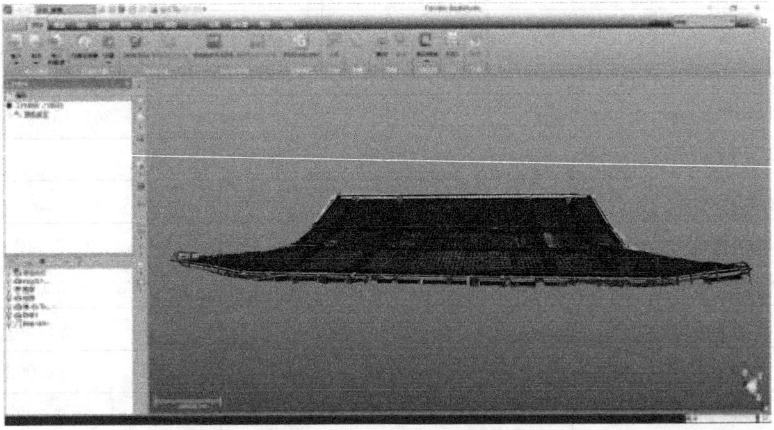

图 23　点云模型导入软件中

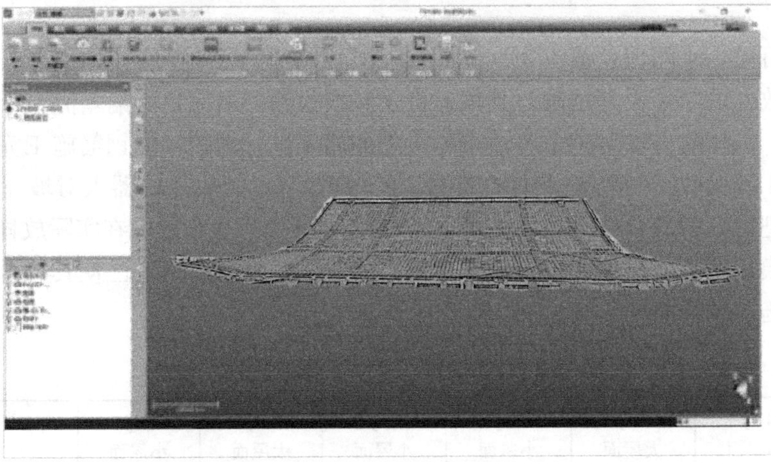

图 24　软件处理后的轮廓线图

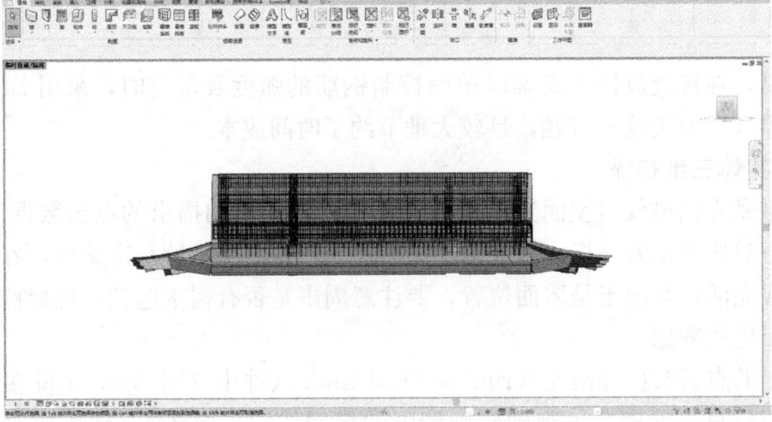

图 25　BIM 模型原图

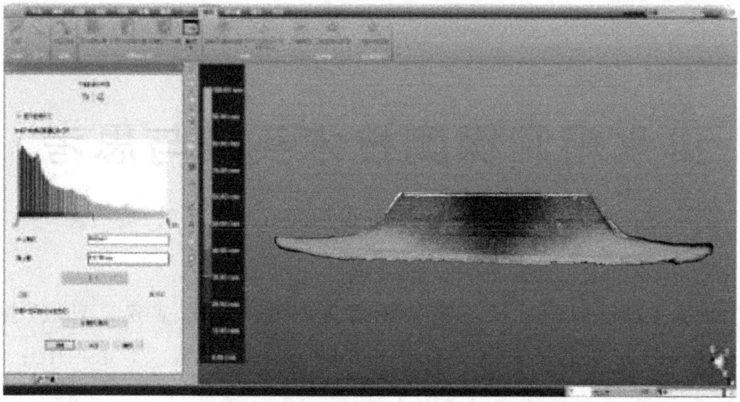

图 26　对比分析图

5　结论

随着社会的发展与进步，BIM 技术逐渐成为建筑施工领域中的常用辅助技术手段，尤其针对一些常规方法无法达到精度要求的难题，通过使用 BIM 技术可简单、高效地解决。在 BIM 模型、三维扫描仪、RTS 智能放样机器人的帮助下，中国医学科学院整形外科项目在单檐歇山屋面钢筋施工质量上做出了高精度、低误差、零拆改的优秀成果；同时，相比于传统的测量放样、质量验收方法，采用 BIM+技术节约了大量的时间、劳动力成本；本项目作为少见的仿古建筑工程，采用 BIM+技术控制钢筋施工质量的方法对今后的其他类似工程起到引导及借鉴作用，造成深远影响。

参考文献

［1］ 丁锐，牛少儒. 三维激光扫描技术在工程测量中的应用前景分析［J］. 河南科技，2014，39 (7)：18
［2］ 李佐军，刘世斌，都书巍等. BIM 技术在钢筋工程方面的应用［J］. 建筑技术开发，2019，46 (20)：99-100

作者简介：郑泽伟（1996—），学士，工程师。主要从事仿古建筑类、改造类建筑工程施工管理工作。
张　鹏（1984—），学士，高级工程师。主要从事国家重点工程施工管理工作。
张　桐（1987—），学士，工程师。主要从事改造类、超高层类建筑工程施工管理工作。

排水箱涵探测技术实践与思考

马圣敏[1,2]　伍　亮[3,4]　程　明[3,4]

（1. 长江勘测规划设计研究有限责任公司，湖北 武汉，430010；
2. 流域水安全保障湖北省重点实验室，湖北 武汉，430010；
3. 长江地球物理探测（武汉）有限公司，湖北 武汉，430000；
4. 城市智慧管网湖北省工程研究中心，湖北 武汉，430062）

摘　要： 城市排水箱涵的空间分布呈现不规则性，其探测精度对市政给水排水工程施工影响较大，现有技术难以实现复杂排水箱涵高效、精准探测，以至于市政工程中容易出现新建管道与现状箱涵碰撞的情况，导致严重设计变更，给工程造成了重大影响。为了准确探明地下暗涵的空间分布特征，采用了宏观与微观探测结合，物探与钻探结合的方式，形成了一套排水箱涵的综合探测技术体系，该技术体系在临湘水环境治理工程中进行了实践应用，取得了较好的应用效果。

关键词： 市政工程其他学科；磁电阻率法；微动法；示踪法；钻探；排水箱涵

Research and practice of detection technique on drainage culvert

Ma Shengmin[1,2]　*Wu Liang*[3,4]　*Cheng Ming*[3,4]

（1. Changjiang Institute of Survey，Planning，Design and Research，Wuhan 430010，China；
2. Hubei Key Laboratory of Basin Water Security，Wuhan 430010，China；
3. Changjiang geophysical exploration testing Co.，Ltd.，Wuhan 430010，China；
4. Urban Smart Pipe Network Engineering Research Center，Wuhan 430062，China）

Abstract： The spatial distribution of urban drainage culverts presents irregularities，the detection accuracy of drainage culverts has a great influence on the construction of municipal water supply and drainage projects. Existing detection technology is difficult to achieve efficient and accurate detection of complex drainage culverts，so that the collision between the new pipeline and the existing culvert is easy to occur in the municipal engineering. This resulted in serious design changes，which had a significant impact on the project. In order to accurately identify the spatial distribution characteristics of drainage culverts，a combination of macroscopic and microscopic detection，geophysical prospecting and drilling is adopted to form a comprehensive detection technology system for drainage culverts. The technical system has been practically applied in the Linxiang water environment treatment project and achieved good application results.

Keywords： other disciplines of municipal engineering；magnetoresistance method；microtremor exploration；tracer method；drilling；drainage culvert

引言

由于历史原因，不少城市存在砖、浆砌石材质的拱形箱涵或暗埋盖板涵，其结构、形态、走向、埋深、尺寸存在复杂多变的特点，通过少量的检查井难以准确控制箱涵走向、埋深信息。加上内部多年失修，常规管道检测设备难以进入，以致其内部结构变化部位的空间位置、形态、尺寸信息等都难以探知。

近年来，长江大保护水环境治理项目如火如荼地进行，对现状管网系统进行了排查，梳理了污水和雨水系统。因排水箱涵等大尺寸排水管线难以准确探测，以致位于设计路由上的排水箱涵存在较大平面位置与埋深误差，造成重大的设计变更，产生严重的安全生产隐患。

目前，对于箱涵主要采用地震映像法、高密度电法等物探方法。但地震映像法受城市里复杂的干扰波影响，探测效果不甚理想，且精度难以满足设计要求；高密度电法难以在城市环境下使用。为此国内学者对此进行了研究，但仅能解决局部问题，实用性不足[1]。

李乐等在《城市排水暗涵全面调查技术研究》一文中提到多种探测技术[2]，如固定式三维激光扫描、手持式三维激光扫描、暗涵检测无人飞行器、智能管涵检测机器人以及水下游航检测机器人。这些技术均是通过内部测量、感知等方式进行探测，受箱涵内部条件约束较大。比如三维激光扫描方法，需要下挖人进入有限空间作业，成本高，安全风险大；暗涵检测无人飞行器无法解决箱涵内的通信问题、受到续航能力以及不确定紊流的影响；智能管涵检测机器人无法解决内部障碍物导致的通行问题，而且长距离暗涵电缆长，摩擦力大，需要动力强劲的机器人，以致机器人超大超重，难以适应现有管井；而水下游航检测机器人则受箱涵的水位、水下障碍物等影响较多，实用性不足。

刘传逢等在《大型排水箱涵空间走向探查方法研究》一文中[3]，提出两种解决箱涵探测难题的方法，一是利用管线探测仪一次交变磁场为箱涵定位，二是利用辅助线缆二次交变磁场实现对目标箱涵的定位。第一种方法是将导线置于箱涵内部，通过直连法进行导线的定位，该方法探测精度高，但该方法要将电缆置于箱涵内部，需要下井作业，安全风险大；第二种方法也需要人工下井作业，同样安全风险较大。

吴锋在《电阻率法在大口径排水箱涵渗漏检测中的应用》一文中对电阻率法（包括高密度电阻率法和电阻率 CT 法）在大口径排水箱涵渗漏检测中的应用进行研究[4]。电阻率 CT 法需要在大口径排水箱涵两侧布置钻孔，再进行反演分析，可反映箱涵的空间分布，探测精度难以满足设计要求。

为了解决排水箱涵的探测难题，本文提出了综合勘测手段，从整体上解决箱涵探测的难题。

1　问题分析与总体思路

1.1　问题分析

城市内现状排水箱涵十分复杂，有些与水系相关，遍布整个城区，有些用于大容量雨水输送系统，具有大尺度、大埋深。其材质也有多种，有砖、浆砌石、混凝土等，按结构形式分有盖板涵、明渠、拱涵等。此外，因城市建设，箱涵上伏地貌变化较大，以致箱涵埋深变化较大。加上箱涵分布广，其地面覆盖物也十分复杂，部分为硬化路面、住宅小区或企事业单位，探测条件难以满足要求。

正是由于排水箱涵的复杂性，对于箱涵探测的难点在于：

(1) 上伏构筑物对地面物探方法的影响较大，常规物探方法难以布置，适应性较差；

(2) 缺乏全工况的内窥机器人，难以实现全段箱涵的精准探测；

(3) 深埋暗涵平面位置难以确定。

1.2 总体思路

为了全面了解箱涵的分布情况，获取箱涵空间位置的准确数据，拟采用以下技术手段：

(1) 通过城市水系走向识别排水箱涵的总体分布情况；采用无人机巡查，追踪箱涵的走向与大致平面位置。

(2) 基于微动、地质雷达等方法确定关键路径上排水箱涵的准确平面位置。

(3) 对于有出入口的箱涵，内部工况可适应机器人通行的，可采用机器人加示踪探头的方法确定箱涵空间位置数据。

(4) 对于无出入口的箱涵，或内部工况不满足机器人行走的，可采用钻孔的方法。在不破坏箱涵结构的前提下，采用内窥摄像头了解箱涵的内部情况，直接量测箱涵的高度信息。

2 方法原理

2.1 面波法

面波来源于自然界和人类的各种活动，如火车、汽车、机器的运转等产生的振动，人类行走的振动。这些振动以体波以及面波的形式向外传播，其中面波的能量占信号总能量的70%以上。基于面波的勘探就是从采集的面波数据中提取面波的频散信息，并推断地下介质的速度结构。

与传统地震勘探及地震学中采用射线理论估算地震波传播速度不同，由于面波震源的不确定性，面波信号中面波的相速度应通过求取观测系统阵列中台站间的空间自相关系数获得，而无需考虑面波震源的位置及其与观测台站的距离。

从面波数据中提取频散曲线的方法主要有频率波数法（F-K 法）和空间自相关法（SPAC 法和 ESPAC 法）等。其中，SPAC 法仅适用于圆形台阵（图 1，位于圆心的接收点为中心点，其余接收点等角度分布于圆周上）观测，而 ESPAC 法结合了 SPAC 法和 F-K 法的优点，适用于任意形状的台阵（图 2）。

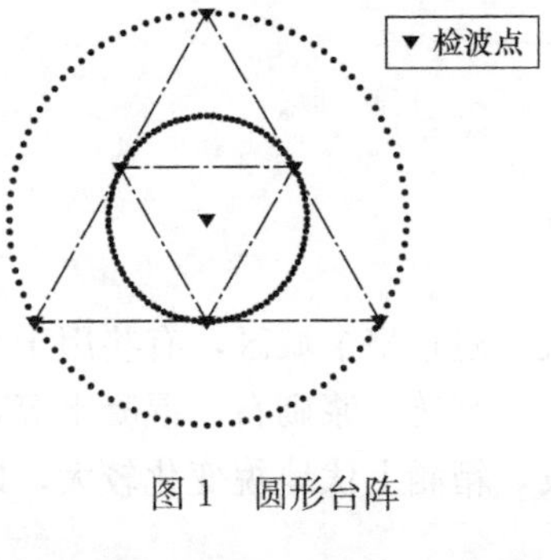

图 1 圆形台阵

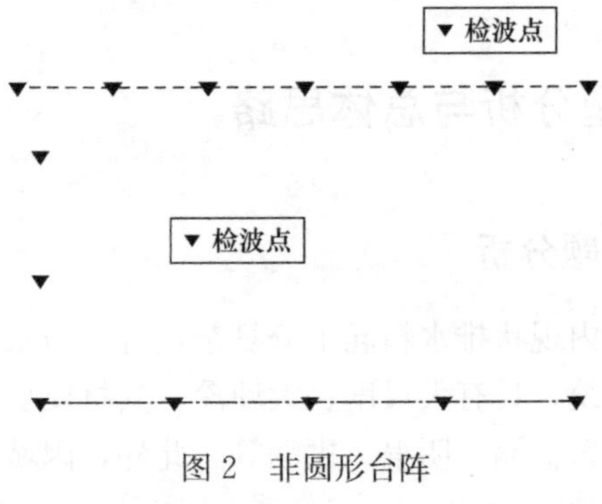

图 2 非圆形台阵

2.2 地质雷达探测

地质雷达基于电磁波的探测方法，利用高频电磁脉冲波的反射来探测目的体。工作原理如图 3 所示，将高频电磁波以宽频带短脉冲形式由发射天线向被探测物发射，该雷达脉冲在传播过程中遇到不同电性介质交界面时，部分雷达波的能量被反射回来被接收天线接收。通过记录反射波到达时间、反射波的幅度等，来研究被探测介质的分布和特性。

雷达图像的解释是依据反射波的强度、波形变化及其同相轴的连续性等特征作出的。

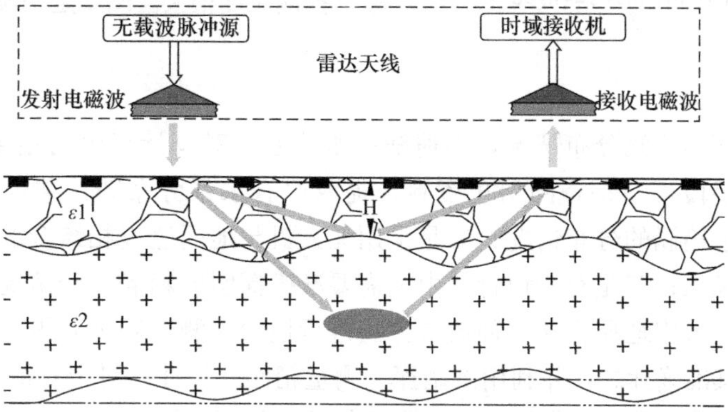

图 3 地质雷达法探测原理

2.3 机器人示踪法

该方法的原理是将能发射电磁信号的示踪探头（信标）或导线使用机器人带入箱涵内部，在地面上用接收仪器探测该探头或导线所发出的电磁信号，从而探测地下非金属管线的定向及埋深，如图 4 所示。

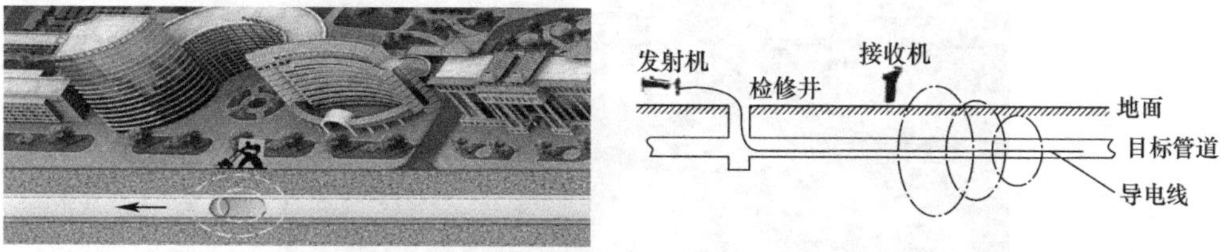

图 4 示踪法工作原理

3 应用实践

3.1 工程情况

本文以临湘市水环境综合治理工程为例进行了应用实践。临湘水环境综合治理工程的主要任务是盘活临湘市城区生活污水处理设施及管网、完善中心城区雨污管网系统，通过项目的实施，提高中心城区污水收集率及处理率，减少雨天溢流污染，基本实现中心城区雨污分流，从而达到保障中心城区水安全、改善水环境，进而提升城市品位、促进经济发展，实现“水活、水清、水美、水利”的治理目标。

图 5 临湘排水箱涵的内部情况

临湘市分布有众多排水箱涵，部分箱涵承担着防洪排涝的功能，与原有水系融合分布于整个城区。城区内箱涵以浆砌石为主，上覆混凝土盖板，有些上覆结构混凝土，还有一部分为浆砌石拱形涵。由于城市改造，大部分箱涵位于房屋下、狭窄街巷内，地面上无明显标记，容易遗漏。加上常年失修，箱涵变形垮塌，内部杂物众多，探测难度很大。图 5 是一典型箱涵。

3.2 技术实践

为了探明临湘的箱涵分布情况，不遗漏排水箱涵，对设计路由的箱涵准确测定标高，采用了以下技术手段：一是查阅历史资料，提取原有水系分布图，结合城市防洪排涝设施，宏观掌握排水箱涵的分布情况；二是采用无人机与地面巡查相结合的方法，对排水箱涵走向进行逐一确认；三是对于设计路由上需要准确探明的箱涵，分情况进行探测。如没有出入口的，首先采用地质雷达、面波等方法进行地面探测，确定其平面位置，采用背包钻机钻孔，测定其准确标高，并利用微型探头测量箱涵的尺寸；对于有检查井等出入口的，采用 CCTV 或全地形机器人携带探头进入箱涵内部，确定平面位置、标高及断面尺寸。

3.2.1 微动法

采用微动探测方法进行探测（图 6），测点间距为 0.5m，监测 40min，采集数据经分析处理如图 6(b) 所示，可清晰反映箱涵的结构形态。

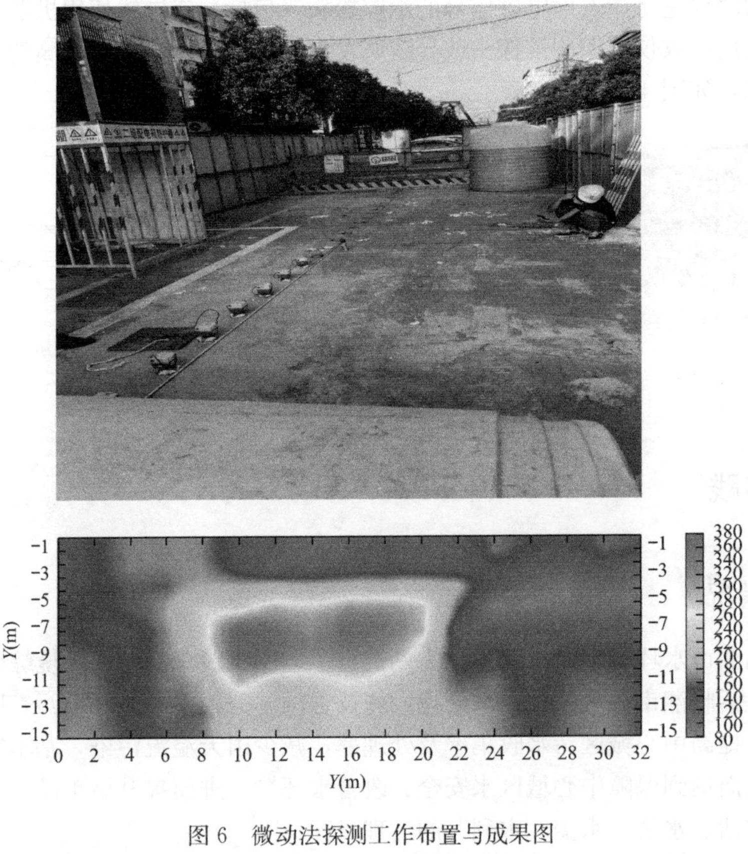

图 6 微动法探测工作布置与成果图

3.2.2 示踪法

采用CCTV机器人携带示踪探头进入箱涵内部，在地面探测其平面位置和标高，如图7所示。现场探测采用的是猎鹰F5导向仪。地面探测的同时，可查明箱涵的内部缺陷情况、尺寸信息。

图7 示踪法工作布置与现场工作图

3.2.3 钻孔

通过背包钻机进行钻孔，如图8所示，图中所采用的背包钻机重约200kg，操作简便。钻孔直径为40mm，便于修复与封堵。通过钻孔可准确获取箱涵的标高数据，为设计提供可靠依据，避免设计路由上的管道碰撞。

图8 背包钻机钻孔工作图

4 讨论

在城市环境下，常规物探方法难以适用，主要体现在：

(1) 地震震源无法直接采用野外工程勘探常用的锤击方法，需要做一些适应性改进工作。为了提高锤击能量，同时在敲击垫板时不会引起反弹。采用了在垫板下方垫硬质流体的办法，此办法可以有效避免此类问题。

(2) 对于直流类电法供电问题，采用小型钻机在混凝土路面上进行钻孔的方式，与混凝土路面下的土壤直接接触。

(3) 部分暗涵缺少工作井，缺少出入口，难以进入内部进行检测。为了解决此问题，可以考虑用40mm以上钻机钻入箱涵内部，再使用微型探头对箱涵内部进行检测。

5 结论与展望

5.1 结论

对于水环境综合治理项目而言，排水水系的调查十分重要，有利于摸清混入箱涵的散排污水。而排水箱涵是承载城市水系的重要载体，其系统性排查具有重要意义。

实际工作中，因箱涵长距离无检查井，与周边排水系统连接关系不明，容易导致箱涵遗漏；同时，由于箱涵修建过程不规范，加上上伏物历经多年改造，导致尺寸多变、埋深多变，难以对箱涵进行准确探测。因而，时常会发生新建管道与现状箱涵碰撞的情况，为了全面、系统、准确查明箱涵的平面位置、标高等信息，本文结合箱涵的特点，总结了以下技术体系：

（1）采用城市水系调查、无人机结合现场巡查等方法宏观掌握排水箱涵的地面分布情况；

（2）对于重点部位，采用微动、地质雷达等物探方法确定箱涵的准确平面位置；

（3）结合工况条件，选择内窥示踪的探测方法或微创钻孔的方法测定箱涵的标高、尺寸等信息。

该技术体系从宏观到微观，从整体到局部，融入管线调查思路，相对原有调查方法又有所升华，解决了现有排水箱涵探测的难题，可供其他类似工程借鉴。

5.2 展望

市场需求决定技术方向，未来，排水箱涵探测技术必然是朝着精细化和高效率方向发展，主要体现在以下几个方面：

（1）可研发拖曳式的物探设备，提高物探方法的适应能力，提高工作效率；

（2）采用人工智能系统，对探测结果进行智能分析与判读，实时获取探测结果；

（3）采用多种物探方法联合反演，提高数据的解译精度，减少误判；

（4）可将高精度重力场探测浅层空洞的原理应用于箱涵，基于该原理对箱涵进行快速定位，再采用其他方法进行精细化探测。

参考文献

[1] 余森林，田庆福，鞠建荣．城市排水暗渠（箱涵）调查中的关键技术［J］．城市勘测，2019（z1）：154-156

[2] 李乐，赵光竹，周成龙等．城市排水暗涵全面调查技术研究［J］，城市勘测，2021（4）：154-157

[3] 刘传逢，陈梅，刘文光．大型排水箱涵空间走向探查方法研究［J］．城市勘测，2011（5）：145-147

[4] 吴锋．电阻率法在大口径排水箱涵渗漏检测中的应用［J］．工程地球物理学报，2018（3）：357-363

作者简介：马圣敏，男，硕士，高级工程师。主要从事工程物探及信息化工作以及地下管线探测与智慧管网工程方面的研究。

伍　亮，男，硕士，工程师。主要从事工程物探及地下管线探测工作。

城市道路智能化设计总体方案研究

尹燕舞[1]　尹祖超[2]　谢亦红[2]
（1. 江西路通科技有限公司，江西 南昌，330002；
2. 长江勘测规划设计研究有限责任公司，湖北 武汉，430010）

摘　要：本文基于城市道路智能交通管理系统建设要求，研究了城市道路智能化设计总体方案，提出了城市道路智能基础设施总体架构。研究表明：城市道路有其特殊属性，应综合考虑道路属性开展智能化设计及布局方案。城市道路智能基础设施总体布局应综合考虑车路协同、通信网、杆体布设、取电方案，部分设备考虑多杆合一布局。如果智慧交通与智能网联汽车已建立统一的系统软件平台，则可以支持城市道路智能化建设内容无缝扩展衔接到整个智慧城市中。
关键词：城市道路；智能化设计；智能网联汽车；车路协同

Research on the overall scheme of intelligent design of urban roads

Yin Yanwu[1]　*Yin Zuchao*[2]　*Xie Yihong*[2]
(1. Jiangxi Lutong Technology Co., Ltd., Nanchang 330002, China;
2. Changjiang Survey, Planning, Design and Research Co., Ltd., Wuhan 430010, China)

Abstract: Based on the construction requirements of the urban road intelligent traffic management system, this paper studies the overall plan of the urban road intelligent design, and proposes the overall structure of the urban road intelligent infrastructure. The research shows that urban roads have their special attributes, and intelligent design and layout plan should be carried out comprehensively considering road attributes. The overall layout of urban road intelligent infrastructure should comprehensively consider vehicle-road coordination, communication network, pole layout, and power acquisition schemes, and some equipment should consider the multi-pole layout. If a unified system software platform has been established for intelligent transportation and intelligent networked vehicles, it can support the seamless expansion of the intelligent construction of urban roads to the entire smart city.
Keywords: urban roads; intelligent design; intelligent connected car; endplate connection; vehicle-road coordination

引言

2015 年 7 月，国务院发布《国务院关于积极推进“互联网＋”行动的指导意见》（以下简称《指导意见》），提出顺应世界“互联网＋”发展趋势，充分发挥中国互联网的规模优势和应用优势，推动互联网由消费领域向生产领域拓展，加速提升产业发展水平，增强各行业创新能力，构筑经济社会发展新优势和新动能。其中，“互联网＋便捷交通”要求，加快互联网与交通运输领域的深度融合，通过基础设施、运输工具、运行信息等互联网化，推进基于互联网平台的便捷化交通运输服务发展，显著提高交通运输资源利用效率和管理精细化水平，全面提升交通运输行业服务品质和科学治理能力。该《指导意见》对实时交通信息、完善感知体系、实现违法智能化监管提出了新的要求[1]。

本文基于城市道路智能交通管理系统建设要求，研究了城市道路智能化设计总体方案，提出了城市道路智能基础设施总体架构，为类似城市道路工程建设提供参考。

1 智能基础设施总体架构

1.1 总体设计

智能基础设施[2]为基础支撑系统，按照功能及业务范围可概括为“四网一平台”，其中“四网”指道路网、感知网、数字空间网和通信网，“一平台”指 CA 平台，总体架构如图 1 所示。

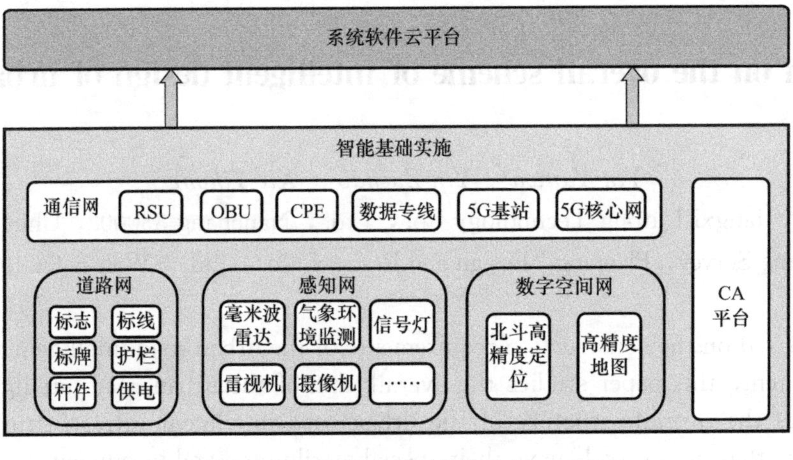

图 1 智能基础总体架构图

道路网主要包括道路标志、标线、标牌、护栏、路侧立杆、取电取网等施工，为车辆行驶安全提供保障以及为感知网建设提供基础条件；感知网基于道路网进行智能化设计，主要包括在路侧布设各类视频和雷达感知设备、气象监测器及环境监测器以及新建信控系统等，实现道路交通状态的监测、预警、安全监控和场景提取等；数字空间网主要包括高精度定位网、高精度地图，为车辆提升通行能力和为融合感知系统提供底图支撑；通信网主要包括 OBU、RSU 等车路协同[3]通信设备以及 CPE、通信基站、通信管网等，为路侧设备和车端提供高速 5G 车路协同网络传输通道。CA 认证平台为 OBU 和 RSU 设备提供安全接入服务，保障设备及系统的接入安全。智能基础设施为系统软件平台提供数据采集、感知融合、通信交互、安全认证等基础支撑。

1.2 通信网建设方案

通信设施包含 5G 基站、RSU、OBU、数据专线等网络设施及设备，形成多通信模式的网络覆盖，根据具体应用对可靠性、延时、带宽等不同需求，采用不同通信方案。

在道路沿线搭建 5G 基站、5G＋LTE-V RSU 路侧通信单元。建设 5G 网络，实现道路沿线路段 5G 信号全覆盖，同时在路侧布设 5G RSU 和在车端装载 5G OBU，保证上下行速率、时延等满足自动驾驶车辆和车路协同应用需求，5G 网络服务由运营商提供，根据有线网络和无线网络实际建设情况，以及综合考虑项目的实际业务需求，进行互联网专线、数据专线建设，见图 2。

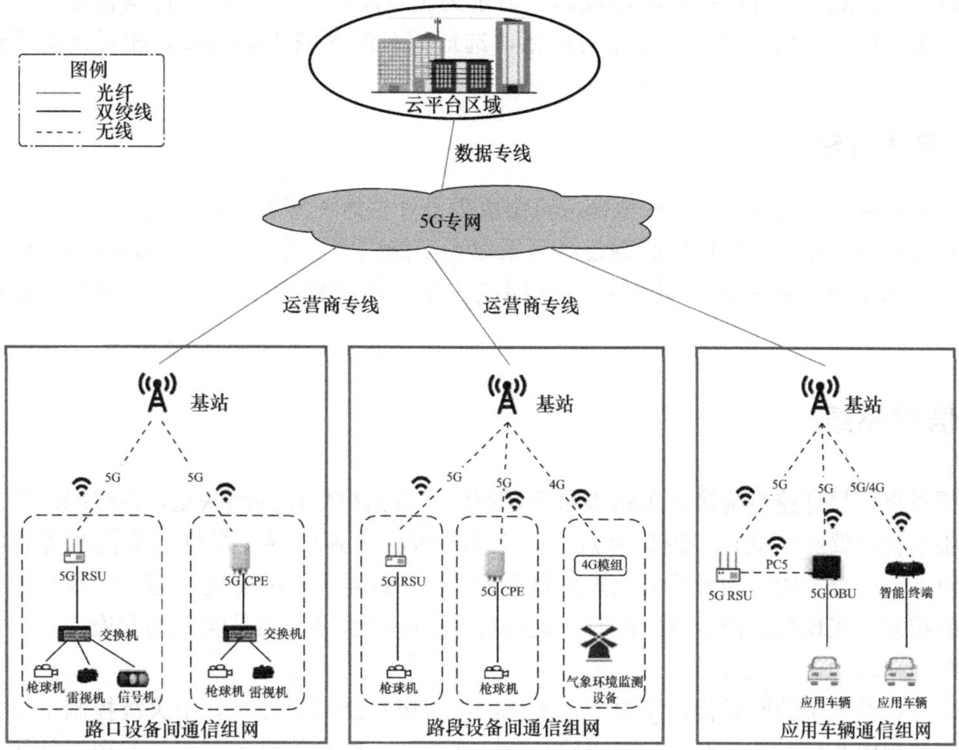

图 2　通信网络拓扑图

为减少路侧施工难度、建设周期及建设成本，结合目前技术成熟度情况，路侧设备采用 5G 无线通信组网方案，具体如下。

路口设备间通信组网：对于路口点位的摄像机、雷视一体机均通过各自的路侧交换机进行汇聚，再分别通过各自点位的 5G RSU 或 5G CPE 以无线方式接入 5G 专网，完成和云平台的链路互通；路口信控机通过光纤/网线与此路口有 RSU 的路侧交换机连接，完成信控机与 RSU 的数据交互。路段设备间通信组网：摄像机直接连接 5G RSU 或 5G CPE，由 5G RSU 或 5G CPE 以无线方式接入 5G 专网，完成和云平台的链路互通；气象环境监测设备通过自带的 4G 模组无线方式接入运营商基站，通过互联网完成和云平台的链路互通。应用车辆通信组网：对于搭载 5G OBU 的应用车辆一方面通过 PC5 无线链路与 RSU 进行直接的 V2I 通信交互，另一方面通过 UU 口接入 5G 专网完成和云平台的链路互通；对于搭载其他智能终端的应用车辆，通过自带的 4G/5G 模组无线方式接入运营商基站，再通过互联网完成和云平台的链路互通。

1.3　设备及杆体布设方案

通常，每个路口根据综合覆盖情况选择其中一个路口方向布设 1 套 5G RSU，其他路口方向各布设1套5G CPE；每个路口方向布设1套工业交换机。道路单侧间隔1200m布设1套5G RSU，道路两侧呈Z字形布设；对于其他有感知设备布设的点位，各布设1套5G CPE。

杆体点位建设来源于感知设备和通信设备的布设需求，并综合考虑交管、市政等其他管理部门的需求，具体建设原则如下：每个路口方向建设L形立杆，具体点位、杆体规格以交管部门需求为主。路段道路单侧间隔600m新建L形立杆，道路两侧呈Z字形进行点位建设，具体点位、杆体规格以市政部门需求为主，需要提供L形悬臂供智能摄像机安装。气象环境监测设备点位选址相对灵活，选址相对的区域中心地带，相对开阔不遮挡即可。

1.4 取电方案

一般来说，智能化部分中取电部分可由电力设计主体统筹考虑，通电至所涉及杆体点位的挂杆设备机箱。气象环境监测设备可采取太阳能供电方案。同时，如果有测试路段，则在进入测试路段的进出口处增设智能网联汽车[4]测试路段指示标志，提醒车辆减速慢行。

2 信控系统

通过将信号灯控系统接入车路协同5G RSU实现信控灯控的网联化，将红绿灯信息实时播报给自动驾驶车辆，实现信号灯信息上车、绿波车速引导、绿灯起步提醒等智能应用。再者，结合智能感知系统的感知信息和云平台，针对不同的交通状态可实现自适应动态协调控制，实现交通信号灯的配时，提高信号控制的水平，满足实际的交通需求，提高交叉口和路段的通行能力。

信号灯控系统的网联化，主要实现系统的中央级和路口级控制，中央级控制主要由交通信号控制中心服务器、专业数据存储系统、客户端工作站等设备组成，实现对整体信号控制系统的软硬件运行状况与故障的监测与管理，交通控制信号分析与处理，交通流数据数据库管理以及其他系统互联接口管理等功能，实现对全部路口控制机的联网监视与控制。路口级控制主要由交通信号控制机、交通信号灯组、车辆检测器等设备组成，通过车辆检测器采集交叉口车流量、速度、占有率等交通参数，将数据传输至区域控制机，区域控制机进行周期、绿信比、相位差的优化计算，实现各交叉口的各种交通信号控制及灯色控制功能。

在RSU端开发信号机数据采集接口，从而获取信号配时数据。针对紧急车辆优先通行等特殊应用，本方案亦可发送特定相位优先通行请求信息，实现对交通信号机的控制，以达到改变信号相位配时的目的。

3 高精度地图

高精度地图系统[5]面向自动驾驶和智能网联汽车对高精度地图服务的需求，充分利用高精度地图提供的高精度宏观数据，可建设面向基于北斗＋5G V2X的厘米级高精度地图服务系统，实现在多种场景下获得精准可靠且场景丰富的高精度地图服务。面向自动驾驶车辆，基于高精度地图服务系统，结合车端和路侧端的感知能力，实现面向自动驾驶的高精度地图数据检索、地图匹配和动态负载能力，从而建立在自动驾驶领域的高精度地图综合场景应用服务；面向北斗车联网体验车，基于高精度地图服务引擎，满足智能汽车北斗定位地图一体化研发测试场景需求，满足智能汽车运行示范需求。系统建成后，可以达到以下目标：

（1）构造高精度环境信息和三维模型数据，满足自动驾驶车辆面向复杂多场景的定位、感知和规划等用途。

（2）构造三维数字化环境，为北斗车联网体验车提供基于三维实景下的精准导航，满足北斗车联网体验车智慧运行的需求。

（3）为区域内提供地理信息的高精度原始数据，提供基于北斗高精度地图的查询、浏览、分析等功能。

高精度地图服务建设过程包括外业生产、地图编制和地图数据发布。外业生产主要由测绘人员利用移动测量车在测区范围内采集地图编制所需的原始数据，包括行驶轨迹、姿态数据、原始点云、相机图像等；地图编制主要工作内容在于将外业数据进行解算和平差处理，并基于解算后的高精度激光点云和全景影像结合场景特征信息在专业的绘图软件内编制矢量地图等数据；地图数据发布主要是在高精度地图车载终端运行地图数据引擎，实现自动驾驶场景增强和动态负载。

基于北斗高精度定位技术，利用激光扫描制图方法，构建三维高精度地图服务，为车辆提供精准丰富的地图查询、导航和位置服务，厘米级高精度地图服务包括三维地图引擎和高精度地图基础数据两部分。

4 CA 认证平台及接入

智能交通证书认证系统，简称 ITSCA，是适用于智能网联汽车的证书安全管理系统。ITSCA 平台的设计符合《基于 LTE 的车联网无线通信技术安全证书管理系统技术要求》[6]规范，实现了 V2X 证书全生命周期的过程管理。

ITSCA 采用根 CA、中间 CA、注册 CA、假名 CA、应用 CA、异常行为管理系统、链接值管理系统等多子系统协作的方式，构建了一套 V2X 车联网网络信任支撑平台，屏蔽了通信差异性，支持对接不同企业的 V2X 设备。ITSCA 实现了车、路、云、端通信过程中的身份认证，保障了车联网场景下通信数据的机密性和完整性、车辆信息的私密性，为智能网联汽车的网络安全管理提供抓手。目前，智能网联汽车与智慧交通应用示范区项目已建立的 CA 系统支持 10 万终端（OBU 或 RSU 等智能终端）接入，200 终端/s 并发接入。城市道路智能中的所有路侧 RSU 可考虑全部接入该 CA 系统，并按照指定协议进行对接。

如果智慧交通与智能网联汽车已建立统一的系统软件平台，主要包括示范区开放道路测试综合管理系统、城市与车联网大数据融合系统、封闭测试场基础测试系统和运营调度系统四部分，且构造了基于数字孪生的城市操作系统以支撑应用与基础设施间的一致性衔接，则可以支持城市道路智能化建设内容无缝扩展衔接到整个智慧城市中。

5 结论

本文基于城市道路智能交通管理系统建设要求，研究了城市道路智能化设计总体方案，提出了城市道路智能基础设施总体架构，主要结论：

（1）城市道路有其特殊属性，应综合考虑道路属性开展智能化设计及布局方案。

（2）城市道路智能基础设施总体布局应综合考虑车路协同、通信网、杆体布设、取电方案，部分设备考虑多杆合一布局。

（3）如果智慧交通与智能网联汽车已建立统一的系统软件平台，则可以支持城市道路智能化建设内容无缝扩展衔接到整个智慧城市中。

参考文献

[1] 中华人民共和国国务院．国务院关于积极推进“互联网＋”行动的指导意见［DB/OL］．http：//www．gov．cn/zhengce/content/2015-07/04/content_10002．htm

[2] 罗燊，张永伟．“新基建”背景下城市智能基础设施的建设思路［J］．城市发展研究，2020，27（11）：51-56

[3] 王云鹏，鲁光泉，于海洋．车路协同环境下的交通工程［J］．中国工程科学，2018，20（2）：106-110

[4] 谭征宇，戴宁一，张瑞佛等．智能网联汽车人机交互研究现状及展望［J］．计算机集成制造系统，2020，26（10）：2615-2632

[5] 刘静华．高精度地图在德清“城市大脑”中的应用研究［J］．地理空间信息，2020，18（9）：40-43，56

[6] YD/T 3957—2021 基于LTE的车联网无线通信技术安全证书管理系统技术要求［S］．中华人民共和国工业和信息化部，2021

作者简介： 尹燕舞（1981—），女，助理工程师。主要从事公路通信工程、机电工程方面的管理工作。
尹祖超（1985—），男，高级工程师。主要从事城市道路的设计工作。
谢亦红（1990—），男，工程师。主要从事城市道路的设计工作。

有效利用路基站场位置建造梁场方案研究

王　恒　章　微　唐兴发　任明天
（中铁北京工程局集团第五工程有限公司，浙江 杭州，311200）

摘　要：近年来，我国各行各业的建设发展迅速，高铁作为中国最重要的基础设施之一，直接关系到中国民众的出行质量与货物的运输质量。在高速铁路的建设过程中，桥梁是必不可少的一环，它可以让列车快速、高效、安全地通过一些崎岖的道路。而这些桥梁又多以在预制场预制为主，现场浇筑为辅。因此，需要在铁路建设工程沿线修建众多的预制梁场进行预制场的生产，以满足全线对预制梁的需求。我国人口稠密，土地资源寸土寸金，征地拆迁工作阻力大，而且费用极高。在条件允许的情况下，借用车站位置或路基位置设置制梁场是一个不错的选择。本文以新建金甬铁路JYZQSG-5标东阳制梁场为研究目标，针对如何有效利用路基站场位置建造梁场进行研究，并从布局优化和规模优化获得突破。本文针对预制梁场的建设问题，将理论与实际相结合，为有效利用路基站场位置建造梁场提供了一个更加科学、合理的方法和技术手段。

关键词：梁场；站场

Study on the scheme of building beam yard by using the location of subgrade station

Wang Heng　Zhang Wei　Tang Xingfa　Ren Mingtian
(China Railway Beijing Engineering Bureau Group No. 5 Engineering Co., Ltd., Hangzhou 311200, China)

Abstract: In recent years, the construction of high-speed railway is developing rapidly in all walks of life. As one of the most important infrastructure in China, high-speed railway is directly related to the travel quality of Chinese people and the transportation quality of goods. In the construction process of high-speed railway, bridge is an essential link, it can let the train quickly, efficiently and safely through some rough roads. However, most of these bridges are mainly precast at the precast site, supplemented by in-situ pouring. Therefore, it is necessary to build a large number of precast beam yards along the railway construction projects for the production of precast beams to meet the needs of the whole line. China's population is dense, land resources inch gold, land acquisition and demolition work resistance, and the cost is extremely high. When conditions permit, it is a good choice to use the station or roadbed location to set up beam-making field. Taking the JYZQSG-5 bid of Jinyong railway as the research target, this paper studies how to use the location of roadbed station to build the beam yard effectively, and obtains the breakthrough from the layout optimization and the scale optimization. In view of the construction of precast beam yard, combining theory with practice, this paper provides a more scientific and reasonable method and technical means for the effective use of the location of roadbed station yard to build beam yard.

Keywords：beam field；station yard

引言

为有效节约土地资源，铁路多采用以桥代路方式进行建设，故全线正线桥梁占正线长度的比重很大，桥梁乃是铁路工程中不可缺少的部件之一，而这些桥梁又多以在预制场预制为主，现场浇筑为辅。因此需要在铁路建设工程沿线修建众多的预制梁场进行预制场的生产，以满足全线对预制梁的需求。我国人口稠密，土地资源紧张，征地拆迁工作阻力大，而且费用极高。在条件允许的情况下，借用车站位置或路基位置设置制梁场是一个不错的选择。

1 项目概况

金甬铁路 JYZQSG-5 标段东阳制梁场（以下简称东阳制梁场）位于浙江省金华市东阳市江北街道办事处湖东村，场地使用东阳站北侧货站场用地，线路右侧货运区及对应正线路基先行施工，填方段填筑标高为 106.5m，挖方段标高挖至 106.5m，施工至此标高后，在此区域建设梁场。中心里程 DK155＋125，该区域位于站场路基红线范围内。场区距离 X503 县道约 1000m，场建设计占地面积约 182 亩。

2 产生的背景及研究目标

国内有利用站场用地建场的先例，但是整体体系并不成熟。

如果能将利用站场建设梁场的方案进行实施，将对集团公司今后类似的项目建设工艺起到指导性作用，也能降低成本，并能对环境保护起到一定作用，落实习近平总书记绿水青山就是金山银山的指导性思想，随着国家对环保越来越重视，对环境污染的容忍度越来越低，梁场大面积征地将越来越困难，合理利用红线内用地将成为今后的主要发展趋势，为社会、企业都会减轻不少负担。

3 利用站场位置建场的应用分析

3.1 原设计方案

制梁场选址：制梁场设置在线路 DK147＋700 左侧。

（1）此处用地为永久基本农田保护区，征拆难度相当大，如果征地周期过长，会影响梁场建场进度，从而导致影响整体架梁工期。且梁场结束后需进行复垦，难度较大。

（2）附近村落靠近花上头村，场地周边都是村道，施工车辆影响当地村民的正常生活，需新建 1km 左右的便道接入 S211 省道，需占用当地永久基本农田，梁场结束后复垦难度较大；且便道出入口需经海关集装箱加封停车场，车流量大，交叉施工，安全隐患大。

（3）场地离木雕小镇过近，施工生产对当地特色小镇的生活及生产会造成不利影响。

（4）选址区域内有一块 60 亩左右的小山包，平整此小山包约需挖方 15 万 m^3，临建工程量大，会延迟建场工期，另土石方外运较难消化，弃土会对当地环境造成不利影响。

（5）此处邻近北后周特大桥，此处桥墩高度在 11m 左右，需提梁上桥，一方面增加大型机械设备安拆及高空作业安全风险，另一方面提梁上桥降低了架梁效率。

3.2 优化方案

制梁场选址：制梁场设置在 DK155＋125 站北侧货场内。

经现场多次踏勘调查分析，认为此处适合建造制梁场，主要有如下几个方面原因：

（1）此区域位于铁路红线征地范围内，不用占据基本农田指标，待梁场架设完成后，场地又可被利用作为站场，符合“永临结合，少占基本农田、绿色环保”的施工理念。

（2）此区域离附近村落较远，且周边没有大型厂矿，生产不会影响到当地居民的正常生活，施工安全性较高。

（3）施工便道可由铁路红线内的施工便道接入 X503 县道，交通比较方便。

（4）梁场设在此处离铁路正线较近，可将梁由运梁车直接运梁上路基进行架梁，相比提梁上桥减少了大型机械安拆及高空作业安全风险，提高架梁效率。

3.3 实施方案

3.3.1 场地标高

梁场所处站场既有填方段也有挖方段，挖方段设计标高为 106.6m，填方段设计标高为 106.5m，见图 1。挖方段全部位于项目部办公生活区，而其余区域全部属于填方段。梁场决定因地制宜，根据现场情况，对梁场采取三个控制标高，其中办公生活区位于挖方区域，计划场地标高设置为 106.6m；存梁区域标高设置为 105.5m；其余区域标高设置为 106.5m。这样设置 3 个标高的原因如下：

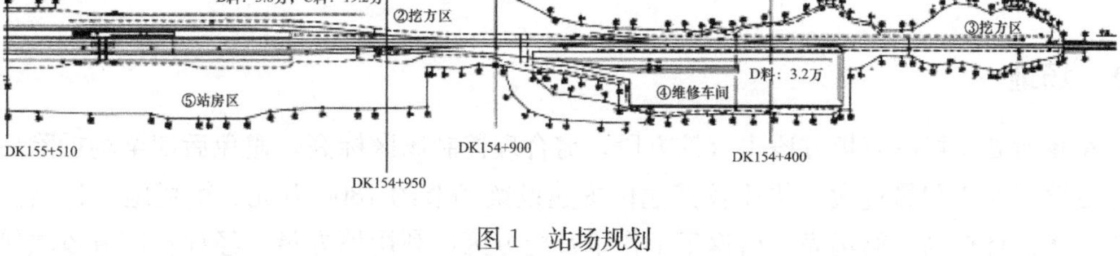

图 1　站场规划

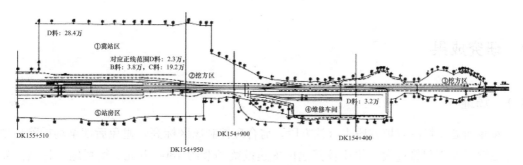

（1）挖方段直接挖至底部，待梁场拆除后进行基床填筑；

（2）填方段待梁场拆除后除去一层，然后再进行填筑施工；

（3）减少存梁区填方工程量，缩短梁场建设工期，而且梁底距离地面 1.5m 左右，方便对箱梁检修。

（4）场地平整，舒适、便捷。

此施工标高可在保证梁场完工后站场路基工作量尽可能小的情况下挖方区开挖土量利用率最大。土方开挖及填筑时应严格控制施工标高，避免超挖扰动原基底土或填筑至梁场施工标高以上，造成后续施工时工作量过大。

东阳制梁场存梁区处为填方区，存梁台座下方适当降低填筑高度，减少填筑工作量的同时，增大箱梁底面距离地面的高度，方便对箱梁底面进行检查。

3.3.2 场地规划

东阳站场北侧紧靠甬金高速，南侧为农田，西侧为石宅村，东侧有一乡道，可接入梁场，用作进出场道路。综上考虑，将东阳制梁场从南向北划分为四个区域。见图2。

第一个区域：搬梁机行走道路，因为采用路基上桥的方式，所以将搬梁机中转区与架梁区域合并成一条道路，有效地增加了场地的利用效率；

第二个区域：从东向西依次是办公生活区和存梁台座；

第三个区域：从东向西依次是钢筋场、绑扎胎具和制梁台座；

第四个区域：从东向西依次是砂石料仓、拌合站、库房、试验室、工人生活区和小型构件场。

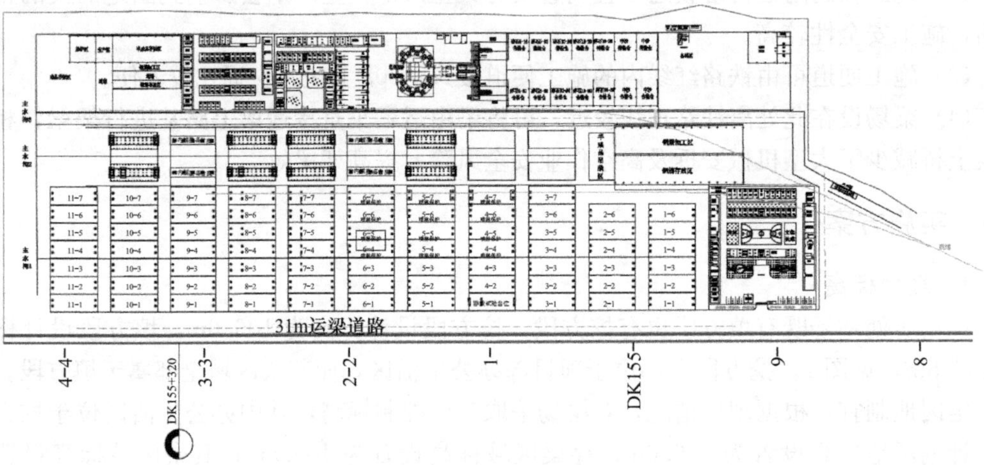

图2 梁场规划

4 研究成果

4.1 场地

梁场所处站场既有填方段也有挖方段，需合理控制场区标高，避免后期梁场拆除后填筑站场路基时工程量过大，相比较其他位置建设梁场节约1800万元。梁场施工标高需要考虑站场设计标高、梁场完工后返工工作量及挖方区可利用填方量，经计算填方段填筑标高为106.5m，挖方段标高挖至106.6m，施工至此标高后，在此区域建设梁场。可在保证梁场完工后站场路基工作量尽可能小的情况下挖方区开挖土量利用率最大，土方开挖及填筑时应严格控制施工标高，避免超挖扰动原基底土或填筑至梁场施工标高以上，造成后续施工时工作量过大，保证了整体完工计划的实现。

4.2 排水系统

场内设置3条主要排水沟，均为纵向。

1号排水沟：贯通存梁区，由东向西，汇入路基设计的永久水沟中；

2号排水沟：贯通制梁区，由东向西，汇入路基设计的永久水沟中；

3号排水沟：由东向西，依次紧挨料仓、拌合站、仓库、试验室、工人生活区和小型构件预制场，最后汇入路基设计的永久水沟中；

在每个功能区都设有横向排水沟，每条横向排水沟汇入最近的主要排水沟，每个功能区域设置合理的坡度，确保地面没有积水，水沟内排水畅通。而且利用路基边沟进行排水，符合永临结合的思想，减少了水沟施工的工程量，也减轻了水污染。

4.3 提梁中转道路

在路基上方做水稳基层沥青路面铺筑，采用现有填筑压实完成路基作为底基础，然后填筑2层15cm厚5%水泥稳定碎石（压实度大于98%），最后铺设3cm厚改性AC-13C下封层、黏层。相比于钢筋混凝土道路，水稳基层沥青路面稳定性更强，后期撤场时更容易破碎拆除，而且梁场拆除后铣刨出的水稳及沥青混合料可以二次利用作路基AB料，可以有效节约施工成本。

4.4 路基上桥装梁

利用路基站场位置建造梁场，可以在省去征地拆迁过程的同时，利用路基将梁运至线路，极大地降低安全风险。运梁车直接从路基上桥，无需提梁上桥，省去了2跨450t提梁上桥设备，在提高了架梁工效的同时，每榀箱梁架设可以节约费用13700元。

5 效益

本工程采用永临结合法施工，直接减少工程措施费用的投入。

主要减少项目包括：利用场区既有红线土地；利用既有水沟当梁场排水水沟；利用既有路基作为搬运机道路。这些项目的永临结合，可以降低施工投入约2300万元。

通过提前施工永久项目，能快速树立施工企业形象，提高项目标准化建设水平，极大地提升社会公知和业主对施工企业的认知度，还极大降低工程投入，达到一举两得的效果。

6 结束语

铁路站场工程涉及专业较多，道路、排水、绿化及场地等提前筹划施工可以有效地节约工程成本，不仅节能环保，达到绿色施工的目的，还能取得很好的社会效益。

参考文献

[1] 殷路伟. 钢铁厂永临结合道路设计要点探讨［J］. 中冶南方武汉钢铁设计研究院有限公司，2022

[2] 吴嵩，邵小军. 山区高速公路永临结合梁场建设的应用研究［J］. 广西高速公路投资有限公司，2020

作者简介： 王　恒（1991—），男，本科，工程师。主要从事道路桥梁的研究。

章　微（1987—），男，本科，工程师。主要从事道路桥梁的研究。

唐兴发（1975—），男，本科，工程师。主要从事桥梁工程的研究。

任明天（1993—），男，本科，工程师。主要从事桥梁工程的研究。

带水平隔板的变截面波形钢腹板弹性剪切屈曲参数分析

刘世忠[1]　毛亚娜[1]　王文哲[2]　曾志刚[3]　武维宏[3]

(1. 兰州交通大学，甘肃 兰州，730070；2. 中铁桥隧技术有限公司，江苏 南京，210061；
3. 甘肃省交通规划勘察设计院有限公司，甘肃 兰州，730030)

摘　要：为了提高大跨度变截面多箱室波纹钢腹板的屈曲稳定与抗扭转刚度，提出了在箱梁内增设混凝土水平隔板的一种新构造。依托某主跨 180m 带水平隔板波形钢腹板连续刚构桥，通过 ANSYS 有限元数值模拟，简化波形钢腹板的边界约束条件和水平隔板的约束条件，对变截面波形钢腹板在水平隔板约束下的屈曲参数进行分析，包括高跨比、厚度和水平隔板约束高度等，对比带水平隔板的变截面波形钢腹板和等截面波形钢腹板的屈曲稳定。结果表明：对于 1600 型波形钢腹板，当腹板高 8m、约束高度 0～4m 和腹板高 6m、约束高度 0～1.5m 时，在弹性合成屈曲模式下，等截面波形钢腹板的屈曲强度约为变截面波形钢腹板的 0.95 倍；在弹性整体屈曲模式下，等截面波形钢腹板的屈曲强度为变截面波形钢腹板的 0.8 倍，水平隔板可大幅提高波形钢腹板的屈曲强度。

关键词：混凝土水平隔板；变截面波形钢腹板 T 构桥；剪切屈曲；参数分析；约束高度

Parameter analysis of elastic shear buckling of corrugated steel web with variable cross-section with horizontal diaphragm

Liu Shizhong[1]　*Mao Yana*[1]　*Wang Wenzhe*[2]　*Zeng Zhigang*[3]　*Wu Weihong*[3]

(1. Lanzhou Jiaotong University, Lanzhou 730070, China;
2. China Railway Bridge and Tunnel Technology Co., Ltd., Nanjing 210061, China;
3. Gansu Provincial Transportation Planning Survey and Design Institute Co., Ltd., Lanzhou 730030, China)

Abstract: The horizontal diaphragm is a new structure proposed to improve the buckling stability of the corrugated steel high web of the long-span variable cross-section corrugated steel web composite box girder. Relying on a 180m main span continuous rigid frame bridge with corrugated steel webs with horizontal diaphragms, through ANSYS finite element numerical simulation, the boundary constraints of corrugated steel webs and the constraints of horizontal diaphragms are simplified. The buckling parameters under the constraint of the horizontal diaphragm are analyzed, including the height-to-span ratio, thickness, and height of the horizontal diaphragm, and the buckling stability of the variable-section corrugated steel web with horizontal diaphragm and the constant-section corrugated steel web are compared. The results show that: for the 1600-type corrugated steel web, when the web height is 8m, the restraint height is 0～4m, and the web height is 6m, and the restraint height is 0～1.5m, under the elastic composite buckling mode, the constant cross-section corrugated steel web is The buckling strength is about 0.95 times that of the variable-section corrugated steel web; in the elastic overall buckling mode, the buckling strength of the constant-section corrugated steel web is 0.8 times that of the variable-section corrugated steel web, and the horizontal partition can greatly improve the corrugated steel web. buckling strength of the plate.

Keywords: concrete horizontal diaphragm; variable cross-section corrugated steel web T-frame bridge; shear buckling; parametric analysis; restraint height

引言

波形钢腹板由于自身的截面特性以及优越性而被广泛地应用于组合箱梁桥中，随着波形钢腹板组合箱梁（以下简称“CSW 组合箱梁”）的跨越能力的不断提升，相应地波形钢腹板的截面高度也越来越大，因此而 CSW 组合箱梁腹板屈曲问题也引起了设计工程师和学者的广泛关注。由于波形钢腹板在组合箱梁中主要承担剪应力[1]，因此学者们对波形钢腹板的屈曲分析大多进行剪切屈曲分析[2]。

Easley[3,4]、Leiva-Aiavena[5,6]等分别将波形钢腹板等效成正交异性板受剪和矩形板受剪两种状态，基于能量变分法推导出了整体屈曲计算公式以及局部屈曲、合成屈曲计算公式，并沿用至今；聂建国等[7]在此基础上通过试验和有限元数值模拟对文献［3-6］中的公式进行了修正，计算精度更高；而 Aggarwal K[8]也在 2018 年通过有限元软件进行了屈曲分析，对波形钢腹板局部屈曲计算公式进行了修正。

在提高波形钢腹板大跨度桥梁负弯矩区高腹板屈曲稳定的构造措施中，学者们主要聚焦于设置内衬混凝土的研究；Nakamura[9]通过波形钢腹板箱梁试验分析，提出了带内衬混凝土的组合梁抗剪强度计算公式；邓文琴等[10,11]通过试验研究了内衬混凝土对变截面 CSW 桥的抗弯、抗剪以及抗扭性能的影响；贺军等[12,13]通过试验和数值模拟对内衬混凝土对波形钢腹板屈曲性能的影响进行了研究，表明内衬混凝土能显著降低波形钢腹板的剪力屈曲风险。

本文提出一种新型构造—混凝土水平隔板来防止运营期内波形钢腹板的屈曲失稳，如图 1 所示。水平隔板对波形钢腹板屈曲性能的影响与内衬混凝土的力学作用相似，设置混凝土水平隔板的波形钢腹板箱梁通常腹板高度较大，钢腹板较易发生合成屈曲与整体屈曲，本文主要对发生整体屈曲的控制参数进行探究。学者们认为，波形钢腹板的剪切屈曲强度计算参数为高度、跨度、厚度以及波折特性，当波折特性固定后，波形钢腹板的波高与厚度的比值、横向弯曲刚度和纵向弯曲刚度为随厚度 t 变化的变量，本文依托某主跨 180m 带水平隔板波形钢腹板连续刚构桥，通过建立多组 ANSYS 有限元模型，对带水平隔板的变截面波形钢腹板从高跨比、厚度以及水平隔板约束高度三个参数进行分析[2]。

正在建设中的主跨 160m 连续刚构桥效果图见图 1，水平隔板部分截面如图 2 所示[2]，波形钢腹板截面高度最大值为 8.317m，采用 1600 型波形钢腹板，腹板厚取 25mm、20mm 和 16mm 三种，腹板底缘线形按照 1.5 次曲线方程变化：$h=0.5+1\times(x/34)^{1.5}$。

图1　主跨160m连续刚构桥效果图

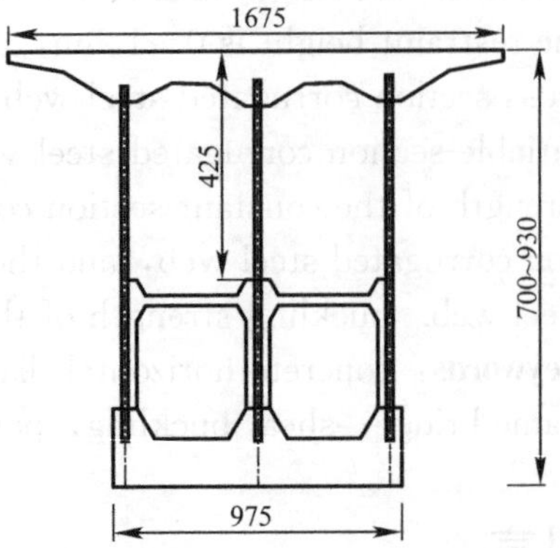

图2　水平隔板截面尺寸图（单位：cm）

1　ANSYS模型屈曲模型简介

组合箱梁波形钢腹板与混凝土顶底板通过剪力键进行连接，与水平隔板通过焊接栓钉连接，约束条件介于四边简支和四边固结之间；主要分析波形钢腹板在四边简支条件下的弹性剪切屈曲强度，且将水平隔板对波形钢腹板的约束影响作如顶底板相同约束条件的简化[2]。

用ANASYS中的SHELL181单元模拟波形钢腹板，边界条件为四边简支约束，波形钢腹板参数如图3所示，边界约束如图4所示，模拟约束的边界条件：约束AM边x、y、z三个方向的平动自由度，约束AB边、MN边和BN边x、z两个方向的平动自由度[13]。高度约束如图5所示，在波形钢腹板底部一定高度h_s内，约束x、z方向的自由度[2]。

波形钢腹板材质Q345qD，泊松取0.3，弹性模量取E=206000MPa。

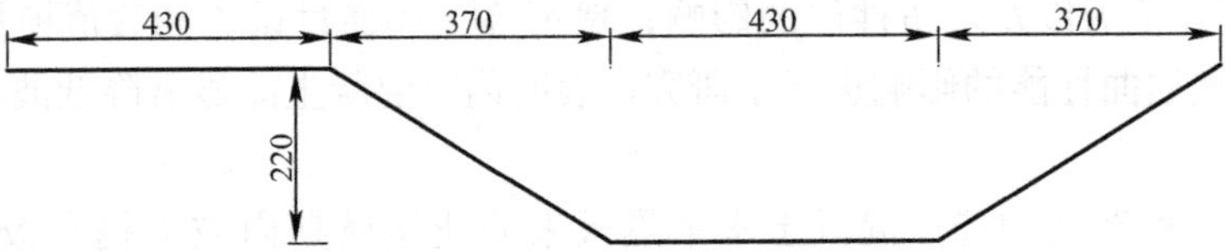

图3　1600型波形钢腹板尺寸图

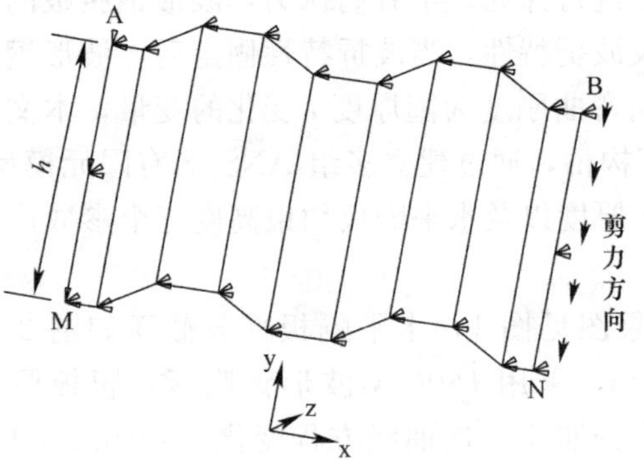

图4　波形钢腹板边界约束图

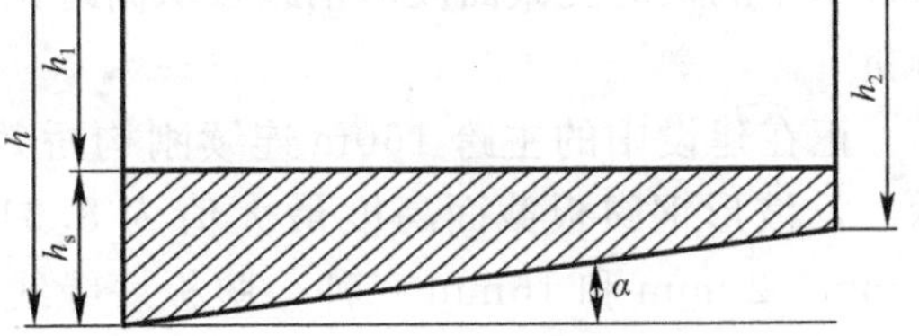

图5　波形钢腹板高度约束图

2 波形钢腹板参数分析

2.1 高跨比变化对屈曲的影响

由文献［2，14］可知，当高跨比小于0.5时，边界条件变化对波形钢腹板屈曲强度的影响小，且在远加载区域无屈曲发生，因而不合实际；当高跨比大于1.0时，波形钢腹板屈曲强度提高迅速，致使屈曲模式发生转变，因此高跨比变化范围取0.5～1.0。

对带水平隔板的变截面CSW腹板屈曲进行高跨比参数分析时，选取高度8m的波形钢腹板建立有限元模型进行分析，为探究高跨比参数对合成屈曲或整体屈曲的影响效果，有限元模型的边界约束高度 h_s 分别取3750mm和1500mm，钢板厚 t 由16mm变化为32mm。

图6所示为有限元仿真参数变化曲线，隔板高度取3750mm（约束高度）时，其屈曲为弹性合成屈曲模式，当高跨比从0.5至1变化时，$t=16$mm，波形钢腹板屈曲强度从819.87MPa增大至822.09MPa；$t=20$mm，钢腹板屈曲强度变化不大；$t=25$mm，波形钢腹板屈曲强度从1451.96MPa增大至1454.94MPa，可见屈曲强度与高跨比的增幅变化不敏感；当隔板高度1.5m时，其屈曲模式为弹性整体屈曲模式，$t=25$mm，其屈曲强度由887.92MPa增大至1076.14MPa；当 $t=28$mm时，其屈曲强度由919.47MPa增大至1112.92MPa；当 $t=32$mm时，波形钢腹板屈曲强度从957.85MPa增大至1155.44MPa，随高跨比的增大屈曲强度提高明显。结果显示，1600型腹板其高跨比对带水平隔板的变截面波形钢腹板弹性合成屈曲敏感性不高，而高跨比对弹性整体屈曲的敏感性要高。

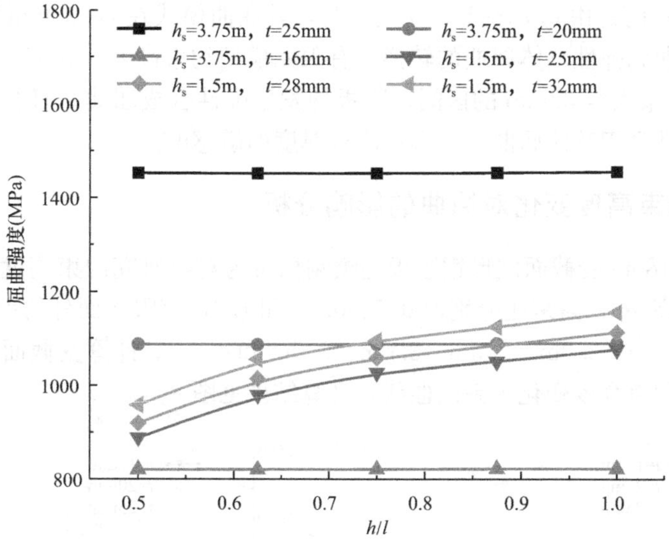

图6 屈曲强度随高跨比变化图

2.2 波形钢腹板厚度变化对屈曲的影响

桥梁变截面波形钢腹板采用1600型，波形钢腹板最大高度为8.0m，有限元加载边边长分别取7078.5mm、6794.8mm和6239.0mm，腹板厚从8mm变化至32mm，高跨比取0.5、0.75和1，有限元模型约束高度取3.75m、3.75m和1.5m，利用有限元模型计算四边简支约束和四边简支&面外约束时本桥腹板屈曲强度与板厚度关系的变化曲线。计算结果见图7。

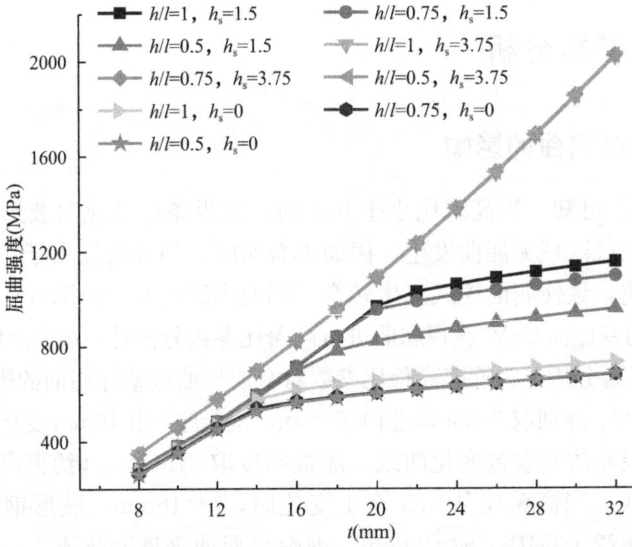

图7　高度约束的波形钢腹板板屈曲强度随厚度变化图

由图7可知，当有限元模型约束高 $h_s=0$ 时，当腹板厚度 $t=14$mm 附近时高跨比变化时变截面波形钢腹板的屈曲模式形成转变，随腹板厚度 t 的增大，屈曲模态由弹性合成屈曲转变成弹性整体屈曲。

有限元模型约束高 $h_s=1.5$m（高跨比0.5）时，其屈曲模式在 $t=18$mm 附近形成屈曲模式由弹性合成屈曲到弹性整体屈曲的转换。

$h_s=1.5$m（高跨比由0.75～1.0变化）时，其屈曲模式在 $t=20$mm 附近形成屈曲模式由弹性合成屈曲到弹性整体屈曲的转换；有限元模型约束高 $h_s=3.75$m，高跨比变化随腹板厚度从8mm增大至32mm的区间，腹板均发生弹性合成屈曲。且合成屈曲对波形钢腹板厚度的敏感性强于整体屈曲对波形钢腹板厚度的敏感度。

2.3　刚构桥约束高度变化对屈曲的影响分析

以在建主跨180m变截面波形钢腹板连续刚构桥为对象研究约束高度变化对屈曲的影响，波形钢腹板高8m，高跨比分别取0.5、0.75和1.0，有限元面外约束高度取为0.0m、0.5m、1.0m、1.5m、2.0m、2.5m、3.0m、3.5m和4.0m。计算变截面波形钢腹板的弹性屈曲强度与外约束高度变化关系的曲线，计算结果见图8。

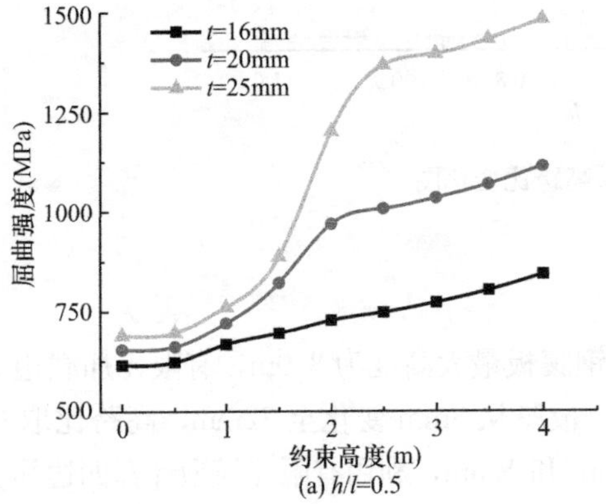

(a) h/l=0.5

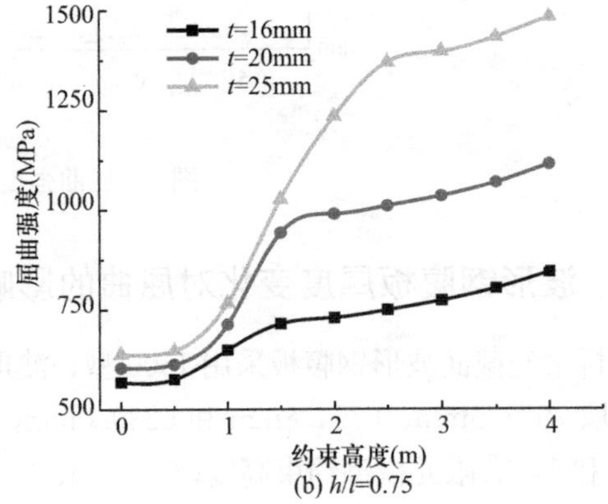

(b) h/l=0.75

图8　变截面波形钢腹板屈曲强度与约束高度关系图（一）

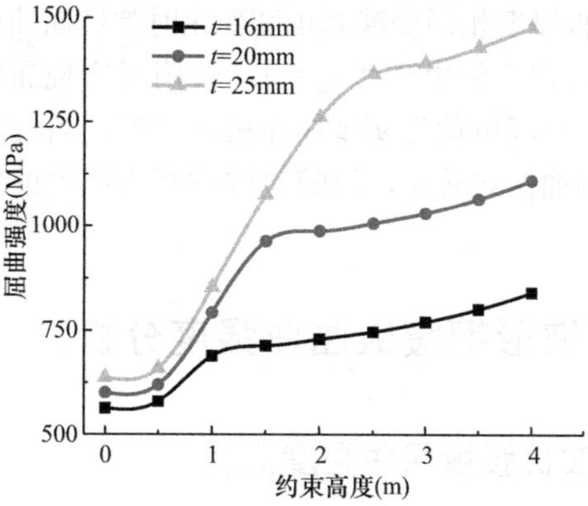

(c) h/l=1.0

图 8　变截面波形钢腹板屈曲强度与约束高度关系图（二）

图 8 可知，高跨比从小到大变化时变截面波纹钢腹板的弹性屈曲强度与面外约束高度变化正相关。25mm 厚波纹钢腹板在约束高度h_s=2.5m 附近时转变为弹性屈曲模式，即由整体屈曲转变为合成屈曲，但弹性屈曲强度增加速率变小。当腹板厚 20mm、高跨比 0.5 时，约束高度 2.0m 附近变为屈曲模式，即由整体屈曲变为合成屈曲；当高跨比达 0.75 和 1.0，约束高度 1.5m 附近发生屈曲模式转换。腹板厚 16mm 的屈曲模式转变随高跨比增大而前移，高跨比 0.75 和 1.0、约束高度 1.5m 时，发生弹性合成屈曲；当高跨比 1.0 时，约束高度 1.0m 附近发生屈曲模式转变。

2.4　变截面角度与约束高度对屈曲强度影响分析

选取图 5 变截面角度 α=3.282°、α=5.484°和 α=7.125°为参数，约束高度取 0.0m、0.5m、1.0m、1.5m、2.0m、2.5m、3.0m、3.5m 和 4.0m，腹板厚取 16mm、20mm 和 25mm 三种规格进行分析，结果见图 9。

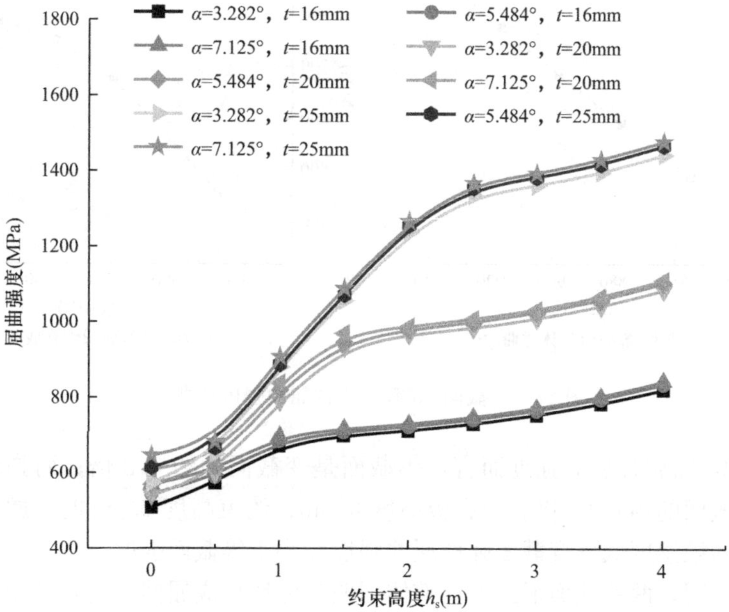

图 9　变截面角度与约束高度对屈曲强度影响曲线

由图 9 可知，波纹腹板厚度相同变截面角度变化时弹性屈曲强度与约束高度变化规律一致，当波纹腹板厚 16mm 时在约束高度 h_s＝1.0m 附近实现屈曲模式转变，当波纹腹板厚 20mm 时在约束高度 h_s＝1.5m 附近实现屈曲模式转变，当波纹腹板厚 25mm 时在约束高度 h_s＝2.5m 附近实现屈曲模式转变，但随着波纹腹板厚度的增加，其屈曲强度随约束高度 h_s 的增大斜率降低。

3 变截面与等截面波形钢腹板屈曲强度分析

3.1 变截面与等截面波折腹板屈曲强度比较

建立图 5 所示具有水平隔板 1600 型波形钢腹板多组有限元模型，对比图 10 等截面有限元模型剪切弹性屈曲强度结果，如图 11 所示。τ_2 是带水平隔板变截面腹板的弹性屈曲强度，τ_1 是等截面腹板的弹性屈曲强度。计算条件为变截面高度 8.0m、6.0m，高跨比 1.0，面外约束高度变化范围 0.5～4.0m，腹板厚度变化范围 6～38mm。

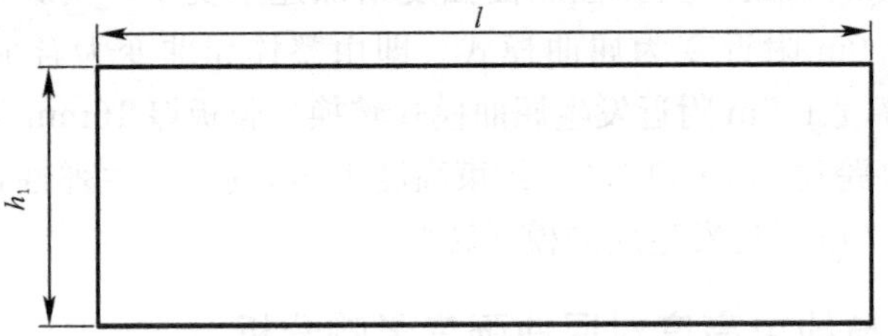

图 10　等截面波形钢腹板有限元模型

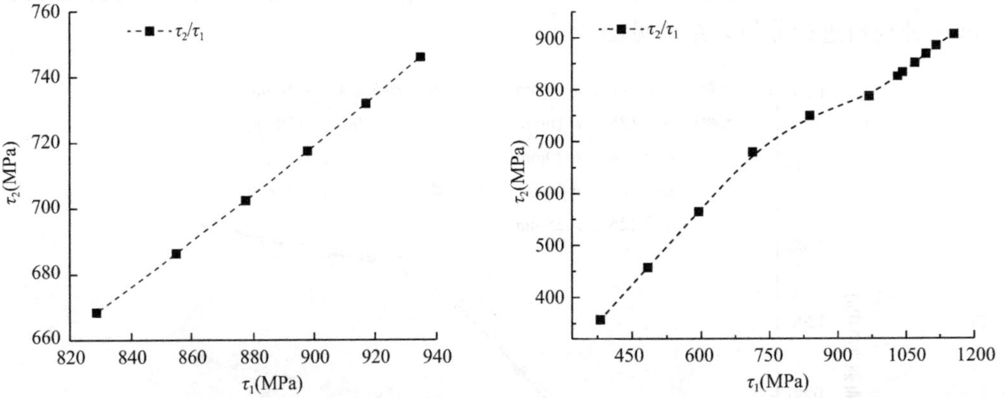

(a) 变截面/等截面整体屈曲τ_2/τ_1　　(b) 变截面/等截面弹性合成强度比τ_2/τ_1

图 11　变截面/等截面 2 种屈曲强度比曲线

图 11 可知，就弹性屈曲强度而言，等截面是变截面的约 0.8 倍；而弹性合成屈曲强度等截面是变截面的约 0.95 倍。当腹板高度 6.0m、约束高度 2.0m 时，腹板厚度变化对弹性屈曲强度的敏感度低且变截面弹性屈曲强度要小于等截面强度。

分析结果表明，两种截面形式弹性整体屈曲与弹性合成屈曲相比，约束高度对前者敏感度高于后者。

3.2 变截面波形钢腹板屈曲模态

计算结果表明，实桥结构随着腹板厚度的加大，屈曲模态变化规律为先发生局部屈曲，再转变为合成屈曲，最后变为整体屈曲，且这种变化进程不是发生突变而是在一个较小的区段内完成转变，模态转变示意图见图 12。

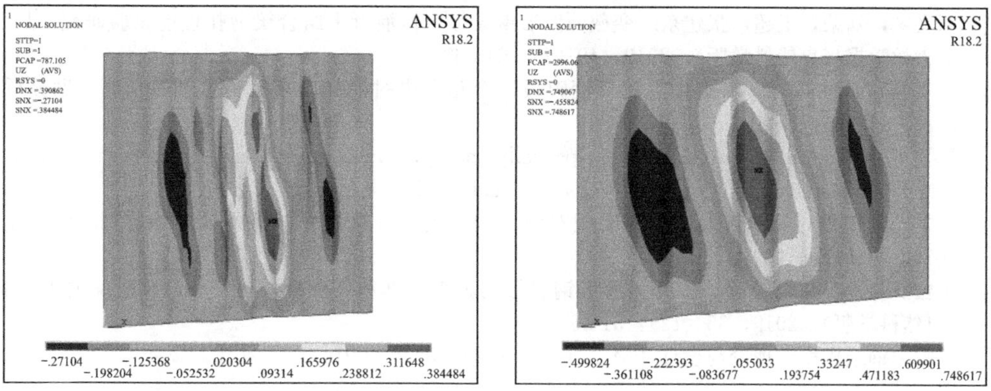

(a) 合成屈曲至整体屈曲转变(趋于合成)　　(b) 合成屈曲至整体屈曲转变(趋于整体)

图 12　变截面腹板屈曲模态转变示意图

4 结论

(1) 实桥 1600 型腹板带水平隔板波纹腹板的弹性整体屈曲强度与高跨比正相关，而弹性合成屈曲强度对高跨比的敏感度低。

(2) 实桥 1600 型腹板带水平隔板波纹腹板的厚度增长对弹性合成屈曲强度的增长速率远高于对弹性整体屈曲强度的增长速率，波纹钢腹板的合理厚度宜取由合成屈曲转变成整体屈曲时的厚度；水平隔板的设置高度宜取弹性整体模态转换成合成屈曲时的高度；同等等截面波形钢腹板弹性屈曲强度是实桥变截面的约 0.8 倍；而弹性合成屈曲强度等截面是变截面的约 0.95 倍。

(3) 实桥结构随着腹板厚度的加大，屈曲模态变化规律为先发生局部屈曲，再转变为合成屈曲，最后变为整体屈曲，且这种变化进程不是发生突变而是在一个较小的区段内完成转变，但在模态变化区段内屈曲强度变化较大。水平隔板的设置可极大提升变截面波形钢腹板的屈曲强度。

参考文献

[1] 周绪红，孔祥福，侯健，程德林，狄谨. 波纹钢腹板组合箱梁的抗剪受力性能 [J]. 中国公路学报，2007 (02)：77-82

[2] 王文哲. 带水平隔板的变截面波形钢腹板屈曲性能研究 [D]. 兰州：兰州交通大学，2021

[3] Easley J，McFarland D. Buckling of Light-Gage Corrugated Shear Diaphragms [J]. Journal of the Structural Division. ASCE，Vol. 95 No. ST 7，July 1969：1497-1516

[4] Easley J. Buckling Formulas for Corrugated Metal Shear Diaphragms [J]. Journal of the Structural Division，ASCE，1975：1403-1417

[5] Leiva-Aiavena L. Buckling of trapezoidal corrugated webs [C]. ECCS Colloquium On Stability of Plates and Shell Structures，Proceedings，University of Ghent，Beigium，1987：107-116

[6] Leiva-Aravena L. Buckling and strength of corrugated steel panels [D]. Thesis for The Degree of Li-

centiate of Engineering, Division of Steel and Timber Structures, Chalmers University of Technology, Goteborg, Sweden, 1987
[7] 聂建国，朱力，唐亮. 波形钢腹板的抗剪强度 [J]. 土木工程学报，2013，46 (6)：97-109
[8] Aggarwal K, Finite element analysis of local shear buckling in corrugated web beams [J]. Engineering Structures, 2018, 162 (MAY. 1): 37-50
[9] Nakamura S I, Morishita H. Bending strength of con-crete-filled narrow-width steel box girder [J]. Journal of Constructional Steel Research, 2008, 64 (1): 128-133
[10] 邓文琴，刘朵，王超，张建东. 变截面波形钢腹板内衬混凝土组合梁剪扭性能试验研究 [J]. 东南大学学报（自然科学版），2019，49 (4)：618-623
[11] 邓文琴，张建东等. 单箱多室波形钢腹板组合箱梁内衬混凝土布置方式研究 [J]. 世界桥梁，2016，44 (2)：77-81
[12] J, Liu, Y, et al. Shear behavior of partially encased compositeI-girder with corrugated steel web Experimentalstudy [J]. Journalof Constructional Steel Research, 2012, 77 (1)
[13] 贺君，刘玉擎，吕展等. 内衬混凝土对波形钢腹板组合梁桥力学性能的影响 [J]. 桥梁建设，2017，47 (4)：54-59
[14] 王银辉，郑亮，管炎增，王韬. 波形钢腹板的弹性局部剪切屈曲强度 [J]. 重庆交通大学学报（自然科学版），2019，38 (12)：51-56
[15] 陈骥. 钢结构稳定理论与设计 [M]. 北京：科学出版社，2014

基金项目： 国家自然科学基金项目（51868040、51568036）

作者简介： 刘世忠（1962—），男，博士，教授，博士生导师。主要从事桥梁结构有限元分析，桥梁健康监测教学与研究。

毛亚娜（1986—），男，博士。主要从事组合梁桥结构计算方法研究。

王文哲（1996—），男，研究生。主要从事组合梁桥结构计算方法研究。

曾志刚（1981—），男，高工，硕士。主要从事土木工程结构勘察设计工作。

武维宏（1970—），男，教授级高工，硕士。主要从事桥梁工程结构勘察设计工作。

兰州冻结粉土抗压、抗剪、抗拉强度三者相关关系研究

杨恒乐　赵煜鑫　王尚尚　王之弘　刘　丽
（北京交通大学城市地下工程教育部重点实验室，北京，100044）

摘　要：以取自我国西部的兰州粉土为研究对象，基于在－10℃低温条件下进行的无侧限抗压试验、直接剪切试验、巴西圆盘劈裂试验，为研究饱和度、密实度两者的变化对季节冻土区粉土抗压强度、抗剪强度、抗拉强度的影响及三者强度之间的联系。结果表明，冻结粉土的抗压强度随着压实度的增大而增大，0.9压实度的抗压强度约为0.8压实度强度的1.6倍。冻结粉土的抗压强度、抗剪强度和抗拉强度三者都与饱和度正相关，且抗压强度大于抗剪强度大于抗拉强度，冻结粉土的抗压强度约为其抗拉强度的11倍。通过试验数据分析，探讨了抗压强度联系、抗剪强度与抗拉强度三者联系，同时借助拟合，得到了抗剪强度、抗拉强度与抗压强度两两关系公式，三个关系方程拟合优度均在0.92以上，具有较好的相关性。

关键词：兰州粉土；抗压强度；抗剪强度；抗拉强度；关系特征

Variation characteristics and influencing factors of loess shear strength in seasonal frozen soil region

Yang Hengle　Zhao Yuxin　Wang Shangshang　Wang Zhihong　Liu Li
(Key Laboratory of Urban Underground Engineering of Ministry of Education, Beijing Jiaotong University, Beijing 100044, China)

Abstract: Taking Lanzhou silt in Western China as the research object, based on the unconfined compression test, direct shear test and Brazilian disc splitting test carried out at －10℃ low temperature, in order to study the influence of the changes of saturation and compactness on the compressive strength, shear strength and tensile strength of silt in seasonal frozen soil area and the relationship between the three strengths. The results show that the compressive strength of frozen silt increases with the increase of compactness, and the compressive strength of 0.9 compactness is about 1.6 times that of 0.8 compactness. The compressive strength, shear strength and tensile strength of frozen silt are positively correlated with saturation, and the compressive strength is greater than the shear strength and greater than the tensile strength. The compressive strength of frozen silt is about 11 times of its tensile strength. Through the analysis of test data, the relationship between compressive strength, shear strength and tensile strength is discussed. At the same time, with the help of fitting, the two-way relationship formulas of shear strength, tensile strength and compressive strength are obtained. The goodness of fit of the three relationship equations is more than 0.92, which has good correlation.

Keywords：Lanzhou silt；compressive strength；shear strength；tensile strength；influencing factor；relationship characteristics

引言

冻土是由固体颗粒冰水气组成的多相复杂体系，其强度及变形能力成为当前亟待解决的一个重大课题。而粉土是指介于砂土和黏性土之间，塑性指数 $I_p \leqslant 10$，且粒径大于 0.075mm 的颗粒含量不超过总质量 50%的土。兰州地区既有构筑物的天然地基通常是粉土层，由于地下水位上升，这种地基土饱和，导致承载力下降，出现地基不安全现象。而涉及土体稳定性的计算分析而言，抗压，抗剪和抗拉强度是其中最重要的计算参数。能否正确地测定土的强度，往往是设计质量和工程成败的关键所在。

我国寒区工业和农业快速发展，绝大部分寒区工程建设都会遇到冻土力学问题，且冻结法施工技术在工程上有很大推广应用，例如不稳定地层的凿井工程中需要冻结法工艺。因此冻土力学研究极具意义。近几年来，我国寒区工程建设不断发展，并且建立了冻土工程国家重点实验室，我国冻土力学研究取得了一系列重大进展和创新性成果。

其中张俊兵等[1]在常应变率下对饱和冻结兰州粉土进行了单轴抗压强度试验，得出了饱和冻结粉土随着温度降低以幂函数的形式增加，对应变率变化反应也比较敏感等规律；沈忠言等[2]通过冻结饱水粉土的拉伸试验，证明了拉伸破坏均属脆性破坏类型，拉断面上矿物颗粒剪移错粒，裂隙发育，拉伸的应力-应变过程，视荷载作用的快慢大致可分为黏弹-塑性、黏-弹性和脆性破坏三类，它们可用统一的方程形式加以描述；谭敏[3]通过劈裂抗拉试验，分析了固化粉土劈裂破坏时的破坏形态及破坏机理，得出了固化粉土的劈裂抗拉强度随着龄期的增长而增加，劈裂抗拉强度与龄期具有幂函数关系的结论；肖成志等[4]基于静三轴试验，分析不同含砂量、压实度和饱和度对粉土应力-应变曲线和抗剪强度指标的影响，相同围压下压实度越高，粉土峰值强度越大，且围压水平越低，压实度对峰值强度的影响越明显，同等条件下增加含砂量、提高压实度或减少饱和度，均可显著提高粉土黏聚力，且压实度越高，饱和度越小，含砂量越大，粉土的抗剪强度越高；常丹等[5]对青藏粉砂土力学性质影响进行研究，表明温度对冻土力学性质影响的显著性最大，温度、饱和度和应变速率之间的交互作用对强度的影响较大，提出在对冻土强度等力学行为进行研究时，片面针对某一因素开展研究是不合适的，而应综合考虑各主要因素及其他因素之间的交互作用的影响。

尽管一些研究者已经对冻结粉质土壤的抗压强度作了一定的研究，但对冻结粉土的强度性能规律研究还是相对较少。本文通过试验探究在低温条件不同饱和度和压实度下，研究兰州冻结粉土抗压，抗剪和抗拉强度，以及三者之间的关系规律，并拟建立联系方程，希望能通过对粉土抗压能力的测定，初步推断该土在相同条件下的抗剪强度和抗拉强度。

1 试验概况

1.1 试件土样

本试验以兰州粉土为研究对象，将土样烘干碾碎后用 2mm 孔径筛子过筛去除杂质，密封并置于干燥处保存。分别以击实试验、比重试验、界限饱和度试验测得土样主要的基本物理性能指标，如表1所示。

试验土样基本物理性能指标 **表1**

液限（%）	塑限（%）	塑性指数	比重	最大干密度（$g \cdot cm^{-3}$）	最优饱和度（%）
29.15	19.41	9.75	2.71	1.78	14.81

1.2 试验设备

本试验采用常规试验仪器，全程于低温恒温环境下进行，使用无侧限压力仪进行无侧限抗压试验和巴西圆盘劈裂试验，测定土的抗压强度和抗拉强度；直接剪切仪进行直剪试验测定土的抗剪强度；恒温冷浴仪，恒定温度－10℃，冷冻试样；低温冻土冷库，设定温度－10℃，在其中进行试验，为实验提供恒定的低温环境。

1.3 试样制备和试验方法

1.3.1 试样制备

取烘干的土样，根据设计试验要求，计算出不同饱和度下的土、水质量向土样中加入纯净水充分拌合并记录实际用量。无侧限抗压试验采用三轴试样，试样高度 H=80mm，直径 D=39.1mm，于制样器中分3层进行压实，层与层之间刮毛，以避免出现分层现象。直接剪切试验、巴西圆盘劈裂实验采用环刀试样，试样高度 H=20mm，直径 D=61.8mm。为防止冻结过程中试样水分的散失，将制好的试样用保鲜膜密封到试样袋。将试样放入冷浴仪中，保持温度为－10℃冷冻6h以上。取出后迅速放入保温桶内运入温度－10℃的冷库中进行试验。

每组工况三个平行试样，在－10℃冷库中进行试验，导出记录试验原始数据，拍照记录试验破坏形式。将试验后的土样取一部分放入铝盒中称重，烘干后再次称重计算其实际饱和度。将数据编号整理好，在表格里记录每组量力环位移最大值，计算平均值与标准差，三者误差较大者重复试验。

1.3.2 试验方法

分别以无侧限抗压试验、直接剪切试验、巴西圆盘劈裂试验测定其抗压、抗剪、抗拉强度。试验方案各工况如表2所示。

试验设计方案 **表2**

试验名称	无侧限抗压试验	直接剪切试验	巴西圆盘劈裂试验
饱和度	0.1/0.2/0.3/0.4/0.5/0.6	0.1/0.2/0.3/0.4/0.5/0.6	0.1/0.2/0.3/0.4/0.5/0.6
压实度	0.8/0.9	0.9	0.9

抗压试验：由无侧限抗压试验测其抗压强度。试验在无侧限压力仪上进行，试样放在加载板中心，以0.065mm/s的速率匀速上升，由数采仪自动记录位移信息，试样的抗压强度：

$$q_u = \frac{C \times L}{S} \tag{1}$$

式中，C为量力环系数，取5.3783kN/mm；L为量力环变形量（0.01mm）；S为试样底面积，取12cm^2。

抗剪试验：由直剪（快剪）试验测其抗剪强度。将上、下盒对准，插入固定销，试样压入剪切盒内，施加100kPa的上覆荷载，拔出固定销，以0.8mm/min的速率进行剪切试验直至剪切破坏，记录测力计读数，试样的抗剪强度：

$$\tau_{\mathrm{f}}=\frac{CR\times 10}{A_0} \tag{2}$$

式中，C为量力环系数，取1.73kN/mm；R为测力计读数（0.001mm）；A_0为试样初始面积，取30cm^2。

抗拉试验：土体抗拉直接试验的试样加工难度大，在试验技术上有许多难以处理的困难，所以土体的抗拉强度测试一般采用间接的巴西劈裂试验法。此方法简便易行，操作方面，测试结果稳定，是测试土体抗拉强度的一种重要的方法。试验过程中，压力仪以0.065mm/s的速率匀速上升，试样在压力作用下劈开。试样的抗拉强度：

$$R_{\mathrm{m}}=\frac{CL\times 2}{\pi dt} \tag{3}$$

式中，C为量力环系数，取5.3783kN/mm；L为量力环变形量（0.01mm）；d为试样直径，取61.8mm；t为试样厚度，取20mm。

2 强度试验结果分析

2.1 试验结果

整理采集数据，将各工况下强度代表值记录见表3。

强度试验结果 表3

压实度	饱和度 S_r	抗压强度 q_u(kPa)	抗剪强度 τ_f(kPa)	抗拉强度 R_m(kPa)	压实度	饱和度 S_r	抗压强度(kPa)
0.9	0.1	246.5	110.5	25.1	0.8	0.1	107.5
	0.2	1514.8	227.8	93.1		0.2	820.1
	0.3	2066.1	382.5	186.3		0.3	1487.9
	0.4	2872.9	443.7	251.8		0.4	2146.8
	0.5	4764.2	530.4	304.7		0.5	2415.7
	0.6	5212.4	598.4	458.4		0.6	2895.3

2.2 无侧限抗压强度分析

图1为不同压实度下抗压土体应力-应变曲线，图2可以土体无侧限抗压强度随饱和度、质量含冰量、体积含冰量变化曲线。由图1和图2得知：随饱和度的增加，冻结兰州粉土的无侧限抗压强度有着显著提升，且相同饱和度条件下，0.9压实度的无侧限抗压强度约为0.8压实度强度的164%。

不同压实度条件下无侧限抗压强度均与饱和度、含冰量呈较好的线性相关性。由王儒默[6]研究可知，由于热胀冷缩，土骨架中的缝隙因冻结收缩而缩小，相当于一种“压密”作用。在冻结试样过程中，水分冻结成冰体积增大，能够很好地填充骨架中的缝隙，形成冰-土骨架，二者共同受力变形。饱和度越高，冻结成冰的水分就越多，起到的“填充加固”作用也越明显，土体骨架与冰结合成的整体强度也越高，故表现出在不同压实度条件下，无侧限抗压强与饱和度均具有良好的线性相关性。

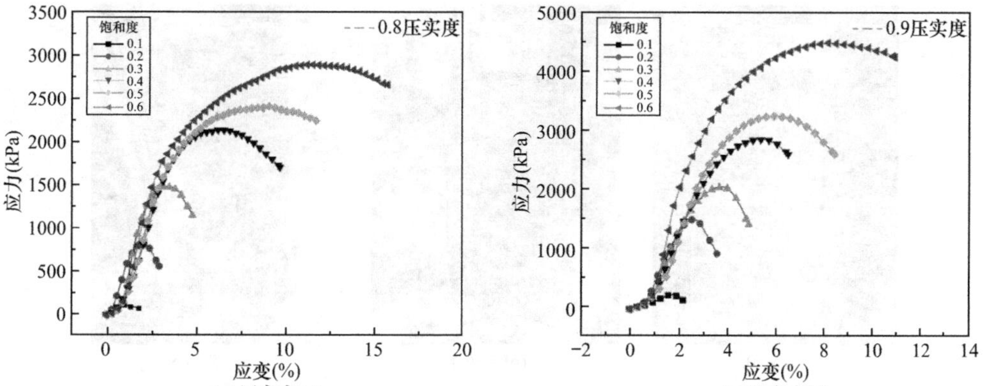

(a) 压实度0.8 (b) 压实度0.9

图 1 不同压实度下抗压土体应力-应变曲线

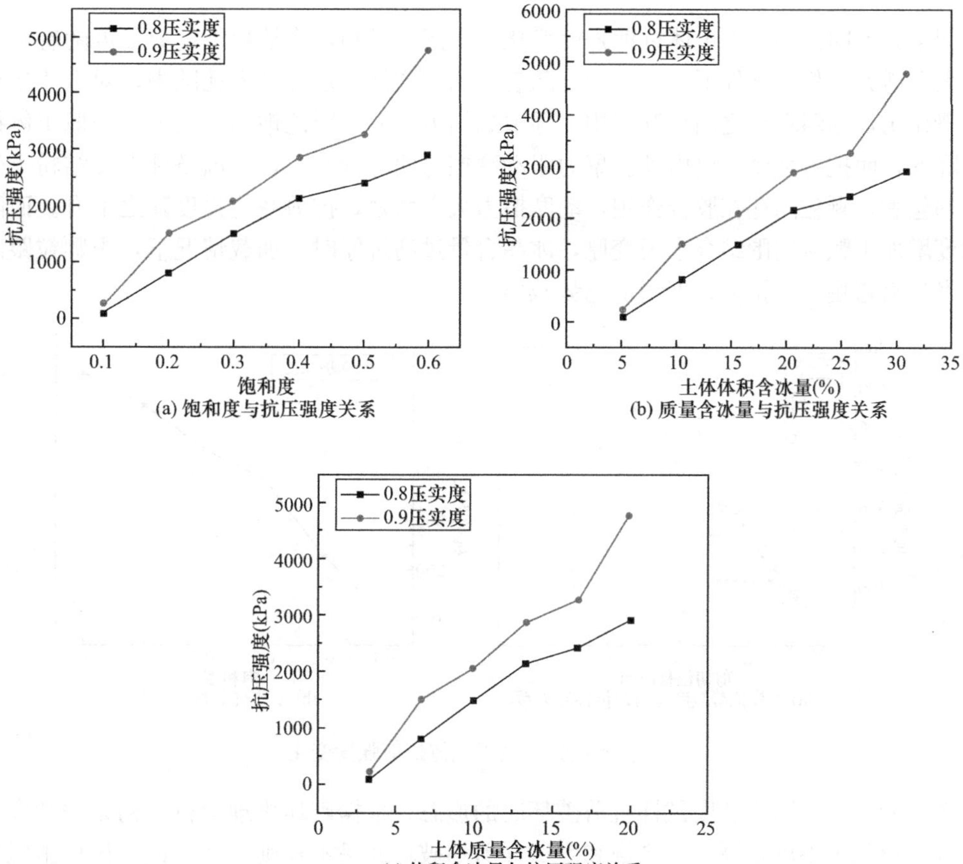

(a) 饱和度与抗压强度关系 (b) 质量含冰量与抗压强度关系

(c) 体积含冰量与抗压强度关系

图 2 土体无侧限抗压强度变化

图 3 所示为在 0.9 压实度下，不同饱和度试样无侧限抗压破坏时的形态。由无侧限抗压试验结束后的土样，可看出兰州粉土不同饱和度土样的破坏特征。较低饱和度试样土体呈现出一定的脆性破坏特征，土样剪切破坏面无明显的相对位移，试样侧边逐渐出现劈裂、土样掉落的现象，高饱和度试样试验时产生一定的侧向鼓胀变形破坏时出现明显的剪切破坏面。

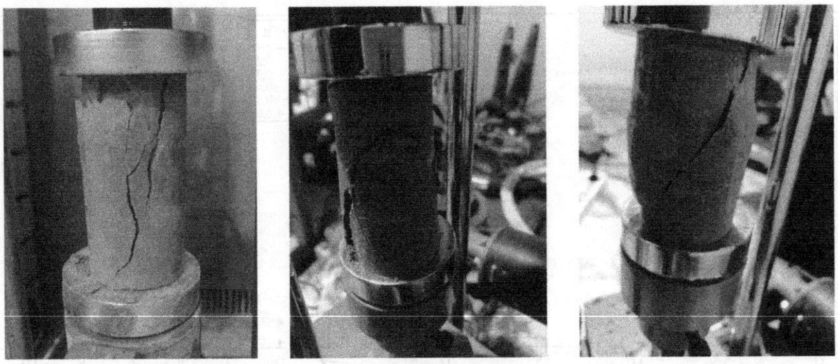

(a) S_r=0.2　　(b) S_r=0.4　　(c) S_r=0.5

图 3　无侧限抗压试样破坏形态（0.9 压实度）

2.3　抗剪强度分析

图 4 为不同饱和度下土体抗剪强度变化，由图 4 可知，冻结粉土抗剪强度随着饱和度的增大而增大。相同条件下，一般粉土随着饱和度增加，水分进入孔隙中，对土体颗粒产生润滑作用，削弱颗粒之间相互作用，导致黏结力降低，因此饱和度增大，一般土体抗剪强度降低，而抗剪强度主要由动黏聚力跟动摩擦力两部分产生，负温条件下冻结粉土受到冰晶的包裹，颗粒间存在胶合作用，动摩擦力大大增强，抗剪峰值强度随之上升。而随着饱和度增加土颗粒周围结合水膜变厚，冰晶含量过高过厚时，加载情况下，土颗粒跟冰晶容易发生滑移现象，抗剪强度增加趋势减弱。

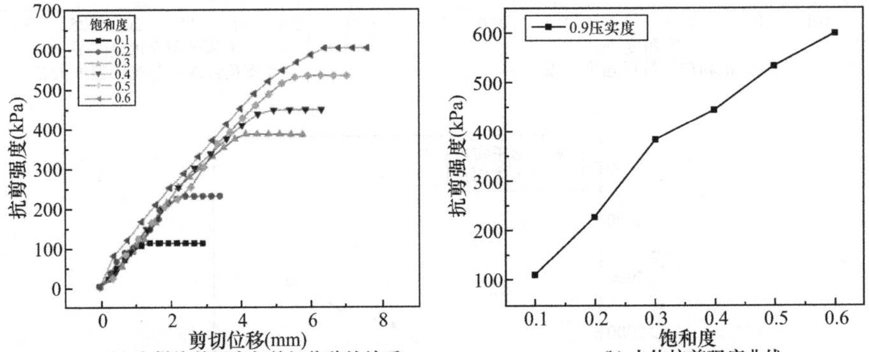

(a) 土样抗剪强度与剪切位移的关系　　(b) 土体抗剪强度曲线

图 4　不同饱和度下土体抗剪强度变化

图 5 所示为不同饱和度试样抗剪破坏时的形态。根据破坏机理分析，初始饱和度下试样破坏面形状平整度较高，而高饱和度试样剪切破坏面呈不规则齿状，说明试样由脆性破坏逐步延性化，抗剪强度增加。

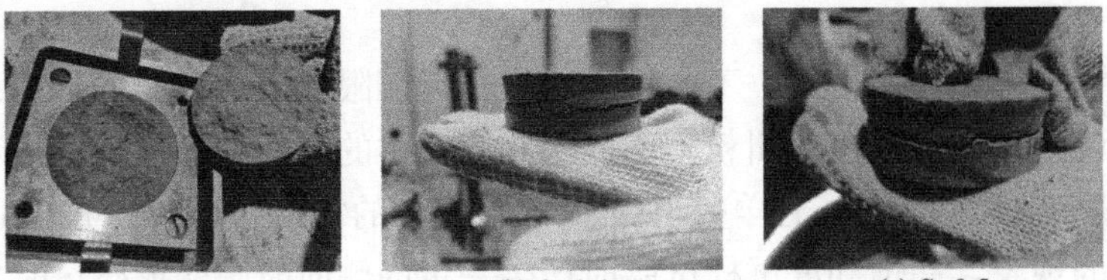

(a) S_r=0.9　　(b) S_r=0.4　　(c) S_r=0.5

图 5　直接剪切试样破坏形态（0.9 压实度）

2.4 抗拉强度分析

图 6 为不同饱和度下土体抗拉强度变化，由图 6 可知，随着饱和度增大，饱和度的增加，抗拉强度随之增大。根据试验结果，冻结粉土抗拉强度远小于其抗压强度，冻土拉伸时的变形能力比抗压变形能力要小，孔隙水冻结过程中流变存在各项异性，垂直于主光轴方向的黏聚力比主光轴方向上的要大得多，因此冻结粉土抗拉强度一般都小于其抗压强度。当饱和度逐步增大时，此现象作用减小，因而抗压强度增长速率变快，冰晶不仅加强了土颗粒间的胶结力，还填充于土颗粒的孔隙中，使土体变得密实，黏聚力增大，在拉伸过程中随着土粒间的微小错动，黏聚力迅速发挥作用，提高冻结粉土的劈裂抗拉强度。

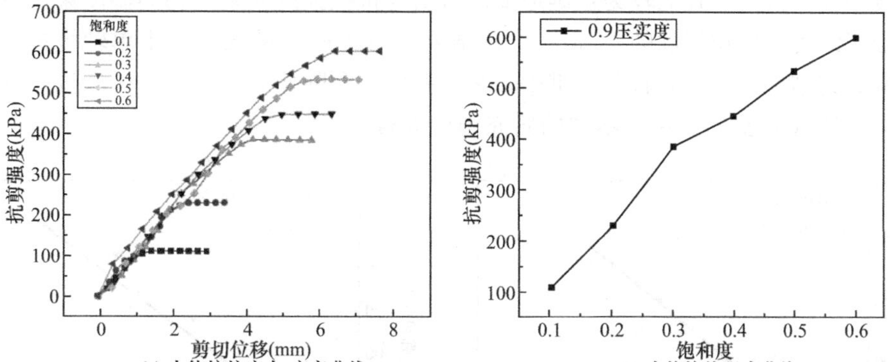

(a) 土体抗拉应力-应变曲线　　(b) 土体抗拉强度曲线

图 6　不同饱和度下土体抗拉强度变化

图 7 所示为在 0.9 压实度下不同饱和度试样劈裂破坏时的形态，各饱和度试样破坏形态基本一致。在试验加载初期，冻结粉土表面未发现裂缝，之后随着荷载的增大，土内的应力不断增加，气孔产生的应力集中作用，使其表面开始出现裂缝，立即发生脆性破坏，裂缝贯穿试样。

(a) S_r=0.2　　(b) S_r=0.4　　(c) S_r=0.6

图 7　巴西圆盘劈裂试样破坏形态（0.9 压实度）

3　三种强度相关关系分析

3.1　抗拉强度与抗压强度联系

通过比对冻结粉土的强度数据可知，在试验工况一致的条件下，冻结粉土的抗压强度大于抗拉强度。单轴试验条件下，对于单向受压的试样而言，冻土抵抗破坏的能力取决于冰的强度、土骨架的强度以及冰与矿物颗粒间的黏聚力。而拉应力作用下，冰与矿物颗粒间的黏聚力是影响冻土抗拉强度的主要因素。因此，拉、压应力状态下，土体破坏需克服的阻力或其主要影响因素存在联系，土体的抗压和抗拉强度可通过关系函数连接。黄星等人[7]对冻土的单轴抗压、抗拉强度特性进行试验研究，发现试样的抗压、抗拉强度与负温之间存在很好的线性相关性。随着温度降低，冻结粉质黏土、黄土和砂土的抗压强度增加，抗拉强度逐渐增加。

如图 8(a) 所示，抗压强度与抗拉强度存在良好的线性关系，抗拉强度 R_m 与抗压强度 q_u 关系为：$R_m=0.09196q_u$，拟合函数中总体相关系数为 0.99。相关系数高，表明曲线的拟合度很高，该关系式能较为正确地显示抗剪与抗拉强度联系。相同温度条件下，冻土的抗压强度约为其抗拉强度的 11 倍。这一结果与马芹永[10]的人工冻土单轴抗拉、抗压强度的试验研究结果接近，并且和文献中黄星、孙丽[8]及陈伟等[9]人的抗压和抗拉强度关系研究结果一致（见表 4），说明本文的研究结果可靠。

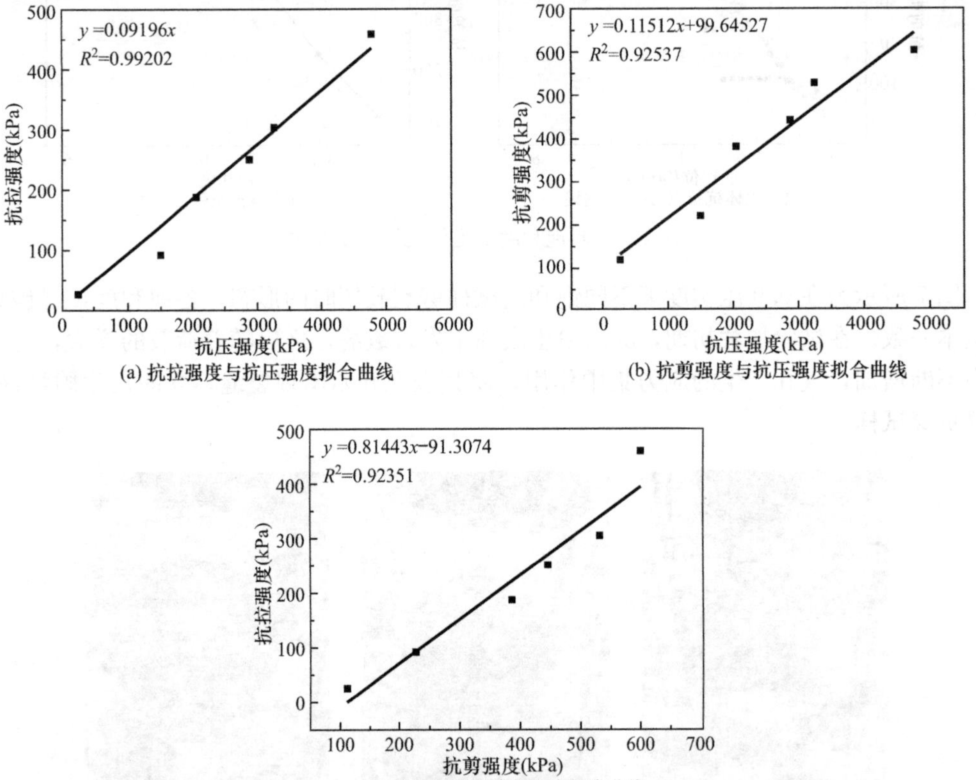

(a) 抗拉强度与抗压强度拟合曲线

(b) 抗剪强度与抗压强度拟合曲线

(c) 抗拉强度与抗剪强度拟合曲线

图 8　强度拟合曲线

抗拉强度与抗压强度关系　　表 4

参考文献	试验材料	试验条件	抗拉强度与抗压强度关系
黄星，李东，庆明锋等（2016）	粉质黏土、黄土、砂土	单轴抗压、劈裂抗拉	冻结粉质黏土、黄土和砂土的抗拉强度 σ_t 与抗压强度 σ_c 的统计关系：$\sigma_t=A\sigma_c^B$
孙丽（2012）	岩石	单轴抗压、劈裂抗拉	岩石颗粒间的黏聚力和摩擦力决定抗拉强度，抗拉强度一般为抗压强度的 0.07～0.23，平均为 0.15，联系公式文中未给出

续表

参考文献	试验材料	试验条件	抗拉强度与抗压强度关系
陈伟，张文博，毛明杰等（2016）	混凝土	单轴抗压、劈裂抗拉	抗压和劈裂抗拉强度的对数值之间存在良好的线性关系：$f_{tu}=0.198136f_{cu}^{0.7864}$

3.2 抗剪强度与抗压强度联系

通过初步观察数据，发现抗剪强度远小于抗压强度，而在常规试验中抗剪强度一般为抗压强度的 1/3 左右，通过对比前人与本试验类似的研究方法与结论，试验数据可靠。由于负温条件下粉土颗粒到冰晶的包裹，颗粒间存在胶合作用，动摩擦力明显提升，抗剪峰值强度也随之上升，故随着饱和度的升高，冰晶含量也变高变厚，抗剪强度随之提升，粉土的抗剪强度基本随饱和度呈线性关系，与无侧限抗压强度规律基本相符。故采用线性方程对抗剪强度与抗压强度进行拟合。

通过图 8(b) 可以看出，抗剪强度 τ 与抗压强度 q_u 关系为：$\tau=0.115126q_u+99.64527$，拟合函数中总体相关系数为 0.92537，相关系数较高，表明二者的相关性较好，曲线的拟合度较高，该关系式能较为正确地显示抗压与抗拉强度联系。该关系式为不过原点的一次函数，由于抗剪试验中存在固定的围压，主应力差最大值与围压基本上呈线性增加关系，而无侧限抗压试验中不存在围压，因此抗压与抗剪的强度拟合中存在纵向截距。文献中陈晓静[11]对水泥土抗压抗剪强度及相关性研究，采用与本试验相同的无侧限抗压试验和快剪试验，得出抗剪强度与抗压强度呈线性关系以及唐建铠[12]和陈娜[13]对两者联系分析方法研究（表 5），与本试验结论相符，说明本文的研究结果可靠。

抗剪强度与抗压强度关系 **表 5**

参考文献	试验材料	试验条件	抗剪强度与抗压强度关系
陈晓静，王保田，左晋宇等（2021）	淤泥质土、硅酸盐水泥	无侧限抗压、快剪	无侧限抗压强度 q_u 与黏聚力 c 的关系：$c=0.114q_u+36.9$ 抗剪强度：$\tau=c+\sigma\tan\varphi$
唐建铠（2020）	泥质粉砂岩	单轴抗压、平推法岩石直剪试验	单轴抗压强度 q_u 与黏聚力 c 拟合曲线：$c=0.103q_u+0.429$
陈娜（2016）	混凝土	单轴抗压、原位单剪法	抗压强度与抗剪强度拟合曲线：$f_{cu}^{c}=-0.0358f_{dj,i}^{2}+8.6973f_{dj,i}-5.6071$

3.3 抗剪强度与抗拉强度联系

观察试验强度结果，在相同工况下，抗拉强度与抗剪强度存在一定的联系，基于之前所述研究，抗剪强度与抗压强度呈线性关系，抗拉强度与抗压强度呈比例关系，基于张学年[14]对强度关系方程建立方法探究，拟建立线性模型，来拟合抗剪强度与抗拉强度联系。

通过图 8(c) 可以看出，抗剪强度 τ 与抗拉强度 R_m 关系为：$R_m=0.81443\tau-91.3074$，拟合函数中总体相关系数为 0.92351，曲线的拟合度较高，该关系式能较为正确地显示抗压与抗拉强度联系。由文献中刘爱娟[15]、朱崇辉[16]和张国华[17]对抗剪强度与抗拉强度二者研究（表 6），本试验结论与前人研究结果基本符合，但由于存在围压对抗剪强度的影响，本式只探究了在 100kPa 围压下的抗剪强度与抗拉强度联系，未能探究黏聚力与摩擦角对抗剪强度的影响，更加准确可用的关系需要未来更加深入地研究才能得出。

抗剪强度与抗拉强度关系 **表6**

参考文献	试验材料	试验条件	抗剪强度与抗拉强度关系
刘爱娟，徐翔，刘太平（2017）	黄土、黏土	巴西劈裂、直剪	抗拉强度与黏聚力、摩擦角之间存在线性关系，拟合方程为：$\sigma_t=0.7172c+2.273$
朱崇辉，刘俊民，严宝文等（2008）	黏性土	三轴拉伸试验、直剪	抗拉强度与抗剪强度指标关系 $\sigma_t=\sigma_w-2\frac{\sin\varphi_L\ (c_L\tan\varphi_L+\sigma_w)}{1+\sin\varphi_L}$
张国华（2022）	膨胀土	拉伸试验、直剪	拉伸-剪切效应的联合强度公式：$\tau=k(\sigma-\sigma_t)^n$

4 结论

（1）对冻土试件的制备与试验方法进行了介绍，通过测试冻结粉土的抗压强度、抗剪强度和抗拉强度，研究了压实度和饱和度对冻结粉土的抗压强度影响规律，以及饱和度对冻结粉土的抗拉强度和抗剪影响特性。

（2）相同饱和度下，高压实度冻结粉土抗压强度大于低压实度，0.9压实度的抗压强度约为0.8压实度强度的1.6倍。冻结粉土的抗压强度、抗剪强度和抗拉强度三者都与饱和度正相关，随着饱和度增大而增大，且抗压强度大于抗剪强度大于抗拉强度，冻结粉土的抗压强度约为其抗拉强度的11倍。

（3）本文主要采用试验方法，对冻结粉土强度特性和相互关系进行结果的归纳分析，对其中的理论机制未作探讨。通过试验数据分析，探讨了抗剪强度与抗压强度联系及抗拉强度与抗压强度联系，通过拟合得到了抗剪强度、抗拉强度与抗压强度两两关系公式。可以在一定情况下通过简单试验得到的抗压强度，通过公式预测到冻结粉土的抗剪强度和抗拉强度，得到一个较合理的岩体力学参数的取值范围，这在工程应用中具有一定的实用意义。

参考文献

[1] 张俊兵，李海鹏，林传年，朱元林．饱和冻结粉土在常应变率下的单轴抗压强度［J］．岩石力学与工程学报，2003（S2）：2865-2870

[2] 沈忠言，彭万巍，刘永智．冻结黄土抗拉强度的试验研究［J］．冰川冻土，1995（04）：315-321

[3] 谭敏，朱志铎．固化粉土抗拉特性试验研究［J］．地下空间与工程学报，2013，9（S2）：1811-1816

[4] 肖成志，李晓峰，张静娟．压实度和含水率对含砂粉土性质的影响［J］．深圳大学学报（理工版），2017，34（05）：501-508

[5] 常丹，刘建坤，李旭，于钱米．冻融循环对青藏粉砂土力学性质影响的试验研究［J］．岩石力学与工程学报，2014，33（07）：1496-1502

[6] 王儒默．人工冻结粉质黏土力学性能试验与微观结构分析［D］．淮南：安徽理工大学，2019

[7] 黄星，李东庆明锋，郈慧，彭万巍．冻土的单轴抗压、抗拉强度特性试验研究［J］．冰川冻土，2016，38（05）：1346-1352

[8] 孙丽．论述岩石抗拉强度与单轴抗压强度两者之间的联系［J］．农业科技与信息，2012（14）：48-49

[9] 陈伟，张文博，毛明杰，杨秋宁，逯君．基于数理统计的混凝土抗压-劈裂抗拉强度关系式的研究［J］．宁夏工程技术，2016，15（02）：118-122

[10] 马芹永. 人工冻土单轴抗拉、抗压强度的试验研究 [J]. 岩土力学，1996 (03)：76-81
[11] 陈晓静，王保田，左晋宇，李文炜. 水泥土抗压抗剪强度及相关性研究 [J]. 水运工程，2021 (08)：169-175
[12] 唐建铠. 探究岩石抗剪强度参数与单轴抗压强度的关 [J]. 广东化工，2020，47 (02)：38-39
[13] 陈娜. 混凝土抗剪强度推定抗压强度的方法研究 [D]. 沈阳：沈阳建筑大学，2016
[14] 张年学，李守定，盛祝平. 用抗剪强度参数估算抗拉强度的方法与问题讨论 [C] //2018 年全国工程地质学术年会论文集，2018：455-465
[15] 刘爱娟，徐翔，刘太平. 岩土抗拉强度与抗剪强度参数关系讨论 [J]. 人民长江，2017，48 (S2)：235-239
[16] 朱崇辉，刘俊民，严宝文，巨娟丽. 非饱和黏性土的抗拉强度与抗剪强度关系试验研究 [J]. 岩石力学与工程学报，2008 (S2)：3453-3458
[17] 张国华. 压实膨胀土的抗拉强度及拉-剪联合强度公式 [J/OL]. 铁道标准设计：1-7 [2022-04-06]

作者简介： 杨恒乐 (2001—)，男，本科生。
赵煜鑫 (1995—)，男，博士研究生。
王尚尚 (2002—)，男，本科生。
王之弘 (2001—)，男，本科生。
刘　丽 (1984—)，女，博士，讲师。主要从事实验土力学，特殊土力学等方面的研究。

智能建造在化学锚栓施工质量控制中的应用

孔化蓉

（中铁武汉电气化局集团有限公司，湖北 武汉，430074）

摘　要：针对化学锚栓在铁路电气化工程中应用时遇到的问题进行分析，依据验收标准，结合工程实例阐明如何解决类似问题，提出了智能装备、信息平台、大数据管理等可操作性的质量控制措施。

关键词：化学锚栓；质量控制；智能建造；应用

Application of intelligent construction in construction quality control of chemical anchor bolt

Kong Huarong

(China Railway Wuhan Electrification Bureau Group Co., Ltd., Wuhan 430074, China)

Abstract: This paper analyzes the problems encountered in the application of chemical anchor bolt in Railway Electrification Engineering, expounds how to solve similar problems according to the acceptance standards and engineering examples, and puts forward operable quality control measures such as intelligent equipment, information platform and big data management.

Keywords: chemical anchor bolt; quality control; intelligent construction; application

引言

我国铁路电气化工程中受力较大的关键设备一般采用化学锚栓固定。比如：牵引供电工程中的吊柱、锚臂、限制架、电缆支架、地线；隧道洞室内电力箱式变压器、通信设备；轨道沿线的箱盒、信号机、连接线等信号轨旁设备。在高速铁路和有条件的普速铁路中，当预留的T形槽或螺栓不满足要求时，也需要后置化学锚栓。

化学锚栓是指由金属锚杆或锚固胶组成，以锚固胶的粘接性能来获得锚固能力的锚栓，通常采用力矩控制式胶粘型锚栓[1]。它把设备固定在铁路沿线的混凝土建筑物上，具有高强度、高粘结力、耐久性好、施工方便、无污染等特点。作为重要的基础工程和隐蔽工程，无法用肉眼判别其质量，一旦松脱就可能造成行车事故，严重时还会危及人身安全。因此，对化学锚栓的工程质量应作为重点工序进行从严控制。

1　铁路电气化工程中化学锚栓应用出现的典型问题及原因分析

有记录的比较典型的案例见表1。可以看出，尽管化学锚栓在电气化工程中经过了近

20 年的应用，但是因为市场上产品质量参差不齐、建设管理控制体系存在漏洞，在招标、材料进场检验、施工质量过程控制、验收等环节中，一直持续地存在问题，给工程质量和铁路运营安全造成了极大的隐患。

典型的案例 **表 1**

相关文件	年度	地点	状态	问题	原因	采取措施
运装供电电［2011］3037 号	2011	京沪高铁	运营中	化学锚栓拔出	施工质量问题、未按规范进行拉拔试验	全路排查
厦供函［2014］38 号	2013	龙厦铁路	运营中	大部分螺杆生锈	产品质量验收问题	清退出场
厦供函［2014］38 号	2014	赣龙铁路	使用前	镀锌层厚度不足	产品质量验收问题	清退出场
相关举报材料	2015	框架采购	招标后	提供虚假资料	评标审查不严，低价中标	废标，全路排查
铁总运电［2017］155 号	2017	南昆客专	运营中	化学锚栓拔出	施工工艺不到位，锚固剂混合不均匀且注胶量不足	全路排查
质量日常检查	2019	阳大铁路	施工中	已灌注锚栓损坏	站前损坏，成品保护不够	重植锚栓
质量专项检查整改报告	2019	重点工程	施工中	使用不合格品	进场验收和报验管理问题	清退出场，重植
化学锚栓质量整治专项排查整改报告	2021	重点工程	施工中	化学锚栓拔出，锚栓被撞偏	锚固胶注胶量不足，成品保护不够	全线排查

2 铁路行业采取的管理措施

（1）在事故或事件处理方面。根据表 1 中相关通报显示，管理单位都进行了认真的原因分析，并花费了大量的人力和物力，对出现问题批次的产品或整个品牌的产品进行全面的排查整改。包括对已使用的锚栓进行全面抽检，对未使用的锚栓予以清场，尽可能消除安全隐患。

（2）在采购和招标环节。为了控制锚栓的源头质量，铁路行业组织专家多次研讨，制定了相关的标准。2016 年 1 月 12 日，中国铁路总公司召开专题会议，研究规范和加强电气化铁路接触网用胶粘型锚栓采购和质量管理事宜，下发了物建函［2016］12 号，明确了采购重点事项，以加强锚栓的采购和质量管理。2017 年 1 月 12 日，中国铁路总公司发布了 Q/CR 570—2017[1]企业标准，对接触网用力矩控制式胶粘型锚栓的生产质量和检验标准作了详细的规定。

（3）在材料进场验收环节。国家铁路局也引起了重视，2018 年 11 月 12 日国铁科法［2018］91 号公告对铁路工程质量验收标准进行了修订。其中，TB 10421—2018[2]第 3 章、第 5.2.3 条、第 5.2.4 条针对接触网工程中化学锚栓频繁出现问题的现状，重点对接触网工程中化学锚栓的螺栓和锚固胶进场质量检验要求作了较详细的规定。

（4）在过程质量控制和验收环节。中国铁路总公司于 2017 年 12 月 18 日印发了铁总建设［2017］310 号《铁路建设项目质量安全红线管理规定》，对铁路建设项目工程实体 7 方面和建设行为 3 方面质量安全红线进行了详细规定，并制定了《质量安全红线检查手册》，对违反规定的情况进行严厉处罚。TB 10421—2018[2]也将化学锚栓作为一个单独的分项工程，在第 5.5 条对化学锚栓的布置、允许误差和拉拔试验作了详细的规定。

3 化学锚栓施工中存在的问题及解决方案

(1) 关于验收标准中没有锚栓的详细要求，实际验收时应该执行什么标准的问题。TB 10419—2018[3]各个章节都明确规定信号相关轨旁设备的固定应采用化学锚栓，但检验批中没有具体的验收要求；铁路通信、电力工程有时也经常用到化学锚栓，但施工质量验收标准中均未提及化学锚栓的相关要求或者没有明确是否参考国家标准。而 Q/CR 570—2017[1]只是针对接触网工程出台的标准，没有确定是否适用于电力、通信、信号、防灾工程。

对于上述情况，受管理经验和专业知识的限制，有些建设单位和监理单位不作要求或者不清楚应该作哪些具体要求。如果施工单位和验收单位也没有相应的经验和知识，而且自控能力较弱，那么这道工序在各个环节的控制就可能存在盲区，容易出现质量问题。

在实践中，有些工程已经作了有益的尝试。比如：在浩吉铁路，浩吉公司各层级专门成立了质量部并聘请了有经验的电气化专业工程师进行日常监管，将化学锚栓施工作为关键工序进行控制。依据国家标准和设计要求，于 2018 年组织专业的人员和各参建方对化学锚栓的检测、施工质量控制、验收确定了标准，据此形成了书面的专家意见、纪要和文件。在实施前，由施工单位编制了详细的施工方案、检测方案，且审批后执行，作为质量控制和验收的依据。同时，过程中采用定期检查和专项检查的方式，对锚栓的质量进行常态化管控，对第三方检测机构也进行监督，防止串通作假。在监督检查过程中，确实发现了有产品质量不合格的情况。通过闭环管理，促进了质量管理体系的正常运转。在中老铁路玉磨段，昆明铁路局在工程开工时就提前介入，介入人员和监理全程盯控，对锚栓灌注质量重点抽查，对锚栓的试验过程录像录入“铁路工程管理平台”审查。拉拔试验视频资料当天必须移交介入组审核，在 24h 收集反馈审查结果。接管单位在现场监督和检查时，也及时发现了不合格品、不按规定试验、制作假录像的情况，建设单位及时督促全面排查、整改，避免了进入下道工序后形成质量隐患。

(2) 关于化学锚栓拉拔的频次争议。TB 10421—2018 中规定：桥梁及隧道区段的化学锚栓锚固抗拔力不应小于设计工作荷载。检验数量：施工单位全部检验，监理单位全部见证检验。检验方法：对照设计文件，采用专用拉拔工具进行锚栓工作荷载的抗拔力检验[5]。标准制定时，主要考虑了吊柱、下锚、桥钢柱等受力较大而且经常出现问题的情况，但规范中并没有考虑所有锚栓的使用位置和实际情况。比如，隧道内地线卡子双线隧道设计每 800mm 一个固定点，单线隧道设计每 400mm 一个固定点，且每个地线卡子采用双锚栓固定，仅对 400mm 铝绞线起一个固定的作用，安全系数已经大于 4。信号工程中固定箱盒、信号机、连接线等的化学锚栓日常只起固定作用，并不是持续地承受拉力、剪力、折弯力，而且多年的运营中并没有发现脱落的情况。这部分化学锚栓和机械锚栓应该可以根据《建筑结构加固工程施工质量验收规范》GB 50550—2010[4]附录 W 和《混凝土结构后锚固技术规程》JGJ 145—2013[5]附录 C，按照重要结构构件及生命线工程的非结构构件考虑。

形成此争议的原因，主要是各方处的立场不同、对化学锚栓实际应用情况的信息不对称。

新的验收标准编制旨在着力解决验收标准操作性问题，避免不按标准验收或过度验收，其中标准未涵盖的项目，由建设单位组织相关单位制定，对涉及“四新技术”或特殊项目需专家论证。比如，浩吉铁路制定了《关于加强隧道接触网吊柱化学锚栓施工质量控制的通知》。在中老铁路玉磨段，将 M20、M16 化学锚栓拉拔试验比例为 100%。考虑了 M12 化学锚栓拉拔试验比例按国家标准《混凝土结构后锚固技术规程》JGJ 145—2013[5]的 4 倍随机见证抽检；且以一个隧道为单位，当此隧道中发现一处不合格时，则对整个隧道范围内及该班组施工的部分进行 100%拉拔，确保每一批次必须经过随机质量检测。

(3) 管理水平和施工工艺对质量影响较大。传统的施工方法的缺陷主要有：管理手段落后、单一，管理知识能力参差不齐，机械化和信息化水平低，难以深层次管控；投入产出率低、资源消耗大、环境污染、质量控制难；隧道打眼过程中产生大量的粉尘污染，对施工人员的作业环境产生较大影响，而且粉尘在密闭的空间内无法迅速消散，大多数附着在隧道壁、已安装设备及地面，增加了清洗工作量，不符合绿色施工的要求。需要细化标准化管理的措施。

4 智能装备和信息化管理在化学锚栓施工中的实践

锚栓在现场的分布相当零散，一旦出现问题，排查异常困难。从事故案例可以看出，其中绝大部分质量问题出在进场验收和锚栓灌注的环节。管理效能逐级弱化，信息化管理和标准化管理水平不够是其根本原因。因此，研究其质量通病的智能建造措施，一直是各级管理层不懈的追求。

4.1 在管理层面对锚栓质量的整体管理过程的控制

(1) 集团公司的二级、三级管理层级。需要制定可操作性的锚栓质量控制的细则，并加强培训、宣贯、督导、检查，以消除项目部层面由于管理水平和专业技术水平不够引起的管理漏洞，还可以减少所有各项目部重复性的工作造成的资源浪费，这也符合当前公司推行工程项目管理标准化的要求。

(2) 施工单位项目部层级。要通过管理手段提高质量安全意识、规范作业行为，自觉遵守标准规范，严禁触碰质量红线，确保质量安全体系正常运转。特别是要加强新进场人员质量安全教育培训，干什么培训什么，把质量意识教育，打灌方法、流程、卡控要点，打灌工具、锚固剂拌合的作用和使用剂量作为常态化教育培训和检查考核重点抓好抓牢。“按照专业的人干专业的事”的原则，推行“班组长质量责任制”和“质量三检制”，组建专业的班组培训合格后上岗，必须设置专职质量员进行过程监督。

(3) 质量监管部门。国家铁路局、建设单位、监理单位、施工单位各级管理层应重点进行管控，加大检查频次，始终保持高压态势，监督施工单位质量自控体系有效运转。

4.2 在采购阶段

(1) 建立化学锚栓合格供应商及应用情况的数据库。按《中华人民共和国招标投标法》的要求，物资评标专家需要在专家库内随机抽取，每次评标时各专家的专业水平、信息更新程度存在不确定性，影响评标质量。施工单位的二级公司应建立相应数据库，供评标时参考。

(2) 严格设置投标条件。在招标的技术条件中，必须严格按现行的规范和设计要求进行设置，并对投标文件关键条款是否响应、是否有相关证明、相关证明或检验报告是否真实、是否符合要求进行严格审查。在招标的商务条件中，要根据锚栓的使用环境和重要程度来决定是否采用代理商，对于投标方的代理资格、注册资金的额度和供货业绩应当从严考虑、认真审查。

（3）按合理低价选择供应商，避免最低价中标造成的恶性竞争和偷工减料。目前各工程局建立合格供应商制度进行战略框架采购的手段，可以避免过度竞争，消除每一个项目都需要进行一次评标的风险，对保证锚栓的质量和节约材料成本能起到关键作用。

4.3 在进场验收和保管阶段

（1）通过拉拔试验无法检验耐久性和特殊环境应用的指标，因此首批产品必须严格核查型式试验报告、出厂检验报告、产品合格证等质量证明文件的真实性和有效性。管理过程中，经常发现有质量证明文件中数据不真实的情况。当对产品质量有怀疑时，有必要见证取样进行型式试验，确保源头质量。

（2）加强物资材料管理，应用智能物资仓储管理信息系统实现智能化和信息化管理（图 1）。建立锚固剂、搅拌管发放、回收管理台账，使用后的锚固剂、搅拌管应逐一编号，统一收回备查。由于化学药剂对储存时间和储存环境有严格的要求，为了避免药剂失效，对保管环境、锚固胶存放有效期应从严控制。

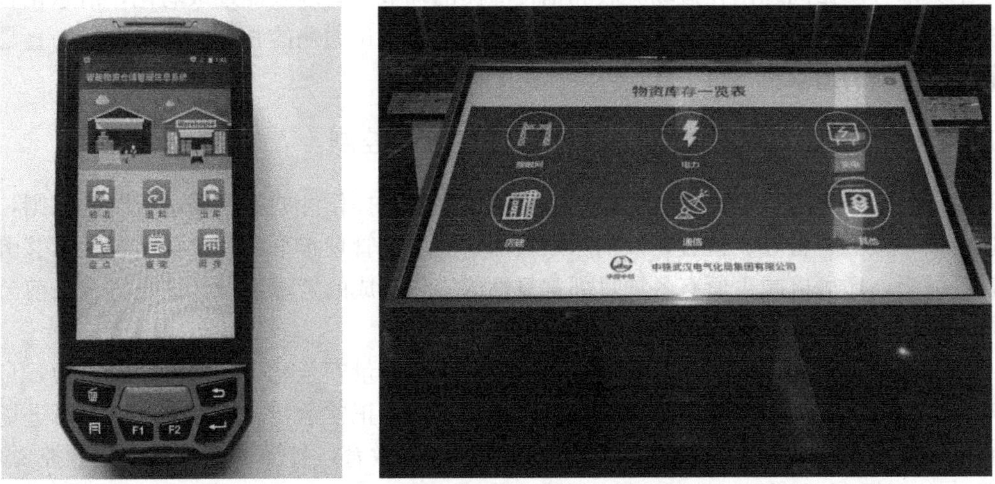

图 1　智能物资仓储管理信息系统

4.4 在打孔灌注阶段

（1）首件工程实施前。必须做到以下几点：一是随机选定位置严格按产品说明进行工艺试验和破坏性试验，验证产品说明的可操作性、验证现场混凝土基材与锚栓的匹配性；二是解决工艺性试验中遇到的问题，稳定作业指导书和工艺标准；三是为首件工程示范提供实践支持，确定施工工艺、工作效率、材料消耗，确保每批次质量合格，同时为大数据分析提供依据。

（2）锚栓定位测量时。确定位置后可视化智能钢筋探测仪提高钢筋探测的效率，在满足设计要求的情况下尽量避开钢筋，打孔位置应距隧道伸缩缝大于 1m，保证原混凝土基体的稳定性。

（3）锚栓打孔作业时。一是应制定详细的施工组织计划，并采用固定的专业化班组进行施工，根据施工进度要求配备足够的工具。二是应采用合适的施工工具和合理的施工方法，倡导机械化施工，以消除人为控制形成的误差。要加强打孔、灌注模具在使用前的检查、复核，模具的孔位位置应准确，孔筒长度、壁厚应满足打灌要求，禁用柔性材料加工模具。三是孔径的误差和成孔的深度、角度、相互间距必须符合要求。

比如：一种隧道无尘切孔装置，采用了集装箱工作站方式，运输方便，安装快捷，可快速投入生产，通过升降装置提升工作平台后，采用钻孔装置打孔，实现了自动实现打孔的目的，其支撑装置保证了打孔过程中钻孔系统的稳定，避免了人员高空作业风险，基本实现了精确定位、自动钻孔、减少粉尘污染（图 2）。采用公铁两用作业车（图 3）、隧道综合作业平台（图 4）或者配有固定平台的专用钻孔工具；可以实现多种工况运行、保证质量、减少安全隐患。这些新的施工方法、智能装备，可以有效地提高施工效率、优化作业环境、保证施工安全质量、减小施工成本[6]。顺应了铁路工程标准化管理“四个支撑”的要求。

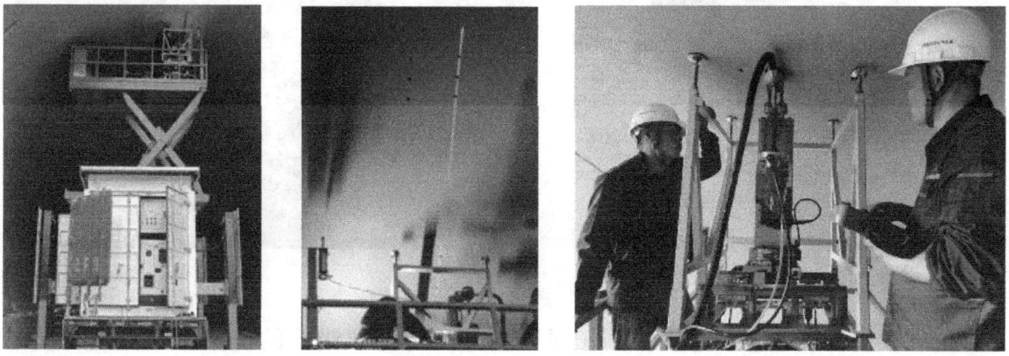

图 2　隧道无尘切孔装置

图 3　公铁两用作业车

图 4　隧道综合作业平台

（4）锚栓灌注时。一是必须严格执行技术交底和厂家技术指导书要求，必须严格落实“三刷三吹”制，不得擅自改变操作方法和工艺流程，不得改变、损坏打灌工具本体。二是要严格注胶、清孔过程质量卡控，不得出现清孔不彻底，注胶不饱满现象。打灌和拉拔应分组交叉进行，以起到相互监督的作用（例如：A 组打灌，则由 B 组拉拔，反之同理），并做好工序衔接和交接质量验证，做好实名制签认，并录入信息平台建档备查。

（5）灌注完成后。在胶体固化期内不要扰动螺杆，应及时对其外观、相互间距、相对位置、角度进行检查同时，过程中的成品保护问题。具体的措施包括：一是要协调好施工界面，尽可能在站前单位二衬工序全部完成后再进行锚栓后置；二是对后置完成的锚栓地点及时书面通知监理和站前单位，加强巡查，双方都做好成品保护；三是对偏斜、碰撞变形和有其他质量缺陷的，要研究并拿出处置意见，不得擅自通过将锚栓强行扳正，避免锚栓塑性变形引起应力损伤。

（6）拉拔试验时。要制定标准和方案，审批后执行。应严格按照《建筑结构加固工程施工质量验收规范》GB 50550—2010[4] 中加载时间和持续时间进行，相关单位按要求见证，并按验收标准中隐蔽工程影像资料录制要求存档，防止偷工减料、弄虚作假。为了提高拉拔效率，可采用多功能拉拔仪（图 5），按照“提高工效、降低成本、节约能源消耗”的原则，通过引入手动操作转化为机械化作业，“一对一”转化为“一对多”，有效提高了铁路隧道化学锚栓预埋件的安全和质量检测工效[6]。

图 5　多功能拉拔仪

（7）在项目部层级建立过程控制记录数据库。对化学锚栓的规格型号、材料使用情况、详细位置、质量情况、详细测量数据、影像资料采集信息、施工人员、专职质检员、监理等信息详细记录，录入信息管理平台数据库，实现与实名制管理系统、调度指挥大数据平台的对接（图 6）。物资和技术管理人员通过对锚固胶使用量统计建立数据库，并安排专人定期对录像和材料消耗进行大数据分析，对施工效率、拉拔试验的时间、锚固胶使用量异常的情况进行现场复查，防止出现施工工艺流程时间不够、锚固胶使用不足的情况。

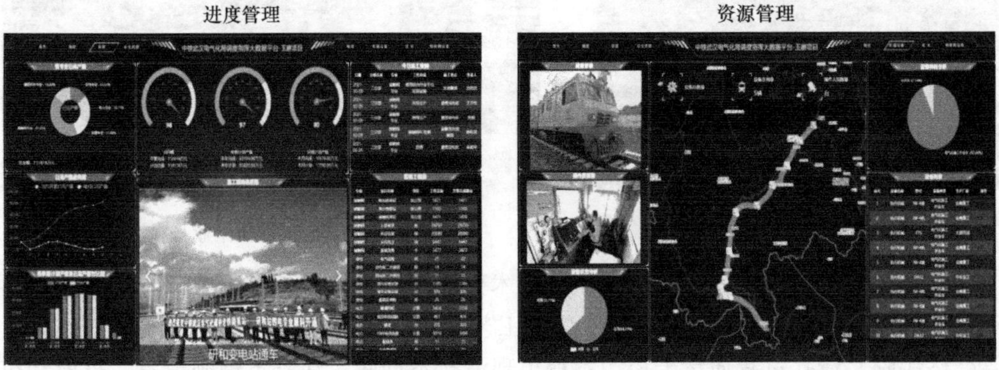

图 6　调度指挥大数据平台

5　结语

化学锚栓在电气化工程中的应用已经十分普遍，其质量关系到铁路运营的安全，“人命关天”，必须确保万无一失。为了保证验收标准更具有可操作性和合理性，建议电气化工程相关验收标准中根据化学锚栓的实际使用位置对验收标准进一步细化。设计单位在初步设计时应考虑合理的试验费用。施工单位作为专业的施工方，应提高自控能力，并按照铁路标准化管理和“绿色施工”的要求，利用专业化、机械化、智能化、信息化的手段控制锚栓工程的质量。在国家“双碳”目标倡导绿色、环保、低碳的背景下，采用机械化、智能化、绿色的技术创新手段来管理化学锚栓施工是非常有必要的。在减少能源消耗、减少碳排放的同时，还能提高施工效率、减少成本、减少粉尘、确保工程质量，是落实国家“安全生产十五条措施”的具体体现。

实践证明，在化学锚栓的各环节采取的一系列措施，能够给参与建设的各方、各层级管理人员提供借鉴，对提升企业竞争力、保障铁路工程质量、提升绿色施工水平、保障铁路科学发展和高质量发展具有重要意义。

参考文献

[1] Q/CR 570—2017 电气化铁路接触网用力矩控制式胶粘型锚栓 [S]. 北京：中国铁道出版社，2017

[2] TB 10421—2018 铁路电力牵引供电工程施工质量验收标准 [S]. 北京：中国铁道出版社，2019

[3] TB 10419—2018 铁路信号工程施工质量验收标准 [S]. 北京：中国铁道出版社，2019

[4] GB 50550—2010 建筑结构加固工程施工质量验收规范 [S]. 北京：中国建筑工业出版社，2010

[5] JGJ 145—2013 混凝土结构后锚固技术规程 [S]. 北京：中国建筑工业出版社，2013

[6] 游利平. 既有铁路桥隧段接触网基础打灌技术探讨 [J]. 建筑工程技术与设计，2021 (13)：231-233

作者简介：孔化蓉（1978—），男，本科，高级工程师。主要从事轨道交通通信、信号、电力、牵引供电等专业施工技术研究。

深厚覆盖层上高闸坝基础强度参数与变形特性弱化试验研究

段 斌[1] 张 林[2] 徐 进[2]

（1. 国能大渡河流域水电开发有限公司，四川 成都，610041，
2. 四川大学水利水电学院，四川 成都，610015）

摘 要：开展深厚覆盖层上高闸坝基础强度参数与变形特性弱化试验研究对深厚覆盖层上的闸坝工程建设具有非常重要的意义。大渡河丹巴水电站首部枢纽采用混凝土闸坝，闸坝最大坝高38.5m，闸基覆盖层最大厚度达127.66m，且结构及组成复杂。基于丹巴闸基加固处理方案，针对闸基各覆盖层的强度与变形特性弱化问题，采用MTS815 Flex Test GT岩石力学试验系统，具体通过水压～应力耦合试验和原状样、重塑样对比试验，揭示出丹巴水电站闸基各覆盖层在水压和围压下的主要力学特性及弱化效应，得到相应的弱化率及弱化参数，以此确定地质力学模型试验中闸基材料的降强幅度，为丹巴闸坝整体稳定地质力学模型综合法试验提供依据。

关键词：水工结构；深厚覆盖层；强度参数；变形特性；弱化试验

Research on strength parameters and deformation characteristic weakening test of high gate dam foundation on deep overburden

Duan Bin[1] *Zhang Lin*[2] *Xu Jin*[2]

（1. Dadu River Hydropower Development Co.，Ltd.，Chengdu 610041，China，
2. College of Hydraulic and Hydroelectric Engineering，Sichuan University，
Chengdu 610015，China）

Abstract：This research is of great significance to the construction of gate and dam projects on deep overburden. The first hub of the Danba Hydropower Station on the Dadu River adopts a concrete gate dam. The maximum dam height of the gate dam is 38.5m，and the maximum thickness of the gate base covering is 127.66m. The structure and composition are complex. Based on the reinforcement treatment scheme of the gate foundation，the MTS815 Flex Test GT rock mechanics test system is used. Through the coupling test of hydraulic pressure and stress，and the comparison test between the original sample and the remodeled sample，the main mechanical properties and weakening effects of each covering layer of the gate foundation under hydraulic pressure and confining pressure are revealed. The weakening rate and weakening parameters determine the strength reduction range of the gate foundation material in the geomechanical model test. This research provides the basis for the comprehensive method test of the overall stability of Danba Gate Dam.

Keywords：hydraulic structure；deep overburden；strength parameters；deformation characteristics；weakening test

引言

随着我国碳达峰、碳中和战略的制定和实施，我国西南水电开发的积极推进受地质条件制约，在深厚覆盖层上修建高闸坝的趋势越来越明显。深厚覆盖层具有层次结构复杂，各层的厚度不均匀，结构松散，承载力低，强度参数和变形模量低等特点。多年的水电工程建设经验表明，在深厚覆盖层上修建闸坝较为适宜，但深厚覆盖层的工程特性决定了在深厚覆盖层上修建闸坝面临的至关重要的技术制约就是需要解决闸基材料力学性质弱化问题，即在闸坝建成并长期蓄水后，闸基承受较高的水压，深厚覆盖层的强度与变形参数将产生一定程度的弱化，若不考虑闸基材料力学性质的弱化，将难以选取合适的力学参数，导致工程措施无法满足要求；如何适当考虑深厚覆盖层闸基弱化效应，是科学评价闸坝整体稳定性并提出合理的工程措施的基础。因此，开展深厚覆盖层上高闸坝基础强度参数与变形特性弱化试验研究对深厚覆盖层上的闸坝工程建设具有非常重要的意义。

当水库建成蓄水后闸基承受较高的水压，在这样的条件下必然会造成闸基力学性质的弱化，采用变温相似材料进行地质力学模型综合法试验正是考虑到闸基材料性能弱化的因素。所以，通过材料弱化试验分析在孔隙水压力作用下岩土体力学性质的弱化效应是十分必要的。根据材料不同，地基主要分为岩石类地基和覆盖层地基。目前，国内外学者主要研究岩石类地基中水对地基材料的弱化效应。早在 20 世纪 60 年代，有学者注意到水对岩石力学性质的影响不能仅仅从有效应力原理来考虑，还要考虑岩石遇水后会引起某些物理、化学和力学性质的改变。目前，针对水对地基材料的弱化效应研究主要从水的软化与腐蚀作用、从应力场与渗流场耦合、从静水压作用对应力场的影响等方面进行研究[1]。

丹巴水电站是四川省大渡河干流 28 级开发方案中的第 9 个梯级。工程设计装机容量 1196.6MW，多年平均发电量 49.52 亿 kWh，枢纽建筑物主要由最大坝高 38.5m 的拦河闸坝、16.7km 长的引水发电系统等组成。电站闸基河床覆盖层深厚，最厚达 127.66m，共分 6 层，且结构及成分复杂，混凝土闸坝坝高 38.5m，需要对深厚覆盖层闸基进行加固处理。闸基加固处理后，各覆盖层与置换灌浆层力学性能及闸坝的整体稳定安全性是工程十分关心的核心问题。特别是在水库长期运行中，受工程荷载与渗透水压的共同作用，闸基各层的强度和变形特性将产生一定弱化，这对工程安全运行有较大影响，需要研究闸基强度参数和变形特性的弱化效应。该试验主要研究在考虑围压和水压的情况下对闸基各覆盖层灌浆体和置换灌浆层的力学参数弱化效应，得到相应的弱化率及参数，为丹巴闸坝整体稳定地质力学模型综合法试验提供参数弱化的依据，也为合理确定丹巴闸基覆盖层力学参数提供参考。

1 丹巴水电站闸基覆盖层特性

丹巴水电站挡水建筑物采用最大坝高 38.5m 的混凝土闸坝。闸址部位河床覆盖层最大厚度达 127.66m，覆盖层结构和组成复杂，分布不均匀，覆盖层包含崩坡积层（B层），漂（块）卵（碎）石层（第①层），粉土、粉砂层（第②层），含漂（块）卵砾石层（③-1层），漂（块）石夹卵砾石层（③-2 层），粉土、粉砂层（④-1 和④-3 层），漂（块）卵（碎）砾石夹砂土层（④-2 层），砂卵砾石层（第⑤层）。闸基覆盖层结构见图 1，未蓄水状态下各层物理力学参数见表 1。

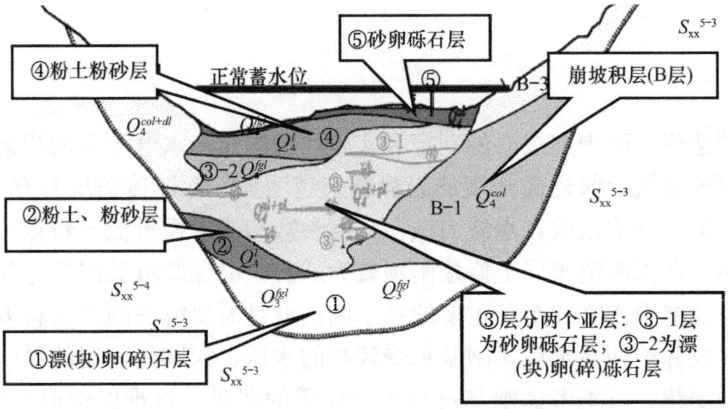

图 1　闸址部位覆盖层结构图

丹巴电站闸址区河床覆盖层物理力学参数　　　　**表 1**

各层编号		各层名称	干容重 γ_0(kN/m³)	饱和容重 γ_{sat}(kN/m³)	变形模量 E_0(MPa)	地基承载力 f_k(kPa)	抗剪强度	
							c(kPa)	φ(°)
⑤		混合土卵石	20.0～22.0	21.5～22.5	30～40	350～400	0	30～35
④		粉土质砂	14.5～16.5	17.5～19.5	—	100～150	0	18～20
③	③-2	混合土漂（块）石	20.5～22.5	22.0～24.0	40～50	550～600	0	32～37
	③-1	混合土卵石	20.5～22.0	21.5～23.5	35～45	500～550	0	30～35
	③透	砂土透镜体	16.0～18.0	18.0～20.0	—	180～220	0	23～26
②		粉土粉砂	15.0～17.0	17.5～19.5	—	150～200	0	20～24
①		混合土碎（卵）石	19.5～21.5	20.0～22.5	55～60	600～700	0	33～38
B层	B-3	混合土块石	20.5～22.5	22.0～23.0	35～40	500～600	0	32～36
	B-2	混合土碎石	19.0～21.0	21.0～22.0	30～40	350～400	0	28～35
	B-1	块石	20.5～22.5	21.5～23.5	60～65	650～750	0	35～40
置换层（灌前）			22.8	23.2	70	700	0	34
置换灌浆层（灌后）			23.3	23.6	110	900	0	38

2　试验内容与技术路线

2.1　试验内容

闸基强度参数和变形特性弱化试验采用试验室水压～应力耦合试验的方法，研究闸基覆盖层的力学特性及其在不同水压条件和应力条件下的水压效应与围压效应，定量揭示渗透水流作用下水压力对闸基各层的弱化效应。丹巴闸基加固处理方案为：挖除第④和⑤层，回填砂砾石料，碾压密实，闸基进行深 10m 的固结灌浆。基于此，需要进行闸基强度与变形弱化试验的各地层主要是置换灌浆层灌浆体、覆盖层③-1 层灌浆体、覆盖层③-2 层灌浆体、崩坡积物灌浆体，因试验条件限制，未能进行置换层的强度参数和变形特性弱化效应试验研究。该试验主要内容包括：

2.1.1　闸基强度参数弱化效应试验研究

（1）置换灌浆层灌浆体强度参数弱化研究：现场采集置换砂砾石料固结灌浆体典型试样，制备标准试件，并进行三轴强度试验和水力耦合三轴强度试验，并分析试验成果。

（2）覆盖层第③-1层灌浆体强度参数弱化研究：现场采取覆盖层第③-1层灌浆体典型试样，制备标准试件，进行三轴强度试验与水力耦合三轴强度试验，并分析试验成果。

（3）覆盖层第③-2层灌浆体强度参数弱化研究：现场采取覆盖层第③-2层灌浆体典型试样，制备标准试件，进行三轴强度试验与水力耦合三轴强度试验，并分析试验成果。

（4）崩坡积物灌浆体强度参数弱化研究：现场采取崩坡积物灌浆体典型试样，制备标准试件，进行三轴强度试验与水力耦合三轴强度试验，并分析试验成果。

2.1.2 闸基变形特性弱化效应试验研究

（1）置换灌浆层灌浆体变形弱化研究：现场采集置换砂砾石料固结灌浆体典型试样，制备标准试件，并进行三轴变形试验和水力耦合三轴变形试验，并分析试验成果。

（2）覆盖层③-1层灌浆体变形特性弱化研究：现场采取覆盖层第③-1层灌浆体典型试样，制备标准试件，进行三轴变形试验与水力耦合三轴变形试验，并分析试验成果。

（3）覆盖层③-2层灌浆体变形特性弱化研究：现场采取覆盖层第③-2层灌浆体典型试样，制备标准试件，进行三轴变形试验与水力耦合三轴变形试验，并分析试验成果。

（4）崩坡积物灌浆体弱化研究：现场采取崩坡积物灌浆体典型试样，制备标准试件，进行三轴强度试验与水力耦合三轴强度试验，并分析试验成果。

2.1.3 试验说明

本文中的“水压效应”是指因为修建大坝形成水库以后，河床覆盖层在原始的饱和状态和应力条件下，增加了上覆水头产生的水压力，新增的水压力长期作用于覆盖层上，对其抗剪强度参数和变形参数产生的弱化效应或强化效应。一般情况下，抗剪强度参数 c 和 f 不随应力状态 σ 的变化而变化。但近些年的试验研究成果发现，在不同应力状态（即围压）下，抗剪强度 τ 及其参数 c 和 f、变形模量 E 将发生改变，本文想通过一些试验研究围压（包括地应力场产生的围压和水作用产生的围压）对抗剪强度参数和变形参数的影响。由于丹巴闸址河床覆盖层深厚，长期处于河水位以下，呈现饱水状态，因此，弱化试验采用的试件都是饱水试件。水对覆盖层各层试件的软化与腐蚀等作用，已体现在各覆盖层基本的物理力学参数上，如容重、变形模量、抗剪强度参数 c 和 f 等，因此弱化试验没有考虑水的这些物理化学效应。

2.2 试验工作量与技术路线

本试验所有工作量情况见表2。具体的技术路线如下：

（1）现场采取置换灌浆层和覆盖层灌浆体的原状试样，并制作试件。由于试样为粗粒料，再次加工容易损伤其完整性，故专门设计专用压头适配试样尺寸。

（2）当现场采取固结加固地基层试样有困难时，采用试验室浇筑等效试件（重塑样）的方式进行试件制备，并采用相似分析与对比分析方法对两种试件的试验结果进行分析，修正室内重塑试样的试验结果。

（3）在MTS岩石与混凝土高温高压、渗流和破坏力学试验系统上进行三轴试验，获得强度与变形参数的试验参数，并对参数规律进行分析。

（4）在MTS岩石与混凝土高温高压、渗流和破坏力学试验系统上进行水力耦合的三轴试验，获得由渗水作用而降低的强度和变形参数（即弱化参数）。

（5）根据弱化参数与试验参数的关系，获得覆盖层灌浆体和置换灌浆层在水库蓄水工况下的弱化率。

试验工作量情况表　　表2

试验项目 / 土层名称	三轴试验		水压～应力耦合弱化试验		合计
	强度试验	变形试验	强度试验	变形试验	
置换灌浆层原状样	7	7	21	21	56
崩坡积层原状样	7	7	21	21	56
③-1层原状样	7	7	21	21	56
③-1层重塑样	7×2	7×2	21×2	21×2	112
③-2层重塑样	7×2	7×2	21×2	21×2	112
总　计	49	49	147	147	392

3　试验条件与结果

3.1　试验仪器设备

试验采用的主要仪器设备为美国生产的MTS815 Flex Test GT岩石力学试验系统。该设备是目前国际上功能最齐备、技术最新进的岩石力学试验设备之一，主要用于岩石、混凝土等材料的力学性质的测试。该设备具有地壳应力场、地下水渗流场、地温温度场、地震动力场等多场耦合试验功能，可采集高低速数据，能够跟踪岩石破坏过程；该设备采集系统可实时检测试样的轴向变形、横向变形、轴向压缩位移以及施加到试样的围压、轴向偏应力、孔隙水压、试样两端头的孔隙水压差等信息，在加载过程中可采用轴向力控制、位移控制、横向变形控制等方式联合控制加载；该设备可进行单轴压缩全过程试验、常规三轴全过程试验、三轴卸荷试验、三点弯曲试验、直接和间接拉伸试验等；该设备可实时绘制荷载-位移、荷载-轴向变形及荷载-横向变形等曲线图。

试验采用的传感器量程指标为：轴向荷载0～260kN，围压14MPa，孔隙水压14MPa，渗透压差3.0MPa，三轴轴向引伸计量程－2.5～＋7.5mm，环向引伸计量程－2.5～＋12.5mm，轴向位移量程0～100mm（±50mm），测量精度均为0.5%RO。

试验采数方式为：围压采数间隔0.4MPa；轴向力采数间隔1.5kN；环向变形采数间隔0.01mm；孔隙水压力采数间隔0.04MPa；试样上下端孔隙压差采数间隔0.1MPa；试验对力的峰值进行采数。

3.2　试件制备

试验所需试样，置换灌浆层、崩坡积层和③-1层全部在现场通过钻孔岩芯的方式采取了原状试样。由于没有钻孔揭露③-2层，故该层采用重塑试样。制备的原状样和重塑样的典型试样如图2所示，现场钻孔取得的试样经过切削制成的试样如图2左侧所示，高径比约为2∶1；试验室制备的③-2层的重塑样如图2右侧所示，试样尺寸为ϕ100mm×H200mm。

3.3　试验程序

由于丹巴闸坝高接近40m，地基处理深度约为70m，总水头达到110m，故试验室设定孔隙水压力最大为1.2MPa，设定4级水压力，分别为0.0MPa（饱和状态）、0.4MPa、0.8MPa、1.2MPa，考虑到围压的设定必须大于孔隙水压，所以在试验时围压设定为

2MPa、3MPa、4MPa、5MPa、6MPa、7MPa、8MPa。室内试验程序如下：

（1）将已制备好的试样安装至试验台上，将测量试件变形的轴向和环向引伸计安装在试件上，并安装下部进水管和上部出水管，以位移控制方式施加 2kN 的初始轴向力，使试样和压头充分接触。然后将轴向控制方式转换为力控制，闭合试验机的三轴室，向三轴室中充油。当三轴室中油已充满后，通过围压加载系统在一定的速率下（3MPa/min）加载围压至目标值，使试样处于静水压力作用下，以压力控制的方式稳定围压。

图 2　弱化试验所用原状试样和室内重塑试样图

（2）通过试验机的水压系统向试样内部施加水压力。首先，通过连接试样下部压头的下部进水管在一定的速率下向试样底部施加水压力至目标值；然后，以水压力控制方式稳定水压，打开连接大气的开关使试样内部的空气能够排出，当排气完成后，关闭此阀门。接着，打开上部出水管，此时由于试样下部水压大于上部，从而存在渗流梯度使试样内部逐渐形成渗流通路，这时通过观察上下部的压差传感器所测到的水压压差值，压差会随着渗透的进行逐渐减小，当压差为零时说明上下部水压达到一致，试样内部也达到了试验所需要的水压值。

（3）进行三轴试验测定试样在一定围压与水压下的强度参数及变形参数值。首先以力控制方式加载，加载速率定为 30kN/min，通过观察力与变形的关系曲线，当试验进行至试样的应力状态达到比例极限附近时，加载的控制方式改为环向应变速率控制，控制速率为 0.04mm/min，以后根据试验情况，在程序中设置几级（0.08mm/min、0.12mm/min）环向加载速率，逐渐增大加载速率。由于试件在三轴试验加载过程中没有出现明显的峰值，所以当力不随着变形的增加而增大时，认为达到试样的峰值强度值，此时即完成了一个围压与一个水压下的三轴测试。

3.4　试验数据处理

采用一元线性回归法进行数据处理，抗剪参数数据处理依据 M-C 准则。通过 4～7 级围压的三轴试验后，将每个试件的围压 σ_3、破坏时轴向应力 σ_1 列表，再以 σ_1 为纵坐标，以 σ_3 为横坐标的坐标平面上点绘出各试件的三轴试验结果，然后根据最小二乘法原理用一元线性函数拟合 σ_1-σ_3 关系，如图 3 所示。

该 σ_1-σ_3 的关系曲线的一元函数线性方程为：$\sigma_1 = F\sigma_3 + R$　(1)

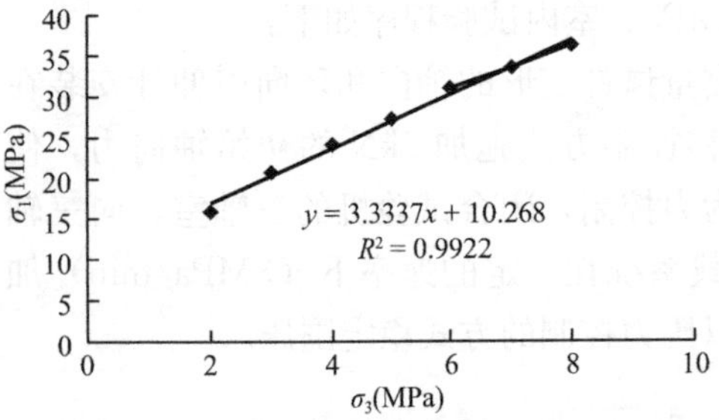

图3 试件三轴试验的 σ_1-σ_3 关系曲线图

式中，σ_1、σ_3 为极限轴向应力和侧向应力，单位为 MPa；F 为 σ_1-σ_3 关系曲线的斜率；R 为 σ_1-σ_3 关系曲线在轴上的截距，单位为 MPa。由参数 F、R 可得到抗剪强度参数：

$$c = \frac{R}{2\sqrt{F}} \tag{2}$$

$$f = \tan\varphi = \frac{F-1}{2\sqrt{F}} \tag{3}$$

式中，c 为黏聚力，单位为 MPa；φ 为内摩擦角，单位为度（°），f 为内摩擦系数。

目前，常采用峰值强度50%处的变形模量作为评价其变形特性的参数。变形模量的取值统一选取在峰值应力50%处的变形模量，由于应力条件为三向应力，胡克定律已不适用，故采用三轴应力条件下的计算公式，具体如下：

$$E_{50} = \frac{1}{\varepsilon_1}(\sigma_1 - 2\mu_{50}\sigma_3) \tag{4}$$

$$\mu_{50} = \frac{\beta\sigma_1 - \sigma_3}{\sigma_3(2\beta - 1) - \sigma_1} \tag{5}$$

$$\beta = \varepsilon_3/\varepsilon_1 \tag{6}$$

式中，E_{50}、μ_{50} 为峰值应力50%处的割线变形模量与泊松比，σ_1、σ_3、ε_1、ε_3 均为峰值应力50%处的应力与应变值。

3.5 试验结果

通过上述试验和数据处理，得到了置换灌浆层、崩坡积层、③-1层、③-2层等各层的试验结果。下面以置换灌浆层为例进行试验结果的说明。置换灌浆层抗剪强度参数试验结果见表3，变形模量 E_{50} 试验结果见表4。分析结果可知，随水压力的升高，置换灌浆层的强度参数 f 略有增大，而强度参数 c 则急剧减小；置换灌浆层的变形模量随围压的升高而增大，随水压的升高而减小。

置换灌浆层抗剪强度参数试验结果表 表3

试验水压 / 抗剪参数值	0.0MPa	0.4MPa	0.8MPa	1.2MPa
c (MPa)	2.04	1.71	1.12	0
f	1.0779	1.0840	1.1319	1.2264

置换灌浆层变形参数 E_{50} 试验结果表（单位：GPa） 表4

试验水压 / 试验围压	0.0MPa	0.4MPa	0.8MPa	1.2MPa
2MPa	8.64	7.85	7.61	6.64
3MPa	11.39	10.55	10.82	9.05
4MPa	13.89	13.08	12.71	12.04
5MPa	15.63	15.17	16.33	15.02
6MPa	18.11	17.74	17.01	16.83
7MPa	19.37	19.12	18.66	18.12
8MPa	20.96	20.33	19.67	19.24

4 强度与变形特性弱化效应研究

4.1 水压效应

为了分析摩擦系数与静水压力的关系，以水压 P_w 为横坐标，摩擦系数 f 值为纵坐标作出 f-P_w 的关系曲线如图 4 所示。总体上，各层的摩擦系数 f 随着水压的增大略有减小，减小的幅度很小，基本呈水平直线。

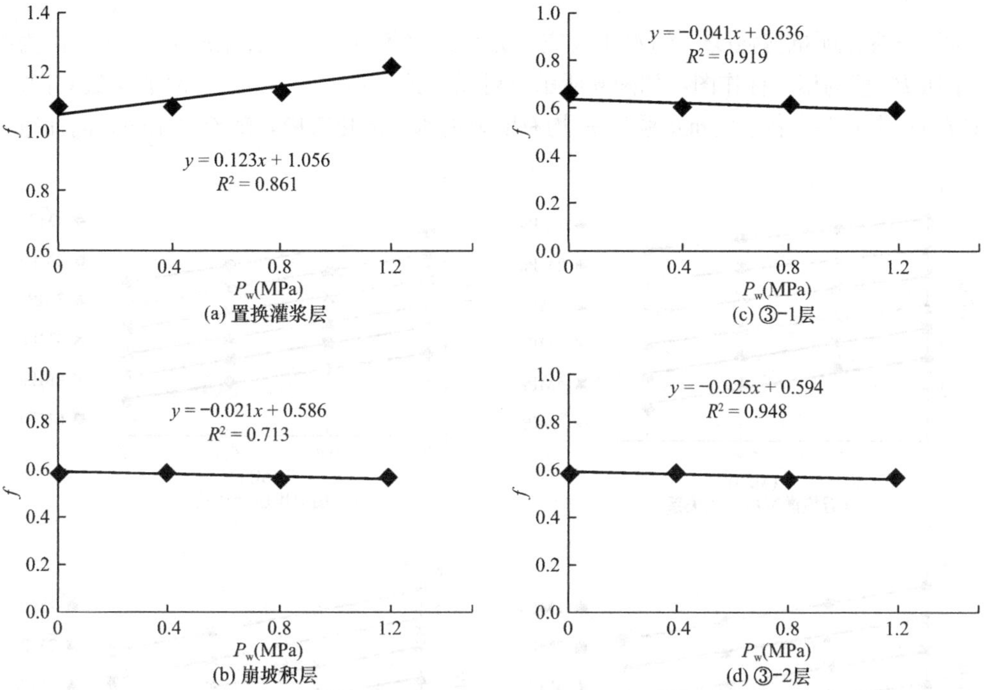

图 4 覆盖层强度参数 f 与水压关系曲线

为了分析黏聚力与静水压力的关系，以水压 P_w 为横坐标，黏聚力 c 值为纵坐标作出 c-P_w 的关系曲线如图 5。可见，各层的黏聚力 c 具有明显的水压弱化效应，都随水压的增大而明显减小，且有较好的线性关系。

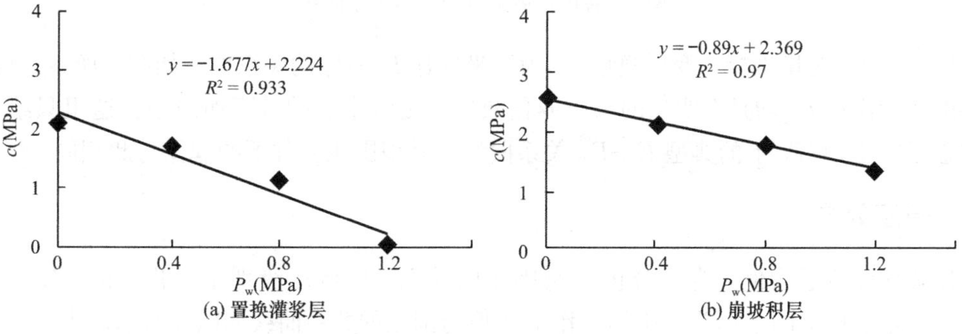

图 5 各层强度参数 c 与水压关系曲线（一）

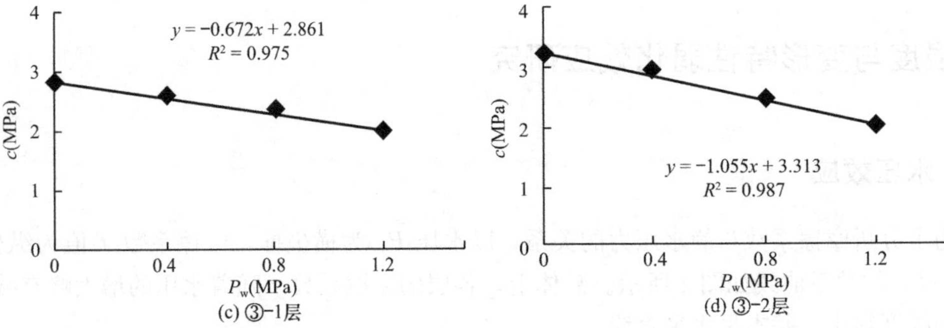

图 5 各层强度参数 c 与水压关系曲线（二）

为了直观说明抗剪强度 τ_s 的水压效应，分别选取各覆盖层在各正应力下的 τ_s 值为纵坐标，水压 P_w 值为横坐标作图，如图 6 所示。可见，抗剪强度 τ_s 由 c、f 两个参数共同决定，并与应力状态有关。各层的抗剪强度 τ_s 均有明显的水压弱化效应，随着水压的升高而减小。

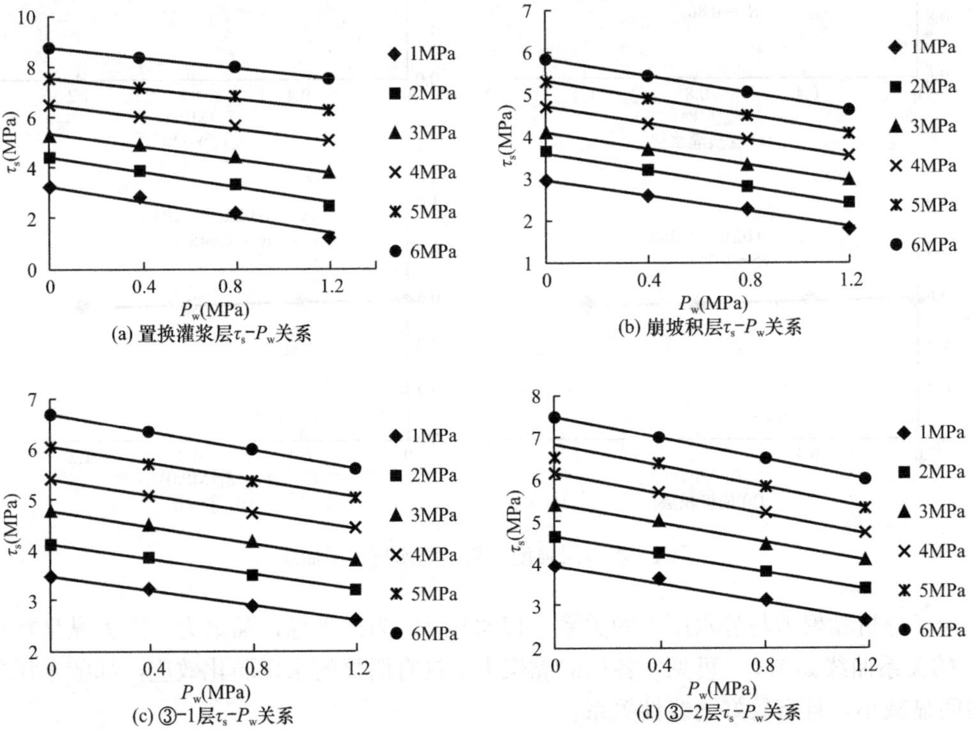

图 6 各层抗剪强度与水压关系曲线

以水压 P_w 为横坐标，变形模量 E_{50} 为纵坐标作 E_{50}-P_w 的关系曲线如图 7 所示。可见，各层的变形模量 E_{50} 均具有明显的水压弱化效应，随着水压的升高而减小。这里只给出了各覆盖层围压 2MPa 下的典型 E_{50}-P_w 关系曲线，其他围压条件下的规律与此相同。

4.2 围压效应

以置换灌浆层为例，为了分析 f 与围压的关系，以围压级别Ⅰ、Ⅱ、Ⅲ、Ⅳ为横坐标，以一定水压下的 f 值为纵坐标，作出 f 值与围压的关系曲线如图 8 所示。由以上各覆盖层的分析结果可以看出，置换灌浆层的强度参数 f 值随着围压级别的增加略有减小，但是变化不是很明显，其余各覆盖层均有明显的围压效应，随着围压的增加摩擦系数 f 值减小的幅度较为明显，除个别水压下试验结果出现离散之外，绝大多数情况下都呈现出摩擦系数 f 值随围压的升高而减小。这个现象可以解释为，各覆盖层在围压越高的情况下，越容易引起材料内部颗粒转动而产生有利于错动的定向排列，且围压越大，颗粒外表越容易被磨圆，从而降低材料的摩擦系数。

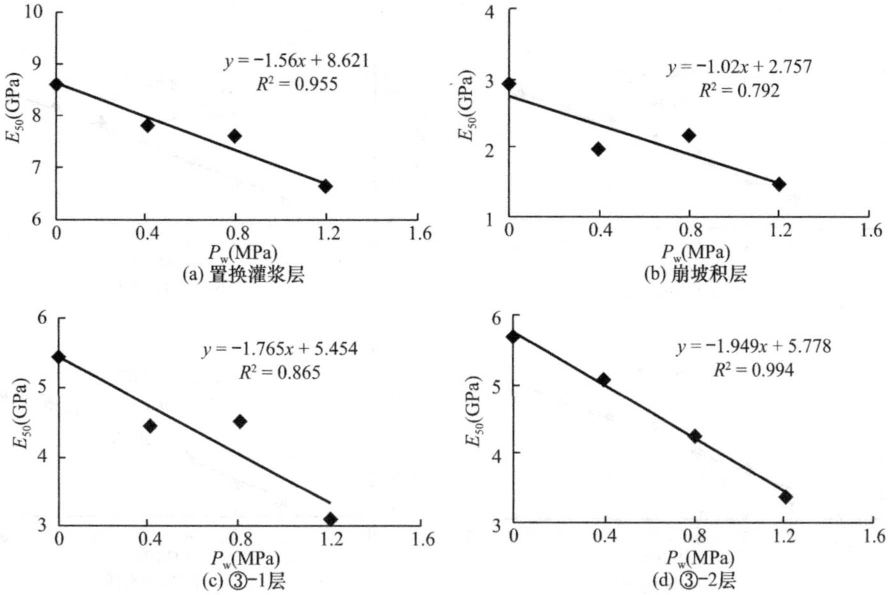

图 7　各层 2MPa 围压下 E_{50} 与水压关系

同样地，由以上各覆盖层的计算分析结果可以看出，黏聚力 c 值有明显的围压效应，除个别水压下试验结果出现离散之外，绝大多数情况下黏聚力 c 值都随围压升高而增大，这个现象从 c 值的物理意义来看可以解释为，随着试样周围围压的增大，使试样内的颗粒间相互嵌合、紧密挤压，从而增大黏聚力。

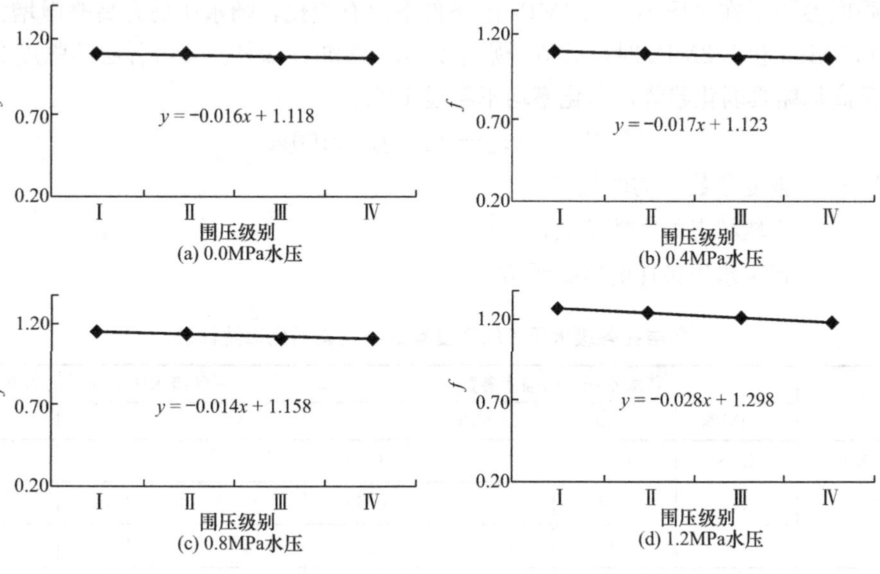

图 8　置换灌浆层各水压下 f 值与围压级别的关系图

为了揭示各覆盖层变形特性随应力条件的变化规律，分别对 4 层覆盖层在不同围压和水压力下的变形模量 E_{50} 进行分析。对于置换灌浆层，以围压 σ_3 为横坐标，变形模量 E_{50} 为纵坐标作二者关系曲线如图 9 所示。可以看出变形模量 E_{50} 与围压 σ_3 有很明显的线性关系，E_{50} 随着 σ_3 的增大有明显增大。除了崩坡积层在 1.2MPa 水压下的试验成果略有离散之外，其余各覆盖层、各水压下二者的线性关系拟合很好，其相关系数的平方均达到 90% 以上。

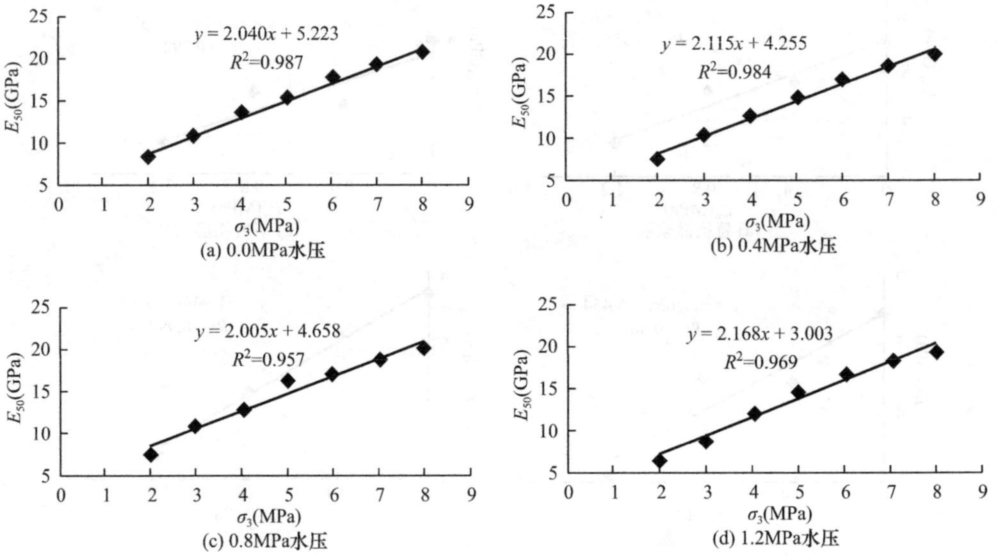

图 9　置换灌浆层各级水压下 E_{50}-σ_3 关系曲线

4.3　弱化率

4.3.1　强度参数 f 的弱化率分析

强度参数 f 的弱化率采用式（7）计算，并将计算结果列入表 5。可以看出，置换灌浆层的强度参数 f 在水压小于 0.4MPa 的条件下没有变化，随水压的升高略微增大，当水压达到 0.8MPa 和 1.2MPa 时，其值分别增大 4.6% 和 13.9%。其余各层的强度参数 f 随水压的升高均略具弱化趋势，弱化率均不超过 10%。

$$W_f = (f_n - f_w)/f_n \times 100\% \tag{7}$$

式中：W_f——强度参数 f 的弱化率；

f_n——天然状态的摩擦系数；

f_w——特定水压条件的摩擦系数。

各层在各级水压下的强度参数 f 及其弱化率统计表　　**表 5**

覆盖层名称	各级水压下的强度参数 f				各级水压下的弱化率 W_f		
	0.0MPa	0.4MPa	0.8MPa	1.2MPa	0.4MPa	0.8MPa	1.2MPa
置换灌浆层	1.08	1.08	1.13	1.23	0.0	−4.6	−13.9
崩坡积层	0.58	0.58	0.56	0.56	0.0	3.4	3.4
③-1 层	0.64	0.61	0.61	0.58	4.7	4.7	9.4
③-2 层	0.7	0.69	0.68	0.66	1.4	2.9	5.7

4.3.2 强度参数 c 的弱化率分析

为了定量揭示水压对强度参数 c 值的弱化程度，按式（8）计算弱化率，并列入表 6。

$$W_c = (c_n - c_w)/c_n \times 100\% \tag{8}$$

式中：W_c——强度参数 c 的弱化率；

c_n——天然状态的黏聚力；

c_w——特定水压条件的黏聚力，MPa。

从表 6 可见，随着水压的升高，黏聚力 c 值的弱化程度也迅速增大，尤其对于置换灌浆层，当水压在 1.2MPa 时，黏聚力已经完全丧失，弱化率达到了 100%。因此，由于水头升高引起强度参数 c 的弱化，在水电工程中具有重要的意义。

各层黏聚力不同水压下的强度参数 c 值及其弱化率统计表　　表 6

覆盖层名称	各级水压下的强度参数 c（MPa）				各级水压下的弱化率（%）		
	0MPa	0.4MPa	0.8MPa	1.2MPa	0.4MPa	0.8MPa	1.2MPa
置换灌浆层	2.04	1.71	1.12	0	16.2	45.1	100
崩坡积层	2.39	1.93	1.76	1.26	19.2	26.4	47.3
③-1 层	2.81	2.67	2.32	2.03	5.0	17.4	27.8
③-2 层	3.26	2.98	2.54	2.03	8.6	24.8	37.7

4.3.3 抗剪强度 τ_s 的弱化率分析

为了定量揭示水压对覆盖层抗剪强度的弱化效应，同样采用计算弱化率的方式，计算了各覆盖层在不同水压作用下的抗剪强度的弱化率，即通过天然状态（饱和状态，水压 0.0MPa）与各级水压（0.4MPa、0.8MPa、1.2MPa）下的抗剪强度参数，以及 1MPa、2MPa、3MPa 正应力值来计算，按下式计算弱化率，列入表 7。

$$W_\tau = (\tau_{sn} - \tau_{sw})/\tau_{sn} \times 100\% \tag{9}$$

式中：W_τ——强度参数 τ_s 的弱化率；

τ_{sn}——天然（饱和）状态的抗剪强度；

τ_{sw}——特定水压条件的抗剪强度。

各层不同水压下抗剪强度 τ_s 弱化率表　　表 7

名称 / 覆盖层	正应力 σ（MPa）	饱和无水压抗剪强度 τ_s（MPa）	不同水压下的弱化率（%）		
			0.4MPa	0.8MPa	1.2MPa
置换灌浆层	1	3.12	10.4	27.9	60.6
	2	4.20	7.6	19.4	41.5
	3	5.27	5.9	14.4	30.2
崩坡积层	1	2.97	15.2	21.9	38.7
	2	3.56	12.7	18.9	32.9
	3	4.14	10.9	16.8	28.8
③-1 层	1	3.45	4.9	15.1	24.3
	2	4.09	4.7	13.4	21.8
	3	4.73	4.6	12.1	20.0
③-2 层	1	3.96	7.3	21.0	32.1
	2	4.66	6.5	18.1	28.0
	3	5.36	5.9	16.1	25.1

可见，各层抗剪强度 τ_s 的弱化率随着水压的升高而增大。置换灌浆层处于闸基表层，其正应力在 1MPa 左右，水压在 0.4MPa 左右，其抗剪强度弱化率约为 10%。

4.3.4 变形模量 E_{50} 的弱化率分析

为了定量揭示水压对各覆盖层变形特性的弱化效应，仍采用弱化率的方式对各覆盖层在2MPa围压及不同水压作用下变形模量 E_{50} 的弱化程度进行定量评价，即选取围压2MPa应力条件下的天然状态与各级水压下的变形模量 E_{50}，按下式计算弱化率，并列入表8。

$$W_E=[(E_{50})_n-(E_{50})_w]/(E_{50})_n\times100\% \tag{10}$$

式中：W_E——变形模量弱化率；

$(E_{50})_n$——天然状态（即水压力为0.0MPa）的变形模量；

$(E_{50})_w$——各级水压条件下的变形模量。

各层变形模量 E_{50} 在不同水压下的弱化率统计表（单位:%）　　表8

覆盖层名称 \ 水压	饱和状态 E_{50}(GPa)	E_{50}在不同水压下的弱化率（%）		
		0.4MPa	0.8MPa	1.2MPa
置换灌浆层	8.64	9.1	11.9	23.1
崩坡积层	2.90	31.0	23.8	49.3
③-1层	5.48	18.6	17.2	43.4
③-2层	5.71	11.2	25.2	40.8

可见，随着水压的升高，变形模量 E_{50} 的弱化程度逐渐增大。置换灌浆层位于河床表面，其水压大体在0.4MPa左右，因此其变形参数弱化率不到10%。

5 水压与围压共同作用下的闸基覆盖层主要参数预测

以上对闸基各地层的主要力学参数（抗剪强度参数 c、f，变形参数 E_{50}）分别建立了以围压 σ_3 和静水压力 P_w 两个变量的预测模型。为了便于实际工程应用，将每个地层在其深度范围内进行细化分层，每层取确定的围压和静水压力，这就可以确定分层之后每个小层的力学参数。通过综合考虑，将每个地层主要以10m深度分为一层，则每一层围压的变化约为0.2MPa，静水压的变化约为0.1MPa。参数的取值为保守起见，分层之后以每个小层的顶部的围压作为该小层的围压取值，以底部的水压作为该小层的水压取值，然后利用已有参数预测模型计算得到每个小层在正常蓄水位时（库底以上水头取35m）的主要力学参数。每个覆盖层的分层情况和主要力学参数见表9。

考虑水压和围压共同作用的各覆盖层分层主要力学参数预测　　表9

覆盖层名称	深度范围	分层（m）	σ_3 取值（MPa）	P_w 取值（MPa）	c	f	E_{50}(GPa)
置换灌浆层	0～20m	0～10	0	0.45	0.68	1.1301	2.00
		10～20	0.2	0.65	0.49	1.1301	2.52
崩坡积层	22～68m	22～32	0.44	0.67	0	0.5739	0.47
		32～42	0.64	0.77	0	0.5739	0.65
		42～52	0.84	0.87	0	0.5739	0.77
		52～62	1.04	0.97	0.04	0.5739	0.80
		62～68	1.24	1.03	0.17	0.5739	0.85
③-1层	32～65m	32～42	0.64	0.77	0.25	0.6117	2.56
		42～52	0.84	0.87	0.40	0.6117	2.71
		52～65	1.04	1.00	0.57	0.6117	2.71
③-2层	23～35m	23～35	0.46	0.70	0.13	0.5791	1.05

6 结论

（1）各层的强度参数具有较明显的水压效应。抗剪强度参数 c 随着水压的增大而减小，且有较好的线性关系，其中置换灌浆层的强度参数 c 随水压的升高而减小的幅度最大，其弱化率在16%以上；而水压对抗剪强度参数 f 的影响较小，均小于10%；抗剪强度 τ_s 随着水压的增大呈现降低趋势，并随正应力的升高而增大，在1MPa正应力、0.4MPa水压条件下，置换灌浆层的抗剪强度弱化率为10.4%；对比根据M-C准则计算得到的抗剪强度（试验值）和有效应力原理计算得到的抗剪强度（理论值），发现随着水压的增大，两种方法计算值的差值越大，这也同时说明静水压力至少在两方面影响覆盖层的强度：一方面，水压力的存在使有效应力减小，从而降低了抗剪强度；另一方面，水压力使岩土体在物理性质方面有一定的软化作用，具体表现在水压力对抗剪强度参数 c、f 值的影响上。

（2）各层的变形特性及其参数有一定的水压效应和围压效应。变形模量 E_{50} 随着水压的升高而减小，且 E_{50} 与水压之间可用线性关系拟合，其中置换灌浆层变形模量 E_{50} 在0.4MPa水压下的弱化率为9.1%；各地层变形模量 E_{50} 亦表现出一定的围压效应，随着围压升高而逐渐增大，其中置换灌浆层的变形模量 E_{50} 随应力升高而增大的变化率在18%/MPa以上。因此，各地层的变形特性及其参数同时具有水压弱化效应与围压强化效应，一方面，埋深越大则渗透水压越高，变形特性将遭到弱化；另一方面，埋深越大则围压越高，变形特性将强化；两方面因素同时作用下，变形模量围压强化效应大于水压弱化效应。

（3）建议地质力学模型试验依据抗剪强度 τ_s 的弱化率来确定降强参数。由于岩土体的抗剪强度由抗剪强度参数 c、f 与应力 σ、渗透水压诸因素共同确定，根据M-C强度理论与有效应力原理，抗剪强度能够全面地反映这些因素，故地质力学模型试验可依据抗剪强度 τ_s 的弱化率来确定降强参数。由于各地层埋深不同，其应力条件不同，水库蓄水后运行工况下水头也不同，因此应当根据这些因素选用相应的弱化率。对于置换灌浆层，由于其位于闸基表层，主要受坝体重力、库水推力、渗透压力、孔隙水压力，以及自身重力等的作用，该层应力大体在1MPa左右，水压力在0.4MPa左右，故建议其抗剪强度弱化率采用10%～15%。

（4）建立了同时考虑水压和围压的闸基覆盖层及置换灌浆层的力学参数建立试验范围内的预测模型。基于试验获得的单因素控制原则下的闸基覆盖层及置换灌浆层力学参数的围压效应和水压效应，采用MATLAB计算软件进行数值拟合，提出了强度参数 c 值关于围压 σ_3 和静水压力 P_w 两个自变量的预测模型，以及变形模量 E_{50} 关于围压 σ_3 和静水压力 P_w 两个自变量的预测模型。根据得出的预测模型，将各地层在其深度范围内按约10m细化分层，预测了每个小层的主要力学参数。预测结果考虑了较多的影响因素，有利于准确确定闸基各地层力学参数，可供类似工程参考。

参考文献

[1] 段斌，王海胜，许继刚等. 深厚覆盖层上闸坝整体稳定及基础处理研究综述［A］. 贾金生，李定林，陈文龙等. 水库大坝和水电站建设与运行管理新进展——中国大坝工程学会2021学术年会［C］. 北京：中国水利水电出版社，384-393

[2] 陈建叶，张林，陈媛等. 武都碾压混凝土重力坝深层抗滑稳定破坏试验研究 [J]. 岩石力学与工程学报，2007，26 (10)：2097-2103
[3] 李朝国，张林. 右江百色 RCC 重力坝闸基稳定三维地质力学模型试验研究 [J]. 红水河. 1997，16 (2)：1-6
[4] 陈媛. 复杂岩基上重力坝坝基稳定与加固处理研究 [D]. 成都：四川大学，2008
[5] 段斌，张林，陈刚等. 高拱坝整体稳定地质力学模型综合法试验与数值分析 [J]. 水力发电学报，2013，32 (4)：166-170
[6] 董建华，谢和平，张林等. 大岗山双曲拱坝整体稳定三维地质力学模型试验研究 [J]. 岩石力学与工程学报，2007，26 (10)：2027-2033
[7] 段斌，张林，陈媛等. 复杂岩基上重力坝闸基稳定模型试验与有限元分析 [J]. 四川大学学报，2011，43 (5)：77-82
[8] 何江达，肖明砾，谢强等. 四川省大渡河丹巴水电站河床覆盖层及高闸闸地基处理专题研究之闸坝与闸基三维静、动力有限元分析 [R]. 四川大学水利水电学院. 2014
[9] 张林，徐进，陈建叶等. 丹巴水电站可研阶段河床深厚覆盖层及高闸闸地基处理专题研究之深厚覆盖层上闸基稳定试验研究 [R]. 四川大学水利水电学院. 2014
[10] 李天一，徐进，王璐等. 高孔隙水压力作用下岩体软弱结构面（带）力学特性的试验研究 [J]. 岩石力学与工程学报，2012，31 (A02)：3936-3941

作者简介： 段　斌（1980—），男，工学博士，正高级工程师。主要从事水电工程建设管理及技术工作。

城中村污水治理工程分散式施工控制理论

傅海森
（广州建筑工程监理有限公司，广东 广州，440100）

摘　要：为了解决城中村污水治理工程点多面广的难点，合理安排人力、财力以及机械的投入，进一步证实了动态管理体系的必要性。在城中村污水治理工程分散式施工过程中，收集施工目标的实际值，定期对施工目标的计划值和实际值进行比较，通过 PDCA 循环原理，比较计划值与实际值的偏差，采取相应的应对措施进行纠正。PDCA 施工控制理论在每一次纠偏过程中能够有效提高城中村污水治理工程分散式施工的质量、进度及成本，可以在城中村污水治理工程或者其他市政工程加以应用及推广。
关键词：动态管理体系；PDCA 循环原理；纠偏

Decentralized construction control theory of sewage treatment project in urban villages

Fu Haisen
(Guangzhou Construction Engineering Supervision Co., Ltd., Guangzhou 440100, China)

Abstract: In order to solve the difficulties of extensive sewage treatment projects in urban villages, reasonable arrangement of human, financial and machinery investment, further confirmed the necessity of dynamic management system. In the construction process of sewage engineering in urban villages, the actual value of the construction target is collected, the planned value and the actual value of the construction target are compared regularly, the deviation value of the planned value and the actual value is compared through the principle of PDCA cycle, and take corresponding measures to correct. PDCA construction control theory can effectively improve the quality, progress and cost of decentralized construction of sewage treatment projects in urban villages in every correction process, which can be promoted and applied in sewage treatment projects in urban villages or other municipal projects.
Keywords: dynamic management system; the PDCA cycle principle; rectify a deviation

引言

面对工程量大且工期紧的城中村污水治理工程，一味地照搬其他工程的经验显然没有多大用处。毕竟，根据工程自身天时地利人和的条件才是最适合自己的选择方向。应用 PDCA 循环的原理，按照计划、实施、检查和处理的步骤展开[1]。在施工计划编制中，不能像平常一样按部就班，城中村污水治理工程在工期紧迫的情况下，选择分散式施工，即施工点多面广，管理难度相对较大，而且要确保质量、安全、进度等符合要求，这对人力、财力、机械等投入的安排有比较高的要求。

1 工程简述

城中村污水治理工程坐落于广州市白云区京溪街道属地某城中村区域，地域复杂，地下管线较多：涉及燃气管、国防光缆、高压电缆、中国电信、中国移动、老旧供水管线、路灯线等地下管线。有些管线未有明确的标志，埋深、路由等相关管线权属单位尚不明确，导致施工单位物探难度大。人工开挖投入人力大，施工产量收成小。在大街上小巷里如何有序开展施工，按时完工就显得难上加难。在工期短、工作量大的背景下，只有增加施工点（或施工段）、增加人力、财力、机械等措施才能顺利按时完工。但是，增加了上述措施后，对于管理要求又增加了相应难度。

2 自动控制原理在施工控制的应用

所谓的自动控制技术是指在没有人直接参与的情况下，利用外加的设备或装置（称控制器 Controller），使机器、设备或生产过程（统称被控对象 Plant 或被控过程 Process）的某个工作状态或参数（即被控量）自动地按照预定的规律运行[2]。如图1所示是典型自动控制系统结构图，SP为控制系统参考输入量（SP为Set Point的简称），PV为控制系统输出量（PV为Parameters Variable的简写）；MV是控制量（MV是Manipulated Variable的简写），可以影响输出量（PV）的数值。在外界干扰时（即外界存在扰动的情况下），通过比较器比较输入值（SP）与输出值（PV）的误差，反馈系统中的控制器采用相应的措施使得运行状态按照预先制定的计划继续运转下去。目标控制可以是工程质量控制，可以是工程进度控制，也可以是工程成本控制，或是工程进度和成本两者同时控制等各种搭配组合控制情况。

这与戴广年等的研究，如图2所示单输入单输出控制模型有一定的相似性。在控制理论中，主要包括：输入值、控制器、干扰项、控制对象、输出值、反馈环节六部分[3]，其控制过程不做过多讲述。

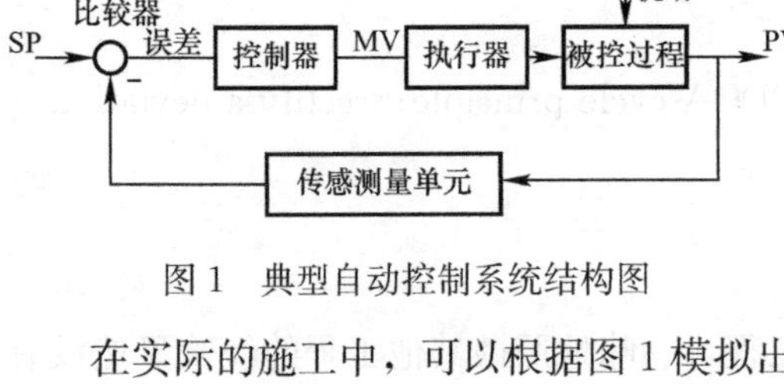

图1　典型自动控制系统结构图

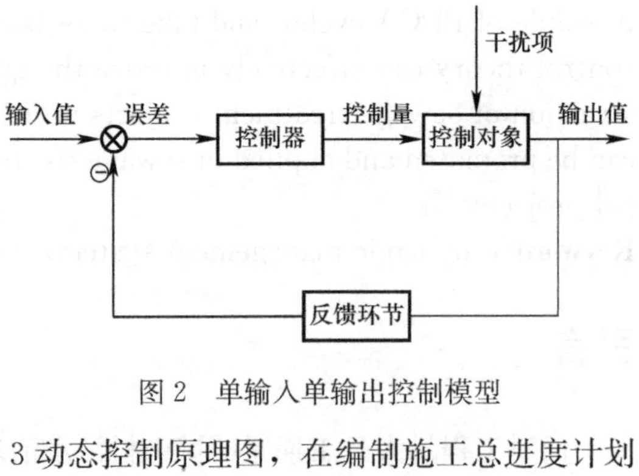

图2　单输入单输出控制模型

在实际的施工中，可以根据图1模拟出图3动态控制原理图，在编制施工总进度计划时，SP即计划值，MV为采取的控制措施，PV为实际值，SP与PV存在一定的偏差时，执行器即采取措施（如人力、物力、财力投入等措施）来控制工程进度，图2也是只存在外界一个扰动信号来影响工程质量、进度或者成本。

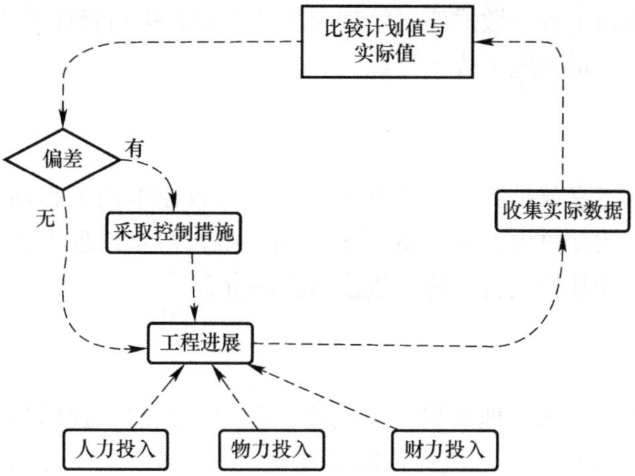

图 3　动态控制原理图

图 3 显然是单输入单输出控制模型，干扰项没有在图 3 中标注并体现出来，对于工程成本控制模型或者工程质量控制模型也是与图 3 大同小异，只不过是将工程进度改为工程成本或者工程质量。

3　分散式施工动态控制原理及纠偏措施

针对城中村污水治理工程点多面广的问题，采用施工动态控制原理及纠偏措施进行分散式施工，即多个施工点或施工段同时施工，通过该施工控制理论能解决工程量大且工期短的任务。外界因素像人力、财力、机械是可变的，唯一不变的是工程量。在工程量固定的前提下，加大人材机投入可以加快工程的产量值。分散式施工动态控制原理可以概况为在工程施工过程中，对项目的质量、进度、成本目标进行动态追踪和控制。控制即为纠偏措施，常见的纠偏措施为组织措施、管理措施、经济措施以及技术措施，如图 4 所示。组织措施和管理措施合为人力控制措施，经济措施等同于财力措施，机械包含在技术措施里面。

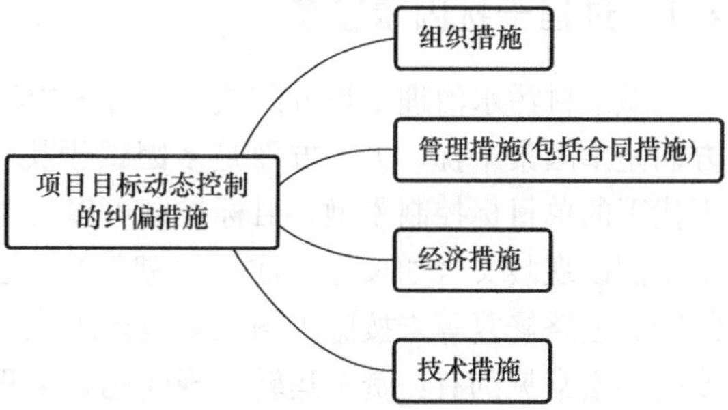

图 4　动态控制的纠偏措施

通过图 4 中的组织措施、管理措施、经济措施及技术措施加以控制城中村污水治理工程分散式施工的不良扰动，使得工程实现科学、合理、安全、快速施工[4,5]。

3.1　组织措施

组织措施一般是改变人力投入的情况，如调整城中村污水治理工程分散式施工人员的组织架构、改变项目人员的任务分工、调整分散式施工管理人员的职能分工、调整各施工点或施工段的管理人员以及调整工作流程组织等。

3.2　管理措施

管理措施，也包括了合同措施，一般也是属于人力控制措施，改变人员管理模式，包括改变城中村污水治理工程分散式施工管理人员的管理方法和管理手段，进而达到调整工程的施工进度、施工质量和施工成本目标。

3.3 经济措施

经济措施，顾名思义就是当外部存在干扰信号导致原本的工程质量、进度、成本时，通过改变经济结构或改变财力的投入部分来控制城中村污水治理工程分散式施工的质量、进度以及成本目标。如加快支付赶施工进度需要的资金等。

3.4 技术措施

技术措施，城中村污水治理工程分散式施工受到外界的干扰信号，导致原本的质量、进度及成本目标不能继续按计划执行，需要调整设计方案、改变施工工艺或者采用新方法，抑或是改变施工机械来调节目标值（质量目标、进度目标以及成本目标）。

4 城中村污水治理工程分散式施工难点

在杜君等的研究中，“城中村”是改革开放四十年中国经济迅速发展出现的新名词，也是快速推进城市化进程中出现新的社会问题，“城中村”具有农村和城市双重特征，是城市化进程中的历史产物[6]。广州市城中村污水治理工程，在 2010 年陆续立项，经过可行性研究阶段、初步设计阶段、施工图阶段（包括招标、投标、签订合同等），再到施工阶段，经过有关部门重重的审核和批准，使得项目严格按照相关法律法规具有合法性，所经历的时间不言而喻。城中村污水治理工程分散式施工面临许多困难：如施工过程干扰因素多、管理难度相对较大、城中村地质条件差、城中村地下管线密集复杂等。

4.1 过程干扰因素较多

城中村污水治理工程分散式施工过程中存在许多干扰因素，可以概括为两个方面：一方面是单因素干扰，另一方面是多因素干扰（包括两个因素在内）。如图 5 所示是单因素干扰下的单目标控制模型，目标控制可以为工程质量、工程进度、成本投入中的一项。像施工图出现歧义（如尺寸、注释模糊等）、混凝土浇筑不连续、土方开挖、污水管道、构筑物、道路修复等未按施工图及规范要求施工等是影响工程质量的重要因素；影响工程进度的因素常见的有：资金运转出现问题，工程款不能及时支付；城中村施工过程受到村民的阻扰施工（像“12345”投诉、污水管道经过房屋周边村民不让施工开挖、赔偿协调未能达到村民的要求等）；暴雨天气等可预见性因素；以及不可抗力因素，特别是自然灾害之类的，比如：火山爆发、冰雹、地震等[7]。影响成本投入的因素：施工管理人员及工人投入不合理，工作效率低，造成管理人员管理费及工人工资超出预额，实际施工产值没有达到计划施工产值；施工过程机械损坏严重；施工过程主要原材料等价格波动大等都将直接影响到成本目标控制不能按照预期发展。

多因素干扰是城中村污水治理工程分散式施工过程中存在两个及两个以上干扰项影响目标控制结果（包括成本控制、进度控制以及质量控制），如图 6 是多因素（包括两个因素在内）干扰下的多目标控制基本模型，图中主要体现目标成本控制和目标进度控制，外界或者内部原因存在干扰项 1 影响目标成本，存在干扰项 2 影响目标进度。目标质量控制也是同样的道理，影响目标成本、目标进度及目标质量的因素为可预见性因素及不可抗力因素。

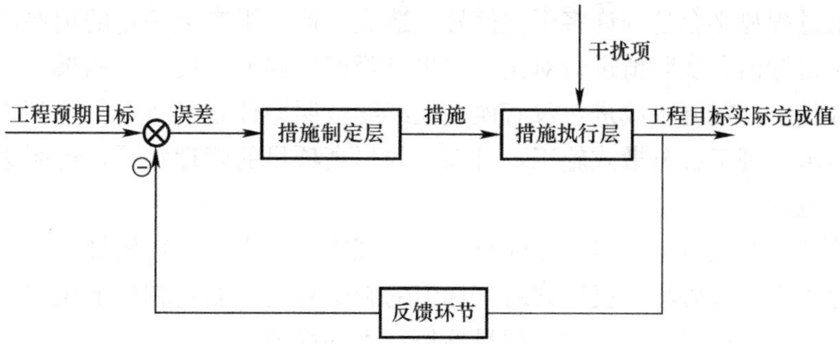

图 5　单目标控制模型

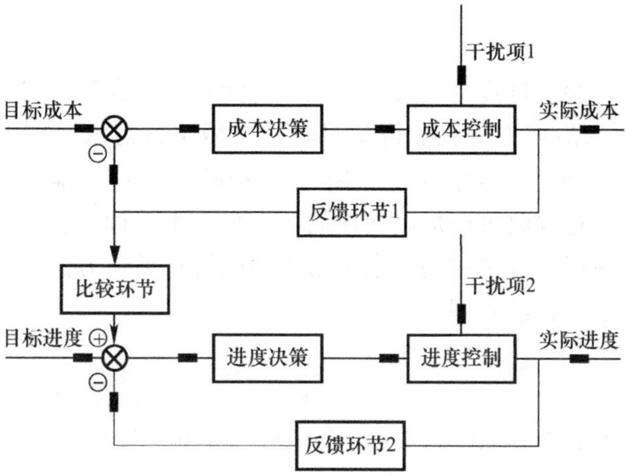

图 6　多目标控制基本模型

4.2　管理难度相对较大

城中村污水治理工程分散式施工由于点多面广，管理起来相对困难。主要困难点体现在以下几个方面：(1) 施工工人多，现场管理人员不足；(2) 城中村人员密集，施工机械无法有序开展，现场指挥交通疏导人员不足；(3) 施工过程工人易与村民闹矛盾，造成管理人员无法分身，导致目标控制受到影响等。

4.3　城中村地质条件差及地下管线密集复杂

施工中周边环境复杂、开挖过程安全、路面塌陷及管节裂缝等疑难问题[8]，直接影响城中村污水治理工程分散式施工的目标控制。另外，城中村地域复杂，地下管线错综复杂，部分管线交叉无法分类，人工开挖难度相对较大，易造成目标控制受到干扰。

5　PDCA 循环管理

PDCA 循环管理是一种先进的管理理念，主要目的就是提高管理工程项目的水平[9]。PDCA 即 Plan、Do、Check 以及 Action 的首字母简写，依次可以翻译为计划、实施（行动）、检查（核查）以及处理措施。在城中村污水治理工程分散式施工中可以引进 PDCA 循环原理，可以大大提高工程控制及管理水平。在城中村污水治理工程分散式施工，首先做计划部署，包括目标成本、目标进度及目标质量控制部署；其次，按照计划部署去落实到位，在施工过程势必会遇到许多干扰信号，造成目标结果产生一定的偏差，即误差，这时候，需要对目标值和实际值进行对比，结果是否产生误差；最后，如果产生一定的误差值，就要采取相应的措施去改进，没有误差就继续按照原计划实施。通过PDCA循环原理管理城中村污水治理工程分散式施工，可以有效提高项目的管理水平，进而达到目标值在计划值的可控范围。

在PDCA循环管理中，检查（Check）和处理措施（Action）是最关键的两步。在施工过程中，分析内部和外界干扰因素对目标值的影响程度，制定相应的组织、管理、经济及技术措施，来减少或避免误差对工程目标值产生的影响。

6 结论

总的来说，伴随社会的进步与发展、大众对生活质量的提升，对于环境的质量需要逐步提升[10]。城中村污水治理工程就显得举足轻重，城中村污水治理工程可以有效收集居民产生的生活污水（包括化粪池水），通过统一的市政污水管道排放到就近的净水厂进行处理再生排放使用。经过验收可以加以使用的城中村污水治理工程，一方面可以收集城中村居民生活污水，解决以往城中村的污水堵塞不通问题；另一方面，改善了城中村居民的生活环境，基本实现了可持续发展。

参考文献

［1］ 全国二级建造师职业资格考试用书编写委员会．建设工程施工管理［M］．北京：中国建筑工业出版社，2019

［2］ 杨智，范正平．自动控制原理（第2版）［M］．北京：清华大学出版社，2014

［3］ 戴广年，戴保灵．控制理论在建筑工程中应用浅析［J］．江苏：江苏建筑，2016

［4］ 郑航桅．广州市污水治理的探讨［J］．内蒙古：环境与发展，2020，32（1）：47-49

［5］ 汪宁．广州城中村污水收集治理的研究［J］．广东：房地产导刊，2019，1（2）：233

［6］ 杜君，韦小青．“城中村”概念界定研究［J］．北京：现代企业文化，2009

［7］ 崔建鑫．不可抗力因素下的合同违约应对［J］．山西：法制博览，2020，（24）

［8］ 赖康铭，刘帅，李健圣．城中村污水治理工程施工难点及应对措施［J］．云南：云南水力发电，2020，36（09）：197-199

［9］ 韦澄．浅析PDCA循环管理在建设工程管理中的应用［J］．山东：居业，2022，（04）

［10］ 黄晓辉．分散式污水工程PPP项目建设管理控制要点［J］．江西：江西建材，2020，10

作者简介： 傅海森（1994—），男，工学学士，助理工程师。主要从事工程监理方面研究。

略谈工程监理行业在国内的发展趋势——以广州某工程监理公司为例

傅海森

（广州建筑工程监理有限公司，广东 广州，440100）

摘　要：为了探究我国工程监理行业现状及发展趋势，使得工程监理行业的发展水平可以提高一个新层次。通过大量收集国内近年来有关学者的调查数据，整理以及分析相关调查报告的图表隐藏的相关信息，分析出工程监理行业营业收入水平、从业人员及执业人员数量与时间年份的联系。从而可以得出初步结果，一方面，我国工程监理企业业务收入总额是随着时间的年份的增加保持着一种增长的模式；另一方面，我国工程监理从业人员及执业人员数量也是随时间年份的增加保持着递增的趋势。当然，在此种趋势下，我国工程监理行业势必呈现许多问题，行业内的竞争压力大、工程监理从业人员的业务水平不足、工程监理体制不完善等一系列矛盾将直接影响工程监理行业的发展。

关键词：工程监理；发展趋势；竞争

Talk about the development trend of engineering supervision industry in China——take an engineering supervision company in Guangzhou as an example

Fu Haisen

(Guangzhou Construction Engineering Supervision Co.，Ltd.，Guangzhou 440100，China)

Abstract：In order to explore the current situation and development trend of engineering supervision industry in China，the development level of engineering supervision industry can be improved to a new level. By collecting a large number of domestic survey data from relevant scholars in recent years，sorting out and analyzing the relevant information hidden in the charts of relevant survey reports，the connection between the operating income level and the number of practitioners and practitioners in the engineering supervision industry is analyzed. On the one hand，the total business income of engineering supervision enterprises in China maintains a growth pattern with the number of engineering supervision employees and practitioners. Of course，in this trend，China's engineering supervision industry is bound to present many problems，a series of contradictions in the industry competition pressure，insufficient professional level of engineering supervision practitioners，imperfect engineering supervision system and other contradictions will directly affect the development of the engineering supervision industry.

Keywords：engineering project supervisor；trend of development；contend

引言

我国从20世纪80年代末引进、推行工程监理制以来，工程建设监理行业得到了快速发展。监理行业在保证工程项目建设质量和进度、有效控制建设项目投资等方面发挥了巨大的作用[1]。经过了三十多年的发展，我国的工程监理制度已慢慢完善成为一个成熟的体系，并且在我国建筑业发挥着重要的作用。另外，监理制在我国建筑市场还存在部分不足的方面，该方面阻碍了工程监理行业的发展步伐。

1　建设工程监理简述

中国有全球最大的建筑市场，大量工程建设活动正是通过合同这一纽带结成了项目各方之间的供需关系、经济关系和工作关系[2]。建设工程监理是指工程监理单位受建设单位委托，根据法律法规、工程建设标准、勘察设计文件及合同，在施工阶段对建设工程质量、造价、进度进行控制，对合同、信息进行管理，对工程建设相关方关系进行协调，并履行建设工程安全生产管理法定职责的服务活动[3]。

2　监理行业市场规模分析

从中商产业研究院中商情报网统计：2016～2021年中国建筑工程监理行业营业收入及增长率预测趋势图（图1）可以看出，2016年中国建筑工程监理行业营业收入为2695亿元，同比2015年营业收入增长9%；2017年中国建筑工程监理行业营业收入为3282亿元，同比2016年营业收入增长22%；2018年中国建筑工程监理行业营业收入为4314亿元，相比2017年营业收入增长31%；2019年中国建筑工程监理行业营业收入为5994亿元，同比2018年营业收入增长39%；2020年中国建筑工程监理行业营业收入为7178亿元，同比2019年营业收入增长20%；2016～2020年期间，我国建筑工程监理行业营业收入水平一直保持稳定增长。2021年中国建筑工程监理行业营业收入统计数据截至2022年3月底暂未公布，根据中商产业研究院预测2021年中国建筑工程监理行业营业收入将达到8196亿元，同比2016年的2695亿元，2021年工程监理行业营业收入翻了三倍多。

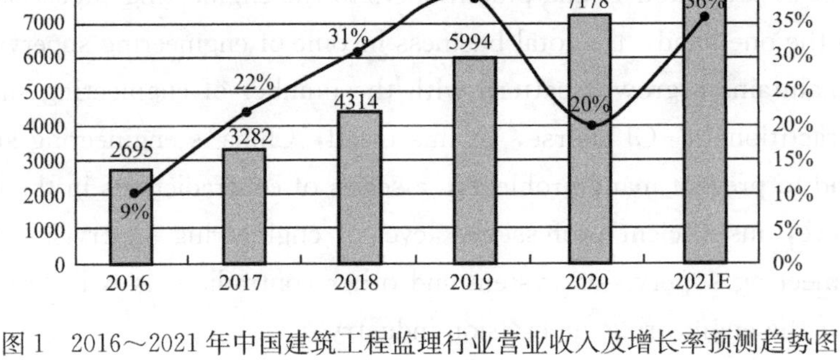

图1　2016～2021年中国建筑工程监理行业营业收入及增长率预测趋势图

（图片来源：中商情报网）

3 工程监理行业从业人员分析

从中商产业研究院中商情报网统计：2016～2020 年中国建筑工程监理行业从业与执业人数变化趋势图（图 2）可以看出，2016 年我国建筑工程监理企业从业人数为 100 万人，对应建筑工程监理企业注册人数为 25 万人；2017 年我国建筑工程监理企业从业人数为 107 万人，对应建筑工程监理企业注册人数为 29 万人；2018 年我国建筑工程监理企业从业人数为 117 万人，对应建筑工程监理企业注册人数为 31 万人；2019 年我国建筑工程监理企业从业人数为 130 万人，对应建筑工程监理企业注册人数为 34 万人；2020 年我国建筑工程监理企业从业人数为 139 万人，对应建筑工程监理企业注册人数为 40 万人；从 2016～2020 年，我国建设工程监理行业从业人员数量与注册执业人员数量均呈现递增状态。从 2016 年的我国建筑工程监理行业从业人数 100 万人到 2020 年的 139 万人，从业人数在四年增长了 39%。从 2016 年的我国建筑工程监理企业注册执业人数 25 万人到 2020 年的 40 万人，注册执业人数增长了 60%。2016 年我国建筑工程监理企业注册执业总人数占我国建筑工程监理企业从业总人数的 25%，2017 年注册执业人员占从业人数的 27.10%，2018 年注册执业人员占从业人数的 26.4%，2019 年注册执业人员占从业人数的 26.2%，2020 年注册执业人员占从业人数的 28.8%。2016～2020 年这五年间，注册人数占从业人数比例有所波动，但比例是朝着增长的方向发展的。

由此可以说明，我国建设工程监理行业从业及执业人数的变化与我国建筑工程监理行业营业收入是呈正比例关系的。

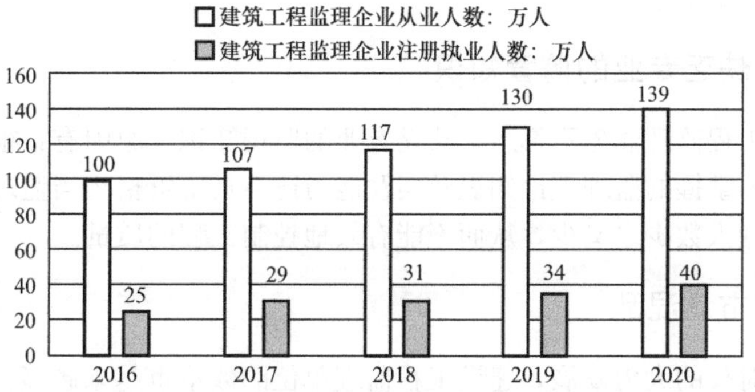

图 2　2016～2020 年中国建筑工程监理行业从业及执业人数变化趋势图
（图片来源：中商情报网）

4 广州某工程监理公司在国内发展趋势及监理过程中存在的问题

广州市某建筑工程监理有限公司是一家实力雄厚的有限责任公司，成立于 1985 年，在广东省内享有盛名。1985～2020 年，公司从业人员数量与注册执业人员数量均呈现递增状态，由最初公司刚创立的总人数只有十多个人发展到 1300 多人，注册执业人员也是在同步增长，公司的营业收入水平也同步稳定增长，截至 2021 年 12 月底，员工有 1400 多人，具有国家注册监理工程师超过 170 人，其他专业注册人员超过 160 人，合计执业注册人员超过 330 人，2021 年工程监理注册执业人员占从业人数的 23.6%，与 2020 年我国建筑工程监理企业注册执业人员占从业人数的28.8%相比，落后了5.2%，尚未达到2020年国内平均标准水平。这与以下因素有一定的关系。

4.1 工程监理体制不健全

目前该公司的工程监理体系还是不够完善，或者说工程监理体制不够健全。主要包括以下几个方面：(1) 建设工程监理承担角色的概念混乱；(2) 有关监理工程师职业责任的法律规定不足或不合理；(3) 建设工程监理收费过低；(4) 建设监理的发展与政府保护的矛盾；(5) 建设监理企业体制改革有名无实；(6) 建设监理队伍的素质不高[4]。

4.2 工程监理单位内部的管理不规范

该公司将经济效益作为企业的重点而忽视了建设工程监理的本质。没有根据合同约定配备合同管理人员，制定并有效执行合同管理制度[5]。且没有根据《建设工程监理规范》GB/T 50319—2013、相关法律法规和项目合同等要求编制监理规划和监理实施细则，导致项目监理人员不能很好地完成监理工作，检查时人员不到位，严重制约了建筑工程监理的质量[6]。

4.3 建设工程监理水平落后

由于建筑市场对该公司的准入门槛没有严格加以控制，导致该公司的监理资质不足也可以进入市场，建设管理监理人员配置也不足，这样导致了该公司的发展停滞不前。同时，由于资金的问题使得建设工程监理的手段和技术不能够及时地更新换代，进而影响了建设工程监理的质量水平。

4.4 监理人员缺乏专业的监管知识

监理人员对工程监理业务不熟悉，缺乏专业的监理知识。原因有：很多监理人员从事监理工作年限短，掌握的监理理论知识及实践能力还不具备资格担当监理工程师，具备注册执业资格的监理人数少之又少，从而不能有效地控制工程的质量。

4.5 工程监理市场混乱

建筑业随着时代的大力发展，建设工程监理单位的数量也越来越多。因此，工程监理单位相互竞争，争夺建设工程监理行业的市场。为了得到工程项目，恶意竞价，破坏监理收费的标准，恶意竞争，这种不考虑监理成本的恶意竞争最终带来的是劣质的监理质量[7]。在这样的背景下，该公司也受到了一定的冲击。

5 提高建设工程监理水平的措施

对广州市某建筑工程监理有限公司来说，只有提高自身的监理水准，才能使自身更具竞争力和自身优势。提高监理水平，需要做到以下措施。

5.1 建立企业质量管理体系

面对激烈的市场竞争，工程监理单位要想生存和发展，必须着眼于通过建立质量管理体系，提高组织整体素质和管理水平。贯彻ISO 9000标准是工程监理单位提升管理水平、提高市场竞争力的一项捷径[8]。只有提高并完善企业管理体系，才能提升自身的竞争力。

5.2 严格落实建设工程监理投资控制

投资控制是我国建设工程监理的一项主要任务，贯穿于监理工作的各个环节[9]。只有严格落实投资控制，严格审核工程款支付申请，做好工程按计量支付，为建设单位把好资金关，才能提升自身的竞争力。

5.3 严格落实建设工程监理进度控制

进度控制是监理工程师的主要任务之一[10]。施工过程中，难免遇到像村民的阻挠施工，如居民投诉施工扰民、污水管道经过房屋周边村民不让施工开挖、赔偿协调未能达到村民的要求等可预见因素，以及不可抗力因素，如台风等天灾一系列影响工程进度的因素，作为监理工程师，只有严格落实进度控制，将受影响滞后的进度赶上，才能提升自身的竞争力。

5.4 规范管理建设工程监理单位内部的管理

应明确本单位的宗旨是本着建设工程项目设计文件、工程实施过程的质量、工程建设物资及设备等进行专业化的工程监理过程。根据合同约定配备合同管理人员，制定并有效执行合同管理制度[5]。根据承接的工程项目制定相应的监理任务书，建设工程监理人员有效地完成自己的监理工作，检查时监理人员按要求到位，有效地控制了建设工程监理的质量。

5.5 切实提高单位的监理水平

建筑市场应该对建设工程工程监理企业的准入门槛严格加以控制，只有符合建设工程的监理资质才可以进入建设工程市场，建设工程监理人员也按投标架构人员配备齐全，这样建设工程监理企业才可以不断地向前发展。同时，及时更新建设工程监理的手段和技术，充实建设工程监理人员的业务水平，从而保证建设工程监理的质量。

5.6 提高监理人员的综合素质

提高监理人员的技能。很多监理人员都是从其他建筑行业转移过来，缺乏相应的专业监理水平，企业应加大加强对其进行有效的培训，提升监理业务能力及其综合素质。使其学习并掌握建设工程项目所涉及的新技术、设备及材料，从而可以有效地进行建设工程监理和控制建设工程监理的质量。

6 建设工程监理发展建议

从我国目前的建设工程监理市场来看，高素质的工程监理人才仍然稀缺，建设工程监理市场发展的关键是完善我国的工程监理制度或者体系。工程监理人员应该认知到自身的不足之处，即还需要很长的时间去努力才能追上世界的工程监理步伐，努力加强对监理知识的全面学习，让国家监理事业走健康、规范、科学的发展之路，这样才能够得到全世界的认可。

参考文献

［1］ 黄春华．当前工程监理工作中存在的若干问题及对策思考［J］．湖南：公路与汽运，2006，（2）：32-33
［2］ 中国建设监理协会．建设工程合同管理［M］．北京：中国建筑工业出版社，2021
［3］ 中国建设监理协会．建设工程监理概论［M］．北京：中国建筑工业出版社，2021
［4］ 谭祥莹，张庆华．我国现行建设监理体制存在的问题［J］．黑龙江：黑龙江交通科技，2014，37（02）
［5］ 中国建设监理协会．建设工程合同管理［M］．北京：中国建筑工业出版社，2021
［6］ 刘金玉．论建筑工程监理过程中存在的问题及对策［J］．广东：房地产导刊，2013，（17）：38-43
［7］ 尹鹏飞．确保岩土工程勘察质量的做法及建议［J］．北京：城市建设理论研究（电子版），2013，（3）：67-69
［8］ 中国建设监理协会．建设工程质量控制［M］．北京：中国建筑工业出版社，2021
［9］ 中国建设监理协会．建设工程投资控制［M］．北京：中国建筑工业出版社，2021
［10］ 中国建设监理协会．建设工程进度控制［M］．北京：中国建筑工业出版社，2021

作者简介：傅海森（1994—），男，工学学士，助理工程师。主要从事工程监理方面研究。

工程测量中长度变形分析

何秀国　孙富余
（长江空间信息技术工程有限公司（武汉），湖北 武汉，430010）

摘　要： 随着我国经济建设的飞速发展，在水利工程建设、铁路建设、公路建设等多个领域的工程建设中，如何选择工程控制网适应的坐标系，在工程规划设计阶段就需要做出分析和选择，这样就可以避免后期需要将大量设计图纸进行坐标转换。本文分析和研究了大型工程建设初期长度变形综合概算，并提出了几种解决长度变形的方法。
关键词： 工程测量；长度变形；高斯投影；边长改正

Analysis of length deformation in Engineering Surveying

He Xiuguo　Sun Fuyu
(Changjiang Spatial Information Technology Engineering Co., Ltd.,
Wuhan 430010, China)

Abstract: With the rapid development of China's economic construction, In the engineering construction of water conservancy project construction, railway construction, highway construction and other fields, How to select the coordinate system suitable for engineering control network, In the project planning and design stage, it is necessary to make analysis and selection, This can avoid the need for coordinate conversion of a large number of design drawings in the later stage, This paper analyzes and studies the comprehensive estimation of length deformation in the initial stage of large-scale engineering construction, Several methods to solve the length deformation are put forward.
Keywords: engineering survey; length deformation; gaussian projection; side length correction

引言

目前，我国工程建设工程测量通常都采用，在规划设计阶段采用国家统一坐标系统，在工程建设和施工阶段通常采用工程独立坐标系，这种模式就会造成大批设计图纸需要进行反复坐标转换，同时也会导致设计和实地边长不相符，影响工程建设设计和施工进度，因此在工程前期对工程区域长度变形估算的意义就十分重要。

地面上一段长度从地球表面边长先从平均高程面化算至椭球面，再从椭球面投影到高斯平面，其真实长度发生改变，引起的长度变形对于大比例尺测图和工程测量十分不利，为了控制长度变形对工程建设带来的不利影响，我国《城市测量规范》GJJ/

T 8—2011 和《工程测量标准》GB 50026—2020 均对控制网的长度综合变形的容许范围作了明确规定，一致确立了平面控制网的坐标系统应该保证长度综合变形不超过 2.5cm/km。当长度综合变形超过 2.5cm/km 时，就需要建立相应独立坐标系进行约束长度变形。

1 长度变形概算

将实地测量的真实长度归化到国家统一的椭球面上，再将椭球面上的长度投影到高斯平面上，所引起的长度综合变形，其计算公式为：

$$\delta = (0.00123y^2 - 15.7H) \times 10^{-5} \tag{1}$$

式（1）中，y 表示测区中心的横坐标（自然值），H 表示测区平均高程，y 和 H 均以 km 为单位。根据式（1）将测区平均高程从－200～2800m，距中央经线距离从 0～180km 进行长度变形概算，见图 1。

工程测量中长度变形一览表

单位：cm

测区平均高程 M

2800	-43.84	-43.47	-42.85	-41.99	-40.89	-39.53	-37.93	-36.09	-34.00	-31.66	-29.08	-26.25	-23.17	-19.85	-16.29	-12.47	-8.41	-4.11
2700	-42.27	-41.90	-41.28	-40.42	-39.32	-37.96	-36.36	-34.52	-32.43	-30.09	-27.51	-24.68	-21.60	-18.28	-14.72	-10.90	-6.84	-2.54
2600	-40.70	-40.33	-39.71	-38.85	-37.75	-36.39	-34.79	-32.95	-30.86	-28.52	-25.94	-23.11	-20.03	-16.71	-13.15	-9.33	-5.27	-0.97
2500	-39.13	-38.76	-38.14	-37.28	-36.18	-34.82	-33.22	-31.38	-29.29	-26.95	-24.37	-21.54	-18.46	-15.14	-11.58	-7.76	-3.70	0.60
2400	-37.56	-37.19	-36.57	-35.71	-34.61	-33.25	-31.65	-29.81	-27.72	-25.38	-22.80	-19.97	-16.89	-13.57	-10.01	-6.19	-2.13	2.17
2300	-35.99	-35.62	-35.00	-34.14	-33.04	-31.68	-30.08	-28.24	-26.15	-23.81	-21.23	-18.40	-15.32	-12.00	-8.44	-4.62	-0.56	3.74
2200	-34.42	-34.05	-33.43	-32.57	-31.47	-30.11	-28.51	-26.67	-24.58	-22.24	-19.66	-16.83	-13.75	-10.43	-6.87	-3.05	1.01	5.31
2100	-32.85	-32.48	-31.86	-31.00	-29.90	-28.54	-26.94	-25.10	-23.01	-20.67	-18.09	-15.26	-12.18	-8.86	-5.30	-1.48	2.58	6.88
2000	-31.28	-30.91	-30.29	-29.43	-28.33	-26.97	-25.37	-23.53	-21.44	-19.10	-16.52	-13.69	-10.61	-7.29	-3.73	0.09	4.15	8.45
1900	-29.71	-29.34	-28.72	-27.86	-26.76	-25.40	-23.80	-21.96	-19.87	-17.53	-14.95	-12.12	-9.04	-5.72	-2.16	1.66	5.72	10.02
1800	-28.14	-27.77	-27.15	-26.29	-25.19	-23.83	-22.23	-20.39	-18.30	-15.96	-13.38	-10.55	-7.47	-4.15	-0.59	3.23	7.29	11.59
1700	-26.57	-26.20	-25.58	-24.72	-23.62	-22.26	-20.66	-18.82	-16.73	-14.39	-11.81	-8.98	-5.90	-2.58	0.98	4.80	8.86	13.16
1600	-25.00	-24.63	-24.01	-23.15	-22.05	-20.69	-19.09	-17.25	-15.16	-12.82	-10.24	-7.41	-4.33	-1.01	2.56	6.37	10.43	14.73
1500	-23.43	-23.06	-22.44	-21.58	-20.48	-19.12	-17.52	-15.68	-13.59	-11.25	-8.67	-5.84	-2.76	0.56	4.13	7.94	12.00	16.30
1400	-21.86	-21.49	-20.87	-20.01	-18.91	-17.55	-15.95	-14.11	-12.02	-9.68	-7.10	-4.27	-1.19	2.13	5.70	9.51	13.57	17.87
1300	-20.29	-19.92	-19.30	-18.44	-17.34	-15.98	-14.38	-12.54	-10.45	-8.11	-5.53	-2.70	0.38	3.70	7.27	11.08	15.14	19.44
1200	-18.72	-18.35	-17.73	-16.87	-15.77	-14.41	-12.81	-10.97	-8.88	-6.54	-3.96	-1.13	1.95	5.27	8.84	12.65	16.71	21.01
1100	-17.15	-16.78	-16.16	-15.30	-14.20	-12.84	-11.24	-9.40	-7.31	-4.97	-2.39	0.44	3.52	6.84	10.41	14.22	18.28	22.58
1000	-15.58	-15.21	-14.59	-13.73	-12.63	-11.27	-9.67	-7.83	-5.74	-3.40	-0.82	2.01	5.09	8.41	11.98	15.79	19.85	24.15
900	-14.01	-13.64	-13.02	-12.16	-11.06	-9.70	-8.10	-6.26	-4.17	-1.83	0.75	3.58	6.66	9.98	13.55	17.36	21.42	25.72
800	-12.44	-12.07	-11.45	-10.59	-9.49	-8.13	-6.53	-4.69	-2.60	-0.26	2.32	5.15	8.23	11.55	15.12	18.93	22.99	27.29
700	-10.87	-10.50	-9.88	-9.02	-7.92	-6.56	-4.96	-3.12	-1.03	1.31	3.89	6.72	9.80	13.12	16.69	20.50	24.56	28.86
600	-9.30	-8.93	-8.31	-7.45	-6.35	-4.99	-3.39	-1.55	0.54	2.88	5.46	8.29	11.37	14.69	18.26	22.07	26.13	30.43
500	-7.73	-7.36	-6.74	-5.88	-4.78	-3.42	-1.82	0.02	2.11	4.45	7.03	9.86	12.94	16.26	19.83	23.64	27.70	32.00
400	-6.16	-5.79	-5.17	-4.31	-3.21	-1.85	-0.25	1.59	3.68	6.02	8.60	11.43	14.51	17.83	21.40	25.21	29.27	33.57
300	-4.59	-4.22	-3.60	-2.74	-1.64	-0.28	1.32	3.16	5.25	7.59	10.17	13.00	16.08	19.40	22.97	26.78	30.84	35.14
200	-3.02	-2.65	-2.03	-1.17	-0.07	1.29	2.89	4.73	6.82	9.16	11.74	14.57	17.65	20.97	24.54	28.35	32.41	36.71
100	-1.45	-1.08	-0.46	0.40	1.51	2.86	4.46	6.30	8.39	10.73	13.31	16.14	19.22	22.54	26.11	29.92	33.98	38.28
0	10	20	30	40	50	60	70	80	90	100	110	120	130	140	150	160	170	180
-100	1.69	2.06	2.68	3.54	4.65													
-200	3.26	3.63	4.25	5.11	6.22													

Y/KM（测区中心横坐标自然值距中央经线距离）

图 1 长度变形概算趋势图

国内某地一水电站项目，当前所有测量成果的坐标系采用国家统一坐标系（中央经线为 102°，三度分带），高程系统：1985 国家高程基准。测区平均高程约 750m，测区中心横坐标 412019（自然值为－87981）。

该项目区域长度综合变形为 $\delta = (0.00123y^2 - 15.7H) \times 10^{-5} = [0.00123 \times (-87.981)^2 - 15.7 \times 0.75] \times 10^{-5} = 0.000022695\text{km} = 2.27\text{cm/km}$。

2 长度变形概算验证

已知该项目区域控制点 MT02 和 MT13 控制点坐标，点位分布见图 2。

图 2　控制点分布图

控制点成果表　　**表 1**

点号	X	Y	Z
MT02	3233347.098	412019.354	791.862
MT13	3233310.718	413103.623	901.949

$$S=\sqrt{(X_2-X_1)^2+(Y_2-Y_1)^2} \tag{2}$$

利用式（2）坐标反算边长为 1084.879m，实地采用全站仪直接测量平距为 1084.877m。

根据距离测量需要加入折光系数、温度、气压改正，如下式：

$$\Delta D=\left(275-\frac{0.3875}{1+\alpha t}\times p\right)\times 10^{-5}\times D \tag{3}$$

式（3）中 D 为测量平距；α 为空气热胀系数 1/273.16；t 为摄氏温度℃；p 为以毫米水银柱（mmHg）表示的大气压。

根据测边时温度为 20℃，气压约为 693.3mmHg，计算出边长改正数为：

$$\Delta D=\left(275-\frac{0.3875}{1+\alpha t}\times p\right)\times 10^{-5}\times D=0.024\text{m}$$

边长经改正后长度为 1084.877＋0.024＝1084.901m。

实际长度变形大小（1084.901－1084.879）/1084≈2.04cm/km。

由此可见，该项目测区长度变形概算为变形量 2.27cm/km 和实测变形量 2.04cm/km，满足小于 2.5cm/km《城市测量规范》CJJ/T 8—2011 和《工程测量标准》GB 50026—2020 的规范要求。为了后期设计和规划成果更方便提供给其他部门使用，本项目建议采用国家统一坐标系（中央经线为 102°，三度分带），高程系统：1985 国家高程基准。

3　长度综合变形分析

将长度综合变形的容许数值 2.5cm/km 代入式（1），即可得到下列方程：

$$H=0.78y^2(10^{-4})\pm 0.16 \tag{4}$$

根据式（4），取测区中心的±y 坐标为横轴，取测区平均高程 H 为纵轴，就可以画出相对变形恒为容许数值的两条曲线。这两条曲线为工程控制测量的投影带临界线，见图 3。

根据上图分析高斯投影长度变形值可以得知：

（1）当测区平均高程小于 150m 时，采用 1°分带，长度综合变形值不大于±2.5cm/km。

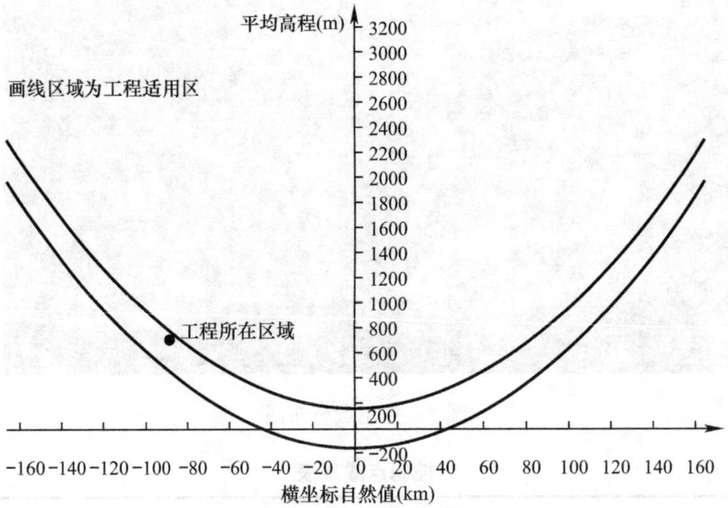

图3 长度变形量一览图

(2) 当测区平均高程大于150m时，在中央子午线东西两旁各有一区域，满足长度综合变形值不大于±2.5cm/km。

(3) 当测区综合长度变形值大于±2.5cm/km时，需要采用建立工程坐标系来抑制长度变形，使其长度变形量满足规范要求。可以采用3种建立工程坐标系方案解决：a. 选择合适“抵偿高程面”作为工程测区投影面，再按高斯投影3°带计算平面坐标；b. 保持国家统一的椭球投影面，选择“任意投影带”，再计算高斯平面直角坐标；c. 选择测区平均高程为投影面和通过测区中心子午线为中央子午线，计算高斯平面直角坐标。以上三种中，第一种和第二种方法，换算简便和概念清晰直观，换算后新坐标与原国家统一坐标系坐标转换简便，有利于和国家统一坐标系建立关联；第三种方法同时改变投影面和投影带，转换方法不够简便、不易实施，新坐标与原国家统一坐标系坐标差异较大，不利于和国家统一坐标系建立关联。

4 结论

本文以高斯投影下的长度变形变化特点进行分析研究，结合实际工程验证了长度综合概算的可靠性。该工程区域平均高程为750m高山峡谷地区，通过先对该工程区域进行长度变形概算，然后再通过实地验证手段，探讨出长度综合变形概算在工程应用中的可靠性。

(1) 通过长度综合变形概算，该工程区域长度综合变形量为2.27cm/km。

(2) 在工程区域现场采用全站仪对高程约110m，边长约1000m的两个测量控制点测边，测出边长与通过坐标反算边长差值为0.2cm，加入测距各项改正后，差值为2.2cm，最后计算每公里变形量为2.04cm。该项目所在区域，可以采用国家统一坐标系统进行工程建设设计施工。

本文通过实地验证进一步论证了长度综合变形概算的可靠性，为以后工程建设在规划和设计阶段前能准确对工程区域长度变形进行估算，根据变形量的大小为工程建设选择坐标系提供科学依据。

参考文献

[1] 吕志平，乔书波. 大地测量学基础 [M]. 北京：测绘出版社，2010
[2] 孔祥元，梅是义. 控制测量学 [M]. 武汉：武汉大学出版社，2005
[3] 祝国瑞. 地图学 [M]. 武汉：武汉大学出版社，2004
[4] 尹权，张志生. 探究工程测量中投影变形对边长的影响 [J]. 建筑工程与技术，2017
[5] CJJ/T 8—2011. 城市测量规范 [S]. 北京：中国建筑工业出版社，2011
[6] 胡祺，刘淑会. 简析工程控制测量中投影长度变形值超限的处理 [J]. 西部探矿工程，2017
[7] 王伯涛. 线性工程控制测量中投影变形处理方法研究 [J]. 测绘与空间地理信息，2017
[8] 姚林，徐春，白明启. 高海拔地区 GPS 控制边长投影变形处理方法 [C]. 云南省测绘地理信息学会，2016

作者简介：何秀国（1981—），男，大学本科，高级工程师。主要从事摄影测量、工程测绘数据生产和研究。

孙富余（1981—），男，大学本科，工程师。主要从事摄影测量、工程测绘数据生产和研究。

斜岩深埋河床组合桩围堰设计优化及应用

李秉海　付承涛　袁泽洲
（中国建筑第五工程局有限公司，湖南 长沙，410000）

摘　要：本文结合起元特大桥工程实例，针对斜岩面深覆盖层河床地区低桩承台深水施工难题，对施工方案进行优化设计研究，创新提出引孔式 PLC 组合桩围堰施工技术。采用先引孔再插打锁扣钢管桩与拉森钢板桩的施工工艺，解决了斜岩面围堰插打入岩和深覆盖层侧压力及围堰抗水流冲击力的难题；引孔成槽内采用碎石与黄黏土回填至设计标高，并在围堰内、外侧施作注浆管，注入掺外加剂的速凝水泥浆，成功解决了深水组合围堰的渗漏水问题；采用"先桩后堰"的施工顺序，同步加工、准备围堰材料，有效缩短了施工工期。该技术在新建起元特大桥工程中得到了成功应用，最终取得了良好的社会效益和经济效益，可为类似工程提供参考，具有较好的推广与应用价值。

关键词：深覆盖层；斜岩河床；组合桩围堰；钻孔注浆

Optimum design and application of construction scheme of PLC combined pile cofferdam for inclined rock surface and deep overburden riverbed

Li Binghai　Fu Chengtao　Yuan Zezhou
(China Construction Fifth Engineering Division Co. , Ltd. , Changsha 410000, China)

Abstract: In order to optimize constructing of the low piles group foundation in the deeply buried riverbed area of inclined rock surface, a hole pre-drilling technology of PLC Combined Pile Cofferdam is innovatively proposed in the Qiyuan bridge engineering. This technology using a pre-drilled hole to facility the locking steel pipe pile and Larsen steel sheet pile driving, which can minimize the water impact onto the cofferdam thus reduce the lateral pressure. The drill holes are filled to the required height with Gravel and yellow clay. Quick setting cement slurry is pumped into the cofferdam through inner and outer grouting pipe to reduce the boundary leakage of the structure. The constructing period is largely reduced by rearranging constructing sequence and timely preparing of materials. The success application of this technique in the Qiyuan bridge has proven to be of social and economic benefits, which provides good popularization and application value to similar projects.

Keywords: deep cover; inclined rock bed; combined cofferdam; drilling and grouting

引言

本文基于新建于都县红色文化展览培训基地及配套设施建设项目起元特大桥 7 号主墩围堰工程实例，为解决引孔式 PLC 组合桩围堰无法或难以直接打入中风化砾岩层的问题，针对深水斜岩面中风化砾岩及深覆盖层的河床[1]地质，创新采用深水引孔的方式施作组合钢围堰[2]，同时采取先引孔再插打组合钢围堰免封底的施工工艺，避免了双壁围堰施工过程中上浮位移、水下爆破、水下开挖、大体积混凝土封底等高风险作业，解决了原方案采用双壁钢围堰施作深水承台带来的费时、费材、工艺烦琐等诸多问题。

1　工程概况及施工难点

1.1　工程概况

起元特大桥位于红军长征出发地江西省赣州市于都县境内，上跨贡江，整幅布置，主桥孔跨布置为（40+40+168+40+40)m，结合体系为Y型连续刚构—拱组合体系，中承式单片拱肋布置。主跨主梁为钢梁，边跨为预应力混凝土刚构；主桥标准断面宽40m，即采用双向6车道+2条非机动车道+2条人行道；主跨为高3.5m的钢箱梁，采用先梁后拱的施工顺序，钢箱梁采用顶推法施工。江面宽340m，水深6～10m，通航净宽≥40m，净高≥6m。

主桥4～9号墩均位江水中，其中6号和7号墩为跨江主墩。以7号主墩为例，水深6.0m左右，采用钻孔灌注桩+承台基础，桩基采用15根ϕ2.0m钻孔灌注桩；承台尺寸为20.8m×14m×4.5m，承台底位于河床下8.3m左右。地质情况从河床面往下首先为3.4m厚的杂填土，然后往下依次为2.4m厚中砂层+3.8m厚圆砾层+3.4m强风化砾岩层，再往下均为中风化砾岩。桥墩地质基本相似，承台均埋于河床底以下，且均为深覆盖层、倾斜岩面，地层地质比较复杂，因此围堰的方案优化设计对水中承台的顺利施工至关重要。

桥位处为杂填土河床，河床底不平整，覆盖层薄厚不均，岩层倾斜，基岩陡坎，桥位地质纵断面如图1所示。

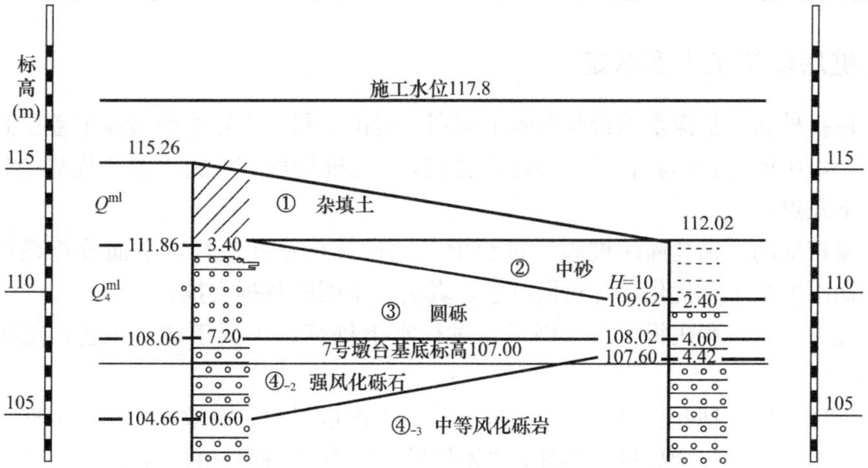

图1　桥位地质纵断面图

1.2　施工难点分析

（1）适用性。要甄选适用的施工方案，该水中墩原设计为双壁钢围堰，双壁钢围堰固然安全，但是需要对强风化砾岩及以下的中风化砾岩层进行水下开挖或水下爆破才能安装到位。在斜岩面及深覆盖层的河床上进行深水低桩承台施工，围堰方案选择及围堰施工顺序等工作要统筹考虑安全性、经济性、适用性、质量、工期等多方面因素。

（2）工期性。本桥采用Y形连续刚构—拱组合体系[3]，边跨为预应力混凝土刚构，主跨为钢箱梁。钢箱梁采用现场焊接拼装后整体顶推，主跨两侧刚构需同步施工，以减少落梁牛腿处混凝土龄期差，故应严格控制深水承台基础施工时间。

（3）安全性。深水承台施工安全风险大，尽量避免围堰上浮、水下爆破、水下开挖、大体积混凝土封底等作业。

2 施工方案优化设计研究

2.1 深水引孔式组合钢围堰方案选定

根据地勘资料，综合方案比选，7号水中主墩采用深水引孔的方式施作组合钢围堰，进行水中承台施工，具体比选情况如表1所示。

组合钢围堰施工方案比选 表1

比选项目	施工方案	
	引孔式PLC组合钢围堰	双壁钢围堰
斜面岩	适用	需水下机械或水下爆破整平
深覆盖层斜河床	适用	需整平
岩石地质	适用	需水下机械凿除或水下爆破
封底	无需封底	需大量封底混凝土
配套设备	简单、常规、适配	需大型船舶、起吊设备，本桥区贡江上、下游有闸门，大型船舶无法正常通行
周转利用	易拔出，周转利用率高	周转利用率低

2.2 先桩后堰施工方案选定

水中钻孔桩施工是深水承台基础施工顺利进行的关键，7号主墩属深覆盖层且不同地层薄厚不均，中风化岩属斜岩面。经综合比较，“先桩后堰[4]”施工方法优势明显，主要体现在以下几点：

（1）复核地勘。钻孔灌注桩施工过程中，通过分析钻孔渣样，全面分析墩位地质情况，为后期围堰施工及优化设计提供科学、真实、全面的数据支撑；

（2）确保质量。利用钢栈桥、钢平台进行水下桩基施工属于成熟工艺，能确保桩基质量；

（3）保障工期。钻孔桩施工时同步准备、加工围堰材料，有效缩短施工工期；

（4）成本。与“先堰后桩”相比，“先桩后堰”方法围堰材料占用时间更少，能够有效控制、节约材料成本。

2.3 组合围堰的防渗漏水施工方案比选

根据地勘资料，墩位河床均属深覆盖层，稳定性差且不同地层薄厚不均。综合方案比选，7号水中主墩采用刻槽区回填碎石、黏土并在碎石层注浆法，进行水中承台施工，具体比选情况如表2所示。

围堰的防渗漏水施工方案比选 **表 2**

比选项目	施工方案		
	刻槽区回填碎石、黏土并在碎石层注浆法	封底混凝土法	刻槽区组合桩外侧填黏土内侧浇筑混凝土法
围堰抗浮稳定性	入岩、碎石层注浆稳定	入岩、封底稳定	入岩、深覆盖层，清理桩内侧槽区地层材料时易出现位移
施工难易度	专业注浆班组、专业设备	水下封底、工艺复杂	回填黏土和混凝土、施工较复杂
防渗漏效果	易止水	易止水	易止水
经济性	易拔出，周转利用率较高	材料拔不出，需水下切割，凿岩出渣量较大	易拔出，周转利用率较高

2.4 引孔式组合围堰验算

根据施工工序，进行工况荷载分析，用 Midas Civil 软件建立围堰有限元仿真分析模型，验算围堰各构件及整体的稳定性，引孔式 PLC 组合围堰模型如图 2 所示。

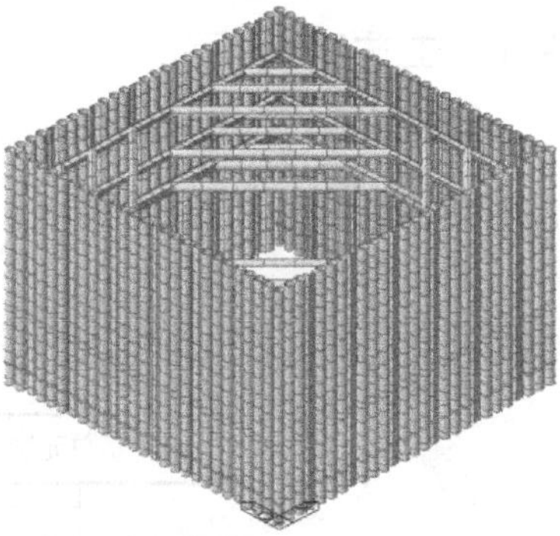

图 2 引孔式 PLC 组合围堰模型

围堰承受的主要荷载有风压力、流水压力、静水压力、土压力等。按边抽水除渣边支护的方式进行模拟，分五种工况进行最不利受力验算：（1）工况一。抽水至第二层支撑以下 0.7m，准备安装第二层支撑；（2）工况二。抽水至第三层支撑以下 0.7m，准备安装第三层支撑；（3）工况三。开挖至第四层支撑以下 0.7m，准备安装第四层支撑；（4）工况四。开挖至基底，浇筑垫层、圈梁混凝土；（5）工况五。垫层、圈梁混凝土达到强度，拆除第四层承台施工时受影响支撑。分别计算各工况下组合桩及内支撑受力，最后验算围堰整体稳定性。荷载分项系数取值为恒载取 1.2，活载取 1.4，最不利工况为工况五，围堰成形后所受荷载如图 3 所示。

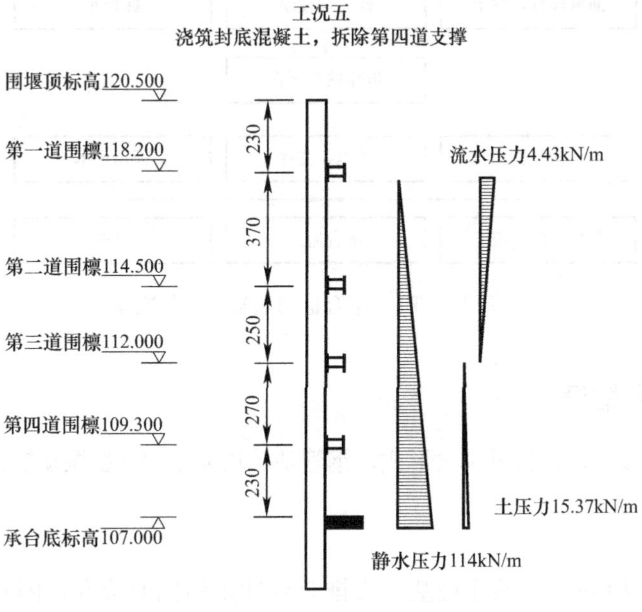

图 3 围堰成形后所受荷载图

由Midas Civil验算各工况下引孔式PLC组合桩围堰的应力，如表3所示，其弯曲应力、剪应力、轴力、组合应力均满足要求。采用理正深基坑验算各工况下引孔式PLC组合桩围堰的整体稳定性、抗倾覆稳定性、抗隆起验算、土反力验算，均满足要求。

各工况围堰应力（MPa） 表3

序号	内容	计算值	设计值
1	弯曲应力	182.6	215
2	剪应力	37.1	125
3	轴力	65.9	215
4	组合应力	183.9	215

3 施工工艺

3.1 工艺流程

采用“先桩后堰”法，即“先施工桩基，再施工PLC组合桩围堰，最后施工承台基础”。引孔式PLC组合桩围堰施工工艺流程如图4所示。

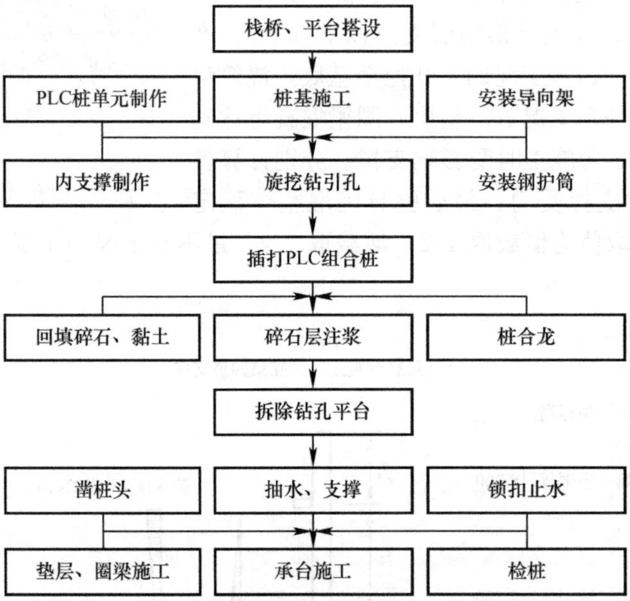

图4 引孔式PLC组合桩围堰施工工艺流程图

3.2 栈桥与平台搭设

栈桥及平台搭设采用钢管贝雷梁形式，钢管基础均采用120型振动锤钓鱼法插打施工。

3.3 桩基施工

7号主墩共15根$\phi 2.0$m钻孔桩基，安排3台冲击钻同时成孔，隔孔施工，共分5个循环，采用水下灌注法。

3.4 PLC组合桩单元制作

起元特大桥7号承台平面尺寸为20.8m×14m，围堰平面尺寸为26.4m×26.4m，围堰由锁扣钢管桩＋拉森钢板桩及内支撑组成。

（1）PLC组合桩钢围堰[5]组成。主桩采用ϕ630×14mm螺旋钢管＋拉森Ⅵ型钢板桩，通过在螺旋钢管上焊接锁扣与钢板桩锁扣互锁[6]，桩长22.5m，PLC组合桩单元结构如图5所示。

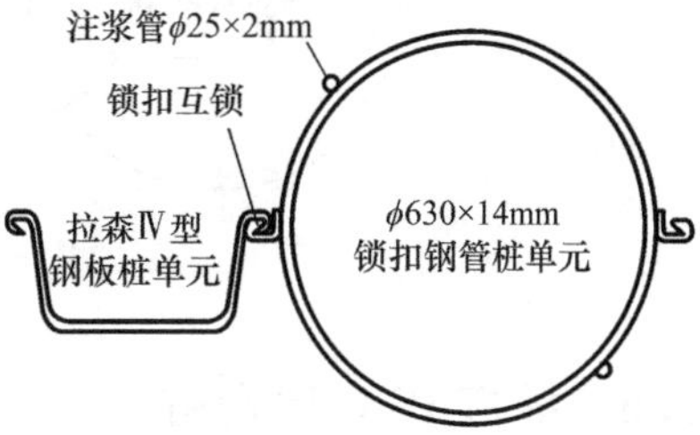

图5 PLC组合桩单元结构图

（2）内支撑组成。设置4层，围檩第一、二层采用2-HM588×300mm、第三、四层用2-HN700×300mm热轧H型钢；支撑第一、二层采用ϕ630×10mm、第三、四层用ϕ720×10mm钢管。PLC组合桩围堰结构平面如图6所示。

（3）制作流程。原材料加工→进场验收→制作对接台架→桩接长→锁扣焊接→加劲肋、限位肋焊接→注浆管焊接→检查验收。

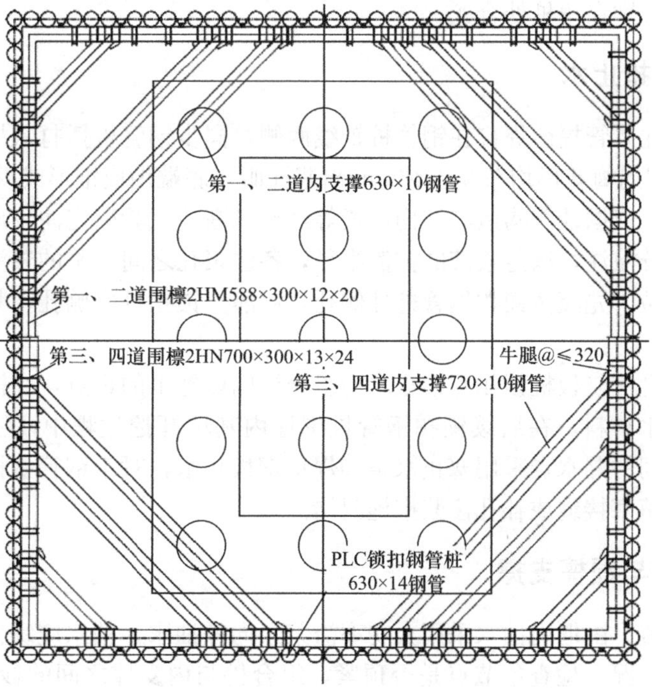

图6 PLC组合桩围堰结构平面图

3.5 旋挖钻引孔成槽

测量精确定位后，安装导向架，用120振动锤施打钢护筒，根据地质情况及工期要求，采用旋挖钻机引孔刻槽，刻槽宽1m。根据钢管桩单元大小，必须将钢管桩中心与刻槽中心重合，使其达到更好的插打、锚固、止水效果。引孔底位于承台底以下4.0m处，拔出护筒前回填碎石至中风化岩层顶标高，中风化岩层上方地质层回填黄黏土至河床顶标高，引孔成槽布置如图7所示。

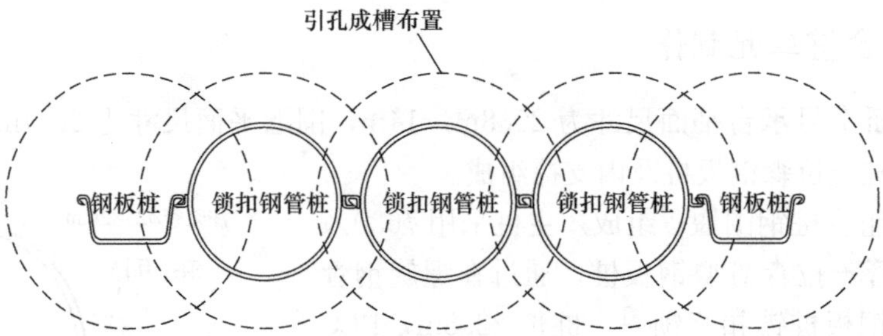

图 7　PLC 组合桩围堰引孔成槽布置图

3.6　插打 PLC 组合桩

钢管桩插打采用 85t 履带式起重机＋120 振动锤在平台上振送成桩。插打按如下工艺流程：测量放样→安装导向架→钢管桩插打→钢板桩插打→合龙准备→合龙。

施工时用拉直线或经纬仪的方法确定轴线，用经纬仪校准垂直度；导向架采用在工厂或现场分段制作，在平台上组装，固定在定位桩上，导向架须有相应的刚度；插打按先振送钢管桩后振送钢板桩，锁扣互锁，振动锤匀速加压振送至预定标高；由围堰各边的中部向两端插打桩，分别在角桩处合龙[7]。

3.7　注浆与锁扣止水

（1）注浆。注浆管提前焊接在钢管桩轴线两侧，同步钢管桩插打入槽。在碎石层，注浆管长 2m 范围四周梅花形均布 3 道 ϕ6mm 出浆孔眼，底端做成锥形或刃脚形，便于插入。在碎石范围注浆，依据地质构造与结构形式等经现场灌注试验确定注浆压力，对锁扣桩与岩层间的空隙充分灌注，满足浆液的扩散半径，各注浆孔之间注浆的浆液能相互搭接，保证不出现漏注区域。先灌注锁扣钢管桩外侧孔，后灌注锁扣桩内侧孔，浆液为参外加剂的速凝水泥浆。

（2）止水。管桩与板桩锁扣互锁止水为组合桩围堰施工的重点，在插打时锁扣处涂刷锯末、沥青等止水材料，在后续锁扣钢管桩围堰内基坑开挖过程中，随时检查围堰漏水点。对于锁扣之间的漏水点采用塞止水条和焊接钢板止水，对于钢管桩根部漏水点采用棉花加粉砂混合物填塞接缝或补孔注浆措施封堵。

3.8　抽水出渣与围檩支撑

（1）抽水出渣。围堰内抽水采用大功率渣浆泵向外抽水，抽水应缓慢，抽水时应观察围堰结构的变形情况，检查各节点是否顶紧，组合桩与内支撑之间的抄垫是否抄紧密实，水位降至每层围檩下 0.7m 暂停，及时加该层的围檩和内支撑防护，严格按照边抽水除渣边支护的原则执行。

（2）围堰支撑。围檩第一、二层采用 2-HM588×300mm、第三、四层用 2-HN700×300mm 热轧 H 型钢，支撑第一、二层采用 ϕ630×10mm、第三、四层用 ϕ720×10mm 钢管。施工时先焊接三脚牛腿，再安装围檩，最后对称安装钢管斜撑，在吊车配合下焊接内支撑，同时将围檩与组合桩间缝隙楔紧，使围檩均匀受力。

3.9　凿桩头、垫层及圈梁、检桩施工

围堰支撑安装完成后，由测量人员在围堰内布设观测点，定期进行围堰监测[8]。待围堰

稳定后，采用干挖法，小型机械配合人工清底。清底后，浇筑垫层及圈梁，基坑四周留排水沟和积水坑，积水及时抽排。在超灌桩身上标出环切线标高，采用环切法[9]人工凿除，桩头应为密实、均匀、新鲜的混凝土面。预埋声测管，超声波检桩法，检测后均达Ⅰ类桩。

3.10 承台施工

待垫层及圈梁混凝土达到强度后，拆除第四层影响承台施工区的钢管斜撑，加强监测频率，围堰稳定后，进行承台施工。

4 经济效益分析

起元特大桥实践证明，采用引孔式 PLC 组合桩围堰施工，创经济效益约 333.9 万元，节省施工时间约 85d，加快了施工进度，降低了工程成本。具体分析见表 4。

钢围堰经济效益分析表　　表 4

序号	对比指标	钢管桩＋钢板桩 A 方案		矩形双壁钢围堰 B 方案		差值
		数量	金额（万元）	数量	金额（万元）	A－B
1	用钢量	769t	692	1070t	963	－271/万元
2	大型设备使用	3	30	6	70	－40/万元
3	水下爆破、开挖	0	0	2700m^3	108	－108/万元
4	回收利用钢材	90%	623	50%	453	－170/万元
5	引孔回填碎石、黏土		235	—	—	235/万元
6	注浆		71	—	—	71/万元
7	封底混凝土		11.6		62.5	－50.9/万元
8	施工期	95d	—	180d	—	－85d

5 结束语

通过实践应用分析，在水深较深、倾斜岩面、深覆盖层河床的地质条件下，施工低桩承台，创新提出引孔式 PLC 组合桩围堰施工技术。采用“先桩后堰”的施工工艺，解决了因深水中斜岩面围堰插打入岩难、深覆盖层侧压力大及围堰水流冲击力强不易施工的难题；采用引孔成槽，回填碎石区注入掺外加剂的速凝水泥浆工艺，成功解决了深水组合围堰的上浮、渗漏水问题；抽水后机械配合人工开挖出渣，取消封底混凝土环节，简化施工流程，无水下爆破，迅速安全；采用“先桩后堰”的施工顺序，同步加工、准备围堰材料，有效缩短了施工工期；材料可周转施工，节约成本。该技术在新建起元特大桥工程中得到了成功应用，并取得了良好的社会和经济效益。据此方案总结的“引孔式 PLC 组合桩围堰施工工法”被中建五局评为优秀工法，其关键技术的研制与应用具有创新，已达到国内先进水平，可为类似工程提供参考，具有较好的推广与应用价值。

参考文献

[1] 刘自明，王邦楣，陈开利. 桥梁深水基础［M］. 北京：人民交通出版社，2003
LIU D Z，YANG S C. Engineering demolition utility manual［M］. 2nd ed. Beijing：Metallurgical

Industry Press，2003
[2] 陈利．大型深水锁扣钢管桩围堰拆除施工技术 [J]．建筑安全，2018 (4)：19-21
[3] 龚俊虎．大跨度V形墩连续刚构与拱组合桥受力特性研究 [D]．成都：西南交通大学，2009
[4] 肖景良．湘江大桥先平台后桩基再围堰施工方法研究 [J]．建筑技术开发，2020，47 (20)：2
[5] 李迎九．钢板桩围堰施工技术 [J]．桥梁建设，2011 (2)：76-79
[6] 朱卫东深水裸岩地质锁扣钢管桩与混凝土组合桩围堰施工技术研究 [J]．铁道建筑技术，2018 (1)：68-71
[7] 杨美良，陈丹，夏桂云等．湘江特大桥双壁钢套箱围堰受力分析及优化处理 [J]．桥梁建设，2012．42 (4)：39-44
[8] 胡纲治，曹洪，骆冠勇等．广州新光大桥钢板桩深水围堰监测方法及结果分析 [C]．第24届全国土工测试学术研讨会，2005
[9] 马佳，张建光．环切法破桩头在桩基础工程中的应用 [J]．公路交通科技：应用技术版，2018 (9)：3

作者简介：李秉海 (1980—)，男，本科，工程师。主要从事钢结构及桥梁工程施工管理。
付承涛 (1982—)，男，本科，高级工程师。主要从事道路、桥梁工程施工管理。
袁泽洲 (1996—)，男，本科，工程师。主要从事桥梁工程施工管理。

对大型公共建筑建设工程围挡功能集约化的探索

韩 超
（北京建工集团有限责任公司，北京，100055）

摘 要：建设工程围挡作为分隔施工场区内外部环境的重要设施，众多各级政府文件、施工规范对其提出了外观和功能要求。多年实践中，各施工单位不断优化、提升围挡外观和功能，取得了较好的经济效益和社会效益。当前，城市市区工地场地普遍狭窄，主管部门对围挡美化、扬尘治理、环境保护要求高；笔者结合工程实际需求，依据相关规范，做了一定程度上的改造和尝试，综合了“五节一环保”相关技术，形成了一套综合围挡系统，应用效果较好。
关键词：高大围挡；干管布设；分区控制；材料回收

Exploration on the intensification of enclosure function of large public building construction projects

Han Chao
(Beijing Construction Engineering Group，Beijing 100055，China)

Abstract：As an important facility to separate the internal and external environment of the construction site，many government documents and construction specifications put forward the appearance and function requirements for the fence. In many years of practice，the construction units have continuously optimized and improved the appearance and function of the fence，and achieved good economic and social benefits. At present，the construction sites in urban areas are generally narrow，and the competent departments have high requirements for fence beautification and dust control. Combined with the actual needs of the project and according to the relevant specifications，the author has made a certain degree of transformation and attempt，and formed a set of comprehensive fence system by integrating the “five sections and one environmental protection” related technology，which has good application effect.
Keywords：high enclosure；main pipe layout；zoning control；material recycling

引言

2020 年 9 月 22 日，国家主席习近平在第 75 届联合国大会上宣布，中国力争 2030 年前二氧化碳排放达到峰值，努力争取 2060 年前实现碳中和目标。2021 年，中共中央办公厅、国务院办公厅联合印发了《关于推动城乡建设绿色发展的意见》，其中指出“加强建筑材料循环利用，促进建筑垃圾减量化，严格施工扬尘管控，采取综合降噪措施管控施工噪声。”

大型工程的场地面积大，主管部门对围挡美化、扬尘治理、环境保护要求高，临水、临电布设投入的材料、人工、机械数量众多，在绿色施工已成为国内建筑行业普遍共识的情况下，通过研究临时设施集约化布置取得的相关经验，具有一定的推广价值。

1 围挡应用目标

衢州市文化艺术中心和便民服务中心工程位于城市政务核心区，紧邻市政府和城市主干道。建设用地南北长 255～385m，东西宽约 260m，红线周长 1208m。工程地下一层，局部地下二层，肥槽之外的场地勉强满足布置施工环路。工程安全文明施工目标为创省级安全文明标准化工地，安全文明施工要求高，相关设备设施布置难度大。根据上述情况，通过研究建设工程综合围挡系统，提出并实现了以下目标：

（1）满足主管部门、规范所要求的围挡基本指标；

（2）处于空旷区域的围挡结构安全可靠；

（3）优先保障施工道路通行需要；

（4）集约化布置临电电缆、临水管线、照明、喷淋降尘等设施。

技术人员查阅相关规范，对实现上述目标的条件进行分析，制定了可行的专项施工方案。

2 围挡支撑体系设计

有关现行行业规范规定：“1）市区主要路段的工地应设置高度不小于 2.5m 的封闭围挡；2）一般路段的工地应设置高度不小于 1.8m 的封闭围挡；3）围挡应坚固、稳定、整洁、美观。”

但近年来，为进一步提升城市形象，和谐建筑工地与周边环境，多地陆续发布通知，将建筑工地围挡的高度提升至 4m，诸暨市甚至提升至 5m。这种管理规定的变化，带来传统立杆围挡支架无法满足稳定性要求。

围挡最大高度达到 4.1m 的情况下，支撑体系采用钢管桁架，桁架纵距 3.0m。桁架立杆为 *D*90 不锈钢管，横杆为 *D*50 不锈钢管。

支撑体系基础为混凝土基础，设计强度 C25，外形尺寸 500mm×1000mm；埋地深度 1000mm。

经本工程设计单位复核，围挡支撑体系满足使用要求（图 1）。

图 1　围挡实景

3 综合功能设计

在满足围挡基本功能的基础之上，为解决现场施工场地狭窄，消防环场道路宽度不足的实际困难，减少临水、临电管沟开挖工作量，节省施工时间，充分利用围挡支架内的水平杆件，考虑将临时用电电缆线槽、临时供水管、排水管安装在围挡支架内，同时按照绿色施工要求，在围挡顶部安装喷淋降尘系统、照明系统、围挡美化系统。

实现上述做法，还需进一步满足以下要求：

（1）完善电缆线槽的防雨、防漏电、接地保护措施；

（2）围挡支架间距与供水管、排水管的管径相适应；

（3）完善电缆、管线跨路进楼措施；

（4）大场区喷淋降尘系统自控措施；

（5）大场区围挡绿化美化措施。

具体做法如下：

3.1 临时电缆线槽布设要求

本工程位于亚热带季风气候区，上半年多雨，且场区临江，地下水位较高，按照《电力工程电缆设计标准》GB 50217—2018 要求，本工程临时电缆干线采用架空敷设。具体做法是采用镀锌防溅水线槽架设在 2.0m 高围挡支架上，线槽尺寸 30mm×20mm，线槽与围挡支架间用 10mm 厚橡胶垫片隔离，主电缆敷设其中。根据施工总平面布置图，在适当位置预留接线口，便于引出支线。

按照《电气装置安装工程接地装置施工及验收规范》GB 50169—2016 相关要求，线槽起始端和终点端均可靠接地，并从防溅线槽上每隔 30m 增加一个连接点。经检测，接地电阻不大于 1Ω，满足要求。

3.2 临时水系统布设要求

临水管分为排水管和给水管，均采用直径 150mm 铸铁管道，直接安放于围挡支架底部，排水管在下层，给水管在上层。围挡支架每隔 3m 一道，满足《建筑给水排水及采暖工程施工质量验收规范》GB 50242—2002 中管道支架间距要求。适当位置预留维修、检查、给水阀、排水阀。

3.3 支线过路套管设置要求

按照《电力工程电缆设计标准》GB 50217—2018 要求，根据施工总平面布置图中电缆过路需要，在临时施工道路下方预埋 $D250$ 球墨铸铁管。过路管不设置弯头，直通过路；过路管埋深低于道路混凝土路面 500mm。供水管与电缆管分开布置，不得共用。

3.4 分区自动控制喷淋降尘系统布设要求

按照地方主管部门要求，在围挡顶部设置喷淋降尘系统，喷淋干管随围挡布置，喷淋头适当向场内倾斜，既满足降尘需要，又降低对围挡外的影响。

由于场区面积超大，南北长约 300m，东西宽约 250m，南北各设置一个扬尘监测系统。为进一步提高喷淋降尘的效率，本工程东西两区分别通过控制器将扬尘监测系统与喷淋降尘系统进行连接。当控制器内的比较控制模块发现扬尘指数大于预设预警数值，输出控制信号，启动该分区的喷淋降尘系统。

3.5 围挡绿化美化要求

按照当地主管部门对建筑场地封闭围挡环境美化与城市绿化的要求，围挡外立面需安装植物毯、制作安装PVC图案、加焊植物墙主龙骨钢架、安装PVC防腐防渗水密度板、植物墙滴灌系统安装调试、植物墙种植。

仿真绿草皮围挡规格4m×25m，定制毛长2cm厚，加密绿草皮，按照现有围挡高度进行剪裁，安装面积4200m^2。2.5mm加垫燕尾螺栓，按照70cm×120cm密度加固。仿真草皮表面和背面做除尘清洁，保证与瓦楞铁板有效粘合。在仿真草皮表面，安装1cm PVC字以及各种雕刻的画案。1cm厚PVC底用3.5mm燕尾螺栓固定LOGO标及喷绘效果图（图2）。

图2　仿真绿草坪图案效果图

植物墙使用植物：面对市政府及东、南面主干道旁，共三块植物墙体，4.6m×20m×3，总面积276m^2。植物墙采用金森女贞、花叶络石、鸭脚木、扶芳藤等植物。按照施工图加焊主龙骨，以支撑防腐防渗水PVC密度板；用园林专用耐酸自攻螺钉将防渗水PVC密度板固定在主龙骨上；用不锈钢气枪钉固定园林专用3mm厚黑色涤纶长丝到PVC板上；置园林滴灌专用PE管及绿化景墙专用稳压滴头于黑色涤纶长丝上；安装及测试滴灌系统（图3）。

图3　植物墙效果图

4 有益性分析

围挡支架的支撑作用和喷淋降尘、降噪、照明、临电电缆、临水管线、视频监控管线的架设整合为一体，即在围挡搭建完成后，围挡支架内形成自然空间，可以自上而下排布临电的线槽、给水管道、消防管道、排水管道。管线排布美观、整齐，减少现场空间占用，电缆和管道回收率高，因此整体具备美观性、经济性、高效性和安全性的特点。

在保证与传统围挡同等可靠性的同时便于安拆，并实现与现场临水临电管线安装敷设的有机结合。

4.1 社会效益

（1）围挡材料可实现定型化预制加工，减少现场用工和能源消耗。

（2）减少因电缆沟、管沟施工而产生的土方挖填及沟槽施工，节约土地资源和能源。

（3）电缆、管道回收率大幅度提高，节材效果明显。

（4）围挡配有喷淋自动化系统，既全面分区有效控制扬尘，又能节约用水，“一种扬尘监测与喷淋系统”已取得实用新型专利。

本围挡系统符合多项绿色施工“五节一环保”要求，社会效益较好。

4.2 经济效益

该措施能有效降低临水干管、临电干缆的回收损坏率，回收率在80%以上；减少了开挖沟槽的费用；节省了场地和铺设人工、机械。初步测算在本工程的应用之中，节约成本超过 81 万元，取得了一定的经济效益。

5 结论

长久以来，建筑施工行业给人粗放、低效、污染等不良印象。为响应、践行“新发展”理念，建筑施工行业亟需在“五节一环保”方面持续努力。衢州市文化艺术中心和便民服务中心工程结合实际需要，以施工围挡为载体，综合“节材、节地、节能、节水、节约人工、环境保护”等措施，取得了较好的社会和经济效益。笔者以此抛砖引玉，希望兄弟单位和同行能在建筑施工领域技术集成方面做出更多、更好的成果。

作者简介：韩　超（1979—），男，学士，高级工程师。主要从事房屋建筑施工领域的工作和研究。

“双碳”目标下抽水蓄能电站的创新探索

史云吏　郭　凯　郑越洋
（南方电网调峰调频发电有限公司工程建设管理分公司，广东 广州，510000）

摘　要：中央财经委员会第九次会议明确将“碳达峰、碳中和”纳入我国生态文明建设总体布局，实施可再生能源替代行动，构建以新能源为主体的新型电力系统，我国风电、太阳能发电总装机容量在2030年将达到12亿kW以上的目标。为了适应2030年碳达峰的目标，匹配清洁能源并网需求，需要加快电网侧调峰储能电源建设。抽水蓄能是当前技术最成熟、经济性最优、最具大容量大规模开发条件的安全可靠、绿色低碳、清洁灵活调节电源，但是传统方式建设周期长，不能满足国家战略需要，需进一步就枢纽工程布置、主要施工方案、施工机具和管理形式进行创新探索，以加快建设周期，又好又快地建设一大批抽水蓄能电站。

关键词：“双碳”目标；抽水蓄能电站；创新探索；建设周期；又好又快

Exploration on scientific and technological innovation of pumped storage power station under the double carbon goal

Shi Yunli　Guo Kai　Zheng Yueyang
(China Southern Power Grid Peak Regulation and Frequency Regulation
Power Generation Co., Ltd. Engineering Construction Management Branch,
Guangzhou 510000, China)

Abstract: The ninth meeting of the Central Finance and Economics Committee clearly incorporated “carbon peaking and carbon neutrality” into the overall layout of my country’s ecological civilization construction, implemented renewable energy alternative actions, and built a new power system with new energy as the main body. The installed capacity will reach the target of more than 1.2 billion kilowatts in 2030. In order to meet the goal of carbon peaking in 2030 and match the demand for clean energy grid-connected, it is necessary to speed up the construction of grid-side peak-shaving energy storage power sources. Pumped storage is a safe, reliable, green, low-carbon, clean and flexible power supply with the most mature technology, the best economy, and the most large-capacity and large-scale development conditions. However, the traditional method has a long construction period and cannot meet the needs of national strategies. Carry out innovative explorations on the layout of the pivot project, main construction plans, construction equipment and management forms, etc., to speed up the construction cycle and build a large number of pumped-storage power stations well and quickly.

Keywords: double carbon goal; pumped storage power station; scientific and technological exploration; construction cycle; good and fast

引言

我国抽水蓄能电站建设起步较晚，20世纪60年代后期才开始研究抽水蓄能电站的开发，而且受计划经济体制的影响。1968年，我国第一台抽水蓄能电站河北岗南才建成投产。1987年，中国内地第一座大型商用核电站——大亚湾核电站在深圳市大鹏镇境内开工建设，几乎同时开建的还有一座用于调峰的抽水蓄能电站——广州抽水蓄能电站，它的重要历史使命就是保障大亚湾核电站的平稳、安全运行，并为广州电网调峰、调频、调相及事故备用。广州抽水蓄能电站是我国第一次建设具有现代意义的大容量抽水蓄能电站，其装机容量为2400MW，成为当时世界上装机容量最大的抽水蓄能电站[1]。

20世纪90年代以后，我国经济呈高速发展态势，电力需求旺盛。以广东省为例，1990年广东省全社会用电量仅为404亿kWh，2021年达到7866.63亿kWh，增长近20倍。伴随着用电量和电网规模快速增长的是相应调峰储能领域，其中技术最成熟、经济性最优、最具大容量大规模开发条件的调峰储能手段就是抽水蓄能电站。

经过20多年的探索，我国抽水蓄能电站实现了从无到有、从小到大、从引进到自研、从单一到全面的跨越式发展，2021年全国抽水蓄能电站累计装机规模已高达3479万kW，已远超日本位居世界第一，创造了储能能力、装机容量、地下洞室群规模、最大发电水头等诸多世界第一，全部机组设备实现国产化，技术和管理等领域都成了世界的标杆。随着国家“双碳”目标的实施，风、光、核等可再生清洁能源需要大规模接入电网，对电网的安全、稳定运行提出了更高要求，亟需更大规模抽水蓄能电站的建设投运配套电网，这对抽水蓄能电站已臻成熟的技术、理念、管理提出了新的更高要求。

1 新型电力系统的主要特点

传统电力行业主要是以火电为主，电力行业二氧化碳的排放量占据我国总排放量的40%左右，在各行业中占比最高，因此要实现“碳达峰、碳中和”的双碳目标，传统电力行业亟需转型构建新型电力系统，实现清洁化、低碳化和智能化。

1.1 新能源为主力

新型电力系统着重强调的是以新能源为主体，要大幅提升光伏、风电等新能源发电的比例，核心是保证新能源出力稳定及平稳、安全地接入电网系统。2020年底，火电在我国总电力装机中占比高达57%，同时也是我国火电装机比重下降的拐点之年。随着新能源装机比重的迅猛增长，2021年非化石能源装机占比首次超过煤电，可再生能源装机突破10亿kW。

随着双碳目标的日益紧迫，新能源为主的新型电力系统建设也按下了加速键，建设新型电力系统最终是为了实现电力系统脱碳，以实现在2035年左右新能源在总装机中占比超50%。2045年，新能源发电在总发电量中占比超过50%的目标[2]。

1.2 适当比例的储能“压舱石”

新型电力系统中发电端将实现以风电、光伏等新能源发电为主体，火电等为辅助的发电格局。由于我国能源和负荷分布不均，西北地区主要是风、光资源集中区，而负荷区主要在长三角、珠三角地区。除了需要建设跨省输电主干通道的特高压线路之外，还需要保障在有效消纳风、光电的同时，电网能够安全、稳定运行。

风、光等自然条件的新能源电力有鲜明的间歇性、随机性、波动性，从而导致电力系统潮流复杂多变，使得输电通道的利用呈现出新的特点。新型电力系统的发展过程面临着电力负荷持续增长、电力系统峰谷差逐步加大等问题日益突出，需要配套一定比例的储能产业解决电力系统峰谷差逐步加大等问题，可以实现削峰填谷、调峰调频调相的作用，解决新能源发电不稳定的问题，减少弃风弃光情况的发生，维持电网稳定运行。当前，我国正处于能源绿色低碳转型发展的关键时期，风电、光伏发电等新能源大规模高比例发展，新型电力系统对储能调节电源的需求更加迫切。

2 抽水蓄能电站发展的挑战

据统计，抽水蓄能占各类储能调节电源的89.3%，是最主要的储能调节电源手段。国家能源局发布的《抽水蓄能中长期发展规划（2021—2035年）》。到2025年，抽水蓄能投产总规模较“十三五”翻一番，达到6200万kW以上；到2030年，抽水蓄能投产总规模达到1.2亿kW左右抽水蓄能电站，这也给抽水蓄能电站赋予了新的历史使命[3]。

我国抽水蓄能电站经过几十年的高速建设发展，已经形成了技术先进、管理优质、国际竞争力强的抽水蓄能现代化产业体系，培育形成了一批抽水蓄能大型骨干企业，为我国近年来电力高速需求保驾护航。但是，随着双碳目标的日益临近，对蓄能行业提出了新的要求，业已成熟的做法在新的形势下也面临着前所未有的挑战。

2.1 人力资源短缺

以120万kW装机容量的抽水蓄能电站为例，高峰期需要投入近3000名施工人员。20世纪90年代，广州蓄电站建设时工人平均年龄仅30岁左右，当前正在建设的一批抽水蓄能电站施工人员平均年龄已超过50岁。

抽水蓄能电站虽然毗邻城市负荷中心，但施工作业仍在较为封闭的山林之中，年轻人优先选择快递、外卖等新型职业，新生代农民工基本不愿意从事建筑行业，断代危机已经形成，电站建设高峰期普遍面临用工难的困境。用工难问题也进一步加剧了用工成本，给施工单位造成了不小的困扰，在可以预见的将来用工短缺和用工贵的问题会越来越严峻。

2.2 站点条件不佳

根据南方区域抽水蓄能电站普查情况，目前储备的站点资源大部分存在一定的制约因素。整体来看，上下库落差过高或过低、地质条件不良等地理条件限制。随着国家对生态环境和耕地安全的日益重视，越来越多的站点涉及占压生态红线、基本农田等，能够避开的项目总平面布置往往十分局促，甚至连渣场、碎石加工厂等临时或辅助用地都没有，对电站的材料供给、渣料利用等提出了更高的要求；不能避开的项目，尤其是生态红线以五年为调整周期，直接影响项目的进度和地方政府的工作热情。此外，移民问题也不可避免，我国乡村居民安土重迁观念严重，而且当前整体生活水平较高，涉及的移民对征地补偿的期望较以往有明显提高，对工程项目的顺利推动带来了不小的困难。

2.3 建设周期长

根据《水电工程施工组织设计规范》DL/T 5397—2007 和《抽水蓄能电站设计导则》DL/T 5208—2005 的规定[4]，抽水蓄能电站工程建设一般划分为四个阶段，即工程筹建期、工程准备期、主体工程施工期和工程完建期。根据国内蓄能电站建设周期，电站从选点规划到项目核准标准周期为 4 年，前期工程开工到首台机组投产的标准工期为 6 年，整个建设周期长达 10 年。即便我国预备的抽水蓄能电站能够立刻上马，全部投产也将在 2030 年以后，这显然与我国的双碳目标和新型电力系统建设的要求不相匹配。

3 抽水蓄能电站发展的创新探索

为了加快抽水蓄能电站的建设，突破困局，需要在工程设计理念、枢纽布置形式、项目建设管理等多方面吸收各行业先进做法，创新工作思路，适应新形势下抽水蓄能电站的发展。

3.1 集约化和专业化的管理模式

南方电网公司以往仅有 2 个项目同期开工建设的经验，但是现在面临近 20 个项目同时开工建设的情况；而且，站点分布跨度大，外部环境差异大，具有技术和管理经验的人员数量明显不足，各项目在可研阶段常驻人员平均约 5 人，建设期常驻人员约 15 人，较以往同类项目减少近八成，应对多项目管理的根本途径就是集约化和专业化。为了破除各项目部独立作战的局限，加强资源的整合和使用，南方电网调峰调频发电公司成立了工程建设管理分公司，管理公司所属的全部在建抽水蓄能电站项目，全部项目的建设管理人员归工程建设管理分公司统一调配，盘活现有的人力资源。

工程建设管理分公司制定界面明晰的职责分工，由分公司负责组织各项目主标工程的招标管理工作，如上水库、下水库、输水发电系统、砂石料等标段，制定完成并发布标准化的合同文本、通用技术条款招标评分细则以及适应本地需求的专用技术条款等，固化成熟做法，极大地加快了招标审查工作进程。现在的主标招标流程较以往项目缩短近 4 个月的时间。

在多项目管理条件下，分公司现有部门设置在信息集成与交互、资源分配、决策支持等方面面临较大挑战。分公司积极研究优化完善与抽水蓄能大规模发展相适应的组织体系、管理方式和工作机制，借鉴国内外成熟经验，针对项目管理的特点成立项目管理办公室。分公司的项目管理办公室主要承担两项任务：一是发挥智囊作用，收集各项目信息，提出供领导层决策的参考意见，包括建议哪些业务主管部门牵头办理、如何处理、各项利弊等；二是提供技术和资源支持，项目管理办公室汇聚了地质、技术、施工、征地移民、造价、机电等多方面的专家，项目管理办公室是调度使用专家资源的唯一出口部门。各项目面临的同质性省级行政主管部门审批验收的相关事项，由项目管理办公室承接并对外沟通。

3.2 枢纽布置的创新

当前各站点面临的主要问题是工期和土地，最有效的破解办法就是设计优化。这也是能够掌控在建设单位手中的可控途径。

抽水蓄能电站枢纽工程通常包括上水库、下水库、上下库连接公路、地下厂房、开关站等，120万kW装机容量的电站永久占地面积约4000亩，临时占地面积约1300亩。以目前环保、基本农田的国家政策倾向，几乎所有电站都面临征地难的问题，经论证减少施工占地是重要途径之一。蓄能电站的上水库施工通常利用原有的乡村便道开展，上下库连接公路贯通后主要是串联上下库之间的数条通往水道的施工支洞，探究引水输水系统采用一级竖井布置，取代多级竖井或斜井的布置形式，取消施工支洞，则可以不设上下库永久的连接公路。此项可减少近1000亩永久征地面积，极大地缓解建设单位和地方政府的土地供需紧张情况，见图1。

引水系统的竖井或斜井的反井钻法施工广泛应用，但是竖井或斜井下方的运渣通道需要提前完工，直接造成竖井或斜井的施工成为关键工作，探索采用矿山应用的正井法超深竖井施工工艺。采用抓斗或渣罐通过井口出渣，将竖井或斜井的开工时间提前至与其下平洞同步，直接减少近1年的直线工期[5]。

开展“一洞多用”工艺研究，将地质探洞与厂房通风洞、出渣洞、尾调通气洞等结合布置，在项目前期开展地质勘探的同时，实质上厂房通风洞已同步开始，为项目核准后尽快掘进至厂房顶拱提供了较大便利。据测算，此项工程优化可节约工期近半年。

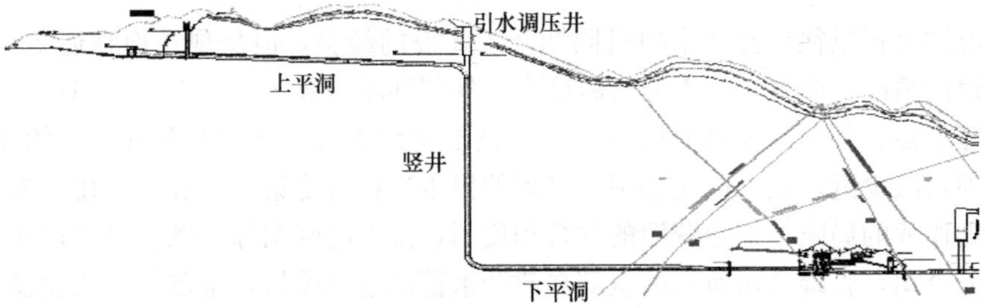

图1　一级深竖井的输水系统布置形式

3.3　机械设备的创新应用

破解用工难和用工贵难题的根本途径在于大力推广机械设备，抽水蓄能电站建设单位要积极与国内抽水蓄能设计、施工单位、施工设备制造商以及数字智能团队开展广泛深入的合作，组织课题攻关团队，先期为抽水蓄能电站建设量身定制专业施工设备。探索开发相应的物联、互联技术，努力实现抽水蓄能电站建设最大程度的“机械化”和“智能化”。在施工作业中实现数字采集和数控管理，保存数字资产，开发智能诊断功能。这样，既可以有效减少人工数量、降低安全风险、提高工程质量、加快建设速度，同时也推进抽水电站建设施工水平的提高。

一方面是地下洞室开挖施工，研究适应小洞径、小转弯半径、灵活性好的TBM施工设备，在项目群中组织实施，实现较优的技术经济指标、缩短建设周期；另一方面是吸尘车、喷锚机、建基面清理机、多臂凿岩台车等自动化设备的引进吸收，更好地减少人工需求，提高作业环境质量，服务工程建设大局。此外，由于蓄能电站水头变化幅度越来越大，需配套开展变速机组和满足宽变幅水头的定速机组的研发；多类型机械的联动控制综合平台也需要同步开展研究，更好地适应各类型设备的智能调配、合理搭接等需要。

4 结语

在目前调峰手段多元化的新形势下，抽水蓄能电站选址还应考虑具有投资小、建设周期短、节省站址资源等优点的混合抽水蓄能电站，还可研究废弃露天矿坑、矿洞新型抽水蓄能电站，实现废弃资源利用，达到社会、环境和经济综合效益的最大化[6]。

（1）进一步加强与行政主管部门的沟通汇报，争取政府在用地、移民、审批、核准等方面为项目建设提供全方位的支持。

（2）持续开展对机械化、智能化的课题研究，提前谋划适应即将面临的人力短期、工期进展、安全风险提升等各项困难。这也是我国抽水蓄能电站跨上新的台阶，实现高速高质量发展的必由之路。

（3）积极向市政、交通、矿山等各类型施工的学习吸收，引进应用其他行业成熟的理念和工艺，开拓现有的思维和模式。

（4）目前已有部分蓄能电站不再设置永久弃渣场，基本实现了弃渣全利用，要更加重视土石方平衡的研究，充分利用弃渣资源，从而达到减少临时用地的规模。

参考文献

[1] 梁瑞骅. 广东建成世界最大的抽水蓄能电站——记广东蓄能发电有限公司［J］. 中国经贸，2001（6）：2
[2] 高驰. 一文读懂《节能与新能源汽车技术路线图 2.0》：2035 年新能源市场占比超 50%［J］. 汽车与配件，2020（21）：2
[3] 彭才德. 助力“碳达峰，碳中和”目标实现加快发展抽水蓄能电站［J］. 水电与抽水蓄能，2021，7（6）：3
[4] DL/T 5208—2005 抽水蓄能电站设计导则［M］. 北京：中国电力出版社，2005
[5] 冯旭东，施云峰. 正村煤矿风井井筒基岩段快速施工［C］//2005 全国矿山建设学术会议
[6] 王楠. 我国抽水蓄能电站发展现状与前景分析［J］. 能源技术经济，2008，20（2）：18-20

作者简介：史云吏（1992—），男，工程师。主要从事抽水蓄能电站建设管理和施工技术研究。
郭　凯（1986—），男，高级工程师。主要从事抽水蓄能电站建设管理。
郑越洋（1990—），男，工程师。主要从事抽水蓄能电站建设管理和施工技术研究。

超大直径盾构整机过明挖段隧道断面设计研究

孙　超
（中铁第六勘察设计院集团有限公司，天津，300000）

摘　要：以深圳望海路快速化改造工程海上世界盾构整机平移明挖段为工程背景，利用数值模拟对不同肋板设置形式断面在施工和运营工况下结构受力、结构厚度、配筋面积进行对比分析。研究结果表明，肋板按同时满足施工及运营功能布置，结构受力合理，结构厚度最小，综合考虑隧道安全性及经济性，为最优断面方案。
关键词：大直径盾构；整机平移；明挖隧道；断面设计

Design and research on tunnel section of super-large diameter shield machine passing through open-cut section

Sun Chao
(China Railway sixth survey and Design Institute Group Co., Ltd.,
Tianjin 300000, China)

Abstract: Based on the engineering background of the open-cut section of the shield machine with overall movement of the Sea World section in the rapid transformation project of Wanghai Road, Shenzhen, the structural stress, structural thickness and reinforcing area of different rib setting under construction and operation conditions are compared and analyzed by numerical simulation. The research results show that when the rib is arranged to meet the construction and operation functions at the same time, the structural force is reasonable and the thickness of the structure is the smallest. Considering the safety and economy of the tunnel, it is the optimal cross-section scheme.
Keywords: large diameter shield machine; overall movement; open-cut tunnel; cross-sectional design

引言

随着城市社会经济的快速发展，城市道路的交通流量增长迅猛，道路交通拥堵严重。道路快速化改造可以分流过境车流和区域到发交通，对缓解道路拥堵问题有明显改善。

快速化改造一般采用高架桥或隧道形式，地下隧道凭借对景观无影响、对土地开发利用影响小等因素受到青睐。城市内改造道路周边环境复杂，地面交通繁忙，盾构法及矿山法相较明挖法具有对地面交通无干扰的独特优势，而盾构法较矿山法安全性更高。市政及公路隧道断面较大，采用盾构法施工盾构机直径一般大于15m，属超大直径盾构[1]。

快速路与区域到发交通联系通常通过设置进出匝道实现，匝道与主线分合流[2]处渐变段及加减速段结构宽度较主线标准断面宽，一般采用明挖法施工，在场地条件较好时可在明挖段一端设置接收井，盾构平移至另一端重新始发。当场地条件受限不满足二次始发要求时，可采用盾构整机在明挖结构内部平移的方案，以避免对地面交通产生影响。

1 整机平移段明挖隧道断面选取

目前，国内盾构整机在明挖结构内平移的工程主要为地铁盾构过站[3-5]的车站，地铁使用的盾构机直径一般为6.3m，盾构过站对车站结构最大净宽要求为6.6m，跨度较小，无需特殊设计，仅需将标准段结构下沉满足盾构机通过即可。文献[6]、[7]对超大直径泥水盾构矿山法隧道接收及空推技术进行了研究，指出了该工法质量流程控制，形成了一整套的相关控制技术，并针对施工中的重难点及风险，提出有效的解决措施。文献[8]、[9]等对盾构空推通过矿山法隧道段管片受力变化进行了研究，计算得出盾构通过矿山法隧道段时管片的受力变化规律。

上述研究针对的是6m级盾构整机平移或盾构在矿山法隧道中空推（也需拼装管片），目前国内无超大直径盾构在明挖隧道内整机平移的案例，因此相关研究缺乏。本文结合深圳望海路快速化改造工程海上世界盾构整机平移明挖段隧道，以理论分析、数值模拟为手段，对超大直径盾构整机平移的明挖隧道断面形式进行优化分析，研究成果为今后类似工程断面设计提供参考。

1.1 工程简介

深圳望海路快速化改造工程为双向六车道快速路标准，受道路红线宽度限制，主线采用上下叠层断面，隧道总长7.66km，全线分为四段明挖段及三段盾构段。其中，海上世界明挖段主线长165m，该段道路红线仅36m，红线外为高档住宅小区及学校，地面不具备盾构吊出再二次始发条件，采用盾构整机在明挖段结构内部平移通过方案。盾构管片直径15.7m，盾构刀盘直径16.28m。

明挖段隧道地层从上至下依次为素填土、填砂、淤泥质细砂、砾砂、黏土、砾质黏性土、全、强、中风化花岗岩。地层力学参数见表1。

各地层力学参数表 **表1**

地层	重度（kN/m³）	黏聚力（kPa）	内摩擦角（°）	弹性模量（MPa）
素填土	17.8	5	18	4
填砂	18.9	0	35	30
淤泥质细砂	18.5	5	18	5
砾砂	20	0	38	35
黏土	18.8	20	12.5	8
砾质黏性土	18.5	25	23.5	25
全风化岩	19	27.5	25.5	90
强风化岩	22	150	35	400
中风化岩	25	500	40	2000

1.2 工序简介及断面净空尺寸确定

盾构整机平移过明挖隧道的主要工序为：①盾构机在东端接收；②盾构整机从东端平

移至西端；③盾构从西端洞内二次始发；④明挖隧道内部车道板及中隔墙施工。

为满足盾构整机平移通过工艺需求，明挖结构内部净空及净宽尺寸需大于刀盘直径[10]，考虑施工偏差及施工操作空间，顶底板及侧墙结构内边距刀盘最小距离为0.5m。根据隧道总体布置，海上世界明挖段需设置设备用房，设备用房设置于上层车道上方，因此在盾构机平移工况净高为设备层顶至底板距离，最大净宽为进隧道匝道加速段起始位置，最不利断面如图1所示。

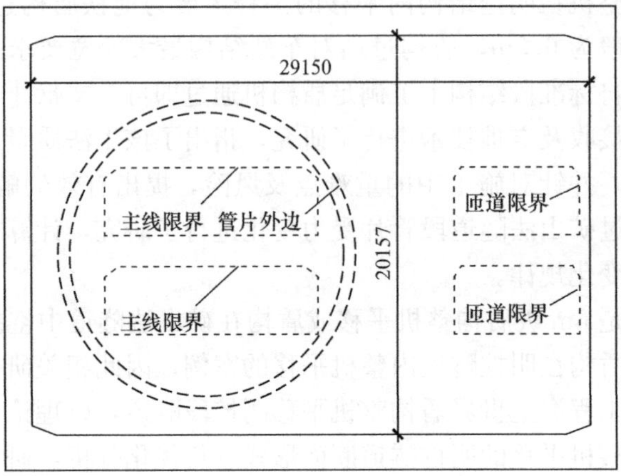

图1 满足盾构整机过明挖段横断面

1.3 断面设计遇到的难题

断面最大跨度为29.15m，最大净高为20.16m，为超大跨度、超高净空结构断面。基坑开挖及结构设计时存在以下两个难题：

(1) 侧墙高度达20m，基坑回筑阶段竖向每道支撑都需进行换撑，工序复杂，安全可靠度低。

(2) 超大跨度结构设计中板厚及配筋选取难度大。

1.4 比选断面选取

超大跨度、超高净空结构板墙挠度及受力均较大，常规设计难以满足要求。需采取措施降低板墙挠度及弯矩，一般有如下三种方法：

(1) 增大板墙的刚度，即加大结构厚度；

(2) 增加中隔墙和中隔板减小结构计算跨度；

(3) 板墙交界处设置肋板，增加角部整体刚度，降低板墙跨度，肋板厚度0.5m，中心间距3m。

依据上述三种优化措施进行横断面优化设计，同时需满足盾构整机平移工艺及使用期功能要求，各断面形式如图2～图4所示。

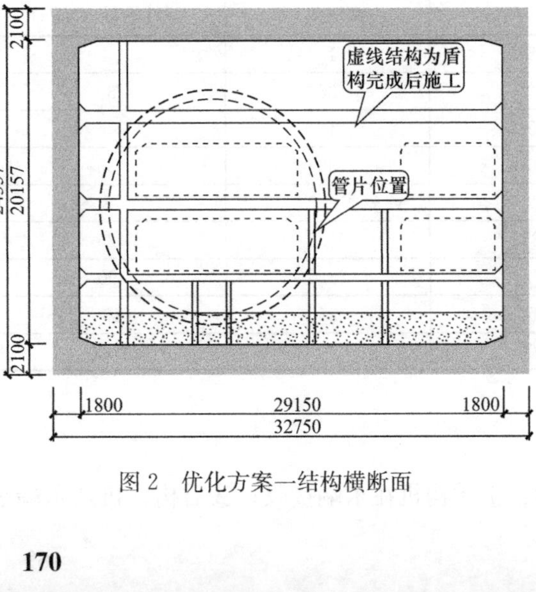

图2 优化方案一结构横断面

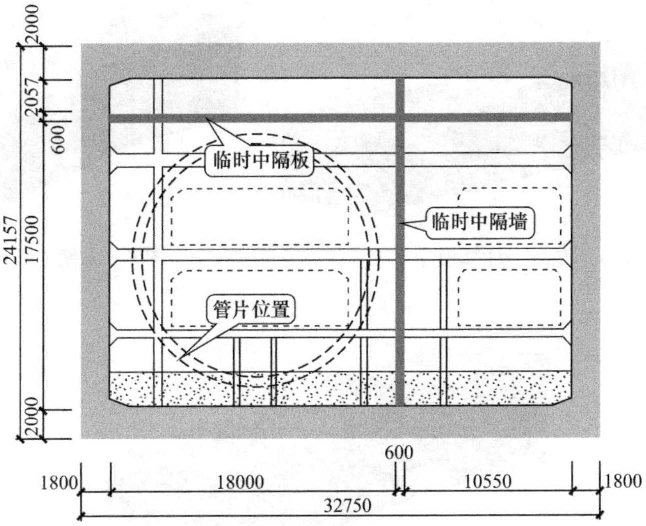

图 3　优化方案二结构横断面

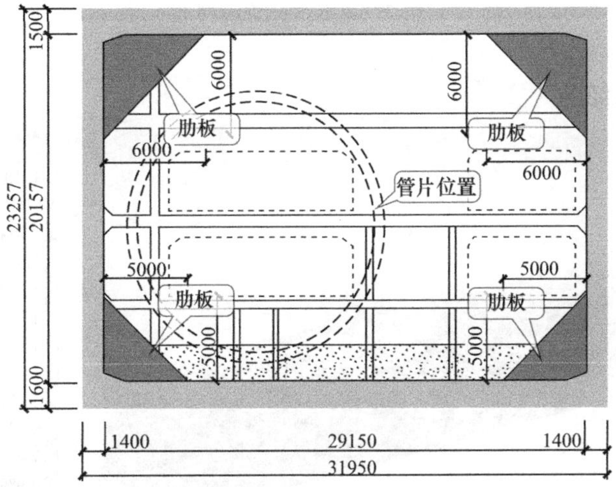

图 4　优化方案三结构横断面

2　各方案数值模拟计算

海上世界明挖段结构埋深约 29m，长 165m，宽 23.4～32m，覆土 0.5～3m。

采用 Midas/GTS 软件进行三维数值模拟，结构建模采用板单元模拟侧墙和板，肋板采用薄壳单元模拟。单元的截面特性及材料按结构实际取值，节点位置取结构中心点，单元平均尺度为 1m，按全尺寸建立实体数值模型。土体对墙体（底板）水平位移和垂直位移的约束作用采用水平弹簧、竖向弹簧模拟，弹簧只能受压；方案研究暂不考虑抗拔桩作用，各类单元、弹簧的本构关系不再赘述。地层力学参数详见表 1。

数值模型的荷载采用满水位工况及零水位工况包络计算，荷载重度取结构范围内土体重度的加权平均值，侧向土压力系数取 0.45。本工程盾构机平移时车道板及永久中隔墙无法施工，因此分别计算车道板施工前后结构受力情况，取两个不同施工期计算结果包络进行对比分析。

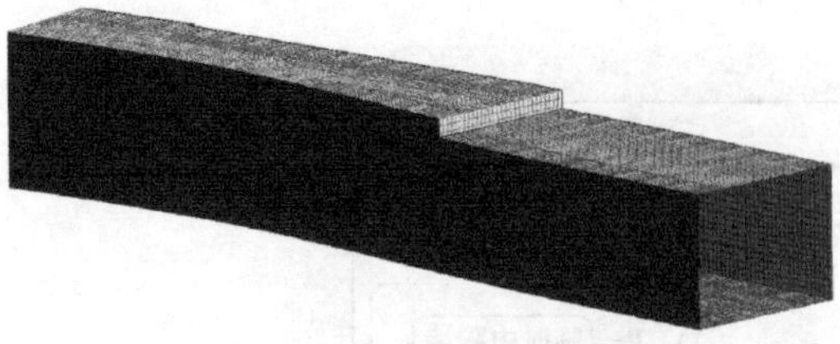

图 5　方案一计算模型

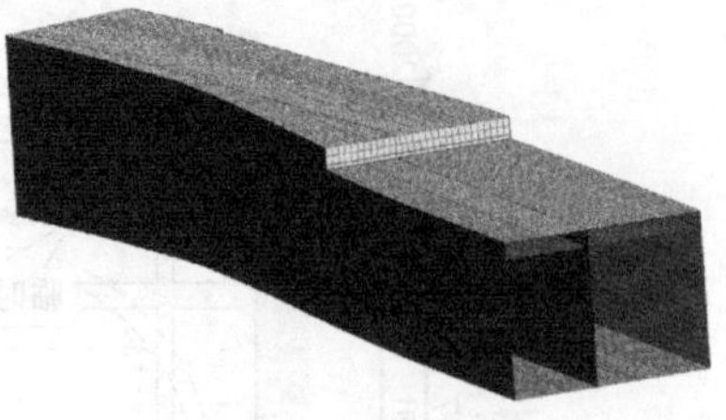

图 6　方案二计算模型

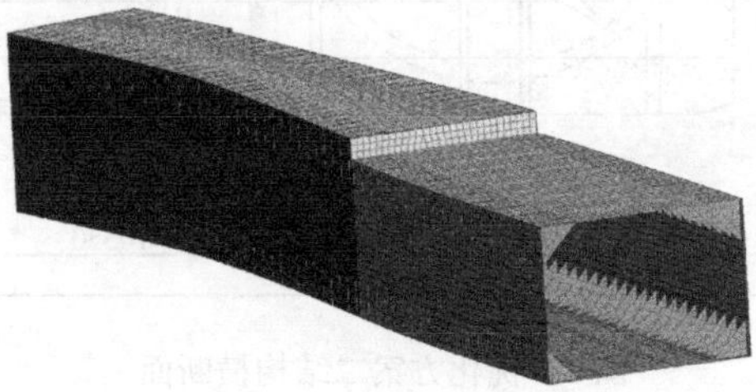

图 7　方案三计算模型

2.1　施工期计算结果

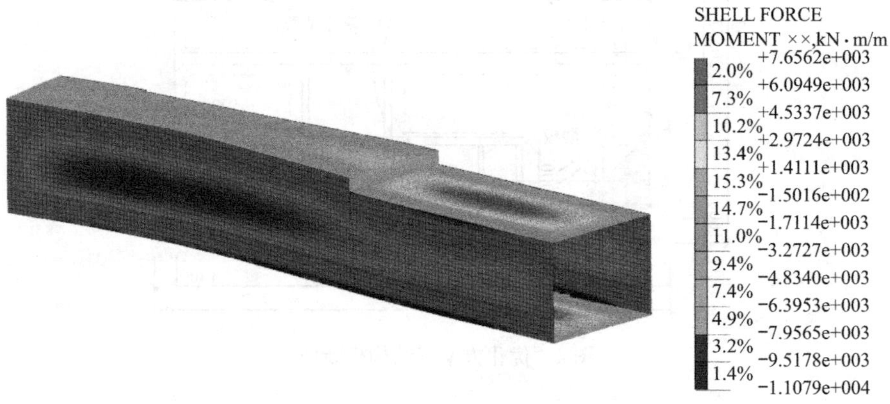

图 8　方案一施工阶段弯矩图

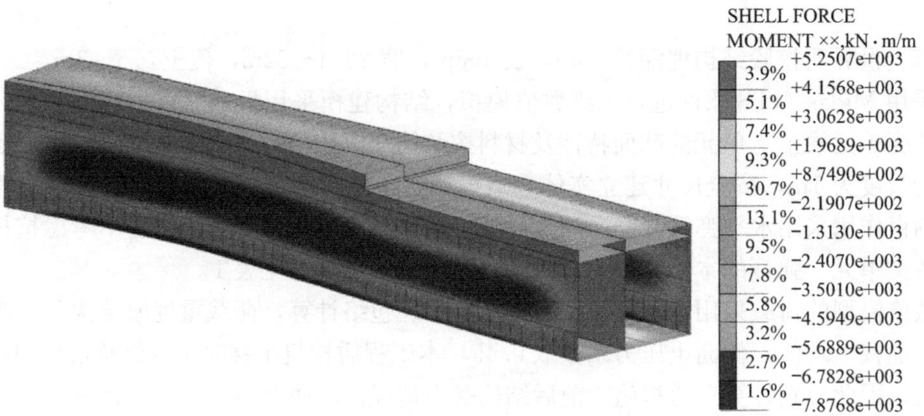

图 9　方案二施工阶段弯矩图

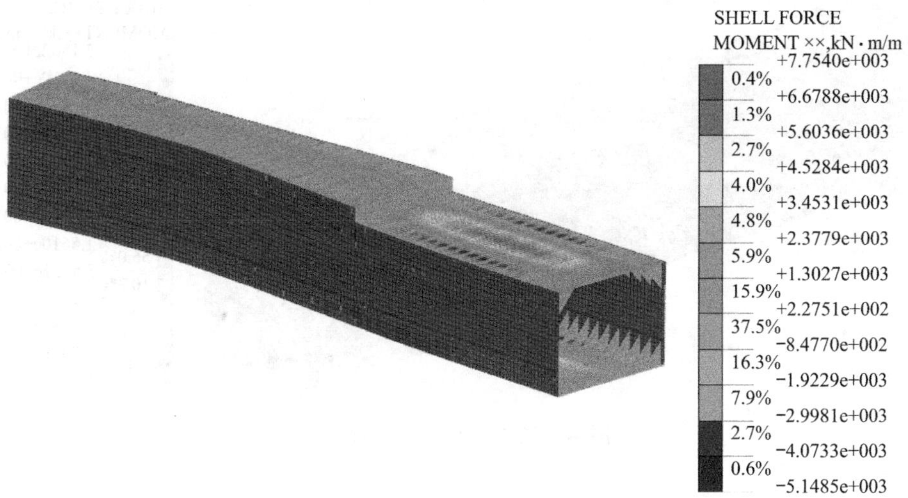

图 10　方案三施工阶段弯矩图

2.2　运营期计算结果

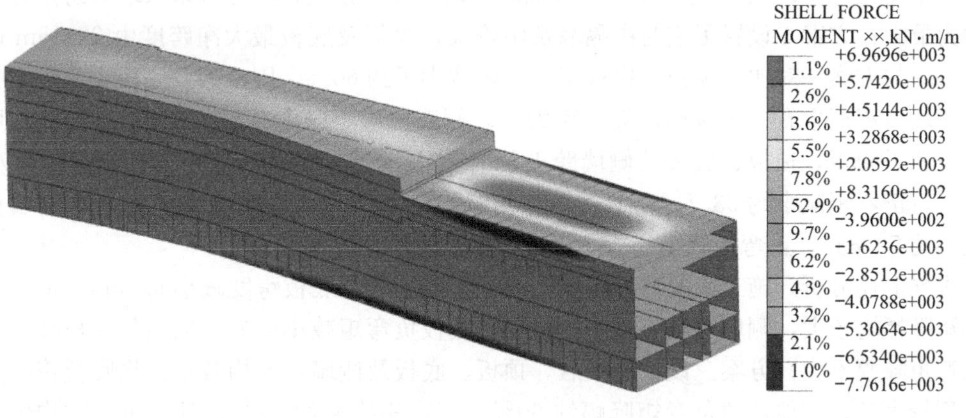

图 11　方案一运营阶段弯矩图

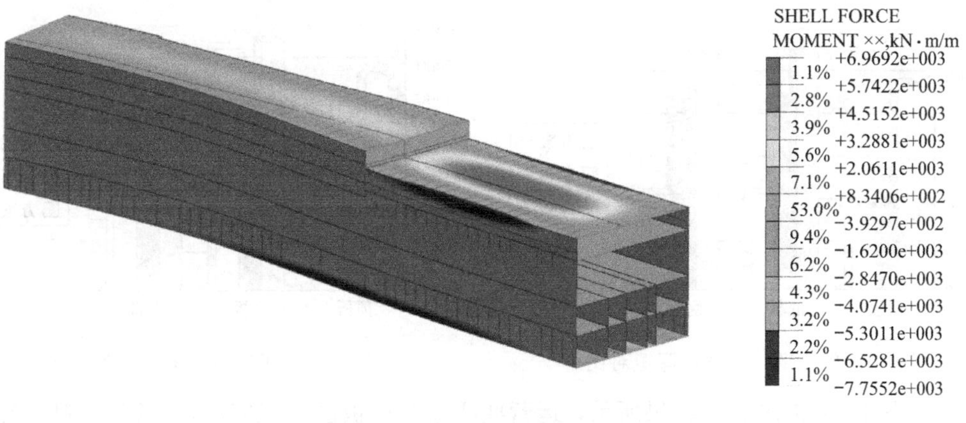

图 12　方案二运营阶段弯矩图

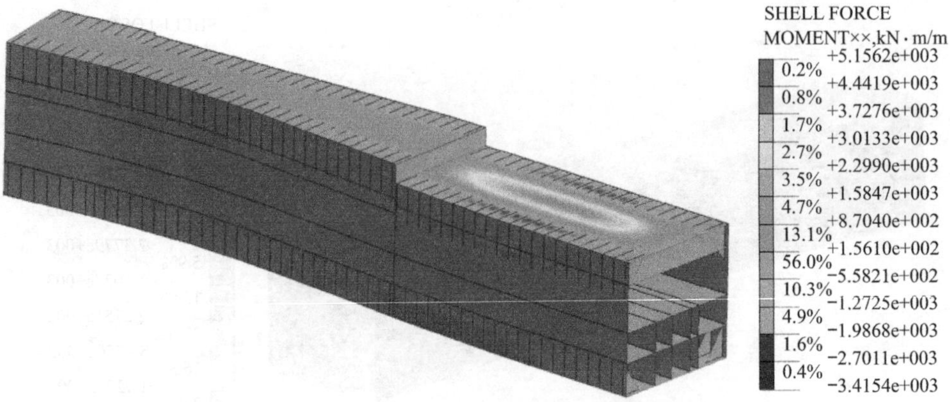

图 13　方案三运营阶段弯矩图

3　结果分析及最优断面设计

3.1　结果分析

根据图 8～图 13 计算结果所示，可知施工期方案一顶底板及侧墙未采取减跨措施，结构内力最大；方案二设置了临时中隔墙及中隔板，顶板及底板最大净跨度由 29.15m 调整为 18m。与方案一对比，顶板及底板正负弯矩减小了约 60％，因顶板及底板负弯矩大幅减小，侧墙负弯矩也有一定减小，降幅约 21％，侧墙正弯矩变化不大；方案三在结构板墙交界处设置了肋板，顶板、底板及侧墙跨度均有减小，与方案一对比，顶板负弯矩减小约 66.3％，正弯矩减小约 33.7％，底板负弯矩减小约 59.3％，正弯矩变化较小，侧墙负弯矩减小约 59.8％，正弯矩减小约 40％。

根据上述分析，施工工况时，方案二设置中隔墙后顶底板跨度减小 9.15m，顶底板正负弯矩降幅均较大，侧墙跨度未减小，但受顶底板负弯矩减小影响，侧墙负弯矩减小，但跨中弯矩降幅不大；方案三设置肋板后，顶板、底板及侧墙跨度均减小，除底板跨中受浮力作用较大外，其他部位负弯矩降幅约 60％，正弯矩降幅约 35％，且弯矩分布均匀，结构各部位尺寸协调，避免相邻结构刚度差异过大，底板正弯矩可通过设置抗拔桩进行优化。

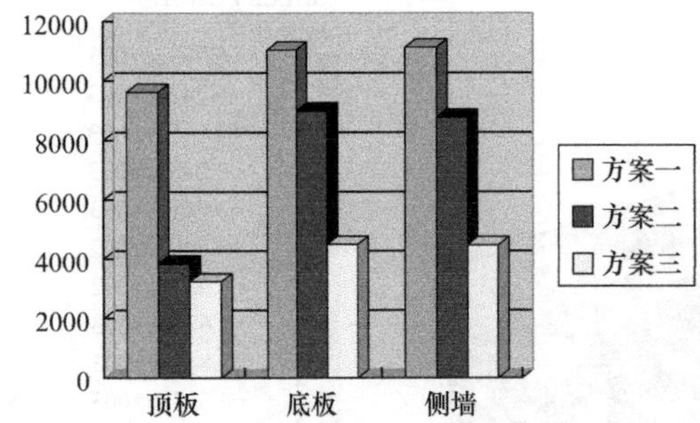

图 14　施工期各方案负弯矩对比

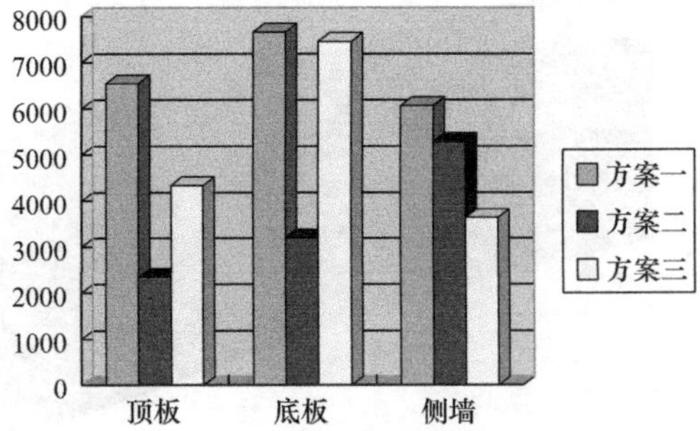

图 15　施工期各方案正弯矩对比

根据图 14～图 19 计算结果所示，运营期两层车道板已施工完成，方案一侧墙净跨度大幅减小，由 20.15m 减小至 5.1m，顶底板跨度不变，与施工期对比，顶板正弯矩减小约9.3%，负弯矩减小约9%，底板正弯矩减小约20%，负弯矩减小约25.1%，侧墙正弯矩减小约83.8%，负弯矩减小约23.5%；方案二运营期临时中隔墙及中隔板均已拆除，结构形式与方案一一致，与施工期对比，顶板正弯矩增加约198.5%，负弯矩增加约126.9%，底板正弯矩增加约91.6%，负弯矩减小约8.2%，侧墙正弯矩减小约81.4%，负弯矩减小约3.2%；方案三运营期肋板不拆除，与施工期对比，顶板正弯矩减小约5.2%，负弯矩减小约19.1%，底板正弯矩减小约30%，负弯矩减小约14.6%，侧墙正弯矩减小约74.9%，负弯矩减小约58.1%。

根据上述分析，运营工况时，方案一顶底板跨度不变，顶板弯矩减小约9%，底板因增加了内部结构荷载，弯矩减小了约20%，侧墙正弯矩因跨度大幅减小，弯矩降幅巨大，负弯矩降幅与顶底板一致，方案二拆除了临时中隔墙及中隔板导致顶底板跨度增大至29.15m，弯矩增幅较大，侧墙弯矩同方案一，方案三车道板完成后侧墙跨度减小，顶底板跨度无变化，顶板弯矩较施工期略有降低，底板因内部结构荷载增加而减小约20%。

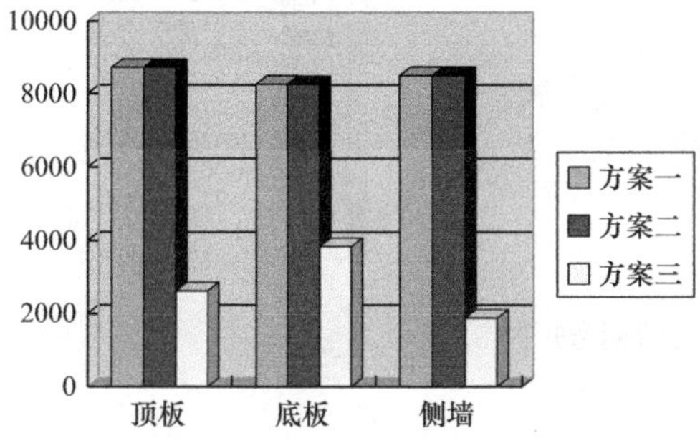

图16　运营期各方案负弯矩对比

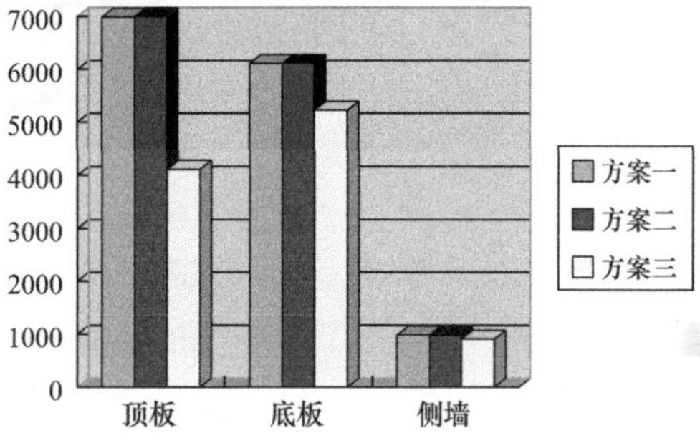

图17　运营期各方案正弯矩对比

3.2　最优断面设计

根据上述分析，方案三施工期与运营期弯矩除了底板跨中弯矩较大，其他部位均较小，且两个阶段弯矩接近，结构受力合理。

为降低底板正弯矩，优化结构尺寸，同时解决结构抗浮问题，在底板按梅花形设置抗拔桩。抗拔桩桩径1m，进入中风化岩2m。

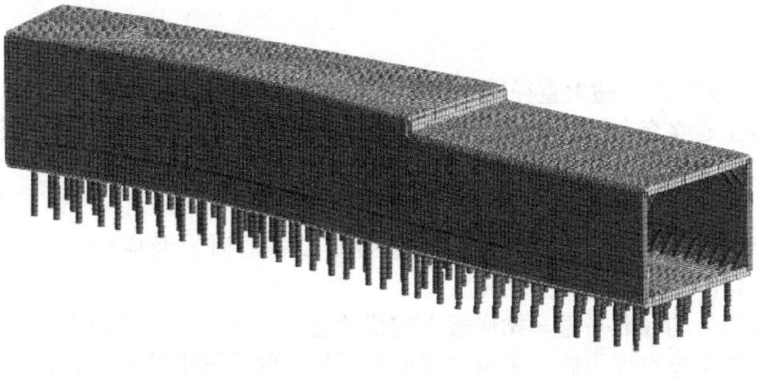

图18　底板设置抗拔桩计算模型

底板设置抗拔桩后施工期底板最大正弯矩4925，减小约34%，最大负弯矩4255，减小约5.3%；运营期底板最大正弯矩3867，减小约25.9%；最大负弯矩2899，减小约24.4%。

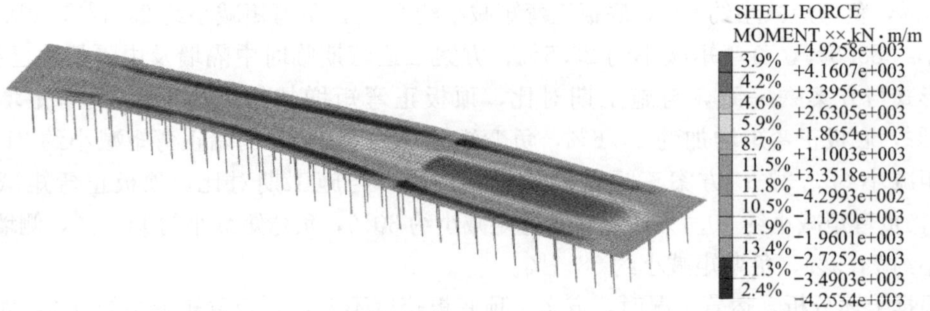

图19 设置抗拔桩施工期弯矩图

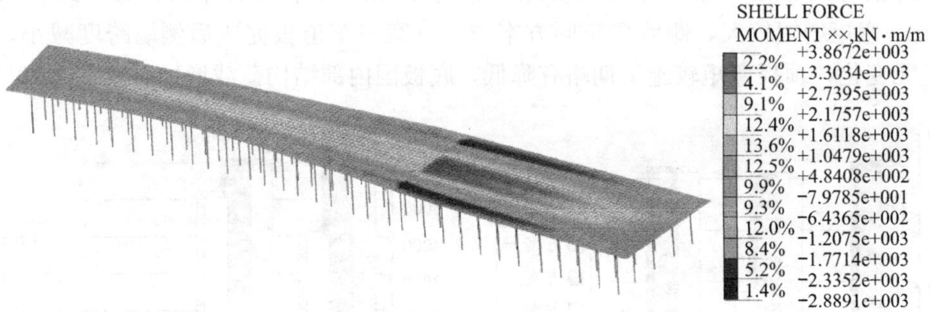

图20 设置抗拔桩运营期弯矩图

4 结论

（1）针对大直径盾构整机过明挖段工况，以望海路快速化改造工程海上世界工作井为案例，选定加大结构尺寸、设置临时中隔墙及中隔板、角部设置肋板三个方案进行研究。

由数值模拟分析可知，角部设置肋板方案顶底板及侧墙受力均匀，施工期与运营期受力接近，结构形式最经济合理，为最优方案。

（2）通过底板设置抗拔桩能有效降低底板跨中弯矩，优化结构尺寸，同时解决施工期结构抗浮问题。

参考文献

[1] 李非桃，刘明高，陈仁东．超大直径盾构地下道路横断面设计［J］．城市道桥与防洪，2021，11：42
[2] 陈文明．快速路互通立交合流区交通冲突预测与安全评价研究［D］．西安：长安大学，2021
[3] 杨志豪，丁鹏飞，邹光炯．重庆地铁暗挖车站盾构过站方式研究及实践［J］．隧道建设（中英文），2021，41（2）：267
[4] 朱朋金，赵康林，肖利星．TBM侧向平移、空推新设备的研发及应用［J］．隧道建设（中英文），2020，40（3）：417
[5] 姜晓春．轨道交通盾构在非平整车站底板上的快速过站技术［J］．中国市政工程，2019，06：40
[6] 邓彬，顾小芳．盾构过空推段施工关键技术研究［J］．现代隧道技术，2012，49（2）：54
[7] 李光山．超大直径泥水盾构矿山法隧道接收及空推技术研究［J］．价值工程，2020，16：99
[8] 周禾，张庆贺，徐飞．盾构通过矿山法隧道段数值模拟研究［J］．铁道建筑，2010，01：36
[9] 凌同华，曹峰，李洁．盾构机过暗挖隧道平移技术研究［J］．中国设备工程，2019，10：166
[10] 陈文明．大直径盾构机刀盘尺寸参数检测［J］．自动化应用，2021，10：154-157

作者简介：孙 超（1988—），男，硕士，高级工程师。主要从事隧道及地下工程设计。

基于绿色发展理念的城市生态堤防规划设计研究

何子杰　张浮平　彭　兴
（长江勘测规划设计研究有限责任公司，湖北 武汉，430010）

摘　要：堤防作为被广泛采用的挡水建筑物，是城市重要的防洪保安屏障。随着绿色发展理念的不断推进，城市堤防建设逐渐由传统的防洪工程转向“防洪、景观、生态”三位一体复合型工程，在改善城市生态环境、提升城市品位方面扮演越来越重要的角色。本研究在结合绿色发展理念和城市生态堤防建设实践经验的基础上，提出了新发展阶段城市生态堤防规划设计理念，研究了城市生态堤防建设型式和适用范围，并结合具体案例阐述了城市生态堤防规划设计新理念，最后指出了城市生态堤防规划设计面临的关键挑战。研究成果对城市生态建设具有一定的指导意义。

关键词：城市生态堤防；生态水利；堤防形式

Research on urban ecological levee under the concept of green development

He Zijie　Zhang Fuping　Peng Xing
（Yangtze River Survey，Planning，Design and Research Co.，Ltd.，Wuhan 430010，China）

Abstract：As a widely used water retaining structure，levee is an important flood control security barrier in the city. With the continuous advancement of the concept of green development，the urban levee has gradually expanded from a single flood control project to composite project with the flood control function，ecological function and social service function，becoming more important in improving the urban ecological environment and enhancing the urban landscape. By combining the concept of green development and the practical experience of urban ecological levees construction，this study proposes some new concepts of urban ecological levees planning and design. Then，typical cross-sections of urban ecological levee have been introduced. A case study of the construction of urban ecological levee has been introduced to expound the new concept of urban ecological levee planning and design. At last，some challenges of the urban ecological levee construction have been analysed. The research can provide guidelines for the planning and design of urban ecological levees.

Keywords：urban ecological levee；eco-hydraulic engineering；cross-sections of levee

引言

习近平总书记指出，“绿色发展是生态文明建设的必然要求”，要“以对人民群众、对子孙后代高度负责的态度和责任，真正下决心把环境污染治理好、把生态环境建设好，努力走向社会主义生态文明新时代”。绿色发展理念的核心是以符合生态需要的方式改造外部自然[1]。立足新发展阶段，水利工程的规划设计也应坚定不移地走生态优先、绿色发展之路。

纵观人类发展，基本上是逐水而居，世界上著名的城市大多依水而建。堤防作为被广泛采用的挡水建筑物，是城市重要的防洪保安屏障。由于经济发展水平和认识的局限性，在一定时期内我国城市堤防建设中忽略了河湖生态保护[2]，导致城市堤防岸线品质较差、岸线侵占严重、临水不亲水等问题突出。随着绿色发展理念的不断深入，生态环境问题越来越多地受到关注，城市堤防的规划设计在满足防洪功能的同时也需要兼顾考虑水生态环境的需求。

我国不少学者对城市生态堤防进行探讨和研究。如董哲仁[3]分析了堤防建设对于河流生态系统的影响，提出生态水利工程建设应尽可能提高河流形态的异质性；刘慧[4]认为，城市堤防建设与城市总体建设不能截然分开，提出了城市堤防建设应该采用适宜的景观设计；朱三华等[5]分析了生态堤防建设的必要性和效益，给出了生态堤防建设的实例；张根等[6]研究了堤防建设对于生物多样性的不利影响，提出了加强生态堤防建设的意见；赵金河[7]分析了湖北生态堤防发展面临的问题，提出了加快生态堤防建设的基本思路；李媛等[8]分析了国内外城市防洪工程现状和问题，提出了城市防洪工程融合滨水空间设计的理念。

本研究结合绿色发展理念和近年来生态堤防建设的实践经验，提出了城市生态堤防规划设计的新理念，总结了城市生态堤防的断面形式，介绍了一个城市生态堤防建设案例，最后指出了城市生态堤防规划设计面临的挑战。

1 城市生态堤防规划设计新理念

城市江河沿岸是人口密集和经济发达地带，堤防在城市防洪保安方面起着至关重要的作用。随着我国经济水平的不断提升，人民群众对于城市品位和生态环境的需求随之增长。在新发展阶段，“水”作为城市赖以生存和发展的重要要素，其地位更加凸显。城市堤防由传统的防洪工程转向“防洪、景观、生态”三位一体的复合型工程，在改善城市生态环境、提升城市品位方面的作用更加凸显。生态堤防是指满足防洪要求的同时兼顾考虑水生态系统的保护与修复以及其生态服务功能的挡水建筑物。这就要求生态堤防作为防洪工程同时具有景观性、亲水性、生态性等特性。因此，城市生态堤防建设一方面要加强对生态空间的保护，另一方面要拓展生态空间的服务功能。长江大保护理念提出以来，沿江各级地方政府积极探索生态优先、绿色发展的新道路，陆续开展了沿江非法码头搬迁、固体废物非法转移处置、船舶污染治理、岸线整治等专项整治行动，生产岸线大幅退后，沿江带环境整治力度和资金投入明显加强，为生态堤防的建设提供有利条件。在此背景下，城市生态堤防规划设计中应注重以下几个方面：

（1）城市生态堤防建设应与水生态系统保护与修复相结合

堤防是水域和路域的分界点，是河湖岸线重要的组成部分，是水生生物赖以生存的重要生境。我国在以往的城市开发过程中对生态环境保护关注的程度不够，造成了水生态环境的破坏，主要体现在以下几个方面：一是围湖造田（造地）的现象比较普遍，蓝绿空间遭到严重萎缩；二是河道硬化渠化严重，改变了河流的自然属性，侵占了生物栖息地，割裂了水陆系统的联系，河道水生生境遭到严重破坏；三是在城市开发过程中，忽略了对水环境的保护，导致城镇河段成为河流生态系统的脆弱部位，水环境质量面临严峻的挑战。为此，城市生态堤防建设应采取生态化的措施对水生态系统的保护与修复。一是注重岸线整治，采取堤防生态化改造、岸线腾退、岸坡植被修复等措施对水生态系统已遭到严重破坏的河湖滨水带进行修复，有条件的还应在堤内建立生态缓冲带；二是改善河流的地形地貌，堤防新建和改扩建时应保持河流的蜿蜒性，保留适宜宽度的滩地，打造丰富的河流断面形式，以保持河湖形态上的多样性；三是减少面源污染，生态堤防规划设计应融入海绵城市的理念，通过设置透水铺装、下沉式绿地、雨污分离式生态岸坡等措施减小面源污染。此外，应结合湿地、森林公园的建设，营造良好的水生生境，促进河湖的水生态系统的保护和修复。

（2）城市生态堤防建设应与城市人文景观建设相结合

智者乐水，滨水空间作为城市生态资源的高地，是生态文明城市建设的重点，也是滨河城市最宝贵的品质塑造区。生态堤防作为城市生态服务功能的重要设施应该纳入到城市总体规划中，实现防洪功能与休闲功能的无缝对接和自然融合。城市生态堤防规划设计中，一方面可通过滩涂地上打造湿地公园、郊野公园等重要景观节点，构建亲于水、乐于水的滨水空间，体现河湖的自然和生态美；另一方面，在景观节点规划设计中可融入城市本土文化，尤其是治水文化，彰显城市人文魅力，体现人文美。如汉口江滩通过长江水生物化石浮雕护坡、码头文化区等，展现了长江的起源和武汉码头文化[9]，增加了城市的魅力。

（3）城市生态堤防建设应与城市基础建设相结合

随着城市空间规划理念的发展和实践，生态堤防作为城市基础建设的一部分，逐渐在城市开发建设中扮演更加重要的角色。城市堤防也更加频繁地与市政道路、停车场、滩地体育场等城市基础设施相结合，以实现国土空间的综合利用，为生态保护提供空间资源，同时拓展优势生态资源的辐射范围。如堤路结合的堤防形式，一方面有利用缓解交通压力、节约国土资源；另一方面，有利于改善城市环境、提升城市品位[10]。

2　城市生态堤防形式

我国在城市生态堤防建设中做了一些尝试，探索了一些新的堤防形式。目前，常见的城市生态堤防形式主要包括：大复式断面形式、缓坡堤防形式、覆土建筑缓坡堤防形式。

（1）大复式断面堤防形式

大复式断面是由两个以上明显不同形态过水断面组成的河道断面（图1），堤防断面上有一个或多个亲水平台，亲水平台的宽度达到50～100m。采用大复式断面形式一是可以解决城市堤防常水位情况下亲水性不足的问题，二是平台为景观打造提供了有利的地形条件。亲水平台的高程可以结合不同的水位进行分析拟定，一般设置在常水位。

（2）生态缓坡堤防形式

生态缓坡堤防的坡比缓于传统的堤防断面，一般缓于1∶5。缓坡堤防一方面能够从视觉上消除堤防带来的阻隔效应，将城市、堤、滩地有机连接起来，形成三位一体的连续景观空间；另一方面，缓坡堤防坡比较缓，有助于植物的布置，还可以通过微地形打造丰富堤防在空间上的形态变化，使堤防形态上更加自然和美观。生态缓坡堤防规划设计中可以将堤防断面划分为防洪堤断面和景观断面，按照不同的设计标准分步实施，从而节约工程投资和施工工期。此外，缓坡堤防有助于解决城市河道治理中的土方消纳问题。

(a) 复式断面堤防示意图

(b) 缓坡式堤防断面示意图

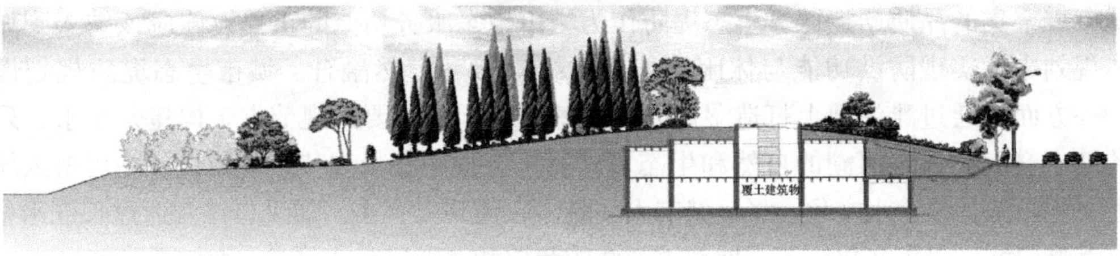

(c) 覆土建筑物缓坡堤防

图 1　城市堤防典型断面

(3) 覆土建筑堤防形式

覆土建筑堤防是指在堤防内部布置厢式建筑物（图 1）。厢式建筑物一方面作为堤防的一部分承担防洪墙的作用；另一方面，建筑物内部空间可以作为管理用房、地下停车场等基础设施，拓展了土地利用价值。覆土建筑堤防的设计一方面要符合水利工程设计的相关规范，另一方面也要符合市政工程设计的相关规范，涉及多个领域，对设计人员的要求较高。作为公共活动空间，给堤防的安全运行带来一定的隐患。在规划设计阶段应该合理论证其规模和功能，应重点关注建筑物的防渗和消防问题。

3　典型案例——府澴河出口河段综合整治工程

武汉市长江支流府澴河出口河段综合整治工程位于武汉市规划长江新城起步区。2006 年，该工程初步设计报告获批并于同年 12 月开工，但由于建设资金未能到位等种种原因，工程仅实施了少量部分。2017 年，武汉市第十三次党代会提出规划建设长江新城，府澴河出口河段作为长江新城重要的生态廊道，在重新规划设计过程中，坚持绿色发展理念，将传统堤防形式改为生态堤防形式。该工程新建新河右岸生态堤防长 5.667km，其中生态缓坡堤防长 4.839km，覆土建筑缓坡生态堤防长 0.828km。

在设计中，将生态缓坡堤防断面划分为防洪堤断面和景观断面（见图 2）。防洪堤断面堤顶宽度为 8m，内外边坡均为 1∶3，堤顶高度超过 6m 时在距堤顶 6m 高程处设内、外平台。景观断面堤顶宽度与防洪断面相同，通过覆土在堤防迎水坡形成 1∶20～1∶5 的绿化坡面与滩地缓坡相接。迎水坡结合景观工程打造，典型断面如图 3 所示。

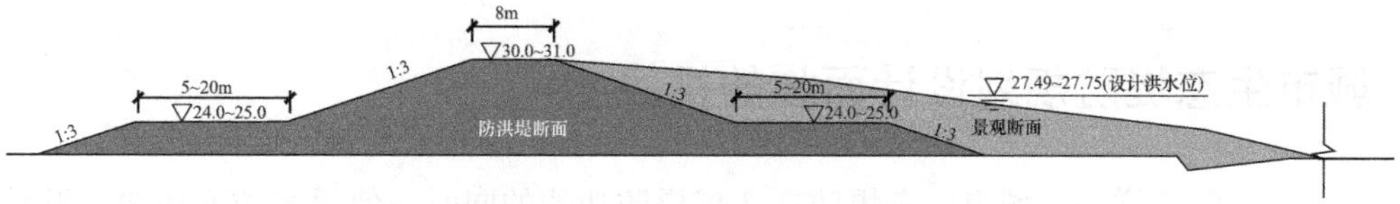

图 2　府澴河出口河段城市生态缓坡堤段断面划分示意图

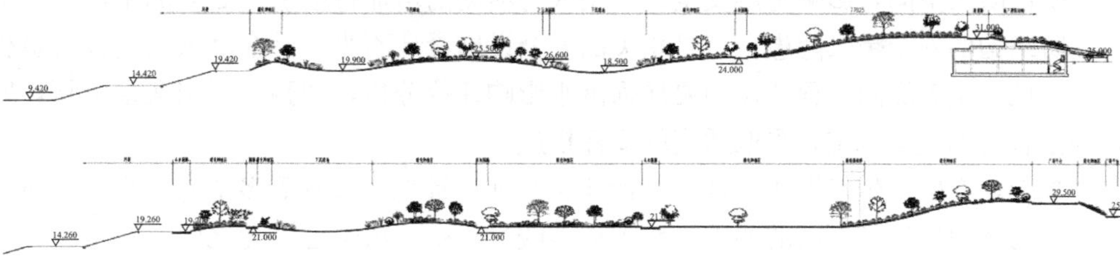

图 3　府澴河生态堤防建设典型断面图

覆土建筑生态缓坡堤防共计 2 段，覆土建筑物位于缓坡堤防内。其中，1 号覆土建筑单体长 369m，2 号覆土建筑单体长 459m，典型断面见图 4。覆土建筑物为两层，总高 9.3m，层高自上而下分别为 5.1m、4.2m，地下一层为管理服务用房，地下二层为车库。

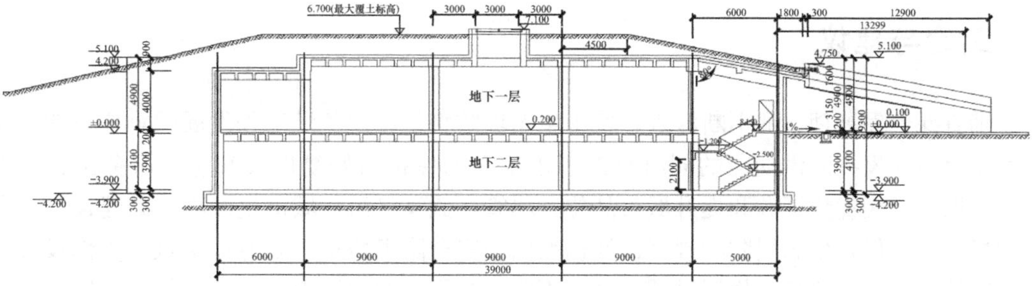

图 4　覆土建筑缓坡生态堤防典型断面

景观工程对堤外坡和滩地进行了打造，形成了畅想生活区、生态保育区和未来城市区三个功能片区，重点打造了张公堤翠、水韵烟波、滨江花谷、鸟集鳞萃、时光映记、未来眺望等节点，融入张公堤治水文化、营造了鸟类栖息地、突出了生态野趣，形成了以水生态保护与修复为主的生态滨水绿带和以生态服务工程为主的休闲游憩带。

府澴河出口河段综合整治工程通过城市生态堤防的建设在滩地上打造生态滨水绿带，形成绿色自然的生态屏障，通过赋予滨水空间多元化的功能，形成滨江休闲活力空间，增加了城市居民亲水、嬉水的环境，有利于长江新城实现“以水兴城”的目标。目前，该工程一期工程正在实施中，如图 5 所示，已初显生态治理成效。

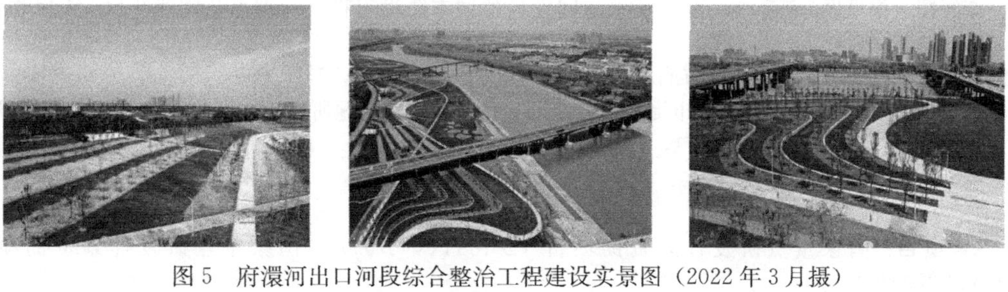

图 5　府澴河出口河段综合整治工程建设实景图（2022 年 3 月摄）

4 城市生态堤防规划设计面临的挑战

（1）安全隐患增加。城市生态堤防在拓展堤防功能的同时，使得堤防变成更加开放且人群聚集的空间，给防洪安全带来了一定的挑战。一是在滨水空间的开发利用如果控制不当，容易挤占防洪空间，影响防洪安全；二是人为活动的增加将会引入更多的不确定性因素，给堤防结构的安全带来隐患；三是相关的安全设施设计不当，易在洪水期造成人员伤亡。为此，城市生态堤防工程建设中要加强洪水影响评价分析，加强工程耐久性分析，明确堤防安全管理的相关规定并采取适当的安保措施。

（2）多专业交融。生态堤防的规划设计涉及水利、景观、市政等多个专业融合，对规划设计人员的能力提出了更高的要求。在工程实践过程中，由于各专业之间存在壁垒，鸡同鸭讲的现象普遍存在，如何发挥多专业融合的优势还需要进一步的探索。

（3）外部设计条件复杂。城市生态堤防规划设计由于堤防断面相对较大，占地范围广，不可避免地涉及桥梁、电塔、燃气管道等基础设施，相关的安全评估和专项设计是制约工程规划设计的重要因素。因此，应在规划设计初期加强与相关部门对接，科学论证工程的可行性。

5 结论与建议

随着绿色发展理念的不断深入，城市生态堤防将是城市防洪工程发展的重要方向。城市生态堤防在发挥防洪功能的同时有助于水生态的保护与修复以及其生态服务工程的发挥，有助于利用优势资源和提升城市品位。尽管在武汉等沿江城市生态堤防的建设已经取得积极效果，但是生态堤防的规划设计仍然面临安全隐患增加、多专业交融、外部设计条件复杂等挑战。建议相关规划设计人员要不断的扩展专业知识面，在工程前期阶段应加强可行性论证。

参考文献

[1] 庄友刚. 准确把握绿色发展理念的科学规定性［J］. 中国特色社会主义研究，2016（01）：89-94

[2] 杨晴，张建永，邱冰，张梦然. 关于生态水利工程的若干思考［J］. 中国水利，2018（17）：1-5

[3] 董哲仁. 试论生态水利工程的基本设计原则［J］. 水利学报，2004（10）：1-6

[4] 刘慧. 城市堤防工程设计的体会与思考［J］. 人民珠江，2005（S1）：12-13

[5] 朱三华，黎开志，刘飞. 生态堤防设计［J］. 中国农村水利水电，2005（06）：76-77

[6] 张根，高艳娇，张仲伟，刘金珍，刘胜祥. 堤防工程对河流生物多样性的影响分析——以南京新济洲河段河道整治工程为例［J］. 人民长江，2012，43（11）：82-85

[7] 赵金河. 生态堤防与湖北长江经济带绿色发展［J］. 中国水利，2017（04）：12-14，20

[8] 李媛媛，侯贵兵，王英杰. 融合滨水空间设计的城市防洪工程设计理念及实践［J］. 人民珠江，2020，41（12）：53-57，77

[9] 简学凯. 基于历史文化的城市滨水区景观设计［J］. 现代园艺，2019（08）：67-68

[10] 汪小茂，高红艳，李亮. 城市堤路结合建设工程关键技术问题研究——以武汉市滨江大道建设工程为例［J］. 人民长江，2011，42（20）：4-6

基金项目： 国家重点研发计划资助项目（2018YFC0407600）、国家重点研发计划资助项目（2021YFC3200202）

作者简介： 何子杰（1977—），男，硕士，高级工程师。主要从事水利规划设计方面的研究。
张浮平（1989—），男，博士，工程师。主要从事水工结构设计方面的研究。
彭　兴（1990—），男，博士，工程师。主要从事水工结构设计方面的研究。

基于实桥荷载试验和响应面分析的系杆拱桥有限元模型修正

李煦阳[1,2]　赵长军[1]　王晓微[3]　孙利民[2]

(1. 浙江数智交院科技股份有限公司，浙江 杭州，310030；
2. 同济大学桥梁工程系，上海，200092；
3. 浙江交投高速公路运营管理有限公司，浙江 杭州，310020)

摘　要：桥梁结构及材料参数在建成后将处于不断变化的状态，当桥梁投入运营之后，很难直接测定桥梁的材料或结构参数，因此采用基于桥梁初始设计参数建立的有限元模型来对结构进行模拟不够精确。为建立成桥后系杆拱桥的高精度有限元模型，提出了一种基于桥梁荷载试验的系杆拱桥有限元模型修正方法。首先建立了一座系杆拱桥的初始有限元模型；然后基于结构特点、施工误差以及材料误差选取4个材料参数作为待修正参数，同时根据依托工程荷载试验特点及常规试验内容，选择了6个覆盖了结构静、动力特性的指标作为特征量，并根据有限元计算结果建立了待修正参数与特征量之间的响应面方程；最后使用单目标函数优化方法，结合响应面方程对初始有限元模型进行了修正。结果表明：(1) 修正后有限元模型与实际桥梁情况相符且具有较高的精度，可较好地反映出实际桥梁工程在弹性阶段的静、动力学状态；(2) 该研究方法可通过桥梁荷载试验来反推桥梁实际状况下的参数状态，实现对新建桥梁和运营期桥梁结构较精确的模拟，为运营期管养工作降本增效。

关键词：桥梁工程；荷载试验；模型修正；响应面；单目标函数优化

Modification of finite element model of tied arch bridge based on real bridge load test and response surface analysis

Li Xuyang[1,2]　*Zhao Changjun*[1]　*Wang Xiaowei*[3]　*Sun Limin*[2]

(1. Zhejiang Institute of Communications Co., Ltd., Hangzhou 310030, China;
2. Department of Bridge Engineering, Tongji University, Shanghai 200092, China;
3. Zhejiang Communications Investment Expressway Operation Management Co., Ltd., Hangzhou 310020, China)

Abstract: The bridge structure and material parameters will be in a constantly changing state after completion. When the bridge is put into operation, it is difficult to directly measure the bridge material or structural parameters. Therefore, the accuracy of using the finite element model based on the initial design parameters of the bridge to simulate the structure is limited. In order to establish a high-precision finite element model of tied arch bridge after completion, a finite element model correction method of Tied Arch Bridge based on bridge load test is proposed. Firstly, the initial finite element model of a tied arch bridge is established; Then, based on the structural characteristics, construction error and material error, four material parameters are selected as the parameters to be corrected. At the same time, according to the characteristics of engineering load test and routine test content, six indexes covering the static and dynamic characteristics of the structure are selected as the characteristic quantities, and the response surface equation between the parameters to be corrected and the characteristic quantities is established according to the finite element calculation results; Finally, the initial finite element model is modified by using single objective function optimization method and response surface equation. The results show that: (1) the modified finite element model is consistent with the actual bridge situation and has high accuracy, which can better reflect the static and dynamic state of the actual bridge engineering in the elastic stage; (2) This research method can deduce the parameter state of the bridge under the actual condition through the bridge load test, realize the more accurate simulation of the new bridge and the bridge structure in the operation period, and increase the efficiency for the management and maintenance work in the operation period.

Keywords: bridge engineering; load test; model modification; response surface; single objective function optimization

引言

众所周知，桥梁在施工过程中会受到周围环境、施工工艺及材料质量等因素的影响，导致成桥之后的材料参数、几何形态和力学特性等难以避免地会与设计期间的理论模型存在差异。为准确掌握成桥后的实际状况，有必要对设计期间的有限元模型进行科学修正，进而为在役桥梁的技术状况评估、结构健康监测、日常管理养护等工作提供可靠支撑。

参数型模型修正方法是目前常用的桥梁有限元模型修正方法，主要对有限元模型中与桥梁实际结构存在误差的材料属性、截面形式、构件尺寸和边界条件等设计参数进行修正，并通过有限元计算结果与实测数据的对比来选择确定最符合实际的理论模型。本文所采用的响应面方法也属于参数型修正法范畴，是利用统计学和综合试验技术拟合复杂系统输入与输出之间关系的一种近似方法。基于响应面模型进行相关问题的求解可将计算量巨大的有限元分析转换成计算速度更快的响应面分析，显著提高计算效率。响应面模型实质上与黑箱模型、替代模型、缩阶模型一样，属于结构的代理模型（Metamodel）。近年来，响应面方法在土木工程领域快速发展，在优化设计、可靠度分析和有限元模型修正[1-3]等方面备受关注。任伟新和陈华斌研究了响应面方法在土木工程结构有限元模型修正中的应用，结果表明借助响应面能显著提高计算效率和收敛速度[4]。宗周红等提出了面向健康监测的响应面模型修正方法，并基于下白石大桥的监测数据修正了该桥的有限元模型[5]。周林仁和欧进萍用自振频率和静态索力构建目标函数，采用径向基函数响应面拟合斜拉桥设计参数与特征量之间的隐式关系，并对大跨斜拉桥的有限元模型进行了修正[6]。钟儒勉等基于响应面方法，首先以精确有限元模型为目标修正多尺度模型，再利用实测数据对多尺度模型进行了二次修正[7]。韩建平和骆勇鹏使用动静力数据构建响应面，指出同时利用挠度及模态频率修正后的有限元模型参数更加接近于预设值[8]。Zhu 等和 Xiao 等利用二次多项式响应面模型修正了昂船洲大桥的多尺度有限元模型。其研究结果显示，仅使用模态频率修正的模型并不能很好地反映结构的静力特性，而应采用动力与静力、整体与局部相结合的办法[9,10]。

本文提出了一种基于桥梁荷载试验和响应面分析来对桥梁有限元模型进行修正的方法，该方法可依据既有试验数据反推桥梁实际结构参数，进而达到有限元模型修正的目的。桥梁结构参数并不是一成不变的，桥梁投入运营之后再测定材料或结构参数则需耗费较大试验检测成本投入。采用本研究方法可以利用响应面模型和目标函数优化等数学方法反演识别桥梁当前状况下的参数状态，实现对运营期桥梁结构的精确模拟，节省了传统建模过程中因确定模型参数而产生的大量材料试验和人工检测工作，有效节约了管养投入，降低了管养成本。

1 研究背景

1.1 工程概况

本项研究的工程背景是一座系杆拱桥，采用钢管混凝土拱肋＋钢箱系杆＋钢结构横梁的结构形式。拱肋净跨102m，矢高20m，矢跨比为1/5.1，主拱轴线采用二次抛物线（相对于系杆中心）。桥宽20.5m，横向设两片拱肋，拱肋横向间距19m。单片拱肋共设18根吊杆，吊杆间距5m。横向两拱肋之间设1道一字形横撑和4道K撑，以保证拱肋横向稳定，横撑采用圆管形截面。拱肋采用哑铃形钢管混凝土截面，竖向由2根ϕ1000mm壁厚22mmm的钢管组成，总高2.6m，钢管内填充C50自密实补偿收缩混凝土，两钢管间采用厚度为20mm的钢板连接，钢板中间设一道纵向加劲，加劲宽160mm，厚14mm。单片拱肋设18根吊杆，吊杆标准间距为5m，采用挤压锚固钢绞线拉索，索体采用环氧喷涂无粘结钢绞线，单股钢绞线直径15.20mm，面积140mm^2，标准强度1860MPa，弹性模量1.95×10^5MPa，单根吊杆由15股钢绞线组成。系杆采用钢箱形断面，宽1.5m，高2m，壁厚20mm，拱脚处系杆加高至3.0m，壁厚加厚至24mm，两侧系杆间设置普通横梁，在拱脚处设置端横梁。

1.2 有限元模型

桥梁荷载试验利用有限元分析程序Midas Civil进行建模分析，主要针对桥梁在特定外部荷载条件下的动静态力学性能进行计算。其中全桥钢管混凝土拱肋、系梁、横梁、风撑采用梁单元进行模拟，吊杆采用桁架单元进行模拟，拱桥支座采用一般支承模拟约束条件。混凝土弹性模量均取3.45×10^4MPa，吊杆拉索钢绞线标准强度1860MPa，弹性模量取1.95×10^5MPa。有限元模型如图1所示。

图1　依托工程有限元模型

1.3 荷载试验

实桥荷载试验在桥梁竣工后进行，主要包括外观检查、静载试验和动载试验三部分[11]。其中，外观检查主要检查结构裂缝和焊缝的分布情况；静载试验主要测试在相当于设计汽车荷载最不利效应的等效试验荷载作用下各主要控制截面的应变（应力）、挠度（变位）、吊杆拉力以及典型结构性裂缝和典型质量较差焊缝的发展、闭合情况；动载试验主要通过跑车试验来获取控制截面汽车荷载的冲击系数，以及通过自振特性测试来获取拱桥的模态参数。

为保证各主要测试截面试验荷载效率系数不低于0.85，计算确定静载试验需用450kN（车重+荷重）载重汽车共8辆。现场加载车配重时整车重量的允许误差为±10kN。试验加载重车车型如图2所示。

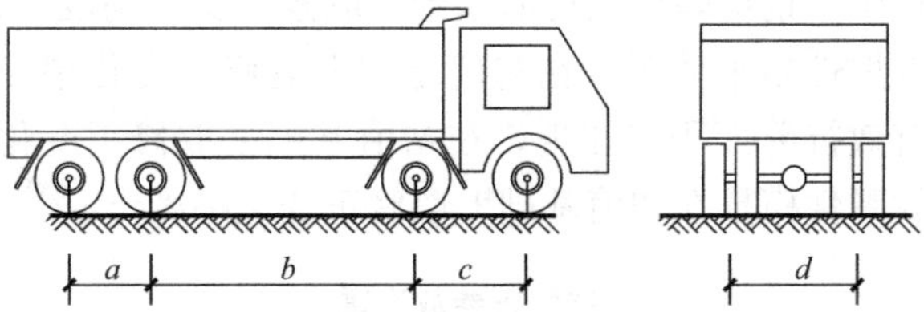

图2　试验加载车型图

根据各测试截面的内力与挠度影响线，选定静载试验的各主要测试截面，各个工况按各测试截面的最不利效应进行布载。

本研究主要根据工况5的实测数据来对有限元模型进行修正，该工况下加载车布置如图3所示。其中在左、右拱肋Ⅳ-Ⅳ截面各布置了6个应变测点（不包括温度补偿片），分别布置于哑铃形拱肋顶面、侧面和与缀板连接处；在左、右拱肋Ⅳ-Ⅳ截面的拱肋顶面各布置了1个挠度测点；在左、右系梁Ⅶ-Ⅶ截面附近的7、7′、8、8′、9、9′号吊杆处布置了索力测点；在左、右系梁Ⅶ-Ⅶ截面各布置12个正应变（应力）测点（包括温度补偿片），分别布置于系梁侧面、顶面和底面；在左、右系梁Ⅶ-Ⅶ截面的系梁底面分别布置1个挠度测点。动载试验在拱桥系梁桥面八等分点布设竖向及横向速度传感器，通过分析拱桥系梁在环境激励时的振动响应计算得出结构的各阶自振频率、振型和阻尼比。

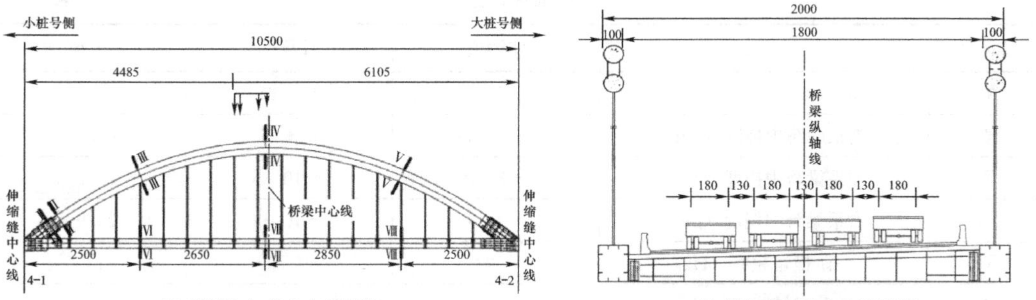

(a) 纵桥向加载车布置情况　　(b) 横桥向加载车布置情况

图3　静载试验工况5加载车布置

2　响应面模型的建立

2.1　待修正参数和特征量的选取

理论上，有限元模型建模过程中的所有参数都可以作为待修正参数，但实践证明过多的待修正参数并不能有效地提高模型的精度，反而会带来不确定性增加、计算量增大、优化求解困难等问题。多尺度有限元模型的误差主要来源于：①材料参数，如构件的厚度、弹性模量和密度等；②模型制作工艺，如建造方式可能会对模型的整体刚度造成影响；

③边界条件，如支座的约束对结构行为的影响很大。考虑到桥梁施工中、部分构件预制过程中以及荷载试验过程中可能存在的误差，要考虑将各因素适当简化为特定待修正参数的量化问题。

研究选取系梁钢材弹模、拱肋抗弯刚度、拱肋轴向刚度和吊杆拉索弹模作为模型的4个待修正参数。其中，系杆拱桥系梁钢板厚度、几何尺寸、制作工艺等因素的影响可统一等效到钢材的弹性模量中，钢材弹模在初值基础上取修正变化幅度±10%；拱肋抗弯刚度在计算模型中通过等效惯性矩来体现，在初值基础上取修正变化幅度±5%；拱肋轴向刚度在计算模型中通过有效抗剪面积来体现，在初值基础上取修正变化幅度±5%；吊杆拉索采用钢绞线，其等效弹性模量在初值基础上取修正变化幅度±5%（表1）。

待修正参数设置 **表1**

待修正参数	含义	修正范围	水平范围		
			下限值	初始值	上限值
E_1	系梁钢材弹模（MPa）	±10%	189000	210000	231000
A	有效抗剪面积（mm^2）	±5%	132620	139600	146580
I	等效惯性矩（mm^4）	±5%	3.0774395×10^{10}	3.23941×10^{10}	3.4013805×10^{10}
E_4	吊杆拉索弹模（MPa）	±5%	185250	195000	204750

对于桥梁有限元模型修正应全面考虑桥型的各项特征，特征量的选取应尽量涉及桥梁各类承重构件（拱肋、吊杆、系梁）的动静态力学响应。本研究根据实桥荷载试验结果来对初始有限元模型进行修正，因此选取了左拱肋跨中挠度R_1、右拱肋跨中挠度R_2、左系梁跨中挠度R_3、右系梁跨中挠度R_4、一阶横弯振动频率R_5、一阶竖弯振动频率R_6、一阶扭转振动频率R_7共7个特征量，如表2所示。

特征量设置 **表2**

特征量	含义	实测值	计算值	差值
R_1	左拱肋跨中挠度（mm）	−5.94	−8.26	39.1%
R_2	右拱肋跨中挠度（mm）	−6.11	−8.27	35.4%
R_3	左系梁跨中挠度（mm）	−8.30	−10.36	24.8%
R_4	右系梁跨中挠度（mm）	−8.31	−10.38	24.9%
R_5	一阶横弯频率（Hz）	0.82	0.70	−14.6%
R_6	一阶扭转频率（Hz）	0.94	0.81	−13.8%
R_7	一阶竖弯频率（Hz）	2.37	2.15	−9.28%

2.2 试验设计

在选定待修正参数及特征量后，采用中心复合设计方法（CCD）来对待修正参数在其变化范围内进行参数组合。4参数2水平的中心复合设计共计可生成25组参数组合的样本集。此外，再使用拉丁超立方设计（LHS）额外抽取25组样本点，与中心复合设计法确定的25组参数样本一起用于检验响应面模型的精度。将参数组合样本分别导入初始桥梁有限元模型进行计算，并分别提取对应的特征量计算值R_1～R_7，计算得待修正参数对各特征量的灵敏度如图4所示。可见，系梁钢材弹模对四个挠度特征量的灵敏度系数明显高于其他三个参数，同时对一阶扭转频率的灵敏度也较高。吊杆拉索弹模对系梁跨中挠度的灵敏度也相对较高，但对系梁的三个振动频率几乎没有影响。拱肋轴向刚度对系梁一阶横弯和一阶竖弯振动频率的影响要超过其他 3 个参数。

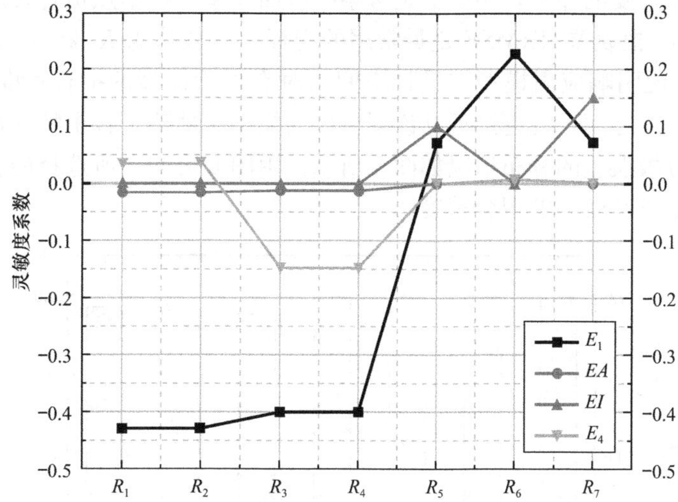

图 4　各待修正参数对特征量的灵敏度分析

2.3　近似函数的选择及响应面拟合

响应面是由具有确定表达式的近似函数构成，近似函数要能尽可能简练地拟合样本点与计算结果间的映射关系。目前，基于含有多项式项的径向基函数的响应面模型是桥梁有限元模型修正的常用方法，添加多项式可改善径向基函数在低维、线性问题中的性能，同时保留对高维、非线性问题的处理能力。带有二次多项式的高斯径向基函数响应面模型可以表示为：

$$\hat{\boldsymbol{y}}=\sum_{i=1}^{n}\lambda_i \boldsymbol{e}^{-\|x-x_i\|^2/c^2}+\sum_{j=1}^{p}b_j g_j(\boldsymbol{x}) \tag{1}$$

式中，$\hat{\boldsymbol{y}}$ 为近似函数拟合出的响应值；λ_i 为待定系数；$\boldsymbol{x}$ 为任意一数据点；$\boldsymbol{x}_i$ 为样本点；n 为样本点的个数；p 为多项式的总项数；对于 m 维数据不含交叉项的二次多项式来说，有 $p=2m+1$，$g_j(\boldsymbol{x})$ 为多项式函数的第 j 项；c 为高斯径向基函数的形状系数。式中有（$n+p$）个变量，但样本点个数仅有 n 个，为了解决方程欠定的问题，需要补充额外的正交条件，对于 $j=1$，2，…，p 都有：

$$\sum_{i}^{n}\lambda_i g_j(\boldsymbol{x})=0 \tag{2}$$

将式（1）与式（2）合并，可得如下方程：

$$\begin{bmatrix}\boldsymbol{A}_{n\times n} & \boldsymbol{G}_{n\times p}\\ \boldsymbol{G}_{p\times n}^{\mathrm{T}} & \boldsymbol{0}_{p\times p}\end{bmatrix}\begin{bmatrix}\boldsymbol{\lambda}_{n\times 1}\\ \boldsymbol{b}_{p\times 1}\end{bmatrix}=\begin{bmatrix}\boldsymbol{y}_{n\times 1}\\ \boldsymbol{0}_{p\times 1}\end{bmatrix} \tag{3}$$

每个特征量的响应面模型的待定系数即可通过直接求逆算得。

在高斯径向基函数部分，形状系数 c 的取值大小直接影响到响应面的拟合性能。以往的研究中，常将 c 在一定范围内由小到大连续取值，再通过试算找出拟合误差最小模型对应的 c 值。由于特征量的最优形状参数相差不大，为了简化计算，频率和挠度的形状参数均取 10。

2.4 拟合精度检验

对响应面模型精度的评价，实质上是考察响应面模型对样本点拟合程度，其中复相关系数 R^2 和相对均方根误差 RRMSE 是最常用的指标，一般认为 R^2 在［0，1］之间取值，且数值越接近 1，说明响应面模型在设计空间内对有限元模型的拟合程度越高，RRMSE 的取值落在（0，1）之间，且越接近 0 说明响应面模型越精确。各个特征量的响应面模型复相关系数和均方根误差的分布情况如图 5 所示。由图 5 可知，所选择的含多项式的径向基函数响应面模型具有较高的拟合精度。

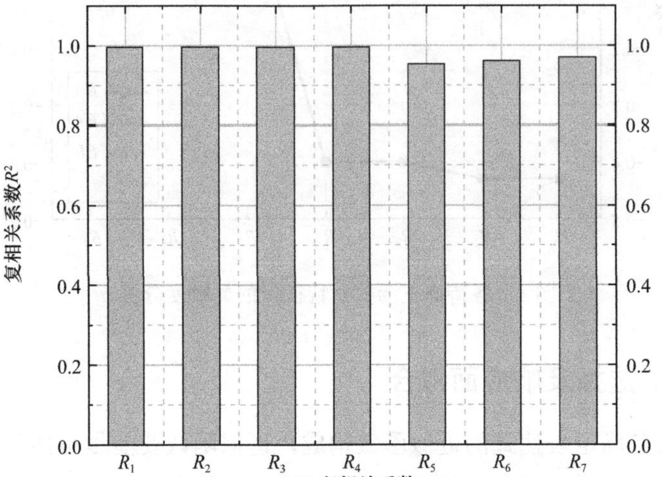

(a) 复相关系数

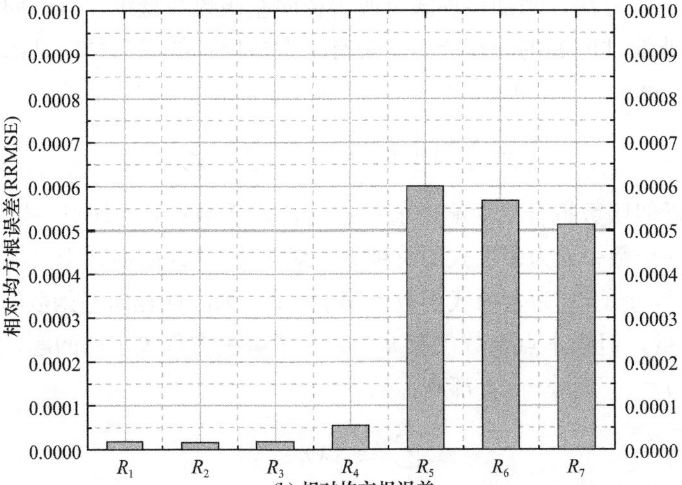

(b) 相对均方根误差

图 5　响应面模型的精度对比

3　基于响应面的模型修正

3.1 目标函数的定义

目标函数用于量化有限元模型计算值与结构实测响应值之间的差异，而模型修正就是在响应面模型基础上寻找目标函数最小值的过程。对于约束最优化问题，可以构造如下表达式：

$$\begin{gathered}\min F(\boldsymbol{x}) \\ s.t.\ g_i(\boldsymbol{x}) \leqslant 0, i=1,2,\cdots,m_1 \\ h_j(\boldsymbol{x})=0, j=m_1+1,\cdots,m \\ \boldsymbol{x}^l \leqslant \boldsymbol{x} \leqslant \boldsymbol{x}^u\end{gathered}$$

式中，$F(\boldsymbol{x})$ 为目标函数，$g_i(\boldsymbol{x})$ 和 $h_j(\boldsymbol{x})$ 分别为优化问题的不等式和等式约束，$\boldsymbol{x}^u$ 和 $\boldsymbol{x}^l$ 为自变量 $\boldsymbol{x}$ 的上下界。

基于建立的响应面模型，构造包含模态频率和吊杆索力的目标函数，并采用优化算法进行模型修正。目标函数能多方面、全方位地评价有限元模型与实际结构的接近程度，表达式如下所示：

$$F(\boldsymbol{x})=\sum_{i=1}^{N_f}\omega_i\left(\frac{f_{ai}-f_{ei}}{f_{ei}}\right)^2+\sum_{j=1}^{N_T}\lambda_j\left(\frac{s_{ai}-s_{ei}}{s_{ei}}\right)^2 \tag{4}$$

式中，f 和 T 分别代表频率和位移；下标 a 和 e 分别表示计算值和实测值；N 为参数计算的特征量数量；ω 和 λ 为权系数，可以调整目标函数中各特衡量的误差权重。

3.2 参数修正结果

将荷载试验中频率和挠度的实测值代入式（4），采用单目标函数的遗传算法（GA）优化求解，以设计值作为初始值进行修正，得到目标函数随计算次数的收敛情况如图 6 所示，参数修正结果见表 3。

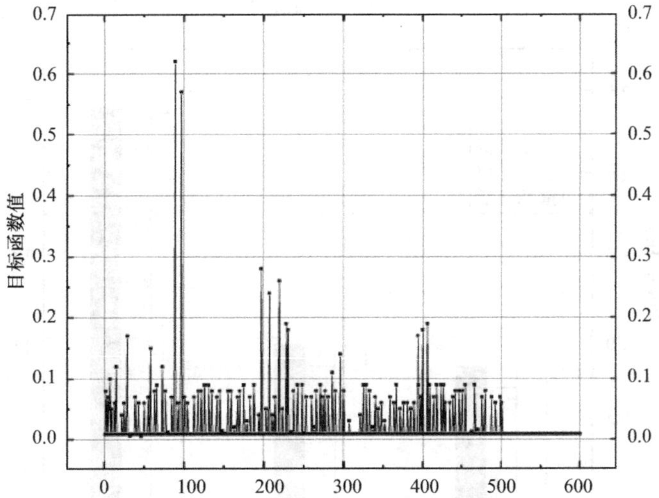

图 6　目标函数收敛情况

修正后的参数及相对变化率　　**表 3**

待修正参数	初始值	修正值	改变率
E_1	210000MPa	222181MPa	5.8%
A	139600mm^2	154398mm^2	10.6%
I	3.23941E10mm^4	3.34306E10mm^4	3.2%
E_4	195000MPa	196560MPa	0.8%

注：改变率=(修正值−初始值)/初始值×100%。

3.3 修正结果检验

为了解修正后多尺度有限元模型与实测结果之间的偏差程度，有必要对和挠度值和频率值做修正前后对比。与初始有限元模型相比，修正后的模型精度有明显提高。修正前后的计算值与实测值对比结果见图7，其中挠度计算值与实测值的相对误差分别从39.1%、35.4%、24.8%和24.9%下降到18.7%、16.7%、－2.89%和－3.61%，频率计算值与实测值的相对误差分别从－14.6%、－13.8%和－9.28%下降到1.22%、2.13%和1.69%。

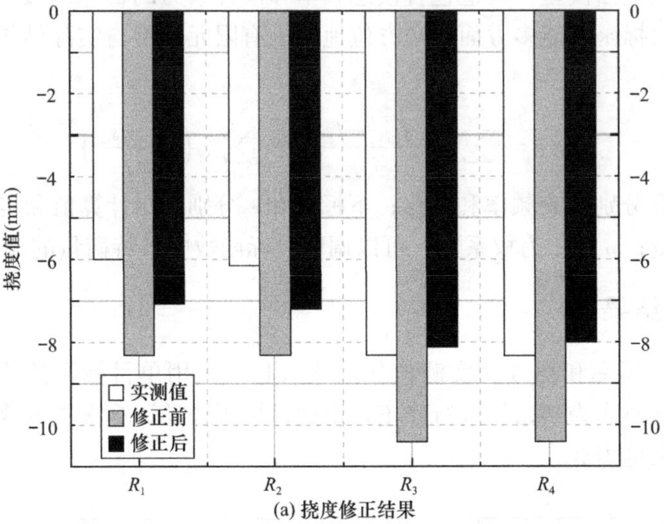

(a) 挠度修正结果

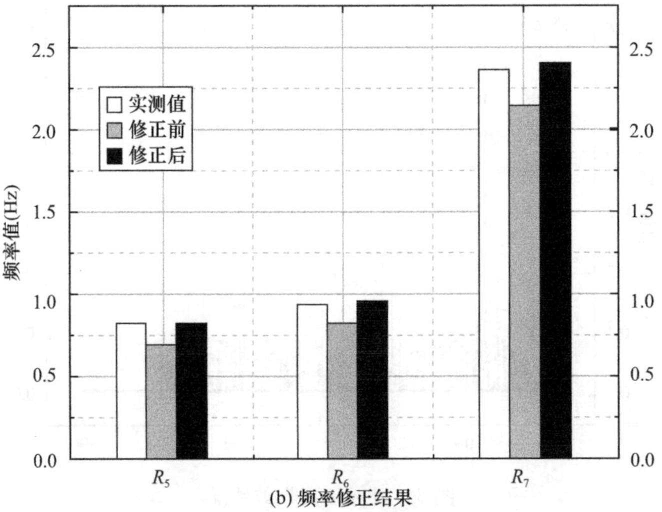

(b) 频率修正结果

图7 模型修正前后计算值与实测值对比

4 结论

通过响应面方法修正了某系杆拱桥的有限元模型。依据模型特点确定了4个待修正参数及其范围，采用含有二次多项式的高斯径向基函数建立了响应面模型，定义了7个内容不同的目标函数，并使用遗传算法进行了目标优化，得到了待修正参数最优解。得出结论如下：

（1）含有二次多项式的高斯径向基函数兼具多项式函数低维性能好，以及径向基函数高维性能突出的优势，可以更好地拟合多尺度有限元模型中不同尺度部分的特性。由此建立的响应面模型在 R^2 和 RRMSE 指标上均有不同程度的改善。

（2）动力与静力结合、整体与局部结合的目标函数能全面地考察有限元模型与实际结构之间的误差。修正后，多尺度有限元模型的挠度计算值与实测值之间的误差百分比绝对值降低至15%以内，前三阶频率计算值与实测值之间的误差百分比绝对值降低至5%以内。

（3）以上述响应面模型和目标函数优化方法可以使动静载试验的特定工况下关键指标的计算精度更加接近实际，因此采用本研究方法可以通过桥梁荷载试验来计算运营期桥梁的参数状态，实现对桥梁长期结构状况的精确模拟。

参考文献

[1] 隋允康，宇慧平. 响应面方法的改进及其对工程优化的应用 [J]. 北京：科学出版社，2011

[2] 张哲，李生勇，石磊等. 结构可靠度分析中的改进响应面法及其应用 [J]. 工程力学，2007，24 (8)：111-115

[3] 费庆国，韩晓林，苏鹤玲. 响应面有限元模型修正的实现与应用 [J]. 振动、测试与诊断，2010，30 (2)：132-4

[4] 任伟新，陈华斌. 基于响应面的桥梁有限元模型修正 [J]. 土木工程学报，2008，(12)：73-78

[5] 宗周红，高铭霖，夏樟华. 基于健康监测的连续刚构桥有限元模型确认 (I) ——基于响应面法的有限元模型修正 [J]. 土木工程学报，2011，(02)：90-98

[6] 周林仁，欧进萍. 基于径向基函数响应面方法的大跨度斜拉桥有限元模型修正 [J]. 中国铁道科学，2012，(03)：8-15

[7] 钟儒勉，樊星辰，黄学漾等. 基于两阶段响应面方法的结合梁斜拉桥多尺度有限元模型修正 [J]. 东南大学学报（自然科学版），2013，(05)：993-999

[8] 韩建平，骆勇鹏. 基于响应面法的结构有限元模型静动力修正理论及应用 [J]. 地震工程与工程振动，2013，(05)：128-137

[9] Xiao X，Xu Y L，Zhu Q. Multiscale Modeling and Model Updating of a Cable-Stayed Bridge. II：Model Updating Using Modal Frequencies and Influence Lines [J]. Journal of Bridge Engineering，2015，20 (10)：04014113

[10] Zhu Q，Xu Y，Xiao X. Multiscale Modeling and Model Updating of a Cable-stayed Bridge. I：Modeling and Influence Line Analysis [J]. J Bridge Eng，2014，20 (10)：04014112

[11] 叶鑫焱，罗中华，汤建林. 交工桥梁荷载试验报告 [R]. 杭州：浙江交科工程检测有限公司，2021

基金项目： 国家自然科学基金面上项目（51978508）

作者简介： 李煦阳（1987—），男，博士后。主要从事结构健康监测和结构动力学方面的研究。

赵长军（1971—），男，博士。教授级高级工程师，主要从事公路勘察设计领域的桥梁设计、管理与科研工作。

王晓微（1985—），女，硕士，高级工程师。主要从事高速公路养护管理与科研工作。

孙利民（1963—），男，博士，教授。主要从事桥梁健康监测与振动控制方面的研究。

超层高弧形蒸压加气混凝土板材施工工艺研究

杨 刚 王 杰 杨珍珍
（山西二建集团有限公司，山西 太原，030013）

摘 要：对蒸压加气混凝土板材施工进行研究，提出一种可以在超层高弧形填充墙上施工的方法，该方法经过设计单位验算，采用符合受力要求的钢柱、钢梁做承重结构，蒸压加气混凝土板材拼装墙体，施工简便，安全、可靠，绿色、环保，符合装配式建筑的要求，在保证成本和质量的前提下，极大地缩短了工期，可以在超高层弧形墙体中应用。
关键词：蒸压加气混凝土板材、填充墙、弧形、超层高、钢梁钢柱、放线

Research on the construction process of super-layer high-arc autoclaved aerated concrete slabs

Yang Gang Wang Jie Yang Zhenzhen
(ShanxiNo. 2 Construction Group Co., Ltd., Taiyuan 030013, China)

Abstract: The study on the construction of autoclaved aerated concrete panels, put forward a method that can be constructed on the super-layer high-arc filled wall, the method has been calculated by the design unit, using steel columns and steel beams that meet the requirements of the force to do the load-bearing structure, autoclaved aerated concrete panels to assemble the wall, the construction is simple, safe and reliable, green and environmentally friendly, in line with the requirements of the prefabricated building, under the premise of ensuring cost and quality, greatly shorten the construction period, can be applied in the super-high-rise arc wall.
Keywords: autoclaved aerated concrete slabs; filled walls; curved; super-layer height; steel beams and columns; discharge lines

引言

随着国民经济的发展，大量的高层、超高层建筑拔地而起，且建筑外形设计越来越独特，我国建筑施工技术发生了日新月异的巨变。在某些特殊的异形结构或难以测量的结构空间，建筑填充墙施工采用传统的蒸压加气混凝土砌块施工方法将无法满足工期要求，且工程质量得不到保障，因此如何解决超层高弧形填充墙施工的整体稳定性、耐久性、便捷性等问题，成为必须面对和研究的课题。

1 适用范围

适用于墙体高度超过 6m 的填充墙施工。

2　工程概况

某职业技术学院图文信息中心，结构类型为框架-剪力墙结构，整体建筑由长方形（图书馆）和圆形（剧场）体量组合而成，两者间通过连廊连接。其中，剧场为直径 80m 的圆形结构，五层层高达 8.35m，传统的施工方法不能较好地对层高超过 6m 的弧形墙体进行施工。

3　工艺原理

根据设计院出具的计算书，进行排版设计、板材节点设计和门窗洞口设计。承重结构为弧形钢梁钢柱焊接而成，墙体采用蒸压加气混凝土板材，门窗洞口处采用镀锌扁钢加固，使门窗安装牢固。板材安装时采用电动卷扬机提升安装，以实现施工简便、质量高、工期短的目标，墙体排版设计见图 1。

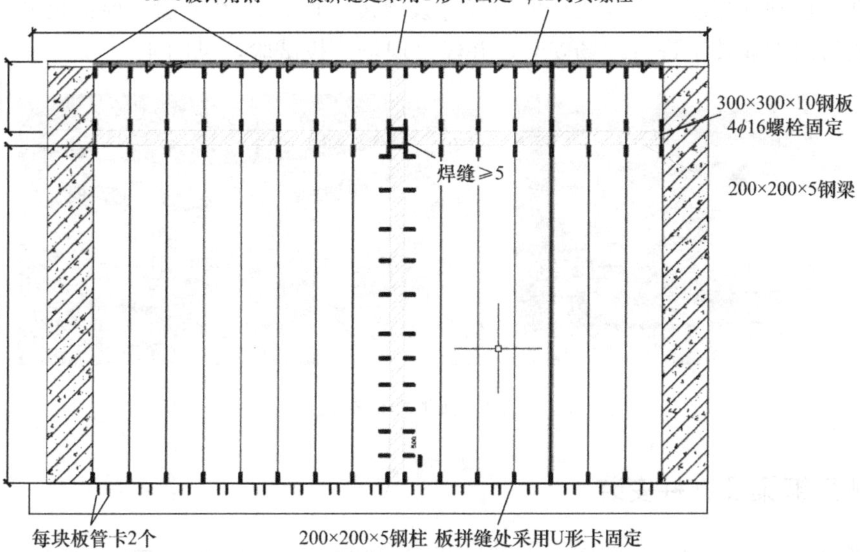

图 1　蒸压加气混凝土板材设计图

4　填充墙施工方案

工艺流程：设计排版→基层清理→现场放线→预埋板加工及安装→弧形钢梁、钢柱安装→钢梁、钢柱焊缝探伤检测及验收→板材安装。

4.1　设计弧形放线模具

根据现场弧形墙体的尺寸、半径等进行所需模板的放样设计，根据确定好的尺寸与相关厂家进行对接，生产相关模具，模具设计图见图 2。

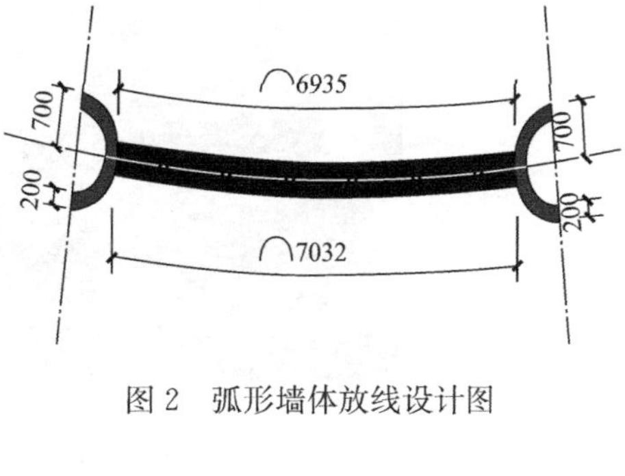

图 2　弧形墙体放线设计图

4.2 现场弧形墙体放线

弧形墙体放线见图3。

图3 弧形墙体放线图

4.3 弧形埋板安装

根据现场圆柱弧度，确定弧形埋板尺寸及弧度，联系厂家定制，保证尺寸的准确性，加工完成后由专业技工进行现场安装，并经过现场拉拔试验，见图4。

图4 弧形埋板安装

4.4 弧形钢梁及钢柱安装

在墙体三分之二处设置钢梁，钢梁尺寸为200mm×200mm×5mm，钢柱间距不大于5m，洞口两侧设置钢柱及钢过梁，提前根据图纸确定弧形钢梁尺寸、弧度，联系厂家提前加工。弧形梁截面根据弧形埋板弧度进行加工，现场焊接牢固、稳定，焊缝饱满、焊缝涂刷防锈漆，见图5。

钢柱设置间距不大于5m，埋板位置根据图纸确定，钢柱焊接于埋板上。

图5 弧形钢梁施工

4.5 对钢梁钢柱进行超声波探伤检测

焊缝探伤检测报告见图 6。

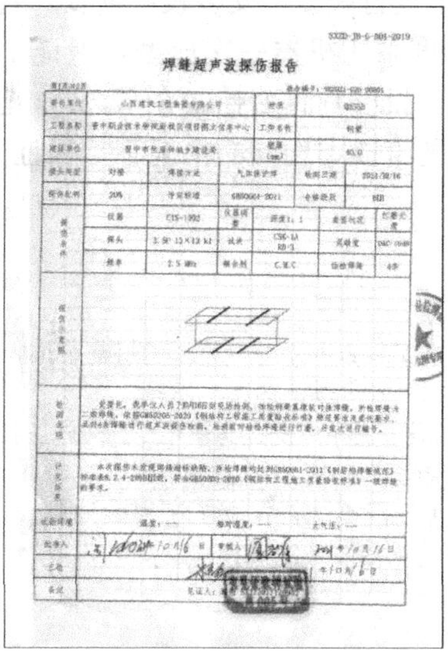

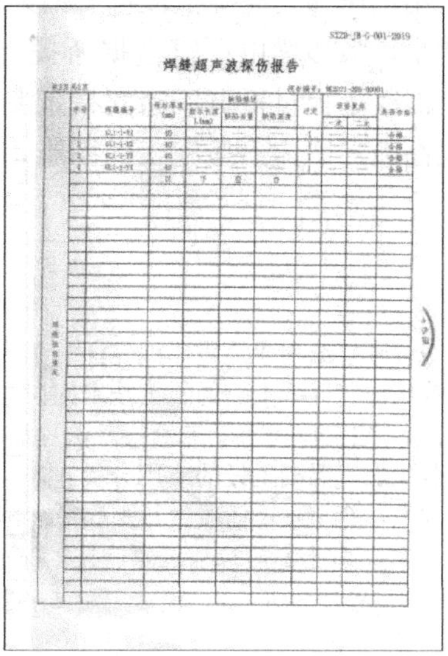

图 6　焊缝探伤检测报告

4.6 蒸压加气混凝土板材安装

1）相邻两块板材之间采用 U 形卡进行固定，并用专用粘结砂浆粘结，底部采用管卡利用膨胀螺栓固定于底部的结构楼板和框架钢梁上，并打紧木楔，填塞豆石混凝土，保证墙体稳固。

2）下层板材顶部用钩头螺栓固定在钢梁上，先将∟63×6 通长角钢与上方钢梁焊接，将焊渣清理干净，焊缝处刷防锈漆两道，M12 钩头螺栓居中设置，用螺栓的一端穿透板材拧紧螺帽，另一端与角钢焊接。

3）为防止螺栓松动，钩头螺栓拧紧后将螺母与螺杆点焊，螺栓沉头孔用专用砂浆填实。墙板安装后，如有缺楞掉角用专用砂浆补平。线管开槽待墙板安装完毕 3d 后方可施工，用云石机切锯，不可直接用锤头剔凿。

4）墙板安装时应先安装门口边板，从一端向另一端依次逐块安装，不可跳跃式安装。

5）门窗洞口尺寸和风压考虑设计值 $0.45kN/m^2$，门窗洞口四周采用∟63×6 镀锌扁钢加固，室内洞口风管、消防箱等洞口采用∟65×5 角钢，整体安装示意见图 7。

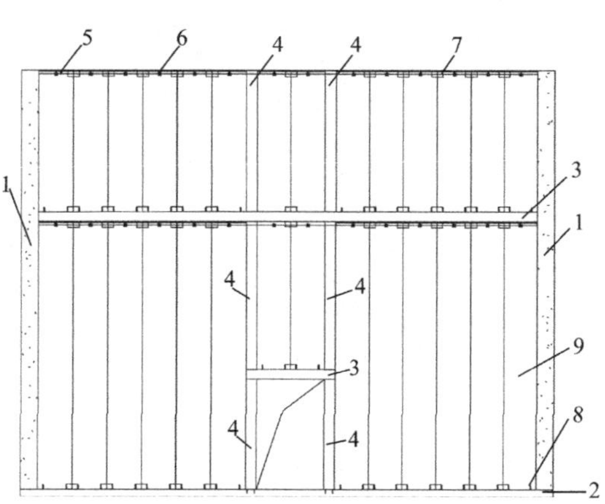

图 7　蒸压加气混凝土板材安装示意图

1—框架柱；2—结构楼板；3—钢梁；4—钢柱；5—∟63×6 通长角钢；6—钩头螺栓；7—U 形卡；8—管卡；9—蒸压加气混凝土板材板

5 结论

本方案采用蒸压加气混凝土板材+钢梁钢柱进行施工，安装校准简便，直接采用吸附式线坠即可测量，弧形梁由厂家根据所提供弧度采用机器一次成型，保证了弧形墙体弧度。蒸压加气混凝土板材板由厂家大批量制作，板材垂直度控制在了5mm范围内。本方法解决了超层高弧形墙体不易施工的困难，在施工成本相同的情况下，保证了施工质量，节省了工期。

参考文献

[1] 王瑞卿. 门式刚架结构建筑蒸压加气混凝土外墙板安装施工工艺 [J]. 建材与装饰，2019（11）
[2] 喻继良. 蒸压加气混凝土板的施工技术探讨 [J]. 四川建材，2015（12）
[3] 周冲，刘若南，王羽，守斌，赵喜民. 蒸压加气混凝土板技术研究与应用 [J]. 施工技术，2020（4）
[4] 尹灵宇. 蒸压加气混凝土板的应用分析 [J]. 住宅与房地产，2019（2）
[5] 刘海鹏，刘磊，鹿全景，任俊生，郑国霞. 蒸压加气混凝土板在施工过程中的质量控制 [C] //第26届华东六省一市土木建筑工程建造技术交流会论文集，2020（10）

作者简介： 杨　刚，男，工程师。主要从事钢结构方面的研究。
王　杰，男，助理工程师。主要从事钢结构方面的研究。
杨珍珍，女，助理工程师。主要从事ALC板施工方面的研究。

大直径型钢混凝土圆柱梁柱节点施工工艺研究

杨 刚 杨珍珍 王 杰
(山西二建集团有限公司，山西 太原，030013)

摘 要： 随着我国建筑业的日益发展，建筑结构日趋复杂多样，由传统的混凝土结构到现代的钢结构，到现在的钢与混凝土结构，使其结构更能结合二者的优点，从而设计出更加符合使用功能与造型更加新颖的结构。因建筑体量考虑构件截面面积较大，为解决大截面型钢混凝土施工中因混凝土水化热，而导致混凝土内外温差过大，影响混凝土结构安全，进行本次研究。分析通过采取一定措施，降低混凝土结构内外温差，经过反复计算，加之以往的施工经验及采取同比例的试验，最后确定按照沿圆柱周长范围内间隔 1m，埋设 ϕ100 深度 2/3 梁高的预留套管，以利于型钢混凝土较少水化热，降低内表温差。此方法能够解决大截面型钢混凝土圆柱梁柱节点施工工艺对其受力、刚度、稳定性及减少水化热的影响，进而减小梁柱节点部位施工时因水化热问题而引起的耗能问题，有效保证结构的施工质量，满足设计要求。

关键词： 大直径；型钢混凝土；圆柱；梁柱节点；施工工艺

Research on the construction process of large diameter steel concrete cylindrical beam and column nodes

Yang Gang Yang Zhenzhen Wang Jie
(Shanxi No. 2 Construction Group Co., Ltd., Taiyuan 030013, China)

Abstract: With the increasing development of China's construction industry, the building structure is becoming more and more complex and diverse, from the traditional concrete structure to the modern steel structure, to the current steel and concrete structure, so that its structure can better combine the advantages of the two, so as to design a more in line with the use of functions and more novel structures. Due to the large cross-sectional area of the components considered by the building volume, this study was carried out in order to solve the problem of the heat of concrete hydration due to the heat of concrete hydration in the construction of large-section steel concrete, which led to excessive temperature difference between the inside and outside of concrete, which affected the safety of the concrete structure. The analysis takes certain measures to reduce the temperature difference between the inside and outside of the concrete structure, after repeated calculations, coupled with the previous construction experience and the use of the same proportion of the test, and finally determined that according to the interval of 1m along the circumference of the cylinder, buried ϕ100 depth 2/3 beam height reserved casing, in order to help the section steel concrete less hydration heat, reduce the internal surface temperature difference. This method can solve the impact of the construction process of large-section steel concrete

cylindrical beam and column node on its force，stiffness，stability and reduce the heat of hydration，thereby reducing the energy consumption problem caused by the heat of hydration during the construction of the beam and column node，effectively ensuring the construction quality of the structure and meeting the design requirements.
Keywords：large diameter；section steel concrete；cylindrical；beam and column nodes；construction process

引言

在以往的工程中大体积混凝土往往考虑为水平构件，竖向构件一般认为其散热面积较大，在《混凝土结构工程施工规范》GB 50666—2011 中，截面最小尺寸大于 2m 且混凝土强度等级不低于 C60 时，应进行测温。在施工的某职业技术学院新校区项目图文信息中心中，由于剧场舞台部分设计的特殊性，屋面设计为钢结构屋面，剧场舞台四周柱采用型钢混凝土圆柱，虽然混凝土强度等级为 C40，但混凝土圆柱直径达 2.2m，周边混凝土梁最大截面达到 2m，为保证大截面型钢混凝土梁柱节点部位施工，项目部前期与设计单位进行深入研讨，就大截面型钢混凝土圆柱梁柱节点施工工艺进行深化设计。结合以往的施工经验，分析大截面型钢混凝土圆柱梁柱节点施工中的施工质量控制、受力分析、水化热以及施工过程中的降低水化热产生的能耗问题。研究表明，在施工中能够有解决大截面型钢混凝土圆柱梁柱节点施工工艺问题，对其受力、刚度、稳定性及减少水化热的影响，进而减小梁柱节点部位施工时因水化热问题而引起的耗能问题，从而满足设计及施工质量要求。

1 数据分析、计算

1.1 配合比

通过与搅拌站进行沟通，其 C40 混凝土配合比为：水泥：273kg/m^3，水：151kg/m^3，粗骨料：1095kg/m^3，细骨料：704kg/m^3，粉煤灰：147kg/m^3，减水剂：4.2kg/m^3。

1.2 气象资料

工程位于×省×市，气候四季分明，日照充足，年平均气温 9.5℃，最高 39.4℃，最低−25.5℃，最高月为七月（23.7℃），最低为一月（−17℃）。

1.3 混凝土拌和方式

混凝土采用配料机配料，集中搅拌，泵送浇筑。

1.4 混凝土温度计算

搅拌温度和浇筑温度，见表 1。

混凝土拌合物温度计算表 **表 1**

材料名称	质量 W(kg)	比热 c[kJ/(kg·℃)]	热当量 $W\cdot c$(kJ/℃)	温度 T_i(℃)	热量 $T_i\cdot W\cdot c$(kJ)
水泥	273	0.973	265.6	30	7968
砂子	704	0.84	591.4	30	17742

续表

材料名称	重量 W(kg)	比热 c[kJ/(kg·℃)]	热当量 $W\cdot c$(kJ/℃)	温度 T_i(℃)	热量 $T_i\cdot W\cdot c$(kJ)
碎石	1095	0.84	919.8	30	27594
粉煤灰	147	0.84	123.5	30	3704
拌合水	151	4.2	634.2	25	15855

（注：表中数据经过与搅拌站核实）

（1）混凝土拌合物温度为：

$T_C=72863/2534.5=28.7℃$。

（2）混凝土中心最高温度：

$T_{max}=T_i+T_b\cdot §$　$T_i=28.7℃$（入模温度），散热系数 § 取 0.7。

混凝土最高绝热温升 $T_b=W\cdot Q/(c\cdot r)=273\times265/(0.973\times2400)=31℃$。

其中，273kg 为水泥用量，265kJ/kg 为单位水泥水化热，0.973kJ/(kg·℃) 为水泥比热，2400kg/m^3 为混凝土密度。

则 $T_{max}=T_i+T_b\cdot §=27.7+31\times0.7=50.4℃$。

（3）混凝土内外温差

混凝土表面温度（未考虑覆盖）

$T_b=T_q+4h'(H-h')\Delta T/H^2$　　$H=h+2h'=2+2\times0.07=2.14$m

$h'=k\cdot\lambda/\beta=0.666\times2.33/22=0.07$m

式中：T_{max}——混凝土表面最高温度（℃）；

T_q——大气平均温度；混凝土的计算厚度；

h'——混凝土的虚厚度；

h——混凝土的实际厚度；

ΔT——混凝土中心温度与外界气温之差的最大值；

λ——混凝土的导热系数，查表取 2.33W/(m·K)；

k——计算折减系数，根据实验资料取 0.666；

β——混凝土模板及保温层的传热系数，取 22；

T_q——大气环境温度，取 30℃；$\Delta T=T_{max}-T_q=20.4℃$，故 $T_b=31℃$。

混凝土内表温差：$\Delta T=T_{max}-T_b=50.4-31=19.4℃<25℃$，

由以上计算可知，混凝土内外温差最大为 26℃，略高于《混凝土结构工程施工质量规范》GB 50666—2011 中关于混凝土内外温差大于 25℃的规定，因此需要采取一定措施，降低混凝土结构内外温差。考虑温差较低，因此在混凝土顶部预留部分孔洞，从而降低混凝土内外温差。

经过反复计算，加之以往的施工经验及采取同比例的试验，最后确定按照沿圆柱周长范围内间隔 1m，埋设 ϕ100、深度 2/3 梁高（1000mm）的预留套管，以利于型钢混凝土减少水化热，降低内表温差，见图 1。

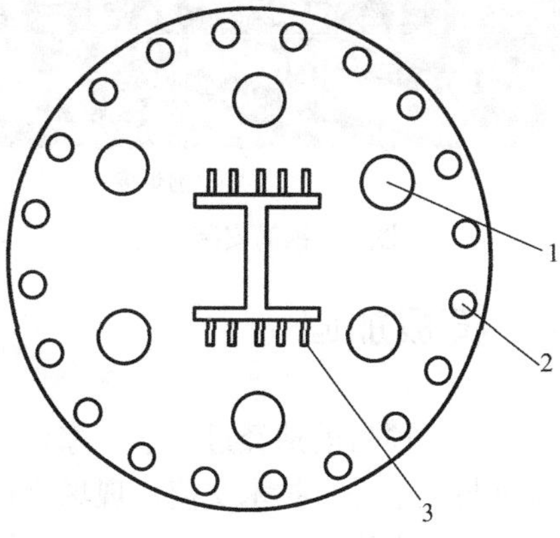

图 1

1—预留散热孔；2—钢筋；3—型钢柱

2 型钢柱的安装

2.1 测量方法

(1) 轴线、中心线测量

对已经安装完成的型钢柱，根据已经测设完成的定位轴线和中心线进行复验检查。监理单位验收后，确保尺寸及位置偏差符合要求后方可进行下一道工序。

(2) 标高测量

依据基准点，对任意一个桩点进行测量，往返各测量不少于 2 次，所测得的高程之差不大于 3mm 为合格，取测量的平均值为最后观测结果。采用已测定的水准点，采用水准仪进行其他标高测量，观测结果控制在 1mm 之内。

(3) 垂直度的控制

在下方架设两台水准仪，对型钢柱进行正交校正。

2.2 型钢柱的吊装

现场在型钢柱上方预留不少于 2 个吊环点，吊环距顶部不得小于 100mm，为保证起吊后的稳定性，在型钢柱四周设置 2 根 ϕ14 缆风绳进行辅助作业。塔式起重机及汽车起重机配合施工，起吊时离开地面 50cm，确认安全、可靠后，移到指定地位，将缆风绳与地面进行可靠固定。

3 钢筋的安装

型钢柱高度为层高高度 4.5m，钢架加工是充分考虑搭接区域及甩出的长度，避免因过长造成型钢柱施工不易操作，见图 2。

图 2 钢筋安装示意

(1) 节点区域内箍筋在主筋施工完后进行安装，同一区域内焊接接头不得大于 50%。

(2) 本工程涉及型钢混凝土柱梁节点为单侧贯穿式，故在钢柱施工前，需要根据梁主筋位置在型钢柱四周进行开孔。

(3) 由于其在节点处梁与型钢柱节点交叉，在节点处部位需要在型钢柱腹板上方焊接部分和箍筋同直径的钢筋与箍筋进行焊接。

4 模板加固

(1) 项目前期经过考察，综合费用及施工各方面因素，决定采用定型圆柱木模板，通过与厂家进行技术交流，现场直径 2.2m 圆柱模板需要 5 块模板拼成个整圆，见图 3。

(2) 木质建筑圆模板是由优质桦杨木做原料，其特点是质量小于一般杨木，而且强度大、韧性好、易于施工。

(3) 型钢混凝土柱施工前，需要根据柱高在周边搭设作业脚手架，作业架搭设为双排脚手架，在型钢混凝土柱四周连成整体。在搭设脚手架前综合考虑型钢混凝土柱模板加固时所需要的空间，考虑 250～300mm 的间距，同时在型钢柱四周搭设架体斜撑，保证架体的稳定。

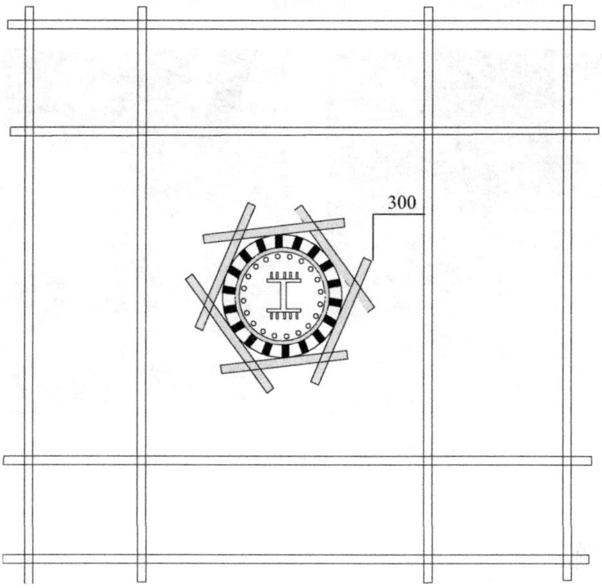

图 3　架体搭设示意

（4）现场圆柱扎捆钢带要求保证钢带受力均匀，梁柱节点部位采用 30mm 宽×2mm 厚钢带箍贯穿梁柱整圈进行加固，钢带间距 250mm。安装螺钉时，每一个螺钉拧紧度要保持一致，这样才能保证钢带松紧度的一致性及施工安全。模板合拢加固后，模板的底部圆平面最好离地面 0.5～1cm 的距离，并用水泥砂浆填缝。由于模板是错开安装，在上下模板水平接口的位置一定要用钢带进行加固。钢带要水平覆盖在接口部位，而且保证接口位置在加固钢带的中间，这样可以增强模板的稳固和施工的效果。

（5）弧形梁与圆柱交接区域，现场采用整块圆柱模板开出梁口位置，然后在梁柱节点采用钢带整体进行加固。对于大直径柱，在梁柱节点部位，采用钢带箍整圈进行加固，进而保证梁柱节点的整体性，保证梁柱节点的施工质量。为保证接槎部位整体施工质量，现场所有模板接缝处均粘结双面胶，杜绝漏浆，见图 4。

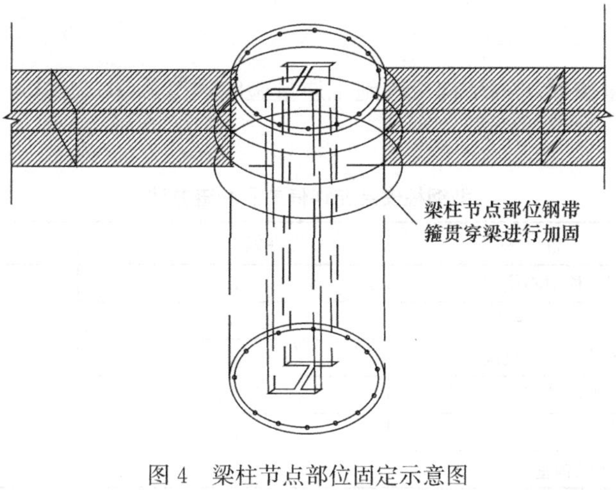

图 4　梁柱节点部位固定示意图

(6) 预留管的安装根据前期设置好的预留管位置，在距混凝土浇筑完成上表面 1000mm 时，再次复核预留管的位置。混凝土浇筑完成，初凝后进行预留管的拔出，以利于型钢混凝土柱的散热，同时及时进行型钢混凝土柱的养护，见图 5。

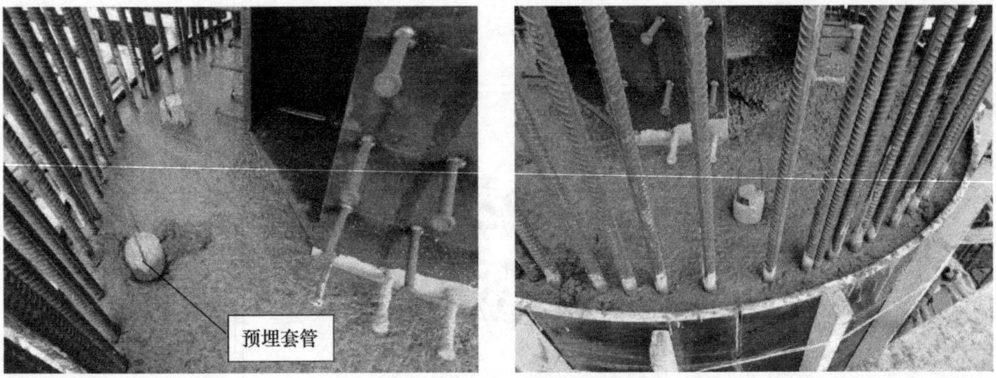

图 5　梁柱节点部位固定示意图

5　混凝土的浇筑

根据现场实际情况，配备 $\phi30$、$\phi50$ 两种振捣棒。混凝土到达现场后先进行坍落度试验，必须满足泵送要求，混凝土振捣采用分层振捣工艺施工，分层高度不宜超过 3m。

(1) 因浇筑型钢柱高度过高，故采取在模板中部设置振捣口。浇筑完下层混凝土后封堵，再浇筑上层混凝土。

(2) 一次投料振捣高度不超过 1.5m，采取混凝土体积控制高度，振捣时间以混凝土表面无气泡为准，专人进行监控。

(3) 混凝土浇筑过程中，保证柱截面内分区振捣，避免漏振。

(4) 混凝土施工浇筑过程中，严格按照规范规定进行试块留置。

(5) 在下一层柱施工前，对柱脚进行凿毛处理，柱下方 50cm 范围内浇筑高一强度等级的自密实混凝土，避免预留管振捣不密实的同时，可以保证型钢柱栓钉周边混凝土的密实。

6　质量检查

型钢柱安装质量按照《钢结构工程施工质量验收规范》GB 50205—2020，允许偏差见表 2。

型钢柱安装允许偏差及检查方法　　表 2

序号	项目	允许偏差 (mm)	检查方法
1	地脚螺栓中心位移	5	经纬仪、尺量
2	预留孔中心偏移	10	
3	地脚螺栓外漏长度	+30	
4	螺纹长度	+30	
5	单节柱垂直度	8	
6	整体结构垂直度	20	

钢筋安装工程执行《混凝土结构工程施工规范》GB 50666—2011，允许偏差见表 3。

钢筋工程安装允许偏差及检查方法 **表 3**

项次	项目		允许偏差值（mm）	检查方法
1	绑扎骨架	宽、高	±5	尺量
		长	±10	
2	主筋间距		±10	尺量
3	箍筋间距		±10	尺量连续 5 个间距
4	柱主筋保护层		±5	尺量

模板安装施工质量验收执行《混凝土结构工程施工质量验收规范》GB 50204—2015，模板安装允许偏差见表 4。

模板安装允许偏差表 **表 4**

序号	项目	允许偏差（mm）
1	轴线位移	5
2	截面尺寸	±5
3	层高（不大于 5m）垂直度	6
4	层高（大于 5m）垂直度	8
5	表面平整度	5

现浇结构允许偏差见表 5。

现浇结构允许偏差表 **表 5**

序号	项目	允许偏差（mm）
1	轴线位移	5
2	表面平整	4
3	垂直度	8
4	层高（大于 5m）垂直度	10
5	全高	H/1000 且≤30
6	标高（每层）	±10
7	标高（全层）	±30
8	截面尺寸	±5

7 效果检查

（1）在施工前期经过计算综合考虑其散热问题，在结构柱表面设置部分预留孔，减少了型钢混凝土柱因水化热影响柱结构质量，从而能够减少因大直径型钢混凝土圆柱梁柱节点施工中为降低水化热而采取的措施，从根本上减少了能耗。

（2）采用定型圆柱模板进行加固，节约人工，加快了施工进度，保证了工程整体的施工质量。

（3）通过浇筑自密实混凝土，提高型钢柱栓钉周边混凝土不易振捣密实的问题。

此项研究为解决大截面型钢混凝土施工中因混凝土水化热，而导致混凝土内外温差过大，影响混凝土结构安全。按《混凝土结构工程施工规范》GB 50666—2011 中有关规定，在结构构件纵向的横向剖面设置测温孔。构件中心在设置时因为有型钢柱的存在，测温工作不易操作。而且，此项措施会极大地增加各类能耗。

因型钢柱与混凝土受力不同，通过采取本施工工艺，通过预留孔洞作为应力释放点，可有效较小因应力引起的结构裂缝。通过改善型钢混凝土柱施工工艺，从而改善型钢混凝土柱的温度的影响，从而加快施工进度。在施工前期需针对不同季节进行平均气温的测量，根据混凝土浇筑时的气温及混凝土水化热相关参数，合理布置预留孔洞的位置，根据团队前期部分实验，预留孔洞间距为 0.8～1m 之间，深度为梁截面的 2/3 部位，其位置需要施工前在型钢柱与混凝土柱主筋部位进行标识。

预留孔洞须在表层混凝土浇筑前埋设，在混凝土初凝后拆除，以利于后期混凝土散热。在保证施工质量的同时，能够减少因水化热引起的裂缝、受力不均匀等问题，深层次实际上减少了避免水化热而采取相应措施带来的能耗问题，减少此类结构在建筑业的碳排放。

参考文献

[1] 余建民. 超高大直径清水混凝土型钢圆柱施工技术 [J]. 企业科技与发展，2015 (07)

[2] 魏永伟. 大直径超高倾斜自密实混凝土圆柱施工技术 [J]. 北京：绿色环保建材，2019

[3] GB 50496—2018 大体积混凝土施工标准 [S]. 北京：中国建筑工业出版社，2018

[4] GB 50204—2015 混凝土结构工程施工质量验收规范 [S]. 北京：中国建筑工业出版社，2015

[5] GB 50205—2020 钢结构工程施工质量验收标准 [S]. 北京：中国计划出版社，2020

作者简介： 杨　刚，男，工程师。主要从事钢结构方面的研究。

杨珍珍，女，助理工程师。主要从事大体积混凝土方面的研究。

王　杰，男，助理工程师。主要从事钢结构方面的研究。

屋面现浇泡沫混凝土施工工艺研究

杨　刚　杨珍珍　王　杰
（山西二建集团有限公司，山西 太原，030013）

摘　要：通过对屋面现浇泡沫混凝土施工进行研究，现浇泡沫混凝土浇筑区域划分为方格状，采用分层、分段式浇筑，严格控制现浇泡沫混凝土每一次浇筑的时间，有效提高现浇泡沫混凝土施工质量，可以在现浇泡沫混凝土施工中应用。
关键词：泡沫混凝土；分层；分段；模板；质量控制

Research on the construction process of cast-in-place foam concrete for roofing

Yang Gang　Yang Zhenzhen　Wang Jie
(ShanxiNo. 2 Construction Group Co.，Ltd.，Taiyuan 030013，China)

Abstract：Through the study of the construction of cast-in-place foam concrete on the roof，the pouring area of cast-in-place foam concrete is divided into a grid，and the layered and segmented pouring is adopted to strictly control the time of each pouring of cast-in-place foam concrete，effectively improving the construction quality of cast-in-place foam concrete，which can be applied in the construction of cast-in-place foam concrete.
Keywords：foam concrete；layering；segmentation；templates；quality control

引言

现浇泡沫混凝土的施工方法通过对以往屋面发泡混凝土施工质量进行调查，发现现浇泡沫混凝土施工质量合格率参差不齐，施工质量不能满足工程创优要求，因此通过研究现浇泡沫混凝土的施工工艺、凝结时间、含水率、强度等，研发了一种现浇泡沫混凝土浇筑的方法，提高现浇泡沫混凝土施工质量的合格率。

1　适用范围

适用于大面积屋面现浇泡沫混凝土浇筑。

2　工程概况

某工程屋面约 5000m^2，采用现浇泡沫混凝土作为屋面的保温层兼做找平层，设计最薄处190mm厚，最厚处500mm，屋面设计见图1。

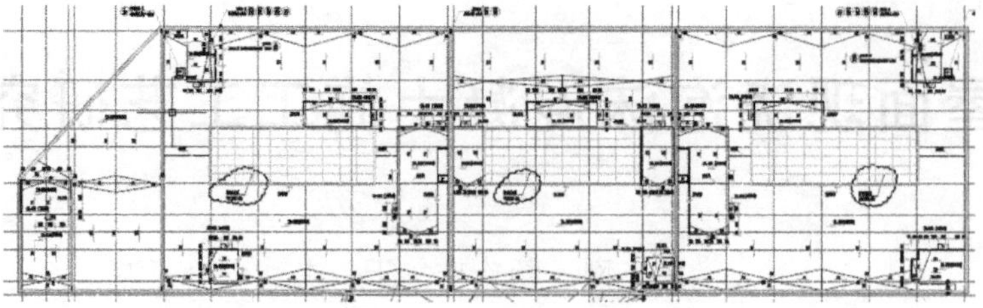

图1　屋面设计图

3　工艺原理

现浇泡沫混凝土在浇筑时，采用分层分段的浇筑方式来提高发泡混凝土的施工质量。通过实验确定分段间距为4m×4m的正方形方格，模板拆除时间为5～6d，强度满足上人要求为浇筑完成7d后，通过严格的试验数据确定最佳的施工间隔，保证发泡混凝土的施工质量。

4　施工流程

基层清理→弹线→模板支设→现浇泡沫混凝土搅拌、泵送→底层现浇泡沫混凝土浇筑→面层浇筑→模板拆除→质量验收。

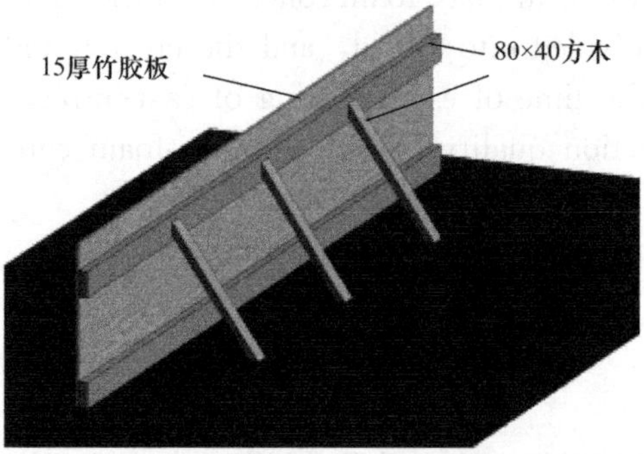

图2　模板支设示意图

（1）屋面基层平整、清洁、干燥，结构板无渗漏，表面不得有大于0.3mm的裂缝，施工前将表面打扫干净。

（2）现浇泡沫混凝土施工前按设计要求在周边女儿墙侧面弹出标高控制线，对屋面所有分隔缝弹出定位线。

（3）根据定位线支设模板，模板支设示意见图2。

（4）按设计要求，通过试验确定现浇泡沫混凝土配合比，见表1。先放少量拌合水检查输送泵运转是否正常，开启电源，在发泡器内加入一定量的发泡剂，加压3～6min。

发泡混凝土配合比　　**表1**

密度（kg/m^3）	水泥（32.5）	水灰比（质量比）	发泡剂（L）
300～400	330～380	1∶0.4	0.6

（5）将发泡器内的泡沫排至已拌合好的水泥浆料内，搅拌均匀后泵送至屋面。施工时，采用2m的铝合金刮杠将混凝土在20min内快速摊平。

（6）现浇泡沫混凝土分层浇筑，一次浇筑厚度不应超过20cm，保温层面层预留50mm待下层混凝土终凝后方可浇筑。面层采用A04级干密度处理，表面压光。

（7）屋面现浇泡沫混凝土的浇筑按照跳仓法施工，根据已经支设好的模板分层分仓施工，第一次浇筑时按照顺序浇筑 1、2、3、4 号区域。待 1、2、3、4 号区域现浇泡沫混凝土施工完成后，方可拆除模板并依次浇筑 5、6、7、8 号区域，见图 3。

（8）浇筑完成后 24h 开始自然养护，养护期间严禁上人踩踏，养护时间不得少于 7d。

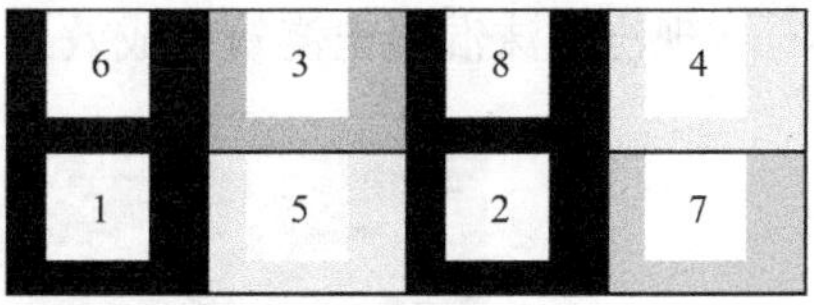

图 3　跳仓法浇筑发泡混凝土示意
（数字为浇筑顺序）

5　质量保证措施

（1）现浇泡沫混凝土混合料搅拌充分搅拌，严格控制用水量。

（2）施工环境温度宜在 5℃以上且避开雨雪天气。浇筑过程中，随时检查发泡混凝土的干密度，现场浇筑的发泡混凝土不得有贯通性裂缝，以及疏松、起砂、起皮等现象。

（3）现场拌和的发泡混凝土进行取样复检，由项目部取样员及监理见证取样，抗压强度、导热系数、干重度等相关技术标准符合《泡沫混凝土》JG/T 266—2011 中的 A04 级。

6　质量验收

现浇泡沫混凝土质量验收允许偏差见表 2。

现浇泡沫混凝土质量验收允许偏差　　**表 2**

项目			允许偏差
表面平整度允许偏差（mm）			±10
裂纹	裂纹长度（mm/m^2）	平面	≤400
		立面	≤350
	裂纹宽度（mm）		≤1
厚度允许偏差（%）			±5
表面油污、层裂、表面疏松			不允许

模板拆除效果见图 4。

图 4　模板拆除后

现浇泡沫混凝土浇筑完成效果见图5。

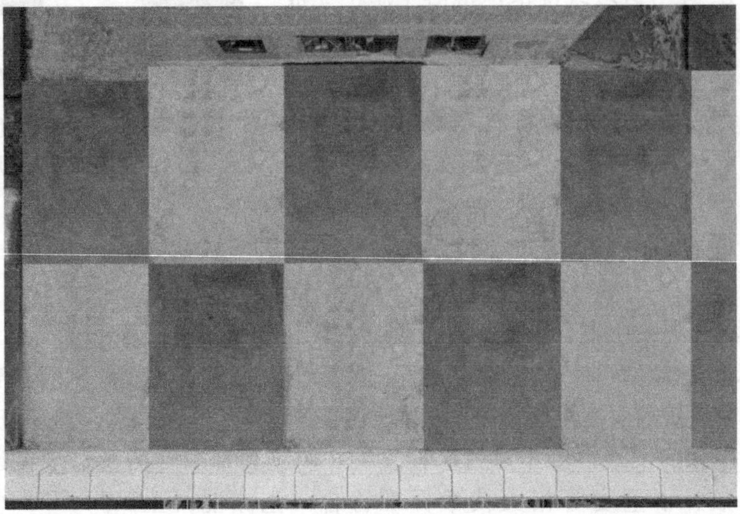

图5 发泡混凝土浇筑完成

现浇泡沫混凝土浇筑完成10d后效果见图6。

图6 现浇泡沫混凝土浇筑完成10d后

7 总结

“分段式现浇泡沫混凝土浇筑方法”的成功创新，极大地提高了现浇泡沫混凝土的施工质量，降低了现浇泡沫混凝土施工完成后的含水率。为下一道施工工序提供了良好的施工基层，得到了操作工人、监理、业主的认可，为工程质量创优奠定了基础。

参考文献

[1] 孔建，王鹏．发泡混凝土整体现浇屋面保温层施工要点研究［J］．建筑建材装饰，2017（4）
[2] 赵卫国，祁立柱，王荣香．条形跳格铺摊灰土垫层的施工方法［P］．国家专利局，2010（10）

[3] 林沛华，许少杰，葛毓东．某工程地下室底板大体积混凝土跳仓法施工技术 [J]. 施工技术，2009 (4)
[4] 宋强，张鹏，鲍玖文，薛善彬，牟世宁，韩向阳. 泡沫混凝土的研究进展及应用 [J]. 硅酸盐学报，49 (02)
[5] 朱红英．泡沫混凝土配合比设计及性能研究. 西北农林科技大学，2013 (4)

作者简介： 杨　刚，男，工程师。主要从事屋面工程质量方面的研究。
杨珍珍，女，助理工程师。主要从事发泡混凝土方面的研究。
王　杰，男，助理工程师。主要从事发泡混凝土方面的研究。

鄱阳湖二桥设计理念与水文地质景观关系的探讨

刘　安

（江西交通咨询有限公司，江西 南昌，330008）

摘　要：鄱阳湖二桥是江西省都昌至九江高速公路都昌至星子段的公路桥梁，系国内高速公路跨内陆湖最长斜拉桥。其横跨有“东方百慕大”之称的鄱阳湖都昌县老爷庙水域，全桥长5589m。其中，主桥采用68.6＋116.4＋420＋116.4＋68.6＝790m的钢-混凝土组合梁双塔五跨双索面斜拉桥。本文以鄱阳湖二桥为例，充分分析该桥设计施工针对鄱阳湖水文地质景观特点。为建设绿色工程、品质工程进行一定程度的技术创新措施，对横跨重要内陆湖泊桥梁所需要关注的问题有针对性地提出合理的推荐方案。

关键词：鄱阳湖二桥；斜拉桥；设计理念；水文地质；景观

Research on the relationship between construction concept and hydrogeological landscape of Poyang Lake Highway Bridge Ⅱ

Liu An

（Jiangxi Transport Consultation Company，Nanchang 330009，China）

Abstract：Poyang Lake Highway Bridge Ⅱ is from Duchang to Xingzi section of Duchang to Jiujiang Expressway in Jiangxi Province. It is the longest cable-stayed bridge of the inland lake across the domestic highway. It spans the waters of Laoye Temple in Duchang County which is known as the “Oriental Bermuda”. The whole bridge is 5589 meters and The main bridge size is 68.6＋116.4＋420＋116.4＋68.6＝790m. This article takes Poyang Lake Highway Bridge Ⅱ as an example. Analysis of the design and construction of the bridge for the hydrogeological landscape characteristics of Poyang Lake. The bridge has carried out technological innovation for the construction of green engineering and quality engineering. Propose a reasonable recommendation for issues that need to be addressed across bridges of important inland lakes.

Keywords：Poyang Lake Highway Bridge Ⅱ；cable-stayed bridge；construction concept；hydrogeology；landscape

引言

2018年10月23日，港珠澳大桥的顺利建成通车标志着我国已经从桥梁大国向桥梁强国转变。我国加快城市化建设的进程的同时，建设“美丽中国”的理念不断清晰，桥梁工程已不仅仅是单纯的交通设施，它还需要成为一道道亮丽的风景，地域文化的载体，历史的见证，甚至是城市精神的象征。新时代桥梁建设追求的是与自然浑然一体的绿色工程、质量和外观相辅相成的品质工程。本文通过对鄱阳湖二桥的设计理念与桥址人文地理、水文地质、环境景观等方面之间的关系，来阐述鄱阳湖二桥品质设计和绿色建设文化。

1 桥梁总体设计

鄱阳湖二桥为江西省都昌至九江高速公路都昌至星子段上的一座特大桥，全桥桥孔布置：19×35＋14×50＋(68.6＋116.4＋420＋116.4＋68.6)＋37×50＋45×35m，全长5589m。主桥采用钢—混凝土组合梁双塔五跨空间双索面斜拉桥，桥孔布置为（68.6＋116.4＋420＋116.4＋68.6)＝790m，L(边)/L(中)＝0.440；副孔采用50m跨径后张法先简支后连续预应力混凝土T梁；引桥采用35m跨径折线配筋先张法预制、后张法简支变连续相结合预应力混凝土T梁[1]。鄱阳湖二桥主孔立面布置图见图1[2]。

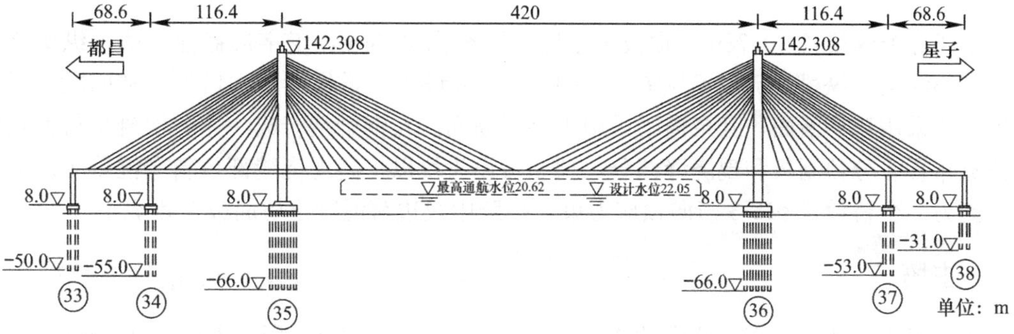

图1 鄱阳湖二桥主孔立面布置图

1.1 主要技术标准

（1）道路等级：双向四车道高速公路，设计行车速度：100km/h。

（2）设计荷载：公路—Ⅰ级。

（3）设计基准期：100年。

（4）设计安全等级：一级。

（5）环境类别：Ⅰ类。

（6）桥面宽度：主孔为整体断面，无风嘴段宽28.0m，设风嘴段宽32.0m；副孔、引桥为分离断面，宽24.5m。

（7）设计洪水频率：1/300，设计水位：22.05m。

（8）桥下通航标准：Ⅱ-(3）级航道；单孔双向通航，通航孔净宽≥400m，净高≥10m。

（9）地震动峰值加速度：0.05g，抗震设防烈度为6度抗震设防措施等级为7级。

（10）设计风速：按百年一遇控制，桥址处基本设计风速v_{s10}＝40m/s，推算至主桥处的设计风速为55m/s。

（11）表类别：A类。

（12）船舶撞击力：主孔主塔按船舶吨级DWT5000t考虑，主孔辅助墩按船舶吨级DWT2000t考虑，主副孔过渡墩按船舶吨级DWT1000t考虑[3]。

1.2 主梁

采用梁、塔分离，并在主塔下横梁上设置支座的半漂浮体系。主梁采用钢-混凝土组合梁，桥梁中心处梁高 3.3m（不计底板厚），设双向 2%的横坡。1/2 主梁标准横断面见图 2。

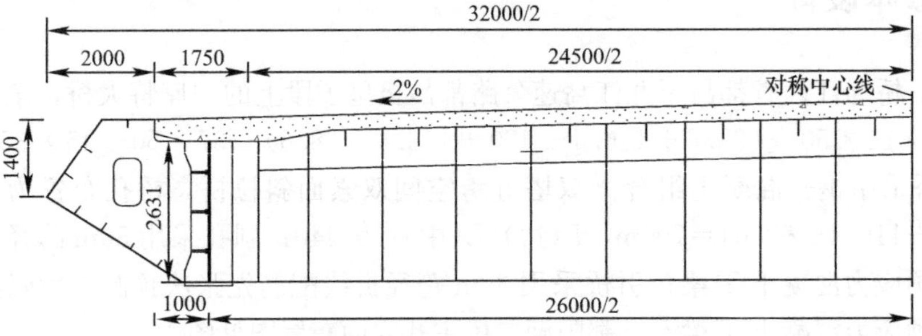

图 2　主梁标准横断面图

主梁标准纵梁长 10.78m，顶板顶至底板顶全高 2.64m，工字形截面。两主纵梁之间设三道小纵梁，纵梁外侧设置风嘴。每间隔 3.6m 设置一道横梁。主塔处、辅助墩及过渡墩顶横梁采用箱形断面，其余横梁采用工字形断面。与钢梁结合成一体的混凝土桥面板沿全桥宽布置，分预制板和现浇缝部分，预制板设齿块以提高现浇缝部位新老混凝土之间的抗剪能力。全桥设置 ϕ15-3 横向预应力束，在跨中及边跨混凝土桥面板布置 ϕ15-7。

1.3 主塔

主塔采用宝瓶型桥塔，两个桥塔塔高均为 137.91m，其中桥面以上高 107.6m，主塔有效高度与主跨跨径之比为 0.256。上塔柱和中塔柱为等截面单室截面，外形尺寸为 7.5m（顺桥向，以下简写为顺）×4.5m（横桥向，以下简写为横）：顺桥向壁厚 1.0m、1.3m；横桥向壁厚 0.8m。下塔柱外形呈线性变化，自下横梁处至塔座顶面顺桥向由 7.5m 渐变为 8.5m，横桥向由 4.5m 渐变为 7.5m；横桥向壁厚 1.3m（外侧）、1.1m（内侧），顺桥向壁厚 1.3m。上塔柱的锚索区布置精轧螺纹粗钢筋作为内环向预应力束，以平衡由斜拉索引起的水平分力。桥塔构造见图 3。

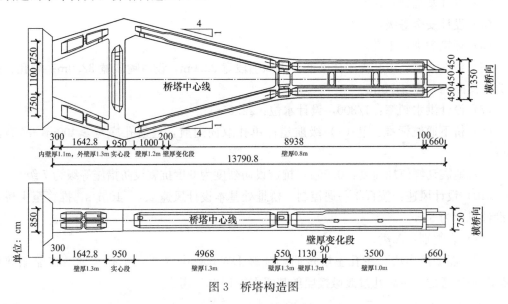

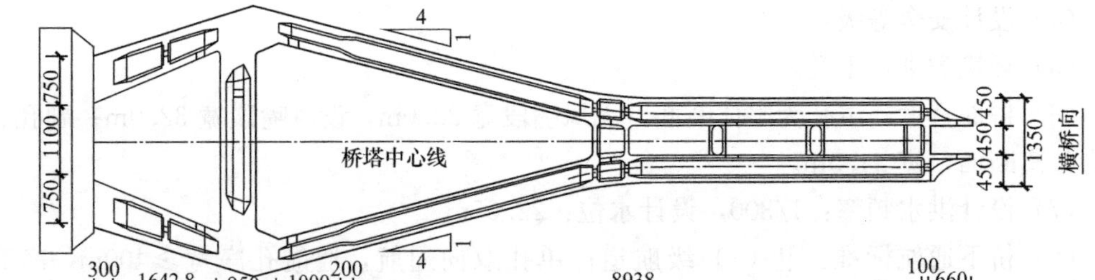

图 3　桥塔构造图

1.4 斜拉索

全桥共 72 对拉索，呈空间双索面扇形布置，梁上索距 10.8m，塔上索距为 3.0～2.3m，最长斜拉索长度约 223m。斜拉索采用高强度平行钢丝。斜拉索最大成桥索力 5521kN。斜拉索在塔端张拉。主塔上锚固采用钢锚箱及直接锚固于塔壁上两种方式；梁端锚固采用锚拉板方式。

2 鄱阳湖二桥设计理念与桥位各因素关系

鄱阳湖二桥横跨鄱阳湖都昌县老爷庙附近水域，该水域有中国“魔鬼三角”“东方百慕大”之称，距离鄱阳湖入长江口约 50km。鄱阳湖多年平均水位为 12.86m，年内水位变幅为 9.79～15.36m，产生“枯水一线，洪水一片”的自然景观，见图 5。桥址水道西北面是与之平行的庐山诸峰，东西两岸为高低起伏的沙丘；使得此处好似一个喇叭口，常年有风，年平均风速可达 7m/s，为内陆罕见。尤其是 9 月至另年 5 月的风荷载较为强劲，全年的大风（≥8 级风）天数有 163d，风荷载强劲且风向紊乱。

图 4　鄱阳湖老爷庙水域风向图

图 5　鄱阳湖“枯水一线，洪水一片”自然景观

设计理念与水文地质：

跨鄱阳湖桥址处控制流域面积占江西省面积的 94%，高水位时水面宽约 5km，为北

部狭长的湖区与南部开阔的湖区的湖面过渡段。老爷庙水域的水文情况复杂，老爷庙上游为开阔的湖面，水面落差不大，流水缓慢，除主槽外，流速都在0.3m/s以下。但到了老爷庙水域后，水面骤然变狭窄，造成水流的狭管作用，使流速逐步增大到1.54～2.00m/s，且在主槽带产生涡流。老爷庙下游是星子到湖口之间长约40km、宽3～5km的狭长水道。针对鄱阳湖特有的水文地质条件，设计上进行了相应的问题难点攻克。

（1）确定最优桥轴线

该湖面过渡段的水面“枯水一条线，洪水一大片”，枯水时主河槽弯曲，洪水、枯水位流向明显不同，为大桥桥轴线选择带来难题。在综合两岸地形地物现状的基础上，以测量成果为基础，进行了水文的专题分析，精准选择出了与洪水合力方向基本垂直的最佳桥轴线。

（2）确定最优通航孔

老爷庙水域历史上沉船事故频发，自然状况下通航条件较差。为确定最优通航孔，前期过程中采用了多种手段和方法进行研究：

1）与当时正在该区域开展水下沉船考古的江西省考古研究所互动，了解并收集历史沉船事故多发的精准区域；

2）与省航务和海事部门及船舶驾驶人员互动，共同探讨沉船事故发生的原因；该结论为在该区域建设桥梁对通航不构成严重影响提供了有力的支撑。鉴于枯水期航道弯曲，与高校合作进行了通航水域的数模分析，并通过对不同通航孔跨径和通航孔不同位置的安全性研究，形成船舶通航模拟试验研究报告，最终合理确定通航孔的位置和孔径，位置见图6。

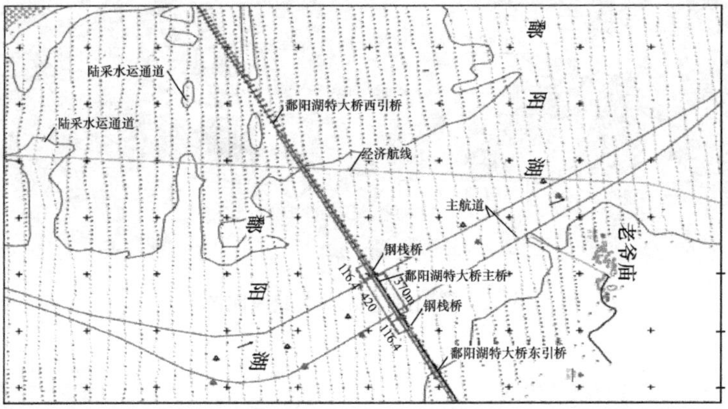

图6　鄱阳湖航道航迹线示意图

（3）制定抗风预案

开展风洞试验的研究，认真制定抗风预案措施，确保桥梁结构安全。桥上设置风屏障，以适应鄱阳湖老爷庙桥位处的异常风荷载，保障车辆在大风环境下行驶的安全性。

3　鄱阳湖二桥设计与地理气候

地貌为砂丘型地貌，由细砂构成的砂丘，呈小圆包袱相连，丘谷呈宽缓的U形谷，地形较缓，为自然剥蚀区。鄱阳湖二桥桥位地处鄱阳湖湖内，枯水季节时，滩涂均为松散堆物，地形平坦。湖岸为丘岗形地貌，地形较缓，全断面呈宽缓U形地形地貌特征。通过系统收集分析区域风荷载等气象资料，得出沉船的主因是因为区域周边特殊的地形地貌：南面是开阔大湖，北面是狭窄的水道，西面是高耸的庐山，东面是低矮的丘陵。该地貌导致常年风荷载强劲且风向多变，再加上水流紊乱并伴随自南向北流向的狭管效应，从而造成古老的风帆船在极端天气条件下的翻沉，现代船舶已基本不存在此类事故，但是风荷载[4]的作用依然很大。因此，从地质勘察和抗震方面做了深入研究。

3.1 针对不良地质，探明桥址地质详情

老爷庙区域存在众多的不良地质，包括岩面剧烈起伏、基岩强度软硬不均、覆盖层软弱松散、两条碳质页岩斜切大夹层，以及数条深大断层等。为摸清桥址复杂的地质条件，采取了多种方法：

（1）工程钻探工作量远超规范要求，其中斜拉桥主塔钻探控制孔深达到 70 余米；

（2）采用井中 CT 物探技术探明碳质页岩斜切大夹层[5]等。这些探测方法使得鄱阳湖二桥桥址水域的自然河床地貌变化规律有了较清晰的呈现，这不仅对工程设计有很大的支持，同时对于老爷庙水域的文化研究有很大的帮助。

3.2 主桥横向抗震设计分析

选址桥位地理位置特殊，根据《公路桥梁抗震设计细则》及《安评报告》，鄱阳湖二桥采用两级抗震设防，即 50 年概率两种水准地震作用下的结构地震响应。对两个概率水平各三组地震加速度时程进行了地震反应分析。通过对计算结果分析发现在 E1 地震作用下过渡墩上的剪力键将会剪断[6]，并且在剪断后，桥梁结构存在桥梁横桥向过渡墩、主塔的桩基以及桥塔的抗震能力不足，并且辅助墩的抗震能力需求比不高等主要问题。为解决以上问题，提出以下几种横向减震方案，进行比较选取，见表 1。

主桥横向减震措施方案比较表 **表 1**

项目		方案一	方案二	方案三
采取减震措施		TSSD 系列横向钢阻尼装置	塔梁横桥向弹性索	横向弧形钢方案
横桥向主塔、桥墩验算	最小能力需求比	1.10	1.46	1.18
	对应工况	E2-Y（35 号墩 L）	E2-Y（35 号墩 R）	E2-Y（36 号墩 L）
	是否通过	是	是	是
横桥向桩基验算	最小能力需求比	0.70	1.06	1.12
	对应工况	E2-Y（35 号墩）	E2-Y（33 号墩 L）	E2-Y（35 号墩）
	是否通过	否	是	是
减震效果		阻尼器能够有效降低桥塔以及桥塔桩基的地震响应，提高能力需求比，但是《TSSD 系列横向钢阻尼装置选型手册》中提供的四种耗能能力较大的阻尼器仍不能满足抗震验算要求。此外，阻尼器存在方向性等一系列问题，实际使用受限	计算确定弹性索的刚度为左塔 1.8E4kN/m，右塔弹性索刚度为 3.8E4kN/m，获得了较理想的计算结果，并且满足抗震验算要求，即弹索方案可以有效地降低结构的地震响应	在过渡墩、辅助墩以及主塔上均设置弧形钢板条的情况下，主塔位置的桩基满足验算要求。并且过渡墩、辅助墩的受力情况比弹性索方案更为有利
施工难易度		施工复杂、难度大	施工简单、难度较小	施工简单、难度小
费用		最高	最低	较高
后期养护		养护最困难、费用最高	养护简单、费用低	养护较困难、费用高

通过表1可以看出，弹性索方案是一种介于塔梁固定和塔梁无约束的弱固定形式，结构刚度降低，周期延长，主梁产生的惯性作用减小，并且主梁惯性力由塔中和塔顶两处传递至塔底，避免了塔梁分离体系中主梁惯性力全部通过塔顶传递至塔底的情况[8]。在适当的弹性索刚度情况下改变力的传递途径，合理分配体系惯性作用，最终使得塔底地震响应降低。该方案技术先进、施工简单，造价也低，具有一定程度的创新。本桥主桥横向减震措施采用该方案。

4 鄱阳湖二桥设计与生态环境

桥址地处长江江豚通道的省级保护区、鳜鱼和翘嘴鲌国家级水产种质资源保护区。由于路线方案的唯一性，导致对长江江豚在鄱阳湖的迁移存在一定影响。为将大桥建设施工和运营对江豚这一国家珍贵水生生物的影响降到最低，开展了相关专题研究，采取措施使得桥梁建设对于长江江豚的迁移影响总体上处于可接受范围之内[7]。

4.1 绿色施工理念融入桥梁建设

为打造景观长廊、和谐大道，保护好鄱阳湖一湖清水，贯彻可持续发展理念，在施工中采用可回收钢材料做临时设施。如：施工便道采用钢栈桥，水下工程施工均采用CT钢管桩围堰，桩基施工杜绝水污染[9]。在桩基施工过程中，所有钻渣与泥浆均采用船只进行回收，回收之后指定地点处置，达到了快速周转且节能、环保的目的，减少了工程施工对自然保护区的干扰，使“少破坏、多保护，少扰动、多防护，少污染、多防治”的施工理念落到实处。

4.2 因地制宜设计涂装体系

鄱阳湖二桥钢结构桥梁涂装体系确定充分考虑到桥位处于生态环境重点保护区域，以及风景秀美的自然景观。钢结构主梁面漆颜色采用飞机灰、钢护栏面漆颜色为乳白色、斜拉索颜色为大红色，整体效果与当地蓼子花风景相互承托，实现项目建设与自然的和谐、统一[10]。同时，考虑到钢结构桥梁最后一道面漆是在桥位施工，为了避免油漆对鄱阳湖污染，制定了桥位涂装方案，与涂装体系一同经过专家评审。

5 结语

鄱阳湖二桥于2015年10月开工，于2019年4月底建成通车。通过全文的阐述可以得出以下结论：

(1) 鄱阳湖二桥地形、地质等自然条件复杂，所在水域水流紊乱、水位变化大、风荷载强劲、风向紊乱，且处于长江江豚迁移通道、水下分布众多文物的鄱阳湖老爷庙水域，桥梁建设条件复杂。

(2) 鄱阳湖二桥在前期选址、设计选型、施工方案等方面，充分考虑人文地理、水文地质、环境景观等因素的影响。通过本文梳理，总结出了一系列可行的优化方案。“涉水范围宽、水位变化大、大风天气多、环保要求高”是跨鄱阳湖桥梁建设项目的特点和难点，该分析结果及相应对策可以运用到其他内陆跨湖泊大型桥梁的建设。

(3) 桥梁建设应秉承“绿水青山就是金山银山”理念，具体问题具体分析，事前、事中、事后都需要贯彻落实。

(4) 现代桥梁建筑已经达到了非常精微的境界，包括其各类景观的单体艺术形象、与自然人文环境完美结合的完整景观体系。对今天而言，都具有很大的现实意义。

参考文献

[1] Qing Zhao. Dynamic model updating of long-span bridge based on optimization design principle under environment excitation [J]. 2011 International Conference on Consumer Electronics, Communications and Networks (CECNet). 2011: 1178-1181

[2] 江西省交通设计研究院有限责任公司. 都九高速公路鄱阳湖第二公路大桥施工图设计 [Z]. 南昌: 2015

[3] 陈建华. 游勇利，刘辉. 支架现浇法塔梁同步施工独塔混凝土斜拉桥仿真分析 [J]. 公路交通科技，2021，38 (12): 64-72

[4] 曹菲. 城市景观桥梁创新设计研究 [D]. 东南大学，2015

[5] W. J. Lewis. A mathematical model for assessment of material requirements for cable supported bridges: Implications for conceptual design [J]. Engineering Structures, 2012, 42

[6] 李艳. 科学发展观视域下的我国桥梁技术创新生态化研究 [D]. 长沙理工大学，2014

[7] Yan Bin; Liu Lili. Discusses the Green Bridge. 2011 International Conference on Electric Technology and Civil Engineering (ICETCE). 2011: 1149-1152

[8] 檀威，李琼. 大跨度钢箱梁斜拉桥自振特性影响因素分析 [J]. 河南科技，2022，41 (06): 69-72. DOI: 10. 19968/j. cnki. hnkj. 1003-5168. 2022. 06. 016

[9] 李碧卿. 观光塔楼式桥塔的人行景观三塔斜拉桥设计 [J]. 现代交通技术，2021，18 (05): 49-54

[10] 李强，凌立鹏，郭昊霖. 拉索布置形式对大跨度三塔斜拉桥竖向刚度的影响研究 [J]. 公路，2021，66 (10): 135-141

作者简介: 刘　安 (1988—)，男，硕士，工程师。主要从事公路与桥梁专业，项目施工管理工作。

碎石排水桩加固深厚软土堰基的可行性研究

张幸幸[1] 宋建正[1] 吴文洪[2] 邓 刚[1]

（1. 中国水利水电科学研究院 流域水循环模拟与调控国家重点实验室，北京，100048；

2. 中国电建集团中南勘测设计研究院有限公司，湖南 长沙，410014）

摘 要： 拉哇水电站上游围堰堰基存在厚度达50m的粉土、黏土沉积层，围堰填筑施工、运行和主坝基坑开挖过程中存在突出的边坡稳定和变形问题。为改善堰基工程性状，保障围堰边坡的稳定性和防渗体系的安全性，拟采用振冲碎石桩进行处理。碎石桩长度达70m，单桩造价高、施工难度大。如何确定合理的桩布置，是本工程的关键问题。本文通过一系列边坡稳定分析和有限元数值模拟来研究这一问题。在现行设计规范的基础上，对边坡稳定分析中的一些问题，包括对不同排水特性材料抗剪强度的计算、复合地基的固结分析，以及复合地基的抗剪强度指标等问题进行了探讨。在设计桩径1m的前提下，通过边坡稳定分析，推荐上游部分堰基桩间、排距为3m，下游部分堰基桩间、排距为2.5m。采用三维有限元分析方法，对推荐方案下上游围堰的填筑施工、挡水和基坑开挖的全过程进行了模拟，模拟结果显示堰体、堰基及防渗体的变形均在可接受的范围内。

关键词： 振冲碎石桩；复合地基；固结分析；边坡稳定分析；有限元模拟

Feasibility study on strengthening deep soft foundation of a cofferdam with gravel drainage piles

Zhang Xingxing[1] *Song Jianzheng*[1] *Wu Wenhong*[2] *Deng Gang*[1]

（1. State Key Laboratory of Simulation and Regulation of Water Cycle in River Basin, China Institute of Water Resources and Hydropower Research, Beijing 100048, China;

2. POWERCHINA Zhongnan Engineering Corporation Limited, Changsha 410014, China）

Abstract: The foundation of the upstream cofferdam of Lawa hydropower station contains silt and clay deposits with a thickness of 50m. There will be serious slope stability and deformation problems during the construction of the cofferdam and the evocation for the pit of the main dam. Vibro-Replacement gravel piles are proposed for treatment of soft silt and clay, to improve the engineering property of the foundation, and to ensure the stability of cofferdam slope and the safety of anti-seepage system. The length of the gravel piles exceeds 70m. The cost of single pile is high and the construction is difficult. How to determine the reasonable arrangement of piles is important for this project. A series slope stability analyses and finite element simulation are performed for this problem. Based on the current design code, some problems in slope stability analysis are discussed, including the calculation of shear strength of materials with different drainage characteristics, consolidation analysis and shear strength index of composite foundation. Through slope sta-

bility analyses, the recommend spacing of piles for the upstream part of the foundation is 3m, and for the downstream part is 2m, with the premise the design pile diameter is 1m. Then, the whole process of filling construction, the rising of the upstream water level and the evocation of the downstream pit is simulated through 3D finite element analysis. The simulation results shows that the deformation of the cofferdam, the foundation, the geomembrane and the impervious wall is acceptable.
Keywords: vibro-replacement gravel pile; composite foundation; consolidation analysis; slope stability analysis; finite element simulation

引言

拉哇水电站位于金沙江上游，属一等大（1）型工程，挡水建筑物为混凝土面板堆石坝，坝址存在深厚堰塞湖沉积层。坝体施工采用围堰一次拦断河床、隧洞导流的方式，上游土石围堰总高约 59m，堰基采用混凝土防渗墙防渗，基坑开挖完成后围堰～基坑联合边坡的高度达到 132m[1,2]。

图 1 给出了拉哇水电站上游围堰的典型剖面，该图展示的是基坑开挖完成的情况。堰基覆盖层最大厚度超过 70m，由河流冲积物、崩塌堆积物、坡积物、湖相沉积物等组成，上部和下部为透水性较强的砂砾石，中部为厚度约 50m 的湖相沉积粉土和黏土（图 1 中的 Q^{l-3}、Q^{l-2}层），其厚度大、承载力低、压缩性高、抗剪强度低、渗透系数低，工程性状差[3]。如地基不进行处理，将面临以下问题：

（1）边坡稳定问题——围堰填筑过程中堰基来不及排水，堰基可能产生较高的孔隙水压力，导致边坡失稳：采用总应力法分析得堰基不处理情况下，施工期围堰下游边坡的稳定安全系数仅约为 0.579[4]；

（2）变形问题——堰基发生过大的变形，可导致堰基防渗墙和堰体防渗土工膜的破坏，从而进一步导致渗透破坏。

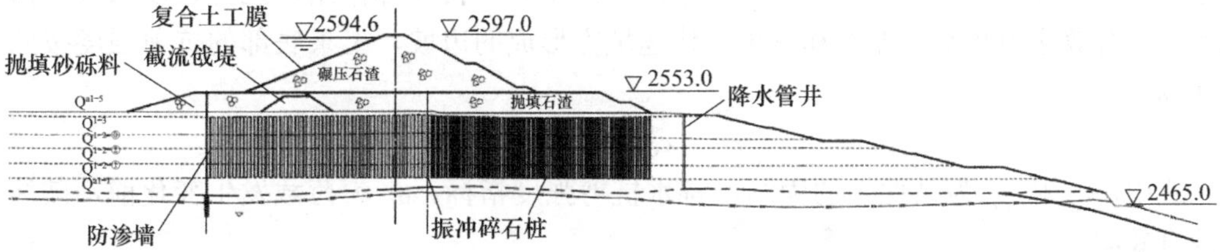

图 1　拉哇水电站上游围堰示意图

引入排水桩体（如砂桩、碎石桩）加固软土地基是一种行之有效的方法，我国在采用排水桩加固软土坝基方面已有成功的经验，如：浙江慈溪杜湖水库大坝[5]、河南出山店水库大坝坝基均采用了砂桩处理[6]，云南务坪水库大坝坝基采用了振冲碎石桩处理[7]。拉哇水电站上游围堰堰基拟采用振冲碎石桩进行处理。该工程相比以往的土石坝软基加固工程，除加固深度大、施工难度大之外，还有以下突出难点：

（1）围堰填筑工期限制：拉哇水电站上游围堰与一般土石坝不同，一旦截流拦断河床，必须在一个枯水期（大约 6 个月）内填筑完成，一般土石坝工程中通过减缓填筑速率来控制坝基孔隙水压力的做法在高围堰中作用有限；

（2）地基处理工期限制和经济性限制：拉哇水电站上游围堰堰基覆盖层深厚，加固碎石桩桩长达到 70m，施工难度居国际领先水平，单桩造价高昂；同时，为保证水电站主体工程施工，围堰地基处理需要在 2 个枯水期内完成。

综合以上两点，拉哇水电站上游围堰堰基碎石桩的密度受到地基处理工期和经济指标的限制，同时围堰填筑速率也较高，因而即使采用碎石桩处理，也不具备等待堰基超静孔隙水压力基本消散完成的条件，需要在允许堰基存在一定超静孔隙水压力的情况下，搜寻能够满足安全性要求前提下最为经济、可行的方案。

稳定和变形问题是决定拉哇水电站上游围堰是否满足安全要求的关键问题，本研究包括该围堰的边坡稳定性研究和围堰～堰基变形特性的研究。研究思路为，先基于边坡稳定分析，得出能够满足边坡稳定性要求、经济技术可行的堰基处理方案，再通过有限元数值模拟对推荐方案进行进一步的验证。本文将围绕这两个关键问题分别叙述。

1 边坡稳定分析

1.1 边坡稳定分析方法

（1）总应力法与有效应力法

滑面上的抗剪强度根据莫尔-库伦理论计算，根据采用抗剪强度指标的不同，可分为有效应力法和总应力法。有效应力法指，在可以确定孔隙水压力的情况下，土的抗剪强度 τ_f 应采用土条底部有效应力和土的有效抗剪强度指标计算，即：

$$\tau_f = c' + \sigma' \tan\varphi' = c' + (\sigma - u)\tan\varphi' \tag{1}$$

式中：c'和 φ'分别为土的有效抗剪强度指标，可取固结排水剪切试验（CD 试验）指标；σ'和 σ 分别为当前土体的有效应力和总应力；u 为孔隙水压力。

总应力法在国外也称为“$\varphi=0$”法，该方法由 Skempton[8] 提出，其原理是在软黏土地基上进行快速填方时，地基来不及排水，上部荷载只能引起地基孔隙水压力的增加、不引起有效应力和抗剪强度的增加，相当于内摩擦角 φ 不再发挥作用，抗剪强度取决于荷载施加前的有效应力状态。即饱和黏土上快速填方形成的边坡，土条底部的抗剪强度按照下式计算：

$$\tau_f = c_{cu} + \sigma_c' \tan\varphi_{cu} \tag{2}$$

式中，c_{cu}和 φ_{cu}为黏性土的固结不排水抗剪强度指标；σ_c' 为荷载发生变化前，破坏面上的有效应力。

拉哇水电站上游围堰的情况更为复杂，不同区域的材料属于不同的情况：堰体和堰基透水性较强的砂砾石层，在围堰施工过程中可以认为是充分排水的；天然黏土和粉土沉积层，渗透系数较小，可以认为在围堰施工运行和基坑开挖过程中是不排水的；采用碎石桩处理后的黏土和粉土层，则介于上述两种情况之间，围堰施工过程中能够排出一部分孔隙水，但仍存在一部分超静孔隙水压力。

为此，我们在分析过程中采用了一种总应力法和有效应力法综合的方式：

1）堰体和堰基砂砾石层：采用有效应力法计算滑面上的抗剪强度，孔隙水压力为零或按照地下水位计算；

2）天然黏土和粉土层：认为围堰施工和使用过程中不排水，采用总应力法计算滑面上的抗剪强度；

3）碎石桩与黏土或粉土构成的复合地基：采用有效应力法计算滑面上的抗剪强度，

孔隙水压力通过固结分析确定。

图 2 给出了各个区域的透水性和抗剪强度计算方法。

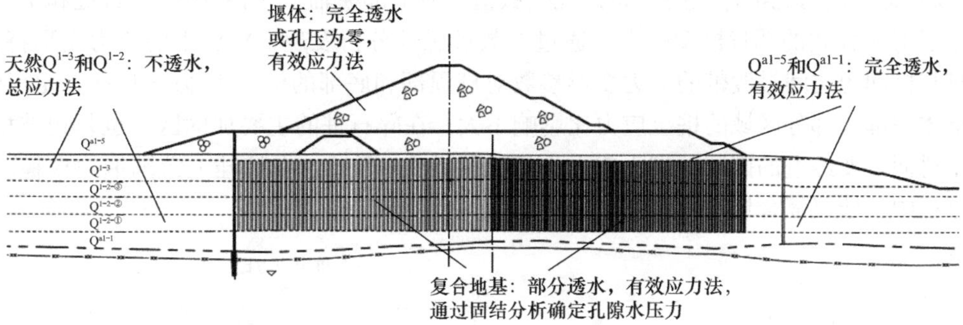

图 2　不同区域材料的透水性和抗剪强度计算方法

（2）数值分析方法

按照《水电工程边坡设计规范》NB/T 10512—2021 的规定，边坡稳定分析宜采用极限平衡理论的下限解法，包括简化的 Bishop 方法、Morgenstern-Price 法（简称 M-P 法）、不平衡推力方法、Sarma 等[9]。本研究采用了两种方法：

1）不考虑滑弧是否沿着软弱面，假设滑面为圆弧形，采用简化的 Bishop 方法进行分析；

2）假设滑弧经过某一软弱面，用多段线模拟，采用 Spencer 法进行计算。安全系数取上述两种情况的较小值。Spencer 法是 M-P 法的一个特例，假设作用在土条垂直边上的总作用力与水平线的夹角常数，绝大多数情况下，这一假设对边坡稳定安全系数的影响很有限[10]。本研究开始采用了 Spencer 法进行各工况下的边坡稳定分析，对于安全系数较小的控制性工况，再采用 M-P 法进行了校核。

1.2　复合地基的抗剪强度指标

在边坡稳定分析中，将碎石桩处理后的复合地基作为均质体来考虑，需要求得复合地基的等效抗剪强度指标。本研究中，复合地基的抗剪强度指标按照《水电水利工程振冲法地基处理技术规范》DL/T 5214—2016[11]的规定来计算，即复合地基的等效黏聚力 c_{sp} 与等效内摩擦角 φ_{sp} 分别按照式（3）和式（4）计算：

$$\tan\varphi_{sp} = m\mu_p \tan\varphi_p + (1 - m\mu_p)\tan\varphi_s \tag{3}$$

$$c_{sp} = (1 - m\mu_p)c_s \tag{4}$$

式中：m 是置换率；φ_p 是碎石桩的内摩擦角；φ_s 和 c_s 分别是桩间土的内摩擦角和黏聚力；μ_p 是应力集中系数，按照下式计算：

$$\mu_p = \frac{n}{1 + m(n-1)} \tag{5}$$

其中，n 为桩土应力比。

桩土应力比是一个重要的参数，其直观含义是复合地基中桩与土的竖向应力之比。《建筑地基处理技术规范》JGJ 79—2012[12]中建议“可按地区经验确定”，而在《水电水利工程振冲法地基处理技术规范》DL/T 5214—2016[11]则建议“无实测资料时可在 2～4 之间取值”。然而，拉哇水电站上游围堰堰基加固碎石桩长度达到 70m，已经突破了已有经验。为了确定拉哇水电站上游围堰复合地基的桩土应力比，开展了有限元模拟图 3(a) 所示的有限元模拟。图 3(b) 假设有效桩径为 1m、单桩影响范围直径为 3m 时，有限元分析得到的围堰填筑完成时，复合地基中碎石桩与土的竖向应力分布情况（数值对应下部横轴），以及桩土应力比沿桩长的分布情况（数值对应上部横轴）。研究中，碎石桩和土的模拟采用了 E-B 模式的邓肯模型[13-14]。通过参数敏感性分析发现，桩底土的应力变形特性、碎石桩与桩间土之间过渡带的应力变形参数对桩顶部和底部的桩-土应力比存在一定影响，但对桩体中部大部分区域的桩土应力比影响不大。在碎石桩的主要加固区，也是边坡稳定分析中滑面主要经过的区域，桩土应力比的值接近 2。因此，在拉哇上游围堰边坡稳定分析的过程中，建议复合地基的桩土应力比取 2。

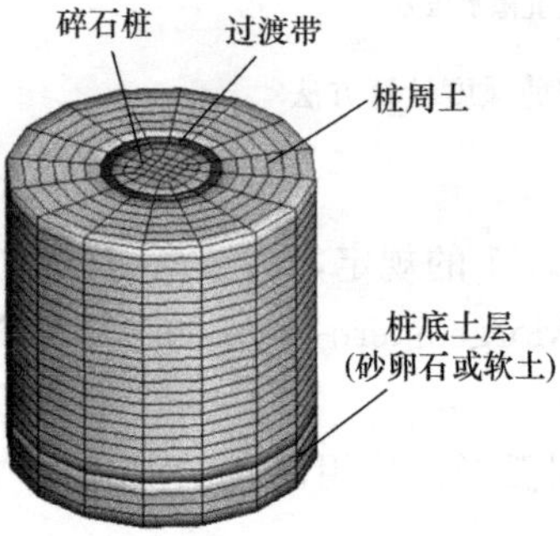

(a) 有限元模型

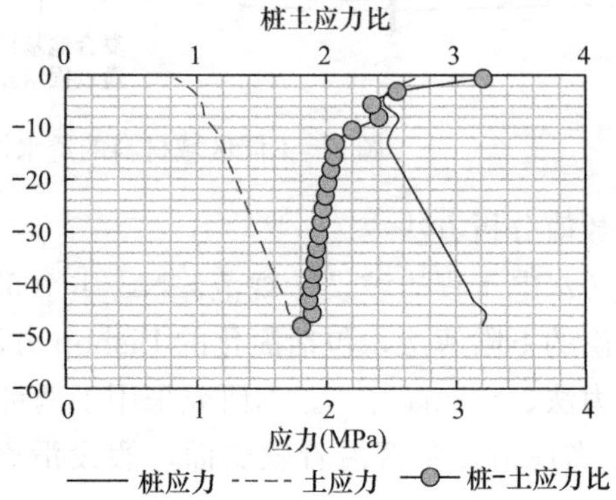

(b) 桩-土应力分布情况

图 3　有限元模拟复合地基中的桩-土应力分布情况

1.3　固结分析方法

软土地基中的碎石桩可以起到竖向排水井的作用，其固结问题可以简化为轴对称问题来求解，Barron[15]较早求出了等应变和竖向应变条件下的解，Hansbo[16]、Yoshikuni[17]等也给出了类似形式的解。谢康和等[18]对上述解进行了讨论，修正了其中的不足之处，给出了更为严密的解析解。本文的固结分析采用了谢康和等提出的解，由于软基厚度较大，按照《地基处理手册》[19]的建议，忽略了竖向固结度，而仅考虑径向固结度，具体形式如下：

$$\overline{U} = 1 - \frac{8}{\pi^2}\exp\left(-\frac{8C_h t}{F d_e^2}\right) \tag{6}$$

式中，$\overline{U}$ 为土的平均固结度；C_h 为土的水平固结系数；d_e 为井的影响区直径；H 为土层厚度，当软土层上、下均有排水层时取软土层厚度的一半；F 为一个综合因子，可以表示为：

$$F = F_n + F_s \tag{7}$$

式中，F_n 反映的是井径比的影响；F_s 反映的是涂抹效应，取决于涂抹区与排水井的直径比以及涂抹区和桩间土的渗透系数之比。

固结度的理论公式适合于荷载一次性瞬时施加的情况。而实际工程中，荷载往往是分级逐渐施加的。对于荷载变化情况下土层的固结度计算，太沙基、亨德生、竹治新助等提出过不同的修正方法；曾国熙等对上述方法进行了讨论，并结合一些实际工程的沉陷观测进行了比较[20]。与上述文献的目标不同，本文固结分析的目的不是计算沉降，而是确定堰基内的孔隙水压力，因而采用了直接积分的方式。假设 t_0 至 $t_0+\Delta t$ 内荷载的增量为

Δp，则 t 时刻（$t>t_0$）地基内由 Δp 引起的平均孔隙水压力 $\Delta\bar{u}_p$ 为：

$$\Delta\bar{u}_p = \Delta p[1-\overline{U}(t-t_0)] \tag{8}$$

上部荷载为时间的函数，表示为 $p=p(t)$，则地基的平均超静孔隙水压力 $\bar{u}_p$ 可以按照下式计算：

$$\bar{u}_p = \int_0^t \frac{\partial p}{\partial t_0}[1-\overline{U}(t-t_0)]\mathrm{d}t_0 \tag{9}$$

按照施工计划，我们可以得出堰基不同位置处地表荷载的变化过程。图 4(a) 标出了典型的地表位置，图 4(b) 则是对应图 4(a) 中不同位置的地表荷载变化过程。于是，可以进一步按照式（9）数值积分，得到堰基内各个土层的平均超静孔隙水压力变化过程。对于不同桩径、桩间距的情况，计算得到的平均超静孔隙水压力时程是不同的。图 5 给出了一个典型计算结果：碎石桩有效直径为 1m、桩间排距为 3m 时，分析得到 $Q^{1\text{-}2\text{-}①}$ 层复合地基中的平均超静孔隙水压力的变化过程。

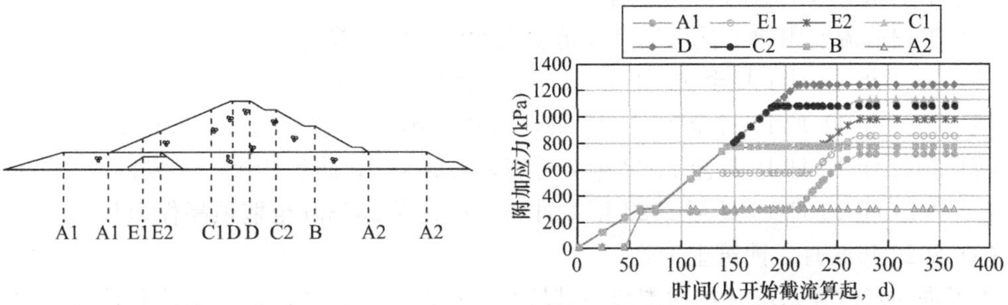

(a) 地表荷载计算位置　　(b) 不同位置的地表荷载变化过程

图 4　堰基不同位置表面荷载的变化过程

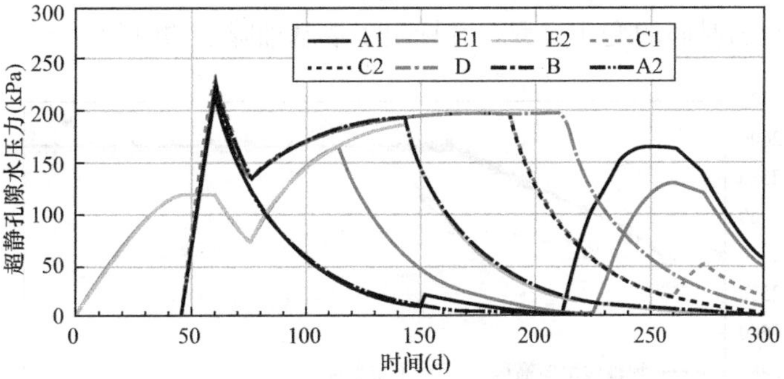

图 5　桩径为 1m、桩间距为 3m 时 $Q^{1\text{-}2\text{-}①}$ 层复合地基中的平均超静孔隙水压力变化过程

1.4　边坡稳定分析软件

边坡稳定分析在中国水科院开发的土质边坡稳定分析程序 STAB（2018）上进行。该软件提供了内插孔隙水压力网格的功能（图 6）。采用本文 1.2 节所述的固结分析方法，可以计算得到典型网格节点上的平均超静孔隙水压力，与静水压力叠加后得到总孔隙水压力。将各节点的总孔隙水压力导入软件，形成孔隙水压力网格，程序可以自动内插计算每个土条底部的孔隙水压力。

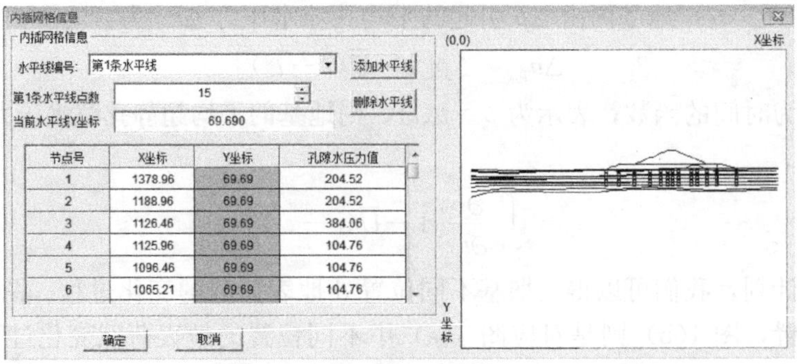

图 6　STAB 程序中内插孔隙水压力网格的示意图

1.5　边坡稳定分析的工况和安全系数控制标准

拉哇水电站上游围堰的施工计划如下：

（1）工程截流前用两个枯水期完成地基振冲碎石桩的施工；

（2）2021 年 10 月 1 日至 11 月 15 日，截流戗堤预进占至合龙；

（3）2021 年 11 月 16 日至 12 月 15 日，历时 30d，堰体填筑至 2553m 高程；

（4）2021 年 12 月 16 日至 2022 年 2 月底，历时 75d，防渗墙施工完成；

（5）2021 年 12 月 16 日至 2022 年 4 月底，自高程 2553m 至堰顶高程 2597m；

（6）2022 年 5 月，铺筑土工膜。

为了进一步增强基坑开挖后围堰～基坑联合边坡的稳定性，拟在基坑开挖前对围堰堰基进行抽排水处理。排水井设在堰体下游反压平台上。计划 2022 年 3 月份，完成降水管井施工、基坑抽水；2022 年 4 月 1 日开始基坑开挖的同时，开始抽水；2022 年 4 月 20 日完成碎石桩内含水量抽排（不含底部 Q^{al-1} 层饱和水）。图 7 标出了围堰堰体高程、上游水位、基坑开挖高程随时间的变化过程，并标出了堰基抽降水的时间。

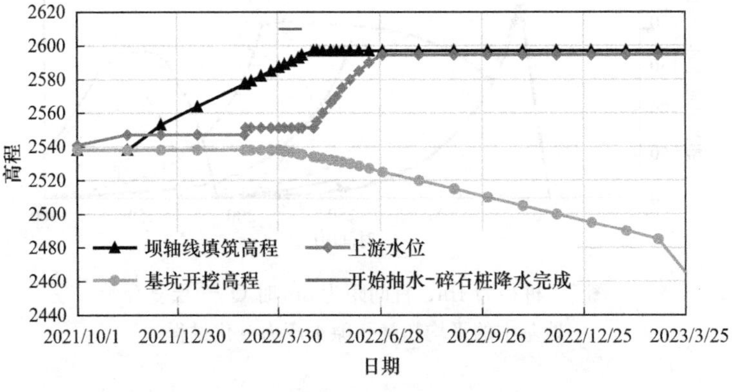

图 7　围堰填筑、挡水、基坑开挖过程和堰基抽降水时间示意图

在堰基抽水前，地下水位位于堰基表面，复合地基的有效应力取决于浮重度；堰基抽水完成后，碎石桩内的水疏干，地下水位下降至桩底，但桩间土仍处于近饱和状态，复合地基的有效应力将取决于桩间土的饱和容重。堰基抽水，相当于将抽水前复合地基受到的浮力施加到了复合地基上。由于堰基抽降水过程较快，分析时以堰基抽水完成时刻为起点，认为抽水在此时瞬时间完成。于是，也可按照 1.2 节所述的砂井固结理论来计算堰基的固结度，并进一步得到各个时刻堰基内典型节点上的孔隙水压力。

围堰边坡稳定的安全系数控制标准参照《碾压式土石坝设计规范》DL/T 5395—2018对3级土石坝的有关规定执行。根据施工计划过程，选择进行边坡稳定分析的控制性工况如下：

（1）施工期堰体填筑至2553m高程的时刻；

（2）施工期堰体填筑完成时刻；

（3）基坑开挖完成后的运行期。考虑堰基抽排系统存在因停电等原因暂时失效的可能性，在上述3个控制性工况之外，还要求满足，抽排系统完全失效（即基坑开挖时堰基碎石桩处于饱水状态）的情况下，围堰～堰基联合边坡稳定安全系数不得小于1.15。边坡稳定分析的控制性工况和安全系数控制标准汇总于表1。

边坡稳定分析的控制工况和安全系数控制标准 **表1**

编号	对象	工况	安全系数控制值
1	围堰上、下游边坡	围堰填筑至2553m高程	1.20
2	围堰上、下游边坡	填筑完成	1.20
3	基坑开挖后的围堰-基坑联合边坡	抽水系统正常运行	1.30
4	基坑开挖后的围堰-基坑联合边坡	抽水系统故障	1.15

1.6 分析结果与地基处理方案优化

经过施工单位试桩后，推荐采用的桩直径为1.2m，由于振冲碎石桩桩体并非理想的圆柱体，而是与桩周土有一定的嵌入。为了不过高估计排水桩的截面积，设计时考虑的有效桩直径为1m。设计地基处理方案之初，并不能确定采用什么样的桩密度能够使边坡稳定，只能采取逐步试算的方法。采用了如下的试算思路：

（1）假设地基均采用均一的桩间距进行试算，筛选上游边坡、下游边坡分别满足表1所列边坡稳定安全系数控制标准所需的最小桩密度；

（2）根据上、下游边坡分别满足边坡稳定安全系数控制标准的临界滑弧来确定不同区域的桩密度，形成推荐的地基处理方案；

（3）对地基处理方案进行进一步的验证。

均一桩密度的边坡稳定分析结果列于表2。由于防渗墙上游堰基不处理，而围堰填筑至2553m高程时上游边坡的临界滑弧又限制在防渗墙上游的局部，故而该工况下上游边坡的稳定性不受桩间距影响。堰基桩间距为3m时，围堰填筑完成时刻，上游边坡的稳定安全系数刚好为1.20，因此，建议上游部分堰基的桩间距不小于3m。堰基抽排系统正常的情况下，围堰～基坑联合边坡的稳定安全系数相比抽排系统故障工况下有显著提高，因此，抽排系统故障工况是围堰～基坑联合边坡的稳定性的控制工况。由于桩间距为3m时，抽水系统故障下围堰～基坑的联合边坡稳定安全系数小于1.15，因此，需要对下游部分的堰基进行加密。初步考虑加密区的桩间距为2.5m，根据桩间距为3m时抽排系统故障工况下安全系数小于1.15的滑弧的分布范围，选择加密范围的宽度为175m。对于两种桩间密度组合的方案，对加密区的桩间距进行了进一步的试算（如表4所列）。最终推荐的下游加密区的桩间距为2.5m，也就是本文图1所示的方案。对推荐方案各典型工况的边坡稳定安全系数进行了验算，结果汇总于表4。可以看到，各工况下的边坡稳定安全系数都是满足表1的要求的。根据推荐方案测算，需要碎石桩的总数量为2173根，总长63016m，工程量较大，但经过施工单位评估，可以在两个枯水期内完成施工[3]。

均一桩间距方案的边坡稳定分析结果　　表2

对象	工况	安全系数			备注
		桩间距3m	桩间距2.5m	桩间距2m	
围堰上游边坡	围堰填筑至2553m高程	1.20	1.20	1.20	防渗墙上游不处理
围堰下游边坡		1.25	—	—	42.5
围堰上游边坡	填筑完成	1.20	1.44	1.50	39.6
围堰下游边坡		1.26	1.60	1.67	39.1
围堰-基坑联合边坡	抽水系统故障	1.10	1.25	1.37	40.7
围堰-基坑联合边坡	抽水系统正常运行	—	1.58	—	38.9

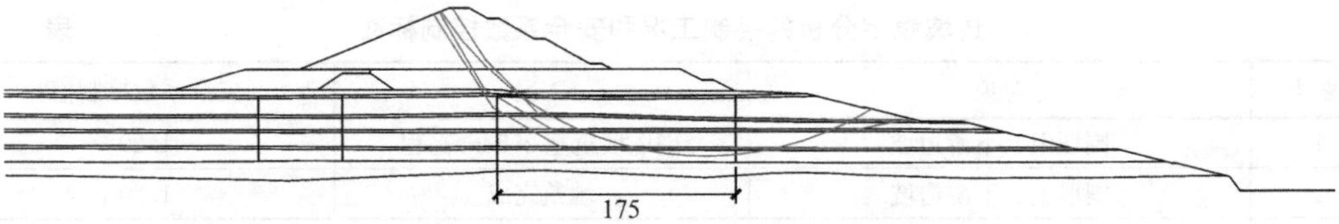

图8　堰基碎石桩加密区范围与下游坝坡临界滑弧的关系示意图

不同加密方案的围堰-基坑联合边坡稳定分析结果　　表3

对象	工况	安全系数		
		桩间距2.6m	桩间距2.5m	桩间距2.4m
围堰-基坑联合边坡	抽水系统故障	1.13	1.16	1.19

推荐方案各典型工况下的边坡稳定分析结果　　表4

对象	工况	安全系数
围堰上游边坡	围堰填筑至2553m高程	1.20
围堰下游边坡		1.61
围堰上游边坡	填筑完成	1.20
围堰下游边坡		1.37
围堰上游边坡	挡水运行	1.55
围堰-基坑联合边坡	抽水系统故障	1.16
围堰-基坑联合边坡	抽水系统正常运行	1.58

2　变形分析

2.1　有限元模型及分析参数

根据拉哇水电站上游围堰堰址处地形和地质剖面图，以及拉哇上游围堰的设计断面，建立三维有限元模型。堰基天然土层和堰体填筑材料采用邓肯E-B模型[14]模拟，其参数通过对三轴试验成果的统计获得，列于表5。经过碎石桩处理后形成的复合地基，其应力变形参数通过反演分析获得，列于表6。限于篇幅，本文不再介绍复合地基的参数反演过程。塑性混凝土防渗墙采用了线弹性模型模拟，采用的弹性模量为2500MPa，泊松比为0.2。

堰基的渗透固结过程是本工程应力变形分析必须考虑的内容，本研究采用了基于比奥固结理论的渗流-固结全耦合方法，模拟从围堰填筑施工、到上游水位升高和下游基坑开挖完成的全过程（具体时间过程如 1.4 节所述和图 7 所示）。在渗流-固结全耦合的分析中，土层的渗透系数，对孔隙水压力的消长过程、土体有效应力的变化过程有直接影响，从而也影响了堰体及堰基的变形发展过程。

天然土层的渗透系数是按照现场实测的固结系数反算的。渗透试验和固结试验受试样缺陷和尺寸效应的影响不同，在以预测软土超静孔隙水压力及应力变形发展过程为主要目的数值分析中，我们建议根据固结试验测得的固结系数来反算渗透系数[22]。各材料的渗透系数列于表 5 的第 2 列。

复合地基的渗透性按照各向异性处理，水平渗透系数取为天然软土层的渗透系数，垂直渗透系数按照如下过程进行反演：

（1）按照砂井固结理论计算复合地基的固结度随时间的变化过程；

（2）将复合地基视为等效均质体，按照太沙基一维固结理论计算复合地基的固结度随时间的变化过程，调整均质体的等效渗透系数至与砂井固结理论计算的结果基本一致。有限元分析过程中复合地基的渗透系数列于表 6 的第 2 列。

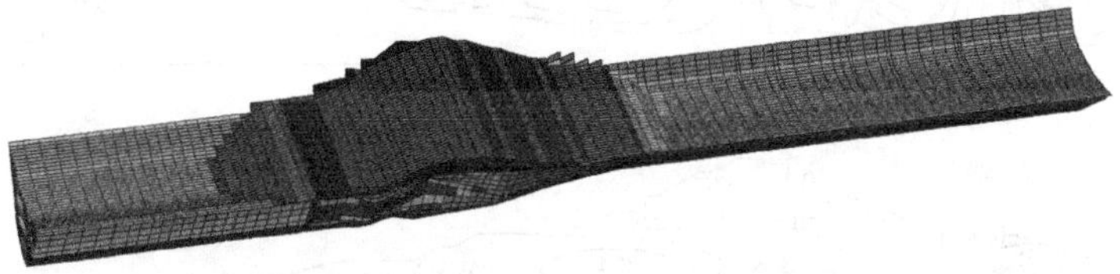

图 9 堰体及堰基整体有限元模型

堰体及堰基天然材料的有限元应力变形分析参数 **表 5**

材料	渗透系数（cm/s）	ρ(g/cm³)	c(kPa)	φ(°)	K	n	R_f	K_{ur}	K_b	m
堰体石渣料	0.05	2.24	0	38	900	0.25	0.85	1500	393	0.22
堰体砂砾料	0.05	2.06	0	32	1000	0.28	0.75	1200	400	0.22
Q^{al-5}	0.5	2.1	0	35	1000	0.35	0.80	1200	340	0.2
Q^{l-3}（天然）	5.3×10^{-8}	1.84	28.7	22	125	0.57	0.68	150	90	0.56
$Q^{l-2-③}$（天然）	5.9×10^{-8}	1.82	45	20	87	0.58	0.62	105	60	0.58
$Q^{l-2-②}$（天然）	5.9×10^{-8}	1.83	31	21	100	0.56	0.65	120	73	0.56
$Q^{l-2-①}$（天然）	6.1×10^{-8}	1.82	42	20	85	0.57	0.63	102	60	0.57
Q^{al-1}	0.03	2.05	0	36	1000	0.35	0.80	1200	340	0.2
振冲碎石桩	0.01	2.09	0	38	900	0.25	0.85	1500	393	0.22

复合地基的有限元应力变形分析参数 **表 6**

置换率（%）/桩间距	桩间土	等效竖向渗透系数（cm/s）	ρ (g/cm³)	c (kPa)	φ(°)	K	n	R_f	K_{ur}	K_b	m
8.7/3m	Q^{l-3}	8×10^{-6}	1.887	70.98	28.03	455	0.507	0.885	910	102.8	0.592
	$Q^{l-2-③}$	8×10^{-6}	1.895	98.14	26.76	331	0.563	0.858	662	66.4	0.653
	$Q^{l-2-②}$	8×10^{-6}	1.887	76.96	27.24	383	0.519	0.871	766	82.8	0.612
	$Q^{l-2-①}$	8×10^{-6}	1.903	93.26	26.53	330	0.553	0.859	660	66.7	0.644
12.5/2.5m	Q^{l-3}	1.2×10^{-5}	1.880	75.8	26.75	382	0.526	0.873	764	97.5	0.584
	$Q^{l-2-③}$	1.2×10^{-5}	1.863	106.42	25.27	272	0.571	0.837	544	63.6	0.63
	$Q^{l-2-②}$	1.2×10^{-5}	1.871	82.61	25.83	315	0.533	0.854	630	78.6	0.597
	$Q^{l-2-①}$	1.2×10^{-5}	1.863	101.01	25.01	270	0.561	0.838	540	63.8	0.621

2.2 主要分析结果及评价

（1）堰体及堰基的变形

图 10 和图 11 分别给出了围堰填筑完成、上游水位达到设计水位和围堰下游基坑开挖完成 3 个典型时刻下，堰体和堰基河谷中间断面（桩号 0+000）的顺河向水平位移和竖向位移分布情况。本文中顺河向水平位移以向下游为正，左右岸水平位移以向右岸为正，竖向位移以向上为正。堰体-堰基的最大沉降出现在接近堰基表面附近，由于下游部分堰基采用了更密的碎石桩、复合地基的整体刚度较大，因此上游堰基表面的沉降大于下游堰基表面的沉降。根据本文所述的三维有限元分析，围堰填筑完成、上游水位达到设计水位和围堰下游基坑开挖完成 3 个典型时刻，堰体和堰基的最大沉降分别为 3.15m、3.38m 和 3.40m。堰体竣工后的沉降增加值约为 0.25m，与堰体高度的比值约为 0.4%。

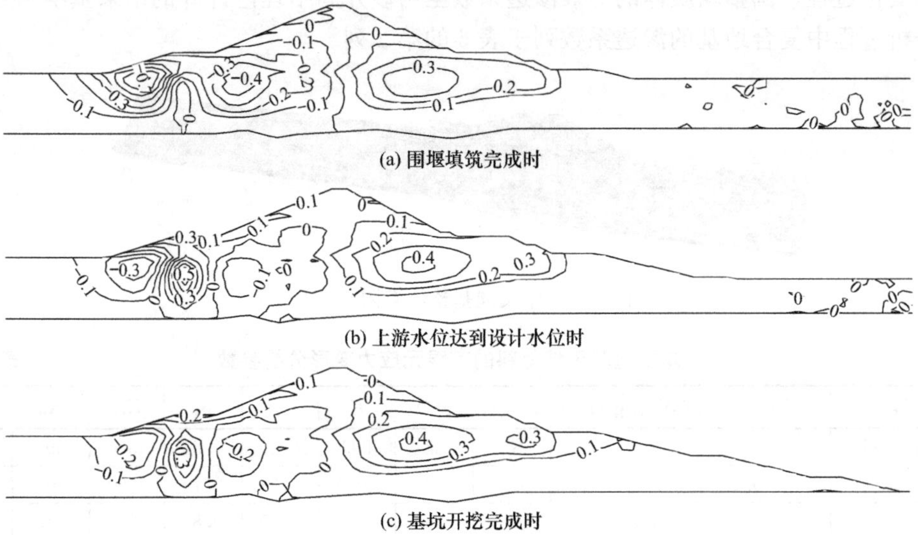

(a) 围堰填筑完成时

(b) 上游水位达到设计水位时

(c) 基坑开挖完成时

图 10　典型断面上的顺河向水平位移分布（单位：m）

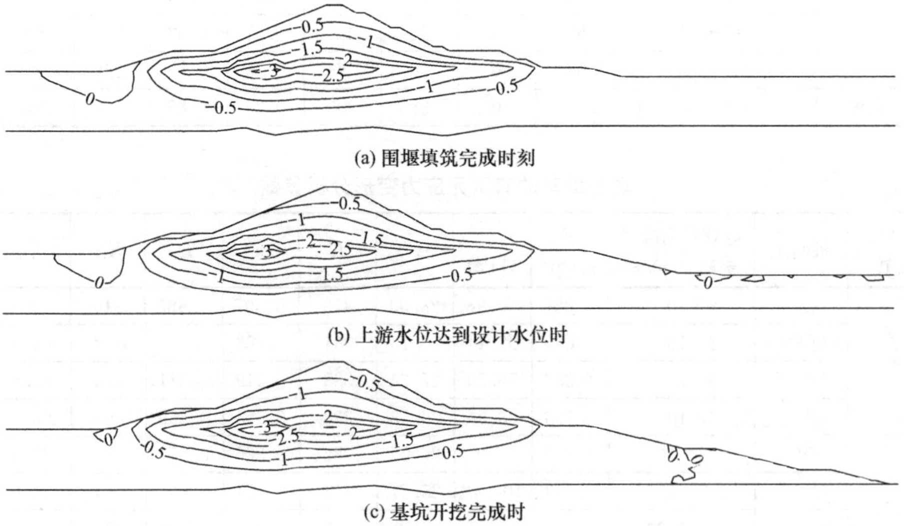

(a) 围堰填筑完成时刻

(b) 上游水位达到设计水位时

(c) 基坑开挖完成时

图 11　堰体及堰基典型断面上的竖向位移分布（单位：m）

（2）防渗体的变形

根据有限元分析结果，防渗墙、土工膜的变形主要由上游水压力引起，下游基坑开挖过程的影响不大。图 12 为基坑开挖完成后，防渗墙的位移分布情况。防渗墙的变形以顺河向下游的位移为主，顺河向水平位移的最大值约为 0.51m（以防渗墙完工为起点计算），与防渗墙高度之比约为 0.6%。

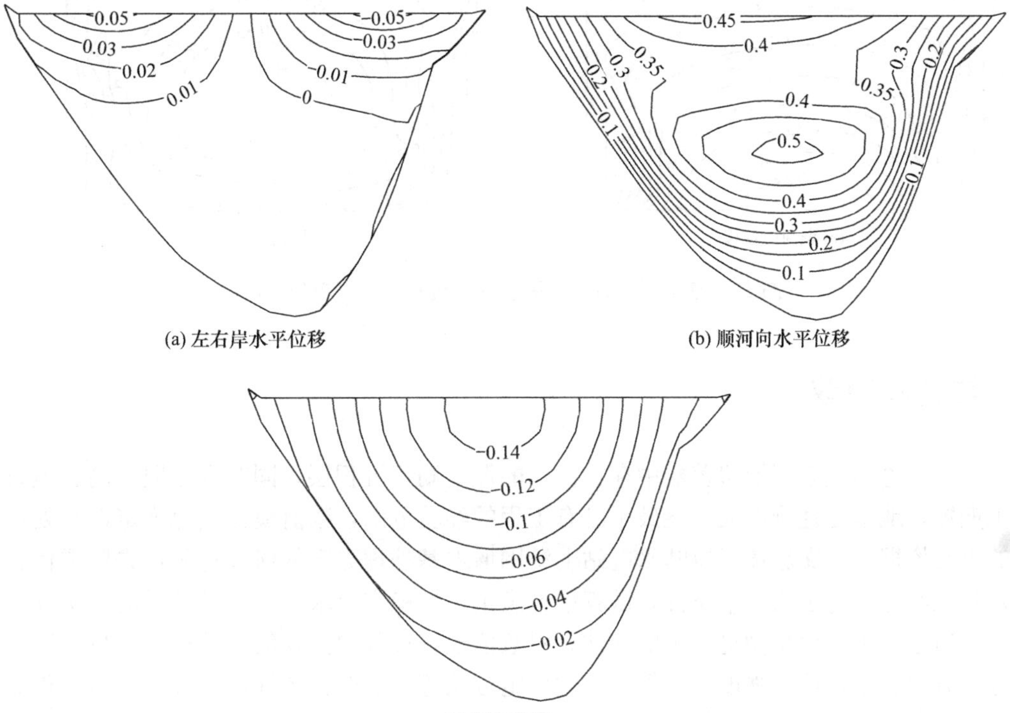

(a) 左右岸水平位移

(b) 顺河向水平位移

(c) 竖向位移

图 12　基坑开挖后防渗墙的位移分布（单位：m）

图 13 为基坑开挖完成后，堰体上游土工膜表面的位移分布情况（以围堰填筑完成时刻为起点计算）。从图中可以看到，土工膜与防渗墙衔接处堰体表面向下游的水平位移最大，而反压平台与上部堰坡的衔接处是堰坡表面沉降最大的位置。一般认为，土工膜有较强的适应变形的能力，但变形过大仍可能导致土工膜的破坏。为避免这一情况，在有限元计算土工膜表面变形较大的位置预留了伸缩量。

（3）对变形分析结果的评价

根据变形分析结果，拉哇水电站上游围堰施工期的最大沉降约为 3.15m，沉降的主要部分来源于堰基粉土、黏土层的压缩。由于防渗土工膜是在堰体填筑完成后铺设的，故而施工期堰体的沉降对土工膜变形的影响不大。从地基处理原则上讲，尽可能加速地基的固结，使得堰基的压缩尽可能发生在堰体的填筑期，是有利于工程安全的。

考虑堰基排水固结、上游水荷载和下游基坑开挖的影响，竣工后沉降增加的最大值约为 0.25m，与务坪水库大坝的观测结果接近[23]。工后沉降与堰体高度之比约为 0.4%，这个值大于多数高面板堆石坝的统计结果[24]，但小于现行规范要求的必须改进的情况[21,25]。考虑本工程为土工膜防渗体土石坝，土工膜适应变形的能力要高于混凝土，这个量值的沉降不至于引起土工膜的破坏。从土工膜和防渗墙的变形极值和分别来看，防渗体也未出现不可控的大变形。综合上述因素，同时考虑围堰属于临时性建筑，围堰的工后沉降量是可以接受的。

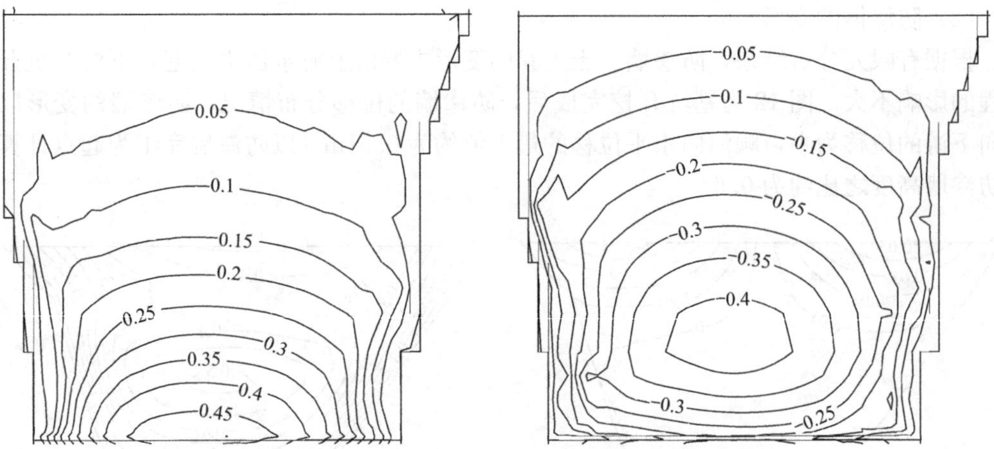

(a) 顺河向位移　　(b) 竖向位移

图13　基坑开挖后土工膜表面的位移分布（单位：m）

3　结论和建议

拉哇水电站上游围堰覆盖层中存在深厚的堰塞湖相沉积层，同时围堰堰体高、填筑施工工期短，地基处理难度大，突破了已有工程的经验范围，数值模拟成为确定地基处理方案的重要依据。本文叙述了拉哇水电站上游围堰地基处理方案的研究过程：先以堰体、堰基及基坑的边坡稳定为约束条件，试算推荐满足边坡稳定要求、工程量最低的地基处理方案，再通过有限元模拟做进一步的评估。对数值模拟过程中涉及的边坡稳定分析方法、固结分析方法、复合地基强度指标等参数的确定方法等，也进行了探讨，可为类似工程提供参考。

根据数值分析结果，拉哇水电站上游围堰堰基的推荐地基处理方案为，从防渗墙到围堰下游坡脚范围内的堰基用振冲碎石桩处理，设计桩径为1m，其中上游部分堰基碎石桩的间、排距为3m，下游部分上下游宽175m范围的堰基碎石桩间、排距为2.5m。根据数值分析结果，该方案满足各工况下边坡稳定安全系数的控制标准，堰体、堰基及防渗体的变形也整体可控。目前，拉哇水电站上游围堰已经基本完成了填筑，地基处理方案经过了初步考验。

参考文献

[1]　董金玉，王庆祥，王晓亮. 拉哇水电站高水头大泄量泄水建筑物布置与设计 [J]. 水力发电，2020，46 (09)：80-83，119
[2]　吴梦喜，宋世雄，吴文洪. 拉哇水电站上游围堰渗流与应力变形动态耦合仿真分析 [J]. 岩土工程学报，2021，43 (04)：613-623
[3]　胡贵良，魏永新，刘保柱，邵增富. 超深振冲碎石桩施工技术及应用 [J]. 水力发电，2020，46 (11)：76-80
[4]　陈祖煜，孙平，张幸幸. 关于饱和软土地基堤坝边坡稳定分析总应力法的讨论 [J]. 水利水电技术，2020，51 (12)：1-8
[5]　曾国熙，王铁儒，顾尧章. 砂井地基的若干问题 [J]. 岩土工程学报，1981 (03)：74-81
[6]　刘兰勤，宁保辉，于军. 挤密砂桩在出山店水库软基处理中的应用研究 [J]. 人民黄河，2020，42 (08)：142-145
[7]　陈祖煜，周晓光，陈立宏，张天明. 务坪水库软基筑坝基础处理技术 [J]. 中国水利水电科学研究

院学报，2004（03）：9-13，20
［8］ Skempton A. W. The $\phi=0$ analysis of stability and its theoretical basis ［C］//ICSMFE. Proceedings of the Second International Conference on Soil Mechanics and Foundation Engineering. Rotterdam：ICSMFE，1948：145-150
［9］ NB/T 10512—2021 水电工程边坡设计规范［S］. 北京：中国水利水电出版社，2021
［10］ 陈祖煜. 土质边坡稳定分析——原理·方法·程序［M］. 北京：中国水利水电出版社，2003：46-50
［11］ DL/T 5214—2016 水电水利工程振冲法地基处理技术规范［S］. 北京：中国电力出版社，2017
［12］ JGJ 79—2012 建筑地基处理技术规范［S］. 北京：中国建筑工业出版社，2012
［13］ Duncan J M，Chang C Y . Nonlinear Analysis of Stress and Strain in Soils［J］. Journal of the Soil Mechanics and Foundations Division，ASCE，1970，96（5）：1629-1653
［14］ Duncan，J. M，Wong，et al. Strength，stress-strain and bulk modulus parameters for finite element analyses of stresses and movements in soil masses［J］. Journal of Consulting & Clinical Psychology，1980，49（4）：554-67
［15］ Barron R. A. Consolidation of fine-grained soil by vertical drain wells［J］，Trans，ASCE，1948，113：718-742
［16］ Hansbo S. Consolidation of fine-grained soils by prefabricated drains［C］. Proc. of. the. 10th ICSMFE，1980，3：677-682，Stonckholm
［17］ Yoshikuni H，Nakanodo H. Consolidation of soils by vertical drain wells with finite permeability［J］. Soils and Foundations，1974，14（2）：35-46
［18］ 谢康和，曾国熙. 等应变条件下的砂井地基固结解析理论［J］. 岩土工程学报，1989（02）：3-17
［19］ 龚晓南等. 地基处理手册（第三版）［M］. 北京：中国建筑工业出版社，2008：84-87
［20］ 曾国熙，杨锡令. 砂井地基沉陷分析［J］. 浙江大学学报，1959（03）：34-72
［21］ DL/T 5395—2007 碾压式土石坝设计规范［S］. 北京：中国电力出版社，2008
［22］ 张幸幸，邓刚，张丹，于沭. 试样边壁及内部缺陷对土体渗透系数测量的影响分析［J］. 中国水利水电科学研究院学报，2017，15（04）：278-285
［23］ 王克. 浅谈务坪水库大坝基础处理与观测资料分析［J］. 水利水电工程设计，2006（04）：50-52
［24］ 温立峰，柴军瑞，许增光，覃源，李炎隆. 面板堆石坝性状的初步统计分析［J］. 岩土工程学报，2017，39（07）：1312-1320
［25］ SL 274—2020 碾压式土石坝设计规范［S］. 北京：中国水利水电出版社，2020

基金项目：国家自然科学基金面上项目（2078212）、中国水科院基本科研业务费项目（GE0145B032021）

作者简介：张幸幸（1985—），女，博士，高级工程师。主要从事土的本构理论及土石坝工程数值模拟领域的研究。

宋建正（1987—），男，高级工程师。主要从事水利水电工程安全监测及土工离心试验模拟有关的研究。

吴文洪（1970—），男，正高级工程师。主要从事水利水电工程设计理论的研究。

邓　刚（1979—），男，正高级工程师。主要从事土石坝工程安全和风险防控的有关研究。

钢-聚丙烯混杂纤维混凝土粘结锚固性能试验研究

周　泉[1]　马　可[2]

（1. 中国建筑第五工程局有限公司，湖南 长沙，410004；
2. 中南林业科技大学，湖南 长沙，410004）

摘　要：为了研究聚丙烯纤维掺量及锚固长度对钢-聚丙烯纤维混凝土粘结锚固性能的影响，试验对两组钢-聚丙烯纤维混凝土拉拔试件进行测试，结果表明：锚固长度为 $5d$ 的试件破坏形式全部表现为拔出破坏，而锚固长度为 $7d$ 的试件破坏形式全部表现为拉断破坏；聚丙烯纤维掺量对 UHPC 的粘结性能影响不大，随着聚丙烯纤维含量的增加，UHPC 的粘结性能并没有表现出规律的变化，峰值粘结应力在 4％的范围内上下浮动，说明加入聚丙烯纤维后仍能保持较好的粘结性能。

关键词：UHPC；粘结性能；粘结滑移；荷载位移曲线

Experimental study on bonding and anchoring performance of steel-polypropylene hybrid fiber concrete

Zhou Quan [1]　*Ma Ke* [2]

（1. China Construction Fifth Engineering Bureau Co. , Ltd. , Changsha 410004，China；
2. Central South University of Forestry and Technology，Changsha 410004，China）

Abstract：In order to research polypropylene fiber content and anchorage length of steel and the effect of polypropylene fiber concrete bond anchorage performance，to test two groups of steel and polypropylene fiber concrete drawing specimens were tested，and the results show that the anchorage length of $5d$ specimen failure modes are all pulled up，and the anchoring length for $7d$ specimen damage form all show the tensile failure；The content of polypropylene fiber has little effect on the bonding property of UHPC. With the increase of the content of polypropylene fiber，the bonding property of UHPC does not show regular changes，and fluctuates in the range of 4％，indicating that the addition of polypropylene fiber can still maintain good bonding property.

Keywords：UHPC；bonding property；bond slip；load displacement curve

引言

超高性能混凝土（UHPC）具有密实的孔隙结构、优异的力学性能和机械行为，尤其是 UHPC 的抗拉性能得到国内外学者的广泛关注。UHPC 基体中的钢纤维，提高了混凝土整体的抗拉强度，当混凝土开裂时，钢纤维起到桥接作用，阻碍了混凝土内部宏观裂缝的发展。虽然钢纤维的加入提高了UHPC的抗裂性能，但钢纤维造价高，且在高温抗爆裂性能方面较弱[1]。因此，在添加钢纤维的基础上加入一种或多种纤维形成的混杂纤维可以弥补单一纤维（钢纤维）的不足。加入其他纤维来取代部分钢纤维，不仅可以降低工程造价，而且还能提高UHPC的整体性能。目前，研究常用的几种纤维包括玄武岩纤维、聚丙烯纤维、玻璃纤维等。

其中，聚丙烯纤维（PPF）是一种低成本、易加工、强度高的材料，具有很好的耐火性能、耐腐蚀性能，在170℃的高温下PPF熔融形成气体通道，将基体内气体排出，减小内部孔隙压力，避免发生爆裂情况，加入PPF还使得混凝土的强度和延性也得到不同程度的提高[2-5]。此外，与其他金属纤维比PPF质量轻，加入PPF不增加混凝土的自重，因此钢-聚丙烯纤维超高性能混凝土（SP-UHPC）具有重要的研究意义。目前国内外对钢-聚丙烯混杂纤维普通混凝土（SP-PC）的力学性能研究较多，只有少部分学者研究SP-UHPC的力学性能。池寅[6,7]等对钢-聚丙烯超高性能混凝土进行了单调及循环受压试验，表明加入钢-聚丙烯混杂纤维可以提高SP-UHPC的受压力学性能，与未加纤维的UHPC比较，破坏模式表现为明显的延性破坏，随着聚丙烯纤维含量的增加，SP-UHPC峰值应变及抗压强度变化并不明显；徐礼华[8]等对171个SP-UHPC试件进行力学性能试验，掺入钢-聚丙烯混杂纤维后，立方体抗压强度、劈裂抗拉强度分别提高36.3%和539%，并建立了考虑纤维掺量的UHPC抗压强度预测模型。

国内外有很多关于SP-PC的研究，但对SP-UHPC的研究相对较少，对SP-UHPC粘结性能的研究则更少，本文通过对钢筋锚固长度、聚丙烯纤维掺量作为变量进行研究，探究以上因素对SP-UHPC粘结性能的影响。

1 试验概况

1.1 试验材料选取

试验采用钢纤维和聚丙烯纤维，外观特征如图1所示，其物理参数由厂家提供，详见表1。钢筋采用HRB400钢筋，钢筋直径选取14mm，单根长度530mm。UHPC基体组成包括P·O42.5R级普通硅酸盐水泥、粉煤灰（密度为2.42g/cm^3）、硅灰（平均粒径0.1～0.2μm，SiO_2含量%≥90）、石英砂（粒径1～2mm）、减水剂（减水量≥25%、含气量≤6.0）、膨胀剂（28d膨胀率≤135%，含水率≥8%，凝结时间之差：−90～+90）。

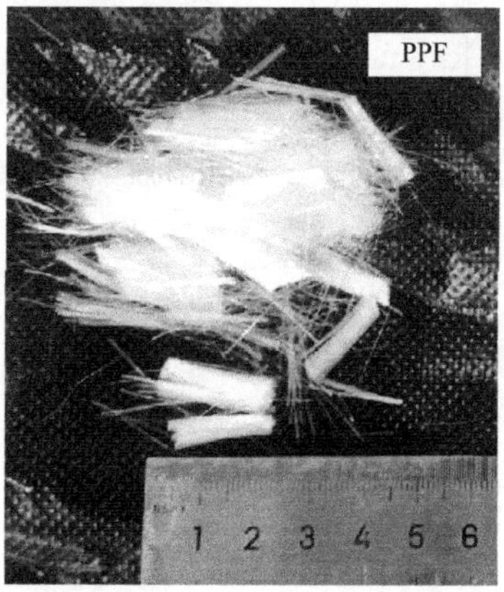

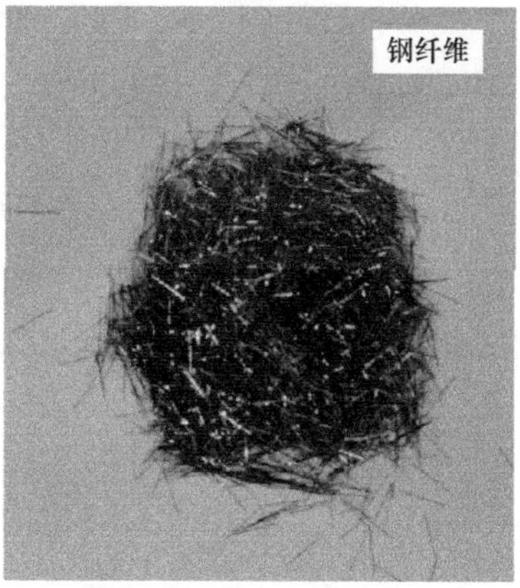

图1 纤维外观特征

纤维主要参数 表 1

纤维名称	长度（mm）	直径	密度（g/cm³）	抗拉强度（MPa）	材质种类
聚丙烯纤维	18	20nm	0.9	>458	束状单丝
钢纤维	12～14	0.18～0.23mm	7.8	2500	碳钢剪切型

1.2 试件设计

根据 SP-UHPC 立方体抗压试验结果，确定本试验钢纤维与聚丙烯纤维的掺量分别为 0、0.1%、0.15%、0.3%。为了研究钢-聚丙烯混杂纤维与变形钢筋之间的粘结性能，以聚丙烯纤维含量以及钢筋锚固长度为变量，深入探讨聚丙烯纤维掺量及锚固长度对粘结性能的影响。设计 2 组试验，共计 24 个试件，试件尺寸为 150mm×150mm×150mm 的立方体试块，试件具体信息如表 2 所示。

试件参数及试验结果 表 2

试件编号	l(mm)	c(mm)	d(mm)	是否配箍筋	试件个数
P0-5d	5d=70	68	14	否	3
P0.1-5d	70	68	14	否	3
P0.15-5d	70	68	14	否	3
P0.3-5d	70	68	14	否	3
P0-7d	7d=98	68	14	否	3
P0.1-7d	98	68	14	否	3
P0.15-7d	98	68	14	否	3
P0.3-7d	98	68	14	否	3

注：l 代表钢筋的锚固长度，c 为 UHPC 保护层厚度，d 为钢筋直径。

1.3 试验装置及加载制及测点布置

试验加载装置如图 2 所示，试验在 300kN 的液压式万能材料试验机上进行，加载端位于下端，与试验机夹具连接，自由端布置两个千分表来测量钢筋与混凝土的相对滑移量，加载速率为 100kN/m。

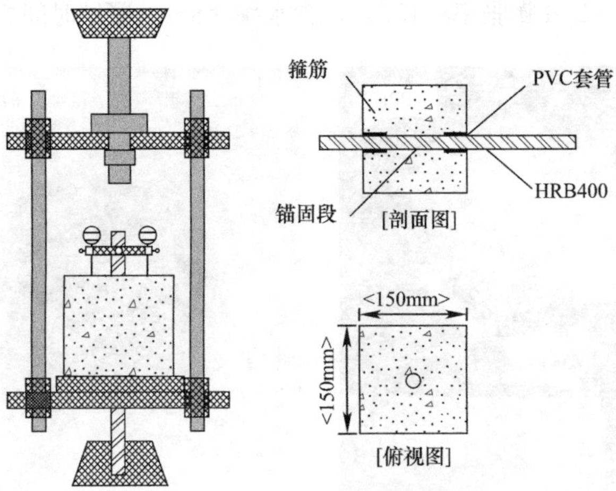

图 2 试件加载装置及试件形状

2 试验结果及现象

2.1 试验现象及破坏形态

在钢-聚丙烯纤维超高性能混凝土拉拔试验过程中，主要发生钢筋拔出破坏、钢筋拉断破坏两种破坏模式，如图 3 所示。锚固长度为 5*d* 的试件发生拔出破坏，钢筋缓慢地从混凝土内部拔出，明显观察到钢筋和混凝土之间有相对滑移；锚固长度为 7*d* 的试件发生拉断破坏，当荷载达到极限荷载的 90％时，出现钢纤维撕裂声，荷载达到极限荷载，伴随一声巨响，钢筋拉断，试件破坏。

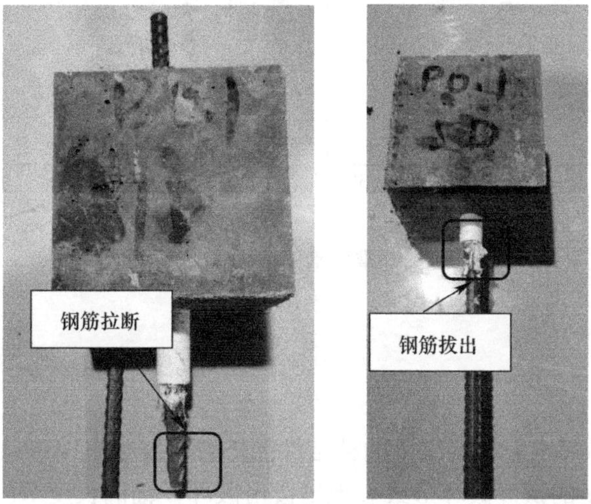

图 3　破坏模式

2.2 试验结果分析

2.2.1 粘结强度随锚固长度变化

图 4 可以看出锚固长度为 7*d* 的施试件位移很小，是因为 7*d* 的锚固长度很难让钢筋与 UHPC 之间发生滑移，锚固长度大于 7*d* 时，钢筋与混凝土之间的粘结强度大于钢筋屈服产生的力，所以当荷载加载到钢筋屈服强度时，钢筋先拉断，并不会出现滑移的现象，图中显示的位移也仅仅是钢筋的伸长量；而锚固长度为 5*d* 的试件，粘结强度不足以抵抗外力的作用，钢筋缓慢地从 UHPC 内部拔出。从两者的峰值荷载来看，锚固长度为 7*d* 的试件峰值荷载要更高，从 UHPC 基体内部拔出也更艰难。

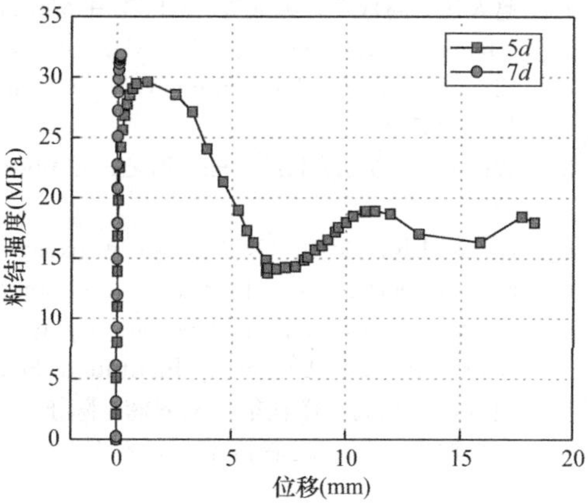

图 4　不同锚固长度下粘结强度-位移曲线

2.2.2 粘结强度随聚丙烯纤维含量变化

研究表明[9]，加入聚丙烯纤维后 UHPC 的抗压强度会出现先上升后下降的趋势，在聚丙烯纤维掺量为 0.1％时抗压强度表现最好，若继续提高聚丙烯纤维含量，UHPC的强度呈现下降趋势。从图5中可以看出加入聚丙烯纤维对粘结性能的影响并不大，锚固长度为5*d*时，与未加聚丙烯纤维的UHPC比，加入0.15%的聚丙烯纤维峰值荷载略微提高；锚固长度为7*d*时，掺入0.3%的聚丙烯纤维表现出更好的粘结性能。说明钢-聚丙烯混杂纤维混凝土抗压强度与粘结性能没有必然的联系，加入聚丙烯纤维后不会降低UHPC的粘结性能。

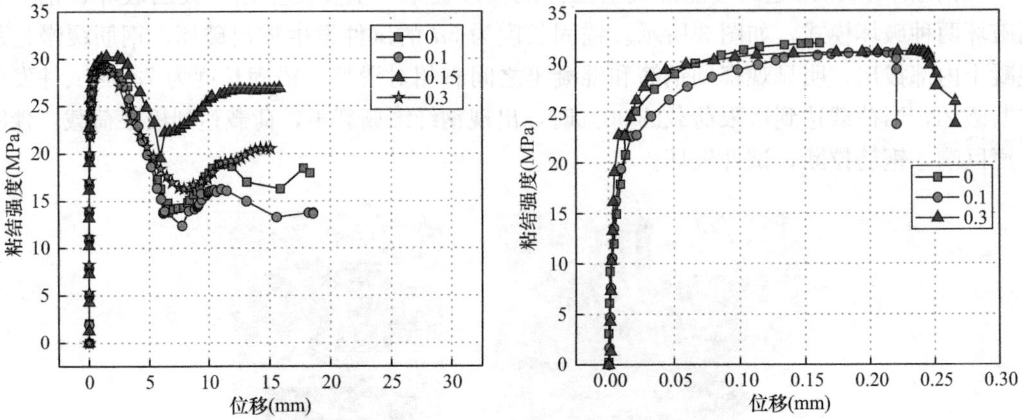

图5 不同纤维掺量下粘结强度-位移曲线

3 结论

通过对钢-聚丙烯纤维混杂混凝土的粘结性能进行研究得出以下结论：

（1）锚固长度5*d*的试件破坏形式表现出拔出破坏，锚固长度7*d*的试件破坏模式为拉断破坏。

（2）随着聚丙烯纤维含量提高，钢聚丙烯纤维混杂混凝土粘结强度没有表现出下降趋势，与未加聚丙烯的UHPC强度相差不大。

参考文献

［1］ 赵人达，赵成功，原元等. UHPC中钢纤维的应用研究进展［J］. 中国公路学报，2021，34（8）：1

［2］ Missemer L，Ouedraogo E，Malecot Y，et al. Fire spalling of ultra-high performance concrete: From a global analysis to microstructure investigations［J］. Cement and Concrete Research，2019，115：207-219

［3］ Zhu MF，Yang HH. Handbook of fiber chemistry. 3rd ed. New York：CRC Press，2006. p. 139-260

［4］ Latifi M R，Biricik Ö，Mardani Aghabaglou A. Effect of the addition of polypropylene fiber on concrete properties［J］. Journal of Adhesion Science and Technology，2021：1-25

［5］ Bahadir F. Mechanical properties of polypropylene fiber reinforced concrete［master's thesis］. Eski，sehir Osmangazi University Institute of Science and Technology，Eskis，ehir，2010.（In Turkish）

［6］ 池寅，尹从儒，徐礼华，王淑楠，陈子甲. 钢-聚丙烯混杂纤维增强超高性能混凝土单轴循环受压力学性能［J］. 硅酸盐学报，2021，49（11）：2331-2345. DOI：10.14062/j.issn.0454-5648.20210233

［7］ 王龙，池寅，徐礼华，刘素梅，尹从儒. 混杂纤维超高性能混凝土力学性能尺寸效应［J/OL］. 建筑材料学报：1-11［2022-02-24］. http://kns.cnki.net/kcms/detail/31.1764.TU.20211012.1521.004.html

［8］ 陈倩，徐礼华，吴方红，曾彦钦，梁旭宇. 钢-聚丙烯混杂纤维增强超高性能混凝土强度试验研究

[J]. 硅酸盐通报，2020，39 (03)：740-748，755. DOI:10.16552/j.cnki.issn1001-1625.2020.03.010
[9] Choi Y，Yuan R L. Experimental relationship between splitting tensile strength and compressive strength of GFRC and PFRC [J]. Cement and Concrete Research，2005，35 (8)：1587-1591

基金项目： 中建股份科技研发课题（CSCEC-2020-Z-4）、中建股份科技研发课题（CSCEC-2021-Z-15）
作者简介： 周　泉（1983—），男，博士，高级工程师。主要从事装配式结构设计、工程结构抗震方面的研究。

马　可（1998—），男，硕士研究生。主要从事超高性能混凝土方面的研究。

基于 TM 影像的水域变化信息提取研究

韩亚民　王　柱　江木春
（中交第二航务工程勘察设计院有限公司，湖北 武汉，430060）

摘　要：水资源与人类的生活息息相关，利用遥感影像提取水体信息成为遥感应用的重要领域之一。论文利用武汉市及其周边地区的 TM 影像，对比了两种水体指数提取水体的效果，最终选择利用 MNDWI 水体指数提取不同年份的武汉市水域范围信息，分析该方法的实现过程，并给出了水域变化信息提取的结果。
关键词：TM 影像；影像纠正；水体分类；水体变化检测

Research on water area change information extraction based on TM image

Han Yamin　Wang Zhu　Jiang Muchun
(CCCC Second Harbor Consultants Co., Ltd., Wuhan 430060, China)

Abstract: Water resources are closely related to human life. Using remote sensing images to extract water information has become one of the important fields of remote sensing application. In this paper, the TM images of Wuhan and its surrounding areas are used to compare the effects of two water body indexes in extracting water bodies. Finally, MNDWI water body index is used to extract the water area information of Wuhan in different years, the implementation process of this method is analyzed, and the results of water area change information extraction are given.
Keywords: TM image; image correction; water body classification; water body change detection

引言

水资源与人类的生活息息相关，传统的水域信息提取需要进行大量的水文观测和实地测量，而遥感技术可以直接利用卫星影像快速提取水体信息，其成本低、更新速度快、影像源众多，使得利用遥感影像提取水体信息成为遥感应用的重要领域之一[1-3]。

武汉市有着丰富的陆地水资源，166 个湖泊，湖泊水面面积达 867km^2，被誉为“百湖之城”。因此，选取了 1993 年、2003 年、2013 年三个不同年份年武汉市及其周边地区的 TM 遥感影像作为数据源，分析利用水体指数进行水体提取的效果，并在此基础上获取三个年份 20 年跨度的武汉市及其周边水域面积变化信息。武汉市及其周边地区上述三个年份的可见光波段组合的 TM 影像，见图 1。图中所用数据均来自于中科院地理空间数据云平台。

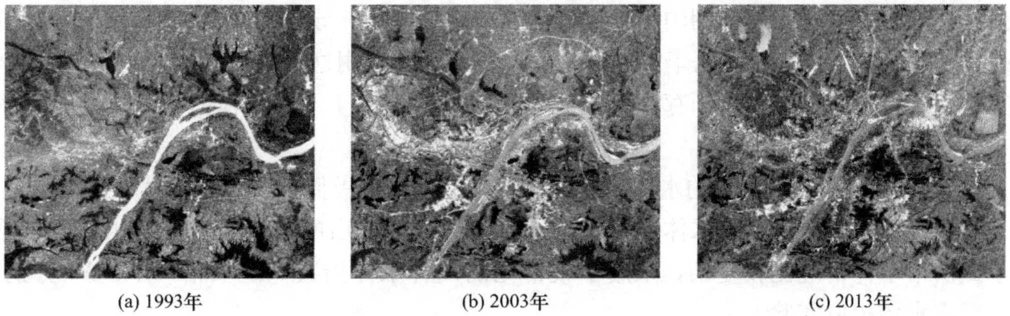

图 1　武汉市及其周边地区的 TM 影像（可见光波段组合）

1　方案设计

武汉市及其周边地区的水域变化信息提取流程如图 2 所示，算法的主要流程由三部分组成：（1）影像纠正；（2）水体分类；（3）变化检测。由于涉及用不同时间段的 TM 影像进行对比分析，因此首先要进行影像配准。然后，再分别对配准后两个年份的 TM 影像进行水体提取。最后，通过水域专题图提取水域增减的变化位置，进而获得水域变化的专题图。

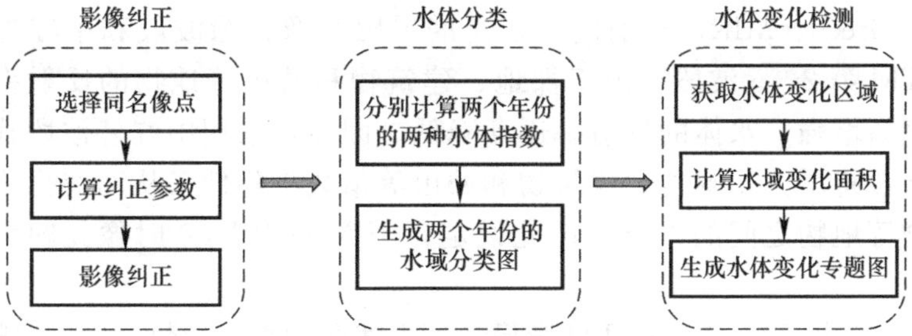

图 2　水域变化信息提取技术流程

2　影像纠正

因为不同年份的 TM 影像其像元并非一一对应，不能直接进行比较，所以要先对两个年份的影像进行配准，将其纳入统一的坐标系之后，才能进行进一步的比对。此处采用相对配准：以 1993 年的 TM 影像作为参考影像，对 2003 年的 TM 影像进行配准；再以 2003 年的 TM 影像为参考影像，对 2013 年的 TM 影像进行配准。由于 TM 影像分辨率只有 30m 且覆盖范围较大，通过目视判读提取均匀分布于全图的同名像点比较困难，通过 SURF 匹配算法快速搜索同名像点，并完成相对配准[4]。配准完成后，接着进行四个年份的水体提取。

3　水体信息提取

3.1　水体指数

从图 1 中可以看出长江和汉水由于受泥沙含量影响，其色调与武汉市湖泊的色调有很大差异。另外，武汉市不同湖泊的水质也存在一定的差异，导致不同湖泊的色调也有较明显差别。而且，TM影像有七个多光谱波段，如果直接利用这七个波段的灰度值进行地物分类，进而提取水体，一方面存在数据冗余，另一方面由于不同水体的色调差异比较大，也不一定能达到较好的效果。

对TM影像而言，纯净的水体在可见光波段的反射率极低，在红外波段反射率几乎为零[5]，可以利用该思路提取水体，也可以通过一些文献提出的水体指数进行水体的提取。鉴于武汉市水体情况比较复杂，采用了较常见的两种水体指数NDWI和MNDWI分别进行武汉市水体提取实验。

（1）NDWI归一化差分水体指数[6]，公式的示例如式（1）所示：

$$\mathrm{NDWI}=(\mathrm{Green}-\mathrm{NIR})/(\mathrm{Green}+\mathrm{NIR}) \tag{1}$$

上式中的Green、NIR分别代表多光谱遥感影像在绿波段和近红外波段的亮度值，对应于TM第2、4波段的影像。该指数充分考虑了水体的反射特点：在绿光波段有弱反射，在近红外波段反射率几乎为零。对TM影像上其他常见的非水体地物类型（如植被、裸地）而言，其波段间的反射差异往往与水体有明显不同。由此设定当NDWI>0时像元归为水体，反之则为非水体。这样，可以较好地凸显水体与植被之间的差异。

（2）MNDWI水体指数[7]，公式的示例如式（2）所示：

$$\mathrm{MNDWI}=(\mathrm{Green}-\mathrm{MIR})/(\mathrm{Green}+\mathrm{MIR}) \tag{2}$$

上式中的Green、MIR，分别代表多光谱遥感影像在绿波段和中红外波段的亮度值，对应于TM第2、5波段。由于裸地、建筑物和城市等地物的反射率从绿波段到中红外波段逐渐增强，水体的反射率逐渐降低。因此，采用中红外波段代替近红外波段，水体的指数将增大，裸地、建筑物和城市等指数将降低，从而突出水体信息和裸地以及建筑物等地物之间的差异。由此设定，当MNDWI>0时像元归为水体，反之则为非水体。

如图3所示给出了由2013年TM影像计算上述两种水体指数，并根据阈值提取出的武汉市及其周边地区的水体信息。从目视判读情况看，两种水体指数检测结果大部分是一致的。但在武汉市中心城区（图中画圈所示）NDWI水体指数检测结果存在较大误差，该指数将中心城区误判为水体，而MNDWI水体指数则无此问题。该结果也验证了上面提到的MNDWI水体指数的优势——即能够较好地区分出水体和城区建筑物。

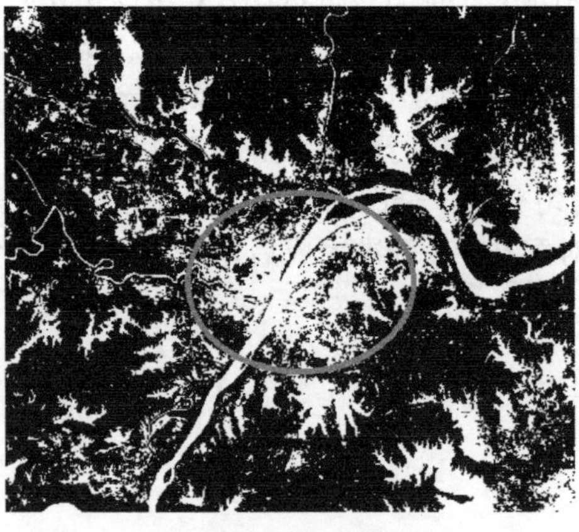

(a) NDWI水体指数检测结果

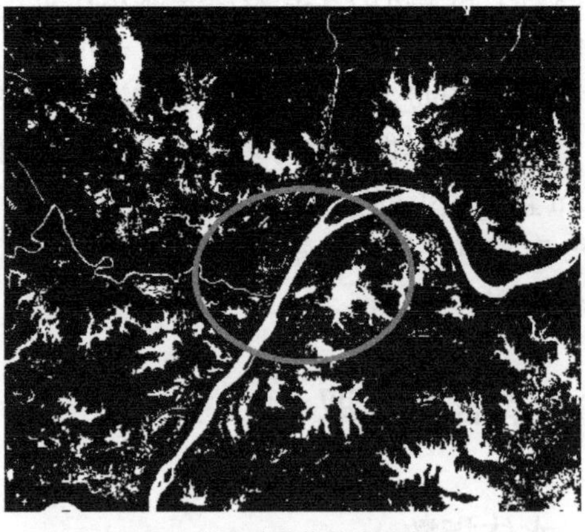

(b) MNDWI水体指数检测结果

图3 两种水体指数结果图（2013年，黑色为非水体，白色为水体）

3.2 MNDWI水体指数的精度评估

为了进一步验证MNDWI水体指数的水体检测效果，通过随机选点的方法选择了400个像点对2013年的TM影像进行了目视判读，将其结果作为真值，并与MNDWI水体指数检测结果（即试验类别）进行比较，得到表1所示的水体分类的混淆矩阵。

水体检测的混淆矩阵 **表1**

项目		试验类别		制图精度
		水体	非水体	
真实类别	水体	96	10	90.6%
	非水体	2	292	99.3%
用户精度		98.0%	96.7%	

从混淆矩阵可以计算出整幅影像的分类总体精度为（96+292)/400=97%，水体分类的用户精度和制图精度均在90%以上，且水体分类的用户精度远高于制图精度，这说明利用MNDWI水体指数将水体错判为非水体的概率非常低，但存在一部分水体像元漏检的情况。通过放大影像局部区域进行目视判读，发现漏检的像元基本上都属于水体和非水体交汇处的混合像元，因此可以确定这种情况主要还是由于TM影像分辨率较低以及混合像元的影响导致的水体误检或者漏检。

从上述分析可以看出，水体分类的各项精度均在90%以上。也就是说，MNDWI水体指数可以较好地分类出水体像元。

4 水体变化检测

结合上述的分析，确定以MNDWI水体指数进行两个年份的水体提取，然后通过对两幅不同年份的水体分类影像相减提取水体不变、水体增加和水体减少区域，最终生成水域变化的专题图（如图4所示）。图4(a) 及图4(b) 分别显示了1993～2003年、2003～2013年两个十年跨度区间武汉市及其周边地区的水域变化情况：有些地方的水域有所增加，有些地方则有明显减少，有些地方水域不变。

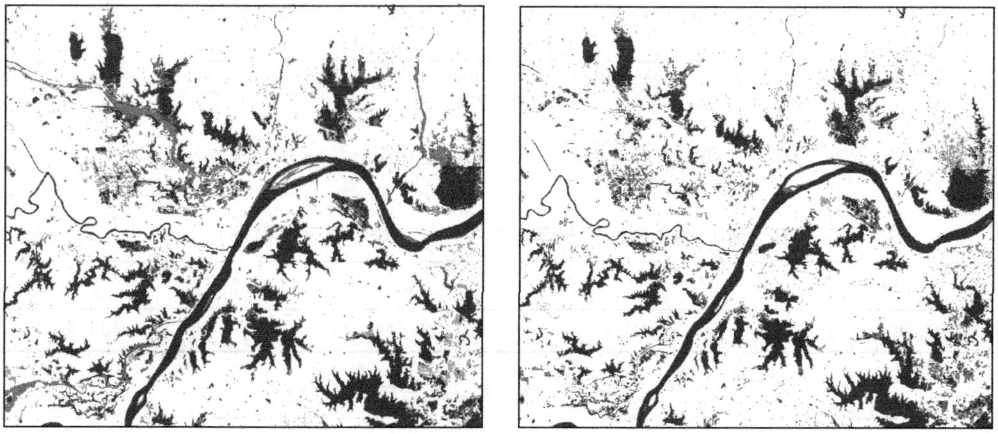

(a) 1993~2003年水域变化　　(b) 2003~2013年水域变化

■水体减少　■水体增加　■水体不变　□背景

图4　武汉市及其周边地区的水域变化图

根据TM影像空间分辨率为30m，再按每个像素折合900m²，乘以分类得到的水体像元数目，最终可以得1993、2003、2013三个年份的武汉市及其周边的水域面积统计表（见表2）。同时，根据水域变化的像元总数，可以得到武汉市湖泊水域及水域变化面积的统计数据（见表3）。

三个年份的水域面积及其总的变化统计表　表2

年份	1993	2003	2013
水域面积（km²）	1277.08	1094.67	1019.42

水域变化面积统计表　表3

年份区间	1993～2003		2003～2013	
面积/百分比	面积（km²）	百分比（%）	面积（km²）	百分比（%）
水域增加	−404.56	−31.68	−286.04	−26.13
水域减少	211.34	16.55	194.19	17.74
总水域变化	−182.41	−14.28	−75.25	−6.87

5 与第三方水体变化检测对比分析

中国水利水电科学研究院和水利部防洪抗旱减灾工程技术研究中心马建威、黄诗峰、许宗男等人[8]基于LandSat系列卫星，选择了12个时期的遥感影像数据，采用其自主研发的归一化差异水体指数（NDWI）和面向对象分割结合的水体提取算法，对该时期内武汉市湖泊分布进行了提取（见图5），并对这一时期内武汉市湖泊水域面积及其总的变化做了分析（见表4、表5）。

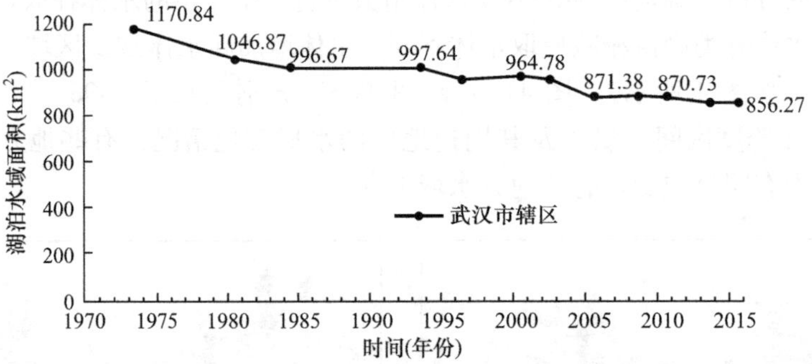

图5　武汉市及其周边地区的水域变化图（第三方数据）

三个年份的水域面积及其总的变化统计表（第三方数据）　表4

年份	1995	2005	2015
水域面积（km²）	997.64	871.38	856.27

水域变化面积统计表（第三方数据）　表5

年份区间	1995～2005		2005～2015	
面积/百分比	面积（km²）	百分比（%）	面积（km²）	百分比（%）
总水域变化	−126.26	−12.66	−15.11	−1.73

本文所涉及的武汉市范围是通过对 TM 影像进行规则矩形裁剪得到的，而文献［8］第三方使用的是标准的武汉市行政区划范围进行的水域面积统计。两者在统计范围上略有差异，因而导致其具体水域面积有一定差别，但由图 6、图 7 可以看出，二者对武汉市总体的水域随时间变化的趋势判断是一致的。

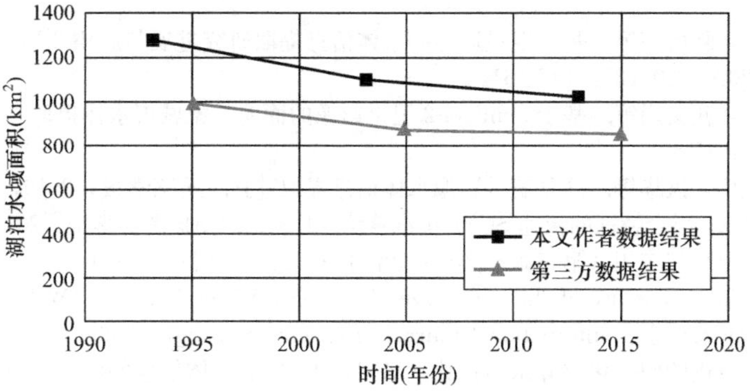

图 6　水域总体面积变化趋势比对图

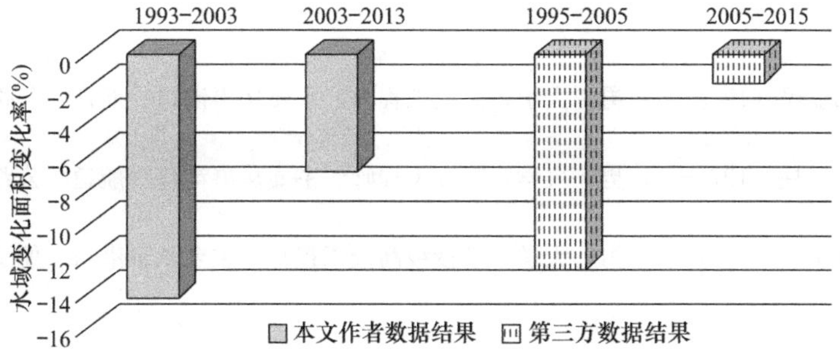

图 7　水域变化面积变化率比对图

6　结论与展望

本文针对武汉市及其周边地区的水域范围进行研究，利用 Landsat TM 影像，对比了两种水体指数进行水体提取的效果，并给出了水域变化信息提取的流程图；然后，利用三个不同年份的武汉市 TM 影像实现了武汉市及其周边地区的水域变化检测，对数据结果进行了定性和定量分析，具体结论如下：

（1）水体指数法可以有效地分离水体和非水体，但不同的水体指数提取的效果有差异。与 NDWI 水体指数相比，MNDWI 水体指数更适用于建筑物较密集的城区，其对于水体的提取效果较好。

（2）从三个不同年份的水域变化情况可以看出武汉市在 20 年的时间里水域面积在持续减少，后续可以考虑加入最新的 TM 影像数据，进行现实性更强的水域变化分析。

（3）所选影像年份跨度较大，后续可以考虑以 1 年为时间间隔，获取 TM 序列影像，跟踪水域面积随年份变化的时序数据，从而进行更细致的动态变化分析。

（4）通过遥感影像可以更好地研究城市及周边地区水域的变化情况，对城市环境的变化进行长期跟踪分析，为政府决策提供依据。

（5）所用方法仅对TM影像进行了试验，如果有空间分辨率更高的遥感影像（如优于1m分辨率的遥感影像），则可以考虑基于影像对象的方法进行水体提取，使得水体信息的提取和水域变化信息的统计会更加准确。今后，可以在这方面进行进一步的尝试。

参考文献

［1］ 李丹，吴保生，陈博伟等. 基于卫星遥感的水体信息提取研究进展与展望［J］. 清华大学学报（自然科学版），2020，60（2）：147-161

［2］ 蒋丹丹，原娟，武文娟等. 基于Sentinel-2卫星影像的面向对象城市水体提取［J］. 地理空间信息，2019，17（5）：10-13

［3］ 谷鑫志，曾庆伟，谌华等. 高分三号影像水体信息提取［J］. 遥感学报，2019，23（3）：555-565

［4］ 罗天健，刘秉瀚. 融合特征的快速SURF配准算法［J］. 中国图象图形学报，2015，20（1）：95-103

［5］ 孙家抦. 遥感原理与应用（第三版）［M］. 武汉：武汉大学出版社，2014

［6］ K. McFEETERS. The use of the Normalized Difference Water Index（NDWI）in the delineation of open water features［J］. International Journal of Remote Sensing，1996，17（7）：1425，1432

［7］ 徐涵秋. 利用改进的归一化差异水体指数（MNDWI）提取水体信息的研究［J］. 遥感学报，2005，9（5）：589-595

［8］ 马建威，黄诗峰，许宗男等. 基于遥感的1973-2015年武汉市湖泊水域面积动态监测与分析研究［J］. 水利学报，2017，48（8）：903-913

作者简介： 韩亚民（1979—），男，大学，高级工程师。主要从事港口、航道、公路和桥梁测量方面的研究。

王　柱（1979—），男，大学，高级工程师。主要从事港口、航道、公路和桥梁测量方面的研究。

江木春（1971—），男，大学，教授级高级工程师。主要从事港口、航道、公路和桥梁测量方面的研究。

寒冷地区屋面女儿墙侧排水系统施工技术

李相楠　汪　卓　葛礼明　王先琪　赵轩珑
（中建一局集团第二建筑有限公司，北京，102600）

摘　要： 随着老旧小区改造工作的开展，各小区屋面改造工程中墙厚度会出现尺寸不固定、檐口造型不便于安放雨水口的情况；而且，传统的雨水口遇到大水急流时能够产生较大的冲击，会对附近设备造成损坏，无法进行有效缓冲水流；同时，东北等严寒地区的雨水管内易出现冻水的情况，冻水会加重雨水管卡的承重负担，导致常规的雨水管卡难以对其起到支撑固定的作用，所以很多雨水管会断裂，甚至脱离雨水管卡的束缚，进而产生一系列的负面影响。
关键词： 寒冷地区；屋面排水系统；施工技术

Construction technology of roof parapet side drainage system in cold area

Li Xiangnan　Wang Zhuo　Ge Liming　Wang Xianqi　Zhao Xuanlong
(The Second Construction Co., Ltd. of China Construction First Group,
Beijing 102600, China)

Abstract: With the development of the reconstruction of old residential areas, The thickness of the wall in the roof reconstruction project of each community is not fixed, the cornice shape is not easy to place the rainwater inlet, and the traditional rainwater inlet can produce a large impact when the large water rapids and damage to surrounding things, up to The water flow cannot be effectively buffered. At the same time, water will easily freeze in rainwater pipes in cold northeast areas. Frozen water will become heavier that increased load-bearing of rainwater pipe clamp, resulting in the rainwater pipe clamp is difficult to support itself, even to drop from wall, and then it will have a series of negative effects.
Keywords: cold areas; roof drainage system; construction technique

引言

根据东北寒冷地区的气候特点及屋面排水系统的施工特点，可以通过增加雨水管卡的刚度来加强对雨水管的固定和支撑作用，可以有效避免由冻水现象产生的墙体受潮、外墙保温破坏等安全隐患。设置可调节的伸缩雨水口，可以达到适用于不同厚度或不同造型女儿墙的效果。

1 工艺原理

为加强雨水管卡对雨水管的固定和支撑作用，对雨水管卡的材质及构造进行调整，如图 1 所示。

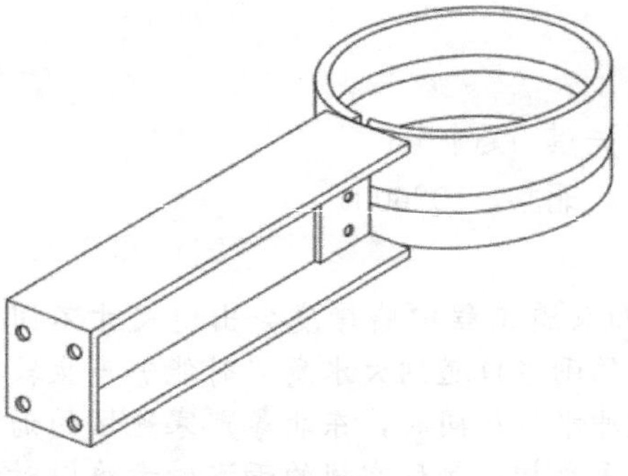

图 1 雨水管卡大样图

雨水管卡采用定制强支撑管卡，固定件的材料为 4mm 厚工字形角钢，管箍为 4mm 厚不锈钢圈，与墙体连接处设 4 颗直径 4mm 的膨胀螺栓，利用四点打孔连接方式保证固定件与墙体连接之间的可靠性，进而提高与其连接的管箍稳定性，最终提高雨水管的稳固性，适应恶劣气候条件。

雨水斗采用可伸缩式雨水斗，可适用于不同厚度或不同造型的女儿墙，见图 2 及图 3。

雨水斗构件主体采用 4mm 厚不锈钢板制作而成，其主要构件有入水口、连接口及连接件，局部连接采取焊接方式，伸缩部位采用紧固圈和被固定的防水密封胶条连接，能够起到防止水流倒灌的作用，充分保证伸缩后的雨水口不失去其本应具备的功能。入水口端部设置缓冲板，急流打在缓冲板上能够使回缩弹簧套受力，从而带动缓冲板摆动，能够通过缓冲板拦截水流，起到便于缓冲排泄急流的效果。

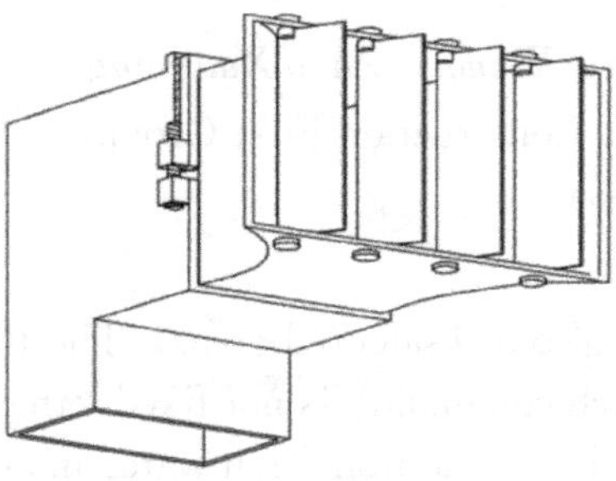

图 2 可伸缩雨水斗大样

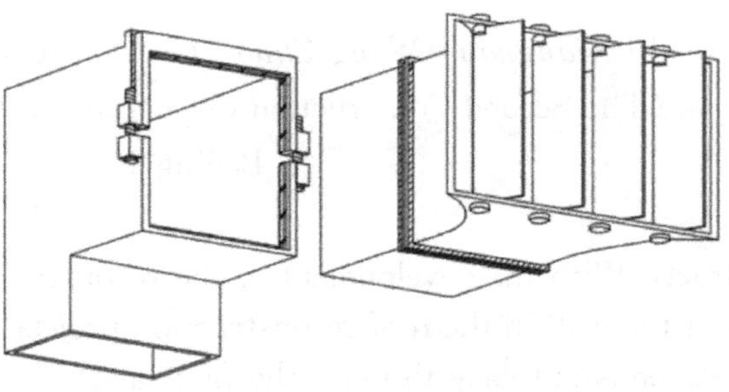

图 3 可伸缩雨水斗拆分后大样

2 工艺特点

（1）可以同时满足多种不同厚度侧排水系统的安装和更换，大幅提高工作效率。

（2）利用固定尺寸的部件相结合，提高生产效率，保障施工材料进场时限。

（3）充分提高雨水管的固定及支撑，保障材料的使用寿命。

3 施工要点

3.1 施工流程

雨水斗安装→雨水斗端部处理→弹线→雨水管卡安装→雨水管安装→灌水试验。

3.2 操作要点

（1）雨水斗安装：根据建筑屋面做法校核预留孔洞位置，确定雨水斗坐标、标高，安装雨水斗并找平找正，固定牢固，做好雨水斗的临时封堵，避免屋面其他分项工程施工过程中造成雨水斗堵塞。

（2）雨水斗端部处理：雨水斗与屋面防水层的接槎处，防水层应深入雨水斗 100～150mm，并与雨水斗粘结牢固，保证雨水斗边缘与屋面相连处严密不漏。同时，雨水斗周边 500mm 范围内的屋面面层向雨水斗找 2%的坡，便于排水。

（3）雨水管安装前弹线：采用线坠从顶层外墙一直垂至首层底，使支架上下在同一垂直平面，并确定雨水管支架固定位置。

（4）雨水管支架安装：雨水管道支架应固定钢筋混凝土结构上，不得安装在加气块等墙体上，雨水管道支架间距为 3m，距底层端部 15cm 处设置支架，其余均匀分布。

（5）雨水管安装：根据现场测量实际管段长度，在管材上画线，按线截断管材。一般采用切割机进行截断，根据用量及场合不同还可采用手持钢锯及切管套丝机断管。但应注意断管后使端口平直、光滑，勿留毛刺、熔渣、铁屑，勿使端口缩口。安装时从总进入口开始操作，总进口端头加好临时丝堵以备灌水用。把预制完的管道运到安装部位按编号依次排开。顺序安装，对好调直时的印记，校核预留甩口的高度、方向是否正确。安装完后找直找正，复核甩口的位置、方向及变径无误。管道支架及管座的安装应符合以下规定：构造正确，埋设平整牢固，排列整齐，管道与支架接触紧密。

（6）灌水试验：雨水管道安装后，按规定要求必须进行灌水试验。灌水高度必须到每根立管上部的雨水斗。灌水试验持续 1h 不渗不漏为合格。

（7）质量控制：施工过程中应遵循国家行业标准，如《建筑给水排水及采暖工程施工质量验收规范》GB 50242—2002 及《建筑工程施工质量验收统一标准》GB 50300—2013。

（8）安全控制要点：项目部应建立安全管理小组，现场安排专职安全员进行施工全过程管控。在施工前对所有作业人员进行安全教育培训、岗前教育培训，对所有作业人员进行生产危险告知，并经考试合格后方可进入施工现场，进行施工作业。现场作业人员由专人统一指挥，并保证每位施工人员都通过安全培训，了解掌握一定的安全知识。严禁酒后施工作业，严格遵循工作和休息时间，不得疲劳作业、带病作业。电工、焊工必须持证上岗，并且在进入现场前应进行现场考试，合格后才予进入现场实际操作。外墙雨水管道安装需要登高作业，作业人员必须戴安全带、安全帽等保护用品，防护用品穿戴整齐，裤脚要扎住，要有足够强度的安全带，并将安全绳牢系在坚固的建筑结构或可靠的固定架上。立管施工自下而上安装，每个立管接口完成后应立即用管支架固定牢固，防止滑脱，尤其是受力集中的部位更应加强固定。

4 结束语

在寒冷地区屋面集中排水系统的施工过程中需要考虑诸多的影响因素，根据其区域特点进行规范化施工，以此保证施工质量。

参考文献

汪卓，李相楠，葛礼明，王先琪，赵轩珑. 一种可伸缩式雨水口：中国，ZL2021 2 2199169. 2 [P] 2022. 04. 01

作者简介： 李相楠（1992—），男，学士，工程师。主要从事房建施工工作。
汪　卓（1993—），男，学士，助理工程师。主要从事房建施工工作。
葛礼明（1994—），男，学士，工程师。主要从事房建施工工作。
王先琪（1990—），男，学士，助理工程师。主要从事房建施工工作。
赵轩珑（1996—），男，学士，助理工程师。主要从事房建施工工作。

装配式建筑现浇外墙水平施工缝防渗漏技术研究

谢青生　张方平　刘　勇

（中国建筑第五工程局有限公司，湖南 长沙，410004）

摘　要：由于国内装配式建造技术正处于快速发展阶段，装配式建造技术应用尚不成熟。当前，我国装配式建筑的装配率不高，通常采用装配式结构和现浇混凝土结构相结合的结构形式。在装配式建筑采用全现浇外墙时，由于整个楼栋混凝土不可能一次性现浇完成，其必定会在现浇外墙上产生水平施工缝，从而产生外墙渗漏等问题。为此，本文研究装配式建筑铝合金模板水平施工缝防渗漏技术，研制一种防水企口装置，并将其安装在铝合金模板的K板上，从而在现浇外墙的施工缝位置形成一个斜向上的防水企口，最终实现现浇外墙防渗漏。该技术解决装配式现浇外墙水平施工缝渗漏问题，为装配式建造技术和铝合金模板两项高效节能技术的推广应用提供技术支撑，显著减少装配式建筑因水平施工缝而产生的外墙渗漏问题，降低装配式建筑的运营维护成本。

关键词：装配式建筑；铝合金模板；水平施工缝；防渗漏技术

Research on leakage prevention technology of horizontal construction joint for cast-in-situ exterior wall in prefabricated building

Xie Qingsheng　Zhang Fangping　Liu Yong

(China State Construction Engineering Co., Ltd., Changsha 410004, China)

Abstract: As the domestic prefabricated construction technology is in the stage of rapid development, the application of prefabricated construction technology is not mature. At present, the assembly rate of prefabricated buildings in China is relatively low, and the structural form of the combination of prefabricated structure and cast-in-situ concrete structure is usually adopted. When the prefabricated building adopts the full cast-in-situ exterior wall, because the concrete of the whole building cannot be cast-in-situ at one time, it will inevitably produce horizontal construction joints on the cast-in-situ exterior wall, resulting in problems such as exterior wall leakage. Therefore, this paper studies the anti-seepage technology of the horizontal construction joint of the prefabricated building and aluminum alloy formwork, mainly develops a waterproof tongue and groove device, and installs it on the K plate of the aluminum alloy formwork, so as to form an inclined anti-seepage tongue and groove at the construction joint of the cast-in-situ exterior wall, and finally realize the anti-seepage of the cast-in-situ exterior wall. The technology solves the leakage problem of horizontal construction joints of prefabricated cast-in-place external walls, provides technical support for the popularization and application of two high-effi-

ciency and energy-saving technologies such as prefabricated construction technology and aluminum alloy formwork, and significantly reduces the leakage problem of external walls caused by horizontal construction joints of prefabricated buildings, and reduces the operation and maintenance cost of prefabricated buildings.
Keywords: prefabricated building; aluminum alloy formwork; horizontal construction joint; leakage prevention technology

引言

随着我国社会经济的快速发展和科技水平的不断提高，建筑行业在快速建造、新技术应用等方面的发展速度也得到较大的提升[1]。装配式建筑作为一种新型的建造技术，其具有效率高、精度高、质量高、工业化程度高、标准化程度高、建筑抗震性能高、节能性能高、使用面积大等一系列优点，在目前的建筑行业中得到广泛的推广和运用[2]。铝合金模板具有平均使用成本低、施工周期短、浇筑的混凝土观感好且质量高、便于安装、不易爆模、节能环保等优点，铝合金模板逐渐成为高层建筑支模的首要选择[3,4]。中建五局永丰雅苑项目紧跟建筑领域高新技术应用趋势，综合采用装配式建造技术和铝合金模板两项高效节能的建造技术。

然而，由于在采用铝合金模板进行全现浇外墙支模时通常不会对K板进行处理[5]，这将导致相邻两次混凝土浇筑的交接处必定形成一条水平施工缝。下雨时，雨水将沿外墙往下流，进而顺着水平施工缝渗漏至室内[6]，这不仅会影响到住户的舒适度体验和直观感受，增加装配式建筑关键节点的防水防渗压力，情况严重时甚至会危及整个装配式建筑的安全稳定性[7]。因此，加强装配式建筑现浇外墙水平施工缝防渗漏技术的研究便具有十分重要的现实意义。为此，本文拟针对装配式建筑铝合金模板水平施工缝渗漏问题，开展装配式建筑外墙水平施工缝防渗漏节点技术研究，并进行实际应用验证。

本文将解决装配式建筑水平施工缝防渗漏问题，研究意义主要有：

(1) 解决装配式建筑铝合金模板水平施工缝渗漏问题，为装配式建造技术和铝合金模板等两项高效节能技术的推广应用提供技术支撑，推动建筑领域高效节能事业的发展；

(2) 显著减少装配式建筑因水平施工缝而产生的外墙渗漏问题，降低装配式建筑的运营维护成本。

本文依托中建五局永丰雅苑项目，该项目位于赣江新区直管区，离永修站3km，永修县政府2km。工程由1层地下室、15栋高层住宅、1栋幼儿园、4栋商业用房及相关附属设施组成，总建筑面积256461.42m²，地下室建筑面积56342.87m²。工程总投资约104607.6万元，占地面积66761.83m²。该项目采用装配式建造技术，标准层采用铝合金模板进行支模，能够为本文提供多样化的装配式建筑现浇混凝土外墙水平施工缝防渗漏技术研究场景。

1 装配式建筑现浇外墙水平施工缝防渗漏装置

1.1 装配式建筑现浇外墙水平施工缝渗漏原因分析

装配式建筑采用现浇外墙时，由于整个楼栋的现浇混凝土不可能一次成活，相邻两次混凝土浇筑接合面间必然会形成一道施工缝。当前，在对装配式建筑现浇混凝土外墙支模时，通常不会对模板进行特殊处理，混凝土浇筑时采用，从而形成一道水平施工通缝。图 1 为常见的现浇混凝土外墙支模方法，楼板厚度通过板厚控制器进行控制，外墙水平施工缝平楼板顶。

图 1　装配式建筑现浇外墙支模图

当遭遇雨雪天气时，雨水或雪水将沿外墙外侧往下流。此时，若外墙防水存在质量缺陷或老化情况，水将会穿过外墙装饰装修层并在水平施工缝位置往室内渗，最终形成渗漏。渗漏原因示意如图 2 所示。

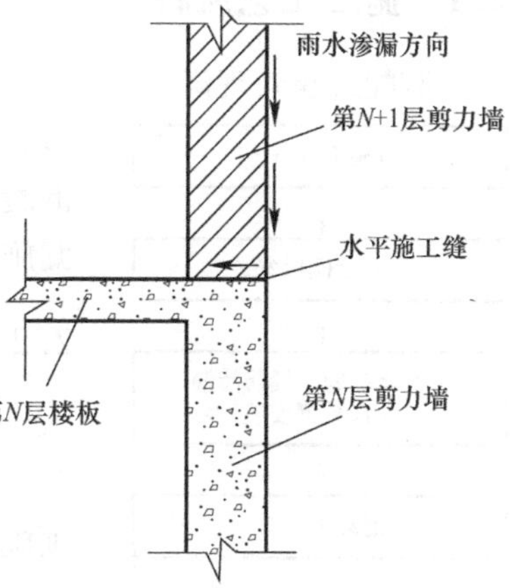

图 2　装配式建筑现浇外墙水平施工缝渗漏原因分析图

1.2　装配式建筑现浇外墙水平施工缝防渗漏装置

针对装配式建筑现浇外墙水平施工缝渗漏形成原因，本文研究一种装配式建筑铝合金模板水平施工缝防渗漏装置。该装置使用后将在施工缝位置形成一个企口，称为防渗漏企口。为更好地实现水平施工缝防渗漏，防渗漏企口的形状可以是矩形或者三角形。然而，矩形防渗漏企口与现浇混凝土结构的接触面比三角形防渗漏企口更大，可能会导致拆模时防渗漏企口拆除困难甚至损坏。因此，本文研究的水平施工缝防渗漏企口装置截面为三角形，既能在外墙水平施工缝位置形成一个斜向上的三角形防渗漏企口，实现防渗漏的目的，又便于拆除并重复利用。

为保证现浇混凝土外墙的钢筋能够正常绑扎，装配式建筑铝合金模板水平施工缝防渗漏装置的截面宽度不能超过钢筋保护层厚度。本项目预制的装配式建筑铝合金模板水平施工缝防渗漏装置的截面宽20mm，高40mm（如图3左图所示），长度与所安装的铝合金模板的K板长度一致。支模时，通过固定板和销钉紧固在铝合金模板的K板上，待浇筑完成并达到拆模条件，企口装置可一同拆下进行重复使用。如图3右图所示，采用企口装置后，所形成的施工缝不是水平通缝，由于雨水不可能逆流向上渗漏，故所研究的企口装置能够解决装配式建筑铝合金模板水平施工缝渗漏问题。

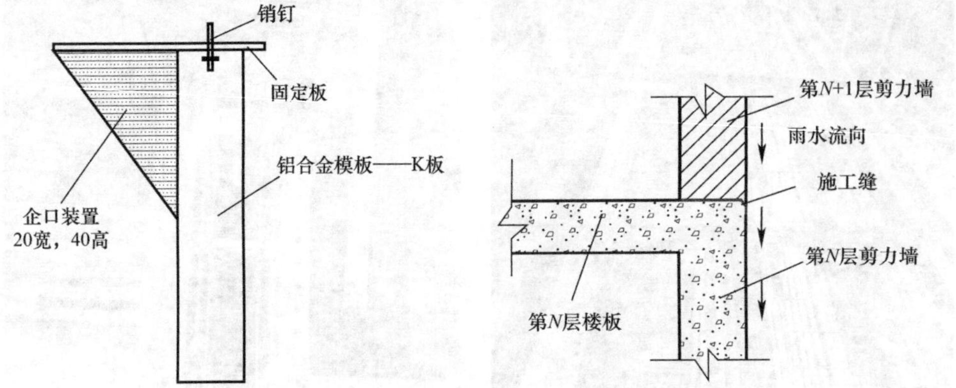

图3　装配式建筑铝合金模板水平施工缝防渗漏装置

2　装配式建筑现浇外墙水平施工缝防渗漏施工技术

在装配式建筑现浇外墙水平施工缝防渗漏装置研究成果的基础上，本文依托永丰雅苑项目开展装配式建筑现浇外墙水平施工缝防渗漏施工技术研究。

2.1　施工工艺流程

装配式建筑现浇外墙水平施工缝防渗漏施工技术主要包含五大步骤，分别为施工准备、铝合金模板安装、外墙水平施工缝防渗漏企口装置安装、混凝土浇筑、拆模养护。装配式建筑现浇外墙水平施工缝防渗漏施工工艺流程如图4所示。

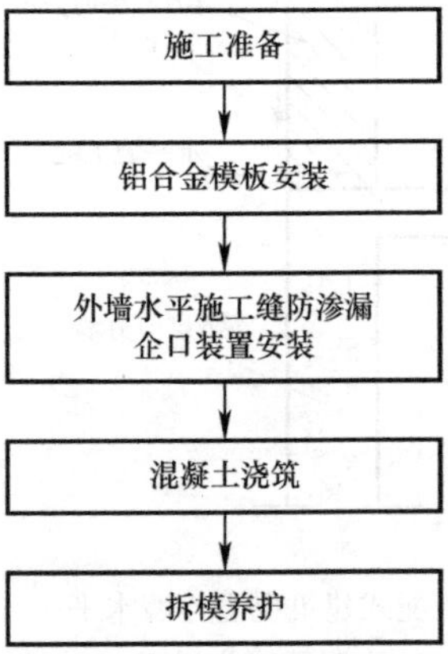

图4　装配式建筑现浇外墙水平施工缝防渗漏施工工艺流程

2.2　施工技术要点

（1）施工准备

1）技术准备：根据项目实际情况编写铝合金模板工程专项施工方案，施工方案应包括模板安装、拆除、安全措施等各项内容。铝合金模板安装前应向施工班组进行技术交底。操作人员应熟悉模板施工方案、模板施工图、支撑系统设计图。

2）材料准备：按照铝合金模板深化图纸预制好铝合金模板，按设计尺寸制作好装配式建筑现浇外墙水平施工缝防渗漏企口装置。施工前要安排材料进场并做好进场验收工作，主要包括：①应检查铝合金模板出厂合格证；②应按模板及配件规格、品种与数量明细表、支撑系统明细表核对进场产品的数量；③模板使用前应进行外观质量检查，模板表面应平整，无油污、破损和变形，焊缝应无明显缺陷。

3）现场准备：施工前要做好上一道工序的隐蔽验收工作，各方确认无误后方可进入下一道工序。根据施工需要配备好相应的人员和设备。铝合金模板安装前表面应涂刷脱模剂，且不得使用影响现浇混凝土结构性能或妨碍装饰工程施工的脱模剂。

（2）铝合金模板安装

根据规范及设计要求进行铝合金模板安装，模板及其支撑应按照配模设计的要求进行安装，配件应安装牢固。墙、柱模板的基面应调平，下端应与定位基准靠紧垫平。在墙柱模板上继续安装模板时，模板应有可靠的支承点。

（3）外墙水平施工缝防渗漏企口装置安装

铝合金模板安装完成后，通过防渗漏企口装置上的固定板和销钉，将防渗漏企口装置紧固在铝合金模板的K板上。对于钢筋保护层厚度留设不满足设计要求而导致防渗漏企口装置无法安装到位的部位，需要先对钢筋位置进行调整，然后再安装防渗漏企口装置。

（4）混凝土浇筑

铝合金模板及防渗漏企口装置安装完成后，施工班组首先进行自检，自检合格后会同施工单位现场管理人员进行检查，检查没问题后通知监理进行隐蔽验收。

隐蔽验收通过后可进行混凝土浇筑工序，浇筑过程中需安排专门的看模人员进行护板。一旦在浇筑过程中出现爆模、漏浆等情况，需及时对模板进行整改。

混凝土浇筑过程中，需采用插入式振捣棒对墙柱进行振捣。在对防渗漏企口装置安装部位进行振捣时，应注意避免使防渗漏企口装置移位或损坏该装置。

（5）拆模养护

混凝土达到拆模强度后将铝合金模板拆除，防渗漏企口装置可重复使用。拆模后的混凝土结构需及时养护。

3　结论

针对装配式建筑现浇外墙水平施工缝易产生渗漏的问题，本文依托中建五局永丰雅苑项目开展装配式建筑现浇外墙水平施工缝防渗漏技术研究。装配式建筑现浇外墙水平施工缝防渗漏技术主要包含装配式建筑现浇外墙水平施工缝防渗漏装置研究和防渗漏施工技术研究两部分。装配式建筑现浇外墙水平施工缝防渗漏技术有效提升装配式建筑的工程施工质量，保障了装配式建筑采用铝合金模板支模的工程质量和使用寿命，大大减少因工程施工质量导致的装配式建筑质量维护成本，为装配式建筑的使用便利性和使用寿命提供质量保障。同时，也为铝合金模板在建筑行业中的推广工作奠定技术基础。

参考文献

[1]　汪盛.“双碳”目标下装配式建筑技术发展研究［J］. 建筑科技，2022，6（1）：44-46
[2]　陈礼棋. 装配式建筑智慧建造及其发展趋势［J］. 四川水泥，2022，（1）：140-141，185
[3]　路亮. 建筑工程施工中铝合金模板综合价值研究［D］. 太原理工大学，2017
[4]　张锐，邱仁斌，许超. 铝合金模板优缺点分析［J］. 中国建筑金属结构，2013，（14）：46-47
[5]　段慧斌. 房建工程建设中的铝模板施工技术［J］. 工程建设与设计，2022，（3）：182-185
[6]　江宏玲. 住宅外墙渗漏原因分析及对策［J］. 工程质量，2022，40（3）：91-93
[7]　李占如. 外墙渗漏的原因、病害以及提出防治措施分析［J］. 住宅与房地产，2018，（6）：155，188

基金项目： 企业级课题：装配式建筑铝合金模板水平施工缝防渗漏技术研究（cscec5bzcb-jx2022011）
作者简介： 谢青生（1995—），男，硕士研究生，助理工程师。主要从事装配式建筑防水防渗技术及施工方法方面的研究。

张方平（1988—），男，本科，中级工程师。主要从事房建工程施工技术方面的研究。

刘　勇（1997—），男，本科，助理工程师。主要从事房建工程施工技术方面的研究。

高层建筑垃圾管道输送技术的探索

田祥圣　唐小卫　陈　州　许馨文　顾俊斌
（江苏省苏中建设集团股份有限公司，江苏　南通，226600）

摘　要：高层建筑的垃圾运输往往成为建筑施工一直困扰的问题，而施工电梯是目前高层建筑中建筑垃圾垂直运输的常规方法，但该方法不仅效率低下，且占用时间。针对该问题，设置垃圾垂直运输通道，既能解决建筑垃圾垂直运输困难、减少运输成本，又能保护环境、取得一定经济效益，达到事半功倍的效果，以期为高层建筑垃圾运输开拓一条新路。
关键词：高层建筑；垃圾管道；垂直运输；装置

Exploration of high-rise building waste pipeline transportation technology

Tian Xiangsheng　Tang Xiaowei　Chen Zhou　Xu Xinwen　Gu Junbin
(Jiangsu Suzhong Construction Group Co., Ltd., Nantong 226600, China)

Abstract: The transportation of waste in high-rise buildings is often a problem that has been plagued by construction, and construction elevators are currently the conventional method for vertical transportation of construction waste in high-rise buildings, but this method is not only inefficient, but also takes time. In view of this problem, setting up a vertical waste transportation channel can not only solve the difficulty of vertical transportation of construction waste, reduce transportation costs, but also protect the environment and achieve certain economic benefits, achieving a multiplier effect, in order to open up a new way for the transportation of high-rise construction waste.
Keywords: high-rise buildings; garbage pipelines; vertical transportation; installations

1　工艺原理

通过设计垂直运输管道，将建筑垃圾直接下运并利用缓冲装置和筛分装置，将垃圾进行分类，无须通过机械垂直运输和对垃圾再进行分类，节约了劳动力和运输成本，降低了工程施工成本，保护了环境；建筑垃圾的二次利用，节能、环保。

2　施工工艺流程及操作要点

2.1　施工工艺流程

垃圾输送管设计安装→垃圾收集→垃圾中杂物粗捡→垃圾集送→输送装置检查→起动

轻浮杂物分离装置→向输送管投料→储料仓管理→垃圾回收利用。

2.2 操作要点

（1）垃圾输送管设计安装

1）垃圾输送管：管壁材料用不能用做现浇板模板的旧多层板裁割制作。架子骨架用40mm×50mm方木，将其与裁割好的废旧多层板用螺栓连结组成输送管道。输送管几何尺寸根据建筑物通风道预留孔尺寸而定，一般以300～400mm为宜。输送管通过楼层预留通风道孔时，在输送管与预留孔壁间用木楔对输送管进行固定（图1、图2）。

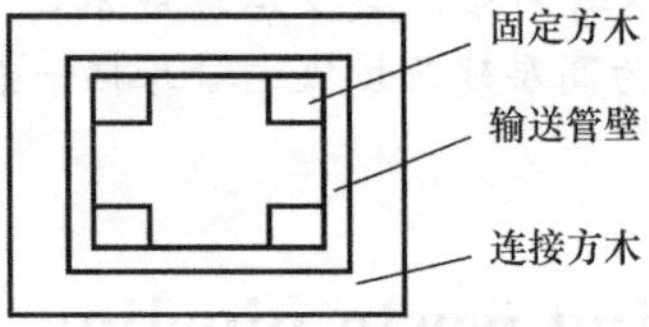

图1 输送管道侧视图

图2 输送管道外视图

2）垃圾进料口下沿与楼面持平，进料口两侧外设宽度300mm高与进料口同高的斜挡板，以方便投料。在进料口处设栏栅，防止漏检扎丝、编织袋、模板块及直径大于150mm以上杂物进入输送管，堵塞管道。对带有进料口的管节做出特殊标记，以防拼装时出现差错（图3）。

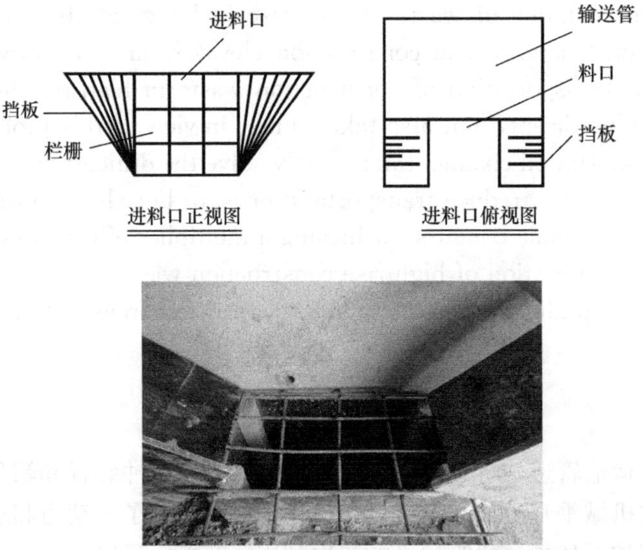

图3 进料口

3）缓冲装置：利用剪力墙施工时留下的固定模板的丝杠穿孔，穿入ϕ25钢筋。制成的缓冲装置转轴，其一端固定在穿孔中，另一端制成90°弯钩，弯钩的长度大于缓冲钢筒直径。在转轴上套一截直径150mm以上薄壁钢管，构成缓冲装置。其原理是：当下落重物落在钢管的任一部位钢管都会发生偏心转动以消耗下落重物动能，起到减速作用。缓冲装置每一楼层至少设置1处，错位安装。缓冲装置大样见图4。

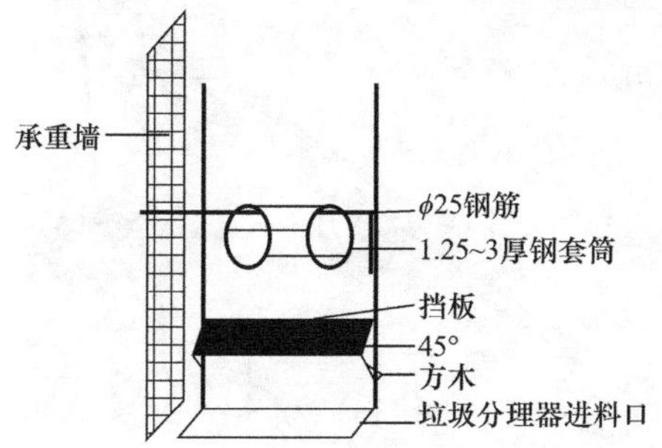

图4 缓冲装置安装

4）轻浮杂物分离与收集装置：由风机、输送软管和收集池三部分组成。风机采用轴流风机，外形尺寸根据输送管几何尺寸方便安装为宜，风机功率一般为1500W。风机安装在距筛分机筛子500mm高的输送管管壁开口处，开口以圆洞为宜。风机出风口位置安装与风机几何尺寸相匹配的直通垃圾收集池的帆布软管。垃圾收集池以木板或钢筋做骨架，以彩条布为外包裹的封闭容器，能起到防尘作用。在接近筛分机的输送管上，开口安装风机和输送软管，构成轻浮杂物分离装置。其原理就是利用高速流动空气所形成的压力差将垃圾中轻浮无用的尘土颗粒、聚苯板颗粒、锯末等杂物从可用垃圾中吸出，输送到收集池中进行集中处理（图5）。

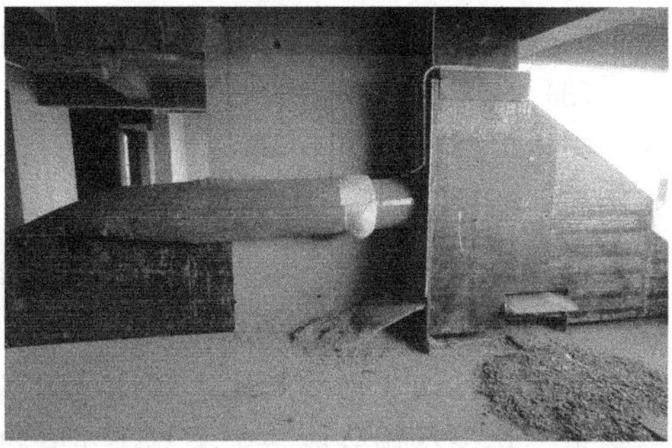

图5 收集装置风机与输送软管安装成品

5）筛分装置：建筑垃圾用管道最终输送到筛分装置。该装置有不同规格的筛子和材料输送溜槽组成。装置由筛分机骨架、定型筛、溜槽组成。筛分机骨架用∟50×3材料制作，定型筛用ϕ10钢筋做筛网焊接而成。分为25mm间距网和5mm间距网两种，分别安装在骨架上，可以筛分出粒径25mm以上石料，25～5mm砂、石料及5mm以下砂、石料。在5mm以下砂、石料滑动的溜槽底部再开一个长500mm、宽比溜槽窄30mm的孔洞，安上1000目的筛网又将5mm以下砂、石料分1.5～5mm小石和粗砂。利用重力作用，垃圾在装置中自行流动，实现可用料的分类。根据用途，将可用料分成4种不同的规格（图6、图7）。

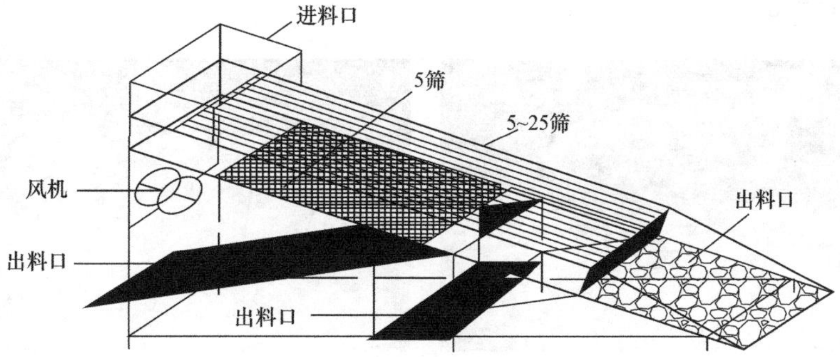

图6 垃圾分理器结构大样图

图 7　筛分机骨架

6）防尘装置：为了防止筛分装置扬尘，在筛分装置外安装防护板，将整个装置包裹起来。输送管顶端及进料口作封闭处理，防止尘土飞扬。

7）储料仓：每个出料口用多层板制作储料仓，避免筛分后材料混合，以方便使用。

（2）垃圾收集

楼层模板脱模后对楼面进行清理，将所有垃圾收集成堆。

（3）垃圾中杂物粗捡

用疏齿钉耙（齿距 100～120mm）将垃圾中生活垃圾及扎丝、编织袋等清出装袋。

（4）垃圾集送

将垃圾装上手推车运送到输送管口位置。

（5）输送装置检查

垃圾投入输送管前对输送管道及设备进行检查。特别对管道有无破损，缓冲装置、筛分装置、轻浮杂物分离装置等是否正常进行检查，对供电系统进行检查。

（6）起动轻浮杂物分离装置

垃圾管道输送作业开始，先起动轻浮杂物分离装置，待装置运转正常后，再向输送管道投放垃圾。

（7）向输送管投料

用铁锨向输送管料口溜槽投料。投料要少量多次，及时拣出堵在料口栏栅外的杂物。

（8）储料仓管理

经筛分滑入储料仓的材料要及时人工平仓，防止外溢。料仓满了以后即停止投料。

（9）垃圾回收利用

将筛分后的垃圾制成填充墙用的平行四边形梁底戗砖。减少对烧结普通砖切割所造成的扬尘污染及能耗。

图 8　戗砖模具

图 9　戗砖成品

3 结束语

利用管道将垃圾 99%进行运输；经筛分能二次利用的垃圾达 93%。经测算：楼内施工所产生的建筑垃圾为 0.8t/100m^2，根据垃圾组成成分表可得回收量 20mm 以下混凝土碎块 0.5t，20mm 以上混凝土碎块 0.27t；节约的石子 0.27t，90 元/t，共计 24.3 元；砂子 0.5t，95 元/t，共计 47.5 元；减少垃圾外运费和垃圾填埋费 80 元，共计节约 151.8 元/100m^2。

利用管道输送建筑垃圾，能避免扬尘污染，简化输送环节，降低输送成本。还能将大部分垃圾就地回收利用，变废为宝，节约了能源，也减少了垃圾外运、填埋等后期处理量，减少了人工及机械成本投入，取得了显著的社会效益。

参考文献

[1] JGJ 33—2012 建筑机械使用安全技术规程 [S]. 北京：中国建筑工业出版社，2012
[2] JGJ 46—2005 施工现场临时用电安全技术规范 [S]. 北京：中国建筑工业出版社，2005
[3] GB/T 50640—2010 建筑工程绿色施工评价标准 [S]. 北京：中国建筑工业出版社，2010

作者简介：田祥圣（1970—），男，本科，正高级工程师。主要从事施工技术质量管理。
唐小卫（1978—），男，本科，正高级工程师。主要从事施工技术质量管理。
陈　州（1988—），男，本科，高级工程师。主要从事施工技术质量管理。
许馨文（1987—），女，硕士，高级工程师。主要从事施工技术质量管理。
顾俊斌（1991—），男，本科，工程师。主要从事施工技术质量管理。

高烈度区高层剪力墙住宅大空间结构优化设计及 Pushover 分析

姚延化　唐宇轩　言雨桓
（中国建筑第五工程局有限公司，湖南 长沙，410004）

摘　要：剪力墙结构是高层住宅的一种主要结构形式，为适应当前个性化和多样化的市场需求，本文以北京市某小区的一栋高层住宅楼为例，对住宅户型内部进行大空间结构优化设计，调整剪力墙布置。对优化后的高层住宅进行了结构性能和经济效益的分析，并对弹塑性阶段的抗震性能进行了详细的分析。研究表明，大空间结构优化后能够满足结构设计的要求，并具有较好的经济效益；罕遇地震作用下满足大震不倒的性能要求。最后对高烈度区高层住宅的大空间结构优化设计提出建议，为类似工程提供参考。

关键词：高烈度区；大空间剪力墙结构；抗震性能；Pushover 分析

Optimal design and pushover analysis of large-space structure of high-rise shear walls in high-intensity areas

Yao Yanhua　Tang Yuxuan　Yan Yuhuan
(China Construction Fifth Engineering Division Co.，Ltd.，Changsha 410004，China)

Abstract：Shear wall structure is a main structural form of high-rise residential buildings. In order to meet the current personalized and diversified market demands，this paper takes a high-rise residential building in a residential area in Beijing as an example to optimize the internal large space structure of residential units，adjust the arrangement of the shear wall. The structural performance and economic benefit of the optimized high-rise residence are analyzed，and the seismic performance in the elastic-plastic stage is analyzed in detail. The research shows that the optimized large space structure can meet the requirements of structural design and has good economic benefits；Under the action of rare earthquake，it can meet the performance requirements of not falling under large earthquake. Finally，some suggestions are put forward for the optimization design of large space structure of high-rise residential buildings in high intensity areas，so as to provide reference for similar projects.

Keywords：high intensity area；large space shear wall structure；seismic performance；pushover analysis

引言

近年来，随着我国经济的发展和生活水平的提高；人们对居住品质的要求也越来越高，对居住空间的需求也越来越多样化。剪力墙结构抗侧刚度大，抗震性能好，广泛应用于高层住宅中；在已建高层住宅中，剪力墙结构住宅数量超过 72%[1]。但剪力墙结构尤其是高烈度区的剪力墙结构，结构墙肢数量较多，墙体间距受规范限制不能太大，往往将住宅的户内空间分割成多个小空间，不仅占用了户内的使用空间，而且制约了未来扩建和改建的可能性。难以满足当前高层住宅用户对空间环境的柔性及开放性需求[2]。

大空间结构是指通过调整剪力墙墙肢布置，将剪力墙布置于户型外周及卫生间等建筑功能相对固定的房间周边，使户型内无结构墙体形成连通的大空间。优化后的户型空间开间更大、空间更宽阔、可灵活分割户内空间，用户可根据自己的需求，进行合理的建筑功能分割和装修。

随着建筑物层数的增多、高度的增加，水平荷载和地震作用对结构设计产生的影响逐渐增大[3,4]；在高烈度地区，地震作用是控制剪力墙布置的控制因素，剪力墙的合理布置显得尤为重要。而经过大空间结构调整后的高层剪力墙住宅，剪力墙基本布置在结构外周，相比于普通剪力墙住宅，剪力墙间距较大，布置不均匀；结构布置的合理性和经济性还需进一步研究。

因此，本文以某高烈度地区的实际高层剪力墙住宅为例，尝试调整优化其剪力墙墙肢布置形成大空间结构方案。通过对结构进行多遇地震作用下的弹性分析验证大空间结构方案的合理性和经济性；同时开展罕遇地震作用下的弹塑性分析，进一步分析大空间结构方案的抗震性能。

1 弹性分析

1.1 项目概况

项目为北京市某小区的一栋高层典型住宅楼，抗震设防烈度为 8 度，建筑总高度 54m，采用剪力墙结构，结构抗震等级为剪力墙二级。住宅楼总共 17 层，一层为架空层，层高 4.3m，二层以上层高 3.1m，设计使用年限为 50 年，建筑抗震设防类别为丙类，地震设计分组为第一组，设计基本地震加速度 0.20g，场地类别为Ⅲ类，基本风压（50 年一遇）为 0.45kN/m^2，地面粗糙度类别 B 类。住宅楼为两梯两户，单层建筑总面积约 360.0m^2，每户建筑面积约 180.0m^2。

原结构方案除架空层外，其余楼层剪力墙厚度均为 200mm，混凝土强度等级为 C30～C50，钢筋选用 HRB400。原结构方案标准层剪力墙布置见图 1。

1.2 大空间结构设计

结合大空间结构剪力墙布置原则，各楼层沿用原结构方案混凝土强度等级，将剪力墙布置于户型外周及卫生间处。大空间结构方案的标准层剪力墙布置如图 2。

大空间结构方案调整情况：将 2、3、4、8、9、10 轴伸入户型内部的墙肢去掉，在主卫周边补充一道剪力墙，使户型内部没有竖向结构构件分隔内部空间，从而营造一个户型内的整体大空间。空间效果如图 3。剪力墙墙厚同样均为 200mm，未影响建筑布局及建筑效果。

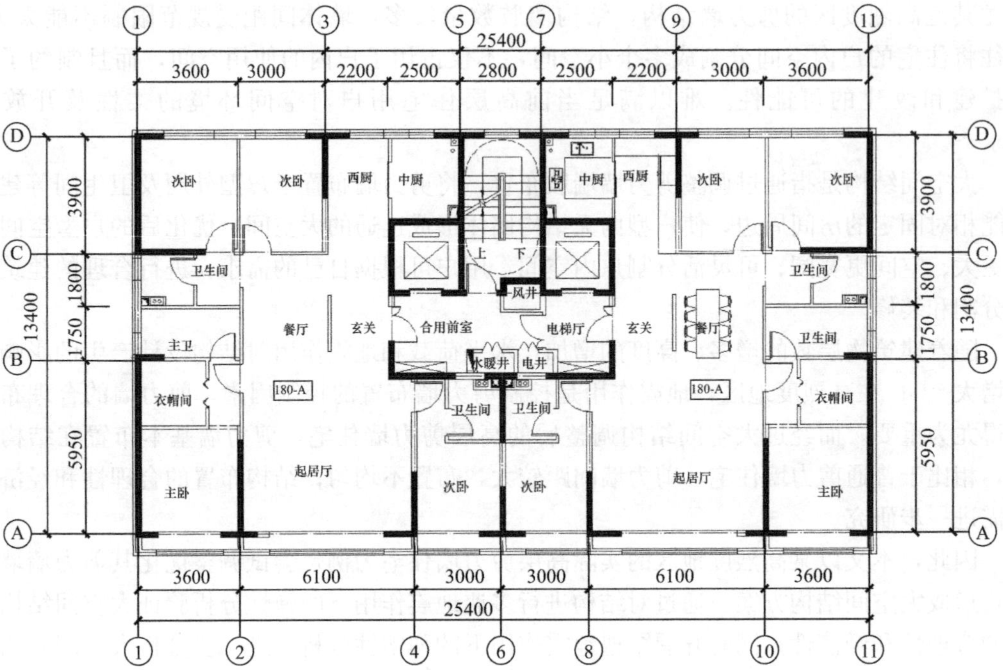

图1　原结构方案标准层剪力墙布置

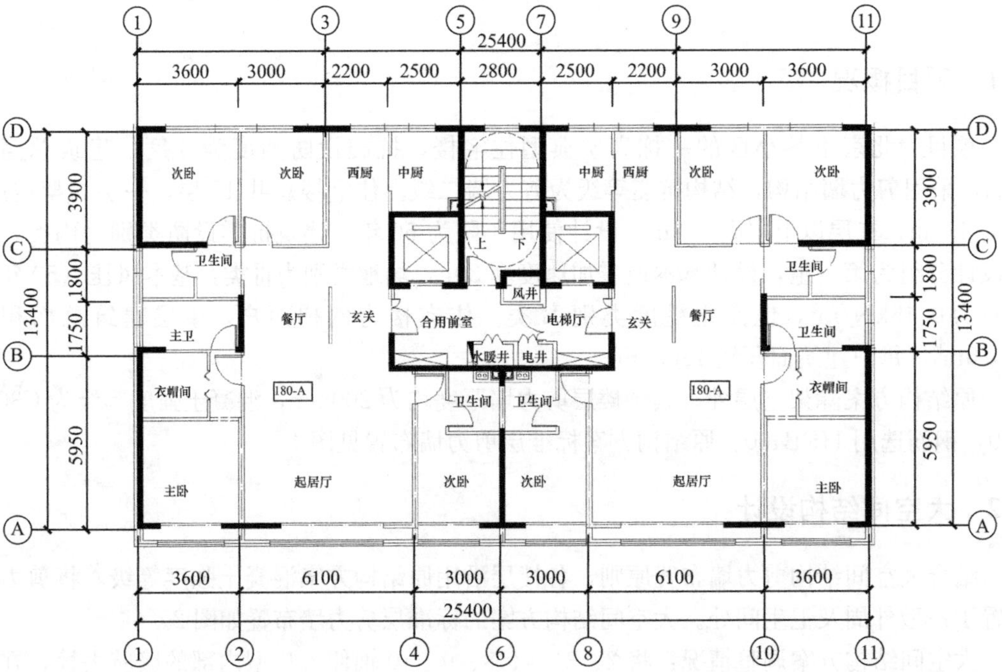

图2　大空间结构优化后标准层剪力墙布置图

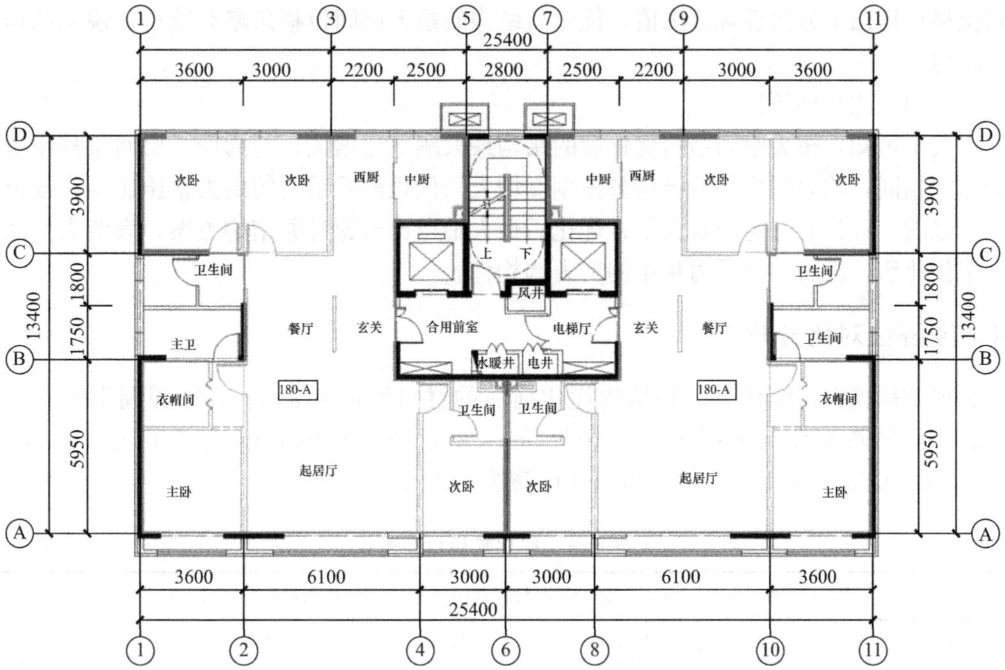

图 3　大空间结构方案空间效果（填充部分为内部大空间）

1.3　结构弹性分析

1.3.1　主要计算参数

多遇地震下的结构弹性分析采用建筑结构设计软件 YJK4.2.0 版本，结合抗规[5]、高规[6]的主要设计指标对大空间结构优化前后的刚度、延性、稳定性进行对比研究。大空间结构优化前后结构计算参数相同，取一层底板为上部结构的嵌固端，采用刚性楼板假定，计算双向地震与偶然偏心，周期折减系数取 0.9，连梁刚度折减系数为 0.7。

1.3.2　计算结果

经过多遇地震下的结构弹性计算，大空间结构优化前后的主要设计指标见表 1。

多遇地震下大空间结构优化前后主要设计指标　　表 1

设计指标	最大自振周期	第一扭转周期	周期比	刚重比	地震作用下最大层间位移角	风荷载作用下最大层间位移角	最大轴压比
原结构方案	1.3417	0.8963	0.67	9.525	1/1007	1/5434	0.45
大空间结构方案	1.3075	0.8388	0.64	9.840	1/1031	1/6209	0.43

（1）周期

按大空间结构优化后的最大自振周期减小，表明结构整体刚度增大。优化前后结构周期比均不大于 0.9，符合高规的规定；且优化后结构周期比小于原结构，说明减少结构内部剪力墙，将剪力墙布置于户型外围后，结构的抗扭能力得到了增强。

（2）层间位移角

对于 150m 以下的剪力墙高层建筑，主体结构处于弹性受力状态时，风荷载和多遇地震标准值作用下的最大层间位移角不应大于 1/1000[6]。通过大空间结构优化前后的最大层间位移角结果可知，地震作用下最大层间位移角是结构的关键控制指标。优化前后的最大层间位移角均已十分接近规范限值，优化后结构的最大层间位移角略有减小，说明结构整体刚度增大。

（3）刚重比与轴压比

由表 1 可知，按大空间结构优化后的结构最大刚重比增大，与周期、层间位移角所揭示的原理相同，均表明优化后结构整体刚度增大。优化前后结构的最大轴压比均在规范限值 0.6 之内，且具有一定的富余量；优化后最大轴压比未超过原结构方案，表明大空间结构方案优化后，没有产生受力集中的剪力墙构件。

1.4 经济性对比分析

根据结构模型，统计大空间结构优化前后的材料用量见表 2。并按照湖南省长沙市（2022.05）最新钢筋与混凝土的市场报价，C30：335 元/m^3，C35：350 元/m^3，C40：365 元/m^3，C50：480 元/m^3；HRB400 钢筋按 5800 元/t。

大空间结构优化前后材料用量 **表 2**

	混凝土总量（m^3）	钢筋总量（t）	材料费用（万元）	每平米材料费用（元）	材料费用对比（%）
原结构方案	1919.29	185.00	184.1	302.8	—
大空间结构方案	1834.80	174.48	174.6	287.2	−5.16

由表 2 可知，大空间结构优化后，混凝土和钢筋的用料均有所减少，每平米材料费用减少约 15.6 元，工程造价降低约 5.16%；表明经过大空间结构优化后，结构的整体经济效益有所提高。

2 Pushover 分析

2.1 Pushover 分析的意义

本文的工程实例，在经过大空间结构优化后，剪力墙较为集中地布置在结构外周及中间楼电梯井区域，建筑开间增大形成大空间结构的同时，也使剪力墙布置的间距加大，如 A～B 轴间的区域剪力墙间距超过 12m。对于高层建筑，尤其是高烈度区的高层建筑，有必要进一步分析大空间结构优化后，在罕遇地震作用下结构的受力性能和薄弱位置，为工程设计人员进行类似设计时提供参考。

Pushover 分析，即为静力弹塑性分析法，是基于性能的抗震设计方法中最具代表性的分析方法。能反映结构在大震作用下的弹塑性受力性能，且计算效率高，易被工程设计人员掌握。对大空间结构优化前后模型进行 Pushover 分析。

2.2 罕遇地震下的分析结果对比

2.2.1 性能点分析对比

分别对大空间结构优化前后的结构模型进行罕遇地震下的静力弹塑性分析，得出大空间结构优化前后的性能点见图 4～图 7。如图所示性能点处数据为等效单自由度体系在该方向地震作用下的谱位移，其中横坐标 S_d 为实际多自由度加速度谱，纵坐标 S_a 为位移谱。

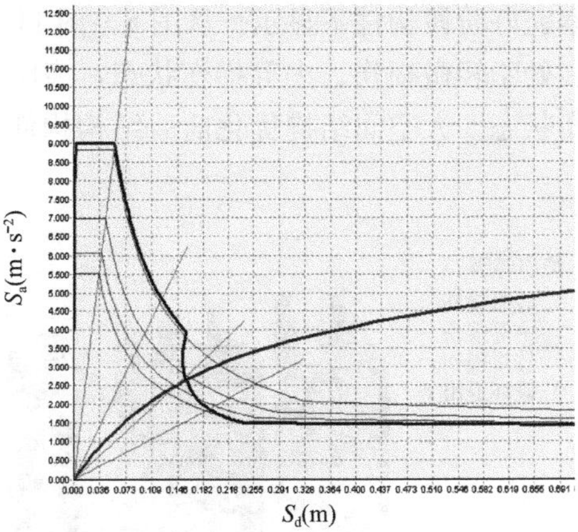

图 4　原结构方案 X 方向性能曲线

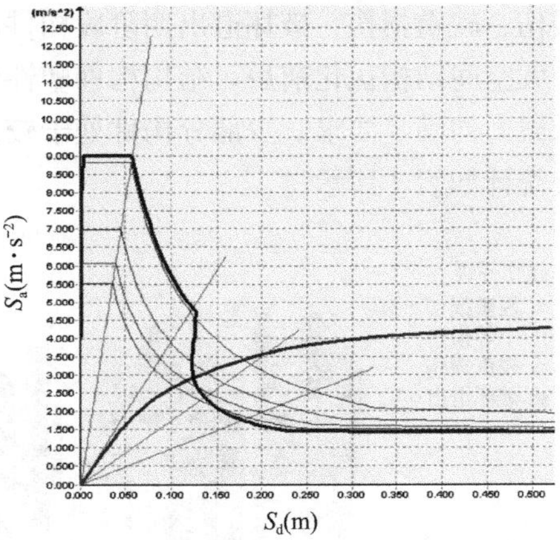

图 5　原结构方案 Y 方向性能曲线

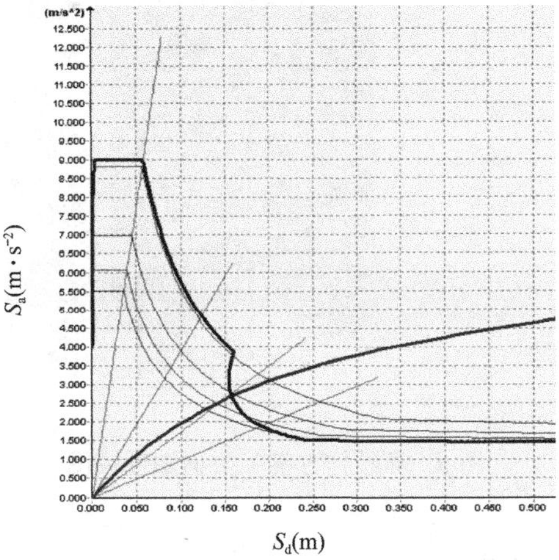

图 6　大空间结构方案 X 方向性能曲线

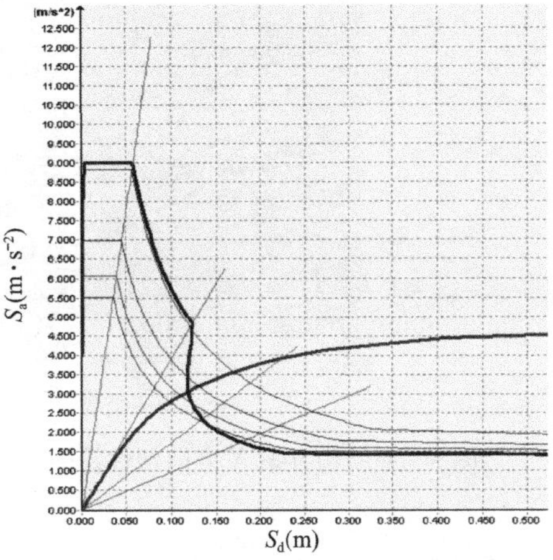

图 7　大空间结构方案 Y 方向性能曲线

从大空间结构优化前后的结构性能曲线可以看出，优化前后的模型在罕遇地震作用下 X、Y 两个方向均可获得性能点，表明大空间结构优化前后的模型均可抵抗罕遇地震作用，实现大震不倒的性能目标。

2.2.2　位移对比

大空间结构优化前后的楼层最大层间位移角如表 3 所示。大空间结构优化前后 X、Y 两个方向的最大层间位移角均小于高规弹塑性位移角 1/120 的限值要求，大空间结构优化后，模型的最大层间位移角在 X、Y 两个方向均略有减小，表明在罕遇地震作用下，其结构整体刚度相对较小。

大空间结构优化前后最大层间位移角　　**表 3**

最大层间位移角	X+方向	X−方向	Y+方向	Y−方向
原结构方案	1/203	1/203	1/248	1/233
大空间结构方案	1/200	1/200	1/246	1/251

2.2.3　性能状态对比

根据美国 FEMA273/274[7,8] 规范的塑性铰开展的五阶段来界定构件的破坏程度，大空间结构优化前后的构件塑性铰情况如图 8～图 11 所示。模型计算结果仅显示轻微损伤、中等损伤、较重损伤、破坏退出四阶段构件，基本完好阶段构件不显示。从图8～图11可看出，大空间结构优化前后，结构构件塑性较大多处于轻微损伤、中等损伤状态，表明结构的承载力均满足要求。少部分构件处于较重损伤状态。大空间结构优化前后结构构件损伤等级统计如表4所示。

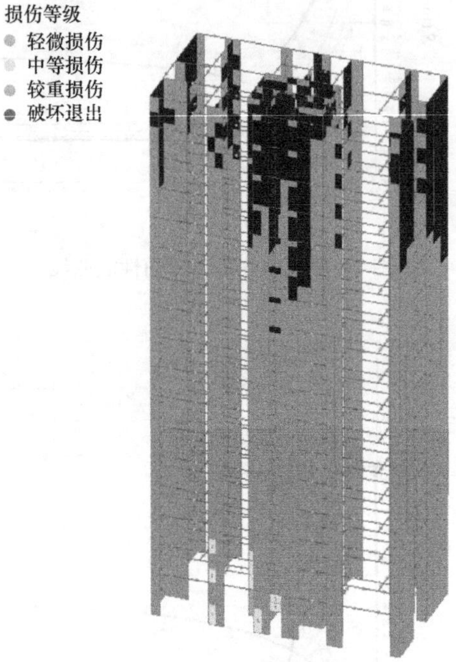

图8　原结构方案 X 方向塑性铰图

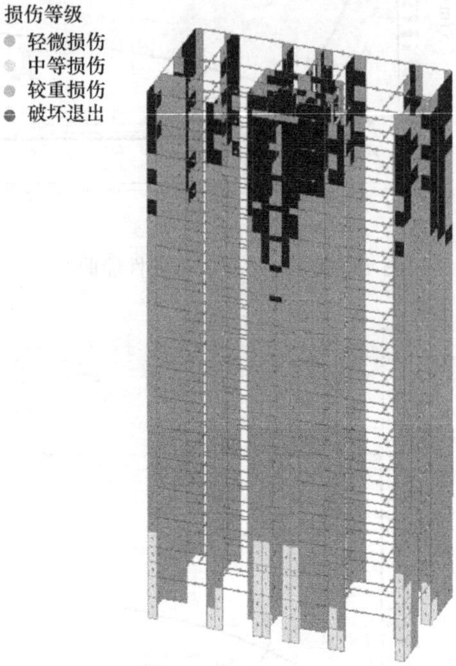

图9　原结构方案 Y 方向塑性铰图

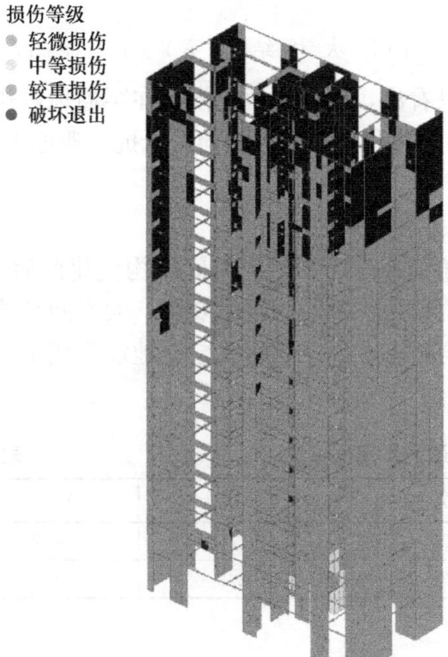

图10　大空间结构方案 X 方向塑性铰图

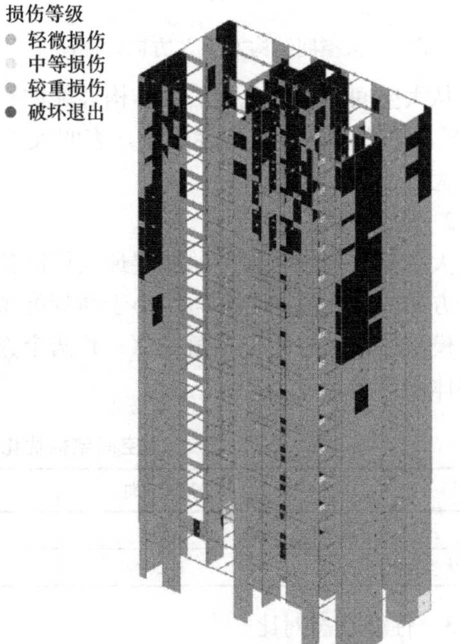

图11　大空间结构方案 Y 方向塑性铰图

大空间结构优化前后结构构件塑性铰损伤等级统计　　表 4

最大层间位移角		基本完好	轻微损伤	中等损伤	较重损伤	破坏退出
原结构方案	梁	0.4%	56.5%	43.1%	0	0
	墙	14.9%	83.6%	1.3%	0.3%	0
大空间结构方案	梁	0.3%	65.3%	33.5%	1.0%	0
	墙	20.5%	79.0%	0.5%	0	0

从表 4 可知，大空间结构优化后，剪力墙构件在各阶段的损伤等级比例相比于原结构方案有所降低，梁构件在各阶段的损伤等级比例相比于原结构方案有所增加；薄弱部位多为结构外围跨度较大的梁构件，部分梁构件处于较重损伤状态。总体来看，大空间结构优化后模型塑形较分布均匀，延性良好；在罕遇地震作用下，无构件处于破坏退出的损伤等级，绝大部分构件处于中等损伤及以下的损伤等级，符合大震不倒的性能要求。

3　结论

（1）以北京市（8 度抗震设防区）的一栋高层剪力墙结构典型住宅楼为例，通过大空间结构理念调整剪力墙布置，形成户型内部的整体结构大空间，增大了户型的二次改造空间。对大空间结构优化后的方案进行了弹性阶段的结构计算，并与原方案进行了结构性能和经济性的对比分析；分析表明大空间结构在满足结构设计要求的前提下，材料单方造价降低约 5%。

（2）对大空间结构优化后的结构模型进行 8 度罕遇地震作用下的弹塑性分析，分析表明，绝大部分构件处于中等损伤及以下的损伤等级，无构件处于破坏退出的损伤等级。大空间结构优化后整体具有较好的抗震性能，满足大震不倒的性能要求。

（3）弹塑性分析显示，大空间结构优化后剪力墙的抗震性能比原方案更优，而结构梁的抗震性能比原方案略差。经过大空间结构优化后，剪力墙构件更多布置于结构外周等有利于结构抗震的位置，增加了剪力墙的刚度和抗震性能；同时大空间结构优化后，使剪力墙间距加大，剪力墙之间的结构梁跨度加大，结构梁相对更容易被损伤破坏。

（4）由于本文仅以一栋高烈度区的住宅楼为例进行大空间结构优化，平面尺寸为 25.4m×13.2m，单元尺寸相对较小，优化后的剪力墙最大间距也仅为 13m 左右，存在一定的局限性。文章后续以其他单元尺寸较大的户型为例进行了 8 度抗震设防烈度下的弹性及弹塑性计算，结果表明，当平面尺寸加大使剪力墙间距逐步增大时，弹性阶段的结构力学性能依然合理，但经济指标相比于原传统设计方案无明显优势或略有降低；弹塑性阶段，平面尺寸较大时，罕遇地震作用下长度方向并未实现大震不倒的性能要求。

参考文献

[1] 李芳，凌道盛．工程结构调整设计发展综述［J］．工程设计学报，2002，9（5）：229-234

[2] 胡珊珊，黄玲．大开间高层住宅剪力墙结构布置研究［J］．南昌航空大学学报，2018，9（3）：89-99

[3] 朱炳寅．高层建筑结构设计和计算［M］．北京：清华大学出版社，2006

[4] 包世华，张铜生．高层建筑结构设计及计算［M］．北京：清华大学出版社，2006

[5] GB 50011—2010 建筑抗震设计规范［S］．北京：中国建筑工业出版社，2010

[6] JGJ 3—2010 高层建筑混凝土结构技术规程［S］．北京：中国建筑工业出版社，2010

[7] FEMA273NEHRP Guidelines for seismic rehabilitation of buildings［S］．Washington D C：Federal Emergency Management Agency，1997

[8] FEMA 274, NEHRP Commentary on the NEHRP guidelines for the seismic rehabilitation of buildings [S]. Washington D C: Federal Emergency Management Agency, ASCE, 1997

作者简介： 姚延化（1987—），男，硕士，工程师。主要从事装配式结构、工程结构设计方面的研究。
唐宇轩（1990—），男，硕士，工程师。主要从事结构设计优化的研究。
言雨桓（1990—），男，硕士，工程师。主要从事低碳建筑方面的研究。

堤防工程全寿命周期大数据云平台构建与应用

韩　旭　赵　鑫　于起超
（长江岩土工程有限公司，湖北 武汉，430010）

摘　要：长江堤防工程的建设历史悠久，基础数据规模庞大，开发利用价值巨大。本文基于分布式混合存储架构，利用数据清洗、深度学习、非结构化数据索引、GIS 等技术，构建了堤防工程全寿命周期大数据云平台，实现了堤防工程多源异构大数据的无缝融合，可为用户提供堤防工程全寿命周期数据分析与一张图服务。通过在荆南长江干堤示范应用，该平台可为堤防险情的识别、判断、评估以及应急处置提供方便、快捷的基础数据查询、调用及分析服务，提高了堤防险情及隐患的处置效率，取得了良好的社会与经济效益。
关键词：堤防工程；全寿命周期；大数据；分布式；混合存储；非结构化；数据清洗

Construction and application of big data cloud platform in the whole life cycle of embankment engineering

Han Xu　Zhao Xin　Yu Qichao
(Changjiang Geotechnical Engineering Co.，Ltd.，Wuhan 430010，China)

Abstract：The construction of the Yangtze River embankment project has a long history，the scale of basic data is huge，and the development and utilization value is huge. Based on the distributed hybrid storage architecture，using data cleaning，deep learning，unstructured data index，GIS and other technologies，this paper constructs the whole life cycle big data cloud platform of embankment engineering，realizes the seamless integration of multi-source heterogeneous big data of embankment engineering，and can provide users with the whole life cycle data analysis and one map service of embankment engineering. Through the demonstration application in Jingnan Yangtze River main dike，it is proved that the platform can provide convenient and fast basic data query，call and analysis services for the identification，judgment，evaluation and emergency disposal of dike dangerous situations，improve the disposal efficiency of dike dangerous situations and hidden dangers，and achieve good social and economic benefits.
Keywords：embankment engineering；life cycle；big data；distributed；hybrid storage；unstructured；data cleaning

引言

我国堤防工程建设的历史长达 2000 多年，堤防工程作为河流治理的重要措施之一，在水利工程中起着非常重要的作用，为我国的经济与社会发展发挥了巨大的效益，尤其是

1998年洪水以后，堤防工程的安全性越来越引起全社会的关注[1-3]。近年来，随着水利信息化和现代化的不断发展，国内各大流域均已建成堤防数据库或信息管理系统，但是由于历史原因，这些数据库或系统存在着不少问题，具体表现为：①由于堤防工程基础数据来源于不同的行政管辖部门和建设单位，导致数据被分散放置、分散管理，形成碎片化数据和“信息孤岛”；②由于信息技术条件的限制，现有系统大多无法处理和分析海量、多源、异构的信息资源；③系统的交互性差、数据的利用率低下，汛期堤防险情出现时，导致无法快速准确地提供已有的相关堤防工程数据，不能充分发挥数据的价值。因此，为充分发挥全国各流域堤防工程的海量信息资源的利用价值，通过统一的技术架构和集成方法，构建堤防工程全寿命周期大数据云平台，实现海量信息资源的统一管理和共享，为堤防汛期抢险和日常运行管理提供必要的保障，是非常必要的。

1 平台架构

本文基于堤防工程基础数据的特点，研究建立了堤防工程全寿命周期大数据云平台的总体架构，如图1所示，平台架构主要包括数据源、存储层、统一数据集成、服务层和应用层。

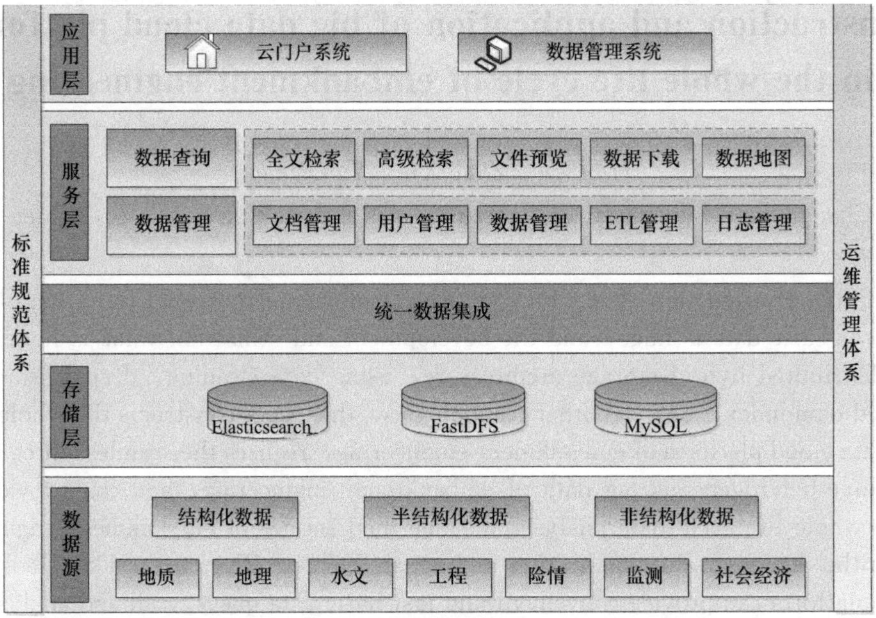

图1 平台架构

(1) 数据源

数据源包括地质、地理、水文、监测、社会经济、险情、工程等七大类数据，从结构类型上来看分为非结构化数据、半结构化数据和结构化数据。

(2) 存储层

数据存储层采用Elasticsearch、FastDFS、MySQL混合存储架构，如图2所示。FastDFS[4]是开源的分布式文件系统，用于海量非结构化数据存储，能够通过负载均衡[5]的方式对服务器的真实负载情况进行动态的选择；ElasticSearch是分布式全文搜索引擎，主要用于非结构化数据索引；MySQL用于结构化数据存储与检索。

（3）统一数据集成

基于 REST 接口服务，将 ElasticSearch、MySQL、FastDFS 等进行集成封装，屏蔽了各个存储模块的访问方式，对服务层提供统一的存储层访问接口。通过这种方式将服务层与存储层解耦，可提高系统的扩展性。

（4）服务层

对存储层的访问进行封装，并对应用层提供统一的服务接口，包括数据查询和数据管理服务。

（5）应用层

应用层分为数据管理系统与云门户系统。数据管理系统用户角色为数据库管理员，用于数据管理。云门户系统的用户角色为公共用户，系统为用户提供数据检索和数据服务等功能。

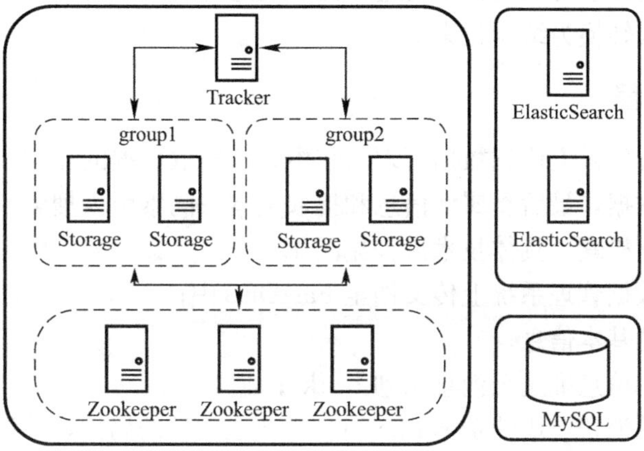

图 2　混合存储架构

2　数据清洗

堤防工程涉及多种数据源，包括非结构化文本、监测日志、关系型数据库等。数据入库要首先进行清洗处理，本文根据堤防工程建设与管理需求，研究建立了一种流式数据清洗架构，采用 Kafka 做中间件将接入数据与处理数据进行解耦[6]，可实现清洗参数动态配置，简化数据的清洗与入库过程。清洗架构如图 3 所示。

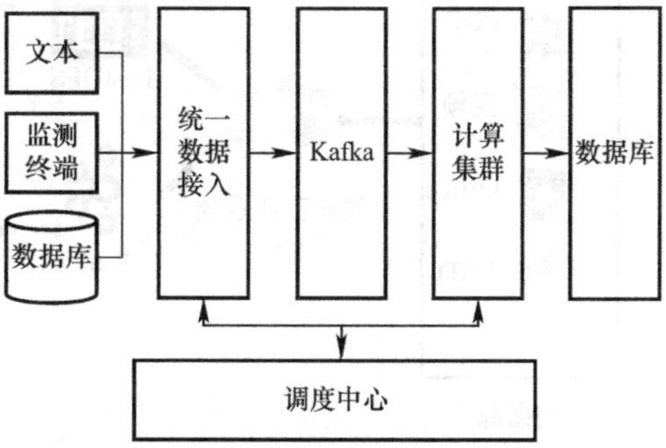

图 3　数据清洗架构

统一数据接入模块主要包括定时器、文件监控和 SQL 执行。定时器模块为文件监控和 SQL 执行提供定时功能。文件监控定时读取新增文件，将文件按照约定的解析规则进行解析，生成规定的统一数据协议并推送至 Kafka。SQL 执行模块定时从关系数据库中读取数据，并转化为统一数据协议推送至 Kafka。

调度中心模块作为系统用户交互的窗口，为用户提供可视化的清洗流程配置界面，通过这种配置方式，给用户提供了直观的清理流程控制，降低了数据清洗的复杂度。

计算集群消费数据并执行清洗操作，将清洗后的结果输出到数据库中。

该清洗架构主要有以下优势：

(1) 将不同类型数据都转换成流的形式，使不同数据在形式上进行统一。

(2) 清洗数据采用并行分布式方式处理，提高了数据清洗的性能。

(3) 交互式的调度中心可以根据需求对清洗流程进行可视化的配置，降低了数据清洗的复杂度。

3 非结构化数据索引

堤防工程非结构化数据不仅种类繁多且数据量巨大，非结构化数据无法像结构化数据一样进行检索，因此需要将非结构化数据进行结构化处理。非结构化数据的结构化处理采取两种方式，一种是在上传的过程中通过标记属性建立索引，另一种是通过解析技术，提取文件中的信息使其转换为结构化索引。

3.1 索引技术流程

非结构化数据首先被上传到数据管理系统中，并提取数据的相关属性信息，然后通过解析系统提取文本数据，最后将属性信息和提取文本一同索引入搜索引擎中，便于后期对非结构化文档的快速检索。具体技术流程见图 4。

(1) 用户通过数据管理系统上传文档至 FastDFS 中；

(2) 提取文档的基本信息；

(3) 将文档基本信息推送至消息队列 Kafka；

(4) 解析系统的消费模块消费 Kafka 消息，获取文件的属性，并调用下载模块下载源文件到解析系统；

(5) 解析系统识别源文件格式，并根据格式调用不同的解析模块；

(6) 解析系统最终将文件的基本信息和解析的结果形成 JSON[7] 对象索引到搜索引擎 ElasticSearch 中。

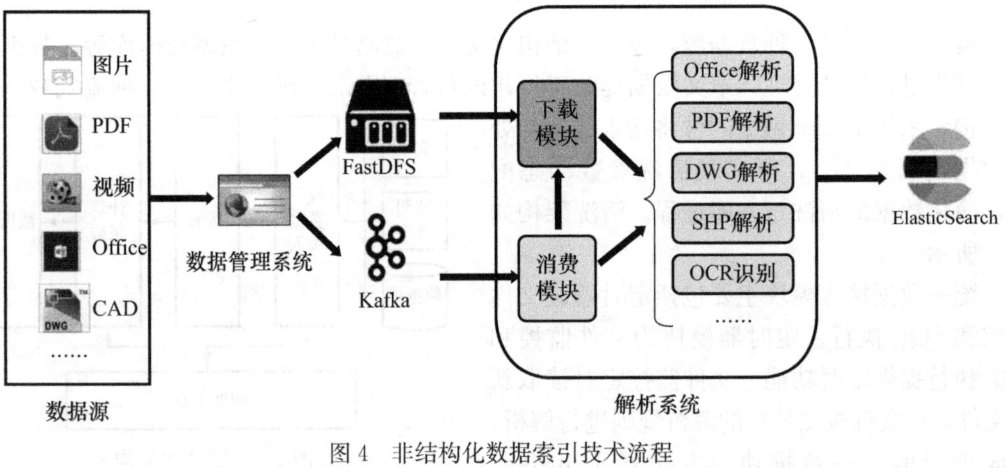

图 4 非结构化数据索引技术流程

3.2 信息提取

用户通过上传组件批量上传或者单个上传文档，然后编辑文档的标签信息，并临时存储在 MySQL 数据库中，文档标签信息的提取界面如图 5 所示。

用户进行数据推送时，文档的基本信息包括文档名、文档文件路径、文档的唯一ID、文件格式、文档标签信息等全部序列化为JSON字符串，并推送入消息队列Kafka中。堤防工程非结构化文档的标签信息主要包含以下内容：

（1）流域：数据产地的流域信息；

（2）省份：数据产地所处的省份；

（3）堤坝分段：数据产地所处堤防的名称；

（4）分类：包括地质、地理、水文、监测等类型；

（5）工程阶段：包括工程设计、施工和运行维护等阶段；

（6）摘要：简要描述数据的基本信息；

（7）关键词：数据描述的关键词；

（8）桩号：数据产地所处桩号信息，可以是单值或范围值。

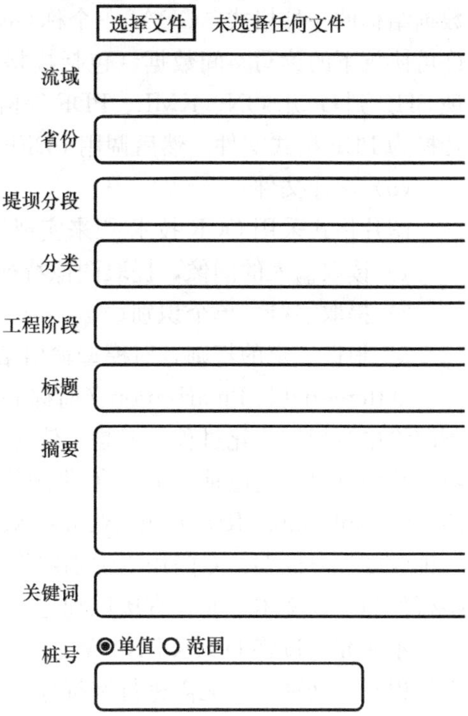

图5　信息提取

3.3　文件解析

文件解析是根据文件的类型创建不同的解析类来实现，如表1所示。

文件解析分类表　　**表1**

文件类型	解析类	说明
office	OfficeFilewImpl	微软Office文件，包括doc、docx、xls、xlsx、ppt、pptx等格式
pdf	PDFFileImpl	包括文本PDF和图片PDF
dwg	CADFileImpl	CAD的常用格式
shp	SHPFileImpl	ArcGIS的常用格式
picture	PictureFileImpl	JPG、JPEG、PNG、BMP等图片格式

（1）Office文件

OfficeFilewImpl通过Apache POI[8]对Office格式进行文字提取。Apache POI是用Java编写的跨平台的Java API，一方面可以直接提取文档文字，另一方面可以读取文档的图片，并调用PictureFileImpl进行图片识别，提取图片中的文字。

（2）PDF文件

PDFFileImpl首先提取PDF中的文字，若能提取到，则返回提取的文字，若提取不到，则将PDF文件转换为图片格式，调用PictureFileImpl提取图片中的文字。

（3）DWG文件

Aspose.CAD是一个独立的AutoCAD处理API，它提供将DWG、DWF和DXF文件转换为高质量PDF和光栅图像的功能。CADFileImpl是通过Aspose.CAD库将DWG转换为PDF格式文件，然后调用PDFFileImpl实现对PDF文字提取。

（4）shp文件

shp文件是ESRI公司提出的用于描述空间数据的几何和属性特征的非拓扑实体矢量

数据结构的一种格式。GDAL[9]全称 Geospatial Data Abstraction Library 是一个在 X/MIT 许可协议下的读写空间数据（包括栅格数据和矢量数据）的开源库，通过 GDAL 可以实现 SHP 到 GeoJSON、KML、PDF 等格式的转换。SHPFileImpl 首先通过 GDAL 将 SHP 转换为 PDF 格式文件，然后调用 PDFFileImpl 实现对 PDF 文字提取。

（5）图片文件

图片格式采用 OCR 技术[10]来实现信息提取，多采用以下步骤：

1）读取输入的图像，提取图像特征；

2）提取字符，单个识别；

3）根据一定的规则，对模型输出结果进行纠正处理，输出正确结果。

Differentiable Binarization（简称 DB）是一种基于分割的文本检测算法，它可以在分割网络中执行二值化过程，但是二值化阈值不是固定的，算法将二值化阈值加入训练中学习，从而可以自适应地设置二值化阈值，不仅简化了后处理，而且提高了文本检测的性能。Convolutional Recurrent Neural Network（简称 CRNN）是当前文本识别领域流行的一种深度学习框架，专门用于识别图像中的序列式对象，并非识别单个的文字，而将文字整行作为一个文本单元，直接识别这个单元内的文字序列。

本研究通过将 DB+CRNN 算法相结合，创建了 PictureFileImpl 解析程序对图片进行文字识别，这种方法无需进行字符分割，并能够利用文字所具有的上下文关联信息，避免了传统方法分割字符错误造成不可逆错误。

4　应用示范

本文以荆南长江干堤石首段为示范对象，通过建立示范堤段堤防工程寿命周期大数据云平台，开展示范堤段基础数据的集成、管理和数据分析等工作，为堤防工程运行管理和堤防险情的识别及应急处置提供方便、快捷的基础数据查询、调用及分析服务。

4.1　示范区概况

湖北省荆南长江干堤位于荆江河段南岸，上起松滋查家月堤与松滋江堤相接，下讫石首市五马口与湖南华容县岳阳长江干堤相连。示范堤段位于荆南长江干堤石首段（图 6）。该堤段荆江为著名的“九曲回肠”段，干堤沿长江布置，堤外为胜利垸、南碾垸、范兴垸和三合垸，并设有民堤。

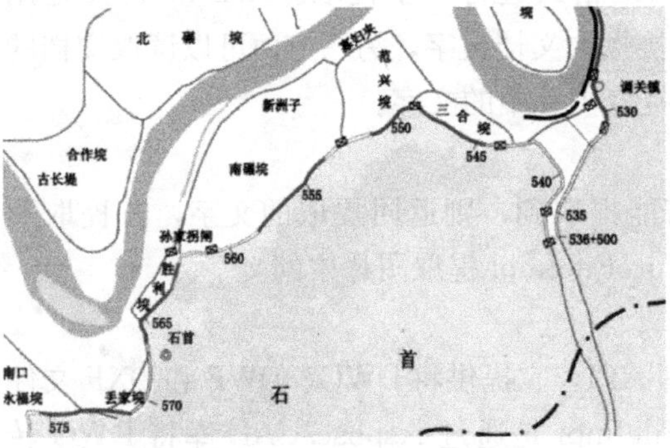

图 6　示范堤段

4.2　数据清洗入库

以险情数据为例，通过收集整理，示范堤段险情数据源文件为 excel 文件，险情数据清洗入库的具体过程如下：

（1）数据源管理模块创建险情表，并配置相关参数。

（2）将险情表传入监听文件夹，系统自动启动解析程序。

（3）通过算子管理模块配置相关清洗算子，添加算子运行参数和算子文件。

（4）通过清洗流程配置模块拖拽算子，配置相关算子参数，创建清洗流程图（图 7）。

（5）启动清洗流程，按规则对 Excel 表中数据进行清洗，将结果输出到数据库中。清洗结果可通过检索模块进行查询。

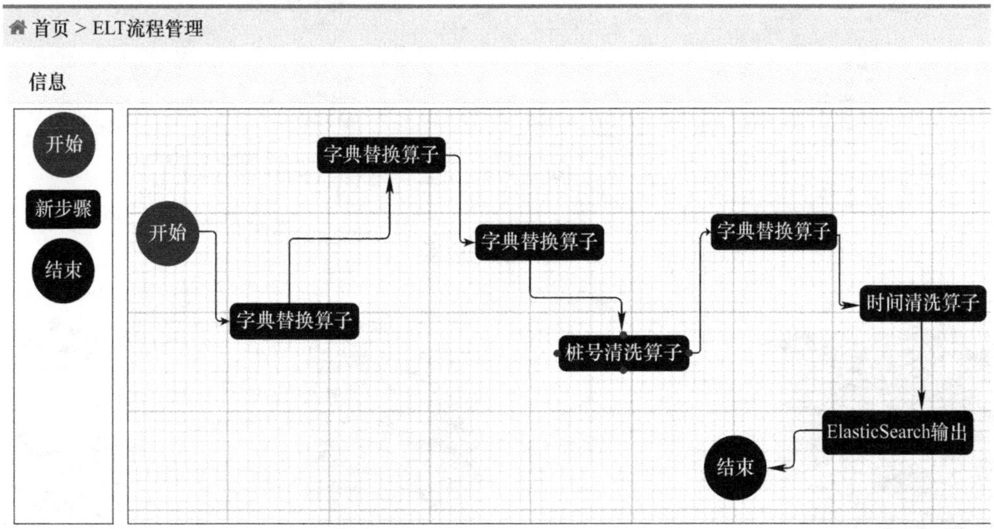

图 7　清洗流程管理

4.3　非结构化数据索引

以荆南长江干堤工程地质横剖面图为例，如图 8 所示。首先通过上传组件上传文档，通过提取工具提取文档的基本信息，然后将文件推送至解析模块，通过 OCR 技术对文件进行识别，并将识别后的结果和提取的标签信息写入 ElasticSearch 中，建立非结构化数据索引。最后通过全文检索模块对索引的结果进行检验，以“JNG001”为关键词进行检索，检索的结果如图 9 所示。

4.4　数据地图

数据地图模块主要包括钻孔地图和历史险情地图服务。各类地图服务主要提供地图展示、数据检索、在线预览以及历史数据演化分析等功能。荆南长江干堤历史钻孔和险情数据地图如图 10、图 11 所示。

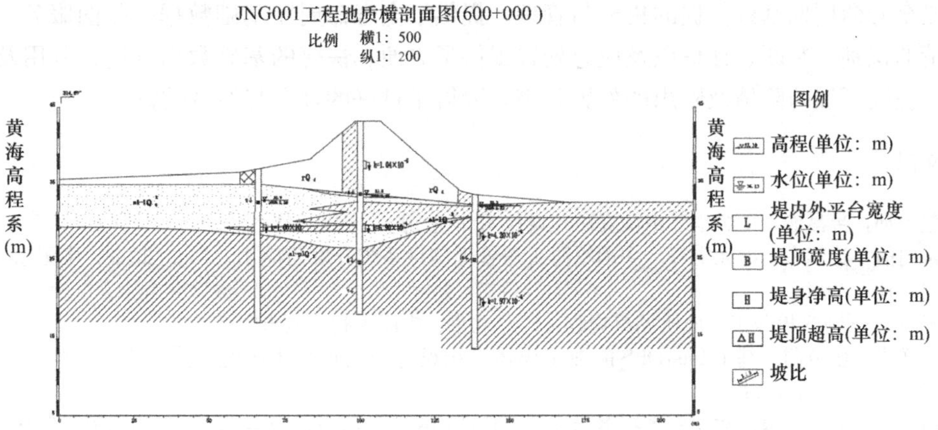

图 8　工程地质横剖面图

图 9　全文检索

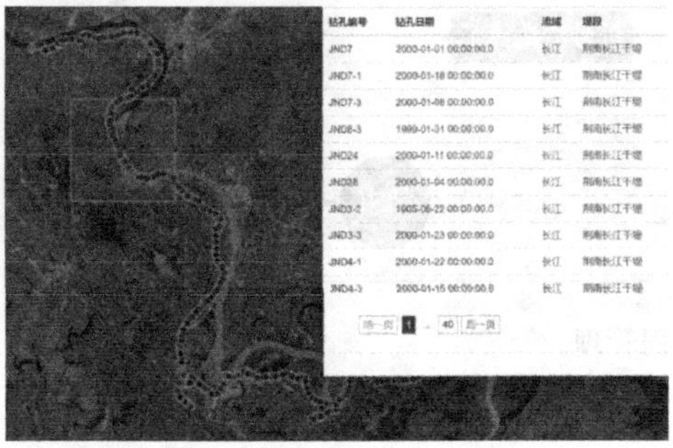

图 10　钻孔地图服务

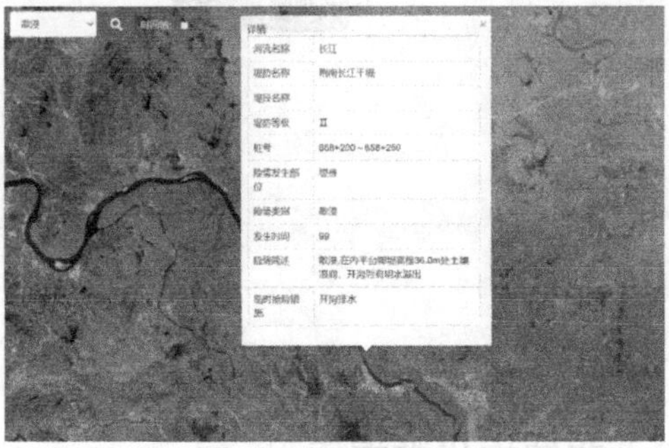

图 11　历史险情地图

5　结语

长江堤防工程的建设历史悠久，基础数据规模庞大，数据的种类多样，应用价值巨大。本文结合堤防工程基础数据的类型和特点，构建了堤防工程全寿命周期大数据云平台，基于 FastDFS、MYSQL、ElasticSearch 的分布式混合存储架构，利用深度学习、非结构化数据索引等技术，实现了堤防工程多源异构大数据的无缝融合；采用可视化动态配置的清洗架构，简化了数据的清洗与入库过程，可显著提高数据清洗的质量与效率；基于 WebGIS 技术，实现了堤防工程全生命周期数据的动态演化，为用户提供堤防工程全寿命周期数据分析与一张图服务。该平台通过在荆南长江干堤石首段开展示范应用，实现了示范堤段全寿命周期基础数据的集成与管理，提供了全寿命周期基础数据一张图服务，为堤防险情的识别、判断、评估以及应急处置提供了方便、快捷的基础数据查询、调用及分析服务，提高了堤防险情及隐患的处置效率，取得了良好的社会与经济效益。

参考文献

[1] 包承纲，吴昌瑜，丁金华. 中国堤防建设技术综述 [J]. 人民长江，1999，30 (10)：15-16

[2] 常向前，沈细中，冷元宝等. 中国堤防工程管理信息系统开发与应用 [M]. 北京：中国水利水电出版社，2014

[3] SL 188—2005 堤防工程地质勘察规程 [S]. 北京：中国水利水电出版社，2005

[4] 张祥俊，伍卫国. 基于 FastDFS 的数字媒体系统设计与实现技术研究 [J]. 计算机技术与发展，2019，29 (5)：6-11

[5] 殷佳欣，陈驰. 集群数据库系统多指标动态负载均衡方法的设计与实现 [J]. 中国科学院研究生院学报，2012，29 (1)：94-100

[6] 于起超，韩旭，马丹璇，等. 流式大数据数据清洗系统设计与实现 [J]. 计算机时代，2021 (9)：1-5

[7] 钱哨，陈丹. 基于JSON数据格式的飞机协同设计应用适配器 [J]. 计算机与现代化，2016 (8)：123-126

[8] 林雪南. 基于Apache POI解析Excel文件及内存使用分析 [J]. 电脑编程技巧与维护，2016 (23)：60-61，98

[9] 蒋世豪，江洪. 基于GDAL的遥感图像变化检测技术 [J]. 计算机工程与应用，2020，56 (16)：169-175

[10] 张婷婷，马明栋，王得玉. OCR文字识别技术的研究 [J]. 计算机技术与发展，2020，30 (4)：85-88

作者简介：韩　旭 (1982—)，男，高级工程师。主要从事地质信息技术研究。

装配式建筑结构连接点防渗漏施工技术研究

张方平　谢青生　朱建斌　刘　勇
（中国建筑第五工程局有限公司，湖南 长沙，410004）

摘　要：当前，随着建筑产业数字化、信息化的快速发展，装配式建造技术由于具有建造速度快、标准化程度高、适合工业化生产等优点逐渐成为学术界和产业界关注的热点，装配式建筑在目前的建筑行业中得到快速的推广和运用。然而，装配式建筑中具有大量相互连接的建筑结构连接点，这些建筑结构连接点的连接质量直接关系到装配式建筑工程的质量。装配式建筑结构连接点的渗漏问题是装配式建筑面临的重点问题之一。为此，本文针对装配式建筑结构连接点易产生渗漏的问题，开展了装配式建筑结构连接点防渗漏施工技术研究，提出了装配式建筑结构连接点防渗漏施工方法，并在实际工程项目中进行应用。应用表明，装配式建筑结构连接点防渗漏施工技术在保证建筑结构安全稳定性的基础上，有效提升装配式建筑结构连接点防渗漏措施的可靠性和耐久性，提高客户使用的舒适性和满意度，降低装配式建筑运营维护成本。

关键词：装配式建筑；结构连接点；防渗漏技术

Research on leakage prevention technology for structure connection point of prefabricated building

Zhang Fangping　Xie Qingsheng　Zhu Jianbin　Liu Yong
(China State Construction Engineering Co.，Ltd.，Changsha 410004，China)

Abstract: Currently, with the rapid development of digitization and informatization of the construction industry, the prefabricated construction technology has gradually become the focus of academic and industrial circles because of its advantages of fast construction speed, high degree of standardization and suitable for industrial production. The prefabricated construction has been rapidly popularized and applied in the current construction industry. However, there are a large number of interconnected building structure connection points in prefabricated buildings, and the connection quality of these building structure connection points is directly related to the quality of prefabricated building engineering. The leakage of connection points of prefabricated buildings is one of the key problems faced by prefabricated buildings. Therefore, aiming at the problem that the connection points of prefabricated building structures are prone to leakage, this paper carries out the research on the anti leakage construction technology of the connection points of prefabricated building structures, puts forward the anti leakage construction method of the connection points of prefabricated building structures, and applies it in practical engineering projects. The application shows that on the basis of ensuring the safety and stability of the building structure, the anti leakage construction technology of the connection point of the prefabri-

cated building structure can effectively improve the reliability and durability of the anti leakage measures of the connection point of the prefabricated building structure, improve the comfort and satisfaction of customers, and reduce the operation and maintenance cost of the assembled building.
Keywords: prefabricated building; structure connection point; leakage prevention technology

引言

随着我国社会经济的快速发展和科技水平的不断提高，建筑产业工业化、集成化、数字化发展日趋迅猛[1]。装配式建筑作为一种新型的建造技术，其具有效率高、精度高、质量高、工业化程度高、标准化程度高、建筑抗震性能高、节能性能高、使用面积大等一系列优点，在目前的建筑行业中得到广泛的推广和运用[2]。房屋建筑作为人们主要的生活休闲场所，其工程质量问题一直是大家关注的重点问题[3]。房屋建筑的渗漏问题就是房屋建设及居住过程中普遍存在的问题之一，建筑结构的渗漏对建筑结构稳定性和使用寿命都将产生严重影响[4]。

由于装配式建筑中的预制构件是在工厂中集中生产，然后统一运送到建筑施工现场进行吊装，因此，装配式建筑工程的整体质量与装配式构件的连接质量紧密相关，装配式建筑结构连接点的防渗漏施工是保证建筑结构安全稳定性和使用寿命的关键问题之一[5]。为此，本文针对装配式建筑结构连接点的渗漏问题，开展装配式建筑结构连接点防渗漏施工技术研究，并进行实际应用验证。

1 装配式建筑结构连接方式及渗漏问题分析

1.1 装配式建筑结构连接方式

当前，装配式建筑结构连接节点主要分布在框架内梁-柱、柱-柱、叠合梁板及结构上墙、板等构件的连接部位，在实际施工过程中，需综合考虑装配式构件材料属性、造价、技术、连接部位结构特征等方面因素来选取合适的装配式构件与现浇结构节点连接方式[6]。

装配式建筑结构节点连接方式主要包含干连接和湿连接，在施工工艺上通常称之为干法和湿法，主要应用于预制构件和现浇结构之间的竖向（水平接缝）和横向（竖向接缝）连接。

干连接是利用预制构件中的钢筋进行机械连接，主要有螺栓连接、焊接连接、牛腿连接、钢筋机械连接等；湿连接是指将工厂预制的构件在现场进行拼接装配，在节点区进行混凝土后浇，主要有灌浆套筒连接、浆锚搭接连接等。装配式建筑如果采用合理的节点连接方式，其结构整体性能会优于普通框架混凝土结构。表 1 为装配式建筑结构连接点主要连接方式及其内容。

本文依托的永丰雅苑项目装配式建筑结构连接节点施工采用的节点连接方式是湿连接。为了提升永丰雅苑项目装配式建筑结构连接节点的施工质量，提升装配式建筑结构连接点防渗漏性能，本文结合项目实际情况，研究装配式建筑结构连接点防渗漏施工技术。

装配式建筑结构连接点主要连接方式 表1

序号	连接方式	主要连接操作方法	主要内容
1	干连接	螺栓连接	螺栓连接包含普通螺栓连接和高强度螺栓连接两种方式。螺栓连接是传递轴力、弯矩与剪力的连接形式，可用于连接梁柱
		焊接连接	焊接连接是采用焊接工艺将预制构件连接在一起的方式，其优势在于施工方便、快捷、节约成本，在钢结构中应用普遍
		牛腿连接	牛腿连接是一种利用连接点的高承载力，通过牛腿腹板、上下翼缘向周围连接构件传力，从而保证装配式结构整体良好受力性能的连接形式，一般分为三种连接方式：明牛腿连接、暗牛腿连接和型钢暗牛腿连接
		钢筋机械连接	钢筋机械连接是一种借助钢筋端面良好的承压作用，使其与套筒等连接构件进行机械咬合从而实现钢筋连接的方式
2	湿连接	灌浆套筒连接	灌浆套筒连接是指将两根钢筋从中空型套筒两端直接插入内部，无需搭接，继而通过从灌浆孔注入的灌浆料将两根钢筋有效连接
		浆锚搭接连接	浆锚搭接的基本原理是在搭接区将钢筋分开并保持一段距离，同时分别与混凝土锚固，最后通过混凝土实现钢筋应力的传递

1.2 装配式建筑结构连接点渗漏原因及危害

（1）一般设计时装配式叠合板之间的板缝较窄，现浇混凝土很难浇灌密实，板缝处混凝土不能与相邻的装配式构件紧密结合，导致相邻叠合板之间共同工作效果差，楼板整体刚度差，变形大，楼板极易沿叠合板缝处开裂[7]。这将导致装配式建筑楼板渗漏，大大增加维护费用，并且当下层住户比上层先完成室内精装时，楼板渗漏将直接破坏下层住户的装修成品。

（2）安装叠合板或预制楼梯时，支座处未按要求铺垫砂浆。设计院在设计装配式叠合板时，一般将叠合板作为简支梁计算，支座处为理想铰接。当支座处铺垫砂浆后，板在支座处的实际受力状态和简支状态有一定差别。支座粘结力的存在能够减小装配式构件的跨中变形，这对防止装配式构件连接部位纵向裂缝的产生显然是有利的，但在实际施工过程中，这一环节往往被忽视。由于未铺垫砂浆或提前铺抹待砂浆硬化后再安装装配式构件，使铺垫砂浆的效果大大降低，最终导致渗漏[7]。

（3）灌缝后施工受荷过大过早。施工中为了加快进度，往往在嵌缝后着手下道工序的施工，从而导致嵌缝混凝土在硬化过程中，由于荷载过大引起叠合板与嵌缝混凝土脱离或由于受荷过早而造成嵌缝混凝土“内伤”，使嵌缝混凝土名存实亡，这是产生纵向裂缝的又一大原因[7]。

2 装配式建筑结构连接点防渗漏施工技术

2.1 技术原理

装配式建筑结构连接点防渗漏施工技术针对装配式建筑构件与现浇结构连接部位易产生渗漏的问题，在装配式建筑叠合楼板或装配式外墙与现浇结构部分连接施工过程中，在装配式构件与现浇混凝土结构连接位置设置截面长 20mm×宽 20mm 的遇水膨胀止水条，从而提升装配式建筑结构连接点防渗漏措施的可靠性和耐久性。该技术既不影响装配式建筑结构的安全稳定性，同时也能提高装配式建筑防渗漏措施的效果，提升客户使用的舒适性和满意度，降低装配式建筑运营维护成本。

2.2 施工工艺流程

装配式建筑结构连接点防渗漏施工技术主要包含六大步骤，分别为施工准备、装配式构件吊装、遇水膨胀止水条安装、装配式构件预留钢筋与现浇混凝土结构钢筋绑扎、装配式建筑结构连接点混凝土浇筑、效果检查。装配式建筑结构连接点防渗漏施工工艺流程如图1所示。

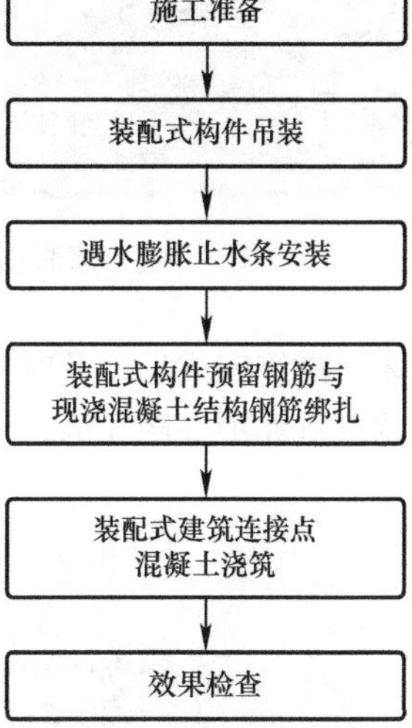

图1　装配式建筑结构连接点防渗漏施工工艺流程

2.3 施工技术要点

2.3.1 施工准备

（1）技术准备：根据装配式建筑结构连接点施工实际情况拟定装配式建筑结构连接点防渗漏施工技术实施方案，并做好技术交底及安全教育。

（2）材料准备：装配式构件分包单位根据设计图纸预制装配式构件，并安排构件提前进场。项目物资部提前采购截面长20mm×宽20mm的加网型遇水膨胀止水条。

（3）现场准备：装配式建筑结构连接点防渗漏施工需使用塔吊、装配式构件专用吊具、手动吊葫芦、撬棍、靠尺、防坠器、钢筋扎钩等工具设备，施工前要做好准备。

2.3.2 装配式构件吊装

根据设计图纸，采用塔吊、专用吊具、手动吊葫芦、撬棍等工具设备将装配式构件放至设计对应部位。预制构件吊装就位后，应及时校准并采取临时固定措施。图2为装配式构件吊装。

图2　装配式构件吊装

2.3.3 遇水膨胀止水条安装

装配式构件吊装完成后，将遇水膨胀止水条贴在板截面的下部1/2位置，遇水膨胀止水条与装配式构件尽可能贴合紧密。遇水膨胀止水条安装需满足以下要求：（1）装配式建筑结构连接点防渗漏施工技术通过在装配式构件和现浇混凝土结构间设置一道遇水膨胀止水条来实现防水防渗性能。遇水膨胀止水条的截面尺寸为20mm×20mm，长度根据使用部位而定。本技术采用的遇水膨胀止水条能够多次膨胀，为自粘加网型遇水膨胀止水条，流动性能为60℃，75°倾角48h不流动；脆性温度小于−30℃；开裂伸长率大于800%；抗拉强度大于0.06MPa；密度1.3～1.5g/cm^3。（2）在施工过程中，遇水膨胀止水条应安装在建筑结构的受拉区，且保证有25mm的保护层。图3为遇水膨胀止水条安装。

2.3.4 装配式构件预留钢筋与现浇混凝土结构绑扎

按照设计做法将装配式构件预留钢筋与现浇混凝土结构中的钢筋进行绑扎及锚固。

2.3.5 装配式建筑连接点混凝土浇筑

钢筋绑扎完成并通过隐蔽验收后可进行现浇混凝土浇筑。浇筑前，预制构件结合面疏

图3　遇水膨胀止水条安装

松部分的混凝土应剔除并清理干净；模板应保证后浇混凝土部位的形状、尺寸和位置准确，并应防止漏浆；在浇筑混凝土前应洒水润湿结合面，混凝土应振捣密实。浇筑过程中需安排专门的看模人员进行护模，一旦在浇筑过程中出现爆模、漏浆等情况，需及时对模板进行整改。混凝土浇筑过程中还需采用平板振动器对现浇部位进行振捣，振捣过程中严禁野蛮施工，防止对装配式构件及遇水膨胀止水条的破坏。浇筑完成后，及时对现浇部位进行养护，装配式建筑构件与现浇混凝土结构连接部位应重点养护。图4为现浇混凝土结构浇筑及淋水养护。

图4　现浇混凝土结构浇筑及淋水养护

2.3.6　效果检查

装配式建筑结构连接点防渗漏施工完成后，检查装配式构件与现浇混凝土结构连接部位的防水防渗效果。

3　装配式建筑结构连接点防渗漏施工技术应用

在装配式建筑结构连接点防渗漏施工技术研究成果的基础上，本课题团队在中建五局永丰雅苑项目进行了技术推广应用。

3.1　工程概况

永丰雅苑项目位于赣江新区直管区蔡伦路（规划）以东、育匠路（规划）以南、李冰路（规划）以西、怀匠路（规划）以北地块内。该项目由1层地下室、2栋23层住宅、5栋25层住宅、8栋26层住宅，1栋3层社区服务中心、1栋3层幼儿园、1栋4层商业用房、3栋2层商业用房、1栋开关站、1栋垃圾收集站、5栋门卫室、1栋消防控制室组成，总建筑面积256461.42m^2，地下室建筑面积56342.87m^2。

3.2　应用情况分析

永丰雅苑项目在主体结构施工过程中应用了装配式建筑结构连接点防渗漏施工技术，

该技术在保证建筑结构安全稳定性的基础上，有效提升了装配式建筑结构连接点防渗漏措施的可靠性和耐久性，提高客户使用的舒适性和满意度，降低装配式建筑运营维护成本。永丰雅苑项目共有装配式构件连接部位约 114000 处，当前，采用传统施工工艺进行施工的装配式建筑连接部位产生渗漏的概率约为 10%，永丰雅苑项目装配式构件连接部位采用传统施工工艺可能产生的渗漏点约为 114000×10%=11400 个，每个渗漏部位修补费用约为 80 元。

综合考虑，永丰雅苑项目采用装配式建筑结构连接点防渗漏施工技术共计节约装配式构件连接部位渗漏修补费用 80 元/个×11400 个=912000 元。

3.3 应用效益

装配式建筑结构连接点防渗漏施工技术自应用以来，应用效果得到了相关行政部门、业主方及监理方的一致认可。经测算，永丰雅苑项目采用装配式建筑结构连接点防渗漏施工技术共计节约装配式构件连接部位渗漏修补费用 912000 元。此外，永丰雅苑项目通过应用装配式建筑结构连接点防渗漏施工技术，实现装配式建筑结构连接点的防水防渗，在保证建筑结构安全稳定性的基础上，有效提升了装配式建筑结构连接点防渗漏措施的可靠性和耐久性，提高客户使用的舒适性和满意度，降低装配式建筑运营维护成本。

4 结论

针对装配式建筑结构连接点渗漏这个重大质量问题，本文依托中建五局永丰雅苑项目开展装配式建筑结构连接点防渗漏施工技术研究。该技术有效提升装配式建筑的工程施工质量，提高装配式建筑结构的防水防渗能力，保障装配式建筑的结构稳定性和使用寿命，大大减少因工程施工质量导致的装配式建筑质量维护成本，为装配式建筑的结构稳定性和使用寿命提供质量保障，同时也为装配式建筑的推广工作奠定技术基础。装配式建筑结构连接点防渗漏施工技术适用于装配式建筑结构连接点防渗漏施工，如叠合板、预制楼梯、装配式外墙等装配式构件与现浇结构间的连接部位的防渗漏施工。

参考文献

[1] 李聪遐. 建筑工业化产业链演化路径及驱动因素研究 [D]. 重庆大学，2019
[2] 陈曦. 装配式建筑的发展及应用探析 [J]. 智能建筑与智慧城市，2022 (5)：119-121
[3] 朱欢. 房屋建筑工程质量标准评价体系研究 [D]. 长春工程学院，2021
[4] 李启菊. 房屋建筑渗漏原因及防治措施研究 [J]. 中国建筑装饰装修，2021 (11)：172-173
[5] 吴清华，刘凯容. 装配式施工预制叠合板防渗漏关键技术研究 [J]. 江西建材，2022 (4)：168-169
[6] 顾玉萍. 装配式建筑结构节点连接方式的探讨和研究 [J]. 四川水泥，2022 (2)：132-134
[7] 宋国芳，杨雪宁. 装配式屋面的渗漏原因分析及对策 [J]. 山西建筑，2006 (19)：117-118

基金项目： 企业级课题：装配式建筑结构连接点防渗漏施工技术研究 (cscec5bzcb-jx2022009)
作者简介： 张方平 (1988—)，男，本科，中级工程师。主要从事装配式建筑防水防渗技术及施工方法方面的研究。
谢青生 (1995—)，男，硕士研究生，助理工程师。主要从事装配式建筑防水防渗技术研究。
朱建斌 (1985—)，男，本科，中级工程师。主要从事房建工程施工技术方面研究。
刘　勇 (1997—)，男，本科，助理工程师。主要从事房建工程施工技术方面研究。

基于低碳洁净理念的关键动物实验建筑技术

言雨桓[1] 何俊才[2]
（1. 中国建筑第五工程局有限公司，湖南 长沙，410004；
2. 长沙燕净生物工程有限公司，湖南 长沙，410013）

摘　要：为了在土木工程行业落实国家“双碳”和“生物安全建设”目标，本文以湖南省某实验楼所运用的工程节能技术为背景，工程中采用了被动式和主动式节能的多项技术，同时运用了多种高效消毒洁净技术，为现代新型动物实验建筑积累了宝贵的经验，开拓了新的思路。

关键词：动物实验建筑；低碳洁净；多工况热湿处理净化机组；物料传递；废弃垫料收集

Key animal experiment building technology based on low carbon and clean concept

Yan Yuhuan[1]　*He Juncai*[2]
（1. China Construction Fifth Engineering Division Co.，Ltd.，Changsha 410004，China；
2. Changsha Yanjing Bioengineering Co.，Ltd.，Changsha 410013，China）

Abstract：In order to implement the “double carbon” and “biosafety construction” goal of our country in the civil engineering industry，this paper takes the engineering energy-saving technology used in a new experimental building in Hunan Province as the background，and adopts a number of passive and active energy-saving technologies in the project，at the same time，a variety of high-efficiency disinfection and cleaning technologies are used，which has accumulated valuable experience and opened up new ideas for the modern new animal experiment building.

Keywords：animal experiment building；low carbon and clean；multi working condition heat and humidity treatment and purification unit；material transfer；waste padding collection

引言

随着全球范围内生物安全问题的不断扩大，以及医药、食品、化妆品、保健品等研发过程都需要以动物实验为基础，生物实验工程的建设愈发受到各类生物科研机构的重视。动物实验建筑是宜于饲养、培育实验动物的建筑物，这类建筑需具备极为特殊的室内环境要求以保证动物的品质可有效地用于生物实验，保障生物实验的准确性和可靠性。

实验动物对室内环境的要求极高，不同种类的动物、不同功能的分区对于室内温湿度、空气洁净度、气压、菌落数等都有相对应的不同要求，其投入使用的能耗也相对较高，因此动物实验建筑在工艺设计、节能设计、绿色施工、空调系统运行上都有极高的要求。因此，对于实验动物工程的建设需要不断的尝试、创新和总结，以达到更高效、更节能、更洁净的实验环境保障生物工程的健康发展。本文简要介绍湖南省某动物实验工程楼在EPC模式下的绿色设计和施工、节能、洁净控制等方面的技术，为其他同类工程提供一些参考思路。

1 工程概况

1.1 项目概况

国家颁布的《实验动物 环境及设施》GB 14925—2010 中将实验动物环境归为4类，即开放系统、亚屏障系统、屏障系统、隔离系统。本项目是湖南省内新建的一栋实验楼，其主要功能包含各类医学和生物实验室、研究室、普通动物房、SPF级动物房以及相应的配套用房。该栋楼总建筑面积 5937.7m^2，其中地上5层 5772.3m^2，局部地下室 165.38m^2。其中普通动物房6间，SPF级动物房20间。项目设计上不仅需要传统的建筑、结构、设备专业，还需要对实验动物房的工艺流程、洁净装修、空调系统、智能化系统进行专项设计。由于多专业的复杂配合，建造阶段需要提高BIM、装配式等技术在土建、设备、装修方面的应用，减少现场手工作业造成的现场杂物堆叠、施工失误以及工人的主观认识错误；而运行阶段也需要更加创新的洁净空调系统和净化、寄样、回收设备才能将本实验楼项目建设成现代化、绿色化、洁净化的国内领先型动物实验室。

1.2 工艺流线设计

实验楼的工艺设计流线复杂，其中包括了实验、教学、饲养、检疫、物流人员的进出流线；动物的输入、输出流线；动物垫料和饲料的进出、尸体和污物的输出流线；笼器具以及其他样品的进出流线等。

本项目1～3层主要功能为研究人员使用的实验室，4～5层为普通动物实验室和SPF级动物实验室，洁净度的大体关系是从底层到顶层逐步提升。其功能和流线的布置、设备系统的设计相对复杂。为了清晰处理好各功能、流线的布置，避免流线交叉和相互干扰，首先将主要柱网横向跨度设为7.8m，可以将1～3层供科研人员使用的实验室每跨布置两间用房，4～5层动物房每跨布置3间用房，每间用房均有适宜且经济的尺度。普通动物房以单走廊形式节约空间，SPF级动物则设双走廊，确保人员、动物、洁物、污物互不干扰。此处以4楼和5楼为例，大体的流向原则是：

1）人流流向：门厅换鞋→一更（普通更衣）→二更（洁净更衣）→缓冲间→洁净走廊→动物间或实验室→缓冲间→外走廊

2）动物流向：动物接收→传递窗或喷淋消毒间→检疫室→洁净走廊→动物间或实验室→灭菌后室→清洗间→尸体存放或解剖间→外走廊

3）物流流向：前厅→灭菌传递设备→缓冲间→洁净走廊→动物间或实验室→灭菌后室→清洗区→外走廊

具体工艺流程详见图1。

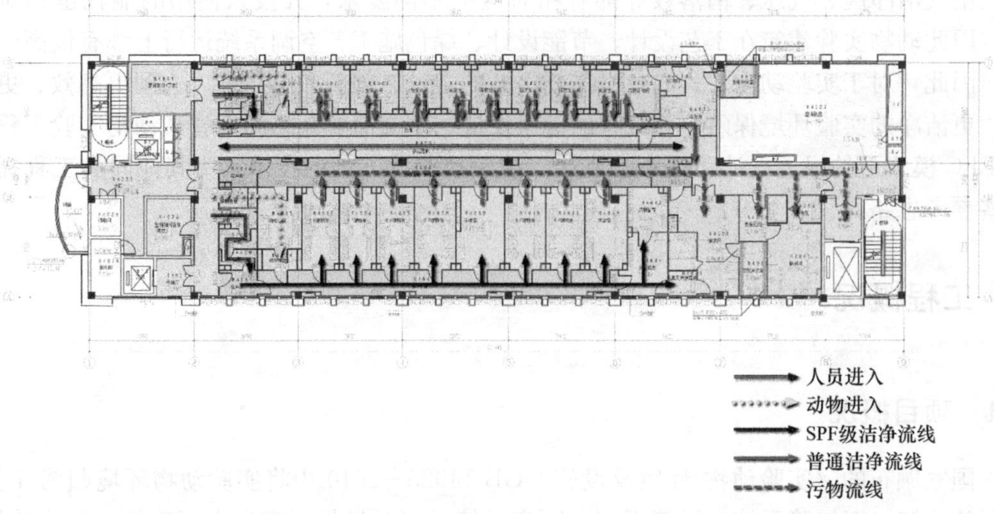

图1　4楼工艺流程图

1.3　绿色建筑技术应用

本建筑节能设计目标为降低65%的总体能耗，达到了超低能耗建筑的要求。建筑外墙上主要采用在常规的绿色建筑应用建筑外墙采用保温装饰一体化板干挂和保温装饰一体化板粘接的两种装配式外墙结合，热工性能参数比标准值规定提高了10%，并形成立面的凹凸关系，丰富建筑立面效果，同时，建筑材料均使用本地材料超过了70%，减少运输能耗；楼板均采用预制叠合楼板，楼梯均为预制；隔墙系统上，首层隔墙采用ALC内隔墙，其他洁净工作区均采用工厂预制的岩棉夹芯彩钢板，现场无加工类作业，仅需要现场安装，同时该墙体分隔方便且表面光洁易于清理，可满足洁净度的标准。

1.4　BIM模式的工程管理

由于生物实验工程涉及的专业较多，不仅涉及的各个专业需要精准的协调，同时也需要非建筑及设备类的专业人士，例如生物实验方面的专家共同参与讨论。动物实验建筑层高往往在5.4m以上，而屏障设施的吊顶高度一般为2.4m，其上部空间适应多工况送风、排风管、消防排烟管，还包含强弱电桥架、消火栓管道等管线，同时宜设置检修马道空间。其空间复杂、设备管线繁杂，通过充分运用BIM技术，提供各专业高协同、高精度的可视化、参数化功能集成，从而在设计和施工阶段进行决策、减少施工难度和误差。

在设计阶段，设计单位利用BIM的可视化、参数化模型，进行边模拟边设计的全正向BIM设计。同时有效地将设计模型和采购、施工进行链接，并在施工过程中根据施工进度和不断完善BIM模型，为项目的成功打下了坚实的基础。本项目对BIM全专业进行了精准建模，各专业进行交叉审核、碰撞检查、设计优化，尤其是复杂的管线系统相互之间以及系统和主体结构之间进行碰撞检查和优化设计处理，解决了设计和施工过程中的诸多问题，同时也保证了下文所述的多工况热湿处理分区空调的实施；工程量管理上，采用PowerBI进行了数据分析处理，对于算量的更改和验证仅需点击网页即可查询和分析。另外，运用仿真效果插件进行漫游替代传统的Navisworks，更有身临其境的感觉，为非工程行业的专家提供了很直观的演示效果，并更有兴趣参与到项目的决策探讨中来。如图2、图3所示。

图 2　内部仿真漫游

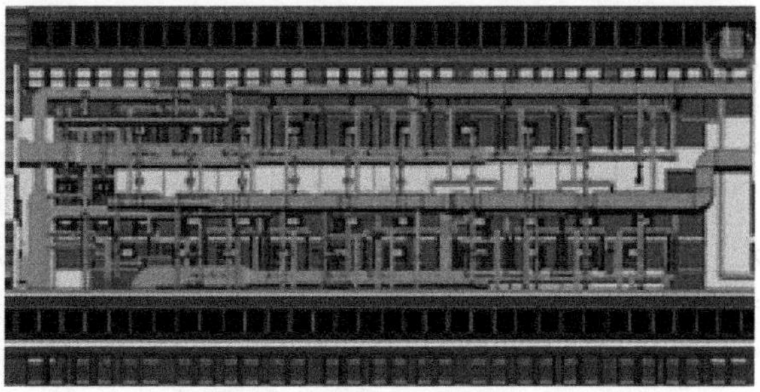

图 3　管线综合模型

2　生物实验工程节能关键创新技术

实验动物工程因恒温恒湿要求，空调系统能耗极高。本项目的节能率达到 65%，达到了超低能耗建筑的标准，其不仅从建筑平面布局和细部构造的设计上精心设计，更从空调系统的关键技术上采取了极大的创新尝试。

2.1　生物实验工程空调系统能耗现状

实验动物工程通常设有动物检疫间、动物寄养间、动物实验间，以及人员、物流、动物、污物各自的通道系统，其中包括：一次更衣、二次更衣、缓冲间、气闸、动物接收、洁净走廊、净物暂存间、污物走廊。为了避免交叉污染，并达到屏障环境的温湿度、最小换气次数、洁净度、氨浓度、静压差、菌落数等相关指标，实验动物房通常采用的是全年、全昼夜、全新风的整体式净化空调。整体净化空调一般最小换气次数需要≥15 次/h，其使用能耗一般达到了民用空调的 4～5 倍以上，加之全年全昼夜不间断运行，实际能耗是民用空调的 10 倍以上，极大地提高了生物工程的科研成本。

2.2　现有的节能设计和技术

在设计上，通常会将净物暂存、洁净走廊、二更等房间直接设回风。为了避免交叉污染，屏障设施需要按照《实验动物 环境及设施》GB 14925—2010 达到足够的静压差。净物暂存间的静压差需要 50Pa，而内部的消毒灭菌设施如传递窗、蒸汽灭菌器等均需与屏障设施外的清洗消毒房相连通，否则无法避免净物暂存间的空气向屏障设施外泄露。检测发现，即使回风阀全部关闭，部分设施仍需 30 次/h 以上的换气次数才能保证 50Pa 的静压差。同时，洁净走廊（40Pa）、缓冲间（30Pa）、动物寄养间或实验间（30Pa），都通过净化门连通，由于其本身的梯级压差，洁净走廊的空气无法避免地向其他房间泄漏，其部分设施的换气次数仍需要 20 次/h 以上。因此，此种处理方式并没有明显节能效果。

在其他技术上，部分项目应用了排风全热回收技术对各空调系统的排风余热进行回收，但依然无法确保新风与排风完全分隔，难以避免交叉污染，因而该技术推广受阻；另外，一种排风显热回收技术也开始应用于实验动物工程，在极端炎热或寒冷气候的时间段里，新风和排风的温差达到了 10℃左右，显热回收效率达到了 50%左右，换算成全热也达到了 15%～20%，有较好的节能效果；但是在过渡季节，新风和排风的温差小于 5℃，除湿能耗依然很大，折算成全年全热回收效率仍然低于 10%，加之其较高的成本，仍未得到较好的推广。

2.3 本项目的关键空调技术

为了切实解决生物实验工程的节能问题，本项目采用了一种多工况热湿处理净化机组耦合分区空调的系统。其技术方案是：新风经处理后分别对两个连续空调分区进行温湿度处理，使两个热湿处理段的连续空调区承担洁净通风空调。并经过送分管的风阀分别输送到多个房间的高效过滤器组承担连续空调区的洁净通风空调。

以本项目为例，5楼空调A区面积233m^2，每周168h满负荷运行，而5楼空调B区面积282.1m^2。假定工作日工作9h，周末有事工作5h，间歇性B区按平均每周50h的运行时间，其他时间不运行。以此分区计算一周节能效率大约为38.5%。以能耗比为3的空调系统计算，本项目四套空调系统每年需要消耗约220万度电，通过分区空调系统的处理可省电约85万度/年，以2022年的电费计算，每年直接节省的经济开支达80万～100万元甚至更多而传统的热湿处理段串联则无法形成分区空调系统。

另外，项目运用了四管制热回收机组，实现了制冷时同时提供7℃的冷水和45℃的热水。冷媒采用了R410环保型冷媒，完全不破坏臭氧层。整机采用的减振降噪技术，室外机可低于69dB，多个压缩机制冷系统完全独立，相互补充，保证了运行的可靠性。其回收的热水，热量可调区间为5%～100%，达到全部的热回收。通过该机组，节能较传统机组可达10%～15%，结合上述多工况热湿处理净化机组耦合分区空调系统，光空调节能就达到了50%左右，为整栋建筑实现超低能耗打下了坚实的基础。如图4所示。

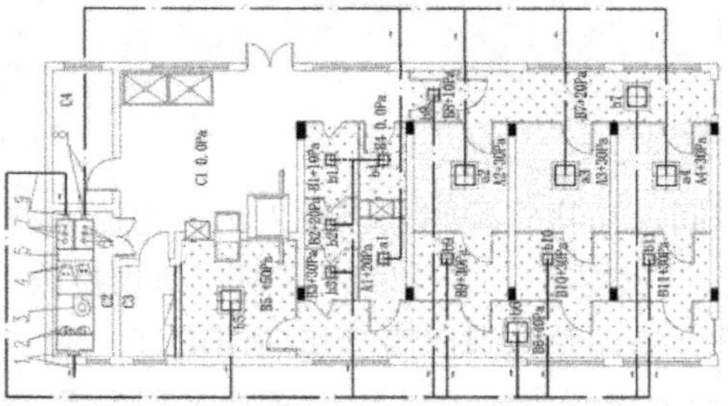

图4 多工况分区空调系统示意

3 生物实验工程的洁净运行关键技术

3.1 物料传递技术

物料进入洁净屏障区时存在对洁净区污染的潜在威胁。动物进入洁净屏障寄养区，需要通过动物传递窗进行消毒处理，同时必须保证消毒过程中不会对洁净区产生污染。为了实现高效地杀毒和隔绝污染，本项目采用了装配式高通量氙光传递窗，见图5。该设备运用脉冲氙光集聚在超大容量的电容器中，使电能瞬时大量释放，通过高压电离内的高纯氙气，产生10～100ms、能量高达2J/cm^{2}的脉冲强光，比传统的紫外灯管高出200倍以上，因此能够高效地杀灭各种病原体。传统的紫外线消毒时间需要25min，而本技术仅需3min，不仅极大提高了灭菌效率，同时也减少了传递过程中的潜在污染可能性。同时，设备内采用了超高压干雾喷射，通过316不锈钢管路，将小于5μm的雾滴均匀地覆盖到物料的表面和间隙，消毒液可选过氧化氢、过氧乙酸、次氯酸等，每次用量仅需30～100mL，并辅以活性氧（臭氧）。舱内压力100Pa，每小时泄漏率<5%。另外，设备安装过程也充分运用了装配式的工法，可拆分为7个箱体，无需吊装设备，两个人即可完成装配。

3.2 改进型大、小鼠IVC系统

IVC饲养笼是通过通用型的主机，对各寄样的实验动物进行在屏障设施内的送排风，

为啮齿类小动物提供了 SPF 环境，可防止交叉感染，保护实验动物，并能实时显示各环境参数；笼具则具有高透明度，具有良好的可视性。本次项目采用了改进型大、小鼠 IVC 系统，可对每个笼具系统里的单个笼盒进行独立送排风，实现对实验动物的生存空间进行单独温湿度、正负压等参数的空间环境严格控制，见图 6。每个笼具都带饮水槽和标牌插槽。同时，改进型的 IVC 系统自带过滤器使用检测功能，高效过滤器本身的过滤精度可达 99.995%，并且方便更换拆卸，当过滤器达到污染阈值即可自动发出警报提醒用户及时更换；系统带有可锁紧的脚轮，方便移动固定；另外，系统还可以自动切换昼夜运行模式，不仅对动物的活动和休息减少影响，也增强了节能性能。

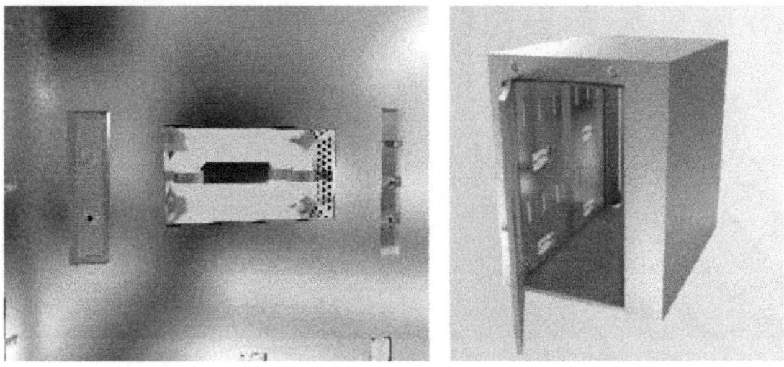

图 5　装配式氙光传递窗

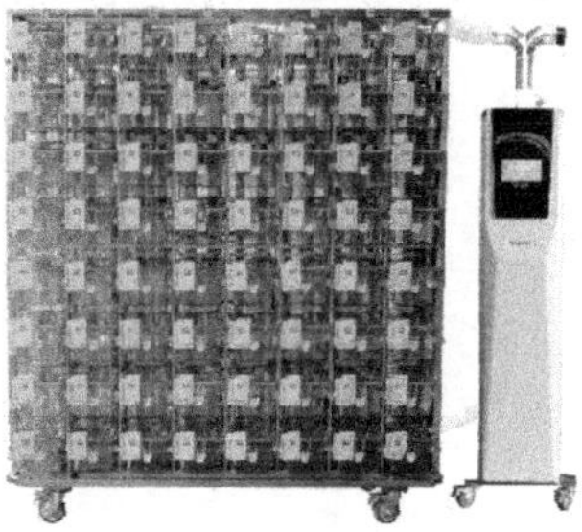

图 6　改进型 IVC 笼具

3.3　真空式废弃垫料收集技术

实验动物中心每天都会产生大量的废弃物垫料。目前清理废弃物主要依靠人工倾倒，其劳动强度高、粉尘污染严重、工作环境恶劣。为解决上述问题，本项目应用了一种真空式废弃垫料收集系统。该系统安装在料仓上方，将废弃物料直接排入料仓，也可用于各种气力输送均匀加料，投料平台始终保持负压状态，保证了到料时粉尘不外溢，保证了环境的洁净度和操作人员免受粉尘污染。对于可输送的物料，片状物料尺寸最大可为 5mm×5mm×1mm，密度 0.162kg/L。颗粒状物料尺寸最大可达 5mm×9mm×3mm，密度 0.365kg/L。

4　结语

上述技术从绿色建筑材料、整体的绿色设计、一体化保温围护结构、装配式隔墙系统、装配式楼板系统的设计和施工等技术上解决建筑的被动式节能，再通过关键的多工况耦合分区空调系统和四管制热回收风冷冷水系统等技术解决了主动式节能，实现了总体节能超过 65%的超低能耗建筑目标，在建造的成本上并未有明显的增长，但在未来的运行上得到了巨大的经济效益。另外，也通过关键的洁净运行技术，包括：物料传递消毒技术、独立的通风控制寄样技术、废弃物料输送回收技术等保证了动物寄样时的洁净度，进而保障了生物实验的安全性。项目为国家的“双碳目标”“生物安全”等迫切需要全面实现的政策和倡议提供了有力的参考和示范。

参考文献

[1]　聂淑雨，曲云霞，侯雯琪. 实验动物环境空调系统节能研究进展 [J]. 煤气与热力，2022 (2)
[2]　刘志军. 浅析实验动物房的工程设计 [J]. 工程设计与装备，2017 (5)

[3] 严鹤峰. SPF实验动物环境工程净化空调节能技术应用研究 [J]. 中小企业管理与科技（上旬刊），2013（2）：221-222
[4] 杨九祥. 实验动物设施屏障环境设计与建造要点 [J]. 洁净与空调技术，2021（4）：92-96
[5] 刘静，孙文彤，邢云梁. 某高层实验动物设施机房设置优化及节能设计 [J]. 暖通空调，2021，51（S2）：152-156
[6] GB 14925—2010 实验动物环境及设施 [S]. 中华人民共和国国家质量监督检疫总局、中国国家标准化管理委员会，2010

作者简介：言雨桓（1990—），男，硕士研究生，工程师。主要从事建筑设计、BIM设计和管理、建筑节能设计和研究。

新型城市亮化整体装配式环保围挡应用研究

黄　洋[1]　罗光财[2]　吴开成[3]

（1. 中国建设基础设施有限公司，北京，100044；

2. 中国建筑第五工程局有限公司，安徽 合肥，230092；

3. 同济大学建筑设计研究院（集团）有限公司，上海，200092）

摘　要： 基于合肥地铁 7 号线项目，本文提出了一种新型城市亮化整体装配式环保围挡。通过工厂化生产的预制混凝土围挡基座、承插型钢立柱、钢围挡板、LED 照明灯带、喷淋管线、水管管线、电路管线、爆闪灯等构件采用装配方式组合，有效提高围挡的施工质量和速度，降低施工现场空间占用率，保证施工现场安全文明和绿色环保等要求，为后续工序的开展提供有力保障。本文采用的型钢立柱的预制化率高，工厂生产后可直接投入现场施工，现场几乎没有焊接作业。承插型钢立柱可直接插入立柱锚固混凝土块预留的立柱孔洞中，无需另设斜撑，并通过地锚螺栓将型钢立柱和立柱锚固混凝土块紧固连接。本施工围挡具有空间利用率高、安全可靠性高、施工效率高、安全文明程度高等优点。

关键词： 承插型钢立柱；整体装配式；工厂预制化；环保围挡

Research on the application of new urban lighting integrated assembly environmental enclosure

Huang Yang[1]　*Luo Guangcai*[2]　*Wu Kaicheng*[3]

（1. China Construction Infrastructure Co.，Ltd.，Beijing 100044，China；

2. China Construction Fifth Engineering Division Co.，Ltd.，Hefei 230092，China；

3. Tongji Architectural Design（Group）Co.，Ltd.，Shanghai 200092，China）

Abstract：Based on the project of Hefei Metro Line 7，a new type of urban lighting integrated assembly environmental enclosure was proposed. The prefabricated concrete base，spigot and socket steel column，steel enclosure baffle，LED lighting belt，sprinkler pipeline，water pipe pipeline，circuit pipeline，flash lamp and other components produced in the factory were assembled to effectively improve the construction quality and speed of the enclosure. It also can reduce the occupation rate of space，ensure the requirements of safety，civilization and green environmental protection on the construction site，and provide a strong guarantee for the subsequent process. The prefabrication rate of the steel column was high，which can be directly put into site construction after factory production，and there was almost no welding operation. The steel column can be directly inserted into the reserved column hole of the concrete block without additional diagonal bracing，which can be firmly connected by the anchor bolt. The enclosure proposed in this paper had the advantages of high space utilization，high safety and reliability，high construction efficiency，

high safety and civilization.
Keywords: spigot and socket steel column; integrally assembled; factory prefabrication; environmental enclosure

引言

围挡是一种将建设施工现场和外部环境分隔，使施工现场成为相对封闭和独立空间的施工措施。现有的施工围挡多采用板材和立柱组成，并通过斜撑加以固定，以实现抵抗荷载、隔离空间的作用。随着城市道路、桥梁和地铁的不断发展，城市建设管理部门对现场文明施工提出更高要求，赋予了城市围挡适用性、美观性和绿色环保的多重属性[1,2]。而且，由于地下管线复杂、交通车流大、现场施工要求多等特点，施工围挡需要根据要求进行调整和修改，这更加突出了施工围挡的快速安拆、多次重复使用的使用特性。但现在的施工围挡存在焊接安装工作繁杂不便捷、水电喷淋照明管线随意搭接、斜撑预埋工程量大、拆卸安装工作量大且效率低、绿色环保要求不达标等缺点，增加施工成本和时间，为后续工程的开展增加风险和难度[3]。

在以上研究基础和现有问题的前提下，本文根据合肥市轨道交通 7 号线项目提出一种新型的城市亮化整体装配式环保围挡，通过工厂预制化钢构件，结合钢板与立柱机械连接、承插型立柱不设斜撑、混凝土基础排水孔等做法，提高现场拼接速度和质量，有效提高现场施工效率。通过综合布局水管和电路的空间布置，提高现场用水用电的施工安全性，喷淋系统和围挡外 LED 灯带的设置可实现绿色环保的发展理念，具有便捷快速、安全可靠的优点。

1 围挡设计方案

本文提出的新型城市亮化整体装配式环保围挡包括型钢立柱部分，围挡混凝土基础部分，钢围挡板部分和成品管线部分，围挡成品效果图如图 1 所示。型钢立柱部分主要包括矩形空心型钢立柱、钢板柱头、爆闪灯、管线支架。围挡混凝土基础部分主要包括立柱锚固混凝土块和基础混凝土块。钢围挡板部分主要包括预制成品钢板和钢板固定角钢。成品管线部分主要包括 LED 灯带、喷淋管线、电路管线以及水管管线，构件拆分图如图 2 所示。

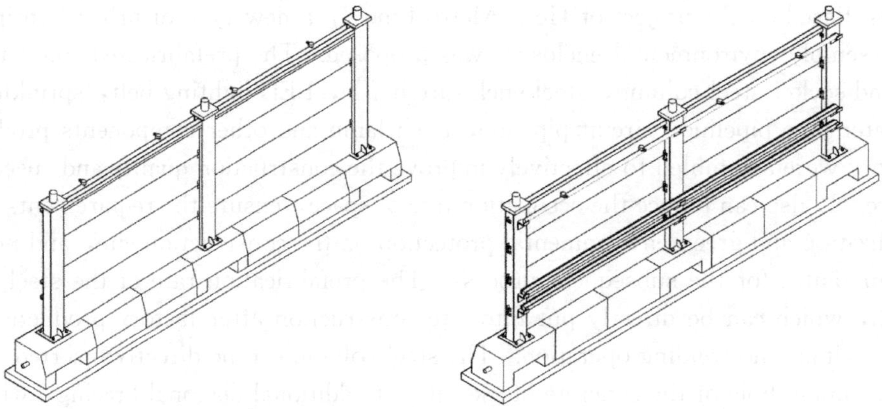

(a) 正面轴测图　　(b) 背面轴测图

图 1　围挡成品效果图

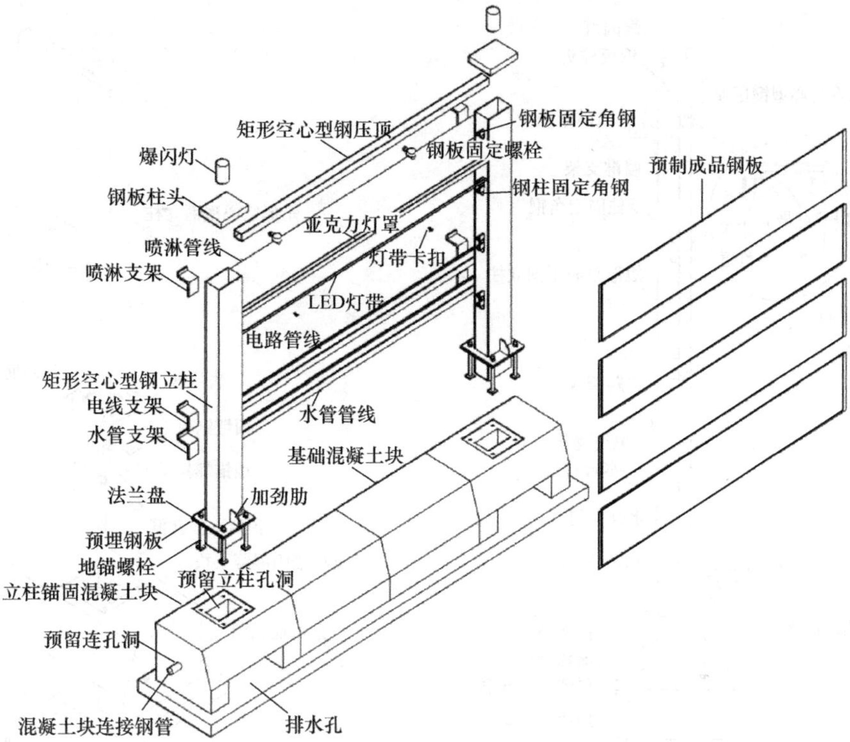

图 2　构件拆分图

1.1　承插型立柱

型钢立柱部分主要包括矩形空心型钢立柱，焊接在矩形空心型钢立柱上的钢板柱头，在钢板柱头上方安装的爆闪灯；矩形空心型钢立柱的内侧由下至上依次焊接水管支架、电线支架和喷淋支架；下部设有法兰盘，法兰盘与矩形空心型钢立柱的连接处设有多个加劲肋；在围挡延伸方向的矩形空心型钢立柱侧壁设有钢柱固定角钢，型钢立柱结构示意图如图 3(a) 和 (b) 所示。

围挡混凝土基础部分主要包括立柱锚固混凝土块和基础混凝土块。立柱锚固混凝土块和基础混凝土块上均设有预留连孔洞，预留连孔洞内能够插入混凝土块连接钢管，可保证混凝土块之间串联连接。立柱锚固混凝土块上部预留立柱孔洞，且设有预埋钢板和地锚螺栓，预埋钢板和地锚螺栓设置在预留立柱孔洞的侧边，下部设置排水孔，如图 3 所示。

在拼接使用时，将矩形空心型钢立柱的法兰盘以下部分插入立柱锚固混凝土块的预留立柱孔洞中，并将法兰盘和预埋钢板通过地锚螺栓进行机械连接。承插型立柱不设斜撑，且无需现场大量焊接，通过预先在工厂生产焊接在型钢立柱的法兰盘和预埋在立柱锚固混凝土块中的地脚螺栓进行机械连接，操作便捷可靠，施工效率高。

为了便于后续转角施工，可对立柱锚固混凝土块进行优化设计，在前侧设有两条镂空缝隙，每条镂空缝隙均呈现为不连续的条形孔洞结构，且每条镂空缝隙均与立柱锚固混凝土块的侧边所夹锐角为 45°，下部斜 45°开设有侧面连接孔洞，如图 4 所示。当围挡需要垂直转向时，分别将拐角处相邻的两个立柱锚固混凝土块沿着镂空缝隙切掉，然后通过混凝土块连接钢管和侧面连接孔洞进行连接，从而在施工现场缺少焊接器件时，也能够对转角处进行快速安装。设置的镂空缝隙使得立柱锚固混凝土块的拐角利用瓦工刀即可便捷地切除，方便快速。

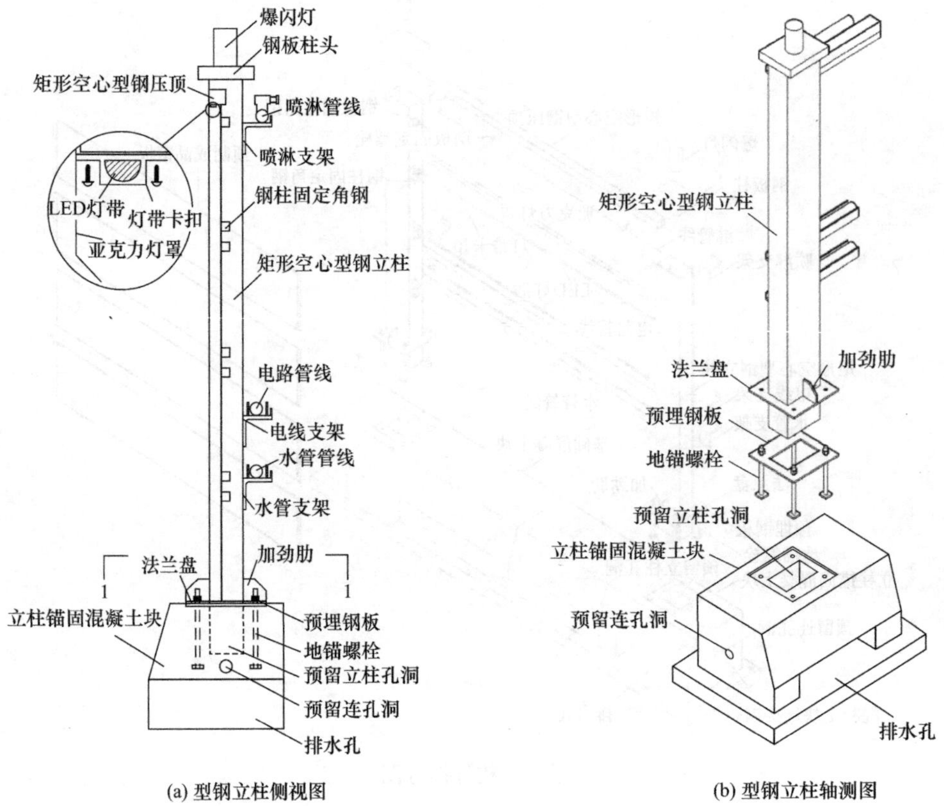

图3　型钢立柱结构图

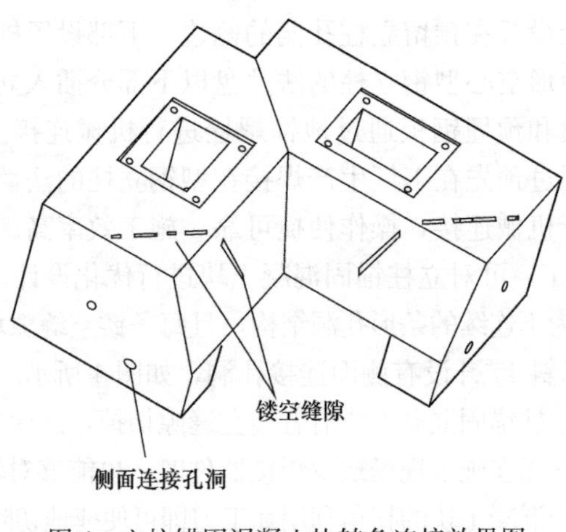

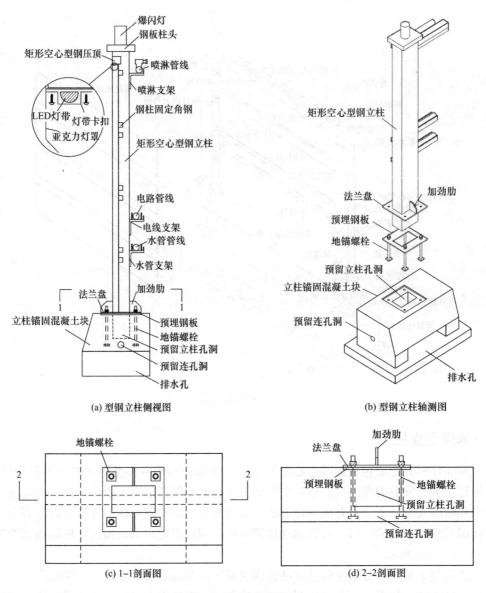

图4　立柱锚固混凝土块转角连接效果图

1.2 钢板立柱拼装

钢围挡板采用预制成品钢板，型钢立柱和钢围挡板通过机械连接连成整体，在工厂加工完成后的立柱和围挡板在现场仅需通过简单操作即可完成实际拼装，有效节省现场组装时间，提高拼装效率。焊接在钢围挡板上的钢板固定角钢和焊接在矩形空心型钢立柱侧边上的钢柱固定角钢之间通过钢板固定螺栓进行机械连接，如图5所示。在两块钢板和钢柱连接处，固定螺栓贯穿四个角钢孔洞进行机械连接。

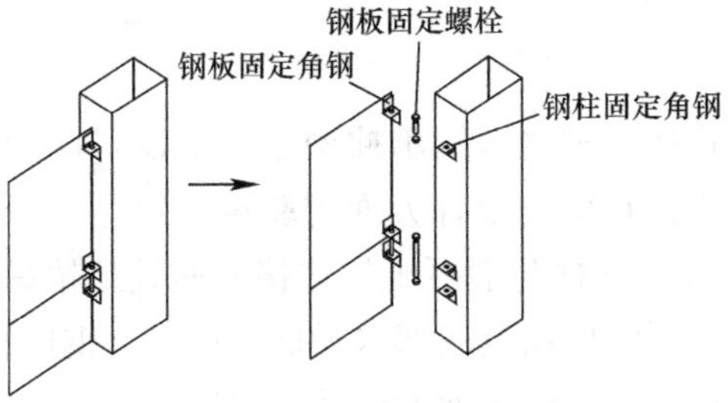

图5 钢板立柱拼装效果图

1.3 管线综合布局

管线部分主要包括LED灯带、喷淋管线、电路管线以及水管管线，如图6所示。在矩形空心型钢立柱之间现场焊接矩形空心型钢压顶，矩形空心型钢压顶的下方钢围挡板外侧设置亚克力灯罩，以达到遮风挡雨保护作用，亚克力灯罩的内部安装LED灯带，并通过灯带卡扣与亚克力灯罩连接。水管管线、电路管线、喷淋管线分别固定于焊接在矩形空心型钢立柱上的水管支架、电线支架和喷淋支架上，并连接贯通。此外，根据现场施工要求，还可以将中部立柱改为矩形空心型钢暗柱，即将原有立柱适当截短，使得矩形空心型钢压顶和照明亮化装置（LED灯带）贯通布置。

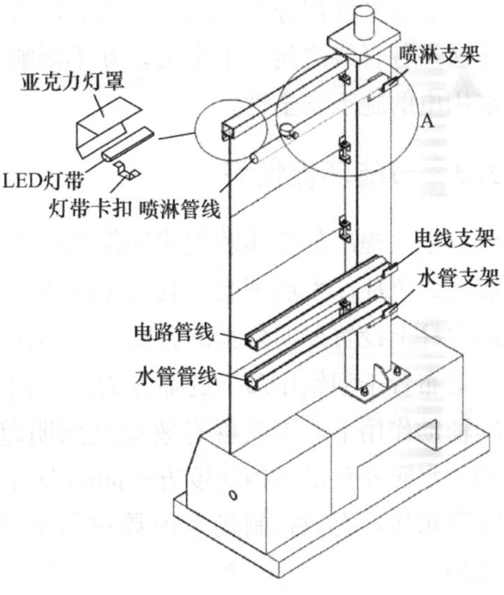

图6 管线综合布置效果图

2 技术特点及优势

2.1 预制拼装效率高

本文提出的整体装配式环保围挡的型钢立柱、基础混凝土块、钢围挡板等主要组成部分均可在工厂预制加工完成。型钢立柱从上到下依次焊接钢板柱头、喷淋支架，电线支架、水管支架、法兰盘，以及用于连接钢围挡板的钢柱固定角钢。立柱锚固混凝土块和基础混凝土块可一次性支模浇筑完成，但立柱锚固混凝土块需预留立柱孔洞、地锚螺栓和排水孔。

在施工现场，从工厂预制完成的组成构件运输到位后可快速开展围挡拼装，主要构件均采用机械螺栓连接，无需现场焊接。另外，承插型立柱依靠地锚螺栓和锚固混凝土块承担风压荷载，不另设斜撑，可极大地节省了现场施工工作量和工作强度，对于需要快速封闭、及时转换拆除的施工场地有较好的适应性和便捷性，在保证安全的前提下可有效降低空间占用率和清排场地积水，为施工开展提高有力保障。

当围挡需要垂直转向时，分别将拐角处相邻的两个立柱锚固混凝土块的部分沿着镂空缝隙切掉，然后通过混凝土块连接钢管和侧面连接孔洞进行连接，从而在施工现场缺少焊接器件时，也能够对转角处进行快速安装。

2.2 安全可靠性强

本文提出的整体装配式环保围挡采用承插型立柱不设斜撑的受力方式来抵抗外荷载。根据其受力特点和受力方式，在结构设计方面需验算（1）立柱与混凝土块连接界面处钢立柱的抗剪、抗弯强度；（2）立柱与混凝土块连接界面处地锚螺栓的抗剪、抗拉压强度；（3）锚固混凝土块的局部抗压强度以及底部水平抗力；（4）钢围挡抗倾覆稳定性验算。根据以上验算结果可确定型钢立柱的锚固深度以及锚固混凝土块的结构尺寸，有效提高围挡结构的整体强度和稳定性，可较好地适应市政工程中施工围挡的使用和安全可靠性要求。

成品管线部分中的电路管线和水管管线可通过预留在型钢立柱上的管线支架进行架设连通，各管线之间互不交叉，互不影响，防止相互搭接造成的安全隐患，有效提高现场用水用电的施工安全性。

2.3 节能环保性好

本文提出的整体装配式环保围挡中成品管线部分中的LED灯带和喷淋体系，可有效实现绿色环保发展理念，具有便捷快速、安全可靠的优点。现有常见的施工围挡，一般采用立柱上设置照明灯具的方式[4]，不仅照明范围有限，而且耗电量大。本文所采用的LED灯带布置于型钢压顶下的亚克力灯罩内，沿围挡长度方向延伸布置，在型钢立柱上爆闪灯的辅助作用下，不仅可有效提高照明范围，还可标记围挡边界，达到节能安全的使用目的。水雾喷头沿围挡长度方向间隔布置，喷头朝向工地，根据施工现场扬尘情况合理设置喷淋水压，有效控制场地内颗粒物浓度，达到安全文明环保施工的目的，提高扬尘治理效果。

3 结语

与现有技术相比，本文所提出的新型城市亮化整体装配式环保围挡，通过工厂预制化钢构件，同时采用钢板与立柱机械连接、承插型立柱不设斜撑、混凝土基础排水孔等做法，可提高现场拼接速度和质量，有效提高现场施工效率，达到施工现场快速封闭的作用，在保证安全的前提下可有效降低空间占用率和清排场地积水，为施工开展提高有力保障。使用过程中，通过综合布局水管和电路的空间布置，提高现场用水用电的施工安全性，喷淋体系和围挡外LED灯带的设置可实现绿色环保的发展理念，具有便捷快速、安全可靠的优点。此外，当围挡需要垂直转向时，相邻立柱锚固混凝土块沿镂空缝隙切割，在施工现场缺少焊接器件时，仍可对转角处进行快速安装。

参考文献

[1] 李俊雄，孙广滨．新型装配式围挡施工技术在市政工程项目中的应用研究［J］．中国市政工程，2015，(3)：86-87，93，119

[2] 郭飞，孔恒，张丽丽等．新型装配式围挡结构设计及工程应用［J］．市政技术，2019，37（4）：237-239

[3] 李洪杰，张强，丁齐钰等．分体式功能型工地围挡结构创新设计探讨［J］．建筑安全，2015，30（2）：37-41

[4] 李俊，徐旺兴，宗全兵等．福州地铁绿色装配式施工围挡研讨［J］．福建建筑，2019，(9)：88-91

作者简介： 黄　洋（1992—），男，博士，中级工程师。主要从事组合结构、施工技术方面的研究。

罗光财（1979—），男，硕士，高级工程师。主要从事施工技术方面的研究。

吴开成（1996—），男，硕士，助理工程师。主要从事钢筋混凝土结构、钢结构方面的研究。

加氢站用液驱式氢气压缩机发展现状及思考

孙洪涛　曹　晖　潘　良
（上海飞奥燃气设备有限公司，上海，201201）

摘　要： 氢能以其净零碳排放传统能源不可比拟的优势，受到了世界各国的重视。随着我国双碳目标的提出和各项鼓励政策的落实，氢能也在我国进入了快速发展时期。而加氢站是目前氢能产业发展的重要基础设施，目前加氢站所需的氢气压缩机设备大量依赖进口。该文在简要介绍加氢站工艺概况和氢气压缩机类型的基础上，对液驱式氢气压缩机的发展和应用现状进行总结分析，并从技术角度对未来液驱式氢气压缩机的研发提出一些建议和展望。

关键词： 氢能；加氢站；液驱式氢气压缩机

Development and consideration of hydraulic-driven hydrogen compressor

Sun Hongtao　Cao Hui　Pan Liang
(Shanghai Fiorentini Gas Equipment Co.，Ltd.，Shanghai 201201，China)

Abstract: Hydrogen energy has attracted the attention of countries all over the world due to its incomparable advantages of zero emission of traditional energy sources. With the proposal of the dual-carbon strategic goal and the implementation of various policies，hydrogen energy has also entered a period of rapid development in china. The hydrogen refueling station is an important infrastructure for the development of the hydrogen energy industry at the moment. At present，the hydrogen compressor equipment required by the hydrogen refueling station relies on import a great quantity. Based on a brief introduction of the process overview of the hydrogen refueling station and the types of hydrogen compressors，this paper summarizes and analyzes the development and application status of liquid-driven hydrogen compressors，and discusses the future development of liquid-driven hydrogen compressors from a technical point of view，offer some suggestions and outlook.

Keywords: hydrogen energy; hydrogen refueling station; hydraulically driven hydrogen compressor

引言

迫于全球气候环境压力，各国对新型的清洁能源的需求越来越大。其中，氢能以其净零碳排放的特点受到了世界各国的重视。我国也积极布局氢能产业，随着氢能示范城市群政策和《氢能产业发展中长期规划（2021—2035 年）》等文件的正式发布和实施，氢能产业也进入快速发展阶段。氢燃料汽车技术的发展，更使得氢能在交通领域的应用走在了氢能产业发展的前沿。

作为氢能产业中重要的基础设施之一，加氢站的建设和规划布局是氢能产业发展必须要面临的问题。截至 2021 年 12 月 31 日，我国累计建设加氢站 230 座，其中仅 2021 年建设的加氢站数量就高达 101 座。随着全国各省市氢能产业相关政策的发布，加氢站建设步伐明显加快。目前，国际上比较成熟的是车载气瓶储气压力 35MPa 和 70MPa 的加氢站。虽然我国加氢站数量位居世界第一，但主要是以加注压力 35MPa 加氢站为主，而更高加注压力的 70MPa 加氢站的比例远低于国外。为了继续提高能量密度，更高气瓶加注压力的加氢站是未来发展的趋势。

氢气压缩机作为加氢站三大核心设备之一，目前仍大量以进口为主。本文在简要介绍加氢站工艺和氢气压缩机的常用类型的基础上，总结了液驱式氢气压缩机的结构特点和发展现状，提出了一些液驱式氢气压缩机发展的建议。

1 加氢站分类及站用氢气压缩机种类

1.1 加氢站分类

加氢站是氢能产业的重要基础设施之一，是为氢燃料电池汽车加注氢燃料的专用场所。加氢站的类型如图 1 所示，按氢气来源划分，加氢站可分为站外供氢和站内供氢两种；按氢气加注压力等级划分，加氢站分为 35MPa 加氢站和 70MPa 加氢站两种；按设备类型划分，加氢站可分为撬装式加氢站、固定式加氢站和移动式加氢站。

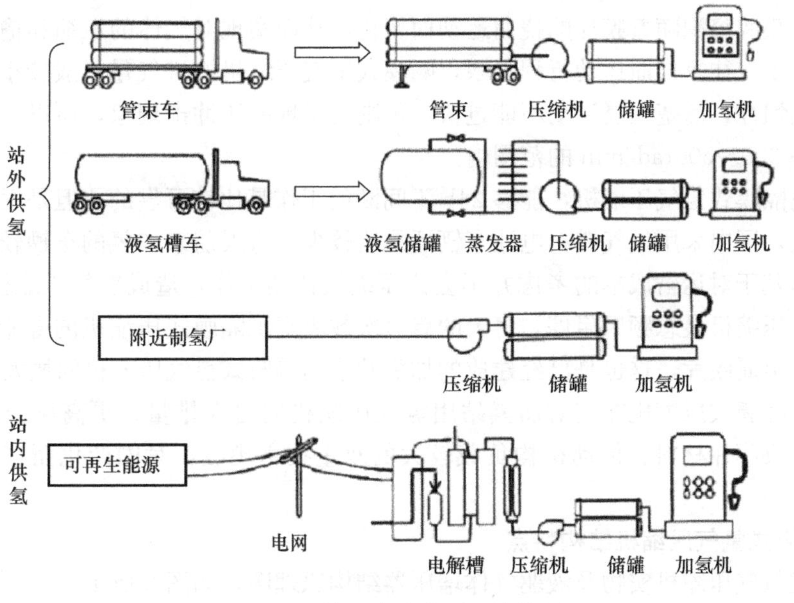

图 1　不同气源的加氢站示意简图

近年来，全国各省市陆续出台了氢能产业政策，并提出了加氢站建设规划。加氢站逐渐从示范站向商业化运行发展，加氢站的类型也从移动式、固定式向橇装式发展；氢气加注的压力等级也向 70MPa 提高。目前气源仍是以长管拖车的管束车站外供氢模式为主。

1.2 加氢站用氢气压缩机分类和结构特点

1.2.1 隔膜式氢气压缩机结构特点

隔膜式氢气压缩机的实物及泵头结构，如图2所示。

美国PDC公司的隔膜式氢气压缩机在加氢站发展之初，由于之前40年积累的大量经验和产品品质控制严格，经过充分验证的产品被国际国内大量加氢站所采用，业绩超过400台压缩机应用于加氢站，一度产品市场占有率超过总量50%以上，占全球隔膜式氢气压缩机产品70%～75%的市场份额。

(a) 美国PDC隔膜式氢气压缩机

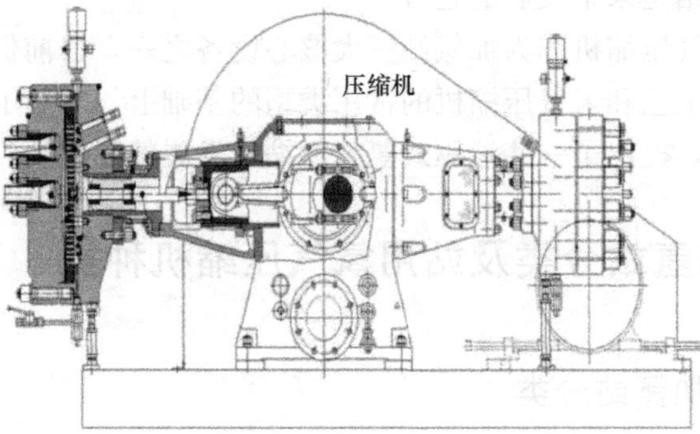

(b) 隔膜式氢气压缩机结构简图

图2 隔膜式氢气压缩机

隔膜式氢气压缩机是由电动机驱动曲轴转动，曲轴推动连杆带动活塞做往复运动，活塞再利用液压油对膜片进行驱动，使膜片往复挠曲运动。膜片与一个具有穹形面的缸头构成的膜腔，膜腔容积随着膜片的挠曲运动而变化，从而实现对气体的压缩和输送。由于膜片变形量较小，往复挠曲运动行程受限，隔膜式氢气压缩机的排气量一般较小；同时，由于液压油的惯性，活塞往复运动不能过快，否则会出现液压冲击现象，所以，设备的转速一般控制在300～500rad/min的范围内。

对金属隔膜式氢气压缩机，能够24h不间断的工作是比较可靠的，但是由于目前氢气的成本较高，国内采用氢气燃料电池车辆还是比较少，每天前来加氢的车辆较少，多数加氢站运营商基于对运营成本的考虑并不会让压缩机持续工作，造成氢气压缩机频繁启停。而金属隔膜压缩机最忌频繁启停，每天的启停次数决定了隔膜式压缩机的寿命，其中影响最大的就是金属膜片，这也是已经建成的加氢站采用隔膜式氢气压缩机的最大难题。

因此，隔膜式压缩机在应对加氢站用氢气压缩机向更大排量、更高压力的应用需求时，需要解决膜片材料、传动机构负载较大的双重技术挑战，对国产化而言具有较大的难度。

1.2.2 液驱式氢气压缩机结构特点

液驱式氢气压缩机实物及液驱气体增压器结构原理图，如图3所示。

与隔膜式氢气压缩机相比，液驱式氢气压缩机结构比较简单。主要由液压驱动系统、液驱气体增压器及配套气体管路系统构成。液驱气体增压器是液驱式氢气压缩机的核心部件，它的工作原理是以液压油作为驱动介质，通过液压油驱动液压油缸活塞运动，带动气缸活塞往复运动实现气体的吸入和推出。气体侧缸筒上安装有单向阀，当活塞回程时气体压力打开吸入侧单向阀，输出侧单向阀处于关闭状态，实现吸气。当活塞推程时，吸入侧单向阀关闭，输出侧单向阀打开实现气体排出。

图 3 的（b）液驱式氢气压缩机的驱动液压油缸位于中间位置，气缸水平置于液压油缸两端。通过气缸活塞直径的不同，可在活塞一个往复循环内，实现单级增压或双级增压，加压效率高、排量大、排气压力高。另外，液驱式氢气压缩机技术比较成熟、在超高压流体领域积累了大量的工业经验、压力范围大，同时通过隔离的结构设计可以保证工作过程中气体和液压油不接触，保证了氢气的清洁。根据自身结构特点，在高压的工况下具有明显的优势。适用于非连续运营或频繁启停的加氢站。

液驱式氢气压缩机主要由氢气增压系统、液压系统、冷却系统和电控系统等构成。其中增压系统是设备的核心部分；而液驱气体增压器的结构和性能，决定了液驱式氢气压缩机增压系统的结构形式。按达到所需压力的增压级数划分，液驱式氢气压缩机可划分为一级压缩机、二级压缩机和多级压缩机。

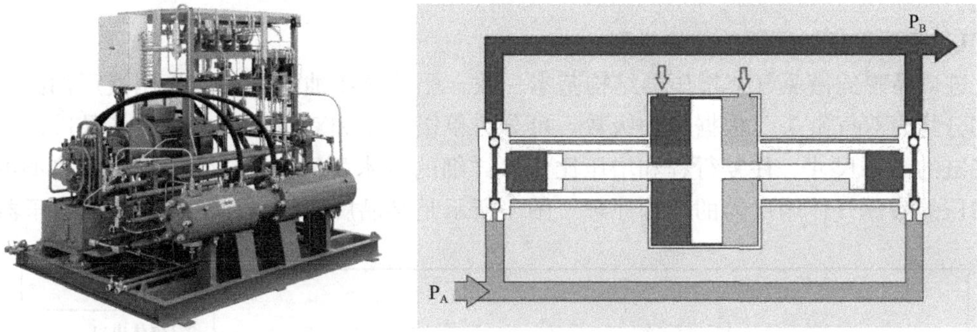

(a) 德国HOFER 液驱式氢气压缩机　　(b) 单级液驱气体增压器的结构原理

图 3　液驱式氢气压缩机

1.2.3　两种加氢站用氢气压缩机结构特点对比

隔膜式氢气压缩机与液驱式氢气压缩机优缺点对比如表 1 所示。两种氢气压缩机优缺点非常明显。由于目前氢气成本和价格的因素，我国多数加氢站多数都为示范站，因此多数加氢站用氢气压缩机的应用工况现状是：一、满负荷使用时间短，频繁启停；二、维护频率低，维护时间短；三、进气压力范围宽，不恒定；因此以上两种压缩机都尚不能完全满足加氢站的应用需求，需要进一步的研发、改善。其中，液驱式氢气压缩机因能够频繁启停，且能够达到 90MPa 甚至更高的排气压力，具有巨大的发展潜力和应用前景。

两种氢气压缩机优缺点对比　　表 1

压缩机类型	优点	缺点
隔膜式氢气压缩机	气体洁净度较高，密封性好，无污染风险； 相对余隙较小； 单级压缩比较大； 可靠性高，压力输出稳定，运行声音小； 压缩过程散热效果好	单机排气量相对较小； 进口机型价格高； 不适应于频繁启停工况； 排气压力较大时降低隔膜使用寿命； 膜片维护费用高
液驱式氢气压缩机	单机排气量相对较大； 设计简单易于维护和保养； 同功率状态下，体积更小、效率更高； 可以带压启停； 运行频率低，使用寿命长	密封性要求较高； 部分机型氢气易被污染； 密封件易损坏，更换周期短； 维护费用较高； 活塞机构，运行时噪声较大

2 液驱式氢气压缩机

2.1 液驱式氢气压缩机的现状

国际上常用液驱式氢气压缩机最高排气压力可达 105MPa/15000psi。国内近几年在加氢站上采用的液驱式氢气压缩机仍然主要依赖进口，如美国 HASKEL、德国 MAXIMATOR、HOFER 等。部分国内设备厂商以进口品牌的压缩机泵头（也称为液驱气体增压器）为核心元件，配套成橇的方式在国内开展业务。例如，北京海德利森公司的压缩机产品采用 HASKEL 品牌的液驱气体增压器为核心元件；中集安瑞科压缩机采用以 HOFER 品牌的液驱气体增压器为核心元件，另外有公司代理美国 HYDRO-PAC 公司的产品。

2.1.1 液驱氢气增压器的结构类型

进口品牌的液驱气体增压器结构基本一致，驱动液压油缸均为双作用液压油缸，气缸部分均为双气缸头。根据增加级数，可分为单级增压和双级增压两种。各品牌的产品在气缸的活塞尺寸、往复行程和增压比值等详细的技术不同。图 3(b) 所示是典型的单级增压的液驱气体增压器的结构原理。图 4 所示是某品牌两级增压的液驱气体增压器。

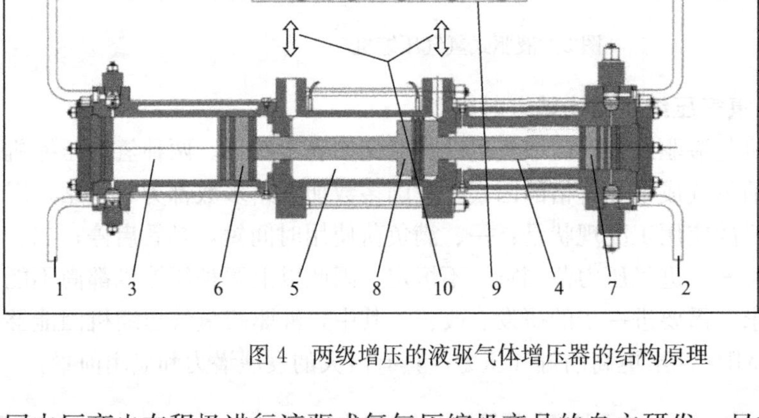

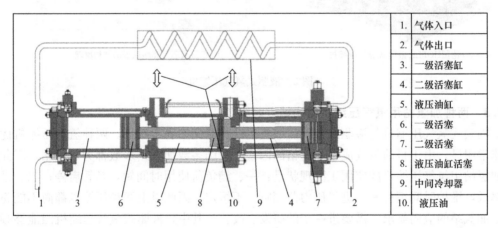

1.	气体入口
2.	气体出口
3.	一级活塞缸
4.	二级活塞缸
5.	液压油缸
6.	一级活塞
7.	二级活塞
8.	液压油缸活塞
9.	中间冷却器
10.	液压油

图 4　两级增压的液驱气体增压器的结构原理

国内厂商也在积极进行液驱式氢气压缩机产品的自主研发。目前，青岛康普锐斯推出自主研制的液驱气体增压器为核心的 45MPa 液驱式氢气压缩机。青岛康普锐斯的液驱气体增压器的机构设计，与进口品牌存在较大的差异，如图 5 所示。其液驱气体增压器采用二级增压的结构设计，两个气缸组件位于中间位置，两台驱动液压油缸位于两端。

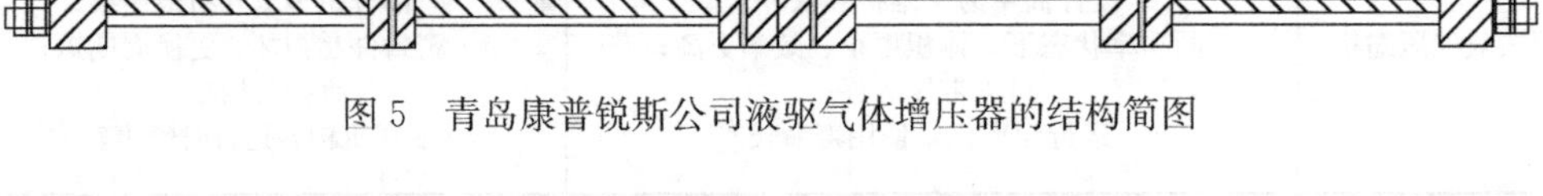

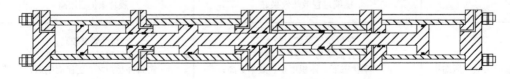

图 5　青岛康普锐斯公司液驱气体增压器的结构简图

2.1.2 液驱式氢气压缩机的系统原理

（1）一级压缩机

如图 6 所示，是一级压缩机的原理简图。压缩机在对氢气进行压缩增压前，须采用惰性气体（如氮气）将涉氢管路中的空气置换排除；然后再用氢气填充到管路中。工作原理是高纯氢气经进气过滤器（序号 11）、预冷换热器（序号 12）进行过滤、降温后进入单级液驱气体增压器（序号 13）中。液压系统为液驱气体增压器提供驱动液压油源，并通过电磁换向阀（序号 31）控制增压器活塞往复运动，将进入增压器气缸内的氢气增压、排出。由于增压器往复换向，会在液压系统内产生液压脉冲，在液压系统设置有蓄能器（序号 30）吸收冲击；同时，为了避免油液冲击液压油泵（序号 23），降低油泵寿命，在油泵出口处设置单向阀（序号 24）。在北方或寒冷地区，设备长时间停机会使油液黏度增大，造成电机启动负载增大。因此，油箱内设置有加热器（序号 37）对液压油进行加热，并通过温度传感器（序号 38）的温度反馈，实现加热器的启动和停止。设备在高温地区长时间运行，也会造成液压油温度的上升。通过温度传感器（序号 38）反馈的油液温度，控制冷却水电磁阀（序号 36）开启或关闭，实现对冷却水的控制，可控制冷却水流经板式换热器（序号 34）将热量带走，降低油液温度。

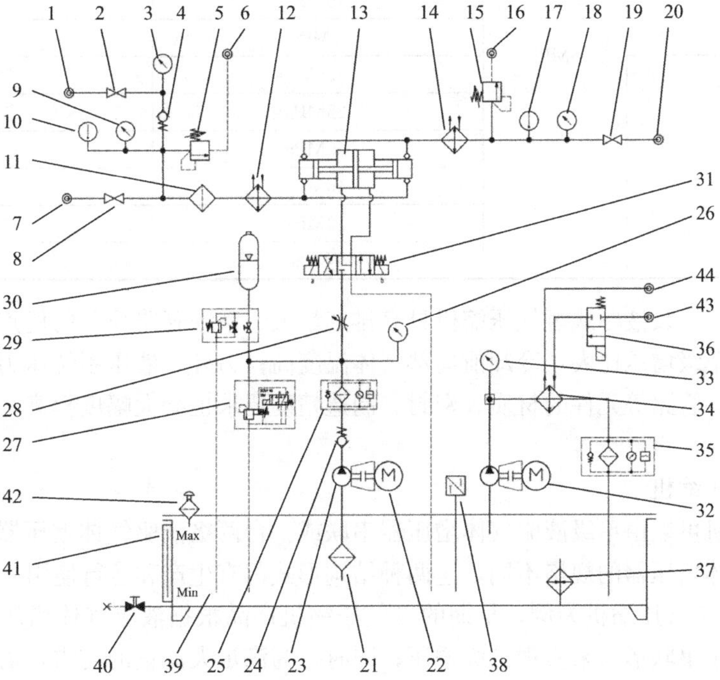

图 6　一级液驱式氢气压缩机原理简图

1. 氮气入口；2. 氮气截止阀；3. 氮气压力表；4. 单向阀；5. 安全阀；6. 安全泄放口；7. 氢气入口；8. 氢气进气截止阀；9. 进气压力表；10. 进气温度变送器；11. 进气过滤器；12. 预冷换热器；13. 液驱气体增压器；14. 排气换热器；15. 高压安全阀；16. 高压泄放口；17. 排气温度变送器；18. 排气压力表；19. 氢气排气截止阀；20. 氢气出口；21. 吸油过滤器；22. 电机；23. 液压泵；24. 单向阀；25. 液压过滤器；26. 驱动压力表；27. 溢流阀；28. 节流阀；29. 蓄能器控制阀组；30. 蓄能器；31. 电磁换向阀；32. 循环液压泵；33. 压力表；34. 板式换热器；35. 回油过滤器；36. 冷却水电磁阀；37. 液压油加热器；38. 液压油温度传感器；39. 液压油箱；40. 油箱排油球阀；41. 液位计；42. 空气滤清器；43. 冷却水进水口；44. 冷却水回水口

一级液驱式氢气压缩机，采用单级液驱气体增压器对氢气压缩增压。驱动压力计算见公式（1），一般根据进排气压力和增压比计算驱动压力。

$$P_B = i \times P_L + P_A \tag{1}$$

式中：P_B——排气压力；

i——增压器增压比；

P_L——驱动压力；

P_A——进气压力。

加氢站用液驱式氢气压缩机最低进气为5MPa，排气为45MPa或90MPa。根据常规液压系统压力等级，估算增压器增压比见表2。

一级氢气压缩机增压比与液压系统压力 **表2**

排气压力	进气压力	液压系统压力等级	增压比
45MPa	5MPa	31.5MPa	>1.27
		25MPa	≥1.6
		20MPa	≥2
		16MPa	≥2.5
		10MPa	≥4
		7MPa	>5.7
90MPa		31.5MPa	≥2.7
		25MPa	≥3.4
		20MPa	≥4.25
		16MPa	>5.3
		10MPa	≥8.5
		7MPa	>12

分析可知，一级液驱式氢气压缩机具有排气量大、系统管路简单的优点。排气压力增高，则会使得单级增压比大，冷却前局部气体温度高；另外，液压系统压力太高，对液压系统的泵、阀、管路等元件的材质、密封、制造精度要求也会大幅度提高，制造成本将显著增加。

（2）二级压缩机

二级压缩机可以由单级液驱气体增压器串联或一台两级液驱气体增压器构成。由于各厂家的液驱气体增压器的规格不同，这两种结构形式都有生产和运行使用。

以45MPa氢气压缩机为例，早期的氢气压缩机产品根据液驱气体增压器的结构和性能特点，采用了串联形式来实现二级增压；同时，为满足大流量的需求，需要采用3台液驱气体增压器并联作为第一级压缩，两台液驱气体增压器并联作为第二级压缩，形成了3+2的结构形式，液压系统及氢气管路比较复杂。随着对液驱气体增压器产品的更新迭代，二级压缩机可根据需求采用一台两级液驱气体增压器完成，氢气压缩机的设备管路得到了优化。

两种结构形式的液驱式氢气压缩机的增压系统原理简图，如图7所示。

（3）多级压缩机

在控制每一级的增压比不宜过高的前提下，可采取增加氢气增压级数的方法来达到90MPa甚至更高的压力。如采用多台单级液驱气体增压器或两级液驱气体增压器串联构成多级压缩机。随着串联氢气增压器数量的增加，管路也会更加复杂。

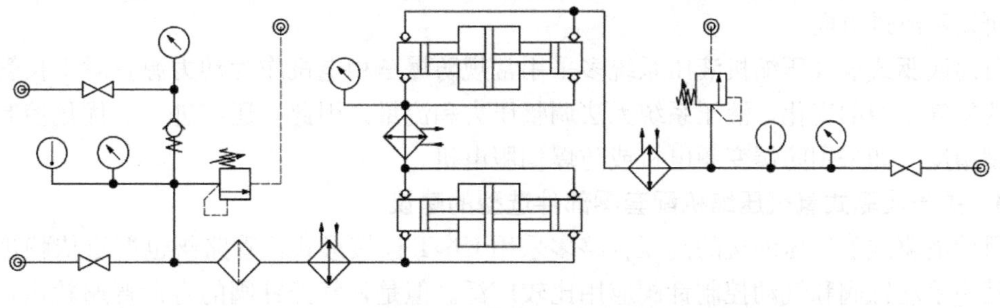

(a) 两台单级液驱气体增压器串联构成的二级压缩机增压系统原理简图

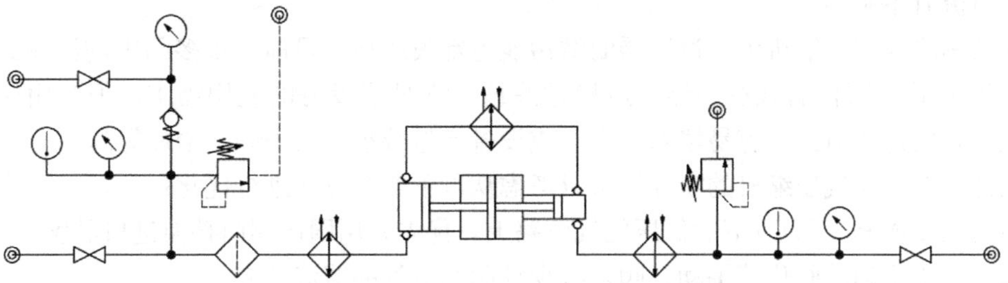

(b) 单台两级液驱气体增压器构成的二级压缩机增压系统原理简图

图 7　二级液驱式氢气压缩机增压系统原理简图

随着氢能行业的不断发展，加氢站的氢气加注量需求也随之提高。两级或多级增压的液驱式氢气压缩机具有的下述优点，更适用于加氢站发展趋势的应用工况。

1）采用多级压缩形式，单级压缩比低，冷却前最高运行气体温度低；

2）压缩效率高，设备功耗低；

3）往复运动线速度低，换向频率低，密封件及气阀寿命更长。

2.2　对于液驱式氢气压缩机的思考和研发建议

2.2.1　对于液驱气体增压器研发的建议

随着加氢站对氢气加注量需求的提高，氢气压缩机的排气量也需要随之提高，未来将会由目前常见的 500kg/d 的加氢量，向 1000kg/d 甚至是 2000kg/d 的方向发展。分析各品牌的液驱气体增压器的产品，可以发现液驱气体增压器在满足目前 45MPa 和 90MPa 压力的基础上，向着大排量、多级增压的方向发展。

2.2.2　液驱式氢气压缩机研发和优化的建议

（1）密封件的寿命提高与国产化

随着密封件的持续优化设计，密封件更换周期也逐渐得到改善，但是仍然与隔膜式氢气压缩机的膜片的寿命存在较大差距。而且，由于密封件仍依赖进口，设备维护费用仍然较高。

因此，液驱气体增压器的国产化，或者密封件等易损件的国产化替代，仍是液驱式氢气增压器的研发和改进的方向之一。

（2）液压系统的优化和控制精度的提高

由于液驱气体增压器采用往复运动的活塞机构。在往返换向时，驱动液压系统的管路内会产生脉冲冲击，造成管路振动和噪声，也会使液压系统内的元件的寿命降低。因此，如果优化液压驱动系统，解决运行噪声、液压冲击，提高设备寿命，也是液驱式氢气压缩机的研发和改进方向。

目前液驱式氢气压缩机液压系统多采用常规防爆三相电机作为动力源。对于长管拖车提供的氢气压力的变化，液压系统无法调整压力和流量。因此，还需进一步优化控制，提高控制精度。如采用防爆变频电机或防爆伺服电机。

2.2.3 关于液驱式氢气压缩机配套零部件选型的建议

目前液驱式氢气压缩机的高压管路多采用C&T连接形式，管路阀也严重依赖进口品牌。其中手动针阀和气动控制针阀应用比较广泛。但是，气控针阀的寿命普遍较短，还需要配套的仪表风管路进行控制。并且由于针阀的通径较小，在大排气量的压缩机流程中会对氢气节流有不利影响。

在液驱式氢气压缩机中，过滤器的纳污能力常被忽视。目前，很多品牌的液驱式氢气压缩机均采用5μm的管式过滤器。虽然过滤精度满足了设备的使用需求，但是由于滤芯体积较小，纳污能力差，容易堵塞，会造成设备流量减小、维护频率增加等问题。

因此，对于氢气压缩机的零部件可以考虑从以下四个方面进行优化：

（1）在20MPa压力以下的低压氢气管路上，优先采用国产阀门替换进口品牌；

（2）采用手动球阀代替手动针阀，减少针阀对氢气的节流效应；

（3）采用电磁阀或电动球阀，代替气控针阀，简化系统，提高系统可靠性；

（4）研发一款具有一定纳污能力的高压氢气过滤器，提升维护周期。

3 总结

氢气压缩机是加氢站的核心设备之一，关系着加氢站发展的核心技术水准。随着双碳目标的推进和各项氢能鼓励政策的颁布，氢能产业将进入高速发展期，国内加氢站建设步伐明显提速。相比隔膜式氢气压缩机，液驱式氢气压缩机更适合目前氢能市场培育阶段的实际需求。液驱式氢气压缩机虽然从设备进口开始起步，但目前市场仍尚处于中外各厂家同步技术积累和更新迭代阶段。明晰液驱式氢气压缩机的发展路线和未来的方向，在参考国外产品的结构设计基础上，加快我国液驱氢气压缩机的国产化的研制意义重大。依托靠近全球最大市场的优势，把握市场正确动向，选择合适的氢气压缩机的结构，明确每一步方案验证的研发计划，提升设备的可靠性、安全性和经济性，才能真正满足氢能市场的需求，才能促进我国氢能产业的发展和提升加氢站的建设质量，才能助力国家低碳环保新能源体系的建立和双碳目标的政策落实。

作者简介： 孙洪涛（1989—），男，工程师。主要从事高压氢气压缩机及相关零部件产品方面的设计工作。

曹　晖（1974—），男，硕士，正高级研究员。主要从事燃气输配和LNG方面的研究。

潘　良（1974—），男，学士，正高级研究员。主要从事燃气调压技术、燃气调压设备开发及相关产品等方面的研究。

预制混凝土叠合梁“二阶段受力”分析研究

唐宇轩[1]　周　泉[1,2]
（1. 中国建筑第五工程局有限公司，湖南 长沙，410004；2. 湖南大学，湖南 长沙，410082）

摘　要：为研究预制混凝土叠合梁在“二阶段受力”情况下的受力形态，进行5组不同构件高度的预制梁分别进行“一阶段受力”和“二阶段受力”施工模拟有限元分析测试。详细考察预制构件和叠合部分的叠合构件的叠合参数（K_M和K_h）的数值变化对叠合构件的受力性能、叠合构件受力所产生的裂缝宽度，挠度大小等影响。研究表明，二阶段受力的叠合结构有“受拉钢筋应力超前”“受压区混凝土应变滞后”“荷载预应力”等受力特点。预制梁在“一阶段受力”情形下的受力性能类似于同配筋的现浇混凝土梁。K_h值越小，“二阶段受力”效应越明显。K_M值越大，“二阶段受力”效应越明显，梁的极限荷载越小。K_h值越大K_M值的变化对预制叠合梁的影响越小，K_M越大极限荷载值和挠度值越低。K_h较小的构件在施工阶段对“二阶段受力”产生的影响需要引起重视，可适当增加支撑措施以降低影响。

关键词：预制混凝土叠合梁；二阶段受力；混凝土损伤塑性模型；有限元分析；力学性能

Analysis and research on two-stage stress of precast concrete composite beams

Tang Yuxuan[1]　*Zhou Quan*[1,2]
(1. China Construction Fifth Engineering Division. Corp. Ltd. , Changsha 410004, China;
2. Hunan University, Changsha 410082, China)

Abstract: In order to study the stress form of precast concrete composite beams under two-stage stress, five groups of precast beams with different component heights were analyzed and tested by one-stage stress and two-stage stress construction simulation finite element analysis respectively. The effects of the numerical changes of the superimposed parameters (K_M and K_h) of the prefabricated members and the superimposed members on the mechanical performance, crack width and deflection of the superimposed members are investigated in detail. The mechanical performance of precast beam under “one-stage stress” is similar to that of cast-in-situ concrete beam with the same reinforcement. The smaller the value of K_h, the more obvious the force effect in the second stage. The greater the value of K_M, the more obvious the “two-stage stress” effect and the smaller the ultimate load of the beam. The greater the K_h value, the smaller the influence of the change of K_M value on the precast composite beam, and the greater the K_h, the lower the limit load value and deflection value. The impact of components with small K_h on the stress in the second stage in the construction stage needs to be paid attention to, and support measures can be appropriately increased to reduce the impact.

Keywords: precast concrete composite beam; two stage stress; damage plastic model of concrete; finite element analysis; mechanical property

引言

装配整体式混凝土结构是由预制混凝土构件或部件通过钢筋、连接件并现场浇筑混凝土而形成整体的结构，即装配式叠合结构。预制叠合结构将现浇混凝土结构和全装配式结构各自的优点相结合，实现后浇叠合部分和预制部分协同工作，相比于全装配式结构，具有更好的整体性能以及等同于现浇结构的抗震受力性能。

装配整体式混凝土结构施工浇筑工序分为两次浇筑。第一次为工厂预制构件的浇筑制作；第二次为施工现场预制构件装配之后的混凝土浇筑成整体结构。因此，在预制叠合结构施工过程中具有吊装阶段和后浇叠合阶段的两阶段受力特点，即“一阶段受力”和“二阶段受力”。本文通过 ABAQUS 有限元分析软件进行新型预制混凝土梁在“一阶段受力”和“二阶段受力”下的抗弯性能分析，同时与传统预制结构进行相关的性能对比分析，以便于对新型预制混凝土梁做出相应优化调整研究提供参考。

1 预制叠合结构中“二阶段受力”原理

叠合结构由受力条件分为“一阶段受力”和“二阶段受力”[1]。

“一阶段受力”是指预制构件在装配施工时设置可靠支撑用以协助预制构件受力，使预制构件在正常使用前所受荷载由支撑承担，完成制作后浇混凝土叠合层，待后浇混凝土达到一定强度要求之后，拆除支撑，转由预制构件和叠合层形成的整体截面来承受全部荷载。

“二阶段受力”是指预制构件在装配施工时仅在构件两端部设置支撑，此时预制构件视为简支并承受全部荷载，第一阶段：后浇叠合层在完成混凝土养护前，预制构件以简支构件的形式承载所有荷载；第二阶段：后浇叠合层在完成混凝土养护后，预制构件和叠合层形成整体构件，全部荷载转由叠合构件共同承载。

1.1 叠合结构在“二阶段受力”时的受力特点

由于叠合结构存在预制和后浇两个阶段的混凝土浇筑，以及预制结构装配和现场混凝土浇筑两个施工过程，使得叠合结构产生两阶段受力，这是叠合构件与现浇结构受力和形变产生差异的主要因素，而两阶段受力对叠合梁的影响尤为明显。现有的研究结果表明，叠合梁在“二阶段受力”时有“受拉钢筋应力超前”“受压区混凝土应变滞后”“荷载预应力”等受力特点[2]，其叠合梁截面二阶段受力前后的应力变化如图 1 所示。

当预制梁在装配施工阶段第一次受力（预制梁和后浇叠合层自重）时，后浇混凝土叠合层在达到强度要求之前不参与结构受力，即预制梁为简支受力阶段，预制梁跨中截面弯矩为 M_1，当后浇叠合层混凝土达到设计强度要求时，因后浇混凝土的凝固，预制梁上部所受压应力依然存在，此时预制梁的上部压应力相当于预应力，因此这由第一阶段受力引起的受力荷载被称为“荷载预应力”。此外，由于预制部分的整体刚度低于整体梁，所以在同外荷载作用下会出现“受拉钢筋应力超前”和“剪应力超前”的现象，也导致预制梁裂缝出现提前[3]。

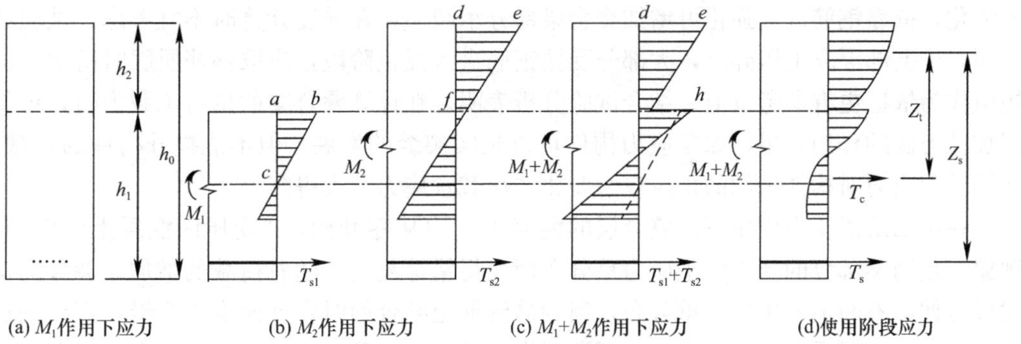

图 1　叠合梁受力过程图

后浇混凝土达到其设计强度，预制梁和后浇叠合层形成整体并共同受力时，为第二阶段受力（恒、活荷载），叠合梁跨中全截面弯矩为 M_1+M_2。因此，预制梁部分和叠合梁整体的截面应变分布由以上两个阶段所受弯矩相互叠加，随着第二阶段所受弯矩 M_2 的不断增大，在 M_1 弯矩作用下预制梁上部存在受压区（“荷载预应力”），在 M_2 的弯矩作用下预制梁上部又产生受拉区，两部分相互抵消，应力也由受压向受拉转变，此过程便出现了内力重分布现象，直至“荷载预应力”消失[4]，即在相同增量 ΔM 作用下，在正常使用阶段叠合梁的钢筋应力增量较整体梁有所减慢。但“受拉钢筋应力超前”所产生的影响依然存在，相较于同情况下的现浇梁钢筋应力超前 20%～40%。

1.2　叠合参数

在叠合结构“二阶段受力”时，在第一阶段，其预制构件存在“钢筋应力超前”，在第二阶段，后浇叠合层部分存在着“混凝土压应变滞后”的特点。此外，预制构件和叠合部分的混凝土强度等级、叠合面的骨料粘结咬合力、预制构件与叠合层的配筋率、叠合构件的叠合参数（K_M 和 K_h）都将会对叠合构件的受力性能、叠合构件受力所产生的裂缝宽度，挠度大小等形成一定影响。

根据叠合结构的构造特点和受力特点，可得叠合结构特有的叠合参数 K_M 和 K_h，而叠合参数的变化对叠合梁受力相应有直接影响，也是叠合梁与现浇梁产生区别的主要因素。它们分别反映两阶段的荷载及截面因子，如式（1）～式（3）：

$$K_M = M_1/M_u \tag{1}$$

$$K_h = h_2/h \tag{2}$$

$$h = h_1 + h_2 \tag{3}$$

式中，M_1 为预制梁第一阶段受力弯矩；M_u 为预制截面理论极限弯矩；h_1 为后浇混凝土叠合层截面高度；h_2 为预制梁混凝土截面高度；h 为叠合梁混凝土截面总高度。

β 为附加拉力 T_c 的影响系数，通常由公式（4）表示：

$$\beta = T_c Z_t / M_2 \tag{4}$$

其中 Z_t 为 T_c 作用点到受压区压力作用点的距离；β 为附加拉力 T_c 的影响系数，正常使用阶段叠合梁一般取 β=0.21～0.3。

在叠合梁正常使用阶段存在着附加拉力 T_c 的作用，从公式（4）可知 β 随着 M_2 的增加而减小直至 T_c 的作用最终将消失。T_c=0 时转由钢筋承受全部拉力，当 K_h 较小时，在正常的使用阶段，由于下部混凝土开裂，混凝土退出受拉工作，T_c 在钢筋屈服之前消失，此时叠合梁受拉钢筋应力增加变快；而 T_c 在钢筋屈服之后消失的情况，钢筋受拉屈服进入强化，依靠钢筋进入强化可增加叠合梁部分承载力，在强度计算时不宜考虑。试验结果表明，梁上部混凝土压碎时，大部分受拉钢筋进入强化阶段，应取钢筋屈服时所承受的弯矩值作为依据更有参考价值。结合试验分析表明，在计算叠合梁的抗弯承载力时，可忽略附加拉力区的作用效果，如预应力构件可以延缓裂缝的发展，但不能提升构件的承载力，实际上预应力对构件施加的预压应力要比“荷载预应力”大得多。

在第二阶段受力作用下，叠合层的混凝土应力从零开始，“受压区混凝土应变滞后”现象，预制梁部分的受力由于应力重分布而变得错综复杂。随着荷载的增加、裂缝的持续发展延伸，不断地发生应力重分布，当裂缝延伸至叠合面时发展速度将变慢，直至到达叠合面。第一阶段受力所产生影响也渐渐消失，叠合梁的受力状态和变形形态也逐渐与现浇梁的保持一致，直至加载破坏。

综上所述，“荷载预应力”对混凝土变形、钢筋变形、裂缝的发展延伸有一定程度的抑制作用，使主斜裂缝穿过叠合面的过程放缓，延缓混凝土受压破坏，提高了叠合梁的承载力。

“受压区混凝土应变滞后”“荷载预应力”和“剪应力滞后”现象对于叠合梁来说是有利的，我们应该重视和加以合理利用，而对于“受拉钢筋应力超前”和“剪应力超前”现象所导致的裂缝发展较早和较快的不利方面我们应该在设计和构造上采取相应的措施减小或尽量避免[5-7]。

2 叠合结构在有限元中使用“生死单元”模拟二阶受力过程

由于预制混凝土叠合结构中产生的“二阶段受力”，这是叠合构件与现浇结构受力和形变产生差异的主要因素。因此，预制混凝土叠合结构的“二阶段受力”和构件两部分的受力关系是文中所要解决的有限元建模问题。

为实现分析模型的各个部分在不同分析步骤中是否参与计算分析，利用“生死单元”功能（Model Change）以实现单元的“去除”与“激活”之间的选择。“二阶段受力”使叠合结构产生不同于现浇结构的受力和变形影响，第一阶段荷载作用只有预制部分产生应力和变形，后浇叠合部分与预制部分共同参与受力时，又将产生应力重分布及变形协调问题。为了准确地模拟此受力过程，运用ABAQUS提供的“生死单元”（Model Change）功能来进行叠合结构“二阶段受力”的模拟分析，即在第一个过程中先去除（Deactivated）叠合部分的单元，对预制部分进行受力分析，然后在第二个过程中重启（Reactivated）叠合层部分共同参与受力分析[8]。

在第一阶段，预制部分在荷载作用下必然会出现变形，这使得后浇叠合部分和预制部分在“生死单元”的步骤过程中出现两部分定为不一致的现象，则不能实现两部分形成整体的实际效果。使用“单元追踪”功能来实现目的，“单元追踪”是规定相互作用单元之间在重新激活时实现相同的几何定位。

2.1 有限元建模方案

传统预制混凝土叠合梁试件DHL-1：梁跨长、底宽、梁高尺寸为4500mm×300mm×550mm，其中预制梁部分由长、宽、高尺寸为4500mm×300mm×390mm，后浇混凝土叠合梁部分由长、宽、厚尺寸为4500mm×300mm×160mm，顶部纵向钢筋为通长钢筋，采用强度为C35的混凝土，梁内纵筋及梁箍筋强度一致（f_y=360MPa），构件配筋如图2所示。

新型预制混凝土叠合梁试件 N-DHL-1：梁跨长、底宽、梁高尺寸为 4500mm×300mm×550mm，其中预制梁部分由长、宽、高尺寸为 4500mm×300mm×470mm，后浇混凝土叠合梁部分由长、宽、厚尺寸为 4500mm×300mm×80mm，顶部纵向钢筋仅在两端负弯矩区域配置，采用强度为 C35 的混凝土，梁内纵筋及梁箍筋强度一致（$f_y=360\text{MPa}$），构件配筋如图 3 所示。

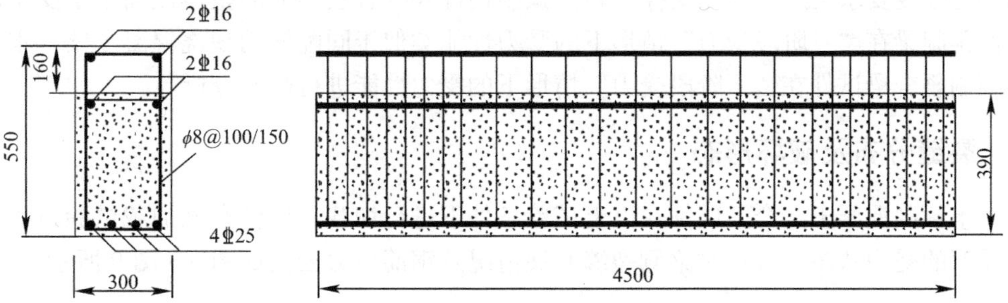

图 2　传统预制叠合梁试件 DHL-1 钢筋布置图

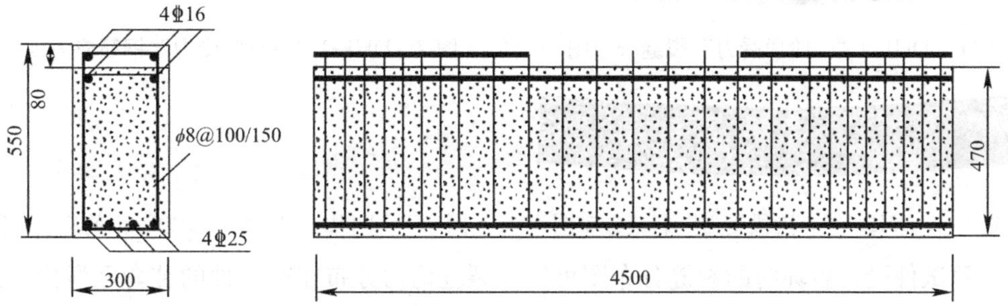

图 3　新型预制叠合梁试件 N-DHL-1 钢筋布置图

2.2　有限元模型加载及量测方案

对预制叠合梁进行在静力加载作用下的受弯性能分析，在梁试件上部离梁端部 1.2m 处及梁试件下部的两端设置刚性垫块，期间不考虑垫块与楼板试件的相对滑动，即将垫块和梁试件绑定约束在一起，以防止试件的局部应力过大。

梁下侧一端支座为固定铰支座，另一端支座为滚动铰支座，使梁段在此受力过程中为简支梁段。在梁试件的上部设置刚性垫块处分别施加两个相等的竖向荷载，如图 4 所示。通过对以上叠合梁试件的有限元分析，应对开裂荷载和极限荷载值、跨中挠度、整体挠度曲线、主要裂缝的分布等进行计算结果的数据收集和分析。对叠合梁试件进行位移测量点布置，在试件沿净跨方向的中部各 $L/4$ 点处设置挠度测点，如图 5 所示。

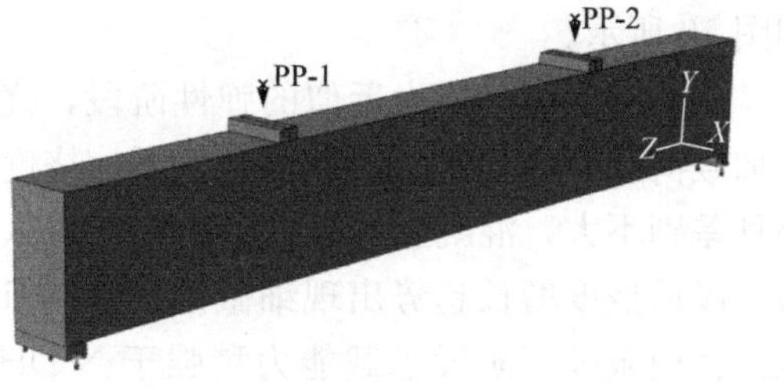

图 4　有限元模型加载方案示意图

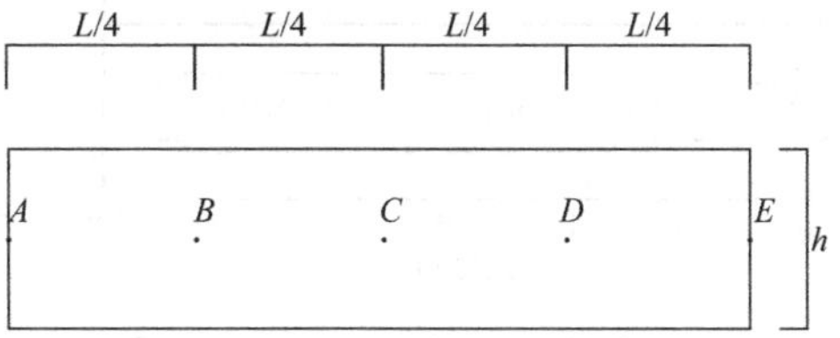

图 5　叠合梁位移测量点布置示意图

3 预制混凝土梁在“一阶段受力”有限元建模分析

“一阶段受力”是指预制构件在装配施工时设置可靠支撑用以协助预制构件受力，使预制构件在正常使用前所受荷载由支撑承担，完成制作后浇混凝土叠合层，待后浇混凝土达到一定强度要求之后，拆除支撑，转由预制构件和叠合层形成的整体截面来承受全部荷载。而预制梁在“一阶段受力”情形下的受力性能类似于同配筋的现浇混凝土梁，本文对两组预制叠合梁试件在“一阶段受力”情形下的受力性能进行简要分析。

3.1 裂缝分布及破坏形态

两组预制混凝土叠合梁试件在以上试验条件下进行加载，构件在该加载试验过程中呈现出受弯的受力状态。破坏时梁侧裂缝开展情况及钢筋应力云图如图6～图9所示。

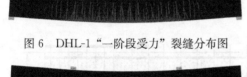

图6 DHL-1“一阶段受力”裂缝分布图

图7 DHL-1“一阶段受力”钢筋应力云图

图8 N-DHL-1“一阶段受力”裂缝分布图

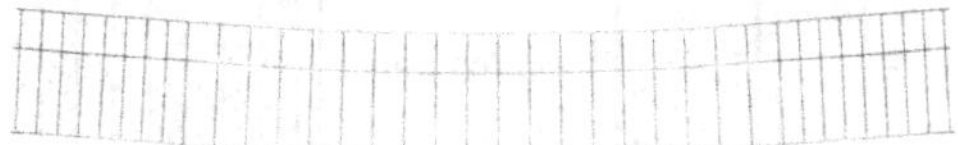

图9 N-DHL-1“一阶段受力”钢筋应力云图

由两试件受弯破坏时的裂缝分布图可知，裂缝均匀分布在梁试件的纯弯区段内，此外在剪弯区段靠近加载点附近出现指向加载点的裂缝。DHL-1试件在纯弯段的裂缝伸展高度低于N-DHL-1试件。

3.2 承载力及挠度发展比较

表1为各试件在破坏时的极限荷载和跨中挠度比较。

两组模型梁承载力和挠度对比　　表1

试件	构件类型	破坏类型	极限荷载/kN	跨中挠度/mm
DHL-1	预制混凝土叠合梁	受弯延性破坏	649.11	99.02
N-DHL-1	新型预制混凝土叠合梁		642.45	99.77

数值模拟分析结果表明，由于两组预制梁试件在梁纵筋和预制梁高度的布置变化，使得承载力和跨中挠度出现一定差别，但总体表现较为接近。两组试件跨中的荷载-挠度曲线如图10所示。

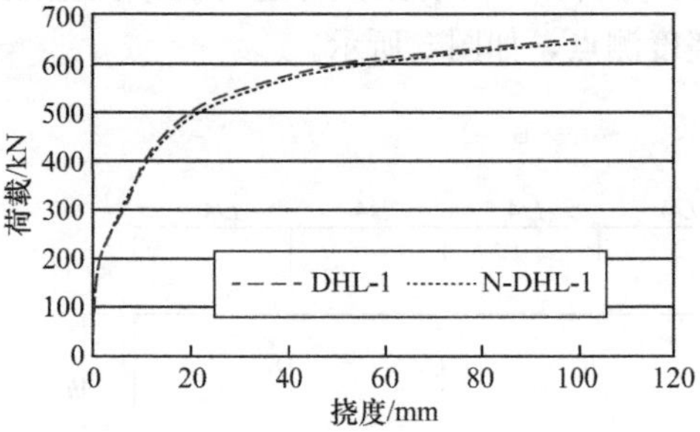

图10 梁跨中荷载-挠度对比曲线图

试件开裂前可视为近似的弹性阶段，挠度与加载荷载基本上保持线性增长关系，挠度很小且差别不大，混凝土开裂、受拉钢筋进入屈服阶段后挠度增长趋势出现细微差别，DHL-1试件在屈服破坏阶段承载能力稍强于N-DHL-1试件，挠度发展稍慢于N-DHL-1试件。

由模拟分析结果可得如下结论：

（1）预制梁在“一阶段受力”情形下的受力性能类似于同配筋的现浇混凝土梁，新型预制混凝土梁在梁纵筋和预制梁高度的布置变化，会对梁的承载能力和变形能力产生一定影响，但差别并不大。

（2）由于 DHL-1 试件在预制梁部分的上部纵筋比 N-DHL-1 试件的预制梁部分的上部纵筋更靠近梁底部受拉区，因此 DHL-1 试件在纯弯曲段内对裂缝延伸高度的发展，以及裂缝的开展具有一定的抑制作用。

（3）在新型预制混凝土梁的构造改进中可在预制梁中部适当布置纵向钢筋，可对纯弯曲段内的裂缝延伸发展，以及裂缝的开展具有一定的抑制作用，同时可以充分利用纵向钢筋的受力能力。

4 预制混凝土梁在“二阶段受力”有限元建模分析

“二阶段受力”是指预制构件在装配施工时在梁两端设置支撑，此时预制构件视为简支并承受全部荷载，第一阶段：后浇叠合层在完成混凝土养护前，预制构件以简支构件的形式承载所有荷载；第二阶段：后浇叠合层在完成混凝土养护后，预制构件和叠合层形成整体构件，全部荷载转由叠合构件共同承载。

在“二阶段受力”过程中出现了“钢筋应力超前”“混凝土压应变滞后”“混凝土荷载预应力区”“应力重分布”等特殊的现象。本文使用有限元软件 ABAQUS 中“生死单元”“追踪单元”功能，对预制叠合梁的施工制作中的受力过程进行模拟。对受力性能相关影响因素进行单一变量的对比分析，为预制叠合结构的应用与研究提供参考。

4.1 预制混凝土叠合梁承载力影响因素分析

对梁受力性能的主要影响因素包括：剪跨比、混凝土强度等级、箍筋配箍率、纵筋配筋率、截面尺寸和形状等。本文主要针对叠合参数 K_M 和 K_h 对叠合梁受力性能的影响进行相关分析研究。

4.2 K_h 对预制混凝土叠合梁的性能影响

为研究 K_h 值对预制混凝土叠合梁的受弯性能影响，取用不同的 K_h（取值见表 2）作为单一变量进行有限元对比分析。其中取 K_M 值为 0.33，见表 2。各组试件跨中的荷载-挠度曲线如图 11 所示。

K_h、h_1、h_2 取值表 **表 2**

K_h	0.709	0.745	0.782	0.818	0.855
预制梁梁高 h_2/mm	390	410	430	450	470
梁叠合层厚度 h_1/mm	160	140	120	100	80

以上分析可得如下结论：

（1）随着 K_h 值的增大，在加载初期，“二阶段受力”产生的影响越发不明显，K_h 值小的梁试件在第一个阶段荷载作用过程中，有较大的挠度变化，导致在第二个阶段过程中相同荷载作用下的挠度值也较大。

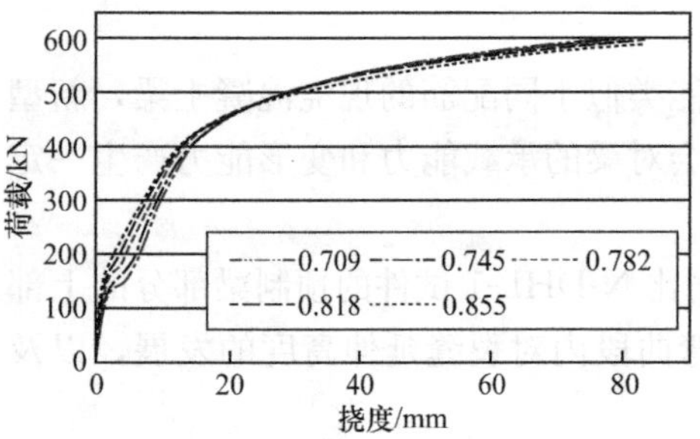

图 11　梁跨中荷载-挠度对比曲线图

（2）在裂缝发展阶段，随着 K_h 值的增大，承载能力有所加强，挠度发展变缓。

（3）随着 K_h 值的减小，试件在进入屈服破坏阶段时承载能力有所增大，但增幅较小，由于在第一阶段荷载作用下使预制构件产生"荷载预应力区"，在第二阶段荷载作用下，发生应力重分布，使"荷载预应力区"应力相互抵消，对构件最终的承载力影响较小。

4.3　K_M 对预制混凝土叠合梁的性能影响

在研究 K_M 值的影响时，混凝土强度统一取为 C35，分别对传统预制构件（K_h＝0.709）和新型预制构件（K_h＝0.855）进行相关分析，K_M 取值如表 3 所示。传统预制构件（K_h＝0.709）的各试件跨中的荷载-挠度曲线如图 12 所示。新型预制构件（K_h＝0.855）的各试件跨中的荷载-挠度曲线如图 13 所示。

表 3 为 K_h＝0.709 和 K_h＝0.855 时在不同 K_M 取值时的极限荷载和极限挠度对比。

各组模型梁承载力和挠度对比　　表 3

类别	K_M	0.1	0.2	0.3	0.4	0.5	0.55	0.6
K_h＝0.709	极限荷载/kN	617.06	605.25	594.49	582.66	575.60	569.03	557.68
	降低百分比/%	—	1.91	3.66	5.57	6.72	7.78	9.62
	极限挠度/mm	92.91	90.32	86.37	84.19	86.32	83.66	78.00
K_h＝0.855	极限荷载/kN	625.75	623.01	619.94	613.15	603.68	594.08	580.54
	降低百分比/%	—	0.44	0.93	2.01	3.53	5.06	7.22
	极限挠度/mm	89.40	89.84	90.64	87.05	84.40	84.89	83.90

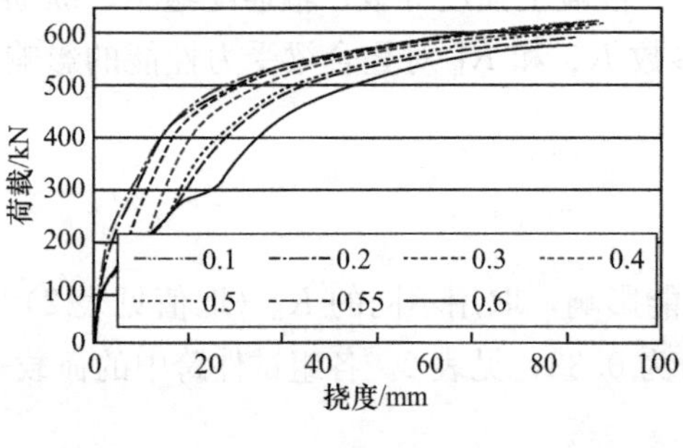

图 12　K_h＝0.709 时梁跨中荷载-挠度对比曲线图

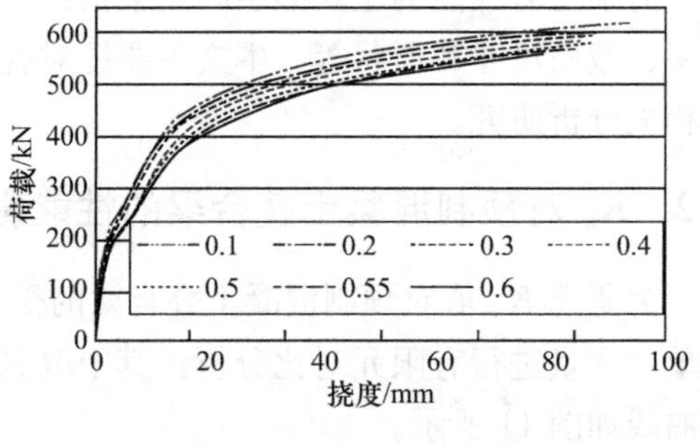

图 13　K_h＝0.855 梁跨中荷载-挠度对比曲线图

以上分析可得如下结论：

（1）随着 K_M 值的增大，在加载初期，"二阶段受力"作用下产生的影响十分明显，K_M 值大的梁构件在一阶段荷载作用下获得较大的挠度值，导致后期在相同荷载作用下的挠度值也较大。

（2）同时，K_M 值越大，梁的极限荷载越小，但是各试件极限荷载值差距并不太大，由于在第一阶段荷载作用下使预制构件产生"荷载预应力区"，在第二阶段荷载作用下，发生应力重分布，使"荷载预应力区"应力相互抵消，故在加载后期极限荷载的差距并未拉开。

（3）随着 K_h 的增大 K_M 值的变化对预制叠合梁的影响越小，在初期加载时，挠度值变化也能得到一定控制，但是“二阶段受力”仍然会对试件的承载力和挠度发展有所影响，K_M 越大极限荷载值和挠度值越低。

(4) 新型预制构件可以有效降低“二阶段受力”下的受力反应，对加载初期的挠度发展、构件开裂具有一定的延缓作用。但是在随着 K_M 值的增大时，极限荷载值的变化有所增大。

(5) 对于传统预制构件，在初期加载时，由于挠度发展受到“二阶段受力”的影响比较明显，易使构件在加载初期出现大量裂缝，故建议 K_h 较小的构件在施工阶段对“二阶段受力”产生的影响引起重视，可适当增加支撑措施，以降低影响。

5 小结

本文对叠合梁“二阶段受力”过程进行理论分析研究；介绍利用“生死单元”功能实现“二阶段受力”的有限元建模；结合“一阶段受力”“二阶段受力”及叠合参数 K_M 和 K_h 对叠合梁受力性能的影响进行相关有限建模分析，为预制叠合结构的应用与研究提供参考，主要总结如下：

(1) 二阶段受力的叠合结构有“受拉钢筋应力超前”“受压区混凝土应变滞后”“荷载预应力”等受力特点，以及叠合结构受力过程中特有的叠合参数 K_M 和 K_h，应该重视“二阶段受力”过程中产生的现象。

(2) 运用 ABAQUS 提供的“生死单元”功能来进行叠合结构“二阶段受力”的模拟分析，即在第一个过程中先去除叠合部分的单元，对预制部分进行受力分析，然后在第二个过程中重启叠合层部分共同参与受力分析。

(3) 预制梁在“一阶段受力”情形下的受力性能类似于同配筋的现浇混凝土梁。在预制梁中部适当布置纵向钢筋，可对纯弯曲段内的裂缝延伸发展，以及裂缝的开展具有一定的抑制作用，同时可以充分利用纵向钢筋的受力能力。

(4) K_h 值越小，“二阶段受力”效应越明显，试件在进入屈服破坏阶段时承载能力有小幅度提升，由于在第一阶段荷载作用下使预制构件产生“荷载预应力区”，在第二阶段荷载作用下，发生应力重分布，使“荷载预应力区”应力相互抵消，对构件最终的承载力影响较小。

(5) K_M 值越大，“二阶段受力”效应越明显，梁的极限荷载越小，但是各试件极限荷载值差距并不太大，由于在第一阶段荷载作用下使预制构件产生“荷载预应力区”，在第二阶段荷载作用下，发生应力重分布，使“荷载预应力区”应力相互抵消，故在加载后期极限荷载的差距并未拉开。

(6) K_h 值越大 K_M 值的变化对预制叠合梁的影响越小，在初期加载时，挠度值的变化也能得到一定控制，但是“二阶段受力”仍然会对试件的承载力和挠度发展有所影响，K_M 越大极限荷载值和挠度值越低。

(7) 新型预制构件可以有效降低“二阶段受力”下的受力反应，对加载初期的挠度发展、构件开裂具有一定的延缓作用。但是在随着 K_M 值的增大时，极限荷载值降低。对于传统预制构件，在初期加载时挠度发展受到“二阶段受力”的影响比较明显，易使构件在加载初期出现大量裂缝，故建议 K_h 较小的构件在施工阶段对“二阶段受力”产生的影响需要引起重视，可适当增加支撑措施，以降低影响。

参考文献

[1] 周旺华. 现代混凝土叠合结构 [M]. 北京：中国建筑工业出版社，2000

[2] 邓志恒，陆春阳. 钢筋砼二次受力叠合梁正截面强度试验研究 [J]. 广西大学学报（自然科学版），1993 (3)：58-62

[3] 邓志恒，陆春阳，王良才. 钢筋砼连续叠合梁受力性能试验研究 [J]. 广西土木建筑，1994 (3)：101-108

[4] 黄赛超，陈振富. 混凝土叠合梁跨中截面的内力转移性能 [J]. 中南大学学报（自然科学版），1996 (4)：405-409

[5] 侯小美，黄赛超. 二次受力钢筋混凝土连续叠合梁的非线性分析 [J]. 中南大学学报（自然科学版），2001，32 (5)：465-468

[6] 邓志恒，陆春阳，王良才. 钢筋砼连续叠合梁受力性能试验研究 [J]. 广西土木建筑，1994 (3)：101-108

[7] 黄赛超，陈振富，周益强. 混凝土简支叠合梁的跨中内力和配筋计算方法 [J]. 中南大学学报（自然科学版），1997 (6)：526-529

[8] 林树枝，黄渊. 装配式混凝土叠合梁的数值模拟分析 [C]. 全国结构工程学术会议，2015

作者简介： 唐宇轩（1990—），男，硕士，工程师。主要从事装配式混凝土结构方面的研究。

周　泉（1983—），男，博士，高级工程师。主要从事装配式混凝土结构方面的研究。

基于反应位移法的跨活动断层双线隧道断面抗震性能研究

罗金涛[1,2]　许学良[1,2]　马伟斌[1,2]　田四明[3]　巩江峰[3]
（1. 中国铁道科学研究院集团有限公司　铁道建筑研究所，北京，100081；
2. 高速铁路轨道技术国家重点实验室，北京，100081；
3. 中国铁路经济规划研究院有限公司，北京，100038）

摘　要：合理的隧道断面型式对隧道工程设计至关重要，而跨活动断层隧道工程设计在此基础上应尤其注重抗震性能。以西南某双线铁路隧道为例，分别在原设计马蹄形和圆形断面的基础上预留 30cm、60cm 和 90cm 位错空间，基于反应位移法结合数值模拟方法研究在 0.2g 和 0.4g 地震动峰值加速度作用下的断面内力及其分布规律，计算分析断面关键位置安全系数。结果表明：马蹄形断面在墙角处内力集中，圆形断面在拱腰处内力集中，且圆形断面内力分布较马蹄形断面均匀；同一预留位错空间，马蹄形断面在拱顶、拱肩和拱腰处的安全系数大于圆形断面相应位置的，在墙角和仰拱处相反；同一断面型式，随着预留位错空间或地震峰值加速度增大，断面关键位置除仰拱外，安全系数均减小，以 0.2g 地震动峰值加速度作用下马蹄形断面为例，预留 30cm 位错空间时拱腰处安全系数为 36.64，而预留 90cm 位错空间时拱腰处安全系数为 7.54，降幅 79.4%。研究成果可为跨活动断层隧道断面设计提供一些参考。

关键词：铁路隧道；活动断层；断面型式；预留位错空间；抗震性能；反应位移法；数值模拟

Study on Seismic performance of double-line tunnel section across active fault based on reaction displacement method

Luo Jintao[1,2]　*Xu Xueliang*[1,2]　*Ma Weibin*[1,2]　*Tian Siming*[3]　*Gong Jiangfeng*[3]
(1. Railway Engineering Research Institute, China Academy of Railway Sciences Corporation Limited, Beijing 100081, China;
2. State Key Laboratory for Track Technology of High-Speed Railway, China Academy of Railway Sciences Corporation Limited, Beijing 100081, China;
3. China Railway Economic Planning and Research Institute Corporation Limited, Beijing 100038, China)

Abstract: Reasonable tunnel section type is crucial to tunnel engineering design, and cross-active fault tunnel engineering design should pay special attention to seismic performance. Taking a double-track railway tunnel in southwest China as example, 30cm, 60cm and 90cm dislocation Spaces were reserved on the basis of the original design of horseshoe and circular sections, the internal force and distribution rules under the peak acceleration of 0.2g and 0.4g by numerical simulation, and the safety coefficient of key positions was calculated and analyzed. The results show that the internal force concentration in the corner, The circular section is concentrated at the arch waist, And the internal force distribution in the circular section is more uniform than in the horseshoe section; the safety factor of the horseshoe section at the arch roof, arch shoulder and arch waist is greater than the corresponding position of the circular section if the reserved dislocation space is the same, but the situation is opposite in the corner and in the back arch; As the reserved dislocation space or seismic peak acceleration increases, Safety factor of Key position of cross section except for elevation arch is all reduced if the cross-section type is the same, Taking the horseshoe section under the peak acceleration of 0.2g ground motion as an example, the safety factor at the arch waist is 36.64 when the reserve dislocation space is 30cm, while the value is 7.54 when the reserve dislocation space is 90cm, which down by 79.4%. The research results can provide some reference for the section design across the active fault tunnel.

Keywords: railway tunnel; movable fault; section type; reserved dislocation space; seismic performance; reaction displacement method; numerical simulation

引言

我国西南地区地质条件恶劣，区域活动断层分布广泛，给既有及在建隧道安全带来严重挑战。与地面结构相比，地下隧道有天然良好的抗震性能，但在活动断层错动引发的地震动作用下，其结构仍可能遭受破坏[1]。合理的隧道断面型式和预留位错空间有利于降低活动断层错动对隧道造成的震害损失，保证隧道在一定的错动作用下仍能满足运行要求。因此，研究不同型式及预留位错空间断面的抗震性能对跨活动断层隧道断面设计具有重要意义。

学者们对此开展了一定研究，针对不同隧道断面型式抗震性能的研究：杨军[2]对地铁隧道马蹄形、圆形和矩形型式断面进行抗震性能分析，结果表明圆形断面最好，马蹄形次之，矩形最差。徐凯[3]对衬砌刚度、厚度和埋深三种因素变化影响下的隧道马蹄形和圆形断面抗震性能进行了研究，结果表明相同工况下两种断面水平位移变化规律基本一致，但马蹄形断面最大主应力大于圆形隧道的，且在边墙角和拱脚部位明显。刘学增[4]等研究了活动断层错动下不同衬砌断面型式对隧道受力及塑性变形的影响，结果表明断面型式趋近正圆能有效减小应力。针对隧道预留位错空间的研究：李林[5]根据穿越断层隧道地震动分析结果建议错动扩挖预留量取 35mm；宋成辉[6]等在穿越东非大裂谷内马铁路隧道断层位错设计中综合多种因素进行隧道断面扩挖尺寸确定；何永辉[7]根据断层错动量在断层 10m 范围内扩挖 1m 进行隧道抗减震分析。

上述对隧道抗震性能的研究多涉及断面型式或扩挖位错空间单一方面，基于此，本研究同时考虑不同断面形式和预留位错空间对隧道抗震性能的影响，以期为跨活动断层隧道抗震设计提供一些参考。

1 工程概况

西南地区某双线铁路隧道，隧区地质构造复杂，区域深大断裂发育，受多期构造影响，NW 向、SN 向构造均有发育，隧区地震动峰值加速度为 0.3g，地震基本烈度为Ⅷ度。隧道埋深 20m，隧道断面基本内轮廓跨度 11.46m，高度 10.51m，跨活动断层区域Ⅴ级围岩，地层参数如表 1 所示，基础面埋深 50m，地层动剪切变形系数 $9.8\times10^7\mathrm{N/m^2}$，弹性抗力系数径向 $1.3\times10^7\mathrm{N/m^3}$，切向 $0.6\times10^7\mathrm{N/m^3}$。

该隧道设计基于活动断层错动量，将断面预留一定位错空间，活动断层发生错动时，预留位错空间能够保证隧道断面的净空面积，从而一定程度上降低错动导致的隧道结构破坏，如图 1 所示。

地层参数 **表 1**

地层编号	地层名称	厚度（m）	波速（m/s）	密度（kg/m³）
①	粉质黏土	3.00	130	2100
②	细角砾土	3.33	160	2205
③	粗角砾土	11.33	200	2205
④-1	花岗岩	2.34	451	2400
④-2	花岗岩	11.49	451	2400
④-3	花岗岩	23.00	490	2400
⑤	基岩	—	564	2500

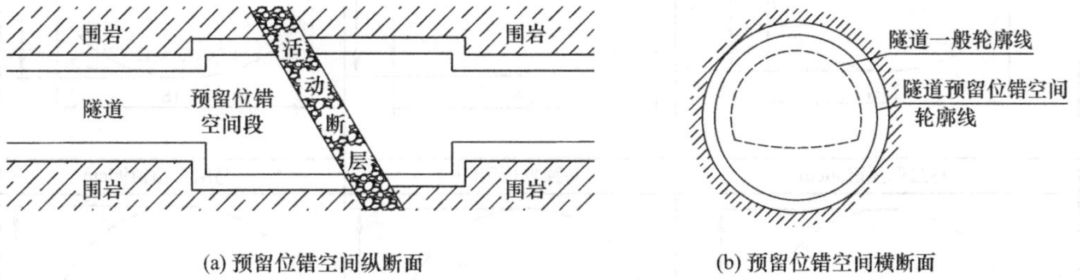

图 1 预留位错空间设计

2 反应位移法

地下工程结构常用的抗震分析方法有地震系数法、反应位移法、时程分析法等[8]，本文采用反应位移法进行抗震模拟。反应位移法是基于地震时地下结构与地层一致运动的特性，如图 2 所示，将地震荷载分成地层对结构的强制位移和剪切力两部分，应用荷载结构法进行计算的一种简化方法。在均质地层中，地层强制位移和剪切力计算公式分别见式（1）、式（2）。

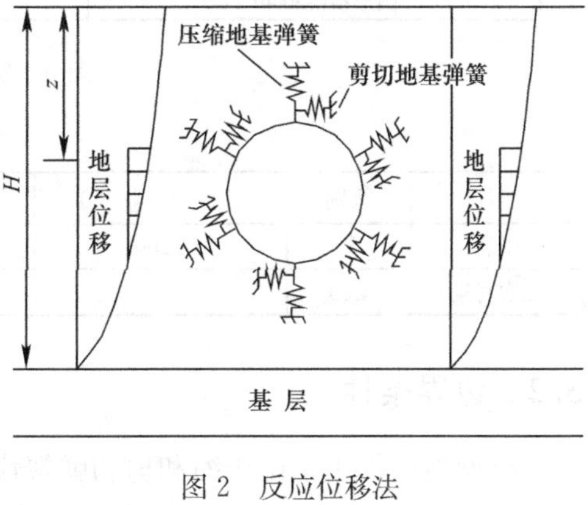

图 2 反应位移法

$$U(z)=\frac{1}{2}u_{\max}\cos\frac{\pi z}{2H} \quad (1)$$

$$\tau=\frac{\pi G_{\mathrm{d}}}{4H}u_{\max}\sin\left(\frac{\pi z}{2H}\right) \quad (2)$$

式中，$U(z)$ 为地震时深度 z 处土层的地震反应位移，m；z 为深度，m；$u_{\max}$为场地地表最大位移，m；H 为地面至地震作用基准面的距离，一般情况下，H 应按地面至剪切波速大于 500m/s 且其下卧各层岩土的剪切波速不小于 500m/s 的土层顶面的距离确定；τ 为地层剪切力，N；G_d 为动剪切变形系数，kN/m^2，$G_d=\frac{\gamma}{g}V_{sd}^2$；$\gamma$ 为围岩重度，N/m^3；V_{sd}为地层剪切波速，m/s。

3 数值模型

3.1 模型建立

为研究跨活动断层隧道断面的抗震性能，分别在原设计马蹄形和圆形断面的基础上预留 30cm、60cm 和 90cm 位错空间，预留后的断面尺寸如图 3 所示，据此分别建立数值模型，模型采用梁单元创建，单元类型为 b32，材料参数见表 2。

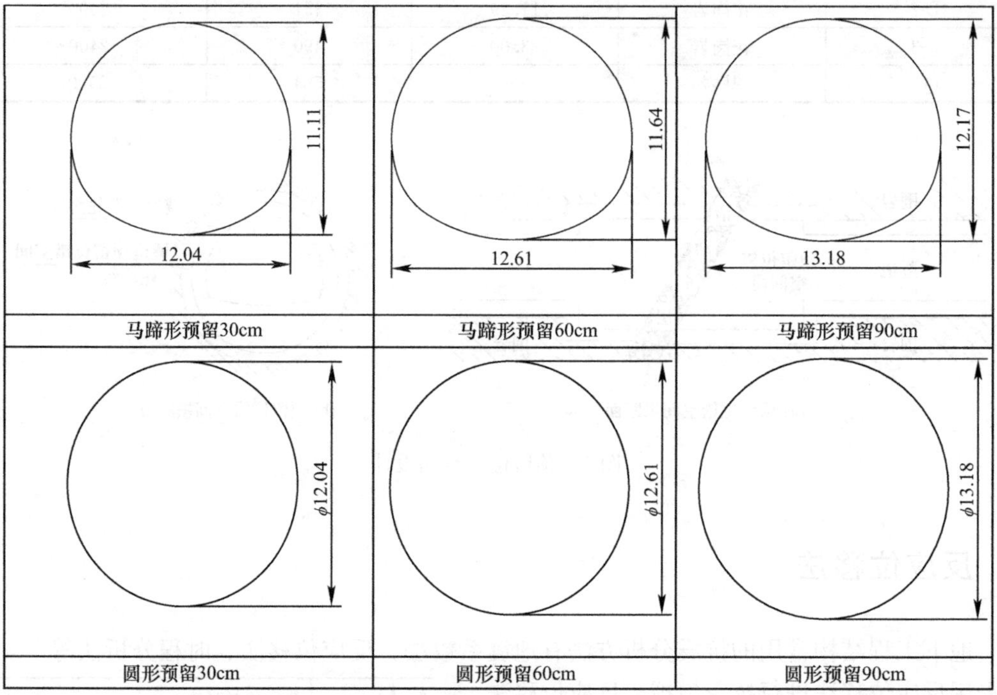

图 3 模型断面尺寸（m）

材 料 参 数 **表 2**

名称	级别	重度（kN/m^3）	变形模量（GPa）	泊松比	厚度（m）
围岩	V	2200	20	0.2	—
二次衬砌	C30	2500	30	0.16	0.6

3.2 边界条件

模型地层作用采用压缩和剪切弹簧代替，并均设置为受压弹簧。根据反应位移法计算公式得到地层位移与剪切荷载施加于模型节点上。以马蹄形断面为例，施加边界条件如图 4 所示。

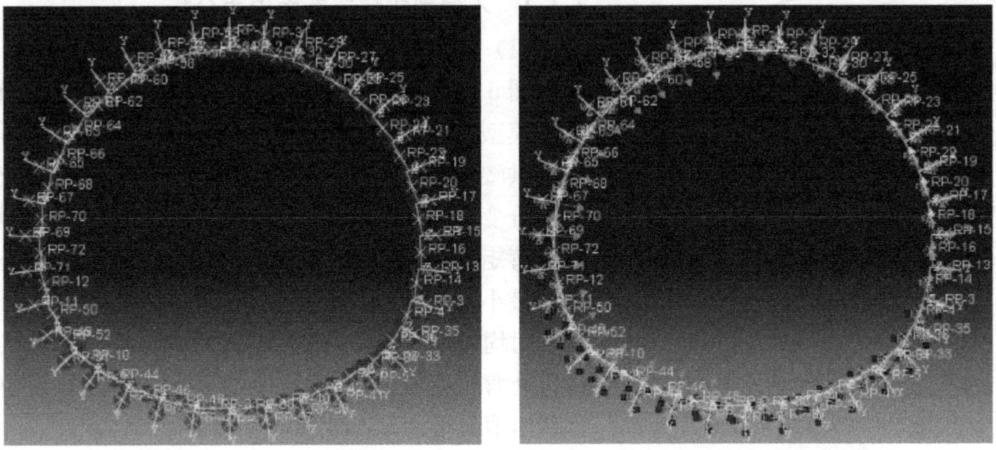

(a) 施加压缩和剪切弹簧　　(b) 施加地层位移和剪切荷载

图 4　边界条件

3.3　计算工况

共模拟计算了 12 种工况，如表 3 所示。

计算工况　　表 3

工况	断面型式	预留位错空间（cm）	地震动峰值加速度（g）
1	马蹄形	30	0.2
2	圆形		0.2
3	马蹄形		0.4
4	圆形		0.4
5	马蹄形	60	0.2
6	圆形		0.2
7	马蹄形		0.4
8	圆形		0.4
9	马蹄形	90	0.2
10	圆形		0.2
11	马蹄形		0.4
12	圆形		0.4

4　断面内力和安全性分析

4.1　不同型式隧道断面内力和安全性分析

下面以工况 1-4（预留 30cm 位错空间）为例进行同一预留位错空间不同型式隧道断面内力分布规律分析，并对断面关键位置进行安全系数计算分析，马蹄形断面关键位置如图 5 所示，圆形断面关键位置与此类似，不再列出。

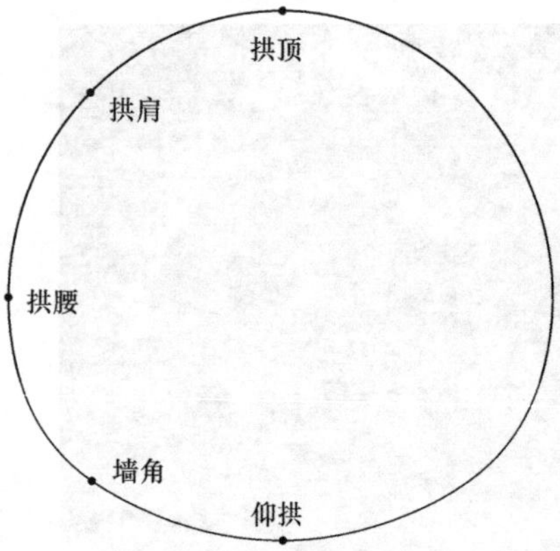

图5　断面关键位置

4.1.1　不同型式隧道断面内力分析

（1）弯矩分析

图6为工况1-4的弯矩图，可知，断面弯矩图大致沿模型竖直中轴线呈反对称分布，其中马蹄形断面近拱腰位置处（见图7，下同）以下部分弯矩较以上部分变化较大且数值显著增大，并在近左墙脚位置处弯矩值最大（2.0×10^5N·m），近右墙角处弯矩值最小（-2.0×10^5N·m），而圆形断面弯矩分布则相对均匀，大致呈共轭45°轴对称，并在近左拱肩位置处弯矩值最大（1.8×10^5N·m），近右拱肩位置处弯矩值最小（-1.8×10^5N·m）。

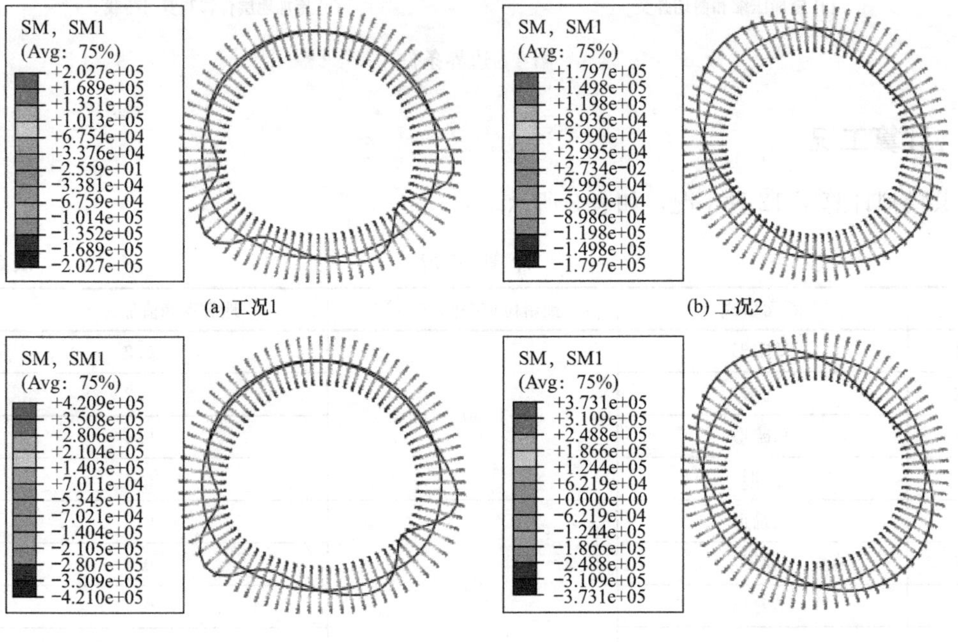

(a) 工况1　(b) 工况2

(c) 工况3　(d) 工况4

图6　不同型式断面弯矩图（N·m）

（2）轴力分析

图7为工况1-4的轴力图，可知，断面轴力图均大致沿模型竖直中轴线呈反对称分布，其中马蹄形断面近拱腰位置处以下部分轴力较以上部分变化较大且数值显著增大，并在近左墙脚位置处轴力值最大（2.6×10^6N），近右墙脚位置处轴力值最小（-2.6×10^6N），而圆形断面则大致沿水平中轴线呈轴对称分布，并在近左拱腰位置处轴力值最大（9.6×10^5N），近右拱腰处轴力值最小（-9.6×10^5N）。

（3）剪力分析

图8为工况1-4的剪力图，可知，断面剪力图沿模型竖直中轴线呈轴对称分布，与弯矩、轴力图一样，马蹄形断面在拱腰以下部分较以上部分变化明显，并在近左、右墙脚位置处剪力值最大（2.0×10^5N），近左、右拱腰处剪力值最小（-2.3×10^5N），圆形断面则类似轴力图大致沿水平中轴线呈轴对称分布，并在近左、右拱腰位置处剪力值最大

(5.7×10⁴N)，在近拱顶处剪力值最小（−6.2×10⁴N）。

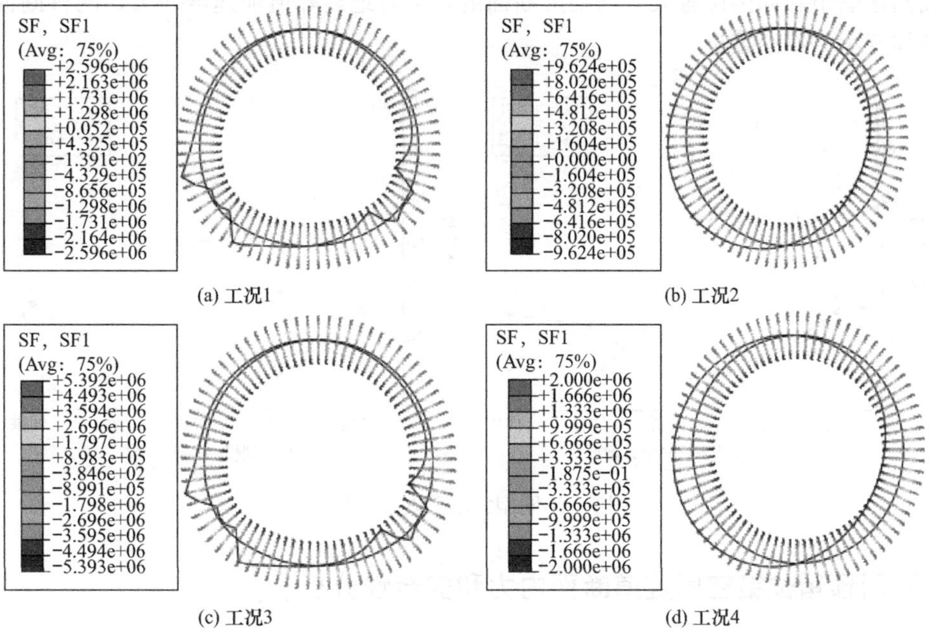

图 7　不同型式断面轴力图（N）

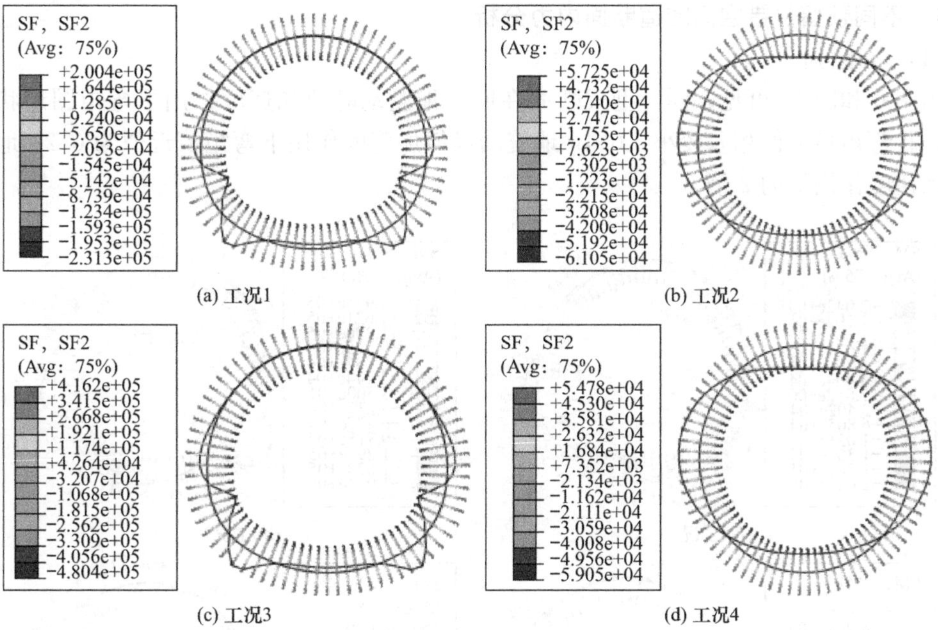

图 8　不同型式断面剪力图（N）

4.1.2　不同型式隧道断面安全性分析

为对比同一预留位错空间不同隧道断面型式断面在地震作用下的安全性，根据《铁路隧道设计规范》TB10003—2016 第 8.5 节中关于安全系数的计算规定，计算断面关键位置安全系数。计算工况 1-4 并分别按 0.2g、0.4g 地震峰值加速度作用绘制断面位置安全系数图如图 9(a)、(b) 所示。

由图 9 可见，马蹄形断面在拱顶、拱肩和拱腰位置的安全系数均大于圆形断面的，圆形断面则在墙角和仰拱位置大于马蹄形断面的，随着地震峰值加速度增大，两种断面安全系数整体变小并逐渐接近。

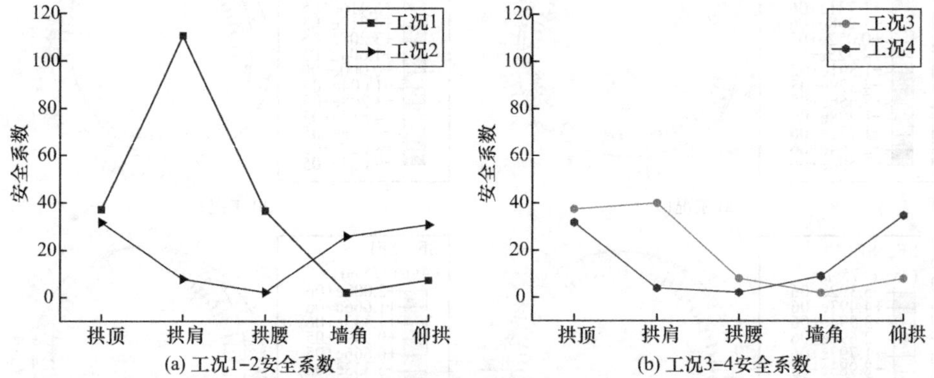

(a) 工况1-2安全系数　(b) 工况3-4安全系数

图 9　不同型式断面安全系数图

4.2　不同预留位错空间隧道断面内力和安全性分析

下面以工况 1、5、9 和 3、7、11（马蹄形断面）为例进行不同预留位错空间同一断面型式断面内力和安全性分析。

4.2.1　不同预留位错空间隧道断面内力分析

（1）弯矩分析

由图 6 和图 10 可见，同一型式断面在同一地震动峰值加速度作用下弯矩图形状基本相同，且弯矩最大值相差较小，0.4g 地震动峰值加速度作用下弯矩值近似为 0.2g 地震动峰值加速度作用下的 2 倍。

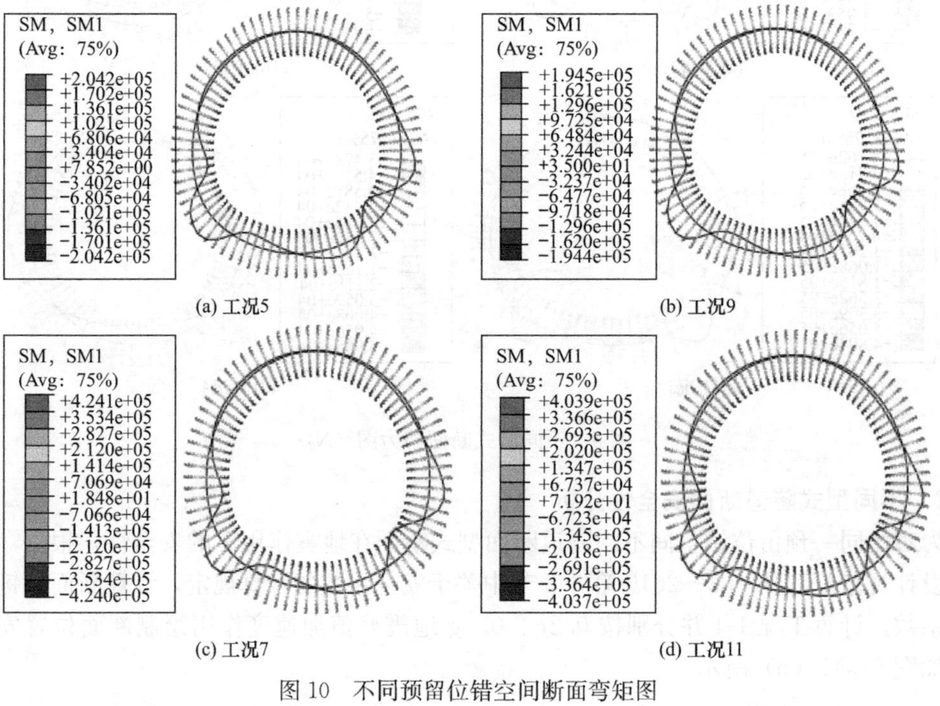

(a) 工况5　(b) 工况9

(c) 工况7　(d) 工况11

图 10　不同预留位错空间断面弯矩图

(2) 轴力分析

由图 7 和图 11 可见，同一型式断面轴力图形状基本相同，同一地震动峰值加速度作用下，轴力最大值随预留位错空间增大，且 0.4g 地震动峰值加速度作用下轴力值近似为 0.2g 地震动峰值加速度作用下的 2 倍。

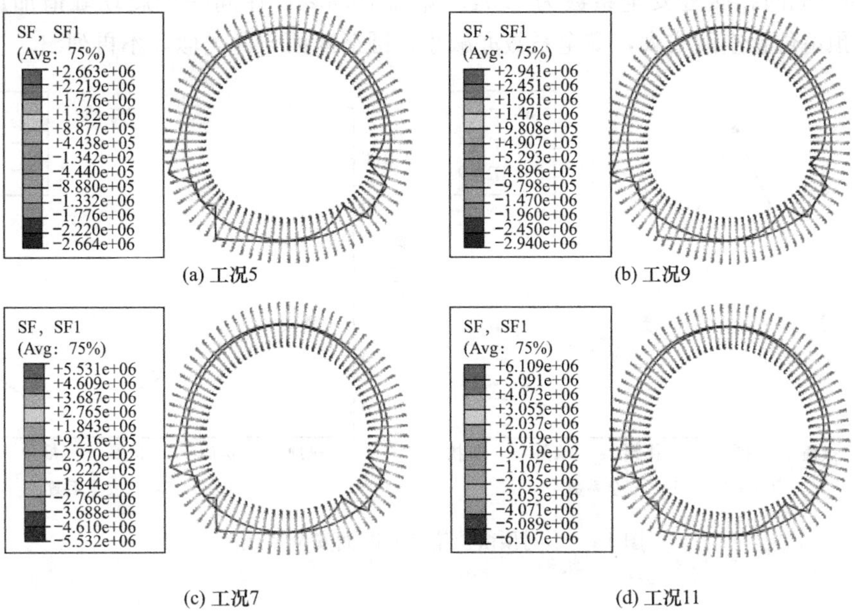

图 11　不同预留位错空间断面轴力图

(3) 剪力分析

由图 8 和图 12 可见，同一型式断面剪力图形状基本相同，同一地震动峰值加速度作用下，剪力最大值呈先增大后减小趋势，且 0.4g 地震动峰值加速度作用下剪力值近似为 0.2g 地震动峰值加速度作用下的 2 倍。

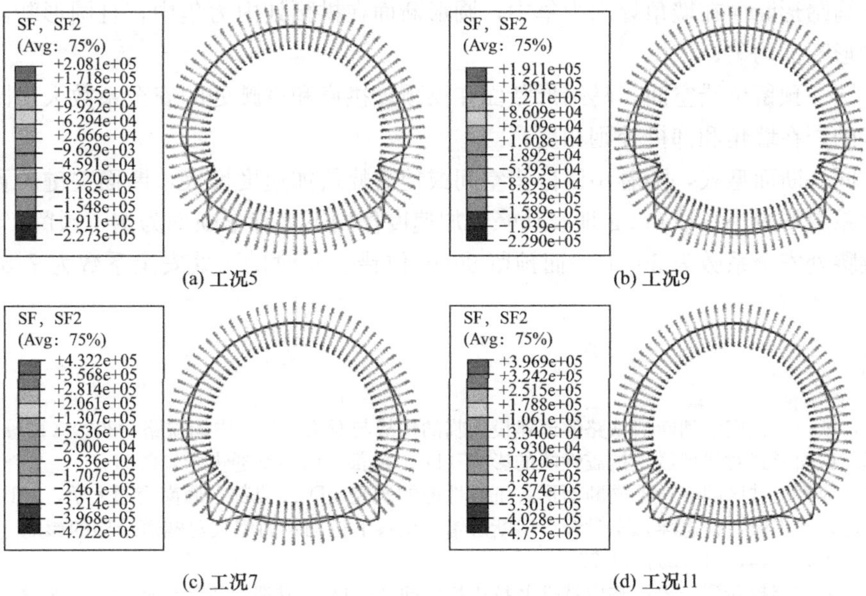

图 12　不同预留位错空间断面剪力图

4.2.2 不同预留位错空间隧道断面安全性分析

图13为不同预留位错空间同一型式隧道断面安全系数图，可见，同一断面型式下，随着预留位错空间增大，除仰拱外断面关键位置的安全系数均减小，以0.2g地震动峰值加速度作用下马蹄形断面为例，预留30cm位错空间时拱腰处安全系数为36.64，而预留90cm位错空间时拱腰处安全系数为7.54，降幅79.4%；在同一地震动峰值加速度作用下，随着预留位错空间增大，安全系数亦减小。圆形断面与此类似，不再列出。

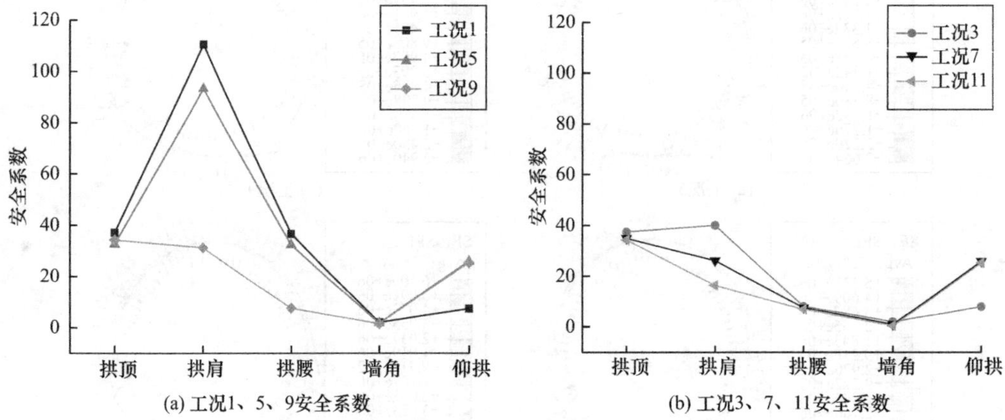

图13 不同预留位错空间断面安全系数图

5 结论

通过模拟跨活动断层双线隧道断面在地震动作用下的12种工况，以0.2g地震动峰值加速度作用下预留30cm马蹄形和圆形断面为例分析了不同型式隧道断面内力和安全性；以0.2g地震动峰值加速度作用下预留30cm、60cm和90cm马蹄形断面分析了不同预留位错空间隧道断面内力和安全性，结果表明：

（1）马蹄形断面在墙角处内力集中，圆形断面在拱腰处内力集中，且圆形断面内力分布较马蹄形断面均匀；

（2）同一预留位错空间，马蹄形断面在拱顶、拱肩和拱腰处的安全系数大于圆形断面相应位置的，在墙角和仰拱处则相反；

（3）同一断面型式，随着预留位错空间或地震峰值加速度增大，断面关键位置除仰拱外，安全系数均减小，以0.2g地震动峰值加速度作用下马蹄形断面为例，预留30cm位错空间时拱腰处安全系数为36.64，而预留90cm位错空间时拱腰处安全系数为7.54，降幅79.4%。

参考文献

[1] 何川，耿萍. 强震活动断层铁路隧道建设面临的挑战与对策 [J]. 中国铁路，2020 (12)：61-68

[2] 杨军. 截面形式对浅埋隧道抗震性能的影响 [D]. 成都：西南交通大学，2004

[3] 徐凯. 成都地铁区间隧道不同断面形式抗震性能的研究 [D]. 成都：西南交通大学，2010

[4] 刘学增，谷雪影，代志萍，李学锋. 活断层错动位移下衬砌断面型式对隧道结构的影响 [J]. 现代隧道技术，2014，51 (5)：71-77

[5] 李林. 隧道穿越断裂带地震响应特性及抗震措施研究 [D]. 成都：西南交通大学，2014

[6] 宋成辉，李伟，蒋富强，安爱军. 穿越东非大裂谷内马铁路隧道的抗震分析及断层位错设计 [J].

工程地质学报，2020，28（4）：867-876
［7］ 何永辉. 穿越活动断层山岭隧道破坏机制及其安全性分析［D］. 成都：西南交通大学，2017
［8］ 耿萍，何川，晏启祥. 隧道结构抗震分析方法现状与进展［J］. 土木工程学报，2013，46（S1）：262-268

基金项目： 中国国家铁路集团有限公司科技研究开发计划（K2019G039）、中国铁道科学研究院集团有限公司基金（2021YJ065）

作者简介： 罗金涛（1990—），男，硕士，工程师。主要从事隧道及地下工程应用研究工作。

许学良（1988—），男，博士，高级工程师。主要从事隧道检测监测、隧道围岩变形规律与破坏机理、数值分析等研究工作。

马伟斌（1977—），男，博士，研究员。主要从事隧道及地下工程方面研究工作。

巩江峰（1980—），男，本科，正高级工程师。主要从事铁路隧道勘察设计咨询工作。

略谈沙河涌南方医院段新旧雨水渠搭接施工质量控制要点

傅海森[1]　马宏原[2]
（1. 广州建筑工程监理有限公司，广东 广州，440100；
2. 南方医科大学南方医院，广东 广州，440100）

摘　要：通过简述沙河涌流域南方医院段现状渠箱过水能力不足，为证实沙河涌流域新建雨水渠箱排涝施工的必要性及新旧渠箱搭接施工止水的重要性。采用：导墙，地下连续墙抓槽、钢筋笼吊装、混凝土浇筑，冠梁及支撑梁施工，深基坑开挖，渠箱主体结构施工、围堰施工、逆作法等工艺及方法。新建的雨水渠箱能够分担现状渠箱的过水压力，收水能力良好，性能稳定，基本能够解决南方医科大学南方医院及广州大道北周围水浸点缺少雨水收水措施或收水口堵塞严重问题，新旧雨水渠箱的搭接施工质量也直接影响沙河涌止水效果或者收水效果。结合工程探讨了沙河涌雨水渠箱施工的必要性及新旧渠箱施工的注意项，并对沙河涌流域排水机制建设提出了一些建议。

关键词：渠箱；止水；排水体制

Brief discussion on the key points of quality control in the construction of new and old rainwater canals in Shaheyong Nanfang hospital section

Fu Haisen[1]　*Ma Hongyuan*[2]
(1. Guangzhou Construction Engineering Supervision Co., Ltd., Guangzhou 440100, China;
2. Nanfang Hospital of Southern Medical University, Guangzhou 440100, China)

Abstract: Through a brief description of the insufficient water carrying capacity of the existing channel boxes in the south hospital section of the Shahe River Basin, this paper proves the necessity of the drainage construction of the new rainwater channel boxes in the Shahe River Basin and the importance of the water stop construction of the new and old channel boxes. The following processes and methods are adopted: guide wall, grabbing groove of underground diaphragm wall, hoisting of reinforcement cage, concrete pouring, construction of crown beam and support beam, excavation of deep foundation pit, construction of main structure of channel box, cofferdam construction, reverse construction method, etc. The newly-built rainwater channel box can share the overflow pressure of the existing channel box, with good water collection capacity and stable performance. It can basically solve the problem of lack of rainwater collection measures or serious blockage of water inlets at Nanfang Hospital of Southern Medical University and the water immersion points around the north of Guangzhou Avenue. The overlapping construction quality of the old and new rainwater channel boxes also directly affects the water stop effect or wa-

ter collection effect of Shahe River. Combined with the project, this paper discusses the necessity of the construction of Shaheyong rainwater channel box and the matters needing attention in the construction of new and old channel boxes, and puts forward some suggestions for the construction of drainage mechanism in Shaheyong basin.
Keywords: channel box; water stop; drainage system

引言

在城市当中，一旦出现降雨，雨水会滴落在城市地面上，因植被及地表建筑等状况不同，部分雨水会渗入地下，还有部分雨水低洼积存，并沿着地面坡度流动，形成地表径流，雨水多集中于夏季，会在短时间里形成大量地表径流，为降低损失，及时排除雨水，应建立雨水渠，雨水渠作为城市排水系统重要构成，其雨水渠建设质量好坏直接关系着整个城市排水质量，应采取合理施工技术，优化雨水渠系统，增强雨水地表径流的排除，减少内涝灾害发生[1-4]。

1 工程简述

沙河涌右支流南方医院段排涝能力补救工程是2019年广州市的一个重要的水务工程。本工程项目建设改造范围为广州市白云区广州大道北沿线及南方医院内，北至蟹山村牌坊，南至南方大道路口，服务面积为48公顷。

针对广州大道北及南方医院内附近的水浸地方居民反映的问题，经勘察单位现场勘察，分析得出水浸点的结论如下所述：（1）现状管渠设计标准低，系统过水能力不足；（2）局部地势低洼；（3）水浸点缺少雨水收水措施或收水口堵塞严重。广州大道北排水系统南北汇合至南方医院北门处，排入院内一条6.0m×2.5m暗渠，沿云山路最终汇入沙河涌右支流明涌段，此处过水断面骤然收窄，排水不畅，壅高上游水位。该段为广州大道北南北排水的关键通道，也是广州大道北排水系统的症结所在之处。

为解决沙河涌右支流南方医院附近区域严重内涝问题，对工程范围内进行内涝治理改造，恢复和提升沙河涌右支流排涝能力，缓解南方医院、合一国际内涝点附近区域的内涝问题，达到防灾减灾，促进片区可持续发展的目标。改造后的沙河涌右支流南方医院段排涝能力能满足5年一遇的排水要求。

2 新建雨水渠箱施工简述

新建雨水渠箱施工顺序为：导墙→地下连续墙抓槽→地下连续墙钢筋笼吊装→地下连续墙混凝土浇筑→冠梁及支撑梁施工→渠箱深基坑开挖→渠箱主体结构施工→渠箱回填及其路面修复等。新建雨水渠箱是在原有渠箱的基础上再另外新建一段分流渠箱，不影响旧渠箱的继续使用，新建渠箱起到分流作用，也是为了解决南方医院附近区域严重内涝问题，新建雨水渠箱施工过程在此处不再过多去表述。

3 新旧雨水渠箱搭接施工

新建雨水渠Y1至Y6总长度约86m，其中Y1至Y2段位于地铁保护范围，采取钢制渠箱顶进施工方案，长度约20m。Y2至Y6段约66m，采用地下连续墙挡土支撑新建渠箱方案。雨水渠起端Y1位置拆除旧渠砌石侧壁与旧渠接驳，如图1所示。接入主系统10m×2.5m雨水渠来水；Y4至Y5段穿越旧渠箱，采取围堰施工，Y4及Y5位置分别拆除旧渠砌石侧壁与旧渠箱接驳，如图2所示，Y6位置末端接入沙河涌右支流明涌段。

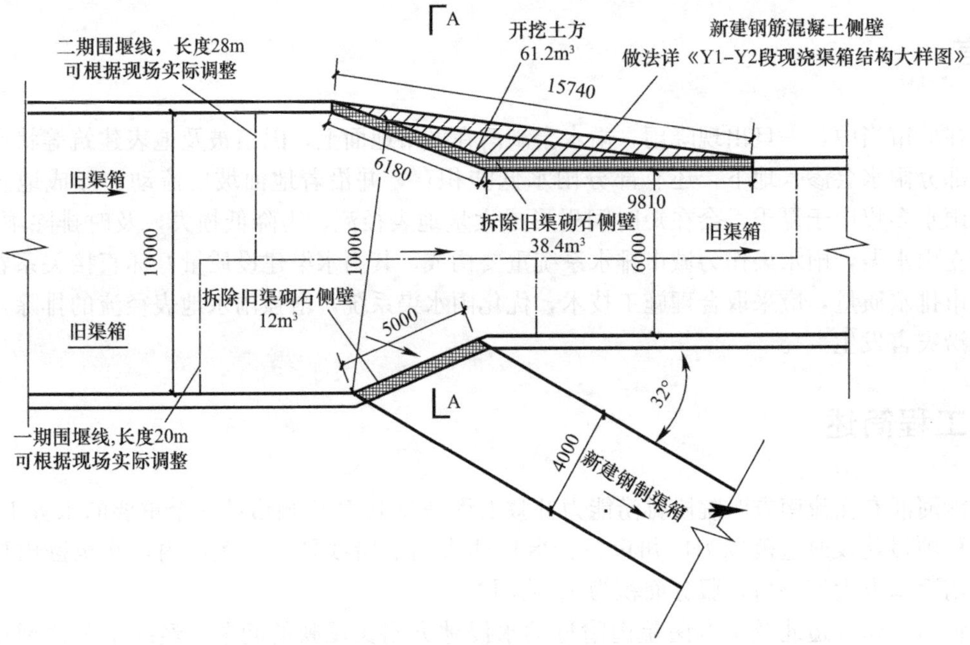

图1　Y1新旧渠箱开叉平面图示意图一

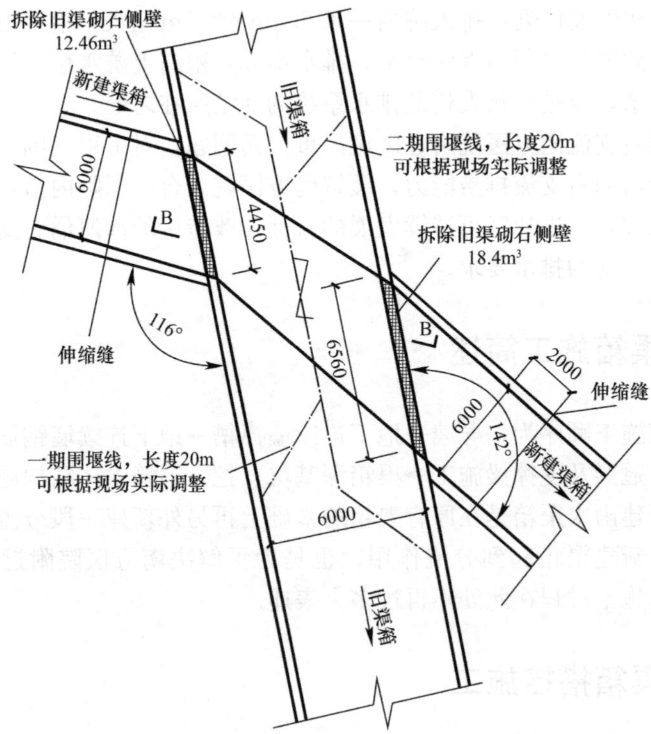

图2　Y4、Y5新旧渠箱开叉平面图示意图二

3.1 围堰施工

雨水渠起端 Y1 位置拆除旧渠砌石侧壁与旧渠接驳，采用围堰施工，先修建临时性围护结构，工程采用泥袋筑坝方式防止旧渠水进入 Y1 至 Y2 钢制渠箱段的修建位置，以便在围堰外排水，如图 3 所示。Y4 至 Y5 段由于穿过现状旧渠箱，要分两次围堰施工以保证旧渠箱内正常过水，Y4、Y5 新旧渠箱开叉施工不分先后顺序，如图 4 所示，左侧为 Y4，右侧为 Y5。现场实际施工过程中，先围堰 Y4 位置后进行新建雨水渠箱搭接施工，待 Y4 位置与旧渠箱接驳完成再进行 Y5 侧接驳施工。

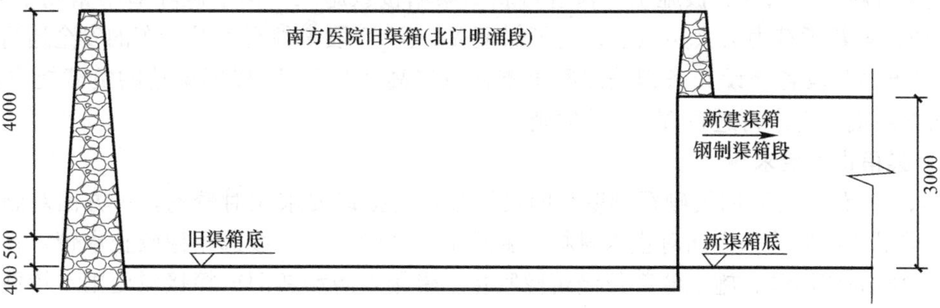

图 3　A-A 剖面图

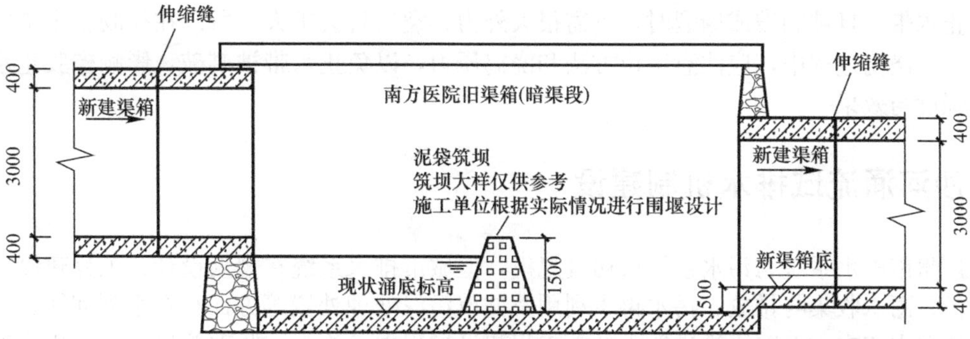

图 4　B-B 剖面图

（说明：参考系为地面，图中的尺寸均以毫米（mm）为单位）

3.2 质量控制要点

考虑到现场与倒排工期实际情况，Y2 至 Y4、Y5 至 Y6 段新建渠箱放在首位同步进行施工。Y4、Y5 新旧渠箱开叉施工不分先后顺序放在次位施工，最后再进行 Y1 至 Y2 段渠箱顶管施工与 Y1 位置拆除旧渠砌石侧壁与旧渠接驳。在新旧渠箱搭接施工过程中，影响新旧雨水渠箱搭接施工质量主要有以下几点内容：是否按设计图及相关规范施工、施工工艺或方法、旧渠箱负载承受范围、搭接施工止水效果等。

3.2.1 渠箱按设计图及相关规范施工

Y2 至 Y4、Y5 至 Y6 段新建渠箱施工工序相对 Y1 至 Y2 段、Y4 至 Y5 段简单很多。工序有地下连续墙、渠箱底板、渠箱侧壁及渠箱顶板、检查井等施工。过程质量控制要点严格按照施工图标准及相关规范实施，并经过施工、监理等相关单位验收合格后方可进入下一道工序。Y1 至 Y2 段预制渠箱施工，采用机械顶管施工。预制顶管渠箱在施工预制场预制并养护28d再进行顶管施工，Y4至Y5段与旧渠箱相接，先拆除旧渠砌石侧壁后与旧渠箱搭接，其施工的过程控制很严格，对旧渠箱的负载、止水要求等相对较高。

3.2.2 旧渠箱荷载要求

新建渠Y4、Y5位置拆除旧渠砌石侧壁与旧渠接驳，因为Y4至Y5段横穿现状旧渠箱，要保证旧渠箱过水正常并且过水流量要达到旧渠最大过流能力要求，不能同时破除Y4至Y5段旧渠箱两侧侧壁，Y4及Y5位置要其中一侧完成接驳后方可破除旧渠箱另一侧，大大增加了施工难度。在项目实施过程中，先破除Y4至Y5段旧渠箱Y4侧侧壁，破除后旧渠箱Y4侧侧壁高度高于现状旧渠箱过水标高，用泥袋修坝进行Y4位置围堰施工后马上进行新建渠箱的底板施工，再进行新旧渠箱接驳施工。由于破除旧渠箱侧壁后Y4至Y5段旧渠箱承载力大大递减了，为了保证Y4至Y5段来往行人及行车的安全通行，必须在Y4至Y5段各增设2条钢筋混凝土支柱以提高Y4至Y5段旧渠箱的负载能力，Y4侧与旧渠箱接驳完成再进行Y5侧接驳施工。

3.2.3 渠箱止水要求

Y4、Y5位置拆除旧渠砌石侧壁与旧渠接驳，其接口要求相对较高，一方面对施工质量的要求很高，另外一方面对止水材料的要求也相对较高，一般选用橡胶止水带，在新旧渠箱接驳段的变形缝、施工缝部位浇筑橡胶止水带用来防治新旧渠箱接驳处雨水渗漏。橡胶止水带的安装与施工时要在混凝土浇筑过程式中部分或全部浇埋在混凝土中，防止混凝土中有许多尖角的石子和锐利的钢筋头，由于止水带的撕裂强度比拉伸强度低3～5倍，因此止水带一旦被刺破或撕裂时，不需很大外力，裂口就会扩大，所以在橡胶止水带定位和混凝土浇捣过程中，应注意定位方法和浇捣压力，以免止水带被刺破，影响橡胶止水带止水强度与效果[5]。

4 沙河涌流域排水机制建设

广州市雨水系统与污水系统虽初具规模，但城市排水系统在规划设计、工程建设、管理养护、雨水收集与排放、污水再生利用及城市污泥处理处置等方面存在系列问题[6]。在沙河涌右支流南方医院段排涝能力补救工程建设过程中，施工、监理单位必然会碰到地下管线、地下建筑物影响施工，包括地下自来水、通信管、污水管、燃气管、综合管廊等管线冲突问题。施工、监理及建设单位都应该正视存在中的问题，发现问题各参建方及地下管线权属单位应加强沟通协调及时解决工程建设过程中遇到的问题，一切从实际出发是解决问题的根本，以现场实际做参考，设计图为施工依据，涉及工程变更做工程签证等。

5 结论

新建的雨水渠箱基本可以解决现状旧雨水渠箱过水能力不足、周围水浸点缺少雨水收水措施或收水口堵塞严重问题。广州市城市排水系统应有统一的规划。城市排水系统工程建设要确保工程质量优良，建成后各项管理养护措施要到位，应充分利用城市雨水与城市污水处理厂再生水资源，应用多种模式及技术工艺处理城市污泥[7]。同时也希望本文可以给广州市黑臭河涌排水系统建设工程施工提供一些参考意见。

参考文献

[1] 黄海锋，李敏. 试论城市道路雨水渠的施工技术要点［M］. 河南：交通建设出版社，2012

[2] 张立辉. 城市道路雨水口设置的探讨 [J]. 中国新技术新产品，2010
[3] 潘军鉴. 城市道路雨水渠的施工浅析 [J]. 科技资讯，2011
[4] 董家涌. 优化雨水管渠系统，减少城市内涝 [J]. 商业文化（下半月），2011
[5] 百度百科 http://www.docin.com/afeiz
[6] 李碧清，唐瑶，唐霞，万金柱，严兴，冯新. 广州市排水系统存在的问题与对策 [J]. 广东科技，2013
[7] 张杰，李碧清. 城市节制用水的理论和方法 [J]. 中国工程科学，2003

作者简介： 傅海森（1994—），男，工学学士，助理工程师。主要从事工程监理方面研究。

马宏原（1985—），男，工学学士，助理工程师。主要从事南方医科大学南方医院总务处建筑工程管理方面研究。

达拉斯沃思堡国际机场实现碳中和的举措及启示

刘丹丹[1]　柏振梁[2]
（1. 民航机场规划设计研究总院有限公司，北京，100029；
2. 北京清华同衡规划设计研究院有限公司，北京，100085）

摘　要： 全球脱碳进程进入加速期，我国经济发展和航空运输需求正处于增长期，对国内以及国际经贸发展都有着不可替代的赋能作用，在“双碳”目标下，航空业面临着紧迫和现实的压力。达拉斯沃思堡国际机场作为北美第一座碳中和机场，其经验有我们值得学习借鉴的地方。本文总结了达拉斯沃思堡国际机场在碳管理上取得的成效及碳减排方面采取的措施，包括：可再生能源的利用、水资源保护、生物多样性保护、植被保护、噪音管理、废物回收等，以及为实现 2030 年净零碳排放目标的计划，从中得到对我国机场工程碳减排的启示，以期为航空业转型发展提供思路借鉴，为全球民航低碳发展贡献更多中国实践。

关键词： 达拉斯沃思堡国际机场；碳中和；举措；启示

Measures of dallas fort worth international airport to achieve carbon neutrality and enlightenment for us

Liu Dandan[1]　*Bai Zhenliang*[2]
(1. China Airport Planning & Design Institute Co., Ltd., Beijing 100029, China;
2. Beijing Tsinghua Tongheng Urban Planning & Design Institute Co., Ltd., Beijing 100085, China)

Abstract: The global decarbonization process has entered an accelerated period, and China's economic development and air transport demand are in a period of growth, which has an irreplaceable role in enabling domestic and international economic and trade development. Under the dual carbon target, the aviation industry is facing urgent and realistic pressure. As the first carbon-neutral airport in North America, Dallas Fort Worth International Airport has experience to learn from. The paper summarizes Dallas Fort Worth International Airport's achievements in carbon management and measures to reduce carbon emissions, including: renewable energy use, water conservation, biodiversity conservation, tree protection, noise management, recycling, etc., as well as the implementation program for the target of net zero carbon emissions by 2030. From the experience of Dallas Fort Worth International Airport, we get the enlightenment of carbon emission reduction for airports in China, in order to provide some reference for transformation and development of aviation industry, contributing more Chinese practices to the low-carbon development of global civil aviation.

Keywords: dallas fort worth international airport; carbon neutral; measures; enlightenment

引言

世界正经历百年未有之大变局，新冠肺炎疫情影响广泛深远，各国围绕低碳、零碳、负碳技术标准和产品装备的博弈更加激烈，强化绿色复苏、提升中长期减排力度成为重塑国际竞争格局的着力点[1]。根据国际能源署（IEA）的统计数据，在新冠肺炎疫情发生之前的近30年中，全球范围内交通运输业产生的二氧化碳排放量已经超过工业碳排放，位列全球第二大碳排放源，仅次于排名第一的电力和热力行业。

作为目前人类经济活动中最快捷、最安全、通达和时效性最强的运输方式，航空业2019年碳排放量已占全球交通运输行业碳排放量的10%，占全球碳排放总量约2%，如果不加以控制，预计到2050年全世界将有25%的碳排放量来自航空业，可见航空业减碳的必要性和迫切性非常突出。由于受新冠肺炎疫情影响，2020年、2021年的民航运输指标大幅下降，能源消费和碳排放总量异常，鉴于此，2020年国际民用航空组织（ICAO）理事会将2019年作为全球航空运输业碳中和方案及减排计划（CORSIA）的基准线[2]。

2019年中国排放二氧化碳102亿t，占据全球总排放量的27.9%，其中，交通运输业的碳排放占全国碳排放总量的9.7%，民航业碳排放规模为全国碳排放总量的1%左右、占交通运输业排放总量的约10%。我国作为人口最多的发展中国家，民航运输市场需求潜力巨大，能源消费和排放将刚性增长，实现民航绿色转型、全面脱碳时间紧、难度大、任务重。因此不断探索和完善各种节能减排手段，思考机场工程在实施碳减排方面的难题，为实现“双碳”目标贡献力量具有重要意义。

1　达拉斯沃思堡国际机场碳管理概况

达拉斯沃思堡国际机场位于美国南部的得克萨斯州，2021年旅客吞吐量为62465756人次[3]，世界排名第二位，机场有七条跑道，5座航站楼，占地17207英亩（6963公顷；27平方英里），是美国陆地面积第二大机场，仅次于丹佛国际机场[4]。

达拉斯沃思堡国际机场一直致力于碳减排和可持续发展的建设，设有专门的环境事务部门以监督保护机场自然系统（包括土地、空气和水资源），并确保遵守环境法规。2016年成为了北美第一座碳中和机场，并于2020年11月17日成为第一个国际机场理事会（ACI）机场碳认证（ACA）项目的4+级机场[5]。

根据达拉斯沃思堡国际机场2021年6月3日发布的2020年度环境、社会和治理（ESG）报告（主题为“我们的前进之路——弹性、革新、领导”），机场环境事务部门统计，机场二氧化碳排放量从2016年开始大幅减少（图1），从2015年的14.3万t减少到2016年的3.8万t，并在之后数年缓慢减少，直至2020年碳排放约为3万t。碳减排的累积量也逐年增加，从2011年到2020年碳减排累计达到了86.7万t（图2），可见达拉斯机场在碳管理方面取得了显著成效。

达拉斯沃思堡国际机场2020年核查自身碳足迹结果表明电力消耗是碳排放占比最大的部分，比例为77%，供暖设施碳排放占比第二位，比例为14%，机动车碳排放占第三位，比例为6%，制冷剂损耗、消防训练、商务旅行方面占比较小（图3）。

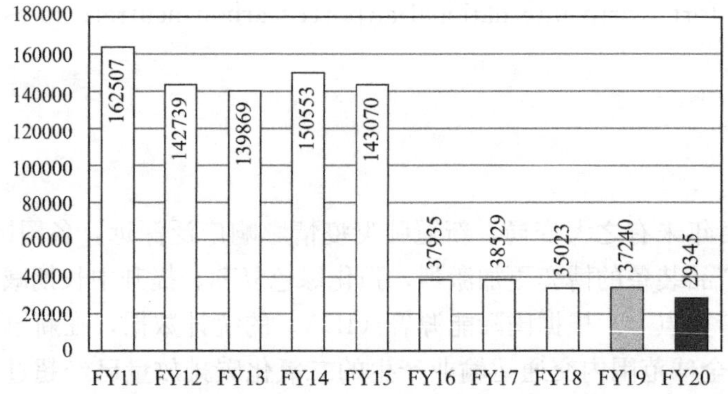

图1　达拉斯沃思堡国际机场从2011至2020年二氧化碳排放量[5]

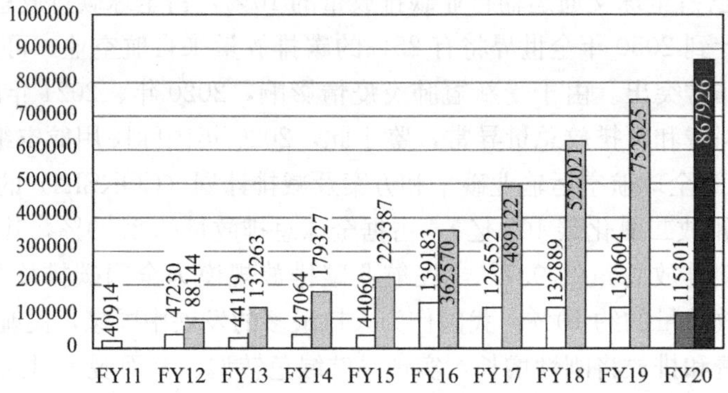

图2　达拉斯沃思堡国际机场从2011至2020年碳减排量[5]

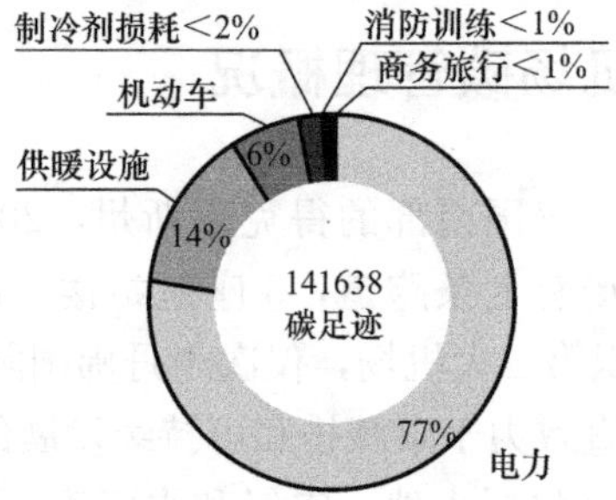

图3　达拉斯沃思堡国际机场2020年基于不同点位碳足迹图[5]

2　达拉斯沃思堡国际机场实现碳中和的举措[5,6]

2.1　可再生能源的利用

从2006年到2020年，机场能源结构发生了较大变化，其中可再生能源由10%提升到了82%，包括可再生电源、可再生天然气等（图4）。

达拉斯沃思堡国际机场持续从得州风电场购买100%可再生电能，有效减少了电力消耗产生的碳排放。

2017年8月，达拉斯沃思堡国际机场实施了可再生天然气（RNG）计划，服务车辆从使用压缩天然气（CNG）转变为使用本地垃圾填埋场生产的可再生天然气（RNG）。通过这一举措，机场减少了碳足迹，改善了空气质量并降低了运营成本，截至2020年6月，机场服务车辆使用的70%能源来自可再生天然气（RNG），减少了近17000t的二氧化碳排放量，这相当于一年内减少了3600多辆用车，每年节省超100万美元的运营和维护费用。

达拉斯沃思堡国际机场还与国家能源部可再生能源实验室（NREL）建立了战略合作伙伴关系，利用高性能计算能力优化机动性和建筑施工，提高弹性，并将净零能耗设计原则纳入未来设施中。与Neste合作开展了一项可持续燃料倡议，以促进可持续交通燃料的使用，包括可持续航空燃料、可再生柴油、可再生丙烷和其他可持续燃料产品。

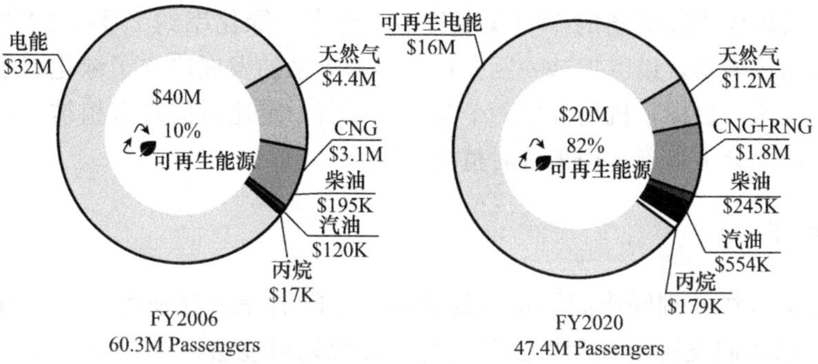

图4 达拉斯沃思堡国际机场2006年与2020年能源消耗图[5]

2.2 水资源保护

达拉斯沃思堡国际机场占地面积大，有3000英亩（约1214公顷）的未开发土地，包括8个水域，53英里（约85km）的溪流和58英亩（约23公顷）的“Trigg Lake”湖水，机场充分认识到水资源作为一种共享资源对其进行管理的重要性。

（1）节约用水

首先考虑减少饮用水的使用，与邻近城市合作创建了一个中水输送系统，自2010年基线建立以来，中水用于灌溉和其他目的，饮用水使用量每年减少了1亿加仑以上；其次，机场绿色建筑标准要求能减少用水的新设施，如高效的管道装置和耐旱景观等；最后，通过重新获得“Trigg Lake”湖（Bear Creek高尔夫球场灌溉的主要水资源）的水权，进一步减少了用于灌溉的饮用水。

（2）保证水的质量

机场通过常规水质采样数据来监测流域的健康状况，机场还参与了“Trinity River”管理清洁河流项目，为该地区正在进行的“Trinity River”流域评估提供数据；机场曾对6个地点的水质进行采样，2020年，根据发展规划和排水特点选择了额外的采样地点，扩大监测范围后，可比较进出各流域水流的水质，确定流经机场的水质是改善还是下降了。

达拉斯沃思堡国际机场还通过分析20年来场址和流域的数据，进行了雨水评估，评估建立了区域水质基准，这种创新的节水方法可使机场能够在水质不合规之前就识别出潜在影响。

2.3 生物多样性保护

达拉斯沃思堡国际机场栖息了许多生物，包括：各种鸟类、土狼、山猫、浣熊，负鼠、狁狳和许多爬行动物，机场野生动物生物学家识别现有物种并制定策略，在飞行区附近和航线上安全减少野生动物的引诱物，如食物、水和庇护所。团队每天都在努力应用最佳实践以降低随着不断变化的生物环境带来的风险，全面的野生动物管理方案有助于机场在野生动物保护与飞行区严格的安全标准之间取得平衡。

机场与州和联邦伙伴密切合作，如联邦航空管理局（FAA）、美国农业部、美国鱼类和野生动物管理局，以监测和安全疏散野生动物。机场的员工和驻场单位均致力于维护安全和生物多样性的平衡，并每年接受培训。

2.4 植被保护

在达拉斯沃思堡国际机场的17000多英亩土地中，绿化率约23%。2020年，机场起草了一份植被保护规划，以保护这一巨大资源并为未来的发展确立了绿化率净损失为零的目标。为了实现这一目标，机场开展一个项目：保留一定比例的现有植被，种植新植被来取代消失植被，部分土地确定用来日后植树区域。

2.5 噪音管理

社区参与是机场管理噪声问题策略的基础，专门的噪声管理团队与周边社区和政府人员合作，告知他们飞行模式和可能的变化，在规划可能会改变空中交通噪声对周围居民影响的机场项目时，该团队主持评估对社区的影响。2020年，机场升级了35个噪声监测点中的14个，并启动了一个记录空中交通管制通信的项目，这些都加强了机场的跟踪工作，使工作人员能够迅速了解与噪声变化相关的根本原因，并迅速与受影响的公民进行沟通。

2.6 废物回收

达拉斯沃思堡国际机场有一个雄心勃勃的目标，即在未来几十年实现零废物，机场优先考虑可提高废物转移率和在未来十年可推行有效废物转移措施的基础设施投资。

（1）建筑垃圾

达拉斯沃思堡国际机场已成功增加了从垃圾填埋场回收和转移的建筑垃圾量，在2020年的所有建设项目中，机场实现了99%的垃圾转移，节省了2500多万美元。该方案是在2019年制定和测试，于2020年在所有建设项目中实施。机场重复使用的材料，如沥青铣，粉碎的混凝土，适生土壤和表层土，这些回收的材料被用于跑道、滑行道和基础设施项目。

（2）有机废物

有机废物转移是日后快速改进的重点。机场大约四分之一的垃圾是有机垃圾，每年从航站楼、航空公司、酒店等处收集的城市固体垃圾约3万t，在这些垃圾中，约有6000t是有机垃圾，其中大部分来自食品垃圾，食品垃圾可以转化为沼气。2020年，机场完成了厌氧消化池的可行性研究，厌氧消化可将食品垃圾这样的有机物质转化为沼气，这项研究确定了干式消化法是处理机场废水的最佳方法。

通过干式厌氧消化过程将有机废物转化为沼气和堆肥有许多优势：机场能够减少运往垃圾填埋场的废物数量，从而降低运输成本；此外，沼气可转化为能源，废料转化为堆肥。

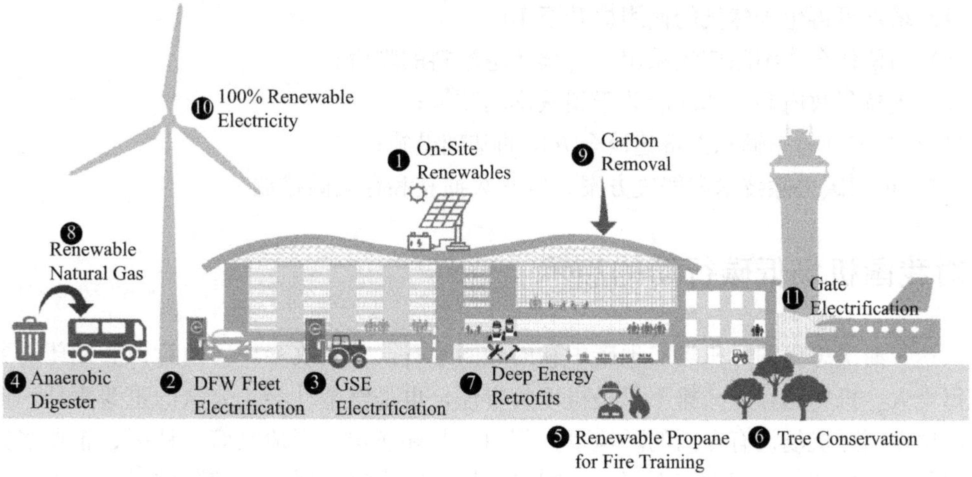

图 5　达拉斯沃思堡国际机场进行碳管理和减排的各项具体措施[5]

注：1. 现场可再生能源：安装现场可再生能源发电设备，包括光伏太阳能电池板；
2. 机场车队电气化：轻型和重型车电气化；
3. 地面服务设施电气化：用电动设备取代使用汽油和柴油驱动的设备；
4. 厌氧消化池：从航站楼收集有机食品垃圾来生产燃料和/或电力；
5. 可再生丙烷：探索用于消防训练的可再生燃料；
6. 植被保护：利用植被保护和植被种植来增加天然碳储量；
7. 深度能源改造：升级现有设备设施以提高能源效率（如：Led 照明、动态玻璃、冷却屋顶、高性能建筑围护结构、高效冷却和加热设备）；
8. 可再生天然气（RNG）：持续投资从区域垃圾填埋场收集可再生天然气用于服务车辆；
9. 积碳清除：未来对积碳清除技术的投资，如碳捕集混凝土；
10. 100%可再生电能：继续从德州风电场购买 100%可再生电能；
11. 登机口电气化：与航空公司合作减少使用辅助动力装置（APU）时的滑行排放。

3　达拉斯沃思堡国际机场碳减排计划

达拉斯沃思堡国际机场在 2015 年制定了首个碳减排目标，即到 2020 年每位乘客的碳排放量减少 15%，机场提前两年实现了这一战略计划目标。

2020 年，达拉斯沃思堡国际机场重新评估了其目标后设立了一个新的目标，即到 2030 年实现净零碳排放。净零碳和碳中和之间的区别在于净零碳机场将不再购买碳排放权，达拉斯沃思堡国际机场通过购买碳排放权中和了不受机场控制的碳排放，如飞机尾气碳排放等，然后实现了 ACA 的碳中和认证要求。2030 年实现净零碳排放目标需要采取实际行动去除多余的碳，这比 2050 年联合国全球减排目标提前了 20 年，从世界范围来看，这个碳减排目标也是非常有雄心的。达拉斯沃思堡国际机场为达到 2030 年的目标，结合实际情况做出了以下计划：

（1）通过新的节能基础设施和改进现有基础设施，减少电力和燃料消耗；
（2）投资建设新的使用可再生能源的中央电厂；
（3）研究和开发创新方法将建筑和交通的能源利用最优化；
（4）用电动汽车取代柴油车、压缩天然气车和轻型载货汽油车；
（5）为电力地面支持设备和陆侧的车辆安装充电站；
（6）继续购买 100%可再生电能；

（7）增加可再生天然气的使用提升至100%；

（8）与伙伴合作消除广泛采用可持续航空燃料的障碍；

（9）支持州政府和联邦政府关于碳减排的政策；

（10）为零排放车辆和设备建设全方位的基础设施；

（11）识别碳去除技术和解决方案，以永久捕获和存储碳排放。

4 对我国机场低碳行动的启示

从达拉斯沃思堡国际机场实现碳中和的经验来看，首先改善环境的意识和期望需要扎根于每个人，机场工程碳减排不仅是机场的责任，也是整个社会、公众的重要责任，像达拉斯沃思堡国际机场设有专门的环境事务部门，并和航司、当地政府、社区、企业多方合作，共同为机场的可持续发展而努力。同时机场碳减排也需要付出较高的经济成本，不管是在购买可再生能源、绿电、废物回收、绿色建筑与设备设施、购买碳排放权，还是进行碳排放核查、研究新技术等方面，都需要经济投入，但机场从绿色发展中的受益是无法估量的。我国机场低碳行动可从以下几方面入手：

（1）供给侧改革——构建多元化清洁能源供应体系

开展能源绿色低碳转型行动，大力发展可再生能源、推进先进生物液体燃料、可持续航空燃料等替代传统燃油，场内车辆装备等提高使用清洁能源的比重；加强能源系统与信息技术的结合，实现能源体系智能化、数字化转型。

（2）需求侧减量——控制能源消费总量、节能提效

合理控制能源消费总量，强化能耗双控，坚持节能优先，把节能指标纳入机场生态文明、绿色发展等绩效评价体系；持续深化飞行区、航站区、交通运输、工作区、辅助配套建筑等各功能区节能减排；推动能源资源高效配置、高效利用。

（3）回收利用——健全资源循环利用体系

促进废物综合利用、能量梯级利用、水资源循环利用，完善废旧物资回收，大力推进生活垃圾减量化资源化，探索适合我国厨余垃圾特性的资源化利用技术。

（4）提高碳汇能力——构建绿色生态系统

扩展绿色生态空间，增强机场碳汇能力。增加绿色植被面积，加强生态保护修复，提高自然生态系统固碳能力；通过碳捕集、利用和封存技术，尽早实现“碳中和”。

（5）加强各方协作——国际国内协作共赢

深度参与全球气候治理，借鉴国际经验，积极参与国际航运、航空减排谈判；与空管部门、其他机场、航空公司、地勤、餐饮公司等开展更好的合作，通过机型优化、航路调整、共享运营的实时更新等缩短等待时间、减少燃料消耗并提高准点率；通过各种措施鼓励第三方减少排放；与当地政府、社区等建立健全工作机制，统筹推进各项工作。

（6）参与全国碳交易市场

机场可积极参与全国统一的碳交易市场，购买碳排放权以抵消不受机场控制的碳排放[7]。

参考文献

[1] 民航局综合司．“十四五”民航绿色发展专项规划．民航发［2021］54号［S/OL］．北京：民航局．2021．http://www.caac.gov.cn/XXGK/XXGK/FZGH/202201/t20220127_211345.html

[2] 于占福．航空运输业减碳的七类方法｜航空产业碳中和之路［J/OL］．北京：财新网．2021．

https://opinion. caixin. com/2021-10-28/101792656. html
[3] Dallas Fort Worth International Airport. Traffic Statistics. [R/OL]. USA: Dallas Fort Worth International Airport. 2022. https://www. dfwairport. com/business/about/stats/
[4] FAA Airport Form 5010 for DFW PDF, effective December 30, 2021
[5] Dallas Fort Worth International Airport. Our Path Forward: Resiliency. Innovation. Leadership. DFW 2020 Environmental, Social and Governance Report. [R/OL]. USA: Dallas Fort Worth International Airport. 2022. https://online. fliphtml5. com/rfyxe/fdvb/#p=1.
[6] 英环（上海）咨询有限公司. 机场排放管控和可持续发展的国际经验项目报告 [R]. 上海：英环（上海）咨询有限公司，2021：98-102
[7] 曾凡. 实现碳中和，机场如何发力？——ACA 机场碳排放认证与 DFW 机场减碳启示 [J]. 可持续发展经济导刊，2021，(11)：34-36

作者简介： 刘丹丹（1988—），女，硕士，工程师。主要从事机场规划与设计方面的工作与研究。
柏振梁（1990—），男，本科，工程师。主要从事城乡规划与设计方面的工作与研究。

树状结构设计关键问题研究

田　宇

（民航机场规划设计研究总院有限公司，北京，100044）

摘　要： 钢材强度高、延性好是一种可重复利用的建筑材料。钢结构多采用工厂预制、现场拼装，有施工速度快、绿色环保、低碳的特点，有良好的应用前景。以树状结构、单层壳、索网等为代表的“形效”结构，其形与力结合的方式实现了力学与美学的统一，用结构合理形态展现建筑美学、用钢量远小于普通结构。本文以树状结构为例，采用遗传算法将树枝与屋顶连接点进行协同找形设计，从抗连续性倒塌的角度评估各级树枝重要性，对树状结构“1 转 N 型”节点进行拓扑优化分析，并提出一种同时考虑材料利用率、杆件重要性、节点形式的找形方法。

关键词： 树状结构；找形分析；抗连续倒塌；拓扑优化

Research on key issues of branching structure design

Tian Yu

(China Airport Planning & Design Institute Co., Ltd., Beijing 100029, China)

Abstract: Steel has high strength and good ductility. It is a reusable building material. Steel structures are mostly prefabricated in factories and assembled on site. They have the characteristics of fast construction speed, green environmental protection and low carbon, and have good application prospects. The "shape effect" structure represented by branching structure, single-layer shell and cable net realizes the unity of mechanics and aesthetics by the combination of shape and force. The architectural aesthetics is displayed in a reasonable form of structure, and the amount of steel is less than that of ordinary structure. Taking the branching structure as an example, this paper uses genetic algorithm to carry out collaborative form finding between the branches and the roof connection point, evaluates the importance of branches at all levels from the perspective of resistance to continuous collapse. Makes topological optimization analysis on the "1-to-n-type" joint of the branching structure. Puts forward a form finding method considering material utilization, member importance and joint form at the same time.

Keywords: branching structures; form-finding analysis; resistance to continuous collapse; topological optimization

1　树状结构研究现状

树状结构是基于结构形态学提出的一种结构形式，因其几何形态与自然界中的树相似而得名。力流传递自屋面至树枝，汇聚于树干，符合最小传力路径原理，是力学与美学的结合。广泛应用于机场航站楼、车站、商场及办公建筑中庭等[1]。图 1～图 4 为典型工程应用。

图 1　斯图加特机场 T3 候机楼

图 2　英国某商业中庭

图 3　好未来昌平教育园区中庭

图 4　浦东 T2 机场

形态是树状结构合理的关键，寻找其合理形态的过程称之为找形。武岳等[2,3]对树状结构的找形和计算长度系数进行深入研究，提出了逆吊递推找形法。Kolodziejczyk[4]通过实验方法对树状结构找形。Hunt[5]提出铰接虚拟支座法，通过迭代减小支座反力的方式进行找形。赵中伟[6]提出基于双单元法的树状结构找形。

目前有关树状结构找形方法中，实验方法操作比较复杂，难以广泛应用。数值找形方法通常需要大量的编程，对设计人员要求较高，难以推广。已有找形方法中，通常仅对几何形状进行求解。由于树形结构与屋顶整体受力时其荷载传递与相对刚度有关，因此构件本身尺寸应考虑，节点处构件尺寸的相对比例对节点形式有显著影响，找形过程中应考虑。本文在分析上述因素的基础上，提出一种基于可视化编程平台 Grasshopper 的迭代找形方法，可为工程设计人员提供参考。

2　树枝与屋顶的协同找形

2.1　树状结构受力特点

树状结构通常包含屋顶网格结构、下部树枝结构，如图 5 所示。下部各级树枝为屋顶网格提供弹性支承，屋顶网格结构为弹性支承多跨连续梁。为获得通透的建筑效果，通常选用尽量小的屋顶网格构件高度。通过调整树状支承位置，屋顶连续梁负弯矩与正弯矩绝对值相等且尽量小，屋顶网格处于合理受力状态。树状结构屋顶连续梁为弹性支承，其合理支承位置和树枝提供的竖向刚度相关。将树枝形态、屋顶网格作为整体进行优化，以找寻其合理树枝形态与顶部支承位置。

2.2　优化目标选取

如图 5 所示以树干高度 d_1、一级树枝顶节点高度 d_2、一级树枝顶节点水平位置 X_1、树顶点水平坐标 X_2、X_3、X_4、X_5 作为变量。优化目标选用如下三种方式：①屋顶网格弯矩绝对值最小；②整体结构应变能最小；③前两个参数进行多目标组合，其权重比例为 1∶1。

2.3 优化结果评价

优化算法为遗传算法，相同荷载作用下得到优化形态如图 6～图 9 所示。优化目标①得到的形态，屋顶连续梁最大正弯矩与最大负弯矩相等（19kN・m），弯矩最小、屋面梁受力最为合理，此时各级树枝均存在弯矩（2～9kN・m）。优化目标②得到的形态，各级树枝无弯矩、屋面连续梁弯矩较大（31kN・m）。优化目标③得到的形态，各级树枝接近于无弯矩状态（最大 1kN・m），屋顶连续梁最大正弯矩与最大负弯矩相等（25kN・m）。实际工程项目采用遗传算法进行找形分析时，可根据实际需要选择优化目标。如图 10 所示，若屋面为单层壳、各级树枝长度较小，为了获得较小的屋面构件尺寸可采用目标①进行找形。屋面跨度小、高度大、树枝分级多于 2 级时，可用优化目标②进行找形。当需要同时考虑上述因素时，可采用优化目标③进行找形，多目标的权重比例可根据优化需要调整。本文后续分析采用第③种找形结果进行分析。

遗传算法找形较为精确，缺点是计算量很大，空间三维树状结构当采用三级树枝时，输入优化参数多达 26 个，找形需花费较长时间。采用此方法找形分析时应尽量利用结构对称性，减小计算耗时。

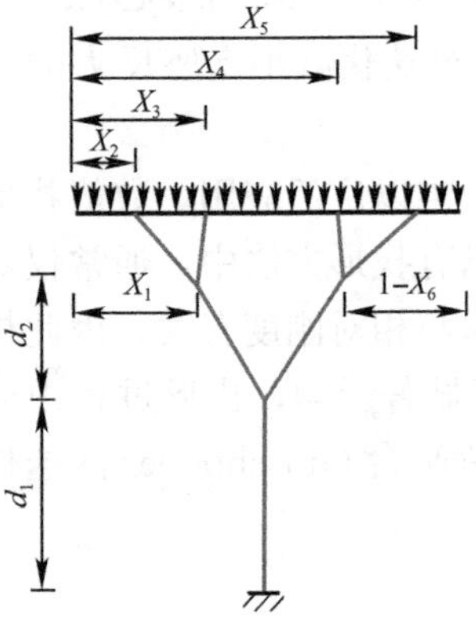

图 5　优化参数示意

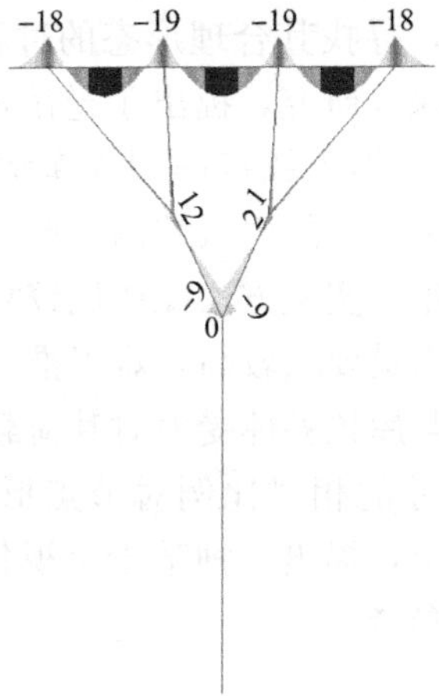

图 6　优化目标①树优化形态弯矩图

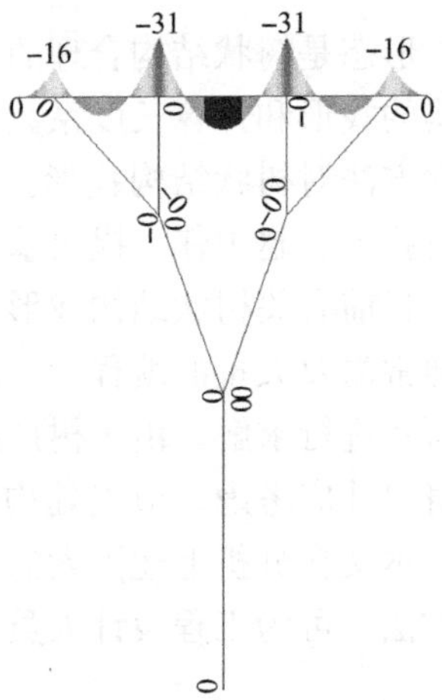

图 7　优化目标②树优化形态弯矩

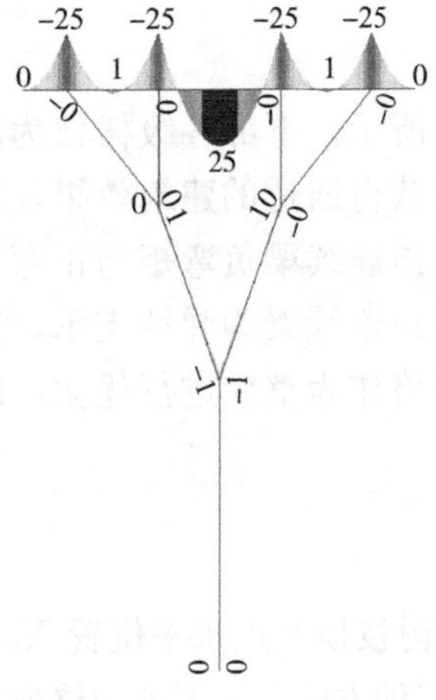

图 8　优化目标③树优化形态弯矩

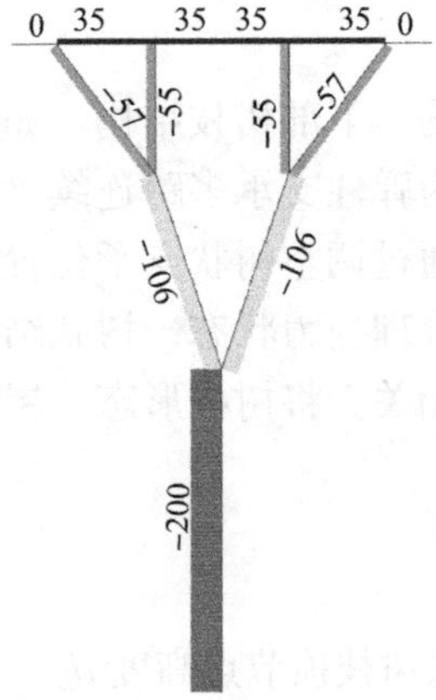

图 9　优化目标③树优化形态轴力

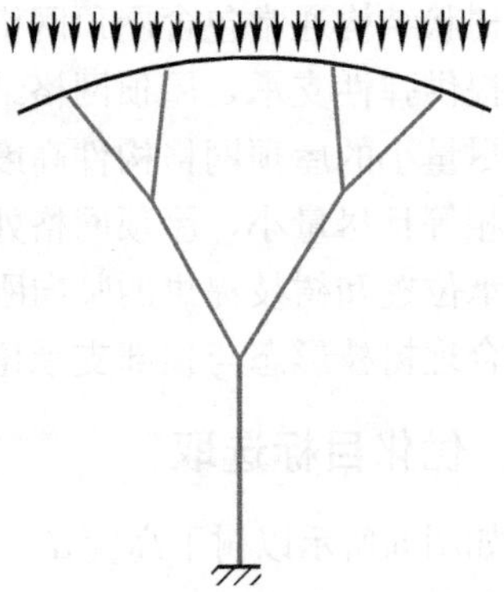

图 10　树状柱支撑单层曲面网格结构

3 杆件重要性评估

3.1 评估方式

树状结构各级树枝通常采用刚接方式，有一定抗连续性倒塌的能力。各级树枝重要性有差异，重要树枝应预留足够的设计余量，保证结构整体的安全储备。为了定量评估各级树枝、同级树枝不同部位杆件的重要性，采用拆除构件法对其剩余结构的承载力进行全过程加载分析。

3.2 评估方法

参考《空间网格结构技术规程》JGJ 7 分析考虑材料和几何非线性，引入低阶侧向屈曲初始缺陷，缺陷峰值为 $H/250$。构件尺寸：树干 D500×25、一级树枝 D299×16、二级树枝 D159×8。材质均为 Q355，各级树枝采用刚接、二级树枝与屋顶连续梁采用铰接。屋顶均布线荷载 20kN/m。计算过程分为三步：（1）在初始状态下施加荷载达到平衡位置，（2）在平衡位置拆除构件（用小弹性模量单元替换需拆除的单元），（3）在平衡位置进行非线性等比例加载至结构极限状态。

3.3 结果分析

计算结果如图 13～图 18 所示，未拆除构件时，结构荷载因子为 3.36，满足大于 2 的要求[7,8]。拆除各构件后，剩余结构承载力荷载因子见表 1。构件重要性排序：①树干②内侧一级树枝③外侧一级树枝④内侧二级树枝⑤外侧二级树枝。树干拆除后，左侧结构的荷载通过顶部连续梁传递至右侧，左侧变成悬挑结构，剩余结构仅能承受 8.3%的荷载，树干为抗连续倒塌关键构件。见图 12，拆除单个一级树枝后，剩余一级树枝传递给树干的荷载为非对称荷载，其竖向刚度显著降低，屋面顶部连续梁变为悬挑梁+弱弹性支撑，剩余结构可承担 51.7%～63.6%的荷载，一级树枝为次关键构件。见图 11，拆除单个二级树枝后，屋顶横梁的跨度将增加，其弯矩大幅增加，但并未超过其极限承载力。理论上经过合理设计拆除二级树枝后，结构仍可继续承载。二级树枝为可拆树枝。屋顶横梁为拉弯构件，其一方面通过本身的抗弯刚度传递竖向荷载，同时依靠轴向刚度使各级树枝水平分力达到自平衡状态。拆除两棵树之间的屋顶杆件、悬挑杆件，结构变形、承载能力受影响较小，拆除二级树枝顶点之间的屋顶杆件，结构变形显著增加，但仍可继续承载。

3.4 应力比取值建议

建议对重要性不同的构件，采用不同的应力控制标准，如树干应力比控制值可取 0.6，一级树枝可取 0.75，二级树枝及屋顶连续梁取 0.9。

抗连续性倒塌计算结果 **表 1**

拆除的构件	二级树枝 1	二级树枝 2	二级树枝 3	二级树枝 4	一级树枝 1	一级树枝 2	树干
剩余结构极限荷载因子	1.097	1.073	1.051	1.60	0.517	0.636	0.083

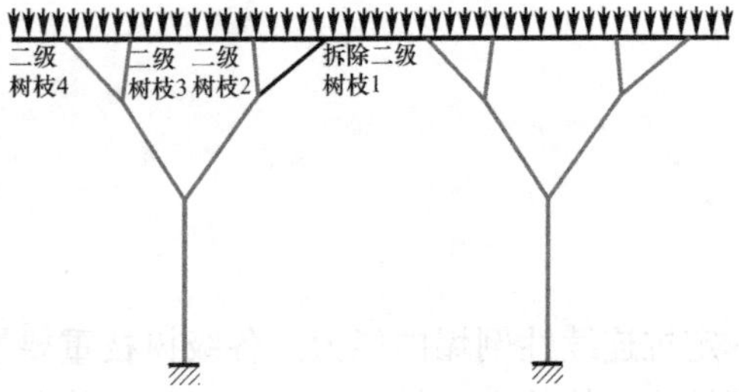

图 11　拆除二级树枝示意

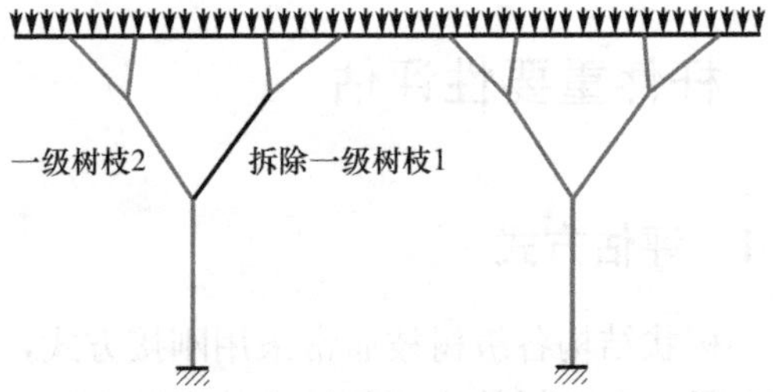

图 12　拆除一级树枝示意

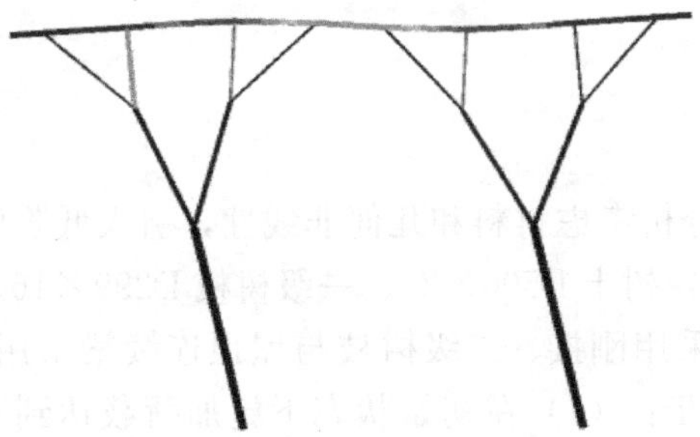

图 13　初始结构最低阶屈曲模态

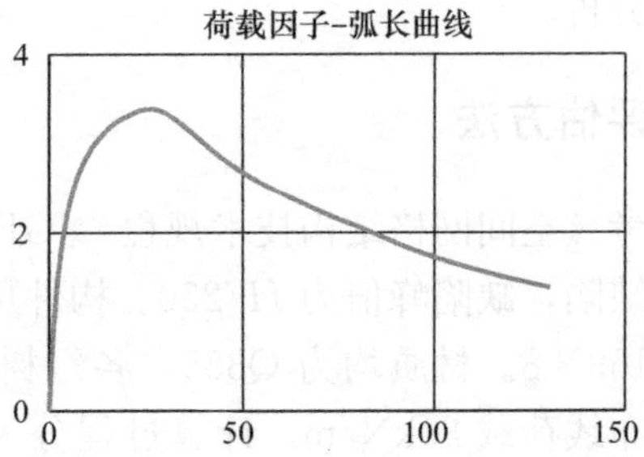

图 14　初始结构荷载因子-弧长曲线

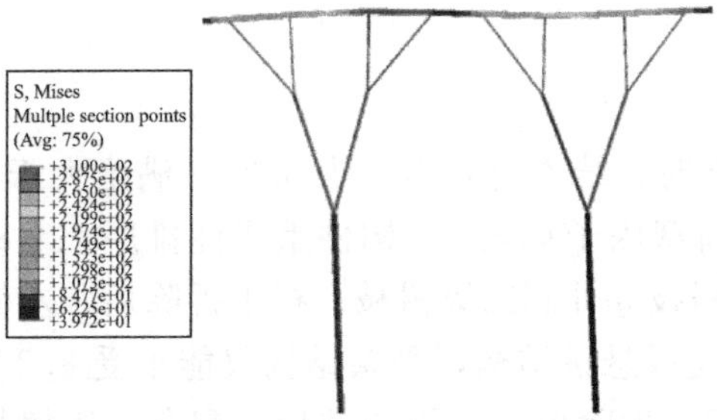

图 15　初始结构峰值承载力
时刻构件 mises 应力分布

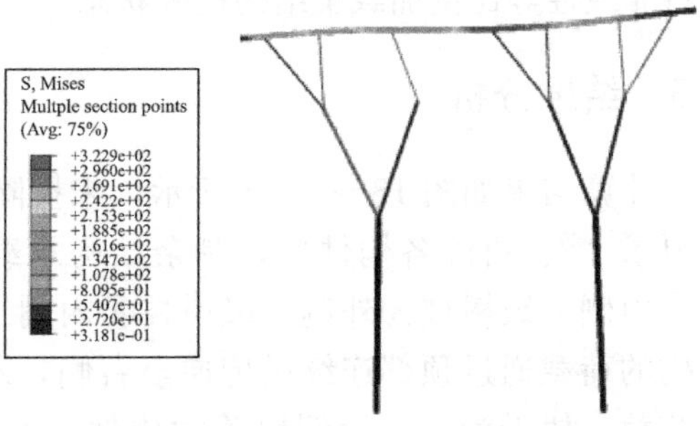

图 16　拆除二级树枝第 1 根杆件峰值承载力
时刻构件 mises 应力分布

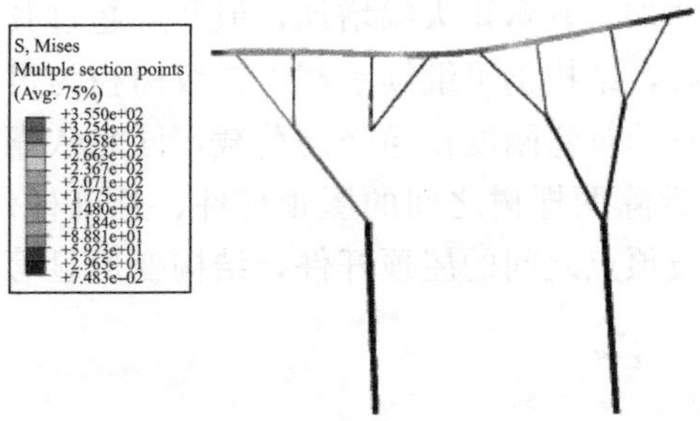

图 17　拆除一级树枝第 1 根杆件峰值承载力
时刻构件 mises 应力分布

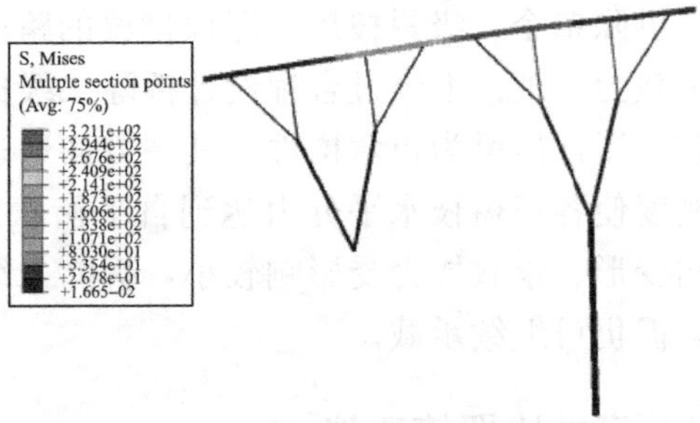

图 18　拆除树干峰值承载力
时刻构件 mises 应力分布

4　节点研究

4.1　树状结构常用节点类型

使用阶段树状结构节点多为外露状态，对美观性有较高要求。目前工程中树枝顶部与屋顶多采用销轴连接，各级树枝之间及树枝与树干之间可采用铸钢节点、相贯节点、球节点、插板节点等，如图 19～图 24 所示。铸钢节点因形体可塑性高、节点体积小通常为多数建筑师接受，其单位重量造价约为普通钢材的 2～3 倍。因此通过合理的方式找形，使其传力高效、外形美观、重量轻，是设计中的关键问题之一。

4.2 树状结构节点拓扑优化

双向渐进优化算法是一种高效的拓扑方式。在杆件传力范围内设置实体网格，筛选其中经过最短传力途径的单元，形成单元轮廓初始几何体，对其表面进行平滑处理，可得到形状优美、传力高效的节点。建议拓扑参数取值如下：初始节点球半径在满足树枝不相碰的前提下取最小；网格尺寸尽量小以保证传力途径上单元选择的连续性；体积优化目标在满足节点应力不超过铸钢材料屈服点情况下取最小（20％～35％）；进化率取 0.02～0.05；过滤半径取 2～3 倍网格尺寸。如图 25～图 27 所示，经试算，当树干直径比一级树枝直径、一级树枝直径比二级树枝直径大于 1.5 时，在满足应力小于铸钢材料屈服前提下，体积优化率较低，本文后续将比值按照 1.5 采用。

图 19　斯图加特机场树枝铸钢节点

图 20　好未来昌平教育园区中庭树枝铸钢节点

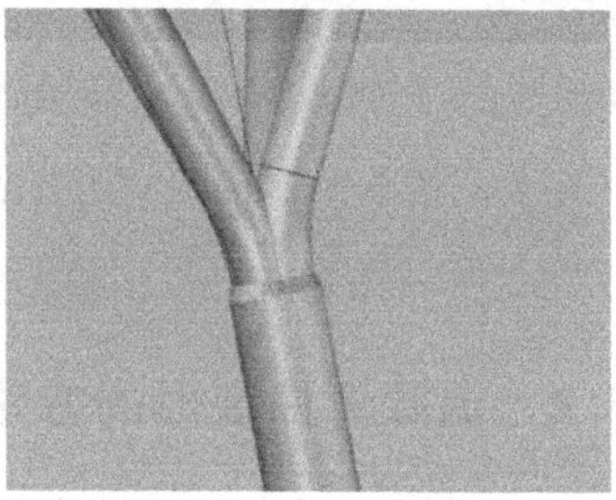

图 21　相贯焊节点

图 22　世园会中国馆树枝焊接半球节点

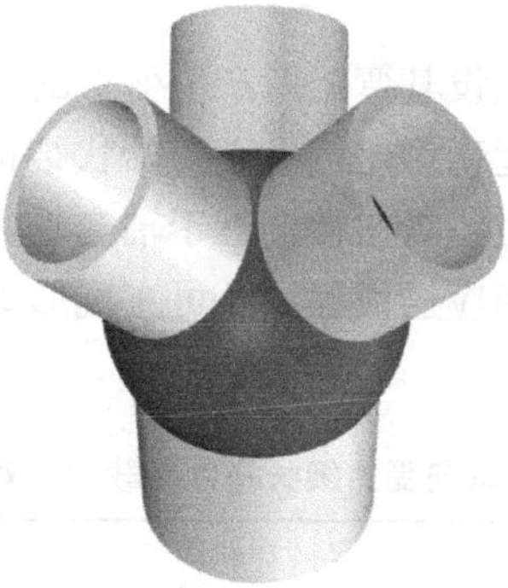

图 23　拓扑优化区

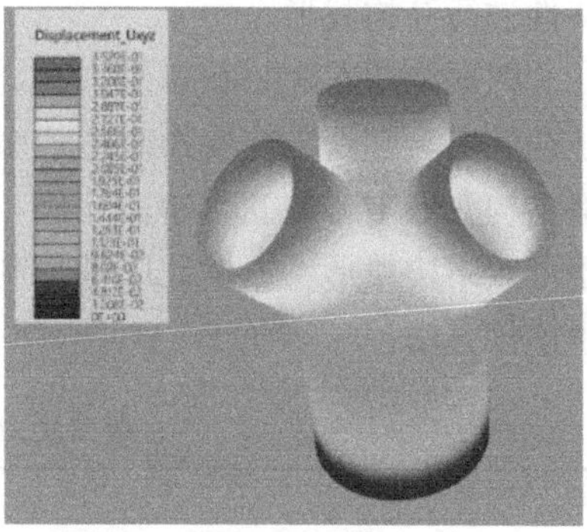

图 24　拓扑节点变形云图

5　力学方法找形原理分析

5.1 变形构成分析

合理的树形结构在控制工况作用下各级树枝及树干以轴向受力为主，弯矩相对较小。

为了保证建筑效果，杆件多为细长圆管或矩形管。根据此特点进行变形构成分析，如表 2 所示，以杆件长度 $L=5\text{m}$，尺寸 $D180\times 8$，Q355 热轧无缝圆钢管为例，分别以梁式受力（弯曲型）和柱式受力（轴压型）承受 30kN 集中力情况进行对比。计算考虑线弹性小变形，仅计入变形之前的几何刚度，轴压杆计算长度系数取 2（长细比 $\lambda=114.8$，稳定系数 $\varphi=0.527$），以边缘屈服准则计算承载力。由计算结果可知承受相同荷载时弯曲变形结构约为轴向受力结构变形值的 140 倍。弯曲变形结构产生 1mm 变形对应弯矩值 2.5kN·m，轴向受力结构产生 1mm 变形对应轴力值 176.5kN。

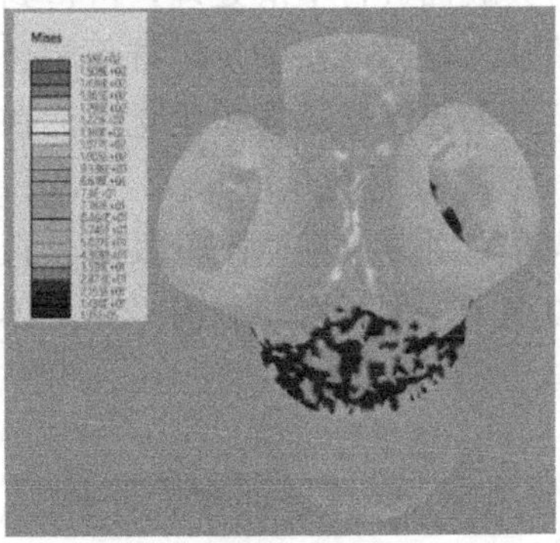

图 25　拓扑节点 mises 应力云图

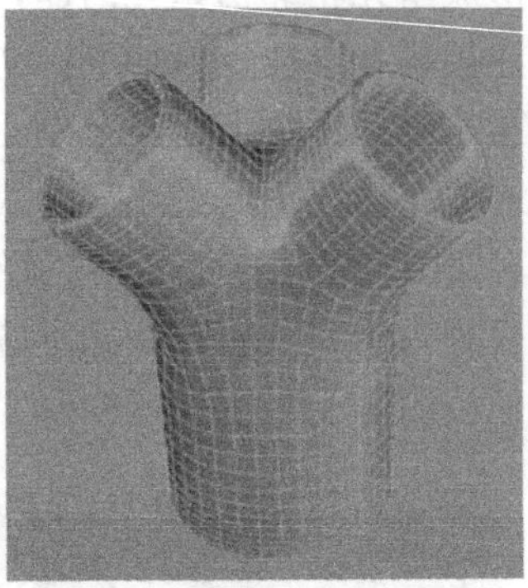

图 26　拓扑节点经表面平滑处理后形态

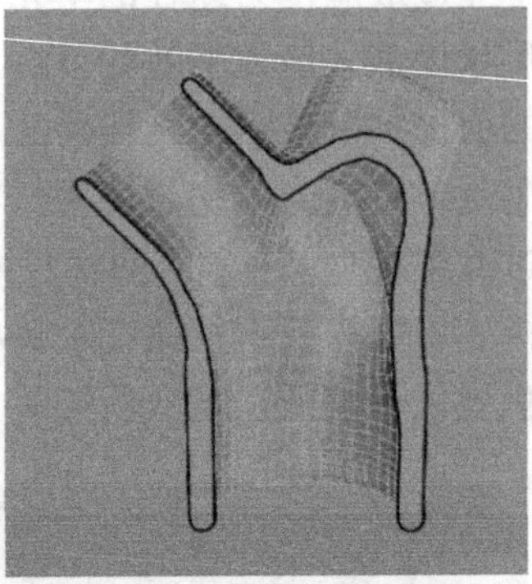

图 27　拓扑节点剖面

5.2　消除弯曲变形的方法

杆件同时受弯矩、轴力作用时，其变形包括三部分：弯矩引起的变形、剪力引起的变形、轴力引起的变形。因弯矩与剪力相生相伴（弯矩一阶导等于剪力），可将剪力引起的变形归入弯矩引起的变形。可得出结论：细长杆件，轴向刚度远大于弯曲刚度。可利用此特性进行结构找形。

树形结构在初始状态受力时，假设其弯矩所产生变形的比例高，将其变形量反向施加于初始态，则新结构变形时弯矩引起变形比例小于初始状结构。多次进行迭代，可逐渐消除结构变形中弯曲变形所占比例，使各级树枝接近于轴向受力的状态。此原理可广泛应用于形效结构找形。依据此原理编制相应迭代程序，可实现形效结构的快速找形，效率远高于遗传算法。

弯曲受力与轴向受力细长杆件荷载响应对比　　表 2

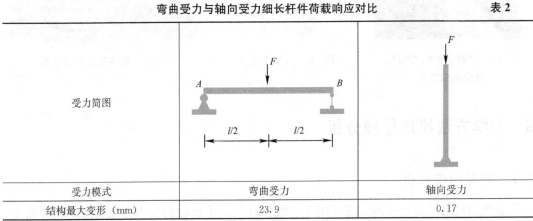

受力简图	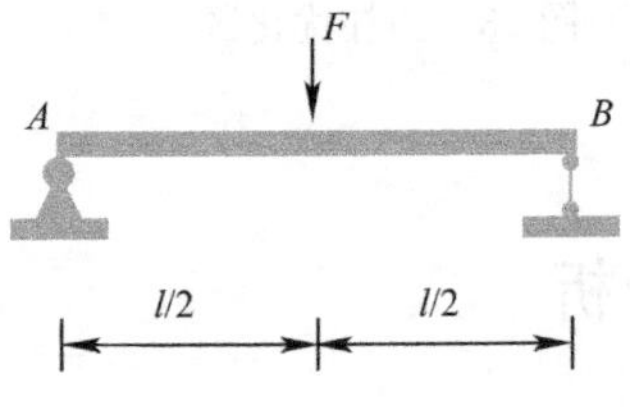	
受力模式	弯曲受力	轴向受力
结构最大变形（mm）	23.9	0.17

续表

结构应变能（kN·m）	0.3585	0.00255
结构最大应力（MPa）	210.7	7.1
结构承载力（kN）	50.5	790

6 构件设计

6.1 计算长度系数法优缺点

根据前述分析，采用树枝与屋顶整体找形分析时，构件尺寸会影响找形结果。前述遗传算法及迭代方法均未考虑构件应力比的限值，根据找形结果进行构件设计时，如构件尺寸不满足应力比控制原则，则需要调整构件尺寸，重新找形。因此，在找形过程中考虑构件应力比是必要的。对于树形结构，已知构件内力，进行应力比验算时，构件稳定计算是关键点。目前常用的稳定计算多采用计算长度系数法或直接分析法。计算长度系数法概念明确，在钢结构稳定设计中已有较长的应用历史。树形结构通常采用屈曲分析得到构件屈曲荷载，用欧拉公式反算构件计算长度系数。

原理如下：等比例线性加载时荷载态结构平衡方程可表示为$[K]\{U\}+\lambda[K_G]\{U\}=\{P\}$，其中 $[K]$ 为结构的弹性刚度矩阵，K_G 为结构的几何刚度矩阵，$\{U\}$ 为节点位移向量，$\{P\}$ 为结构的外荷载向量，λ 为外荷载的荷载因子。结构受压时整体应力刚度减小，随着荷载因子 λ 增加，结构整体刚度不断减小，当 $[K]+\lambda[K_G]$ 刚度矩阵行列式为零时，平衡方程无解，此时结构整体处于失稳临界状态，对应 $\lambda\{P\}$ 值即为结构稳定承载力，可求出此状态下构件的稳定临界内力，利用欧拉公式反算其计算长度系数。

计算长度系数法概念清晰，但存在如下问题：(1) 各构件稳定承载力不同，轴向稳定承载力不同，通常是各构件稳定应力比最高的杆件失稳导致结构整体失稳，其余构件并未达到失稳临界状态，通过整体分析难以直接得到所有构件的稳定承载力。(2) 结构的应力刚度 $[K_G]$ 和荷载分布相关，不同荷载分布失稳部位和整体荷载因子 λ 不同，计算得到的稳定系数有所差异。(3) 树状结构不同位形，各树枝受到其相邻杆件的约束程度不同，用统一的计算长度系数计算各种荷载模式和形态会出现偏差。

6.2 直接分析法

《钢结构设计标准》GB 50017—2017 明确了直接分析法的应用[9]，通过引入整体缺陷、构件层面的缺陷，将稳定计算转化为强度计算问题。此方法应用范围广泛，为异形钢结构稳定计算提供了新思路。整体层面的初始缺陷采用低阶屈曲模态，缺陷峰值为 $H/250$，构件层面缺陷采用正弦曲线形态，缺陷峰值 $L/400$。本文后续应力比计算采用直接分析法。

7 考虑节点、杆件重要性、材料利用率的找形方法

通过前述分析确定如下参数：树干应力比限值取 0.6，一级树枝取 0.75，二级树枝及屋顶连续梁取 0.9；树干与一级树枝、一级树枝与二级树枝外径比值取 1.5；合理树形判

断标准为：荷载作用下仅有轴力、无弯矩，获得绝对无弯矩的形态会大大增加计算时间且较小的弯矩对杆件影响并不明显，因此取各级树枝最大弯矩 $M_{max}<2kN \cdot m$ 作为形态合理判别标准。提出一种同时考虑以上因素的树形结构找形方法，基于可视化编程 Grasshopper 平台编制程序进行迭代计算，见图 28。图 29～图 31 为 8 颗树形柱环形排列所构成结构优化结果。

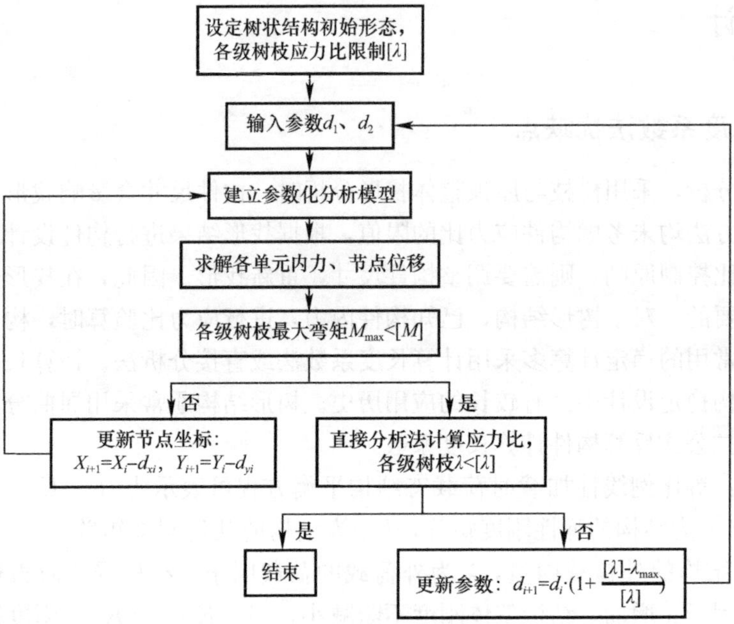

图 28　找形流程图

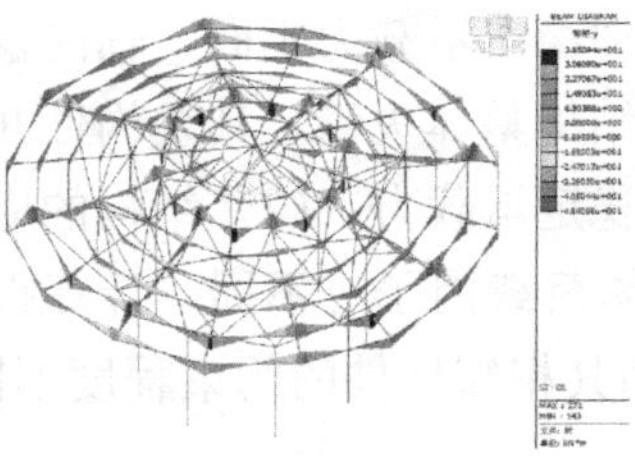

图 29　结构弯矩图

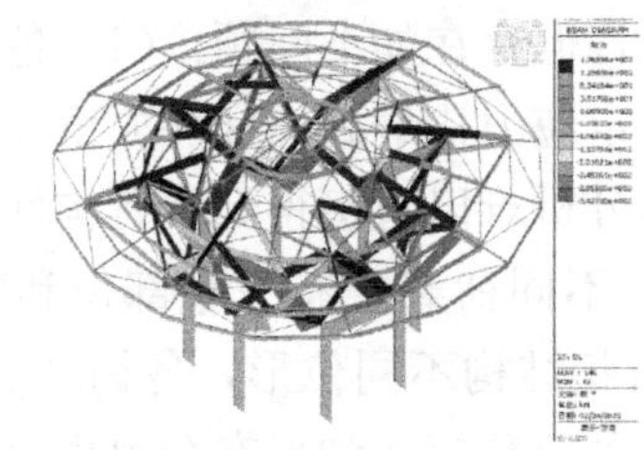

图 30　结构轴力图

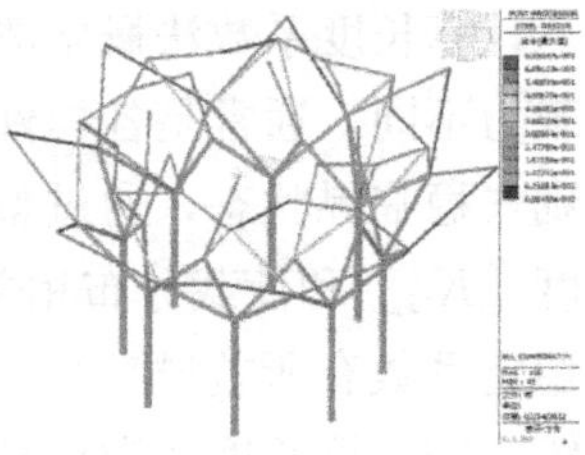

图 31　各级树枝应力比

8　结论

通过对树形结构设计中关键问题研究得出如下结论：

（1）考虑屋顶与树枝协同优化的遗传算法是一种较为精确的找形方法，但计算量较大，当优化参数较少时建议可采用此种方法。

（2）通过拆除构件法逐个评估各级树枝的重要性，基于杆件重要性提出构件应力比限值。

（3）对节点进行拓扑优化分析，对拓扑参数、杆件尺寸比例提出建议值。

（4）总结了一种同时考虑节点、杆件重要性、材料利用率的找形方法，找形后树枝结构处于轴压状态、满足基于杆件重要性的应力比控制原则、节点处杆件尺寸比例合理。

参考文献

[1] 陈俊，张其林，谢步瀛. 树状柱在大跨度空间结构中的研究与应用 [J]. 钢结构，2010，25 (3)：1-4

[2] 武岳，徐云雷，李清朋. 树状结构杆件计算长度系数研究 [J]. 建筑结构学报，2018，39 (6)：53-60

[3] 武岳，张建亮，李清朋. 树状结构找形分析及工程应用 [J]. 建筑结构学报，2011，32 (11)：162-168

[4] Kolodziejczyk M. Verzweigungen mit faden：einige aspekte der formbildung mittels fadenmodellen：SFB230 [R]. Stuttgart：Universitt Stuttgart，1992：101-126

[5] Hunt J，Haase W，Sobek W. A design tool for spatial tree structures [J]. Journal of the International Association for Shell and Spatial Structures，2009，50 (1)：3-10

[6] Zhao Zhongwei，Liang Bing，Liu Haiqing，et al. A novel numerical method for form-finding analysis of branching structures [J]. Journal of the Brazilian Society of Mechanical Sciences and Engineering，2017，39 (6)：2241-2252

[7] GB 50068—2018 建筑结构可靠性设计统一标准 [S]. 北京：中国建筑工业出版社，2018

[8] JGJ 7—2010 空间网格结构技术规程 [S]. 北京：中国建筑工业出版社，2010

[9] GB 50017—2017 钢结构设计标准 [S]. 北京：中国建筑工业出版社，2017

作者简介：田　宇，硕士，工程师，一级注册结构工程师。

基于混合模拟的钢桥面顶板-纵肋焊缝疲劳抗力研究

衡俊霖[1,2] 周志祥[1] 董 优[2]
(1. 深圳大学，广东 深圳，518060；2. 香港理工大学，香港，999077)

摘 要：正交异性钢桥面各类型连接焊缝中，顶板与U形纵肋焊缝所占比例最大，其总长可达桥跨长度50倍以上。与此同时，该类焊缝直接承受车轮荷载冲击，存在较高的疲劳开裂风险。基于此，国内外研究者已提出一系列构造改进措施，包括组合钢桥面、双面焊工艺、厚边U肋等，亟待建立相应的疲劳抗力曲线。但是，顶板-纵肋焊缝疲劳性能的影响因素繁杂且随机性突出，其疲劳抗力曲线推导需基于较大样本的模型疲劳实验数据统计，对研究经费、人工的消耗均较高。因此，本研究选取各类新型构造中较具代表性的厚边U肋钢桥面，开展较少量模型疲劳实验确定基础疲劳性能与裂纹扩展模式，进而结合断裂力学，考虑焊缝局部构造特征建立多源裂纹概率演化模型，以实验-数值混合模拟手段建立顶板-纵肋焊缝的大规模疲劳寿命数据库，在海量数值样本的基础上推导建立概率疲劳寿命曲线，即P-S-N曲线。对比分析表明，所建立多源疲劳裂纹概率演化模型的数值预测与物理模型疲劳实验具备较好一致性。同时，依据模型预测结果，研究建议：对厚边U肋钢桥面的顶板-纵肋焊缝，在采用名义疲劳应力幅验算时，其抗力曲线可取作FAT 90；采用热点应力幅验算时，其抗力曲线可取作FAT 110。

关键词：正交异性钢桥面；顶板-纵肋焊缝；疲劳抗力；混合模拟；概率演化

Hybrid simulation-based study on the fatigue resistance of rib-to-deck welded joint in steel bridge decks

Heng Junlin[1,2] *Zhou Zhixiang*[1] *Dong You*[2]
(1. Shenzhen University, Shenzhen 518060, China;
2. Hong Kong Polytechnic University, Hong Kong 999077, China)

Abstract: The rib-to-deck (RD) welded joint accounts for the largest proportion among various types of welded joint in orthotropic steel decks (OSDs). The total length of RD joints may reach 50 times the bridge span. Meanwhile, RD joints are directly affected by tire impacts, leading to high risk of fatigue cracking. To this end, worldwide researchers proposed a list of improvements for the detailing of RD joints, including composite deck, double-sided welding, thickened edge U-rib (TEU). The corresponding fatigue resistance curve is urgently required. However, the fatigue performance of RD joints is influenced by complicated factors that are highly stochastic. A substantial number of samples are required by the statics on model fatigue test data to derive the fatigue resistance curve. Accordingly, high demands are imposed on both the budget and labor costs. Thus, this work aims at the representative TEU among various novel details. Model fatigue tests are carried out using limited number of specimens to investigate the basic fatigue performance and crack growth pattern. Then, by incorporating the local geometric features of RD joints, a probabilistic model of multi-source fatigue crack evaluation is established using fracture mechanics. The model enables the experimental-numerical hybrid simulation to construct a large-scale fatigue life database of RD joints. The probability-stress-life (P-S-N) curve is derived based on the massive numerical samples. The further comparison suggests a satisfied agreement between the numerical prediction and model fatigue test. In addition, according to the model prediction result, the study suggests respectively the fatigue design curve FAT 90 and FAT 110 for the fatigue check of RD joints in OSDs with TEUs under nominal stress and hot-spot stress.

Keywords: orthotropic steel deck; rib-to-deck welded joint; fatigue resistance; hybrid simulation; probabilistic evolution.

引言

正交异性钢桥面（简称“钢桥面”）具备自重轻、建造便捷、冗余度高、承载力强等突出优势，在大跨度桥梁和重载钢桥中已得到广泛应用，成为现代钢桥的重要标志[1]。但与此同时，钢桥面构造复杂且包含大量焊缝连接，疲劳开裂风险突出。各类焊缝中，顶板-纵肋连接焊缝所占比例最高，其总长可达桥梁跨径的 50 倍[2]。更严重的是，该类焊缝直接承受轮压荷载的冲击作用，导致其疲劳开裂风险愈加显著。

近年来，为解决钢桥面顶板-纵肋焊缝的疲劳开裂问题，学界与业界已携手开展一系列特色工作，总体上可分为两类：(1) 从结构层面改善焊缝受力状态；(2) 从构造层面提高焊缝疲劳抗力。其中，超高强混凝土（UHPC）-钢组合桥面[3]为较具代表性的结构改善措施。不同于常规铺装结构，该类组合钢桥面中增设的 UHPC 薄层通过剪力钉与钢桥面顶板连为整体，在提供桥面结构刚度的同时，分摊钢桥面受力，从而有效降低焊缝处应力水平[4]。张清华等[5]通过模型实验研究表明，相比于常规钢桥面，组合桥面板中顶板-纵肋焊缝的车致疲劳应力幅显著降低。但是，尽管增设的 UHPC 薄层厚度较小，该类组合钢桥面的结构自重也有明显增加，不利于实现大跨径下的主梁轻量化。同时，虽顶板-纵肋焊缝的疲劳开裂问题有所缓解，但由于剪力钉与钢顶板间采用贴边角焊缝连接，抗疲劳性能较差，其在车轮荷载的反复冲击下极易出现疲劳开裂乃至破断[6]，导致顶板-纵肋焊缝的疲劳应力幅逐步回升至常规钢桥面中的正常水平。此外，在构造措施方面，大量学者已开展一系列各有特色的研究工作。Kainuma 等[7]通过模型疲劳实验表明，相较于顶板-纵肋焊缝加工中常用的 75%部分熔透，全熔透可导致顶板-纵肋焊缝出现烧穿，影响其疲劳性能。Cao 等[8]提出一种带有内焊控制的顶板-纵肋焊接工艺，可在不烧穿 U 肋腹板的条件下实现全熔透。据其相关实验研究，采用该种新型工艺后，顶板-纵肋焊缝的疲劳寿命可提高 2 倍。坂野昌弘等[9]对一种双面焊接的顶板-纵肋焊缝开展模型疲劳实验，结果表明，双面焊工艺可提高疲劳裂纹萌生寿命约 50%。郑凯锋等[10]对一种局部增厚的厚边 U 肋开展模型实验研究，共测试厚边 U 肋试件 4 件、常规 U 肋试件 3 件。结果表明，厚边 U 肋钢桥面中顶板-纵肋焊缝的疲劳寿命可延长 64%～77%。同时，该类厚边 U 肋还可与上述内焊控制、双面焊等工艺结合，具备进一步提高顶板-纵肋焊缝抗疲劳性能的潜力。

可以看出，上述通过各类措施均可望有效提高顶板-纵肋焊缝的抗疲劳性能。特别地，内焊控制、双面焊、厚边 U 肋等构造措施可直接提高焊缝疲劳抗力。为推动上述构造措施的进一步工程应用，尚需建立较为完善、可靠的疲劳抗力曲线，即 P（Probability）-S（Stress range）-N（Life）曲线。但是，焊缝疲劳抗力的影响因素较繁杂且随机特征突出，仅依赖于模型疲劳实验数据的统计分析，难以通过有限数目试件建立较完善、可靠的抗力曲线。

基于此，研究选取较具代表性的厚边 U 肋钢桥面顶板-纵肋焊缝作为研究对象，旨在综合模型疲劳实验与裂纹演化模拟，协同构建较完善、可靠的顶板-纵肋焊缝疲劳抗力曲线，即 P-S-N 曲线。首先，研究开展 2 件厚边 U 肋与 2 件常规 U 肋钢桥面模型的对照性疲劳实验，把握其疲劳开裂模式与基础疲劳性能；其后，基于实验结果和焊缝局部构造统计，结合断裂力学建立顶板-纵肋焊缝的多源疲劳裂纹概率演化模型；最终，在依据实验数据验证所提模型后，在不同应力幅下开展大规模概率模拟，建立顶板-纵肋疲劳寿命的海量数值样本库，进而推导厚边 U 肋钢桥面顶板-纵肋焊缝的疲劳抗力曲线，即 P-S-N 曲线，以为相关研究和工程应用提供参考。

1 模型疲劳实验

如前述，前序模型实验[10]表明，相较于常规钢桥面，厚边 U 肋钢桥面中顶板-纵肋焊缝的疲劳寿命可提高约 64％至 77％。为充分利用上述成果，本研究试件设计与前序实验保持一致，如图 1 所示。模型试件宽 1000mm、长 600mm，由一件 16mm 厚的顶板和 8mm 厚的 U 形肋构成。顶板与 U 肋通过两道纵向通长焊缝连接（即顶板-纵肋焊缝），焊缝熔透率控制为 75％。循环加载中，试件通过充分预紧的 M10.9 级高强度螺栓与刚性测试台架固结。实验中作动头偏置于右侧焊缝上方，采用正弦式常幅循环荷载加载，以充分模拟顶板-纵肋焊缝的不利受力状态。为充分利用前序研究测试的 3 件常规 U 肋试件和 4 件厚边 U 肋试件，本次实验试件采用与其一致的编号规则，常规 U 肋编号为 CU 且从 4 开始计数，厚边 U 肋编号为 TEU 且从 5 开始计数。

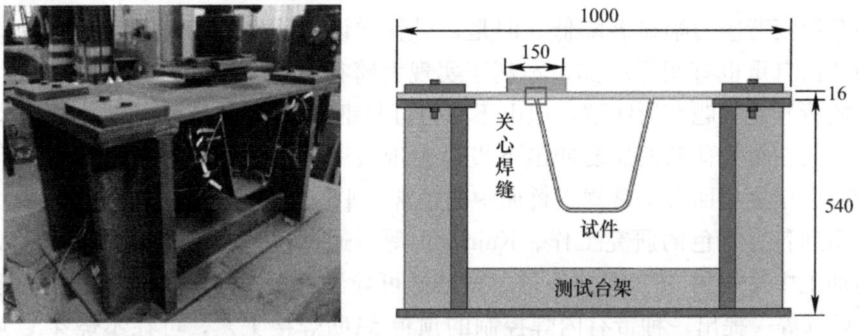

(a) 模型疲劳实验照片　　(b) 模型尺寸与边界条件

图 1　模型试件设计

测试中，依据国际焊接协会（IIW）建议的“0515”法则[11]，同时在距顶板焊趾 0.5 倍板厚（8mm）和 1.5 倍板厚（24mm）处设置应变测点，如图 2 所示，以同时获得名义应力和热点应力下的疲劳寿命数据。此外，实验加密 0.5 倍板厚处应变测点，以通过监测其动态应变下降推断裂纹演化。加载中每施加 5 万次循环后，即追加 1 万次标记荷载（幅值为原始荷载的 15％，不计入总循环数），以通过贝纹线[12]追踪裂纹萌生。重启加载前对焊缝进行渗透探伤以识别裂纹演化状态，一旦裂纹沿厚度贯穿顶板，即认为疲劳寿命达到，加载终止。

实验结果表明，疲劳裂纹均萌生于试件两端的顶板焊趾处，而后沿板长和板厚方向扩展，直至贯穿顶板引起失效，与前序模型实验[10]的结果较为一致。结合前期实验完成的7件试件和本次研究测试的4件试件，疲劳应力幅-寿命实验数据统计如图3所示。为量化对比起见，依据所测得应力幅寿命数据，采用文献［13］建议方法，通过统计回归建立疲劳应力幅-寿命曲线，如图3所示。因试件数目相对有限（仅5件常规U肋和6件厚边U肋），仅固定指数常数为 $m=3$ 回归平均曲线。可以看出，厚边U肋可有效提高顶板-纵肋连接焊缝的疲劳强度：以平均疲劳强度计，相较于常规U肋试件，厚边U肋试件的名义应力和热点应力疲劳强度分别提高约21%和17%。但如前述，焊缝疲劳抗力具较显著随机特征，尚需结合更大量的应力幅-寿命数据，在考虑一定保证率的条件下建立更为完善、可靠的P-S-N曲线。

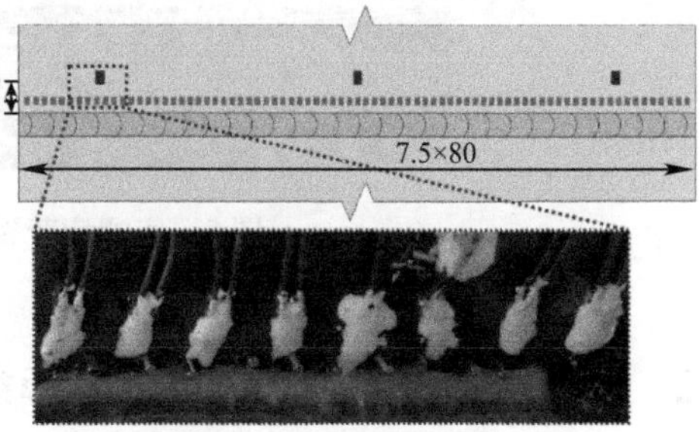

图2　试件应变测点布置（单位：mm）

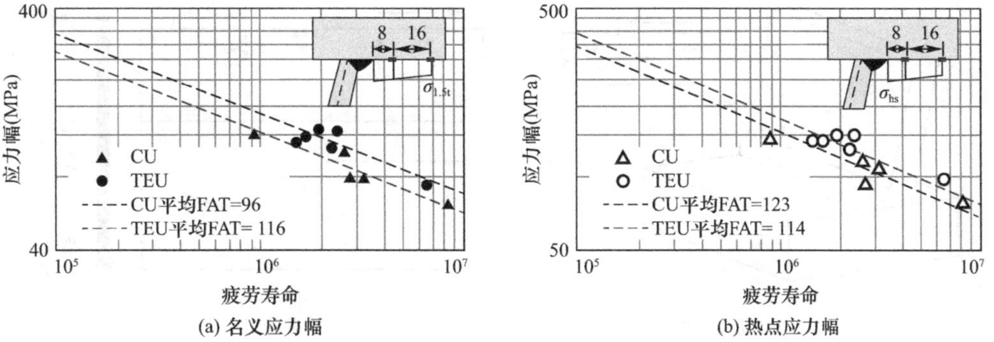

图3　试件疲劳应力幅-寿命统计

由于裂纹深度与动应变降幅间存在比例关系[14]，故可依据其监测值推断裂纹演化，结果如图4所示（因篇幅限制，仅列出CU-4数据）。与实验观察一致，监测结果表明疲劳裂纹由试件两端焊趾处萌生，而后沿顶板板厚和板向扩展，直至贯穿顶板引起疲劳失效。同时，裂纹扩展过程中保持半椭圆态，但长短轴比不断增加。

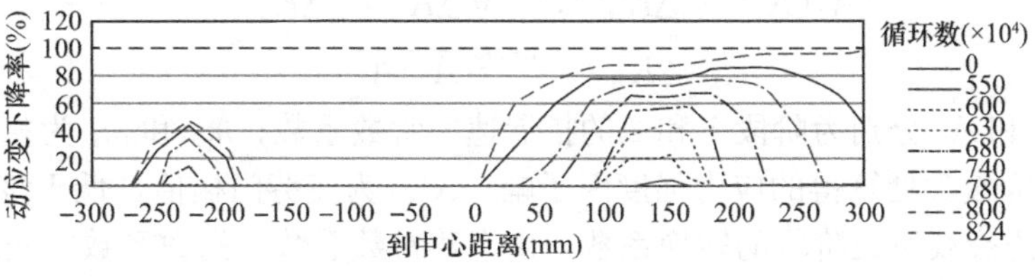

图4　基于动应变监测的裂纹扩展（CU-4）

上述动应变监测可实现对裂纹扩展模式的深入认知，但由于监测精度所限，其难以有效识别低于5%的应变降幅，无法还原裂纹萌生过程。因此，实验结合裂纹追踪技术，开展进一步的试件切片分析，其典型结果如图5所示。可以看出，裂纹萌生于焊趾处的多个初始缺陷，而后扩展、汇聚形成较可观的主裂纹。

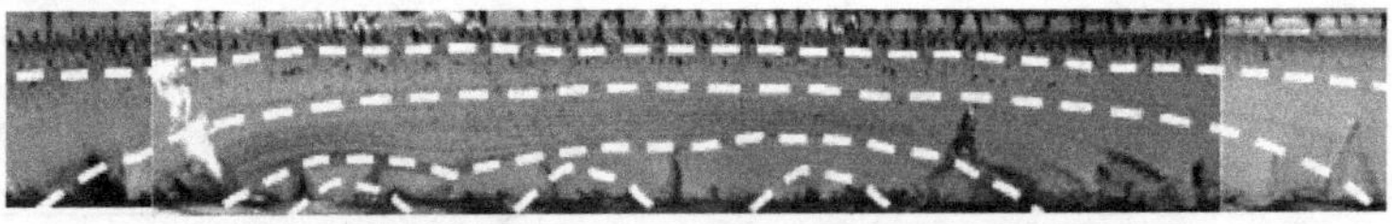

图5　实测疲劳裂纹演化模式（CU-4 单侧裂纹）

2　基于断裂力学的多源疲劳裂纹概率演化模型

2.1　多源疲劳裂纹演化模型

结合上述模型实验认识，针对顶板-纵肋焊缝建立多源疲劳裂纹模型，如图6所示。模型假定，顶板焊趾处存在不同尺寸的多个半椭圆形的初始裂纹，且裂纹在扩展过程保持半椭圆状。因此，模型中所涉及裂纹均可采用包含裂纹深度 a、半长度 c 的双自由度模型描述，如图6(a)所示。根据文献［15］建议，当多源裂纹在扩展过程中出现相交，即依据图6(b)所示准则进行合并。

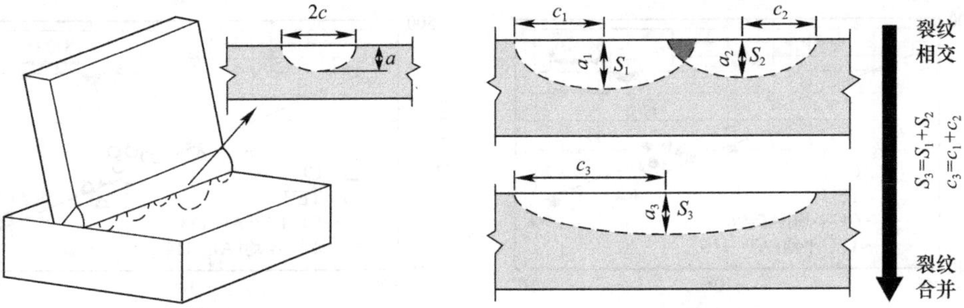

(a) 裂纹模型　　(b) 裂纹合并法则

图6　多源裂纹概率演化模型

裂纹沿深度方向的扩展速率可依据 IIW[13] 建议的双阶段 Paris 模型确定，如式（1）所示。

$$\frac{\mathrm{d}a}{\mathrm{d}N}=\begin{cases}0, & \forall\,\Delta K_{\mathrm{a}}<\Delta K_{\mathrm{th}}\\ A_1(\Delta K_{\mathrm{a}}^{m_1}-\Delta K_{\mathrm{th}}^{m_1}), & \forall\,\Delta K_{\mathrm{th}}<\Delta K_{\mathrm{a}}\leqslant\Delta K_{\mathrm{tr}}\\ A_2(K_{\mathrm{a}}^{m_2}-\Delta K_{\mathrm{th}}^{m_2}), & \forall\,\Delta K_{\mathrm{tr}}<\Delta K_{\mathrm{a}}\end{cases} \tag{1a}$$

$$\Delta K_{\mathrm{tr}}=\sqrt[m_1-m_2]{A_2/A_1} \tag{1b}$$

式中，A_1 和 A_2 分别为阶段1和2的扩展速率常数系数；m_1 和 m_2 为相应扩展速率指数系数；ΔK_{a} 为裂尖处算得的应力强度因子幅；ΔK_{th} 为疲劳门槛值，低于该值裂纹停止扩展；ΔK_{tr} 为标志裂纹所处阶段的转换系数，由上述常数系数、指数系数共同决定。

类似地，裂纹沿长度方向的扩展速率可采用相同方法确定。由于本项研究涉及大规模的概率模拟，为保证求解效率，式（1）中的应力强度因子采用 BS 7910 规范[13] 提出的解析计算方法，如式（2）所示。

$$\Delta K_i=Mf_{\mathrm{w}}(M_{\mathrm{m},i}M_{\mathrm{km},i}\Delta\sigma_{\mathrm{m}}+M_{\mathrm{b},i}M_{\mathrm{kb},i}\Delta\sigma_{\mathrm{b}})\sqrt{\pi a} \tag{2}$$

式中，下标 i 可为 a 或 c，分别对应 ΔK_{a} 与 ΔK_{c}；M 为裂纹类型修正系数；M_{m} 与 M_{b} 分别为平板应力幅 $\Delta\sigma_{\mathrm{m}}$ 和弯曲应力幅 $\Delta\sigma_{\mathrm{b}}$ 下的裂纹形态修正系数，取决于裂纹尺寸；M_{km}

与 M_{kb} 为相应的焊趾放大系数，由焊缝局部几何形态与裂纹尺寸共同决定；a 为裂纹深度。上述系数可参照 BS 7910[13] 相关附录确定。

2.2 关键参数的分布概型建立

可以看出，上述多源裂纹演化模型主要涵盖焊缝局部几何形态、初始缺陷尺寸和裂纹扩展模型材料相关系数等三方面参数。因此，研究通过建立分布概型以计入该三方面参数的不确定性，模拟多源裂纹演化过程的概率特征。对于焊缝几何形态，研究采用断面切片进行统计分析，如图 7（a）所示。进一步地，通过采用如图 7（b）所示的理想化模型，将焊缝局部几何形态简化为顶板板厚 T，顶板熔透焊脚尺寸 L 和焊接开口角 θ 的组合。根据上述三参数的分布特征，采用正态分布对进行拟合，结果汇总如表 1 所示。

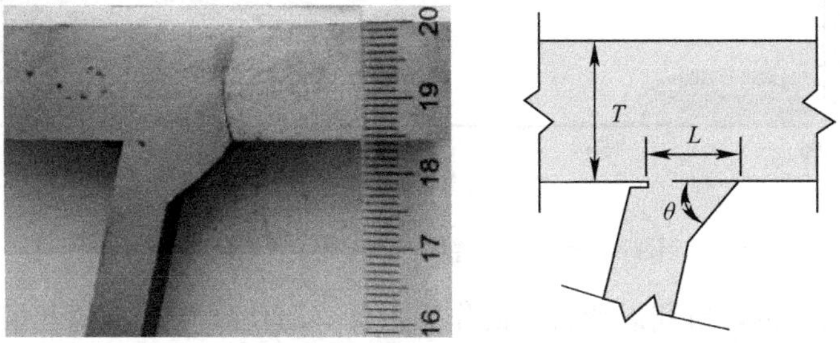

(a) TEU-1断面切片　　(b) 理想化模型

图 7　焊缝局部几何形态

在材料属性方面，裂纹扩展速率常数系数 A 与指数系数 m 依据 BS 7910 规范［16］中建议的平均值和设计值确定。根据文献［17］建议，疲劳门槛 ΔK_{th} 采用对数正态分布建模，其平均值依据报告［18］确定，标准差依据文献［19］决定。在初始缺陷分布方面，裂纹深度与裂纹轴比依据文献［20］确定。此外，根据文献［21］建议，初始缺陷间距取作 1mm。上述参数汇总如表 1 所示。

参数分布概型汇总　　**表 1**

参数类型	变量	符号	单位	分布概型	平均值	标准差
材料参数	阶段 1 速率常数系数	A_1	$N/mm^{3/2}$	对数正态	6.30×10^{-18}	5.36×10^{-18}
	阶段 1 速率指数系数	m_1	1	固定值	5.10	0
	阶段 2 速率常数系数	A_2	$N/mm^{3/2}$	对数正态	6.33×10^{-13}	2.60×10^{-13}
	阶段 2 速率指数系数	m_2	1	固定值	2.88	0
	疲劳门槛	ΔK_{th}	$N/mm^{3/2}$	对数正态	140	21
	转换系数	ΔK_{tr}	$N/mm^{3/2}$	非独立参量		
焊缝局部几何形态	顶板厚	T	mm	固定值	16	0
	焊缝长度	W	mm	固定值	600	0
	顶板焊脚长度-CU	L	mm	正态分布	9.8	2.5
	顶板焊脚长度-TEU			正态分布	13.1	2.1
	焊缝开口角-CU	θ	°	正态分布	61	5.3
	焊缝开口角-TEU			正态分布	53	7.5
焊接初始缺陷尺寸	缺陷深度	a_0	mm	对数正态	0.15	0.10
	缺陷轴比	a_0/c_0	1	对数正态	0.62	0.25
	缺陷间距	C_{sp}	mm	固定值	1	0
	缺陷数量	C_{num}	1	非独立参量		

3 结果与讨论

3.1 裂纹扩展模式与疲劳寿命验证

采用上述概率演化模型，结合有限元算得的局部应力值，即可开展概率模拟以预测顶板-纵肋焊缝的疲劳裂纹演化过程，如图8所示（受篇幅限制，仅列出CU-4）。结果表明，预测裂纹从焊趾多处萌生，而后汇聚形成大小不等的两条主裂纹，最终随较大主裂纹贯穿顶板而导致疲劳失效。可以看出，预测裂纹演化与实测较一致。

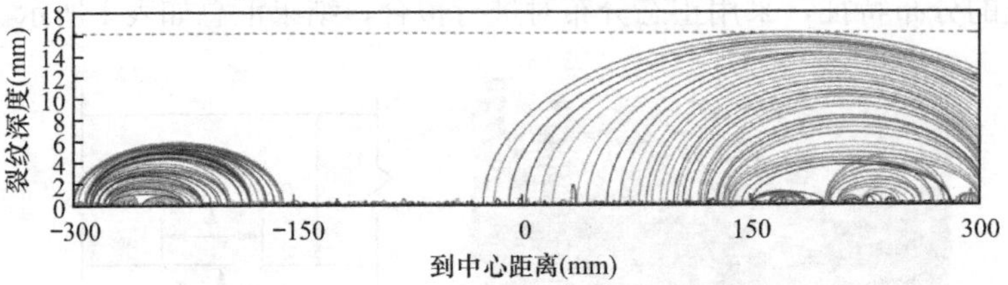

图8 预测疲劳裂纹演化模式（CU-4）

为进一步量化分析，研究以疲劳寿命作为指标，对比模型预测值与实测值，如图9所示。图中，三角和圆圈分别代表上、下5%分位点值。可以看出，总体上预测值与实测值吻合度较好，且实测值较预测值更偏向上分位点处，表明所建立裂纹演化模型可有效预测焊缝疲劳寿命且具备一定保守性。

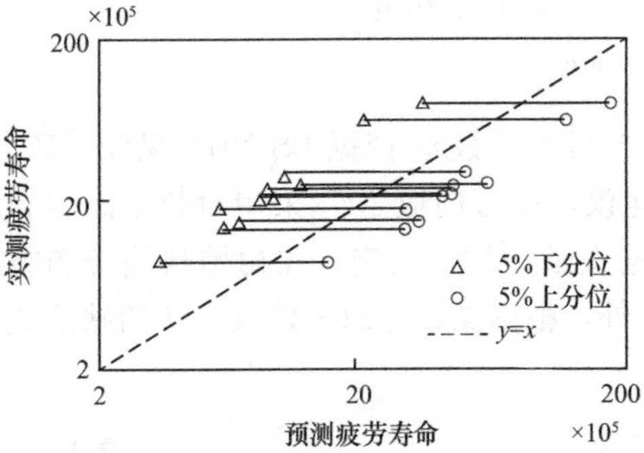

图9 预测焊缝疲劳寿命验证

3.2 基于大规模数值样本的疲劳抗力曲线推导

在验证上述模型有效性后，即可进行大规模概率模型，生成如图10所示的应力幅-疲劳寿命数据库。研究选取10个应力幅水平进行分析，其中每个水平下开展500次概率模拟，产生共计5000个数值样本。依据文献［22］建议，研究仅选取疲劳寿命为10^4～10^8次的

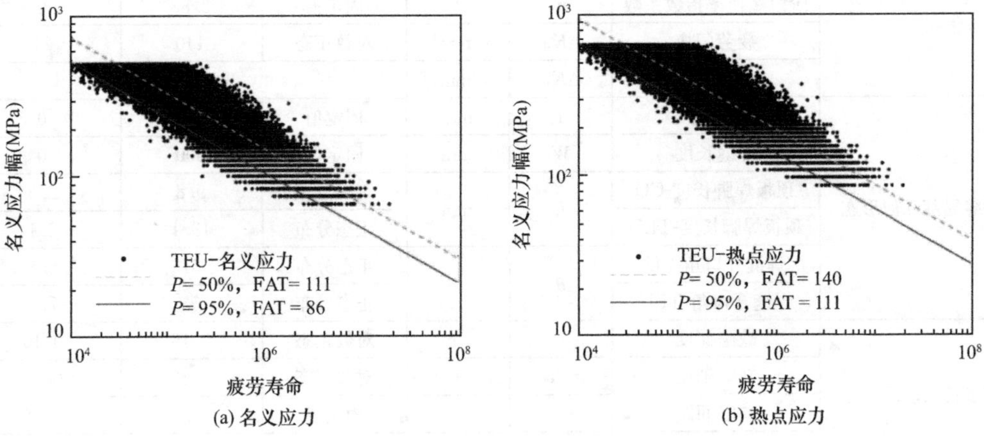

图10 厚边U肋钢桥面顶板-纵肋焊缝疲劳抗力曲线

数据点进行统计。基于上述数据，依据 IIW[13]建议方法，即可考虑存活率 $P=95\%$，分别就名义应力和热点应力推导疲劳抗力设计曲线。可以看出，对于厚边 U 肋钢桥面，名义应力下其顶板-纵肋焊缝的 200 万次等效疲劳强度可取为 85MPa（对应 FAT 85 曲线），较规范中常规 U 肋钢桥面的 70MPa 高约 21%；热点应力下可取为 110MPa（对应 FAT 110），较规范值 90MPa 高约 22%。可以看出，数值预测的厚边 U 肋钢桥面顶板-纵肋焊缝疲劳性能提升幅度与上述实验结果较为一致。

4 结论

本项研究通过对厚边 U 肋钢桥面顶板-纵肋焊缝疲劳抗力特征的实验-数值混合模拟与进一步统计分析，可获得下列结论：

（1）模型疲劳实验表明，相较于常规钢桥面，厚边 U 肋钢桥面中顶板-纵肋焊缝的平均疲劳强度在名义应力和热点应力下分别可提高约 21%和 17%。

（2）动应变监测和裂纹追踪结果表明，疲劳裂纹萌生于试件两端焊趾的多个初始缺陷处，而后汇聚形成两条主裂纹，进而扩展直至贯穿顶板板厚引起疲劳失效。

（3）基于实验结果建立多源疲劳裂纹演化模型并验证其有效性，据此开展大规模概率模拟表明，厚边 U 肋钢桥面中顶板-纵肋焊缝的疲劳抗力显著提升，在名义应力和热点应力下可取为 FAT 85 和 FAT 110，分别较现行规范值提高 21%和 22%。

参考文献

[1] 衡俊霖. 新型厚边 U 肋正交异性钢桥面疲劳性能及其可靠度研究［D］. 成都：西南交通大学，2019

[2] FWHA. Manual for Design，Construction，and Maintenance of Orthotropic Steel Deck Bridges（FWHA-IF-12-027）［M］. Books Express Publishing，2012

[3] 丁楠，邵旭东. 轻型组合桥面板的疲劳性能研究［J］. 土木工程学报，2015（1）：8

[4] Ju X，Zeng Z. Study on uplift performance of stud connector in steel-concrete composite structures［J］. Steel and Composite Structures，2015，18（5）：1279-1290

[5] Zhang Q，Liu Y，Bao Y，et al. Fatigue performance of orthotropic steel-concrete composite deck with large-size longitudinal U-shaped ribs［J］. Engineering Structures，2017，150（1）：864-874

[6] Xu C，Su Q，Masuya H. Static and fatigue performance of stud shear connector in steel fiber reinforced concrete［J］. Steel and Composite Structures，2017，24（4）：467-479

[7] Kainuma S，Yang M，Jeong YS，et al. Experiment on fatigue behavior of rib-to-deck weld root in orthotropic steel decks［J］. Journal of Constructional Steel Research，2016，119（MAR.）：113-122

[8] Cao，V. D.，Sasaki，E.，Tajima，K. and Suzuki，T. Investigations on the effect of weld penetration on fatigue strength of rib-to-deck welded joints in orthotropic steel decks［J］. Steel and Composite Structures，2015，24（4）：467-479

[9] 坂野昌弘，西田尚人，田畑晶子等. 内面溶接による U リブ鋼床版の疲労耐久性向上効果［J］. 鋼構造論文集，2014，21（81）：65-81

[10] 郑凯锋，衡俊霖，何小军等. 厚边 U 肋正交异性钢桥面的疲劳性能［J］. 西南交通大学学报，2019，54（4）：7

[11] Niemi E，Fricke W，Maddox S J. Fatigue analysis of welded components：designer's guide to the structural hot-spot stress approach［M］. Woodhead publishing，Cambridge，2006

[12] 叶华文，史占崇，肖林等. 大跨钢桥疲劳试验模型整体设计及控制方法研究［J］. 土木工程学报，2015（S1）：9

[13] Hobbacher A. Recommendations for Fatigue Design of Welded Joints and Components［M］. Springer，Basel，Switzerland. 2016

[14] 李俊. 钢桥面板结构主导疲劳失效模式的形成机制与性能评估问题研究 [D]. 成都：西南交通大学，2022

[15] Kamaya M. Growth evaluation of multiple interacting surface cracks. Part I：Experiments and simulation of coalesced crack [J]. Engineering Fracture Mechanics，2008，75 (6)：1336-1349

[16] BSI. Guide to Methods for Assessing the Acceptability of Flaws in Metallic Structures [M]. BS7910：2015，British Standard Institution，London，UK，2015

[17] Maljaars J，Vrouwenvelder A. Probabilistic fatigue life updating accounting for inspections of multiple critical locations [J]. International Journal of Fatigue，2014，68 (1)：24-37

[18] Austen，I. Measurement of fatigue crack threshold value for use in design [M]. SH/EN/9708/2/83/B，British Steel Corporation，London，UK，1983

[19] Walbridge S. A probabilistic study of fatigue in post-weld treated tubular bridge structures [D]. Switzerland：EPFL，2005

[20] Kountouris，I，Baker M. Defect assessment：analysis of the dimensions of defects detected by ultrasonic inspection in an offshore structure [M]. CESLIC Report OR8，Imperial College of Science and Technology，London，UK，1989

[21] Madia M，Zerbst U，Beier H，et al. The IBESS model-Elements，realisation and validation [J]. Engineering Fracture Mechanics，2017：S0013794417304885

[22] Shen，C. The statistical analysis of fatigue data [D]. USA：The University of Arizona，1994

基金项目： 国家自然科学基金（52078448）、玛丽居里学者计划（101059409）

作者简介： 衡俊霖（1992—），男，博士，副研究员。主要从事钢结构及组合结构性能劣化研究。

周志祥（1958—），男，博士，特聘教授。主要从事钢结构及组合结构、工程结构运维方面的研究。

董　优（1986—），男，博士，副教授。主要从事工程结构韧性、智慧运维方面的研究。

盾构泡沫剂及其自助式生产工艺的研发

陈　雷[1]　梁　超[1,2]　白建军[1,2]　刘　祎[1,2]
（1. 中铁十局集团有限公司，山东 济南，230009；
2. 中铁十局集团城市轨道交通工程有限公司，广东 广州，511400）

摘　要：盾构施工面临的难题之一是地质条件复杂多变，渣土改良效果存在不可控性，土压平衡盾构最为常用的渣土改良方式是泡沫改良，理想的状况是根据地质变化即时调整泡沫剂组成和掺入量，实现盾构渣土持续高质量改良，保证盾构施工的质量、效率和安全性。为此本文开展了泡沫剂及其移动式自助生产设备的研发及应用研究，先后解决了全地层渣土泡沫剂改良、泡沫剂现场快速生产设备设计制造、现场生产质量控制等关键技术，全地层渣土改良效果持续可控，可为项目节约泡沫剂使用成本达30%以上。
关键词：渣土改良；泡沫剂；移动式自助生产；地质复杂多变

Development of shield foam agent and its self-service production process

Chen Lei[1]　*Liang Chao*[1,2]　*Bai Jianjun*[1,2]　*Liu Yi*[1,2]
(1. Railway No. 10 Engineering Group Co., Ltd., Jinan 230009, China;
2. The Tenth Engineering Bureau CREC Cheng, Guangzhou 511400, China)

Abstract: One of the difficulties faced by shield construction is that the geological conditions are complex and changeable, and the effect of muck improvement is uncontrollable. The most commonly used muck improvement method for earth pressure balance shields is foam improvement. The ideal situation is to adjust the foam in time according to the geological changes. The composition and dosage of the agent can be adjusted to achieve continuous high-quality improvement of shield muck and ensure the quality, efficiency and safety of shield construction. For this reason, this paper has carried out research and application research on foaming agent and its mobile self-service production equipment. The effect of muck improvement is continuously controllable, which can save the cost of foaming agents by more than 30% for the project.
Keywords: muck improvement; foaming agent; mobile self-service production; Geologically complex and changeable

引 言

当前，城市轨道工程建设持续升温，土压平衡盾构施工在国内地铁建设中被广泛应用，做好渣土改良是保证土压平衡盾构施工质量、效率和安全的重要辅助措施之一[1]。实际施工过程，面临着地质复杂多变、泡沫剂质量参差不齐等现实情况，给渣土持续高质量改良带来了较大困难，因为针对不同的土质和不同的矿物成分，渣土改良用泡沫剂类型存在较大差异，泡沫剂的生产模式是工厂集中批量生产，运抵现场的泡沫剂已是成品，无法根据地质变化进行有效组分的实时调整，成为制约控制渣土改良效果的重要技术瓶颈[2-4]。通过全面调研当前市场常用泡沫剂的总体价格、组成和应用情况，吸收国外同类优秀产品的改良应用经验，充分意识到解决全地层渣土泡沫改良技术，实现泡沫剂的少组分化，为现场生产提供可操作性；采用合适的工艺和设备实现泡沫剂的快速化生产，将是实现泡沫剂产品实时设计、生产及应用的渣土改良新模式的关键。

1 泡沫剂少组分化设计

工厂集中生产的成品泡沫剂通常包含表面活性剂（发泡组分）、稳泡剂、增稠剂、保鲜剂、分散剂，且多数情况下采用多类表面活性剂，泡沫剂组成多且复杂，传统泡沫剂配方显然不适用于项目现场生产，而考虑到现场即时生产、即时使用的特性，保鲜剂和增稠剂组分可考虑不添加，关键在于优选发泡能力更优的表面活性剂、稳泡能力更强的稳泡剂，并充分考虑组分间的配伍性，实现泡沫剂组分的最少化，从而达到现场生产的可操作性。

本研究开展了泡沫剂少组分化设计研究，通过选择配伍性更好的表面活性剂、稳泡剂和分散剂，将泡沫剂组分数量控制在 3 个以内，提出了现场生产泡沫剂配方组成形式和调配方法，具体实验研究结果如下。

1.1 表面活性剂和稳泡剂配伍性研究

本研究通过已有试验结果总结，重点优选了阴离子表面活性剂 2 种（分别标记为 H-1、H-2）、稳泡剂 2 种（分别标记为 W-1 和 W-2），通过正交实验，以发泡倍率、气泡半衰期（表征泡沫稳定性）和不同土质渣土改良效果为评价指标，优选出了地质适用性广、配伍性好的表面活性剂和稳泡剂组合，具体试验结果如表 1、图 1 和图 2 所示。

试件材性参数表　　表 1

序号	表面活性剂		稳泡剂		泡沫性能		渣土改良效果			
	类型	掺量（%）	类型	掺量（%）	发泡倍率	半衰期（min）	淤泥	粉土	砂	黏土、泥岩
1	H-1	15	W-1	1	12	10	较好	较好	差	差
2				2	13	20	较好	较好	差	差
3				3	11	15	较好	较好	差	差
4			W-2	1	11	10	较好	较好	差	差
5				2	12	15	较好	较好	差	差
6				3	9	10	较好	较好	差	差
7	H-2	13	W-1	1	15	15	好	好	好	较好
8				2	15	25	好	好	好	较好
9				3	13	30	好	好	好	较好
10			W-2	1	13	15	好	好	较好	差
11				2	13	20	好	好	较好	差
12				3	11	15	好	好	较好	差

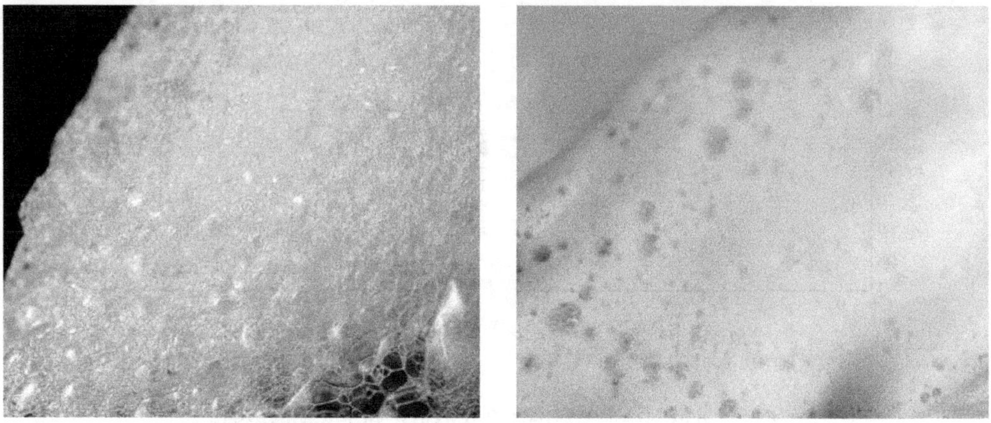

(a) 市场成品泡沫剂　　(b) H-2和W-1组合泡沫剂

图 1　泡沫剂发泡效果对比

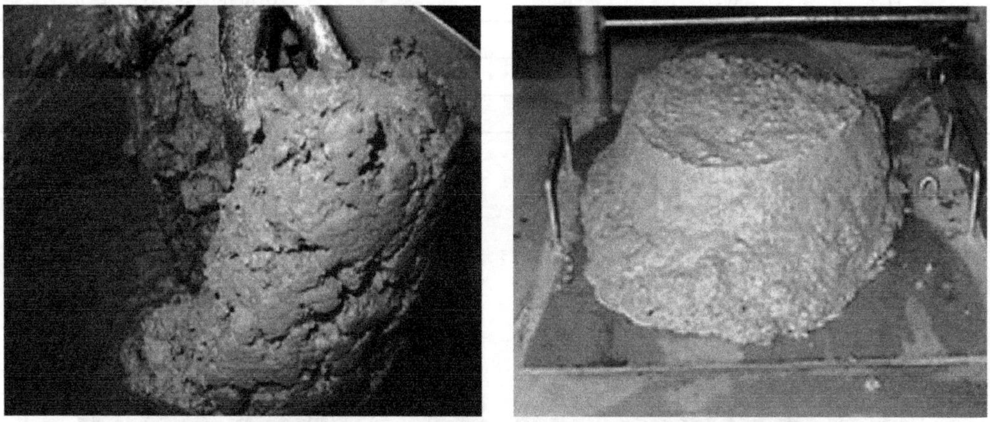

(a) 市场成品泡沫剂　　(b) H-2和W-1组合泡沫剂

图 2　泡沫剂对粉土改良效果对比

通过以上试验数据可知，阴离子表面活性剂 H-2 和稳泡剂 W-1 具有很好的配伍性，制备出的泡沫剂发泡倍率和半衰期满足使用要求，且对不同土质渣土均呈现较好的改良效果，具有普遍的地质适应性，将作为现场泡沫剂生产的基本组分，在不添加分散剂组分情况下即可满足淤泥、粉体和砂层地质渣土改良要求，可作为普通型泡沫剂成分，而针对黏土和泥岩类地质，需要适当的引入分散剂组分。

1.2　泡沫剂分散性能提升研究

在阴离子表面活性剂 H-2 和稳泡剂 W-1 构成的普通型泡沫剂基础上，引入了分散剂组分，研究了两类分散剂（分别标记为 F-1 和 F-2）对泡沫剂改良黏土和泥岩类地质的加强效果，分散剂组分引入对泡沫剂自身性能的影响如图 3 所示。

图 3 显示分散剂的添加会对泡沫剂的发泡倍数和半衰期产生一定的负面影响，但相比较而言，分散剂 F-1 对泡沫剂性能影响较小，且随着掺量增加至 5%，影响程度并未显著增加，且泡沫剂整体性能尚处于适用范围内，故拟采用分散剂 F-1 作为泡沫剂分散性能提升组分，由此获得分散型泡沫，其对黏土和泥岩类地质改良效果如表 2 和图 4 所示。

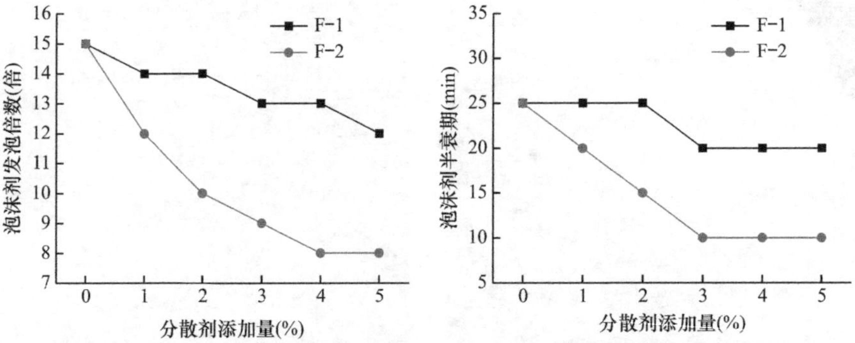

(a) 发散剂添加量与泡沫剂发泡率的关系　　(b) 发散剂添加量与半衰期的关系

图 3　分散剂添加量对泡沫剂发泡倍率和半衰期的影响

分散型泡沫剂对黏土和泥岩的改良效果　　**表 2**

序号	分散型泡沫剂组成（%）			渣土改良效果		
	H-2	W-1	F-1	黏土	中风化泥岩	强风化泥岩
1			1	好	较好	差
2	13	2	2	好	好	较好
3			3	好	好	好

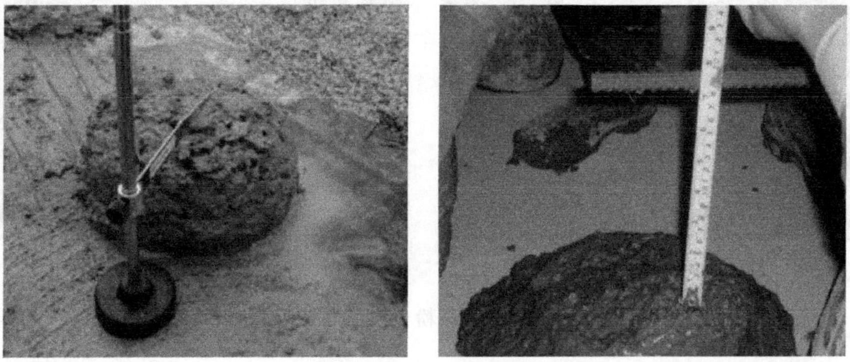

(a) 黏土改良效果　　(b) 强风化泥岩改良效果

图 4　分散剂泡沫剂对黏土和泥岩的改良效果

如表 2 和图 4 所示，分散剂组分 F-1 的添加可有效地提升泡沫剂对黏土和泥岩类地质的改良效果，且可针对土质类型选择合适的分散剂添加量，在较为经济的情况下，实现渣土的高质量改良。

以上研究表明，通过表面活性剂和稳泡剂配伍优选，并辅助分散剂增强泡沫剂对黏土和泥岩的改良效果，采用 3 组分（H-2、W-1 和 F-1）即可实现常见地质渣土的改良，泡沫剂的少组分组成是实现其在项目现场自助生产的必备条件之一，通过以上研究很好地解决了此必备条件。

2　泡沫剂自助生产工艺研究

2.1　温度

影响泡沫剂类材料生产质量工艺参数主要包括温度、投料顺序、搅拌速度和搅拌时间，本课题从现场自助生产角度出发，分别研究以上 4 个因素的影响程度及控制参数。

以上试验确定的泡沫剂 3 个组成成分均为常温易溶类物质，且在常温状态下其溶解度均远大于本研究确定的合适掺量，故温度对泡沫剂自助生产质量的影响在此不做详细讨论。

2.2 投料顺序

从现场生产的方便性和可操作性考虑，一次性投料最为适用现场自助生产，对工人的生产技能要求也最低，方便泡沫剂生产质量控制，故课题组重点研究了一次性投料和顺序投料对泡沫剂生产质量的影响，试验结果如表 3 所示。

不同投料顺序情况下泡沫剂的性能　　表 3

序号	投料顺序	搅匀所需时间（min）	发泡剂性能	
			发泡倍数（倍）	半衰期（min）
1	H-2→W-1→F-1	45		
2	H-2→F-1→W-1	45	14	25
3	F-1→H-2→W-1	45	13	25
4	F-1→W-1→H-2	45	14	25
5	W-1→H-2→F-1	45	14	25
6	W-1→F-1→H-2	45	14	25
7	一次性投料	30	14	25

注：1. 单次投料搅拌时间为 15min，总计搅拌时间为 45min；
2. 一次性投料搅拌时间为 30min。

通过表 3 中数据可知，投料顺序对泡沫剂生产质量无明显影响，一次性投料适用于本泡沫剂的生产，且搅匀所需的时间明显少于顺序投料，故现场自助化生产拟采用一次性投料方式。

2.3 搅拌速度和搅拌时间

研究了系列转速（50、100、200、300、400r/min）和不同搅拌时间对泡沫剂性能的影响，结果如图 5 所示。

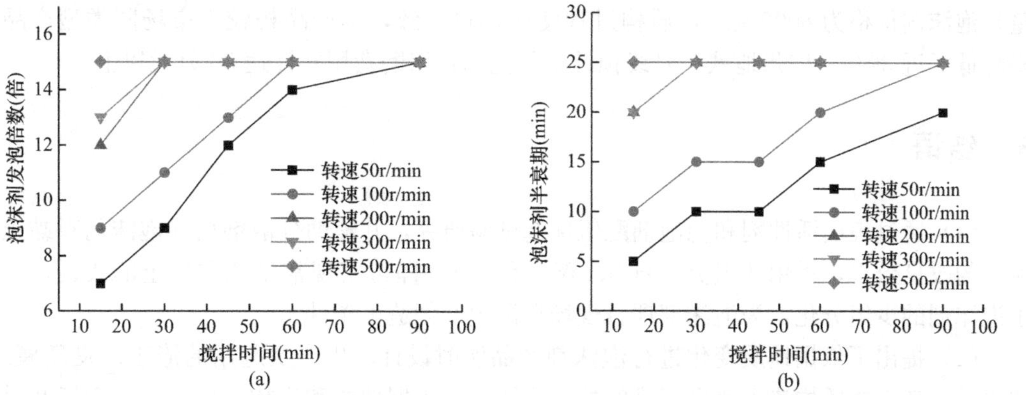

图 5　不同转速和搅拌时间对泡沫剂发泡倍数和半衰期的影响

通过图 5 中数据的变化趋势可知，搅拌速度和搅拌时间对泡沫剂的生产性能均有影响，考虑现场自身生产的实效性，泡沫剂的生产搅拌速度以 200r/min 为宜，搅拌时间不应低于 30min。

3 工程应用效果

泡沫剂及其移动式自助泡沫剂生产装置在广州地铁 7 号线、贵阳地铁 3 号线和苏州地铁 S1 线进行了推广应用。

3 个项目已采用本技术生产泡沫剂 60t，因各个项目地质差异较大，其泡沫剂基本组成存在差异，但生产工艺和质量控制方法均一致，现场自助生产时，较为合适的工艺参数为：一次性投料、搅拌时间 30min、搅拌速度 200r/min 左右，生产出的泡沫剂性能稳定。图 6 为泡沫剂渣土改良效果（泡沫剂的掺量浓度为 1.7%），改良地质为淤泥、强风化泥岩和硬岩，图片显示改良后的渣土呈现良好的流塑状，实测坍落度为 15cm，渗透系数为 0.6×10^{-6}cm/s，渣土改良效果良好，在地下水较多的情况下螺旋输送机出泥口未出现喷涌现象，达到正常盾构施工要求，综合验证了：

（1）泡沫剂配方和生产工艺均具备可行性；

（2）生产设备具备可操作性，1 个台班正常生产产量不低于 8t。

图 6　生产泡沫剂渣土改良效果

4 经济效益

为减少现场制造和运输量，本泡沫剂成品的有效含量达 15%，市场同类型（同有效含量）泡沫剂价格为 8000 元/t，盾构过程使用掺量一致，本产品相较于市场同类型产品价格降低了近 30%。广州地铁 7 号线预计节约泡沫剂采购费用共计达 30 万元以上。

5 结语

（1）通过表面活性剂和稳泡剂配伍优选试验研究，并辅助分散剂增强泡沫剂对黏土和泥岩的改良效果，采用 3 组分（H-2、W-1 和 F-1）即可实现常见地质渣土的改良，实现了泡沫剂的少组分化，为泡沫剂项目现场自助生产创造了条件。

（2）提出了依据地质变化进行泡沫剂产品实时设计、生产及应用的渣土改良新模式，解决了复杂地质盾构渣土改良困难的技术难题，可依据地质和盾构参数情况，现场及时调整泡沫剂组分，达到最佳改良效果。

参考文献

[1]　刘朋飞，王树英，阳军生，胡钦鑫．渣土改良剂对黏土液限影响及机理分析［J］．哈尔滨工业大学

学报，2018，50（6）：91-96

[2] 李培楠，黄德中，黄俊，丁文其. 硬塑高黏度地层盾构施工土体改良试验研究［J］. 同济大学学报（自然科学版），2015，44（1）：59-66

[3] 方勇，王凯，陶力铭，刘鹏程，邓如勇. 黏性地层面板式土压平衡盾构刀盘泥饼堵塞试验研究［J］. 岩土工程学报，2020，42（9）：1651-1658

[4] 严辉. 盾构隧道施工中刀盘泥饼的形成机理和防治措施［J］. 现代隧道技术，2007，（4）：24-2

作者简介： 陈　雷（1987—），男，硕士研究生，工程师。主要从事土木工程材料方面的研究。
梁　超（1976—），男，高级工程师。主要从事轨道交通方面的研究。
白建军（1987—），男，高级工程师。主要从事轨道交通方面的研究。
刘　祎（1987—），男，工程师。主要从事轨道交通方面的研究。

钢结构非落地式塔式起重机基础研究与应用

宗玉军
(中铁十局集团有限公司，山东 济南，250001)

摘　要：随着城市用地越发紧张，在公共交通设施上方上盖建筑已成为建筑行业发展趋势之一。上盖作业时，下方建筑物已启用，塔式起重机无法直接落地，材料运输成了施工组织的重难点。本文以兰州轨道东岗车辆段运用库上盖开发项目为例，详细介绍"钢结构非落地式塔式起重机基础"的研究与应用。
关键词：非落地式；塔式起重机基础；钢结构；框架柱

Research and application of steel structure non-floor tower crane foundation

Zong Yujun
(Rail Way No. 10 Engineering Group Co.，Ltd.，Jinan 250001，China)

Abstract：With the increasing shortage of urban land，building above public transport facilities has become one of the development trends of the construction industry. During the upper cover operation，the buildings below have been put into use，and the tower crane cannot directly land，so the material transportation has become a key and difficult point in the construction organization. This paper introduces the research and application of "steel structure non floor tower crane foundation" in detail，taking the development project of the upper cover of the application depot of Lanzhou rail Donggang depot as an example.
Keywords：non-floor type；tower crane foundation；steel structure；frame column

引言

兰州轨道东岗车辆段运用库上盖开发项目，位于地铁车辆段运用库上方，钢筋混凝土框架结构，共五层，结构总高度 41.6m，单层建筑面积约 40000m^2，最大层高 7.55m，框架柱尺寸 1600mm×1600mm。本工程层高高、单层面积大，施工所用的钢筋、架管等材料数量大，材料垂直运输速度要求高，采用汽车式起重机无法满足施工要求，为确保项目正常施工，经计算需要在运用库屋盖安装七台塔式起重机。

1　施工重难点分析及解决方案

1.1　重难点分析

本上盖开发项目施工时，运用库内及屋盖无法建设塔式起重机基础，塔式起重机无法安装，材料垂直运输无法进行，严重影响工程施工进度。主要难点为：

（1）地铁车辆段运用库已投入使用，库内接触网已通电、地铁列车已入库，运用库内无法建设钢筋混凝土塔式起重机基础，库内实景见图1。

（2）既有运用库屋盖钢筋混凝土梁、板设计承载能力不满足钢筋混凝土塔式起重机基础所需承载力要求，塔式起重机基础无法在运用库盖面建设。

图1　运用库内实景

1.2　解决方案

根据工程实际情况，结合运用库屋盖上部商业开发项目大截面框架柱、大跨度梁板结构的设计特点，对不同形式塔式起重机基础采用Midas软件模拟分析研究，对既有盖面塔式起重机基础的建设进行了深入分析研究，最终利用上部商业开发项目主体结构钢筋混凝土框架柱，研发"钢结构非落地式塔式起重机基础"。通过钢结构将塔式起重机荷载传递到框架柱、继而传递到运用库桩基础上，桩基设计承载力远远大于塔式起重机基础附加的荷载，且钢结构塔式起重机基础与运用库屋盖梁板不接触，不会对既有屋盖梁板结构造成破坏。

2　技术方案研究

2.1　塔式起重机基础技术原理

利用上盖开发项目盖上一层主体结构四个呈矩形布置的钢筋混凝土框架柱（图2中①），将基础主钢箱梁（图2中②）通过框架柱侧面的预埋件（图2中⑤）连接，基础主钢箱梁之间设置斜向支撑梁（图2中③），形成一个悬空的塔式起重机基础平台；在基础平台上焊接塔脚基础井字钢箱梁（图2中④），塔脚井字梁交叉位置处焊接塔脚支座（图2中⑥），用来连接塔式起重机底座。基础主梁、塔脚井字梁及斜向支撑梁整体形成一个距既有运用库盖面结构板（图2中⑦）高800mm的非落地悬空的钢结构基础平台，作为施工所用的塔式起重机安装的基础。

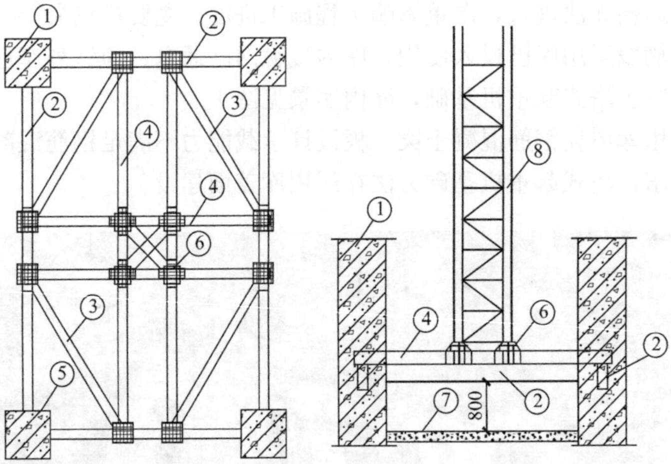

(a) 非落地式塔式起重机基础平面布置图　　(b) 非落地式塔式起重机基础立面图

图 2　非落地式塔式起重机基础平面布置、立面图

①上部结构框架柱；②基础主钢箱梁；③斜向支撑梁；④塔脚井字钢箱梁；
⑤框架柱侧预埋钢板；⑥塔脚支座；⑦既有运用库屋盖混凝土板；⑧塔式起重机

2.2　模拟分析验算

（1）不同基础下塔式起重机自身模拟分析

通过 Midas 软件建立模型图，对钢筋混凝土塔式起重机基础和非落地式钢箱梁塔式起重机基础对比分析，当采用两种不同塔式起重机基础形式，上部塔式起重机起重臂转不同角度时，选取塔式起重机中不同位置处点，对不同塔式起重机基础形式上的上部自身应力值和位移值进行对比分析（图 3～图 5）。

通过模拟对比分析显示，钢结构非落地式塔式起重机基础与钢筋混凝土塔式起重机基础相比较，塔式起重机本身应力、位移变化趋势一致，各参数分析均符合规范要求，因此钢结构非落地式塔式起重机基础形式结构性能满足塔式起重机安全使用要求。

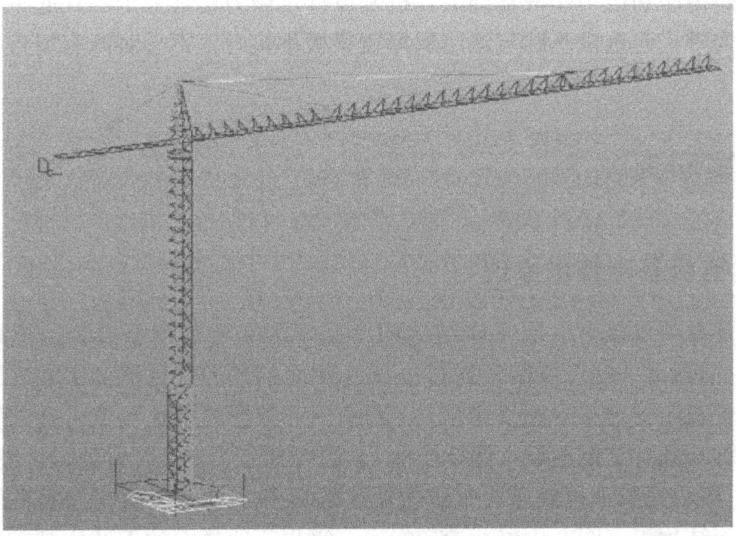

图 3　应力、位移分析模型图

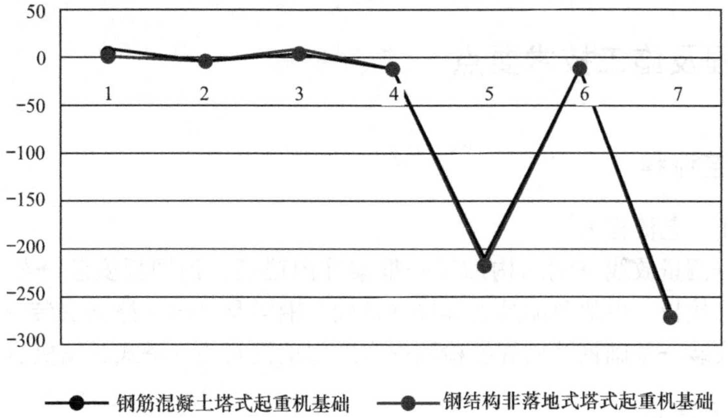

图 4 应力分析折线图

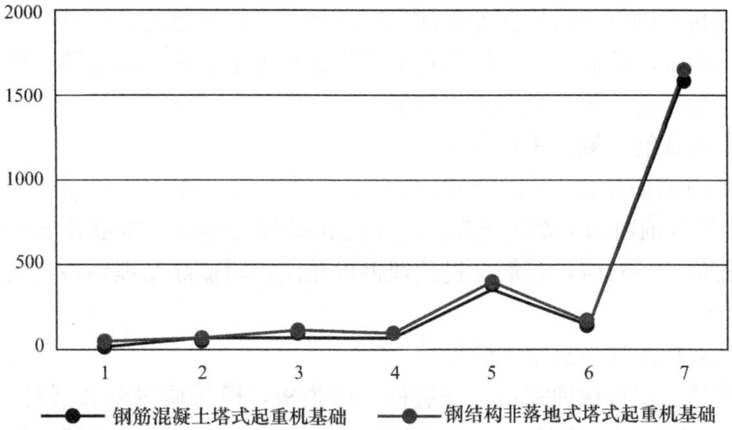

图 5 位移分析折线图

(2) 钢结构非落地式塔式起重机基础分析

通过软件模拟钢结构非落地式塔式起重机基础在塔式起重机运行过程中钢箱梁的应力值和位移值，了解塔式起重机使用过程中基础钢梁各部位的应力、位移情况，以及验算钢箱梁受力性能，从而确定基础钢梁的受力状态，综合判断其合理性（图 6、图 7）。

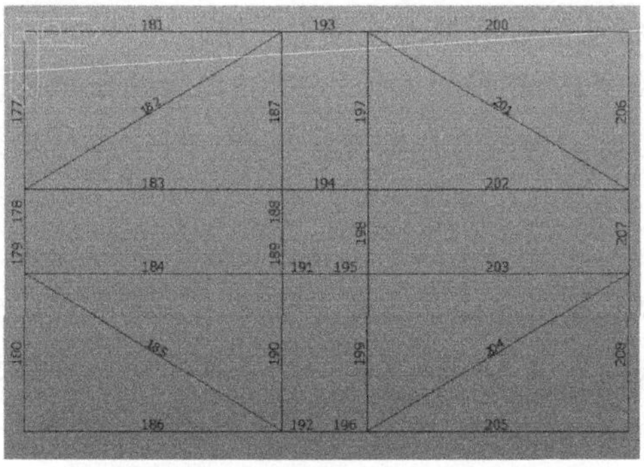

图 6 基础钢梁应力单元号图

截面验算表格

	单元	截面	截面名称			Len	Ly	Bmy	N	Mb	My	Mz	Vy	Vz
CHK	COM	SHR	材料	Fy	LCB	Lu	Lz	Bmz	Nr	Mrb	Mry	Mrz	Vry	Vrz
	177	2	B 800x300x12			3205.00	3205.00	1.00	-25552	-5.8E+7	-5.8E+7	1821145	1293.38	-39650
OK	0.04	0.01	Q345	345.000	1	3205.00	3205.00	1.00	6348027	0.00000	+1.6E+9	+7.1E+8	1181043	2749273
	199	1	B 500x300x12			3205.00	3205.00	1.00	24673.2	-2.0E+8	-2.0E+8	-521784	526.220	73814.2
OK	0.26	0.04	Q345	345.000	1	3205.00	3205.00	1.00	5773440	0.00000	+8.0E+8	+6.0E+8	1150752	1786764
	200	2	B 800x300x12			5155.00	5155.00	1.00	-11671	-2.6E+8	-2.6E+8	-3.3E+6	-1112.7	-93125
OK	0.17	0.03	Q345	345.000	1	155.00	5155.00	1.00	6220436	0.00000	+1.6E+9	+7.8E+8	1181043	2749273
	208	2	B 800x300x12			3205.00	3205.00	1.00	22574.4	-2.0E+7	-2.0E+7	1966981	-1375.4	6818.45
OK	0.02	0.00	Q345	345.000	1	3205.00	3205.00	1.00	8005440	0.00000	+1.6E+9	+8.5E+8	1181043	2749273

图 7 基础钢箱梁截面验算

通过对钢结构非落地式塔式起重机基础钢箱梁模拟分析，经过验算钢梁受力状况合理，钢结构基础满足塔吊安装施工要求。

3 工艺流程及施工技术要点

3.1 施工工艺流程

本技术施工工艺流程为：

施工准备→测量放线→钢结构加工→框架柱内锚筋、预埋板安装→框架柱混凝土浇筑→预埋板上连接板、牛腿及加劲板焊接→基础主钢梁及斜向支撑梁安装→塔脚井字梁安装→塔脚支座安装→基础钢结构焊缝检测→塔式起重机安装→塔式起重机运行安全监测。

3.2 施工技术要点

（1）塔式起重机基础钢结构加工

本塔式起重机基础钢结构均在专业加工厂内加工，材料厚度、尺寸严格按照塔式起重机基础钢结构图纸要求控制，要求钢结构所有焊缝均为全熔透一级焊缝，材质 Q345B。厂内焊缝检测合格后，运至施工现场进行安装。

（2）框架柱内锚筋、侧面钢板预埋

框架柱内预埋锚筋采用直径 25mm 的圆钢，材质 Q345B，按照图纸加工成“L 形”，锚筋两端 15cm 长范围内加工螺丝丝扣，用于连接高强度螺栓。锚筋排布与柱侧面预埋钢板预先钻好的孔位一一对应，锚筋穿过预埋钢板孔位，调整好预埋钢板位置后采用高强度螺栓固定。

（3）柱侧预埋板上连接板及牛腿焊接

框架柱内锚筋、钢板预埋完成，安装框架柱模板，模板质量验收通过后浇筑混凝土，混凝土强度达到 100%时，在柱侧面预埋板上焊接基础梁连接板及牛腿，牛腿顶标高同塔式起重机基础钢梁底标高。提前在连接钢板上打好孔，每块连接板 16 个孔，孔径 29mm，用于 M27 高强度螺栓（10.9S 级）连接基础主钢梁。

（4）塔式起重机基础钢梁与塔脚井字梁安装

塔式起重机基础梁为八根钢箱梁，其中四根两端分别与框架柱侧面连接呈矩形布置（图 2 中②），另外四根两端分别与同框架柱相连的钢箱梁连接呈菱形布置（图 2 中③），八根钢梁整体形成钢结构基础平台。与框架柱连接的钢箱梁两端腹板打孔，孔位与连接板上孔位一一对应，用 10.9S 级 M27 高强度螺栓将连接板与腹板连接为一体。

塔脚井字梁由两对两两平行的四根钢箱梁交叉焊接而成（图 2 中④），每两条梁相交处为塔脚支座，共有四个塔脚支座，塔脚支座与塔式起重机基础底座相连。井字梁与塔式起重机基础钢梁焊接连接。

（5）塔脚支座安装

塔脚支座用于连接塔式起重机基础节上塔式起重机底座，支座上部采用矩形钢板，钢板上钻孔与塔式起重机底座既有孔一一对应，用高强度螺栓将支座与塔式起重机底座连接到一起。塔脚支座与井字梁之间采用焊接连接，所有焊缝等级要求全熔透一级。

（6）钢结构焊缝检测及安装塔式起重机

钢结构塔式起重机基础平台安装完成，焊缝检测全部合格后安装塔式起重机。将塔式起重机底座与井字梁上塔脚支座用 10.9S 级 M30 高强度螺栓连接牢固，再安装塔式起重机标准节及其他构件，直至塔式起重机安装完成。

（7）运行安全监测

本工程塔式起重机运行过程中，在钢结构基础上布置不同应力监测点，采用应力传感器、分析软件等设备仪器收集数据对塔式起重机基础安全状态进行监测（图 8、图 9）。

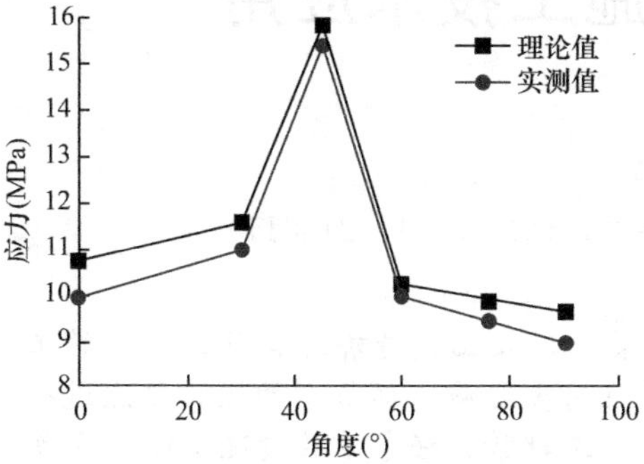

图 8　监测点 1 实测值与理论值对比

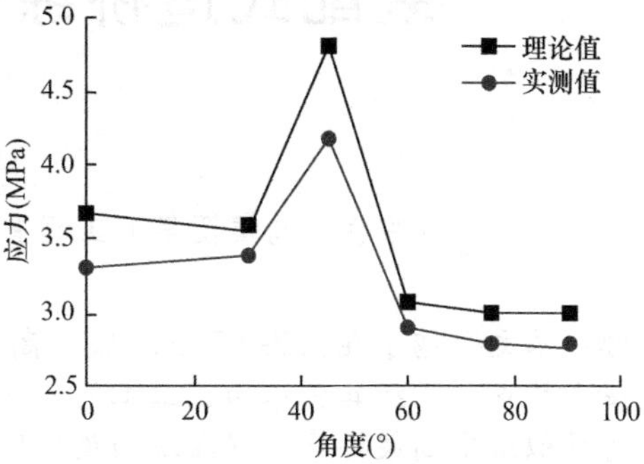

图 9　监测点 2 实测值与理论值对比

现场实际监测结果显示，塔式起重机运行中各监测点实测数据与软件模拟理论数据一致，钢结构非落地式塔式起重机基础各构件应力、变形等均与理论设计相符，塔式起重机运行状态良好，使用安全可靠。

4　结语

钢结构非落地式塔式起重机基础施工技术，在兰州轨道东岗车辆段运用库上盖开发项目得到实践应用，成功完成七台塔式起重机的安装，按时完成大量钢材、架管、模板、木方等材料的垂直运输，保证了工程总的施工工期。钢结构非落地式塔式起重机基础可设计成定型尺寸，由工厂制作、可多次重复利用，既节约成本、又降低环境污染。本技术实施性、使用性强，解决了上盖类项目材料运输难题，为其他类似工程提供技术参考，具有较高的推广价值。

参考文献

［1］ 刘超，陈浩，宗玉军等. 非落地式塔吊基础力学性能试验研究［A］. 兰州工业学院学报，2019，26（3）

［2］ 蒋国伟，戎志伟. 既有地铁上盖项目的塔吊基础设计与施工［J］. 建筑施工，2018，40（7）：1117-1119

［3］ GB 50017—2017 钢结构设计标准［S］. 北京：中国建筑工业出版社，2017

装配式造桥综合施工技术应用

刘光华

（中铁十局集团第五工程有限公司，江苏 苏州，215011）

摘 要： 本文介绍了在上海S7公路城市高架桥梁中，装配式造桥综合施工技术的工艺原理和技术特点，介绍其具体的施工工艺流程，并且对重要施工环节中的操作要点进行了阐述，为类似城市高架桥梁工程在现场施工环境差、工期紧、任务重的情况下提供参考。

关键词： 装配式；悬臂盖梁；桥面板；桥台；预制拼装；灌浆套筒

Application of comprehensive construction technology of fabricated bridge construction

Liu Guanghua

(The Fifth Engineering Co., Ltd. of China Railway 10th Bureau Group, Suzhou 215011, China)

Abstract: This paper introduces the principle and technical characteristics of the comprehensive construction technology of prefabricated bridge construction in the Urban Viaduct of Shanghai S7 highway, introduces its specific construction process, and expounds the key points of operation in important construction links, so as to provide reference for similar urban viaduct projects under the conditions of poor on-site construction environment, tight construction period and heavy tasks.

Keywords: assembly type; cantilever cap beam; deck slab; abutment; prefabrication and assembly; grouting sleeve

引言

随着我国国民经济的发展和预制节段拼装施工机械设备生产水平的进步；尤其是机械设备摊销费用在工程总投资中比例不断降低和人工费用渐呈上升的趋势，促使装配式预制节段拼装施工的经济性不断提升。通过S7公路全面应用预制拼装技术，在立柱、盖梁和小箱梁装配的基础上，对悬臂拼装分节盖梁、组合梁桥面板、桥台（pocket模式）、箱涵、挡土墙、防汛墙、防撞墙、排水沟、管理用房等工程结构均成功应用了装配式技术，装配化率达到95%以上。在现场施工环境较差、工期紧、任务重的情况下，可以大大缩短现场施工时间，对环境的不利影响降低到最小程度，并使施工质量得到保证，在城市高架中具有很好的发展前景。

1 工艺原理与技术特点

此种装配式桥墩综合施工技术原理首先是桥梁桩基采用ϕ800mmPHC管桩，承台采用无侧向支撑大模板技术现浇，墩柱和盖梁在预制厂采取工厂化预制，半成品存放、养护及厂内倒运施工；其次是承台与墩柱连接、墩柱与盖梁连接采用灌浆连接套筒与高强无收缩水泥灌浆料组合体系，来增强与钢筋、套筒内侧间的正向作用力，完成钢筋连接；最后是墩柱、盖梁、组合梁桥面板、桥台（pocket 模式）、箱涵、地面小桥、防汛墙、防撞墙等工程结构均成功应用了装配式技术在现场以起重机械吊装为主，利用吊装定位装置快速调整桥梁墩柱和盖梁平面位置精度。

此种施工技术所表现出的特点包含以下几个方面：（1）预制墩柱、盖梁采用专用胎架模板、吊具等相关配套机械化设备，实现了预制构件厂工装和流水线的集成预制工艺；（2）通过桥墩预制拼装构件之间的连接构造和连接装置，完成了预制构件之间钢筋连接，避免了传统钢筋搭接或焊接的质量通病；（3）通过预制构件吊装、运输和现场拼装精调定位装置，使劳动力资源投入减少，机械化程度明显提高，对周边环境基本无影响，减少了施工现场扬尘和噪声污染。

2 施工工艺流程及操作要点

2.1 施工工艺流程（图 1）

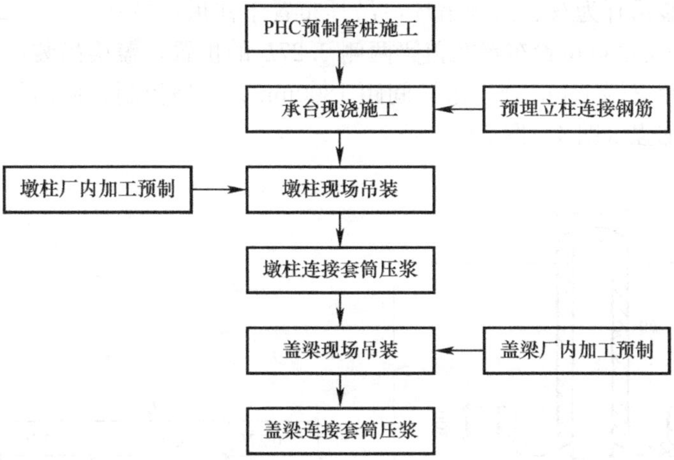

图 1 装配式桥墩综合施工流程

2.2 PHC 预制管桩施工

本工程为践行“绿色公路”理念，S7 全线用 PHC 管桩和钢管桩替换钻孔灌注桩，从根源上杜绝了泥浆污染现象。同时，为了降低沉钢管桩的噪声，减少对周围环境的影响，引进了液压免共振锤，最大程度减少了土体共振和噪声污染。

2.3 承台施工

本工程承台采用无侧向支撑大模板技术现浇施工，其承台预埋墩柱连接钢筋采用模块化工艺施工，利用钢筋加工厂专用胎架，将墩柱预埋连接钢筋制作成型后，运输至现场整体吊装。预埋墩柱连接钢筋现场安装时，采用专用的定位面板进行系统定位，待承台浇筑完成后再将其拆除。墩柱预埋连接钢筋笼制作精度及现场安装精度均控制在±2mm。

2.4 墩柱和盖梁预制施工

（1）预制墩柱和盖梁的钢筋笼胎架施工要点

预制墩柱和盖梁的钢筋笼于专用胎架上制作加工成型，钢筋笼制作偏差为+2mm。为保证预制拼装的灌浆连接套筒的定位精度，在胎架下部增加套筒定位钢板，该钢板采用车床精加工成型，精度可控制在±1mm 内（图 2、图 3）。

图 2 墩柱钢筋笼胎架

图 3 盖梁钢筋笼胎架

（2）预制墩柱、盖梁吊点安装施工要点

预制墩柱吊装吊耳为双点预制吊环，吊耳布置于柱顶，吊耳间距 1.2m。两吊点间距 1200mm；预制盖梁吊点位置布置在盖梁两侧 0.27L 的位置，盖梁吊装吊耳为四点预制吊环，吊耳布置于距梁端 1.0m 处，吊耳间距 1800mm。严格控制、伸出长度的控制、吊点处加装钢丝网片加强（图 4、图 5）。

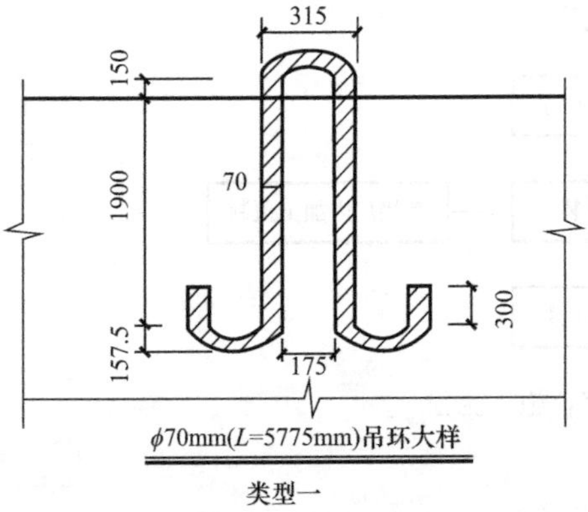

图 4 立柱吊点安装示意图

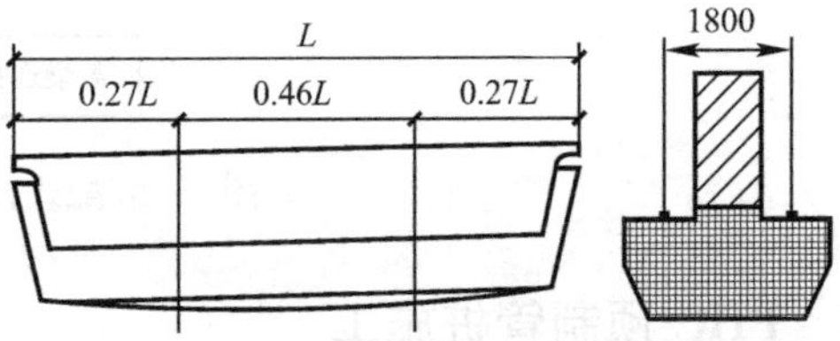

图 5 盖梁吊点安装示意图

（3）预制墩柱、盖梁混凝土浇筑施工要点

预制墩柱混凝土等级 C40，预制盖梁混凝土等级 C60，均为高性能混凝土一次性浇筑完成（图 6、图 7）。

（4）预制墩柱和盖梁现场吊装施工操作要点

墩柱插筋安装定位面板后，通过角点处 4 根封口限位管，利用 5～12mm 的限位销按对称方向将定位面板与预埋立柱插筋进行限位固定，确保墩柱插筋不发生位移（图 8）。

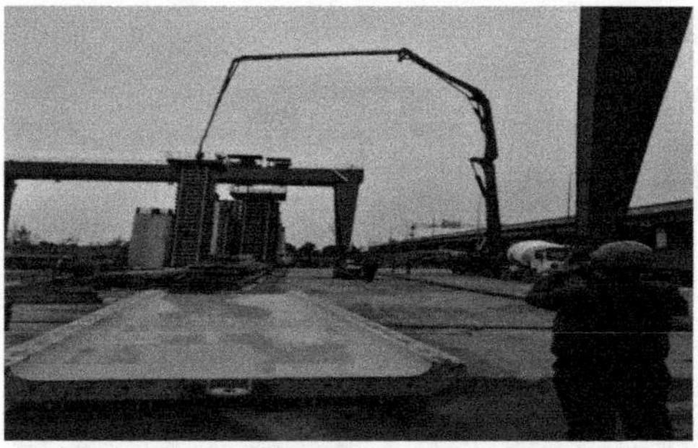

图 6　墩柱混凝土浇筑现场施工

图 7　盖梁混凝土浇筑现场施工

(5) 预制墩柱和盖梁现场吊装工艺流程

1) 墩柱安装施工

① 拼接面处理

墩柱安装前对承台面及立柱端面进行凿毛处理并湿润，在拼接面中心位置安放调节垫块，调节垫块采用 200mm×200mm×21mm 橡胶支座，底下设置多块厚钢板调节立柱高度（图 9）。

图 8　预埋墩柱插筋定位钢板及调节螺杆布置图

② 墩柱安装固定

承台与墩柱间的砂浆垫层采用 OVM 生产的 C60 砂浆。铺浆完成后，在承台每根预留钢筋上面套上止浆垫，止浆垫略高于浆液面（图 10）。

图 9　承台拼接面凿毛

图 10　承台拼接面砂浆垫层铺设

墩柱采用履带式起重机配合安装，由人工配合进行辅助定位，使墩柱底面的套筒口与承台顶面预留钢筋一一对应，通过 4 台千斤顶进行精调定位至设计标高和平面位置后松钩，完成立柱的安装。

③ 预制墩柱灌浆套筒压浆

墩柱灌浆套筒压浆作业在垫层砂浆达到终凝后进行，压浆过程为浆料从下部注浆孔压浆，上部出浆口出气，当浆料流出时封堵出浆口并停止压浆，待压浆管压力稳定后，拔出压浆枪头并采用橡胶止浆塞封堵压浆口（图 11、图 12）。

2) 盖梁安装施工

① 拼接面处理

盖梁安装前对墩柱顶面进行凿毛处理并湿润，在拼接面四周位置安放调节垫块，底下设置多块厚钢板调节盖梁顶面标高（图 13）。

图 11　预制墩柱安装施工

图 12　预制墩柱压浆施工

图 13　盖梁拼接面凿毛及抱箍挡浆模板安装

② 盖梁安装固定

墩柱灌浆强度达到设计强度后进行盖梁安装。安装前对立柱顶面进行清理湿润，安装挡浆模板。盖梁与墩柱间的砂浆垫层采用 OVM 生产的 C60 砂浆。

盖梁最大吊重 200t，采用 2 台 250t 履带式起重机双机抬吊安装，人工辅助对位，通过盖梁顶面两端中部垂线来控制平面位置（图 14、图 15）。

图 14　盖梁拼接面铺设砂浆施工

图 15　盖梁定位安装施工

③ 预制盖梁灌浆套筒压浆

盖梁灌浆套筒压浆作业在垫层砂浆达到终凝后进行，压浆过程为浆料从下部注浆孔压浆，上部出浆口出气，当浆料流出时封堵出浆口并停止压浆，待压浆管压力稳定后，拔出压浆枪头并采用橡胶止浆塞封堵压浆口（图 16）。

（6）超大盖梁的节段拼装（悬拼和门式墩）施工要点

S7 公路工程存在部分大挑臂，混凝土盖梁重量超过 250t，由于吊装和运输的影响无法实施一次性整体吊装，联合上海市政总院及同济大学，共同研发了大型盖梁分节预制悬臂拼装技术。该技术是国内首个胶接缝拼接盖梁实例，最大的悬拼节段重量达到 173t。此外，为满足平均长度达 40m，总重 800t 的门式墩盖梁。将大型盖梁分成一大两小三节预制和拼装，并研发了专用的中间节段临时悬吊体系，解决了大型门式墩盖梁的预制拼装难题，成功应用于 S7 跨陈广路施工（图 17）。

图 16　预制盖梁灌浆套筒压浆施工

（7）地面中小桥全预制拼装

为减少新建及改建工程的中小桥施工对周边交通的影响，联合上海市政总院革新地面中小桥建造体系，桩基础采用钢管桩或预制 PHC 管桩，桥台采用桩柱式 pocket 模式预制拼装，上部结构采用刚接空心板梁取代铰接空心板，从根源上解决铰缝病害，台后挡土墙也采用装配式施工。中小桥全预制装配的应用，从沉桩开始到上部结构贯通，速度是原有现浇工艺的 7 倍（图 18）。

图 17　分离式盖梁及门墩施工

图 18　预制桥台装配式施工

（8）组合钢梁上的防撞墙拼装

混凝土小箱梁边梁带防撞墙整体预制的形式，不适用于组合梁桥面板、钢梁和空心板梁等结构。新工艺通过少量 UHPC 后浇接头，将防撞护栏与相应结构相连，适用范围较广，可同时满足车撞和风荷载（声屏障）两种工况下的使用要求。S7 公路运用此技术单独预制安装防撞墙达 10km 以上（图 19）。

图 19　组合钢梁上的防撞墙拼装

（9）预制桥面板（航拍测量技术）

S7公路跨宝安公路采用大跨度组合梁结构形式，为了避免在繁忙的交通路口上方搭设吊模和浇筑混凝土，需将桥面板分块预制再现场拼装，最后在拼缝位置灌注UHPC形成整体。运用工业级航拍器对钢板梁的栓钉位置进行测量，高清晰的影像结果可直接反映焊钉的相对位置关系，极大地提高了测量速度和质量，且图像化的测量结果可以直接在CAD中辅助预制图深化设计，为个性化定制桥面板打下了基础（图20）。

图20 预制桥面板（航拍测量技术）

3 效益分析

（1）用料对比

预制立柱和盖梁配套定型钢模，通过合理的资源配置体系，形成工业化的生产线模式，模板利用率高，可反复周转使用300次以上，远大于传统现浇支架模板使用次数，完全形成了现场无支架施工工况，混凝土构件成品质量稳定，可有效控制混凝土浇筑量，降低现场浇筑损耗量的67%；钢筋机械化集中加工，钢筋原材可合理配备，人为因素损耗材料少，减少钢材损耗量约40%。

（2）工时对比

传统现浇支架施工受场地气候等影响严重，工序繁琐，人力物力投入大，施工中不确定因素较多，施工工期长且难以把控。采用预制装配式施工工艺，构件工厂化预制，可全天候进行施工作业，不占用关键工期，现场以起重机械吊装为主，人力物力投入较少，工效明显提高，投入两台起重吊车，可实现单日4个预制桥台，5榀盖梁，10根立柱，11片预制小箱梁，20块预制桥面板，50m预制防撞墙的安装速度，缩短了工期，提高了效率，同时减少了危险源，降低了施工风险。

4 结论

预制装配式施工工艺具有工业化程度高、施工周期短、不受季节限制、现场作业人员少、现场拼装施工对周边环境的影响小，达到了节能环保、减少资源浪费的功效，由于多个部位采用预制拼装工艺，整条S7公路预制装配化率达到了95%以上，施工现场的作业人数减少了90%，施工速度提高了7倍以上；该装配式施工工艺得到了成功应用，为以后类似桥梁工程，总结出一套标准化分段、系列化的预制与拼装施工工艺，可以有效地指导类似结构施工，使施工过程更加安全可靠，施工质量、工期进度更加有保障；不管从经济效益还是社会效益都是值得推广的。

参考文献

[1] 卢永成，邵长宇等. 上海长江大桥预制拼装结构设计与施工要点［J］. 中国市政工程，2010，(1)

[2] 沈阳云. 东海大桥墩身节段预制安装的关键技术［J］. 公路，2005，(8)

[3] 朱治宝，刘英. 跨海大桥大型预制墩柱的施工技术［J］. 桥梁建设，2004，(5)

[4] 姜海西，查义强，周良等. 城市桥梁墩柱预制拼装关键技术研究［J］. 上海建设科技，2016，(1)

[5] 卢永成，邵长宇，黄虹，张晓松，袁慧玉. 上海长江大桥预制拼装结构设计与施工要点［J］. 中国市政工程，2010，(1)

作者简介：刘光华（1987—），男，工程师。主要从事公路与桥梁、道路工程专业方向。

跨运河大跨度钢箱提篮拱桥装配式施工技术

赵世杰
（中铁十局集团第四工程有限公司，江苏 南京，210000）

摘　要：本文所述技术根据贾汪运河大桥的设计情况以及现场施工条件所形成，由于浮拖法和顶推法需要在引桥位置进行拼装，而运河南岸大堤影响了拼装位置。另外，海事及航道部门要求在桥梁施工期间，尽量缩短封航时间及次数，确保过往船只航行安全、顺利通航。因此，通过和设计单位共同研究，不断进行施工方案的优化，最终形成了一种钢箱提篮拱桥大节段浮吊吊装施工工艺，并得到了实践的成功检验。
关键词：跨运河；大跨度；钢箱提篮拱桥；装配式

Prefabricated construction technology of long-span steel box basket arch bridge across canal

Zhao Shijie
(The Fourth Engineering Co., Ltd. of China Railway 10th Bureau Group, Nanjing 210000, China)

Abstract: This technology is formed according to the design and on-site construction conditions of Jiawang canal bridge. Due to the floating towing method and pushing method, it needs to be assembled at the approach bridge position, and the levee on the South Bank of the canal affects the assembly position. In addition, the maritime and waterway departments require to shorten the closure time and times as far as possible during the bridge construction period to ensure the safe and smooth navigation of passing ships. Therefore, through joint research with the design unit and continuous optimization of the construction scheme, a large section floating crane hoisting construction technology of steel box basket arch bridge is finally formed, which has been successfully tested in practice.
Keywords: cross canal; long-span; steel box basket arch bridge; fabricated

引言

近年来，随着交通的迅速发展，跨运河桥梁施工越来越多，一般采用浮拖法和顶推法，该项目受制于现场施工条件限制采用先在岸边分节段进行预制，然后浮吊分三次对钢箱提篮拱桥进行吊装，先边跨、后中跨，形成了跨运河钢箱提篮拱桥装配式施工技术。

1　技术简介及特点

钢箱提篮拱桥装配式施工适用于新建钢箱提篮拱桥的施工。在岸边选择合适的拼装场地，进行钢箱提篮拱桥的拼装，梁和拱肋均分成7个小节段，拼装时，除在三大节段断缝处用码板临时固定外，其他小节段均满焊成型。拱肋拼装时，采用ϕ529×10的螺旋钢管作为支撑，风撑和吊杆均在岸边拼装完成。在水中搭设临时支墩，采用两台500t的浮吊船分三次对钢箱提篮拱桥进行吊装，先边跨、后中跨。桥面板为预制板，采用70t汽车式起重机由小里程向大里程依次安装。最后浇筑湿接缝和张拉吊杆，最后拆除拱肋临时支撑和水中支墩。

技术特点一：大节段浮吊吊装施工工法封航次数较少，亦可以大量缩短每次的封航时间，经优化，D1、D3、D2三个节段吊装时每节段封航一次，封航时间：边跨为4h，中跨合龙为6h。

技术特点二：岸边拼装成大节段时，不占用引桥位置，对工期有利。

技术特点三：施工工艺简单、稳定性好、可靠性高、安全风险较小。

技术特点四：与原位拼装法相比，节约了大量的支架搭设费用和封航次数，减少了措施费用的投入，降低了施工成本。

2 施工工艺

2.1 主要工艺介绍

钢箱提篮拱系梁、中横梁、端横梁及拱肋等构件在厂家加工制作，陆路运输至运河南岸场地进行拼装。由于浮吊船吊距限制，采用在岸边搭设8个临时支墩作为拼装支点。由两端向中间、先河侧后岸侧对称拼装。后期采用2台浮吊船进行大节段吊装，桥面板预制完成后采用汽车式起重机安装。

2.2 岸边拼装场地施工

本工程系梁拱拱肋均分成7个节段，同时考虑500t浮吊船的吊距，因此，采用在岸上设置8个混凝土扩大基础，在水中设置8个钢管临时支撑作为钢箱提篮拱桥的拼装支点。

2.3 岸边拼装施工

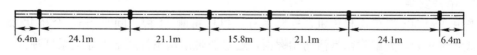

本项目钢箱拱桥系杆总计长度为119m，综合钢箱拱分段，将单根系杆分为7段，最大长度为24.1m，具体长度为：6.4m+24.1m+21.1m+15.8m+21.1m+24.1m+6.4m。具体划分如图1所示。

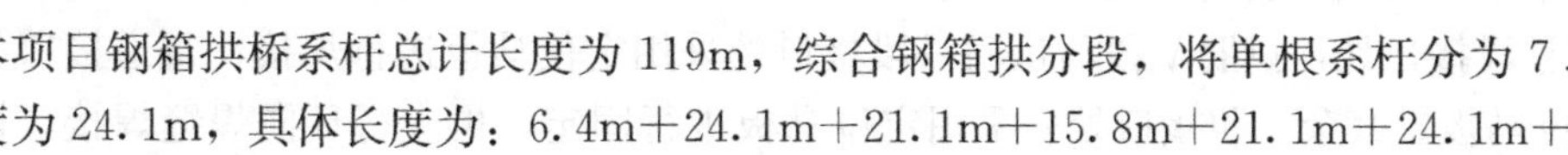

图1 系梁主梁节段划分示意图

根据测量放样，事先在支墩和钢管平台上用钢板与其焊接，作为定位装置，然后安装两端横梁，再由两侧向中间、先河侧后岸侧安装系梁，最后安装小横梁和小纵梁。对系杆主梁及纵横梁，单根最大起吊重量为分段的吊装为：系梁1和系梁7，单个节段重40.9t。最大起吊幅度20.85m，根据机械性能，300t汽车式起重机满足施工要求。进行纵、横梁吊装安装时，亦采用履带吊进行作业。起吊时，吊点仍选择在使两端悬臂长度约为各分段总长的0.29倍左右。在吊装前需将系杆主梁位置放样好将两侧边线一次性放样至拼装平台上，尤其分段系梁两端落点位置要精确控制，确保精确控制系杆主梁轴线。

钢结构的临时固定，第一块起吊安装的钢结构分段固定，可以将主系杆拱脚端钢结构分段和混凝土基础处事先预埋钢板进行焊接，作为临时的定位固定。以后安装的钢结构分段可以依次循环固定。所有固定均为型钢或钢板焊接施工，各分段的固定，用钢码板焊接连接。

2.4 拱肋支架安装

2.4.1 主要工艺介绍

钢箱拱拼装在系杆主梁、端横梁及纵横梁拼装结束后进行，单片拱肋分为7个吊装节段，先进行拼装支架搭设，其次进行拱肋分段吊装，随后进行风撑及临时吊装支撑体系安装，再进行吊索安装，最后拆除拱肋拼装支架，保留拱肋与系梁之间的支架，以便后期大节段吊装时作为刚性支撑。

2.4.2 拱肋临时支架搭设

该工程钢拱肋分成7片进行现场拼装，在拱肋拼装前需要搭设钢箱拱肋拼装格构柱临时支架。

钢箱拱格构柱临时支架由4根$\phi 529\times 10$mm钢管和30a工字钢组成的格构，钢管顶部加工成和拱肋底面坡度一致的断面，以便拱肋和钢管贴合更加紧密，方便焊接；在钢管之间用30a工字钢作为水平连接把钢管连接，工字钢和钢管之间采用满焊，并在结构的顶部搭设工作平台。支架高度根据拱肋与系杆的模拟高度来确定，纵向间距一般根据拱肋节段的垂直投影距离而定。在支撑梁上焊一层3mm厚薄钢板，用于后期拱肋接口焊接操作平台。

2.4.3 拱肋拼装施工

采用一台300t汽车式起重机，按顺序安装拱肋各节段。测量放样、精确定位后，节段之间用马板临时连接，然后进行节段与节段之间、节段与格构柱之间焊接，待全部焊接结束后才能松开钢丝绳。节段与格构柱之间临时焊接，后期作为大节段吊装时拱肋与系梁间的刚性支撑。

由于本工程拱肋后期采用分段吊装，故在拱肋拼装结束后进行焊接时，对于拱肋Ⅱ段与拱肋Ⅲ段接口处，拱肋Ⅴ段与拱肋Ⅵ段接口处采用定位马板进行焊接，每道接口处设置4个定位马板。其余拱肋接口处先采用定位马板进行固定，再进行环向焊缝焊接，待焊接结束后再切割定位马板，马板采用500mm×100mm×20mm钢板。

2.4.4 吊杆安装

采用一台50t汽车式起重机，安装吊杆，拱桥每侧14根，间距7m，全桥共28根吊杆，总重约9.7t。先解除锚具活动端螺帽，通过履带吊从系杆底部下穿至系杆顶部，直至拱肋顶部。临时紧固活动端螺帽，通过吊带从拱肋外侧将吊索提住，再解除钢丝绳，紧固螺帽，即完成单根吊索安装（图2）。

2.4.5 支座安装

主桥支座共分为三种，设置四个，分别为双向支座、单向支座与固定支座，在主墩盖梁垫石施工完成后进行安装，安装支座前按照设计坐标进行放样，准确确定支座中定位套筒位置，将支座放置垫石后，安装支座底脚螺栓，灌注环氧树脂砂浆，上支座钢板与下支座钢板的保护连接暂时保留以防止施工过程中的滑动，以便保留它的位移量。另外为了防止钢结构吊装落位时对支座的碰撞造成位移，在施工垫石时对支座四周预埋 $\phi25$ 钢筋使其整体固定防止碰撞造成支座整体移动。

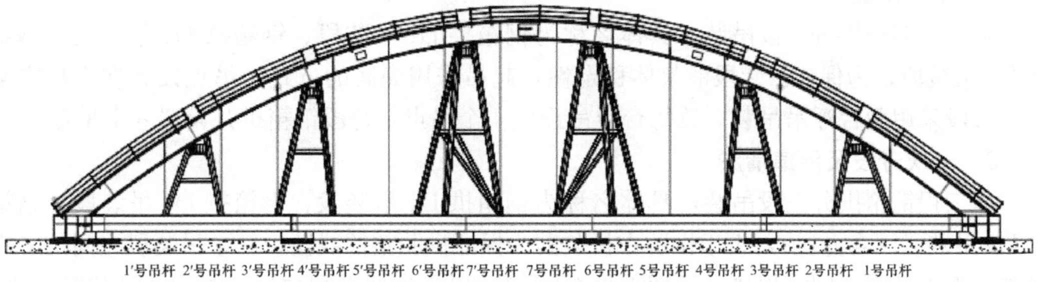

图 2　吊杆安装位置示意图

2.5　水中支墩搭设

在水中距离主墩中心 29.12m 位置施打 9 根 $\phi630\times10$mm 螺旋钢管，螺旋钢管入水深度为 13.3m，水中墩顺桥向搭设三排，间距 2.5m；每排设置 2 根钢管，间距为 2.5m。8 根螺旋钢管组成一个水中支墩，支墩顶部顺桥向搭设双拼 I45a 工字钢支撑梁，并在支撑梁上设置双拼 I45a 作为主分配梁。在距离钢管桩顶部 1m 处设置剪刀撑，剪刀撑采用[20a 工字钢，剪刀撑每隔 2.5m 设置一道，槽钢与钢管采用焊接连接，横、纵向每两个相邻钢管桩均需设置剪刀撑。

2.6　三大节段吊装

本工程由于钢箱提篮拱整体重量为 1400t 左右，整体吊装吨位过大，目前内河航道超过 500t 浮吊船数量仅三台，难以协调，为保证工程有序推进，将钢箱拱分为三段整体吊装。具体划分均按设计给予的拱肋分段节点作为钢箱拱分段吊装的分段点，吊装长度分别为 32.5m+58m+32.5m。具体分段见图 3。

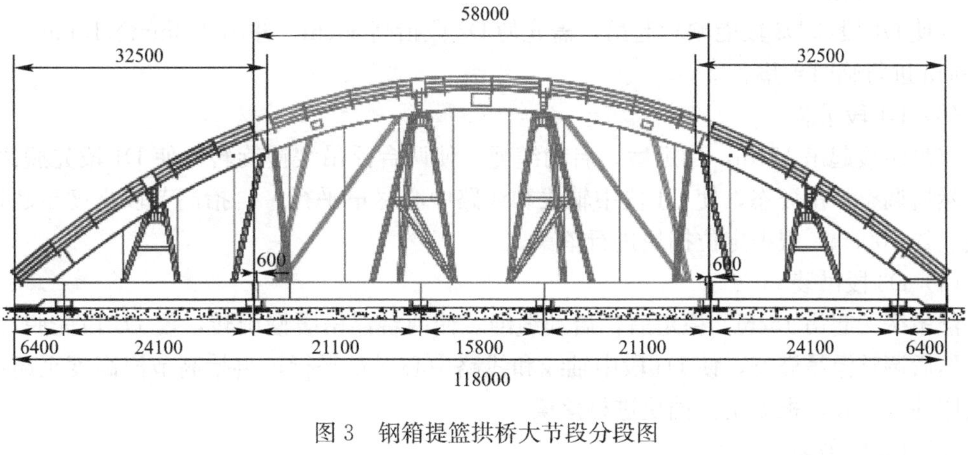

图 3　钢箱提篮拱桥大节段分段图

2.6.1　临时支座安装

为加强对永久性支座的保护，防止拼装结束，完成体系转化后钢结构产生较大位移和方便施工完成后支撑平台的拆除，在 7 号、8 号墩及临时支墩工字钢上设置临时支座，临时支座采用钢管为 273mm×10mm，高度为 470mm；水中临时支墩上方设置钢管为 273mm×10mm，高度为 300mm；钢管上方均焊接 473mm×473mm 钢板使其与钢管成为一个整体。

2.6.2 吊点设置

本工程钢箱拱分三段吊装，具体名称为钢箱拱 D1 吊装段、钢箱拱 D2 吊装段、钢箱拱 D3 吊装段，为保证吊装段的整体稳定性，起吊采用兜底的方式，吊点设置在系杆主梁上，每段采用两台浮吊吊装，故每台浮吊设置 4 个吊点，每段钢箱拱共设置 8 个吊点。

2.6.3 二次分段及河道清淤

本工程钢箱拱分三段吊装，具体名称为钢箱拱 D1 吊装段、钢箱拱 D3 吊装段、钢箱拱 D2 吊装段（合龙段），由于拱肋在拼装前为保证拱肋整体线性，三个吊装段之间均采用限位马板进行临时固定焊接，后期需将 D1 吊装段与 D2 吊装段之间系杆及拱肋进行分割，D2 吊装段与 D3 吊装段之间系杆及拱肋进行分割。

2.6.4 大节段装配式安装

单节段吊装施工流程如图 4 所示。

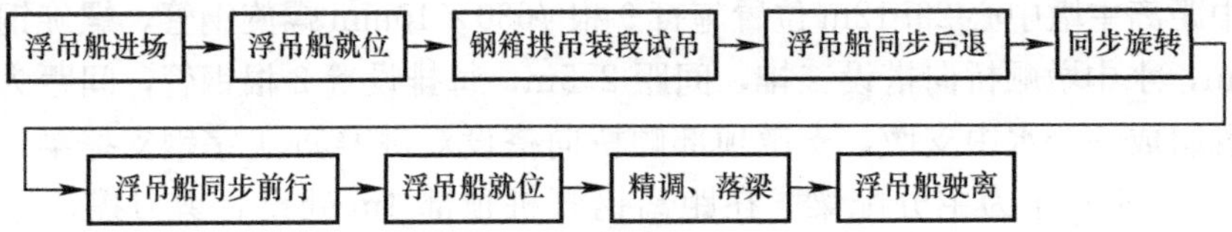

图 4 大节段吊装施工流程图

采用两台 500t 浮吊船，进行大节段的吊装，在吊装前，重新检查河道水位情况、临时支座及临时定位挡块的位置和高程的准确无误。

（1）吊点安设

每个主钩释放四根主钢丝绳作为吊点，将钢丝绳兜底绕过主系梁。为节省时间，三大节段钢丝绳提前全部安设完毕，D1 和 D3 节段安设在端横梁和 2 号（2′号）、3 号（3′号）吊杆位置，D2 节段安设在 5 号、7 号及 5′号、7′号吊杆的位置。

（2）D2 段抬高

为使 D1 段和 D3 段能顺利起吊，需先使 D2 段抬高 30cm，并用 273mm×10mm，高度为 30cm 进行临时支垫。

（3）D1 段吊装

浮吊缓缓起吊 15cm，稳定后，启动缆绳，使两台浮吊缓慢旋转，使 D1 段先脱离 D2 段，然后调整浮吊姿态，使 D1 段中轴线和线路中心尽量平行，再抬高节段高度至超过临时支座约 100cm，根据定位挡块进行落梁。

（4）D3 段吊装

浮吊缓缓起吊 15cm，稳定后，启动缆绳，使两台浮吊缓慢旋转，使 D3 段先脱离 D2 段，然后调整浮吊姿态，使 D3 段中轴线和线路中心尽量平行，再抬高节段高度至超过临时支座约 100cm，根据定位挡块进行落梁。

（5）D2 段吊装

D2 段就位前高度需超过两侧 D1 和 D3 段系梁、拱肋 50cm，然后缓慢水平推进至水平位置后再慢慢下降，为保证合龙精度，8 个断面处每个断面均需设置 1 台 3t 手拉葫芦用于人工精确调整。

2.7 桥面板施工

桥面板自重约 15t，全桥共 64 块，采用一台 70t 汽车式起重机进行桥面板的安装，由小里程向大里程依次安装。吊装前，先将所有系杆和吊杆张拉 30%的设计拉力，拆除临时支座。边安装桥面板边拆除拱肋支架钢管，湿接缝位置及汽车式起重机支腿位置设置 20mm 厚钢板，保证桥面板受力均匀，采用气割切割，为保证不损伤钢结构，钢管底部保留 2cm 左右，采用砂轮机进行最终处理。桥面板铺设完并张拉完成后进行吊杆和系杆的二次张拉，等所有预应力全部结束后方可拆除水中钢管临时支墩。

3 结语

跨运河钢箱提篮拱桥装配式施工技术占用航道时间短，封航次数少，且最大限度地增加通航净宽，对航道影响较小，同时施工工艺简单，可靠性高，施工安全风险较小。在当地受到社会广泛关注，取得了相关主管部门的高度评价。在河道上新建的大跨度、大重量的钢箱提篮拱桥的施工中有明显优势，对我国类似的结构工程施工有着非常强的适用性和优越性。

参考文献

[1] 陈卫华. 谈钢箱提篮拱桥拱肋架设施工技术 [J]. 山西建筑，2016，42 (4)：182-183. DOI:10.13719/j. cnki. cn14-1279/tu. 2016. 04. 096
[2] 喻志金. 浍河特大桥钢箱提篮拱肋安装施工关键技术 [J]. 四川水泥，2021 (5)：75-76
[3] 柯龙. 220m 钢箱提篮拱桥梁拱同步施工技术 [D]. 西南交通大学，2016

作者简介：赵世杰 (1981—)，男，本科，高级工程师。主要从事桥梁施工工艺方面的研究。

移动式箱梁钢筋绑扎胎具应用研究

彭建纲
（中铁十局集团第四工程有限公司，江苏 南京，210000）

摘　要：近几年高速铁路建设快速发展，大型铁路箱梁预制技术已经逐渐趋于成熟化。传统的预制箱梁钢筋绑扎胎一般为固定式且露天作业，一旦遇到恶劣天气（如大风、强降雨、冰冻、大雪），无法正常工作，且钢筋加工半成品到成品绑扎钢筋材料全部由人工搬运，效率不高。本文依托郑济高铁济南西梁场探讨在实际施工中，如何提高预制箱梁钢筋绑扎该工序工效进行讨论、分析，最终研发了一种移动式箱梁钢筋绑扎胎具。该胎具操作简易，加工方便、结构稳定、具有可移动性，能够加快施工进度，大幅度降低成本。
关键词：移动式；箱梁；绑扎胎具

Research on the application of mobile steel bar binding mould for box girder

Peng Jiangang
（The Fourth Engineering Co.，Ltd. of China Railway 10th Bureau Group，
Nanjing 210000，China）

Abstract：With the rapid development of high-speed railway construction in recent years，the prefabrication technology of large-scale railway box girder has gradually matured. The traditional prefabricated box girder reinforcement binding tire is generally fixed and operated in the open air. Once it encounters bad weather（such as strong wind，heavy rainfall，freezing and heavy snow），it cannot work normally，and the reinforcement binding materials from semi-finished products to finished products are handled manually，which is not efficient. Based on Jinan West Beam Yard of Zhengzhou Jinan High Speed Railway，this paper discusses how to improve the work efficiency of the process of prefabricated box girder reinforcement binding in the actual construction，discusses and analyzes，and finally develops a mobile box girder reinforcement binding mould. The mould has the advantages of simple operation，convenient processing，stable structure and mobility. It can speed up the construction progress and greatly reduce the cost.
Keywords：mobile；box girder；binding mould

引言

传统的铁路预制箱梁场均采用固定式箱梁钢筋绑扎胎具，受空间位置、环境、作业方式等因素影响，固定式箱梁钢筋绑扎胎具工作效率低，损耗的人工较高，建设成本过大。

现依托郑济高铁济南西制梁场对固定式箱梁钢筋绑扎胎具在结构特点及作业方式进行工艺改进，改造成一种不受环境影响、提高工效及减少人工投入，节约建设成本，满足经济适用性的工装。

1 工装简介及原理

1.1 工装简介

本工装技术适用于铁路预制箱梁钢筋绑扎胎具施工。该移动式箱梁钢筋绑扎胎具采用钢轮自走式整体框架结构，具有可移动性，不受位置和环境限制，且箱梁钢筋笼加工期间在钢筋棚内加工，钢筋半成品到钢筋笼成品绑扎，可利用钢筋棚内门吊吊装，效率提高，可节约成本（图1）。

图1 移动式箱梁钢筋绑扎胎具效果图

1.2 工艺原理

移动式钢筋绑扎胎具借鉴固定式钢筋绑扎胎具制作工作原理，来实现一体化整体框架辅助钢筋绑扎，对比分析如下：

固定式箱梁钢筋绑扎胎具工作原理：固定式箱梁钢筋绑扎胎具，采用整体式框架，纵向角钢和横向槽钢上设定位槽用来定位钢筋位置，定位角钢架设在型钢主体上构成整体框架，在框架内完成钢筋绑扎。

移动式钢筋绑扎胎具借鉴移动式龙门吊工作原理，实现钢筋绑扎胎具整体框架的移动。移动式龙门吊工作原理：移动式龙门吊，基础为钢筋混凝土加预埋钢轨，动力系统为电机驱动（噪声低能耗低），采用刚性承重轮承载上部机械结构及吊装物的重量，龙门吊将整体荷载传递给轨道基础。

移动式钢筋绑扎胎具可移动至钢筋棚内，可利用钢筋棚内天车吊装钢筋半成品至胎具内，以此来提高绑扎效率。

2 工装具体构成及特点

2.1 工装构成介绍

移动式钢筋绑扎胎具由底板、腹板、走道平台及动力电机组成，钢轨为移动式钢筋绑扎胎具的行走轨道；底板由20b工字钢作为横杆及纵杆构成整体框架，底板加装75mm×75mm角钢及菱形网片作为工人操作平台，腹板采用65mm的槽钢及65mm×40mm的角钢组成，走道平台由65mm×40mm角钢作为斜撑，平台面板铺设防滑钢板作为走道；本胎具采用钢轮自走式整体框架结构，配备6台2.2kW电机+渗碳减速机，4个从动轮，刚性轮直径300mm，每轮荷载10t，满足胎具30t+钢筋笼34t的绑扎转运工作。

2.2 工装特点

为了提高移动式箱梁钢筋绑扎胎具实际工作，提高作业效率，通过现场经验总结，分别对作业方式和结构特点进行了分析对比，总结特点如下：

(1) 作业方式：移动式箱梁钢筋绑扎胎具，钢筋绑扎期间可移动至钢筋车间内，利用钢筋车间里面的天车，将半成品吊装至移动绑扎胎具里面，进行钢筋绑扎作业，节省了大量人工。

(2) 结构特点：移动式箱梁钢筋绑扎胎具具有可移动性，不受位置和环境限制，箱梁钢筋笼加工期间在钢筋车间加工，外界在恶劣天气影响下，传统的箱梁钢筋绑扎胎具受露天环境影响下，无法正常工作，新型的箱梁钢筋绑扎胎具不受空间及外界环境限制，不影响正常工作。

2.3 工装创新说明

(1) 本工装可以同步兼容绑扎 32m/24m 单线及非标梁的梁体钢筋。

(2) 本工装在满足移动式箱梁钢筋绑扎胎具强度、刚度之内，尽量减少钢材用量，相同梁型该移动式箱梁钢筋绑扎胎具可以循环使用，避免了资源的浪费。

(3) 移动式箱梁钢筋绑扎胎具基础为混凝土钢筋结构，制作加工前基础进行了专门的设计，在满足承载力的前提下，减少了基础横截面面积，使混凝土及钢筋用量最少。

(4) 移动式箱梁钢筋绑扎胎具主体结构防腐采用防锈漆防腐，未采用镀锌、渗锌，从施工工艺方面讲就大大降低了劳动力，为整体施工质量及施工工期得到了保障。

(5) 经过与传统方案对比，略去相同因素具体分析，大大提高了施工工艺的简易性，带来了更多的经济效益。

3 结构形式设计及结构计算

移动式箱梁钢筋绑扎胎具开始施工前，利用计算软件，计算出胎具受力形式，各种工况下，承受荷载，最大形变，得出胎具构件的组成形式及材料种类，基础形式等。

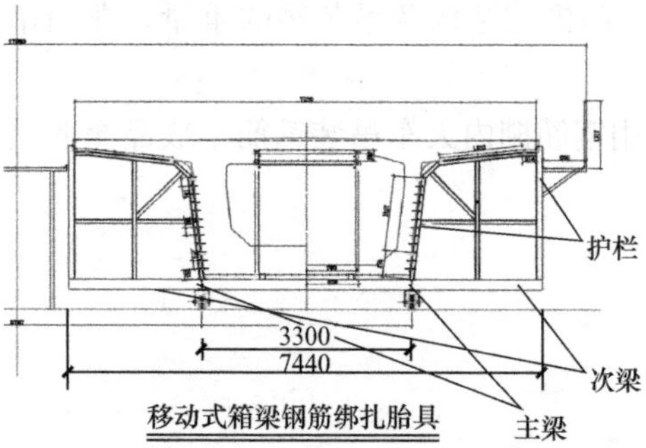

图 2 移动式箱梁钢筋绑扎胎具横断面图

胎具由 20b 工字钢作为横杆及纵杆构成整体框架，腹板采用 65 的槽钢及 64mm×40mm 的角钢组成，技术标准应符合《桥梁用结构钢》GB/T 714—2015；配备 6 台 2.2kW 电机＋渗碳减速机，4 个从动轮，刚性轮直径 300mm，每轮荷载 10t。

4 胎具加工及配套土建施工

4.1 走形基础施工

胎具基础形式为钢筋混凝土结构，地基承载力设计不小于 120kPa，不满足地基承载力的进行基础换填改良土并夯实，支立模板，然后进行钢筋绑扎，混凝土浇筑前固定好预埋件（固定 P50 钢轨作为胎具行走轨道），为确保胎具运行时的平顺，施工时应注意预埋件平面位置及高程，平面位置误差不大于 1cm（横向），高程误差不大于 0.5cm（图 3）。

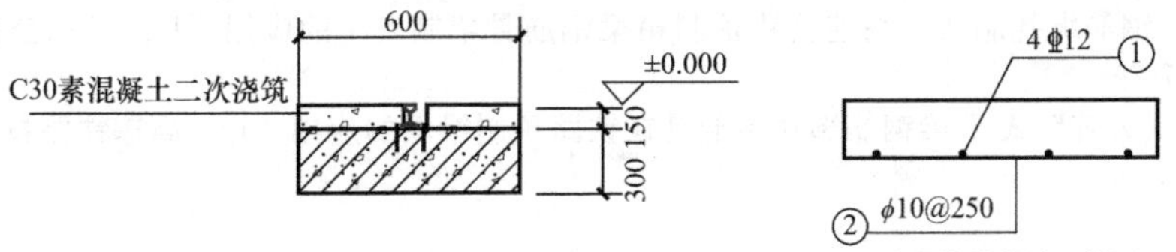

(a) 胎具轨道基础断面图　(b) 胎具轨道基础配筋图

图 3　移动式箱梁钢筋绑扎胎具基础图

4.2　钢构件下料组装焊接

(1) 对钢构件原材料进场时进行验收，尺寸、刚度、强度、外观等应符合相关规范及验收标准，例《钢结构设计标准》GB 50017—2017。

(2) 型钢切割下料时，应采用等离子切割，不应使用火焰切割，保证钢构件切缝平整，注意各部位构件长度与设计一致，切割一次成型，避免长度不够，多段焊接；构件长度误差要求±0.5cm。

(3) 钢筋绑扎胎具钢筋定位槽严格按设计图纸尺寸及间距加工，满足相关规范及设计要求。

(4) 钢构件切割完毕后，进行胎具整体组装拼装焊接，拼装时注意各构件位置及胎具整体的线性，拼装完成后保证其整体受力位置准确，所有焊缝均为满焊，焊脚为 4mm，焊接质量需满足《钢结构焊接规范》GB 50661—2011，整体刚度及强度运行时满足设计要求。

(5) 胎具组装焊接完成后，整体进行涂防锈漆处理，避免暴露在空气中生锈腐蚀，涂刷标准应符合相关标准。

5　胎具试运行

胎具采用电机驱动，胎具整体焊接完成后，进行空载试运行，观察动力是否充足、基础是否沉降、胎具整体稳定性，并记录其运行速度，胎具紧急制动状态等，试运行无异常后，进行箱梁钢筋绑扎作业，32m 单线箱梁钢筋重量为 35t，重载情况下，胎具运行速度≤3km/h。

胎具试运行结束后，现场实际记录移动式箱梁钢筋绑扎施工效率，与固定式箱梁钢筋板扎胎具钢筋绑扎施工效率进行分析对比。

6　结语

综上所述，该移动式箱梁钢筋绑扎胎具施工效率高、节省成本，同时钢筋绑扎期间可移动至钢筋车间内，利用钢筋车间里面的天车，将半成品吊装至移动绑扎胎具里面，进行钢筋绑扎作业，整体应用节省了大量人工。该胎具具有可移动性，不受位置和环境限制，箱梁钢筋笼加工期间在钢筋车间加工，外界在恶劣天气影响下，改变了传统的箱梁钢筋绑扎胎具受露天环境影响下，无法正常工作情况，经济效益良好。

参考文献

[1]　李武斌. 高速铁路简支箱梁钢筋整体绑扎、吊装施工工艺 [J]. 高速铁路技术，2013，4 (06)：93-96

[2] 柴振超. 钢筋绑扎胎架在高速公路预制箱梁钢筋骨架制安中的应用［J］. 广东公路交通，2016（04）：77-79
[3] 牟明九. “刀阵”式T梁钢筋绑扎胎卡具在铁路预制梁场的应用［J］. 高速铁路技术，2020，11（01）：95-98

作者简介： 彭建纲（1971—），男，本科，高级工程师。主要从事铁路桥梁施工技术方面的研究。

现浇连续梁淤泥基础就地固化施工技术浅析

邢益广
（中铁十局集团第三建设有限公司，安徽 合肥，230088）

摘　要：结合汕头市金砂西路西延项目，在现浇连续梁施工中，桥区位于具有高压缩性，遇强震时会发生不均匀沉陷，深灰、湿，流塑状淤泥层中，淤泥深度 20～37m，承载力特征值 f_{ak}=40kPa，无法满足现浇连续梁支架基础承载力要求。连续梁支架基础处理方式较多，但不同的方法处理的效果、费用、工期等悬殊较大，通过比选采用淤泥就地固化技术具有工序衔接紧凑，施工大型机械少，淤泥零排放，节约成本，节能环保，缩短工期，可广泛应用于软弱地层中的地基处理、临时便道、基底加固等领域。
关键词：淤泥；基础；就地固化；施工技术

Analysis of in-situ solidification construction technology of cast-in-place continuous beam silt foundation

Xing Yiguang
(China Railway No. 10 Bureau Group No. 3 Construction Co. , Ltd. , Hefei 230009, China)

Abstract: Combined with the west extension project of Jinsha West Road in Shantou city, in the construction of cast-in-place continuous beam, the bridge area is located in the deep ash, wet and fluid-plastic silt layer with high compressibility and uneven settlement in case of strong earthquake. The silt depth is 20-37m, and the characteristic value of bearing capacity f_{ak}=40kPa, which cannot meet the requirements of the foundation bearing capacity of cast-in-place continuous beam support. Continuous beam bracket based approach is more, but the effect of different methods to deal with large, cost and time limit for a project, through the comparison with silt in situ solidification technique with compact process cohesion, large mechanical construction, less sludge zero emissions, cost savings, energy conservation, environmental protection, shorten the construction period, can be widely used in soft foundation treatment, the temporary pavement, basal reinforcement, etc.
Keywords: silt; basis; in situ curing; construction technique

引言

在我国公路、市政、铁路等工程高速发展的情况下，桥梁建设已非常多，桥梁建设涉足到各种不良地层也随之增多，特别是在鱼塘、临海、河等淤泥深度较深的软弱地基处进行现浇连续梁施工，地基处理难度大，费用高。

常见淤泥层中连续梁支架基础处理方法主要为：淤泥换填法、钢管桩装配式支架法、混凝土管桩装配式支架法等，以上方法施工成本高、周期长、清淤外运量大且弃渣污染环境。淤泥就地固化技术由强力搅拌头、挖掘机、固化剂供料系统和储料设备以及控制系统等组成，该系统通过后台自动定量供料控制系统控制进料及输料，将后台料仓内的固化剂混合后通过安装的喷粉或浆喷装置输出，在搅拌头的强力搅拌下，将淤泥层结构打散后和输出的固化剂与土体充分均匀拌和重组，达到就地固化的目的（图1）。

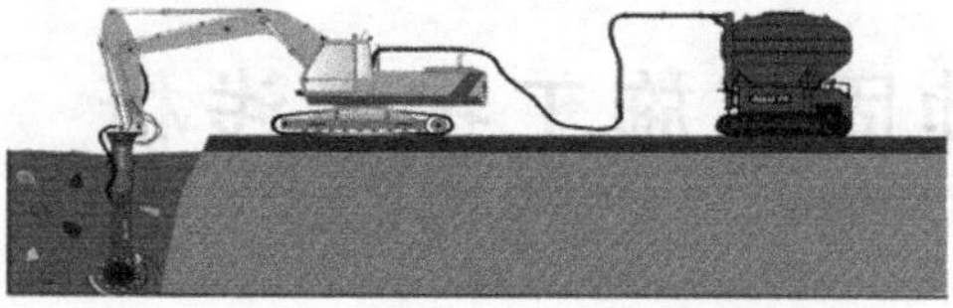

图1　固化原理示意图

1　工程简述

汕头市金砂西路西延项目全长2603.982m，其中主线桥一座长1376.5m；匝道9条，桥长3403.34m，采用现浇连续梁施工，主线梁高2.0m，匝道梁高1.8m，主线0号台至23号墩间的主线桥及A、D、E、H匝道位于鱼塘内，主要为淤泥层，淤泥深度20～37m，呈深灰、灰黑，湿，流塑状，以黏粒为主，含少量腐殖质及粉砂粒。高压缩性，遇强震时会发生不均匀沉陷，工程力学性质差，承载力特征值f_{ak}＝40kPa，现浇连续梁支架基础承载力需满足150kPa，现状地基无法满足现浇连续梁支架基础要求。

2　施工工艺及方法

2.1　施工工艺流程（图2）

2.2　施工方法

（1）根据施工图纸和技术交底对现浇连续梁支架基础就地固化处理施工范围进行施工放样，打入竹片桩并绑上红布做好标记，并用白灰标出施工范围边线。

（2）对处理区域先进行抽排水，面层清表及清除影响下沉搅拌的杂物。

（3）将准备进行处理的区域根据所配设备的作业半径，划分尺寸为5m×5m的处理区域，如遇断面变化较大的区域，处理区块可做相应调整，以方便施工。

（4）现浇连续梁支架基础就地固化配比为6%水泥＋2%粉煤灰＋0.02%稳定剂，深度3m，根据箱梁支架基础软土工程量计算固化剂用量，采用固化剂自动定量供料系统，设置固化剂喷料速率，水胶比为1∶1，后台供料系统一盘浆液与固化施工体积比为1∶7.5。

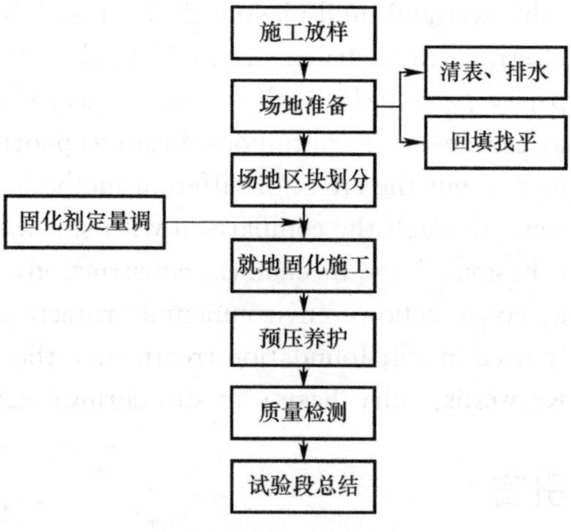

图2　施工工艺流程图

（5）就地搅拌固化施工（图3）

① 根据现场土样含水率的高低以及固化剂形式，采用适宜的强力搅拌头对原位土进行垂直上下搅拌。

② 搅拌设备直插式对原位土进行搅拌，搅拌设备正向运行逐渐深入搅拌并喷射送固化剂，直至达到固化设计底部，随后反向运行缓慢提升搅拌并喷送固化剂。

③ 搅拌头提升或下降的速率控制在10～20s/m，固化剂的喷料速率控制在80～150kg/min（浆剂）。

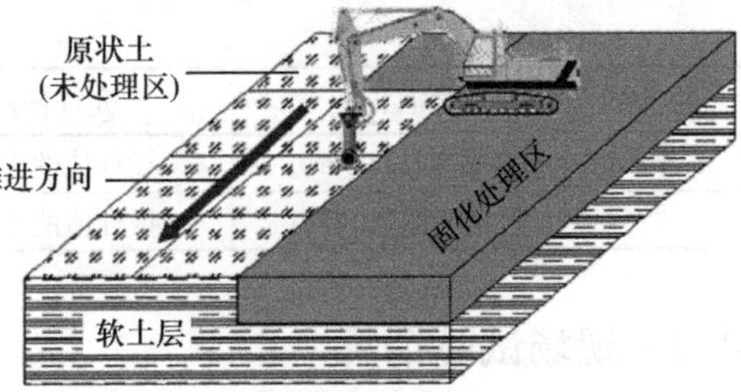

图3　固化示意图

(6) 区域搅拌完毕后，应立即采用挖机等机械进行整平预压，同时在搅拌固化完毕的区域铺设铁板，作为搅拌固化下一区域挖机的支撑平台（从现场实际来看，对于比较深厚的淤泥软基处理后过半天或一天即可铺设钢板上PC220型挖机；大部分区域2～3d后挖机可直接行走）。

3　施工控制要点

(1) 固化剂定量调配

现场以桥梁每跨为单位进行淤泥层各项指标的试验确定，根据淤泥指标计算该段固化剂的配合比及用量，施工时对每盘固化剂配合比进行记录，对有偏差的及时进行调整，注浆压力严格控制在2～6MPa。

(2) 保证搅拌头搅拌时均匀搅拌，每块区域间应有不小于10cm的复搅搭接宽度，避免漏搅。

(3) 现场施工时坚持人机固定原则，实行定机、定人、定岗位责任的“三定”制度。并合理划分施工段，组织好机械设备的流水施工。

(4) 对固化机械操作后进行技术培训，提高职工的业务技能，逐步积累施工经验，时期能够熟练掌握操作要点，提高固化质量。

4　试验检测

4.1　试验结果的整理取值原则

(1) 如根据3个平行试验结果得到的变异系数大于或等于12%，且极差（最大值与最小值之差）不超过平均值的30%，则去掉一个偏离大的值，取其余两个结果的平均值。

(2) 如根据3个平行试验结果得到的变异系数大于或等于12%，且极差超过平均值的30%，应增加试验次数。

(3) 如根据3个平行试验结果得到的变异系数小于12%，且极差不超过平均值的30%，取3个结果的平均值。

(4) 如根据3个平行试验结果得到的变异系数小于12%，且极差超过平均值的30%，则去掉一个偏离大的值，取其余两个结果的平均值（表1）。

主要检测项目一览表　　　　表1

序号	项目	允许偏差	检查办法和频率
1	固化厚度（mm）	设计值的±200	钻芯取样或静力触探确定，单个区域或每200m测试点不少于3处

续表

序号	项目	允许偏差	检查办法和频率
2	固化宽度（mm）	设计值的±100	米尺量测，单个区域或每200m测试点不少于3处
3	固化剂掺量（%）	设计值的±0.5	查施工记录

4.2 现场试验情况

施工完成后，采用预压、实体施工验证，淤泥固化处理后地基沉降数据为：

现场静载试验沉降38mm（图4）；

支架预压沉降10～25mm（实测统计）（图5）；

实际混凝土浇筑沉降5～15mm（实测统计）。

图4 静载预压

图5 支架预压

5 结论

首次在深厚淤泥地层（20～37m）采用就地固化技术，进行现浇连续梁支架基础处理，经过设计、试验、现场实际验证确定了浆液配合比及喷浆量，通过实践验证可满足现浇连续梁支架基础承载力要求，取得了较好的实施效果。

采用淤泥固化施工技术施工金砂西路现浇连续梁支架基础工程，较传统方法节约施工成本，施工工艺简单快捷，同时节约工期，可见现浇连续梁支架基础淤泥固化施工技术在施工过程中零清淤、零外运，施工工期对周围环境影响小、节能、成本相对低、工期短、经济效益明显。

作者简介：邢益广（1987—），男，本科，高级工程师，主要从事施工技术管理。

浅谈新型临时道路-浆土路施工技术研究

杨　进

（中铁十局集团第三建设有限公司，安徽 合肥，230088）

摘　要：本文主要阐述临时道路新型施工方法及措施，结合临时道路承载力和环保要求，实现晴天不扬尘、雨天不泥泞，降低了成本支出，通过采用新型临时道路浆土路施工方法，总结出一些成果，供国内项目临时道路施工提供了一定的实际参考价值。

关键词：浆土路；环保；新型临时道路

Discussion on construction technology research of new temporary road-mud road

Yang Jin

(China Railway No. 10 Bureau Group No. 3 Construction Co.，Ltd.，Hefei 230009，China)

Abstract：This article mainly expounds new temporary road construction methods and measures，combined with the temporary road bearing capacity and environmental requirements，realize the sunny dust emission rainy not muddy，reduces the cost，through the adoption of a new path of temporary road construction method，summarizes some achievements，temporary road construction for domestic project provides a certain practical reference value.

Keywords：plasma dirt road；environmental protection；new temporary road

1　项目临时道路-浆土路施工工艺

项目施工临时道路是所有工程建设的生命线，担负着施工物资运输、人员和机械出入等重任。近年来，中国城市化进程发展迅猛，但施工建设所造成的环境污染严重，在这种大环境下“绿色施工”的提出便应运而生，施工现场开始倡导“安全文明绿色施工”。随着科学技术的大力发展，临时道路可选用的施工方法呈现多样性，目前国内大量采用混凝土道路、水泥稳定碎石道路、泥结石道路、灰土及山皮石道路等方法。

新建广州至湛江高速铁路站前七标（GZZQ-7 标）项目部正线长度 46.938km，规划临时道路长度 107km，依据公司及业主标准化文件，临时混凝土道路修筑宽 6m 厚 0.2m，施工成本较高。经过对现有施工方法进行实际考察、共同研究、多方面调查及对比分析，提出摒弃现有常见临时道路施工方法，采用的“浆土路临时便道施工方法”，解决了项目临时道路施工成本高、施工速度慢，同时彻底解决晴天尘土漫天、雨天泥泞难行的难题。采用新方法后，有效提高了施工效率，加快了施工工期，降低了施工成本。

2 工程概况

新建广州至湛江高速铁路站前工程 GZZQ-7 标，里程 DK256＋093.05～DK303＋031.81，正线长度 46.938km，其中桥梁 23.224km/28 座，路基 23.713km/32 段。规划临时道路长度 107km，依据公司及业主标准化文件，计划修筑宽 6m 厚 0.2m 临时混凝土道路。

3 项目临时道路-浆土路施工工艺

3.1 施工方案

施工工艺流程见图 1。

3.2 操作要点

3.2.1 测量放样

在浆土路临时道路施工前，首先依据规划图纸由测量人员利用 RTK 放样出浆土路中线及边线并采用木桩、白灰线进行标识（图 2）。

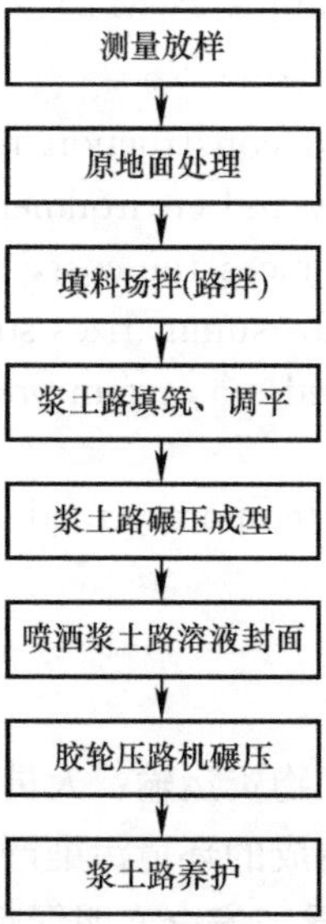

图 1 浆土路施工工艺流程

图 2 浆土路中边线放样

3.2.2 原地面处理

组织人力，配合推土机、挖掘机及自卸汽车分区分块逐步清除地表，将表层杂草、腐殖土、淤泥、垃圾、积水、树根等清除，处理后的基底应无“弹簧”，压实度不小于 100kPa，平整保证基面坡度满足 4%八字坡要求，同时做好临时排水设施（图 3）。

3.2.3 填料拌和（场拌、路拌）

浆土路混合填料理论最佳掺配占比为石子 42%，砂子 33%，黏土 25%；通过对本工程周边取土试验得出实际掺配占比为石子 55%（12 碎石：5-1 碎石，2：1），黏土 45%

（因本工程施工范围土体细粒含量：53.3%，砂：46.68%，故无需加入砂子），该混合填料掺量满足主体施工所需临时道路承载力要求。

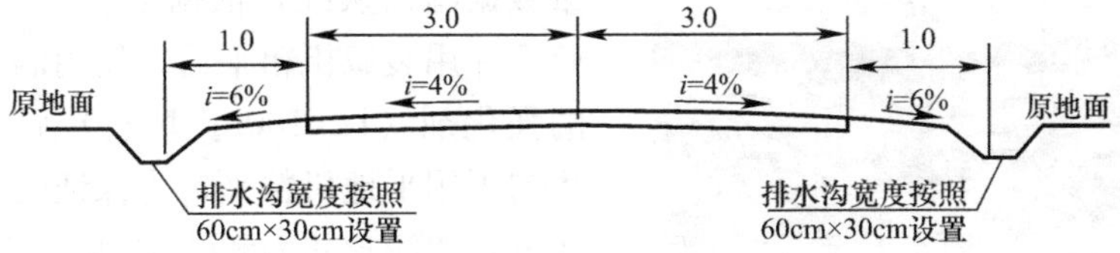

图 3　浆土路断面图

填料按配合拌和比分场拌及路拌两种方式，装载机场拌因功效不高适用于前期试验段施工，路拌适用正常铺筑施工。

场拌即为固定场地采用装载机把黏土、砂石及路易酶强化剂（1L/100m^2 填料）混合拌制均匀，拌制完成后运至现场填筑碾压施工（图 4）；

路拌即为采用路拌机现场按配比一次摊铺黏土、砂石及路易酶强化剂（1L/100m^2 填料）混合拌制均匀后碾压施工（图 5）。

图 4　填料场拌施工

图 5　路拌机填料路拌施工

3.2.4　浆土路填筑、调平施工

1. 浆土路场拌填筑调平施工

在小规模试验道路中，可通过装载机或挖机来回倒堆的办法将填料拌和均匀，但此方法效率较低，大规模场拌施工优先考虑拌和站拌制，其效率高、混合料均匀。

填料装卸按放样宽度及松铺厚度控制卸土量，填筑前首先放出线路中桩和填筑边线，每 20m 钉出边线，插上标高杆，挂线标示出松铺厚度（松铺 32cm，压实厚度 25cm），并根据装卸车装载量画出方格网。填料摊铺先用装载机粗平再用平地机精平，为保证浆土路边缘的压实度，边线比设计线每边宽出 50cm，碾压完后整修线性（图 6～图 8）。

图 6　填料方格网

图 7　装载机粗平

图 8　平地机精平

2. 浆土路路拌填筑调平施工

基底按要求处理完成后，计算运输车装载量数据画白灰线，依据配合比依次铺筑黏土、碎石并用装载机粗平后，使用洒水车喷洒路易酶强化剂（1L/100m² 填料）后，路拌机拌和均匀再用平地机精平，为保证浆土路边缘的压实度，边线比设计线每边宽出 50cm，碾压完后整修线性。

3.2.5　碾压成型

采用 26t 压路机进行碾压，碾压中要求先静压 1 遍大致找平，再进行弱振两遍，再强振，最后静压 1 遍收光，碾压时，纵向进退式碾压，先两侧向后中间，沿线路纵向行与行压实重叠不小于 0.4m，碾压行驶速度开始时用慢速（宜为 2～3km/h），最大速度不超过 4km/h。严格按照先轻后重，先慢后快，先弱后强的原则进行碾压。压路机在碾压过程中，禁止在已完成或正在碾压的路段上"调头或急刹车"。停车时先减振，再使压路机自然停振，以保证表层不受破坏（图 9）。

3.2.6　喷洒浆土路封面溶液

封面溶液配制一般需要根据天气情况确定，一般需要掺配 2～6L/m² 溶液进行封面，浆土路封面采用洒水车喷洒，喷洒效果以保证封面溶液足够喷洒湿润完整个浆土路道路面层为准（图 10）。

图 9　压路机碾压

图 10　浆土路封面溶液喷洒

3.2.7　胶轮压路机碾压收光

浆土路封面完成后，静止约 2h（根据天气情况）待喷洒液表干后采用 30t 胶轮压路机碾压收光后即可通车（图 11）。

3.2.8　浆土路养护

（1）洒水维护

通车后的第 1 周，每天洒水 2～4 次，期间车辆可以正常通行；通车后的第 2～4 周，每天洒水维护 1～2 次；通车一个月后，不再需要定期洒水维护，可以根据路面实际情况不定期洒水（间隔时间可能长达半年甚至一年）。

图 11　胶轮压路机碾压成型

(2) 主动养生

道路完工，可以实现当天通车；道路通车24h后，道路质量有大幅度明显提高；道路通车7d后，道路质量可以达到最佳质量的80%以上；道路通车30d后，道路质量达到最佳质量并维持下去，具有越碾承载力越高的效果。

4 资源配置

4.1 劳动力组织

由于本技术简便易操作，故而要求劳动力少，具体劳动力组织见表1。

劳动力组织表 **表1**

序号	主要施工人员	数量	备注
1	管理人员	1	
2	测量人员	1	
3	试验人员	1	
4	普通工人	3	
5	机械司机	10	
6	合计	16	

4.2 主要材料

主要材料表 **表2**

序号	材料名称	规格型号	单位	数量	备注
1	碎石	10～20mm	m^3	550	
2	碎石	5～10mm	m^3	275	
3	黏土	—	m^3	675	
4	路易酶（土壤强化剂）	—	L	60	
5	路王浆（土壤强化剂）	—	L	1200	

4.3 工艺装备配置

工艺装备配置表 **表3**

序号	名称	型号规格	单位	数量	备注
1	挖机	220	台	1	
2	自卸车	J6P-350	台	3	
3	装载机	ZL50CN	台	2	场拌、粗平使用
4	平地机	PY180M	台	1	
5	压路机	26t	台	1	
6	胶轮压路机	30t	台	1	
7	拌和机	WB-1800型	台	1	

5 效益分析

通过采用浆土路作为临时道路，彻底解决了晴天尘土漫天、雨天泥泞难行，有效节省了项目成本，加快了施工进度。该技术对比混凝土临时道路，每公里可节约成本30.8万元。

通过系统地对施工过程的总结，成型后质量均符合相关规范和使用要求，并且在施工过程中，没有出现任何安全、质量事故，证明项目部在施工过程中应用和总结的“新型便捷式道路（浆土路）施工方法”具有一定的科学性和实用性，能够满足同类其他临时道路的施工要求，该技术成果对我国临时道路施工具有重要的借鉴意义。

6 结论

（1）道路基层横坡很重要，必须做到4%～6%，以利于排水、降尘等。

（2）如开挖出土方湿度过大，需要考虑晾晒至最佳含水量以下3%～4%。

（3）纵坡设置不宜大于10%，且连续下坡段不宜过长，中间宜设置缓冲段，以利于行车安全。

（4）取土场应安排专人随时查看土质变化情况（如黏土层下出现纯砂土层），如有异常及时通知施工人员。

（5）洒水车用水源应为人畜饮用水，不能含有未知的化学添加剂，且取水方便，流量不宜过小，最好半小时内能加满一车水（12～20t）。

（6）浆土路溶液需要稀释进水车均匀喷洒至路面内，所以要求洒水车要喷洒均匀，能提前标定出喷洒时行车速度、出水量、水量标定等相关参数。

（7）所有进场人员应配备安全防护用品，按照要求佩戴，并安排专人做好安全技术交底。

（8）做好施工时的安全工作，重要路口应有明显标志、标牌提示。

（9）夜间施工应有足够照明，坑洞应有闪光标志提示牌。

（10）修筑道路用材料如不能一次运输到位，堆放材料所需的堆场要提前做好征地租用的工作。

作者简介： 杨　进（1989—），男，本科，工程师。主要从事施工技术管理。

改性磷石膏预制混凝土构件的应用

胡绍峰　高棱韬　易渭敏　钟　超　蔡　勇　廖　野　崔佰龙
（中海建筑有限公司，广东 深圳，518000）

摘　要： 为研究磷石膏在混凝土工程中运用的可行性，通过对磷石膏预处理后与矿粉、水泥混合研磨制成改性磷石膏水泥，再与水、砂、石等混合搅拌成混凝土的方式，制成预制混凝土构件，通过工程实践表明，该方法生产的混凝土构件具有强度高、外观美、价格低等特点，大规模推广该方法不仅可减少废弃磷石膏对环境的污染，还可降低工程施工成本，提高工程质量，优化施工组织。
关键词： 磷石膏；混凝土；预处理；预制件；环保；效益

Application of modified phosphogypsum precast concrete members

Hu Shaofeng　Gao Lengtao　Yi Weimin　Zhong Chao　Cai Yong　Liao Ye　Cui Bailong
(Shenzhen China Overseas Construction Limited, Shenzhen 518000, China)

Abstract: In order to research the feasibility of application of phosphogypsum in concrete engineering, by the means of mixing grinding pretreated phosphogypsum with mineral powder and cement grinding to make it into modified phosphogypsum cement, then mixing and stirring with water, sand, stone and other mixing to form concrete , then make it into precast concrete components. The engineering practice shows that the concrete members produced by this method have the characteristics of high strength, beautiful appearance and low price. The large-scale popularization of this method can not only reduce the environmental pollution caused by waste phosphogypsum but also reduce the construction cost, improve the quality of the project and optimize the construction organization.
Keywords: phosphogypsum; concrete; pretreatment; prefabricated parts; environmental protection; benefit

引言

磷石膏作为一种工业废物，大量地出现在我们的生活中，该物质主要通过硫酸和磷矿石反应生成，磷化工企业每湿法生产 1t 磷酸就会生成 4～5t 磷石膏。据统计，我国磷石膏堆存量已超过 5 亿 t，并且每年新增堆存量近 5000 万 t，露天堆叠的磷石膏中所含氟化物、游离磷离子、P_2O_5、磷酸盐等不但对人体的伤害大，也会严重污染大气和水系。

国内磷石膏的任意堆积排放制约了湿法磷酸、磷肥等行业的可持续发展，故磷石膏的处理与回收利用已经成了迫在眉睫的问题。2016 年国务院印发了《土壤污染防治行动计划》，明确指出加大对工业废弃物如磷石膏的处理。各地也在积极响应国家号召，研究磷石膏综合利用价值，目前已用于石膏板制造、缓凝剂生产、硫酸制造、石灰制造等。然而，磷石膏作为一种工程材料，国内鲜有用于混凝土的生产案例，仍有较大的开发潜力。

因此，为探索磷石膏混凝土生产的可行性，本文结合国内外前沿技术手段和先进设备，通过技术攻坚，结合公司在建项目处于砌体的施工阶段，将磷石膏通过预处理制成改性磷石膏水泥，再用于生产改性磷石膏混凝土，用于门、窗、洞口等砌体过梁的预制构件，通过与常规混凝土对比强度、饱满度、经济社会效益、环保等指标，研究结果将为此类技术的推广使用提供参考依据。

1　工艺原理

选取适量的碱性料生石灰对磷石膏进行预处理，经研磨后与粒化高炉矿渣粉、硅酸盐水泥熟料制备成改性磷石膏水泥，而后同砂、石、水、外加剂等按一定比例拌和形成混凝土。将该混凝土置入预制的标准化模板中，填充紧密并振捣严实，上盖塑料薄膜并定期洒水养护，最终预制生成改性磷石膏混凝土构件。

2　工艺流程

改性磷石膏混凝土预制件流程见图1。

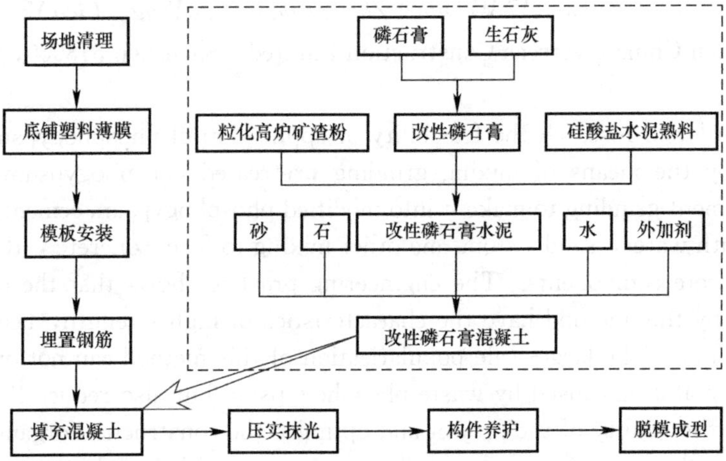

图1　改性磷石膏混凝土过梁预制工艺流程图

3　材料与设备

3.1　材料

本工艺采用新型环保材料——改性磷石膏混凝土。制备该混凝土消耗的主要原材料为市场容量大、价格低廉的磷石膏，经预处理后的改性磷石膏与硅酸盐熟料、矿渣粉及钢渣中大量的铝相、铝铁相反应，形成稳定的水化产物单硫型水化硫铝酸钙晶体，该晶体不溶于水，以胶体微粒析出，并逐渐凝聚成C-S-H凝胶（图2）。

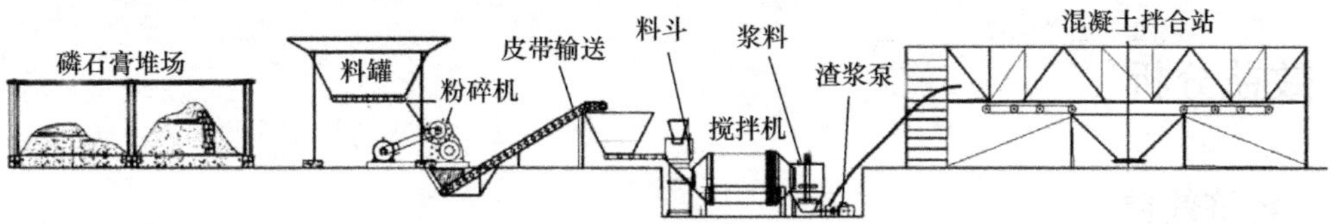

图 2　改性磷石膏混凝土生产工艺流程图

3.1.1　磷石膏预处理

由于磷石膏原材本身带有一定的游离水，其中含有一定量的氟化物、游离磷离子、P_2O_5、磷酸盐等可溶性物质，pH 值 2.5～3.5，对堆料场及周边环境有影响。因此磷石膏堆场因重视防扬散、防渗漏、防流失的“三防”治理，原材存放时需掺撒一定量的生石灰进行中和化学反应，在研磨过程中尽可能减少溶有超量有害物质的游离水污染，并达成初步预处理效果。

3.1.2　改性磷石膏水泥

将预处理后的改性磷石膏，同一定比例的矿粉、水泥配料称重后研磨生成改性磷石膏水泥，具体组成比例见表 1。

改性磷石膏水泥组成比例情况　　　　**表 1**

混凝土种类	混凝土强度	凝结时间（h）		组成比例			
		初凝	终凝	生石灰	磷石膏（%）	矿粉（%）	水泥（%）
改性磷石膏水泥	C25	2.5	21	2	46	48	4
	C30	2.5	21	1.5	45	48.5	5
	C40	2.5	21	1	44	49	6

3.1.3　改性磷石膏混凝土制备

依据图纸设计强度要求，将改性磷石膏水泥，同水、砂、石子按照 1∶0.38∶1.18∶3.35 比例拌和 90～120s 配置成对应强度的改性磷石膏混凝土。为降低因时间和温度对混凝土拌合物坍落度的影响，混凝土拌合料从搅拌机卸出至施工现场浇筑完毕的时间尽量控制在 90min 内；当日平均气温达到 30℃及以上，应按高温施工要求控制各原材料的入机温度，并对运输车罐体采取洒水降温，必要时可采取调整混凝土外加剂组分、掺量或二次掺加外加剂的方法进行控制；在夏季气温高于 20℃时，温度每增加 10℃或运输时间每增加 60min，外加剂掺量应提高 0.1%～0.3%以避免因环境温度影响而导致混凝土水化过快。

3.2　设备

主要设备见表 2。

主 要 设 备　　　　**表 2**

序号	作业区	名称	规格型号	单位	数量	备注
1	商品混凝土站	履带式移动粉碎机	—	台	1	成品规格 10mm×20mm，5mm×10mm 磷石膏改性研磨
2		皮带运输机	—	台	2	输送原材料
3		搅拌站	HZS180	个	1	拌和制备混凝土
4		混凝土运输车	$10m^3$	辆	1	运输混凝土
5	现场预制生产区	水泵	—	台	1	清理基表、洒水养护
6		平板振动抹光机	ZW90-10	台	1	振动抹光

4 效益分析

4.1 经济效益

较传统的混凝土过梁现浇工艺，本工艺从材料和人工两个方向减少生产成本。

每生产 1t 混凝土消耗磷石膏水泥的生产成本（元/t） 表 3

混凝土种类	生石灰	磷石膏	加工费	矿粉	水泥	合计
C25 改性磷石膏水泥	16	11.50	32	150	18	227.50
C30 改性磷石膏水泥	12	11.25	32	155	24	234.25
C40 改性磷石膏水泥	8	11	32	157	28.8	236.80

通常情况下，当采用 P·O32.5 水泥制备 C25 混凝土时，每立方米混凝土中水泥占比约为 400kg，目前 P·O32.5 水泥市面价格为 450 元/t，因此当采用磷石膏水泥生产 C25 混凝土制品时，可计算出生产每立方米混凝土可节约水泥成本为：

$$(450-227.5)\times0.4=89\text{ 元}$$

结合实际标准层布置情况，每层 8 片门窗洞口过梁（200×180×1500）、8 片机电预留洞口过梁（200×120×1200）计算单个标准层可节约材料成本：

$$(0.2\times0.18\times1.5+0.2\times0.12\times1.2)\times8\times89\approx59\text{ 元}$$

当使用过梁现浇施工时，现场木工支过梁模板需耗费 6 个工，而改性磷石膏混凝土预制生产仅需 2.4 个工，目前人工费用约 120 元/工日。单个标准层本工艺约减少人工成本：

$$(6-2.4)\times120=432\text{ 元}$$

赣州蓉江花园项目（二区）H2-4 地块（地上部分）共有 282 个标准层，应用本工艺可节约总成本：

$$(432+59)\times282=138462\text{ 元}$$

4.2 社会效益

该工法能够有效地减少成品构件孔洞、蜂窝麻面情况的发生，避免二次修补，同时达到优良的绿色环保效果。与传统的过梁现浇工艺相比，该工法生产的预制构件具备密实防渗、外形美观、质量易控制、工艺简单可批量生产、施工安全性高等优点，得到了各级单位及省质监局的一致好评，社会效益显著。

4.3 环保节能效益

采用该工法施工，可以将当前过剩的有害磷石膏物质转换为需求量大的新型环保建筑材料，同时预制生产可避免泥浆浇灌时掉落或飞溅的风险，有效降低施工现场的噪声，减少对工地周围环境的干扰，生产科学环保。

5 应用实例

5.1 赣州蓉江花园一区 G4-14 地块项目工程

5.1.1 工程概况

江西省赣州市蓉江新区蓉江花园城市棚户区改造项目 G4-14 地块，是江西省重点民生工程项目，该项目总建面 17.7 万 m^2，地下一层，地上 15 栋高层住宅，1 栋社区中心，1 栋幼儿园，1 栋农贸市场和一个地下一层车库组成。项目每单元塔楼采用两梯四户设计，塔楼平均标准层有 8 个过梁，8 个机电安装洞口过梁，项目需预制的过梁数量大，应重点控制。

5.1.2 施工情况

赣州蓉江花园项目部率先使用该工法。改性磷石膏混凝土在消耗大量磷石膏的同时减少硅酸盐水泥使用，将磷石膏中可溶性磷和氟转换为不溶于水的稳态建筑混凝土，节能环保，耐磨防渗。预制构件强度得到有效保证，表面漏浆空洞明显减少，和周边砌体统一施工平整度高，整体均匀美观，提升过梁与墙体的粘结力；同时预制安装一体化施工可提升工作效率，规避临边支模风险，从材料和人工方面双重降低施工成本，应用效果良好。

5.1.3 工程评价

目前赣州蓉江花园项目已获得全国建设工程项目施工安全生产标准化工地、江西省质量管理标准化示范工地、江西省建筑安全生产标准化示范工地等十余项荣誉，区政府和业主在项目观摩时表示：该工艺能够提升施工质量、降低施工成本，可操作性强、提高环境友善度，技术优势明显、推广前景好。考虑到环保经济，可大面积推广使用。

5.2 赣州蓉江花园二区 H2-4 地块项目工程

江西省赣州市蓉江新区蓉江花园城市棚户区改造项目 H2-4 地块总建筑面积 19.48 万 m^2，地下一层，地上由十八栋高层、一栋幼儿园、两栋商业广场组成。该项目采取通过采取改性磷石膏混凝土预制工法节约总成本 13.8 万元，成本节约率 47%，实际施工较原进度计划提前近 30d 完成（按刚性管理成本 1.5 万/d，累计工节约 45 万），在公司新技术、新工艺等技术创新方面取得良好成果，项目荣获赣州市建筑施工安全生产流动红旗项目，并获得 2021 年省级建筑工程安全文明施工标准化示范工地。

6 结论

通过改性磷石膏混凝土制备工艺研究及实际应用，可以获得以下结论：

（1）改性磷石膏预制混凝土可减少废弃磷石膏对环境的污染，符合国家目前推行的“双碳”目标，科学环保。

（2）通过大规模使用磷石膏混凝土构件可降低工程施工成本，提高工程质量，优化施工组织。

参考文献

[1] 胡彪，吴赤球，吕伟，龚文辉．改性磷石膏矿渣水泥在混凝土和路基材料中的应用研究［J］．混凝土与水泥制品，2022（4）：94-99.DOI：10.19761/j.1000-4637.2022.04.094.06

[2] 余保英，王军．改性磷石膏基超硫酸盐水泥及其 C40 混凝土的配制［J］．新型建筑材料，2014，41（2）：34-37，59

[3] 吴赤球，吕伟．磷石膏在水泥制品中的应用［J］．混凝土与水泥制品，2019（1）：45-46.DOI：10.19761/j.1000-4637.2019.01.045.02

[4] 王贻远．磷石膏制备胶凝材料和混凝土的研究［D］．北京化工大学，2014

[5] Du，M.，Wang，J.，Dong，F. et al. The study on the effect of flotation purification on the perform-

ance of α-hemihydrate gypsum prepared from phosphogypsum [J]. Sci Rep12, 95 (2022)

作者简介： 胡绍峰（1987—），男，本科，工程师。负责赣州蓉江花园一区现场技术管理工作。
高棱韬（1994—），男，硕士，工程师。负责赣州蓉江花园二区现场技术管理工作。
易渭敏（1990—），男，本科，工程师。全面管理赣州蓉江花园项目一、二区项目。
钟　超（1987—），男，本科，工程师。全面负责江西公司管理工作。
蔡　勇（1982—），男，本科，高级工程师。分管工程、安全工作。
廖　野（1989—），男，本科，工程师。负责赣州蓉江花园一区现场工程管理工作。
崔佰龙（1979—），男，本科。负责赣州蓉江花园二区现场工程管理。

预应力混凝土管桩抱箍式机械连接施工工艺及工程应用研究

孙树伟　何　飞　霍建维
（中建国际投资（浙江）有限公司，浙江 杭州，310000）

摘　要：为了解决传统桩基因桩头钢筋焊接产生CO_2、SO_2、CO等有害气体带来的环境污染问题，降低施工项目的碳排放，提高传统预应力混凝土管桩抗拔力，避免桩基桩头因焊接不当导致桩基质量问题，进而导致偏桩、断桩、桩基承载力不足等问题。本文依托工程案例，提出了一种新型的抱箍式机械连接的预应力混凝土管桩的施工工艺。采用理论计算、实际施工、现场施工等方法，验证了该工艺的可行性。结果表明：采用抱箍式机械连接的预应力混凝土管桩可节省桩基焊接时间，有效提高了桩基的抗拔、抗弯能力及现场施工效率；理论计算表明，采用抱箍式连接的预应力混凝土管桩的抗拔力远大于传统预应力混凝土管桩，且抗拔力满足工程实际要求。现场竖向抗拔试验表明：采用抱箍式机械连接的混凝土管桩的竖向位移小，残余上拔位移小，回弹曲线较平缓，各关系曲线未出现异常，表明采用该方法进行的预应力混凝土管桩的连接取得了良好的工程效果，值得推广；此外，因采用抱箍式连接取代传统焊接，降低环境污染，取得了很好的环保效果。

关键词：抱箍式机械连接；预应力混凝土管桩；施工工艺；理论计算；现场试验

Research on construction technology and engineering application of hoop mechanical connection of prestressed concrete pipe piles

Sun Shuwei　He Fei　Huo Jianwei
(China State Construction International Investment (Zhejiang) Limited, Hangzhou 310000, China)

Abstract: In order to solve the problem of environmental pollution caused by harmful gases such as CO_2, SO_2, CO, etc. caused by the welding of traditional pile head steel bars, reduce the carbon emission of construction projects, improve the pullout resistance of traditional prestressed concrete pipe piles, and avoid the pile head caused by the pile head. Improper welding leads to quality problems of pile foundations, which in turn lead to problems such as partial piles, broken piles, and insufficient bearing capacity of pile foundations. Relying on engineering cases, this paper proposes a new construction technology of prestressed concrete pipe piles with hoop mechanical connection. Relying on engineering cases, this paper proposes a new construction technology of prestressed concrete pipe piles with hoop mechanical connection. The feasibility of the process is verified by theoretical calculation, actual construction, and field test. The results show that the prestressed concrete pipe pile using the hoop mechanical connection can save the pile foundation welding time, and effectively improve the pile foundation's pulling resistance, bending resistance and on-site construction efficiency. The pullout resistance of the stress concrete pipe pile is much greater than that of the traditional prestressed concrete pipe pile, and the pullout resistance meets the actual requirements of the project. The filed vertical pull-out test shows that the vertical displacement of the concrete pipe piles using the hoop mechanical connection is small, the residual uplift displacement is small, the rebound curve is relatively flat, and there is no abnormality in each relationship curve, which indicates that the pre-treatment using this method is suitable. The connection of stress concrete pipe piles has achieved good engineering results and is worthy of promotion. In addition, the use of hoop-type connection instead of traditional welding reduces environmental pollution and achieves good environmental protection effects.

Keywords: hoop mechanical connection; prestressed concrete pipe pile; construction technology; theoretical calculation; field test

引言

近年来，随着国家基建事业蓬勃发展，一些新材料、新工艺逐渐涌现。如何在短工期内保证质量和安全的情况下进行基础施工是工程的关键[1-3]。王安辉[4]等采用振动试验研究了连接式和非连接式两种复合桩桩筏基础的固有频率和阻尼比、试验场地宏观现象、桩身弯矩等动力响应规律。许涛[5]等采用现场试验研究了新型管桩静载反力系统。通过锚具和锚索将整个反力系统连接，建立了作用力与反作用力体系为试桩提供静力载荷。贺武斌[6]等通过对制作的加强型与普通填芯混凝土管桩的水平往复加载对比试验，研究了各级荷载作用下荷载-位移曲线、荷载-应变曲线、裂缝发展变化及抗弯能力。吴中鑫[7]等提出了一种由分配系统、顶升系统和反力系统组成的新型反压系统，将旧桩荷载传递到新桩，优化了新承台的传力方式，降低了配筋率，缩减了结构尺寸。确保新承台施工的连续性。张军涛[8]等采用数值仿真技术研究了桩基框架式海堤结构的受力变形特点，揭示了堤身和桩基的沉降、应力变化规律。卢建平[9]等在阐述了现有各种桩基的不足的条件下，研究了现浇薄壁筒桩技术的工艺原理及该技术与现有各种桩基比较下所具有的经济、高效、承载力高、环境效益好等特点，并以温州银策大厦为例，对其技术经济指标进行了对比分析。赵慧玲[10]等研究了翼缘L形钢板-钢连接板-高强度螺栓的接头形式连接预应力混凝土预制工字形桩端的剪切破坏模式及抗剪承载能力。采用有限元分析研究了混凝土强度、连接钢板强度等因素对桩接头抗剪承载力的影响。周家伟[11]等研发了一种弹卡式连接预应力混凝土方桩连接接头，通过对3种常用实心方桩接头试件进行受弯性能足尺试验，研究该方桩接头的受弯承载力、变形延性以及破坏特征。解决了混凝土预制桩现场拼接工作量大、施工不便等问题。王鹏志[12]等依托现有图集及规范，给出了桩身抗拔承载力需求较高时的桩身配筋及连接做法。目前，在传统桩基工程施工等基础上，许多人提出了新的工艺及方法，但对预制混凝土管桩的研究相对较少，此外，由于桩长限制，混凝土管桩的接头常采用电焊焊接方式连接。但施工过程中由于桩基焊接处结构面位置较难控制，容易出现焊接错位、焊缝不饱满等质量问题，进而导致偏桩、断桩、桩基承载力不足等问题，影响工程施工安全。

1 工程概况

海宁市厨电产业园项目位于嘉兴市海宁市袁花镇发展大道东侧，锦绣大道北侧。总用地面积 71806m^2，总建筑面积 193587.19m^2，地上建筑面积 178907.68m^2，地下建筑面积 14679.51m^2。项目主要由 1～9 号车间、办公楼、1 层地下室组成。1～9 号楼为框架结构，办公楼为框架剪力墙结构，主楼和纯地下室均采用独立承台＋无梁式防水底板。工程桩办公楼为直径 800mm 钻孔灌注桩，其余均选用直径为 400mm、600mm 的预应力混凝土管桩。其中部分 400mm 预应力管桩采用高性能混凝土抗拔管桩施工（图 1）。

图 1　厨电项目鸟瞰图

2 材料及设备

2.1 材料

混凝土预应力管桩、活动扳手、焊条或焊丝、机械连接卡、螺丝、钢丝球。

2.2 设备

设备主要包括：静压桩机、挖机、电焊机、流动配电箱、全站仪、经纬仪、水准仪、扭矩板手、钢卷尺、焊接检验尺。所用的测量仪器、扭矩扳手须送法定计量检定机构检定合格后方能使用。

3 抱箍式机械连接预应力混凝土管桩工艺原理及操作特点

3.1 工艺原理

桩机就位后，利用适合吨位的吊车（或压桩机自带的起吊设施）吊起管桩进行喂桩，待桩基移动到确定位置后采用静压桩机进行抱紧后进行垂直压桩。压桩时借助桩基的自重及配重，通过油缸的液压联动系统上下移动施加压桩力将第一节桩压入地基土中，在桩基顶端下压到抱桩口后，停止压桩并起吊第二节桩基，并在桩头表面安装螺栓，将螺栓孔对准后进行压桩，待连接处距地面 0.5～1m 时，停止压桩。然后采用抱箍式机械连接卡连接上下两节管桩，实现接长，并通过送桩器将桩顶送到设计标高[13]。

（1）与原有管桩焊接相比，高性能混凝土管桩在桩头表面均匀设计了7个螺栓孔，在侧面均匀设计了6个螺栓孔，且上下接头位置固定。

（2）采用螺栓对准连接桩头表面的螺栓孔后压桩到连接处距地面0.5～1m处。

（3）采用螺栓将带卡槽的抱箍式机械连接卡与桩头侧面进行紧固。

（4）通过螺栓与带卡槽的机械连接卡连接桩头表面、侧面，减少了桩基焊接时间，有效提高了桩基的抗拔、抗弯能力，提高工程质量。

3.2 操作要点（图2）

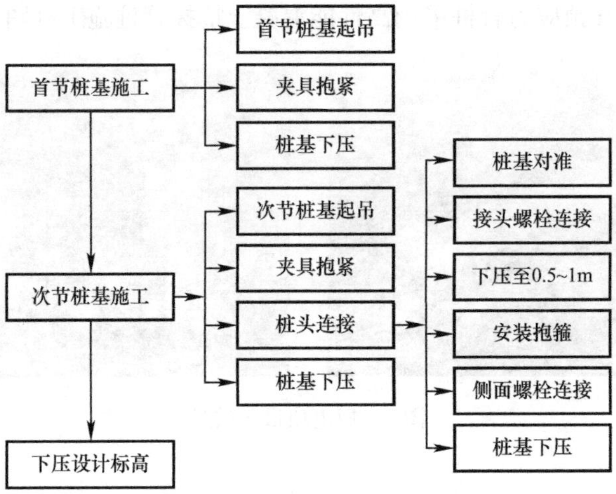

图2 桩基施工工序流程图

3.2.1 测量定位放线

（1）认真复核设计图纸桩基点位，必要时将坐标控制点，水准控制点按标准设置要求布设在施工现场，标准控制点数量满足施工需要及测量点间互相复核的需要即可，然后依据设计图纸精确算出尺寸关系或各桩位坐标，对桩位进行精确测放。

（2）可采用电子全站仪或经纬仪等测量工具建立建筑平面测量控制网，或者直接采用坐标定位方式放出桩位，采用闭合测量程序进行复核；同时利用水准仪对场地标高进行核验，然后反映到送桩器上，显示出送桩深度，做好桩顶标高控制工作。

（3）桩位放出后，在中心处做出相应标识，标识系上红布条或撒上白灰，然后画出桩周外皮轮廓线，便于对位、插桩。

（4）为防止挤土效应及移动桩机时的碾压破坏，针对单桩、独立承台以及大面积筏形基础的群桩制定不同的放线方案。当桩数比较少时，采用坐标随时复测；针对大面积群桩，在场地平整度较高的情况下，采用网格进行控制，并在端头桩位延长线上埋设控制桩以便复核。

3.2.2 桩机就位

在对施工场地内的表层土质试压后，确保地基承载力满足静压机械施工，使得桩基移动过程中不至于出现沉陷，对局部软土层可采用换填处理或钢板铺垫作业。桩机进场后，检查各部件及仪表是否灵敏有效，确保设备正常运转。施工时需配备足够的施工人员，一切就绪后，按照打桩顺序，移动调整桩机对位、调平、调直。

3.2.3 抱箍式机械连接管桩的验收、堆放、吊运及插桩

（1）抱箍式机械连接管桩的进场验收

抱箍式机械连接管桩进场后，应按照《先张法预应力混凝土管桩》GB 13476—2009

的国家标准或各地区的地方标准对管桩的外观、直径、长度、壁厚、桩身弯曲度、桩身强度、桩端头板的平整度以及桩基生产日期等进行验收，并检查管桩出厂合格证和管桩原材料是否满足相关规定，根据设计及施工规范要求，将不符合施工要求的管桩进行退场处理。此外还需检查各桩头对应位置的螺栓孔是否正确未堵塞且车丝是否饱满，对于抱箍式机械连接卡，需对每一连接卡的长度、卡槽深度、桩侧螺栓孔的长度及抱箍整体的完整性进行检查，在焊接时如发现抱箍不匹配，则需进行替换抱箍式机械连接卡，并将不满足条件的抱箍式机械连接卡进行退场处理。

(2) 抱箍式机械连接管桩的堆放

抱箍式机械连接管桩堆放时要求场地平整，采用软垫（木垫）按二点法做相应支垫，支撑点大致在同一水平面上。堆放时不宜超过 4 层，临近施工的抱箍式机械连接管桩应单层堆放且设支垫。现场堆放的管桩需二次倒运时，宜采用吊机及平板车配合操作。如场地条件不具备需用拖拽的方式进行运转时，需采用滚木或者对桩头端头板采取一定的保护措施，以免因滑动导致端头板磨损、桩顶及桩侧螺栓孔堵塞，影响桩基质量。相应螺栓及抱箍式机械连接卡应放入临近桩基的固定位置，避免螺栓丢失，且需足套配备，必要时需多备用螺栓及抱箍。

(3) 抱箍式机械连接管桩吊运及插桩

单根抱箍式机械连接管桩吊运时可采用两头勾吊法，竖起时可采用单点法。起吊运输过程中应平稳轻放，以免受振动、冲撞，起吊时注意桩端两头位置，将连接处朝上。吊起后，缓缓将桩端送入桩机夹具扶正就位，通过桩机导架的旋转，滑动进行调整，确保管桩位置和垂直度符合要求后压桩。

3.2.4 压桩

(1) 压桩前，最好将地表下的障碍物探明并清除干净，以免桩身移位倾斜。根据工程情况制定合理的压桩顺序，减少挤土效应，施工时按照压桩顺序组织施工。一般按先深后浅、先长桩后短桩、先大径后小径、先施工大承台桩后施工小承台桩的原则进行施工。由于桩的密集程度不同，可自中间分两向对称前进，或自中间向四周进行。当一侧毗邻建筑物时，由毗邻建筑物处向另一方向施打。

(2) 压桩前在送桩器上做好最后 1m 及最终送桩深度标标记，以便观察桩的入土深度，并通过水准仪配合测量实际桩基高程，保证到达入土标高。

(3) 在压桩开始阶段，压桩速度不能过快，应根据地质报告显示的土质情况选择合适的压桩速度，一般以 2.0～3.0m/min 速度为宜。在初期 2～3m 的压桩范围内应重点观察控制桩身、机架垂直度，垂直度控制应重点放在第一节桩上，垂直度偏差不得超过桩长的 0.5%，在压桩过程中需要经常观测桩身是否发生位移、偏移等情况，做好过程记录并记录最终的压力值。

3.2.5 接桩

首节抱箍式机械连接管桩压至桩头距地面 0.5～1.0m 时停止压桩，开始接桩作业。与传统管桩相比，高性能混凝土管桩的接桩顺序如下：

接桩前将上下桩端头板用钢丝刷清除浮锈及泥污，将螺栓（图 3a）对准上下螺栓孔（图 3b），然后下放桩身进行对桩。

上下两节端头板对齐并初步调整垂直进行桩基对接。对接完成后再次进行垂直度的调整。接桩完成后，将机械连接卡（图 3c）安装在桩头表面出露的卡槽中（图 3d），安装时注意与桩头侧面螺栓孔（图 3e）对齐。安装完成后将螺栓（图 3f）与机械链接卡以及桩头侧面螺栓孔进行连接。连接完成后，将多余的机械连接卡的缝隙进行再次焊接。焊接完成后，自然冷却 5min 以上，然后刷涂一层沥青防腐漆后，继续压桩。如果有多节管桩，重复以上工序即可。

(a) 桩头表面连接螺栓 (b) 桩头表面螺栓孔 (c) 机械连接卡 (d) 桩头出露卡槽 (e) 侧面螺栓孔 (f) 桩头侧面螺栓

图 3　抱箍式机械连接示意图

3.2.6 送桩或截桩

当桩顶设计标高较自然地面低时必须进行送桩。送桩时选用的送桩器的外形尺寸要与所压桩的外形尺寸相匹配，并且要有足够的强度和刚度，一般为圆形钢柱体。送桩时，送桩器的轴线要与桩身相吻合，送桩器与桩头之间应设置 1～2 层麻袋或硬纸板等衬垫，内填弹性衬垫压实后的厚度不宜小于 60mm。当管桩露出地面或未能送到设计桩顶标高时，需进行截桩，截桩时应采用专业的切割机具进行截割，严禁采用大锤横向敲击截桩或强行扳拉截桩。送桩完成后，移动调整机械进行下一根管桩施工。

4 控制措施

4.1 质量控制

4.1.1 标准及规范

(1)《混凝土结构设计规范》GB 50010—2010

(2)《建筑地基基础设计规范》GB 50007—2011

(3)《建筑结构荷载规范》GB 50009—2012

(4)《混凝土结构工程施工质量验收规范》GB 50204—2015

(5)《建筑地基基础工程施工质量验收标准》GB 50202—2018

(6)《先张法预应力混凝土管桩》GB 13476—2009

(7)《工程测量标准》GB 50026—2020

(8)《建筑桩基技术规范》JGJ 94—2008

(9)《焊缝无损检测 超声检测 技术检测等级和评定》GB 11345—2013

(10)《建筑施工安全检查标准》JGJ 59—2011

(11)《起重设备安装工程施工及验收规范》GB 50278—2010

4.1.2 质量控制措施

(1) 根据企业质量管理文件的规定，分别从过程控制和质量监督方面把好质量关，项目经理部建立相应的质量管理体系，对工程质量进行控制，并按相关文件的要求，明确项目经理部与公司关系。

(2) 规定项目经理部管理层质量职责。

(3) 建立质量保证和质量监督体系并有效运转。

(4) 由公司派驻现场专职检查员按《工序质量检查方案》跟踪检查，把测量放线、管桩焊接确定为关键工序，并作为质量控制点。

(5) 推行全面质量管理，提高桩基工程质量。

(6) 坚持自检、互检、交接检“三检制度”，以分项质量保分部质量，以分部质量保工程质量。

(7) 施工中密切与质检、监理部门配合，所有管桩进场必须有生产许可证、合格证、出厂日期，并由建筑工程质量监理部门检查、监督，严禁使用“三证”不全的产品。

(8) 接桩焊接质量为高性能混凝土管桩施工质量控制的一个重点环节。焊接前需用钢丝球清理干净端头板上的铁锈、泥污等，将螺栓与螺栓孔对接后进行焊接，焊接时保证焊缝均匀饱满减少焊接变形而引起的节点弯曲。焊接结束后，确保足够的冷却停歇时间，一般不应小于 5min，进行机械连接卡的安装，安装时注意将机械连接卡表面的螺栓卡槽与螺栓孔对准，然后进行侧面螺栓的安装。安装完成然后将机械连接卡的接缝进行满焊，确保连接卡的完整性，待焊缝冷却后，再把桩头连接部分涂刷防腐沥青漆。对于重点工程国家规范规定，还需对电焊接头作 10%的焊缝探伤检查[14]。

4.2 安全措施

4.2.1 标准及规范

(1)《中华人民共和国安全生产法》

(2)《建筑工程安全生产管理条例》

(3)《建筑施工高处作业安全技术规范》JGJ 80—2016

(4)《建筑施工模板安全技术规范》JGJ 162—2008

(5)《建筑机械使用安全技术规程》JGJ 33—2012

(6)《建设工程施工现场环境与卫生标准》JGJ 146—2013

(7)《施工现场临时用电安全技术规范》JGJ 46—2005

(8)《建筑施工起重吊装工程安全技术规范》JGJ 276—2012

4.2.2 安全措施

认真贯彻“安全第一，预防为主”的方针，采取如下安全措施：

(1) 施工前必须明确施工现场安全责任人，负责施工全过程的安全管理工作，施工现场安全责任人应在施工作业前向作业人员进行安全技术交底。

(2) 对专职安全员、班组长、从事特种作业的钢筋工、起重工、电气焊、电工等，必须严格按照《特种作业人员安全技术考核管理规则》进行安全教育、考核、复验，经过培训考试合格，获取操作证者才能持证上岗。对已取得上岗证者，要进行登记存档，操作证必须按期复审，不得超期使用，名册应齐全。

(3) 静压机械进场前，需要对场地土进行预压，确保桩机平稳施工，避免发生桩机倾斜。

(4) 静压桩机入场后，需提供桩机配套相关合格证明文件及年检报告，每天上班前需要对钢丝绳及液压轮轴等易磨损部分加强检查，确保制动灵活，试机正常后方能施工。施工过程中加强对桩机各部件的日常检查与维修保养。

(5) 吊装运输及起吊喂桩时，需要专人指挥及监护，隔离操作，严禁人员通行。

(6) 送桩完毕后，遗留下的孔洞上面要加盖或回填，以防人员掉落。

(7) 现场各用电安装及维修必须由专业电气人员操作，非专业人员不得擅自从事有关操作。设备除作保护零线外，需负荷前端设置短路及漏电保护装置。使用设备落实到责任人，专人操作，设备侧挂标志牌。出现故障应向主管部门及主管人员汇报，并由专业人员排除。

(8) 因露天作业，需注意安全用电防护，实行三相五线制，做好机械漏电保护，防潮防雨设施，一机一闸，闸箱上锁，确保用电作业安全。

(9) 桩基施工完毕后应对现场的桩孔进行封堵，避免发生其他安全事故。

(10) 工人进场前，应有专人对工人的行程卡及健康码进行检查并上报给相关负责部门做好备案，确认绿码后方可进行工作，若 14 天内有去过中高风险地区的人员，一律劝退。

(11) 现场应设立专员对来访人员进行防疫安全检查，并做好登记。设立测温点、隔离室、物资存放点等相关防疫设施。

(12) 现场人员一旦有发热、咳嗽等呼吸道感染症状，将第一时间进行自我隔离观察，并立即向公司报告[15]。

4.3 环境措施

贯彻 ISO 14001 环境管理体系标准，识别施工过程中的重大环境影响因素，制订有针对性的工地环境保护措施，最大程度地减少施工活动对环境造成的不利影响。与本工法有关的具体措施如下：

(1) 任务下达前。由项目工程师按国家或地方有关施工环保措施及企业环境管理体系要求，进行必要的培训。

(2) 成立对应的施工环境卫生管理机构，在工程施工过程中严格遵守国家和地方政府下发的有关环境保护的法律法规，加强对施工燃油、工程材料、设备、废水、生产生活垃圾、弃渣的控制和治理，遵守有防火及废弃物处理的规章制度，做好交通环境疏导，充分满足便民要求，认真接受城市交通管理，随时接受相关单位的监督检查。

(3) 将施工场地限制在工程建设允许的范围内，合理布置、规范围挡，做到标牌清楚、齐全，各种标识醒目，施工场地整洁文明。

(4) 施工道路及施工现场的粉尘污染要做好洒水保护管理，污水排放符合水污染排放标准。设立专用排水沟，对施工污水进行有序集中排放，认真做好无害化处理，从根本上防止施工污水乱排放。

(5) 制定降低噪声相关措施，防止应压桩、运桩、卸桩产生的噪声污染，所有施工设备应符合施工噪声控制要求。控制强噪声作业时间，提前做好施工计划，避免在夜间等公共休息时间发出较大噪声。

(6) 施工垃圾分类处理，尽量回收利用；生活垃圾必须集中堆放，当天回收处理。

(7) 注意夜间照明灯光的投射，在施工区内进行作业封闭，降低昼光污染。

(8) 施工后严格进行环境监测分析比对，一旦发现桩机施工有影响环境现象，必须停止施工，立即查找原因。

(9) 严禁在现场随意焚烧任何废弃物和会产生有毒有害气体、烟尘、臭气等物质。

(10) 进行焊接施工时，采用国家规范要求的焊材，并严格规范焊接流程，为操作人员配备口罩等防护用具，减少焊接造成的环境污染[16]。

5 桩基强度验证

5.1 桩身强度验算

$N_k=607\text{kN}$，$R_{a拔}=300\text{kN}$

当桩身裂缝等级控制为一级时：

单桩抗拔承载力设计值：$N_k/1.35=607\text{kN}/1.35=450\text{kN}>R_{a拔}=300\text{kN}$（裂缝控制等级为一级）满足要求[17]。

5.2 采用焊接方式桩基连接处强度验算[18-21]

若采用焊接方式连接，桩基焊接采用对接满焊，端板焊接处的焊接强度承载力计算如下：

$$F_1=\beta hlf$$

式中：F_1——单桩竖向抗拔承载力设计值；

β——正面角焊缝的强度增大系数，为 1.22；

l——焊缝长度，即桩基周长 $l=\pi(d_1+d_2)/2$（d 为焊缝外径，通常取 $d_1=d-2$，d_2 为焊缝内径，通常取 $d_2=d-2\times12$，d 为管桩外径）；

h——焊缝有效高度，$h=0.7H$（H 为焊缝坡口根部至焊缝表面的最短距离，即焊接高度，通常取 12mm）；

f——焊缝抗拉强度设计值，取 160N/mm^2。

计算得采用焊接，焊接处的抗拉强度

$F_1=1.22\pi\times(400-2+400-24)/2\times0.7\times12\times160=1992\text{kN}$。

5.3 抱箍式机械连接卡强度验算

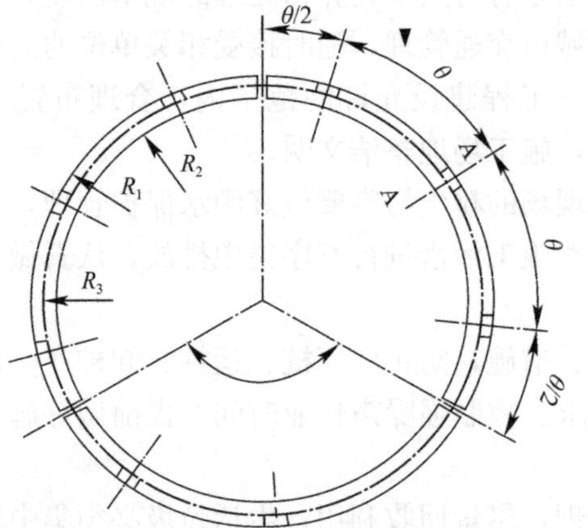

图 4　机械连接卡俯视图

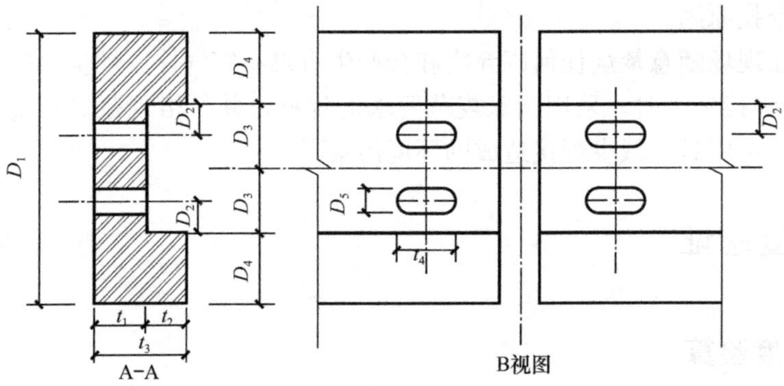

图 5　机械连接卡侧视图

PHC400AB95 机械连接卡相关参数　　　**表 1**

直径	型号	R_1	R_2	R_3	螺孔总数量	相邻来去孔夹角 θ	D_1	D_2	D_3	D_4	D_5	t_1	t_2	t_3	t_4
		(mm)					(mm)								
ϕ400	AB	208.5	193.5	199.5	12	60°	77	10	20.5	18	9	9	6	15	16

相关计算如下：

$$F = \sigma_b \cdot A_b$$

式中：F——机械连接卡抗拔承载力设计值；

σ_b——机械连接卡材质剪切强度，取 120N/mm²；

A_b——剪切面积。当抗拔管桩受拉时，机械连接卡竖向受剪部位在凹槽转角处，则 $A_b = 2\pi R_3 D_4$；$R_3 = 199.5$mm，$D_4 = 20$mm，

$$A_b = 2\pi R_3 D_4 = 2\pi \times 199.5 \times 20 = 25057.20\text{mm}^2$$

$$F = \sigma_b \times A_b = 120 \times 25057.20 = 300664\text{N} = 3006\text{kN}$$

综上所述，采用机械连接卡，桩基连接处的抗拔强度提高到 3006kN，远大于桩基本身的抗剪强度，由此可见，采用 PHC400AB95（抱箍式连接）可以有效提高桩基的抗拔强度，有利于工程施工，满足设计要求。

$F=3006>F_1=1992$kN，混凝土管桩抱箍式机械连接卡施工工艺较传统混凝土管桩相比，连接的抗拔力更高，具备良好的经济效益和社会效益。

6 试验结果分析

现场高性能混凝土管桩的竖向抗拔试验数据汇总见表2～表5，各级荷载作用下的变形数据及U-δ曲线、δ-lg$t$、δ-lg$U$曲线如图6～图9所示[22]。

D29号高性能混凝土管桩竖向抗拔试验数据 **表2**

序号	荷载（kN）	历时（min）		上拔（mm）	
		本级	累计	本级	累计
0	0	0	0	0.00	0.00
1	140	120	120	0.98	0.98
2	210	120	240	0.40	1.38
3	280	120	360	0.38	1.76
4	350	120	480	0.58	2.34
5	420	120	600	0.81	3.15
6	490	120	720	0.74	3.89
7	560	150	870	0.99	4.88
8	630	150	1020	0.88	5.76
9	700	120	1140	0.77	6.53
10	560	60	1200	−0.22	6.31
11	420	60	1260	−0.49	5.82
12	280	60	1320	−0.49	5.33
13	140	60	1380	−0.77	4.56
14	0	180	1560	−0.81	3.75
最大上拔量：6.53mm		最大回弹量：2.78mm		回弹率：42.6%	

D245号高性能混凝土管桩竖向抗拔试验数据 **表3**

序号	荷载（kN）	历时（min）		上拔（mm）	
		本级	累计	本级	累计
0	0	0	0	0.00	0.00
1	140	120	120	1.48	1.48
2	210	150	270	0.64	2.12
3	280	120	390	0.65	2.77
4	350	120	510	0.61	3.38
5	420	120	630	0.93	4.31
6	490	120	750	0.77	5.08
7	560	120	870	0.88	5.96
8	630	180	1050	1.24	7.20
9	700	180	1230	1.33	8.53
10	560	60	1290	−0.31	8.22
11	420	60	1350	−0.54	7.68
12	280	60	1410	−0.76	6.92
13	140	60	1470	−0.85	6.07
14	0	180	1650	−1.04	5.03
最大上拔量：8.53mm		最大回弹量：3.50mm		回弹率：41.0%	

D272号高性能混凝土管桩竖向抗拔试验数据　　表4

序号	荷载（kN）	历时（min）		上拔（mm）	
		本级	累计	本级	累计
0	0	0	0	0.00	0.00
1	140	120	120	0.73	0.73
2	210	120	240	0.32	1.05
3	280	120	360	0.29	1.34
4	350	150	510	0.58	1.92
5	420	120	630	0.61	2.53
6	490	120	750	0.64	3.17
7	560	150	900	0.99	4.16
8	630	120	1020	0.92	5.08
9	700	120	1140	1.11	6.19
10	560	60	1200	−0.84	5.35
11	420	60	1260	−0.73	4.62
12	280	60	1320	−0.55	4.07
13	140	60	1380	−0.80	3.27
14	0	180	1560	−1.03	2.24
最大上拔量：6.19mm		最大回弹量：3.95mm		回弹率：63.8%	

D338号高性能混凝土管桩竖向抗拔静载试验数据　　表5

序号	荷载（kN）	历时（min）		上拔（mm）	
		本级	累计	本级	累计
0	0	0	0	0.00	0.00
1	140	120	120	1.92	1.92
2	210	120	240	0.40	2.32
3	280	120	360	0.46	2.78
4	350	120	480	0.42	3.20
5	420	120	600	0.58	3.78
6	490	120	720	0.65	4.43
7	560	120	840	0.79	5.22
8	630	150	990	1.16	6.38
9	700	150	1140	1.14	7.52
10	560	60	1200	−0.40	7.12
11	420	60	1260	−0.47	6.65
12	280	60	1320	−0.56	6.09
13	140	60	1380	−0.87	5.22
14	0	180	1560	−0.77	4.45
最大上拔量：7.52mm		最大回弹量：3.07mm		回弹率：40.8%	

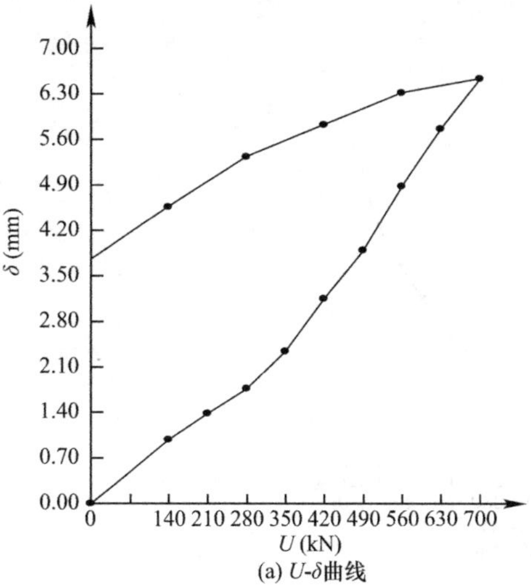

(a) U-δ曲线

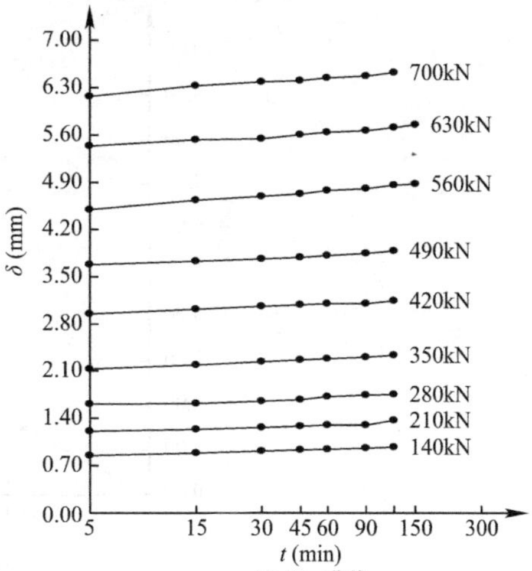

(b) δ-lgt曲线

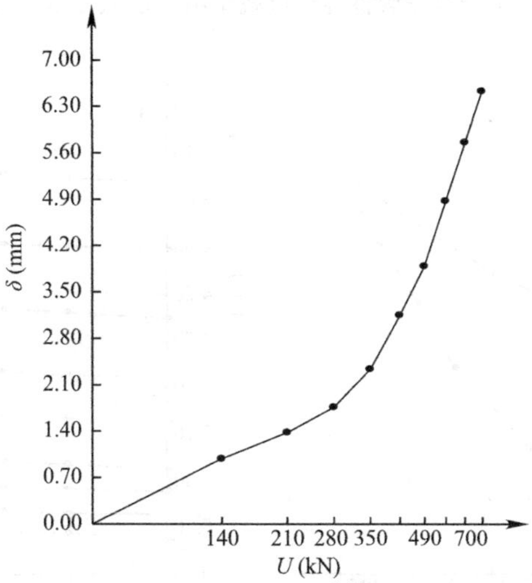

(c) δ-lgU曲线

图 6 D29 号高性能混凝土管桩各级荷载作用下 U-δ、δ-lg$t$、δ-lg$U$ 曲线

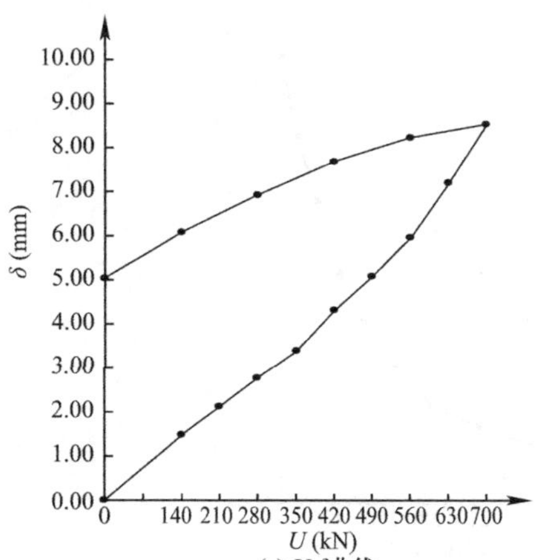

(a) U-δ曲线

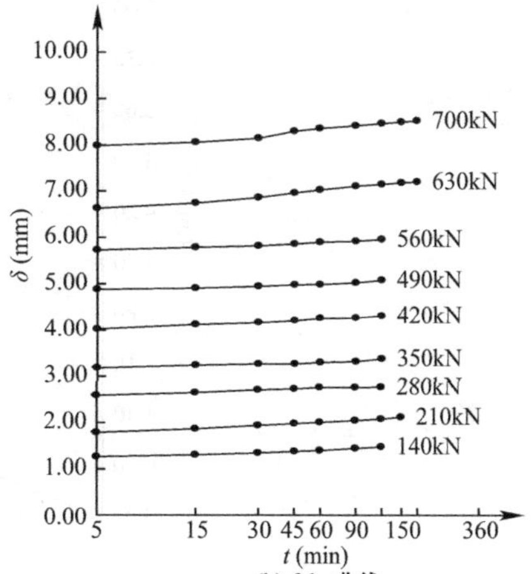

(b) δ-lgt曲线

图 7 D245 号高性能混凝土管桩各级荷载作用下 U-δ、δ-lg$t$、δ-lg$U$ 曲线（一）

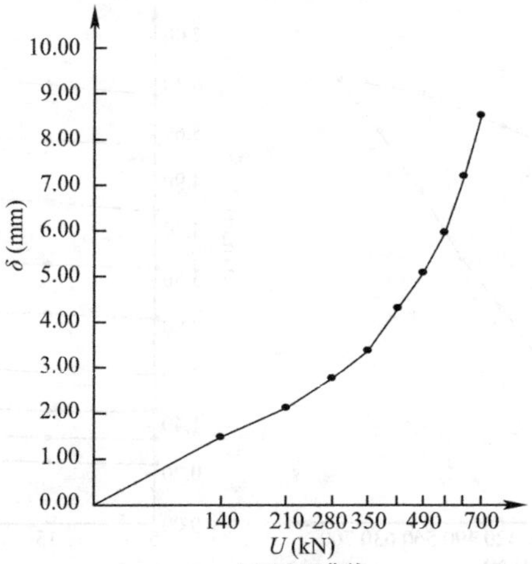

(c) δ-lgU曲线

图 7　D245 号高性能混凝土管桩各级荷载作用下 U-δ、δ-lg$t$、δ-lg$U$ 曲线（二）

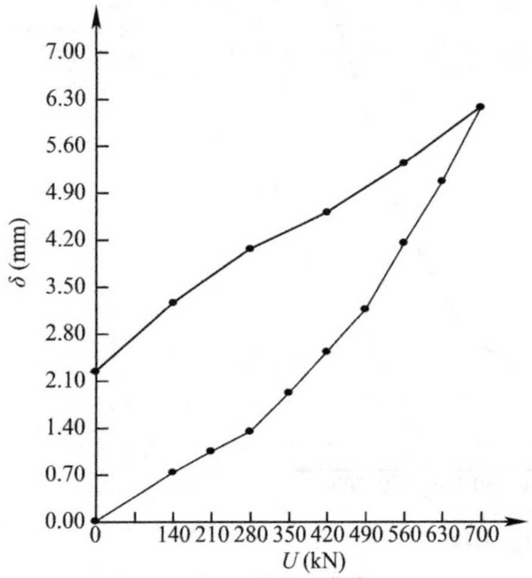

(a) U-δ曲线

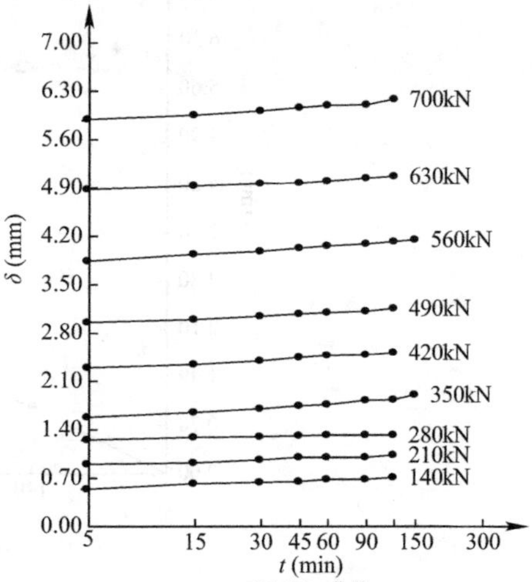

(b) δ-lgt曲线

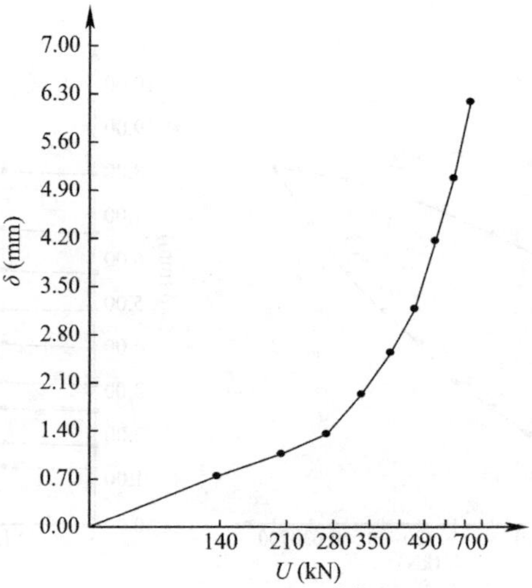

(c) δ-lgU曲线

图 8　D272 号高性能混凝土管桩各级荷载作用下 U-δ、δ-lg$t$、δ-lg$U$ 曲线

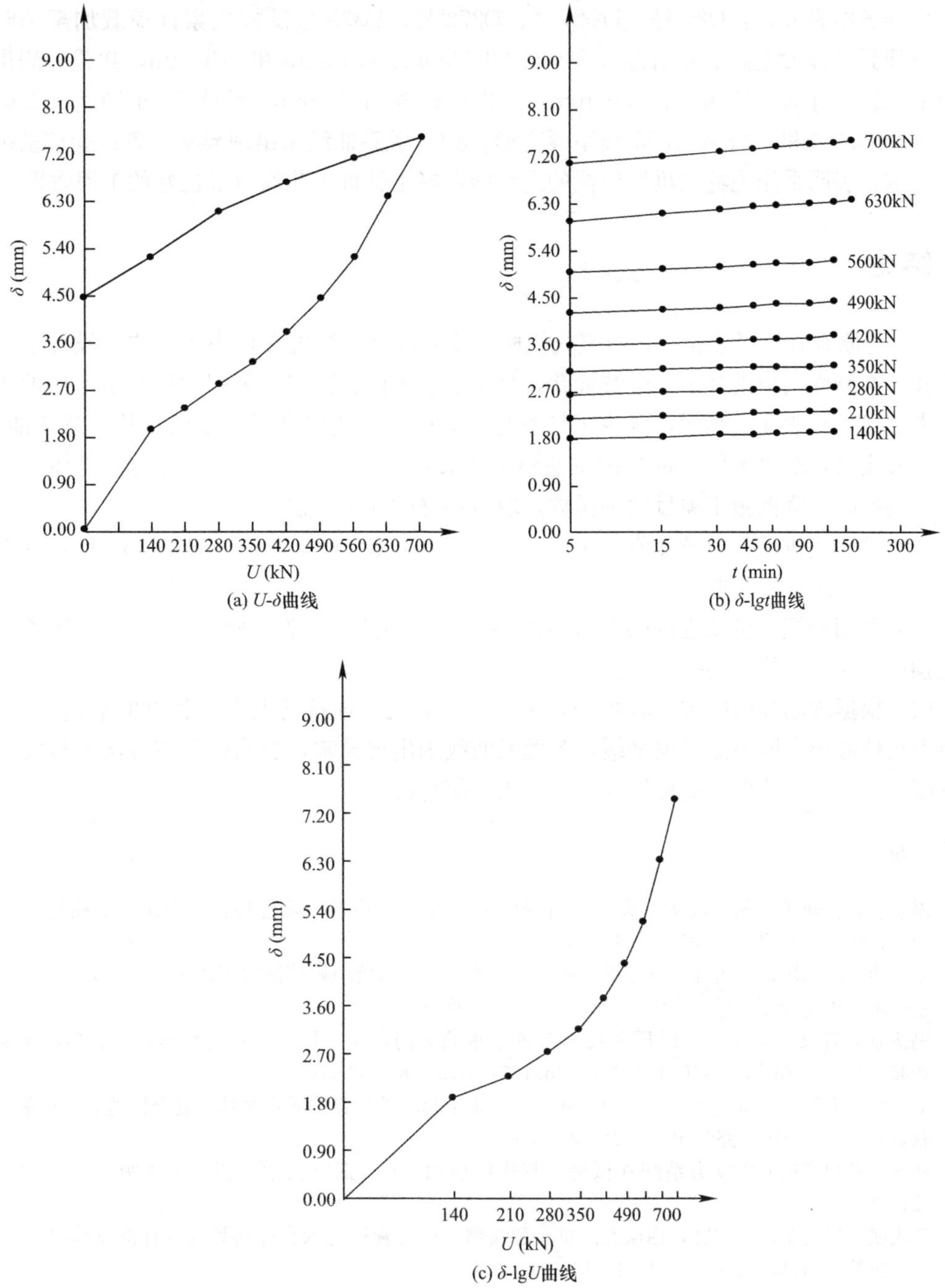

图 9　D338 号高性能混凝土管桩各级荷载作用下 U-δ、δ-lg$t$、δ-lg$U$ 曲线

各桩基单桩竖向抗拔静载实验数据 **表 6**

序号	桩号	最大试验荷载 (kN)	最大上拔量 (mm)	残余上拔量 (mm)	回弹率 (%)	单桩竖向抗拔极限承载力 (kN)
1	D29 号	700	6.53	3.75	42.6	700
2	D245 号	700	8.53	5.03	41.0	700
3	D272 号	700	6.19	2.24	63.8	700
4	D338 号	700	7.52	4.45	40.8	700

根据各图表分析：D29 号、D245 号、D272 号、D338 号试桩在累计荷载加至 700kN 时，桩顶累计最大上拔量分别为 6.53mm、8.53mm、6.19mm 和 7.52mm，卸载后测得残余上拔量分别为 3.75mm、5.03mm、2.24mm 和 4.45mm，回弹率分别为 42.6%、41.0%、63.8%和 40.8%。U-δ 线呈缓变形，δ-lg$t$ 关系曲线未出现异常，各试验桩基抗拔数据稳定，表明采用抱箍式机械连接的高性能混凝土管桩工艺取得了良好的工程效果。

7 结论

(1) 与原有管桩焊接相比，抱箍式机械连接的混凝土管桩在桩头表面均匀设计了 7 个螺栓孔，在侧面均匀设计了 6 个螺栓孔，且上下接头位置固定，采用螺栓与带卡槽的机械连接卡连接桩头表面、侧面，减少了桩基焊接时间，有效提高了桩基的抗拔、抗弯能力，提高工程质量，解决了传统桩基因桩头钢筋焊接产生 CO_2、SO_2、CO 等有害气体带来的环境污染问题，降低施工项目的碳排放，取得很好的环保效益。

(2) 单桩抗拔承载力设计值：$N_k/1.35=607\text{kN}/1.35=450\text{kN}>R_{a拔}=300\text{kN}$，(裂缝控制等级为一级) 满足要求。

(3) 采用抱箍式机械连接的预应力混凝土管桩的抗拔力为 3006kN，远大于同条件下传统预应力混凝土管桩的抗拔力。

(4) 根据现场竖向抗拔试验可知，采用抱箍式机械连接的混凝土管桩的竖向位移小，残余上拔位移小，回弹曲线较平缓，各关系曲线未出现异常，表明采用该方法进行的预应力混凝土管桩的连接取得陆良好的工程效果，值得推广。

参考文献

[1] 冯忠居，霍建维，胡海波等. 高寒盐沼泽区干湿-冻融循环下桥梁桩基腐蚀损伤与承载特性 [J]. 交通运输工程学报，2020，20 (6)：135-147

[2] 夏承明，冯忠居，袁川峰，赵亚婉，陈慧芸，李铁. 高压旋喷帷幕注浆预加固法在超大型岩溶区桩基础施工中的应用 [J]. 公路，2020，65 (7)：98-103

[3] 冯忠居，任文峰，李晋. 后压浆技术对桩基承载力的影响 [J]. 长安大学学报（自然科学版），2006 (3)：35-38. DOI:10.19721/j.cnki.1671-8879.2006.03.009

[4] 王安辉，袁春坤，章定文，丁选明，刘维正，朱子超. 桩筏连接形式对劲芯复合桩地震响应影响试验研究 [J]. 中国公路学报，2021，34 (5)：24-36

[5] 许涛. 新型管桩静载反力系统在试桩工程中的应用 [J]. 武汉大学学报（工学版），2017 (S1)：424-427

[6] 贺武斌，崔向东，郭昭胜，白晓红. 桩头加强型预应力管桩与承台连接处受弯性能试验研究 [J]. 工业建筑，2014，44 (1)：71-74，164

[7] 吴中鑫，张晓锋，李栋. 新型反压系统在桥梁新增桩基加固工程中的应用研究 [J]. 公路，2022，67 (1)：200-204

[8] 张军涛，邓鹏，刘汉中. 一种新型桩基框架式海堤结构分析与优化 [J]. 人民长江，2013，44 (21)：56-59. DOI：10.16232/j.cnki.1001-4179.2013.21.019

[9] 卢建平，曹国宁，张志强，徐建达，陈刚，金翔龙. 新型桩基技术——现浇薄壁筒桩技术 [J]. 岩石力学与工程学报，2004 (4)：704-707

[10] 赵慧玲，王振江. 预应力工字型围护桩接头的抗剪性能 [J]. 上海大学学报（自然科学版），2020，26 (4)：640-650

[11] 周家伟，王云飞，龚顺风，张爱晖，刘承斌，樊华. 弹卡式连接预应力混凝土方桩接头受弯性能研究 [J]. 建筑结构，2020，50 (13)：121-127，133

[12] 王鹏志. 高抗拔承载力预制混凝土方桩连接探讨 [J]. 建筑结构，2019，49 (S2)：846-849

［13］《建筑桩基技术规范》［J］. 岩土力学，2008（11）：3020
［14］周梅，陈振东，张颜路. 钢筋混凝土预制桩施工的质量控制［J］. 辽宁工程技术大学学报（自然科学版），2000（3）：262-264
［15］李颖，李峰，邹宇，马晓元，吕征宇，吴小竣. 预制装配式混凝土建筑施工安全和质量评估［J］. 建筑技术，2016，47（4）：305-309
［16］孙雅珍，刘畅，陈文翰，王金昌. 小型预制混凝土管桩基础抗拔承载特性数值模拟［J］. 辽宁工程技术大学学报（自然科学版），2018，37（2）：346-351
［17］张聪，冯忠居，孟莹莹，关云辉，陈慧芸，王振. 单桩与群桩基础动力时程响应差异振动台试验［J］. 岩土力学，2022，43（5）：1326-1334
［18］阎怀先，赵文勇. PHC 管桩抗拔试验研究［J］. 华北水利水电学院学报，2011，32（2）：126-128，151
［19］王宝军. PHC 管桩作为抗拔桩在工程中的应用［J］. 粮食流通技术，2009（5）：6-8，21
［20］许国平. PHC 桩的竖向抗拔静载试验研究［J］. 工程勘察，2005（5）：9-11
［21］张保伟，迟晓亭，邱文武，滑端成. 关于预应力混凝土管桩的抗拔计算与分析［J］. 山东化工，2013，42（3）：78-79
［22］冷伍明，律文田，谢维鋆，蔡华炳. 基桩现场静动载试验技术研究［J］. 岩土工程学报，2004（5）：619-622

作者简介：孙树伟（1975—），男，本科，高级工程师。主要从事桩基工程、房建工程、道路工程相关工程领域研究。

何　飞（1975—），男，本科，高级工程师。主要从事桩基工程、房建工程、道路工程相关工程领域研究。

霍建维（1994—），男，硕士。主要从事桩基工程、房建工程、道路工程相关工程领域研究。

小流量冲沟深厚覆盖层筑坝坝基渗控方案优化研究

颜慧明　王启国　张腾飞
（长江岩土工程有限公司，湖北 武汉，430010）

摘　要： 我国西部某水电站坝基覆盖层厚度97.6m，由五层土体组成，多具中等～强透水性，根据坝址流量小、库容小、坝基覆盖层透水性等特点，初步设计阶段坝基采用覆盖层全封闭防渗处理方案，施工期间由于防渗墙深度大，严重影响工程进度。基于前期勘察成果资料，补充勘察后发现坝基第四层中分布一层透水性微弱的粉质壤土层，厚度4.77～5.08m，埋深46.12～51.36m，据此开展坝基渗控方案优化研究，结果表明采用以第四层中粉质壤土夹层为防渗下限的渗控方案后，坝基渗流量$1.21\times10^{-4}m^3/s$，下游出逸点坡降0.00073，坝基渗流量和出逸坡降均很小，该方案能有效降低坝基的渗流量，并抑制坝基的出逸坡降。最终将坝基防渗墙深度从原覆盖层全封闭方案的91m抬高至53m，墙深减少了近40m，大大提高了工程效益。工程竣工后经渗流监测，坝基防渗处理效果较好。

关键词： 深厚覆盖层；渗透稳定；粉质壤土；防渗墙；半封闭渗控方案；小流量冲沟

Study on the optimization of dam foundation seepage control scheme for low flow gully and deep overburden dam construction

Yan Huiming　Wang Qiguo　Zhang Tengfei
(Changjiang Geotechnical Engineering Corporation, Wuhan 430010, China)

Abstract: The overburden's thickness of the dam foundation of a hydropower station in the west of China is 97.6m. It is composed of five layers of soil, and most of them have moderate to strong water permeability. According to the characteristics of small dam site flow, small storage capacity, and permeability of the dam foundation overburden, the dam foundation adopts the fully enclosed anti-seepage treatment plan in the preliminary design stage. It will seriously affect the progress of the project due to the large depth of the anti-seepage wall during the construction period. Based on the previous survey results, a layer of silty loam with weak permeability is distributed in the fourth layer of the dam foundation after the supplementary survey, with a thickness of 4.77-5.08m and a buried depth of 46.12-51.36m. Based on this, the optimization study on the seepage control scheme of the dam foundation was carried out. The results showed that after adopting the seepage control scheme with the silty loam interlayer in the fourth layer as the lower limit of anti-seepage, the seepage flow of the dam foundation is $1.21\times10^{-4}m^3/s$, and the gradient of the downstream escape point is 0.00073. Both the seepage flow of the dam foundation and the escape point gradient are very small. The scheme can effectively reduce the seepage flow of the dam foundation and restrain the escape point gradient of the dam foundation. Finally, the depth of the dam foundation anti-seepage wall was raised from 91m to 53m in the original overburden fully enclosed scheme, and the wall depth was reduced by nearly 40m, which greatly improved the engineering benefits. After the completion of the project, the seepage monitoring of the dam foundation shows that the anti-seepage treatment effect of the dam foundation is good.

Keywords: deep overburden; infiltration stability; silty loam; anti-seepage wall; semi-closed seepage control scheme; small flow gully

引　言

我国西部某水电站修建于冲沟上，坝址控制流域面积 290km²，坝址多年平均流量 7.81m³/s，枯水期平均流量 3.9m³/s。主要由拦河坝、引水隧洞和地面厂房等组成，其中水库长 2.64km，库容 1496 万 m³，坝型为 PVC 膜与砾石土联合防渗心墙堆石坝，最大坝高 69.5m，是同类防渗体系的世界最高坝。

坝基河床覆盖层厚度 97.6m，由于覆盖层深厚，基坑开挖难度大，选择了对坝基变形适应性较好的心墙堆石坝坝型[1,2]，浅层清基后大坝直接置于覆盖层上。由于坝基覆盖层多具中等～强透水性，且坝址冲沟流量小、水库库容小，为了满足坝基渗漏和渗透稳定要求[3,4]，初步设计阶段坝基渗控方案采用了常用的全封闭防渗墙方案[5-7]，即将防渗墙深入到相对隔水层的基岩中，防渗墙最大深度 91m。

进入施工详图阶段，由于防渗墙体太深，且地基分布的漂块石大、强度高，现场施工难度很大，工程建设进度非常缓慢，严重影响项目建设工期，因此迫切需要开展坝基渗控方案的优化论证工作。渗控方案优化研究除了保证大坝渗透稳定安全[8,9]外，还要保证坝基不出现因渗漏量过大而导致水库不能正常蓄水。笔者团队接手该任务后，首先认真仔细梳理了坝基前期勘察基础资料，资料分析过程中发现坝基埋深 50m 以下的第④层和第⑤层中夹较多透水性微弱的粉质壤土层，初步判断第④层和第⑤层的实际透水性应该比初步设计阶段的建议值（1×10^{-3}～1×10^{-2}cm/s）小，前期勘察时由于这两层埋深较大，没有做相关的渗透试验，参数建议值提的比较保守，分析认为坝基渗控方案是存在优化可能性的[10]。本文基于补充钻孔、自振法试验、颗粒分析等工作，在进一步分析坝基深厚覆盖层的水文地质与工程地质条件下，充分考虑坝址流量小、库容小、覆盖层透水性等工程特征，提出了将坝基覆盖层全封闭防渗处理优化调整为抬高防渗墙深度近 40m 的防渗处理方案，大大提高了工效，实施后效果较好。本文进行归纳总结，以期对其他类似工程提供有益的技术参考。

1　前期勘察坝基覆盖层工程地质特征

坝址处为“V”形沟谷，谷底宽度 72～90m，主河道位于中部偏左，枯季水面宽度 14～16m，水深 0.8～2.0m，两侧河漫滩高程 2642～2644m。坝区基岩为二迭系上统大石包组（P_{2d}）玄武岩。

坝址区河床覆盖层深厚，最大厚度 97.6m，从上至下主要分布 5 层（表 1）：

第①层，为粉质壤土，偶夹砂砾石，含较多植物根系，厚度 0.8～2.0m；

第②层，为粉质壤土夹砂砾（卵）石，少量漂、块石，厚度 20.0～22.0m；

第③层，仅HK19孔深46.86～47.89m为粉质壤土外，主要为砂砾（卵）石层，厚度25.5～27.3m；

第④层，为粉质壤土夹砂砾（卵）石与少量漂、块石，厚度20.0～20.5m；

第⑤层，为粉质壤土夹砾（卵）石、漂石，偶夹粉细砂，厚度25.0～26.7m。

河床深厚覆盖层基本特征一览表 **表1**

层位	顶板埋深（m）	层厚（m）	基本地质特征
第①层	0	0.8～2.0	粉质壤土，褐灰色，偶夹砂砾石，结构松散，含较多植物根系
第②层	0.8～2.0	20.0～22.0	粉质壤土夹砂砾（卵）石，少量漂、块石，砾（卵）石以玄武岩为主，少量砂岩及灰岩，砾径一般0.5～5cm，大者10～15cm，含量30%～40%，漂、块石为玄武岩，块径0.5～0.8m，含量10%～15%，结构中密
第③层	20.8～24.0	25.5～27.3	除HK19孔孔深46.86～47.89m段揭露一层粉质壤土外，主要为砂砾（卵）石，砾（卵）石成分以玄武岩为主，少量大理岩、灰岩，砾径1～3cm，大者4～5cm，结构较松散
第④层	46.12～50.26	20.0～20.5	粉质壤土夹砂砾（卵）石与少量漂、块石，砂砾（卵）石成分主要为玄武岩，砾径一般2～3cm，含量20%～30%，漂石直径0.4～0.8m，含量5%～10%，结构中密
第⑤层	66.12～77.7	25.0～26.7	粉质壤土夹砾（卵）石、漂石，偶夹粉细砂，砾（卵）石成分多玄武岩，少量大理岩、灰岩及石英岩，砾径1～3cm，含量20%～30%，结构密实

初步设计阶段仅对坝基第②层进行了钻孔抽水试验和注水试验，试验成果表明第②层的渗透系数为6.24×10^{-4}～2.33×10^{-1}cm/s，具中等～强透水性，局部大于100cm/s，具极强透水性。

初步设计阶段提出的坝基各层土体的物理力学参数建议值见表2。

初步设计阶段河床深厚覆盖层各层土体的物理力学参数建议值表 **表2**

层位	土类	干密度(g/cm^3)	变形模量(MPa)	抗剪强度		渗透系数(cm/s)	允许坡降	承载力特征值(MPa)
				φ(°)	C(MPa)			
①	粉质壤土	1.70～1.80	15～20	25	0	1×10^{-6}～1×10^{-5}	0.30～0.35	0.25
②	粉质壤土夹砂砾（卵）石，少量漂、块石	2.10～2.25	40～50	32	0	1×10^{-3}～1×10^{-2}	0.15～0.20	0.40
③	砂砾（卵）石层	2.15～2.20	50～60	35	0	1×10^{-3}～1×10^{-1}	0.10～0.15	0.50
④	粉质壤土夹砂砾（卵）石与少量漂、块石	2.10～2.25	40～50	32	0	1×10^{-3}～1×10^{-2}	0.15～0.20	0.40
⑤	粉质壤土夹砾（卵）石、漂石	2.10～2.20	35～40	30	0	1×10^{-3}～1×10^{-2}	0.15～0.20	0.40

2 施工期间坝基覆盖层补充勘察结果

为了优化坝基渗控方案，首先需要进一步查明坝基覆盖层（主要为第④层和第⑤层）的工程地质特征，重点查明他们的物质组成和渗透性特性。施工期间在河床部位、沿坝基防渗轴线上游侧 6m 处补充了 2 个钻孔，分别为 HK33、HK35 两孔（图 1）。为了保证钻探和岩土测试的质量，造孔过程中全孔跟管钻进，终孔孔径 91mm，进入第④层、第⑤层后禁止孔内爆破和泥浆护壁造孔。

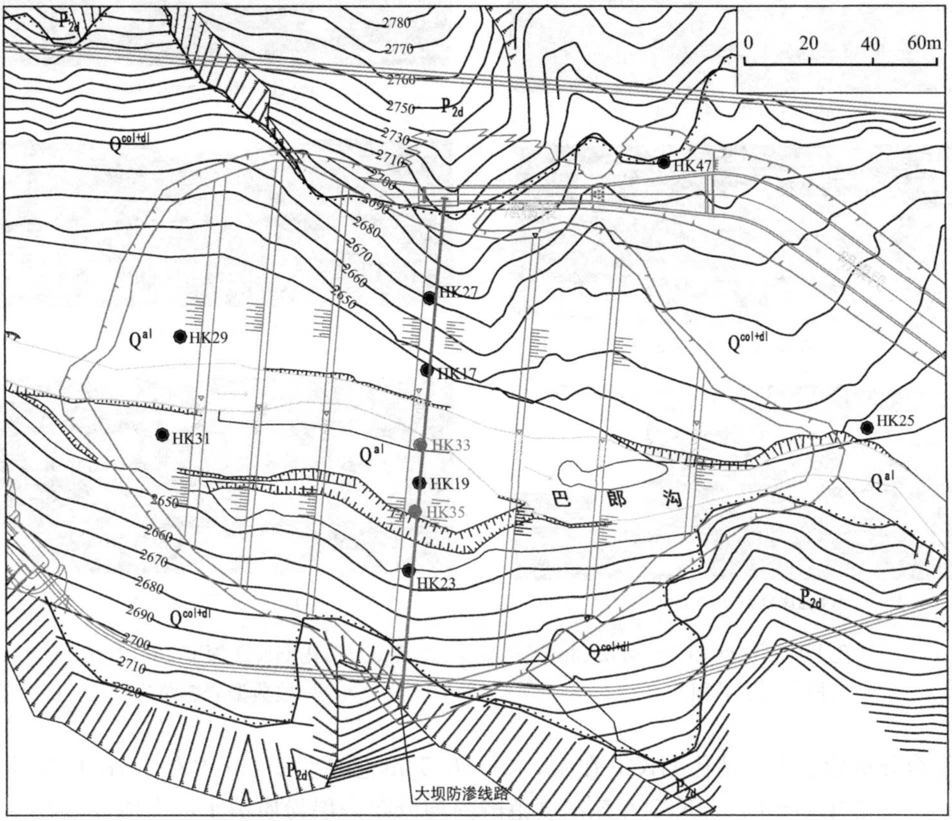

Q^{al} 1 Q^{col+dl} 2 P_{2d} 3 4 5 6 ● HK25 7 ● HK25 8

1.第四系冲积；2.崩坡积；3.二叠系上统大包组玄武岩；4.第四系与基岩分界线；5.地层界线；6.坝轴线；7.前期勘察钻孔及编号；8.施工期间补充钻孔及编号

图 1 坝址区工程地质平面示意图

钻探结果表明，坝基河床覆盖层的基本特征与前期勘察结果比较吻合，仅在第④层有了重大发现，即在原层位中均揭示一层粉质壤土，其中钻孔 HK33 分布深度 51.36～56.13m（图 2），厚度 4.77m；HK35 孔分布深度 46.12～51.20m（图 3），厚度 5.08m。这两个钻孔揭示的粉质壤土层在分布深度上基本一致，且厚度较大，是否属于同一层位，需要结合前期附近钻探资料综合分析。

为此，调阅了坝址区前期勘探的钻孔资料，重点查阅了河床部位 HK17、HK19、HK25、HK29、HK31 等钻孔资料，其中钻孔 HK17、HK31 位于边滩上，覆盖层厚度小于 20m；钻孔 HK19 和 HK31 在深度 47.20～54.50m、52.70～58.20m 分布一层粉质壤土；钻孔 HK19 在岩芯描述中发现详细表述了深度 49.90～51.30m、51.80～52.90m、54.10～56.50m 为粉质壤土夹层，其他为粉质壤土夹砂砾（卵）石与少量漂、块石。可见，前期主河床深厚覆盖层部位的钻孔在深度 49.15～58.25m 之间均揭露有粉质壤土层，前期勘察时由于钻孔 HK19 揭露的粉质壤土是夹层，可能在成果整理时就给忽略了，以透水性较强的粗粒土对待，最终导致坝基渗控方案比较保守。

(a) 孔深41.05～46.55m

(b) 孔深46.55～51.36m

(c) 孔深51.36～56.13m

图2　钻孔HK33深度41.05～56.13m段典型岩芯照片

(a) 孔深46.12～51.20m

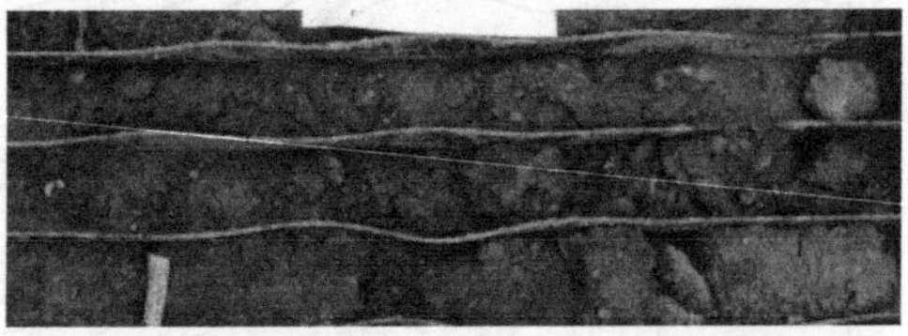

(b) 孔深51.09～56.90m

(c) 孔深56.70～61.50m

图3　钻孔HK35深度46.12～61.50m段典型岩芯照片

综合分析后认为，钻孔HK19在49.90～56.50m总厚度6.6m中有5.1m的粉质壤土层，且两边钻孔HK33、HK35在该深度范围内均分布一层粉质壤土，土体性质和空间分布比较一致，因此钻孔HK19深度49.90～56.50m的粉质壤土属于同类土层。

由此可见，坝址区在河床深厚覆盖层中偏下部均分布一层粉质壤土，构成坝基一条比较完整的相对隔水层，初步分析，该层粉质壤土可能为历史上下游山体崩塌或滑坡堵江堰塞湖淤积而成[11,12]。

在坝轴线处，该粉质壤土层总体向左岸倾斜（图4），顶板埋深46.12～51.36m，相应分布高程为2592.37～2591.28m。

对第④层中粉质壤土夹层开展了采取扰动土样进行室内颗粒分析试验和现场钻孔自由振动试验，结果表明，该夹层含砾率16.2%～35.6%，含砂率31.4%～48.5%，粉粒和黏粒含量33.0%～35.3%，渗透系数6.16×10^{-5}～7.06×10^{-6}cm/s（表3）。

此外，在钻孔HK33、HK35中的第③层和第④层其他土体也开展了现场钻孔自由振动试验，其中第③层砂砾（卵）石层测试的渗透系数1.03×10^{-3}cm/s，具中等透水性；第④层粉质壤土夹砂砾（卵）石与少量漂、块石测试的渗透系数3.30×10^{-4}～6.55×10^{-4}cm/s,具中等透水性。第⑤层由于成孔条件差，无法进行自振法试验，根据物质组成和钻探漏浆情况，宏观判断具中等透水性。

3　坝基渗控方案优化研究与工程处理

坝基河床部位覆盖层最大厚度97.6m，主要分布粉质壤土夹砂砾（卵）石、砂砾

（卵）石、粉质壤土夹砾（卵）石及漂石等土层，渗透系数一般 $1\times10^{-4}\sim1\times10^{-1}$ cm/s，多具中等～强透水性，局部极强透水性，坝基覆盖层存在渗漏和渗透变形问题。坝址多年平均流量 7.81m^3/s，枯水期平均流量 3.9m^3/s，水库库容 1496 万 m^3，坝型采用当地材料坝-PVC 膜与砾石土联合防渗心墙堆石坝，浅层清基后大坝直接置于覆盖层上。考虑坝址流量小、库容小、覆盖层透水性等特点，初步设计阶段坝基渗控方案采用覆盖层全断面防渗墙封闭处理，两岸坝肩透水率大于 5Lu 的岩体采用帷幕灌浆处理，其中基础防渗墙采用常态混凝土，布置在坝轴线上，防渗墙穿过坝基覆盖层，并伸入弱风化基岩以下 1.0m，最大墙深 91m，墙体厚度 1.0m，防渗墙总面积 5630m^2。

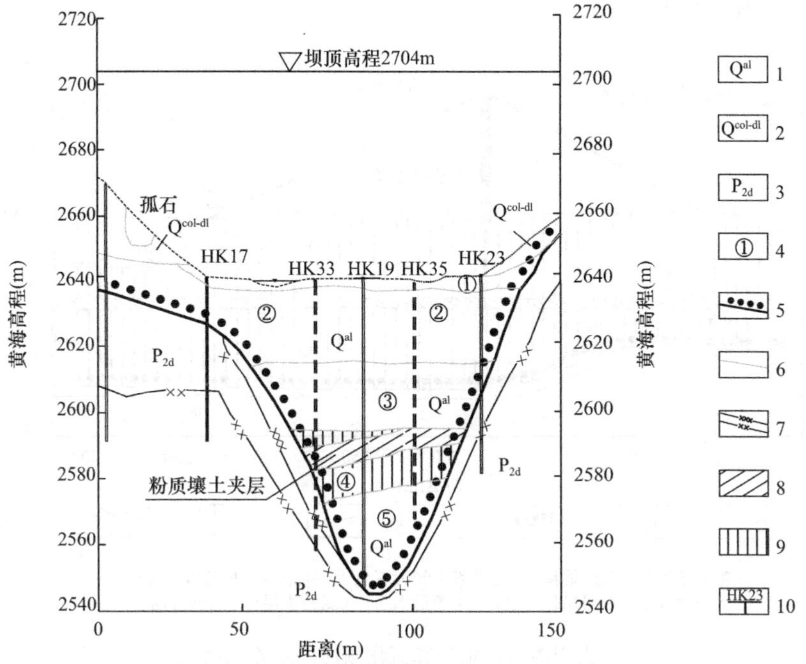

1.第四系冲积；2.崩坡积；3.三迭系上统大石包组；4.覆盖层层位及编号；5.第四系与基岩界线；6.岩性界线；7.强、弱风化下限；8.弱透水层；9.中等透水层；10.钻孔及编号

图 4　大坝坝轴线河床部位工程地质剖面图

坝基第④层中粉质壤土夹层的颗粒组成与渗透性试验成果表　　**表 3**

位置	各粒径颗粒含量（粒径单位：mm）													自由振动试验渗透系数
	砾（角砾）					砂粒					粉粒	黏粒	胶粒	
	60～40	40～20	20～10	10～5	5～2	2～1	1～0.5	0.5～0.25	0.25～0.1	0.1～0.075	0.075～0.005	<0.005	<0.002	
	%													cm/s
HK33	0	2.6	4.6	7.7	1.3	7.3	10.7	13.4	12.4	4.7	28.3	7.0	1.6	7.06×10^{-6}
HK35	1.7	4.9	7.4	9.2	12.4	7.7	10.0	5.4	4.8	3.5	25.9	7.1	3.4	6.16×10^{-5}

进入施工阶段，由于防渗墙体太深，覆盖层中分布的漂块石粒径大、强度高，导致施工过程中经常停工研究解决方案，工程进度非常缓慢，严重影响项目建设的总工期，因此迫切需要开展坝基渗控方案的优化研究工作。研究表明，坝基第②层和第③层主要为粗粒土，钻进过程中漏浆严重，钻孔抽水、注水和自由振动试验表明这两层渗透系数 $1\times10^{-3}\sim1\times10^{-1}$ cm/s，具中等～强透水性，不具备作为坝基防渗下限的条件。而第④层中

分布一粉质壤土夹层，厚度 4.77～5.08m，渗透系数 7.06×10^{-6}～6.16×10^{-5} cm/s，透水性微弱，初步分析该层具有作为坝基防渗下限的优化条件，本文以该粉质壤土夹层作为坝基防渗下限开展渗流分析，研究坝基渗控的优化方案。

计算模型为：基础防渗墙布置在坝轴线上，防渗墙伸入第④层粉质壤土夹层中 4m，最大墙深度 53m，墙厚 1m。大坝顺河向渗流计算模型见图 5，有限元模型见图 6。

根据试验成果，计算参数选取为：防渗心墙 1.0×10^{-12} cm/s，防渗墙体 1.0×10^{-7} cm/s，堆石料 4.5×10^{-2} cm/s，粉质壤土上部透水层 5.0×10^{-2} cm/s，粉质壤土隔水层 5.0×10^{-5} cm/s，粉质壤土下部透水层 1.0×10^{-3} cm/s。渗流计算水位：坝前 2700m（正常蓄水位），坝后 2641.33m。

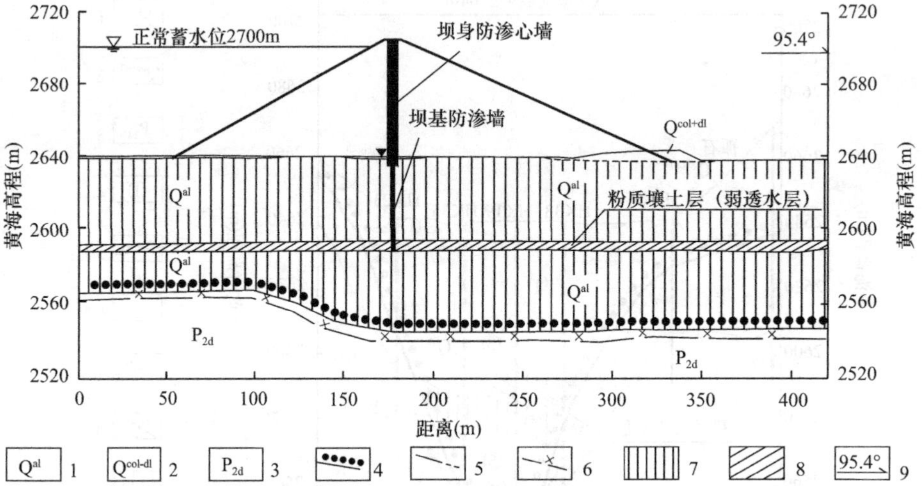

1.第四系冲积；2.崩坡积；3.三迭系上统大石包组；4.第四系与基岩界线；
5.岩性界线；6.弱风化下限；7.中等透水层；8.弱透水层；9.剖面方向

图 5　大坝渗透稳定计算概化顺河向地质剖面图

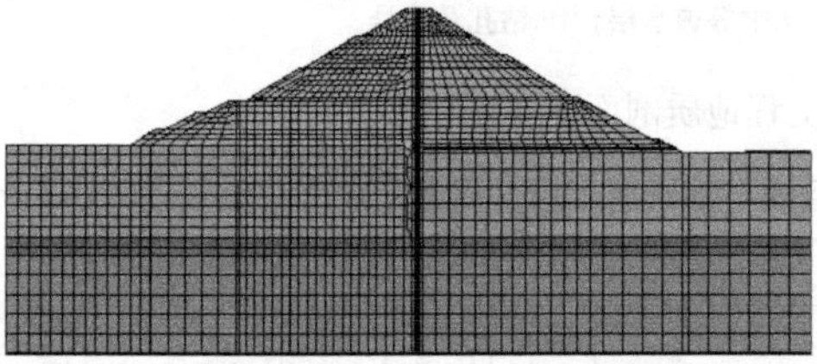

图 6　有限元模型图

采用有限元软件 ADINA 计算得到：大坝渗流量 Q 为 1.21×10^{-4} m^3/s，下游出逸点坡降 J 为 0.00073。

初步设计阶段河床覆盖层全封闭方案大坝渗流计算结果为：大坝渗流量 Q 为 8.57×10^{-5} m^3/s，下游出逸点坡降 J 为 0.00052。

可见，采用第④层粉质壤土夹层作为防渗依托后，大坝的渗流量和坝基覆盖层全封闭方案比较增加了 3.53×10^{-5} m^3/s，下游出逸点坡降 J 数值提高了 0.00021，但是大坝渗流量和下游出逸点坡降总体抬高幅度不大。

坝址沟谷枯水期平均流量 3.9m^3/s，多年平均流量 7.81m^3/s。采用第④层粉质壤土夹层作为防渗下限的渗控方案后，大坝渗流量是坝址枯水期平均流量的 0.0031%，是多年平均流量的 0.0015%，坝基渗流量和出逸坡降均很小，可见该方案能有效降低坝基的渗流量，抑制坝基的出逸坡降，因此坝基覆盖层全封闭渗控方案可以进行优化，即抬高防渗墙深度，以第④层粉质壤土夹层作为防渗依托。

根据分析结果，本项目最终调整了防渗墙深度，由 91m 抬高至 53m（图 7），相应下限高程调整为 2586m。为此，河床防渗墙深度较原设计减少了近 40m，减少防渗面积近

2500m²，和前期投资比较节约了近1000万元，关键是有效地提高了工程施工进度，综合经济效益明显。

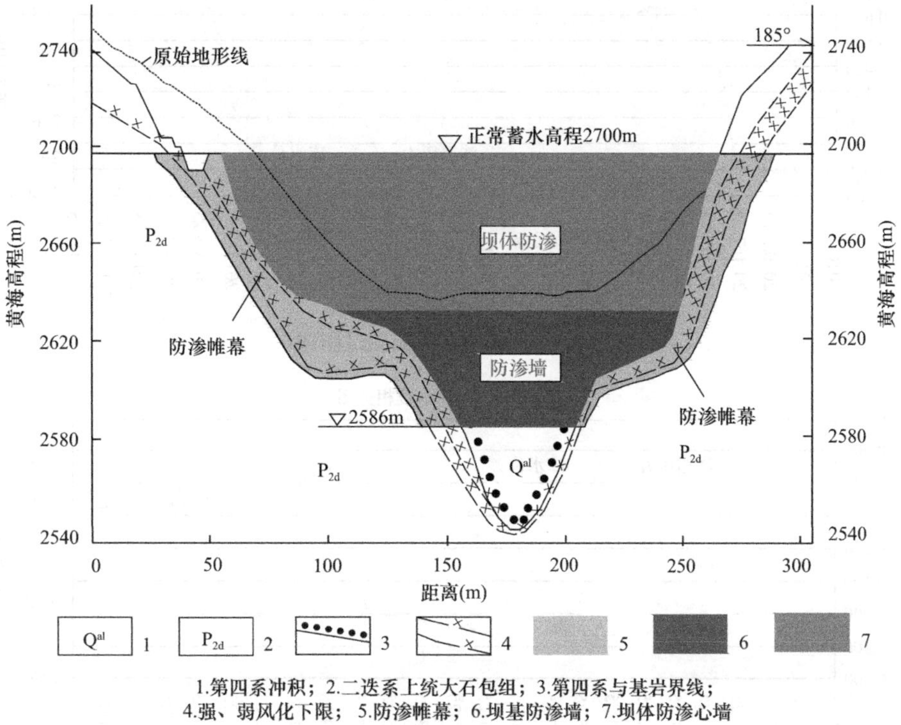

图7　大坝防渗处理示意图

两岸防渗帷幕布置在2586m高程以上大坝两侧透水性中等以上的岩体内，并以进入弱透水微风化岩体1～2m为准。此外，因两岸岩质坡面太陡，造成防渗墙端部有3～5m的距离无法与岸坡基岩衔接，从而改部分覆盖层内防渗为灌浆帷幕；另一方面同因岸坡太陡，在心墙顶高程以下铅直打孔难度大，经优化调整为坡面扇形灌浆处理。

4　坝基防渗处理效果

坝基防渗措施实施后，防渗墙经钻孔注水试验检查其渗透系数均小于1×10^{-5}cm/s，防渗帷幕经检查孔压水试验检验，透水率均小于5Lu，坝基渗透性满足设计要求。

另外，据大坝渗流观测，多数渗流测点测值变化与库水位变化无关，少数测点有一定关联，但都在第一次高库水位后变化幅度不大，即均在2～10mm以下变化。坝体渗透压力多小于0.2MPa，大于0.2MPa仅两处，一处P02测点位于坝左0+040、坝下0+060、高程2669m处，最大压力为0.795MPa；另一处P25测点位于坝左0+15.5、坝上0－1.5、高程2662m处，最大压力为0.493MPa。其中P02测点在2012年7月蓄水前就已升至近0.7MPa，水库蓄水后不论是满库还是放空其渗透压力一直0.68～0.795MPa间变化，与水库蓄水关系不大（图8）；P25测点在2012年7月水库蓄水后，其渗透压力很快升至最大值0.493MPa，以后无论库水位升与降其渗透压力总体呈下降趋势，且一直在0.32～0.42MPa间变化（图9），显然这些压力与库水位关系不大，坝体与河床坝基防渗处理的效果总体较好。

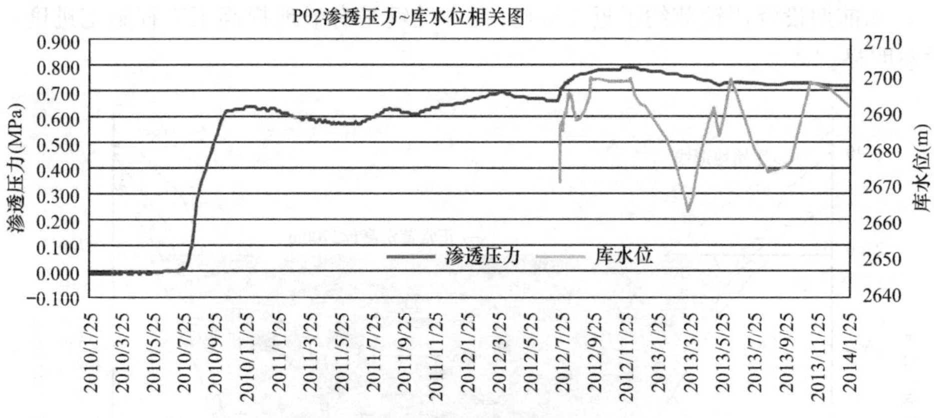

图 8　P02 渗透压力实测过程线

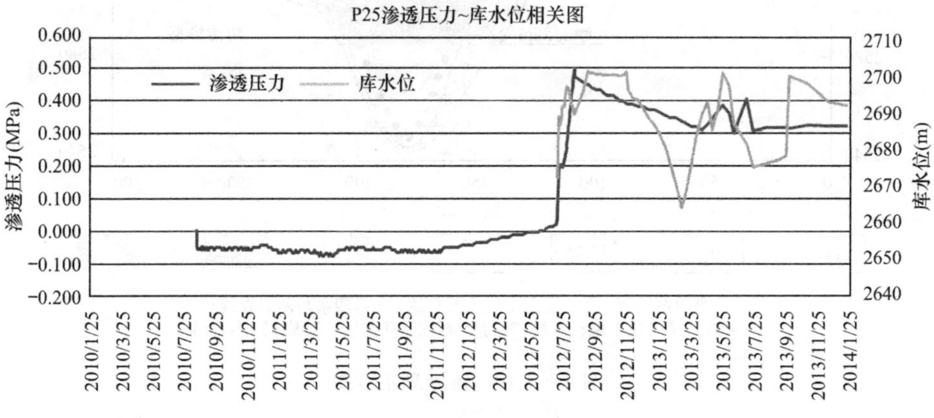

图 9　P25 渗透压力实测过程线

5　结论与讨论

小流量冲沟深厚覆盖层筑坝坝基渗控方案在考虑冲沟流量小、库容小、覆盖层透水性等特点后，常采用覆盖层全封闭防渗处理措施，如此可保证水坝工程风险小，安全可靠。但是深厚覆盖层全封闭渗控方案存在施工难度大、工期长、工程投资大等缺点，对工程项目早日投产并发挥效益不利。

本文以我国西部某水电站深厚覆盖层筑坝为例开展小流量冲沟坝基渗控方案的优化研究工作，研究坝址河床覆盖层深厚，坝基存在渗漏与渗透变形问题，初步设计阶段坝基采用覆盖层全封闭的防渗墙方案。施工阶段由于墙体太深，严重影响工程进度，补充勘察研究表明坝基在埋深 46.12～51.36m 第④层中分布一厚度 4.77～5.08m 的透水性微弱的粉质壤土夹层，以该粉质壤土夹层为防渗下限开展渗控方案研究，经计算该方案的坝基渗流量和出逸坡降均很小，满足设计要求。最终将坝基防渗墙从原深度 91m 抬高至 53m，大大提高了工效，最终使得项目总工期提前了近半年，经济效益显著。工程竣工后经渗流监测，坝基渗流量和渗透稳定均满足规范要求，坝基防渗处理效果较好。

大坝建成运行 8 年以来，大坝变形监测系统运行稳定，大坝运行正常。可见，水电站大坝针对小流量小库容坝基深厚覆盖层采取的覆盖层半封闭防渗处理方案是成功的。随着水库的持续运行，坝前库底淤积层（水平防渗铺盖）将逐渐增厚，更加有利于大坝的渗流安全。

前期工作时，由于考虑坝址冲沟流量小，水库库容小，河床深厚的覆盖层多具中等～强透水性，因此在坝基渗控方案研究时就偏于保守，采用全封闭的渗控方案，本文启示我们，遇到类似问题时不能墨守成规，要大胆创新。当然，创新的前提必须首先查明坝基的水文地质与工程地质条件，针对性地解决问题，施工期补充勘察摸清坝基第④层中粉质壤土夹层的工程地质特征是该项目坝基渗控方案优化的关键，最终成功实施了小流量小库容深厚覆盖层筑坝地基覆盖层半封闭防渗处理工程措施，具有较好的推广价值。

参考文献

[1] 中国水力发展电工程学会水工及水电站建筑物专业委员会．利用覆盖层建坝的实践与发展［M］．北京：中国水利水电出版社，2009

[2] 邓铭江，李湘权，于海鸣．新疆坝工技术进展［J］．岩土工程学报，2010；32（11）：1678-1687

[3] 李识博，王常明，邹婷婷等．西藏山南地区水库松散坝基渗透变形试验及机理研究［J］．水文地质工程地质，2016，43（1）：57-63

[4] 王运生，邓茜，罗永红等．金沙江其宗河段河床深厚覆盖层特征及其工程效应研究［J］．水文地质工程地质，2011，38（1）：40-45

[5] 王学武，党发宁，蒋力等．深厚复杂覆盖层上高土石围堰三维渗透稳定性分析［J］．水利学报，2010；41（9），1074-1078

[6] 张丹，何顺宾，伍小玉．长河坝水电站砾石土心墙堆石坝设计［J］．四川水力发电，2016；35（1）：11-14

[7] 王启国．金沙江虎跳峡河段河床深厚覆盖层成因及工程意义［J］．岩石力学与工程学报，2009；28（7）：1455-1466

[8] 张文捷，魏迎奇，蔡红．深厚覆盖层垂直防渗措施效果分析［J］．水利水电技术，2009；40（7）：90-93

[9] 毛昶熙．渗流计算分析与控制（第二版）［M］．北京：中国水利水电出版社，2003

[10] 王正成，毛海涛，王晓菊等．深厚覆盖层中弱透水层对渗流影响的试验研究［J］．工程地质学报，2017，25（4）：985-992

[11] 王启国，孙云志，刘高峰．金沙江上江坝址河床黏土层特性及工程意义［J］．水文地质工程地质，2009，36（4）：71-74

[12] 王启国，马贵生，杨启贵．金沙江虎跳峡上游大型古堰塞湖对河段水电开发的影响［J］．水利学报，2010，41（11）：1310-1317

作者简介： 颜慧明（1975—），男，本科，高级工程师。主要从事工程地质方面的研究。

王启国（1972—），男，本科，正高级工程师。主要从事工程地质方面的研究。

张腾飞（1988—），男，硕士，工程师。主要从事工程地质方面的研究。

上跨中低速磁浮营业线的桥梁方案研究

李达文　严　伟　陈金龙
（湖南中大设计院有限公司，湖南 长沙，410075）

摘　要：鉴于中低速磁浮交通自身的技术特点，其在各类城市中均具有较好的适应性，同时也具有环境复杂性。中低速磁浮营业线运营过程中产生的电磁环境会对上跨磁浮轨道的桥梁结构、施工设备或人员产生一定影响，同时交叉点附近的既有结构、构造物、交通环境等会对上跨桥的方案造成极大的制约。本文基于现有理论研究及实践，通过对长沙市机场大道与长沙磁浮快线的交叉节点进行分析、研究，确定了距离磁浮轨道的最小安全施工距离，制定了上跨方案并验证了该方案的科学性和可行性。通过在方案制定过程中对风险的控制和不利社会影响的规避，实施过程中的试验和监测以及运营过程中的反馈，归纳总结了上跨中低速磁浮营业线桥梁的主要影响因素及切实可行的对策措施，以期为类似工程提供参考。

关键词：中低速磁浮；电磁环境；上跨方案；顶推施工；高位落梁

Research on bridge scheme of upper-span low-medium speed maglev business line

Li Dawen　Yan Wei　Chen Jinlong
(Hunan Zhongda Design Institute Co., Ltd., Changsha 410075, China)

Abstract: In view of the technical characteristics of low-medium speed maglev transportation, it has good adaptability in all kinds of cities and also has environmental complexity. The electromagnetic environment generated during the operation of low-medium speed maglev business line will have a certain impact on the bridge structure, construction equipment and personnel of the upper-span maglev track, while the existing structures and traffic environment near the intersection will greatly restrict the scheme of the upper-span bridge. Based on the existing theoretical research and practice, this paper analyzes and studies the intersection of Changsha Airport Avenue and Changsha Maglev Express line, then determines the minimum safe construction distance from the maglev track. It also formulates the upper-span scheme and verifies the scientificity and feasibility of the scheme at the same time. Through risk control and avoidance of adverse social impact in the process of plan making, experiment and monitoring in the process of implementation and feedback in the process of operation, the main influencing factors and feasible countermeasures of upper-span low-medium speed maglev business line bridges are summarized, in order to provide reference for similar projects.

Keywords: low-medium speed maglev; electromagnetic environment; upper-span scheme; pushing construction method; girder placement from high position

1 研究背景

长沙磁浮快线（以下简称“磁浮”）是服务于湖南省长沙市的一条城市轨道交通线路，是中国首条拥有完全自主知识产权的中低速磁浮铁路，于 2016 年 5 月 6 日开通运营。该线路是一条绿色轨道交通线路，顺承了国家“交通强国”“国家综合立体交通网”的决策部署，有效推动了我国“双碳”目标在交通运输领域的落实。长沙市机场大道（以下简称“机场大道”）是紧邻长沙黄花国际机场西侧的一条南北向主要通道，与东西走向的磁浮以及长沙地铁 6 号线交叉，由于交通量的急速增长，同时受建设年代及两厢开发需求的影响，现状道路亟待改造。经前期研究，机场大道拟改造成双层道路，主线为高架桥形式，采用双向四车道的快速路标准，辅路为地面道路，采用双向六车道的主干路标准。

根据机场大道的总体方案，道路主线采用高架桥形式小角度上跨磁浮。交叉点附近为在建的长沙地铁 6 号线。此外，交叉点范围内沿既有机场大道敷设的市政管线错综复杂，机场航油管道以及多条燃气管道横穿道路，如图 1 所示。鉴于磁浮工程自身的特性以及其周边建设环境普遍复杂，且桥梁上跨中低速磁浮的工程经验基本空白，该工程的成功实施对以后类似项目的建设具有重要的意义和参考价值。

图 1　长沙机场大道与长沙磁浮快线交叉节点示意图

2 跨线桥方案简介

根据对机场大道、磁浮以及周边环境的反复研究和测试，拟定采用跨径组合为 23.85m＋39.15m＋27m 的整体钢箱梁桥上跨磁浮。主跨采用顶推施工过孔，顶推到位后高位落梁，边跨钢箱梁采用现场吊装拼接形成整体。方案制定过程中主要的影响因素可总结为以下三项，如图 2 所示。

(1) 基于磁浮自身的特性，磁浮周边的电磁环境对上跨桥梁的结构、机械、设备、人员等影响评估依据不足。

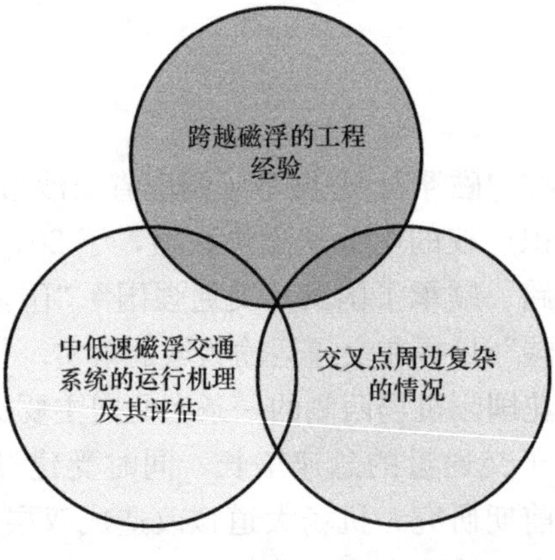

图 2　交叉节点主要影响因素示意图

（2）目前国内城市道路桥梁上跨中低速磁浮工程经验基本为空白，无可供参考的成熟工程案例。

（3）磁浮周边既有构筑物、管线、既有交通以及施工时序等情况复杂，严重制约上跨方案的制定。

3　中低速磁浮电磁环境的影响及对策

3.1　中低速磁浮电磁环境研究现状

长沙磁浮快线采用常导悬浮电磁铁构成支承和导向系统，采用直线感应电机构成牵引系统[1]。通电的磁浮轨道及磁浮列车运行时均会产生电磁环境，对周边的构筑物、设备、人员等产生影响。齐洪峰等人通过中低速磁悬浮交通系统电磁辐射机理分析、数值仿真计算和现场测试结果进行对比，认为列车内外交流电磁场和直流磁场均不超过 ICNIRP 电磁辐射公众标准值[2]；钟虞全等人通过现场模拟测试，认为中低速磁浮工程对周边铁路无线电子设备的电磁干扰甚微[3]；虞凯等人进一步对磁浮交通的火花电弧电磁辐射进行了研究，认为中低速磁浮运行状态下的实际电磁辐射值主要集中在 1000MHz 以下频段，磁浮轨道周边各类铁路无线设施的电磁安全防护距离小于 1m[4]。上述的理论研究及现场测试主要针对 ICNIRP 公众标准和国内国铁系统的无线设备电磁兼容性评判标准，对于上跨中低速磁浮的桥梁构筑物、施工设备及人员的影响研究和工程经验基本空白。为了制定科学、合理、可行的桥梁方案，需要落实上跨磁浮桥梁结构及施工设施的有效安全距离、选用在磁浮电磁环境下能可靠运转的施工机械设备、采取保证施工人员的安全防护措施等。

3.2　基于既有理论及实践，仿真分析、现场实测、试运行与实时监测相结合

（1）基于现有理论研究及实践，项目参建方姜早龙等人针对机场大道上跨磁浮节点的实际情况，将磁浮轨道、上跨磁浮的钢箱梁及钢导梁一并纳入分析模型，通过模拟桥梁施工的不同阶段对周边磁场环境进行仿真分析。研究表明，在钢箱梁与磁浮轨道的相互影响下，磁浮系统的磁场主要集中在轨道上且随着距离的增加急速衰减，在未考虑任何屏蔽措施的情况下，磁浮轨道两侧 3.5m 及轨道上方 2.5m 以外为安全距离[5]。

基于仿真分析结论，现场对磁浮轨道周围的磁场强度进行了实测，实测结果证明仿真

分析真实反映了磁浮轨道周边的磁场分布规律，鉴于磁浮轨道自身采取的屏蔽措施，实测磁场强度低于仿真分析值，距离轨道 0.7m 以外的磁感应强度已低于安全限值，如表 1 所示。考虑适度的施工空间和施工容错空间，磁浮周边的安全施工距离按 1.0m 控制。

磁感应强度实测值 **表 1**

距离（m）	磁感应强度（μT）		
	顶推 30m	顶推 45m	顶推 75m
0.7	98.6	99.8	95.2
2.5	32.8	41.1	39.9
7.5	7.7	10.2	9.9
10.2	0.2	0.3	0.2

（2）为了保障桥梁施工过程中机械及其电子控制设备正常运行，在施工现场对预先选定的通信设备、吊机、顶推装置、落梁装置及其电子控制设备进行了调试，同时对测量监控设备的监控精度进行了校核。现场试验表明，在磁浮轨道周边预先指定的位置，主要机械及其电子控制设备运转正常，测量监控精度无影响。

（3）在预制钢箱梁、临时支撑、顶推设备全部就位后，联合磁浮产权、运维单位，对钢箱梁顶推施工进行试运行。试运行期间将钢箱梁及导量整体向前顶推 2m，主要监测顶推施工设备的运转情况，控制设备的响应情况以及磁浮系统运行参数。试运行结束后有关各方对各自监测数据进行分析对比研究表明，施工设备运转正常，磁浮系统各项参数正常，拟定的施工方案可行。

4 磁浮周边既有构筑物、管线、既有交通以及施工工期和时序等的限制及对策

机场大道轴线与长沙磁浮快线轴线斜交，交叉角为 40.64°，交叉点处磁浮铁路为高架桥，平面位于半径为 154m 的圆曲线上；机场大道平面位于直线上，道路主线以高架桥的形式上跨磁浮，道路辅路及慢行系统以路基形式下穿磁浮高架桥。机场大道以小角度有效跨越磁浮曲线轨道需要相对更大的跨度，同时受磁浮安全距离和工作空间的影响，桥梁施工过程中需确保长沙磁浮快线正常运营，给上跨桥梁的结构形式及施工方案提出了更高的要求。

交叉点南侧 21m 处为在建的长沙地铁 6 号线的盾构区间（该区间暂未实施），该区间东西走向，与机场大道基本正交，盾构隧道中心距交叉点仅 15m；交叉点东侧为长沙地铁 6 号线车站，交叉点紧邻地铁站外边缘。地铁盾构隧道及车站的位置严重限制了高架桥墩位的布置。

交叉点范围内沿既有机场大道敷设的常规市政管线包括雨水、污水、通信、电力、路灯等；沿机场大道西侧敷设有一趟机场航油管道；交叉点北侧有两趟机场航油管道斜穿道路；另有 10kV 电力电缆在交叉点北侧横穿道路。区域内既有管线错综复杂，同时地面道路交通繁忙，施工工期紧张，桥梁方案设计需综合考虑既有管线的迁改、防护、既有交通的保通措施和施工工作面等因素。

综合上述因素后，有针对性的制定了如下对策。

4.1 确定科学、经济的桥梁跨度

(1) 措施 1：现场实测既有构筑物和管线。

根据收集到的管线台账，通过实测方式进行核实、完善，经分类、统计、整理后形成完善的表格。对于不能迁改或迁改难度极大的管线，采取有效避让的方案。

除管线外，拟建的长沙轨道交通 6 号线及其黄花站紧邻本节点工程，如图 3 所示。

通过实测核实了既有管线的位置并掌握了长沙轨道交通 6 号线布置情况后，将此作为跨线桥设计的边界条件和主要控制因素。

(2) 措施 2：控制最小安全距离。

基于现场实测的既有构筑物、管线和拟建工程情况，以控制上跨桥的结构距离磁浮最小安全距离为主要原则，适当考虑施工工作空间的因素，初步确定上跨桥主跨跨径，以此为基本孔跨布置方案逐步排查与方案冲突的管线及构筑物，酌情拆除、迁改。如遇重要构筑物和管线不能迁改时，再适当增大主跨跨径。

(3) 措施 3：研究沟通桥梁结构及临时结构与轨道交通 6 号线的相对位置关系和影响。

受拟建的长沙地铁 6 号线及其车站的影响，以最小安全距离控制的桥跨无法避开地铁盾构区间，如主跨一并跨越，跨度将大于 60m。综合其他因素一并考虑，提出将桥墩桩基置于地铁双向盾构隧道中间，通过特殊防护措施消除桩基与地铁结构的相互不利影响。通过与长沙地铁建设单位的有效沟通，协调地铁设计单位对提出的方案进行计算、评估、评审后，有关各方达成了一致意见，最终确定将上跨桥桥墩置于盾构隧道之间，有效减少了主跨跨径。

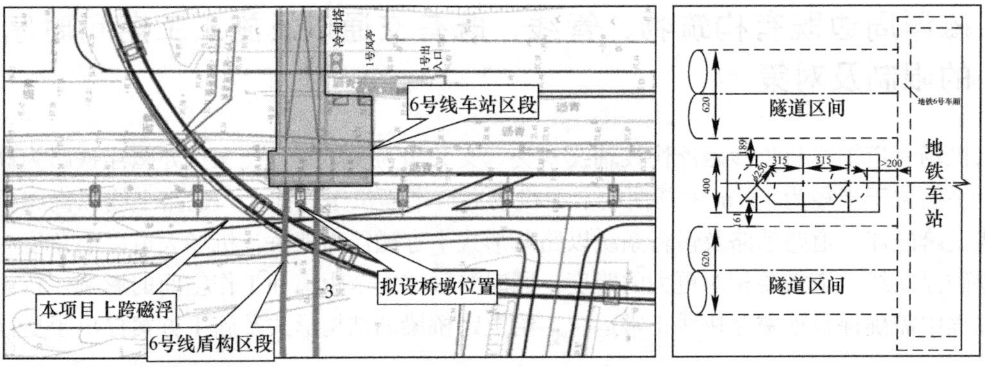

图 3　交叉节点构筑物示意图

经以上措施的分别实施，形成的推荐方案主跨跨度控制在 40m 以内，桥墩位置基本按距磁浮的最小安全距离控制，兼顾了拆迁、既有交通保通的因素，40m 跨度的桥梁结构形式选择较多，实施难度较小，是一个较优的孔跨布置方案。

4.2 桥梁上部结构形式采用轻量化、标准化的结构形式，尽量减少主跨梁体质量

桥梁上部结构形式的选择至关重要，它不仅是总体桥型方案的重要组成部分，亦很大程度影响施工方案的制定。本跨线桥作为机场大道主线桥的一部分，不宜采用造型突兀的结构形式，而应与其余主线桥标准段保持协调一致；此外，上跨磁浮梁段受磁浮的影响，应尽量考虑磁浮运营、桥下净空、施工平台、施工工期、施工工作面和桥下既有交通的影响。减少桥梁上部结构自重能使多种结构方案和施工方案成为可能，故将减少结构自重列

为主要对策。

机场大道主桥主要以单箱多室混凝土箱梁为主，外形采用“飞燕”形式，从景观方面考虑，跨线桥宜采用与之相协调的箱型断面。由于钢结构强度高，可塑造性强，构件现场拼装方便，相对混凝土结构自重轻，钢结构梁体具有得天独厚的优势。经过对桥梁各种结构形式的比选和结构计算，拟定跨线桥采用单箱多室钢箱梁，全联总质量为805t，如图4所示。

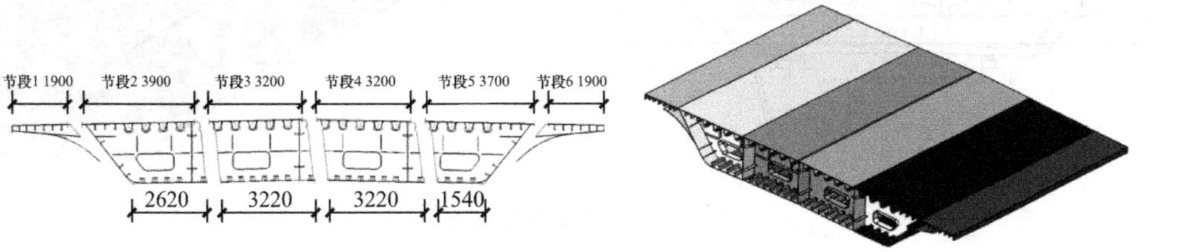

图4　钢箱梁构造示意图

钢箱梁在工厂预制，运至现场后焊接拼装，由于其结构轻便，目前主流的梁体架设方案均可供选择。

4.3　综合考虑桥下净空、施工平台、施工工期、施工工作面和既有交通等因素，制定科学的实施方案

确定了跨线桥的孔跨布置和上部结构形式后，还需重点考虑的是箱梁的架设方案。跨磁浮的箱梁架设除满足常规架设条件外，还需考虑磁浮上空的施工平台、施工工作面、工期以及桥下既有交通等因素。

(1) 措施1：充分考虑上跨桥相对滞后的特点，相邻工作面正常实施，完成后作为跨线桥的工作平台。

机场大道是长沙市重点工程，项目一启动就受到社会各界的普遍关注，建设单位对工期要求极高，工程量大、工期紧是本项目的特点和难点，多工作面同步实施在所难免。经反复研究讨论，提出将附近已施工桥面作为上跨桥的预制场地的方案。该方案可利用上跨桥节点的滞后性，相邻工作面正常实施或者优先实施，待相邻的桥梁主体结构施工完后，作为跨磁浮桥梁的预制场。

该项措施可保证总体工程工期不受节点工程的拖累，有利于项目顺利开展，主要优点如下：

1) 各工作面并行不悖，相邻工作面施工完成后可作为上跨节点工作面的预制平台，提高了总体工作效率。

2) 减少了桥下地面层的施工场地宽度，减少了地面既有构筑物和管线的迁改、防护工作量，对地面道路改造工程造成的影响较小。

3) 地面层的施工工期大幅减少，大部分工作主要在工厂或桥面完成，极大缓解了既有交通保通压力。

(2) 措施2：上跨桥上部结构整体预制，因地制宜改良顶推工艺，顶推过孔、高位落梁。

结合措施1的研究结论，经分析比选，提出了改良的顶推过孔方案：

1) 事先在已施工完的相邻混凝土箱梁桥面上搭设钢箱梁存梁胎架及轨道，工厂预制好的钢箱梁经合理拆分后运至施工现场，吊装至存梁胎架上，在桥面上进行焊接拼装，如

图5所示。

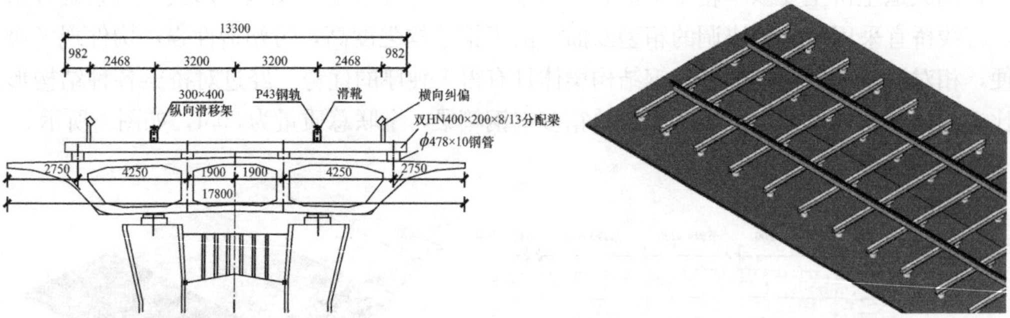

图5 梁上胎架布置示意图

2）拼装钢箱梁的同时，在磁浮两侧搭设临时支墩及顶推轨道、限位装置等。

3）钢箱梁、临时墩、顶推轨道施工完成后，采用改良工艺顶推过孔。

采用整体顶推方式，沿顺桥向布置顶推设备，顶推节段全长50.4m，钢箱梁每延米重约9.3t，导梁重约26t，中央防撞护栏每延米重约0.9t，单侧防撞护栏每延米重约1.8t，防护罩每延米重约1.2t。将桥上防撞墙及防护罩全部在钢箱梁上安装好后再顶推，顶推总重量为722.7t，滑移单元滑移所需总顶推力95.4t。本桥共设置4台液压顶推器，单个顶推器顶推力为60t，总顶推力为240t＞95.4t。

图6 步履式顶推装置图

顶推工艺采用“液压同步顶推滑移技术”，液压顶推器作为滑移驱动设备。液压顶推器经改良后按组合式设计，后部以夹轨器与滑道连接，前部通过销轴及连接耳板与钢箱梁连接，中间利用主液压缸产生驱动顶推力，顶推速度可以达到10m/h，极大增加了顶推效率，如图6所示。

相对于传统步履式顶推或拖拉式顶推工艺[6]，本项目采用的改良顶推工艺不仅保证了顶推速度，同时使顶推装置有效地远离磁浮轨道，在保证顶推效率的同时降低了风险。

4）钢箱梁顶推就位后，利用顶推临时支墩高位落梁。

由于箱梁是在浇筑好的混凝土上拼装并顶推，就位后需高位落梁，落梁高度达到3.3m左右。结合各方经验及考虑，设计了一套液压千斤顶同步提升（下落）系统。采用计算机控制的液压同步提升（下落）技术是一项新颖的构件提升（下落）安装施工技术，它采用柔性钢绞线承重、提升油缸集群、计算机控制、液压同步提升（下落）原理，结合现代化施工工艺，可将重型构件组装后整体提升（下落）到预定位置安装就位，实现大吨位、大跨度、大面积的超大型构件超高空整体同步提升（下落）[7]。该技术可以很好地适应总体施工方案，与桥下净空、施工平台、施工工作面的需求完全契合。高位落梁系统如图7所示。

（3）措施3：采用BIM技术辅助设计。

由于现场施工环境复杂，既有交通繁忙，磁浮运营安全风险高，为保证上跨磁浮的桥梁施工“万无一失”，需将影响因素尽可能考虑全面，借助“BIM”技术可以有效地模拟现场各施工环节和边界条件，可将施工风险尽可能减小。项目组一起对施工方案进行了精心设计，利用 BIM 技术推演了上跨桥施工全过程，部分如图 8 所示。

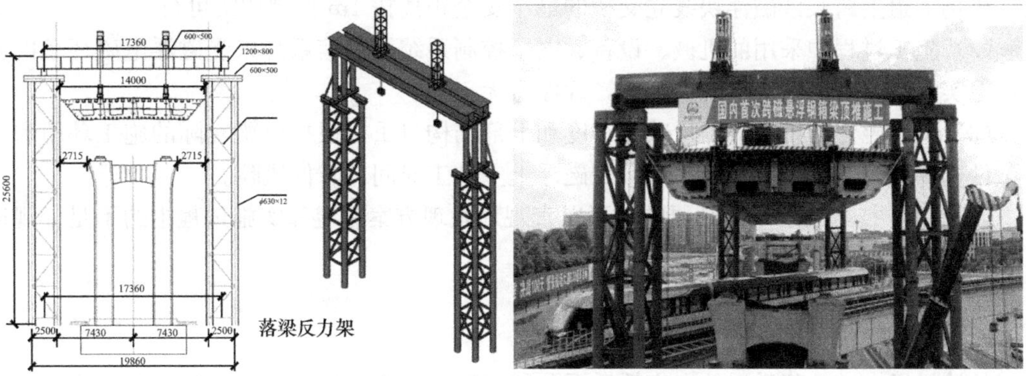

图 7　落梁反力架构造示意及实拍图

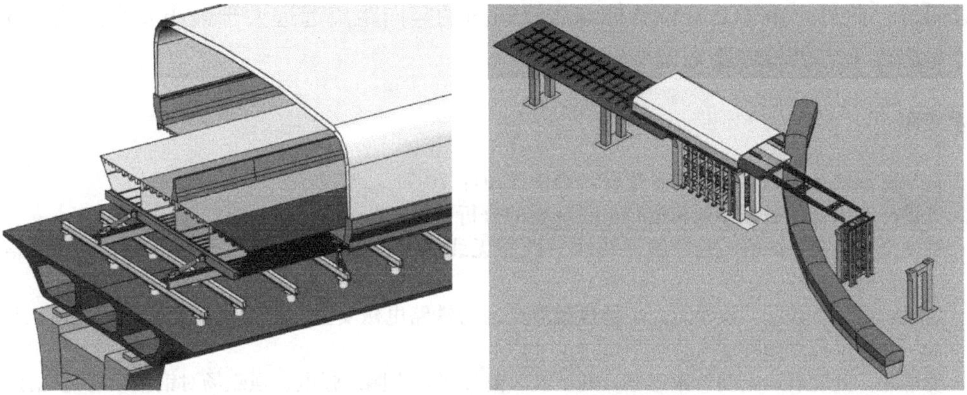

图 8　同步顶推装置及顶推过程模拟示意图

通过上述三项对策的实施，控制了主桥跨度和上部结构重量，从根本上控制了桥梁规模；在已建成桥面上预制梁体，通过改良顶推和落梁工艺，不仅有效地打开了工作面，同时使相邻施工面更好地为上跨桥服务，提高了施工效率，基本解决了上跨方案对桥下净空、施工平台、施工工期、施工工作面和既有交通等因素的需求。

5　成桥后反馈

机场大道于 2018 年正式竣工通车，改造后的机场大道线性流畅、导向清楚、行车舒适。施工期间及竣工后按照相关规范一直对机场大道上跨磁浮的高架桥进行位移监测，监测周期内未出现位移超出预警值的情况；据磁浮运营公司反馈的情况，施工期间及竣工后磁浮系统各项指标正常。

6　结论

6.1　总结

本文通过对机场大道上跨磁浮立交桥方案的系统研究，归纳总结了上跨中低速磁浮营业线桥梁的主要控制因素及措施：

（1）既有理论研究和实践表明中低速磁浮运营过程中产生的电磁环境对周边影响甚微，机场大道上跨长沙磁浮快线立交桥的最小安全距离按 1m 控制切实可行。

（2）施工过程中采用的机械、设备、电子控制系统及通信系统未受磁浮电磁环境的影响，但实际实施时还需进行现场测试，确保万无一失。

（3）上跨磁浮的桥梁应尽量减小跨度和上部结构自重，根据桥梁实际的施工环境和边界条件选择合理的施工方案，尽量减少磁浮上空施工时间，降低风险。

（4）BIM 技术的运用是必要的，可以直观地发现方案制定和实施过程中的不足，规避由于方案缺陷造成的风险。

6.2 需解决的问题

长沙机场大道上跨磁浮的立交桥桥下预留了磁浮列车限界，但未充分考虑立交桥检修的空间。当上跨桥需要对梁体进行检修维护时，需与磁浮有关单位协商确定检修方案和检修时间段。此外，由于立交桥梁体与磁浮轨道的竖向距离远远大于最小安全距离，本文并未针对磁浮上方的检修距离做专门研究。

参考文献

[1] 长沙磁浮快线工程 [J]. 城乡建设，2019 (20)：70-71

[2] 齐洪峰. 中低速磁悬浮列车运行电磁环境的分析 [J]. 机车电传动，2012，(5)：62-65

[3] 钟虞全，梁潇，陈峰. 长沙磁浮快线对铁路无线电子设备的电磁干扰分析 [J]. 铁道通信信号，2018，54 (11)：68-71

[4] 虞凯，余超，魏波，段永奇. 中低速磁浮交通与铁路电磁安全防护距离研究 [J]. 铁道工程学报，2020，37 (12)：95-99

[5] 姜早龙，刘晓君，金波，张志军，刘正波，赵嘉祺，李园. 强电、强磁场对钢箱梁跨越磁浮快线轨道顶推落梁施工的影响 [J]. 湖南大学学报（自然科学版），2019，46 (11)：164-171

[6] 赵人达，张双洋. 桥梁顶推法施工研究现状及发展趋势 [J]. 中国公路学报，2016，29 (2)：32-43

[7] 魏华，刘红钊，王子山，邹宇，王海军. 基于顶推法的钢箱梁高位落梁技术研究 [J]. 钢结构，2017，32 (2)：97-101

作者简介： 李达文（1981—），男，硕士，高级工程师。主要从事桥梁设计工作。

严　伟（1985—），男，硕士，高级工程师。主要从事公路、铁路、市政公用工程等设计工作。

陈金龙（1983—），男，硕士，高级工程师。主要从事桥梁设计工作。

立锥之地场景下沉井式支挡结构设计和应用

冯 云

（上海市隧道工程轨道交通设计研究院，上海，200235）

摘 要：上海轨道交通15号线桂林路站附属结构需建造在既有地铁车站附属顶板上方，开挖该浅基坑时受限于场地条件、地铁和周边环境保护需求，创新性地尝试在立锥之地进行沉井式支挡结构的建造，取得了良好的效果。

关键词：地铁保护；立锥之地；沉井；围护结构

Design and application of open-caisson-type retaining structure in cramped field

Feng Yun

(Shanghai Tunnel Engineering Rail Transit Design and Research Institute, Shanghai 200235, China)

Abstract: Some auxiliary buildings of Guilin-Road Station of Shanghai rail transit line 15 shall be built above the roof of the existing station, The excavation of this shallow foundation pit is limited by site conditions, subway protection and surrounding environment, An innovative attempt has been made to construct open-caisson type retaining structure in a cramped field, and good results have been achieved.

Keywords: subway protection; cramped field; open caisson-type retaining structure

引言

随着城市轨道交通网络的不断发展，会有越来越多的新线结构接入既有轨交车站。大多数情况下早期既有的轨交线路在前期规划设计中未能考虑到后期接入的需求，因此在新线接入的过程中，不可避免地需要在不影响既有线路运营的前提下完成新建结构的实施。本文以上海轨交15号线桂林路站换乘通道工程为背景，通过对方案的可实施性、安全性等研究分析的基础上，采用理论分析和数值模拟相结合的方式，对该换乘通道风道区域的围护形式展开研究，最终验证了该方案的合理性和可靠性。

1 工程概况

15号线桂林路车站主体结构位于桂林路下，与既有9号线车站的换乘通道通过普天信息产业园地块相连接。为满足新建换乘通道的通风需求，需新建接入既有风亭的地下风道，利用既有9号线车站设施将室外的新风引入换乘通道内。该新建风道上跨既有9号线车站附属风亭和出入口，开挖深度约为3.5～5.7m，虽然开挖深度不大，但场地条件逼仄，周边保护要求高，为此提出了在立锥之地采用沉井式支挡作为围护，开挖实施风道结构，这样既保证了工程本身的可实施性，又确保了地铁正常运营和周边环境的安全。总平面图及详图见图1、图2。

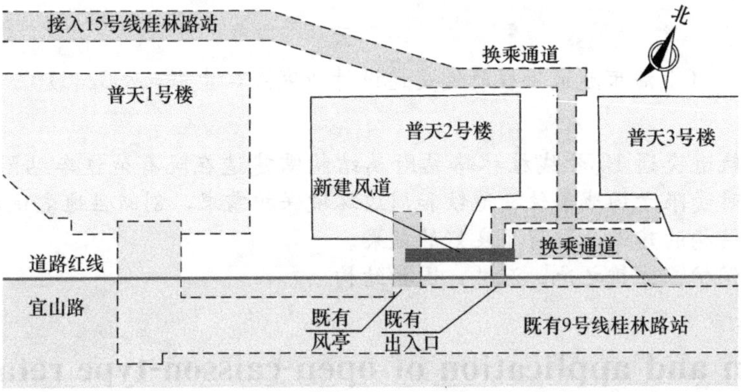

图1　桂林路站新建地下风道总平面示意图

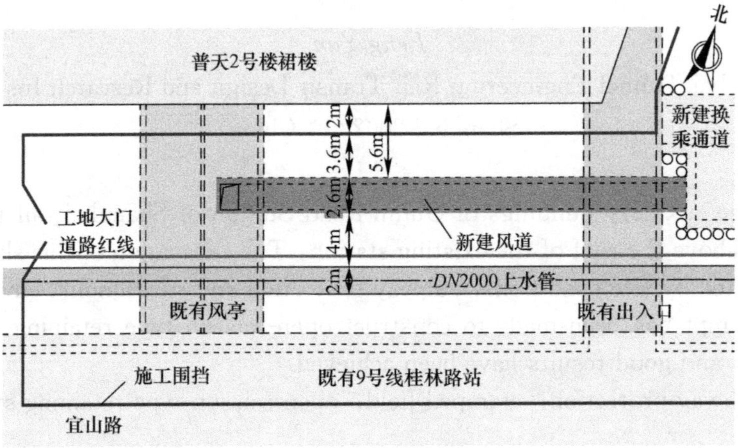

图2　施工区域局部详图

2　围护工程难点及选型

新建地下风道在既有地铁附属范围的基坑深度为3.5～5.7m，基本座于附属结构顶板上方，通常浅基坑可选择的开挖形式为放坡或钢板桩支护，结合周边环境和施工条件，对拟选的开挖方案进行如下比选。

2.1　放坡开挖

基坑北侧紧邻普天2号楼裙楼（钻孔桩基础，外墙距离坑边约5.6m），南侧为DN2000上水干管（距离坑边约4.0m），场地局促，如按图3进行常规放坡，则挖空普天2号楼的基础，同时地铁附属覆土进行大范围卸载，对既有车站附属结构和临近房屋结构均存在潜在的不安全因素，风险极大，因此放坡方案基本不可行。

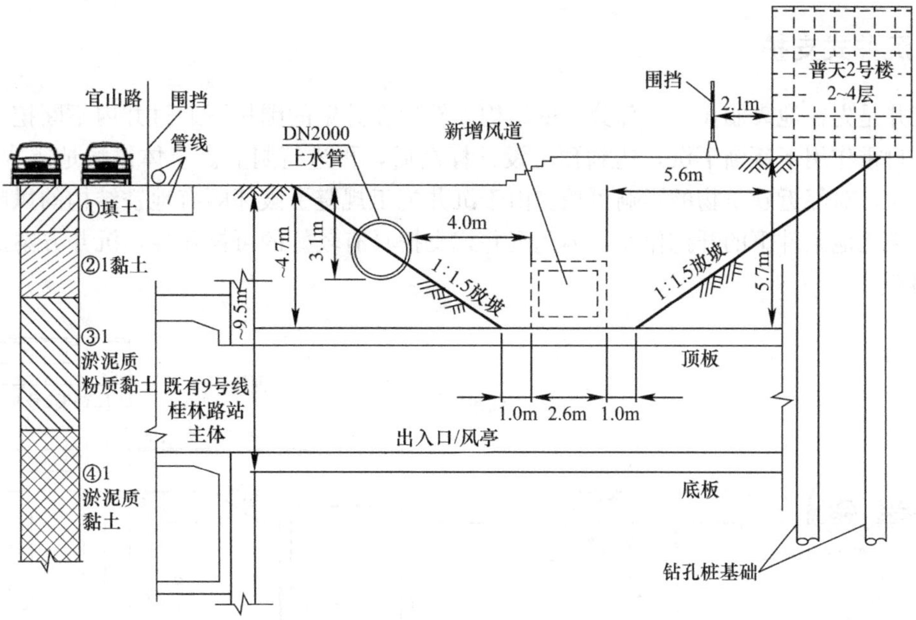

图 3　放坡开挖方案剖面示意图

2.2　钢板桩支护

钢板桩是带有锁口的一种型钢，常见的有拉尔森式。其优点为强度高，止水性能好，可重复利用。钢板桩需进入坑底以下一定插入深度，利用坑底以下被动区土体提供支撑形成有效的垂直支护，一般对于开挖深度 6m 以下、且环境保护要求一般的基坑适应性较好。

本工程地铁附属结构范围以外的新建风道基坑采用钢板桩支护。但在地铁附属结构范围内施工势必破坏既有车站结构，不具备围护插入条件，因此既有结构上方钢板桩支护方案也不可行，钢板桩假想方案剖面见图 4。

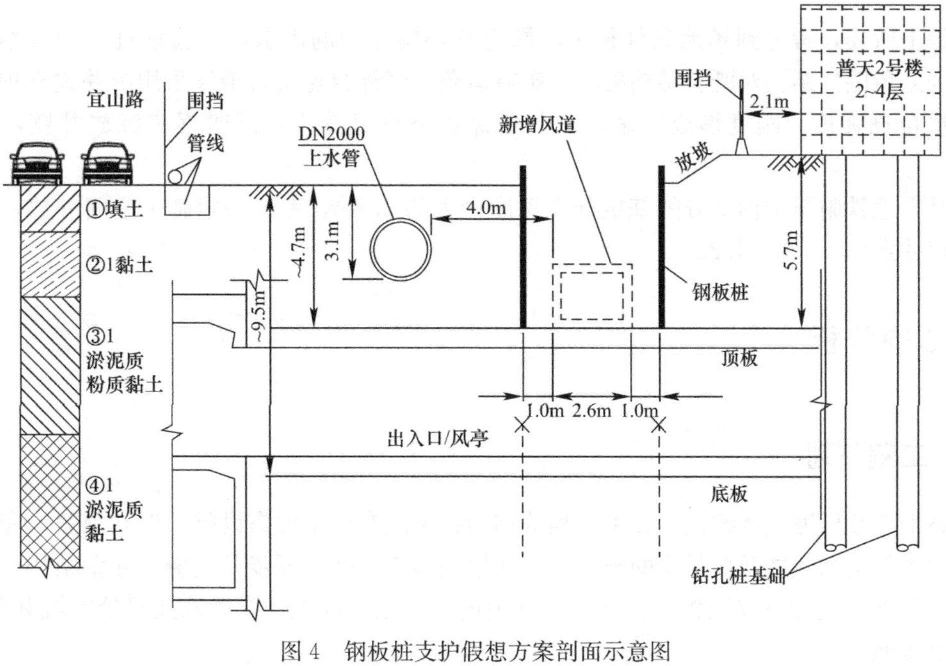

图 4　钢板桩支护假想方案剖面示意图

2.3 沉井式支护

沉井是先在地表制作成一部分井壁结构，然后在井壁的围护下通过井内不断挖土，使沉井在自重作用下逐渐下沉，达到预定设计标高后，再进行封底。总体讲场地需求较低，挖土量少，对邻近建筑物的影响可控。由于沉井施工规避了破坏既有地铁结构的风险，可适应立锥之地条件下的开挖作业，因此沉井式支护具有较好的可操作性，沉井方案剖面图详见图5。

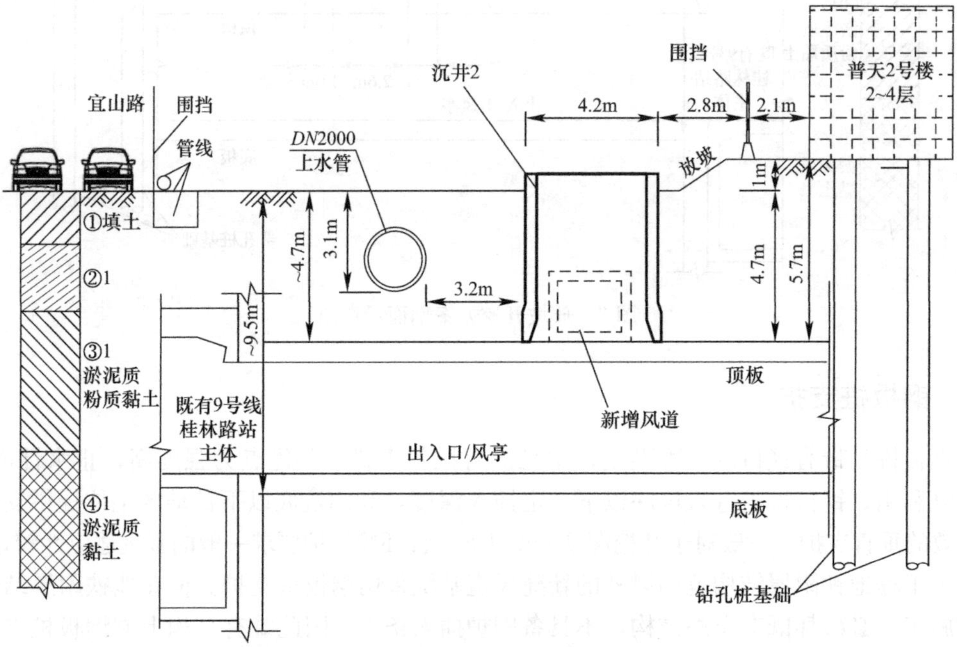

图5 沉井方案剖面图

综上所述，考虑到场地条件狭小，周边有环境保护的需求，首选垂直支护方案。同时，为避免围护结构对既有结构破坏而影响运营，经综合比选，最终采用沉井式支护，利用井壁自身强度、刚度形成围蔽，在井壁保护下垂直挖土，同时逐步沉放井壁，直至坑底。

既有地铁附属结构上方的基坑开挖深度最大约5.7m，考虑一定施工空间外放，平面开挖尺寸定为5.8m×4.2m。

3 结构分析

3.1 工程筹划

整个新建风道（含改造）施工工程筹划为：①既有风亭内搭设脚手架并顶紧，完成拟开孔周边新增加强柱及加强梁的施工→②从地面施工沉井，逐步开挖浇筑井壁结构，直至刃脚座于顶板上方→③顶板开孔→④沉井内的风道结构施工→⑤凿除连接处的沉井侧墙，将风道接通。

3.2 结构计算

根据开挖深度，井壁厚度取为 300mm。针对沉井井壁进行有限元分析计算，并以此为依据进行配筋和验算。沉井结构剖面见图 6，沉井结构双向弯矩云图见图 7。

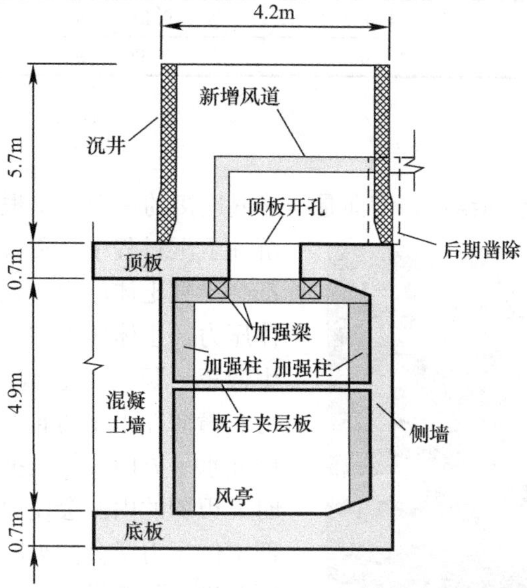

图 6　沉井剖面图

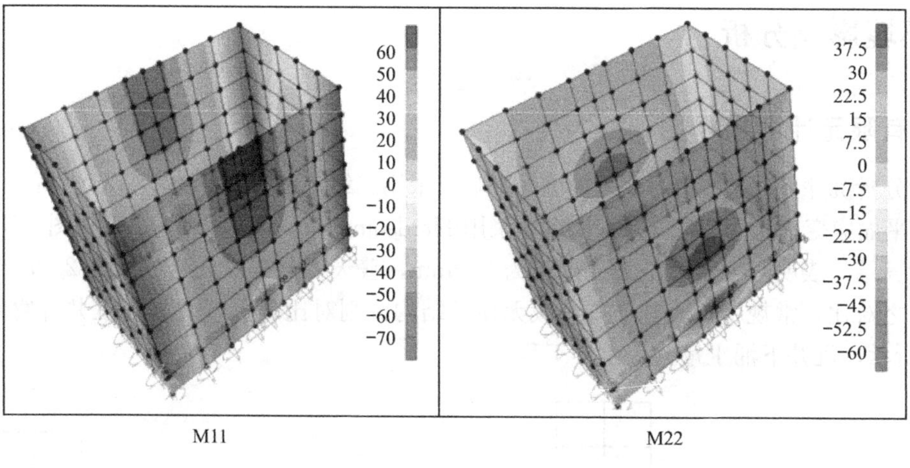

图 7　沉井结构双向弯矩云图（单位：kNm/m）

3.3 沉井下沉计算分析

沉井下沉时应当考虑到井壁与土体之间的摩阻力以及地基土体对刃脚的反作用力的影响，另外在地下水位过高时，还应当注意地下水对沉井上浮作用的影响。在沉井验算过程中最主要的工作就是下沉系数的验算，一般采用两种方法：第一是假设摩擦阻力会随着土体的深度而变大，并假定在深度为 5m 时阻力达到最大，在大于 5m 后保持不变；第二是假设摩擦阻力随着土体深度而加大，在刃脚处达到最大值。

本工程采用第一种假设进行计算分析，按最不利开挖深度，沉井高度取为 5.7m，为减少对周边商铺影响，减小地面以上浇筑体量，分两节浇筑、下沉，第一节高度 2.7m，第二节高度 3.0m，下沉稳定性验算满足相关规范要求，具体详见表 1。

下沉稳定性验算表 表 1

类别	下沉系数	下沉稳定系数	结果
第一次下沉	1.1>1.05	0.28<0.9	满足
第二次下沉	1.15>1.05	0.47<0.9	满足

3.4 刃脚设计

刃脚是沉井的一个空间结构，横向是与井壁连接的一个水平框架，竖向是悬臂梁，在沉井下沉过程中，刃脚的内壁和外壁以及底部都会受到土体压力，在挖空后只有外壁承受土体压力，土体压力和井壁垂直荷载会对刃脚产生弯矩。竖向的悬臂梁承受着刃脚的全部受力，横向在水平方向出现倾斜时会出现拉力，因此水平方向一般根据构造配筋。刃脚不挖空时，刃脚的内侧会使刃脚向外弯曲，挖空时外部土体压力又会使刃脚向内弯曲，由此计算分析并进行配筋设计，过程不再赘述。

图 8 桂林路站沉井施工

沉井施工现场照片见图 8。

4 环境影响分析

4.1 有限元计算分析

为分析沉井下沉过程中对周边环境的影响，采用二维平面有限元模型进行分析，土体采用二维平面应变单元模拟，材料本构模型采用 Hardening-Soil 模型，计算结果如图 9 所示。

计算结果表明，上水管最大变形量为 5.0mm，普天 2 号楼最大变形量约 2.0mm。

与之对比，常规施工成井下方一般无顶板结构，则对比分析下的常规沉井计算结果如图 10 所示，沉井下涌土量远大于本工程。

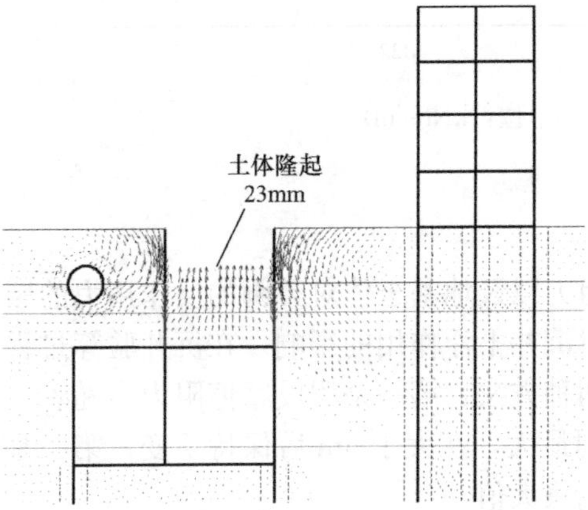

图 9 第一次下沉到位后地层位移图

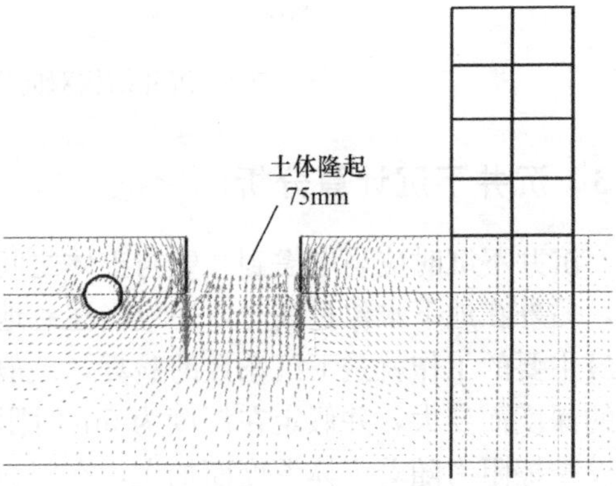

图 10 常规施工成井第一次下沉到位后地层位移图

4.2 监测数据分析

该沉井第一节于 2018 年 5 月进行下沉施工，第 2 天下沉到位，并现浇施工第二节沉井并养护，养护到位后 2d 内下沉至既有顶板上，共历时约半个月，上水管未出现渗漏水现象，普天 2 号楼运营安全，未出现裂缝。变形随时间变化图见图 11。

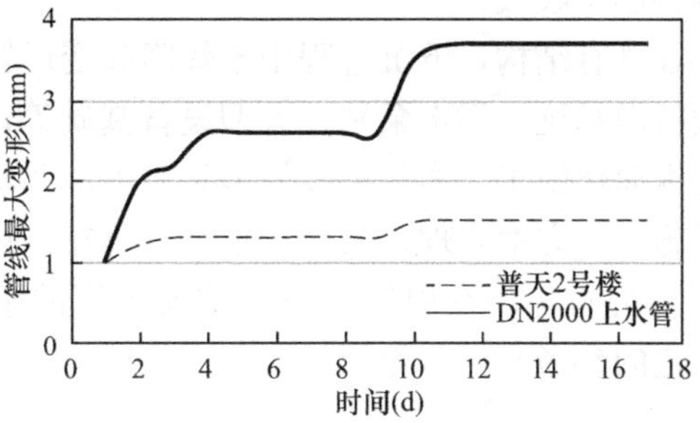

图 11　上水管/普天 2 号楼变形随时间变化图

通过与有限元计算分析的结果进行对比，两者变形基本一致

5　工程措施

鉴于沉井刃脚与既有车站附属顶板仍可能存在间隙，长时间水土流失可能对周边管线和建筑进一步造成扰动，因此在沉井施工过程中注意壁后间隙注浆填充；沉放到底后，立即采取注浆和钢板封堵的辅助止水措施，确保顶板开洞施工期间基坑和周边环境安全。

现场实际施工过程中，沉井沉放到位后，泥水从刃脚与附属顶板的间隙中有渗出现象，现场立即采取角钢封堵，并填充快硬水泥砂浆，渗水即刻被控制住，该处节点示意图见图 12。

钢板封堵完成后照片见图 13。

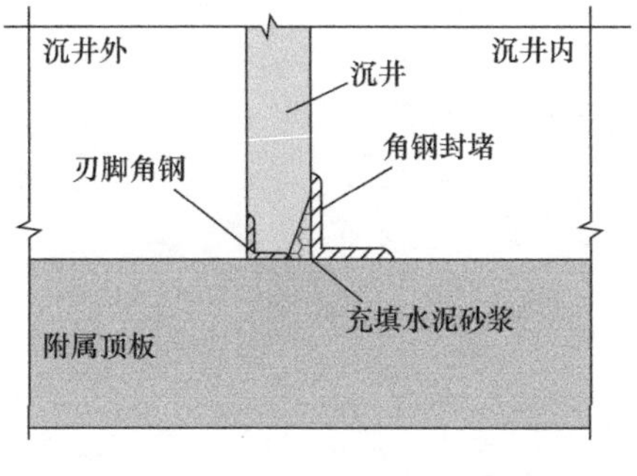

图 12　刃脚节点止水示意图

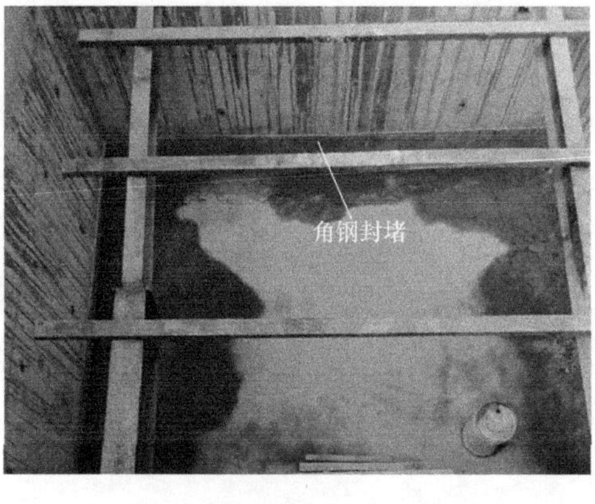

图 13　钢板封堵止水完成后

6　结论和建议

通过本工程的实施，与常规沉井相比可以得出如下结论：

（1）本工程沉井仅作为临时围护结构，且开挖深度较小，综合考虑满足自重下沉的需求和抗剪需要，可取较薄井壁厚度；

（2）浅基坑快速施工，水量较少，可不考虑水下作业；

（3）无需封底，但刃脚与既有结构顶板间隙须采取止水措施；

（4）沉井施工过程中对周边环境的影响主要发生在取土下沉过程中，待下沉到位并止水后，对周边环境的影响将趋于收敛；

（5）沉井作业下方存在既有结构，下沉过程中土体隆起变形较常规沉井小较多。

沉井一般应用于大型桥墩基坑、污水泵站、大型设备基础等，整体性强，场地要求较小，下沉过程无须设置支撑简化施工。本工程较好地利用了沉井这些特点，在立锥之地场景下实现了浅基坑的支护施工，方案合理、安全、经济、可靠、快速，特别是无需围护插入坑底，避免了对既有结构的破坏，在周边环境保护要求高的条件下，取得了较好的效果，对今后类似工程有一定的参考和借鉴作用。

全氟己酮对锂离子电池热失控的抑制探讨

汪东东[1]　王　飞[2]
（1. 上海纽特消防设备有限公司，上海，200000；
2. 上海瑞泰消防设备制造有限公司，上海，200000）

摘　要：利用锥形量热仪评估三元锂电池热失控，研究不同三元锂电池热释放速率和电压、温度的关系，以及全氟己酮消防液对锂电池发热的吸收性能。研究表明，锂电池热失控随着镍含量增大，热释放速率增大，电压下降、锂电池起火时间与安全阀打开时间间隔越短；锂电池热失控后所释放的热量可通过一定量的全氟己酮吸收；可以将全氟己酮作为灭火剂的消防系统来抑制三元锂电池热失控，防止火灾蔓延。
关键词：三元锂电池；全氟己酮；热释放速率；消防

Discussion on inhibition of thermal runaway of li-ion batteries by perfluorohexanone

Wang Dongdong[1]　*Wang Fei*[2]
(1. Shanghai NEOTEC Fire Protection Equipments Co., Ltd., Shanghai, 200000;
2. Shanghai RETI Fire Fighting Equipment Manufacture Co., Ltd., Shanghai, 200000)

Abstract: Cone calorimeter was used to evaluate the thermal runaway of ternary lithium battery, and the relationship between heat release rate, voltage and temperature of different ternary lithium battery, and the absorption performance of perfluorohexanone fire-fighting liquid to lithium battery were studied. Studies have shown that the thermal runaway of lithium batteries increases with the increase of nickel content, the heat release rate is greater, the voltage drop, the time interval between the ignition time of lithium batteries and the opening of the safety valve is shorter; the heat released after thermal runaway of lithium batteries can pass a certain amount of heat. Perfluorohexanone absorption; the thermal runaway of the ternary battery can be controlled by using perfluorohexanone as a fire extinguishing agent to prevent the spread of fire.
Keywords: ternary lithium battery; perfluorohexanone; heat release rate; fire fighting

引言

为完成“碳达峰碳中和”目标，全速推动碳中和科技创新，绿色低碳成为国内能源发展的趋势，作为推动可再生能源从替代能源走向主体能源的关键，储能产业受到了高度关注。光伏、风力发电等清洁能源技术因跨季节等因素造成光伏的鸭型曲线特性和风电不稳定性，无法应付高容量的日内调节能力，而电化学储能系统调峰调频、平滑输出、转化率高等优势将成为主要技术方向。

能源转型加速推动电化学储能电站装机容量呈现“倍增式”增长态势，各种安全隐患日益暴露，锂电池热失控着火后难以抑制其复燃的特点，成为消防安全行业内的最大痛点之一，并成为制约储能产业发展瓶颈之一。锂电池作为储能系统组成因其大密度、高量能而被广泛应用，但电芯在复杂的储能电系统中，因内部或外部因素诱发火灾甚至爆炸，造成重大损失。近年来储能电站爆炸事故报道层出不穷，韩国自 2017 年以来共发生 20 余起储能电站事故，其中电芯原因为事故主要诱因，而 2021 年 4 月份北京储能电站爆炸引发社会各界关注，事故调查结果中储能电池安全和消防系统为其中两个主要诱因。因此，国内研究人员在积极开展关于锂离子电池热失控危险性的研究。

张青松[1]提出锂离子电池热稳定性随着荷电状态 SOC 的增大而减小。黄沛丰[2]在对单体锂电池进行火灾热危险性研究中发现，电池热释放速率随着荷电状态（SOC）的增加而增加。刘昱君[3]采用不同灭火剂（包括干粉、七氟丙烷、水、全氟己酮和 CO_2）对 94Ah 电池进行灭火试验，发现均可灭火，其中水的降温性最佳。而本文利用锥形量热仪评估满电荷三元锂电池热失控，根据锂电池热释放速率和电压、温度关系，以及喷洒全氟己酮对锂电池发热热量吸收性能进行了试验，提出了针对于锂电池火灾防控的 BMS 早期探测依据和以全氟己酮作为灭火剂的消防抑制系统可行性。

1 试验设备设施

试验平台主要由锥形量热仪、电池固定架和敞口圆形防爆箱组成，防爆箱放置于锥形量热仪燃烧室内，燃烧室两侧壁有直径 0.2m 的观察窗。试验中，使用 300W 功率的加热片诱发热失控。试验中使用示波器监测电池电压。

试验所采用的样品电池为高容量三元锂电池，其主要参数如表 1 所示。

试验电池参数 **表 1**

参数	电池型号	
	NCM811	NCM523
电池容量（A·h）	155	147
电池正负极材料	$Ni_{0.8}Co_{0.1}Mn_{0.1}$/石墨	$Ni_{0.5}Co_{0.2}Mn_{0.3}$/石墨
加热器功率（W）	300	300

2 试验结果与分析

本试验在锥形量热仪的燃烧室内进行，将 SOC100％三元锂电池以电热片加热的方式引起电池热失控，获取数据形成图表并分析。

2.1 热释放分析

通过试验得到数据形成图 1 为 NCM811 和 NCM523 电池热释放速率曲线。

由图 1 可以看出，两种型号锂电池均只有一个峰，表明锂电池热失控后均只发生一次爆燃，其中 NCM811 电池的热释放速率峰值（pHRR 值）是 NCM523 电池的 2.5 倍，达到热释放速率峰值时间是 NCM523 电池的 1.45 倍，这主要由于镍在三元材料里呈＋2 价和＋3 价，当镍含量越高脱离的锂离子越多，容量越大，从而释放的热量越高[4]。

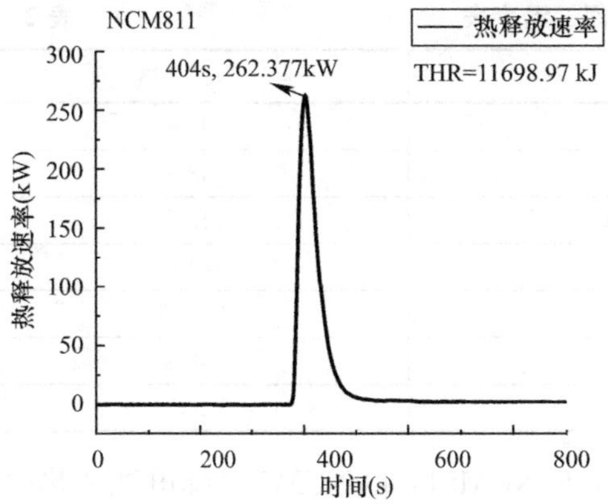

(a) NCM811

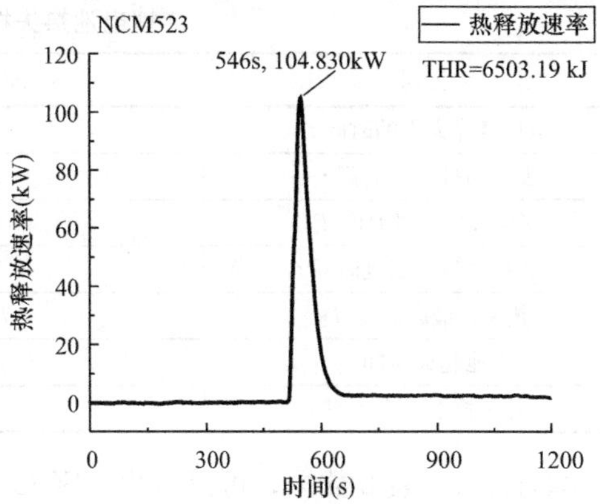

(b) NCM523

图 1 NCM811 和 NCM523 电池热释放速率曲线

2.2 电压、温度与时间分析

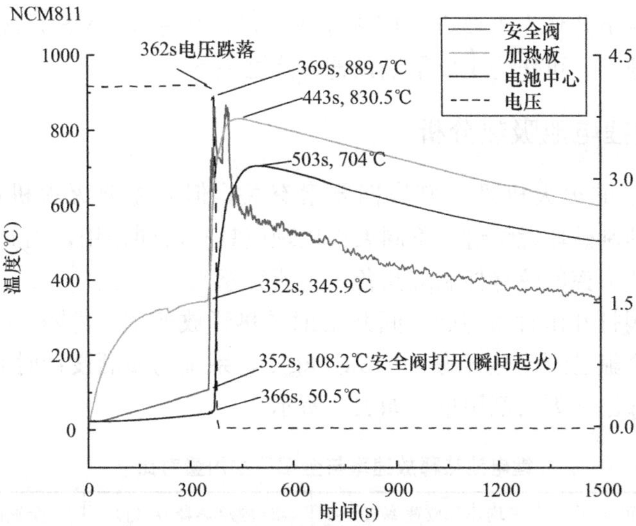

(a) NCM811

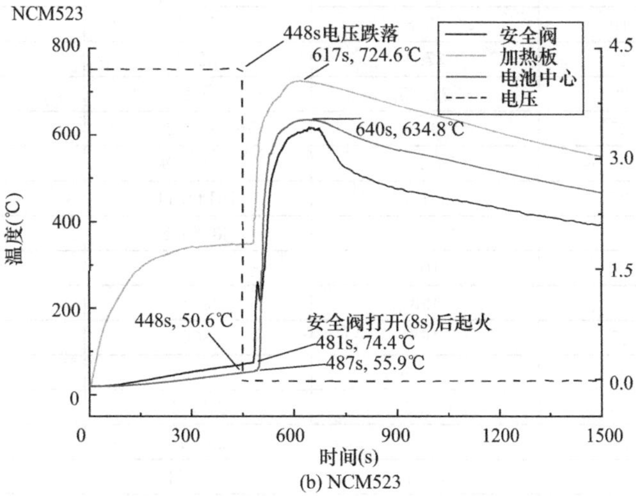

(b) NCM523

图 2 锂电池热失控电压、温度与时间曲线

锂电池热失控时间、温度表　　表2

类别	NCM811	NCM523
电压骤降为零的时间 t_1	362s	448s
安全阀打开的时间 t_2	352s	481s
安全阀打开时温度 T_1	108.2℃	74.4℃
热失控达最高温度时间 t_3	503s	640s
热失控最高温度 T_2	704℃	634.8℃
电池起火时间 t_4	352s	489s
热失控下温升速率	4.7℃/s	3.8℃/s

综合图2、表2数据，可以看出，SOC100%下NCM811和NCM523锂电池的热失控过程中，安全阀打开温度 T_1 分别为108.2℃、74.4℃，且在打开时有明显“嘭”的一声，安全阀打开温度随着电池镍含量的增加而升高；热失控过程中的最高温度 T_2 分别为704℃、634.8℃，平均温升速率分别为4.7℃/s、3.8℃/s，电池镍含量越高，热失控的最高温度越高，平均温升速率越高。

由温度和电压变化参数可以看出，BMS系统的温度和电压数据可作为锂电池热失控的探测方式，但电压下降作为主要方式探测存在不足，故考虑BMS系统探测以电压为一级预警，辅以温升速率，可作为主要早期预警方式之一[5]。

2.3 全氟己酮对锂电池吸热分析

全氟己酮灭火剂的灭火机理与燃烧四要素有关，但其主要灭火机理为吸收火场热量[6]，并进行化学抑制破坏燃烧链。不同灭火机理应具有协同作用，因此本文从吸热分析全氟己酮对锂电池热失控的热量控制应具备一定研究意义。

以锂电池安全阀打开作时为初始时间开始记录热释放速率，每隔5s记录该段时间内平均热释放速率；全氟己酮比热容为1.013kJ/kg℃，系统的喷洒设计时间为3s，以3s内的热释放量计算全氟己酮灭火剂用量。如表3所示。

锂电池热释放速率与全氟己酮用量对比　　表3

型号	时间（s）	平均热释放速率（J/s）	3s内总热释放（J）	全氟己酮3s用量（kg）
NCM811	5	76.6	229.8	0.26
	10	23.8	71.4	0.08
	15	27.4	82.2	0.09
	20	21.75	65.25	0.07
	25	39.04	117.12	0.13
	30	747.03	2241.09	2.51
	35	6381.37	19144.11	21.46
	40	20028.5	60085.5	67.34
NCM523	5	108	324	0.36
	10	198	594	0.67
	15	168	504	0.57
	20	150.6	451.8	0.51
	25	116.24	348.72	0.39
	30	99.93	299.79	0.34
	35	156.17	468.51	0.52
	40	1357.88	4073.64	4.57

表3为锂电池热释放速率与全氟己酮用量数据表，NCM811在安全阀打开后25s时，总热释放量为117.12J，共需0.13kg全氟己酮吸收热量；25s后平均热释放速率呈倍速增长，最大增长为920.9倍，最大热释放量为60085.5J，共需67.34kg全氟己酮吸收热量。NCM523在安全阀打开25s时，总热释放量为348.72J，共需0.39kg全氟己酮吸收热量；35s后平均热释放速率呈倍速增长，最大增长为12.6倍，最大热释放量为4073.64J，共需4.57kg全氟己酮吸收热量。同时，NCM811的最大热释放量是NCM811的14.7倍。

综上数据，NCM811和NCM523热失控后所释放热量在理论上均可通过全氟己酮进行吸收，因此锂电池火灾应早期探测早期喷洒。

3 结论

三元锂电池热失控随着镍含量增大，热释放速率越大，电压下降、锂电池起火时间与安全阀打开时间间隔越短；NCM811锂电池安全阀打开25s内的总热释放为117.12J，共需0.13kg全氟己酮，NCM523锂电池安全阀打开25s内总热释放为348.72J，共需0.39kg全氟己酮。NCM811和NCM523热失控后所释放热量在理论数据上均可通过全氟己酮进行吸收。

探测时效性应为锂电池消防系统重中之重，以早期快速探测为基础的方式，可在锂电池热失控早期喷洒灭火剂，可更有效控制电池热失控，所以不局限于用现有的传统感烟火灾探测技术，其中电池管理BMS系统的温升速率和电压变化可作为早期预警手段之一。

本文以三元锂电池为例从热平衡角度进行全氟己酮用量的吸热试验，表明可采用全氟己酮作为灭火剂的消防系统能抑制锂电池热失控。而现阶段电化学储能主要为磷酸铁锂电池，其总放热量和危险性远低于三元锂电池，即储能舱（簇）配置可全氟己酮消防系统，当单个电池热失控（不引起相邻电池热失控情况下），在电池安全阀打开后25s内，或安全阀打开前通过膨胀变形确认做到快速、提前喷洒，可有效灭火甚至抑制火灾蔓延，还有必要在断电情况下辅助水消防进行冷却，应在具体工程应用作更多的研究。

参考文献

[1] 张青松，郭超超，秦帅星. 锂离子电池燃爆特征及空运安全性研究［J］. 中国安全科学学报，2016，26（2）：50-55

[2] 黄沛丰. 锂离子电池火灾危险性及热失控临界条件研究［D］. 中国科学技术大学，2018

[3] 刘昱君，段强领，黎可等. 多种灭火剂扑救大容量锂离子电池火灾的实验研究［J］. 储能科学与技术，2018，7（6）：1105-1112

[4] 陈鹏，肖冠，廖世军. 具有不同组成的镍钴锰三元材料的最新研究进展［J］. 化工进展，2016，35（1）：166-174

[5] 谢青松，张鹏远，王鹏. 基于BMS的电池舱保护控制策略研究［J］. 通信电源技术，2020，37（2）：1-4

[6] 米欣，张杰，王晓文. 新型洁净灭火剂Novec1230介绍及应用［J］. 消防技术与产品信息，2012（4）：32-34

作者简介： 汪东东（1993—），男，硕士研究生。主要从事消防灭火剂、工程应用设计研究。

王　飞（1974—），男，高级工程师。主要从事消防工程及设施设备研究。

二氧化碳矿化养护混凝土预制砖的试验研究及其减碳效果模拟评估

张玉华[1]　王　涛[2]　崔雁翔[1]　易臻伟[2]　戴　吉[1]　王　镭[2]　师　达[1]
（1. 中国建筑工程（香港）有限公司，香港，999077；
2. 能源清洁利用国家重点实验室（浙江大学），浙江 杭州，310027）

摘　要：2030年前实现碳达峰、2060年前实现碳中和，是党中央做出的重大战略决策，只有在各行各业通力合作的前提下才能打赢低碳转型这场硬仗。建筑业作为全球首屈一指的资源消耗产业，是碳排放的主要来源之一。发展中及发达国家的建筑业碳排放占比均超过30%，而我国2019年建筑业碳排放占总排放量的50.6%。因此为实现"双碳"目标，建筑业主动减碳将起到至关重要的作用。在诸多减碳技术中，二氧化碳捕集、利用与封存(Carbon Capture，Utilization and Storage，CCUS）技术是最具潜力和实效的二氧化碳减排方式，该技术也是当前众多国家、城市及企业承诺实现净零排放的一种重要选择途径。本文考察使用CCUS技术生产的二氧化碳矿化混凝土砌块砖的试验室小试参数优化、潜在减碳效应以及未来广泛使用的敏感性分析。试验表明，矿化混凝土砌块砖与传统砌块砖相比具有养护时间短、耗能少、强度高等优势，更能在生产过程中有效吸收二氧化碳，固碳率可达5.5%（二氧化碳吸收量与砌块砖重量比）。在进行减碳效应及经济评价中，以有机资源回收中心第二期（O・PARK2）项目设计为背景资料，采用模拟评估的方式预测在该项目中使用矿化混凝土砌块砖的减碳效果。模拟结果表明，矿化混凝土砌块砖本身对材料使用的减碳效应毋庸置疑，减碳效率可以达到77%。然而由于新型材料无法就地购买，长距离运输成为减碳效果的重要掣肘因素。敏感性分析表明，运输距离在800km以内，才能在香港的实际工程应用中实现减碳及经济双赢。因此积极推动矿化混凝土生产基地的遍地开花，大幅度降低运输距离，是未来建筑业更广泛使用先进减碳技术的基础。
关键词：低碳施工；二氧化碳矿化技术；建筑业碳排放；碳收集、捕获及利用技术；矿化混凝土砌块；粒化高炉矿渣砂砖

Feasibility study on the scale-up of carbon dioxide mineralization curing concrete towards carbon reduction in construction phase

Zhang Yuhua[1]　*Wang Tao*[2]　*Cui Yanxiang*[1]　*Yi Zhenwei*[2]　*Dai Ji*[1]　*Wang Lei*[2]　*Shi Da*[1]
(1. China State Construction Engineering (Hong Kong) Limited，Hong Kong 999077，China;
2. State Key Laboratory of Clean Utilization，Zhejiang University，Hangzhou 310027，China)

Abstract：China aims for carbon peak by 2030 and carbon neutrality by 2060，which needs support from various stakeholders for a successful transition toward net-zero. The construction sector is one of the major carbon emission contributors due to its huge amount of resource consumption. The carbon emissions from the building sector in developing and developed countries contribute more than 30% of the total country's carbon emissions, while the construction industry contributes 50.6% of China's overall carbon emissions in 2019. Therefore, the proactive carbon reduction in the construction industry is the key to carbon peak and neutrality aims. In all the carbon reduction approaches, carbon capture, utilization, and storage (CCUS) technology is regarded as the most effective measure in terms of carbon reduction potential and the maturity of the technology, which is the first choice of countries, cities, and companies to realize net-zero targets. This study investigated the feasibility of using carbon dioxide curing concrete bricks manufactured with CCUS technology, including parameters optimization in the lab-scale tests, carbon reduction potential in pilot-scale simulation, and sensitivity analysis. It is proven with the lab-scale study that the carbon dioxide curing concrete bricks consumes less energy and time but has higher strength compared to the conventional bricks. In addition, 5.5% (carbon dioxide utilization to bricks weight percentage) of carbon fixation efficiency can be achieved during the curing process. The carbon reduction potential of the carbon dioxide curing concrete bricks is as high as 77% in the O·PARK2 simulated scenario. However, long-distance transportation can reduce the carbon-reduction potential of the carbon dioxide curing concrete bricks, thus hindering the real application. According to the sensitivity analysis, the transportation distance can only be less than 800km to achieve benefits from both perspectives of carbon reduction and cost-efficient. In summary, the extensive application of CCUS concrete in real construction sites relies on the wide application of the CCUS technology by concrete manufacturers to reduce the transportation distance.

Keywords: low-carbon construction; carbon dioxide mineralization technology; carbon emissions from building sector; CCUS technology; carbon dioxide curing concrete bricks; ground granulated blastfurnace slag bricks

引言

当前世界各主要工业国均面临能源短缺和环境污染，以及由二氧化碳大量排放引致的气候变化等问题而带来的转型压力。各国纷纷积极制定减碳手段、设定碳减排的目标。我国更是在 2020 年 9 月 22 日举办的第七十五届联合国大会一般性辩论上，宣布提高国家自主碳减排贡献力度，二氧化碳排放量在 2030 年前达到峰值，争取在 2060 年前实现碳中和[1]。碳达峰、碳中和首次于 2021 年全国两会上，被写入国务院政府工作报告，正式开启“双碳”政策元年。在实际碳排放方面，我国当代工业界，特别是建筑行业往往因其传统生产作业方式而引致大量碳排放。中国建筑节能协会发布的《中国建筑能耗与碳排放研究报告（2021）》[2]分析表明：2019 年，全国建筑全过程能耗总量为 22.33 亿 t 标准煤，接近全国能源消费总量的 46%；全国建筑全过程碳排放总量为 49.97 亿 t 二氧化碳（CO_2），占全国碳排放的比重达到 50.6%。因此，为达致最终碳中和的战略目标，建筑行业面临空前的转型压力，传统高耗能高碳排的作业方式纷纷被节能低耗的革新方式所取代。在物料选取时，含有大量隐含碳排放的物料产品也纷纷被采用新型绿色生产方式的低隐含碳排放的同类产品所替代。在实现碳中和的路径选择上，当前的手段多着眼于碳减排方面的技术，然而根据我国 2021 年 10 月发布的《中共中央国务院关于完整准确全面贯彻新发展理念做好碳达峰碳中和工作的意见》[3]的文件说明，我国化石能源的消费比重，在 2030 年时预计降到 75%左右，在 2060 年时仍存有约 20%的比例，这说明届时完全实现狭义上的

“零碳”生产在战略上依然缺乏可行性。

事实上，减碳的宏观概念包括减少碳排放和碳汇两个概念。换言之，实现当前减碳的技术手段除着力减少碳排放之外，开发碳汇的潜力和相关技术也是不可或缺的另一条主要路径。碳汇是长期吸收即储存大气中的CO_2的天然或人工仓库。森林、海洋、土壤等都是良好的天然碳汇。人工碳汇主要指通过技术手段在工业过程中实现CO_2的捕集，利用与封存（Carbon Capture，Utilization and Storage，CCUS）[4,5]（简称“固碳技术”）。固碳技术开始逐渐成为一条切实可行的人工碳汇道路，有机会在未来数十年内成为有效实现“双碳”目标最强有力的技术途径之一。在建筑行业中，固碳技术也在积极研究开发之中。其中，二氧化碳矿化利用技术由于其自发吸收CO_2的快速反应动力学特性[6]，于近年的研究显示，其全球固碳潜力达10Gt[7]，备受研究人员关注。其反应原理是利用有一定压力的CO_2气体与原料中的碱性金属物质（如钙Ca、镁Mg等）发生矿化反应形成稳定的碳酸盐，进而形成固碳效果。在建筑行业中，该技术可与混凝土养护过程进行深入耦合，打造出CCUS矿化养护混凝土技术（以下简称“矿化养护混凝土”）。既有的研究和报告显示，由于其较高的安全性和矿化速率[6]，矿化养护混凝土过程在无泄露和污染的风控下，可以混入并利用较大比例的碱性工业固体废弃物作为非原位矿物矿化反应的核心成分。我国作为全球最大的发展中国家，在工业生产中会产生大量的钢渣、粉煤灰等碱性固体废物。通过二氧化碳矿化养护混凝土技术，这些钢渣和燃煤飞灰可实现废物资源化，并且理论上促成每年4200万t和8066万t的二氧化碳矿化效果[6-8]，成为极富经济价值的生态循环资源[9-12]。CO_2矿化养护混凝土技术具有条件温和、产品价值高等优点，可以就地利用固废协同消纳捕集CO_2，有效解决我国CCUS实施过程中的“源汇匹配”问题，成为大规模CO_2和工业固废综合利用的新兴技术之一[13-16]。在品控方面，与建材常规的28d自然养护相比，矿化养护胶结过程可在温和条件下（<80℃，0.1～40bar）实现，并在几到几十个小时内完成养护，达到市场产品类似的强度[17-19]，也因此促进其多样而灵活的配方的研究和发展，如硅灰石-波特兰水泥[18]、MgO-波特兰水泥[20,21]、矿渣-波特兰水泥[21,22]和废弃混凝土骨料[23,24]等。这些新型和多样的矿化养护混凝土及其预制件生产工艺均十分适合建材行业的推广，然而我国实际的建造项目对CCUS技术产品的应用依然处于起步阶段，业界对采用新型矿化养护混凝土预制件可以呈现的优化效果并不清晰。如今，我国碳交易市场逐步开放，耦合CCUS技术的固碳产品可为企业带来社会效益的同时，创造了一定的碳资产，也在事实上促进了负碳经济的发展。但是，其在业界中如何促成经济效益在既有的文献和报告中却未曾详述。

鉴于此，为阐述CCUS在建筑项目应用的技术优势，本文将详细阐明矿化养护混凝土砌块砖的制备和养护方法，着重介绍其产生固碳作用的方法原理，剖析砌块砖的固碳率、承压强度、密度、微观结构等各方面的性能特点。最终从实际项目角度出发，以位于香港的有机资源回收中心第二期（简称“O·PARK2”）项目模拟背景，考察真正应用场景下的系统性模拟结果，从而于减碳和经济效益两个方面系统地分析如何更好地使用矿化养护混凝土砌块砖才能发挥其减碳潜力、助力项目碳中和目标。

1 矿化养护混凝土砌块砖制备方案和碳排放综合分析方法

1.1 矿化原理

矿化养护是通过具有一定压力的CO_2与普通硅酸盐水泥（OPC）基材料和固体废物

基材料中的碱金属（Ca/Mg）三者发生反应式（1）或式（2）的反应实现固碳的。

$$CaO_x \cdot SiO_2 + xCO_2 + nH_2O \rightarrow SiO_2 + nH_2O + xCaCO_3 \quad (1)$$

$$(Ca/MgO)_x \cdot (SiO_2) \cdot (H_2O)_y + xCO_2 \rightarrow xCa/MgCO_3 + SiO_2 \cdot (H_2O)_z + (y-z)H_2O \quad (2)$$

不同于建筑材料的自然养护，矿化技术处理的混凝土具有更高的碳化深度和更好的性能。在矿化技术体系中，CO_2 气体分子通过成型混凝土的微孔结构扩散，最后与碳酸化的活性成分快速反应，形成稳定的 $CaCO_3$ 微晶。矿化过程从两方面显著影响混凝土微观结构：(1) 矿化生成 $CaCO_3$ 微晶的填充作用；(2) 矿化胶结效应改善了界面过渡带[18]。此外，通过调整混凝土体系中惰性物质的掺杂比例，矿化动力学能够因显著的界面连续性得到改善[17]。因此，在动力学上，可以通过主动控制 CO_2 分压来增强 CO_2 扩散，从而控制矿化过程[17,18,25]。矿化养护过程一般在常温下进行，与传统的蒸压养护相比，不需要额外的热源[12,19]。由于矿化反应放热，升温可以改善气体扩散和矿化反应动力学。由于混凝土中碳酸盐的分解温度大于 400℃[26]，因此，从热力学角度看，CCUS 矿化养护过程中的放热对 CO_2 固碳的负面影响可以忽略。

1.2 砌块砖制备与试验设计

1.2.1 混凝土砌块制备及预养护工艺

本研究使用的固废原料包括工业废渣和粉煤灰，其他原料包括水泥和水。为匹配工业化应用的成本需求和原料控制，水泥用量不超过 10%，制备水固比控制在 13%～18%（试验室高成型压力情况下为 25%）。因此，混凝土砌块由 50%废渣、40%粉煤灰和 10%水泥原料配置而成。

经称重、混合搅拌、注模、压制后形成 240mm×115mm×53mm 的混凝土实心标准砖。成型压力 20MPa。将成型之后的试件立即用脱模套脱出，用保鲜膜覆盖试件表面，置于 25℃、(30%～90%) RH 的预养护箱（图 1）中预养护 48h（基础养护需求）。根据试验设计剩余水固比，在 50～65℃的温度下烘箱干燥至预定剩余水固比后取出。试件剩余水固比 $(w/s)_t$ 可以通过公式（3）计算：

$$(w/s)_t = \frac{M - M_0/[1+(w/s)_0]}{M} \quad (3)$$

式中，M 为试件干燥后质量，g；M_0 为试件脱模时质量，kg；$(w/s)_0$ 为脱模时试件水固比。

(a) 搅拌器　(b) 标准砖模具　(c) 恒温恒湿预养护箱

图 1　实心混凝土制作及预养护装置

1.2.2 矿化养护方法及装置

本试验的矿化养护压力为 1MPa，养护初始温度为常温，后期因矿化养护放热局部温度会上升至56～60℃，养护时间4h。使用的矿化养护试验台为百吨级二氧化碳矿化养护釜装置图如图2所示，其主体结构为釜式反应器。反应器内部有效容积约320L，设计压力为0～4MPa，养护釜有两个进气阀门与一个排气阀门，进气阀门与外部CO_2钢瓶相连接。内置温度与相对湿度传感器，其中温度传感器共有三组，横向均匀置于养护釜内部，湿度传感器置于养护釜中部，釜内压力通过一个电接点压力表以及一个数显压力表显示。电接点压力表量程范围0～6MPa，测量精度0.5MPa，数显压力表量程范围0.01～1MPa，测量精度0.0001MPa。养护釜内部均匀布置有数个小型釜内对流风扇，用于加强釜内气体的扰动，保证养护釜内部CO_2浓度场以及温度场的均匀性。

图2　二氧化碳矿化养护试验台实物图

1.2.3　试验设计

（1）为探索试件性能的影响，在试验室20MPa高成型压力的情况下设计了四组试验，分别在剩余水固比为0.15、0.18、0.20和0.25的条件下进行4h矿化养护。养护后试件置于自然条件7d后进行强度测试。

（2）为模拟实际生产条件下试件内部水分调控对矿化养护固碳率的影响，将10MPa成型压力下成型完毕的试件置于模拟干燥通风的环境下（25～40%RH，25℃）分别放置12，16，20，24，40，48，72h后进行干燥，处理后的试件失水率可以通过公式（4）进行计算。干燥后的试件送入上述矿化养护釜中养护4h后测试固碳率、强度等性能。

$$W_L = (w/s)_0 - (w/s)_t \tag{4}$$

式中，W_L为失水率，$(w/s)_t$为使用公式（3）计算干燥t时间后的剩余水固比。

（3）基于实际生产情况中，为了保证生产效率，针对制备水固比低、预养护时间较短、成型压力较低，矿化养护后试件的强度无法达到标准的情况，研究了后续水养护对试件强度的影响。本文选取了9.8MPa成型，经48h预养护后，0.064、0.083、0.102和0.133四组不同低剩余水固比的试样进行后期水化养护实验（取每组平均剩余水固比$(w/s)_t$，相差不超过0.005），在矿化养护后、7d龄期（自然静置）和7d龄期（后续补水）三种工况下测试其强度。后续水养护的操作为用保鲜膜覆盖样品，每天喷水至表面均匀润湿。

1.3　性能试验方法

1.3.1　固碳率

表观固碳率可通过试件在矿化养护前后质量的差值来确定。计算表观固碳率的公式

(5) 如下：

$$\omega = \frac{m_1 - m_0 + m_{water}}{m_0} \times 100\% \tag{5}$$

式中，ω(%) 为试件的表观固碳率；m_0(g) 是养护前样品的质量；m_1(g) 是养护后样品质量；m_{water} (g) 为养护过程中散失的水分，在试验中用吸水纸收集。

1.3.2 抗压强度

混凝土的抗压强度通常用于判断混凝土质量及其适用性，是混凝土结构合理设计的主要组成部分。混凝土试件的抗压强度按照《混凝土砌块和砖试验方法》GB/T 4111—2013进行测试，测试装置为济南美斯特公司 60t 万能试验机。测试之前将试件受压面和加压板之间的颗粒和杂物清除，试件的两个断面为受压面，加压位置应对准加压板和底板中心，以较为合适的速度匀速加载，直至试件破坏，记录此时的破坏载荷和试件受压面的尺寸。试件的抗压强度 f 按公式 (6) 计算，精确至 0.01MPa：

$$f = \frac{P}{S} \tag{6}$$

式中，f 为试件的抗压强度，MPa；P 为最大破坏载荷，N；S 为受压面面积，mm^2。

1.3.3 微观表征

本研究使用日本日立公司生产的 SU-3500/8010 扫描电镜 (SEM) 对试件的微观结构进行直接观察。由于混凝土砌块导电性不良，在进行 SEM 测试前需要对样品做喷金预处理，喷金时间 120～180s，试验放大倍数 15～12000。由于磁性物质可能对设备内部造成污染，本文中所有电镜照片均在特殊处理后进行拍摄，基本不包含钢渣成分。

1.4 碳排放管理模拟研究

本研究将采用位于香港的有机资源回收中心第二期项目 (O·PARK2) (后文简称 O·PARK2)进行中的筑墙工程作为模拟背景资料，进行碳排放行为的模拟评估。该项目是中国建筑国际集团设计、建造、运营一体化模式在港实施的代表性绿色工程，是香港目前规模最大的厨余回收中心[27]。项目自 2019 年开始建设，将于 2023 年完工并投入使用。混有粒化高炉矿渣 (Ground granulated Blast furnace Slag，GGBS) 的环保砂砖 (后文简称 GGBS 砂砖) 在建造伊始已采用，并完成部分施工。根据现有工程进度，在建造中期考虑采用矿化养护混凝土砌块砖，这与工程实际减碳策略一致[28]。因此，矿化养护混凝土砌块砖与其他砌块砖产品建造中的碳排放行为模拟统计和比较分析将在该项目的框架内得以进行。在研究中，参考我国建材市场基本国情和国标 (《建筑碳排放计算标准》GB/T 51366—2019)[29]，传统蒸压粉煤灰砖将会作为基准线，同时对比三种假设场景下的砌块砖于建造中使用的碳排放统计：情景一——原初设计即采用 GGBS 砂砖 (真实情况)；情景二——余下施工期改用矿化养护混凝土砌块砖 (模拟场景)；情景三——设计伊始即采用矿化养护混凝土砌块砖 (模拟场景)。

本研究采用的温室气体排放的量化方法，纳入考虑的排放范围主要参考国际标准化组织 ISO 所编制的《组织层面上对温室气体排放与清除的量化和报告的规范及指南 ISO 14064-1：2018》[30]以及由香港机电工程署和环境保护署共同编制的《香港建筑物 (商业、住宅或公共用途) 的温室气体排放及减除的核算和报告指引》[31]。本研究主要采用的量化方法为排放因子法，即针对建材产品的隐含碳，原料运输过程碳排放等过程采纳相关权威研究和报告中的温室气体排放因子进行量化统计。

1.4.1 报告边界及温室气体排放种类

根据EN 15978：2011[32]和EN15804：2012＋A2[33]的规范和指引，建材产品的生命周期的环境影响评估遵循从“摇篮”到“大门”的范围（Cradle-to-Gate），这其中包含A1模块——建材供应之原料，A2模块——原料之运输，A3模块——产品之制作过程以及其他可能的产品链的上游工艺和过程。本研究中的砌块砖的碳排放模拟统计将包含该产品供应的原料的隐含碳，原料运输过程产生的碳排放以及制造产品过程的能耗所引致的碳排放。鉴于矿化养护混凝土砌块砖存在的固碳功能，砌块砖产品于养护过程中涉及的“碳汇”也将纳入统计。由于不同砌块砖的产地有别，产品从出厂到建筑工地的运输方式和距离因此可能显著不同；同时，不同砌块砖产品因其特性，在工地中的建筑过程中的能源与资源的消耗未必完全类同，因此，为更系统和严谨地对比不同产品在各情境下的碳排放行为，A4模块——产品出厂到建筑工地的运输所致之碳排放和A5模块——产品在建筑工程中相关的碳排放在本研究中也会纳入模拟评估。根据国际温室气体排放体系（Greenhouse Gas Protocol）[34]的指引，CO_2、甲烷（CH_4）、一氧化二氮（N_2O）、氢氟碳化物（HFCs）、全氟化碳（PFCs）、六氟化硫（SF_6）、三氟化氮（NF_3）等将会作为主要温室气体纳入统计范围，并根据不同温室气体在100年内全球变暖潜值（Global Warming Potential，GWP）折算为CO_2当量进行统一量化。其折算公式如公式（7）所示：

$$CO_2eq_a = G_a \times GWP_a \tag{7}$$

式中，CO_2eq_a为第a种温室气体的二氧化碳排放当量（kg CO_2e）；GWP_a为第a种温室气体的100年内全球变暖潜值（kg CO_2e/kg）；G_a为第a种温室气体的排放量（kg）。除非特别提出，本研究中所涉及之排放（或吸收）的碳涉及包含CO_2在内的上述一系列相关温室气体所折算之CO_2当量之总和。

1.4.2 产品总碳排放因子计算公式

单位产量（m^3）砌块砖的碳排放可根据公式（8）进行计算：

$$E_T = E_1 + E_2 + E_3 + E_4 + E_5 + E_a \tag{8}$$

其中，E_T为每单位（m^3）砌块砖产品于本研究中涉及的整体碳排放（kg CO_2e/m^3）；E_1为构造1m^3砌块砖产品各供应原料所涉及的隐含碳（kg CO_2e/m^3）；E_2为构成1m^3砌块砖产品的各组成原料运输至砌块砖生产工厂的过程中所产生的碳排放（kg CO_2e/m^3）；E_3为制造每单位（m^3）砌块砖产品引致的能耗所产生的碳排放（kg CO_2e/m^3）；E_4为从生产工厂到建筑工地运输每单位（m^3）砌块砖所产生的碳排放（kg CO_2e/m^3）；E_5为建筑工地使用每单位（m^3）砌块砖所消耗之资源（如水与砂浆）与能源（如电力）所引致的碳排放（kg CO_2e/m^3）；E_a为生产每单位（m^3）砌块砖产品的养护过程所产生的碳排放（吸收）（kg CO_2e/m^3）。

（1）建材之原料的隐含碳

建材之原料的隐含碳包含该原料在资源开发和生产加工过程中所涉及的能源消耗造成的碳排放，这部分碳排放因子依然沿用上述从“摇篮”到“大门”的统计策略，其计算公式如下：

$$E_1 = \sum_{i=1}^{I} M_i EF_i \tag{9}$$

式中，M_i为生产每单位砌块砖（m^3）所需的第i类原料的重量（kg/m^3）；EF_i为第i类原料的碳排放因子（kg CO_2e/kg）。生产各类砌块砖的原料及其碳排放因子如表1所示。

生产各类砌块砖的原料和运输的碳排放因子 **表 1**

产品类型	类型	原料碳排放因子 ($kg\ CO_2e/kg$)	运输碳排放因子 ($kg\ CO_2e/kg/km$)	运输距离 (km)	参考来源
矿化养护混凝土砌块砖	普通硅酸盐水泥	0.895	0.004001	30	[35]
	粉煤灰	0.000	0.010004	100	
	废渣	0.000	0.008003	95	
GGBS 砂砖	普通硅酸盐水泥	0.779	0.000015	2800	[36]
	矿粉	0.083	0.000037	366	[31，37]
	砂	0.003	0.000037	84	[29]

(2) 建材之原料运输过程中的碳排放

建材之原料运输过程的碳排放所指各类砌块砖生产原料从原料的开采或加工厂（或者废料的收集处置场所）运输到砌块砖生产厂家的过程中所引发的碳排放。这部分碳排放因子因其原料的来源和产地的迥异，可能引致类似原料的运输碳排放的不同，所以未能包含在该原料在资源开发和生产加工过程中所涉及的能源消耗造成的碳排放内，另外，这部分的隐含碳依然沿用上述从“摇篮”到“大门”的统计策略，其计算依公式（10）。

$$E_2=\sum_{m=1}^{M}\sum_{n=1}^{N}Q_mD_{m,n}EF_n \tag{10}$$

式中，Q_m 为生产每单位砌块砖（m^3）的所需的第 m 类原料的重量（kg/m^3）；$D_{m,n}$ 为所需要的第 m 类原料通过第 n 种物流方式运送的距离（km）；EF_n 为第 n 种物流方式运送的排放因子（$kg\ CO_2e/kg/km$）。建材之原料的运输相关的排放因子可见于表 1 中。

(3) 砌块砖生产过程中能源消耗引致的碳排放

各类砌块砖因其生产工艺的不同，所涉及的能源消耗的种类和量级亦大相径庭。这部分能源消耗中，有如涉及生产砌块砖过程拌料、挤压等相关处理过程中的电力的使用和水资源消耗等。以上生产的耗能过程涉及的碳排放将于此部分进行统计，这部分碳排放因子将参考《建筑碳排放计算标准》GB/T 51366—2019 并用供应商所提供的物资产地、运输重量等条件确定适用的排放因子而进行量化统计。其计算公式（11）如下：

$$E_3=V_jEF_j+C_jEF_{jj} \tag{11}$$

式中，V_j 为生产每单位（m^3）第 j 类砌块砖的所需的电力使用量，其中电耗单位为千瓦时每单位砌块砖（kWh/m^3），EF_j 为生产第 j 类砌块砖的电力消耗的碳排放因子；C_j 为生产第 j 类每单位砌块砖（m^3）的所造成的煤耗（或汽耗），单位为千克标准煤每单位砌块砖（$kgce/m^3$），EF_{jj} 为生产第 j 类砌块砖的煤耗（或汽耗）的碳排放因子。生产各类砌块砖的能源及其碳排放因子如表 2 所示。

生产各类砌块砖的能源及其碳排放因子 **表 2**

生产过程能耗排放因子	单位	参考数值	参考来源
电耗	kWh/m^3	32.9	实际测量
煤耗或汽耗	$kgce/m^3$	22.6	[38]
电力碳排放因子（国内平均）	$kg\ CO_2e/kWh$	0.581	[39]
电力碳排放因子（香港地方）	$kg\ CO_2e/kWh$	0.39	[40]
标准煤碳排放因子	tCO_2/tce	2.77	[29]

(4) 产品运送过程中的碳排放

产品运送过程的碳排放所指砌块砖从生产工厂到建筑工地运输过程所产生的碳排放。

因各类砌块砖的生产工厂的分布离散，其产地与工地的距离的不同可能引致的运输方式迥异。比如，近海沿江的产地与工地可能会因运输距离较远而选择水路而非陆路运送。由此，运输过程的碳排放因子可能会因产地的距离而有所不同。这部分的碳排放计算依公式（12）进行。

$$E_4 = S_p T_p EF_p \tag{12}$$

式中，S_p 为第 p 类砌块砖从工厂到工地所需的距离（km）；T_p 为每单位（m^3）第 p 类砌块砖的重量（t/m^3）；EF_p 为第 p 类砌块砖的运送方式对应的排放因子（kg CO_2e/t/km）。与其运输相关的排放因子总结于表3中。

产品运输相关的碳排放因子 **表3**

运输方式	碳排放因子	单位	参考来源
陆运	0.038	kg CO_2e/t/km	[29]
船运	0.012	kg CO_2e/t/km	[39]

（5）砌块砖在工地建筑过程中产生的碳排放

砌块砖在工地的建筑过程中会涉及水，砂浆，钢网等物料的使用以及对应的能源的消耗，因砌块砖的类别和特性不同，建筑过程的碳排放也因此有显著差异。这部分的碳排放的计算按照公式（13）进行。

$$E_5 = \sum_{k=1}^{K} B_k EF_k \tag{13}$$

式中，B_k 为建筑每单位砌块砖（m^3）所需的第 k 类原料的重量（kg/m^3）；EF_k 为第 k 类原料的碳排放因子（kg CO_2e/kg）。生产各类砌块砖的原料及其碳排放因子如表1所示。

（6）砌块砖养护过程之碳汇

矿化养护混凝土砌块砖采用二氧化碳进行养护，呈现快速高效的养护效果和同步固碳的双赢局面。这部分出厂前的碳吸收的部分会作为碳吸收因子 E_a（kg CO_2e/m^3），在本研究中经过试验测算之后纳入模拟统计。需要强调的是，其他类别的砌块砖并无涉及碳吸收因子。

2 矿化养护混凝土砌块砖试验结果分析

2.1 固碳率

2.1.1 剩余水固比 w/s 的影响

如图3所示，在剩余水固比为0.15～0.25范围内，试件的抗压强度和固碳率均呈现出先上升后下降的变化趋势。其中，未经矿化养护试件的固碳率和强度在剩余水固比为0.18时皆达到了最大值，这是由于混凝土孔隙中水分的两面性：一方面，混凝土中孔隙水过多导致填充了材料内部的微纳级别的孔隙结构，从而使得材料气体扩散性能变差，阻碍了 CO_2 气体分子向内部扩散；另一方面，由于温和环境下的 CO_2 矿化反应主要以离子反应的形式发生，孔隙水的存在提供了溶解 CO_2 气体和促进固相中 Ca^{2+} 离子浸出的液相环境。而强度的变化与固碳率的变化呈正相关是因为 CO_2 矿化产生的填充效应和碳酸化胶凝效应可以有效地使得混凝土体系更加致密，从而强化了材料的抗压强度。

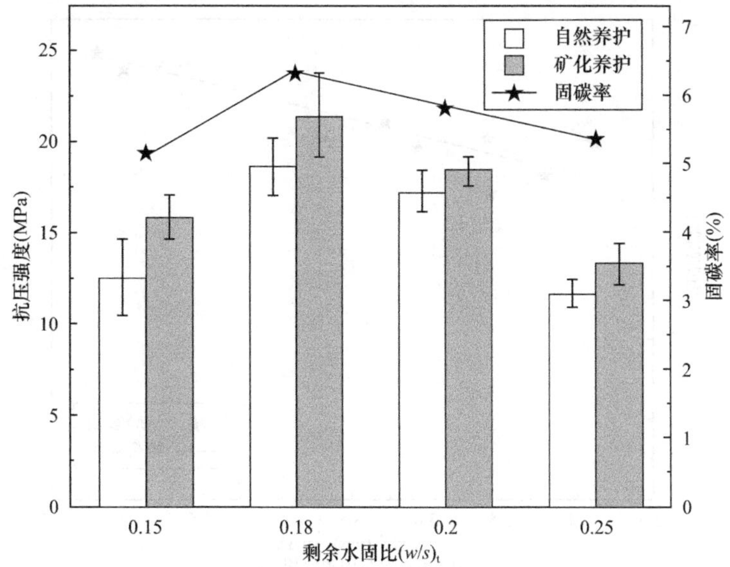

图3 不同剩余水固比 w/s 下抗压强度和固碳率的变化情况

2.1.2 预养护时间与失水率的影响

图4展示了预养护时间与失水率对混凝土砌块固碳率的影响情况。由于混凝土水化阶段孔隙内部基本为饱和水蒸气状态，示范现场预养护室测得的相对湿度为78～83RH%，混凝土内部与外部环境存在一定的湿度差。因此从图4(a)中可以看出，随着预养护时间延长，混凝土砌块的平均失水率逐渐升高。但失水率的升高存在一个平台期，即前40h内混凝土失水率从2%升高到3%；而在40～48h的失水突增至5%左右，随后预养护时间延长至66h失水率变化缓慢。初步分析前期失水贡献主要为混凝土表层水分蒸发，而后期失水贡献主要由于混凝土水化放热导致温度升高的整体水分蒸发。同时，可以观察到固碳率也随着预养护时间的增加而逐渐上升：前40h内固碳率在4.5%左右波动，而当预养护时间达到42h以上，固碳率突增至5.5%以上并且后续上升缓慢。

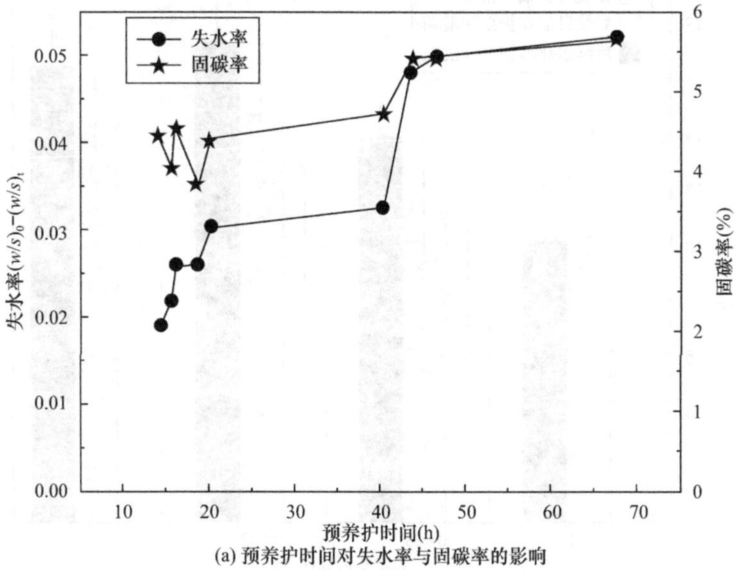

(a) 预养护时间对失水率与固碳率的影响

图4 预养护时间与失水率的影响（一）

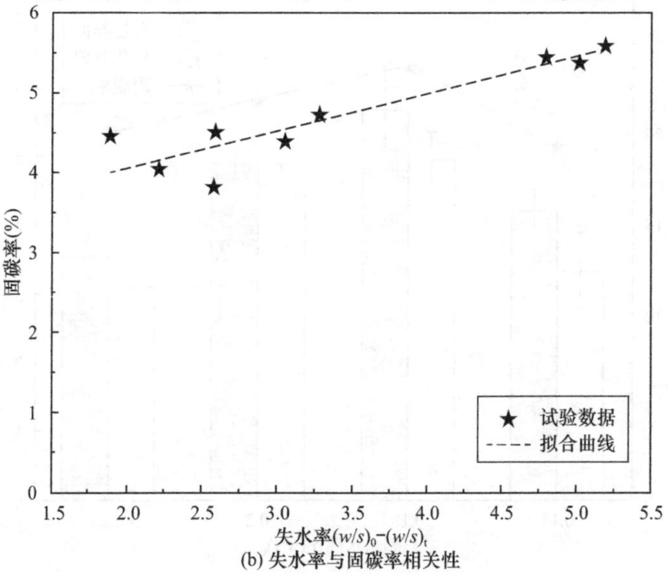

(b) 失水率与固碳率相关性

图4　预养护时间与失水率的影响（二）

在图4(b) 中对固碳率与失水率的相关性进行了分析，可以看到失水率和固碳率成正相关（$R^2=0.83$）。这是因为，预养护时间的延长一方面使得混凝土水化更充分，生成了更多具有碳酸化活性的水化产物（氢氧化钙，C-S-H凝胶等）；另一方面混凝土的水分蒸发给 CO_2 的扩散创造了更好的动力学条件。

2.2　强度

2.2.1　后续水化养护的影响

后续水养护对试件强度的影响如图5所示。可以看出，在最佳剩余水固比（10%左右）时，试件强度最高。这是因为在矿化养护时，试件内部较多水分会阻碍 CO_2 的扩散，

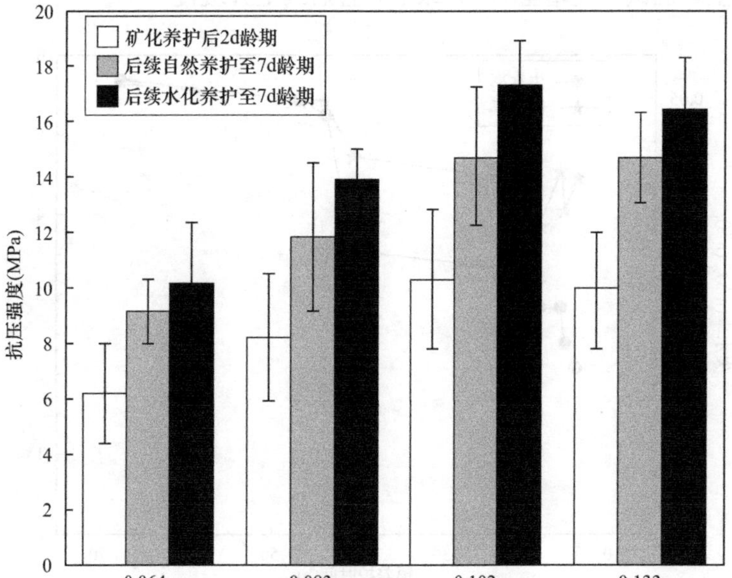

图5　不同剩余水固比下后续水化对强度的影响

所以需要通过预养护过程去除部分水分，但同时也需要一定水分供矿化反应。且经过后续自然养护后，试件的强度都有所增加，特别是剩余水固比越大，强度增长的也越多，强度最多增长 4.75MPa，使试件强度达到 15MPa 左右。后续水养护也基本遵循这样的规律，并且有更突出的强度增长表现。前两组强度低的原因可能是在预养护过程中失去大量水分，尽管经过后续水养护补水，内部空隙结构仍然较松散，导致强度增长缓慢。

2.2.2 成型压力的影响

如图 6 所示，本文探究了不同成型压力对试件宏观力学性能的影响。成型压力选取了工业上实心砖常用的 9～20MPa 范围，均在矿化养护后立即测试。从图中可以看出，试件强度性能随着成型压力的增大而提高，且当成型压力在 9.8、12、15、20MPa 时，试件的最高抗压强度略低于此时的成型压力，平均抗压强度约为此时成型压力的 2/3，最低抗压强度约为成型压力的一半。但该数量关系受原料级配、系统孔隙结构、预养护条件等因素影响较大，一般来说，可以通过成型压力预测试件最高可以达到的强度。

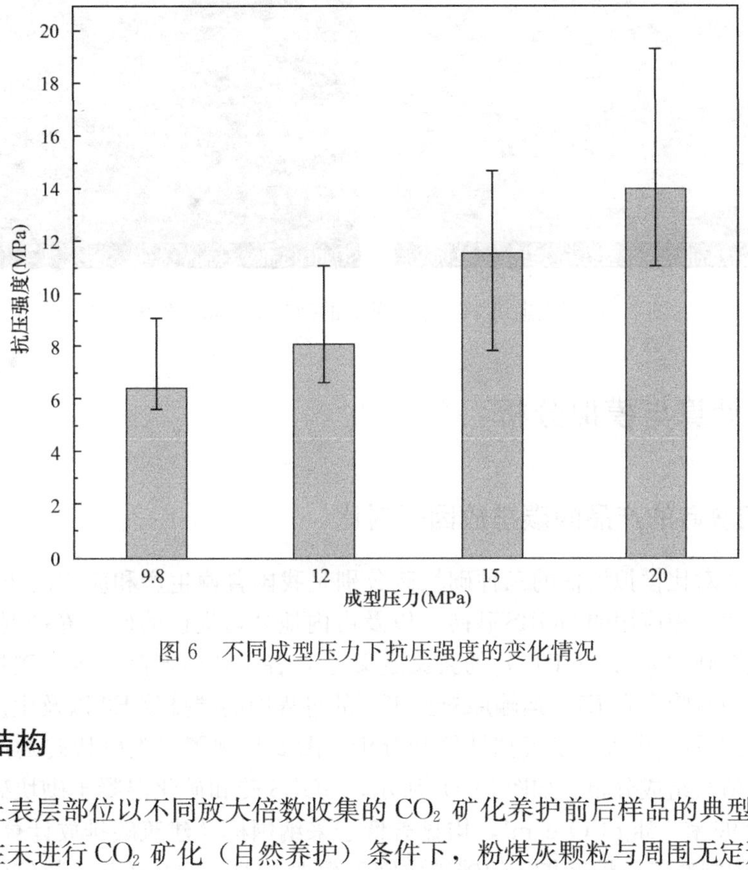

图 6　不同成型压力下抗压强度的变化情况

2.3 微观结构

从混凝土表层部位以不同放大倍数收集的 CO_2 矿化养护前后样品的典型 SEM 图像如图 7 所示。在未进行 CO_2 矿化（自然养护）条件下，粉煤灰颗粒与周围无定形胶凝体系的胶结效果不佳，颗粒表面与凝胶存在显著的界面（图 7a)，这也是造成自然养护条件下混凝土强度较低的主要原因。从图 7（b）可以看到，CO_2 矿化养护之后在粉煤灰颗粒周围形成了连续的界面过渡区，这是因为 CO_2 矿化反应放热与原料的高碱度共同作用起到的协同碱激发效果；连续的界面同样揭示了 CO_2 矿化后混凝土更高强度的原因。此外，在图 7（c）和（d）中观察到典型的 CO_2 矿化产物——方解石碳酸钙与球霰石碳酸钙（约 500nm）。其中，碳酸钙产物微晶的生成可以填充混凝土先天存在的微纳孔隙，使得其碳酸化产物层更加致密，进一步强化体系强度。

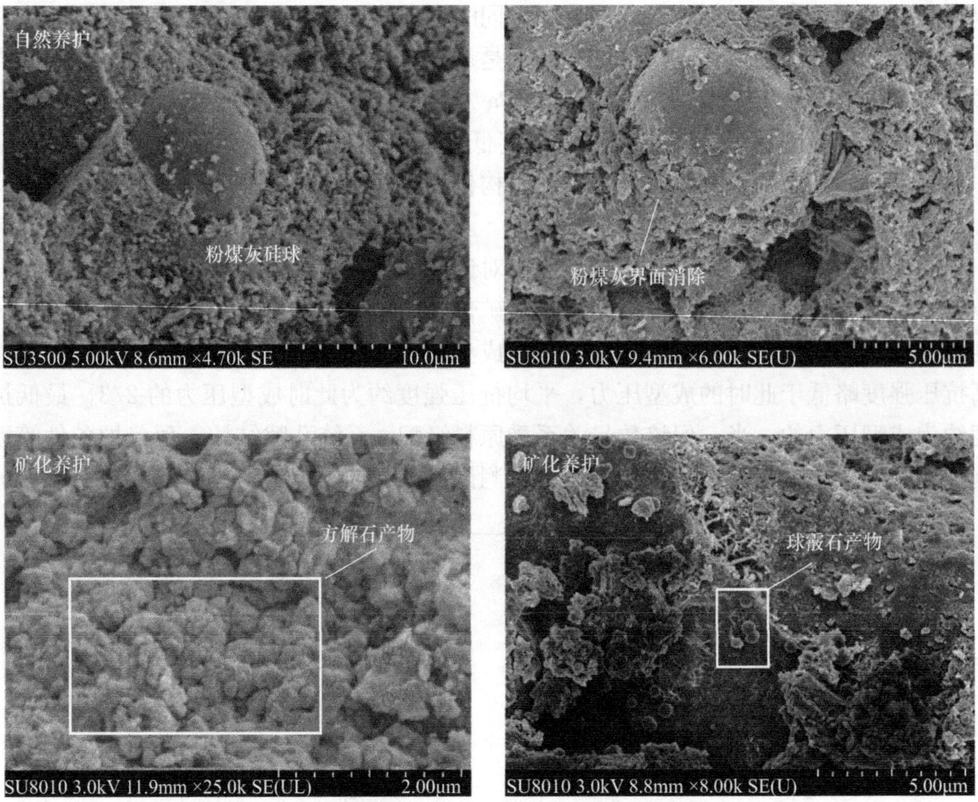

图 7　混凝土砌块 CO_2 矿化前后的微观结构和碳酸化产物

3　碳排放计算与模拟分析

3.1　各类砌块砖的产品的碳排放因子对比

本研究纳入对比模拟评估的三种砌块砖分别是我国普遍生产和应用的蒸压粉煤灰砖，香港本地广泛生产和应用的 GGBS 砂砖，以及由内地公司提供的矿化养护混凝土砌块砖。基于从“摇篮”到“大门”（工厂）的狭义定义[33]，各砌块砖产品的自身碳排放因子，也即包含产品的原料隐含碳 E1，运输原料至工厂的过程中的碳排放 E2 以及生产加工过程的碳排放 E3，在本研究中进行了模拟计算和分析。图 8 呈现了三类砌块砖的产品自身碳排放因子综合数值与组成分布。如图 8(a) 所示，GGBS 砖和矿化混凝土砌块砖的产品碳排放因子分别为 96 和 35kg CO_2e/m^3，均显著低于采纳国标《建筑碳排放计算标准》GB/T 51366—2019 中制造蒸压粉煤灰砖的碳排放因子数据 341kg CO_2e/m^3。数倍的数据差异说明相对于 GGBS 砂砖和矿化混凝土砌块砖，虽然蒸压粉煤灰砖的制砖过程中添加了较低隐含碳的粉煤灰，但其生产过程与工艺，特别是蒸压工艺涉及较高能耗，最终依然呈现了较高的碳排放。这说明采用环保低能耗工艺是降低砌块砖产品的自身碳排放的关键因素。

如图 8(b) 所示，归因于显著的固碳效果（-120kg CO_2e/m^3），矿化养护混凝土砌块砖的综合碳排因子明显较 GGBS 砂砖低，但生产制造该产品过程中的碳排放（155kg CO_2e/m^3）却实际上高过后者。需要指出的是，之于原料运输与生产过程的碳排放，两者并无显著差别，但前者所涉及的原料的隐含碳（134kg CO_2e/m^3）却明显高于后者的 83kg

CO_2e/m^3。这种差异实质上源于原料组成的不同。为了保证砌块砖的力学强度并增加固碳能力，矿化养护混凝土砌块砖内添加的水泥成分为150kg/m^3，显著高于GGBS砂砖82kg/m^3。鉴于水泥产品本身较高的碳排放系数，高水泥成分造成矿化养护混凝土砌块砖较高的原料隐含碳。对于生产砌块砖的其他原料，除两者都添加粒化高炉矿渣（750kg/m^3与123kg/m^3）外，矿化养护混凝土砌块砖内额外添加了部分粉煤灰（600kg/m^3），而GGBS砂砖混入了大量的砂石（3500kg/m^3），但由于这些原料显著较低的隐含碳，最终对原料隐含碳的数值影响甚微。我们发现矿化养护混凝土砌块砖自身的生产过程始终拥有不容忽视的碳排放体量，但其卓越的固碳能力能够成功将产品碳排放降低77%。基于产品自身碳排放范畴的考量下，使用矿化养护混凝土砌块砖对于建筑企业实现碳减排拥有较大潜力。Wang[41]等通过严谨的数学模型也同样发现，之于建筑工业，建材工业拥有相对巨大的减碳潜力。如未来能够对矿化养护混凝土砌块砖的原料配比进行进一步优化，其减碳潜力将更为明显。

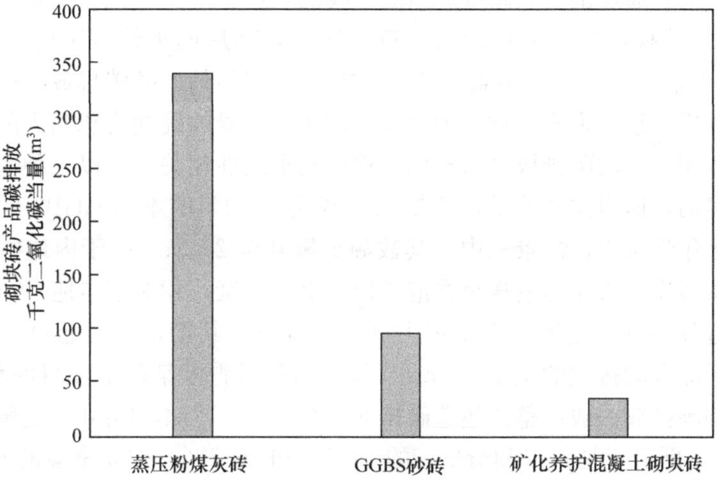

(a) 综合碳排放因子数值

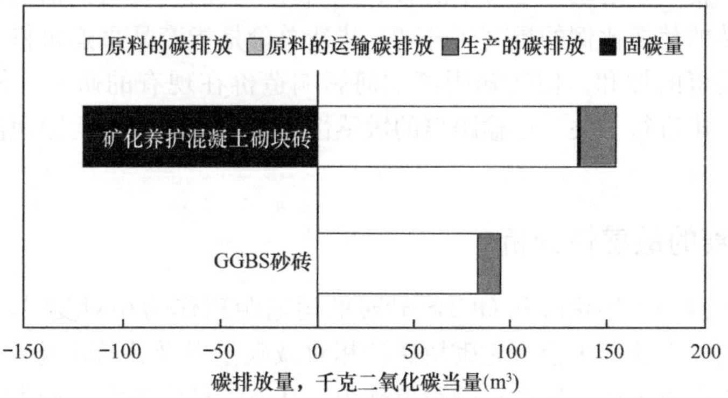

(b) 碳排放因子构成

图8　各类砌块砖自身的碳排放因子

3.2　模拟情景分析

本研究所涉及的实际项目O·PARK2在既有的施工过程中（约70%的筑墙进度）采用的是香港本地生产的混有GGBS的砂砖。模拟场景已考察采用矿化养护混凝土砌块砖完成后半期约30%的筑墙工程的减碳及经济效益。为了全面评估采用新型砌块砖带来的碳排放的影响，本研究同时模拟了在O·PARK2项目中完全使用矿化养护混凝土砌块砖的情况。三种情景总结如下：全施工过程沿用现有情况，即采用GGBS砂砖将作为情景一；在筑墙工程的后半期改用矿化养护混凝土砌块砖将作为情景二（30%矿化混凝土砌块砖+70% GGBS砂砖）；在设计期即采用矿化养护混凝土砌块砖进行筑墙工程将作为情景三（100%矿化混凝土砌块砖）。基于产品用户角度，情景分析的砌块砖产品使用的碳排放将采纳从"摇篮"到"大门"（工地）的广义定义[33]，也即除产品自身碳排放外，产品从工厂至工地的运输过程以及于工地的建筑过程产生的碳排放也纳入考量。

图9展示了三种不同设计情景下使用砌块砖的碳排放和相关经济情况的对比分析。首先，关于碳排放的总体分析，情景一、情景二和情景三分别呈现了29.2t、31.2t和36.2t的碳排放。虽然矿化养护混凝土砌块砖拥有较低的自身碳排放特质，但将其用于工程的情景二（30%使用率）和情景三（100%使用率）相较于情景一（0%使用率）却呈现了更高的综合碳排放数值。通过剖析其碳排放组成，我们发现了个中端倪。情景一中，产品碳排放量为19.9t，当替换成矿化养护混凝土砌块砖后，其后两种情景下的数值显著下降至16.2t和7.2t。相较于情景一，情景三减少了接近63.8%的产品碳排放。这样的结果与本文3.1部分的分析一致，说明矿化养护混凝土砌块砖自身的确拥有相当大的低碳潜值。施工过程的单位体积砖墙的碳排放量与筑墙工程量几乎线性相关，所以三种情景下的碳排放量基本不变。然而，值得注意的是，情景二仅替换了30%的本地GGBS砂砖，但运输碳排放却从0.42t升至6.2t，情景三中，其数额更飙升至20.2t。产于内地中原地区的矿化养护混凝土砌块砖需经长途运输送至香港工地。毋庸置疑，相对于本地GGBS砖产品，其长距离的运输过程不可避免地呈现了更大量的碳排放，其增量甚至超过产品的相对减碳量，最终造成了综合碳排放的量增。Yan[42]等根据其对香港某建筑项目的跟踪研究发现，建材运输过程的碳排放一般占整体建造碳排的6%～8%。但本研究中，运输碳排放的占比从情景一的0.1%跃升至情景二和情景三的19.7%和55.7%，这完全颠覆了原有碳排放的组成结构。以上强烈的数据对比都说明，实现建筑产品的低碳管理不但要注重产品自身的碳排放，也要重视产品运输过程带来的影响。同时，我们观察到预估建造总价随着矿化养护混凝土砌块砖的替换比例的提高而升高。建造总价是指产品采购价格，产品运输费用以及工地施工的耗资的加和。但运输距离如何影响造价在现有的研究分析中还未可知。因此，本研究进一步进行了关于运输距离的敏感性测试，深入分析运输距离对碳减排和造价的指导性影响。

3.3 运输距离的敏感性分析

以矿化养护混凝土砌块砖和GGBS砂砖的运输距离作为相对变量，图10(a)和(b)分别展示了距离对矿化养护混凝土砌块砖的相对减碳量以及造价优势的影响。如图10(a)所示，矿化养护混凝土砌块砖的运输距离越小，其减碳量将越大。产生实质减碳的临界运输距离约为800km，也即在少于800km运输距离的范围内，运送和使用矿化养护混凝土砌块砖用于建造才会产生实质碳减排。值得注意的是，这一数据恰好与香港建筑环保评估协会（BEAM）对新建建筑物建材的建议高度吻合，后者提议应绿色建筑的相关需求，预制建材的公路运输范围不应超过800km[43]。本研究的背景工程O·PARK2项目中，GGBS砂砖原产于香港本地，其相对较短的运输距离对相对减碳量影响甚微，但矿化养护混凝土砌块砖的实际输送距离接近1600km，如果使用该厂家的砖，会造成运输过程大量的碳排放，进而对减碳量产生了决定性的影响。

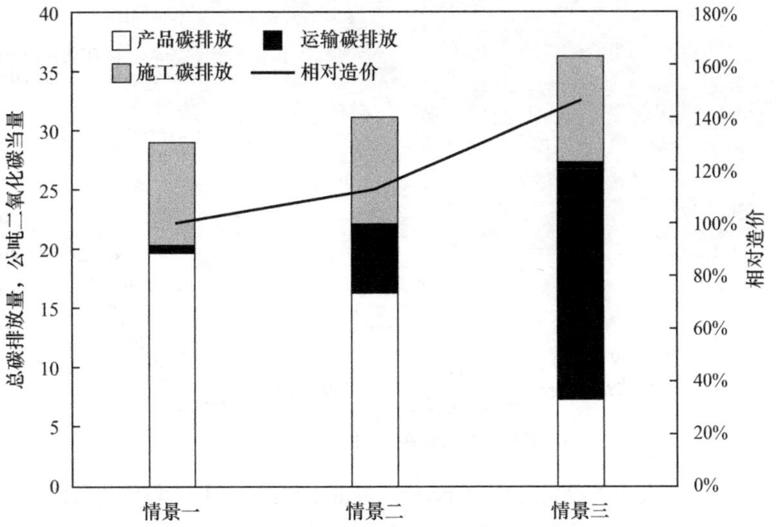

图 9　不同模拟情景下的碳排放及经济分析

情景一：全部筑墙工程完全采用 GGBS 砂砖；

情景二：筑墙工程采用 30%矿化养护混凝土砌块砖+70% GGBS 砂砖；

情景三：全部筑墙工程采用矿化养护混凝土砌块砖

距离对矿化养护混凝土砌块砖的价格优势于图 10(b) 呈现的分析中可见一斑。虽然 GGBS 砂砖的输送距离往往较短，但其产品的采购价格却高于原产国内的同类产品和矿化养护混凝土砌块砖。所以，我们发现矿化养护混凝土砌块砖的运输距离越近，其产品的价格优势越明显。当运输距离小于 800km 时，造价优势开始倾向于矿化养护混凝土砌块砖，这同其对减碳量的影响基本一致。这些都说明，产品的运输距离会成为决定建造工程同步实现减碳效益和经济效益的决定性因素之一。

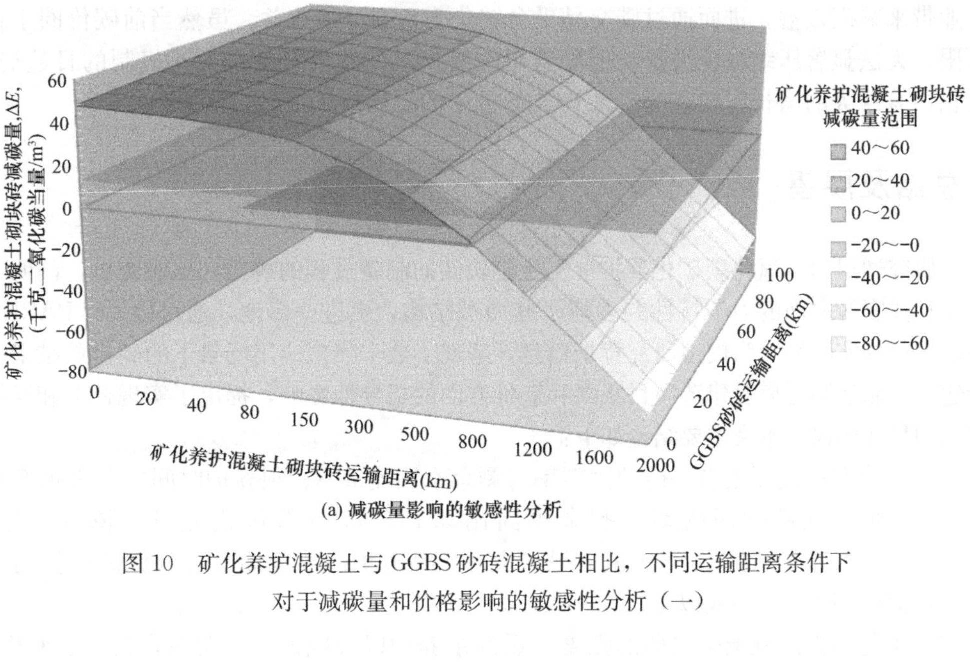

(a) 减碳量影响的敏感性分析

图 10　矿化养护混凝土与 GGBS 砂砖混凝土相比，不同运输距离条件下对于减碳量和价格影响的敏感性分析（一）

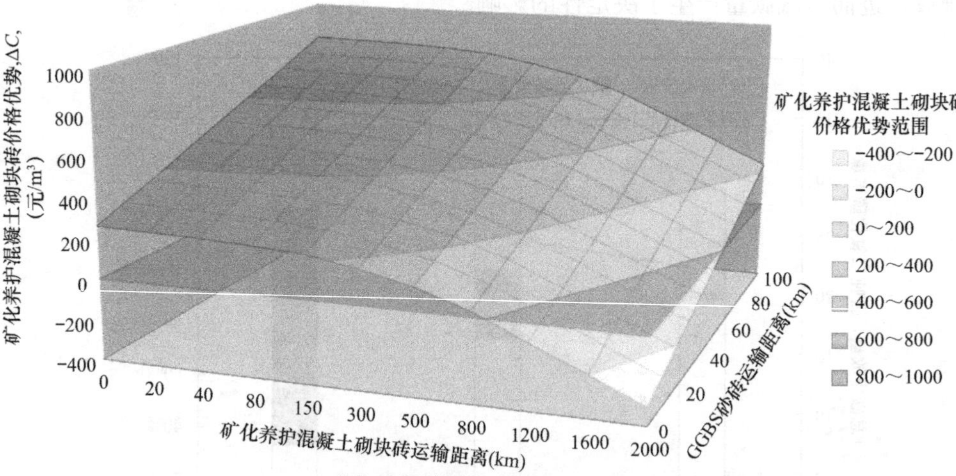

(b) 价格影响的敏感性分析

图 10 矿化养护混凝土与 GGBS 砂砖混凝土相比，不同运输距离条件下对于减碳量和价格影响的敏感性分析（二）

本研究的预设背景项目为位于香港的项目，采购政策和技术方面与内地有所不同，所以针对内地的建造项目低碳管理时，建材的选择以及分析的角度与此并不尽相同。一方面，由于矿化养护技术基本不存在地域限制，广泛推广和设厂生产不存在技术难度，从未必需要长距离运输才能实现成果采购。另一方面，内地工业规模庞大，与香港相比，内地设厂生产的大部分建造产品，包括砂砖等，都具有明显的成本优势，所以与内地的 GGBS 砂砖进行比较，矿化养护混凝土砖块可能存在明显的绿色溢价[44]。值得注意的是，内地相关研究表明建造业建材自身碳约占整体碳排放的 80%～90%[42,45]，其中混凝土和钢筋占所有建材碳排放总量的 94%～95%[42]。因此如何通过 CCUS 领域的科技创新，不断跨越碳吸收的技术障碍，提高混凝土预制件的固碳能力，充分压缩其绿色溢价将是未来学界和建造业不断努力的方向之一。采用二氧化碳矿化养护技术的预制件产品的使用可以为建造企业带来减碳效益，进而通过碳交易平台转化为负碳经济效益。虽然当前碳价囿于碳配额所限，无法显著压缩绿色溢价，但随着碳交易市场的逐渐开放和交易机制的日趋稳健，碳价仍保有巨大的增长空间，为未来 CCUS 技术的发展持续提供经济驱动。

4 总结及展望

本研究通过对二氧化碳矿化养护混凝土砌块砖的制备过程的解析和试验测试，阐明了其固碳率和强度等方面的力学特性并表征了其微观结构，更进一步地，通过以 O・PARK2 项目筑墙工程的实际情况为模拟研究背景信息，呈现了数个模拟应用场景下的碳排放结果并综合论述了产品运输距离对建造项目减碳和造价方面的指导性影响，提出了实现社会和经济效益双赢的具体建议。本文主要结论如下：

（1）矿化养护混凝土砌块砖的固碳率与剩余水固比 w/s、预养护时间以及失水率密切相关。一方面，试件的固碳率在剩余水固比 0.15～0.25 范围内先升后降（5.2%～6.5%），并且在 0.18 时得到最大值；另一方面，预养护 42h 或以上可以保证试件的失水率并稳定固碳率于 5.5%或以上。

（2）矿化养护混凝土砌块砖的强度与后续水养护以及成型压力关系密切。试验发现，一方面，维持 0.1 左右的剩余水固比将稳定试件的强度于 15MPa 以上；另一方面，试件平均抗压强度约为成型压力的 2/3。

（3）基于产品自身碳排放范畴的考量下，矿化养护混凝土砌块砖相对于其他类别砌块砖拥有相对更低的碳排放。其卓越的固碳能力可将自身碳排放降低 77%。

（4）基于 O·PARK2 项目的模拟表明，使用矿化养护混凝土砌块砖可以降低产品自身碳排放影响，但未能超过产品运输过程所达到的碳排增量。在本研究中，运输距离成为对综合碳排放和造价均具有显著影响的因素。

（5）通过运输距离对减排量和经济效益的敏感性分析发现，对于 O·PARK2 项目而言，在 800km 的运输范围内考虑选择矿化养护混凝土砌块才能实现低碳施工和经济效益双丰收。

对于建材生产企业而言，二氧化碳矿化养护混凝土技术的应用潜力巨大。混凝土预制单元制备中直接捕集和吸收 CO_2 用于养护过程。在实际工业推广中，CO_2 气源，特别是廉价低纯度 CO_2 可能来自各种工业场景，例如燃煤电厂烟气、煤化工企业的生产废气所含的高浓度 CO_2 以及 O·PARK2 未来运行时热电联产的尾气。不断推进二氧化碳矿化养护技术与多样 CO_2 气源的集成，因地制宜开发具有地域特色的适应性技术，从而探索潜在的经济效益对建材企业而言将具有充分的可行性。对于建筑企业，特别是龙头企业，本文研究人员建议应在合理条件下，广泛使用如矿化养护混凝土砌块砖的固碳建材，促进建材行业中的新技术在更多地区就地取材、就地生产，进一步降低施工过程的碳排放。这不但可为双碳政策的实施展现社会效益，更可为促进固碳技术的全域推广和绿色溢价的削减提供前进动力，源源不断推进减碳技术的应用和发展。

参考文献

[1] 习近平在第七十五届联合国大会一般性辩论上发表重要讲话 [N]. 人民日报，2020-09-23-(001)

[2] 中国建筑节能协会，重庆大学. 2021 中国建筑能耗与碳排放研究报告：省级建筑碳达峰形势评估 [R]. 2021

[3] 新华社. 中共中央 国务院关于完整准确全面贯彻新发展理念做好碳达峰碳中和工作的意见 [Z]. 2021-9-22

[4] Tapia J F D，Lee J-Y，Ooi R E，et al. A review of optimization and decision-making models for the planning of CO_2 capture，utilization and storage (CCUS) systems [J]. Sustainable Production and Consumption，2018，13：1-15

[5] Jiang K，Ashworth P，Zhang S，et al. China's carbon capture，utilization and storage (CCUS) policy：A critical review [J]. Renewable and Sustainable Energy Reviews，2020，119：109601

[6] Xie H，Yue H，Zhu J，et al. Scientific and engineering progress in CO_2 mineralization using industrial waste and natural minerals [J]. Engineering，2015，1 (1)：150-157

[7] Xie H，Tang L，Wang Y，et al. Feedstocks study on CO_2 mineralization technology [J]. Environmental Earth Sciences，2016，75 (7)：1-9

[8] Li X，Bertos M F，Hills C D，et al. Accelerated carbonation of municipal solid waste incineration fly ashes [J]. Waste management，2007，27 (9)：1200-1206

[9] Gadikota G，Fricker K，Jang S-H，et al. Carbonation of silicate minerals and industrial wastes and their potential use as sustainable construction materials [M]. Advances in CO_2 Capture，Sequestration，and Conversion. ACS Publications. 2015：295-322

[10] Monkman S，Shao Y. Assessing the carbonation behavior of cementitious materials [J]. Journal of Materials in Civil Engineering，2006，18 (6)：768-776

[11] Wei Z，Wang B，Falzone G，et al. Clinkering-free cementation by fly ash carbonation [J]. Journal of CO_2 Utilization，2018，23：117-127

[12] Zhan B, Poon C, Shi C. CO_2 curing for improving the properties of concrete blocks containing recycled aggregates [J]. Cement and Concrete Composites, 2013, 42: 1-8

[13] Pan S-Y, Chang E, Chiang P-C. CO_2 capture by accelerated carbonation of alkaline wastes: a review on its principles and applications [J]. Aerosol and Air Quality Research, 2012, 12 (5): 770-791

[14] Zhang Z, Pan S-Y, Li H, et al. Recent advances in carbon dioxide utilization [J]. Renewable and sustainable energy reviews, 2020, 125: 109799

[15] Sanna A, Uibu M, Caramanna G, et al. A review of mineral carbonation technologies to sequester CO_2 [J]. Chemical Society Reviews, 2014, 43 (23): 8049-8080

[16] Liu W, Teng L, Rohani S, et al. CO_2 mineral carbonation using industrial solid wastes: A review of recent developments [J]. Chemical Engineering Journal, 2021, 416: 129093

[17] Huang H, Guo R, Wang T, et al. Carbonation curing for wollastonite-Portland cementitious materials: CO_2 sequestration potential and feasibility assessment [J]. Journal of Cleaner Production, 2019, 211: 830-841

[18] Wang T, Huang H, Hu X, et al. Accelerated mineral carbonation curing of cement paste for CO_2 sequestration and enhanced properties of blended calcium silicate [J]. Chemical Engineering Journal, 2017, 323: 320-329

[19] Wang T, Yi Z, Guo R, et al. Particle carbonation kinetics models and activation methods under mild environment: The case of calcium silicate [J]. Chemical Engineering Journal, 2021, 423: 130157

[20] Wang L, Chen L, Provis J L, et al. Accelerated carbonation of reactive MgO and Portland cement blends under flowing CO_2 gas [J]. Cement and Concrete Composites, 2020, 106: 103489

[21] Vandeperre L J, Al-Tabbaa A. Accelerated carbonation of reactive MgO cements [J]. 2007, 19 (2): 67-79

[22] Mo L, Zhang F, Deng M. Mechanical performance and microstructure of the calcium carbonate binders produced by carbonating steel slag paste under CO_2 curing [J]. Cement and Concrete Research, 2016, 88: 217-226

[23] Liang C, Pan B, Ma Z, et al. Utilization of CO_2 curing to enhance the properties of recycled aggregate and prepared concrete: A review [J]. Cement and concrete composites, 2020, 105: 103446

[24] Tang P, Xuan D, Cheng H W, et al. Use of CO_2 curing to enhance the properties of cold bonded lightweight aggregates (CBLAs) produced with concrete slurry waste (CSW) and fine incineration bottom ash (IBA) [J]. Journal of Hazardous Materials, 2020, 381: 120951

[25] Yi Z, Wang T, Guo R. Sustainable building material from CO_2 mineralization slag: aggregate for concretes and effect of CO_2 curing [J]. Journal of CO_2 Utilization, 2020, 40: 101196

[26] Khan R I, Ashraf W, Olek J. Amino acids as performance-controlling additives in carbonation-activated cementitious materials [J]. Cement and Concrete Research, 2021, 147: 106501

[27] 中国建筑国际集团有限公司. 可持续发展报告 [R]. 2021

[28] 中国建筑工程（香港）有限公司. 香港有机资源回收中心第二期施工期碳中和承诺书 [R]. 2022

[29] 中华人民共和国住房和城乡建设部，国家市场监督管理总局. 建筑碳排放计算标准 [S]. 2019

[30] 国际标准化组织. Greenhouse gases-Part: 1 Specification with guidance at the organization level for quantification and reporting of greenhouse gas emissions and removals [S]. 2018

[31] 香港机电工程署，香港环保署. 香港建筑物（商业、住宅或公共用途）的温室气体排放及减除的核算和报告指引 [Z]. 2010

[32] 英国标准协会. Sustainability of construction works. Assessment of environmental performance of buildings. Calculation method [S]. 2011

[33] 英国标准协会. Sustainability of Construction Works-Environmental Product Declarations-Core Rules for the Product Category of Construction Products [S]. 2014

[34] 温室气体核算协议. Technical Guidance for Calculating Scope 3 Emissions (version 1.0) [S]. Greenhouse Gas Protocol, 2013

[35] Wang T, Yi Z, Song J, et al. An industrial demonstration study on CO_2 mineralization curing for concrete [J]. Iscience, 2022, 25 (5): 104261

[36] Li C, Cui S, Nie Z, et al. The LCA of Portland cement production in China [J]. The Internation-

al Journal of Life Cycle Assessment，2015，20（1）：117-127
[37] 建造业议会绿色产品认证. CICGPC CFP Quantification Tool-Ready-mixed Concrete [S]. 2019
[38] 安徽省. 蒸压砖单位产品能源消耗限额及计算方法 [S]. 2015
[39] 生态环境办公厅. 企业温室气体排放核算方法与报告指南 发电设施（2021 年修订版）[Z]. 2021
[40] 中电控股有限公司. 中电控股有限公司 2021 可持续发展报告 [R]. 2021
[41] Wang K，Yang K，Wei Y-M，et al. Shadow prices of direct and overall carbon emissions in China's construction industry：a parametric directional distance function-based sensitive estimation [J]. Structural Change and Economic Dynamics，2018，47：180-193
[42] Yan H，Shen Q，Fan L C，et al. Greenhouse gas emissions in building construction：A case study of One Peking in Hong Kong [J]. Building and Environment，2010，45（4）：949-955
[43] 香港建筑环保评估协会. BEAM Plus New Buildings Version 2.0 [S]. 2021
[44] 张松岩. 基于绿色溢价假设的碳中和路径研究 [J]. 当代石油石化，2021
[45] Zhang X，Wang F. Assessment of embodied carbon emissions for building construction in China：Comparative case studies using alternative methods [J]. Energy and Buildings，2016，130：330-340

作者简介： 张玉华（1991—），女，硕士，工程师。主要从事环境工程和生命周期评估等相关工作。

王　涛（1980—），男，博士，教授。主要从事能源清洁利用、二氧化碳捕集利用与封存方面的研究。

崔雁翔（1989—），男，博士，工程师。主要从事环境工程和低碳措施评价等相关工作。

易臻伟（1997—），男，博士研究生。主要从事二氧化碳矿化反应动力学方面的研究。

戴　吉（1979—），女，博士，工程师，兼职教授。主要从事环境科学、环境工程、生命周期评估和低碳措施评价等相关工作。

王　镭（1996—），男，硕士，科研助理。主要从事二氧化碳资源化利用方面的研究。

师　达（1988—），男，学士，工程师。主要从事建筑项目管理工作。

装配式施工技术在香港机场大跨度钢结构桥梁工程中的应用

张保平　高　翔　刘裕禄
（中国建筑工程（香港）有限公司，香港，999077）

摘　要：装配式施工技术指建筑工程主要部分在工厂内部进行生产，完成后构件运送至现场进行组装。香港机场天际走廊大跨度钢结构桥梁工程施工难度大、施工环境复杂、安全风险高、工期紧，在装配式施工技术的帮助下，顺利完成场外预制拼装、全桥整体移位、整体顶升安装，有效保证施工安全及质量，节约工期，降低建设成本，减小对机场正常运营的影响。其中，跨度达139m、总重量达5000t的钢结构主桥的顶升、定位及焊接固定施工在4d的时间内完成更加体现出装配式施工技术的优势所在。

关键词：装配式施工技术；钢结构；大跨度桥梁

Application of assembled construction technology in construction of long-span steel structure bridge of Hong Kong International Airport

Zhang Baoping　Gao Xiang　Liu Yulu
(China State Construction Engineering (Hong Kong) Limited, Hong Kong 999077, China)

Abstract: Assembled construction technology is a new type of construction technology, by which the main part of the building works is completed in the factory, and then the structural members are transported to the site for assembly. With the help of assembled construction technology, the long-span steel structure bridge of Sky Bridge in Hong Kong International Airport, which is difficult to construct, and has complex construction environment and high security risk and short construction period, successfully achieved off-site prefabrication and assembly, transportation and jacking up and erection of the whole main bridge. Assembled construction technology helps Sky Bridge to effectively ensure construction safety and quality, shorten the construction period, reduce construction costs, and decrease the impact on the normal operation of the airport. Especially, it only needs 4 days to complete the jacking up, positioning welding and fixing of the steel main bridge with 139m span and weight more than 5000t, which reflects the advantages of assembled construction technology.

Keywords: assembled construction technology; steel structure; long-span bridge

1　工程概况

香港国际机场天际走廊工程连接机场1号航站楼以及北卫星客运走廊，以缩短旅客前往闸口所需时间。天际走廊主桥长 200m、主跨度 139m、宽 20m，横跨机场停机坪，桥下通航空间达 102m×28.3m，能够保证目前最大客机 A380 在下方经过。

主桥为中承式钢结构拱桥，箱形桁架结构，间隔 9m 布置对角吊杆，主桥的上部结构主要采用箱形钢结构截面，由拱肋、主梁、桥面桁架、顶梁、横撑、立柱和吊杆组成，连接方式采用焊接形式。主桥拱肋、顶梁、主梁和吊杆钢结构材质为 S460，其余钢构件材质等级要求为 S355。主桥永久结构总用钢量约 3500t[1]（图 1、图 2）。

图 1　天际走廊工程效果图

图 2　天际走廊工程施工现场

2　工程面临的挑战

天际走廊主桥工程面临以下挑战：

(1) 在机场禁区内进行施工，施工区域内有大量飞机起飞、降落和停靠，安全风险大，对相应机场禁区内施工的管理经验要求高。

(2) 工程的施工位置位于既有香港国际机场禁区内 N506-N507 和 N22-N24 停机坪处，整个主桥横跨整个机场跑道，且施工条件相当复杂，施工期间受到施工场地、作业时间、施工高度、临时交通疏导、附近码头海域等限制。

(3) 主桥跨度达 139m，最终总重量超过 5000t，施工难度大。

由于特殊施工环境限制多以及工期紧张，天际走廊工程不能采用常规施工机械和施工作业方法长期封闭现场进行施工。

装配式施工技术指建筑工程主要部分在工厂内部进行生产，完成后构件运送至现场进行组装，采取拼装的方式进行施工，减少了环境污染、噪声污染以及原材料污染等问题，提高了现代建筑工程的完成效率[2]。天际走廊项目团队根据装配式施工技术理念采用场外预制拼装、全桥整体移位、整体顶升安装的整体施工思路建设此大跨度钢结构桥梁，顺利完成主桥工程建设。

3　构件工厂化生产

钢结构主桥共分为 2400 多个构件，最重构件不超过 30t，全部构件先在中建钢构惠州厂生产，然后运往惠州有生镀锌厂进行镀锌处理，接着运往东莞银基重工进行油漆施工。全部构件在工厂内生产完成后便可运往拼装场地进行拼装。

工厂内构件典型生产流程如图 3～图 5。

4　构件工厂化拼装

本工程主桥钢结构选择广东省中山市中山港中机建重型钢结构制造基地作为节段预拼

装及运输码头。码头岸线长度为 148m，码头平面布置有 7 只 450kN 的带缆桩，码头标高 2.8m，码头前沿水深－8.10m，设计高水位 1.03m，设计低水位－1.35m。能够满足大型钢结构的装卸及转运。主桥段拼装拟租赁中机码头北侧空地，场地大小约为 200m×60m，场地布置如图 6 所示。

(a) 下料

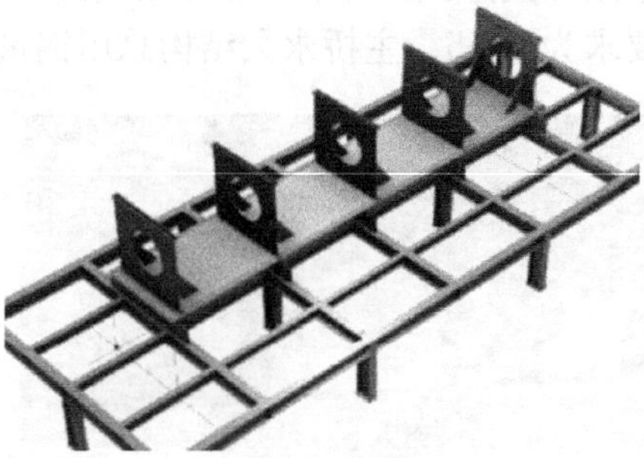
(b) 组装内隔板

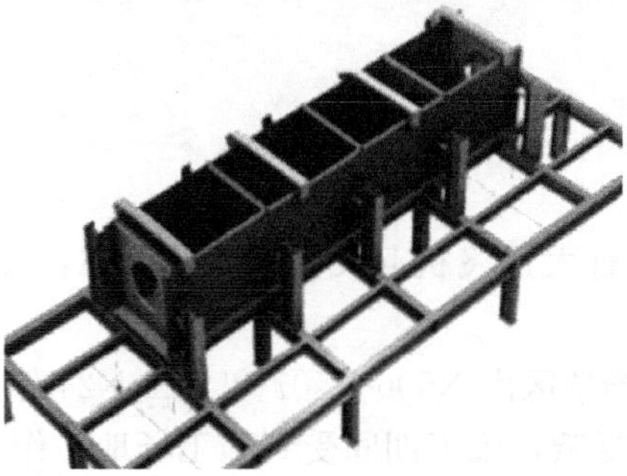
(c) 安装腹板

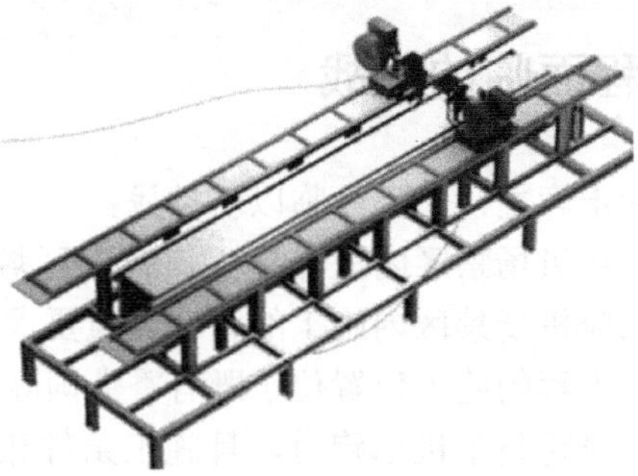
(d) 焊接校正

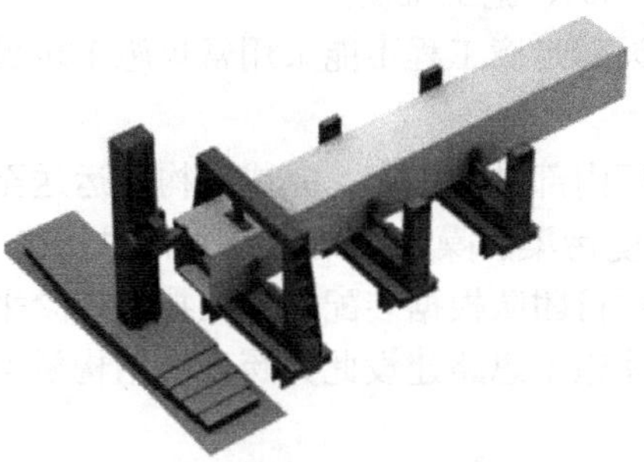
(e) 端部铣端

(f) 零件装配

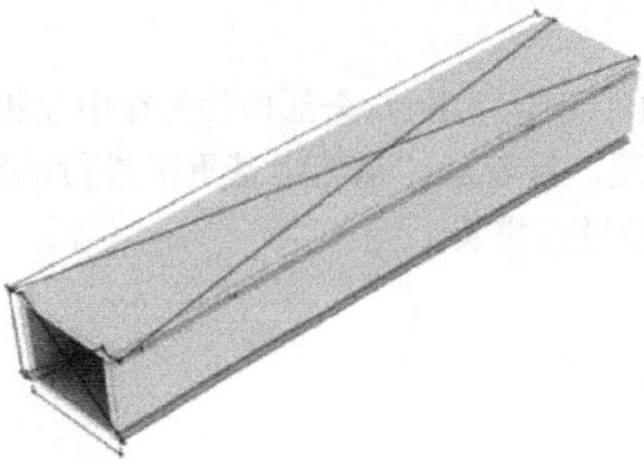
(g) 构件检验

(h) 构件生产完成

图 3　构件生产流程

主桥（镀锌）油漆体系				
序号	项目	名称	最小厚度	品牌
1	表面处理	热浸镀锌	85μm	佐敦
2	预处理底漆	磷化底漆	5μm	
3	底漆	环氧磷酸锌底漆	80μm	
4	中间漆	快干环氧云铁中间漆	140μm	
5	防火漆	2 h(FRP)	-	
6	面漆	聚氨酯面漆	100μm	

图 4　构件油漆方案

图 5　构件喷漆效果

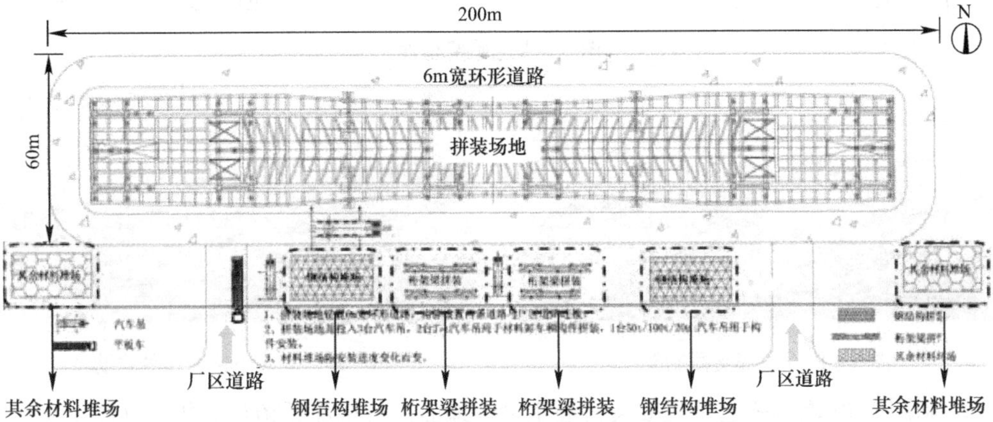

图 6　中山码头拼装场布置

主桥段拼装施工采用履带吊＋汽车式起重机吊装施工。整个主桥段分为三部分拼装，主桥整体拼装时从三段同时施工，5A、5C 段从两端向中间靠拢，5B 段从中间向两端施工。9F 箱梁拼装完成后进行 9F 水平横梁施工，将南北侧桥段连为整体。天面层箱梁施工完成后进行屋面水平横梁施工（图 7）。

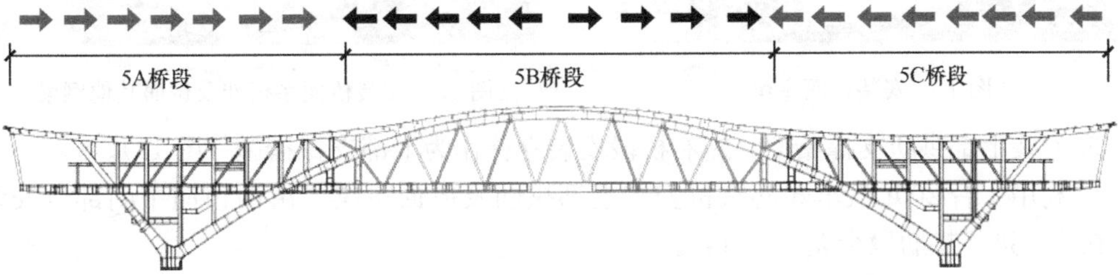

图 7　构件拼装顺序

拼装时支撑胎架布置如图 8 所示。

主桥结构节段在中山码头具体的拼装流程如下：

① 搭设底部支撑胎架（图 9）。

② 采用 1 台 100t 汽车式起重机安装下部桥墩处拱肋，同时开始进行桥面系桁架梁拼装（图 10）。

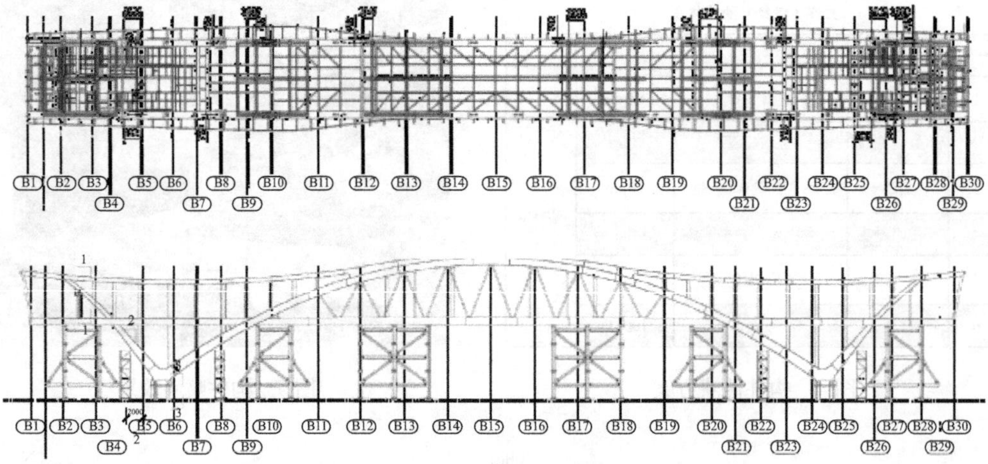

图8 支撑胎架布置

图9 搭设底部支撑胎架

图10 安装下部桥墩处拱肋

③ 利用100t汽车式起重机安装桥面主梁，地面进行桥面系桁架梁拼装（图11）。

④ 利用50t汽车式起重机安装桥面系桁架及桥面其他钢梁（图12）。

图11 安装桥面主梁

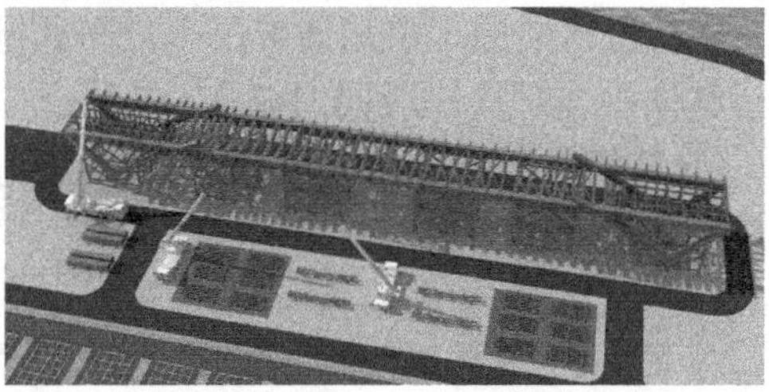

图12 安装桥面系桁架及桥面其他钢梁

⑤ 安装上部拱肋支撑胎架，左右桥段安装立柱作为上部支撑措施（图13）。

⑥ 利用1台200t汽车式起重机安装上部拱肋及屋面主梁，由两边向中间部位安装，最后在跨中进行拱肋段合龙（图14）。

图13 安装上部拱肋支撑胎架

图14 安装上部拱肋及屋面主梁

⑦ 安装余下拱肋斜杆、立柱及屋面钢梁等所有钢结构工程（图 15）。

⑧ 钢结构安装完成后，进行金属屋面板、幕墙龙骨等构件安装，金属屋面预留节段连接处檐口部分（图 16）。

图 15　安装余下拱肋斜杆、立柱及屋面

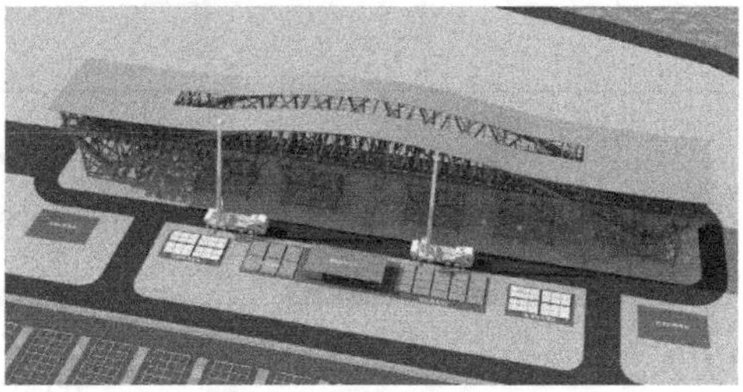

图 16　安装金属屋面板、幕墙龙骨等构件

5　主桥节段化运输

构件拼装完成之后的主桥钢结构被分成三大节段然后依次通过大型驳船海运至香港机场码头附近的临时拼装场进行再次拼装，以及开展整体移位顶升前的准备工作。

5.1　装船及卸船

主桥钢结构部分被分为三个节段分别装船运输。在装船以及后续卸船过程中需要使用一种特殊施工设备——自牵引模块化运输车（Self-Propelled Modular Tractor，SPMT），是一种模块化生产及组装的自行式平板拖车，可以根据载货物的不同需求被配置成各种结构、尺寸和重量[3]（图 17）。

图 17　SPMT 装置图

使用 SPMT 运输各个钢结构节段的布置如图 18 所示。

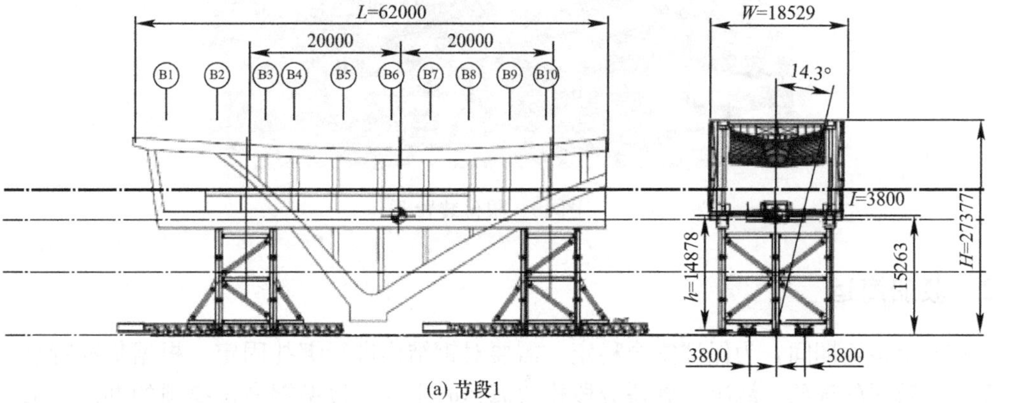

(a) 节段1

图 18　SPMT 与各节段连接（一）

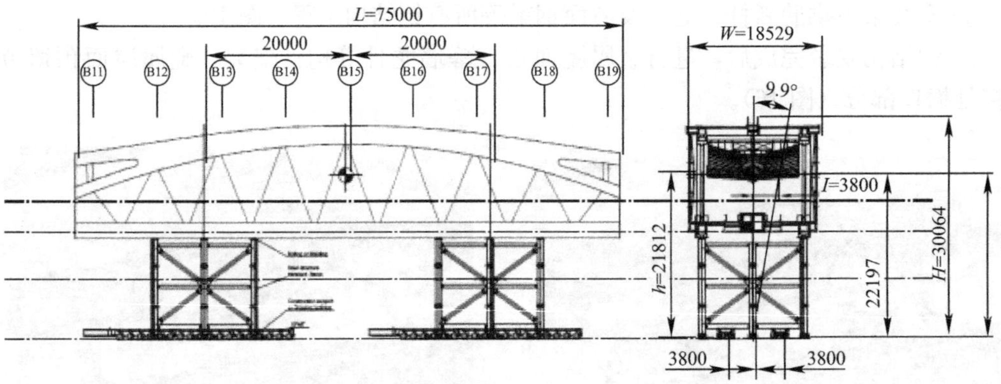

(b) 节段2

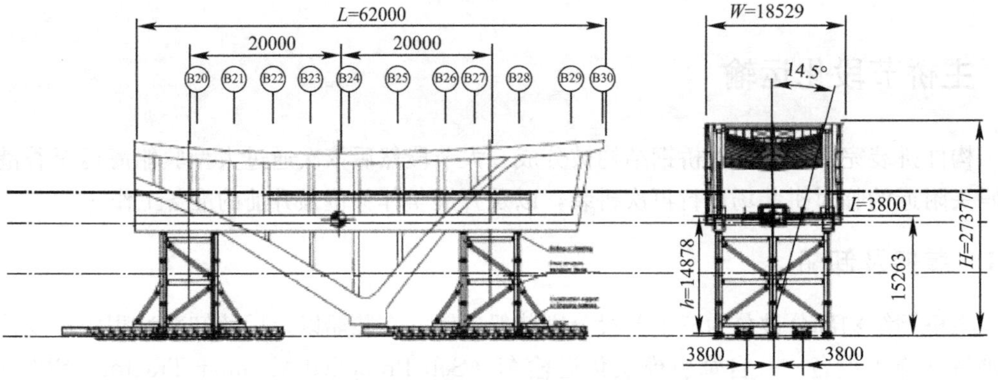

(c) 节段3

图 18 SPMT 与各节段连接（二）

为保证钢结构在运输期间的安全稳定，顶升系统顶部扁担梁与天桥整体拼装单元主纵梁底部之间的接触面间均匀支垫橡胶垫，横向两侧设置限位块，防止接触面间的移位（图 19）。

图 19 限位装置

5.2 驳船海运

在海上运输期间，为保证安全稳定，需要对钢结构进行绑扎固定。根据货物特点、船舶条件、航区的气象、海况，廊桥分段模块海运时主要通过型钢高位撑顶的办法，来克服海运过程中出现的重心偏移等不稳定状况。廊桥分段通过运输工装与船体焊接一体，运输工装本身可视为较强的克服模块运动的结构。另在运输工装柱腿下方增加止挡构件，模块上方使用钢丝绳进行柔性绑扎。三个钢结构节段的固定情况分别如图 20 所示。

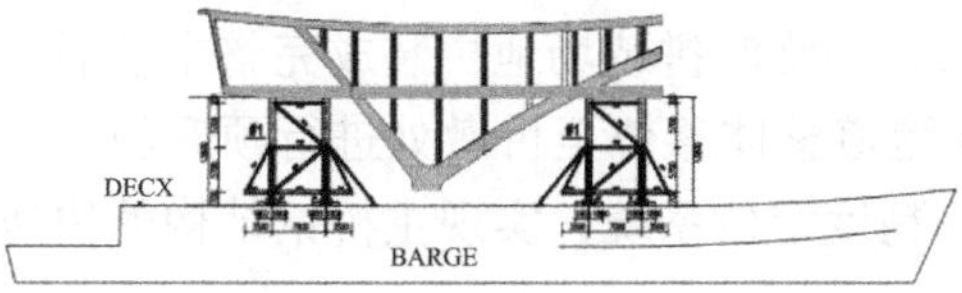

(a) 节段1

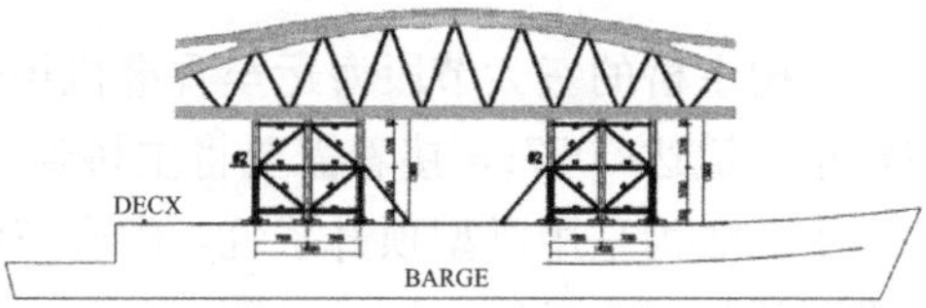

(b) 节段2

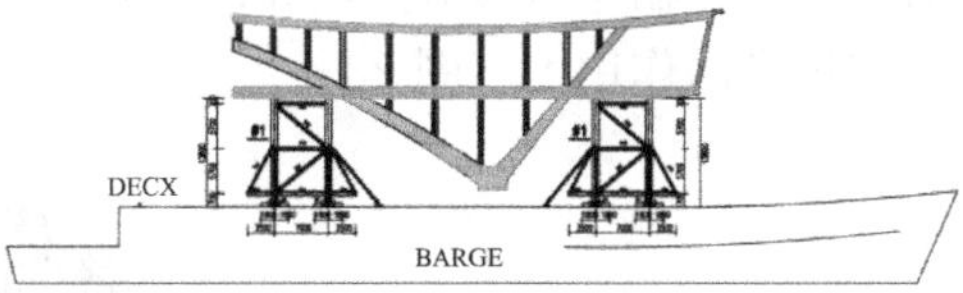

(c) 节段3

图 20　驳船与各节段连接

海运固定绑扎见图 21。

(a) 限位支座

(b) 柔索绑扎

图 21　海运固定绑扎

海运支墩的设计是通过海运支墩和筋板，将模块支腿的力传递到船甲板强横梁和横舱壁等结构（图 22)。

图 22　海运支墩构造

6 整体化移位顶升

钢结构主桥的三大节段海运至香港机场码头，在临时拼装场地拼装成完整主桥后，此时主桥总重量达5077t，接着需要将主桥经机场跑道整体移位至桥墩处进行顶升施工。主要的施工方法为采用巨型顶升系统，配合三维高精度定位系统，实现主桥钢结构的快速顶升、准确就位。

巨型顶升系统由自牵引模块化运输车（SPMT）和巨型顶升系统组成，二者能够进行组合以同时实现移位、校位和顶升的作用[4]（图23）。

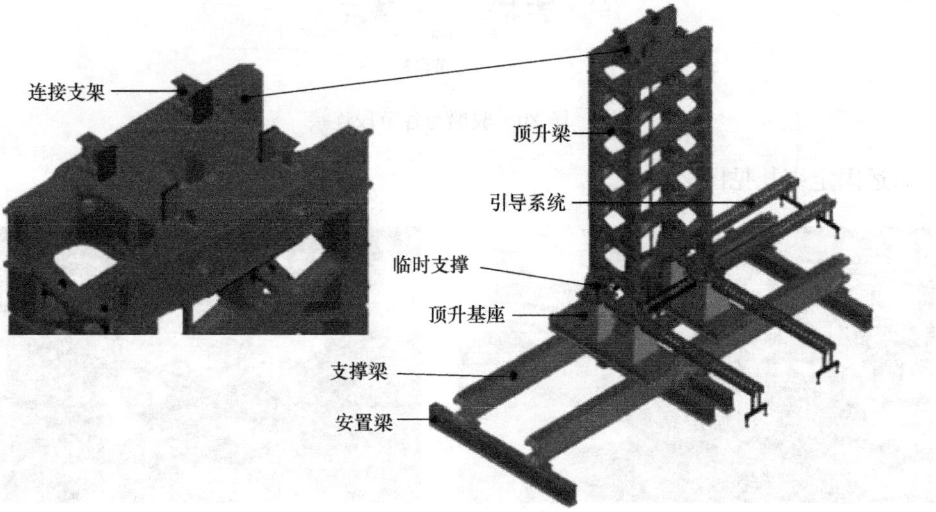

图23 顶升系统细节示意

首先分别组装好巨型顶升设备和SPMT设备，并将巨型顶升设备安装在SPMT上。之后启动SPMT设备在主桥的支撑位置处就位。该过程如图24所示。

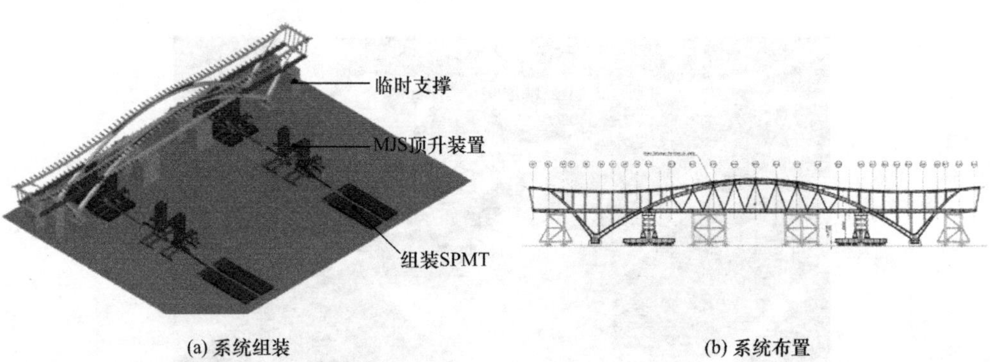

(a) 系统组装 (b) 系统布置

图24 组装顶升系统布置

位置确认之后，逐渐抬高顶升系统，使其接触到主桥结构。通过支架将前导梁与主桥连接在一起。在顶升系统就位之后，开始进行预顶升试验，测试顶升系统性能情况。完成预顶升之后便可将主桥继续顶升至移位时的设计高度，接着开始将完整主桥移位至桥墩处进行顶升施工准备，主桥需顶升18m高[5]（图25、图26）。

图 25　主桥移位

图 26　主桥顶升

7　BIM 快速化整体安装

在 BIM 软件中建立合适的模型模拟运输顶升设备、钢结构主桥、混凝土桥墩及桥墩与主桥的细部连接构造，通过进行提前施工模拟，优化实际施工流程，确保实际安装质量、安全及效率[6]。

桥墩顶部预先安装有水平定位调节装置，每处由 8 支 200t 千斤顶组成，最大推力达到最大摩擦抗力的 2 倍以上。当主桥达到设计顶升高度后逐渐降低主桥位置，使主桥与桥墩顶部刚好相接，但桥墩处于不受力的状态，之后使用定位调节系统对主桥拱脚位置进行微调。在顶升系统卸载过程中，维持桥墩所受竖向荷载在每次卸载分步中按主桥自重的 5%递增，同时为保证桥梁整体线型，防止跨中出现较大的下挠，设定在桥墩承受 30%主桥自重时，停止顶升系统的卸载。此时检查主桥拱脚位置与预设位置之间的偏差，并使用水平千斤顶进行调整，完成校正后利用定位系统锁定拱脚位置，之后开始烧焊连接拱脚与预埋底座。待验焊检测通过后，撤走顶升装置，完成主桥安装[1,7,8]（图 27～图 30）。

图 27　桥墩顶部水平千斤顶定位调节模拟

图 28　检查定位情况

图 29　主桥安装过程模拟

图 30　主桥安装完成

8 总结

天际走廊大跨度钢结构桥梁工程施工难度大、施工环境复杂、安全风险高、工期紧，在装配式施工技术的帮助下，顺利完成场外预制拼装、全桥整体移位、整体顶升安装，有效节约工期，降低建设成本，减小对机场正常运营的影响。其中，钢结构主桥的顶升、定位及焊接固定施工在4d的时间内完成更加体现出装配式施工技术的优势所在。另外，装配式施工技术的应用无需大量施工辅助设备，能够降低现场施工工作量，转移安全风险因素，并有助于维持施工现场整洁，减少对周边环境的噪声、扬尘影响；而且施工过程本身操作机制安全可控，具备完善的风险评估和应急措施。

参考文献

[1] 高翔，刘慧杰. 整体顶升安装技术在大跨度钢结构桥梁工程施工中的应用［A］. 中国土木工程学会. 中国土木工程学会2020年学术年会论文集［C］. 中国土木工程学会：中国土木工程学会，2020：8

[2] 张海芳. 装配式施工技术在现代建筑工程中的应用研究［J］. 智能城市，2021，7（13）：46-47

[3] 王帅. 基于SPMT的海工模块滚装研究［D］. 西华大学，2017

[4] 罗孟然，石跃文，毕朝峰，周东坤，丁其坤. 基于SPMT的大件运输作业配车方案探讨［J］. 起重运输机械，2017（11）：71-76

[5] 蓝戊已等. 南浦大桥东主引桥整体同步顶升工程［Z］. 2009城市道桥与防洪第四届全国（国际）技术高峰论坛暨西部交通科技创新论坛，2009

[6] 高翔，刘裕禄. BIM技术在香港机场天际走廊大跨度钢结构桥梁工程中的应用［A］. 中国土木工程学会. 中国土木工程学会2021年学术年会论文集［C］. 中国土木工程学会：中国土木工程学会，2021：97

[7] 袁诗佳. 梁式桥结构顶升关键技术研究［D］. 重庆交通大学，2014

[8] JG 276—2012 建筑施工起重吊装工程安全技术规范［S］. 北京：中国建筑工业出版社，2012

作者简介： 张保平（1978—），男，学士，工程师。主要从事土木工程施工技术及管理方面的研究。
高　翔（1985—），男，硕士，高级工程师。主要从事土木工程施工技术及管理方面的研究。
刘裕禄（1995—），男，硕士，工程师。主要从事土木工程施工技术及管理方面的研究。

组装合成建筑法在无障碍通道建设中的研究与应用

李继宇　王　淼　李旭华
（中国建筑工程（香港）有限公司，香港，999077）

摘　要：中建香港在香港青山公路项目中首次将组装合成建筑法技术运用到土木基建项目中，成功安装行人天桥的无障碍通道，大幅减少了在现场组装电梯的技术人员和施工时间，同时，现场噪声、粉尘等污染也显著降低，绿色节能优势显著。希望透过这项对香港来说现阶段相当新的施工技术，令业界克服近年面对的严峻挑战，如成本高昂、劳工短缺等问题，共同推动建造业的可持续发展。

关键词：组装合成建筑法；电梯安装；减碳；可持续发展

Study and application of MiC technology in the construction of barrier free access project

Li Jiyu　Wang Miao　Li Xuhua
(China State Construction Engineering (Hong Kong) Limited，Hong Kong 999077，China)

Abstract：China State Construction Engineering (Hong Kong) Limited applied the MiC technology in the civil infrastructure project *Widen of Castle Peak Road between Kwun Tsing Road and Hoi Wing Road* for the first time in Hong Kong construction history. The successful installation of barrier free access (No. 1 Lift) greatly reduced the technicians and construction time for assembling the lift on site. At the same time，on-site noise，dust and other pollution also have been significantly controlled and minimised. Green energy saving advantages are significant. It is hoped that by adopting this relatively new construction technology，the Hong Kong construction industry could overcome the severe challenges faced in recent years，such as high cost and shortage of labors，and jointly promote the sustainable development of the construction industry.

Keywords：MiC；lifts installation；carbon reduction；sustainable development

引言

组装合成建造法（Modular Integrated Construction，简称 MiC）是指在方案或施工图设计阶段，将建筑根据功能分区不同划分为若干模块，再将模块进行高标准、高效率的工业化预制和组装，最后运送至施工现场装嵌成为完整建筑的新型建造方式。

目前，组装合成建造法主要应用在房屋建筑方面，正在逐步从临时结构转向永久结构，比如中央援港抗疫重大项目——北大屿山医院香港感染控制中心，就采用 MiC 技术实现了永久性建筑的快速建造。但在无障碍通道的设计及施工中，国内和本港地区均未有应用实例。本文将以中国建筑工程（香港）有限公司（简称中建香港）进行项目管理的青山公路扩阔（管青路至海荣路）项目无障碍通道为研究对象，对 MiC 方法及传统施工方法进行对比和研究。

1 MiC 简介

1.1 什么是 MiC

组装合成建筑法，也叫做模块化集成建筑组装法（Modular Integrated Construction，简称 MiC），是一种创新的建筑方法。透过“先装后嵌”的概念，将传统需要现场施工的工序转移至较易控制的工厂厂房进行，在厂房中制造独立的“组装合成”组件（包括装饰工程、固定装置和屋宇设施等），因此建筑构件在送达工地前已大致上完成，从而减省现场施工工序，减少施工过程受天气条件、劳动力资源和施工场地限制等因素的影响，同时有利管理施工质量、提升建造业的生产力、安全性及可持续性。

1.2 MiC 技术在香港的实践运用案例

有别于“预制组件法”在香港业界有较长的应用历史，MiC 技术在香港的发展还处在早期阶段。香港特区政府非常重视推动和发展创新科技，行政长官在 2017 年及 2018 年的施政报告中宣布了多项支持香港创新科技发展的新措施，其中就包括 MiC 技术。而财政司司长在 2018～2019 年的财政预算案中亦建议拨款十亿元成立建造业创新及科技基金，以提升企业及从业人员应用新技术的能力，并支援业界应用创新科技。

在政府的号召下，业界对于该技术的响应也是非常积极，纷纷投入大量资源进行研究和实践。目前香港采用 MiC 技术正在施工和已经完工的项目包括将军澳中医医院。特别值得一提的是：在 2022 年初香港面临新冠肺炎疫情的严重威胁时，由中建香港及其下属的中国海龙建筑科技承建的大量社区隔离措施，包括竹篙湾社区隔离设施（第五期、第六期），启德邮轮码头社区隔离设施，元朗锦田江夏围过渡性房屋项目（博爱医院）等，运用 MiC 技术能够在短期内（4 个月）完成由香港特区政府委任的紧急任务并按时向医管局提供大量的隔离设施，表现非常高效，获得了香港特区政府和广大市民的高度赞扬和一致肯定。

2 MiC 方法在无障碍通道设计及施工中的研究与应用

2.1 对照组设定

因为是首次将 MiC 技术运用于基建项目的无障碍通道（升降电梯）的设计与安装，本次将以中建香港的青山公路（管青路至海荣路）扩阔工程项目为依据，对该项目的一条行人天桥的无障碍通道的两个升降电梯（2 层）进行对比研究，位于行人天桥北面的 1 号电梯运用 MiC 方法，而位于南面的 2 号电梯将运用传统现场组装的方法来安装。

1 号电梯及 2 号电梯的基本数据见表 1 和图 1。

基本数据　　表 1

序号	长	宽	高	重量
1 号电梯（MiC 方法）	2.8m	2.8m	10.6m	12t
2 号电梯（传统方法）	2.8m	2.8m	10.6m	现场安装

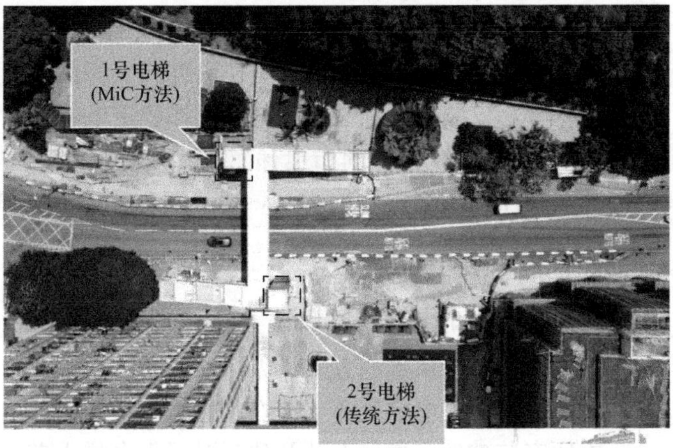

图 1　对照组设置

2.2　传统方法介绍

传统升降电梯的施工方法较为成熟，主要将采购好的相关材料、配件运送现场进行安装，施工工序主要包括：

（1）在确定位置现浇电梯混凝土底座；

（2）搭设临时工作台，现场安装电梯外钢框架，玻璃幕墙及通风百叶窗；

（3）现场安装电力设备及配件；

（4）现场安装电梯主机身及配重、机箱、发动机、风扇等配件；

（5）吊装预制混凝土电梯上盖板；

（6）移除临时工作台；

（7）测试和试运行。

传统的施工方法虽较为成熟，但一方面受施工环境影响较大，对周边环境也有较大影响。同时，现场沟通协调工作较多，且现场大量的高空工作，增加了管理和安全风险，所以采用 MiC 的设计及施工方法，可以解决相关问题。

2.3　MiC 方法介绍

MiC 方法主要是将电梯外钢架、电梯主机身及相关配件在工厂进行预制生产、组装，然后将预制整体运送至施工现场，一次性通过吊装方法安装到电梯底座上，然后安装后续配件、接驳电力等，以达到施工工序内移，减少现场工序，降低现场施工风险及对周边环境影响的目的。

2.3.1　设计阶段

在设计阶段，项目团队事先已整合好玻璃、通风百叶窗、机电的设计，并在钢架生产图上已预留好玻璃与机电安装等固定码，电梯承建商亦预先预备好安装图及相关工程人员，以便钢架一生产好就投入电梯机箱的安装工序，将所有未来安装可能出现的问题都在

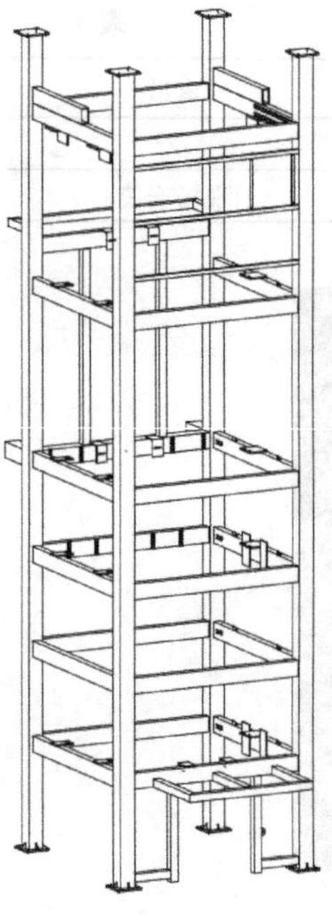

图2 1号电梯的设计生产图

设计图纸阶段就已经磨合并解决（图2）。

2.3.2 工厂加工及组装阶段

第一阶段，在工厂根据设计图纸加工电梯外钢架，注意精确玻璃、通风百叶窗、电梯及机电相关配件固定码的位置，并完成验焊、油漆等相关工作。

第二阶段，在外钢架内安装电梯配件，包括机箱导轨，对重，机箱，驱动发电机，安全钳，楼层外门（桥面层）和吊索（行车大缆）等，安装后会加装临时固定支撑稳定电箱。

第三阶段，因大部分电梯配件已经完成安装，为防止运输途中受到外部环境例如雨水的影响，用帆布对预制整体进行保护（图3～图5）。

2.3.3 现场安装阶段

钢架连机箱的预制整体运到施工现场后，考虑现场位置及重量，通过双机吊运的方法，先把电梯整体扶正，然后安装在预先建造好的混凝土电梯底座上。安装好后会随即搭建内外的工作平台以方便安装玻璃、通风百叶及预制混凝土电梯上盖，电梯分判商亦会检查机箱硬件部分及机电分判商安装和接驳电力系统（图6～图10）。

图3 钢架组装

图4 安装机身及相关配件

图5 组装完成用帆布进行保护准备运送

图 6　双机吊运、扶正钢架连机箱

图 7　钢架连机箱安装完成

图 8　内架工作台和预安装机箱导轨情况

图 9　现场安装混凝土电梯上盖

图10 电梯完成图

2.4 MiC施工方法优势及改进分析

2.4.1 MiC施工方法优势

通过传统施工方法与MiC施工方法进行实际施工并作对比，可以总结出以下MiC方法的优势，包括：

(1) 效率高

MiC方法将用时较长以及需机械要求较多工序，包括铁架组装，焊接，油漆，电梯机箱安装等在工厂完成，避免了现场搭建临时工作台、高空工作、工作时间限制、天气影响等多方面影响，极大地缩短了施工时间，根据实际结果显示，传统方法外钢架组装需要约90d，电梯机箱组装需时约80d，关键工序共需约170d才能完成；采用MIC方法的电梯，外钢架只需约60d可组装完成，现场安装更是只需要30d即可完成，总计约90d即可完成，节约了约80d时间。同时，MiC所需要的工人数量只需要传统方法人员的三分之一左右，施工效率高。

(2) 更安全

传统方法存在大量的离地工作、高空工作、吊运等高危工序，而MiC方法将大量的高危工序放到工厂进行，通过模块化和机械化进行生产，特别是外钢架横卧在地面，工人可以直接在地面进行焊接、安装，大大减少了离地及高空工作的需求和风险，使工人更安全。

(3) 更环保

MiC方法将大部分工序控制在工厂内进行，如：烧焊工作、油漆工作，可以有效控制环境污染的排放和处理，既减少了材料浪费、建筑垃圾和能源消耗，也大大降低传统方法对周边居民的滋扰，绿色节能优势显著。

(4) 经济效益高

由于MiC方法工期短、工人需求少，对于施工的管理人员也可以大大减少，成本更加可控，经济效益更高。

2.4.2 改进分析

由于是首次试验采用 MiC 方法进行电梯施工，为确保工程顺利完成，控制风险，此次电梯在工厂组装部分只有钢架、电梯机箱及相关配件，玻璃、通风百叶窗及主要电力系统均在现场安装。另外，由于电梯基座是按图在现场用混凝土浇筑，部分导轨和地面的电梯外门需在安装好钢架连机箱后才在现场安装。

因此，基于本项目中获取的宝贵经验，建议日后 MiC 在无障碍通道设计和施工中的改进方向可做如下考虑：

（1）电梯钢架应直达井底，电梯基座可考虑放大以容纳整个钢架，这样电梯井底的导轨和地面的电梯外门便可一并在工厂安装。

（2）由于考虑到扶正过程会有钢架移位并导致玻璃爆裂的情况，可考虑在工厂组装时加强装置的强度，如加装外置支架，或加强钢架及选用更强化玻璃等，从而把玻璃及通风百叶窗的安装工序都一并安排在工厂进行，避免现场再搭架安装。

（3）电力系统亦应在工厂内一并安装，到现场时应只需在地面连接供电系统便可。

3 结论

通过本项目对 MiC 技术的成功运用，实现了 MiC 技术在无障碍通道应用中零的突破，证明了 MiC 技术在无障碍通道施工中是可行的，且更高效、更安全、更绿色、经济效益更高。在建筑工业化、智能化蓬勃发展的时代，我们应该大力发展科技创新，共同推进建造业的可持续发展。

参考文献

[1] 王晓玲. 模块化建筑与模块化施工 [J]. 施工企业管理，2015，(8)
[2] 陈发清. 香港首个永久性模块化建筑开工 [N]. 深圳商报，2019

作者简介：李继宇（1990—），男，学士，工程师。主要从事土木工程项目管理，对道路工程、渠务工程、无障碍通道、隧道工程有较多经验及研究。

王　淼（1989—），男，硕士研究生，工程师。主要从事土木和基建项目的设计和施工管理、混凝土结构和桥梁结构耐久性方面的研究。

李旭华（1987—），男，学士，工程师。主要从事隧道工程、道路工程方面的施工及管理。

基于实测能耗数据的商业建筑碳排放量预测

温舒晴[1]　张伟荣[1]　杨志伟[2]　李振喜[3]　黄博巨[3]　卞守国[3]　马广运[4]　畅　坤[4]

（1. 北京工业大学城市建设学部，北京，100124；2. 博锐尚格科技股份有限公司，北京，100096；3. 海纳万商物业管理有限公司，四川 成都，610095；4. 中海物业管理有限公司，广东 深圳，518000）

摘　要：商业建筑碳排放量受到气候、地理、经济水平的影响，为研究不同分类下商业建筑碳排放量的差异，制定合适的碳排放量指标与逐年降低比例，本研究整理了大量不同气候区及开业年份的商业建筑的实测能耗数据，在此基础之上，基于碳排放因子法、BP神经网络和回归拟合的方法，预测了不同分类商业建筑未来一年的碳排放量并分析了其发展趋势。结果显示，同一气候区下，纬度相差越大的商业建筑，对应的碳排放量指标差异也越大，且不同分类的商业建筑碳排放量都呈现出先逐渐降低后趋于平缓的发展趋势。

关键词：商业建筑；实测能耗；BP神经网络；碳排放量

Carbon emission prediction of commercial buildings based on measured energy consumption data

Wen Shuqing[1]　*Zhang Weirong*[1]　*Yang Zhiwei*[2]　*Li Zhenxi*[3]　*Huang Boju*[3]　*Bian Shouguo*[3]　*Ma Guangyun*[4]　*Chang Kun*[4]

(1. Faculty of Architecture, Civil and Transportation Engineering, Beijing University of Technology, Beijing 100124, China;
2. Persagy Technology Co., Ltd., Beijing 100096, China;
3. Hai Na Wan Shang Property Management Co., Ltd., Chengdu 610095, China;
4. China Overseas Property Management Co., Ltd., Shenzhen 518000, China)

Abstract: Carbon emissions from commercial buildings are affected by climate, geography, and economic level. In order to study the differences of carbon emissions of commercial buildings under different classifications and formulate appropriate carbon emission indicators and annual reduction ratio, this study sorted out a large number of measured energy consumption data of commercial buildings in different climate areas and opening years. On this basis, based on the method of carbon emission factor, BP neural network and regression fitting, the carbon emission of different commercial buildings in the next year was predicted and its development trend was analyzed. The results show that in the same climate zone, the greater the latitude difference of commercial buildings, the greater the corresponding difference of carbon emissions index, and the carbon emissions index of commercial buildings in different dimensions show a development trend of gradually reducing first and then tending to be flat.

Keywords: commercial buildings; measured energy consumption; BP neural network; carbon emissions

随着社会经济的不断发展，国内生产总值逐年攀升，中国在 2010 年之后便成为了全球第二大经济体。但同时，GDP 飞速增长的背后是能源的巨大消耗和 CO_2 排放量的剧增[1]。近年来由于碳排放量快速增长引起了环境的破坏和气候的改变，温室效应、全球变暖、冰川融化等全球性问题获得了人们的广泛关注[2]。为控制碳排放量，各国都出台了强制性政策，制定了碳排放标准。中国政府为应对气候变化问题，设定了 2030 年碳达峰，2060 年碳中和的目标。为了实现这一目标，各行各业都开始了节能减排的研究，其中建筑行业的碳排放量占全量的 35%～50%[3]，是减少碳排放的重点行业。随着中国城镇化进程的不断推进，城市新建建筑的版图不断扩大。其中，中国的商业建筑面积在 1978～2008 年这 30 年间，增长了 12 倍，从 5.3 亿 m^2 增长到 70.5 亿 m^2[4]。虽然商业建筑面积只占建筑总面积的不到 4%，但是其能源消耗量却占了所有建筑能源消耗总量的 20%左右[5]，其能源强度是住宅楼的 10～20 倍，因此，研究商业建筑碳排放量具有重要的意义。此外，现代建筑的寿命普遍较长，在建筑全生命周期碳排放中，建筑运行阶段的碳排放量在其中可以占到 70%[6]，占社会总碳排放量的 22%[7]。在建筑全生命周期中，建筑运行阶段又是较好能够运用低碳技术的阶段，此阶段具有较高的节能减排潜力。ZHOU 等[8]预测商业建筑运行阶段的低碳情景将对"2030 碳达峰，2060 碳中和"目标实现的贡献超过 22.5%。因此，控制商业建筑运行阶段产生的碳排放量是实现节能减排的重要环节。

目前各行各业有关二氧化碳的估算研究在层级上主要划分为国家级、省级和市级，运用到的碳排放计算方法主要分为三种：政府间气候变化专门委员会（IPCC）清查法、投入产出法和生命周期评价法（LCA）。国家层面的碳排放量研究主要利用 IPCC 方法，投入产出法经常用于部门碳排放核算中[9]，生命周期评价方法被广泛应用于各种场景。WANG 等[6]基于生命周期评价方法，以深圳市为例从城市层面分析了民用建筑的能耗和碳排放特征，量化了民用建筑的节能减排效果。张时聪等[10]综合考虑了城镇建设、城镇化率、建筑存量、人口发展趋势、建筑用能强度、能源结构调整等因素，建立了基于 LEAP 框架分析的建筑运行阶段碳排放量长期预测模型。朱方伟等[11]以武汉市城镇住宅能源审计数据为基础，采用 SPSS 22 对碳排放数据进行相关分析和线性回归，为城市城镇住宅碳排放量的测算提供了参考依据。刘念雄等[12]对城市住区住宅建筑全生命周期的 CO_2 排放量和绿地系统的 CO_2 吸收量进行计算，并选择北京多层住区的单元地块作为案例，讨论节能减排方法和减排潜力。GUAN[13]等人提出了一种投入产出混合 LCA 的模型，基于中国建筑能耗 I-O 表和主要建筑材料过程分析对建筑能耗有巨大影响的部门之间的联系。Kneifel[14]使用综合设计方法，对美国 16 个城市的 12 座不同类型建筑的全生命周期节能、碳排放减少和能效措施的成本效益进行了评估。

总结以往研究，一是大多数研究从宏观层面如整个建筑行业或某一大类建筑进行总的碳排放量预测，采用整个国家或地区的平均数据来计算目标建筑的材料或能源消耗[15]，没有考虑不同区域之间建筑碳排放量的差异性。且层级和范围较大时存在估算结果不确定性大、责任不明确、不利于减排政策的制定和实施等缺点。二是针对某一单体建筑进行全生命周期的碳排放量计算和节能分析时，只局限于自身，没有与同类型其他建筑进行比较。JIANG[16]、Garg[17]和 Acha[18]等人关注的都是商业建筑，但碳排放范围从 96kg/m^2/a 到 250kg/m^2/a，因为他们所研究的建筑地理位置不同。因此，研究不同区域的商业建筑之间碳排放量的差异是十分必要的，这有助于帮助相关管理人员区分不同区域商业建筑的碳排放水平和发展趋势，制定合理的碳排放指标，从而达到节能减排的目的。此外，合理预测商业建筑碳排放量是节能减排的基础，初始阶段的准确碳排放量估算能够优化新建商业建筑的系统设计，运行阶段有效的碳排放量趋势分析能够促使既有商业建筑优化运行管理。

本文旨在研究不同气候区、开业年份分类下的商业建筑碳排放量的差异以及碳排放量的发展趋势，为不同分类下的新建商业建筑提供首年理想碳排放量指标，为既有商业建筑提供逐年碳排放量降低的比例，并提出适用的节能减碳方案。由于能源消耗在碳排放来源中占据绝对主要地位，且能源消耗与碳排放具有高耦合度。因此，预测商业建筑碳排放量可以从能耗预测上寻找可行方法。本文借助了能耗预测的BP神经网络模型，通过排放因子法[19]将建筑能耗转换为碳排放量，从而能够达到预测商业建筑碳排放量的目的。值得注意的是，本文只研究商业建筑运行阶段的碳排放量，即狭义碳排放量。本文的优势在于：(1) 将商业建筑长期实测数据作为研究数据集，更加真实可靠，能够揭示建筑运行过程中自身碳排放特点和发展趋势。(2) 对比了不同开业年份和气候区分类下的商业建筑碳排放量的差异，引入微气候区的概念，区域划分更为合理。(3) 为不同分类下的新建商业建筑碳排放指标和既有建筑逐年碳排放下降比例的确定提供了科学的方法和依据。

1 方法论

1.1 研究框架

本文研究框架如图1所示。首先从BAS能源系统平台导出建筑相关信息，并获取室外气象信息作为研究数据集。接着对数据集进行预处理，这是挖掘数据蕴含信息的基础和关键。然后将处理后的数据集分别应用于BP神经网络模型和线性回归拟合模型。通过BP神经网络模型预测未来一年建筑碳排放量作为新建建筑首年碳排放指标，同时作为验证回归拟合准确性的依据；通过线性回归拟合公式得到既有建筑碳排放量逐年降低比例。

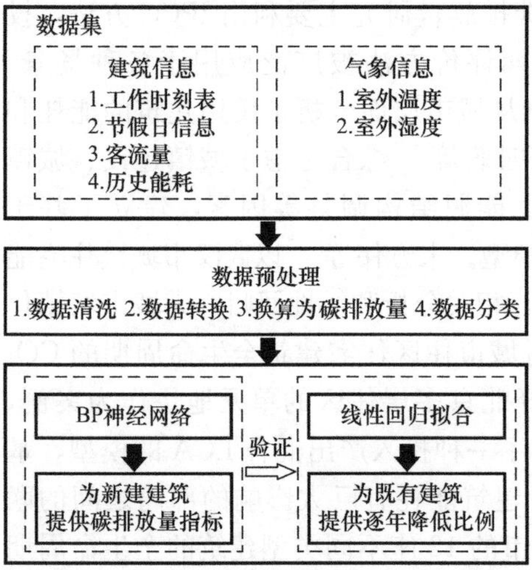

图1 研究框架

1.2 数据集

本文选取规模及运行模式相似的同类型大型商业建筑作为研究对象，覆盖夏热冬冷、夏热冬暖、寒冷、严寒四大建筑气候区，建筑面积均在10万m^2以上，日均客流量在3万人左右，营业时间为10：00～22：00，提前1h启闭空调系统，功能分区包括商铺、公区、美食街、影厅等。能源消耗主要包括中央空调系统、照明系统、冷热水、动力及其他耗电。从能源系统平台可导出建筑运行时刻表，节假日信息、客流量及逐日能耗数据，以及室外温度湿度气象信息。建筑分布详情如图2和图3所示。所选建筑年份分布均匀，有利于研究开业年份对碳排放量的影响。夏热冬冷气候区建筑数量偏多，这是由于该气候区大部分地区经济发达，因而商业建筑数量大。

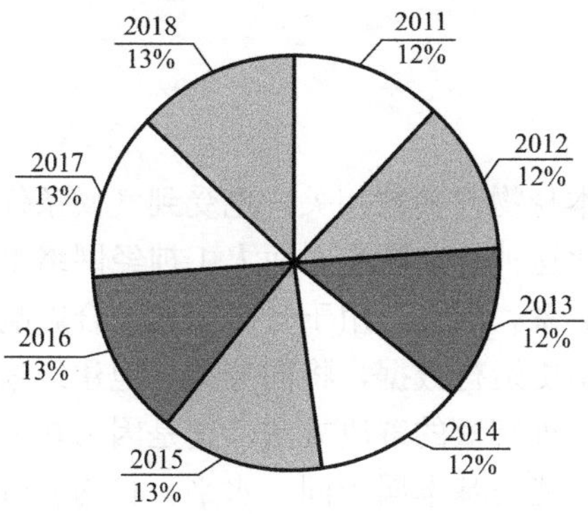

图 2　建筑年份划分

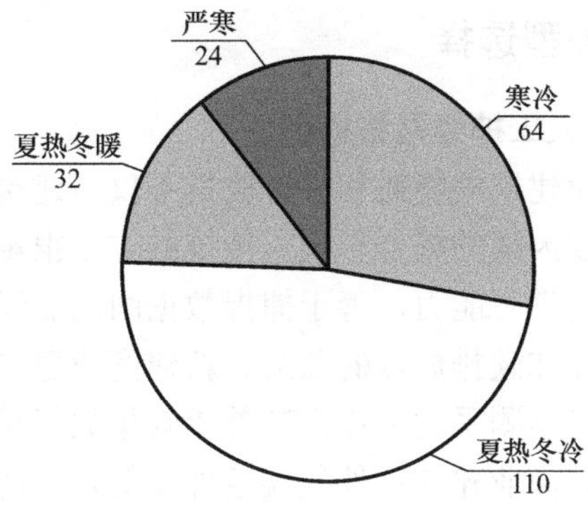

图 3　建筑气候区划分

1.3　数据预处理

首先将能源数据平台导出的初始数据进行数据清洗，包括缺失值和异常值处理，筛选出能源数据质量合格的 230 栋建筑 2016～2019 年的能耗数据。通过碳排放因子法将能耗数据转换为碳排放量。然后进行数据转换，将节假日信息这种文本型数据转换为数值型。根据 Gugliermetti 等人[20]的研究，气候数据在预测建筑能耗方面具有重要作用。此外，开业时间对建筑单位面积综合能耗有明显影响[21]。因此，为提高模型精度，采用开业时间和气候区双维度对建筑数据集进行分类。

1.4　碳排放因子法

本文采用碳排放因子法来计算商业建筑运行阶段产生的碳排放量，该方法的基本原理是：将各项碳排放源的活动数据与其对应的碳排放因子的乘积作为碳排放量公式，见式 (1)。

$$CE = \sum Q \cdot e \tag{1}$$

式中，CE 表示某种温室气体的碳排放量（$kgCO_2/m^2$）；Q 表示碳排放发生的活动水平（kWh/m^2）；e 表示单位活动水平的碳排放量系数（$kgCO_2/kWh$）。

商业建筑运行阶段的能源消耗主要是电力，电力碳排放因子的选择参考了生态环境部应对气候变化司研究制定的《2019 年度减排项目中国区域电网基准线排放因子》。将电网边界统一划分为华北、东北、华东、华中、西北和南方区域电网。上述边界覆盖的地理范围及各区域电网基准线排放因子见表 1。不同区域的电量边际排放因子不同，说明不同区域的发电一次能源不同，排放因子低的地方应该更多地发展建筑电气化。

区域电网覆盖范围及排放因子　　**表 1**

电网名称	覆盖省市	电量边际排放因子 (tCO_2/MWh)
华北区域电网	北京市、天津市、河北省、山西省、山东省、内蒙古自治区	0.9419
东北区域电网	辽宁省、吉林省、黑龙江省	1.0826
华东区域电网	上海市、江苏省、浙江省、安徽省、福建省	0.7921
华中区域电网	河南省、湖北省、湖南省、江西省、四川省、重庆市	0.8587
西北区域电网	陕西省、甘肃省、青海省、宁夏回族自治区、新疆维吾尔自治区	0.8922
南方区域电网	广东省、广西壮族自治区、云南省、贵州省、海南省	0.8042

1.5 模型选择

1.5.1 人工神经网络模型

商业建筑的能耗和碳排放量不仅与建筑物本身物理参数相关，也受到气候条件、客流量等客观因素的综合影响。传统的方法很难量化这种复杂联系，而人工神经网络由于具有良好的自学习能力，善于捕捉数据间的非线性关系，因而适用于受多因素综合影响的商业建筑能耗和碳排放量的预测。新建商业建筑无历史运行数据，将同分类其他建筑未来一年碳排放量预测平均值作为其首年碳排放指标是一种有效的解决方法。这是因为在一定区域范围内，商业建筑室外气候条件相似，经济消费能力基本属于同一水平，日均客流量相差不大，所以碳排放水平基本保持一致。通过学习同区域下其他建筑的历史碳排放量与影响变量之间的关系，得到未来一年碳排放量的预测值，可以将其作为新建建筑首年碳排放指标。

本文选用传统的 BP 神经网络，它包括三个层，即第 0 层的输入层，中间的隐藏层和最后的输出层，每一层的神经元接收前一层神经元的信号，并产生信号输出到下一层。其网络结构如图 4 所示。为避免隐藏层过多，导致过拟合，将隐藏层设为一层。使用常用的 sigmoid 函数作为激励函数，见公式（2）。首先将预处理过的数据集划分为训练集和测试集，划分比例为 7∶3。然后分析影响建筑能耗及碳排放量的变量，将它们作为输入层特征参数。选取室外温度、室外湿度、室内温度、室内湿度、节假日信息、客流量这七个变量作为输入层参数，它们通过带初始权重 W 的连接传递到隐藏层的神经元，神经元将接收到的信息加以权重后进行求和运算。其结果与神经元设定的阈值 θ_j 进行比较，然后通过激励函数处理后通过输出层最终输出建筑碳排放量预测值。模型通过自适应学习训练集，获取历史数据中的隐藏关系信息。在这个过程中，权重值和阈值不断地被调整，直到经测试集验证后的预测值与实测值的偏差达到期望，即认为得到了最优的预测模型。具体的传播机理见公式（2）～公式（5）。

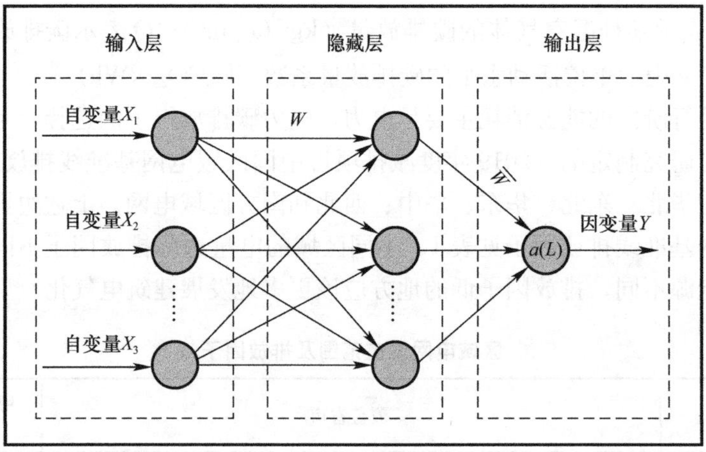

图 4　BP 神经网络结构

$$f_l(z^l) = \frac{1}{1 + e^{-z^l}} \tag{2}$$

$$Z^l = W^l \cdot a^{(l-1)} + b^l \tag{3}$$

$$a^l = f_l(z^l) \tag{4}$$

由上面两式可以得到：

$$a^l = f_l(W^l \cdot a^{(l-1)} + b^l) \tag{5}$$

式中，l 表示神经网络的层数；$f_l()$ 表示 l 层神经元的激活函数；W^l 表示 $l-1$ 层到第 l 层的权重矩阵；b^l 表示 $l-1$ 层到第 l 层的偏置；z^l 表示 l 层神经元的净输入；a^l 表示 l 层神经元的输出。

1.5.2 线性回归模型

针对既有建筑，虽然也可以利用人工神经网络进行碳排放预测，但其学习过程较为复杂，耗时久。面对快速便捷地指导既有建筑能耗降低比例的需求和精度要求不苛刻的特点时，线性回归拟合方程则是更好的选择。

目前按照开业年份与气候区对商业建筑进行分类时种类较多，且各分类的建筑数量较少。为了使研究更加合理，以各气候区建筑单平方米平均碳排放量为基准，将开业年份进行合并。例如，夏热冬冷气候区 2016 年前开业的商业建筑的碳排放指标均高于平均值，2016 年及以后开业的商业建筑碳排放指标均低于平均值，故而将其合并为 2016 年前开业和 2016 年及以后开业两种类型，其他气候区同理。然后将各分类建筑碳排放量与滑动年（当月向前累计 12 个月作为一个滑动年）进行线性回归分析，得到拟合函数。另外，为了进一步确保拟合公式的合理性，将拟合公式计算的 20 年碳排放量与 BP 神经网络预测结果进行对比，若拟合偏差率的绝对值不超过 5%，则认为拟合曲线合理。见公式（6）。

$$\eta = \frac{m-n}{n} \times 100\% \tag{6}$$

式中，η 表示拟合偏差率；m 表示拟合碳排放量；n 表示 BP 神经网络预测碳排放量。

2 结果分析

2.1 理想碳排放量指标

通过初步观察和分析数据集，发现同一气候区不同城市之间存在碳排放差异较大的现象。考虑到仅根据气候区划分，尺度略大，且商业建筑碳排放量不仅与气候条件相关，也受到地理位置及经济水平等因素的影响。为使碳排放指标建议值更加合理，本文引入了微气候区的概念，即在当前建筑所在气候区的基础上结合建筑的地理位置信息。将夏热冬暖、夏热冬冷、寒冷、严寒四个气候区与华南、华东、华中、西南、西北、华北和东北七大地理分区相结合，采用气候区加地理分区的方法将四个气候区划分为 13 个微气候区。

应用文章 1.5.1 部分的方法，对各微气候区的商业建筑进行碳排放量的预测，将同微气候区预测结果的平均值作为该微气候区新建商业建筑首年的碳排放量建议值。最终得到的各微气候区新建商业建筑碳排放量理想指标对比如图 5 所示。从图中可以看到，夏热冬暖加华东微气候区的碳排放指标最高，该微气候区主要包括福建省和台湾地区，都具有夏季较长、温度较高的气候特点，进而导致了更大的供冷需求并且该区域经济发达、客流量较多，也造成了更多的冷负荷。寒冷加华中微气候区的碳排放指标最低，该区域主要包括河南省北部城市，城市中的商业建筑夏季没有南方供冷需求高，冬季没有严寒地区供暖需求大，因而碳排放量较低。此外，对比不同气候区下的微气候区，严寒气候区下两个微气候区碳排放指标差异为 25.76%，寒冷气候区下四个微气候区碳排放指标最大差异为 20.32%，夏热冬冷气候区下六个微气候区碳排放指标最大差异为 18.17%，夏热冬暖气候区下两个微气候区碳排放指标差异为0.71%。产生碳排放指标差异的原因是严寒气候区纬度跨度较大，夏热冬暖气候区纬度跨度较小，纬度相差较大时，气候、地理条件会有显著的差异，从而引起碳排放量的差异。

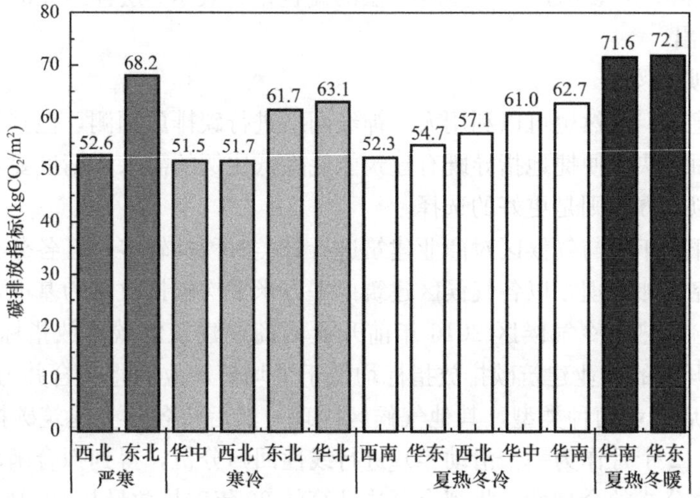

图5 各微气候新建商业建筑碳排放指标

2.2 逐年碳排放量降低比例

首先从各分类商业建筑中选取碳排放量低于该分类建筑碳排放量平均值且无运营管理问题的建筑作为示范建筑。通过进一步分析其碳排放量发展趋势，发现呈现出一致的规律。各气候区示范建筑2017～2019年公区滑动年能耗如图6～图9所示。可以发现其碳排放量随着滑动年逐渐降低，在第12个滑动年达到拐点，随后逐渐趋于平稳。这是因为商业建筑在交付使用后，初期会经过设备系统的磨合调试阶段，在这个阶段，设备系统能耗的降低是碳排放量下降的主要因素，同时针对商场客流特征等，均会采取包括环境参数控制等在内的管理措施实现节能减排。这些措施的综合使用，会使建筑碳排放量降低到某一个水平后达到平衡。此时建筑的碳排放量即为其合理碳排范围的平均极限。

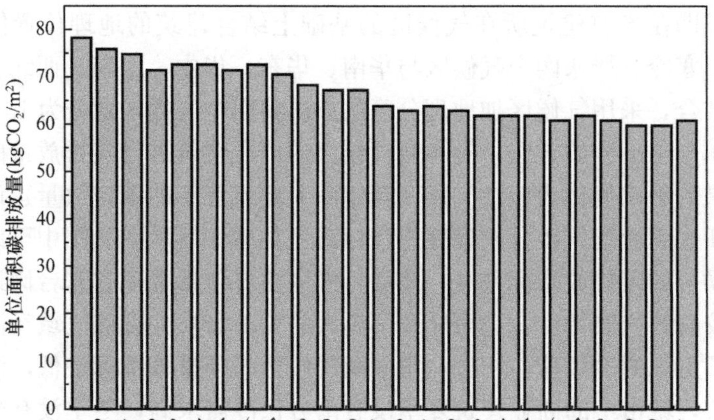

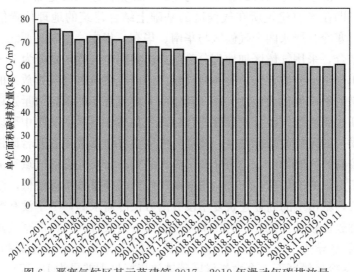

图6 严寒气候区某示范建筑2017～2019年滑动年碳排放量

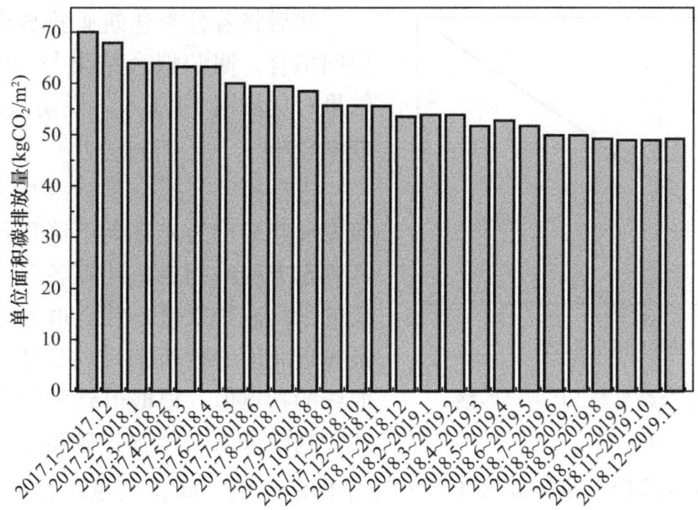

图 7 寒冷气候区某示范建筑 2017～2019 年滑动年碳排放量

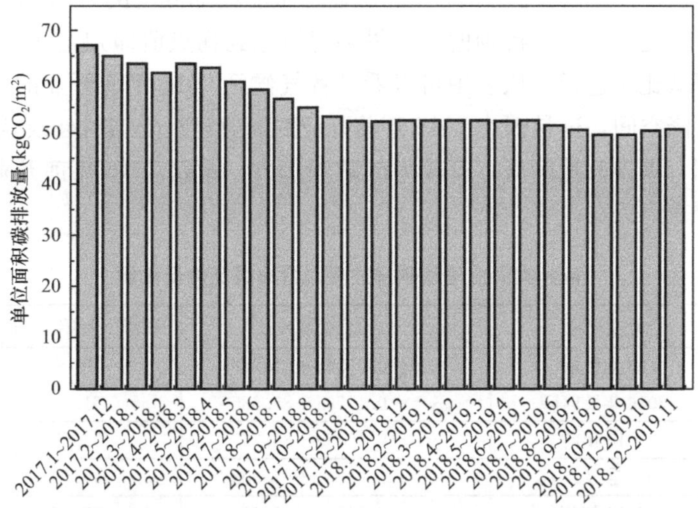

图 8 夏热冬冷气候区某示范建筑 2017～2019 年滑动年碳排放量

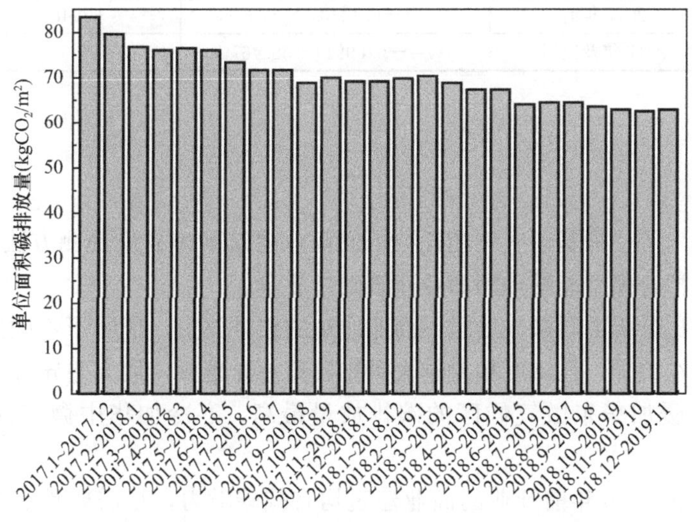

图 9 夏热冬暖气候区某示范建筑 2017～2019 年滑动年碳排放量

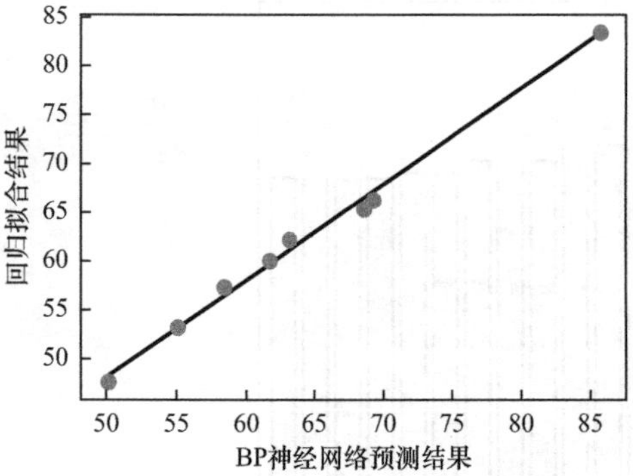

图 10 回归拟合结果与 BP 神经网络预测结果对比

然后将各分类建筑碳排放量与滑动年进行回归拟合，回归拟合结果与 BP 神经网络预测结果对比如图 10 所示，说明拟合效果较好，偏差率较小。

由于拟合公式全部为线性方程，而示范建筑发展趋势均为先逐渐下降后趋于平缓，因此需确定方程的拐点。计算各分类建筑中示范建筑的平均碳排放量，并选取各分类商业建筑中最接近此值的建筑碳排放量作为此分类下拟合曲线的拐点值。根据得到的拐点值以及拟合公式，判定未来 5 年逐年碳排放量降低比例，如表 2 所示。夏热冬暖和寒冷气候区不受开业年份的影响，碳排放量降低比例均为 0.5%～1%；夏热冬冷气候区 2016 年前开业建筑碳排放量降低比例为 1%～1.5%，2016 年后开业建筑保持不增长；严寒气候区 2017 年前开业建筑能耗降低比例为 0.5%～1%，2017 年后开业建筑保持能耗不增长。特别的，如果某建筑达到拐点值即判定达到平稳发展阶段，可不用按逐年降低比例进行。从表中可以看到各气候区 2016 年前开业的商业建筑均有一定的碳排放量下降空间，这是因为 2016 年前开业的商业建筑受当时建筑技术水平的限制，设备和系统老旧，碳排放量偏高，有较大的减碳潜力，所以 2016 年前开业的商业建筑在节能减排时需要重点关注。

各分类商业建筑碳排放量拟合曲线及降低比例 **表 2**

气候区	开业年份	拟合公式	拐点（$kgCO_2/m^2$）	降低比例
夏热冬暖	2016 年前	$y=-0.2654x+110.48$	79.09	0.5%～1%
	2016 年及以后	$y=-0.1779x+85.685$	61.22	
夏热冬冷	2016 年前	$y=-0.1049x+83.762$	52.55	1%～1.5%
	2016 年及以后	$y=-0.4583x+67.803$	46.53	保持不增长
寒冷	2016 年前	$y=-0.1125x+71.617$	57.32	0.5%～1%
	2016 年及以后	$y=-0.2612x+63.824$	48.71	
严寒	2017 年前	$y=-0.1433x+70.43$	62.48	0.5%～1%
	2017 年及以后	$y=-0.0991x+55.467$	56.67	保持不增长

3 结论

（1）本文提出了一种基于实测能耗数据的商业建筑碳排放量预测方法，通过 BP 神经网络模型和回归拟合模型能够预测商业建筑碳排放量。

（2）通过对比分析不同微气候区下商业建筑的碳排放量，证明了不同区域之间商业建筑的碳排放量存在差异，且纬度相差越大碳排放量差异越大，最大差异可达 25.76%。

（3）夏热冬暖加华东微气候区的碳排放量最高，寒冷加华中微气候区的碳排放量最低。

（4）各气候区 2016 年前开业的商业建筑均有减碳潜力，是需要重点关注的对象。此外，夏热冬暖气候区和寒冷气候区 2016 年及以后开业的商业建筑也有一定的减碳潜力。

参考文献

[1] CHEN L，XU L，YANG Z . Inequality of industrial carbon emissions of the urban agglomeration and its peripheral cities：A case in the Pearl River Delta，China [J]. Renewable and Sustainable Energy Reviews，2019，109：438-447

[2] YANG J，CAI W，MA M，et al. Driving forces of China's CO_2 emissions from energy consumption based on Kaya-LMDI methods [J]. Science of The Total Environment，2019，711

[3] 彭琛，江亿，秦佑国. 低碳建筑和低碳城市 [M]. 北京：中国环境出版社，2018

[4] XIAO H，WEI Q P，JIANG Y，The reality and statistical distribution of energy consumption in office buildings in China，Energy Build. 50 (2012) 259-265.

[5] Mastri A R. Neuropathy of diabetic neurogenic bladder. Ann Intern Med，1980，92 (2)：316-318

[6] 江亿. 我国建筑耗能状况及有效的节能途径 [J]. 暖通空调，2005 (5)：30-40

[7] WANG J J，HUANG Y Y，TENG Y，et al，Can buildings sector achieve the carbon mitigation ambitious goal：Case study for a low-carbon demonstration city in China?，Environmental Impact Assessment Review，Volume 90，2021，106633，ISSN 0195-9255

[8] 中国建筑节能协会. 中国建筑能耗研究报告 2020 [J]. 建筑节能（中英文），2021，49 (2)：1-6

[9] ZHOU，N.，FEIDLEY D.，KHANNA N Z，et al，China's energy and emissions outlook to 2050：perspectives from bottom-up energy end-use model. Energy Policy，2013，53：51-62

[10] 徐恺飞，金继红. 基于投入产出法的中国制造业碳排放研究 [J]. 时代金融，2020 (9)：105-106

[11] 张时聪，王珂，杨芯岩，徐伟. 建筑部门碳达峰碳中和排放控制目标研究 [J]. 建筑科学，2021，37 (8)：189-198

[12] 朱方伟，张春枝，陈敏，孟飞鸽. 武汉市城镇住宅建筑碳排放分析及总量核算研究 [J]. 建筑节能，2021，49 (2)：25-29，35

[13] 刘念雄，汪静，李嵘. 中国城市住区 CO_2 排放量计算方法 [J]. 清华大学学报（自然科学版）网络预览，2009，49 (9)：1-4

[14] GUAN J，ZHANG Z，CHU C. Quantification of building embodied energy in China using an input-output-based hybrid LCA model [J]. Energy & Buildings，2016，110 (JAN.)：443-452

[15] KNEIFEL J. Life-cycle carbon and cost analysis of energy efficiency measures in new commercial buildings [J]. Energy and Buildings，2010，42 (3)：333-340

[16] YAN H，SHEN Q，FAN LC H，et al. Greenhouse gas emissions in building construction：a case study of one Peking in Hong Kong. Build Environ 2010；45 (4)：949-955

[17] JIANG M P，Tovey K. Overcoming barriers to implementation of carbon reduction strategies in large commercial buildings in China [J]. Building & Environment，2010，45 (4)：856-864

[18] Garg A，Maheshwari J，Shukla P R，et al. Energy appliance transformation in commercial buildings in India under alternate policy scenarios [J]. Energy，2017：952-965

[19] Acha S，Mariaud A，Shah N，et al. Optimal design and operation of distributed low-carbon energy technologies in commercial buildings [J]. Energy，2018，142：578-591

[20] 中华人民共和国生态环境部. 2019 年度减排项目中国区域电网基准线排放因子 [EB/OL]. [2020-12-29] http://www.mee.gov.cn/ywgz/ydqhbh/wsqtkz/202012/t20201229_815386.shtml

[21] F. Gugliermetti，G. Passerini，F. Bisegna，Climate models for the assessment of office buildings energy performance，Building and Environment 39 (2004) 39-50

[22] Hongting Ma，Na Du，Shaojie Yu，Wenqian Lu，Zeyu Zhang，Na Deng，Cong Li，Analysis of typical public building energy consumption in northern China，Energy and Buildings，Volume 136，2017，Pages 139-150，ISSN 0378-7788

装配式模块化公厕的集成设计与施工技术分析

刘新伟　张亚东　刘军启

（山东海龙建筑科技有限公司，山东 济宁，272000）

摘　要：针对现阶段装配式建筑的结构建造方式与农村公厕现存问题，提出装配式模块化集成公厕的设计、生产、施工建造技术。通过农村公厕建筑设计方案、工厂化生产、现场施工与建造方式进行分析，构建工厂内部流水作业，并融入机械化程度高，水电管线、装修一体化节能环保的理念。通过科学编排的搭配运输方案，将特殊构件整体运输，现场快速组装完成的新型绿色建造方式。从设计源头出发，探究更适应于模块化的构造形式与节点连接，使装配式集成建造结构集成墙板、围护、装修、水电一次成型，现场连接，最终形成整体，并探究各预制构件之间的组合形成新型的节点连接构造，综合分析其标准化、经济性与规模性。

关键词：装配式建筑；模块化建筑；集成房屋；模块化公厕

Integrated design and construction technology analysis of prefabricated modular public toilets

Liu Xinwei　Zhang Yadong　Liu Junqi

(Shandong Hailong Construction Technology Company Limited, Jining 272000, China)

Abstract: Based on the existing problems of prefabricated building structure and rural public toilets, the design, production and construction technology of prefabricated modular integrated public toilets were put forward. Through the analysis of rural public toilet architectural design scheme, factory production, on-site construction and construction methods, the construction of factory internal flow operation, and into the high degree of mechanization, water and electricity pipelines, decoration integration of energy conservation and environmental protection concept. Through the scientific arrangement of the collocation transportation scheme, the special components will be transported as a whole, the site quickly assembled to complete the new green construction method. Starting from the design source, explore more suitable for modular structural form and node connection, so that the assembly type integrated construction structure integrated wall panel, enclosure, decoration, water and electricity forming at a time, site connection, and finally form the whole. And explore the combination of prefabricated components to form a new node connection structure, comprehensive analysis of its standardization, economy and scale.

Keywords: prefabricated buildings; modular integrated construction; integration housing; modular public toilet

引言

"后疫情时代"数字技术驱动新浪潮下，建筑"数字化""智慧化"成为建筑产业转型升级的核心引擎，驱动建筑行业的变革与创新发展[1]。"碳达峰、碳中和"这一目标也对建筑行业的低碳转型提出了新的要求。以习近平新时代中国特色社会主义思想为指导，深入贯彻党的十九大和十九届二中、三中、四中、五中全会、习近平总书记对住房和城乡建设工作的重要指示批示以及深入落实习总书记关于厕所革命批示要求，紧扣"乡村振兴战略"，全面深化农村厕所革命，推进农村户用卫生厕所改造[2]。

智能建造以数字化、智能化升级为动力，在建造全过程中加大建筑信息模型（BIM）、互联网、物联网、大数据、云计算、移动通信、人工智能、区块链等新技术的集成与创新应用[3]。2016年国务院印发《关于大力发展装配式建筑的指导意见》（国办发［2016］71号）文件，文件明确指出发展装配式建筑是建造方式的重大变革，是推进供给侧结构性改革和新型城镇化发展的重要举措[4]。王化杰[5]通过增加模块结构的辅助立柱、横梁以及设置侧向辅助拉索的对比分析了其装配式方案；姚文杰[6]分析了连接节点的计算体系和方法，并对梁-柱节点、柱-柱节点的连接方式进行了设计分析（装配式混凝土结构）；刘学春[7]提出一种盒式模块化，并针对结构体系中梁柱节点的受力性能通过ABAQUS进行了数值模拟分析（装配式钢结构体系），并通过装配式建筑的构件优化与结构分析使其增强抗冲击性能[8]。韩赟聪[9]通过现存的设计后置模块化的限制制约条件，验证模块化住宅的适用性。

我国开始公共厕所建设已有相当长的时间，而较早期的公共厕所建设受到当时经济、社会发展水平的限制，复杂管线综合部位焊接量大、现场焊接质量不易控制、安装精度低；现有厨卫部品生产及装配效率低；传统内隔墙板拼缝多、分块安装效率低等方面[10]。谷昊[11]以广州市某标准化生态厕所为例，对装配式建筑的干法连接技术进行了研究和尝试。

1 模块化公厕的建筑设计

通过装配式模块化建造来解决乡村公厕建设的升级改造的问题，将建筑分为多个装配模块进行施工，具有深化设计前期介入、施工过程节能环保、产品质量可靠、施工周期短等特点，使其达到既有公厕改造目标[12]。完善农村公共卫生功能与空间关系，融入绿色节能的装配式理念，改善提升农村形象与风貌。农村公厕有利于农村及城乡一体化的整洁和城市功能的正常发挥，需根据具体村庄的专属特有条件与原始地貌制定适宜、合适的建设基地，符合统一规划、合理布局、分期开发、因地制宜、配套建设。注重以人为本的绿色节能理念，创造有序而和谐的农村公共卫生环境。其布局应该充分考虑周围人员针对公厕的日常需求和使用体现感受，与此同时，注重公共空间开放性和半私密性不同的特点。

1.1 设计理念

随着农村村容村貌的建筑变化更新迅速，各类新型建筑风格与景观设计层出不穷。探索在现有环境与社会、经济条件的制约下，充分利用好农村的优秀的现存自然景观资源与得天独厚的环境优势，使用最佳的优化方案进行针对传统公共卫生间的翻新改造，使其能与现阶段的新景观遥相呼应。建筑风格样式或与周边建筑协调，且要保持现有的建筑结构承受能力。

如图 1 所示，建筑方案充分考虑农村公厕村容村貌与任城区当地特点的结合和运用，充分挖掘传统建筑文化结合济宁运河文化特点，反映新时代公厕村容村貌。设计反映任城区农村特色并与周围环境相和谐，全面考虑社会、环境等各方面因素，以绿色节能装配式集成建造为设计目标，从而营造出绿色节能宜人使用的良好公共卫生环境。

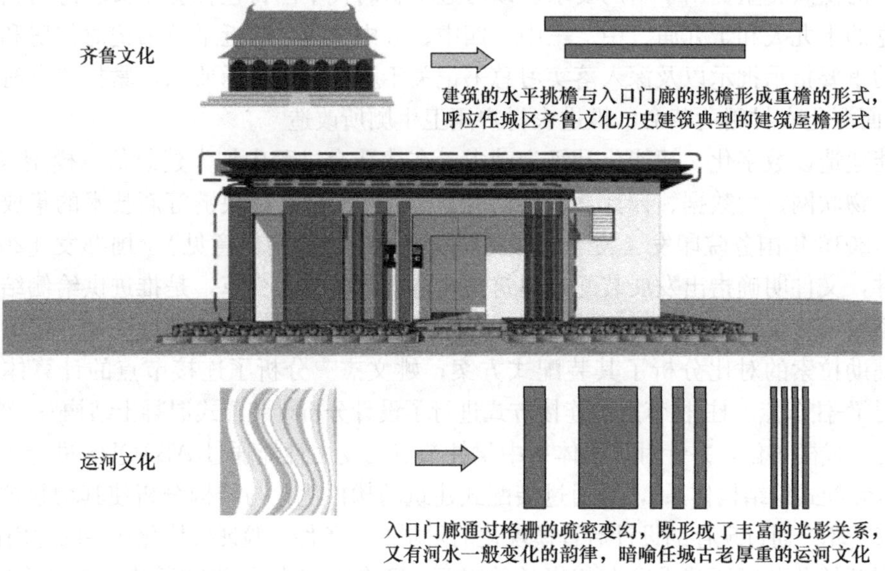

图 1　公厕改造项目的立面造型方案

1.2　设计定位

公厕设计中立足于现代农民生活模式，全面考虑综合的建筑环境内容，以人体工程学为依据及基础。与此同时，公厕设计中充分考虑使用人群的生活模式，满足建筑功能和使用空间需求。

环境氛围定位：通过密切结合农村的自然风景基础，联系生态保护政策与措施进行营造。

建筑风格定位：中式风格，简约大方。

项目特色定位：依托“大运河”文化，体现新农村公共环境。

如图 2 所示，在基本公厕需求得到满足后，居民对农村公共厕所建成的内部配套设置与质量有了更高的要求，常规规范要求中需配备安全扶手（整套）冲水器（自动感应型）、报警装置（一键自动报警）、除臭等其他设备。在对公共厕所改造中，立足于现状根据对居民实际需求的调研通过优化公厕外部空间环境来提升公厕品质则是经济可行的方法。

1.3　设计原则

针对符合当地景观设计的整体性构造，总体风格上进行简单明快、“运河造型”推陈出新的统一景观风格，在总体风格满足要求的条件下局部风格活泼变化。男厕和女厕的布置基本趋于一致却也有变化。“以人为本”的现代设计理念，色块以大块为主且多用柔和色彩，线条立体。为周边建筑提供适宜的环境，适用于人群集中的地段，风格柔和，色彩明快。通过对于现场的村容地貌环境的分析勘测，构造“收放结合”为理念的综合设计方案，配合包括灯具、绿化、水系等综合景观元素的形态造型，打造体现现代乡村的立体空间感。

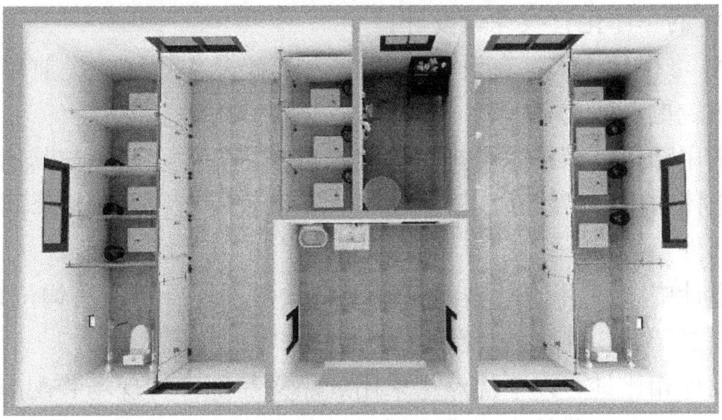

图 2　整体卫生间内部配套与建造俯视图

2　装配式结构设计与集成建造

以专业深化设计单位牵头，通过 BIM/CAD 等技术的信息化手段，使得设计方案更为合理，适于工厂化生产。前期介入设计，对技术选型、技术经济可行性和建造性进行评估，建筑、结构、内装、机电一体化设计，技术策划做到问题前置，论证可行性。通过结构设计节点构造符合计算要求并且要按实际内力验算，使用 ANSYS、ABAQUS 进行数值模拟，得出弯剪、销栓受剪、局部承压等承载力。重点针对模块化 MIC 整体卫生间的建筑、结构、内装与设备管线一体化技术研究，明确拆分原则与连接技术，通过探究构件拆分的合理性，避免由于拆分的不合理而造成的项目成本的增加。

如图 3 所示，模块化整体卫生间的结构类型由现浇条形基础＋主体结构＋预制屋盖三部分构成；主体结构在构件厂内部进行施工，集成墙板、围护、装修、水电一次成型；整体结构由构件厂运输到现场进行施工连接，最终形成整体。

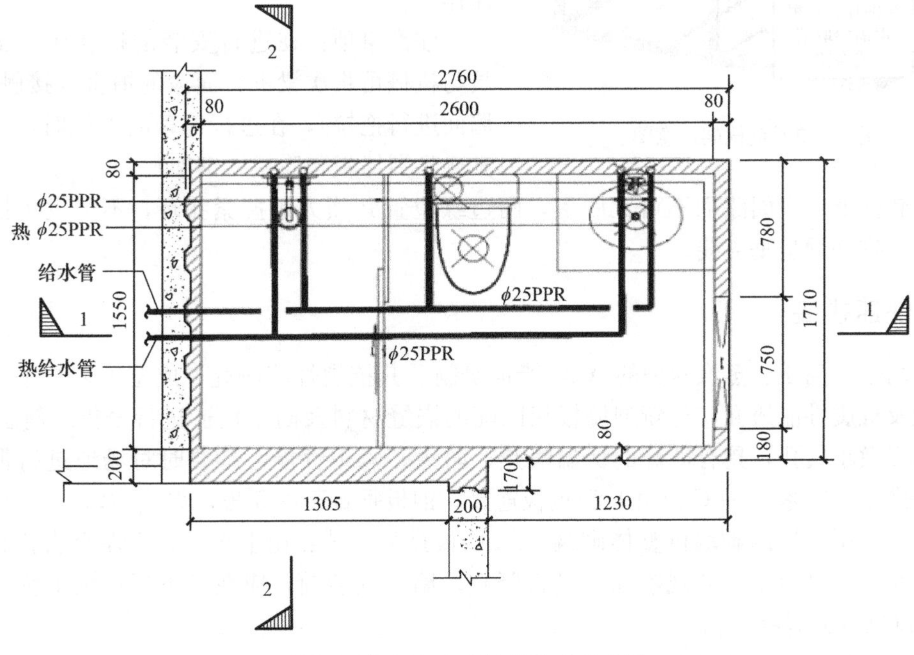

图 3　整体厨卫产品管线集成示意图

基于BIM技术的一体化管线综合设计：

（1）利用BIM可视化技术，在设计阶段优化布置设备管线，提前解决设备管线交叉打架问题，管线布置更合理。

（2）卫生间采用降板沉箱技术，排水管线设置于沉箱中，避免与其他管线交叉。

（3）墙模理论体系中，管线布线解决给水管在墙模中布线无法检修问题，并利用BIM技术开发接头零部件。

（4）一体化设计中，利用BIM技术精确定位预留预埋管卡、吊钩位置，并避开线盒、管槽等位置，管线复杂处，3D综合模拟，优化主要管线布置。

（5）与传统设计相比具有以下优点：采用成品部品部件，现场装配施工，避免现场开槽，施工安装简洁、方便，节约人工成本同时避免产生建筑垃圾。

（6）精细零部件开发，采用BIM可视化，完成复杂节点模型设计，使设计阶段的模型能够直接用于施工，提高工作效率，并节约开发成本。

3　模块化结构的生产

3.1　钢箱的安装施工

安装过程：通过将钢次梁运输到需装配的指定部位（通常是屋面），通过葫芦将其两边缘处张拉，将檩托的圆孔对齐，最终进行焊接操作。

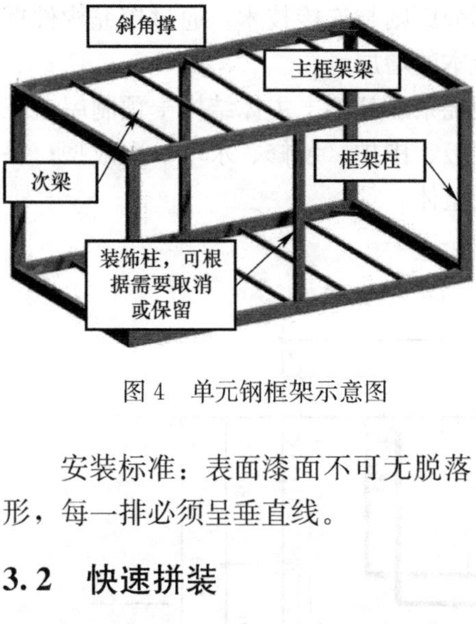

图4　单元钢框架示意图

安装顺序：如图4所示，为了使建筑结构的整体具有稳定性能，在进行主钢结构的施工时，需提前装配完毕相应的檩条结构。相应的操作为每相隔三个次梁必须进行顺次安装一根；在完成主钢构安装后，由两侧向中间进行安装操作。

注意事项：在进行安装的操作中，工作人员与机械可将次梁进行面漆的损害（接触地面、墙面进行拖拉），在进行檩条的上拉时，不可将其碰到翼缘板与腹板（钢架）。

安装标准：表面漆面不可无脱落，两边缘位置必须力矩握紧扣环，不可发生挠曲变形，每一排必须呈垂直线。

3.2　快速拼装

经高温、高压、蒸汽养护的ALC墙板研制及其抗裂性能研究，成型工艺与平面外受力性能及抗震性能研究，与新型墙板相匹配的嵌缝材料及防水构造进行分析。新型ALC墙板内部微小气孔，具有良好的保温隔热、防火、隔声性能，必要时对场地进行彻底清理，并准备好垫木。ALC板由L形钢板连接，钢板垂直于墙面板，焊接均匀，与ALC固定牢实，采用工厂内砌墙机整体砌筑。ALC板排列方式：由上至下、由左至右拼接，先打搭结肋。边打边用线坠观察面板是否竖直。墙面安装前，应在最下层次梁上弹上水平线，ALC底端与墨线对齐。

如图5所示，在进行装配式速拼模块房屋的生产施工工艺方面，其主要施工过程分为厂房内预制生产过程与施工现场拼装过程。快速拼接的构件模块单元主要采用方钢管框架结构，在主框架梁的两侧边缘进行次梁的排布，通过平行设置进行分布，四个角位置进行斜角支撑的方式进行固定，以增强其稳定性。构件顶板、底板与装配式内、外隔墙板等维护结构中至少底板要采用轻质混凝土材料预制成型，且均与速拼模块单元钢框架相连接固定。

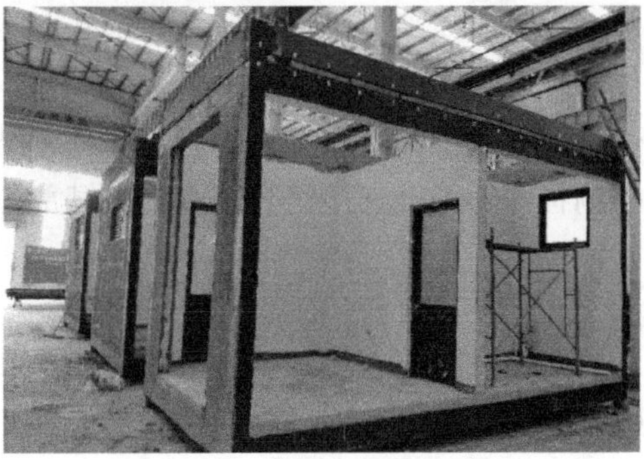
图5　全拼装公厕的钢箱骨架生产拼装图

3.3　施工技术分析

防开裂及扭曲变形措施方面：为防止落墙身混凝土时预制厨卫开裂及扭曲变形，在落混凝土前，厨卫模具顶部设置安装防扭曲变形固定装置——防扭曲支撑架；起吊时，采用手拉葫芦平衡起吊架，使位于厨卫顶部四角吊钉均匀受力。另外，为了防止预制厨卫在现场存放、运输以及地盘安装时出现开裂，甚至报废情况，设置了生产现场存放、运输以及地盘安装临时存放等一系列配套装置，保证产品质量完好（图6）。

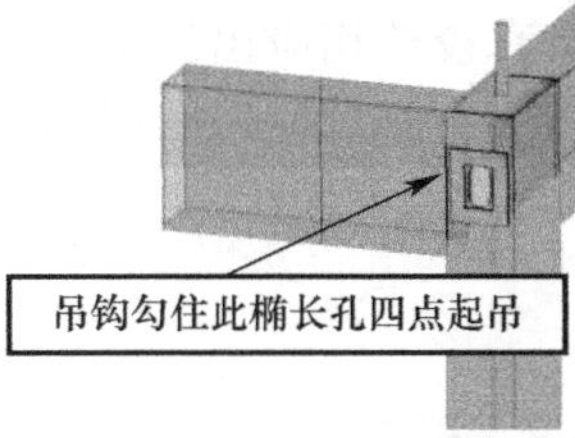

图6　吊点设置示意图

综合考虑标准化，经济性，规模性，在拆分设计时尽量减少构件规格，探究模块化的钢箱拼接、柱脚连接与墙体做法。通过箱体边缘的预留孔洞与高强度螺栓连接，预制基础＋角钢＋高强度螺栓的方式进行快速组装。模块化构件均为一次性整体浇筑，相邻模块化构件间节点处均预留制作了滑动隔震点，使得结构整体性与抗震性更强。

以国内现行规范进行指导，受力明确，传力清晰，结构概念明晰。运至施工现场进行组装、连接，最终形成整体结构。墙板间采用水平锚环灌浆连接构造，减少现场湿作业；预制墙板端部暗柱部分与基础采用灌浆套筒连接，ALC墙身部分采用插筋盲孔灌浆，结构整体性、抗震性能优良。其中此结构的核心为ALC板的应用，主体结构在厂内施工，集成墙板、围护、装修、水电一次成型；整个体系结构由工厂运至施工现场进行快速组装、连接，最终形成整体结构。

所用的装配式生产方案严格按照规范标准，紧密贴合当地特色，通过工厂制造，交付前检查，整改更方便，质量有保证。在前后框架柱位置处的上方预留吊孔，通过使用吊孔处的贴焊方式使得钢板支撑性与稳定性加强（图7）。通过在模块的前后端进行吊耳预留，使得模块单元的侧向进行密闭拼装。

图7　单个速拼模块单元外观示意图

4　钢箱的运输与装卸

通过研究农村道路对于模块化结构的限高、限宽，对塔式起重机的合理布置、起吊参数进行数值模拟与成本分析，对吊装方案进行合理布置，在施工现场优选平衡吊架进行整体吊装安装快捷方便，解决了构件制作、运输及现场安装阶段的技术问题。与此同时，将通过工程造价、建筑工期、工程质量、结构稳定性等方面协同助力建设方把关，重点针对公厕构件的关键连接组合节点、关键部位的技术进行指导。

4.1 运输车辆

运输车辆为平板车，高度小于1m，长度为9m，转弯半径为10m，需通过200mm厚C25混凝土硬化道路；自重8t，最大载重10t；确保送货车辆之尾气排放量符合政府环保条例有关标准。其他配备包括：专用运输装置、橡胶垫、固定绷带、柔性垫片等。钢箱在运输时车速控制在60km/h以内，并选择路况平坦，交通畅通之行驶路线进行运输，遵守交通法规及地方交通管控；钢箱相应资料转交现场管理人员，并经监理单位验收合格后方可安排构件卸货工作。

钢箱在运输时应特别注意对成品的保护措施，设置专用运输装置进行临时固定；宜在箱体与刚性搁置点处塞柔性垫片；钢箱在出货前检查如下事项并认真校核相应出厂资料；成品装车前检查其表观质量是否存在破损，外饰面是否存在缺陷；检查成品的预埋件等是否完好无损。

4.2 装卸与吊装

在进行装配式构件的装卸过程中，必须通过相应措施使得车辆保持稳定与平衡；钢箱的装卸位置应位于起重装置吊运范围之下，严禁超负荷起吊。钢箱在装卸时严格按起吊点装卸，严禁偏心起吊。在进行装配式全拼装模块化单元的装卸前必须针对施工环境、吊架吊具、防护材料进行检查核验。严格保证吊装区绝对无其他闲散人员，存在的相关障碍绝对排除完毕，使用的吊具与索具绝无缺陷，绑扎方式无稳定性问题，牢固安全，被吊物品与其他物品无连接，完全确定后方可进行相关操作施工。

图8 全拼装结构钢箱的吊装图

如图8所示，在进行主体钢柱结构吊装时，将其起吊到位后对位置进行核算精确后，将其缓慢落下到位，通过红外线垂直度与中心线进行校正后确认。若柱间距过大或存在相对偏差，则需要使用捯链来控制校正。在拼装前对构件的尺寸进行外观检查，将钢梁进行地面的预拼装：在吊装前针对钢梁进行测量，尺寸符合标准与规范的要求，核准后进行分段式拼装，拼装完毕进行吊装。为使得正规分段式安装与吊装过程的效率提高，可制作连接吊板进行辅助连接。钢梁和钢柱焊接遵循焊接规范，焊缝无漏焊、焊渣。

5 效益分析

以某公厕改造项目为基础进行分析，模块化箱模结构比常规现浇结构的施工工艺节约用工60%左右；节约水泥使用量20%左右，节约钢材20%左右。与此同时，由于模块建筑的密度较轻，与常规现浇施工方式对比，构造物的自重可降低50%左右。模块化箱模结构在建造期间可提高建造速度35%以上、节省70%的施工用水、减少现场用工45%以上。

和传统建筑厨卫建造方式相比，该整体厨卫产品实现了结构、装修、机电管线的一体化集成，其核心是标准化的预制装配式空间模块，以一个厨卫空间为基本单元，在工厂内制造完成独立的集成模块，该模块运至现场后完成安装，因此其大部分工序在运至工地现场前已经完成，具有显著减少现场劳动力、节省现场施工工序、缩短施工时间的特点。由于采用工厂化生产方式，实现了毫米级的建筑精度，通过一体成型技术实现了良好的保温性能，杜绝了漏水、空鼓问题。该厨卫产品的研发、应用，符合我国建筑业未来的发展方向，发展前景广阔，可以推动建筑工业化的发展。

如图9所示，在工厂中便于组织工业化生产，提高工效，提高产品质量，减少材料损耗，少受季节影响，把施工现场的工作最大限度地转移到工厂中完成，极大程度地加快了建设速度，取得较好的经济效益。其具体技术优势如下：

<table>
<tr><th colspan="2">评价项</th><th>应用比例</th><th>评价要求</th><th>评价分值</th><th colspan="2">最低分值</th><th>实际分值</th></tr>
<tr><td rowspan="2">主体结构(50分)</td><td>柱、支撑、承重墙、延性墙板等竖向构件</td><td>q_{1a}</td><td>20%≤应用比例≤80%</td><td>15~30</td><td>—</td><td rowspan="2">20</td><td rowspan="2">Q_1</td></tr>
<tr><td>梁、板、楼梯、阳台、空调板等构件</td><td>q_{1b}</td><td>70%≤应用比例≤80%</td><td>10~20</td><td>10</td></tr>
<tr><td rowspan="4">围护墙和内隔墙(20分)</td><td>非承重围护墙非砌筑</td><td>q_{2a}</td><td>应用比例≥80%</td><td>5</td><td rowspan="4" colspan="2">10</td><td rowspan="4">Q_2</td></tr>
<tr><td>围护墙与保温、装饰一体化</td><td>q_{2b}</td><td>50%≤应用比例≤80%</td><td>2~5</td></tr>
<tr><td>内隔墙非砌筑</td><td>q_{2c}</td><td>应用比例≥50%</td><td>5</td></tr>
<tr><td>内隔墙与管线、装修一体化</td><td>q_{2d}</td><td>50%≤应用比例≤80%</td><td>2~5</td></tr>
<tr><td rowspan="5">装修和设备管线(25分)</td><td>全装修</td><td>—</td><td>—</td><td>5</td><td colspan="2">5</td><td rowspan="5">Q_3</td></tr>
<tr><td>干式工法楼面、地面</td><td>q_{3a}</td><td>应用比例≥60%</td><td>5</td><td rowspan="4" colspan="2">—</td></tr>
<tr><td>集成厨房</td><td>q_{3b}</td><td>70%≤应用比例≤90%</td><td>3~5</td></tr>
<tr><td>集成卫生间</td><td>q_{3c}</td><td>70%≤应用比例≤90%</td><td>3~5</td></tr>
<tr><td>管线分离</td><td>q_{3d}</td><td>50%≤应用比例≤70%</td><td>3~5</td></tr>
<tr><td rowspan="3">标准化设计(3分)</td><td>平面布置标准化</td><td rowspan="3">—</td><td rowspan="3">—</td><td>1</td><td rowspan="3" colspan="2">—</td><td rowspan="3">Q_4</td></tr>
<tr><td>预制构件及部品标准化</td><td>1</td></tr>
<tr><td>节点标准化</td><td>1</td></tr>
<tr><td colspan="2">信息化技术(2分)</td><td>—</td><td>—</td><td>2</td><td colspan="2">—</td><td>Q_5</td></tr>
</table>

图9　装配式建筑评分表

① 与传统施工工艺的建造对比，装配式连接更加简洁，水平连接方便，竖向通过对孔插接的方式将上下层速拼模块单元连接成一个整体。吊耳设置在速拼模块单元前后位

置，实现模块单元侧部密拼。

② 在生产过程中速拼模块房屋底板采用装配式轻质混凝土板，结构安装方便，保温隔声效果好，行走舒适度高。

③ 在施工与生产中加入了材料防腐措施，提高了建筑使用时间与建筑的稳定性。

④ 在施工现场的具体操作过程中，通过立面的变化与搭配，可呈现出多种造型与丰富观感。

⑤ 在生产过程中机电管线都集成到速拼模块单元内部，实现机电装修一体化，同时单个模块单元初步装修完成后再现场组合。流水生产速度可控，工厂内部流水作业，自动化、机械化程度高；水电管线、装修一体化，现场组装完成即可交付使用。

6 结论

针对济宁市任城区相关自然村进行农村公共厕所无害化建设改造。通过建筑方案布局充分考虑人们对公厕的需求和感受。由于机电等设备管线在生产时同步进行预埋，因此整体厨卫产品主体完成后即可进行装饰装修工序及洁具等设备的安装，最终形成完整的、功能完备的产品，在现场安装后进行简单的管线接口连接即可使用。通过这种建造方式，实现了显著减少现场劳动力、节省现场施工工序、缩短施工时间的优点，同时还具有改善工作环境及工地安全、提高建筑品质等特点，符合我国建筑业未来的发展方向。

方案反映任城区农村特色并与周围环境相和谐，在研究居民的公厕需求基础上，全面考虑社会、环境、结构等因素，提出新型集成房屋装配式建造技术，从设计源头出发，深化设计模型包含材料类型、材料等级、构件尺寸、钢筋信息、饰面等参数。根据实际工程情况加以选择，要做到内容上全过程设计；方法上精细化设计；结果上追求零缺陷设计。同时通过BIM/CAD等信息化手段应用使设计方案更为合理，考虑经济性，形成的结构体系预制率高，且具有良好的抗震性能。以绿色节能装配式集成建造为设计目标，既满足环境和使用的最佳要求，又充分满足项目质量和工期的需要，在经济效益和社会效益之间寻找最佳结合点，从而营造出绿色节能宜人使用的良好公共卫生环境。

参考文献

[1] 张宗军，王健，张亚东，李煦. 基于装配式全拼装公共卫生间的生产、施工技术分析［C］//中国土木工程学会2021年学术年会论文集，2021：25-26

[2] 刘新伟，张亚东，王豪，李盼. 基于模块化MIC整体卫生间的装配式集成设计分析［C］//中国土木工程学会2021年学术年会论文集，2021：23-24

[3] 李清朋. 装配式混凝土结构的低碳化与数字化建造研究展望［C］//中国土木工程学会2020年学术年会论文集，2020：13

[4] 刘新伟，薛建新，廖逸安，张亚东，刘军启. 基于某旧村改造工程的装配整体式楼梯间研究与应用［J］. 节能，2019，38（11）：4-7

[5] 王化杰，钱宏亮，范峰，雷炎祥，白樵，李洋. 多层装配式模块住宅结构方案分析及优化研究［J］. 建筑结构学报，2016，37（S1）：170-176

[6] 姚文杰. 基于模块化装配式混凝土结构关键节点连接技术研究与应用［D］. 安徽理工大学，2017

[7] 刘学春，任旭，詹欣欣，张艳霞. 一种盒子式模块化装配式钢结构房屋梁柱节点受力性能分析［J］. 工业建筑，2018，48（5）：62-69

[8] 张亚东，张再路，袁廷威. 基于ABAQUS的冲击荷载作用下钢柱瞬态响应的有限元数值模拟［J］. 湖南城市学院学报（自然科学版），2019，28（4）：6-10

[9] 韩赟聪. 模块化低层装配式住宅设计研究——以济南西张村项目为例［D］. 山东建筑大学，2018

[10] 刘新伟，薛建新，廖逸安，刘军启，张亚东. 装配式叠合外墙的设计-生产-施工技术研究 [J]. 建筑节能，2020，48 (3)：161-165
[11] 谷昊，黄莉萍. 干法连接全装配式结构的探索 [J]. 建筑结构，2020，50 (S2)：408-412
[12] 吴睿骁，王磊，刘士英，刘洋，梁汝鸣. 装配式建筑设计中若干问题讨论 [J]. 建筑结构，2019，49 (S1)：878-880

作者简介：刘新伟 (1976—)，男，硕士，高级工程师。主要从事装配式建筑、工程管理方面的研究。
张亚东 (1990—)，男，硕士，工程师。主要从事装配式建筑、结构工程抗震等方面的研究。
刘军启 (1989—)，男，硕士，工程师。主要从事装配式建筑、建筑材料等方面的研究。

单边自由叠合板力学性能分析方法研究

王　龙　方自奋
（中海企业集团厦门公司，福建 厦门，361024）

摘　要： 单边自由叠合板是工程中常见的一种结构构造，其三边支撑条件在构造上较为复杂。本文以中海国贸某地块项目为例，利用数值分析技术和荷载试验方法，对某块三边支撑板进行了对比性研究。提出了有限元分析的简化模型，分析该楼板在正常使用极限状态荷载作用下的应力和变形情况，将有限元模拟结果与静载试验结果进行对比，验证了该简化方法的可行性和正确性，并进一步研究分析了三边支撑的钢筋混凝土楼板在运营期间的应力分布和变形情况。本文对于该类工程结构在正常使用极限状态运营期间的安全性研究具有一定的理论意义和工程应用价值。
关键词： 钢筋混凝土板；三边支撑板；有限单元法；荷载试验

A study of simplified method of finite element analysis of three-side-support slab

Wang Long　Fang Zifen
（China Overseas Property Group（Xiamen）Co.，Ltd.，Xiamen 361024，China）

Abstract： In order to study the distribution of stress and situation of distribution，this paper，based on a project of Xiamen，performed a series of numerical analysis and static load test upon a three-side-support plate. On the one hand，this paper simulated the boundary conditions of three-side-support slab，which means three sides are consolidated and one side is free end. Thus，the process of modeling is simplified. On the other，this paper compared the results of numerical analysis and static load test and figured the stress，deformation and crack situations to prove the feasibility of validity of the simplified method. Besides，the security under serviceability limit states of the slab is proved，which provides a reference to engineering.
Keywords： reinforced concrete slab；three-side-support slab；finite element method；load test

引言

钢筋混凝土由两种物理性质完全不同的物质——钢筋和混凝土组成，是最常见的一种加筋混凝土形式。首先，钢筋和混凝土材料的线膨胀系数相近，不会由于环境不同导致结构内部应力过大。其次，钢筋和混凝土之间的粘结力良好，钢筋表面的肋条还可以提高其与混凝土之间的机械咬合。因此，学者们对钢筋混凝土板研究越来越深入。童申家建立了钢筋混凝土分层组合模拟的单元刚度矩阵，以考虑混凝土在双向受力时的非线性特性[1]。张颖对相同规格的不锈钢钢筋混凝土板和普通钢筋混凝土板进行了荷载试验和疲劳试验，结果表明，不锈钢钢筋混凝土板的力学性能优于普通钢筋混凝土板，且选用不锈钢钢筋能有效解决钢筋腐蚀的问题[2]。李鹏对复杂几何形状、边界条件及配筋形式的钢筋混凝土板进行了荷载试验，并根据有限单元法采用四节点十二自由度的矩形单元计算钢筋混凝土板[3]。刘立渠利用有限元软件模拟了钢筋混凝土板的冲切破坏，并通过调整试件材料参数、几何参数和边界条件等变量，设计试验进行对比，结果表明利用 ANSYS 对钢筋混凝土板进行抗冲切设计效果较好[4]。汪红军对冷轧双翼变形钢筋混凝土双向板进行了荷载试验，并利用 ANSYS 软件进行了结构模型竖向荷载作用下的非线性全过程分析，对比结果表明 ANSYS 程序能比较精确地模拟钢筋混凝土板的受力情况[5]。可见，材料属性和力学特性是学者们对钢筋混凝土进行研究的重点方向，有限单元法是研究钢筋混凝土板时最常用的方法之一。

三边支撑板的三边简支或嵌固，另一边为自由端，这种设计在住宅中十分常见。本文将三边支撑板结构的边界条件进行简化，以约束条件代替支撑梁和剪力墙，并以某块三边支撑板为例，对其进行荷载试验，将试验结果与有限元模拟结果进行对照，以验证该简化方法的正确性。

1 工程概况

中海国贸某地块建筑主要结构形式为剪力墙结构，该项目采用一体式预制卫生间底板，局部卫生间的预制梁与预制叠合板存在天然拼缝，该处叠合板受力工况为三边固接，一边自由端。楼板混凝土强度为 C30，钢筋采用 HRB400，正常使用阶段活载为 2.0kN/m²。楼板总厚度为 130mm，其中预制板厚度为 60mm，现浇板厚度 70mm，开间尺寸为 2600mm×3400mm（边板混凝土梁、剪力墙轴线间距），结构平面布置、配筋情况及局部节点大样如图 1～图 3 所示。

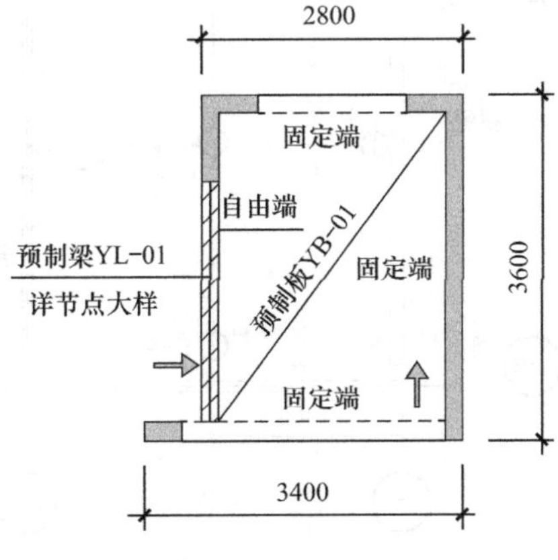

图 1 结构平面图

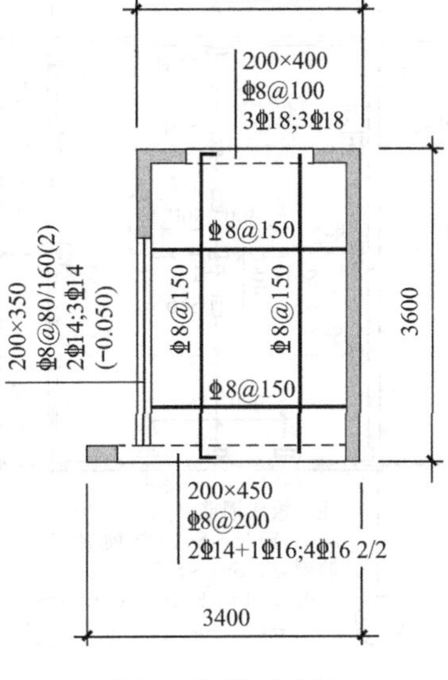

图 2 结构配筋图

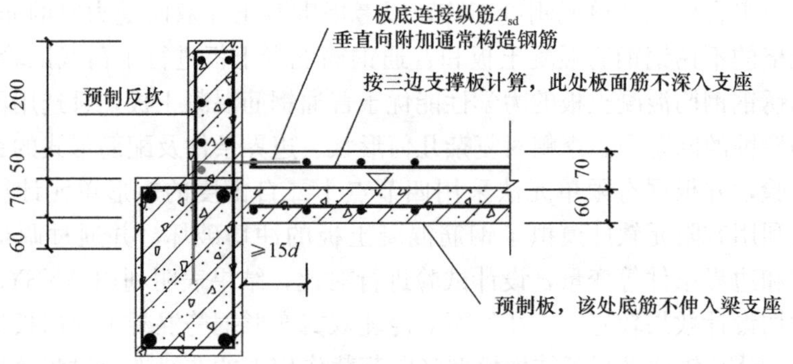

图3　局部节点大样图

2　结构试验研究

为工程各方提供可靠的参数，验证结构的受力性能是实际工程中不可缺少的重要环节。其中主要参数包括楼板结构在正常使用极限状态下的荷载作用下的应力、变形（挠度）和裂缝情况，而试验是研究这些参数并进行各种评价应用过程中最可靠也是最常使用的方法之一。

为了研究该类楼板的受力特性，充分考虑边界条件及其受力特点，设计了荷载试验进行研究。

2.1　测点布置

应力测试采用BX120-5AA（5X3）电阻应变片、DH3819无线静态应变测量分析系统，共设置16个应力测试测点（S-1～S-16）。应力测点布置见图4。

挠度测试采用百分表，在板跨中及周边各边界中点布设挠度测点，共设置5个测点（D-1～D-5）。挠度测点布置见图5。

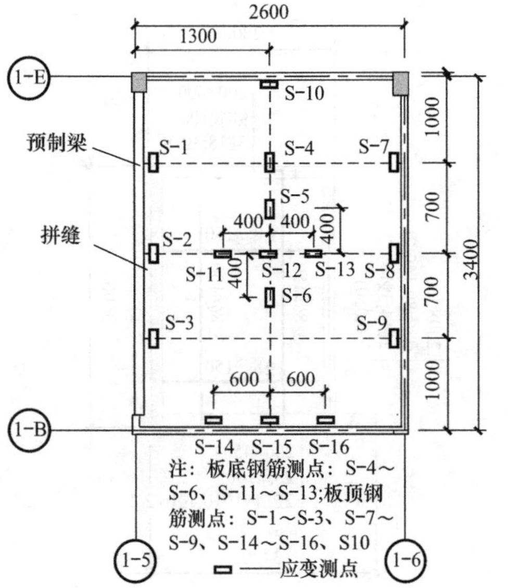

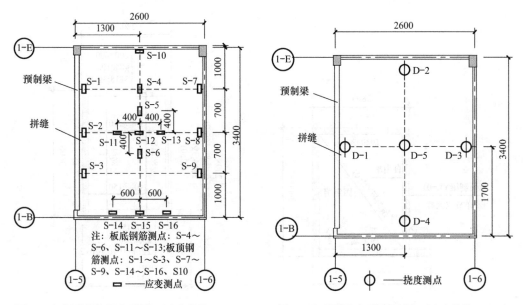

图4　应力测点布置布置图（尺寸单位：mm）

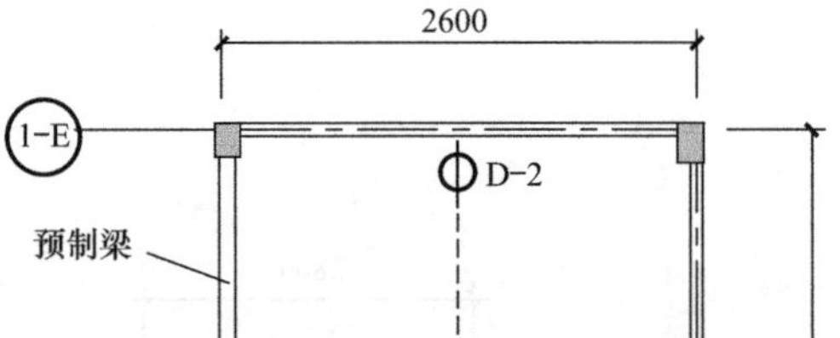

图5　挠度测点布置布置图（尺寸单位：mm）

2.2 加载方案设置

根据实际工程情况，试验楼板设计活荷载取 2.0kN/m^2，后期装修恒荷载取 1.5kN/m^2；钢筋混凝土密度取 25kN/m^3，板厚为 130mm；准永久值系数为 0.4。基于现场试验条件，静载试验按均布荷载进行检验性短期静力加荷正常使用状态试验。外加检验荷载值为：

$$Q = 2.0 \times 0.4 + 1.5 = 2.3(\text{kN/m}^2) \tag{1}$$

试验采用袋装砂袋进行分级加荷，在使用状态短期试验荷载值前，每级加载数值不大于使用状态短期试验荷载值的 20%；超过使用状态短期试验荷载值后，每级加载数值不大于使用状态短期试验荷载值的 10%；对于接近检验终止加载荷载值时，每级加载数值不大于使用状态短期试验荷载值的 5%。在 100%S_S 荷载等级下持荷 24h，122%S_S 荷载等级下持荷 1h，其余各级加荷完成后持荷 10min。

每级持荷完成后读取各百分表数值，测读每条控制裂缝的宽度，观察楼板可能出现新裂缝，并观察记录已有控制裂缝端部的开展情况。加载终止后第一级卸载至 100%S_S，持荷 10min，读取百分表读数和裂缝宽度，第二级卸完所有外加试验荷载，待 30min 后，再读取百分表读数和裂缝宽度、应变值。

3 有限元分析

有限元分析是最基本的结构分析手段之一，能求解更复杂的结构，而且不受问题的性质和题目规模的限制，其通用性更强。但有限元模拟对计算机硬件及模型的可靠性要求较高，因此常使用试验进行对比，验证其有效性后进一步研究获得更丰富的工程参数。

考虑到该三边支撑楼板的全部荷载由边板混凝土梁和剪力墙承担，三者共同作用。当楼板由于荷载作用产生相对于梁或剪力墙的位移或变形时，会受到梁和剪力墙的约束而使楼板不会产生自由变形，本文将该约束条件作为有限元模型的边界条件，而不建立梁和剪力墙的有限元模型，以简化建模过程。楼板自由端只约束竖向位移，固定端约束竖向和沿楼板向的位移。

为了准确地模拟钢筋混凝土板的力学特征，钢筋混凝土模型采用分离式模型，将混凝土和钢筋划分为不同的单元，混凝土采用 Solid65 单元模拟，钢筋采用 Link180 单元模拟。引入材料本构关系和破坏准则：(1) 考虑到极限塑性应变最大值为 0.01，钢筋本构模型采用 KINH 多线性模型，初始弹性模量为 20000MPa，强化系数为 0.001；(2) 混凝土本构模型选用各向同性的 MISO 模型，用 5 段折线模拟混凝土应力应变曲线（图 6～图 8）。

4 对比分析

4.1 位移比较分析

本次检验按楼板的荷载进行控制，基本分为 12 级加载，外加荷载逐级增加到 3.5kN/m^2。在 ANSYS 中模拟同样的加载工况，外加荷载为 Q 时楼板有限元模型竖向位移云图如图 9 所示。

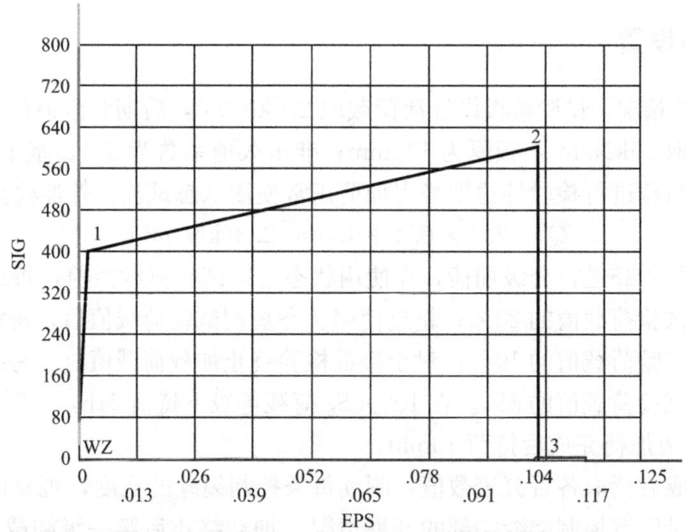

图6 钢筋的应力-应变关系曲线

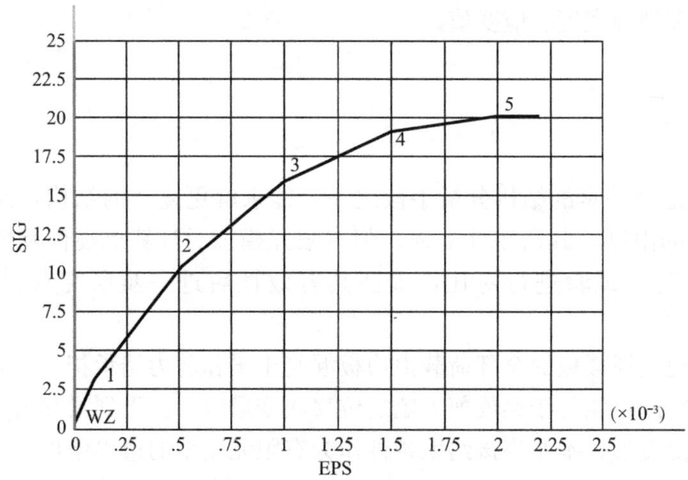

图7 混凝土的应力-应变关系曲线

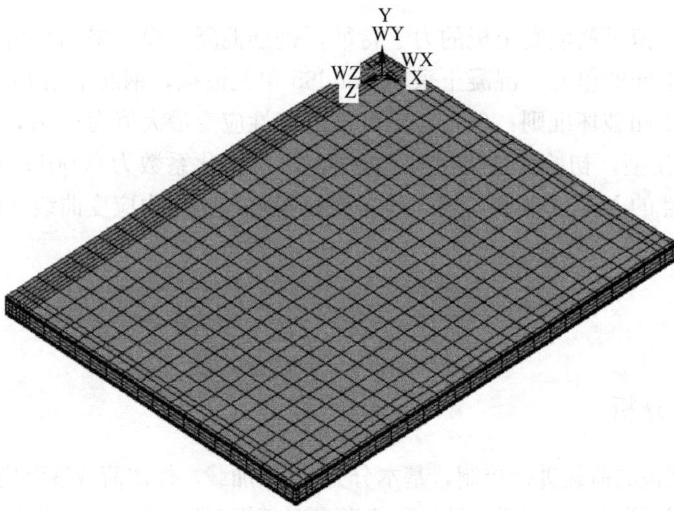

图8 钢筋混凝土楼板有限元模型

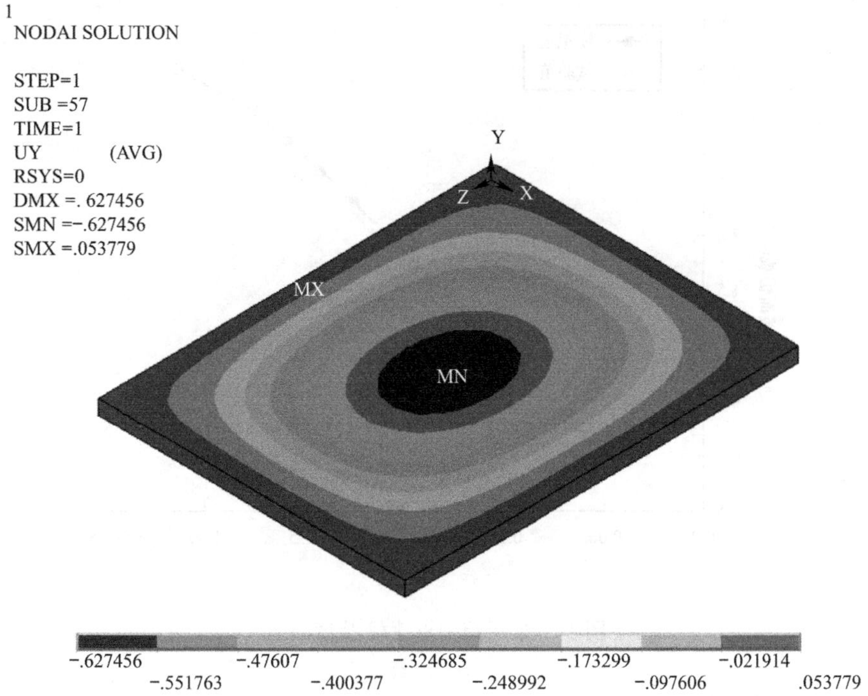

图 9 楼板竖向位移云图

各级荷载作用下楼板跨中挠度的试验值和模拟值对比见表 1，表中误差为 100%×(模拟值－试验值)/模拟值。

楼板跨中挠度 **表 1**

楼面活载（kN/m²）	试验值（mm）	模拟值（mm）	误差
0	0	0	0
0.36	0.10	0.096	－4.17%
0.64	0.16	0.171	6.43%
0.91	0.28	0.243	－15.23%
1.19	0.36	0.318	－13.21%
1.47	0.44	0.397	－10.83%
1.75	0.50	0.474	－5.49%
2.02	0.58	0.549	－5.65%
2.30	0.65	0.627	－3.67%
2.58	0.72	0.712	－1.12%
2.86	0.81	0.796	－1.76%
3.13	0.85	0.874	2.75%
3.50	0.89	1.071	16.90%

由挠度测试结果可知：由 ANSYS 计算的板中点的荷载-挠度曲线与荷载试验结果比较符合，在满载 3.5kN/m² 时挠度误差较大。

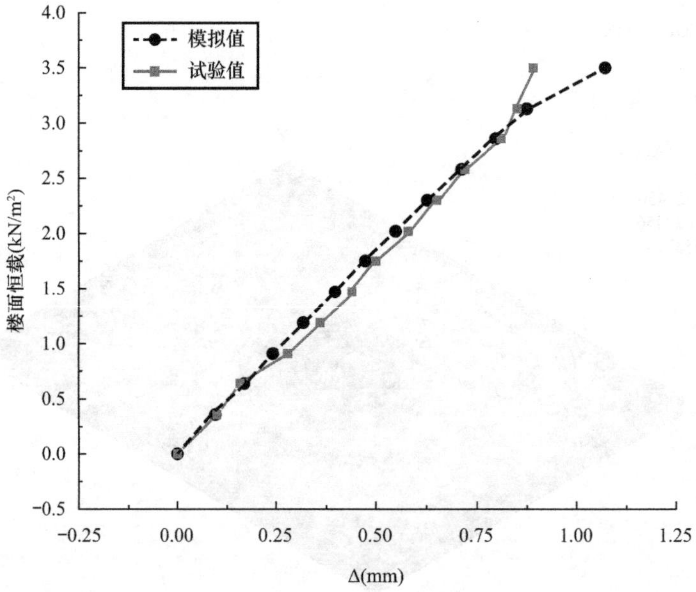

图 10 楼板跨中点荷载-挠度曲线

4.2 应力测试结果

满载 3.5kN/m^2 作用条件下楼板有限元模型钢筋应力图见图 11，钢筋应力的有限元模拟值与荷载试验值对比见表 2 和图 12。

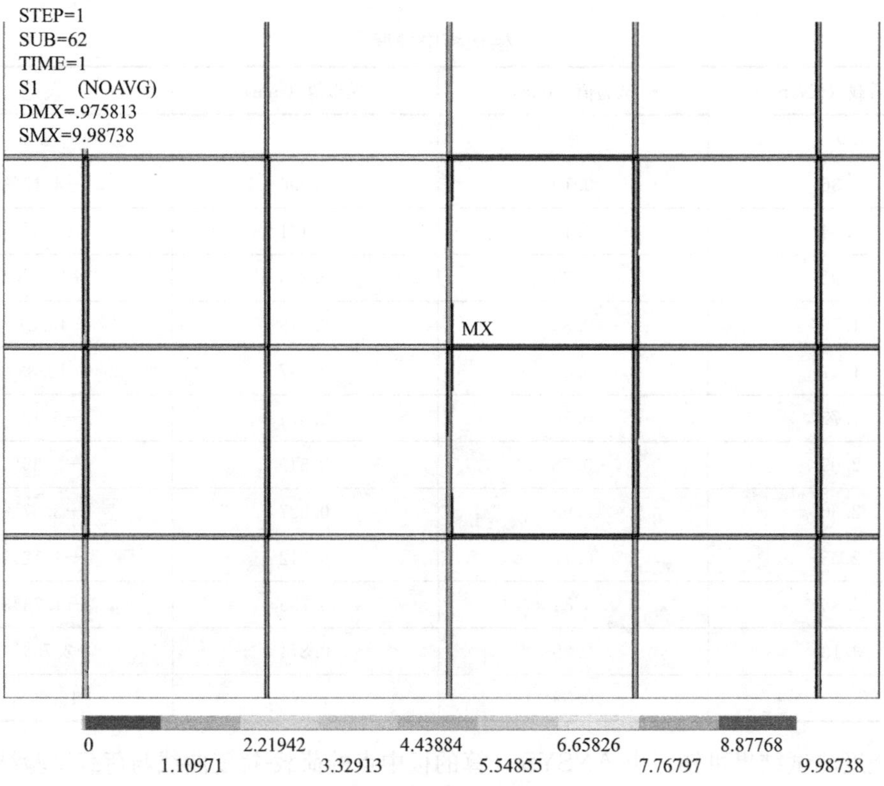

图 11 局部钢筋应力云图

楼板钢筋应力值 表 2

测点	试验值（MPa）	模拟值（MPa）	误差
S-1	5.2	5.45	−4.59%
S-2	4.8	5.11	−6.07%
S-3	5.8	5.96	−2.68%
S-4	6.4	6.66	−3.90%
S-5	6.8	6.65	2.26%
S-6	7.4	7.77	−4.76%
S-7	4.4	4.43	−0.68%
S-8	4.2	4.37	−3.89%
S-9	5	5.14	−2.72%
S-10	5.4	5.54	−2.53%
S-11	8	8.32	−3.85%
S-12	8.6	8.88	−3.15%
S-13	9.4	9.99	−5.91%
S-14	5	5.26	−4.94%
S-15	5.6	5.81	−3.61%

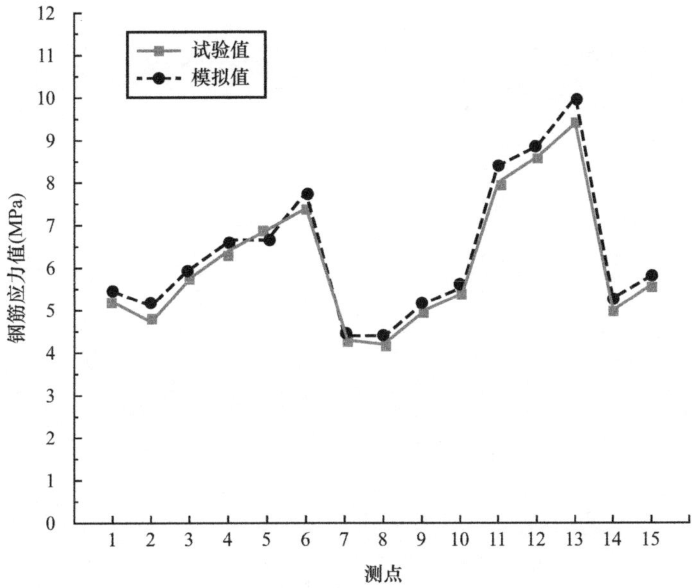

图 12 钢筋应力值对比

由应力测试结果可知：满载作用下由 ANSYS 计算的钢筋应力分布与荷载试验结果较为吻合。ANSYS 计算结果比试验结果偏大，原因可能为荷载试验采用砂袋压重，砂袋分布较为集中，无法做到均布在楼板顶面。

5 结论

本文对三边支撑板的边界条件进行简化，以简化剪力墙和支撑梁的建模过程，使用 ANSYS 程序建立钢筋混凝土三边支撑板有限元模型，并将计算结果与荷载试验结果进行对比，得出如下结论：

(1) 对楼板从 0 到 3.5kN/m² 分 12 级进行加载，有限元分析计算的荷载-挠度曲线和荷载试验得到的荷载-挠度曲线吻合情况较好；

(2) 对满载 3.5kN/m² 下的钢筋应力分布进行分析，有限元计算得到的钢筋应力云图与荷载试验结果相符；

(3) 挠度测试结果与应力测试结果表明，本文对三边支撑板边界条件进行简化的方法是正确的，且采用 ANSYS 模拟钢筋混凝土板受力情况可以取得较为满意的结果。

参考文献

[1] 童申家，姚伟军，粟海涛，等. 钢筋混凝土板非线性有限元分析 [J]. 西安建筑科技大学学报：自然科学版，2007，39 (3)：6

[2] 张颖. 不锈钢钢筋混凝土板疲劳性能试验研究 [D]. 广东工业大学，2014

[3] 李鹏. 钢筋混凝土板的弹塑性有限元分析 [D]. 西安建筑科技大学，2008

[4] 刘立渠. 钢筋混凝土板抗冲切的有限元计算研究 [J]. 建筑科学，2007，23 (1)：5-9

[5] 江红军. 钢筋混凝土双向板受力性能及承载力计算的试验研究 [D]. 东南大学，2005

复杂框支转换层结构性能化设计与实体有限元分析

何智威[1]　刘大伟[1]　刘　旭[2]　王杰洋[1]
（1. 广州荔安房地产开发有限公司，广东 广州，510380；
2. 广州瀚华建筑设计有限公司，广东 广州，510655）

摘　要：以广州海珠区中海观澔府项目为案例，本建筑为一栋高度为116.2m的超高层住宅楼，存在高度超限、扭转不规则、凹凸不规则、局部不规则等超限情况，采用部分框支剪力墙结构体系。本文着重对其复杂框支转换层结构设计进行了介绍，该设计中采用了基于性能的抗震设计方法，对转换层结构进行大震作用下的弹塑性时程分析、框支框架实体有限元分析。分析结果表明：框支转换层抗震性能设计能达到性能C的目标等级。
关键词：超高层住宅；抗震性能目标；钢筋混凝土转换梁；实体有限元

Performance-based design and solid finite element analysis of a complex frame-supported transfer structure

He Zhiwei[1]　*Liu Dawei*[1]　*Liu Xu*[2]　*Wang Jieyang*[1]
(1. Guangzhou Lian Real Estate Development Co., Ltd., Guangzhou 510380, China;
2. Guangzhou Hanhua Architects+Engineers Co., Ltd., Guangzhou 510655, China)

Abstract: Taking Zhonghai Guanhao mansion project as an example, this building is a 116.2m high super high-rise residential building. There are out-of-code conditions including height exceeding code limitation, irregular torsion, irregular concave convex and local irregularity. Partial frame supported shear wall structure system is used. This paper focus on the introduction of its complex frame-supported conversion layer structure design. The performance-based seismic design method is adopted, elastic-plastic time-history analysis under the action of rare earthquake, and solid finite element analysis are carried out on its complex frame-supported conversion layer structure. The results show that the seismic performance of the whole structure and its components can reach the goal grade of performance C.
Keywords: *super high-rise residential building; seismic performance target; reinforced concrete transfer beam; solid finite element*

1　工程概况

中海观澔府项目位于广州市海珠区石岗路，用地面积为32594m^2，总建筑面积为65245.3m^2，由3栋住宅楼（1～3号楼）组成。地下3层，主要功能为车库和设备用房；

图1 建筑效果图

地上36层，结构总高度为116.2m，主要功能为住宅。本文以3号楼的复杂框支转换层为分析对象。3号楼首层为架空层，层高8.0m，局部13.5m；8层、24层为避难层，层高分别为3.2m、6.0m；2～7层、9～23层、25～36层为住宅标准层，层高均为3.0m。结构高宽比X向为4.4，Y向为4.6，建筑效果图见图1。

根据相关规范[1-3]，本工程结构设计使用年限为50年，结构安全等级为二级，抗震设防类别为丙类，抗震设防烈度为7度，设计基本地震加速度为0.10g，设计地震分组为第一组。场地类别为Ⅱ类，特征周期为0.35s，设防地震影响系数最大值为0.23。基本风压为0.5kN/m^2，用于承载力设计的风压取基本风压的1.1倍，地面粗糙度类别为C类，建筑体形系数μ_s＝1.40。转换梁、框支柱提高至特一级，其余位置抗震等级按《高层建筑混凝土结构技术规程》DBJ/T 15-92—2021（以下简称《高规》）[4]第3.9.4条执行。

2 转换层结构布置与结构体系分析

综合考虑建筑功能、立面造型、抗震抗风性能要求、施工周期、寿命期维护以及土建造价等因素，塔楼采用部分框支剪力墙结构体系。转换层结构布置和模型图分别如图2、图3所示。图2中实体阴影填充部分为转换上部墙体布置，浅色阴影填充部分为落地框支柱，网格填充部分为转换梁。为满足建筑功能以及设备管线布置空间需要，转换层层高3000mm，转换上层为住宅，层高3000mm。转换层墙柱混凝土强度等级采用C60，转换层梁板采用C50。典型混凝土框支柱尺寸700～1300mm。转换主梁宽度为500mm、800mm和1000mm，高度为1000mm。本工程转换层布置有如下特点：

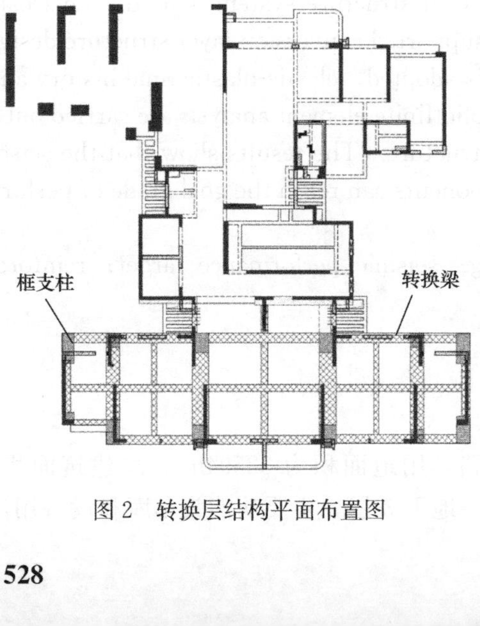

图2 转换层结构平面布置图

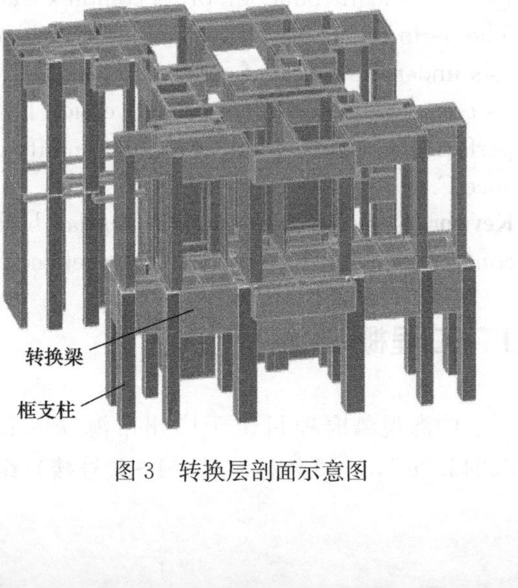

图3 转换层剖面示意图

(1) 核心筒剪力墙落地，其余剪力墙均不落地，通过转换层进行转换。部分剪力墙需通过转换次梁支承在转换主梁上，即存在二次转换现象。

(2) 部分X向梁与Y向梁端部连成一体，既作为X向梁受力又作为Y向梁端部的扩宽截面承担较大剪力，同时承受双向作用等较复杂的情形。

(3) 为满足建筑功能需要，部分框支梁中心与其支承的部分剪力墙中心不能重合，使框支梁需承担较大的附加扭矩。

(4) 对于X向剪力墙偏少形成框架-剪力墙结构问题，采用X向翼缘短墙肢和端柱按框架柱进行抗震构造加强的措施。

3 性能目标与计算参数

本工程属于抗震超限高层建筑，超限类型为高度超限，另有扭转不规则、凹凸不规则、局部不规则和构件间断四项体型不规则项。根据《高规》[4]第3.11节相关内容，设定本结构的抗震性能目标为C，抗震性能化设计采用二阶段二水准的验算方法，即中震下结构构件满足水准3，大震下结构构件满足水准4。不同地震水准下的结构、构件性能水准见表1。

结构及构件抗震性能目标 **表1**

地震水准		中震	大震
性能目标等级		C	
性能水准		3	4
结构宏观性能目标		轻度损坏	中度损坏
关键构件	局部框支框架	［基本弹性］按《高规》[4]取η=1.15，ξ=0.87（弯、拉）、0.74（压、剪）	正截面：不屈服，变形不超过无损坏（B1、C1），斜截面：不屈服

4 结构转换层分析结果

4.1 框支柱、转换梁罕遇地震时程分析

本工程的罕遇地震弹塑性时程分析采用Perform-3D有限元软件进行。将YJK结构设计模型与Perform-3D有限元分析模型进行动力特性对比：模型质量一致，前三周期最大误差4.92%，两个力学模型动力特性基本一致。从多条天然地震波和人工地震波中，选取符合规范规定最小有效持时、地震波平均谱在前三周期处与规范反应谱统计意义相近的要求，并从中选出基底内力和总地震能量相对较大的2条天然波和1条人工波。采用X、Y双向时程分析，并按照主、次向地震波强度比以1∶0.85输入，罕遇地震动作用下峰值加速度取220g，对结构进行大震弹塑性时程分析。

三条地震波作用下Perform-3D分析结果表明，罕遇地震动作用下结构X、Y向最大层间位移角分别为1/289、1/263；X、Y向最大基底剪力为13622kN、15959kN，其与中震X、Y向最大基底剪力之比最大为1.93、1.53；从能量耗散图可以看到，X、Y向最大滞回耗能约占总耗能17.63%、23.35%，处于低等非线性耗能状态。其中，转换层X、Y

向最大层间位移角分别为1/609、1/980，远小于《高规》[4]3.9.6条性能C要求1/65限值。罕遇地震动作用下结构整体分析表明：结构进入弹塑性阶段后仍有一定的抗侧刚度，并未出现结构整体或局部倒塌情况，可以实现规范对结构“大震不倒”的抗震设防目标。

罕遇地震作用下结构响应如图4所示，转换层普通竖向构件正截面复核中仅有0.27%构件处于“轻微损坏”，斜截面复核中有3.78%进入非线性，其中0.20%处于“抗剪极限”，故满足正截面不超过“中度损坏”的性能目标、斜截面验算满足“抗剪最小截面”的要求。转换层连梁、框架梁等耗能构件正截面复核中5.56%结构构件处于轻微损坏状态，其余均处于无损坏状态且未发生失效；斜截面复核中12.96%耗能构件进入非线性状态，其中3.7%构件处于抗剪极限，其余均为抗剪不屈服。连梁先行屈服形成“铰”机制有重要意义，其进入塑性状态后，一方面使整体结构刚度退化，有效地降低了整体结构和剪力墙所承受的地震作用，另一方面通过自身的塑性变形耗散了较大部分的地震能量，实现作为第一道设防体系消能和保护墙肢的目的，是其“保险丝”功能得以实现的体现。

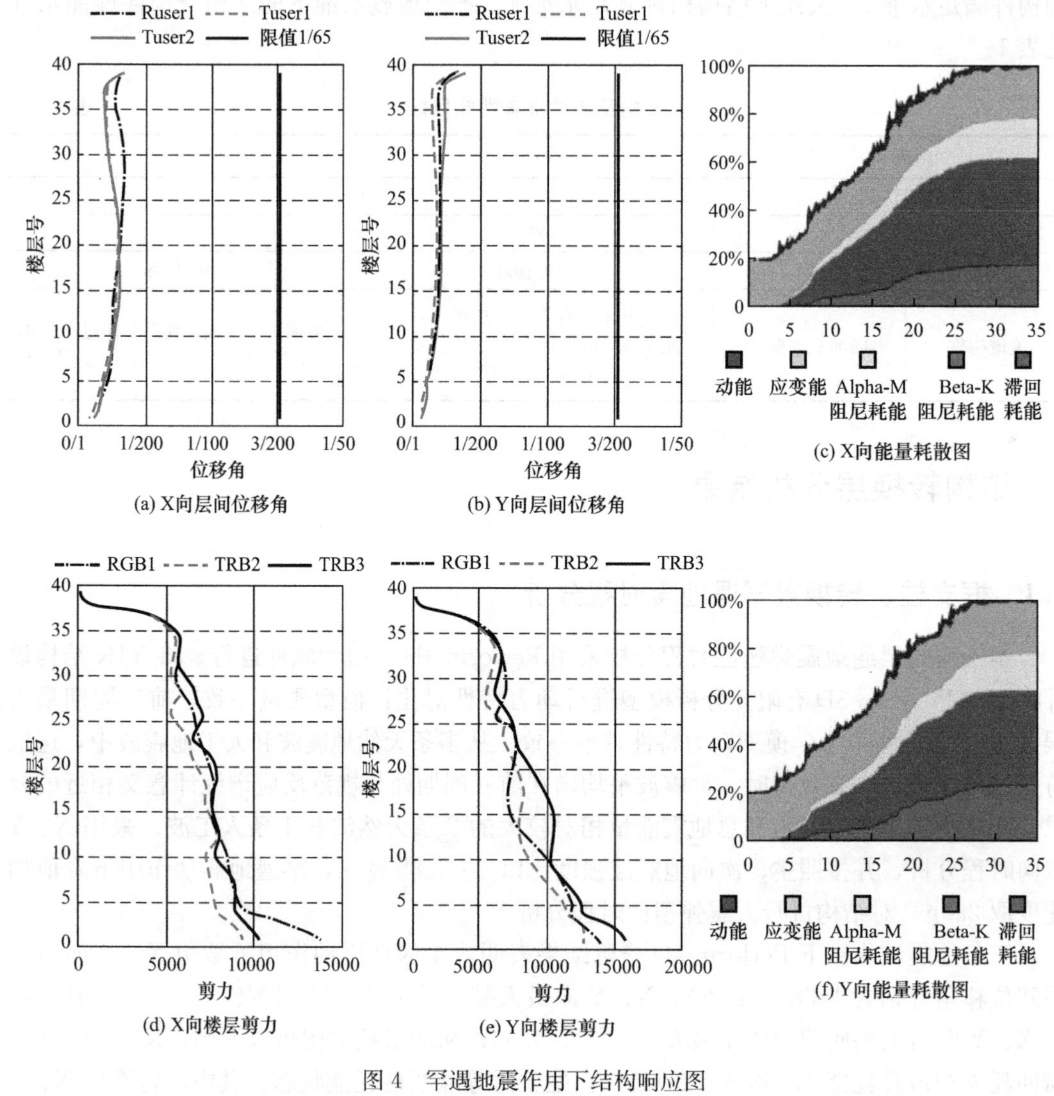

图4 罕遇地震作用下结构响应图

结构设计过程中，结构的抗震性能与结构的损伤程度及屈服耗能机制息息相关。为保证结构在罕遇地震作用下的抗震性能，转换梁、框支柱必须具有合理的屈服模式及能量耗散机制。采用《高规》[4]对转换层进行加强措施：转换层转换梁以及转换层到基底范围内的转换柱全部设为“关键构件”，转换梁、转换柱重要性系数提高到 1.10，同时，抗震等级提高至特一级，以保证其在遭受罕遇地震时能够提供足够的强度。大震作用下，混凝土柱、梁的正截面、斜截面状态见图 5、图 6。由图可见，框支柱、框架柱的抗剪、抗弯全部处于弹性状态，罕遇地震下转换结构仍具有足够强度及合理的耗能机制，满足性能 C 要求的正截面复核不屈服、斜截面复核不屈服的抗震性能目标。

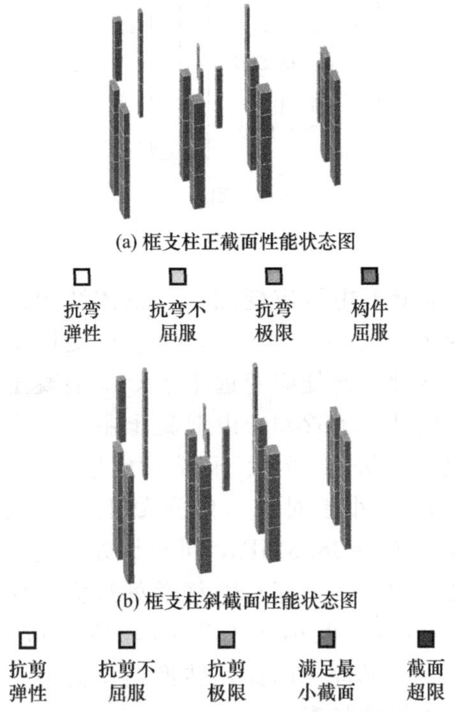

图 5　框支柱性能状态包络图

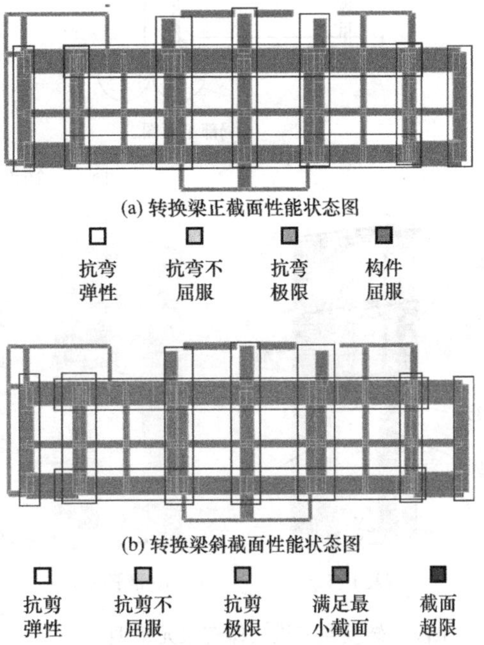

图 6　转换梁斜截面性能状态包络图

4.2　结构转换层的三维实体模型对比分析

4.2.1　模型建立

本工程为梁式转换结构，转换梁受力复杂，采用 YJK 软件进行整体计算时不能全面模拟转换梁的真实受力状态。为进一步了解转换层结构构件的受力状态，及转换结构的承载力或损伤程度是否满足设定的抗震性能目标，采用 Midas FEA 建立转换层局部转换结构三维实体模型，研究范围为轴 3-14～3-15 转换梁、柱及剪力墙，平面、立面见图 7，三维实体模型见图 8。

通过对中震各荷载工况组合及正常使用阶段各荷载工况组合比较，选取最不利荷载工况“$1.3D+1.5L$”；大震作用效应组合中，偏于安全地选取最不利荷载组合“$D+0.5L-EX$”；将最不利工况和荷载组合下墙肢底部内力作为荷载施加在模型顶部墙位。

4.2.2　有限元分析结果

(1) $1.3D+1.5L$ 组合下的计算结果

整体模型的混凝土应力图、应变图和钢筋应力图如图 9 所示。

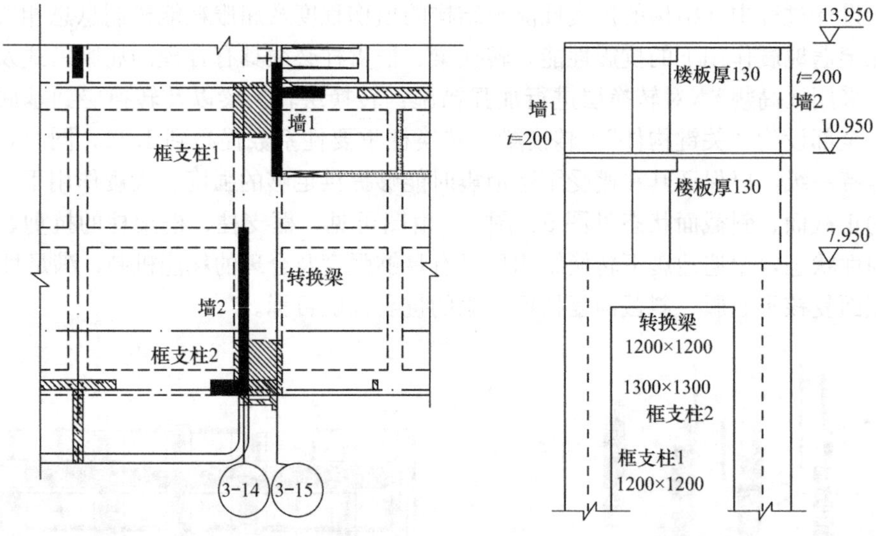

(a)局部平面图　　(b) 局部立面图

图 7　转换层分析局部图

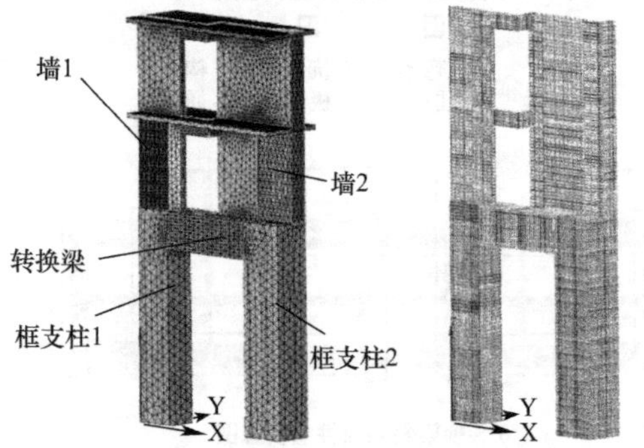

(a) 混凝土部分　　(b)钢筋部分

图 8　转换层三维实体有限元模型

由混凝土主压应变图知，整体结构最大压应变为 $\varepsilon_{3,\max}=0.00056$，位于框支柱 1 与墙 1 连接处，此处应变远小于 C60 混凝土的峰值压应变 0.00203；由混凝土主压应力图知，其对应的最大压应力为 $\sigma_{3,\max}=20.94\text{MPa}$，小于对应等级混凝土的抗压强度标准值 $f_{ck}=38.5\text{MPa}$，可见该处混凝土受压仍处于弹性。上部 C30 楼盖处最大压应变为 0.000451，也小于 C30 的峰值压应变，亦处于受压弹性。因此，转换结构混凝土受压均处于弹性状态。

由混凝土主拉应变图知，整体结构绝大部分混凝土均未开裂，仅个别部位开裂。由于混凝土在正常使用状态下常常处于带裂缝工作状态，同时，设计主要考虑由钢筋承受拉力而忽略混凝土的贡献，开裂对转换结构受力分布状态的不利影响较小；由钢筋应力图知，整体结构钢筋最大拉应力为 107.6MPa，位于上部梁支座面筋处，最大压应力为 140.9MPa，位于框支柱 1 与墙 1 连接处，均小于钢筋屈服强度标准值 400MPa，所有钢筋均未屈服仍处于弹性。

由转换梁的钢筋混凝土应力应变可知，微裂缝主要分布在转换梁受弯时的受拉区混凝土区域：梁底跨中，梁面支座。转换梁钢筋最大拉应力 28.54MPa，最大压应力 70.49MPa。上部剪力墙的钢筋混凝土应力出现在框支柱相接的端部支座压力部位，混凝土最大压应力为 20.94MPa，钢筋最大压应力为 141MPa，均处于弹性。

在最不利中震各荷载工况组合及正常使用阶段各荷载工况组合“$1.3D+1.5L$”工况下，采用《高规》[4]对转换层进行加强措施处理后，结构最不利位置位于墙 1 与柱 1 连接的节点区域。此区域在不利荷载工况下仍处于弹性工作状态，且存在一定的安全储备。因此，转换层主要结构构件均处于弹性状态能够提供良好的承载力特性和变形能力，能够满足中震下框支框架处于“基本弹性”的性能目标。

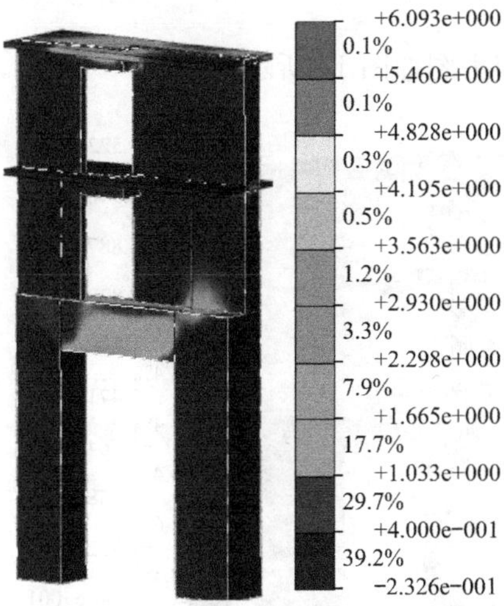

(a) 主拉应力

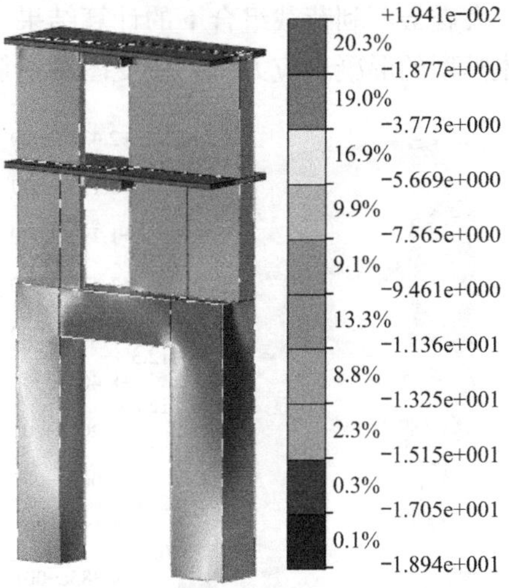

(b) 主压应力

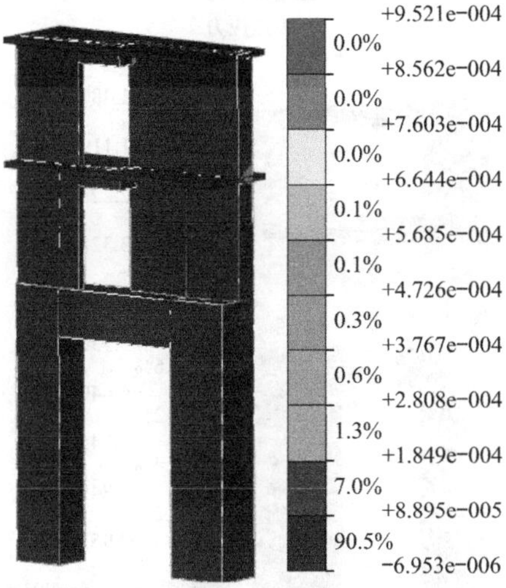

(c) 主拉应变

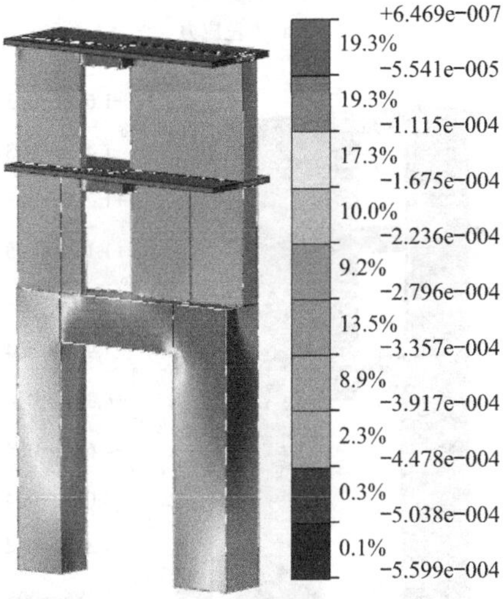

(d) 主压应变

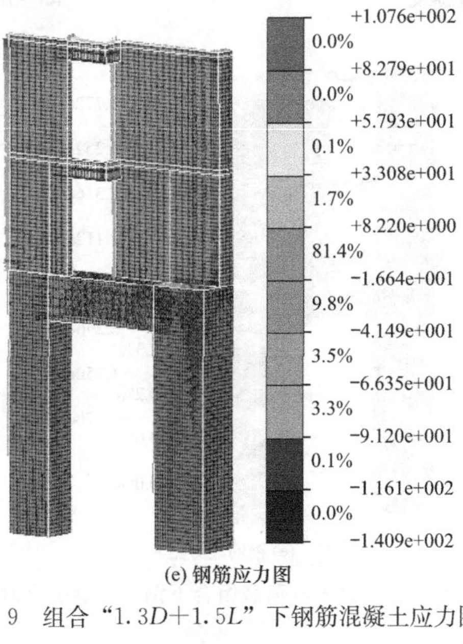

(e) 钢筋应力图

图 9　组合“1.3D+1.5L”下钢筋混凝土应力图

（2）大震最不利荷载组合下的计算结果

整体模型的混凝土应力图、应变图和钢筋应力图如图 10 所示。

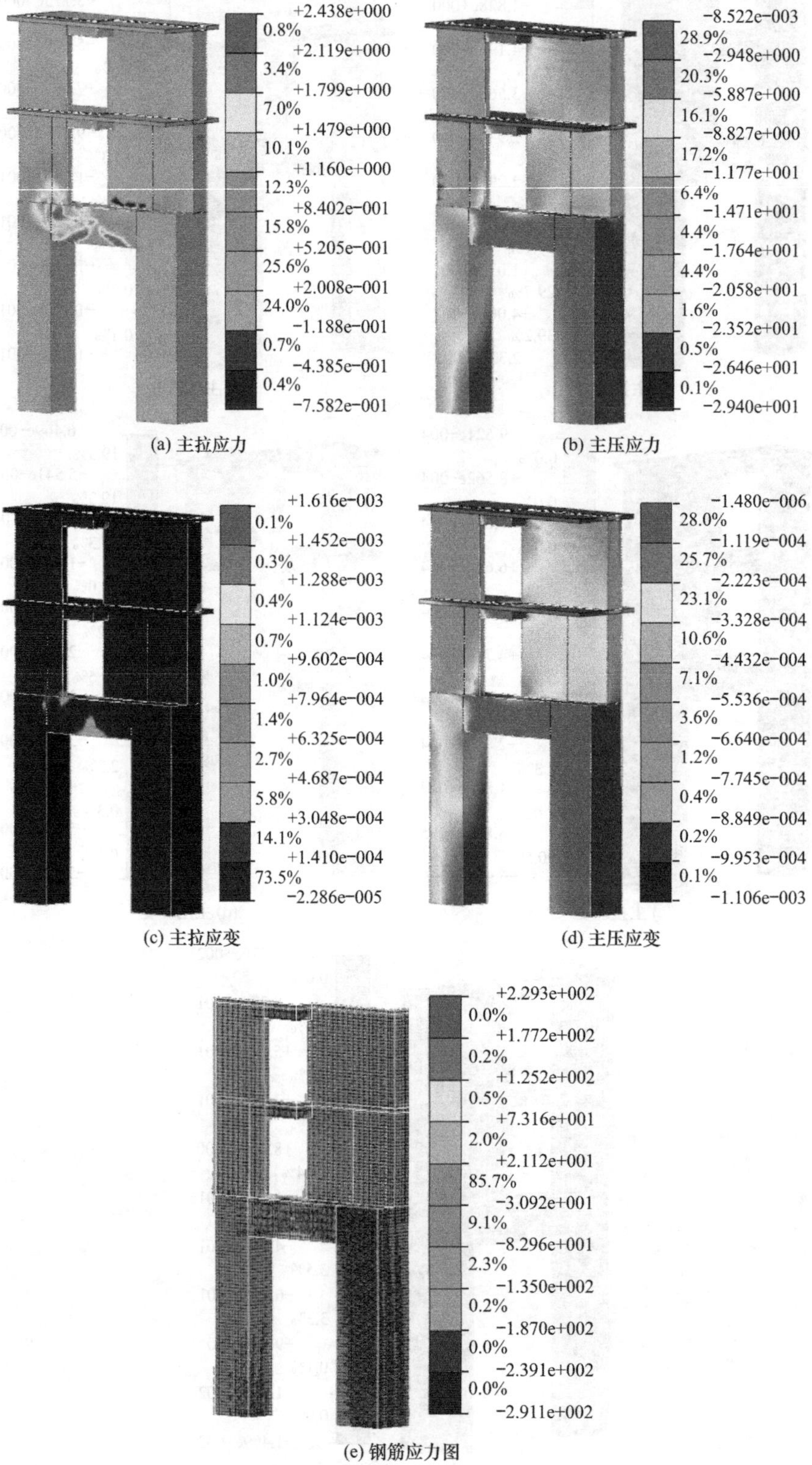

图 10　大震最不利荷载组合下钢筋混凝土应力图

由混凝土主压应变图知，整体结构最大压应变为 $\varepsilon_{3,\max}=0.0011$，位于框支柱 1 与墙 1 连接处，此处混凝土强度等级为 C60，故知应变小于峰值压应变 0.00203，混凝土仍处于弹性。上部 C30 楼盖处最大压应变为 0.00112，亦小于 C30 的峰值压应变 0.00164，亦处于受压弹性。故知转换结构混凝土受压均处于弹性状态。

由钢筋应力图知，整体结构钢筋最大拉应力为 229MPa，位于转换梁跨中处，最大压应力为 292MPa，位于框支柱 1 与墙 1 连接处，均小于钢筋屈服强度标准值 400MP，故知所有钢筋均未屈服。

由转换梁的钢筋混凝土应力应变可知，转换梁混凝土最大压应变为 0.000756，转换梁钢筋最大拉应力为 229MPa，最大压应力为 95MPa。

由上部剪力墙的钢筋混凝土应力应变可知，与框支柱相接的端部支座压力较大部位，混凝土最大压应变为 0.0011，混凝土处于弹性；钢筋最大压应力为 292MPa，未受压屈服。

在大震最不利荷载组合“$1.3D+1.5L$”下，采用高规[4]对转换层进行加强措施处理后，未出现混凝土受压破坏、钢筋拉压屈服的不利位置，框支框架均处于弹性工作状态，能够满足大震下框支框架处于“不屈服”的性能目标。

对满足现行规范要求的 YJK 计算结果中转换框支框架进行实体有限元分析结果表明：该局部转换结构在正常使用状态下和考虑中震组合的作用下钢筋与受压混凝土均处于弹性，在考虑大震组合的作用下满足钢筋不屈服混凝土不压溃，满足预设的性能目标要求，实际施工图设计时可按 YJK 计算结果进行设计配筋。

5 结论

本文对复杂框支转换层结构进行了罕遇地震下弹塑性时程分析和转换层的三维实体模型分析，结果表明：根据《高规》[4]进行抗震性能设计的要求，对框支梁、转换柱抗震性能进行相应加强，能够保证框支转换结构处于“弹性”“不屈服”性能状态，实现结构在罕遇地震作用下达到性能 C 的抗震性能目标。复杂框支转换层在中震最不利工况下均处于弹性，大震最不利荷载组合下满足预设的性能目标要求。

参考文献

[1] GB 50009—2012 建筑结构荷载规范 [S]. 北京：中国建筑工业出版社，2012
[2] DBJ 15-101—2014 建筑结构荷载规范 [S]. 北京：中国城市出版社，2015
[3] JGJ 3—2010 高层建筑混凝土结构技术规程 [S]. 北京：中国建筑工业出版社，2011
[4] DBJ/T 15-92-2021 高层建筑混凝土结构技术规程 [S]. 北京：中国城市出版社，2021

作者简介：何智威（1984—），男，工学硕士，高级工程师，主要从事工程结构设计方面的研究。

高层钢构居住塔楼刚度敏感性分析与优化设计

姜 江[1] 邵钰翔[1] 侯禹州[2,3]
(1. 中海企业集团上海公司，上海，200092；2. 同济大学结构工程学院，上海，200092；
3. 同济大学建筑设计研究院（集团）有限公司，上海，200092)

摘 要：当前我国为践行“双碳”目标，不断推进各项产业结构的调整。在住房及城乡建设方面，国家大力推广装配式建筑。支撑钢框架结构所有构件均在工厂预制并在现场拼装，是装配式建筑的良好备选结构体系之一，具有竖向构件面积占比小，且支撑可以灵活布置的优点。复杂的高层钢结构有较多的设计变量，根据前期的敏感性分析结果，可确定优化支撑的形式、数量及布置可高效地提升结构刚度，降低结构成本，节省优化时间成本。调整支撑的形式、数量及布置使结构在满足层间位移角限值的前提下达到理想的用钢量，是一个根据修改结果重分析再指导下一次修改直至结果收敛的过程，有效的重分析方法也可以降低计算次数，节省优化时间成本。在优化过程中，敏感性分析与重分析缺一不可。本文以高层支撑钢框架结构作为研究对象，将支撑按不同竖向分区、不同平面位置进行分组，分析结构整体在风荷载下的层间位移角对不同组别的支撑的敏感性程度，研究特定钢结构体系、特定设计约束、特定优化变量的重分析方法，以实现快速高效的优化设计。最后以某150m高层钢结构住宅为工程案例，验证针对风振刚度性能控制的高层钢结构的敏感性分析结果的正确性，及其优化设计中重分析方法的有效性和实用性。

关键词：装配式建筑；支撑钢框架结构；钢支撑优化设计；刚度性能敏感性分析；重分析方法

Stiffness sensitivity analysis and optimization design of high-rise steel residential tower

Jiang Jiang[1] *Shao Yuxiang*[1] *Hou Yuzhou*[2,3]
(1. China Overseas Property Group (Shanghai) Co., Ltd., Shanghai 200092, China;
2. Department of Structural Engineering, Tongji University, Shanghai 200092, China;
3. Tongji Architectural Design (Group) Co., Ltd., Shanghai 200092, China)

Abstract: At present, in order to achieve the “double carbon” strategic goal, China is constantly promoting the adjustment of various industrial structures. In housing and urban-rural development, China vigorously promotes prefabricated buildings. The braced steel frame structure is one of the excellent alternative structural systems for prefabricated buildings because all the structural members are prefabricated in the factory and assembled on site. The braced steel frame structure has the advantages of small proportion of vertical component area and flexible arrangement of steel brace. Complex high-rise steel structures have many design variables. Through sensitivity analysis of grouping of different types of components, it can be determined that optimizing the form, quantity and arrangement of steel braces can effectively enhance structural stiffness, reduce structural cost and save optimization time cost. Adjusting the form, quantity and arrangement of steel braces to achieve the ideal steel consumption on the premise of satisfying the limit of maximum inter-story drift is a process of re-analyzing the modified results and guiding the next modification until the results converge. An effective re-analysis method can also reduce the calculation times and save the time cost of optimization. In the optimization process, sensitivity analysis and reanalysis are indispensable. In this paper, high-rise braced steel frame structure is taken as the research object and the steel braces are divided into groups according to different vertical zones and different plane positions, to analyze the sensitivity of maximum inter-story drift under wind load to different groups of steel braces, and to study the reanalysis method of specific steel structure system, specific design constraints, and specific optimization variables, so as to achieve rapid and efficient optimization design. Finally, a 150m high-rise steel structure residence is taken as an engineering case to verify the correctness of sensitivity analysis results of high-rise steel structure for wind vibration stiffness performance control, and the effectiveness and practicability of re-analysis method in optimization design.

Keywords: prefabricated buildings; braced steel frame structure; steel braces optimization design; sensitivity analysis of stiffness performance; re-analysis method

引言

近些年，国家大力推广节能建筑，支撑钢框架结构作为装配式建筑的良好备选结构体系之一，越来越多地应用在高层住宅建筑的结构设计中。虽然设计人员选择了支撑钢框架结构，但从很多设计成果可以看出，设计人员还是在以混凝土结构的设计思路去设计钢结构。结构体系不同，控制性设计约束也不同，与设计约束对应的首位高敏感度构件也不同，加强低敏感度构件以期结构设计约束满足要求只会事倍功半，浪费工程成本。

从 20 世纪末开始，大量工程师及研究人员致力于发现和改进建筑物的结构优化设计以充分利用结构材料的性能，降低工程成本。其中敏感性分析和重分析是其中一项重要成果，通过建立结构构件尺寸与结构控制性设计约束之间的数学表达式，简化获得敏感性系数。根据敏感性系数大小对相应的构件尺寸进行优化，是比根据工程师主观工程经验来优化更为直接有效的方法。U. Kirsch（2007）[1]总结了针对线性与非线性、静力与动力等各种情况的基于敏感性重分析的优化方法，董耀旻（2015）[2]推导了层间位移角及周期的敏感性系数，秦朗（2017）[3]对设计约束按结构性能进行了分类，并按照动力特性、刚度、强度、稳定性性能的分类对敏感性系数进行了系统而全面的推导。马壮（2018）[4]对敏感性分析方法进行了归纳分类，并通过试验案例总结出虚功法、等增量法、全量法的特点及优缺点。赵昕等（2021）[5]通过对一栋 623m 超高层建筑的伸臂优化验证了敏感性分析的可行性和有效性，并将该方法成功应用于一栋 428m 超高层建筑的伸臂优化。

对于高层支撑钢框架结构，刚度性能往往是对应了结构的控制性设计约束。本文在前人的研究成果基础上，利用敏感性分析及重分析方法，研究了高层支撑钢框架结构在风荷载作用下如何有效优化提升其刚度性能。

1 高层支撑钢框架结构刚度设计准则

优化设计的三要素是优化变量、优化目标以及设计约束。结构的设计约束达到约束平衡的状态时的限值即为设计指标。结合结构特点对结构的设计指标进行限定，即为结构的设计准则。本文在前人基础上整理了针对高层支撑钢框架结构体系的荷载-刚度性能矩阵，荷载按照不同的设计状态进行了区分，如表1所示。对于质量轻、柔度大的钢结构，风荷载下的层间位移角常常是结构的控制性设计约束。

荷载-刚度性能矩阵 表1

<table>
<tr><th>设计准则</th><th>重力设计</th><th>抗震设计</th><th>抗风设计</th></tr>
<tr><td>整体</td><td>—</td><td>—</td><td>—</td></tr>
<tr><td rowspan="4">组件</td><td rowspan="4">—</td><td>小震最大层间位移角 1/300，GB/T 51232—2016，5.2.8</td><td rowspan="4">层间位移角 1/300，GB/T 51232—2016，5.2.8</td></tr>
<tr><td>大震最大层间位移角 1/50，GB 50011—2010（2016版），5.5.5</td></tr>
<tr><td>侧向刚度比，JGJ 99—2015，3.3.10</td></tr>
<tr><td>扭转位移比，JGJ 3—2010，3.4.5</td></tr>
<tr><td>构件</td><td>钢梁变形控制，GB 50017—2017，附录B
正常使用极限状态，GB 50009—2012，3.2.2</td><td>—</td><td>—</td></tr>
</table>

2 风载层间位移角敏感性分析

风载层间位移角用于限制正常使用状态下结构受到风荷载产生的水平位移，目的是避免位移过大导致建筑较高楼层处舒适度较差以及非结构构件的开裂损伤。

董耀旻（2015）[2]利用虚功原理推导了构件尺寸与风载层间位移角的敏感性系数计算公式，并简化了敏感性系数以降低重分析的工作量。

$$\delta = \sum_{i=1}^{N} e_{\delta i} \tag{1}$$

$$e_{\delta i} = F_i \Delta_i \tag{2}$$

式中，δ 为结构的最大层间位移角，N 为单元数目，$e_{\delta i}$ 为单元 i 在外荷载和虚拟荷载作用下的虚功，F_i 为第 i 个单元在外荷载作用下的节点力向量，Δ_i 为第 i 个单元在外荷载作用下的节点位移向量。

根据能量守恒原则，单元外功等于单元内能，梁、柱单元的式（2）可表示为式（3）：

$$e_{\delta i} = \int_0^{L_{bi}} \left(\frac{F_X f_X}{EA} + \frac{F_Y f_Y}{GA_Y} + \frac{F_Z f_Z}{GA_Z} + \frac{M_X m_X}{GI_X} + \frac{M_Y m_Y}{EI_Y} + \frac{M_Z m_Z}{EI_Z} \right)_i \mathrm{d}x \tag{3}$$

假设待优化模型为静定结构，优化变量尺寸发生变化时，单元内力保持不变，梁、柱单元的内功可分别表示为式（4）：

$$e_{\delta i} = \left(\frac{e_{b\delta 1}}{EA} + \frac{e_{b\delta 2}}{GA_Y} + \frac{e_{b\delta 3}}{GA_Z} + \frac{e_{b\delta 4}}{GI_X} + \frac{e_{b\delta 5}}{EI_Y} + \frac{e_{b\delta 6}}{EI_Z} \right)_i \tag{4}$$

式中，L_{bi} 为第 i 个梁、柱单元的长度，F_X，F_Y，F_Z，M_X，M_Y 和 M_Z 为外荷载作用下单元的内力，f_X，f_Y，f_Z，m_X，m_Y 和 m_Z 为虚拟荷载作用下单元的内力，A 为梁、柱单元的横截面积，A_Y 和 A_Z 为梁、柱单元的剪切面积，I_X，I_Y 和 I_Z 为惯性力作用下梁、柱单元的扭转和弯曲惯性矩，$e_{b\delta}$ 为常量。

梁、柱单元通常具有矩形截面，假设矩形截面的高宽比为 k。梁、柱单元的截面属性 A_Y，A_Z，I_X，I_Y 和 I_Z 均可与单元体积 vo 建立数学表达式。将梁、柱单元的截面属性与单元体积 vo 的关系式代入式（4）可得式（5）：

$$e_{\delta i} = \left(\frac{e_{b\delta 1}L}{Evo} + \frac{6e_{b\delta 2}L}{5Gvo} + \frac{6e_{b\delta 3}L}{5Gvo} + \frac{e_{b\delta 4}kL^2}{0.2Gvo^2} + \frac{12e_{b\delta 5}kL^2}{Evo^2} + \frac{12e_{b\delta 3}L^2}{Ekvo^2}\right)_i \tag{5}$$

对于结构某一层层间位移角为约束条件，单元体积为优化变量，单元总体积最小为优化目标的最优化问题，可建立以下拉格朗日函数：

$$L = \sum_{i=1}^{N} vo_i + \lambda_\delta\left(\sum_{i=1}^{N} e_{\delta i} - [\delta]\right) \tag{6}$$

$$vo^L \leqslant vo_i \leqslant vo^U \qquad i = 1,2,\cdots,N \tag{7}$$

式中，δ 为结构层间位移角，$[\delta]$ 为结构层间位移角限值，vo_i 为第 i 个单元的体积，νo_i^U 为第 i 个优化变量的上限，vo_i^L 为第 i 个优化变量的下限，N 为待优化构件的数目。

将式（7）关于 vo_i 求导，可得到层间位移角敏感性系数 SI_δ 的表达式（8）：

$$SI_{\delta i} = \frac{de_{\delta i}}{dvo_i} = \frac{1}{\lambda_\delta} \tag{8}$$

式中，λ_δ 为层间位移角约束优化问题的拉格朗日乘子。

为了减少重分析次数，提高计算效率，可采用简化的层间位移角敏感性系数 SSI_δ，表示为式（9）：

$$SSI_{\delta i} = \frac{e_{\delta i}}{vo_i} \tag{9}$$

将式（5）除以 νo_i，简化的层间位移角敏感性系数 $SSI_{\delta i}$ 可表示为式（10）：

$$SSI_{\delta i} = \left(\frac{e_{b\delta 1}L}{Evo^2} + \frac{6e_{b\delta 2}L}{5Gvo^2} + \frac{6e_{b\delta 3}L}{5Gvo^2} + \frac{e_{b\delta 4}kL^2}{0.2Gvo^3} + \frac{12e_{b\delta 5}kL^2}{Evo^3} + \frac{12e_{b\delta 3}L^2}{Ekvo^3}\right)_i \tag{10}$$

对于任意两个梁、柱单元 i 和 j，若 $SI_{\delta i} > SI_{\delta j}$，则 $SSI_{\delta i} > SSI_{\delta j}$，因此参考简化的层间位移角敏感性系数 SSI_δ 可判断各梁、柱单元的层间位移角敏感性系数 SI_δ 大小。

将式（2）除以单元 i 的体积 vo_i，层间位移角约束下单元 i 的简化敏感性系数 $SSI_{\delta i}$ 可表示为式（11）：

$$SSI_{\delta i} = \frac{F_i\Delta_i}{vo_i} \tag{11}$$

由式（8）和式（9）对比可知，式（8）为单元体积与层间位移角的关系曲线的切线，能得到最为精确的敏感性系数，式（9）则是单元体积与层间位移角的关系曲线上相应点的斜率，得到的敏感性系数精确度低，但由式（5）及式（10）可知两种敏感性系数随单元体积变化的趋势是相同的，具有一致的相对关系。

而本文将采用精确度介于两者之间的一种简化敏感性系数表达式，即单元体积与层间位移角的关系曲线的割线，可表示为式（12）：

$$SSI_{\delta i} = \frac{\Delta e_{\delta i}}{\Delta vo_i} \tag{12}$$

3　基于敏感性重分析的支撑优化设计

3.1　工程案例概况

本节以一栋150m的高层钢结构住宅为案例，验证第2节提到的敏感性重分析方法在支撑钢框架结构的支撑优化设计中的适用与便捷。

塔楼建筑高度为149.85m，共44层，其中1层为大堂，15层及30层为设备避难层，其余标准层建筑功能均为住宅，两个避难层将塔楼竖向自然分成低、中、高3个区。塔楼采用支撑钢框架结构，结构由矩形钢管混凝土柱、钢梁与混凝土楼板组合楼盖及钢支撑组成。此建筑位于上海，50年重现期的基本风压为0.55kN/m^2，用于塔楼的刚度设计，相应的阻尼比采用2%。建筑平面长宽比约3.2，风荷载体形系数X向取1.2，Y向取1.4，地面粗糙度为D类（图1）。

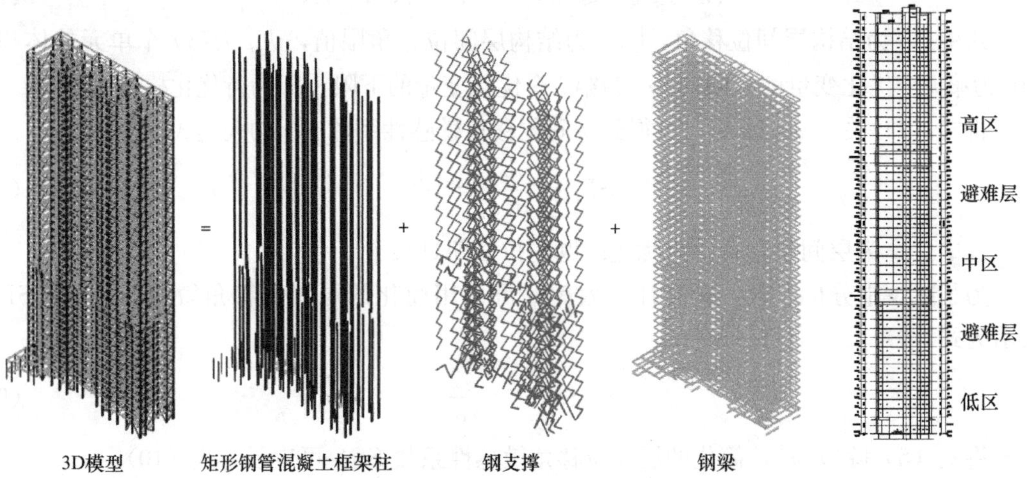

图1　塔楼3D模型及竖向分区示意图

按图2所示布置时，结构在风荷载作用下的层间位移角为1/300，等于限值。经过前期设计分析，钢支撑对风载层间位移角的敏感度系数高于框架柱。为保证塔楼的刚度具有适当冗余，加强刚度的同时尽可能地节约材料用量，对本项目的支撑采用敏感度重分析方法进行优化设计。

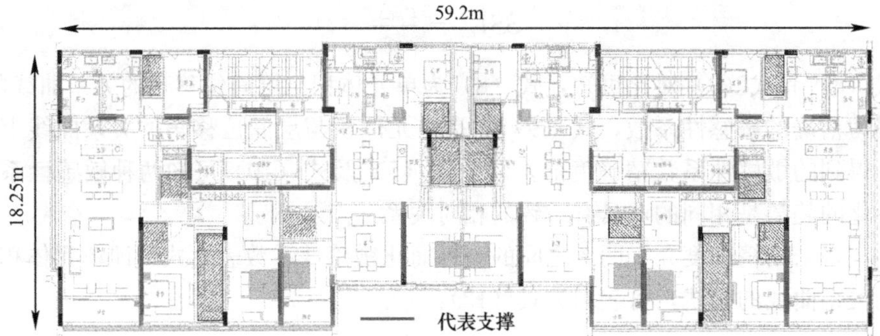

图2　塔楼中高区标准层平面图

3.2 支撑位置分组

首先，根据建筑图中各层平面的功能判断可能进行支撑加强的部位，对设计变量进行一次筛选，降低计算工作量。对于住宅标准层，基准方案已经尽可能地满布支撑，因此加强方式选择在原有单斜撑的位置上改用X双斜撑。对于15层及30层的避难层，加强方式则存在增设单斜撑及在原有单斜撑的位置上改用X双斜撑两种。

接下来，对塔楼可进行支撑加强的位置进行竖向分组，由图3的曲线可知，层间位移角贴近限值的区域为中、高区，在此可进一步排除低区范围的潜在支撑加强位置。相较于基准方案，增加方案一（20～29层楼梯间单斜撑改为X双斜撑），方案二（35～44层楼梯间单斜撑改为X双斜撑）。图4为基准方案与楼梯间加强方案的标准层结构布置示意图，图5为基准方案与方案一、方案二剖面示意图。

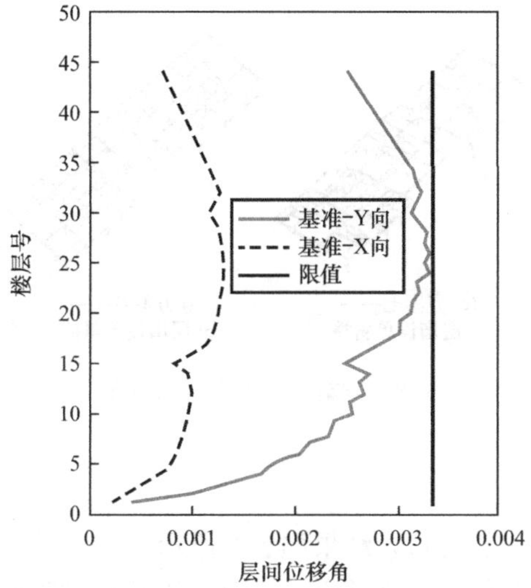

图3 基准方案风载位移角

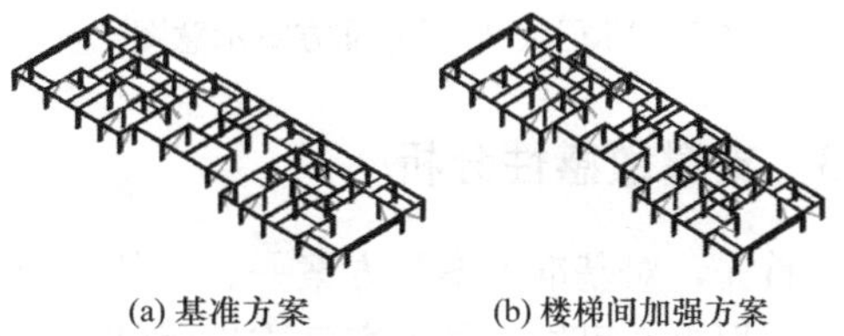

图4 基准方案与楼梯间加强方案标准层示意图

下一步，对于标准层的潜在支撑加强位置进行平面分组，根据潜在支撑加强位置所在的不同建筑功能，增加方案三（20～29层外墙处单斜撑改为X双斜撑），方案四（20～29层内隔墙处单斜撑改为X双斜撑），如图6所示。

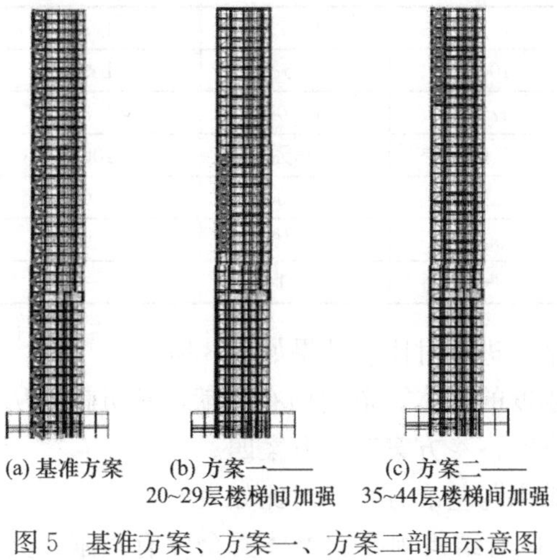

图5 基准方案、方案一、方案二剖面示意图

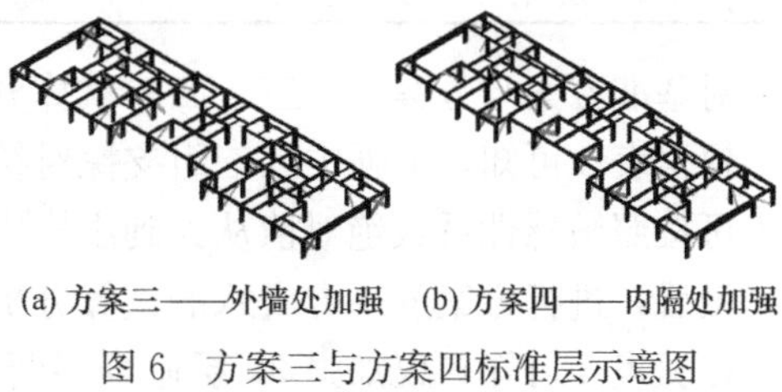

图6 方案三与方案四标准层示意图

最后，对避难层的潜在支撑加强位置进行平面分组，增加方案五（15层单斜撑改为X双斜撑），方案六（30层单斜撑改为X双斜撑），方案七（15层增设单斜撑），方案八（30层增设单斜撑）。图7为15层及30层两个避难层的基准方案结构布置示意图，图8为方案五～方案八的结构布置示意图。

(a) 15层基准方案

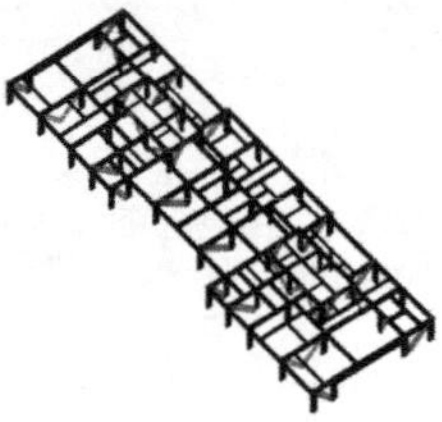

(b) 30层基准方案

图7　15层及30层基准方案示意图

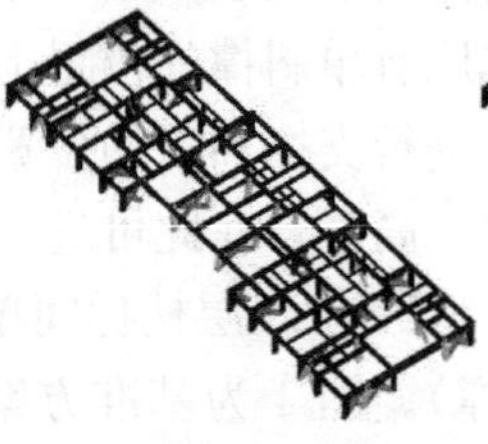

(a) 方案五——15层单斜撑改成X双斜撑

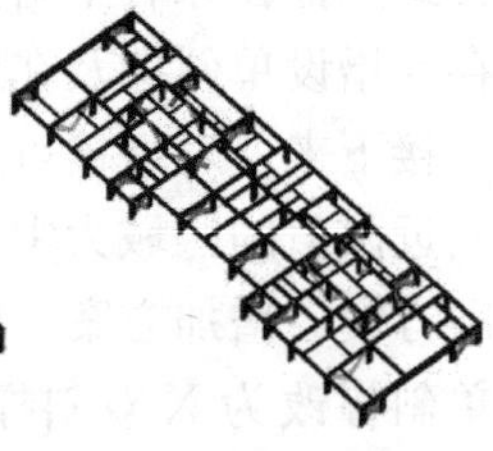

(b) 方案六——30层单斜撑改成X双斜撑

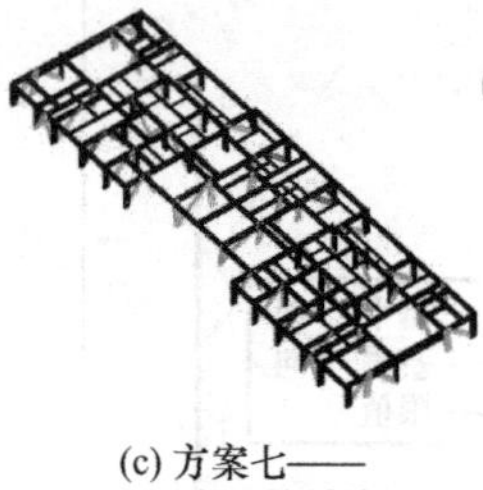

(c) 方案七——15层增设单斜撑

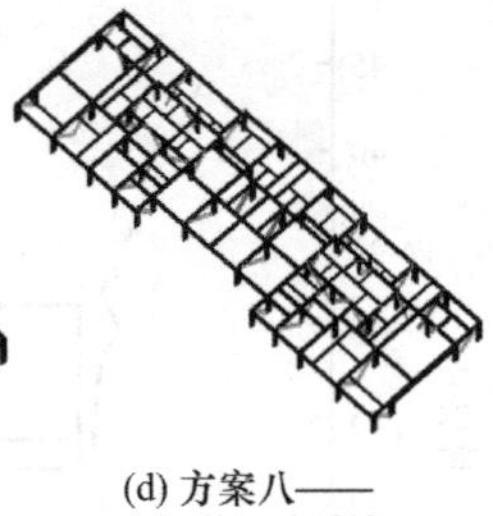

(d) 方案八——30层增设单斜撑

图8　方案五～方案八示意图

3.3　支撑敏感性分析

首先，对基准方案与方案一、二的情况进行试算分析，结果如表2所示。

根据表2可知，加强高区支撑对结构刚度的整体冗余度并没有贡献，因此可排除高区的潜在支撑加强位置，进一步减小计算工作量。由此可知，方案三、方案四等平面分组方案可仅针对中区20～29层。

竖向分组方案敏感性数据　　表2

分项			方案二	方案一	基准
风荷载下层间位移角	X向	数值	1/767	1/779	1/766
		比例	100%	98%	100%
	Y向	数值	1/300	1/306	1/300
		比例	100%	98%	100%
		位移差值（1/1000）	0	−0.065	0
单位面积用钢量增量（kg/m²）			0.46	0.46	0
Y向风载下的层间位移角敏感性系数（（1/1000)/kg）			—	−0.141	—

对基准方案与方案一、三、四的试算分析结果进行对比，结果如表3所示。

根据表3可知，加强中区三组支撑对结构刚度的整体冗余度均有贡献，其贡献度从大到小可按照敏感性系数绝对值从大到小排序：方案一＞方案三＞方案四。

最后，进行方案五～方案八的试算分析，结果与基准方案的对比如表4所示。

根据表4可知，仅加强30层避难层两组支撑对结构刚度的整体冗余度有贡献，其贡献度从大到小可按照敏感性系数绝对值从大到小排序：方案八＞方案六。

平面分组方案分析结果 **表 3**

分项			方案四	方案三	方案一	基准
风荷载下层间位移角	X 向	数值	1/766	1/767	1/779	1/766
		比例	100%	100%	98%	100%
	Y 向	数值	1/302	1/305	1/306	1/300
		比例	99%	98%	98%	100%
		位移差值（1/1000）	−0.022	−0.055	1/779	0
单位面积用钢量增量（kg/m^2）			0.51	0.62	0.46	0
Y 向风载下的层间位移角敏感性系数（（1/1000）/kg）			−0.044	−0.088	−0.065	—

避难层加强方案分析结果 **表 4**

分项			方案八	方案七	方案六	方案五	基准
风荷载下层间位移角	X 向	数值	1/769	1/766	1/769	1/766	1/766
		比例	100%	98%	100%	98%	100%
	Y 向	数值	1/302	1/300	1/301	1/300	1/300
		比例	99%	100%	100%	100%	100%
		位移差值（1/1000）	−0.022	0	−0.011	0	0
单位面积用钢量增量（kg/m^2）			0.08	0.06	0.19	0.21	0
Y 向风载下的层间位移角敏感性系数（（1/1000）/kg）			−0.278	—	−0.057	—	—

根据以上分析可知，仅加强塔楼中区的支撑对结构刚度性能的提升具有效果，其提高效率的排序由大到小为方案八＞方案一＞方案三＞方案六＞方案四，其提高效果的排序由大到小为方案一＞方案三＞方案四＞方案六、方案八。综合考虑刚度性能提升的效率及效果，最终决定同时采用前述的五种方案作为综合方案，最终结构在风荷载作用下的层间位移角为 1/309，位移差值−0.097(1/1000)，单位面积用钢量增量为 0.6(kg/m^2)，Y 向风载下的层间位移角敏感性系数为−0.162(（1/1000)/kg)。

4 结论

本文参考了前人的敏感性分析及结构优化设计的研究成果，选择增量敏感性分析方法对支撑钢框架结构的支撑设计与控制性刚度性能设计约束之间的敏感性问题进行了研究。结构优化时，结合建筑功能对潜在加强支撑的位置进行了分组，得到了支撑对风载层间位移角的敏感性系数，成功指导了结构的支撑优化设计，以极小的成本代价提高了结构刚度。并通过实际工程案例的优化工作，验证了增量敏感性分析方法的适用性。结论如下：

（1）通过加强支撑提升结构刚度性能的方法，目的在于降低结构的最大层间位移角，仅在层间位移角贴近限值的楼层采用才具有效果。

（2）支撑位置在建筑外墙处比在建筑内隔墙处对层间位移角更为敏感，增加支撑相较于加强原有支撑对层间位移角更为敏感。

（3）对敏感性系数不同的若干组支撑加强方案进行组合，综合方案的敏感性系数不大于组合前最高效方案的敏感性系数，也不小于组合前最低效方案的敏感性系数。

（4）运用增量敏感性分析法得到的不同构件的敏感性分析结果，并对结果进行合理的重分析，可以有效减小计算工作量，且分析结果对实际工程具有良好的指导意义和实践价值，增量敏感性分析法具有良好的实用性。

参考文献

[1] U. Kirsch, M. Bogomolni, I. Sheinman. Efficient structural optimization using reanalysis and sensitivity reanalysis [J]. Engineering with Computers, 2007, 23: 229-239

[2] 董耀旻，超高层建筑结构抗侧力系统多约束优化设计 [D]. 上海：同济大学，2015

[3] 秦朗，超高建筑结构约束敏感性及多约束优化设计 [D]. 上海：同济大学，2017

[4] 马壮，超高结构降级反向约束优化设计 [D]. 上海：同济大学，2018

[5] Lilin Wang, Xin Zhao. Fast optimization of outriggers for super-tall buildings using a sensitivity vector algorithm [J]. Journal of Building Engineering, 2021, 43, 102531

[6] D. Manickarajaha, Y. M. Xie, G. P. Optimum design of frames with multiple constraints using an evolutionary method [J]. Computers and Structures, 2000, 74: 731-741

[7] M. Bogomolni, U. Kirsch, I. Sheinman. Efficient design sensitivities of structures subjected to dynamic loading [J]. International Journal of Solids and Structures, 2006, 43: 5485-5500

[8] U. Kirsch. Reanalysis and sensitivity reanalysis by combined approximations [J]. Struct Multidisc Optim, 2010, 40: 1-15

[9] W. J. Zuo, K. Huang, J. T. Bai, etc. Sensitivity reanalysis of vibration problem using combined approximations method [J]. Struct Multidisc Optim, 2017, 55: 1399-1405

[10] JGJ 99—2015 高层民用建筑钢结构技术规程 [S]. 北京：中国建筑工业出版社，2015

[11] GB/T 51232—2016 装配式钢结构建筑技术标准 [S]. 北京：中国建筑工业出版社，2017

基金项目： 上海自然科学基金课题（21ZR1469200）

作者简介： 姜　江（1979—），男，硕士研究生。从事工程设计及钢结构抗风方面的研究。
邵钰翔（1984—），男，硕士研究生。从事工程管理及钢结构抗风方面的研究。
侯禹州（1995—），女，硕士研究生。主要从事钢结构抗风方面的研究。

某地铁结建区无梁楼盖加固探讨

康继武　黄　怡　崔　辉
（中海企业集团上海公司，上海，200092）

摘　要：近年来，既有建筑改扩建已经越来越成为城市更新的一个重要组成部分，其中也不乏一些地铁上盖或商业综合体的改造项目。相比于梁板楼盖体系，无梁楼盖在改造加固设计中较为少见，相关的加固计算或节点做法可参考得较少。本项目为上海某地铁结建区地下室加固改造项目，既有建筑为地下四层，其中地下四层为地铁运行区间，地下二层为无梁楼盖。改造前该结构仅完成地下室顶板的施工，上部结构尚未施工。改造后建筑方案以及商业流线重新修改，地下室结构改造过程中涉及无梁楼盖的拆改，结构转换以及结构加固与地铁轨行区的处理等做法。经过本项目改造的一些设计总结，得到的相关结论可供类似项目参考。
关键词：结构加固；无梁楼盖；结构转换；地铁结建区

Discussion on reinforcement of beamless floor in a subway construction area

Kang Jiwu　Huang Yi　Cui Hui
（China Overseas Property Group（Shanghai）Co.，Ltd.，Shanghai，200092，China）

Abstract：In recent years，the reconstruction and expansion of existing buildings has increasingly become an important part of urban renewal，including some reconstruction projects of subway superstructure or commercial complex. Compared with the beam slab floor system，the beamless floor is rare in the reconstruction and reinforcement design，and the relevant reinforcement calculation or node practice can be referred to less. This project is a basement reinforcement and reconstruction project in a subway construction area in Shanghai. The existing building has four floors underground，of which the four floors underground are the subway operation section，and the two floors underground are beamless floors. Before the transformation，the structure only completed the construction of basement roof，and the superstructure has not been constructed. After the transformation，the architectural scheme and commercial streamline are revised again. The process of basement structural transformation involves the demolition and transformation of beamless floor，structural transformation，structural reinforcement and treatment of subway track area. After some design summaries of the transformation of the project，the relevant conclusions can be used as a reference for similar projects.
Keywords：structural reinforcement；beamless floor；structural transformation；subway construction area

引言

随着城市更新的节奏逐渐加快，既有建筑加固改造越来越成为一项重要的工作。尤其是一些商业项目的改造相对比较复杂，结构改造的难度较大。商业建筑有地下室，存在地下室改造加固。其中引起结构改造的原因主要包括建筑流线和建筑形态上修改以及防火分区的调整等变动。对于结构专业来讲，主要影响包括结构荷载的增减、结构局部拆除或新增、结构柱转换以及基础加固等方面，这些较为常见。其中对于常规的梁板结构已经有较为成熟的加固做法。但是对于无梁楼盖的加固改造的案例较少。

本文基于一个实际的工程案例，上海市地铁 14 号线上的四层地下室改造项目。针对项目碰到的问题，对其中地下室结构加固尤其是无梁楼盖的加固改造做法进行了讨论，最后得出的结论可以给类似的工程应用提供参考借鉴。

1 项目概况

1.1 建筑结构概况

本项目地下建筑面积约为 11.8 万 m^2，原为已建成 2 年的地铁结建区，为 4 层地下室，两条地铁轨道穿过该部分的地下 4 层。其余左右两侧均为新建的 3 层地下室，与原有地下室相接。地下总平面图见图 1。中间实线轮廓区域为已建成地下室结建区。

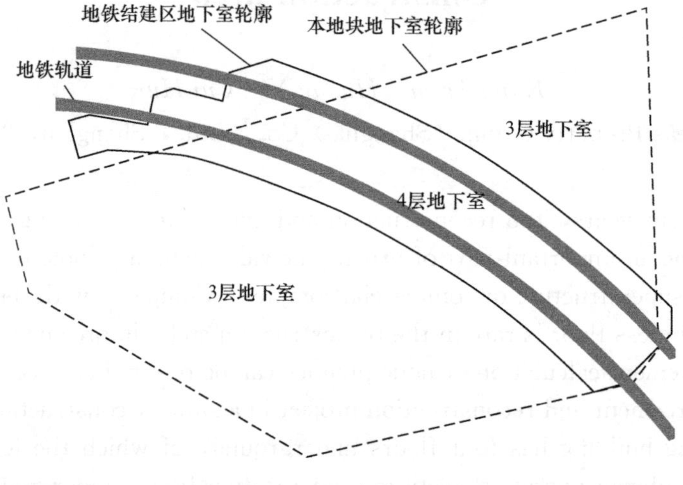

图 1 地下总平面图

在原结建区地下室设计中，地上部分的商业裙房考虑为地上 4 层，新的建筑方案为地上 5 层，另外商业流线有了较大的调整。原有结建区地下室首层、地下一层和地下三层均为梁板楼盖，地下二层为无梁楼盖。无梁楼盖及地下室结构剖面示意见图 2。

1.2 无梁楼盖概况

本项目无梁楼盖位于地下二层，柱跨为 9m×9m，板厚 300mm，板底板面配有⌀16@150 双层双向钢筋网，板支座配有附加钢筋⌀16@150。无梁楼盖为锥形柱帽，柱帽长度

750mm，根部厚度 600mm，配置ⲫ 16@150 抗冲切钢筋。无梁楼盖混凝土强度等级 C35。无梁楼盖横向和纵向设置 1600mm×300mm 的暗梁，暗梁底筋 11ⲫ 22，顶筋 22ⲫ 20，箍筋ⲫ 8@100/200(6)。

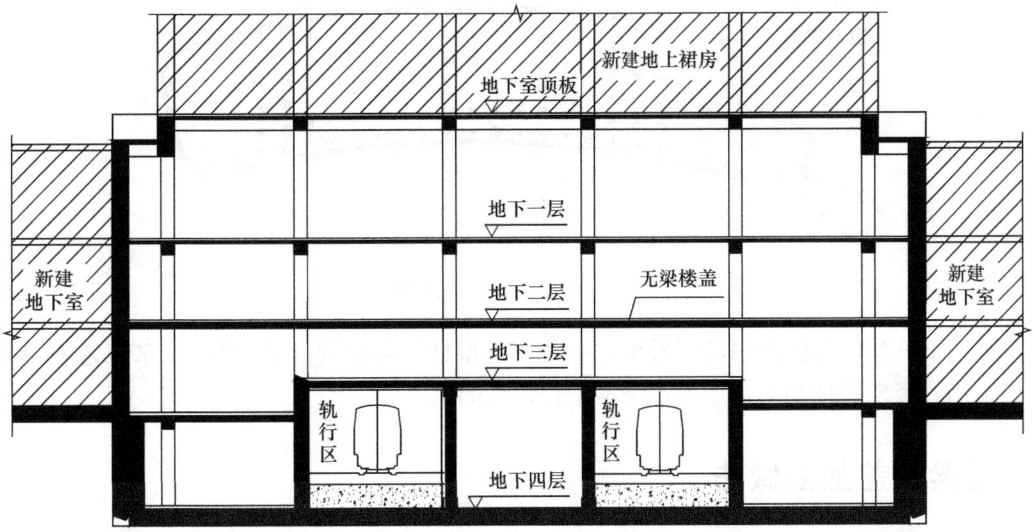

图 2　结建区地下室各层剖面

地下二层建筑主要使用功能为地下车库。但由于防火分区的变化，部分区域需要楼板开洞，新增楼梯间和电梯间。局部楼板因使用荷载增加，局部区域楼板承载力不足需要加固。无梁楼盖主要结构拆改范围见图 3。

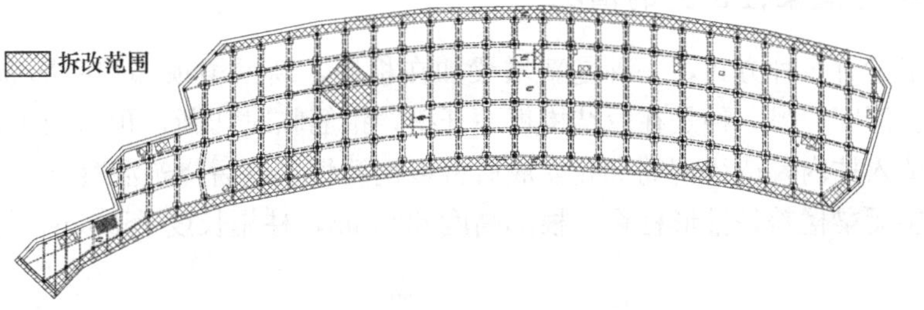

图 3　无梁楼盖拆改范围

另外地下室柱存在柱拆除和新增的情况，其中部分柱子涉及了转换，见图 4。

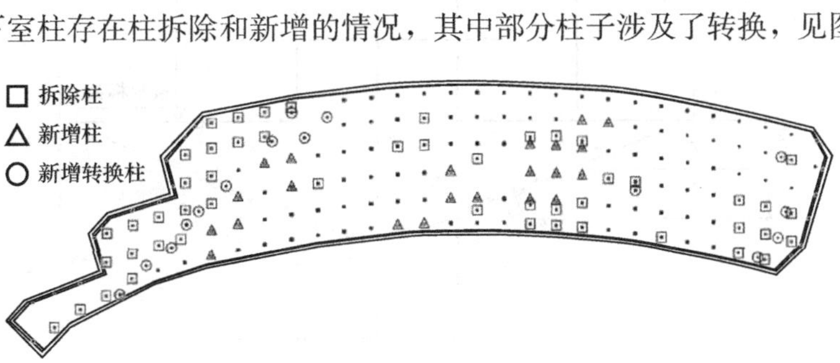

图 4　地下室柱拆改图

从图上可以看出，地下室柱拆改比例约占 50%，同时也存在一些转换柱。结构转换柱主要在首层和地下一层，但部分转换采用钢支撑形式对于地下二层会产生不利影响。

图5为地下室三层柱子加固，柱加固主要有2个原因：一是因改建后改为5层框架结构，荷载有所增加，原结构柱存在轴压比不足的情况；二是原结构柱变成转换柱后承载力和构造要求均不满足规范，均需要增大截面加固。

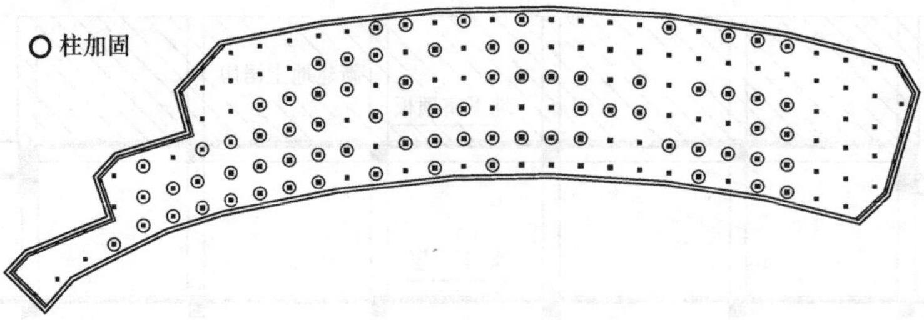

图5　地下三层柱加固图

从地下三层的加固图中可以看出，一共155根柱，需加固柱76根，约50%左右的柱需要加固，竖向构件加固量加大，是本工程设计的重点。

2　无梁楼盖加固做法

本次地下室改建中存在不少区域新增楼梯、电梯和扶梯洞口的情况。这就使得原来这些区域楼板需要拆除，周边新增洞口加封边梁。对于地下二层无梁楼盖而言，开洞后因为没有框架梁的约束，楼板应力和配筋均有较大增加，比常规的梁板楼盖更为不利。本次改造对无梁楼盖进行了针对性的加固。

2.1　新增梁与框架柱正交的情况

新增框架梁有2种方式，一种是新增梁加在板底，新增梁顶部和底部纵筋植入柱内，满足钢筋植筋深度；另一种是在原结构板面开槽，钢筋临时切断，预留胡子筋。新增梁底和梁顶钢筋植入柱内，待梁钢筋绑扎完成后将板钢筋焊接以后浇筑混凝土。

地下二层无梁楼盖是锥形柱帽，根部高度600mm，柱帽长度750mm。如图6所示。

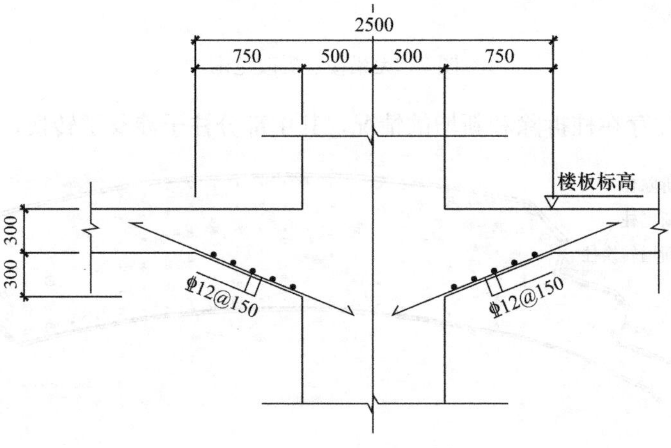

图6　原柱帽节点详图

通常无梁楼盖如有楼梯间、电梯间或设备洞口的情况会在局部柱跨做成梁板体系。本项目新增的框架梁如果采用将原局部柱跨无梁楼板拆除，重新按照梁板结构施工，拆除和加固量会很大，而且无梁楼盖拆除过程中对原结构的扰动也比较大。无梁楼板加固需尽量保留原楼板。若按照第二次方式新增梁加在板底，存在新增梁顶支座钢筋遇到 600mm 高的柱帽，只能将钢筋植入柱帽内，柱帽只能起到楼板抗冲切的作用，无法有效地将梁支座的弯矩有效地传递给柱，因此方式只能按照框架梁与柱铰接的假定计算。

为实现新增框架梁与柱刚接要求，结合原结构无梁楼盖柱跨之间设置的 1300mm×300mm 通长暗梁，底部配筋 21Φ20，顶部通长配筋 22Φ20，设计中考虑将新增梁与原无梁楼板暗梁顶部钢筋 22Φ20 结合，按照 T 形梁的方式组合，这样在尽量不破坏楼板的前提下，可以较好实现梁柱刚接的假定。对此，需要考虑新增梁与楼板的有效连接节点构造，确保形成整体受力的 T 形截面梁。

根据《混凝土结构设计规范》GB 50010—2010 第 5.2.4 条，若板底新增梁截面是 400mm×500mm，考虑楼板厚度新增梁截面是 400mm×800mm，有效翼缘宽度 $b_f'=\min(l_0/3, b+s_n, b+12h_f')=\min(8400/3, 200+8400, 400+12\times300)=2800$mm，可以满足 T 形截面有效翼缘宽度的要求。

新增梁节点如图 7、图 8 所示。

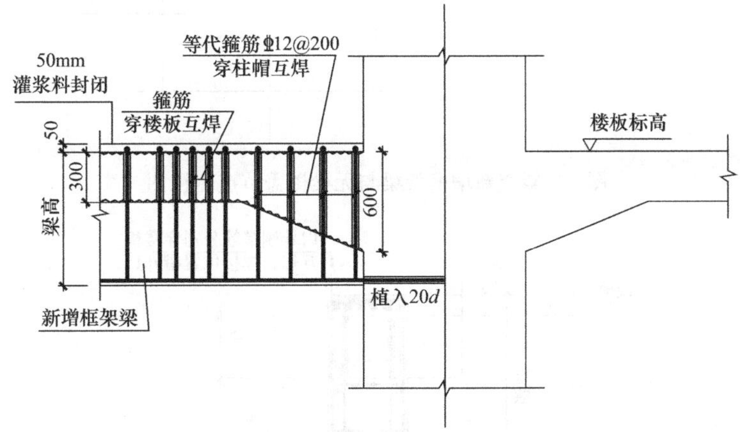

图 7　正交新增框架梁与无梁楼盖节点侧视图

新增框架梁的箍筋需穿过楼板在板面弯折互焊，原结构板面凿毛处理。由于新增梁箍筋在 750mm 长的柱帽范围厚度逐渐增加，靠近柱边厚度为 600mm，箍筋若按照加密区间距 100mm 布置，穿柱帽施工难度较大。为此在柱帽范围采用箍筋等代的方式加大间距，普遍采用Φ12@200 的配筋，既满足抗剪要求，又方便施工。这样可以确保既有楼板与新增板底的梁能有效结合，整体受力。原结构板面暗梁顶部钢筋可以作为新增梁支座钢筋。

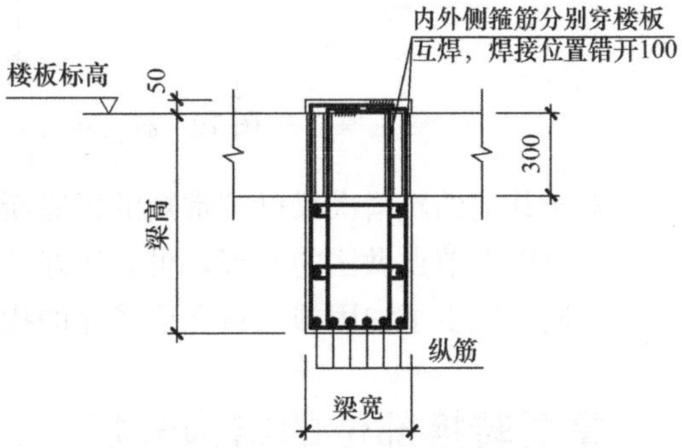

图 8　正交新增框架梁与无梁楼盖截面图

2.2　新增梁与框架柱斜交的情况

局部无梁楼盖因建筑功能的需要，部分区域新增框架梁需与框架柱斜交，此部分原楼板钢筋暗梁钢筋无法利用。为实现梁柱刚接以及尽量减小对原结构的扰动，考虑将新增梁顶标高加高100mm左右，新增箍筋穿过原楼板弯锚互焊，新增梁顶纵筋斜交植入原框架柱内，满足植筋深度的要求。在柱帽范围同样采用箍筋等代的方式处理。新增梁节点见图9、图10。

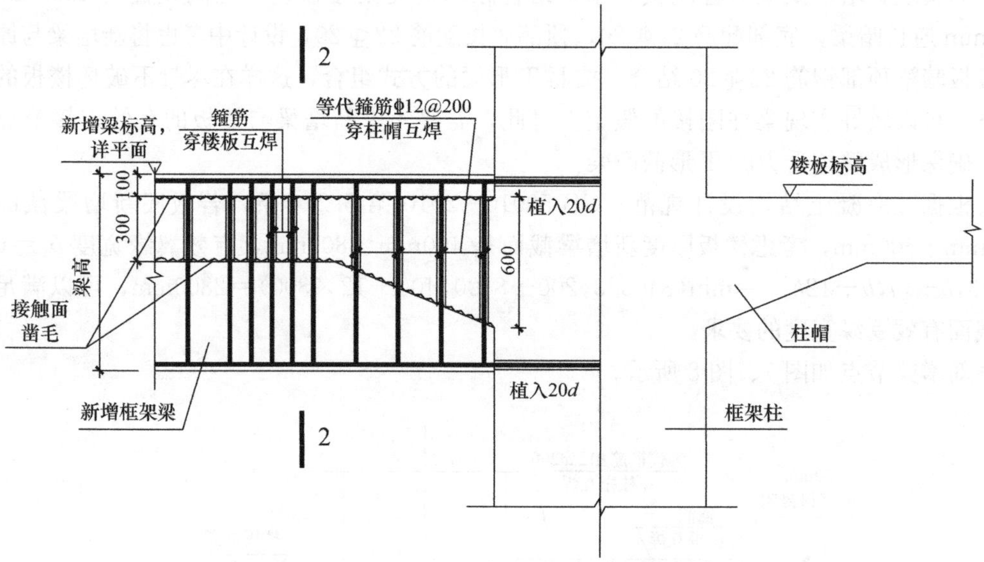

图9 斜交新增框架梁与无梁楼盖节点侧视图

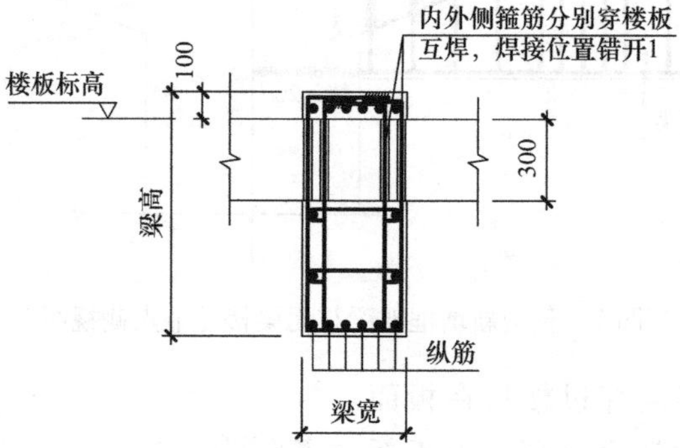

图10 斜交新增框架梁与无梁楼盖截面图

对于其他的新增次梁可按常规的板底新增梁，按照铰接处理。

通过以上节点做法的处理，可以较好地兼顾无梁楼盖改造设计中的受力安全和施工便利性，同时减少了加固施工对无梁楼盖的扰动。

3 重要转换部位的结构分析

本工程由于建筑流线和业态调整，存在一部分无法完全利用原有结构柱而需要转换的情况。设计过程中尽可能让结构转换出现在首层或地下一层。楼层越往下结构转换层数越多，结构转换的难度越大。本项目在地下二层无梁楼盖也存在少量的结构转换。转换主要分两种情况，一种是转换楼层数较少，仅一层到二层，通过梁式转换解决；一种是转换楼层数较多，在转化梁下增设钢支撑，提高结构承载力。

3.1 考虑钢支撑施工顺序对结构内力的影响

本工程地下四层至地下室顶板已施工完成，上部新增5层框架结构。地下一层其中一处结构转换较为重要，地上转换楼层5层，地下二层，总计有7层的荷载。转换形式为转换梁和钢支撑组合形式。按常规新建结构，结构模型中默认是从下到上的施工顺序。但是本项目从施工顺序上分析，钢支撑是在地下室施工完成后安装的，待钢支撑安装完成后，继续施工地上结构。因此不同的施工顺序对于转换柱和钢支撑的内力会有影响。

为了分析两种施工顺序对钢支撑和转换柱内力差异，将两种情况分别按模型一和模型二进行计算对比。

模型一：地下四～五层分别按施工顺序1～8，钢支撑构件施工顺序改为3。

模型二：地下四～五层分别按施工顺序1～9，钢支撑构件施工顺序改为5。

钢支撑转换示意图见图11。

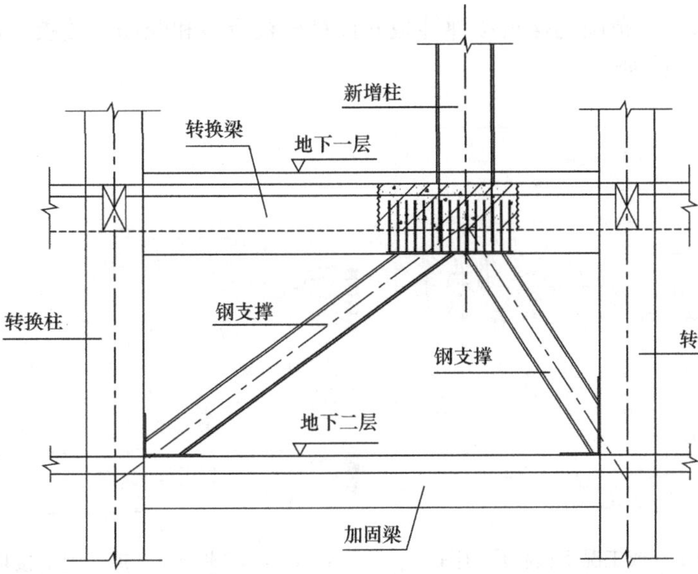

图11 地下二层人字撑转换形式

计算采用YJK进行对比，经计算，采用1.3恒+1.5活工况下的钢支撑和转换柱内力进行对比，汇总见表1～表3。

钢支撑受力 **表1**

钢支撑	轴力 N(kN)
模型一	10835
模型二	9200

转换柱受力 **表2**

转换柱	轴力 N (kN)	剪力 V (kN)	柱顶弯矩 (kN·m)
模型一	6768	443	1242
模型二	7743	576	1530

转换梁受力 **表3**

转换梁	轴力 N (kN)	剪力 V (kN)	跨中弯矩 (kN·m)
模型一	574	4926	8506
模型二	454	5854	10243

通过不同支撑施工顺序的两个模型计算对比，可以计算得到模型二比模型一钢支撑轴力小17.7%；转换柱轴力大14.4%，剪力大30%，弯矩大23.1%；转换梁轴力26%，剪力大18.8%，弯矩大20.4%。

由此可见，钢支撑按施工顺序5较为符合实际情况。地下室施工完成后，地下一层的梁和地下二层的柱已经承受本层至地下室顶板的荷载。钢支撑施工完成后，地上部分的荷载按照转换梁柱和钢支撑的刚度分配内力。钢支撑分配的内力相比一次施工有所减小，框架梁柱分配内力相应大。考虑结构的安全和施工的复杂性，本次转换构件按两种施工工序包络设计。

3.2 转换钢支撑底部楼板应力分析

新增钢支撑后，支撑承受较大的轴向压力。钢支撑的轴力传递给无梁楼盖柱帽节点区，相应节点区受力增大，支撑下方无梁楼板会存在拉应力。为了计算楼板应力的影响，软件中对无梁构造支撑范围的楼板按弹性板6计算楼板应力和配筋。楼板有限元计算应力和配筋如图12、图13所示。

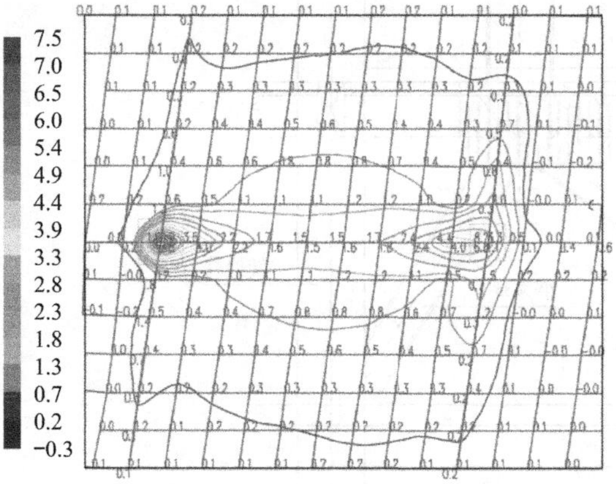

图12　1.3恒+1.5或工况下楼板应力图

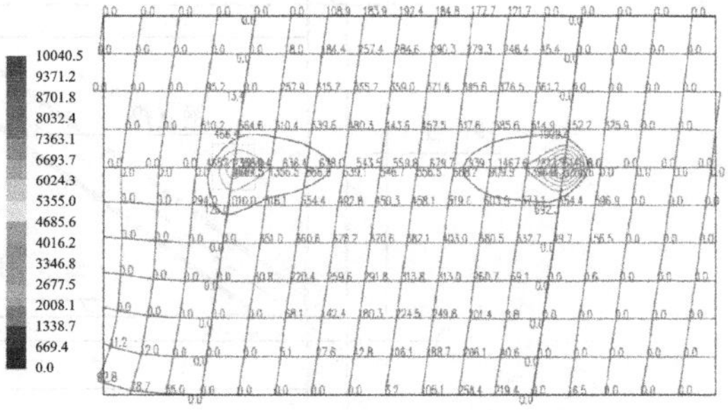

图13　1.3恒+1.5或工况下楼板X顶配筋图

通过对无梁楼板有限元计算分析，楼板跨中部位应力较小约1.6MPa，支座位置拉应力较大一些。楼板最大配筋约1450mm^2，小于楼板暗梁配筋。由此可以知道钢支撑对无梁楼盖产生的拉力和配筋均较小，可以满足楼板受力安全。

4　对地铁的影响

本项目地下四层有2条地铁运行区间，改造设计需多方面地考虑既有结构加固对地铁运行区间产生的不利影响。包括结构荷载变化对地铁运行区间的结构的影响，对基础承载力的复核，结构和基础沉降的影响，新老结构基础连接的防水处理等的情况，为此均进行了精细设计，确保对既有地铁区间影响控制在合理的范围内。

本次改造设计中部分框架柱因荷载增加使得部分柱轴压比不足的情况。部分无梁楼盖的地下三层柱需要加固，下方正好是地铁轨行区。根据原结构设计地下四层的梁柱混凝土强度等级为C45，地下三层～首层梁柱混凝土强度等级主要为C35，经计算复核，地下三层部分柱轴压比不足，但是地下四层由于混凝土强度提高，轴压比基本可以满足规范要求，仅个别轨行区框架柱轴压比不满足要求。

地铁建设方对于加固改造的要求是不得在轨行区内实施加固施工。因此综合比较分析，最终采用柱加固对策如下：

对轨行区上方地下三层轴压比不足，但地下四层柱轴压比满足要求的柱，柱增大截面加固至地下三层底，锚固于轨行区上方梁柱节点区，锚固节点见图 14。

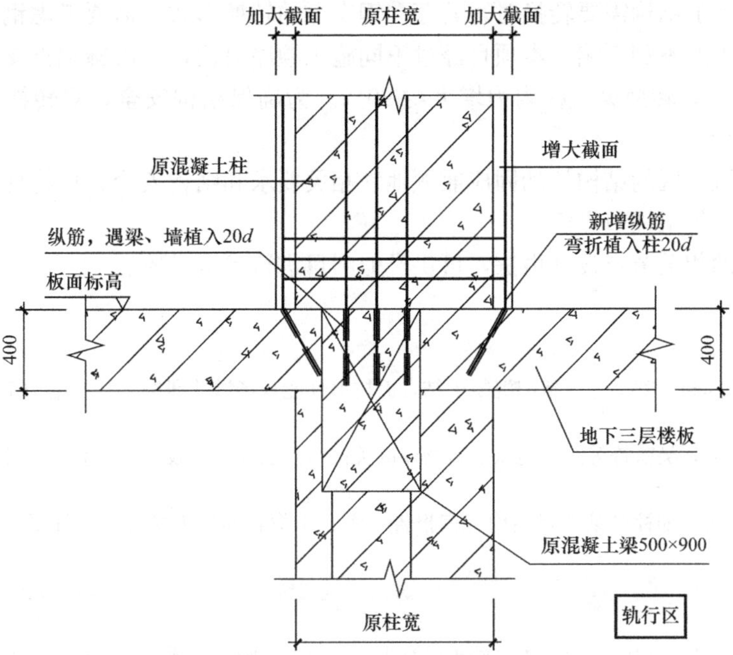

图 14　地下三层柱加大截面锚入节点

对轨行区范围轴压比仍不满足的柱，地下四层采用在轨行区外侧单侧加大截面加固，见图 15。

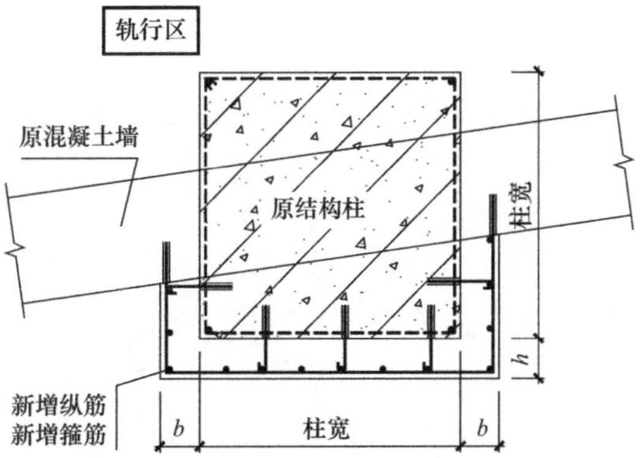

图 15　地下四层轨行区柱单侧增大截面加固详图

经过以上轨行区相关范围的柱加固设计，既确保了结构安全，又很好地满足了地铁运行区间的要求。

5　结论

本文通过对某地铁结建区无梁楼盖加固探讨，可以获得下列结论：

（1）无梁楼盖开大洞后，需要四周柱跨间新增框架梁，形成局部柱跨范围梁板楼盖体系。对于新增梁可采用箍筋穿板互焊与原楼板形成整体，楼板暗梁通长钢筋可作为新增梁的支负筋，以此实现梁柱刚接的假定。对于柱帽范围可采用等代箍筋形式，兼顾结构安全和施工可实施性。

（2）既有地下结构需要转换时，若存在钢支撑的转换形式，需要考虑钢支撑施工顺序对既有结构产生的不利影响。本项目经过不同施工顺序对比，二次施加钢支撑相比一次施加轴力小约17%，转换梁、柱内力增大约20%。为确保结构安全，对转换构件按两种施工顺序包络设计。

（3）地铁轨行区的结构柱加固应兼顾地铁相关要求和结构安全，可将柱加大截面钢筋锚固在较高强度等梁柱节点区。

（4）文中的相关节点设计做法，可供类似项目进行参考借鉴。

参考文献

[1] 张晓光，陈泽赳，刘星等. 新旧混凝土结合面抗剪性能现场试验研究［J］. 结构工程师，2010，26（6）：70-75

[2] 胡狄，姚开明，吴映栋等. 某地铁上盖物业的关键节点加固设计及分析［J］. 工业建筑，2018，48（5）：195-198

[3] 赵昕. 普陀区真如社区某项目结构咨询报告［R］. 上海：同济大学建筑设计研究院（集团）有限公司，2020

作者简介： 康继武（1984—），男，硕士研究生，高级工程师。主要从事工程结构设计方面的研究。
黄　怡（1980—），女，硕士研究生，高级工程师。主要从事工程结构设计方面的研究。
崔　辉（1983—），男，硕士研究生。主要从事工程设计方面研究。

中国海外大厦核心筒偏置问题的解决方案与对比分析

何　涛[1]　郭浩然[1]　李振浩[2]　潘建云[3]　严力军[1]　杨振汉[1]
（1. 香港华艺设计顾问（深圳）有限公司，广东 深圳，518057；
2. 中海企业发展集团华南区域公司，广东 广州，510000；
3. 中海企业发展集团深圳有限公司，广东 深圳，518057）

摘　要：中国海外大厦位于深圳南山区，东面临海，地理位置得天独厚，将核心筒西移可获得最优景观视线及最好空间尺度，建筑特殊要求导致核心筒偏置。通过强化周边框架与弱化筒体的方法，以期实现结构东、西向刚度相当，刚心、质心接近的效果，从而解决核心筒偏置的不利影响。弱化筒体方案有两种，方案一通过减小连梁高度，减小腹墙数量，可使筒体趋向于壁式框架，实现弱化筒体刚度的目的；方案二通过调整连梁位置和高度，增加能与外墙形成封闭剪力流的腹墙，可使筒体趋向于两个独立完整小筒，实现弱化筒体平动刚度，强化筒体抗扭相对刚度的目的。中国海外大厦对上述两种弱化筒体的方案进行了尝试，二者整体指标相近，均能很好满足规范要求，但方案一筒体不完整，抗震性能不如方案二，最终选择方案二作为解决核心筒偏置的实施方案。

关键词：中国海外大厦；核心筒偏置；强化周边框架；弱化筒体；壁式框架；完整小筒

Solution and comparative analysis of problems caused by eccentric core wall of China Overseas Building

He Tao[1]　*Guo Haoran*[1]　*Li Zhenhao*[2]　*Pan Jianyun*[3]　*Yan Lijun*[1]　*Yang Zhenhan*[1]
（1. Hong Kong Hua Yi Design Consultants（S. Z.）Ltd.，Shenzhen 518057，China；
2. China Overseas Property Group（Huanan）Co.，Ltd.，Guangzhou 510000，China；
3. China Overseas Property Group（Shenzhen）Co.，Ltd.，Shenzhen 518000，China）

Abstract：China Overseas Building is located in Nanshan District，Shenzhen. Due to its unique geographical location，facing the sea in the east，the concrete core wall is moved to the west side as required to get the best landscape view and spatial scale，causing the eccentricity of the core. By strengthening the surrounding frame and weakening the core，the structure is expected to achieve similar stiffness for both east and west side，and minimum eccentricity between center of stiffness and mass. There are two solutions. The first solution reduces the size of coupling beams to dismantle core walls to wall frames. The other solution adjusts positions and sizes of coupling beams，and adds shear walls internally to split the big core into 2 small ones to form closed shear force flow and achieve weakened horizontal stiffness and strengthened stiffness against twisting effects of cores. Both solutions are analyzed in the design phase，and either one can meet codes' requirements.

However, core walls in the first solution do not form a closed shear force flow, resulting worse seismic performance compared to the other solution. Therefore, solution 2 is finally selected to solve the problems resulted by the eccentric core wall of the building.
Keywords: China Overseas Building; eccentric core wall; strengthen the surrounding frame; weakened core wall; wall frame; complete small cores

引言

框架-核心筒是传统结构体系，外围框架与中心剪力墙围合的筒体通过楼板协同工作，具有良好的空间作用，有利于提高结构整体受力和抗震性能，可用于超高层办公建筑，但框架-核心筒在建筑空间组织上也存在不够灵活、特点不突出等缺点，近年来出现不少将核心筒偏置的特殊要求，这种结构体系在深圳市《高层建筑混凝土结构技术规程》[1]中，又称为框架-边筒结构体系。框架-边筒在竖向荷载与水平地震作用下的受力性能均比框架-核心筒不利[2]。高度不高的框架-边筒结构，边筒对竖向荷载影响不明显，但由于其变形特点为剪切变形，边筒进一步加剧了结构抗扭的不利影响，设计时需采取措施减小边筒影响，提高结构抗扭刚度及承载力。

1　工程概况

中国海外大厦位于深圳市南山后海中心区 G-08 地块，创业路与中心路交叉口西北侧，项目四周均为超高层商办建筑，东面距海面约 600m。用地面积约 4100m^2，地上总计容面积约 4.4 万 m^2、总建筑高度约 99.78m，地上共 21 层，1～6 层为裙房，7 层及以上标准层为办公。共 5 层地下室，为车库兼人防，立面效果见图 1，剖面图见图 2，核心筒偏置后，一方面充分利用北侧、东侧及南侧景观资源，获得最优景观视线，避免西侧公寓不利景观及视线干扰；另一方面可灵活使用，获得最好空间尺度（图 3、图 4）。

图 1　立面效果图

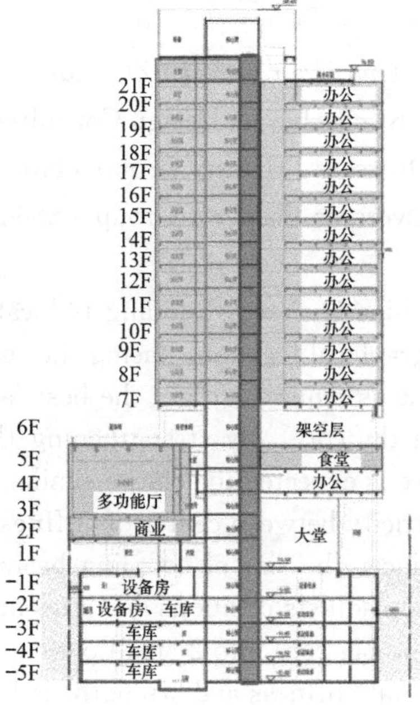

图 2　剖面图

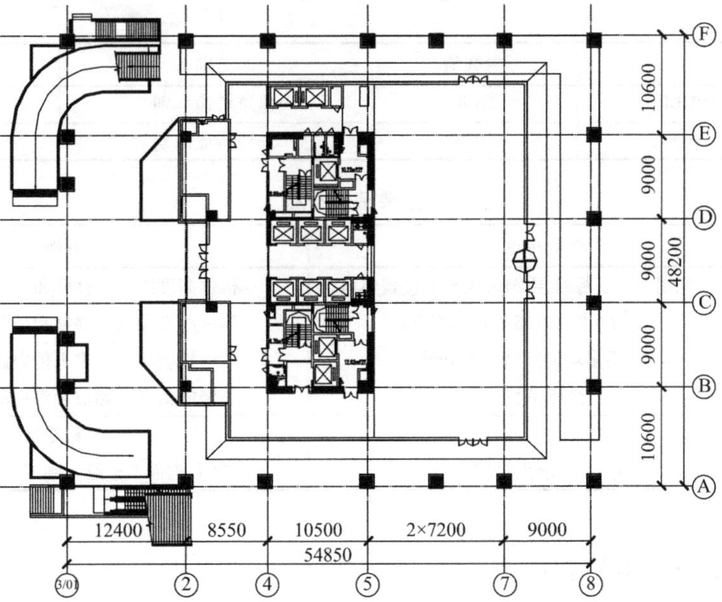

图 3　首层大堂平面

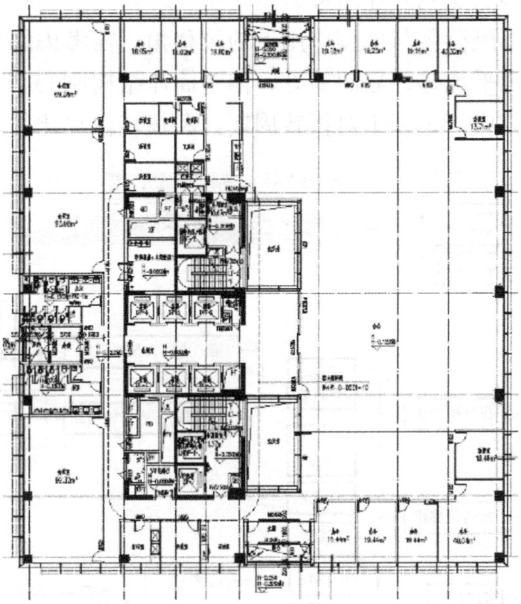

图 4　标准层办公层平面

本项目为存在多项不规则的超限高层结构，采用钢筋混凝土框架-边筒结构体系，结构设计条件见表 1，主要特点见表 2。

结构设计条件　　　　**表 1**

类别	参数值	类别	参数值
建筑结构安全等级	二级	抗震设防类别	标准设防
结构重要性系数	1.0	抗震设防烈度	7 度（0.1g）
结构设计基准期	50 年	设计地震分组	第一组

续表

类别	参数值	类别	参数值
结构设计使用年限	50年	建筑场地类别	Ⅲ类
地基基础设计等级	甲级	场地特征周期	0.45s

主要结构特点 **表2**

类别	结构特点	影响
平面	6层篮球场30m、标准层24m大跨度楼盖体系	构件高度限制、挠度和竖向振动舒适度
	13～14层建筑角部10m大悬挑	构件高度限制、挠度和竖向振动舒适度
	3～5层多功能厅楼板大开洞	楼板不连续水平传力途径复杂
	筒体偏置	竖向荷载的倾覆和水平荷载的扭转
立面	1～3层入户大堂穿层柱	柱稳定性
	6层、19层大跨转换	竖向构件不连续，刚度突变和承载力

2 偏筒对结构的影响

从结构层面看偏置筒体在竖向荷载作用下，上部竖向荷载作用点与楼层中和轴不重合产生的偏心效应，导致楼层受到附加倾覆力矩作用，结构产生整体弯曲变形。表现于对结构整体稳定的影响，验算风荷载与地震作用下的位移角，需考虑偏筒P-Δ效应和偏筒不对称收缩徐变导致的附加水平位移。显而易见，偏置筒体结构刚心与质心存在天然差距，在地震作用下会增加扭转效应，表现于对扭转周期比和扭转位移比的影响（图5）。

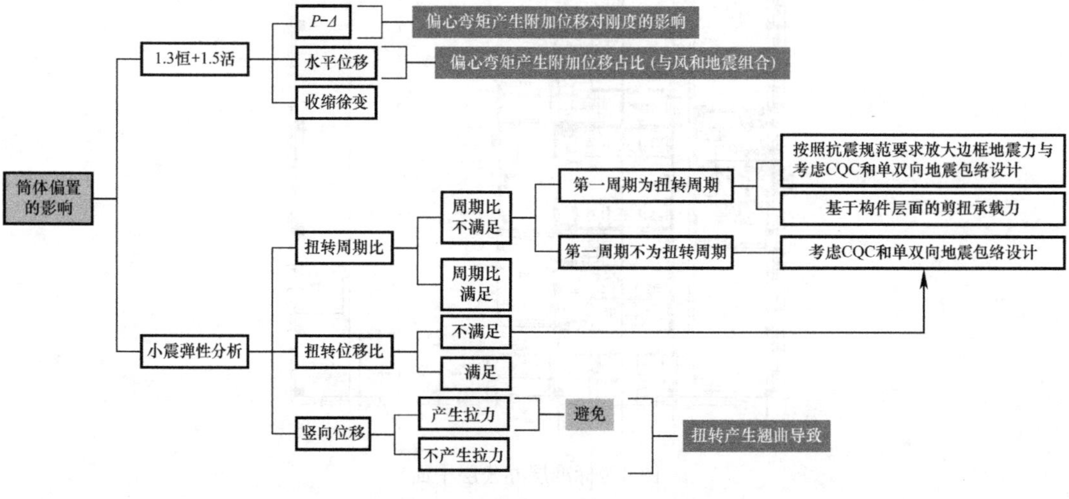

图5 偏筒对结构影响汇总

3 减小偏筒效应的方案

ETABS虚功计算表明，本项目虚功最大位置为筒体偏置方向对侧边框架（图6），增加此处框架刚度对提高整体结构抗扭刚度效率最高。建筑条件允许时，框架-边筒结构在该位置从上到下通高设置剪力墙或在外框柱之间设置柱间支撑，必要时可结合建筑避难层设置环带桁架，以增加外框架整体抗扭刚度。建筑条件不允许时，采用适当增加外框柱数量，增加外框梁高度，也能达到增强外框架抗扭刚度的目的。随着外框梁增高，结构整体平动和抗扭刚度会同时增加，但抗扭刚度增加相对更快（表 3），扭转周期比基本呈线性减小（图 7）。

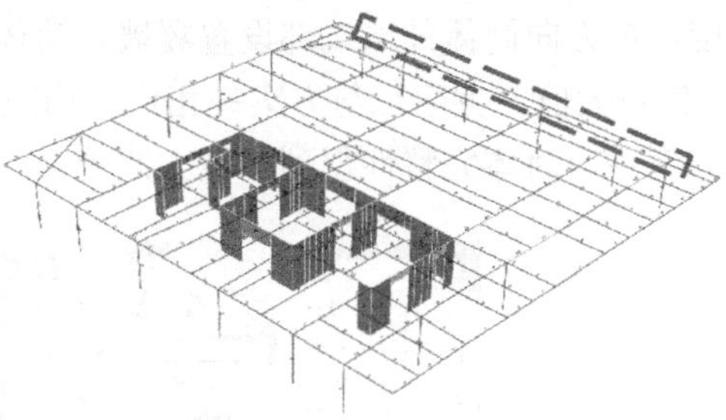

图 6　虚功分布图

本项目建筑外立面不允许设置剪力墙或柱间支撑，可接受外框梁最高 1050mm，最大跨高比 9，扭转周期比 0.884，根据《高层建筑混凝土结构技术规程》[3]第 3.4.5 条和第 9.2.5 条规定，扭转周期比不应大于 0.85。因此仅靠增强边框架的方法不能解决边筒带来的影响，需同步弱化边筒，减小平动刚度，满足规范要求。

梁高与周期的关系　　**表 3**

梁高	第一平动周期	第一扭转周期	周期比
650	3.235	2.927	0.904
750	3.226	2.902	0.899
850	3.218	2.879	0.895
950	3.212	2.856	0.889
1050	3.026	2.835	0.884
1150	3.202	2.815	0.879
1250	3.197	2.798	0.875

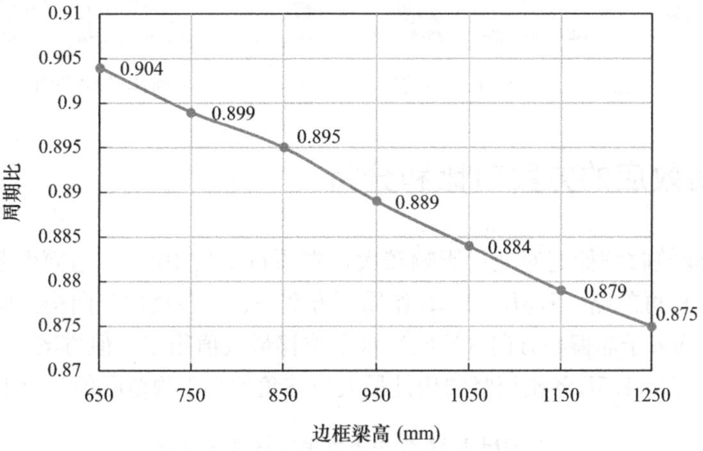

图 7　周期比随梁高变化曲线

弱化偏置筒体方案有两种，方案一通过减小连梁高度，减小腹墙数量，可使筒体趋向于壁式框架，实现弱化筒体刚度的目的（图 8），此方案平动刚度减小明显，模型调整直接、效率高，但筒体完整性较差；方案二在方案一结构布置基础上，有选择性将筒体东边建筑内隔墙设置为与外墙形成封闭剪力流的筒体腹墙，并将方案一中水平贯通主腹墙中间洞口西移至小筒之外，减小洞口连梁高度，筒体分拆成两个完整独立靠边对称布置的小筒，小筒外墙设置小跨高比连梁，增强结构及小筒抗扭刚度，同时结构刚心东移减小偏心率（图 9）。此方案模型调整需通盘考虑，过程复杂，效率低，但筒体完整性可得到保证。这两个方案筒体共同之处是加厚平行于偏置轴线东侧外墙，减小洞口宽度和增加连梁高度，该方向筒体外墙端部设置翼墙，筒体内角至该翼墙边缘距离不小于 1m 和该外墙厚度 2 倍较大值。方案二与方案一相比，均减小了刚心与质心偏心率，方案二筒体内腹墙多于方案一，筒体完整性得到了较大改善。

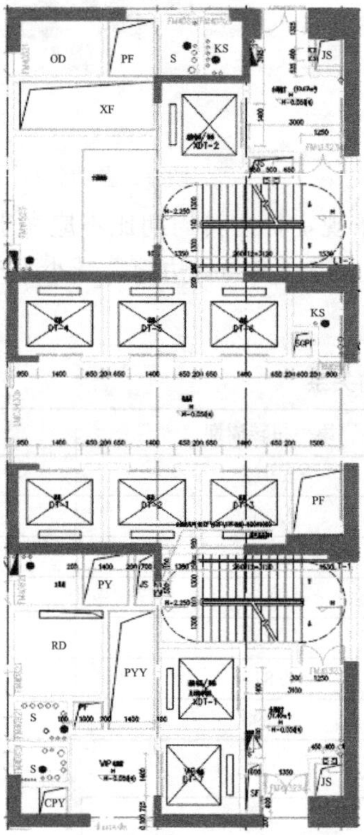

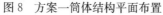

图 8　方案一筒体结构平面布置

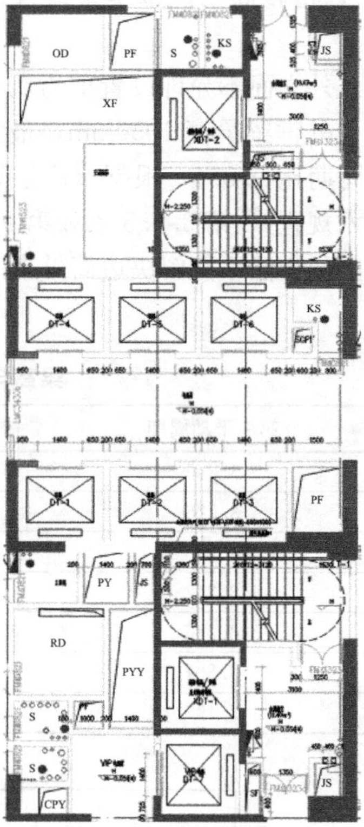

图 9　方案二筒体结构平面布置

4　减小偏筒效应的方案对比和分析

250m 以上建筑收缩徐变对变形影响较大，本项目不足 100m，边筒引起不对称收缩徐变的附加水平位移可忽略。1.3D+1.5L 作用下方案一、二各楼层竖向构件偏心方向（X 向）水平位移最大值均大于非偏心方向（Y 向）水平位移最大值很多，但方案一、二位移值相差不大（表 4）。1.3D+1.5L 各楼层竖向构件最大位移角远小于规范限值的要求（图 10）。

1.3D+1.5L 作用下水平位移值（mm）　　表 4

楼层	方案一		方案二		楼层	方案一		方案二	
	X	Y	X	Y		X	Y	X	Y
23	39	19	36	20	11	15	7	17	5
22	37	18	34	18	10	14	6	15	4
21	35	17	33	16	9	12	5	13	4
20	32	16	31	15	8	11	4	12	3
19	30	15	30	14	7	9	3	10	2
18	28	14	28	12	6	7	2	8	2
17	25	13	27	11	5	11	3	5	9
16	23	12	25	10	4	4	1	3	3

续表

楼层	方案一		方案二		楼层	方案一		方案二	
	X	Y	X	Y		X	Y	X	Y
15	21	11	24	9	3	2	1	2	1
14	19	10	22	8	2	2	1	1	0
13	18	9	21	7	1	1	1	0	0
12	16	8	19	6					

根据深圳市《高层建筑混凝土结构技术规程》[1] 3.7.3条，当竖向荷载对楼层的水平位移有较大影响时，计算楼层层间位移时应考虑其影响。由图11、图12可知重力荷载与水平作用组合下的位移角均小于规范限值要求。

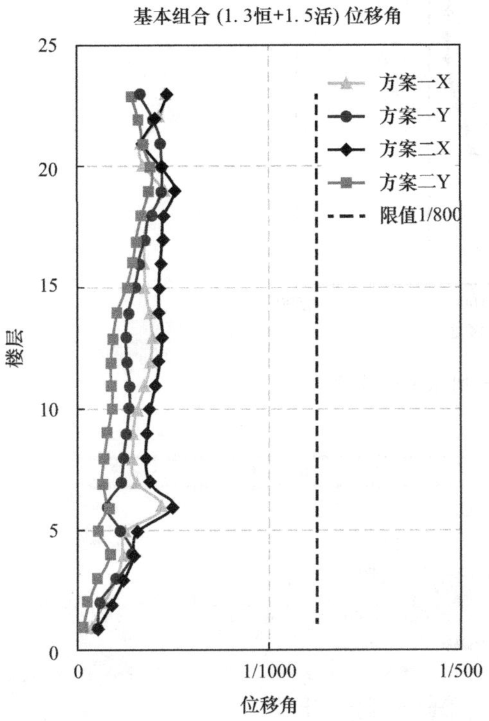

图10　1.3D+1.5L 作用下水平位移角

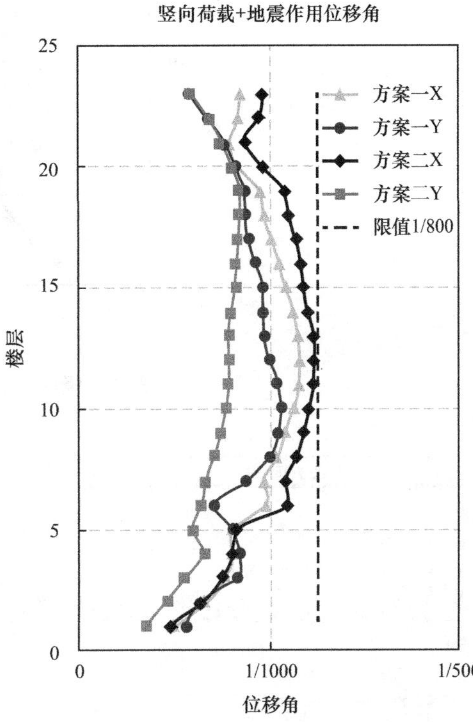

图11　竖向荷载+地震水平位移角

方案一、二刚重比验算均能很好满足规范要求，说明偏筒对 P-Δ 的影响不大（图13、图14）。

周期振动因子比例反映结构的规则性，各主振动向振动因子越大，则结构越规则，方案一中 T_x0.64；T_y0.50；T_t0.59，方案二中 T_x0.92；T_y0.92；T_t0.81（表5），具有同一建筑平面轮廓的方案二比方案一结构规则，说明边筒完整性对结构规则性具有有利的影响。从概念而言，越规则的结构抗震性能越优越。方案二X向刚度变化不大，Y向刚度有一定增幅，Y向方案二较之方案一地震作用和风荷载下位移角减小了26%，基底剪力增加28%，其余各项指标几乎相等（表6、表7）。方案一、二配筋结果比较为裙楼外周边框架梁纵筋方案二小，24m跨框架梁配筋相同，西侧外框架柱配筋方案二大，东侧外框架柱配筋方案二小，南北外框柱配筋相同；筒体外围墙配筋方案二小（图15、图16）。标准层大部分北（南）侧、东侧外周边框架梁及24m跨框架梁配筋相同，少部分北（南）侧、西侧外周边框架梁配筋、筒体外周边连梁配筋、西侧外框架柱配筋方案二小，北（南）侧、东侧均有一个外框架柱配筋方案二小，其余外框柱配筋相同；筒体外围墙配筋方案二小（图 17、图 18）。

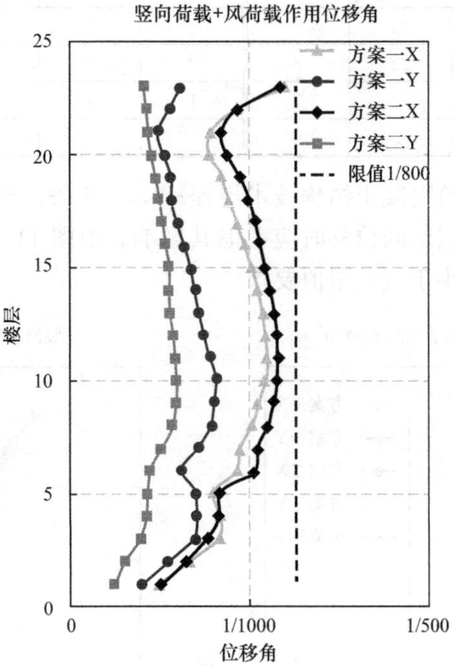

图 12　竖向荷载＋风水平位移角

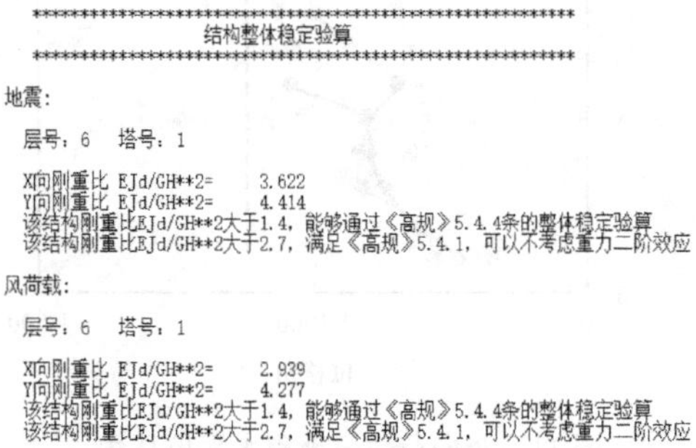

结构整体稳定验算

地震：

层号：6　塔号：1

X向刚重比 EJd/GH**2=　3.622
Y向刚重比 EJd/GH**2=　4.414
该结构刚重比EJd/GH**2大于1.4，能够通过《高规》5.4.4条的整体稳定验算
该结构刚重比EJd/GH**2大于2.7，满足《高规》5.4.1，可以不考虑重力二阶效应

风荷载：

层号：6　塔号：1

X向刚重比 EJd/GH**2=　2.939
Y向刚重比 EJd/GH**2=　4.277
该结构刚重比EJd/GH**2大于1.4，能够通过《高规》5.4.4条的整体稳定验算
该结构刚重比EJd/GH**2大于2.7，满足《高规》5.4.1，可以不考虑重力二阶效应

图 13　方案一刚重比验算结果

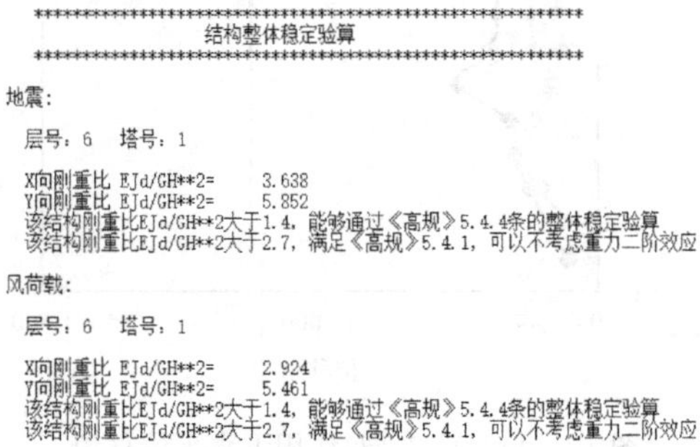

结构整体稳定验算

地震：

层号：6　塔号：1

X向刚重比 EJd/GH**2=　3.638
Y向刚重比 EJd/GH**2=　5.852
该结构刚重比EJd/GH**2大于1.4，能够通过《高规》5.4.4条的整体稳定验算
该结构刚重比EJd/GH**2大于2.7，满足《高规》5.4.1，可以不考虑重力二阶效应

风荷载：

层号：6　塔号：1

X向刚重比 EJd/GH**2=　2.924
Y向刚重比 EJd/GH**2=　5.461
该结构刚重比EJd/GH**2大于1.4，能够通过《高规》5.4.4条的整体稳定验算
该结构刚重比EJd/GH**2大于2.7，满足《高规》5.4.1，可以不考虑重力二阶效应

图 14　方案二刚重比验算结果

周期振动因子　　表 5

周期	方案一	方案二	方案二/方案一
T_x	3.07（0.64＋0.14＋0.21）	3.16（0.92＋0.01＋0.07）	1.03
T_y	2.92（0.33＋0.50＋0.17）	2.30（0.00＋0.92＋0.08）	0.79
T_t	2.63（0.03＋0.38＋0.59）	2.70（0.09＋0.10＋0.81）	1.03
T_t/T_x	0.860	0.850	

最小剪重比　　表 6

方向	方案一	方案二	方案二/方案一
X	1.65	1.67	1.01
Y	1.54	1.99	1.30

水平力作用下位移角、位移比、基底剪力　　表 7

位移角	方向	方案一	方案二	方案二/方案一
风作用	X	1/1040	1/1005	1.03
	Y	1/1427	1/1942	0.74
地震作用	X	1/1094	1/1011	1.09
	Y	1/1170	1/1630	0.72
位移比	方向	方案一	方案二	方案二/方案一
层位移比	X	1.23	1.26	1.02
	Y	1.41	1.35	0.98
层间位移比	X	1.25	1.25	1.00
	Y	1.35	1.34	1.00
基底剪力	方向	方案一	方案二	方案二/方案一
风作用	X	13246	13508	1.02
	Y	11888	11795	0.99
地震作用	X	12293	13273	1.08
	Y	11485	14744	1.28

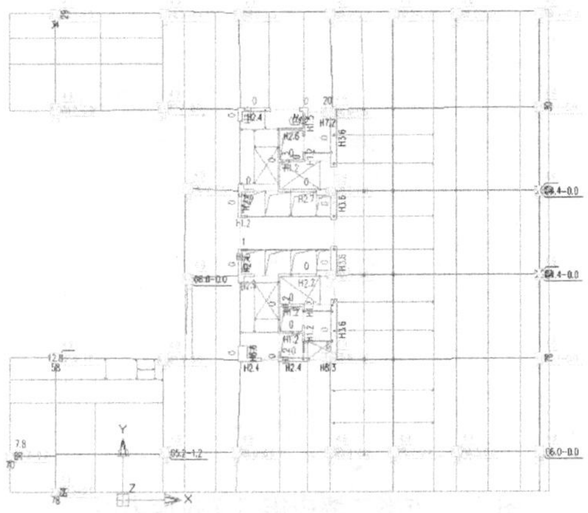

图 15　方案一、方案二裙房竖向构件配筋控制图

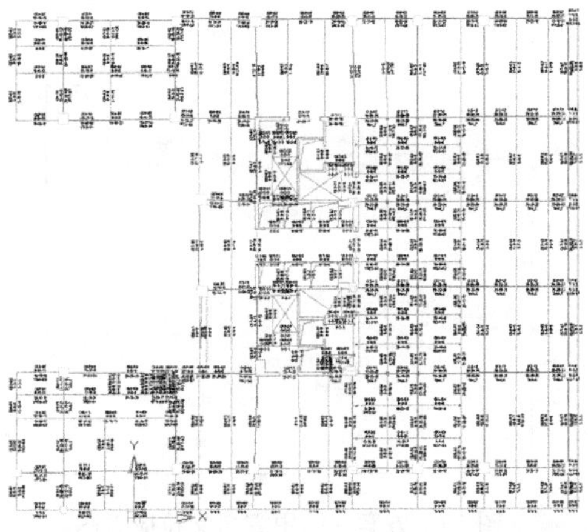

图 16　方案一、方案二裙房梁配筋控制图

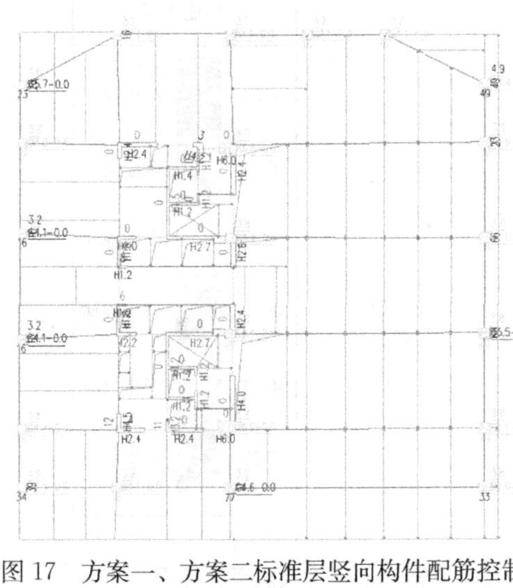

图 17　方案一、方案二标准层竖向构件配筋控制图

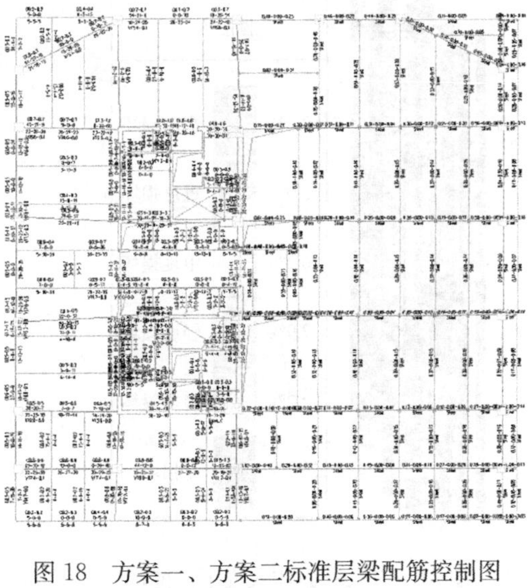

图 18　方案一、方案二标准层梁配筋控制图

按单肢墙进行中震不屈服下的名义拉应力验算，计算表明方案一、二墙肢名义拉应力基本小于 $1.0f_{tk}$，筒体具有良好的延性（图 19、图 20）。方案一、二罕遇地震作用下动力弹塑性计算分析表明，底部关键构件剪力墙和柱性能水平处于无损坏、轻微损坏、轻度损坏之间；连梁性能水平处于重度损坏、严重损坏，进入耗能状态；底层边筒及周边楼板受力大于其他位置性能水平处于轻微损坏，其他部位性能水平为无损坏，满足预设性能水平要求（图 21～图 28）。

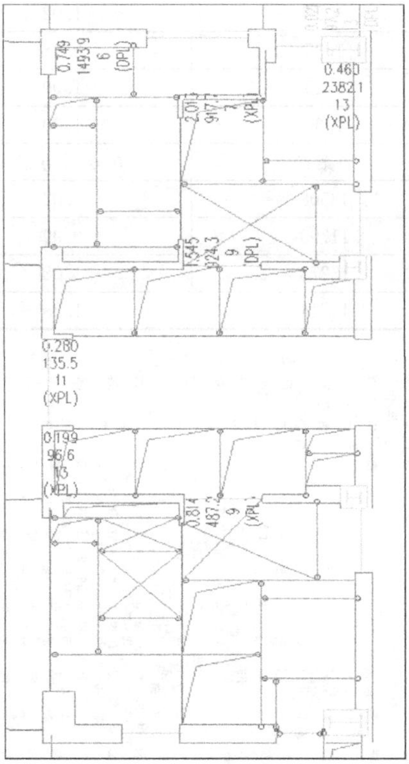

图 19　方案一墙中震名义拉应力图

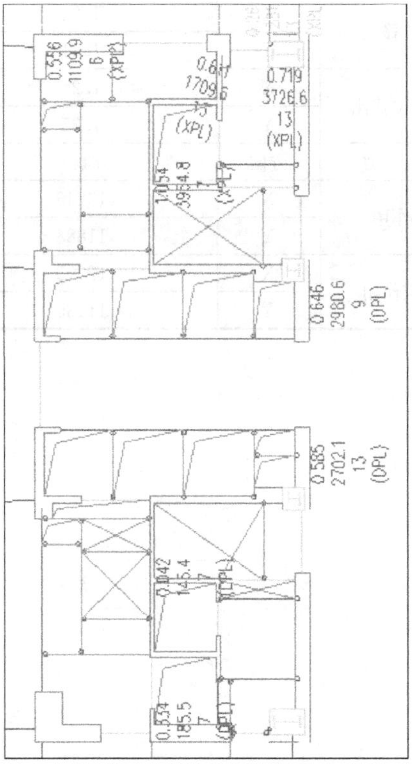

图 20　方案二墙中震名义拉应力图

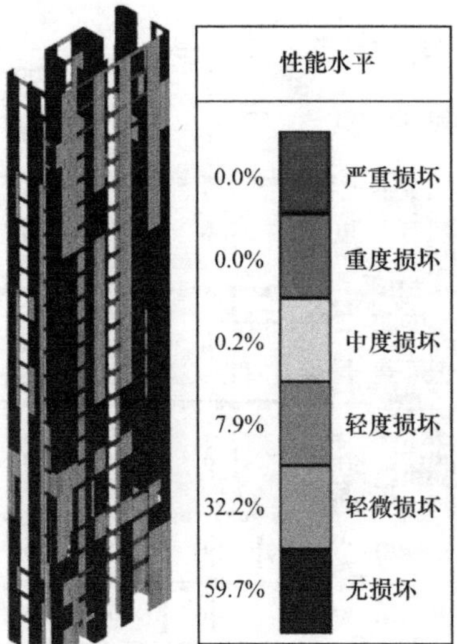

图 21　方案一筒体大震下性能图

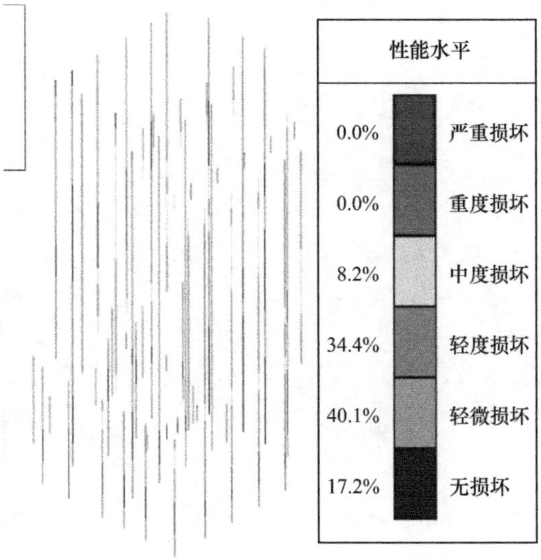

图 22　方案一框架柱大震下性能图

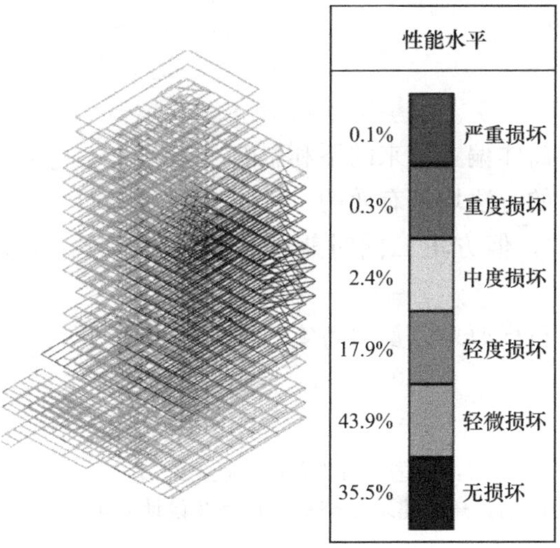

图 23　方案一水平构件大震下性能图

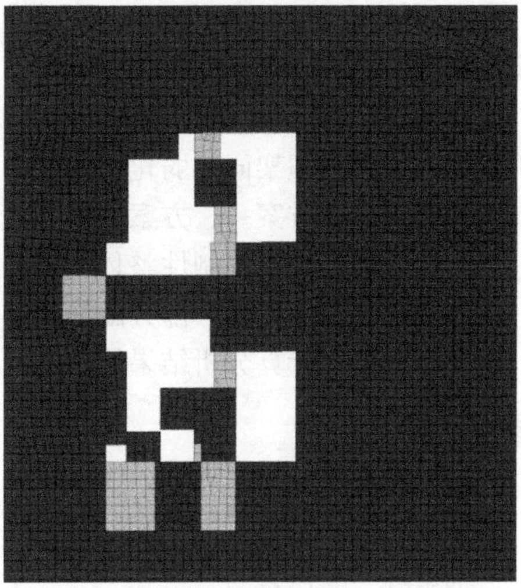

图 24　方案一底层楼板大震下性能图

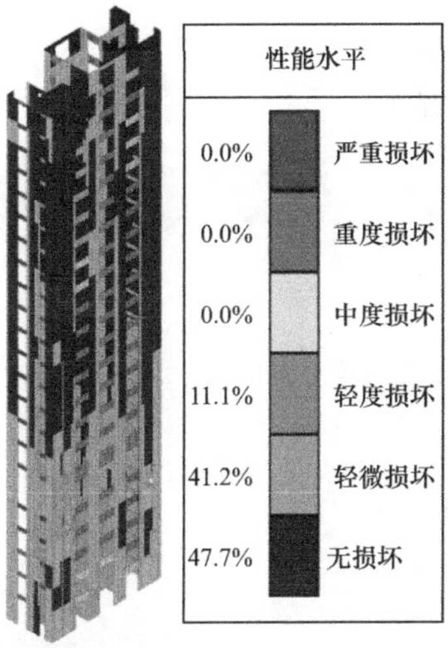

图 25　方案二筒体大震下性能图

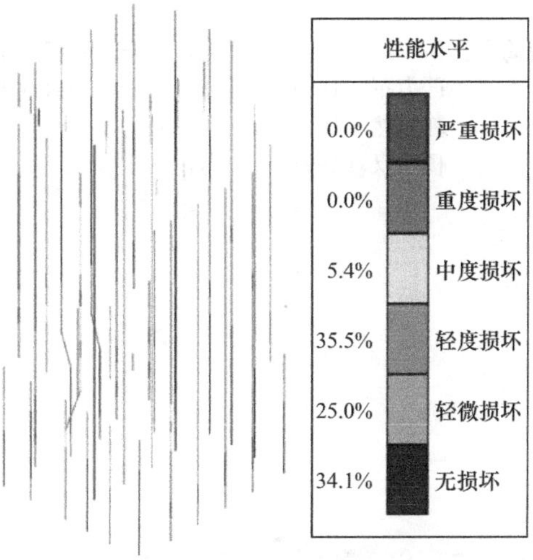

图 26　方案二框架柱大震下性能图

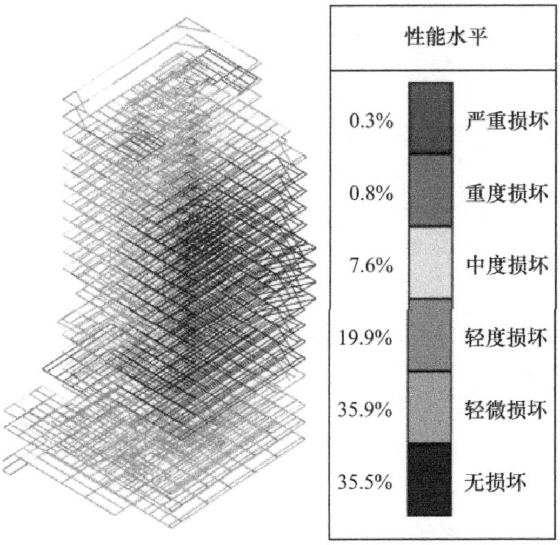

图 27　方案二水平构件大震下性能图

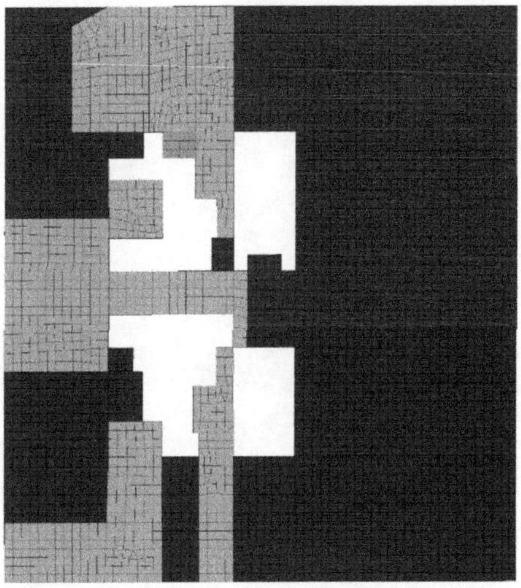

图 28　方案二底层楼板大震下性能图

5 结论

（1）强化边框架同时弱化边筒能很好解决筒体偏置带来的不利影响。

（2）无论是方案一、方案二作为弱化边筒的方法均是有效的。

（3）方案一、二控制性整体指标基本一致，但方案二同时兼顾了筒体完整性。方案一、二大部分配筋相同，部分配筋方案一大。

（4）中大震计算分析结果均满足既定性能目标要求，最终方案二为实施方案。

参考文献

[1] SJG 98—2021高层建筑混凝土结构技术规程［S］. 北京：中国建筑工业出版社，2021

[2] 钱鹏，严从志，邱介尧，周建龙，包联进. 核心筒偏置高层建筑结构受力特点及设计对策［J］. 建筑结构，2020

作者简介： 何　涛（1974—），男，学士，一级注册结构工程师。

严力军（1964—），男，学士，一级注册结构工程师。

郭浩然（1993—），男，硕士。

杨振汉（1993—），男，学士。

“双碳”目标下香港模块化建筑的科技创新和工程案例

张　毅[1,2,3]　张　娟[1,2,3]　葛　斌[1,2,3]　齐冠良[1,2,3]
（1. 中国建筑工程（香港）有限公司，香港，999079；
2. 中建国际医疗产业发展有限公司，香港，999079；
3. 中国建筑国际集团建筑科技研究院医疗建筑科技研究中心，香港，999079）

摘　要：建筑业作为占全国能源消费总量比重较大的产业之一，其绿色、节能、可持续的创新研究和实际应用，对实现国家“2030 碳达峰”“2060 碳中和”的目标起着举足轻重的作用。本文在全球模块化建筑（香港亦称 MiC，modular integrated construction，即组装合成建筑）发展的大趋势下，研究了香港目前模块化建筑的研发和工程应用现状。结合香港中医医院项目，充分考虑钢结构模块和混凝土模块各自的优缺点，因地制宜地首次将这两种不同的模块同时应用到建筑的不同功能分区，并创新性地提出了吊装和滑行嵌入模块相结合的拼装施工方法以及脚手架模块化，旨在尽可能地减少项目施工的碳排放。
关键词：碳达峰；碳中和；模块化建筑；MiC；组装合成建筑

Technology innovation and project applications of Hong Kong modular integrated construction for carbon peaking and carbon neutrality goals

Zhang Yi[1,2,3]　*Zhang Juan*[1,2,3]　*Ge Bin*[1,2,3]　*Qi Guanliang*[1,2,3]
（1. China State Construction Engineering (Hong Kong) Ltd.，Hong Kong 999079，China；
2. China State Construction International Medial Industry Development Co.，Ltd.，Hong Kong 999079，China；
3. CSCI Medical Building Technology Research Centre，Hong Kong 999079，China）

Abstract：Building construction industry accounts for a large proportion of the total energy consumption in China. Its innovative research development in green，sustainable energy conservation and implication in practical projects play an important role to realize the national Carbon Peaking and Carbon Neutrality goals. Under the global rapid development trend of modular integrated construction (MiC)，the status of research development and practical projects of MiC in Hong Kong is reviewed and summarized. As for the practical application in the Chinese Medicine Hospital project in Tseung Kwan O，the two different MiC modules，both steel modules and concrete modules，are designed and adopted at the different functional zones in the building with consideration of their own advantages and disadvantages. Besides，according to the non-uniform spatial arrangement of MiC modules in this project，the innovative installation method of both lifting MiC and sliding-in MiC is

proposed and adopted at the first time in Hong Kong. In addition, the standardization and modularization of falsework and formwork for this project further contribute to the reduction of carbon emission as far as possible.
Keywords：carbon peaking；carbon neutrality；MiC；modular integrated construction

引言

在我国“2030碳达峰”“2060碳中和”的既定目标与《关于推动智能建造与建筑工业化协同发展的指导意见》指导下，建筑行业向低碳化、集约化、制品化转型成为一种必然的趋势。特别是香港建造业近些年来一直面临着包括土地供应不足、熟练工人短缺、现有劳动力老龄化等问题的大量挑战。因此基于市场和发展的双重需求，模块化建筑（香港亦称MiC，modular integrated construction，即组装合成建筑）采用一种新型的绿色建造方式，获得了越来越多的关注、认可和应用[1-7]，有着广阔的发展前景。

模块化建筑法作为一种创新的建造方法，将现场建筑工序转移至较易控制的厂房进行。承建商在工地平整及地基工程进行期间，可同步于厂房内建造组件，让两项工序并行推进，从而缩短整体建筑时间。由于厂房内所制造的单位组件已预先安装好喉管、橱柜、洁具、窗户、地台及墙身等大部分设施配件，然后才将其运送到工地现场进行楼宇的组装建造，从而大大减少现场施工工序，减少建筑过程受天气条件、劳动力资源和施工场地限制影响。施工现场仅需要把每个单元像搭积木一样组装起来，即可完成整个项目的建设。其十分符合绿色发展建造理念，同时赋能“碳中和”“碳达峰”，还具备可拆卸重复使用的产品属性。在特定的应急项目的使用周期结束后，可拆卸运送至其他地方，组装成新的应急设施，避免建筑材料浪费，也能快速恢复土地的循环利用。同时有利管控施工质量、提升建造业的生产力、安全性及可持续性，从而舒缓香港建造业当前面对的一些挑战。

1 模块化建筑对实现“双碳”目标的意义

建筑业是我国落实“碳达峰、碳中和”目标的重要领域。根据《2021中国建筑能耗与碳排放研究报告》[8]，2019年全国建筑全过程能耗总量为22.33亿tce，占全国能源消费总量比重为45.8%；2019年全国建筑全过程碳排放总量为49.97亿tce，占全国碳排放的比重为50.6%。要推动建筑行业的“碳中和”，可从建材生产、运输、建筑施工、运行、拆卸等环节着手，从全生命周期中各个环节减碳。

传统的装配式建筑采用工厂预制的部品部件在现场装配而成，有利于节约资源能源、减少施工污染、提升劳动生产效率、提升质量安全水平以及降低碳排放。刘君怡[9]的研究表明，相比传统现浇方式，上海某预制率为36.85%的11层混凝土装配式住宅在物化阶段实现碳减排约14.6%，且减碳效果将随着预制率的提升而相应提升；刘珊[10]基于对深圳市某装配率不低于30%的装配式混凝土高层住宅的分析，表示采用装配式工艺可降低物化阶段碳排放量约20%。鉴于装配式建筑在绿色低碳方面的成效，成为近年来我国大力推行的发展方向之一。2022年1月，住房和城乡建设部发布《“十四五”建筑业发展规划》，其中明确提出“大力发展装配式建筑，力争到2025年，新建装配式建筑占比达到30%以上”。部分省市在国家政策的基础上提出了更高的目标，2022年4月，北京市政府办公厅发布的《关于进一步发展装配式建筑的实施意见》指出“到2025年，实现装配式建筑占新建建筑面积的比例达到55%”；2022年5月，山东省住房和城乡建设厅等6部门联合印发的《关于推动新型建筑工业化全产业链发展的意见》指出“到 2025 年，全省新开工装配式建筑占城镇新建建筑比例达到 40%以上，其中济南、青岛、烟台三市达到 50%”。模块化建筑是装配式建筑的一种高级表现形式，是建筑工业化高度发展的一种必然结果[11]，可以实现标准化设计、工厂化生产、装配式施工、一体化装修、信息化管理，有助于进一步减碳。

2 香港模块化建筑的发展与应用

2.1 香港模块化建筑的发展现状

人们希望未来建筑能够朝着可持续发展的方向去建造，从功能上能够符合未来所需要的多元化、智能化、开放互动等要求。而模块化建筑可以相互组合、共享，还可以通过叠加，将功能植入。目前，全球已有许多国家开启了模块化的建设之路，这从近些年来特别是近十年来大量涌现的模块化建筑专利可窥一斑（图 1）。这些专利的内容如图 2 所示主要分为：（1）建筑布局的模块化；（2）模块化建筑的结构体系；（3）模块化建筑的施工方法；（4）新型建筑模块及其连接节点，几乎涵盖了模块化建筑研发的各个方面。

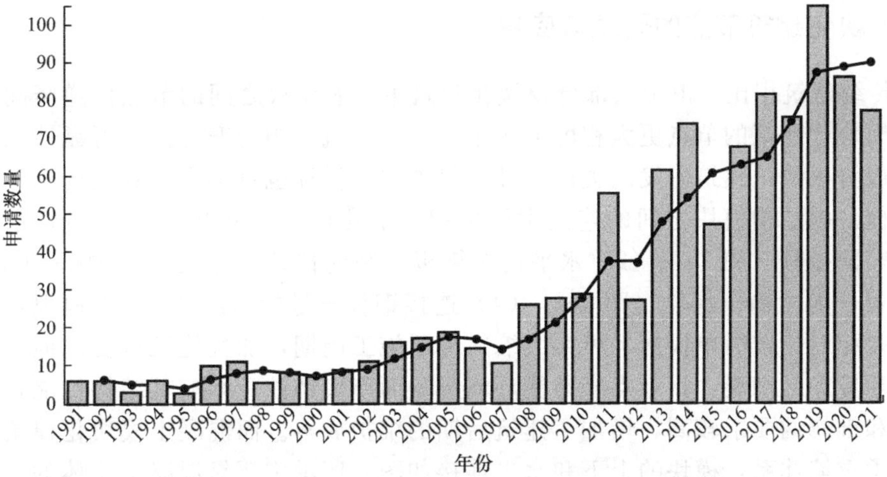

图 1 全球每年申请建筑模块化专利的数量

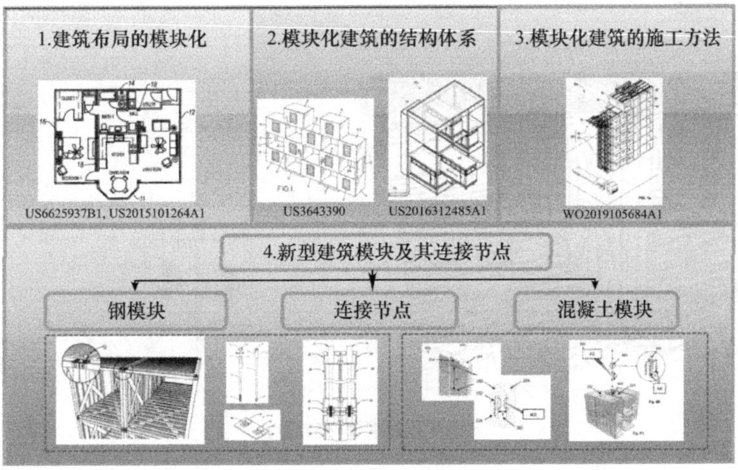

图 2 全球模块化建筑专利的分类

如前所述香港建造业面临着转型升级，高消耗、生产力落后、劳动力缺失等问题一直困扰着产业发展。为此，在 2017 年颁布的施政报告中首次明确提出，香港要引进更先进的模块化集成建筑方式。而为了让该建筑方法更有质量地引入香港，2017 年年底，香港屋宇署设立了预先认可机制，要求模块供应商进入香港市场，必须通过预先认可。香港屋宇署对模块供应商，建筑及机电设计，生产流程，品质保证和质量监督有着严格的规范要求。近些年来，很多承建商或建筑模块供应商为了抢占香港的建筑模块化市场，已经将自己的模块化建筑设计送交香港屋宇署审核并得到了预先认可，按模块的建筑材料主要分为钢结构模块化建筑和混凝土模块化建筑。钢结构模块和混凝土模块相比，其优点是自重较轻，生产速度较快，生产精度较高，现场工程量较少，安装速度较快，并且建筑布置相对较灵活，但造价较高，建筑后期的维护成本也高。混凝土模块虽然重量较大，建筑布置不太灵活，但建筑成本相对较低，施工完成后，建筑后期的维护成本也较低，用户的体验感好。近些年来，模块化建筑项目如雨后春笋般出现在香港，香港目前已完成或在建的模块化建筑项目中钢结构模块化建筑，主要是应用到社会过渡性房屋、学校、办公楼、宿舍等项目中，酒店和私人住宅项目大多采用混凝土模块化建筑。

2.2 模块化建筑节点的研发与应用

和传统建筑相比，由于大部分模块化建筑主要靠模块之间的节点传递竖向力和水平力，模块化建筑的节点更大程度上决定了整个建筑结构的安全性、可靠性以及整体性能，成为模块化建筑研发的关键一环。另外它的设计也直接影响到现场施工是否简单、快捷。钢结构模块之间的连接主要采用以下几种连接节点[12,13]：（1）水平连接钢板＋竖向拉杆（图 3a）；（2）水平连接钢板＋竖向拉杆＋螺栓（图 3b）；（3）水平连接钢板＋剪力销＋螺栓（图 3c）；（4）连接钢板＋螺栓（图 3d）。工地现场模块的连接安装相对比较简单快捷，可大大缩短楼层施工周期，加快施工进度。但是由于香港地区环境非常潮湿，钢节点容易受环境影响而产生锈蚀，影响其结构性能，因此节点检查和维修的要求较高，增加了建筑后期的维护成本。而混凝土模块化建筑目前主要采用承重墙体系，模块的上下和水平连接如图 4 所示主要靠混凝土墙体的连接：搭接钢筋和现场浇筑来完成[14,15]，因结构墙体较多，其建筑布置相对不灵活，工地现场的湿作业也较多。

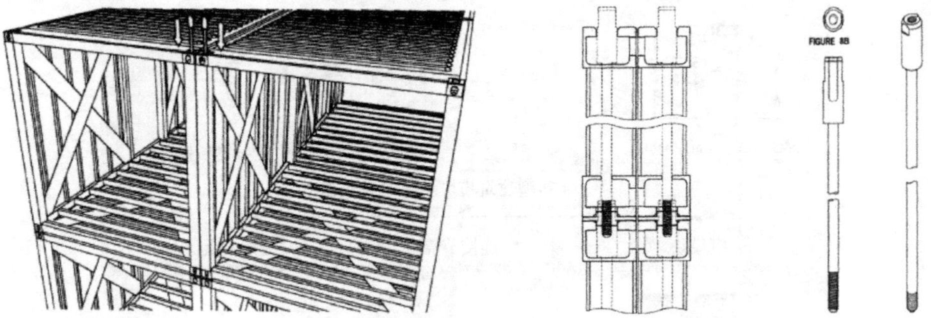

(a) 水平连接钢板+竖向拉杆

图 3　钢结构模块常用节点类型（一）

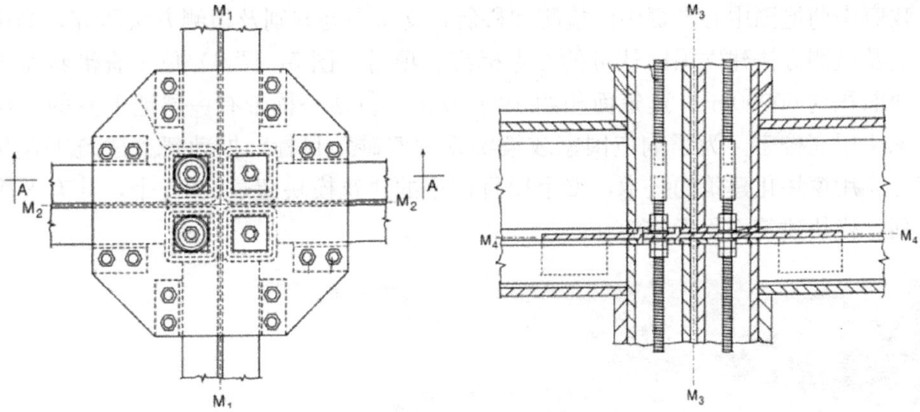

(b) 水平连接钢板+竖向拉杆+螺栓

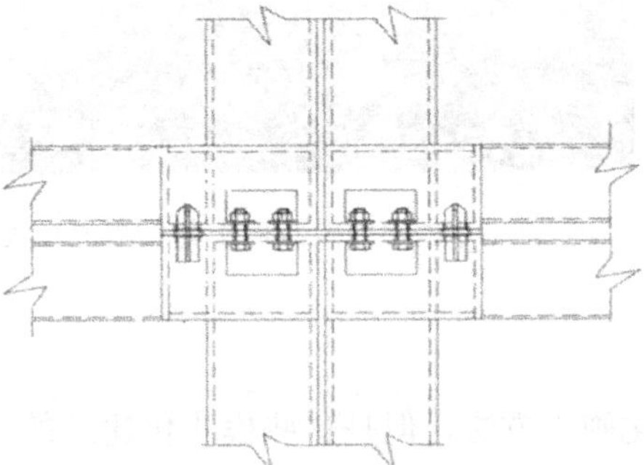

(c) 水平连接钢板+剪力销+螺栓

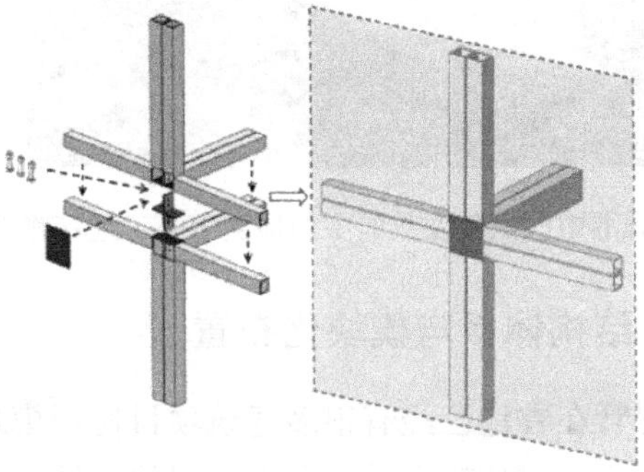

(d) 连接钢板+螺栓

图 3　钢结构模块常用节点类型（二）

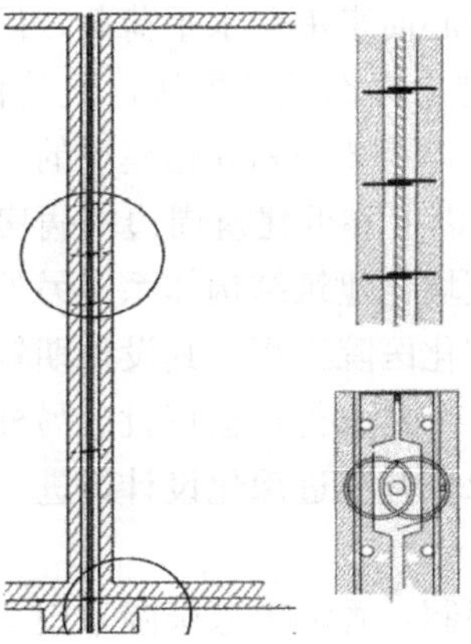

(a) 专利WO2019050475A1节点连接方法

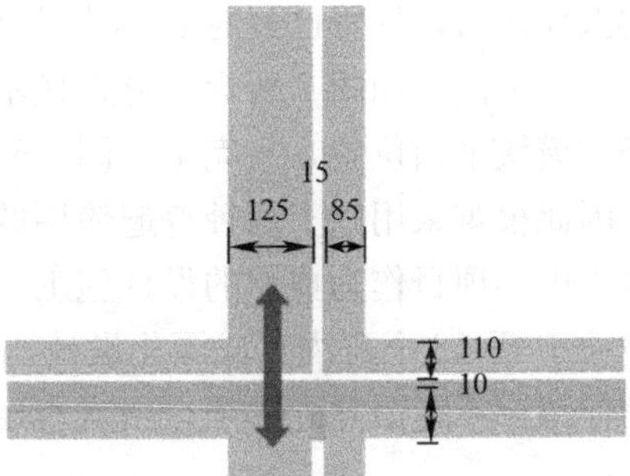

(b) 半预制楼面与搭接钢筋节点连接方法

图 4　混凝土模块常用节点类型

3　香港中医医院及中药检测中心项目的模块化设计与施工探索

3.1　项目概况

香港中医医院是境外首间中医医院，集医疗服务、科研教学、国际交流等多重功能于一身，政府中药检测中心专责中医检测和科研，支持中药鉴别及检测方法研究，为中药安全、质量及检测方法建立国际认可的参考标准。项目（图 5、图 6）位于香港将军澳百胜角，占地面积约 60000m²，建筑面积约 190000m²，包括一栋带有一层地下室的 8 层高楼宇和一栋 4 层高楼宇。为了响应国家政策实现“双碳”目标，推动新型建筑工业化的发展，充分应用模块化建筑的技术，整个项目使用的建筑模块超过 2000 个，共有 8 个建筑功能系列，模块建筑面积近 40000m²。

图 5　香港中医医院及政府中药检测中心工地鸟瞰图

图 6　香港中医医院及政府中药检测中心效果图

3.2　结构体系与模块化布置

尽管在香港已经有很多建筑项目使用模块化施工方法，但是这些模块化建筑的功能分区一般都相对比较简单，上下楼层的布局基本相同，建筑模块的类型少，并且均可上下对齐连接。因此对于低层建筑，可采用结构体系 1：模块上下、左右拼装，依靠模块本身的结构构件传递及承受竖向重量荷载和水平荷载。对于中高层建筑，大多采用结构体系 2：建筑中部现浇核心筒连接周边预制模块，主要靠核心筒来承受水平荷载。但是对于功能分区比较复杂的医疗建筑，尽管已经尽量标准化香港中医医院的模块，但其种类还是繁多，所处的功能分区也不同。如图 7 所示，分别显示了建筑 2 楼和 5 楼模块的分布平面图，建筑 1 楼到 4 楼的模块平面位置几乎完全不同，5 楼以上靠近建筑周边的病房分布才开始有同样的布置，因此很难采用以上两种普遍使用的模块化建筑结构体系。另外香港中医医院及政府中药检测中心项目作为典型的设计施工一体化医院工程，其设计期较一般同类工程大幅压缩了 50%，需 12 个月内完成深化设计，15 个月取得样板审批。另外，两座大楼由完全独立用家使用，承建商需配备两个团队与用家分开推进深化设计，进一步加深了设计工作难度。

综合考虑设计沟通、施工期限和模块布置的限制，香港中医医院采用了混凝土框架＋剪力墙＋嵌入式模块的结构体系（见图 8 的局部立面图），可方便结构传力体系和建筑模块的并行设计，与用户的沟通修改，以及现场施工和工厂制造的同时进行。

3.3　不同建筑模块与节点的设计

香港建筑模块化的研发目前主要受两方面的限制：一方面，交通运输高度和宽度的限制：建筑模块和排卡的总高度需限制在 4.5m，模块宽度最好不要超过 2.5m，否则需要向香港运输署申请交通许可证。另一方面是香港建造业市场上目前可供选择的天秤和吊重的限制，如果吊重超过 25t，市场上可供选择的天秤就会很少，施工的进度就会受到比较大的影响。中医医院项目根据各种模块的不同功能要求，抗火防水要求，运输物流以及香港市场现有吊装设备能力的限制，采用了两种模块设计：钢框架模块和混凝土模块。钢框架模块的优点是重量相对较轻，工地现场的安装也比较简便。但是在抗火性能和后期维护方面，混凝土模块就体现了它的优势。因此对于抗火要求相对较低，体型较大，建筑布置要求比较宽敞灵活的房间采用了钢框架模块，而对于抗火要求较高，体型较小的房型，混凝土模块就成了比较好的选择。

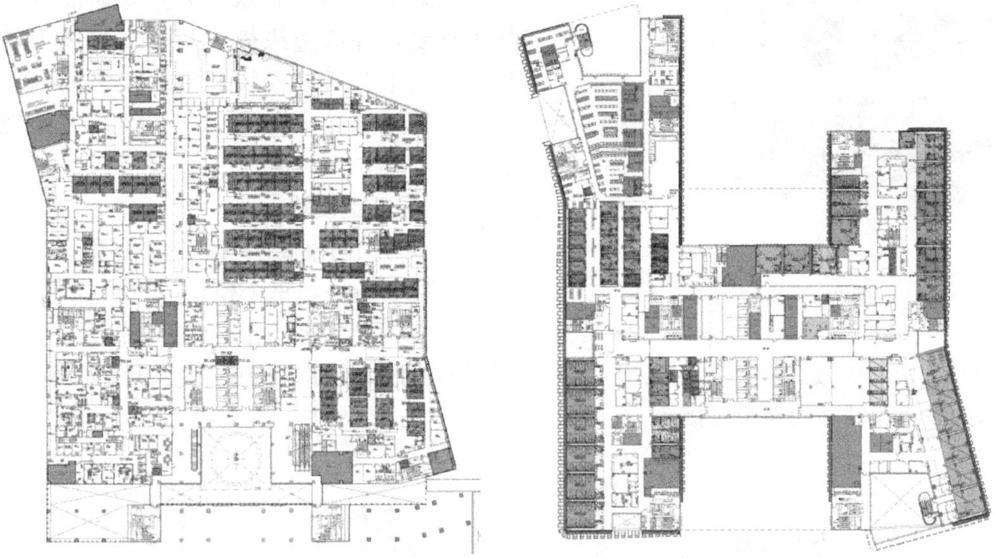

(a) 2楼模块分布平面　　(b) 5楼模块分布平面

图 7　不同楼层模块的分布平面图

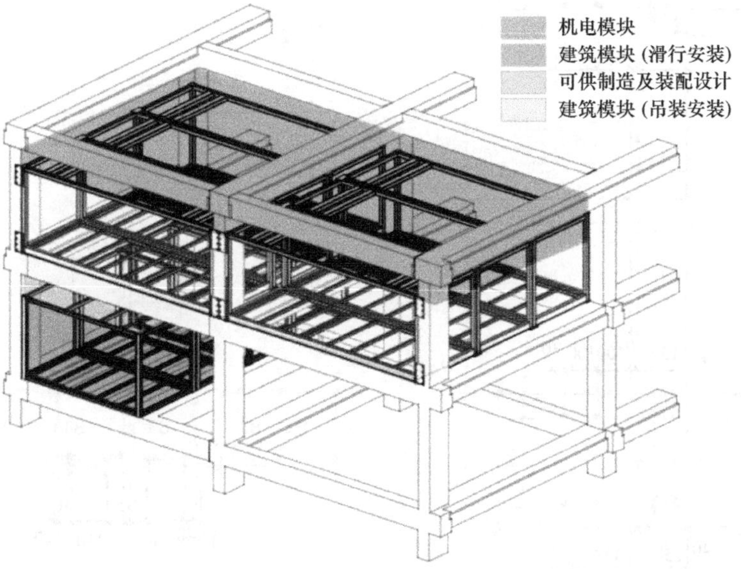

图 8　结构体系局部立面图

3.3.1　钢框架模块

综合考虑以上两种模块的优缺点，医院病房、诊症室、护士室等大部分模块采用了钢框架模块。由于香港中医医院的层高普遍为 4.5m，地下室和一楼层高甚至达 6m，在

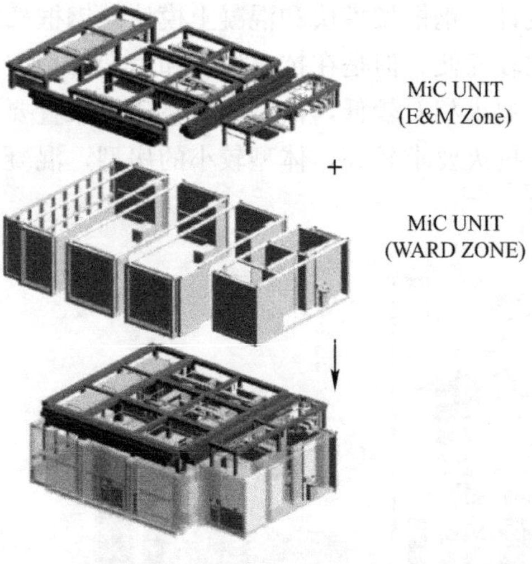

图9　病房模块

运输上构成挑战，最后方案如图9所示将房间分为了上下两组模块：上部的机电模块和下部的建筑模块，运送到工地后再拼装。其中面积最大的病房建筑模块（大约3m高，3m宽，8.3m长）的重量可控制在20t以内。由于建筑的竖向力和水平力主要靠混凝土框架来承受，外部边缘模块只负责将风力传递到主框架上，所以模块和主框架之间的连接采用了螺栓连接（如图10所示），方便现场安装。

3.3.2　混凝土模块

对于防火防潮要求较高的小型机电房，采用了混凝土模块，每个模块的重量控制在20t左右。模块与混凝土主框架之间的连接采用如图11(a)所示的接头插筋的灌浆连接，模块与模块混凝土墙之间的连接采用如图11(b)所示的插筋和铁环的灌浆连接。

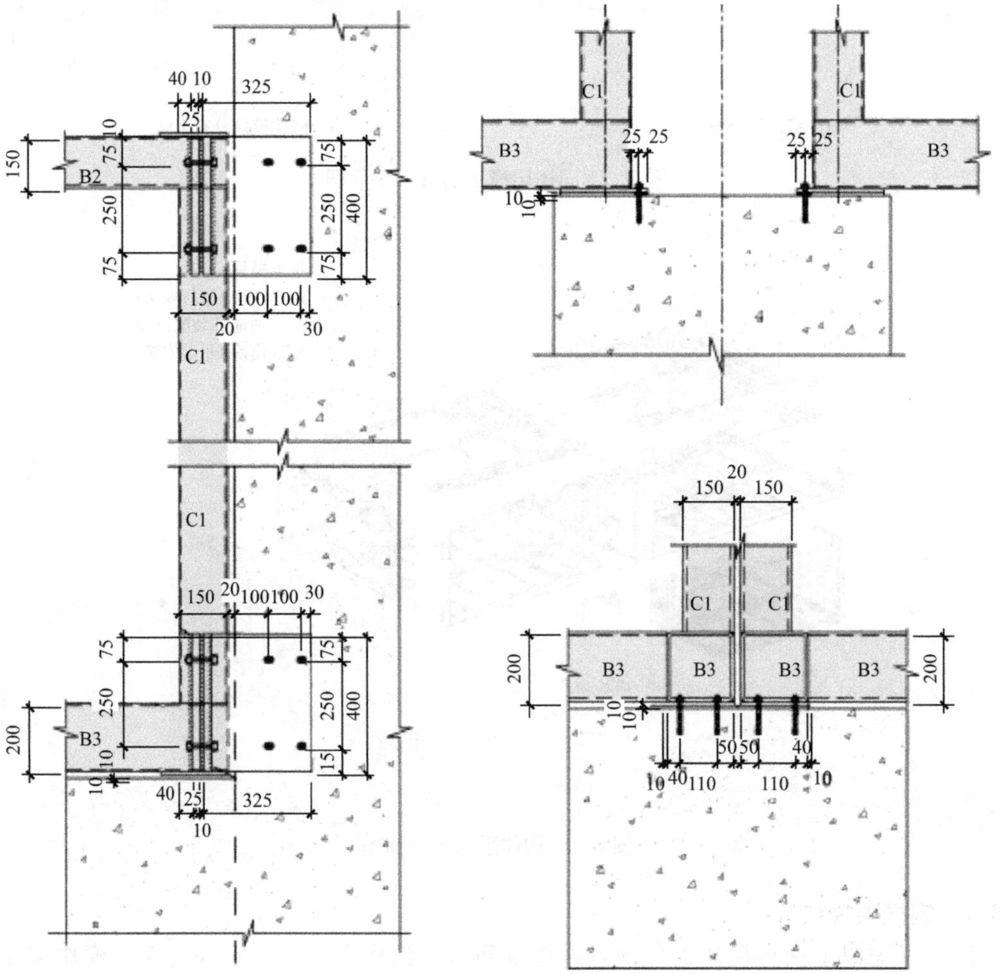

图10　钢结构模块与主框架的节点连接示例

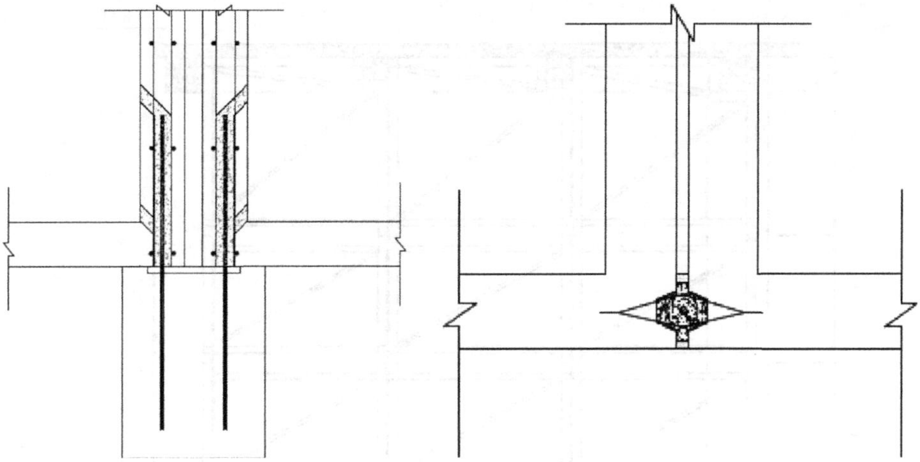

(a) 混凝土模块与梁节点连接　　(b) 混凝土模块之间节点连接示例

图 11　混凝土模块的节点连接

3.3.3　大型机电房的脚手架模块

值得一提的是中医医院的大型机电房，面积很多超过 9m×9m 的柱网，特别是地下室基础顶部到一楼的层高有 7m 高，很难采用以上两种建筑模块。但是为了尽量简便工地的施工，项目组从脚手架入手，将其分为上中下三层模块，每个柱网内共有 9 个模块（图 12），其中顶层模块可直接作为顶部混凝土梁、板的模板进行现场浇筑，模块脚手架还可通过简易的拆装重复利用，可大大节省材料和加快工程的进度。

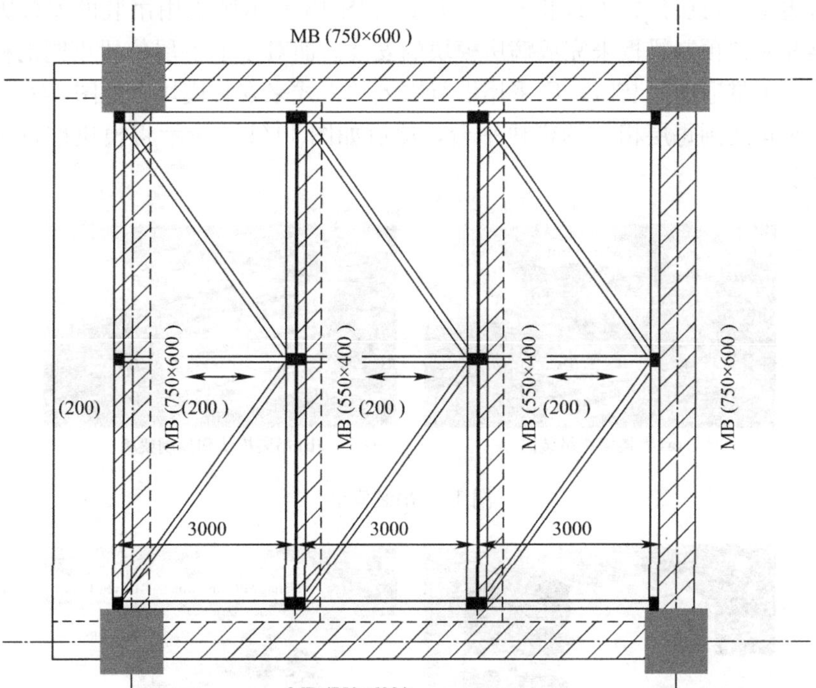

(a) 典型柱网平面图

图 12　大型机电房的脚手架模块（一）

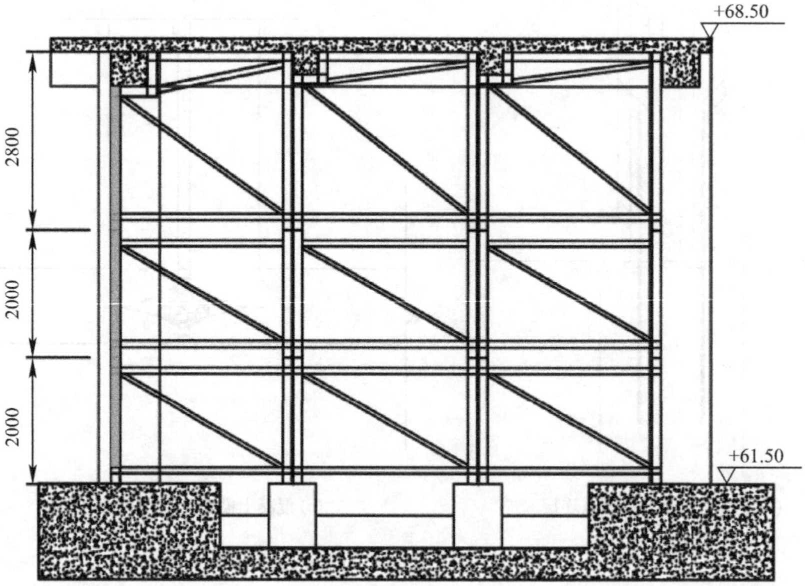

(b) 典型柱网剖面图

图 12　大型机电房的脚手架模块（二）

3.4　多种安装方法相结合的施工方案

如前所述，香港中医医院的模块种类繁多，每层所处的位置也不尽相同，承建商采用吊装安装和滑行安装相结合的方法，来安装不同功能分区的模块。对于处于五层以上，大多处于建筑边缘，每层位置大致相同的病房，如图 13 所示则采用吊装的安装方法，配合中部预制梁和屋顶预制梁板来完成病房模块的安装。而对于上下层位置不同的模块，比较难形成一个上下贯通的吊装区，则采用滑行嵌入的方式来安装模块。如图 14(a) 所示，首先将模块吊装运送到每层相应的模块平台，然后如图 14(b) 所示将模块推行到既定的位置来进行安装。

(a) 大楼模块吊装区　　(b) 吊装模块和预制梁板

图 13　吊装安装

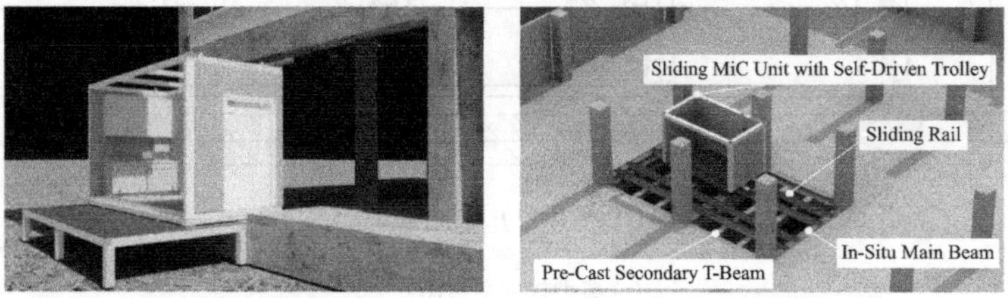

(a) 吊运模块至模块平台　　(b) 楼层内滑行安装模块

图 14　滑行安装

4 结论

本文在国家"双碳"目标下研究总结了香港目前模块化建筑的研发现状和工程应用实例。从香港中医医院及政府中药检测中心项目这一实际案例出发，综合考虑设计沟通、工期期限和模块布置的限制等因素，提出采用了混凝土框架+剪力墙+嵌入式模块的建筑体系。另外，充分考虑钢框架模块和混凝土模块各自的优缺点，根据建筑的不同功能分区要求，分别将其应用在建筑不同的房型位置。同时在施工方法上，创新性地提出了吊装和滑行嵌入模块相结合的拼装施工方法以及脚手架模块化。经初步测算，以上设计施工措施对于大楼模块部分的工程，预计可缩短工期30%，节约人力物料达45%，减少工地垃圾和碳排放达50%，为践行绿色发展理念、实现国家"双碳"目标贡献力量。

参考文献

[1] Lawson RM, Richards J. Modular design for high-rise buildings. Proceedings of the Institution of Civil Engineers 2010 163 (3): 151-164

[2] Kim HJ, Lee JS, Kim HY, Cho BH, Xi Y, Kwon KH. An experimental study on fire resistance of medical modular block. Steel and Composite Structure 2013, 15 (1): 103-130

[3] Farnsworth D, Principal A. Modular tall building design at Atlantic Yards B2. Proceedings of CT-BUH International Conf. 2014, 492-499

[4] Mills S, Grove D, Egan M. Breaking the pre-fabricated ceiling: challenging the limits for modular high-rise. Proceedings of the CTBUH 2015 International Conference, New York, USA. Chicago: Council on Tall Buildings and Urban Habitat; 2015, 416-425

[5] Park HK, Ock JH. Unit modular in-fill construction method for high-rise buildings. KSCE J Civil Engineering 2016, 20 (4): 1201-1210

[6] A. W. Lacey, W. Chen, H. Hao, K. Bi, Structural response of modular buildings-an overview, J. Build. Eng. 2018, 16: 45-56

[7] Sidi Shan, Wei Pan. Structural design of high-rise buildings using steel-framed modules: A case study in HK. 2020, 29 (15): e1788

[8] 2021中国建筑能耗与碳排放研究报告：省级建筑碳达峰形势评估 [R]. 中国建筑节能协会建筑能耗与碳排放数据专委会，2021

[9] 刘君怡. 夏热冬冷地区低碳住宅技术策略的 CO_2 减排效用研究 [D]. 华中科技大学，2010

[10] 刘珊. 基于BIM的装配式住宅物化阶段碳排放计量研究 [D]. 深圳大学，2019

[11] 李爱群，周通，缪志伟. 模块化建筑体系研究进展 [J]. 工业建筑，48 (3): 132-139，2018

[12] Pang SD, Liew JYR, Dai Z, Wang Y. Prefabricated prefinished volumetric construction joining techniques review. Proceedings of the Modular and O site Construction Summit, Edmonton, Canada. 2016, 249-56

[13] A. W. Lacey, W. Chen, H. Hao, K. Bi. Review of bolted inter-module connections in modular steel buildings, J. Building Eng. 23 2019

[14] Wang, Z., Pan, W., & Zhang, Z. High-rise modular buildings with innovative precast concrete shear walls as a lateral force resisting system, Structures, 2020, 26: 39-53

[15] Jeff M. Wenke and Charles W. Dolan. Structural integrity of precast concrete modular construction. PCI Journal 2021, V. 66, No. 2

基金项目：中国建筑国际集团科技研发计划资助（CSCI-2020-Z-03、CSCI-2020-Z-16）

作者简介：张 毅，男，硕士，高级工程师。主要从事国际工程建设标准及体系、模块化医院、绿色医院、企业管理等方面的研究。

张　娟，女，博士，注册工程师。主要从事结构非线性分析、概率可靠度、结构健康监测和模块化建筑等方面的研究。

葛　斌，男，硕士，工程师。主要从事国际工程建设标准及体系、模块化医院、项目管理方面的研究。

齐冠良，男，学士。主要从事模块化医院、绿色医院、项目管理方面的研究。

减少隐含碳的跨专业设计策略

梁文杰[1] 陈 栋[2] 潘迪勤[1] Carolina Sanchez Salan[1]
(1. 吕元祥建筑师事务所，香港，999077；2. 宽德工程顾问，香港，999077)

摘 要：本文对运用跨专业设计策略减少高密度城市高层商业建筑全生命周期隐含碳评价中的前期碳进行了研讨。以香港绿色建筑议会（HKGBC）举办的迈向净零构思比赛“未来建筑”组别获奖作品 Treehouse 为例，探讨了在建筑形式、适应性空间规划和结构设计以及使用低碳材料方面的跨专业设计策略。设计过程着重探索目标明确的整体性参与式设计如何才能生成适应性环保型解决方案，以应对用户期望、成本、供应链就绪和监管障碍方面的现实挑战。经隐含碳评价研究测算，跨专业设计策略可实现高层商业建筑前期碳减少 40%。
关键词：隐含碳；前期碳；跨专业设计；全生命周期；高层建筑；适应性设计

Transdisciplinary design to reduce upfront carbon

M. K. Leung[1] *Dong Chen*[2] *Dicken Poon*[1] *Carolina Sanchez Salan*[1]
(1. Ronald Lu & Partners, Hong Kong 999077, China; 2. Cundall, Hong Kong 999077, China)

Abstract: This paper examines the use of transdisciplinary design to reduce upfront carbon in whole lifecycle assessment of embodied carbon for a carbon neutral high-rise commercial building in a high-density built environment. We discuss the transdisciplinary design strategies examining the built form, adaptability in spatial planning and structural design, and the use of low carbon materials through the example of “Treehouse”, the winning entry in the “Future Building” category at the Advancing Net Zero Ideas Competition organised by the Hong Kong Green Building Council (HKGBC). The design process explores how purposeful, holistic, and participatory design can produce adaptable and eco-effective solutions that address the current challenges regarding user expectations, cost, supply chain readiness, and regulatory barriers. A 40% reduction of upfront carbon for a high-rise commercial building is achievable from the embodied carbon assessment study.
Keywords: embodied carbon; upfront carbon; transdisciplinary design; whole lifecycle; high rise; adaptable design

1 背景

1.1 气候变化与碳减排目标

政府间气候变化专门委员会（IPCC）于 2007 年发布的第四次评估报告（AR4）[1]表明，地球气候系统正在暖化。全球地表温度平均增幅（2090～2099 期间与 1980～1999 期间相比）介于 1.1～6.4℃之间，海平面预计上升 18～59cm[1]。气温将有增无减，降雨量将波动不定，海平面也将继续上升；极端风暴和热带旋风将更趋频繁和严重，导致洪涝灾害。气候变化还可能影响城市中的人类健康。该报告得出结论称，气候变化已导致患病和过早死亡人数增长、传染病传播媒介分布变化以及高温死亡人数增长[2]。

政府间气候变化专门委员会于 2021 年发布的第六次评估报告（AR6）描述的低排放情景 SSP1-1.9 是其最乐观的温室气体排放（GHGe）情景，预测到 2050 年温室气体净排放量为零（SSP1-1.9）[3]，从而实现《巴黎协定》将全球升温保持在比工业化前水平高 1.5℃左右的目标。在该情景下，各国将转向更可持续的发展，重点从经济增长转向国民整体福祉。极端天气将更为常见，但世界将得以避免气候变化带来的最严重影响[3]。

在全球范围内，建筑物每年排放的二氧化碳占全球排放量的近 40%[4]。2019 年，中国二氧化碳排放量超过所有发达国家的总和，几乎占全球总排放量的三分之一（27%）[5]。中国建筑业二氧化碳排放量约占全国总排放量的 50%[6]，其中 28%来自材料和施工的隐含碳，22%来自运营碳。这些数字突显了推动中国建筑业实现净零排放的紧迫性和重要性。

1.2 全生命周期的隐含碳：隐含碳的重要性

根据《联合国气候变化框架公约》，"净零排放是温室气体排放量与从大气中永久性去除的温室气体量之间达成平衡（必要情况下）。气候中和是指通过可交易的碳积分来达成温室气体排放、减排和抵消之间的平衡。气候中和是实现净零排放历程中的临时性中间步骤，抵消的同时仍须减排。"[7]

EN 15978：2011 是适用于建筑可持续性评价的 EN 15643 系列标准的一个组成部分[8]，也是评价城市环境影响的参照标准[8]。该标准规定了基于生命周期评价（LCA）的建筑项目环境影响全生命周期评价的原则。全生命周期碳排放评价应从概念设计阶段开始，在设计、采购、施工和竣工后等阶段循序进行[8]。

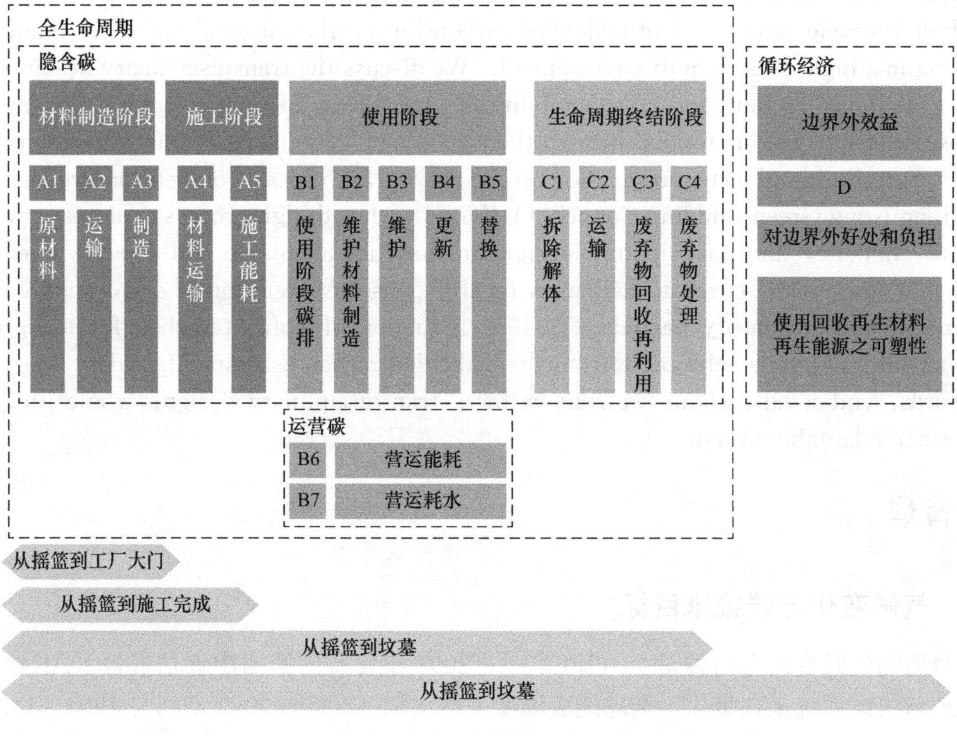

图 1 根据 EN 15978 进行的碳排放评价的模块化信息[8]

本文重点探讨隐含碳，亦即图1所示的材料制造阶段（A1～A3）、施工阶段（A4、A5）加上运营阶段（B6、B7）的碳排放。建筑设计在上述阶段中具有重要作用。参见EN 15978和图1，我们着重探讨：

(1)［A1、A2和A3］产品阶段——涉及“从摇篮到工厂大门”流程（包括原材料供应、运输和制造）所产生的碳排放。

(2)［A4和A5］施工过程阶段——涉及将材料和零部件从工厂大门运输至项目地盘，并将其组装至建筑中这一阶段所产生的碳排放。

1.3 高密度和高层城市化的挑战

密度是对城市如何影响气候变化以及如何受气候变化影响起作用的主要因素。将加大密度作为城市发展策略，而不评估其他因素如就业机会的方位、交通系统和居民生活质量，就可能无法实现可持续发展或保持城市弹性。但精心规划、高效管理和竖向密集的城市有助于限制温室气体排放及应对生物多样性丧失的挑战[2,9]。

人们普遍认为，可持续发展要求在地球环境、商业利润和人类安康之间达成平衡[10-12]。倡导紧凑型城市的规划政策旨在催生鼓励社会交往的行人友好型城市设计[13,14]，通常会带来高效的公共交通系统，并促进城市土地的混合利用[15,16]。但令人担忧的是，这一政策已导致中国一些城市面临超级紧凑、过度拥挤和宜居度下降等挑战[15-18]。

此外，高密度城市会带来局部气候效应，如城市热岛效应（UHI）[19]。其他易受气候变化影响的方面也会因密度加大而恶化，如海平面上升、海岸侵蚀、户内外空气污染严重以及贫困地区卫生条件欠佳[20]。这些脆弱面也会通过与交通、城市形态、规划、建筑法规和家庭能源供应相关的政策来保障人类健康和减少温室气体排放提供了契机[2]。

1.4 Treehouse设计

“迈向净零”（ANZ）是世界绿色建筑委员会的全球性项目，旨在推动到2050年实现净零碳建筑达100%，到2030年将新建筑、基础设施和翻修建筑产生的隐含碳至少减少40%。香港绿色建筑议会积极支持“迈向净零”项目，在2021年举办了首届国际性迈向净零构思比赛，旨在发掘适用于亚热带高密度城市碳中和高层办公楼的解决方案[21]。

吕元祥建筑师事务所（RLP）及团队凭借Treehouse荣获“未来建筑”组别大奖。Treehouse是一座220m高的甲级办公楼，地盘面积为4238m^2，总建筑面积为94144m^2。该设计专门应对香港混合用途高密度城区的湿热气候。设计的年运营能源使用强度和隐含碳估计分别为51kWh/m^2/年和342kg二氧化碳当量/m^2（建筑面积）。该成果可使碳排放大幅减少930万t二氧化碳当量，比正常基准低74%。

为了实现碳排放大幅减少，我们采用跨专业设计策略，设计团队由建筑师、MEP（机械、电气和管道）工程师、结构工程师、气候工程师、可持续发展工程师、智能建筑分析工程师和服务提供商以及工料测量师组成。以下各节将介绍我们的工作方法以及使设计团队能实现新建筑如此大幅碳减排的形式、结构和材料方面的关键设计选择。

2 减少隐含碳排放的跨专业设计策略

2.1 跨专业设计策略

建筑专业人员需齐心协力应对艰巨复杂的挑战，让我们的城市脱碳。这需要多个专业参与，从早期设计阶段开始协同工作，最终交付跨专业设计解决方案。这一策略通常称为“跨专业设计”。该策略旨在从不同专业角度对复杂系统建立更深入的共识，以开发整体性解决方案[22]。

跨专业设计超越了多专业设计，多专业设计的主要目标是从不同专业中汲取知识，但会保持在一个专业领域内。跨专业设计还超越了同样寻求分析、合成和协调多个领域知识的交叉专业设计和专业间设计。跨专业设计不仅从某一专业的角度观照另一专业，将多个专业之间的联系合成为协调一致的整体，还在设计过程中将自然科学、社会科学和建筑科学整合至人文环境中，跨越其各自边界。

2.2 Treehouse 设计目标

吕元祥建筑师事务所组建了一个多元化团队，其中包括建筑师、景观设计师、工料测量师、结构工程师和 MEP 工程师，还包括气候工程师和可持续发展工程师等脱碳专家，以及智能建筑分析工程师和服务提供商等技术专家。所有这些专家都可从自己的专业领域角度应对减少城市碳排放的挑战，针对该问题提出各自的专业性解决方案。但我们希望通过共同设计的解决方案实现最大限度整体减排，解决所有相关领域的问题。第一步是确定路线图，确定优先目标是什么，有路线图可资参照，我们就不会脱离主要目标，而偏重任何个别专业的优先目标。该项目的主要目标是：

（1）减少抵达占用空间的热量，从而减少降温负荷。

（2）尽可能使用被动式节能和低能耗技术，以最大限度减少能耗。

（3）节约用材，尽可能替代高隐含碳材料。

3 建筑形式

3.1 太阳得热和微风走廊

设计团队一致认为，Treehouse 的建筑形式应响应不同垂直区域各异的阳光辐照度和通风情况。潮湿的亚热带气候要求在屋顶和立面上遮阳。在 Treehouse 设计过程中，气候工程师提出，建筑上层和中层区域严重暴露在太阳得热下，而下层区域则更多被周围建筑遮阳，通风较差。为了解决这一问题，团队提出多项方案，包括倾斜南向立面。该斜立面配合以下措施可实现协同增效作用：有效的自遮阳，扩大屋顶面积以供安装光伏电池板，以及减少下层区域占地率以改善人行通道微通风。

3.2 降低日光辐照度的建筑立面优化

经过多次涉及立面和结构专业的设计迭代，倾斜度由原先提出的大于 15°，在考虑需要额外建筑结构用以支撑漂出角度后，团队商定将大楼上层区域倾斜 5°，以实现与垂直立面相比日光辐照度降低 19.2%，从而使整体能源使用强度（EUI）降低 4kWh/m^2（图 2）。

4 空间规划

因为需在极端地震和大风影响下保持足够的结构稳定性，高层建筑通常含有大量隐含碳。结构、空间和屋宇装备系统的设计高度相关，必须一体化构思才能实现高性能和低碳排放。但隐含碳较低的材料和系统的结构解决方案有时可能会对运营碳产生负面影响。为此，团队对 Treehouse 的结构设计进行了仔细研究，以最大限度减少隐含碳和运营碳，同时满足基本的结构性能要求。团队成功运用该一体化策略的两个范例是开放式空中共享中庭和采用偏置核心筒。

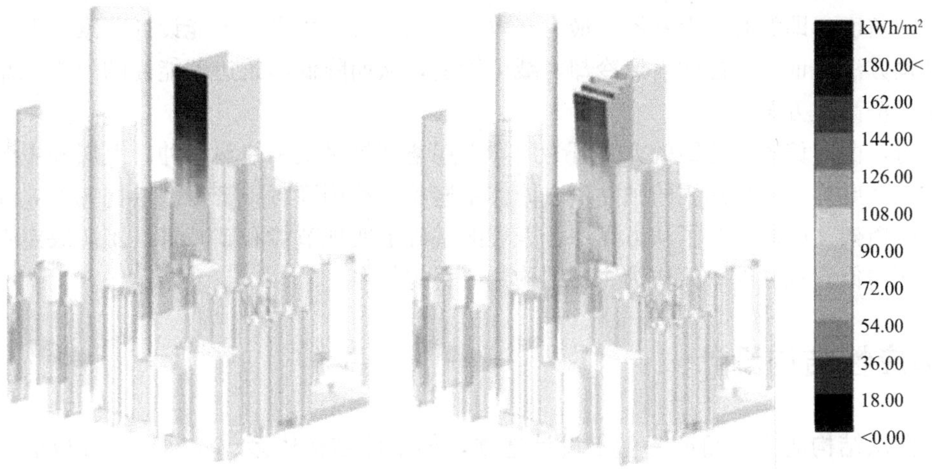

图 2　基本方案（左）与拟议设计（右）的南立面日光辐照度模拟

4.1　开放式空中共享中庭

为了在 Treehouse 实现混合办公模式，设计团队提出了“空中共享中庭”（sky common）概念——三层高的中庭，连接每三层楼面的公共空间和公用便利设施。此外还有美观的 1.5m 宽活动步梯、连接电梯、公用的空间和便利设施，可促进社交活动和健身运动。公用便利设施可供按需使用，包括定期为用户安排健身机会如瑜伽、伸展运动课程。大楼的四个空中花园还提供自然通风和植被覆盖的半室外环境，设有运动区，如慢跑步道、攀岩墙和健身器材。这些空间自然通风，周围绿树成荫，对暖通空调系统的制冷负荷要求较低。

上述可调适的“第三空间”为用户提供各种各样的休闲、正式、社交或专用空间，可迎合个人需求，提高工作效率和士气。Treehouse 设计可满足活动性办公的需求，用户可选择一天中办公的时间、地点和方式。这些空间包括开放式规划的桌面工位、安静的工作间/电话间、正式和非正式会议室、公共区域软座椅、设有无固定办公桌的咖啡厅、步行会议专用环路、空中共享中庭/花园内的半室外露台。用户可根据自己的喜好和即时需求使用不同的工作空间。

4.2　智能建筑系统

开放式大厅蕴含的空间和建筑概念与先进的自适应 MEP 工程和智能分析系统协同发挥作用。在减少制冷能耗后，插塞载荷变得更加重要。团队拟采用配有虚拟桌面系统（VDI）的边缘数据中心，以消除办公空间内的电脑热负荷，而虚拟桌面系统能让 Treehouse 内任意区域的用户都实现完美无缝的数字化连接。此外，利用虚拟桌面系统（VDI）亦有助减低大约 40t 的铜制电脑布线。

4.3 西向偏置核心筒

团队对一系列主结构稳定体系进行了评估，将独立中央核心筒、核心筒与外围框架柱（即筒中筒结构）、核心筒与钢质外伸臂（包括环带桁架）、外骨架及其他体系与偏置核心筒选项进行比较，以在结构和屋宇装备性能要求之间达成平衡。所以核心筒的偏置导致尽管从结构角度（即偏心）上看不是最为有效，但综合考虑机电、节能设计要素，偏置核心筒的处理方法保证了节能的自然冷却，减少管道，从而降低建筑运营能耗的效果，总体上实现了经济高效方案。

同时，西向偏置核心筒的方案可为用户占用空间提供太阳能热缓冲，上层和中层区域尤其如此。此外，采用加固的独立核心筒体系避免了使用隐含碳密集型结构构件，如外伸臂或环带桁架。因此，为了从方案综合表现的基础上实现节能和碳减排，团队决定在设计中采用西向偏置独立核心筒作为主要结构侧向稳定体系。

5 适应性结构设计

团队从结构适应性角度考量了设计选项，如整体结构体系、柱网架、楼板框架配置等。结构设计必须与建筑、空间和屋宇装备设计相结合。实现结构适应性的目的是最大限度提高灵活性，以兼容其他专业的创新策略和建筑生命周期内的未来升级。同时，为了提升用户舒适度和可持续性，对结构楼板框架进行了优化，以较薄的楼板结构厚度空间集成屋宇装备需要，同时实现净空和自然采光最大化。

5.1 设计荷载

设计自重荷载一般根据设计的发展和可预见的其他专业未来用途变化而进行优化，以较准确地反映实际状况，避免在确定主要结构体系及构件尺寸时过于保守。在设计建筑体量的早期阶段还考虑了建筑物结构的配载分布，例如避免在高楼层配置较重荷载；采用低碳、轻质、高强度的建筑结构材料；考虑本地在实践和法规方面关于创新类材料（如木材、混合结构、结构用轻质混凝土、超高性能混凝土等）的潜在短/中期变化。作为早期方案选项确定流程的一部分，设计团队对这些影响要素进行了研究，以便能充分把握机会提高结构效率，以在设计前期更好地减少所需的结构材料用量及隐含碳含量。除了设计荷载外，还需研究一系列结构设计参数，如材料类型、稳定体系、楼板框架配置等，以便设计团队充分了解所提出的方案选项对隐含碳含量的潜在影响，基本流程如图3中的示例所示，具体将在以下章节内进一步探讨。

5.2 木质顶棚

我们建议了从底层到屋顶采用重量轻、自支撑的连续性六角形胶合木结构顶棚。该顶棚为上层提供遮阳，可容纳光伏电池板。我们使用木材主要是因为其用途广、天然可再生、美观、坚固，但又具有低隐含碳及碳捕捉结构性材料的特性。顶棚的坡度、形状和大小主要取决于行人层微气候的分析，以确保这是益于通风和日照增加的密集区域。结构优化中也采用了参数设计策略，通过考量上述可持续性发展的要素以及实际设计应力分布来优化结构构件/模型的形状和尺寸，从而将材料用量降至最低。该项目使用的所有木材构件都来自可持续来源（图4）。

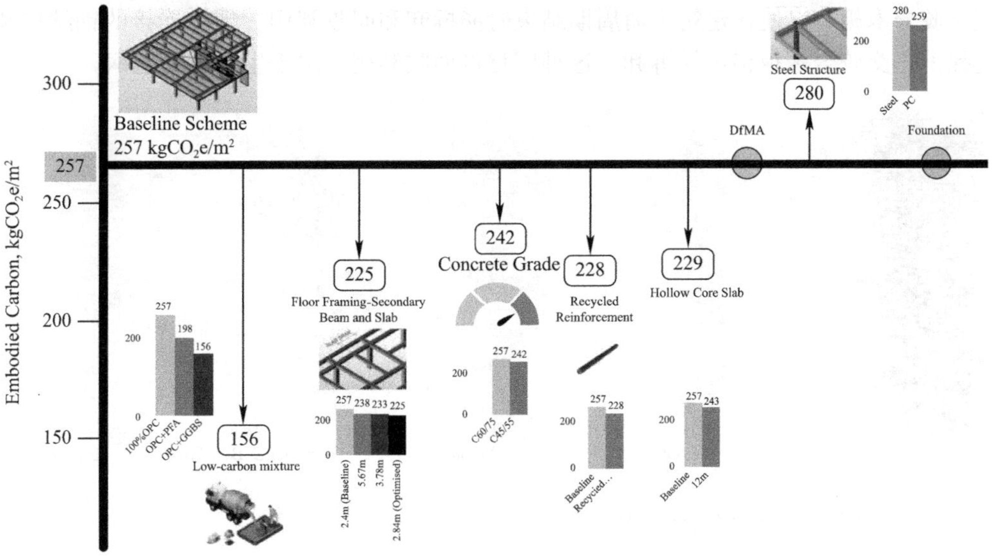

图 3　前期结构隐含碳研究工作流程图

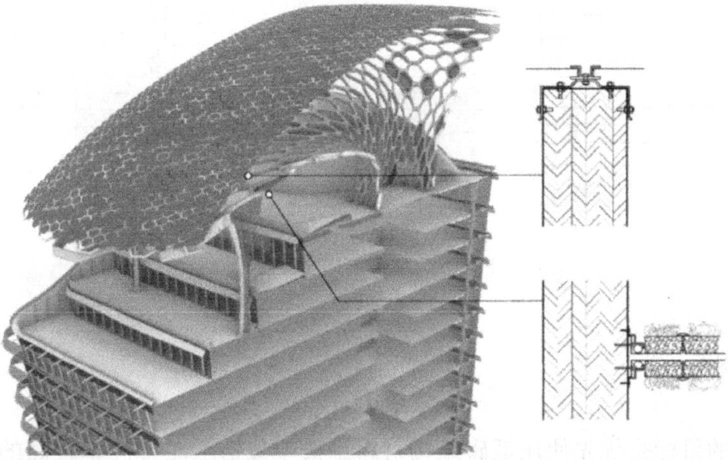

图 4　采用工程木材作为顶棚或类似的结构次构件，以最大限度利用其沿袭的低碳和碳捕捉特性

5.3　侧向稳定体系

对于高层建筑设计，结构侧向稳定体系的选择往往会对造价和结构性能产生重大影响，进而影响相关的结构隐含碳含量。我们与设计团队其他成员一同研究了各种选项，即筒中筒、带有或不带有外伸臂/环带桁架、外筒/骨架、独立核心筒等。同时考虑跨专业影响以完成整体性设计，即兼容规划用途、可持续发展策略和相关的 MEP 装备分布，最终决定采用以偏置的独立核心筒体系作为解决方案（图 5）。

5.4　拆卸和再利用设计

在项目前期设计阶段已考虑生命周期终结设计。在前期对各种建造策略如预制和模块化装配都进行了评估，以最大限度减少建材浪费，尽可能实现材料再利用。这可通过设计不同的结构体系和精心选择材料来实现。例如，我们指定在 Treehouse 中采用预制钢结构和正交胶合木板，以便在建筑生命周期结束时能拆卸和回收利用。螺栓连接的钢结构和螺栓连接的正交胶合木板很容易拆卸。这种钢材可回收利用，用于生产新的型钢。

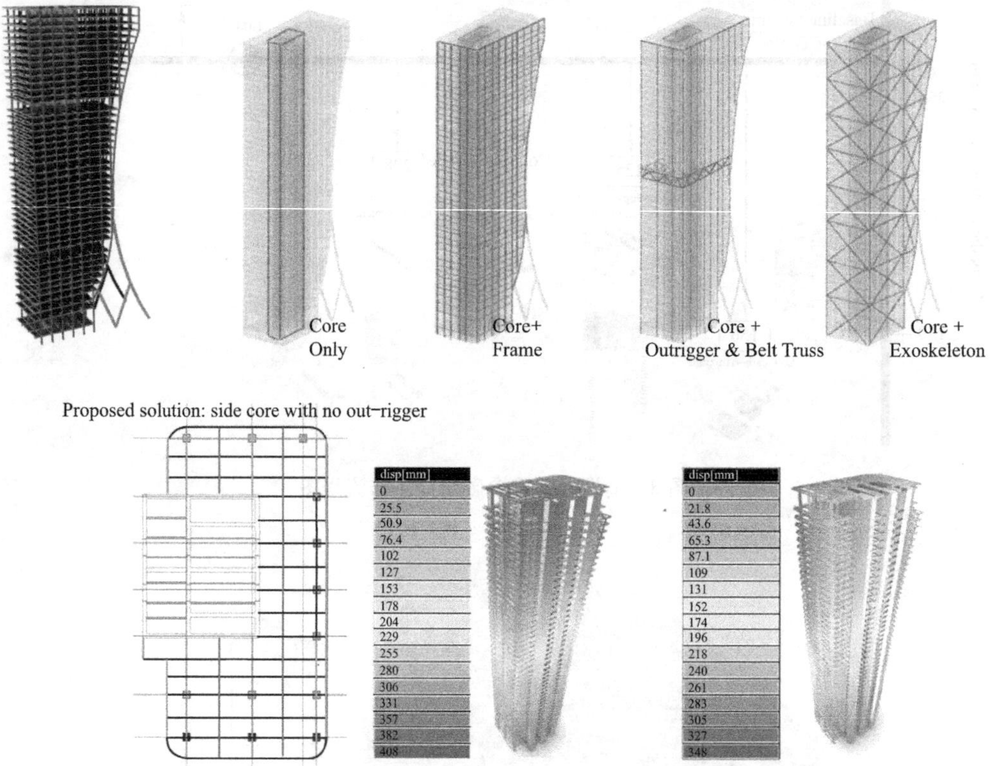

图 5　评估各类结构侧向稳定体系的影响

6　低碳材料

设计团队的目标是优先使用低碳结构材料。选项包括水泥替代率较高的混凝土、轻质高强度混凝土、可循环利用成分含量高的钢和钢筋。为了考虑减少前期隐含碳的各种可能性，团队还评估了其他材料，如 CarbonCure 碳捕捉混凝土——一种将从环境中捕捉的二氧化碳注入混凝土的生成技术，以及可能在本地市场上市供应并在不久的将来获当局认可的工程木材。

6.1　结构材料

除了传统的结构优化外，Treehouse 的设计还采用了以下方法来减少来自结构材料的隐含碳含量：

（1）除了按照本地通行做法仅用于非结构构件外，还用于结构构件如次梁、厚板的轻质高强度混凝土。

（2）水泥替代——用磨细矿粉（GGBS）或磨细燃料灰（PFA）部分替代传统的普通硅酸盐水泥（OPC）。用 55%～75%的磨细矿粉作为水泥替代材料，可达到与普通混凝土同等的重量和强度，同时大幅降低隐含碳。

（3）作为整体性研究的一部分，采用适当选择的钢筋混凝土、钢材、复合材料和木材的混合结构解决方案。例如，避免使用易导致大量隐含碳的外伸臂，采用钢组合梁，楼板一般采用胶合木木质楼板。

（4）CarbonCure碳捕捉技术——在水泥生产过程中注入二氧化碳，转化为纳米石灰石并永久封存在混凝土中（图6）。

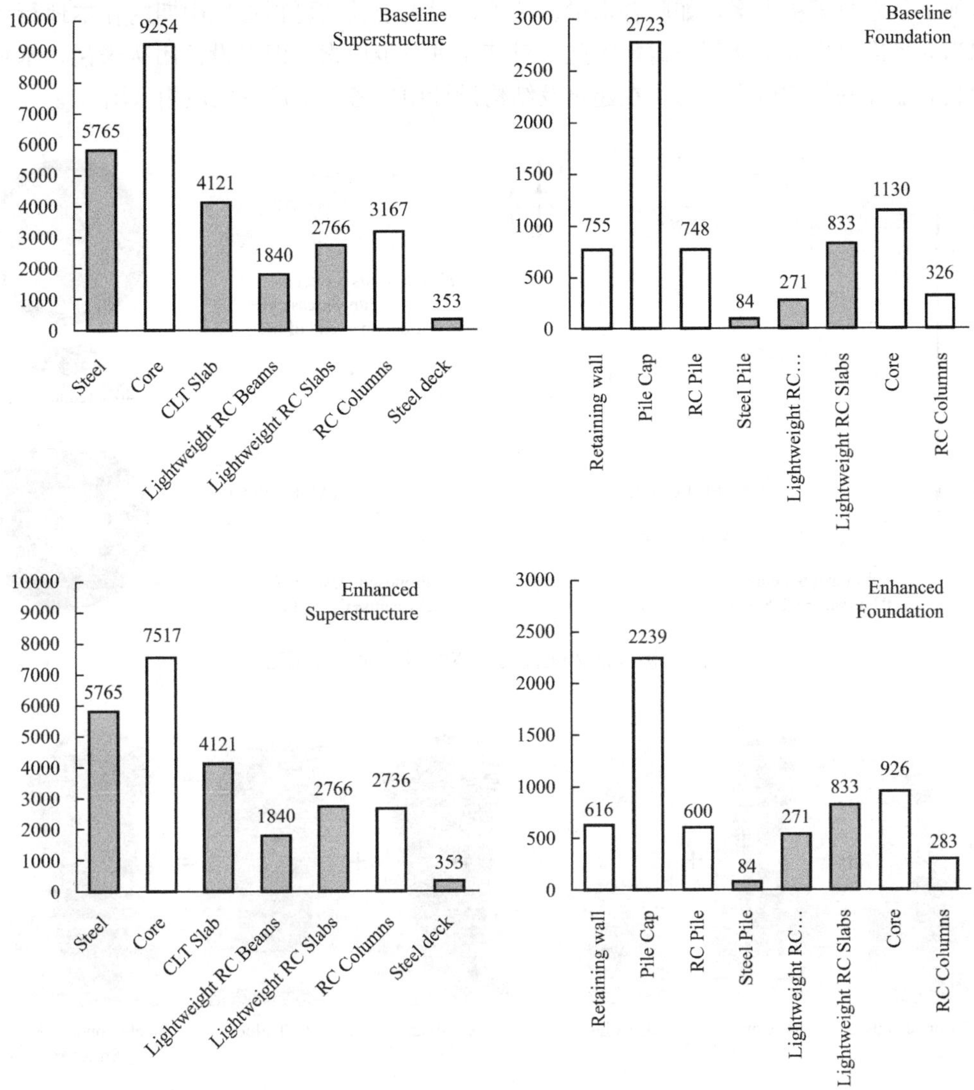

图6　低碳结构材料考量

6.2　楼板框架

作为跨专业设计综合考虑，团队还结合功能分区、舒适度、可持续性、外加荷载分布、水平装备分布等参数对板框架解决方案进行了研究。主要设计决策之一是采用钢梁与正交胶合木地板复合结构，这是由于其结构效率高、重量轻、沿袭了低碳特性、设计重复性高等优势，证明了对实现项目净零碳目标的重大有利影响（图7）。

正交胶合木是一种工程木材产品，由于其材料质量、层压工艺可控，因此比天然木材更可靠。在结构设计实践中，正交胶合木与钢和混凝土等其他传统结构材料一样都长期得到认可：与等效的木梁相比，结构钢梁重量超出20%，混凝土梁则超出600%。同时木材是唯一可再生的建筑材料，生产过程中所需的能源极大减少。其材料来源采用控制种植速度以确保生长量超过采伐量的方法，在树木生长过程中，二氧化碳被从大气中移除（封存），然后被暂时封存在木材中，直至其作为建筑、结构材料使用寿命结束后才被释放。此外，木材本身的天然绝缘优势能帮助消除建筑运营期间的冷桥效应问题。设计中也考虑到其他工程木材解决方案，如胶合木梁、柱等，但由于其在可预见短中期内在本地行业实践和当局批准等方面会遇到障碍，因此未对其作进一步探索。但对设计团队来说，木材的应用具有显而易见的巨大潜力，在建筑及结构设计中应考虑更广泛的应用（图 8）。

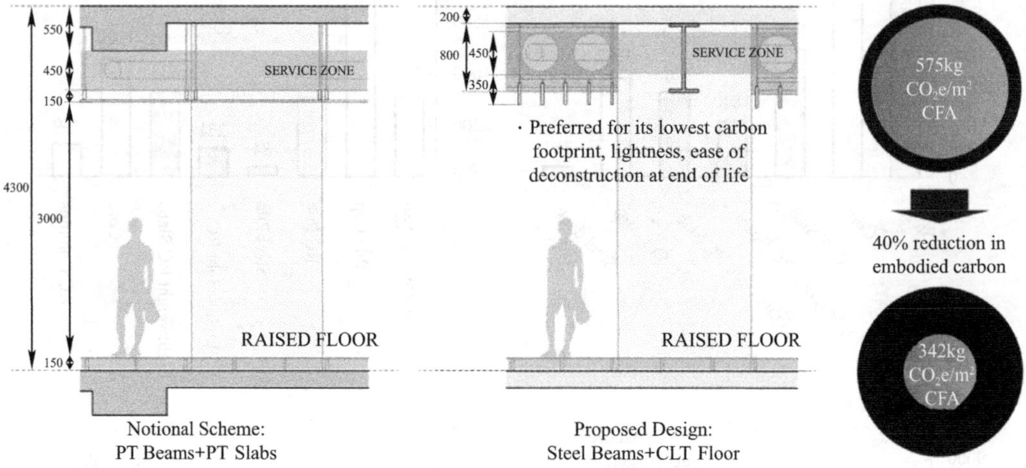

图 7　楼板框架配置的整体性多专业设计策略

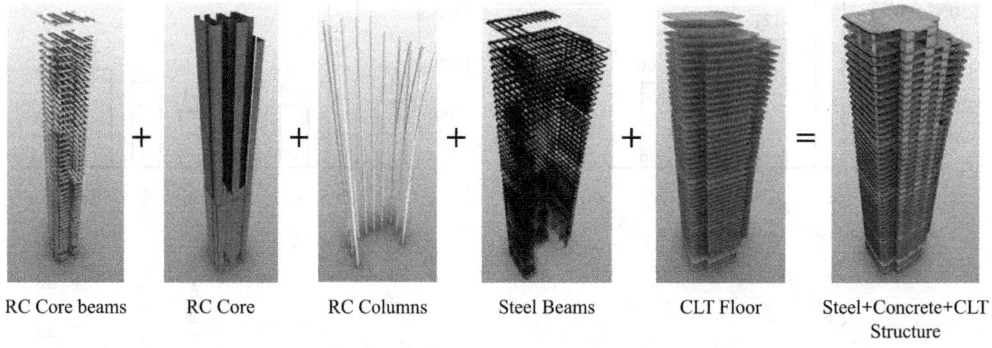

图 8　拟议的混合结构体系，可优化隐含碳性能

7　挑战

7.1　监管挑战

本地规划程序、建筑法规和许可等方面的监管障碍可能会阻碍、限制、延误或阻止净零项目的实施。这些障碍包括长期城市规划限制、难以获得许可，以及对采用新材料和混合可再生能源系统的批准。如果建筑当局从一开始就不熟悉实施净零项目所涉及的方法和技术，其不愿批准项目实施的可能性就会加大，或因其对项目及其方法和材料缺乏了解而

可能会造成重大延误。

7.2 项目管理

获取实现高层建筑净零排放的相关专业知识技能可能是项目实施的另一重大障碍。至关重要的是将专家汇集至一个深具共识、沟通良好、协调一致的团队，以应对设计、建造和运营净零碳建筑所涉及的各种复杂挑战。个人目标、对实现项目目标的投入程度和积极性不一，以及采用不同的沟通手段，都使项目实施变得更加复杂。

7.3 技术集成

不同专家和顾问之间、顾问与技术供应商之间、或供应商与建筑公司之间存在沟通障碍，可能会给集成本地系统和供应链中的新技术造成困难。这一障碍可能因利益相关方之间缺乏及时的信息分享交流而造成。

7.4 市场供应和认可

一些新技术和新材料可能无法及时进入本地市场供项目应用。供应链取决于对这些创新系统的需求，如果需求量不够大，就可能无法在本地上市供应，极其昂贵，令人望而却步。此外，建筑当局需要证明其符合安全标准的证据。由于存在火灾隐患，高层建筑结构构件使用正交胶合木仍存在问题。另一种新型结构材料 CarboCure 则尚未在香港获准上市。

另一个可能延迟项目实施的因素是 Treehouse 设计拟议的较高水泥替代量。这一问题不在于监管障碍，而是由于本地市场水泥替代品供应不足。

8 结论

本文提出了一种可行的跨专业设计策略，将净零碳概念应用于人口稠密的城市核心地带的高层建筑设计。

基准或参考设计显示，年能源使用强度超过 200kWh/m^2。通过优化和调整体量，将办公区设在南北立面，通过倾斜南立面来减少太阳能负荷，采用带有太阳能烟囱的西向偏置核心筒实现交叉通风，并优化日光利用，能耗可减少至约 160kWh/m^2。在机械系统优化过程中，建筑、空间和结构部件之间的集成被证明至关重要。这可优化空间，同时又仍具灵活性，可适应未来改建，还能节省材料用量。更大的净空、MEP 构件与结构相结合，为用户带来更高舒适度。

通过应用热舒适策略进一步降低能源使用强度，为用户提供了又一选择。采用气候概念可使能源使用强度大幅低于 100kWh/m^2，该概念具有不同的实现良好热舒适度的方法，其中包括吊扇，通过增加空气流动（通过个人控制）在周边形成高舒适度空间，同时降低能耗。

采用集中算力的虚拟桌面系统可使插塞载荷减少约 20%（表 1）。

汇总表 **表 1**

类别	能源使用强度减少	碳排放减少
建筑形式	4kWh/m^2	
自然通风公共区域	3kWh/m^2	
配有太阳能烟囱的偏置核心筒	2kWh/m^2	
隐含碳材料		342kg 二氧化碳当量/m^2 建筑面积

总体而言，前期隐含碳减少至 342kg 二氧化碳当量/m² 建筑面积，比基准情况下 575kg 二氧化碳当量/m² 建筑面积的目标隐含碳量低 40.5%。

参考文献

[1] https://www.ipcc.ch/report/ar4/syr/

[2] D. Dodman (2009). Paper 1 Urban Density and Climate Change. United Nations Population Fund (UNFPA) Analytical Review of the Interaction between Urban Growth Trends and Environmental Changes. https://www.uncclearn.org/wp-content/uploads/library/unfpa14.pdf

[3] IPCC (2021). Climate Change 2021: The Physical Science Basis. Contribution of Working Group I to the Sixth Assessment Report of the Intergovernmental Panel on Climate Changehttps://www.ipcc.ch/report/ar6/wg1/downloads/report/IPCC_AR6_WGI_SPM_final.pdf

[4] United Nations Environment Programme (2020). 2020 Global Status Report for Buildings and Construction: Towards a Zero-emission, Efficient and Resilient Buildings and Construction Sector

[5] Rhodium Group (2021). China's Greenhouse Gas Emissions Exceeded the Developed World for the First Time in 2019

[6] China Association of Building Energy Efficiency. (2020). China Building Energy Research Report

[7] https://unfccc.int/sites/default/files/resource/CNN%20Pledge%20template_0.pdf

[8] BS EN 15978: 2011 Sustainability of construction works. Assessment of environmental performance of buildings. Calculation method

[9] Yu, W.; Shaw, D. (2018). The complexity of high-density neighbourhood development in China: Intensification, deregulation and social sustainability challenges. Sustainable Cities and Society. Volume 43: 578-586

[10] P. Jones, J. Evans (2008). Urban regeneration in the UK: Theory and practice. Sage, London

[11] G. T. McDonald (1996). Planning as sustainable development. Journal of Planning Education and Research, 15: 225-236

[12] M. Roseland (2000). Sustainable community development: Integrating environmental, economic, and social objectives. Progress in Planning, 54: 73-132

[13] G. Bamford (2009). Urban form and housing density, Australian cities and European models: Copenhagen and Stockholm reconsidered. Urban Policy and Research, 27: 337-356

[14] D. Gordon, S. Vipond (2005). Gross density and new urbanism. Journal of the American Planning Association, 71: 41-54

[15] M. Chen, W. Liu, D. Lu (2016). Challenges and the way forward in China's new-type urbanization. Land Use Policy, 55: 334-339

[16] B. Shi, J. Yang (2015). Scale, distribution, and pattern of mixed land use in central districts: A case study of Nanjing, China. Habitat International, 46: 166-177

[17] H. Geng (2008). Compact without crowd: Application of compact city theory in China. City Planning Review, 32: 48-54

[18] H. Peng (2008). Rethinking of compact city: Key issues in the application of compact city theory in China. City Planning Review, 23: 83-87

[19] Coutts A, Beringer J, Tapper N (2008). Impact of Increasing Urban Density on Local Climate: spatial and temporal variations in the surface energy balance in Melbourne, Australia. 46: 477-493

[20] Campbell-Lendrum D, Corvalán C (2007). Climate Change and Developing Country Cities: implications for environmental health and equity. Journal of Urban Health 84 (1): 109-117

[21] https://anzideascompetition.hkgbc.org.hk/

[22] Chou W. H., Wong J. J., (2015). From a Disciplinary to an Interdisciplinary Design Research: Developing an Integrative Approach for Design

作者简介： 梁文杰，男，环保设计总监。
陈　栋，男，结构设计总监。
潘迪勤，男，高级环保设计主任。
Carolina Sanchez Salan，女，环保设计主任。

软土盾构隧道外侧向注浆环境影响测试分析

王庭博[1,2,4]　李筱旻[3]　郭春生[1,4]
（1. 上海勘察设计研究院（集团）有限公司，上海，200438；
2. 同济大学地下建筑与工程系，上海，200092；
3. 上海地铁维护保障有限公司工务分公司，上海，200070；
4. 上海岩土与地下空间综合测试工程技术研究中心，上海，200093）

摘　要： 目前软土地区常采用隧道外侧向微扰动注浆修复隧道横向收敛大变形，但注浆方案设计与施工仅凭经验或参考类似工程，注浆修复隧道横向收敛变形的作用机理仍不明确，对此展开注浆环境影响测试分析。结合注浆方案布设孔压和土压传感器，以及埋设测斜管，监测注浆过程中引发的超孔压变化和土体侧向位移。分析测试数据得出，注浆引起的超孔隙水压力消散较快，注浆结束10h后消散约80%；注浆可压密土体使土体产生侧向位移，其浆液扩散范围在50.0cm以内；注浆修复隧道径向收敛变形是外部压力和土体性质发生改变共同作用的结果。研究成果可为运营盾构隧道的监护修复提供指导。

关键词： 盾构隧道；横向收敛；注浆；环境测试

Environmental impact test and analysis of lateral grouting in soft soil shield tunnel

Wang Tingbo[1,2,4]　*Li Xiaomin*[3]　*Guo Chunsheng*[1,4]
(1. SGIDI Engineering Consulting (Group) Co., Ltd., Shanghai 200438, China;
2. Department of Geotechnical Engineering, Tongji University, Shanghai 200092, China;
3. Engineering Affairs Branch, Shanghai Rail Transit Maintenance Support Co., Ltd., Shanghai 200070, China;
4. Shanghai Engineering Research Center of Geotechnical Test for Underground Space, Shanghai 200093, China)

Abstract: At present, micro-disturbance grouting outside the tunnel is often used to repair large transverse convergence deformation of the tunnel in soft soil areas. However, the design and construction of the grouting scheme are based on experience or similar projects. The mechanism of grouting to repair the lateral convergence deformation of the tunnel is still unclear. Therefore, the test and analysis of environmental impact by grouting is carried out. Combined with the grouting plan, pore pressure and soil pressure sensors are arranged to monitor the changes of excess pore pressure, and inclinometer pipes are embedded to monitor lateral displacement of soil caused by grouting. The analysis of the test data shows that the excess pore water pressure caused by grouting dissipates quickly, and about 80% dissipates in 10 hours after grouted; Grouting can compact the soil mass and cause

lateral displacement of the soil mass, and the grout diffusion range is within 50.0cm; The radial convergence deformation of the tunnel repaired by grouting is the result of the combined action of the external pressure and the change of soil properties. The research results can provide guidance for the monitoring and repair of operating shield tunnels.
Keywords: shield tunnel; transverse convergence; grouting; environmental testing

引言

在软土地层进行盾构隧道施工时，采取盾尾同步注浆以补偿因隧道开挖造成的应力释放和地层损失，维持地层稳定，控制地表沉降。在隧道运营阶段，因周边环境变化以及隧道本身结构特点，盾构隧道会出现危及结构安全的病害[1]，如管片接缝渗漏水、混凝土掉块、横向大变形等[2]。其中，隧道横向变形过大导致结构内力重分布，从而引发其他病害。在上海地铁的监护实践中[3]，采用隧道外侧向微扰动注浆以控制和修复隧道横向收敛变形，进而维护隧道结构安全，确保地铁正常运营。

近年来，由于不同深度地下空间开发影响的地质环境效应，盾构隧道运营服役环境复杂多变，引发隧道横向收敛变形过大等结构安全病害，使得隧道外侧向微扰动注浆技术在上海[3-5]、南京[6,7]、杭州、郑州[8]和天津[9]等地得到了实施应用。随着注浆技术的广泛应用，注浆的基本理论和技术也得到了相应发展。在工程实践中，注浆逐渐演变成，为达到某种特殊目的而期望精准实施的一种特殊施工技术，故对其精细化施工要求愈发强烈。而目前大多注浆方案设计与施工仅凭经验或参考类似工程，注浆修复隧道横向收敛变形的作用机理仍不明确。

因此，针对此问题现状，首先开展隧道外微扰动注浆施工对周边土体影响的环境监测，包括注浆引起的土体中超孔隙水压力、侧向土压力的变化，以及注浆对土体侧向位移的影响。研究成果可用于指导和服务工程实践。

1 隧道外侧向微扰动注浆

1.1 工程概况

由于某轨道交通线路区间受到周边群体基坑开挖施工活动影响，隧道横向收敛变形持续增大并达到监管单位报警值，局部环纵缝出现渗漏，且有拱顶块缺损掉角现象。此段隧道区间穿越④层淤泥质黏土层，下卧土层为$⑤_{1-1}$层黏土层，隧道顶覆土厚度约9.6m。为控制隧道横向收敛变形进一步发展，保证隧道结构运营安全，针对横向收敛变形较大区段采取隧道外侧向土体内微扰动注浆，修复其不利变形。

1.2 注浆施工方案

受现场场地条件限制，注浆孔布设在隧道边线两侧 $a=1.5$m 位置处，每侧布置单排注浆孔；注浆深度范围设定为隧道底标高以上 $h=5.2$m；注浆压力可根据现场实际施工监测结果确定，一般控制在0.5～1.0MPa范围内；浆液采用水泥和水玻璃双液浆，水泥泵流量为14～16L/min，水玻璃泵流量为5～10L/min，可根据需要调整实时流量；注浆管打设至设计深度，开始注浆后均匀拔管，拔管速度控制为10.0cm/min；同一排注浆孔按照做1跳5施工，相邻孔注浆间隔时间不少于2d；当注浆量达到单孔注浆要求时，终止注浆；注浆过程实时监测隧道管片收敛变形，监测频率要求至少1次/5min，注浆影响范围内隧道收敛变形大于3.0mm时及时报警，大于5.0mm则停止注浆。

隧道外侧向微扰动注浆如图1所示。

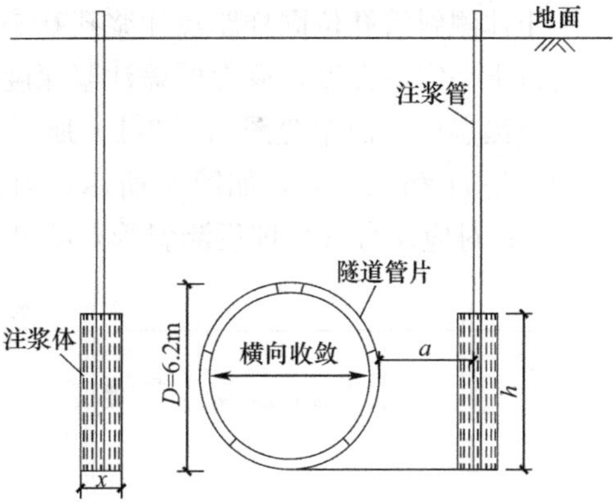

图1　隧道外侧向微扰动注浆示意图

1.3　注浆实施

图2为隧道（0～10号环管片）外两侧注浆孔实施注浆过程中的时空统计。图中两排注浆孔A1、B1分布于隧道上行线两侧，按时间先后顺序对应记录统计注浆次序。从图中可以看出，0～10号环管片注浆孔从2019年7月14日开始实施A1排2号和8号注浆孔，严格按照做1跳5，相邻孔注浆间隔时间不少于2d的要求实施，于2019年7月20日注浆结束。

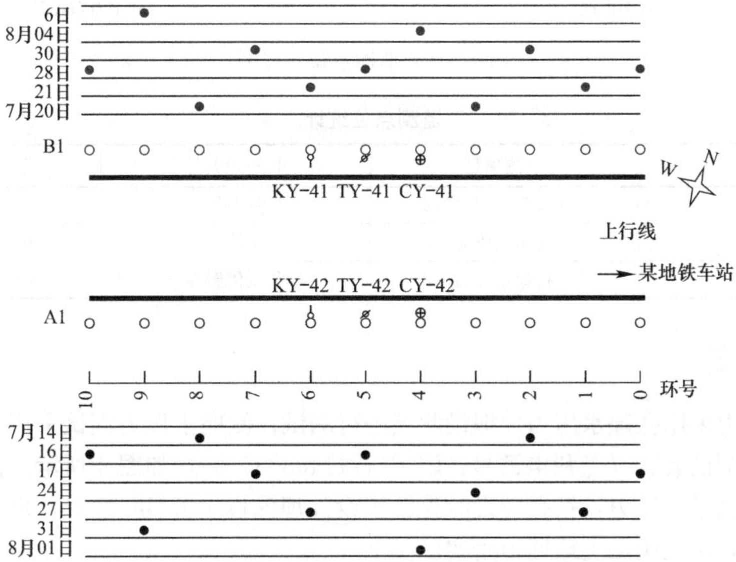

图2　注浆实施统计

2　现场监测

2.1　监测方案

根据注浆现场实施方案，开展注浆现场测试，分析研究隧道外侧向微扰动注浆修复横向收敛变形对周边土体的影响。监测项目包括注浆前后孔隙水压力和侧向土压力的变化，以及注浆深度范围内土体的侧向位移。孔隙水压力和侧向土压力通过在土体中钻孔埋设传感器实现监测，传感器布设在隧道腰部深度位置，距离注浆孔0.5m，距离隧道边线1.0m，如图3(a)所示。

土体测斜管孔位同样距离注浆孔 0.5m，距离隧道边线 1.0m，测斜管底部深入隧道底标高以下一定的深度，确保覆盖注浆深度区域并插入注浆非扰动土体区内。

监测点位平面布置图如图 3(b) 所示。其中，对应 6 号管片两侧埋设孔压传感器，编号为 KY-41 和 KY-42，如图 2 所示；对应 5 号管片埋设土压传感器，编号为 TY-41 和 TY-42；对应 4 号管片埋设测斜管，编号为 CY-41 和 CY-42（表 1）。

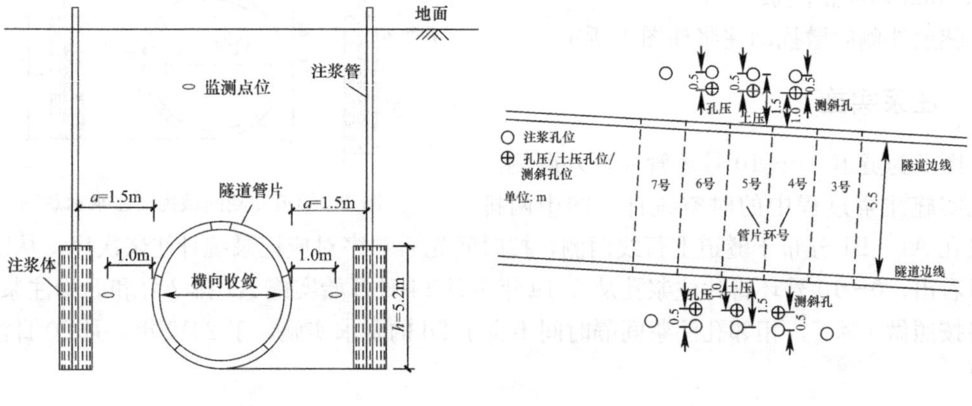

(a) 剖面图　　(b) 平面布置图

图 3　现场监测点位布置图

监测点位统计　　**表 1**

隧道管片	监测项目	监测元器件	监测点位编号
4 号	土体深部侧向位移	测斜管	CY-41、CY-42
5 号	侧向土压力	土压传感器	TY-41、TY-42
6 号	孔隙水压力	孔压传感器	KY-41、KY-42

2.2　测试仪器

孔隙水压力采用孔隙水压力计埋设测点进行测试；侧向土压力测试采用上勘集团发明的新型土压力测试装置（专利申请号：CN201711403085.8），如图 4 所示。该装置采用液压传导的方式测量土压力，钻孔埋设时先钻至设计埋深以上 0.5m 位置，再采用静压方式压至设计深度，钻孔用黏土球回填密实。

(a) 液压传导式土压力测试装置　　(b) 钻孔埋设

图 4　土压力测试装置

土体深层位移通过钻孔埋设测斜管实现。测斜管埋设时需注意方向，确保能监测到垂直隧道走向的土体位移。钻孔同样用黏土球回填密实。

3 测试成果分析

3.1 孔隙水压力

3.1.1 孔压初始值

孔压测试传感器至少提前一周埋设完成，待稳定后采取初始值。孔压传感器埋设深度为 12.7m，计算静力孔隙水压力值约为 117.0kPa，监测采集初始值见表 2。经计算，监测初始值与计算值误差在 5%以内，可以认为传感器埋设较为可靠，监测数据可用于进一步注浆影响分析。

孔压/土压初始值 表 2

监测类别	编号	埋设深度（m）	理论计算值（kPa）	采集初始值（kPa）
孔隙水压力	KY-41	12.7	117.0	122.0
	KY-42			112.0
侧向土压力	TY-41		135.1	231.0
	TY-42			131.0

3.1.2 超孔隙水压力

图 5 为 0～10 号环管片注浆孔注浆过程中监测孔隙水压力的变化历时曲线。图中括弧内数据表示注浆孔对应管片环号和引起的超孔隙水压力数值，如（6，144.0）表示对应 6 号管片注浆孔注浆，引起超孔隙水压力值约 144.0kPa。注浆期间数据采集间隔时间为 5min，由于施工现场环境不可控，自动化采集数据难免会出现异常，数据处理分析时应排除异常干扰数据。

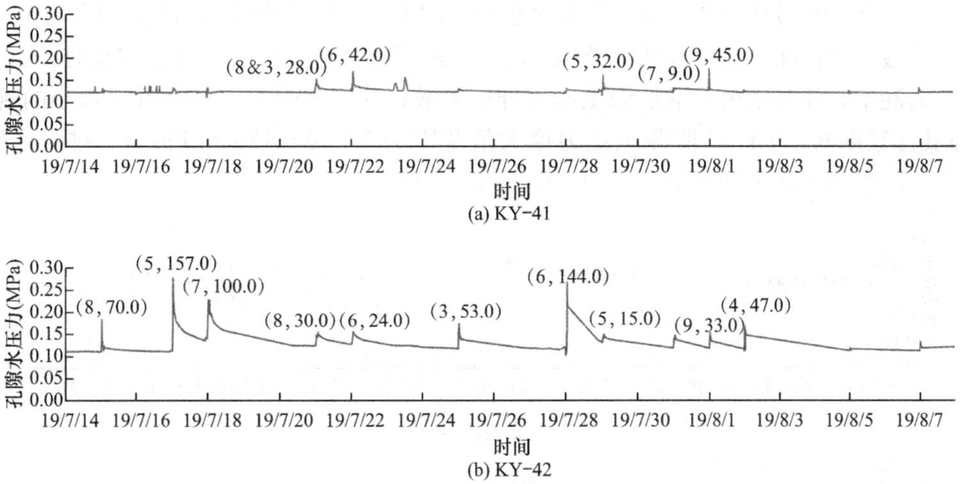

图 5 孔隙水压力监测时程曲线

纵览超孔压变化曲线，可以看出：①注浆主要影响范围在相邻 3 环内，即注浆对约 4.0m 范围内的土体影响较大。②影响程度一般呈现出近大远小的规律，即对应 6 号管片布设孔压传感器，对应 6 号管片注浆孔注浆时引起的超孔压较大，邻近孔注浆时影响次之。由于土层不均匀，以及注浆实施操控非自动化标准控制，故浆液扩散影响随意性大，但大体上符合“近大远小”影响规律。③压力注浆引起的超孔压消散较快。图 6 为单孔注浆引起的超孔隙水压力的消散历时曲线，从图中可以看出，B1 排 6 号孔注浆时，引起超孔压约 42.0kPa，注浆完成 1h 后消散约 70%，1.5d 后完全消散；A1 排 5 号孔注浆时，引起超孔压约 157.0kPa，注浆完成 1h 后消散约 50%，10h 后消散约 80%。

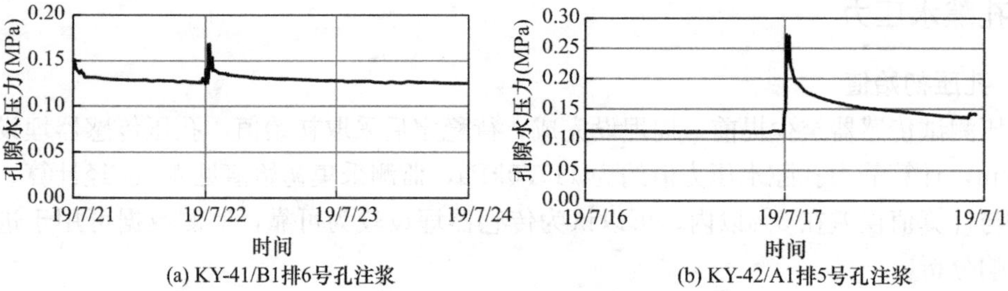

图 6　单孔注浆引起超孔压消散曲线

3.2　侧向土压力

3.2.1　土压初始值

土压传感器埋设于④层淤泥质黏土层，按水土合算方法计算，考虑成层土体，依据地块勘察报告取土体重度和静止侧压力系数，计算得出侧向土压力值为 135.1kPa。土压监测初始值如表 2 所示，埋设稳定后 TY-42 采集初始值为 131.0kPa，与计算值相差约 3%，埋设较为可靠；而 TY-41 采集初始值较理论计算值相差较大，考虑潜在原因：一方面是人工钻孔埋设质量难以保证，另一方面土体分布不均匀，此孔位埋设深度土体较好。所采用的液压传导式土压力传感器量程较大，综合考虑监测目的是研究注浆过程中引发周边土体的压力变化，即增量数据，故 TY-41 监测的土压力作为参考数据分析。

3.2.2　监测土压力

图 7 为 0～10 号环管片注浆孔注浆过程中监测土压力的变化历时曲线。从图中可以看出，注浆过程中监测土压力表现出类似于超孔压的变化规律，对应孔位有注浆时，引发监测土压力陡增，注浆结束后增加的土压力开始消散；其注浆影响也符合近大远小的规律。A1 排孔注浆期间，TY-42 监测土压力增大值范围为 107.0～120.0kPa；B1 排孔注浆期间，TY-41 监测土压力增大值范围为 50.0～80.0kPa。

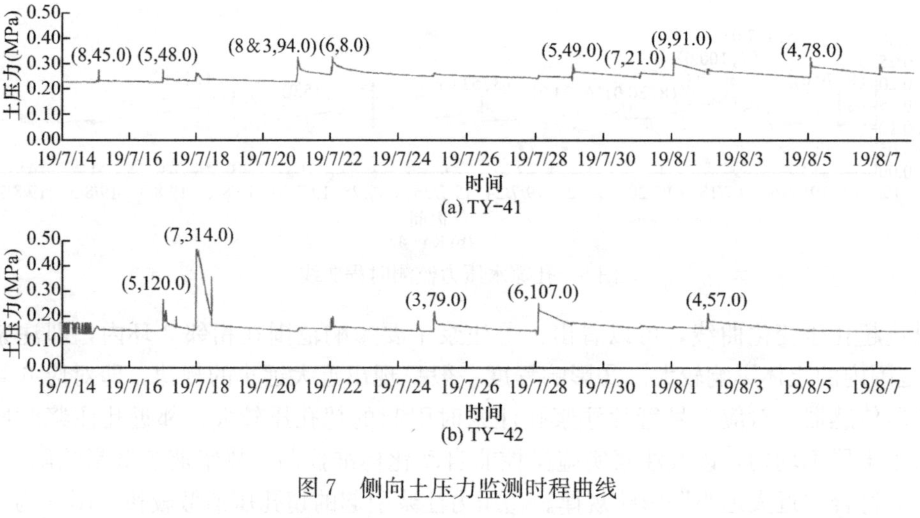

图 7　侧向土压力监测时程曲线

图 8 为单孔注浆引起的监测土压力典型变化曲线。经统计，A1 排单孔注浆时，增大的监测土压力在注浆完成 1h 后消散 50%～70%，10h 后消散约 90%；B1 排单孔注浆时，增大的监测土压力在注浆完成 1h 后消散 30%～65%，1.5d 后完全消散。

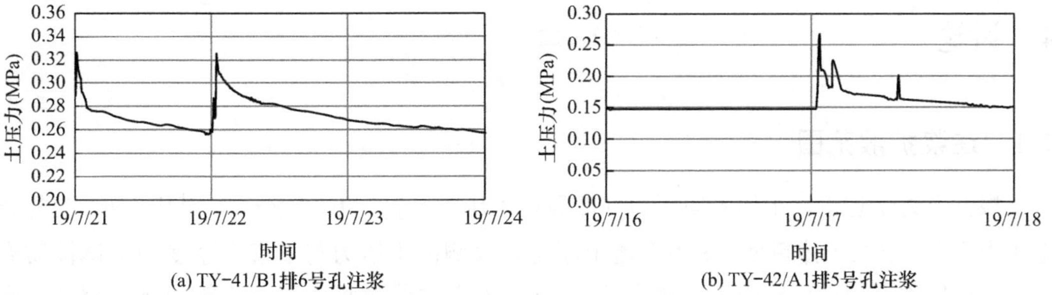

图 8　单孔注浆引起监测土压力变化

3.3　土体侧向位移

图 9 为 0～10 号环管片注浆孔注浆完成后的土体侧向位移。从图中可以看出，注浆结束后，CY-41 测得注浆影响土体向隧道方向侧向位移最大约 1.5cm，发生在深度 13.0m 位置；CY-42 测得土体侧向位移最大约 1.8cm，发生在深度 10.5m 位置。其中，CY-41 监测土体侧向位移规律较好，侧向位移均发生在注浆深度范围内，且最大值约在注浆深度范围中部，即隧道腰部位置；而 CY-42 监测土体侧向位移最大值约在注浆区域顶部。说明注浆影响土体侧向位移变化与注浆次序、注浆实施工艺有关，即与注浆速率、拔管速率、拔管位置、注浆量、注浆持续时间等因素密切相关。

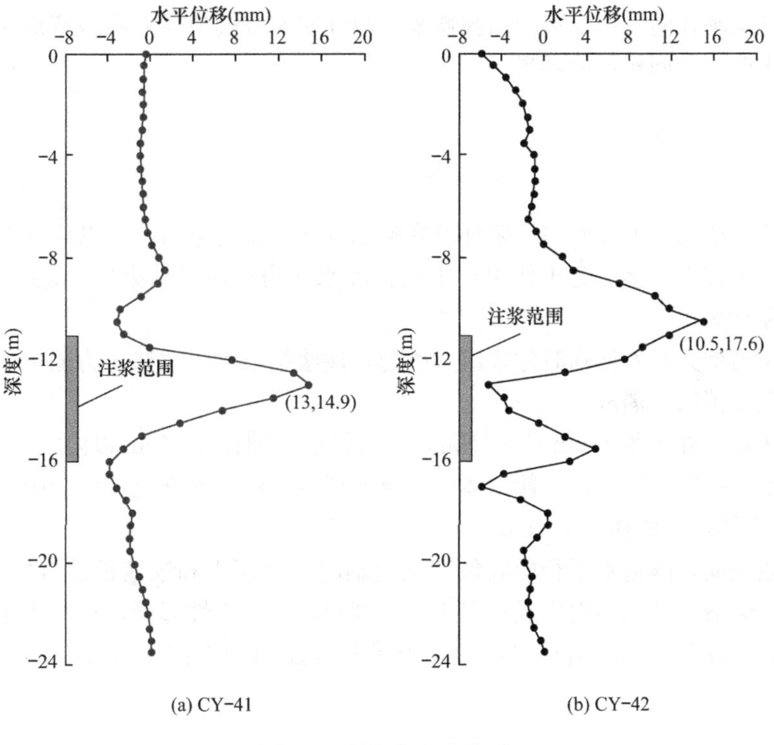

图 9　土体深部侧向位移

从监测的土体侧向位移可以得出，①注浆会影响注浆范围内土体发生明显侧向位移；②在压力注浆作用下，浆液在黏土层中除了有劈裂扩散[10-12]外，还有挤压土体扩散，即有压密土体的作用。

4 讨论

4.1 注浆扩散范围

根据土力学理论，土体侧向压力（即静止土压力）$p_0=K_0 \cdot \gamma \cdot z$，其中，$K_0$ 为静止土压力系数；γ 为土体重度；z 为上覆土厚度，故侧向土压力与上覆土厚度和土体性质有关。土压传感器埋设位置距离注浆孔 50.0cm，若在注浆过程中浆液未扩散至传感器，则可认为注浆过程监测的土压力发生变化是由注浆压力（0.5～1.0MPa）引起。压力注浆挤密土体，引起土体中产生超孔隙水压力，注浆结束后，超孔压逐渐消散，增大的监测土压力亦逐渐消失。从监测土压力的历时变化规律与起孔压的消散规律较为一致，也可得出土压力的增大并非土体性质发生了变化。由此可进一步得出，在此注浆方案和注浆工艺控制下，注浆影响浆液扩散范围在 50.0cm 以内。

4.2 注浆修复横向收敛变形作用机理

从监测的土体侧向位移可以看出，注浆对周边土体有压密作用。控制注浆结束条件之一为注浆过程中隧道收敛变形达到−5.0mm。由此可以考虑，在注浆过程中，隧道水平径向收敛变化一部分由临时注浆压力贡献，另一部分由浆液扩散挤压土体贡献，此阶段临时注浆压力起主要作用；注浆结束后，浆液扩散范围内土体形成水泥土，强度提高，压缩性降低，可抑制水平径向收敛变形的回弹恢复。故注浆修复隧道径向收敛变形是外部压力和土体性质发生改变共同作用的结果。

5 结论

通过对软土盾构隧道外侧向注浆环境影响的现场测试与分析，可以获得下列结论：

（1）注浆过程中，会引起土体中产生超孔隙水压力；注浆结束后，超孔压消散较快，10h 后消散约 80%。

（2）土压力增大系外部临时注浆压力引起；注浆结束后，注浆压力撤掉，监测增大的土压力随超孔压消散而消散。

（3）距离隧道外边线 1.5m 位置注浆，浆液扩散范围在 50.0cm 以内。

（4）注浆会挤密周边土体，使土体产生侧向位移；注浆深度范围内会引起距离注浆孔 50.0cm 位置土体最大侧移约 1.5cm。

（5）注浆期间，隧道水平径向收敛变化由临时注浆压力和浆液扩散挤压土体的影响；注浆结束后，浆液扩散范围内形成水泥土，强度提高，压缩性降低，抑制水平径向收敛变形的回弹恢复。注浆修复隧道径向收敛变形是外部压力和土体性质发生改变共同作用的结果。

参考文献

[1] 王如路. 上海软土地铁隧道变形影响因素及变形特征分析 [J]. 地下工程与隧道，2009，(1)：1-6
[2] 叶耀东，朱合华，王如路. 软土地铁运营隧道病害现状及成因分析 [J]. 地下空间与工程学报，2007，3 (1)：157-160
[3] 王如路，刘建航. 上海地铁监护实践 [J]. 地下工程与隧道，2004，(1)：369-375
[4] 王如路，张冬梅. 超载作用下软土盾构隧道横向变形机理及控制指标研究 [J]. 岩土工程学报，2013，35 (6)：1092-1101
[5] 张冬梅，邹伟彪，闫静雅. 软土盾构隧道横向大变形侧向注浆控制机理研究 [J]. 岩土工程学报，2014，36 (12)：2203 - 2212
[6] 高永. 微扰动双液注浆纠偏技术在南京地铁盾构隧道病害治理中的应用 [J]. 城市轨道交通研究，2015，(6)：109-112
[7] 蔡乾广，贺磊. 双液微扰动注浆在治理盾构错缝管片收敛中的应用 [J]. 城市勘测，2019，(1)：193-195
[8] Cheng，W-C，Song，Z P，Tian，W，et al. Shield tunnel uplift and deformation characterization：A case study from Zhengzhou metro [J]. Tunnelling and Underground Space Technology，2018，79：83-95
[9] 黄亚德，李文佳，陈涛等. 某工程注浆加固对地铁隧道收敛影响的分析 [J]. 水利与建筑工程学报，2017，15 (3)：123-126
[10] 周书明，陈建军. 软流塑淤泥质地层地铁区间隧道劈裂注浆加固 [J]. 岩土工程学报，2002，24 (2)：222-223
[11] 张忠苗，邹健，贺静漪等. 黏土中压密注浆及劈裂注浆室内模拟试验分析 [J]. 岩土工程学报，2009，31 (12)：1818-1824
[12] 朱明听，张庆松，李术才等. 土体劈裂注浆加固主控因素模拟试验 [J]. 浙江大学学报（工学版），2018，52 (11)：2058-2067

基金项目： 国家自然科学基金（42002272）、上勘集团专项科研基金（2018-KY-009、2020-KY-011）
作者简介： 王庭博（1987—），男，博士后，工程师。主要从事隧道与地下岩土工程科研工作。

季冻区高铁路基服役性能演化规律与孕灾风险评估体系

叶阳升[1,2]　毕宗琦[2,3,4]　蔡德钩[2,3,4]　闫宏业[2,3]　尧俊凯[2,3]　刘晓贺[2,3]

（1. 中国国家铁路集团有限公司，北京，100844；
2. 中国铁道科学研究院集团有限公司铁道建筑研究所，北京，100081；
3. 中国铁道科学研究院集团有限公司高速铁路轨道技术国家重点实验室，北京，100081；
4. 北京铁科特种工程技术有限公司，北京，100081）

摘　要： 季冻区高铁路基受季节性冻融环境和高速列车行车振动的耦合影响，路基冻融病害成为长期存在的“癌症”问题。如何科学有效地评估路基服役性能演化规律与相应的孕灾风险，从而保障复杂环境下路基百年服役期的耐久稳定，是寒区高速铁路发展建设面临的重大挑战。本文聚焦路基长期冻胀变形与服役性能劣化的主要诱因，立足于室内试验、数值模拟和现场测试手段，揭示了季节性冻融环境下高铁路基填料性能劣化与演变规律，提出了刻画长期低幅值循环荷载下季节性冻融路基填料残余应变累积效应的动力损伤弹塑性本构模型，构建了季节性冻融环境下高铁路基冻胀-轨道结构相互作用分析模型，揭示了多因素耦合作用下路基结构体系动力响应规律与变形传递关系，提出了冻胀变形临界阈值曲线与控制标准。在此基础上，构建了基于层次分析与模糊综合评价的高铁路基孕灾风险多级评价模型，揭示了各项指标与体系安全度之间的关系，形成了季节性冻融环境下运营高铁路基孕灾风险评估体系。成果可对季冻区高铁路基服役劣化分析评估和科学维养提供理论参考，为“双碳”目标下高铁持续发展建设提供支撑。

关键词： 高速铁路；季节性冻土区；路基结构；服役性能；孕灾评估

Service performance evolution law and risk assessment system of high-speed railway subgrade in seasonally frozen area

Ye Yangsheng[1,2]　*Bi Zongqi*[2,3,4]　*Cai Degou*[2,3,4]　*Yan Hongye*[2,3]
Yao Junkai[2,3]　*Liu Xiaohe*[2,3]

(1. China National Railway Group Limited, Beijing 100844, China;
2. Railway Engineering Research Institute, China Academy of Railway Sciences Corporation Limited, Beijing 100081, China; 3. State Key Laboratory for Track Technology of High-Speed Railway, China Academy of Railway Sciences Corporation Limited, Beijing 100081, China; 4. Beijing Tieke Special Engineering Technology Corporation Limited, Beijing 100081, China)

Abstract: The high railway foundation in the seasonal freezing area is affected by the coupling effect of the seasonal freeze-thaw environment and the vibration of high-speed trains. The subgrade freeze-thaw disease has become a long-standing “cancer” problem. How to scientifically and effectively evaluate the evolution law of subgrade service performance and the corresponding risk, so as to ensure the durability of subgrade under complex environment, is a major challenge for the development of high-speed railway in cold regions. This paper focuses on the main causes of long-term frost heave deformation and service performance degradation of subgrade. Based on indoor tests, numerical simulation and field testing, it reveals the performance evolution law of subgrade filler under seasonal freeze-thaw environment, and proposes a dynamic damage elastoplastic constitutive model to describe the residual strain accumulation effect of seasonal freeze-thaw subgrade filler under long-term low amplitude cyclic load. The interaction analysis model between subgrade frost heave and track structure under seasonal freeze-thaw environment is established, the dynamic response law and deformation transfer relationship of subgrade structure system under multi factor coupling are revealed, and the critical threshold curve and control standard of frost heave deformation are proposed. On this basis, a multi-level risk assessment model for high-speed railway foundation disaster based on analytic hierarchy process and fuzzy comprehensive evaluation is constructed, which reveals the relationship between various indicators and system safety, and forms a risk assessment system for high-speed railway foundation disaster under seasonal freeze-thaw environment. The results can provide a theoretical reference for the assessment and scientific maintenance of high-speed railway subgrade in seasonally frozen areas, and provide support for the sustainable development and construction of high-speed railway under the goal of "peak carbon dioxide emissions" and "carbon neutrality".

Keywords: high-speed railway; seasonally frozen area; subgrade structure; service performance; risk assessment

引言

我国是一个冻土大国，冻土面积位居世界第三，多年冻土与季节冻土累计分布面积约 $7.29\times10^6\text{km}^2$，冻结深度大于 0.5m 的冻土区约占我国国土面积的 68.6%，其中冻深超过 1.5m 且对工程有严重影响的深季节冻土面积达 $3.67\times10^6\text{km}^2$[1-3]，主要分布于东北、内蒙古大部分地区与新疆、青海、西藏部分地区。其中东北地区主要为典型的高寒深季节性冻土区，西藏部分地区则为高原冻土区。自 2012 年世界上第一条寒区高速铁路——哈大高铁开通以来，目前在建和已建的寒区高速铁路总里程超过 7000km。2020 年 11 月，川藏铁路雅安至林芝段开工建设，川藏铁路大部分路段位于海拔 3000m 以上的高原山地，途经区域温差巨大，高寒环境带来了季节性变化的冻土和积雪，路基同样面临着昼夜大温差等环境作用，存在冻融病害的潜在风险。随着中国“一带一路”倡议的逐步实施，全长超过 7000km 的北京—莫斯科欧亚高速运输走廊的建设在稳步推进。2021 年底，我国高铁运营里程已超 4 万 km，寒区铁路未来几十年在我国和世界范围仍将突飞猛进地发展，在此背景下，季节性冻土区高铁的建设、运营及维护依旧面临着巨大的挑战。

高速铁路路基结构体系长期性能的合理评估是工程质量和线路运营管理的重要依据。高速铁路对平顺性和稳定性要求更高，对支撑轨道的路基提出了更为严苛的控制标准，其中要求无砟轨道路基的工后沉降在波长 20m 时不得超过 15mm，在波长 20m 以上时不得超过 30mm[4]。季冻区高速铁路路基的建设与运营面临着季节性冻融循环作用以及长期列车动载作用的耦合影响，与沉降相比，路基冻胀变形往往发展较快，范围较小，且冻胀量值已超过扣件系统上调能力（一般扣件系统仅能上调 4mm，而沉降则可达到 15mm）。如处理不当，路基冻胀往往年复一年重复发生，更易造成线路平顺性的快速降低、上部轨道结构的开裂损伤和表面封闭层及防水封闭结构缝劣化，进而影响到轨道线路的平顺性以及列车运行的安全舒适性。根据统计数据，俄罗斯贝阿铁路 1994 年统计的线路冻融病害率为 27.7%，后贝加尔铁路 1996 年统计的线路冻融病害率仍达 40.5%；我国东北季节冻土区既有铁路线路冻融病害率不小于 40%，路局每年冬季 70%～80%的人力，50%的天窗投入冻害整修工作上。寒区铁路路基的冻害问题始终困扰着铁路的运营和维护工作，威胁着铁路冬季的运营安全，浪费大量的人力、物力和财力。高速铁路安全运营关乎人民生命财产安全，也关系到国家声誉和国家重大利益。如何保持路基填料的长期工作性能、控制路基不均匀变形、预测评估并确保其全寿命周期内的服役性能，是季节性冻土区高铁建设运营中需要考虑的关键问题之一，也是我国高速铁路技术理论发展所面临的重点与难点。

冻融循环—动载耦合作用下路基的劣化孕灾主要可归结为复杂多维度荷载影响和高周次动力加载长期作用两方面的问题。近年来，国内外学者针对冻融循环下路基填料特性的研究主要集中于物理性质、力学性质、水理性质等方面。研究表明，冻融循环影响下土体结构、密度和孔隙率都会发生改变，水分重分布，阿太堡界限改变[5-8]，融化后的强度、压缩性及孔隙水压力均会受到影响[9]，渗透性的变化经常可达几个数量级[10]。针对动力特性方面，Simonsen. E[11]等通过动三轴试验研究了经历冻融循环后土体的弹性模量变化以及围压的影响。Matsumura[12]对日本北海道压实火山岩土进行了冻融试验和动三轴试验，并指出其液化强度受冻融作用后显著降低，且与动荷载加载过程孔隙水压的变化有关。王静[13]研究了不同塑性指数的路基土在经历若干次冻融循环次数后的动力特性，分析了路基土动模量和阻尼比随着冻融循环次数、围压和塑性指数的变化规律。魏海斌[14]研究了路基冻融循环对粉煤灰土动力特性的影响，分析了动强度与冻融次数衰变关系，以及动模量损失率。王天亮[15]研究了冻融循环条件下改良土的变形特性、临界动应力以及回弹模量，建立了不同动应力水平和冻融次数下塑性应变预测模型。化晋创[16]对高铁路基粗粒填料经历冻融循环后的动力特性进行了试验研究，发现冻融作用使填料动弹性模量减小，且在 3～6 次冻融循环后稳定。孔祥勋[17]采用动三轴试验分析了冻融环境下高铁路基填料的动应力应变关系、剪切模量和阻尼比的变化，以及短时动荷载作用下的残余变形特性。Tian[18,19]等通过动三轴试验研究了冻融循环作用下高铁路基基床填料的动剪应力幅值、动剪切模量、阻尼比和累积轴向应变的变化。基于 Hardin-Drnevich 模型和归一化累积应变，提出了确定动剪切模量和阻尼比的拟合方程。总的来说，目前相关研究主要探究了不同应力水平、温度、含水率、细粒含量、冻融次数等因素的影响，针对铁路路基填料冻融循环和振动荷载的共同作用，现阶段相关研究大多集中于少量动载循环次数内的物理力学参数变化的分析上，考虑高周次加载长期效应的路基性能劣化规律的相关研究较少。对应条件下的填料可能呈现有别于低周次试验条件的应变累积和长期变形发展特性，需要进一步的规律性探索。

冻融循环-动载耦合作用下路基的劣化孕灾是一个长期发展演化的过程。短时间的温度变化和列车动载作用通常不会达到结构的极限强度。但是，在整个设计使用年限内，路基将承受数十年的冻融循环和数以亿计的列车荷载反复作用。对于如此庞大的荷载数量级，长时间尺度下任何持续发展的性能劣化和微量塑性累积都可能最终产生不可忽视的病害。如何对该条件下的路基劣化孕灾程度进行科学地评价，通常意义下面向低周次荷载的分析评估理论方法往往很难实现。近年来，在理论研究层面，国内外学者针对寒区铁路路基的静、动力响应基本规律开展了一些研究[20-23]，但目前对于列车荷载-冻融环境作用复杂条件下的高铁路基长期时效性的系统性研究仍较为缺乏，现有描述其力学特性演化和长期变形趋势的理论模型有待进一步的完善，尚无科学、成熟的理论体系对冻融循环-行车振动耦合作用下高铁路基结构服役期内的长期变形、承载性能与运行状态进行分析和预测。目前，国外路基状态评估主要集中在对隐性病害的快速无损检测方法的研究上，对于构建某一条线路或区段的评估体系评估方面的研究较少。在铁路路基评估中采用重载列车沉降试验、轨检车普查法和物探法相结合的方法进行详细勘察。马伟斌[24]综合国内外有关提速对路基状态影响的研究，认为对于提速铁路应该从路基面几何形状、路基密实度和强度、路基刚度三个方面对路基进行评价。张千里等[25]把既有线路基评估分为相对性评估与绝对性评估两类。前者主要在提速的技术条件或标准比较明确和完善时采用，分区段判断其是否满足提速要求，进而确定是否需要对提速线路的路基进行加固处理。后者主要在对线路基提速条件和路基设计标准不能明确时采用，根据改造能力确定与该能力相应的百分数所对应的状况，判断其是否需要改造。在技术应用层面，目前我国高速铁路路基运营期长期服役性能的常规评价方法主要集中于路基密实度、结构强度、几何形态变化、病害损伤的检测评估等方面，高周次长期加载与冻融循环等环境条件影响的相关研究相对滞后，潜在的孕灾机制和长期风险因素考虑不足，高铁路基的长期变形和稳定状态的评估手段仍需发展改进。因此，提出合理有效的方法对冻融循环-行车振动耦合作用下高铁路基的长期服役性能进行评估预测，控制路基变形、确保列车运行安全，以适应我国季节性冻土区高速铁路的建设运营发展，具有重要的理论指导意义和工程应用价值。

本文聚焦路基长期服役性能劣化的主要诱因，关注于冻融循环-行车振动耦合力学效应，立足已有研究基础与技术积累，在大量实测资料的记录分析基础上，采用室内试验、数值模拟、理论分析相结合的研究手段，揭示季节性冻融环境多因素耦合作用下高铁路基填料性能劣化演变规律，预测路基长期变形的累积趋势，探究高铁路基长期服役性能演化的主控因素和临界状态，构建路基长期服役性能评价的关键指标与理论框架。研究成果可为季节性冻土区高铁路基运营期的长期服役性能评估提供有效的理论支撑。

1　季节性冻融环境下高铁路基填料性能时效演化规律

1.1　冻融循环对路基填料动力性能的影响

1.1.1　试验设备与方案

填料作为路基结构最基本的组成材料，其在冻融循环-行车振动耦合作用下的性能演化直接影响到路基结构整体的服役特性。面向季节性冻融环境高铁路基典型粗粒土填料，采用循环三轴试验研究冻融循环-行车振动耦合作用下路基粗粒土填料的基本特性演化规律及其性能的关键影响因素。试验采用动力三轴试验设备为中国铁道科学研究院集团有限公司铁道建筑研究所与英国 GDS（Geotechnical Digital Systems Instruments）公司联合研制的大直径粗粒土温控动力三轴试验系统。试验系统在中国铁道科学研究院集团有限公司铁道建筑研究所岩土工程实验室装配完成。试验系统主要由动力加载系统、压力室、围压控制系统、循环冷浴温度控制系统、数据采集与控制操作系统等部分组成。图 1 为各模块组成的示意图，其中动力加载系统由伺服电机控制，轴向力 0～64kN，频率 0～5Hz，位移行程±100mm，控制精度 0.20μm，可提供高精度的动态荷载控制性能；压力室适配最大直径300mm的三轴试样，满足粗粒土试样配置尺寸要求；围压循环冷浴系统用于控制三轴试样的冻融过程，温度控制最大范围为－60～200℃，在－20～60℃范围单次升、降温速度可达3.3℃/h。试验所用试样参照我国季节性冻土区高速铁路路基典型粗粒土填料级配进行制备。

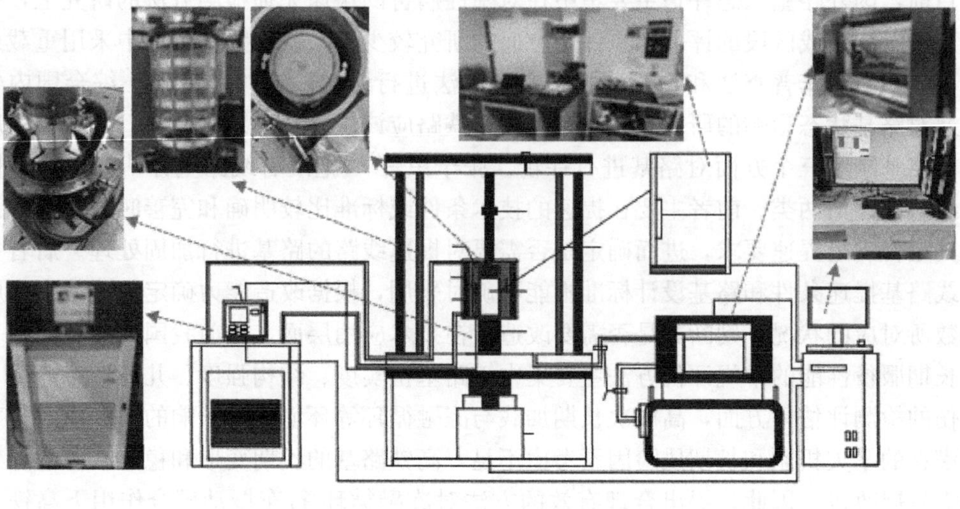

图1　大直径温控动三轴系统示意图

1.1.2　试验结果与分析

针对填料进行了不同冻融循环次数、围压、应力幅值、细粒含量条件下的动力加载试验，分析了其累积变形、回弹模量、剪切模量和阻尼比的长期演化规律，如图2～图5所示。

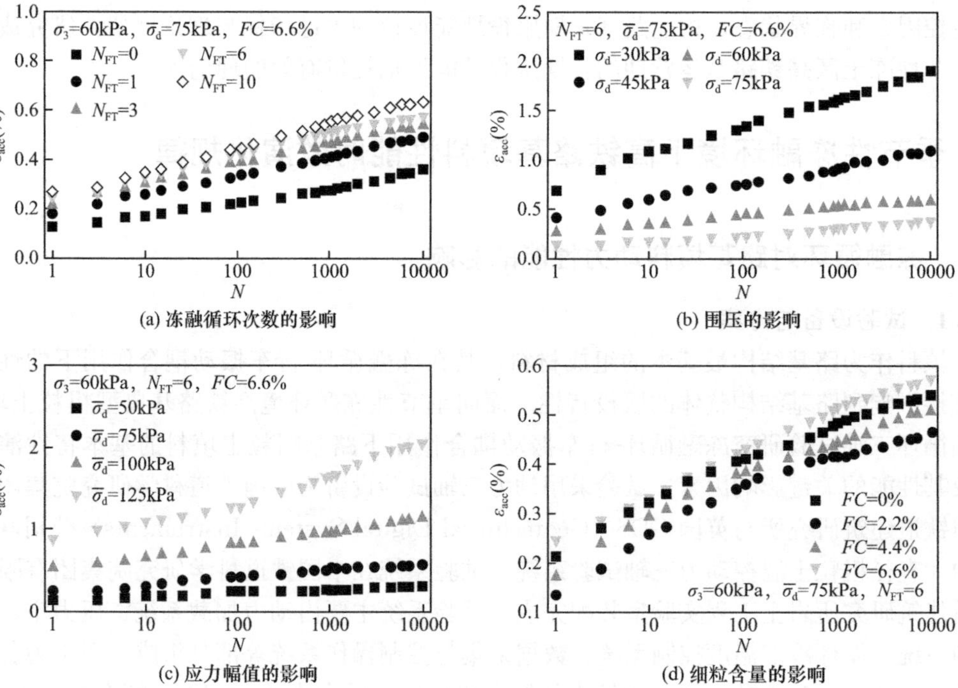

(a) 冻融循环次数的影响　(b) 围压的影响

(c) 应力幅值的影响　(d) 细粒含量的影响

图2　冻融循环对季冻区高铁路基典型填料累积应变曲线的影响

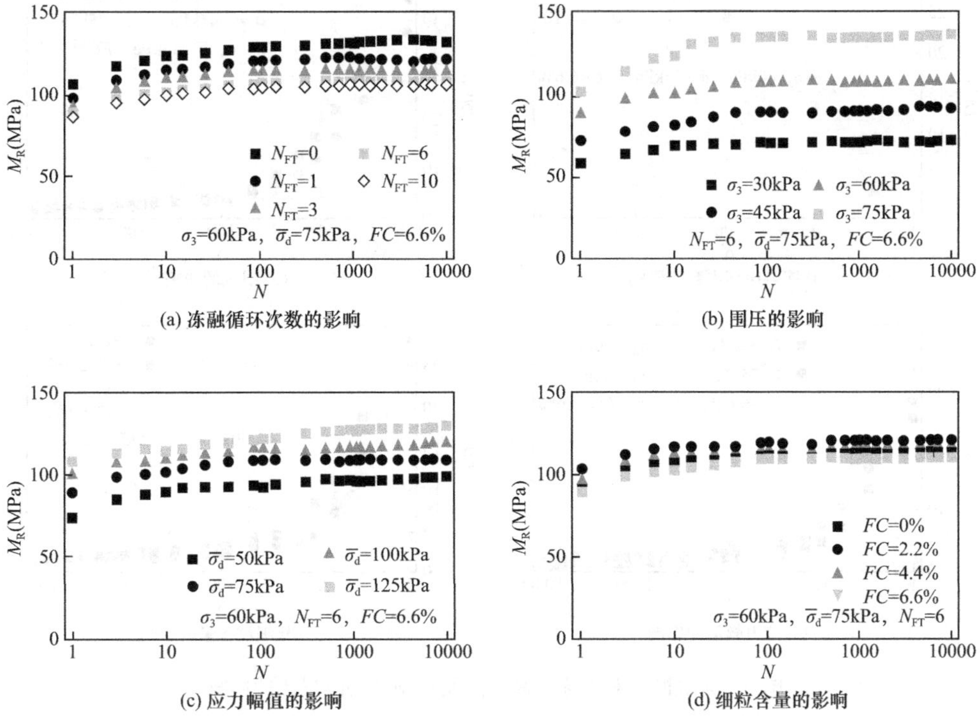

图 3　冻融循环对季冻区高铁路基典型填料回弹模量的影响

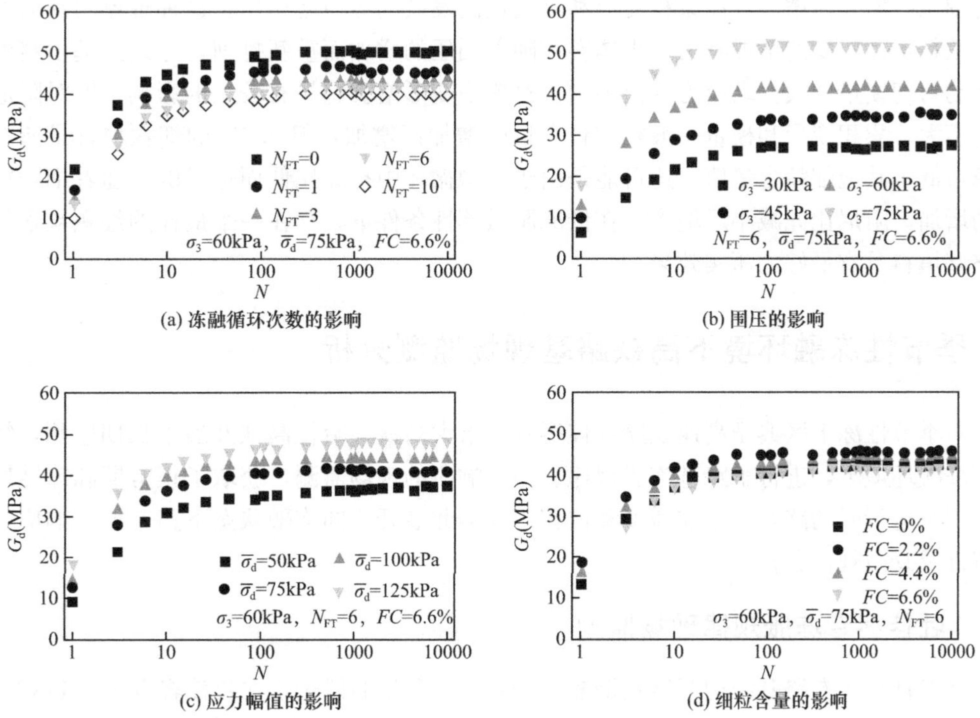

图 4　冻融循环对季冻区高铁路基典型填料剪切模量的影响

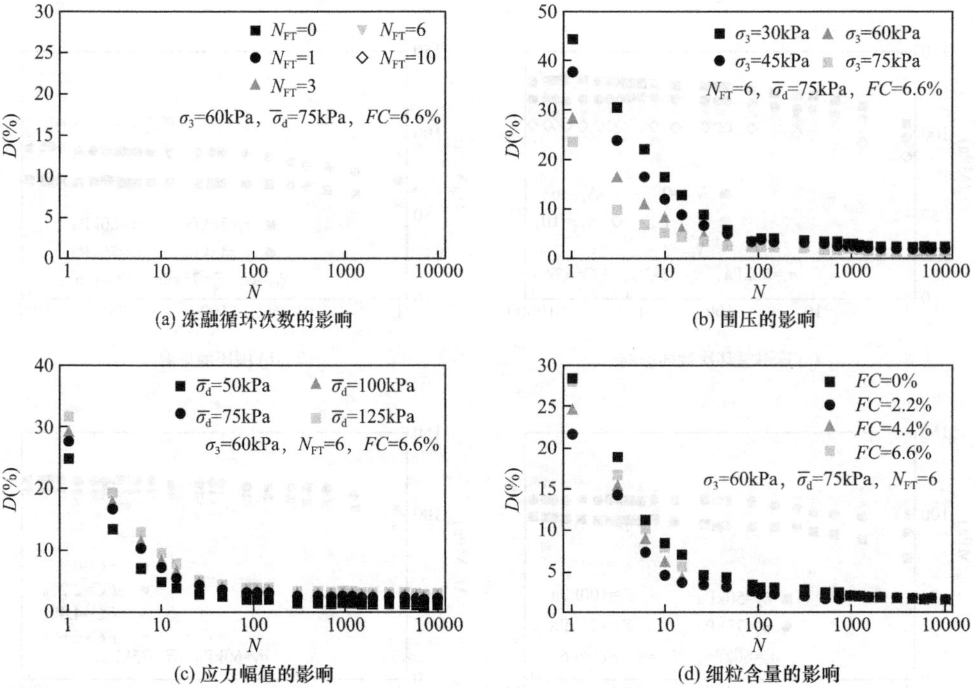

(a) 冻融循环次数的影响　(b) 围压的影响

(c) 应力幅值的影响　(d) 细粒含量的影响

图 5　冻融循环对季冻区高铁路基典型填料阻尼比的影响

试验结果表面，随着冻融循环次数的增加，填料的累积变形增大、动模量有所衰减、阻尼比增大，且在第六次冻融循环后，这种变化相对较小。在相同的循环剪应变下，模量随着围压的增大而增大，而累积变形和阻尼比的发展趋势与之相反。这种现象与动荷载作用下填料塑性应变的增加有关，土体颗粒随着围压的增加而重新排列，导致路基填料的刚度和动剪切模量增大。动应力幅值的增大对累积变形增长趋势有较大的影响，但对阻尼比影响不大。累积变形和模量一般随细粒含量的增加而增加，但 6.6％的细颗粒含量所对应的模量低于其他细粒含量值。这可能是由于冻融循环中孔隙比低而造成的。随着细颗粒含量的增加，阻尼比先减小后增大。在低冻胀敏感性条件下，存在一个最佳的细颗粒含量使得路基填料具有最好的压实效果。

2　季节性冻融环境下高铁路基现场监测分析

对季节性冻土区典型高速铁路牡佳客专、哈大高铁、哈佳高铁开展了长期监测，针对季节冻融环境下，进行了路基冻胀规律、振动响应的现场监测，获取了正常期和冻结期动车组列车运行时的路基振动加速度和位移，并据此展开不同冻融状态下路基振动响应的幅频特性及衰减规律分析。

2.1　牡佳客专冻胀规律现场监测

针对牡佳客专路基结构开展长期监测研究。工程试验段选定在牧佳客专 8 标 DK318＋180～DK318＋680 七星峰隧道附近，总长度 500m。工程试验段位于黑龙江省双鸭山市集贤县境内，分别针对土压力、水分、温度、冻胀监测需要在对应位置埋设传感器。图 6 为监测断面的冻胀变形时程曲线、路肩以及轨下冻深监测时程曲线。在监测前期温度处于零下时，路肩位置冻胀变形不断增大，2019 年 12 月 27 日冻胀变形达到 5.77mm 后进入相对稳定阶段，最大冻胀变形为 6.14mm，2020 年 4 月 13 日随温度升高该位置开始回落，目前变形值为 0.25mm。轨下位置在监测前期冻胀变形不断增大，2020 年 1 月 1 日冻胀变形为 5.28mm，后进入相对稳定阶段，最大冻胀变形为 5.84mm，2020 年 4 月 13 日随温度升高该位置开始回落。由图 6(b)、(c) 可知该位置自监测开始随气温的降低冻深不断发展，路肩最大冻深 3.40m，轨下最大冻深 3.38m。

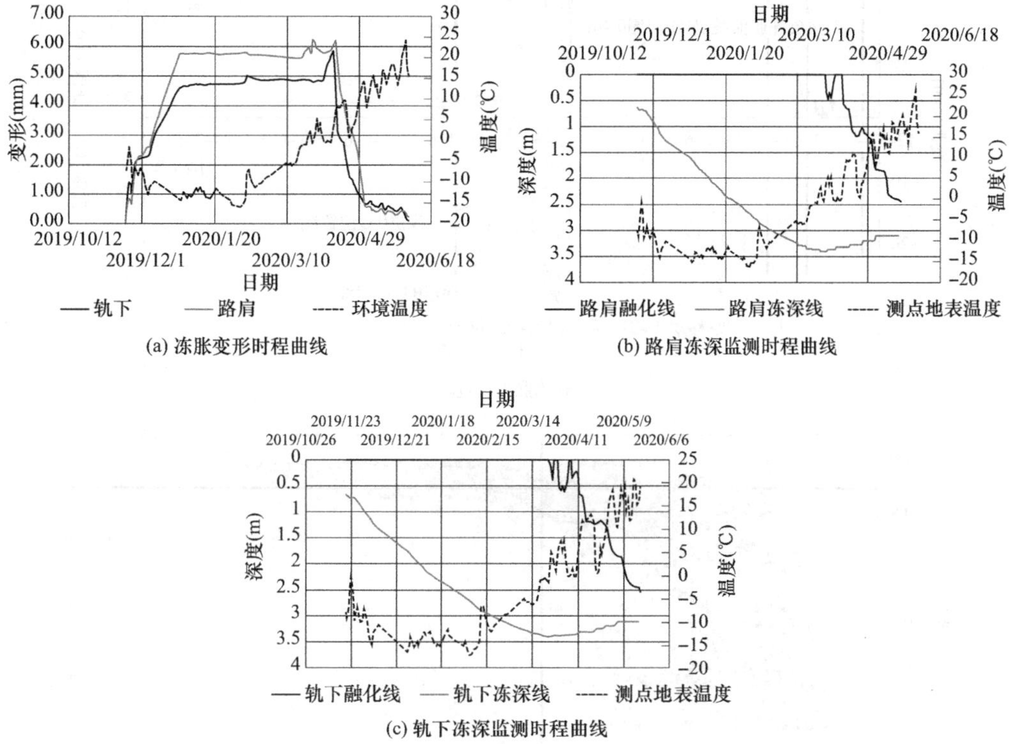

图 6　牡佳监测断面路基冻胀规律

2.2　哈大高铁冻胀规律现场监测

哈大高铁路基开展冻胀规律监测，监测断面里程分布于 K186＋152.17～K187＋099.14。其中 K186＋151～K186＋200 和 K186＋890～K187＋100 段为路堤地段，其他段落为路堑地段，路堤最大填高 6.1m，路堑中心最大挖深 14.9m。K186＋316～K186＋521 换填厚度 1.9m（防冻胀填料厚度 1.0m），其他地段（换）填筑厚度 2.7m。如图 7 所示，观测结果表明，哈大高铁沿线大部分自动监测断面的冻胀变形随时间发展变化规律基本一致，其冻胀发展变化过程可划分为冻胀初始波动、冻胀快速发展、低速稳定持续发展、波动融沉、变形稳定五个发展阶段。冻胀发展过程中，路基面的冻胀变形大于轨道结构的冻胀变形，冻胀起始时间个别断面路基面发展较早，但大部分断面基本上冻胀是同时发展的。基于监测结果，融沉变形在 4 月初达到稳定状态，基本维持不变，但并未完全回到初始状态，这说明高压密的基床填料在冻融作用下，产生了松胀现象，导致填料结构变松、孔隙未完全恢复到冻结前。另外，由于变形监测位置多位于线间和路肩，其基床表层上直接面向临空面，并无上覆荷载，也可能是导致产生残余变形的原因之一。另外可以看出，归一化冻胀比与冻深关系曲线呈非线性关系。当冻深在浅层路基发育时，冻胀比增长较为剧烈，当冻深发育至路基深层时，冻胀比增长较为平缓。根据统计的所有断面中，冻深达到 130cm 时，绝大部分监测断面达到 90％最大冻胀量。

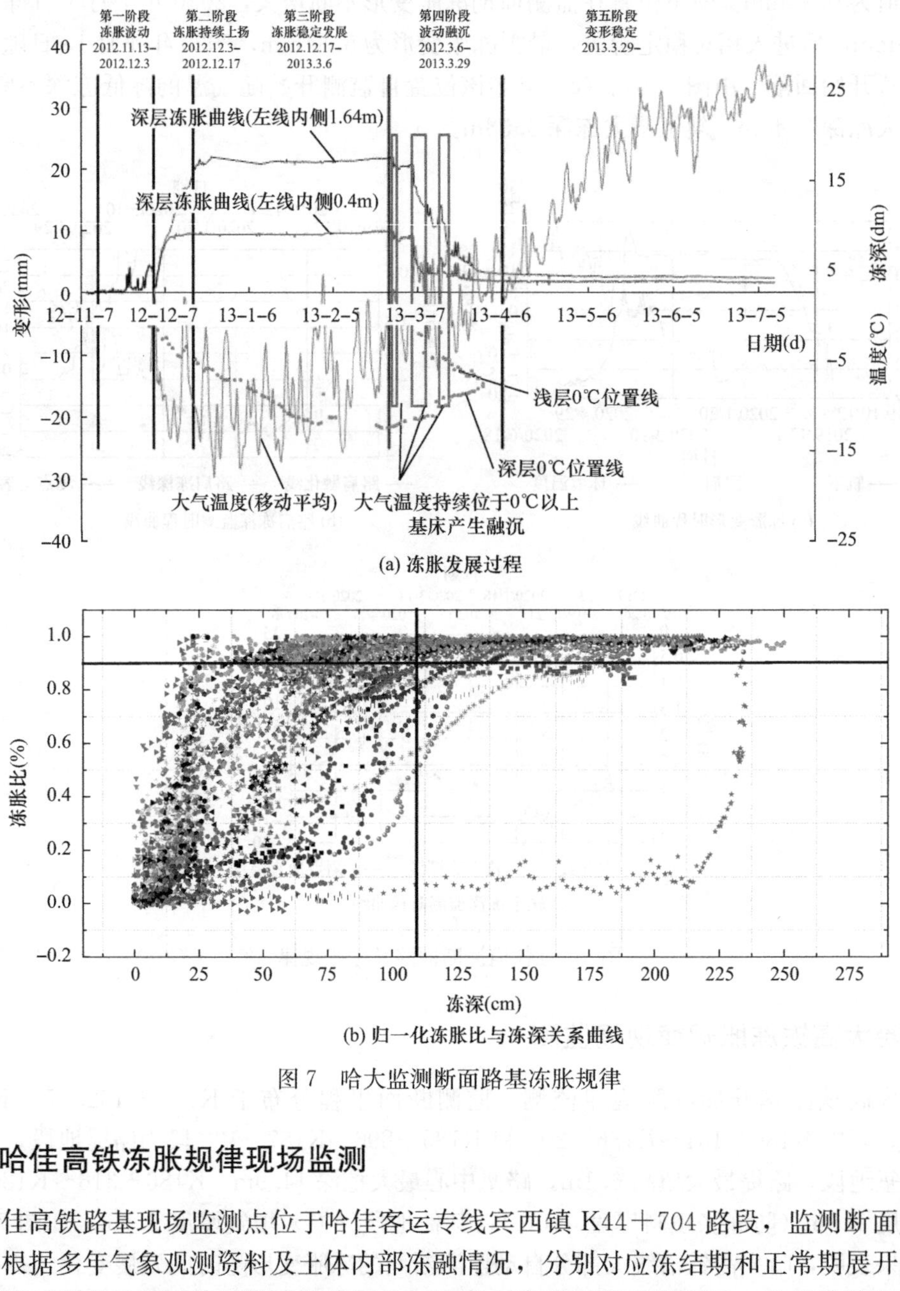

(a) 冻胀发展过程

(b) 归一化冻胀比与冻深关系曲线

图 7　哈大监测断面路基冻胀规律

2.3　哈佳高铁冻胀规律现场监测

哈佳高铁路基现场监测点位于哈佳客运专线宾西镇 K44＋704 路段，监测断面为有砟轨道。根据多年气象观测资料及土体内部冻融情况，分别对应冻结期和正常期展开现场监测。主要对列车经过时的近轨道处路基的加速度和位移开展观测记录。为反映路基层振动衰减规律，选取路基上的对应不同距轨道中线距离的测点数据，分别绘制正常期和冻结期竖直方向加速度有效值随距离的变化情况，如图 8(a) 所示。正常期和冻结期的竖直向加速度均随着距离的增加而快速衰减，路肩到坡脚的衰减率均超过 70％，且衰减曲线大致可由负指数函数进行拟合。图 8(b) 为不同时期竖向位移峰值随行车速度的变化曲线。由图可知，同一时期的竖向动位移峰值分布均比较集中，正常期竖向动位移峰值主要分布在 0.035～0.045mm 区间内，冻结期的竖向动位移峰值分布在 0.015～0.02mm 范围内。正常期的动位移峰值呈现出随速度的增加而增加的特点，而冻结期则表现为相反的趋势。由进一步频谱分析可得，在正常期，近场振动主要由高频引起，远场振动主要表现为低频，但入冬后冻土层的存在减弱了土体对高频成分的滤波作用，如图 8(c) 所示。

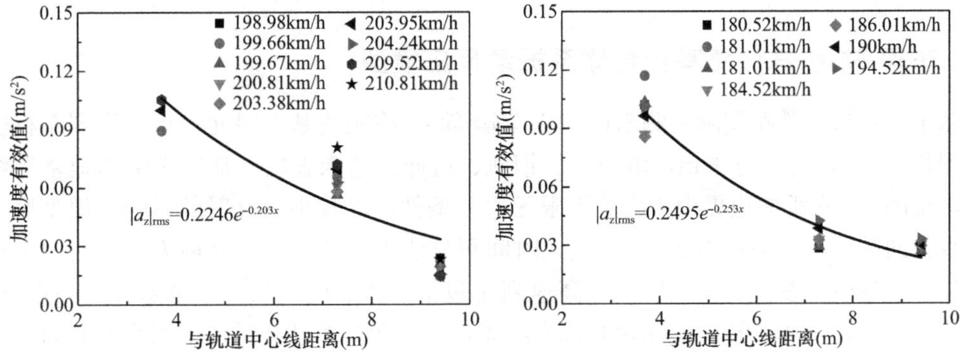

(a)正常期和冻结期的竖直方向加速度有效值

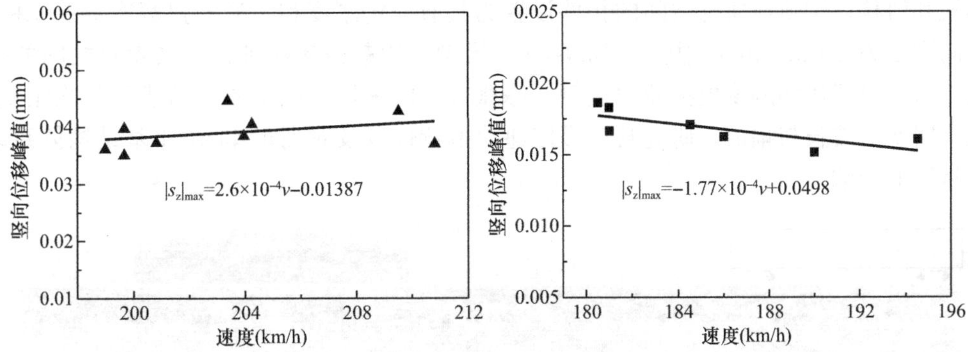

(b) 正常期和冻结期的竖向位移峰值

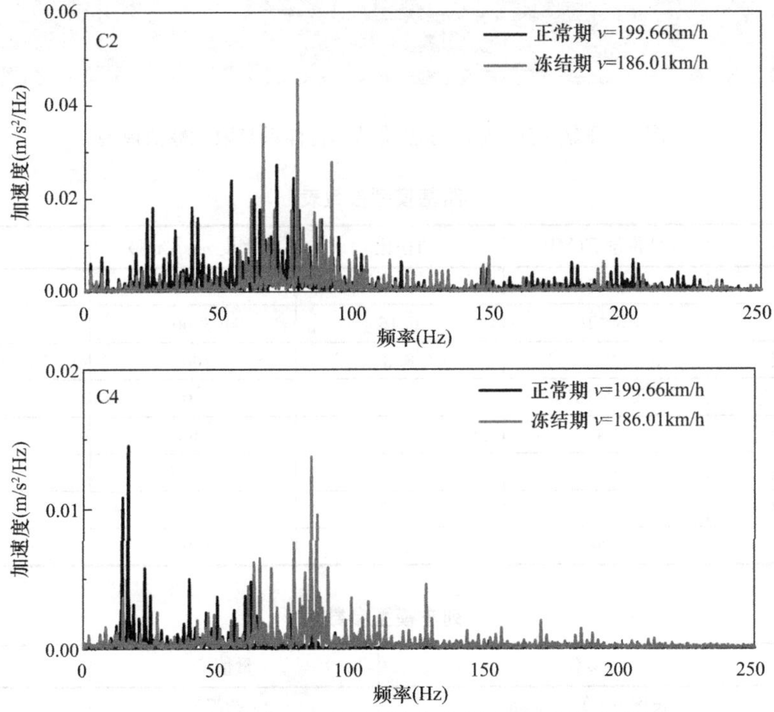

(c) 正常期和冻结期路肩与坡脚位置测点的竖向加速度频谱图

图 8　哈大监测断面路基冻胀规律

3　季节性冻融环境下高铁路基冻胀—轨道结构相互作用分析与控制阈值

3.1　车辆-轨道-冻胀路基耦合体系振动反应模型

基于哈佳快速铁路实际监测断面建立车辆-轨道-冻胀路基有限元模型。沿列车行驶方向模型长 100m，高度为 30m，由列车、钢轨、道砟、基床表层、基床底层和地基等结构构成，见图 9。在垂向边界中考虑了无限元边界条件，以减小波反射的影响。模型底部限制垂直方向的位移。采用 Newmark 显式时间积分法求解瞬态动力平衡方程，时间步长为 0.001s。路基模型参数如表 1 所示。高速列车包括车体、转向架、二系悬挂、一系悬挂、轮对等部分，将车体、转向架和轮对视为刚体，一系和二系悬挂系统采用弹簧和阻尼元件进行模拟。车辆的结构及各构件的特征参数如表 2 所示。分别采用梁单元和四面体单元模拟钢轨和轨枕，钢轨与轨枕之间的扣件设置为具有一定刚度和阻尼的弹簧连接单元模拟，其垂向刚度为 160kN/mm，阻尼 17kNs/m。模型采用赫兹接触理论定义轮轨之间的相互作用，通过设置接触刚度模拟轮轨接触。冻胀分析时采用余弦型曲线描述路基冻胀变形，输入不同变形波长与幅值，研究其变形传递映射特性以及对列车-轨道-路基结构体系动力响应特征的影响。

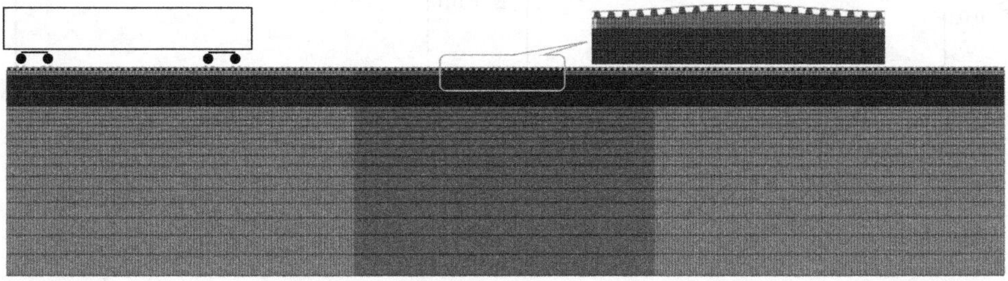

图 9　车辆-有砟轨道-冻胀路基耦合体系有限元数值模型

路基模型参数表　　　　表 1

部件名称	弹性模量 E(MPa)	泊松比 ν	密度 ρ(kg/m^3)	厚度 d(m)
钢轨	2.1×10^5	0.3	7800	—
轨道板	3.5×10^4	0.16	3000	0.2
砂浆垫层	92	0.3	2000	0.05
混凝土基底	3.0×10^4	0.16	2700	0.3
基床表层	400	0.3	2400	0.4
基床底层	180	0.3	1950	2.3
基床以下路基	40	0.35	1800	6.0
场地	120	0.45	1895	22.5

列车模型参数表　　　　表 2

部件名称	参数	量值	单位
车体	长度×高度，$L_c \times h_c$	25×3.70	m
	车体质量，m_c	40000	kg
	车辆定距，L_{sb}	17.5	m

续表

部件名称	参数	量值	单位
转向架	转向架质量，m_b	3200	kg
	固定轴距，L_{wb}	2.5（2 轴）	m
轮对	轮对质量，m_w	2400	kg
	轮半径，r_w	0.43	m
一系悬挂	垂向刚度，k_p	2.08×10^6	N/m
	垂向阻尼，c_p	1.0×10^5	$N\cdot s\cdot m^{-1}$
二系悬挂	垂向刚度，k_s	8.0×10^5	N/m
	垂向阻尼，c_s	1.2×10^5	$N\cdot s\cdot m^{-1}$

3.2 冻胀变形与钢轨映射关系

不同冻胀波长下，钢轨几何变形和道砟变形随冻胀幅值的变化曲线如图 10 所示。当路基存在余弦型不均匀冻胀时，变形在由道床向上传递至轨道结构。当冻胀波长较小时，钢轨变形范围相对于道砟冻胀范围发生了一定程度的扩展。随幅值的增加，钢轨变形的扩展量也随之增加；随着冻胀波长的增大，两者之间的差距逐渐减少。冻胀中心位置附近钢轨和道砟变形基本一致，表明道砟与轨枕接触；而冻胀区两侧附近，钢轨变形和道砟变形不一致导致轨枕和道砟出现了明显的脱空。这是由于钢轨和轨枕通过扣件紧密联结，加之钢轨抗弯刚度大，纵向连续性强，二者变形基本一致；而轨枕与道床间由于无特殊连接，导致轨枕底部极易与道砟脱离，轨枕出现吊空现象。列车经过吊空位置时，轨道结构会受到车轮的反复拍打，易给结构的疲劳寿命带来隐患。

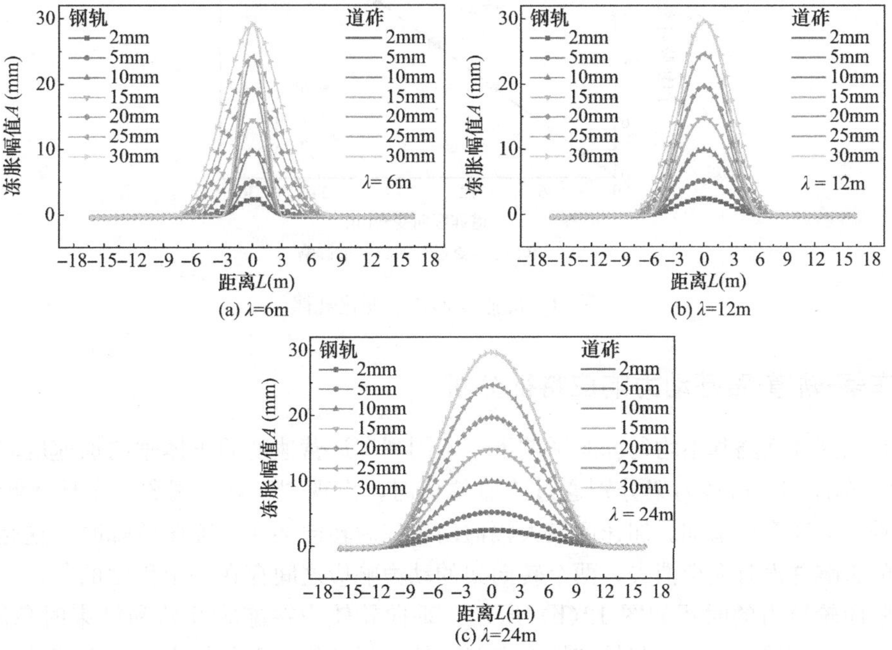

(a) λ=6m (b) λ=12m (c) λ=24m

图 10 路基冻胀引起的钢轨单峰变形

图 11 为不同冻胀波长下，冻胀幅值从 2mm 线性变化到 30mm 过程中，钢轨几何变形波长随冻胀幅值的变化规律。可见，相同冻胀波长时，钢轨变形波长范围随冻胀幅值的增

加呈非线性增长的趋势；相同冻胀幅值下，波长越短，钢轨变形波长越大。在冻胀波长为6m和12m的情况，当冻胀幅值大于15mm时，钢轨变形波长差距逐渐缩小。可见，钢轨变形波长增加量随冻胀波长的增加而降低，表明波长增加有利于减小轨枕吊空的现象；钢轨变形波长增加量随冻胀幅值的增加呈现非线性增加的趋势，说明幅值越大轨枕与道床的脱空区域越长，控制冻胀幅值有助于控制轨道结构的损伤。图11(c) 对比了不同冻胀变形波长时，在不同冻胀变形幅值下，钢轨最大变形量与路基冻胀变形幅值的差异。可得钢轨最大变形量与冻胀幅值基本保持一致，是因为在路基冻胀变形发生时，冻胀中心范围始终与轨枕保持良好的接触，使得轨道上部结构的最大变形量基本一致。

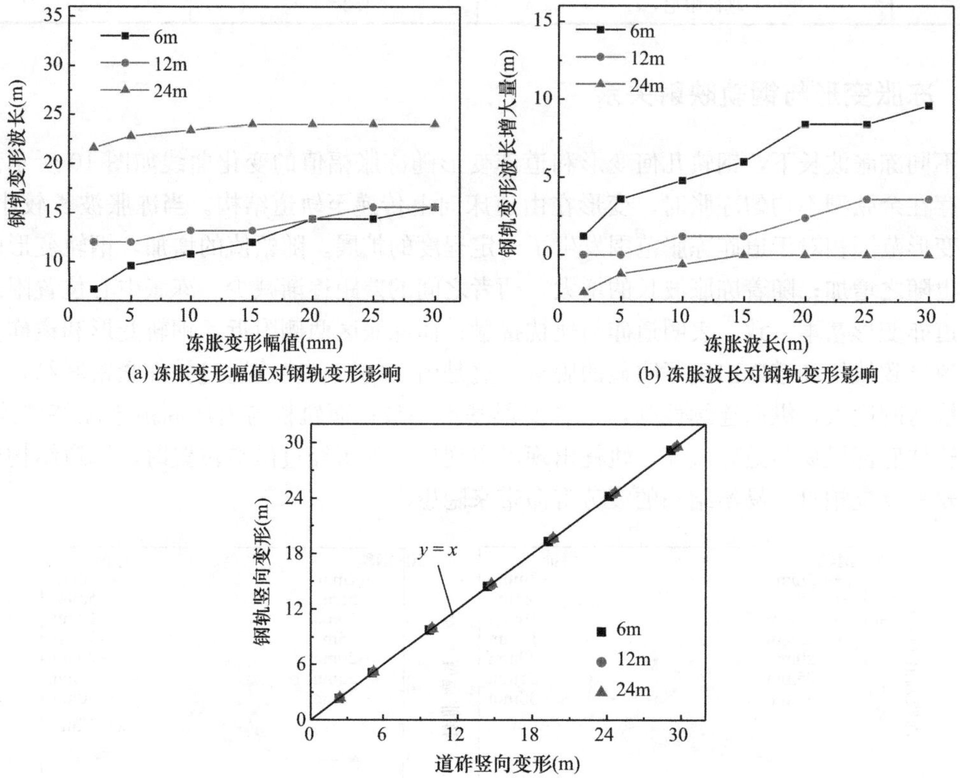

(a) 冻胀变形幅值对钢轨变形影响　(b) 冻胀波长对钢轨变形影响

(c) 道砟变形对钢轨变形影响

图11　冻胀变形传递变化规律

3.3　车辆-轨道-路基动力响应特征分析

在季冻区高铁路基不均匀冻胀影响下，不同列车运营速度的车体垂向加速度时程如图12所示。车体前、后转向架分别通过冻胀峰值时，出现“双峰”现象。车体运行速度增加，其垂向加速度也增加。加速度最大幅值出现在后转向架通过冻胀波峰时。这是因为前转向架的影响并没有完全消失，两个转向架的动力响应之间存在一定程度的叠加。第一个轮对处竖向轮轨力的时程如图12(b) 所示。垂向轮轨力在冻胀开始和结束时急剧增加，这是由于当车辆移动到冻胀起始和结束点时，轮对惯性作用引起较大的冲击荷载，导致轮轨力的突然增加。在冻胀峰值处，由于轮对离心作用，轮轨垂向力减小。当运行速度达到350km/h时，轮轨力最大值为165kN，比100km/h的相应值分别高出63%；最小值为16.5kN，为100km/h的相应值的26.3%。

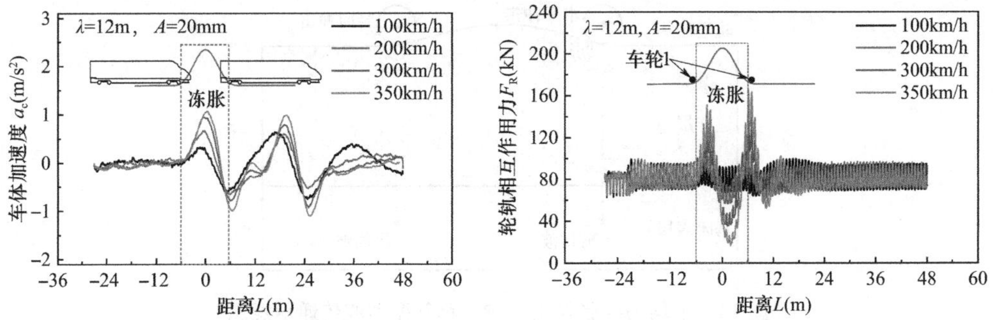

(a) 车体垂向加速度　　(b) 轮轨相互作用力

图 12　季冻区高铁路基不均匀冻胀对动力响应的影响

图 13(a) 为基床表层顶面不同位置处动应力时程。其时程分布规律与道砟表面动应力时程基本一致，幅值衰减了一半左右。不同车速下，基床表层顶面沿线动应力幅值分布如图 13(b) 所示。随着车速的增加，冻胀区起始点附近与终止点附近基床表层动应力明显增加，这是列车在冻胀区与未冻胀区交界处的冲击作用引起的；而在过冻胀峰值后，由于列车随车速增大的离心作用，基床表层应力随车速增加逐渐减小。基床表面不同位置处竖向加速度时程如图 13(c) 所示。在无冻胀区和冻胀峰值处加速度时程以向上振动为主，而在冻胀区起点与终点附近的基床加速度时程呈现基本对称分布。基床表层表面竖向加速度与轮轨相互作用以及轨枕-道砟相互作用密不可分。在冻胀区起点与终点附近基床受上覆道床和轨道结构约束作用较弱，其振动相对自由，导致起点和终点区域的加速度较其他区域明显增加。冻胀区起始点附近基床表层应力与未冻区接近，这是因为列车在此处的冲击荷载以水平方向为主，向下传递过程中大幅衰减；而冻胀区终止点附近，由于列车冲击作用以竖向为主，因此其动应力传递较深，幅值较大，原理见图 14。

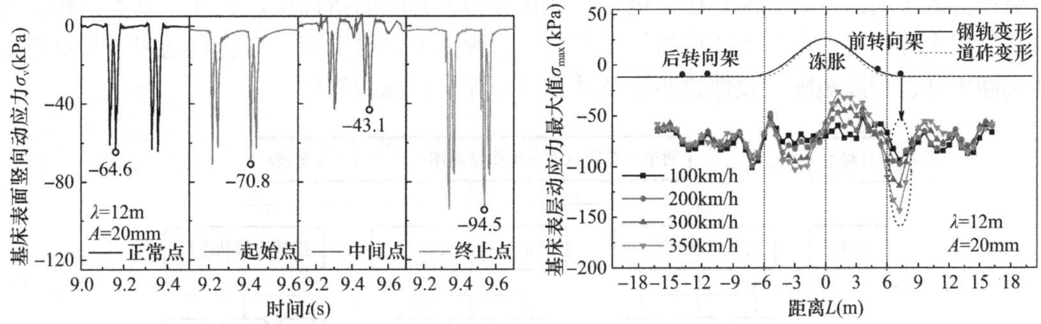

(a) 不同位置处竖向动应力时程　　(b) 沿线最大竖向动应力分布

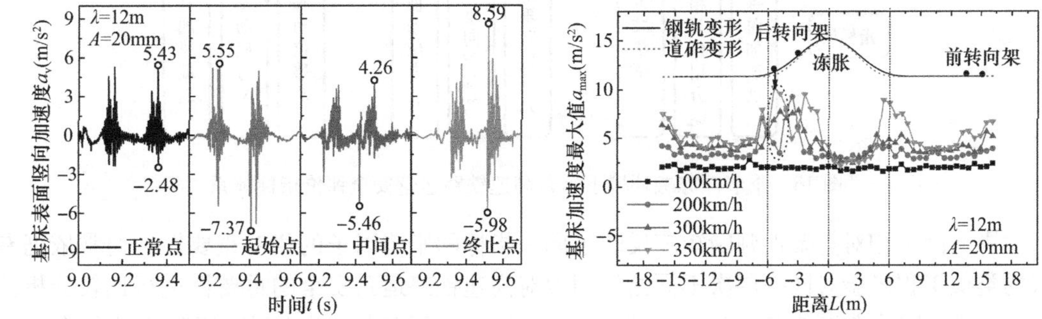

(c)不同位置处竖向加速度时程　　(d) 沿线最大竖向加速度分布

图 13　基床表层表面动力响应

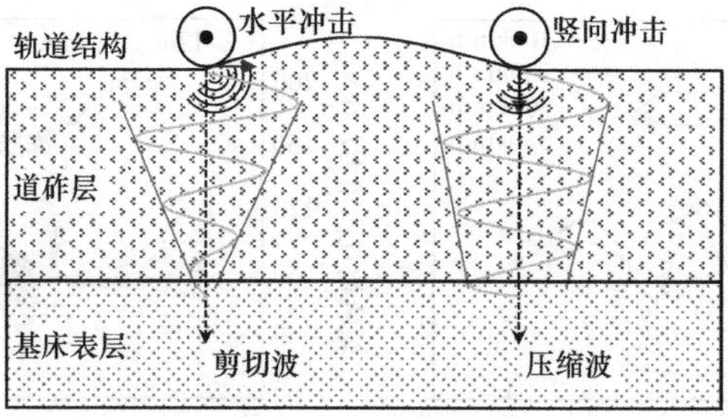

图 14　不均匀冻胀作用影响下路基振动波传递示意图

4　季节性冻融环境下运营高铁路基孕灾风险评估体系

4.1　评价指标体系建立

季冻区运营高铁路基体系运营状态评价和分级的核心问题就是考察其对高铁安全性的影响，对列车安全性与稳定性、轨道结构和路基动力响应等进行综合评价，按照“安全度F”的量值将体系运营状态分为不同的等级。高速铁路运营安全服役状态评价是一个复杂的系统工程，影响因素众多且影响程度不一。对其评判指标的选取具有一定的模糊性，很难采用经典数学模型进行统一描述。本文结合模糊数学中的隶属度理论，基于模糊综合评价法建立了高速铁路运营安全评价指标体系。各指标层次结构如图 15 所示，主要包括 3 个层次，即目标层、准则层及指标层。其中，目标层指季冻区列车-轨道-冻胀路基体系运营状态安全度，是整个模糊综合评价的最终目标；准则层将影响高速铁路体系运营安全的因素分为列车 U1、轨道结构 U2 和路基 U3 三个主要方面，它是一级评价因子；针对影响一级评价因子的因素，各准则层又进一步细化分为了相应的指标层，共 9 个基本指标。进而采用层次分析法确定各个评价指标的权重。包含三个主要步骤：构造影响因子相对重要性判断矩阵、判断矩阵一致性检验以及计算各个评价指标的权重。

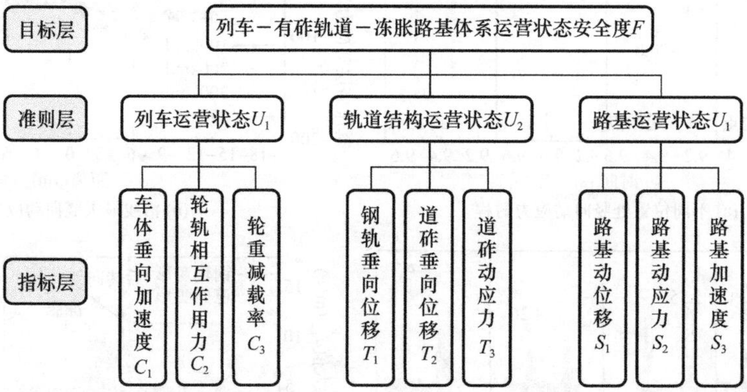

图 15　季节性冻融环境下运营高速铁路运营安全评价指标体系

影响因子相对重要性判断矩阵反映了同一指标的影响因子的相对重要性，通常依据专家的类似工程经验对同一层次不同指标因素对高速铁路运营安全的重要性进行比较分析获得。权重集可由判断矩阵获得。合理的构造影响因子相对重要性判断矩阵应该具有一致性，对各个评价指标的影响因子相对重要性判断矩阵一致性进行检验，具体结果如表 3 所示。由表可见，各层评价指标的一致性比值均小于0.1，表明上述判断矩阵均满足一致性要求，则各层评价指标的权重计算合理。

判断矩阵一致性检验结果　　表3

指标	权重系数 W_i	判断矩阵最大特征值 λ_{max}	一致性指标 CI	随机指标 RI	一致性比值 CR
F	$(0.49, 0.31, 0.2)T$	3.04	0.02	0.58	0.03
U1	$(0.25, 0.25, 0.5)T$	3.04	0.02	0.58	0.03
U2	$(0.5, 0.25, 0.25)T$	3.04	0.02	0.58	0.03
U3	$(0.5, 0.25, 0.25)T$	3.00	0.00	0.58	0.00

4.2 评价指标分级标准与隶属度确定

考虑本文所计算结果，依据《高速动车组整车试验规范》和《高速铁路工程动态验收技术规范》TB 10761—2013、《铁路工务技术手册-轨道》等的规定，确定车体垂向加速度、轮轨相互作用力、轮重减载等分级标准如表4所示。

评价指标的分级标准　　表4

评价指标	Ⅰ	Ⅱ	Ⅲ	Ⅳ	Ⅴ
车体垂向加速度（m/s^2）	<1.0	1.0～1.5	1.5～2.0	2.0～2.5	>2.5
轮轨相互作用力（kN）	<80	80～110	110～140	140～170	>170
轮重减载率	<0.2	0.2～0.4	0.4～0.6	0.6～0.8	>0.8
钢轨垂向位移（mm）	<1.5	1.5～2.0	2.0～2.5	2.5～3.0	>3.0
道砟垂向位移（mm）	<0.5	0.5～1.0	1.0～1.5	1.5～2.0	>2.0
道砟动应力（MPa）	<0.1	0.1～0.2	0.2～0.3	0.3～0.4	>0.4
路基动位移（mm）	<0.4	0.4～0.8	0.8～1.2	1.2～1.6	>1.6
路基动应力（kPa）	<60	60～90	90～120	120～150	>150
路基加速度（m/s^2）	<5	5～10	10～15	15～20	>20

利用隶属度函数为每个因子分配隶属度。本模型采用梯形分布的隶属函数，如图16所示。k_1～k_4 为划分5个分级区间的界限值，不同颜色的线代表对应不同评价区间的隶属度函数。各个指标隶属度函数参数见表5。

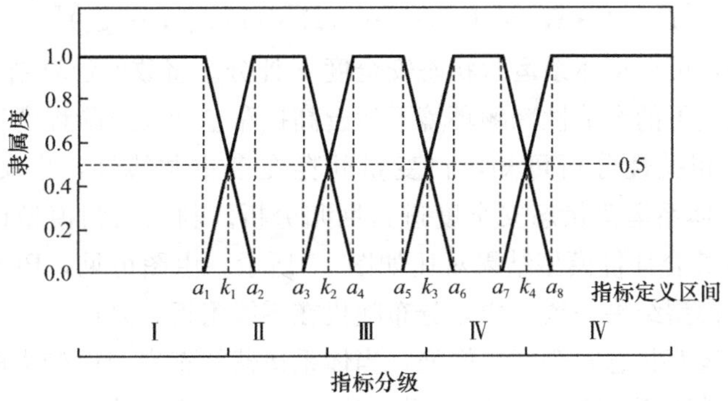

图16　隶属度函数

隶属度函数参数 表5

指标	a_1	a_2	a_3	a_4	a_5	a_6	a_7	a_8
车体垂向加速度（m/s^2）	0.875	1.125	1.375	1.625	1.875	2.125	2.375	2.625
轮轨相互作用力（kN）	72.5	87.5	102.5	117.5	132.5	147.5	162.5	177.5
轮重减载率	0.15	0.25	0.35	0.45	0.55	0.65	0.75	0.85
钢轨垂向位移（mm）	1.375	1.625	1.875	2.125	2.375	2.625	2.875	3.125
道砟垂向位移（mm）	0.375	0.625	0.875	1.125	1.375	1.625	1.875	2.125
道砟动应力（MPa）	0.075	0.125	0.175	0.225	0.275	0.325	0.375	0.425
路基动位移（mm）	0.3	0.5	0.7	0.9	1.1	1.3	1.5	1.7
路基动应力（kPa）	52.5	67.5	82.5	97.5	112.5	127.5	142.5	157.5
路基加速度（m/s^2）	3.75	6.25	8.75	11.25	13.75	16.25	18.75	21.25

4.3 体系运营状态安全度评价模型

在高铁路基运营安全评估中，根据安全度 F 的评分值，可以将体系运营状态划分为5个等级，评分集按0.2分为一等级，即非常安全、安全、较安全、危险、很危险分别对应Ⅰ～Ⅴ级。

根据模糊数学理论，列车-有砟轨道-冻胀路基体系运营状态安全度 F 隶属度向量 $\boldsymbol{C}$ 可以定义为一级指标权重集 $\boldsymbol{W}^{\mathrm{T}}$ 与一级模糊矩阵 $\boldsymbol{B}$ 的积，如下式所示：

$$\boldsymbol{C}=\boldsymbol{W}^{\mathrm{T}}\circ\boldsymbol{B}=(W_1,W_2,\cdots,W_m)\circ(\boldsymbol{B}_1,\boldsymbol{B}_2,\cdots,\boldsymbol{B}_m)^{\mathrm{T}} \tag{1}$$

式中，“∘”为模糊运算符。采用Zadeh算子，为主因素决定型。

二级指标评判集 $\boldsymbol{B}_i$ 定义为二级指标权重集 $\boldsymbol{W}_i^{\mathrm{T}}$ 与二级隶属度矩阵 $\boldsymbol{R}_i$ 的积，如下式确定：

$$\boldsymbol{B}_i=\boldsymbol{W}_i^{\mathrm{T}}\circ\boldsymbol{R}_i=(w_{i1},w_{i2},\cdots,w_{in})\circ\begin{bmatrix}r_{11} & r_{12} & \cdots & r_{1k}\\ r_{21} & r_{22} & \cdots & r_{2k}\\ \vdots & & & \vdots\\ r_{n1} & r_{n2} & \cdots & r_{nk}\end{bmatrix}=(B_{i1},B_{i2},\cdots,B_{ik}) \tag{2}$$

依据上述步骤由底层向上层逐层进行评判。由评语集评分区间中间值建立评分集 $\boldsymbol{G}^{\mathrm{T}}=(0.1,\ 0.3,\ 0.5,\ 0.7,\ 0.9)^{\mathrm{T}}$，可得体系运营状态安全度 F 的评分为：

$$\boldsymbol{F}=\boldsymbol{C}\cdot\boldsymbol{G}^{\mathrm{T}}=(c_1,c_2,\cdots,c_k)\cdot(g_1,g_2,\cdots,g_k)^{\mathrm{T}} \tag{3}$$

根据上述思路，可求得体系运营状态安全度 F 评分。将数值计算结果代入上述评价模型，可得到各种工况下的季节性冻融环境下运营高铁路基孕灾风险程度评估。

根据评价指标相关性分析可知，自变量间存在多重共线性，本文采用偏最小二乘（PLS）回归模型对体系运营状态安全度进行回归分析。利用回归模型计算的体系运营状态安全度 F 与模糊综合评价模型结果对比如图17所示。由图可见，PLS回归模型计算结果与模糊综合评价模型结果一致。残差分布随机在零线附近，且最大残差约0.05。最大计算误差发生在体系运营状态安全度较低处，当体系运营状态安全度较大时，模型计算误差较小，表明PLS回归模型对较危险的工况评价更准确。PLS回归模型与模糊综合评价模型结果相关系数达0.99，验证了模型评估计算精度。

4.4 基于孕灾评估安全度的季冻区高铁路基不均匀冻胀控制阈值

路基不均匀冻胀对车辆-轨道-路基耦合系统动力特性的影响显著，也对季冻区运营路基的孕灾评估结果存在直接关联。本文考虑冻胀波长、幅值和车速影响，获取不同工况下的安全度，提出相关的路基不均匀冻胀控制建议值。此处将安全度 $F=0.6$ 作为体系孕灾风险的安全分界值，统计不同冻胀波长和幅值时安全度的分析结果。图 18、图 19 分别绘制了对应工况条件下的安全度柱状图和等值线图。据此给出基于孕灾评估安全度的季冻区高铁路基不均匀冻胀控制阈值，如图 20 所示。可知，在波长和幅值超过一定范围后，体系安全度出现了超限的情况。随着列车运行速度的增加，超限范围逐渐增大。当车速为 200km/h 时，波长小于 10m，幅值高于 13mm 时开始出现超限的区域；当车速达到 350km/h 时，对应的波长小于 18m，幅值大于 5mm 时即超过安全度阈值。

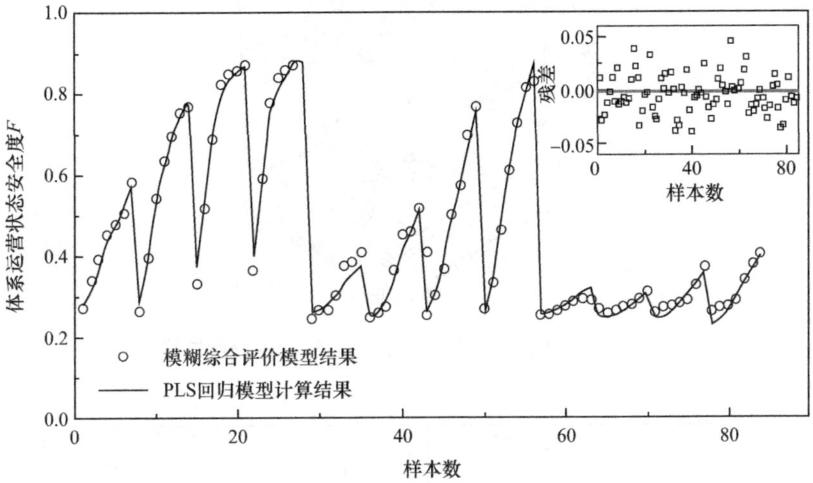

(a) 不同样本数下模型计算结果对比

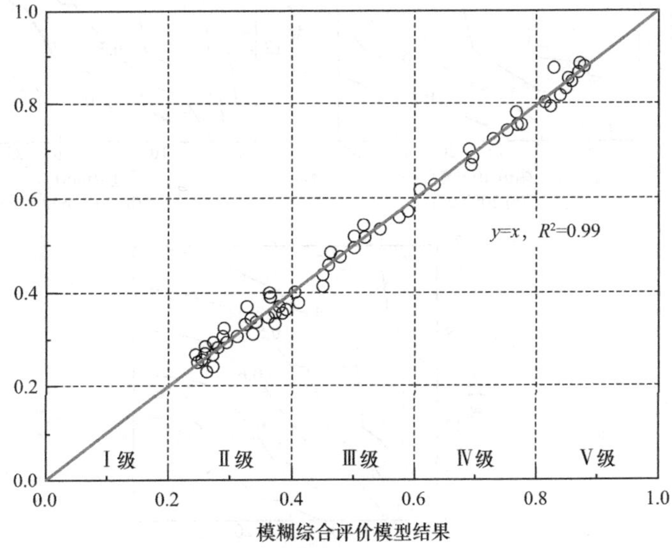

(b) 计算结果分级对比图

图 17 各工况下 PLS 回归模型与模糊综合评价模型结果对比图

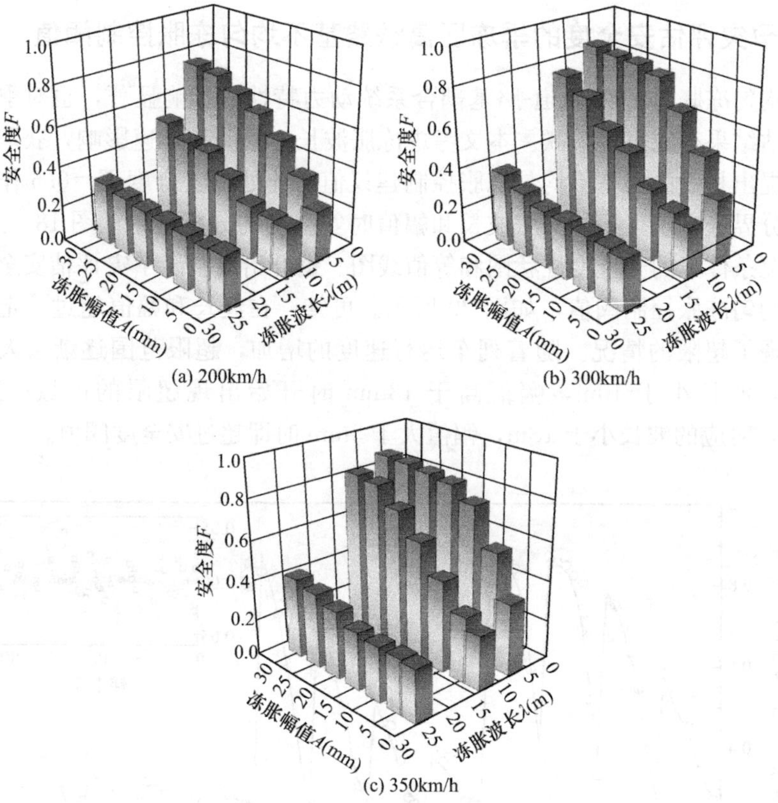

图 18　不同工况下季冻区高铁路基安全度分析柱状图

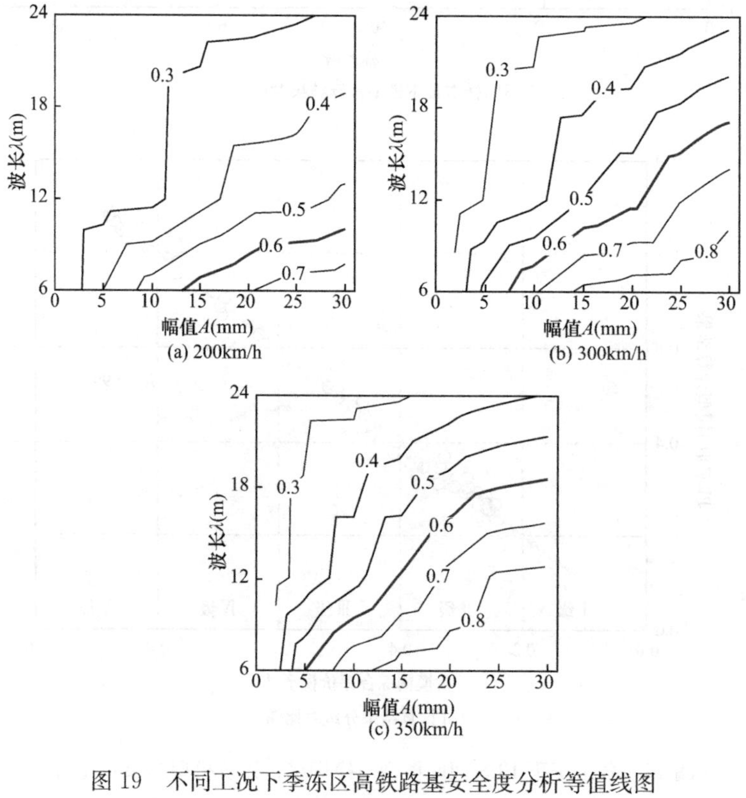

图 19　不同工况下季冻区高铁路基安全度分析等值线图

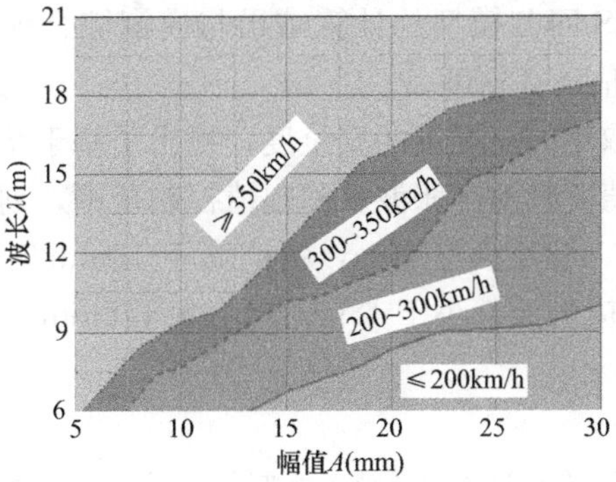

图 20　基于孕灾评估安全度的季冻区高铁路基不均匀冻胀控制阈值

5　结论

通过本文研究，可以获得下列结论：

(1) 季节性冻融环境高铁路基典型粗粒土填料的动力学性能受不同冻融循环次数、围压、应力幅值、细粒含量的影响。随冻融循环次数的增加，累积变形增大、动模量有所衰减、阻尼比增大。模量随着围压的增大而增大，而累积变形和阻尼比的发展趋势与之相反。动应力幅值的增大对累积变形增长趋势有较大的影响，但对阻尼比影响不大。累积变形和模量随细粒含量的增加而增加，但 6.6％的细颗粒含量所对应的模量低于其他细粒含量值，在低冻胀敏感性条件下，存在一个最佳的细颗粒含量使得路基填料具有最好的压实效果。

(2) 基于牡佳、哈大、哈佳路基现场监测结果，典型季冻区高铁路基冻胀发展变化过程可划分为冻胀初始波动、冻胀快速发展、低速稳定持续发展、波动融沉、变形稳定五个发展阶段。正常期和冻结期的竖直向加速度均随着距离的增加而快速衰减，正常期、冻结期竖向动位移峰值主要分布在 0.035～0.045mm 以及 0.015～0.02mm 的区间，正常期的动位移峰值呈现出随速度的增加而增加的特点，冻结期则表现为相反的趋势。基于频谱分析，入冬后冻土层的存在减弱了土体对高频成分的滤波作用。

(3) 基于车辆-轨道-冻胀路基耦合体系振动反应模型分析，路基冻胀变形与轨道结构直接存在传递关系，相同冻胀波长时，钢轨变形波长范围随冻胀幅值的增加呈非线性增长的趋势。对于冻胀波长为 6m 和 12m 的情况，当冻胀幅值大于 15mm 时钢轨变形波长差距逐渐缩小。钢轨最大变形量与冻胀幅值基本保持一致。

(4) 在季冻区高铁路基不均匀冻胀影响下，车体前、后转向架分别通过冻胀峰值时出现加速度“双峰”现象，加速度最大幅值出现在后转向架通过冻胀波峰时。垂向轮轨力在冻胀开始和结束时急剧增加，当运行速度达到 350km/h 时，轮轨力最大值为 165kN，比 100km/h 的相应值高出 63％。基床表层顶面不同位置处动应力时程分布规律与道砟表面动应力时程基本一致，幅值衰减了一半左右。随着车速的增加，冻胀区起始点附近与终止点附近基床表层动应力明显增加，在无冻胀区和冻胀峰值处加速度时程以向上振动为主，而在冻胀区起点与终点附近的基床加速度时程呈现基本对称分布。

(5) 对列车安全性与稳定性、轨道结构和路基动力响应等进行综合评价，按照“安全度 F”的量值将体系运营状态分为不同的等级，构建了季节性冻融环境下运营高铁路基孕灾风险评估体系。依据PLS回归模型的计算结果与模糊综合评价模型结果一致，相关系数达0.99，验证了模型评估计算精度。

（6）依据评估模型获取不同工况下的安全度，提出了基于孕灾评估安全度的季冻区高铁路基不均匀冻胀控制阈值。针对冻胀波长和幅值控制范围，划分了体系安全度的超限区域。当车速为200km/h时，波长小于10m，幅值高于13mm时开始出现超限的区域；当车速达到350km/h时，对应的波长小于18m，幅值大于5mm时超过安全度阈值。

参考文献

[1] 朱元林，吴紫汪，何平等. 我国冻土力学研究新进展及展望 [J]. 冰川冻土，1995（S1）：6-14

[2] 李宁，程国栋，徐学祖等. 冻土力学的研究进展与思考 [J]. 力学进展，2001，31（1）：95-102

[3] 陈博，李建平. 近50年来中国季节性冻土与短时冻土的时空变化特征 [J]. 大气科学，2008，32（3）：432-443

[4] 高速铁路设计规范 TB 10621—2014 [S]. 北京：中国铁道出版社，2014

[5] J. C E，E. B S. Densification by freezing and thawing of fine material dredged from waterways [J]. 1978

[6] Konrad J M. Physical processes during freeze-thaw cycles in clayey silts [J]. Cold Regions Science & Technology. 1989，16（3）：291-303

[7] Eigenbrod K D. Effects of cyclic freezing and thawing on volume changes and permeabil... [J]. Canadian Geotechnical Journal. 2011，33（4）：529-537

[8] Dagesse D F. Cyclic Freezing and Thawing Effects on Atterberg Limits of Clay Soils [C]. 2015

[9] Broms B B，Yao L Y C. Shear strength of a soil after freezing and thawing [J]. Journal of Soil Mechanics & Foundations Div. 1964，90（SM4）

[10] Wong L C，Haug M D. Cyclical closed-system freeze-thaw permeability testing of soil liner ... [J]. Canadian Geotechnical Journal. 1991，28（6）：784-793

[11] Simonesn E，Isacsson U. Soil behavior during freezing and thawing using variable and confining pressure triaxial tests [J]. Canadian geotechnical joumal，2001，38（4）：863-875

[12] Matsumura S，Miura S，Yokohama S，et al. Cyclic deformation-strength evaluation of compacted volcanic soil subjected to freeze-thaw sequence [J]. Soils & Foundations，2015，55（1）：86-98

[13] 王静，刘寒冰，吴春利. 冻融循环对不同塑性指数路基土动力特性影响 [J]. 岩土工程学报，2014，36（4）：633-639

[14] 魏海斌. 冻融循环对粉煤灰土动力特性影响的理论与试验研究 [D]. 长春：吉林大学，2007

[15] 王天亮. 冻融条件下水泥及石灰路基改良土的动静力特性研究 [D]. 北京：北京交通大学，2011

[16] 化晋创. 冻融循环条件下粗粒土填料的静、动力特性研究 [D]. 石家庄：石家庄铁道大学，2014

[17] 孔祥勋. 冻融环境下高铁路基粗粒土填料动力特性研究 [D]. 哈尔滨：哈尔滨工业大学，2018

[18] Tian S，Tang L，Ling X，et al. Experimental and analytical investigation of the dynamic behavior of granular base course materials used for China's high-speed railways subjected to freeze-thaw cycles [J]. Cold Regions Science and Technology，2019，157：139-148

[19] Tian S，Tang L，Ling X，et al. Cyclic behaviour of coarse-grained materials exposed to freeze-thaw cycles：Experimental evidence and evolution model [J]. Cold Regions Science and Technology，2019，167：102815. 1-102815. 14

[20] Liang Tang，Xiangxun Kong，Shanzhen Li，Xianzhang Ling，Yangsheng Ye，Shuang Tian. A preliminary investigation of vibration mitigation technique for the high-speed railway in seasonally frozen regions. Soil Dynamics and Earthquake Engineering，2019，127：105841

[21] Shuang Tian，Liang Tang，Xianzhang Ling，Shanzhen Li，Xiangxun Kong，Guoqing Zhou. Experimental and analytical investigation of the dynamic behavior of granular base course materials used for China's high-speed railways subjected to freeze-thaw cycles. Cold Regions Science and Technology，2019，157：139-148

[22] Shuang Tian，Shanzhen Li，Liang Tang，Xianzhang Ling，Xiangxun Kong. Numerical Investigation of Vibrational Acceleration Level for a Ballasted Railway Track during Train Passage in Season-

ally Frozen Regions. Advances in Environmental Vibration and Transportation Geodynamics, 2018, 577-600

[23] Shuang Tian, Liang Tang, Xianzhang Ling, Yangsheng Ye, Shanzhen Li, Yingjie Zhang, Wei Wang. Field investigation into the vibration characteristics at the embankment of ballastless tracks induced by high-speed trains in frozen regions, Soil Dynamics and Earthquake Engineering, 2020, 139: 106387

[24] 马伟斌，张千里，朱忠林等．既有线提速路基评估方法综述及进展［J］．中国铁路，2006（6）：34-37

[25] 张千里，韩自力，史存林等．既有线提速路基检测评估技术［J］．中国铁路，2002（8）：32-33

基金项目： 国家自然科学基金（41731288）、中国铁道科学研究院集团有限公司基金（2021YJ024）

作者简介： 叶阳升（1966—），男，博士，研究员。主要从事岩土工程、路基工程等方面的研究。

毕宗琦（1992—），男，博士，助理研究员。主要从事岩土工程、路基结构安定分析评估理论方面的研究。

蔡德钩（1978—），男，博士，研究员。主要从事岩土工程、路基施工、地基处理与检监测方面的研究。

闫宏业（1981—），男，硕士，研究员。主要从事岩土工程、路基检监测维护技术方面的研究。

尧俊凯（1992—），男，博士，助理研究员。主要从事路基填料性质、填筑施工理论方面的研究。

刘晓贺（1992—），男，博士研究生。主要从事冻土路基方面的研究。

高铁路基碾压过程中路基表层填料振动波波速新型测算方法研究

闫宏业[1,2]　苏　珂[1,2]　蔡德钩[1,2]　安再展[1,2]　尧俊凯[1,2]
(1. 中国铁道科学研究院集团有限公司，北京，100081；
2. 中国铁道科学研究院集团有限公司铁道建筑研究所，北京，100081)

摘　要：随着我国高速铁路里程的增加，高铁列车运行速度越来越快，对高铁路基的压实质量及标准有着更加严格的要求。如何快速有效地检测高铁路基填筑过程中填料的压实质量成为一个研究的难点，面临着许多挑战。而振动波波速与填料压实质量有着密切的关系，本文通过大型有限元仿真软件建立考虑了填料阻尼比、有限单元与无限单元耦合、变形体与刚体耦合的振动压路机填料耦合有限元数值仿真模型。在振动碾压过程中通过提取路基表面波形图与路基表面固定间距的单点加速度时程曲线，提出了一种高铁路基表面振动波波速新型测算方法，并开展了现场试验验证了其有效性。为高铁路基表层填料振动波波速提供方法。

关键词：高速铁路；数值仿真；阻尼比；波形图；加速度时程曲线

Study on new calculation method of vibration wave velocity of subgrade surface filler in rolling process of high-speed railway subgrade

Yan Hongye[1,2]　*Su Ke*[1,2]　*Cai Degou*[1,2]　*An Zaizhan*[1,2]　*Yao Junkai*[1,2]
(1. China Academy of Railway Sciences Corporation Limited, Beijing 100081, China;
2. Railway Engineering Research Institute, China Academy of Railway Sciences Corporation Limited, Beijing 100081, China)

Abstract: With the increase of mileage of high-speed railway in China, the running speed of high-speed railway is getting faster and faster, which has more stringent requirements on the compaction quality and standards of high-speed railway subgrade. How to quickly and effectively detect the compaction quality of filler in the process of high-speed railway subgrade filling has become a research difficulty and faces many challenges. The velocity of vibration wave is closely related to the compaction quality of filler. In this paper, a finite element numerical simulation model of filler coupling for vibratory rollers is established by using large-scale finite element simulation software, which considers the damping ratio of filler, the coupling between finite element and infinite element, and the coupling between deformable body and rigid body. In the process of vibration rolling, a new calculation method of vibration wave velocity of high-speed railway subgrade surface is proposed by extracting the single point acceleration time history curve of the subgrade surface waveform and the fixed spacing of the subgrade surface, and its effectiveness is verified by field tests. It provides a method for vibration wave velocity of high-speed railway subgrade surface filler.

Keywords：high-speed railway；numerical simulation；damping ratio；waveform diagram；acceleration time history curve

引言

根据2020年8月我国《新时代交通强国铁路先行规划纲要》提出我国铁路网将率先建成，实现铁路网国内国外互联互通，并指出到2035年，全国铁路网达20万km左右，其中高铁7万km左右，20万人口以上城市实现铁路覆盖，50万人口以上的城市高铁通达。到2050年，将建成更加发达完善的现代化铁路网[1]。

在高铁路基填筑过程中从理论的角度，将振动压路机的压实过程分为两个阶段：（1）由振动压路机的自重产生的静荷载对填料产生的压实作用；（2）由振动压路机振动轮产生的振动波使颗粒之间相互运动颗粒间摩擦力减小，改变颗粒间的排列关系。以上两者共同的作用使路基压实质量达到规范要求，其中振动波直接反映了填料的物理性质[1]。基于填料振动波特征国内外学者展开了多方面研究，舍布鲁克大学[2]提出的多道面波分析法（MASW）是通过在路基表面上在相等间距的点位上放置检波器，通过人工制造宽频带的震源进行路基填料参数的反演方法。Karray与Donohue[3-4]通过多道面波法（MASW）对土体的压实质量进行检测得到的填料内深层部位的剪切波速可以在一定程度上反应坝体深层的压实质量。Iiori等[5]通过现场试验和理论分析两个角度分析了在弹性地震P波法对高速公路的路面基层和底层进行的压实质量测量。Tianbo Hua等[6]通过理论研究提出了基于频谱的土石坝纵波波速的计算方法，结果表明在振动轮的加速度响应信号中高频部分傅里叶幅值可以得到土体纵波波速并与相对密度值有着较高的相关性关系。黄卫东与李炳秀等[7-8]通过现场试验对高速公路的质量检测采用了位移控制法、密实度法和瞬态面波法进行控制与评价，得到瞬态瑞利波法对于土石混填路基的压实度的定量描述。林冬[9]通过室内试验研究了不同振动波的衰减与压实度之间的关系，分析结果表明加速度信号的峰峰值随着距离的增加呈现指数相关性。

以上研究表明，由振动波与填料本身的性质有着密切的关系，本文依据弹性波在固体介质中传播规律提出了一种振动波波速新型测算方法。

1 数值仿真模型

1.1 模型建立

1.1.1 振动轮模型

在高速铁路路基施工过程中，振动波主要由振动压路机进行的振动压实施工而产生的，其中常用的振动压路机参数型号为三一重工SSR260C-6单钢轮振动压路机，振动压路机重量为26.7t，其中振动轮分配质量17.1t，驱动桥分配质量9.6t，施工过程中分为强振和弱振两个工况：（1）强振工况的名义振幅为2.05mm，振动频率为27Hz，激振力为425kN。（2）弱振工况的名义振幅为1.03mm，振动频率为31Hz，激振力为275kN。压实机机构参数为振动轮直径1.7m，振动轮宽度2.17m，振动轮轮圈厚度0.04m。

激振力是钢轮内部偏心机构旋转产生的离心力，激振力迫使钢轮产生振动，振动产生振幅，振动频率为单位时间内振动的次数，激振力 F 的计算见式（1）：

$$F = m_0 e_0 \omega^2 \tag{1}$$

其中，m_0 为偏心块质量，e_0 为偏心距，ω 为转动角速度。

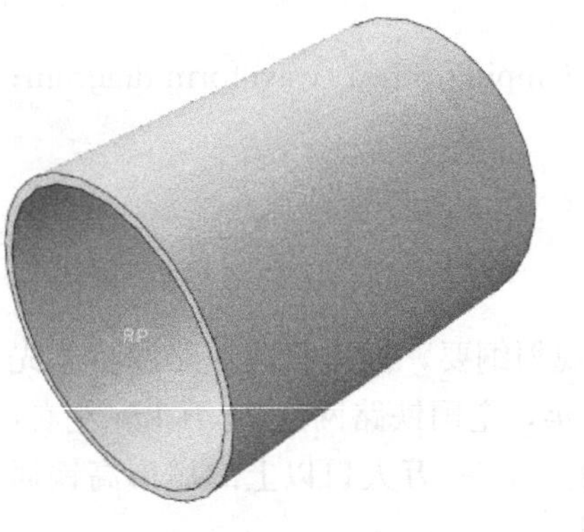

图1　振动轮模型

1.1.2　高铁路基结构模型

高速铁路路基的施工过程是一个填料土体由虚铺到压实的过程，在判断路基压实过程中，先后经历了由轮迹法及压实遍数法等经验方法，再到灌沙法等直接测量路基填料密度的方法，然后采用测路基压实后测 E_{vd}、K_{30} 等反力的方法来判断路基压实的方法，目前测 E_{vd} 及 K_{30} 等反力的方法仍为规范中所规定的验收施工质量的方法。高速铁路路基采用分层填筑的方法，填料每层填筑的厚度为30cm，在每层施工完成后进行 K_{30} 与 E_{vd} 指标的测量。经过我国学者大量试验验证可知，动态变形模量 E_{vd} 大于40MPa，K_{30} 大于130MPa/m为规范规定检验合格的验收标准。

填料模型主要分为三部分，1、基床；2、路堤；3、虚铺待压实层。其中基床为长方体其尺寸为：高6m、宽54m、长50m，路堤的横截面为体形其尺寸为：上底面长10m，下底面长34m、高6m，填料虚铺层为长方体其尺寸为：高0.4m，宽10m，长50m，见图2、图3。

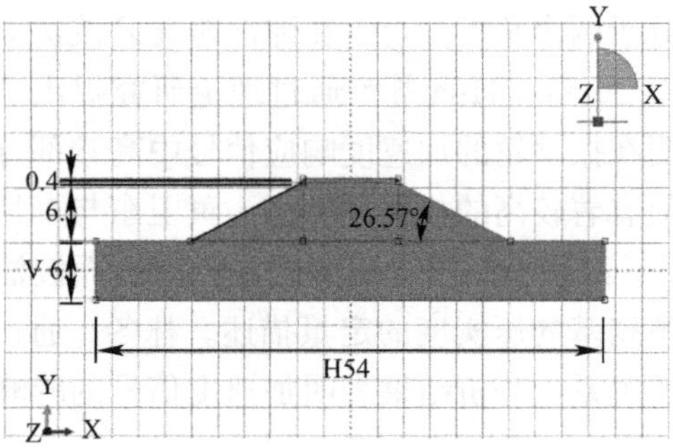

图2　路基结构截面尺寸图

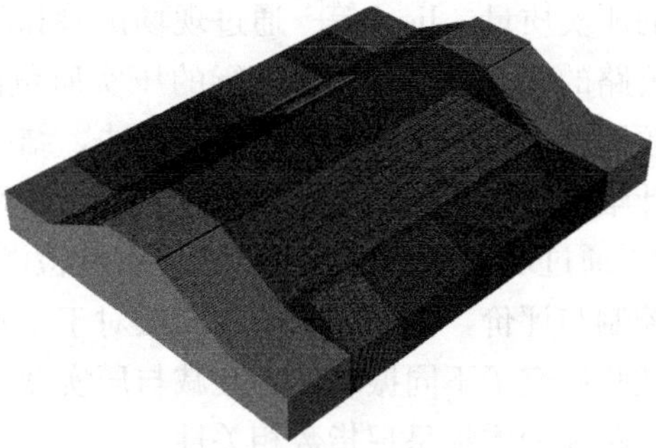

图3　路基结构示意图

1.2　关键参数设置

1.2.1　振动轮荷载施加方式

为模拟振动压路机实际振动模式，其中模拟激振力为275kN、振动轮自重1.71t、振动频率31Hz、名义振幅1.02mm，本工况进行一段时间振动轮在路基上的振动模拟。在施工过程中，振动轮的加速度信号监控装置安装于振动轮的机架上，因为振动压路机振动轮的机架不随着振动轮的转动而转动，所以可以有效地监控振动轮的实时加速度信号，本文在振动轮的位置设置了一个参考点，以此来模拟机架，如图4所示。本模型通过提取参考点RP的信号得到振动轮加速度时域信号，如图5所示。

1.2.2　接触关系

振动轮与填料之间的相互作用包括法向和切向相互作用。其中法向相互作用体现在振动轮对填料表面之间的压力，包括振动轮的自重与由偏心块激发的激振力。切向相互作用力包括驱动力，具体表现为振动轮与填料之间的摩擦。

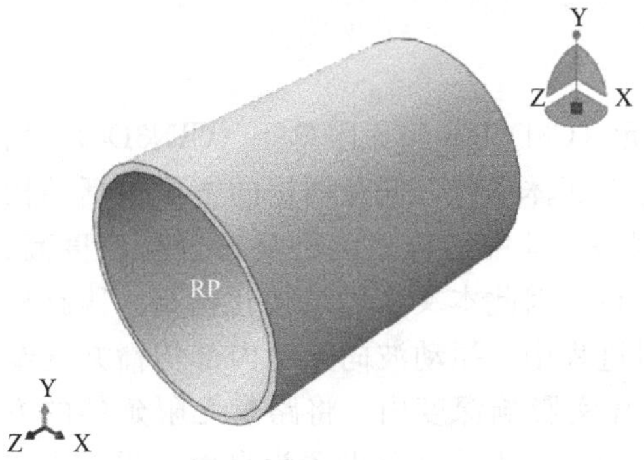

图 4　振动轮模型即参考点示意图

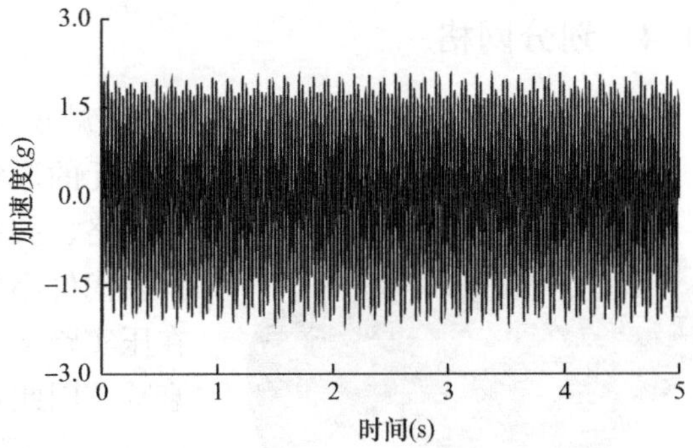

图 5　振动轮加速度时程曲线

1.3　填料土体参数

为有效模拟振动压实过程中填料的振动响应，本文做如下基本假定：(1) 地基土假定为弹性体系，不考虑地基土塑性性质，土体假设为各向同性的，即土体中任一点所有方向的弹性参数相同，弹性参数不随位置坐标和方向而发生变化。(2) 不考虑土体中的初始应力。并通过现场的调研、室内试验并查阅相关文献确定土体参数，见表 1。

路基的参数　　**表 1**

名称	厚度（m）	动弹性模量（MPa）	泊松比	密度（g/mm³）	黏聚力（Pa）	内摩擦角（°）	阻尼比
路堤	6	120	0.3	1837	4×10^4	20	0.02
基床	2	120	0.3	2184	7×10^4	27	0.01
待压实层	0.4	20	0.3	1500	4×10^4	20	0.05

塑性本构模型定义时的各三轴试验参数需要通过以下方式转换得到：

$$\tan\beta=\frac{6\sin\varphi}{3-\sin\varphi} \tag{2}$$

$$K=\frac{3-\sin\varphi}{3+\sin\varphi} \tag{3}$$

$$\sigma_c=\frac{2c\cos\varphi}{1-\sin\varphi} \tag{4}$$

式中：φ——摩尔库仑本构模型中的内摩擦角，°；

c——黏聚力，Pa；

K——流应力比，$0.778\leqslant K\leqslant1$，即 $\varphi\leqslant22°$。

对于本章中的路基结构，取膨胀角 $\Psi=0$。通过上述方法的转换可以得到路基结构所需要的 Drucker-Prager 塑性本构模型定义参数，见表 2。

路基结构的 Drucker-Prager 本构模型参数　　**表 2**

名称	摩擦角（°）	流应力比 K	膨胀角（°）	受压屈服应力（Pa）	绝对塑性应变
路堤	20	0.892	0	95136	0
基床	27	0.855	0	177847.9	0
待压实层	20	0.892	0	9513	0

1.4 划分网格

本文的有限单元种类为三维线性缩减积分单元（C3D8R）与无限单元（CIN3D8）。划分单元的形状为六面体形状，划分网格的方式包括结构化网格、扫掠网格。其中结构化网格具有分析精度高、计算代价小的特点，因此本文采用结构化网格。压路机在压实路基填料过程中，振动波向路基内部传播并逐渐衰减。因此，在压实影响深度内，将路基无限延伸的方向设置为无限元边界，边坡部分设置为自由边界。在有限元模型的振动轮部件与路基部件建立之后，对振动轮与路基进行装配，即将振动轮直接接触于虚铺填料的表面。在振动轮与路基部件装配完成之后，分别对振动轮和填料进行网格的划分。为了保证振动压路机时程曲线的连续性，故将振动轮的网格划分尺寸设置为0.05m。

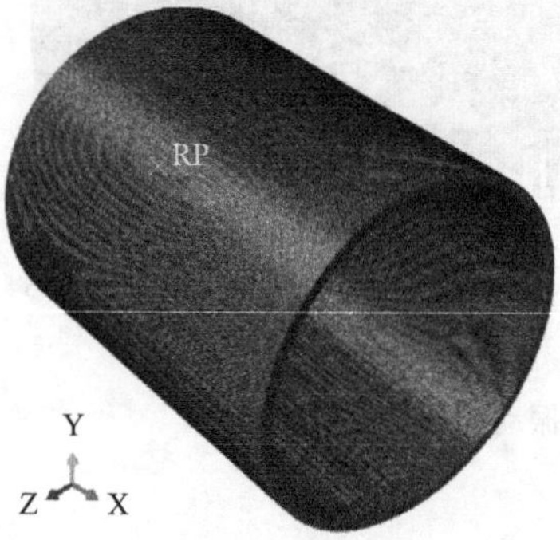

图6 振动轮网格划分图

为分析填料中加速度信号随深度方向、水平方向与水平面方向及三维填料波动场的振动波传播规律，将有限元模型网格进行细致的划分，虚铺填料与路基填料部分Y方向的网格划分以0.1m为单位，沿X方向的网格划分以0.3m为单位，沿Z方向的网格划分以0.1m为单位，如图7所示。将Y、Z方向网格加密是因为系统分析振动波沿水平方向、深度方向的振动波传播规律。

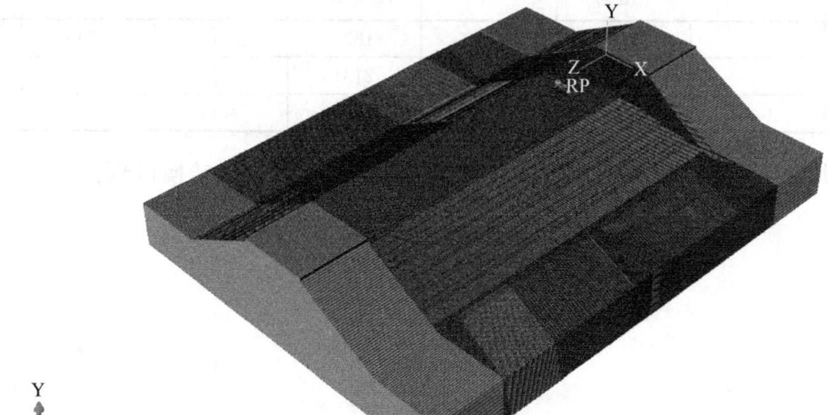

图7 装配模型网格划分图

2 路基表面振动波波速新型测算方法

在振动压实过程中，压路机的振动模式为垂直振动。图8为高铁路路基纵截面加速度幅值云图，路基表面的位置加速度云图颜色变化较其他位置更加明显。因此，在压路机振动过程中通过提取路基表面测点的加速度时程曲线即波形曲线进而计算路基表面的振动波波速。本节通过数值仿真结果对比两种不同的路基表面振动波波速的计算方法，并对其波速计算结果，以验证波速计算的准确性。

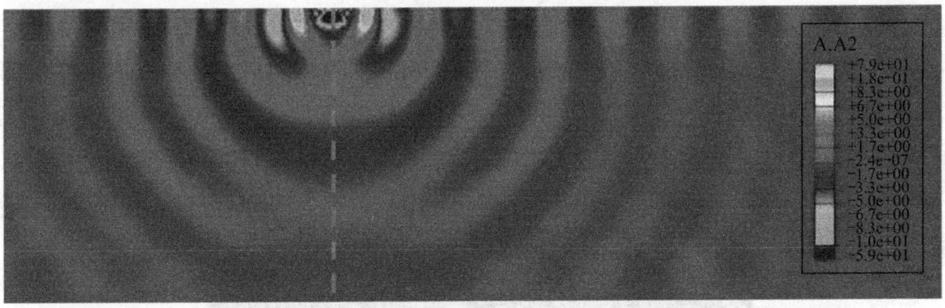

图 8　基于路基纵截面加速度幅值云图

路基表面振动波波速的第一种计算方法为波形图法。首先，通过图 9 提取连续 6m 路基表面测点（相邻测点之间的距离为 0.1m）的加速度幅值得到路基表面振动波波形图，见图 10，其次根据波形图中振动波的波长与频率计算路基表面振动波波速。图 11 中箭头位置为振动波相邻波峰，相邻波峰之间的距离即为波长，为 1.2m，振动周期为1/31s，由此可得振动波波速为 37.2m/s。

$$v_s = \lambda \cdot f \tag{5}$$

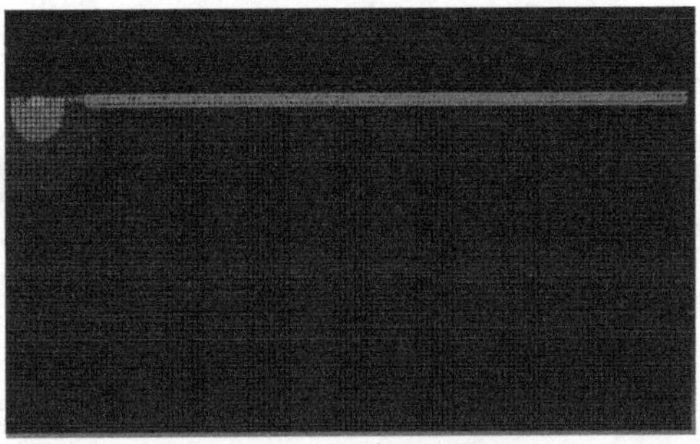

图 9　路基表面波形图提取

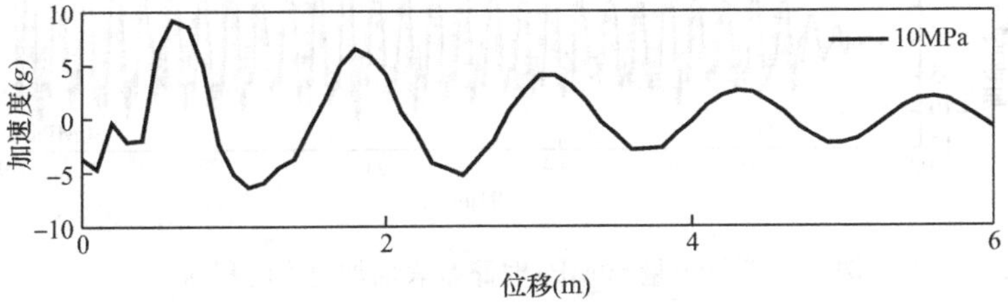

图 10　路基表面波形图

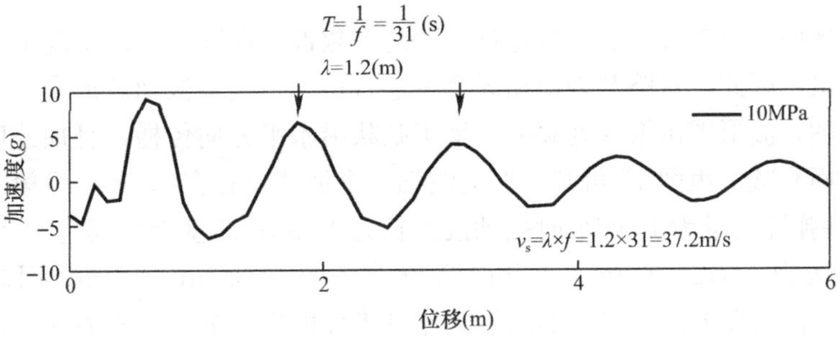

图 11　基于路基表面波形图波速计算方法

路基表面振动波波速的第二种计算方法为：首先，通过提取路基表面间隔固定测点的加速度时程曲线，然后由相邻测点之间加速度时程曲线的相位差得到振动波在相邻测点的传播时间，进而计算路基表面的振动波波速。图12、图13为路基弹性模量为10MPa时路基表面加速度时程曲线，相邻两测点的时间差将近一个振动周期，而图14路基弹性模量为80MPa时，相邻两侧点的时间差明显减小，即随着路基的弹性模量的增加，振动波在固定距离传播的时间越来越短，振动波波速随着弹性模量的增加而增加。

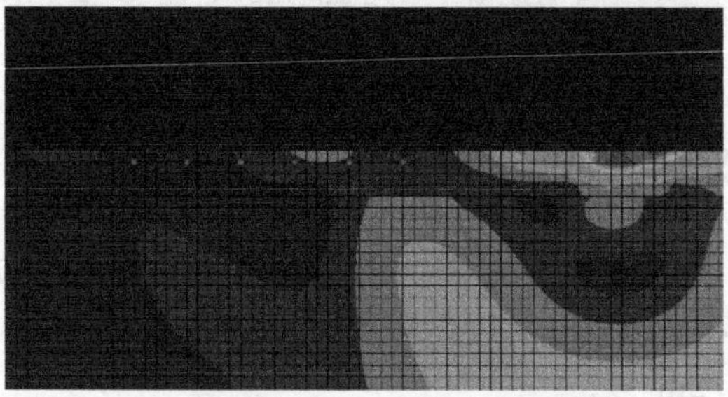

图12　路基表面加速度时程曲线图

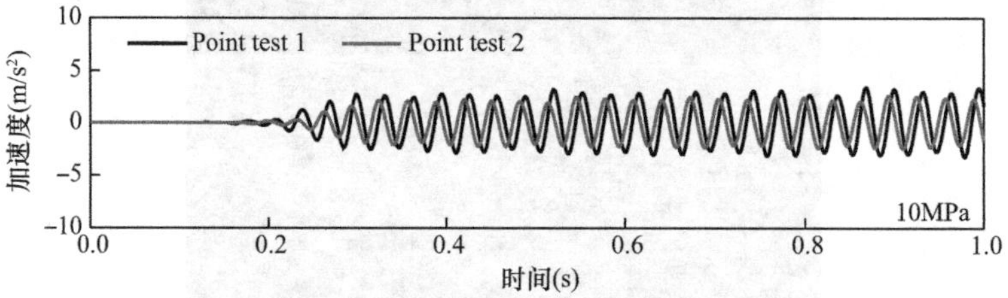

图13　弹性模量10MPa时路基表面加速度时程曲线

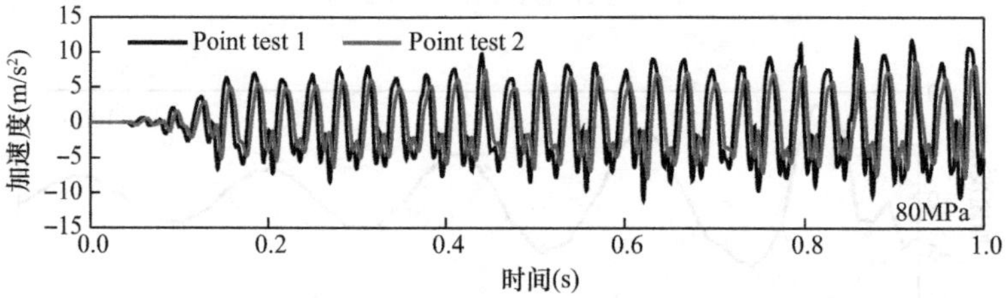

图14　弹性模量80MPa时路基表面加速度时程曲线

2.1　基于路基表面波形图的波速计算方法

为验证上述两种路基表面振动波计算方法的一致性，在同一振动工况下，仅改变路基填料的弹性模量。因此，对路基表面相同测点进行振动过程中振动波形图提取得到路基表面振动波波形图，波形图由振源处起振，呈正弦状沿水平方向传播，且加速度幅值随着水平距离的增加而衰减。由图15可知，振动波第一个波峰位置在0.5m，而第二个波峰位置在1.7m。路基弹性模量为10MPa时振动波波长为1.2m；路基弹性模量为20～80MPa时振动波波长依次为1.7m、2.2m、2.5m、2.8m、3.1m、3.3m、3.5m；因此，在振动波的振源一致时，随着路基弹性模量的增加，路基表面的振动波波长有着明显的增加，即振动波的波速有着明显的增加。

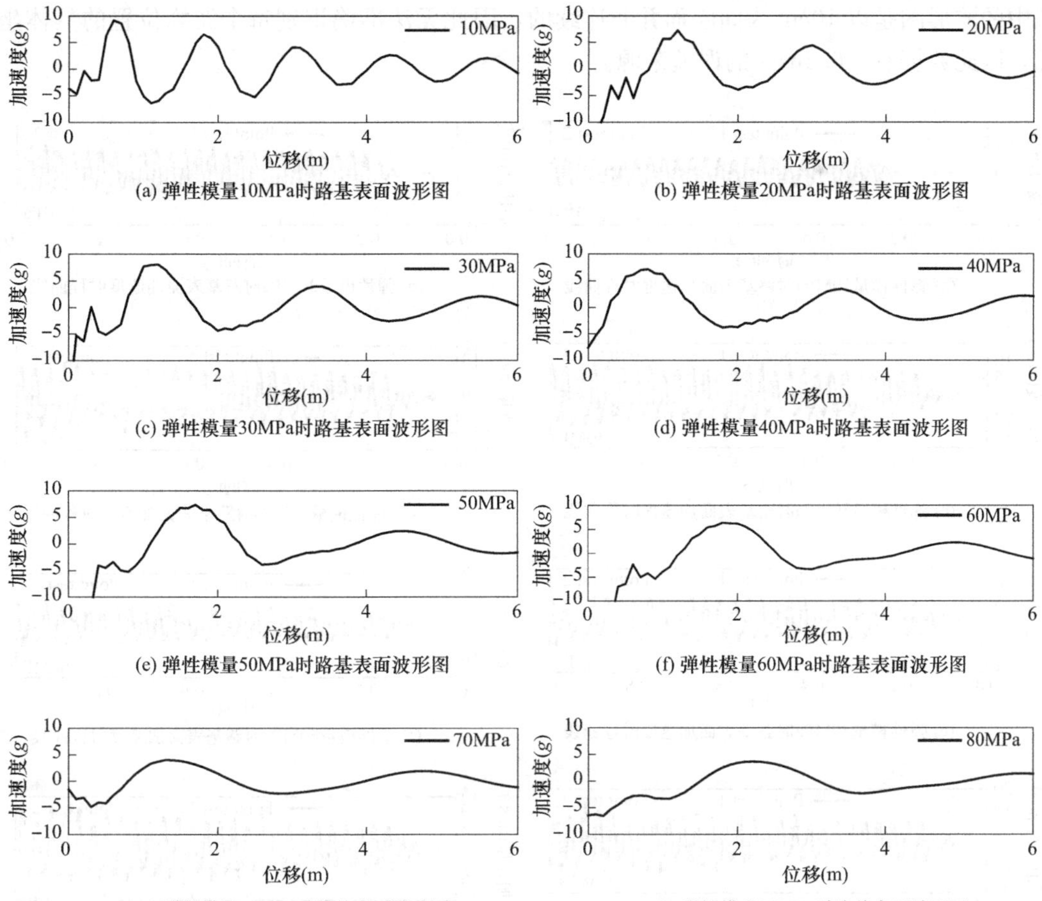

(a) 弹性模量10MPa时路基表面波形图

(b) 弹性模量20MPa时路基表面波形图

(c) 弹性模量30MPa时路基表面波形图

(d) 弹性模量40MPa时路基表面波形图

(e) 弹性模量50MPa时路基表面波形图

(f) 弹性模量60MPa时路基表面波形图

(g) 弹性模量70MPa时路基表面波形图

(h) 弹性模量80MPa时路基表面波形图

图 15　不同模量路基表面波形图

2.2　基于路基表面加速度时程曲线的新型波速计算方法

图 16 为相同振源的振动波以 1m 为间隔监测振动过程中路基表面的加速度时程曲线。分析图 16 可知：距离振源较近的曲线称为测点 1，距离振源较远的曲线称为测点 2，随着振动波传播距离的增加，加速度幅值衰减，测点 2 时程曲线的加速度幅值明显小于测点 1 时程曲线；加速度时程曲线的幅值随着路基弹性模量的增加而增加，且加速度时程曲线在路基模量较低时曲线平滑，而随着路基模量增加曲线毛刺现象明显；随着路基弹性模量的变化 10～80MPa，两测点振动波加速度时程曲线时间间隔依次为：0.0252s、0.0177s、0.0147s、0.0126s、0.0114s、0.0197s、0.0096s、0.0093s。由于测点 1 与测点 2 之间的间距为 1m，因此路基表面的振动波波速随着路基填料弹性模量增加而增加。

2.3　路基表面振动波新型波速方法结果验证

图 17 为在相同的工况下，使用上述两种不同的计算方法，得到的路基表面波速的计算结果。红色曲线是基于路基表面波形图得到的不同土体参数的波速曲线，而黑色曲线是基于路基表面测点加速度时程曲线的计算结果。分析图 17 可得：两种计算方法的得到的路基表面振动波波速曲线基本重合，可认为两种波速的计算结果均为准确。分析其产生误差的原因为：在第一种方法之中路基表面质点的波形图在理论上的连续存在的，而数值模

拟中的波形图是以 10cm 为间隔而并非连续的，因此无法准确识别每个波峰位置的具体坐标，因此数据有±6.2m/s 的误差来源。

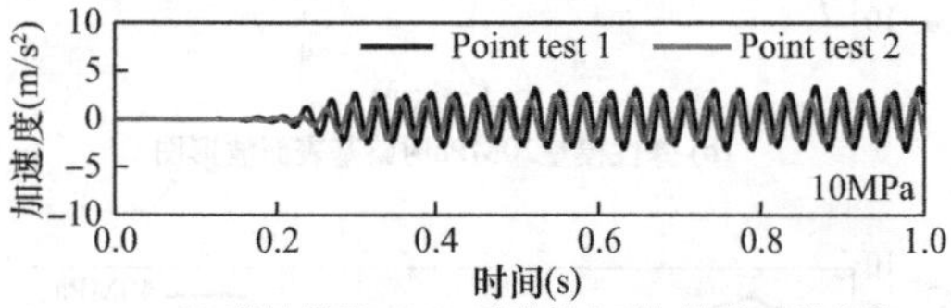

(a) 弹性模量10MPa时路基表面加速度时程曲线

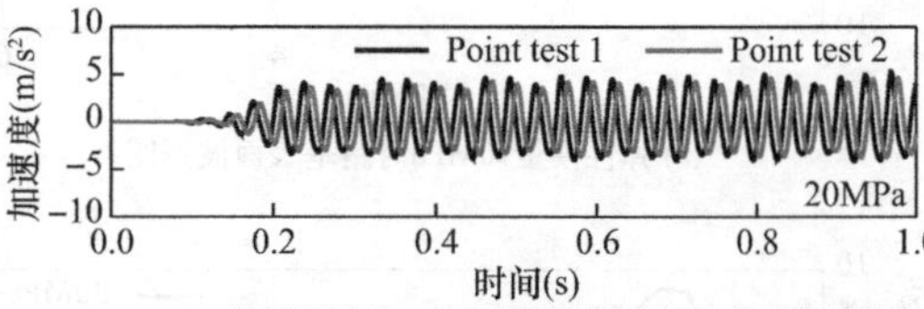

(b) 弹性模量20MPa时路基表面加速度时程曲线

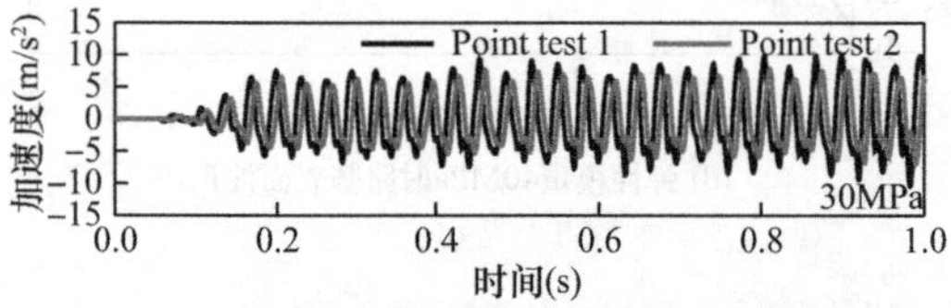

(c) 弹性模量30MPa时路基表面加速度时程曲线

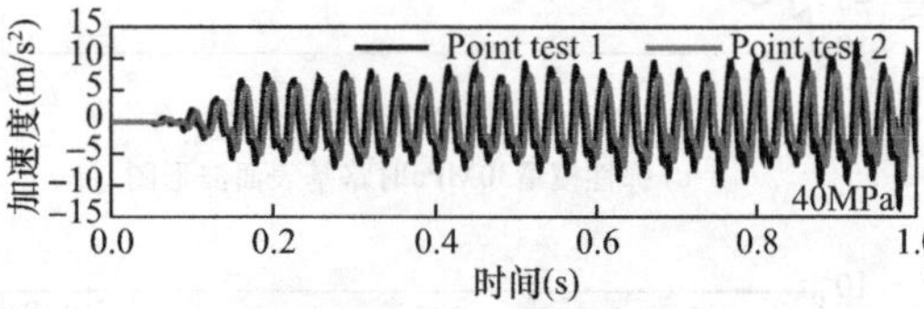

(d) 弹性模量40MPa时路基表面加速度时程曲线

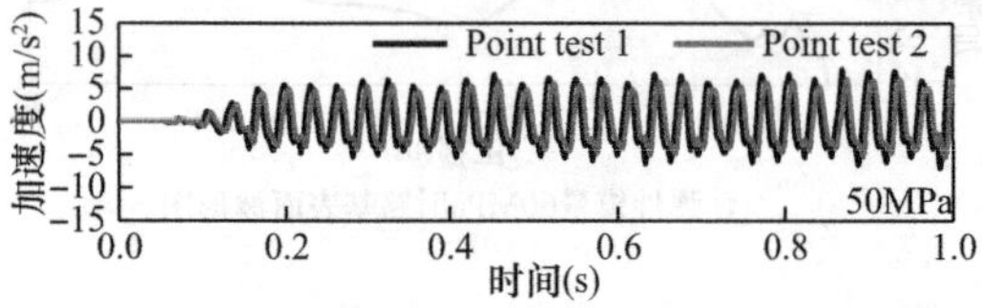

(e) 弹性模量50MPa时路基表面加速度时程曲线

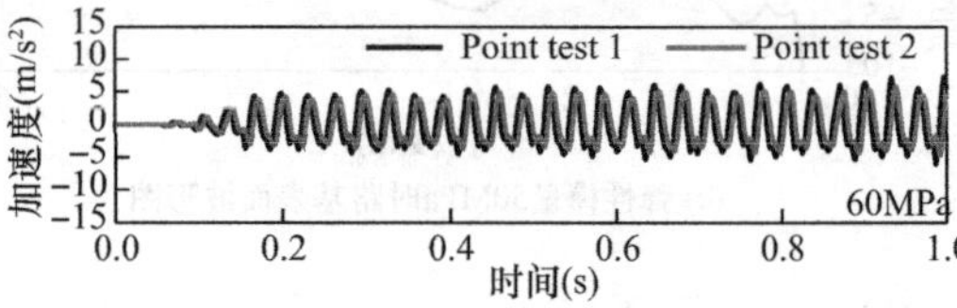

(f) 弹性模量60MPa时路基表面加速度时程曲线

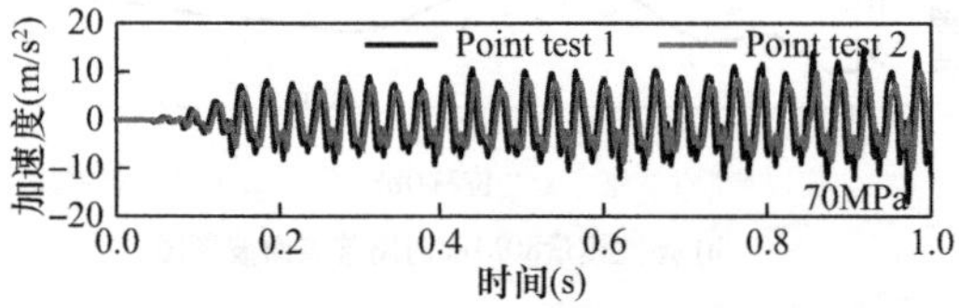

(g) 弹性模量70MPa时路基表面加速度时程曲线

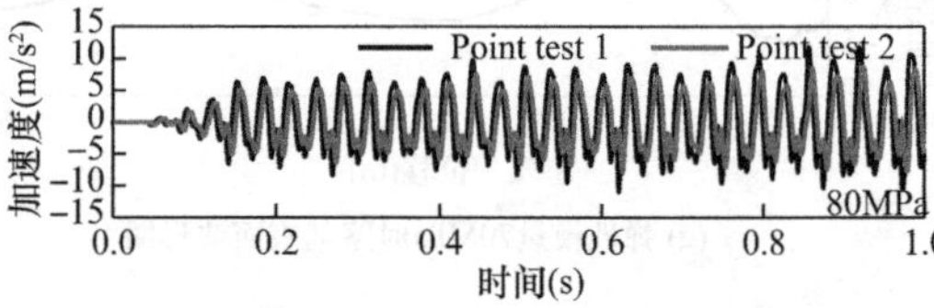

(h) 弹性模量80MPa时路基表面加速度时程曲线

图 16　不同模量路基表面加速度时程曲线

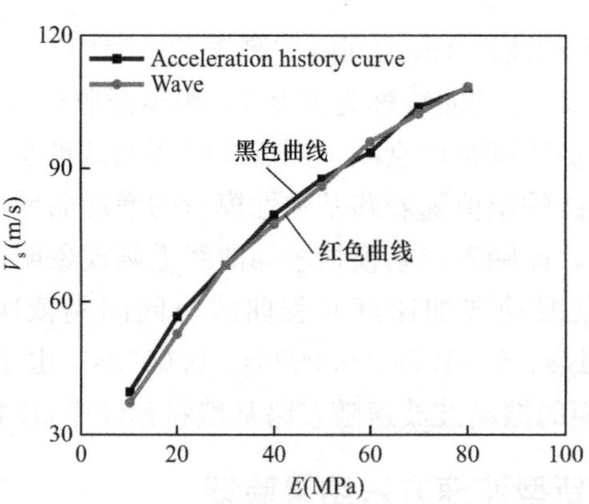

图 17　两种不同方式波速计算

3　现场试验

基于上述路基表面振动波波速测算方法，本试验方案如下：首先，在路基表面每间隔

1m 布置 1 个加速度传感，共计 11 个，为使加速度传感器与路基表面的振动信号保持一致，将加速度传感器安装于重质铁块上，并将铁块直接放置于路基表面。其次，将振动压路机开启正常振动模式并于铁块一侧行驶，以确保振动波在测试段的单向传播。最后，在相邻加速度测点设置密度测点使用灌砂法测量填料密度，见图 18。

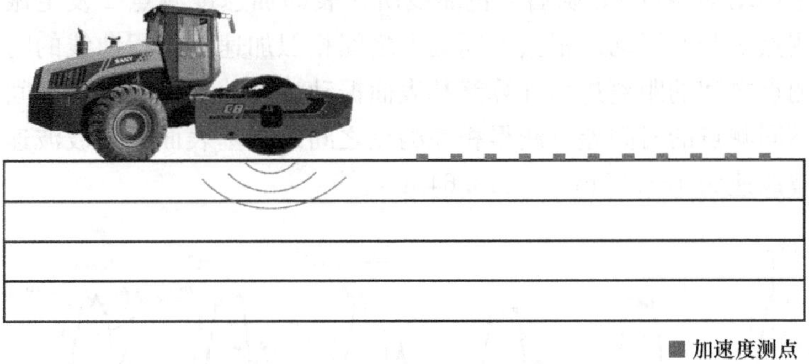

(a) 分层填筑路基传感器布置图

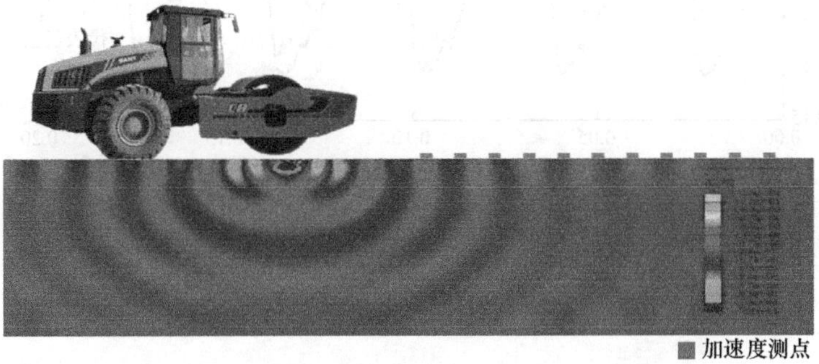

(b) 振动波波速测算原理及方法

图 18　基于压路机的振动波检测方法及传感器布置图

将压实车道布置三个采样条带，在路基的三个采样条带都进行振动波波速检测，见图 19，图中白色测点位置为密度测点位置，白色测点之间方形即为铁块，加速度传感器粘结在铁块之上。

图 19　传感器布置图

采用上文中通过采集路基表面固定测点加速度时程曲线的方法检测路基表面振动波波速采集过程图，为清楚地表示振动波在路基表面不同测点之间传播的加速度时程曲线，图 20 为路基表面三个测点的加速度时程曲线采集结果，分析可知：三个测点的加速度时程曲线在形状上相似，且明显有一定的相位差，其中黑色加速度时程曲线所表示的加速度传感器率先发生振动即测点 1，随后红色曲线所代表的加速度测点 2 发生振动，最后蓝色曲线所表示的测点 3 开始振动。根据不同测点之间相似加速度时程曲线的时间差与试验所布置的加速度测点之间的距离进而计算路基表面振动波波速。不同测点之间存在明确的时间差，且根据不同测点的时间差可测得相邻测点之间的路基表面振动波波速。测点 1 到测点 2 之间振动波波速为 153.85m/s，113.64m/s。

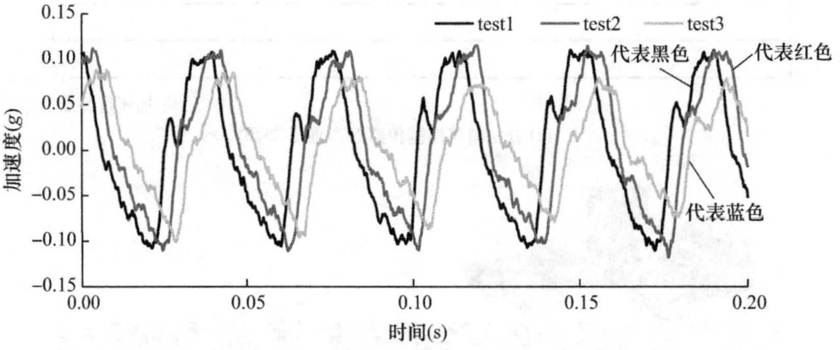

图 20　不同测点加速度时程曲线

4　结论

随着我国高速铁路里程的增加，同时高铁列车运营速度越来越快，高铁路基压实质量是高铁列车运营安全的保障，因此本文提出了一种路基表层振动波波速的计算方法，为高速铁路路基有效压实提供技术保障。并得到以下结论：

（1）通过大型有限元仿真软件建立考虑了填料阻尼比、有限单元与无限单元耦合、变形体与刚体耦合的振动压路机填料耦合有限元数值仿真模型，得到了振动压实过程中振动轮与填料中振动响应。

（2）在振动碾压过程中通过提取路基表面不同测点的波形图与路基表面固定间距的单点加速度时程曲线，并对比验证提出了一种高铁路基表面振动波波速新型测算方法。

（3）依据路基表层振动波新型波速计算方法，开展了现场试验现场试验，验证了振动波新型波速测算方法的有效性。

参考文献

[1]　新时代交通强国铁路先行规划纲要 [J]. 铁路采购与物流，2020，15（8）：26-32

[2]　Lefebvre G，Karray M. New Developments in In-situ Characterization using Rayleigh Waves [C]// In Proceedings of the 51st Canadian Geotechnical Conference, Edmonton, Alta. , BiTech Publishers Ltd. ,Richmond,B. C,1998,2:821-828

[3]　Karray M. Utilisation De l′analyse modale des ondes de Rayleigh comme outil d′investigation géotechinique in-situ [D]. Sherbrooke，Que：Université de Sherbrooke，1999

[4]　Donohue S，Forristal D，Donohue L A. Detection of Soil Compaction Using Seismic Surface Waves [J]. Soil & Tillage Research，2013，128：54-60

[5] IIori A, Okwueze E E. Evaluating Compaction Quality Using Elastic Seismic P Wave [J]. Journal of Materials in Civil Engineering, 2013, 25 (6): 693-700

[6] Tianbo Hua, XingGuo Yang, Qiang Yao, et al. Assessment of Real-Time Compaction Quality Test Indexes for Rockfill Material Based on Roller Vibratory Acceleration Analysis [J]. Advances in Materials Science and Engineering, 2018 (10): 1-15

[7] 李炳秀，何明峰. 瞬态瑞雷面波法检测路基填筑质量的定量分析 [J]. 铁道勘察，2018，44 (4): 55-59

[8] 黄卫东，赵明阶，韦刚. 高速公路土石混填路基压实质量控制与评价 [J]. 重庆交通学院学报，2005，24 (4): 49-54

[9] 林冬. 振动波衰减与压实度关系的试验探索 [D]. 长安大学，2011

基金项目： 中国国家铁路集团有限公司科技研究开发计划（J2020G004）、中国铁道科学研究院集团有限公司科研项目（2020YJ032）

作者简介： 闫宏业（1981—），男，硕士，研究员。主要从事铁路路基结构方面研究。

苏　珂（1996—），男，硕士。主要从事铁路路基建造技术方面研究。

蔡德钩（1978—），男，博士，研究员。主要从事铁路岩土工程技术方面研究。

安再展（1991—），男，博士，助理研究员。主要从事铁路路基建造技术方面研究。

尧俊凯（1992—），男，博士，助理研究员。主要从事铁路路基填料方面研究。

时速400km高速铁路隧道气动效应研究

方雨菲[1] 马伟斌[1] 程爱君[1] 邵明玉[2] 李山朵[1] 王 辰[1] 郭小雄[1] 冯伟强[3]
(1. 中国铁道科学研究院集团有限公司，北京，100081；
2. 山东理工大学 交通与车辆工程学院 山东 淄博，255000；
3. 南方科技大学 海洋科学与工程系，广东 深圳，518055)

摘　要：随着我国高铁的快速发展，高铁列车运行速度将迎来时速400km的发展机遇以满足国家交通便利的需求。为研究时速400km高速铁路隧道的气动效应，采用数值软件模拟了列车在最不利长度的隧道中心处进行交会，分析了不同净空面积下隧道内的压缩波传播和气动荷载变化规律，以及不同密封指数下的车内压力3s变化极值，并评估了乘客的乘坐舒适性。结果表明：(1) 8编组列车以400km时速交会时，两车产生的压缩波系和膨胀波系在隧道中心处相交，引起该处的气动载荷在较大范围内发生变化；(2) 沿隧道纵向，气动荷载正峰值压强、负峰值压强、峰峰值均先增大后减小，最大值出现在隧道中心处；(3) 随净空面积的增加，隧道内不同位置处的气动荷载均呈线性减小的趋势，因此增加隧道净空面积有利于缓解气动效应；(4) 当净空面积分别取90m²、95m²、100m²、110m²、120m²时，作用于隧道壁及隧道附属设施的气动荷载峰峰值分别为18.68kPa、17.42kPa、16.39kPa、14.42kPa和12.92kPa；(5) 车内压力的变化幅值小于车身外表面压力的变化幅值，且其时程存在一定的滞后性，随着密封指数的增大，车内外压差逐渐减小。

关键词：高速铁路隧道；气动效应；400km/h；隧道净空面积；气密性指标

Study on aerodynamic characteristics of high-speed railway tunnel at 400km/h

Fang Yufei[1] *Ma Weibin*[1] *Cheng Aijun*[1] *Shao Mingyu*[2] *Li Shanduo*[1]
Wang Chen[1] *Guo Xiaoxiong*[1] *Feng Weiqiang*[3]
(1. Railway Engineering Research Institute, China Academy of Railway Sciences Corporation Limited, Beijing 100081, China;
2. School of Transportation and Vehicle Engineering, Shandong University of Technology, Zibo 255000, China;
3. Department of Ocean Science and Engineering, Southern University of Science and Technology University, Shenzhen 518055, China)

Abstract: With the rapid development of the high-speed railway in China, there is an urgent requirement for the speed of the vehicle up to 400 km/h, ensuring the convenience of the national transportation. To investigate the aerodynamic effects of the 400km/h high-speed railway tunnel, numerical software is adopted to simulate the meeting of two trains at the center of the tunnel with the most unfavorable length. The propagation of the compression wave and the variation of the aerodynamic load under different clearance areas, as well as the 3s change extreme value of the vehicle pressure under different sealing indexes, are analyzed. The riding comfort of the passengers is evaluated. Results show that: (1) When the 8-car trains meet at the speed of 400km/h, the compression wave system and expansion wave system produced by the two trains intersect at the tunnel center, causing the aerodynamic load at this site to change in a wide range; (2) Along the longitudinal direction of the tunnel, the positive peak pressure, negative peak pressure and peak-peak value of the aerodynamic load first increase and then decrease, with their maximum values appearing at the tunnel center; (3) As the clearance area increases, the aerodynamic load at different positions in the tunnel shows a tendency of linear decreasing, so that increasing the tunnel clearance area contributes to relieving the aerodynamic effect; (4) When the clearance areas are set to be 90m^2, 95m^2, 100m^2, 110m^2 and 120m^2, the peak-peak values of the aerodynamic load acting on the tunnel wall and tunnel ancillary facilities are 18.68kPa, 17.42kPa, 16.39kPa, 14.42kPa and 12.92kPa, respectively; (5) Thevariation amplitude of the pressure inside the vehicle is smaller than that outside, and its time history lags behind to some extent. With the increasing of the sealing index, the pressure difference inside and outside the vehicle gradually decreases.

Keywords: high-speed railway tunnel; aerodynamic effect; 400km/h; sectional area of tunnel; air tightness index

引言

近年来，我国高速铁路发展迅速，目前已建成世界上运营里程最大、运营速度最高、舒适度最好的高铁网络。截至 2021 年底，中国高铁运营里程超过 4 万 km。2017 年，京沪高铁恢复了时速 350km 复兴号列车班次的运行，经过多年数据及经验积累，时速 350km 的高铁技术日臻成熟，在此基础上国家提出了时速 400km 高速铁路战略规划，并计划建设设计时速 400km 的成渝中线。高速铁路的发展迎来新的机遇和挑战。列车运营速度的提高促进了交通的便利，但同时带来一系列的科学问题和技术挑战，如随着列车运营速度的提高，空气动力学效应更为显著，带来行车阻力增大、噪声增大、洞口微气压波等问题，研究高铁列车高速运营时空气动力学问题成为高速铁路发展过程中必不可少的环节。

针对高速铁路隧道的气动效应，国内外研究人员已经开展了一系列研究。Vardy 和 Brown[1]采用一维特征线法，分析了压缩波在隧道中传播时惯性效应、摩擦效应和道碴效应的影响。Wang 等[2]分析了压缩波传播过程中波形演变的基本特性和影响因素，研究了压缩波在惯性作用、稳态摩擦效应和非稳态摩擦效应下波形演变的基本规律。Ozawa 等[3]基于一维流动理论，提出了初始压缩波的经验公式，较为合理地得到了初始压缩波的强度。Howe 等[4-7]建立了基于势流理论的初始压缩波解析方法，并以此为基础研究了列车头部形状和隧道入口缓冲结构对初始压缩波压力时间梯度的影响。李艳等[8]研究了列车以时速 400km 通过隧道时的气动特性，分析了车体同一横断面上不同表面测点的压力变化规律。史佳伟等[9]研究了 400km/h 速度下列车转向架区域的流场和气动噪声。魏雨生[10]建立了 8 节编组长度的列车和 70m^2 横截面积的单线隧道的数值模型，得到了以时速 400km 通过时的压力变化。

目前关于高速铁路隧道气动效应的研究，主要针对 350km/h 及以下的速度，时速

400km 高速铁路隧道气动效应的研究相对较少。气动效应是时速 400km 高速铁路隧道设计过程中要考虑的关键问题之一。本文针对 400km/h 条件下隧道内压缩波传播及气动荷载的变化规律，研究净空面积对隧道内气动荷载分布规律及峰值的影响，以及密封指数对车内压力 3s 变化极值的影响，结合我国高速铁路的相关控制标准，分析乘客乘坐舒适性，为既有高速铁路的提速改造及新建 400km 高速铁路隧道的设计提供依据。

1 数值仿真理论及计算模型介绍

本文基于 FLUENT 软件，针对时速 400km 高速铁路隧道，建立车-隧-气耦合三维精细分析模型，分析时速 400km 条件下不同隧道净空面积隧道内气动荷载、车内压力及车内外压差的变化特征。

1.1 数值仿真分析理论

1.1.1 流体运动控制方程

隧道空气动力学效应仿真分析基于流体力学运动方程。流体运动遵循物质运动普适守恒定律，包括质量守恒定律、动量守恒定律和能量守恒定律。如果流动中包含不同组分的混合或相互作用，流体系统还需遵守组分守恒定律。根据上述定律，可以推导出流体运动的控制方程，即质量守恒方程、动量守恒方程、能量守恒方程等。

（1）质量守恒方程

$$\frac{\partial\rho}{\partial t}+\nabla\cdot(\rho V)=S_{\mathrm{m}} \tag{1}$$

式中，ρ 表示流体密度；t 表示时间；V 表示流场中的速度矢量；S_{m} 是加入连续项的质量，也可以是其他自定义的源项。

（2）动量守恒方程

$$\frac{\partial(pV)}{\partial t}+\nabla\cdot(\rho VV)=-\nabla p+\nabla\cdot(\tau)+\rho g+F \tag{2}$$

式中，p 表示作用在控制体上的静压力；g 和 F 分别代表作用在单位体积微元体上的重力和其他外部力，F 还包含了其他的模型相关源项，如多孔介质、相互作用力等；τ 是因分子黏性而产生的作用在微元体表面上的黏性应力张量。

（3）能量守恒方程

$$\frac{\partial(\rho E)}{\partial t}+\nabla\cdot(V(\rho E+p))=\nabla\cdot\left[k_{\mathrm{eff}}\nabla T-\sum\nolimits_{j}h_{j}J_{j}+(\tau_{\mathrm{eff}}\cdot V)\right]+S_{\mathrm{h}} \tag{3}$$

式中，$E=h-p/\rho+V^2/2$，表示控制体内流体的总能量，即动能与内能之和；对于理想流体，$h=\sum_{j}h_{j}Y_{j}$，对于不可压缩流体，$h=\sum_{j}h_{j}Y_{j}+p/\rho$；$Y_j$ 表示组分 j 的质量分数，J_j 表示组分 j 的扩散通量。

1.1.2 车内压力计算

采用密封指数计算车外压力波动引起的车内压力波动，分析车外瞬变压力向车内传递的问题[11]。假设车内某区域压力均匀分布，其变化率正比于车内外压差，则：

$$\frac{\mathrm{d}p_{i}(t)}{\mathrm{d}t}=\frac{1}{\lambda}(p_{j}(t)-p_{i}(t)) \tag{4}$$

式中，p_i 为隧道表面某测点处的瞬变压力；λ 为列车密封指数；p_j 为列车表面某测点处的瞬变压力。通过对式（4）进行积分可以得到：

$$p - p_i(t) = Ce^{-t/\lambda} \tag{5}$$

式中，C 为积分常数。令 $p - p_i(t) = p_m(t)$，得到：

$$p_m(t)/p_m(0) = e^{-t/\lambda} \tag{6}$$

本文采用式（6）和密封指数评估列车气密性能，估算列车穿越隧道时引起的车内压力波动。

1.2 计算模型介绍

1.2.1 列车模型

列车模型采用 8 编组 CR400AF，车身宽度为 3.36m，高度为 3.81m（不包含转向架）。为简化计算，模型中的列车采用头车、中间车、尾车三车编组方式，忽略车体外部复杂结构细节，如受电弓、门把手、转向架、车间连接等。列车简化计算模型如图 1 所示。

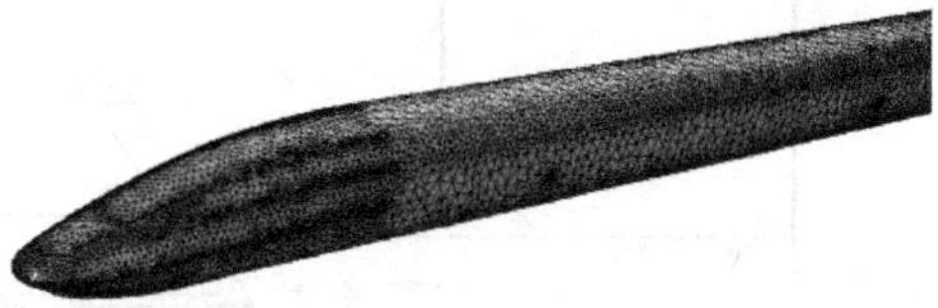

图 1　列车模型

1.2.2 计算域

在确定计算域时，应考虑流场发展及气流绕流的影响，距离列车及隧道足够远。计算中假定列车光滑启动，来消除车—隧气动问题非定常流场模拟中，因初始时刻列车速度引起流场波动而产生的不符合实际的非物理解。计算域的尺寸如下：隧道外流场长度 L=450m，截面直径 D=60m，初始时刻列车距离隧道入口 L=175m，如图 2 所示。

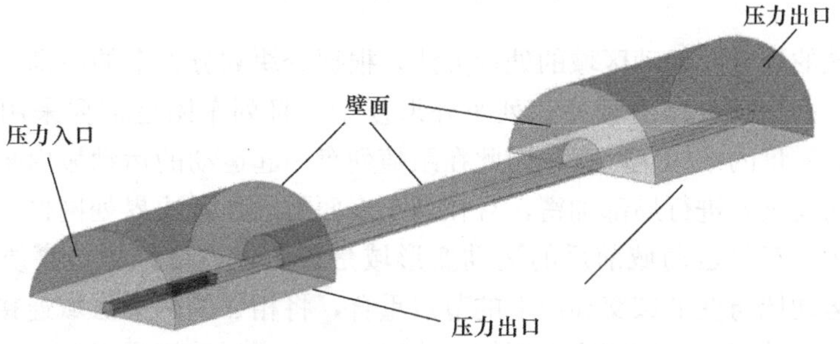

图 2　计算域及其边界

1.2.3 边界条件

针对计算域，边界条件具体如下：

（1）隧道外流场入口：采用压力入口边界条件，计算中按照海拔高度设置入口边界的压强和温度；激活声波模型中的无反射选项，以消除边界反射对隧道内外气动特性的影响。

（2）隧道外流场出口：采用压力出口边界条件，在回流条件中根据海拔设置出口边界的压强；激活无反射声学模型，以消除边界反射影响。

（3）隧道外流场边界：采用压力出口边界条件，设置参数与隧道外流场出口相同。

（4）地面、隧道壁面：隧道内外地面、隧道壁面均采用固定壁面，默认为无滑移、绝热壁面。

（5）列车表面：采用运动壁面，运动速度与邻居流体域相同；采用无滑移、绝热壁面。

1.2.4 区域运动及网格更新方法

高速列车在隧道中行驶或交会时，涉及列车与隧道的相对运动，以及列车与列车的相对运动，计算中需要对计算域及运动区域的网格进行更新或重构。在高速列车气动效应计算中，常用的计算域及网格更新方法包括滑移网格法、重叠网格法和动网格法等。

本文采用滑移网格模型与网格动态层变技术相结合的方法，即在每个列车周围及前后一段距离内设置一个运动域，而在运动域前后，沿着列车运动方向设置为运动变形域，当前方网格移动到边界外，或者后方网格运动到边界内时，采用动态层变技术对网格进行更新或重构，使计算域在整个计算过程中保持不变，如图 3 所示。

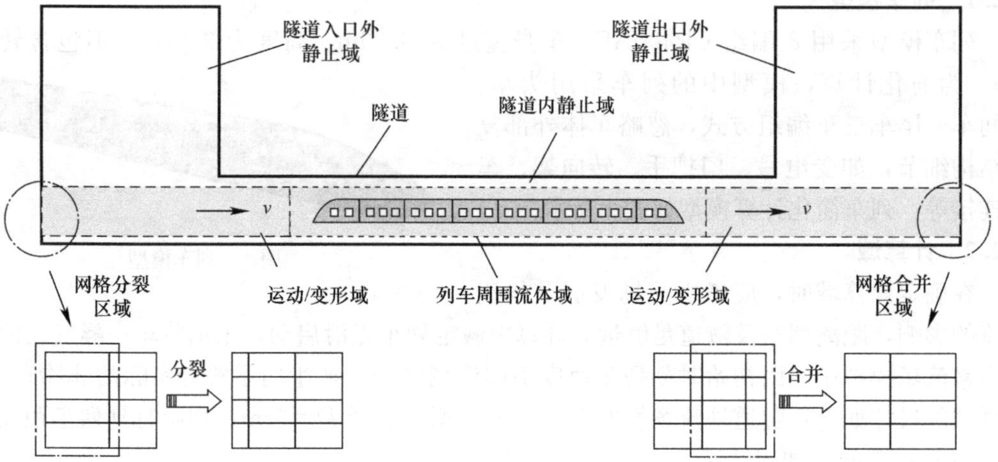

图 3 运动区域处理方法

按照计算域的划分及运动区域的处理方法，根据分块划分方案的原则，采用 ICEM 软件对流场域进行网格划分。由于高速列车外形复杂，且列车附近需要采用较小尺寸的网格，难以划分高质量的结构化网格，因此在跟随列车一起运动的运动域内采用非结构化网格，对列车几何复杂处进行局部加密，且在列车表面附近布置边界处网格。列车头车表面网格如图 4 所示。车身运动域前后的运动变形域是长方体，可以划分高质量的结构化网格，并通过令运动域与变形域交界面上的节点重合，将相邻的两个区域连接在一起。隧道内固定区域和隧道外固定区域同样采用结构化网格，不同区域间采用 Interface 边界条件实现数据界面间的插值，并在隧道表面、地面及维修通道等壁面附近划分边界处网格。隧道壁面、地面及计算域进出口网格如图 5 所示。

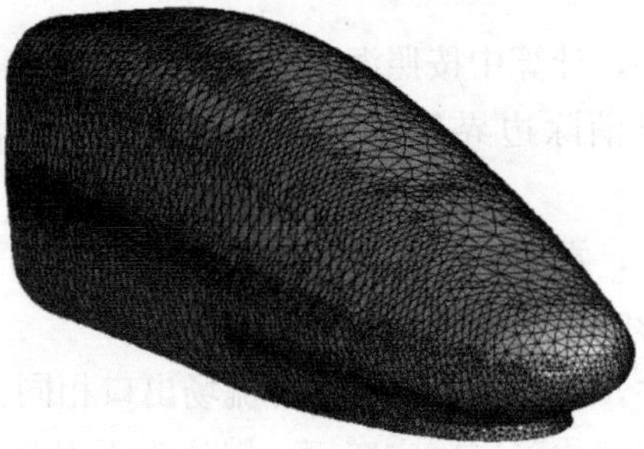

图 4 列车表面网格

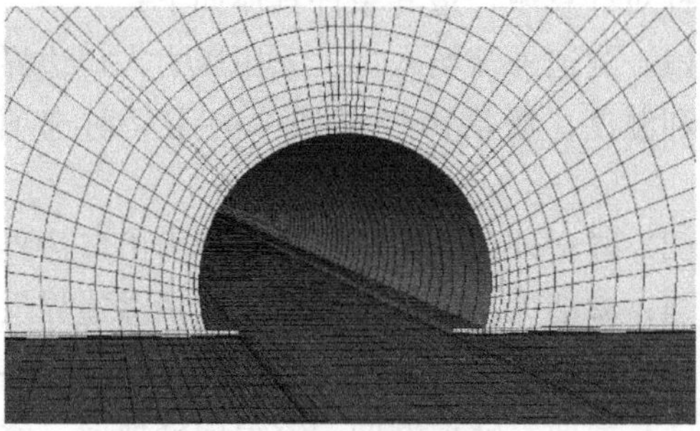

图 5 壁面区域网格

1.2.5 计算工况

现有研究表明，列车在隧道中心交会时隧道内气动荷载最大。因此，本文针对时速 400km 列车在最不利长度（618m）隧道中心交会时，计算隧道气动效应的变化规律，隧道断面分别取 $90m^2$、$95m^2$、$100m^2$、$110m^2$、$120m^2$，同时分析不同工况下乘客乘坐舒适性。

2 模型验证

列车以 350km/h 速度通过 1 号隧道（2812m）时，隧道壁面气动压力的现场实测结果如图 6 所示。采用上一节介绍的方法进行数值仿真，可以看出，在相同工况条件下，实车试验、仿真计算的结果吻合较好。

表 1 为隧道内气动荷载值，可以看出，列车通过 1 号隧道时，仿真计算结果与实车试验结果的相对误差仅为 5.06%，证明了仿真计算结果的可信性。

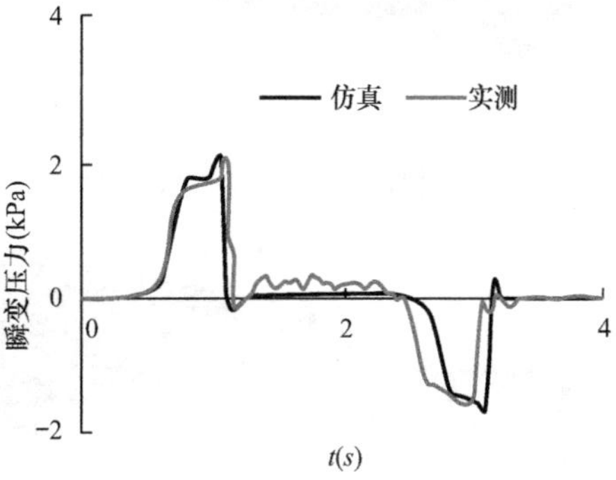

图 6 仿真计算与实测数据对比

仿真计算与实车试验的对比分析 **表 1**

工况	速度（km/h）	隧道内气动荷载（kPa）
仿真计算	350	4.29
实车试验	350	4.06
相对误差		5.06%

3 计算结果分析

3.1 列车过隧道时的压缩波传播过程

高速列车在进入隧道之前，隧道内的气体处于平衡状态，且隧道出入口的气压相等。当列车头部高速驶入隧道之后，车前气体受到车头挤压和隧道壁面的限制，一部分气体将沿隧道轴线方向向前传播，另一部分气体会经车隧环状区间向列车后方传播，从而流出隧道。随着列车头部逐渐深入隧道，车前受到压缩的气体的压力逐渐增大，于是进一步向前压缩气体，形成压力扰动波阵面，即初始压缩波。在列车头部初入隧道的瞬间，车头附近的空气发生绕流而形成边界层，并伴随着流体分离现象。在列车尾部进入隧道的瞬间，车尾附近产生膨胀波，该波沿隧道轴线途经车尾、车身和车头向隧道出口端传播，将使车前隧道内的气体压力突降。在列车尾部，产生了尾流并伴随有边界层分离、脱落现象。当高速列车在隧道内运行时，车前气体继续向前传播，车后气体的压力为负压，并在车尾处降至最低值。列车头车/尾车刚驶入隧道及刚驶出隧道时的压力云图如图 7 所示。

3.2 波系特征

为了方便分析列车在隧道中心交会时的隧道内气动特性，针对列车速度为 400km/h、

隧道净空面积为 $100m^2$ 的工况，绘制隧道内波系结构图，如图8所示。其中，横坐标表示时间，纵坐标表示隧道的轴向位置，$x=0$ 表示隧道入口。

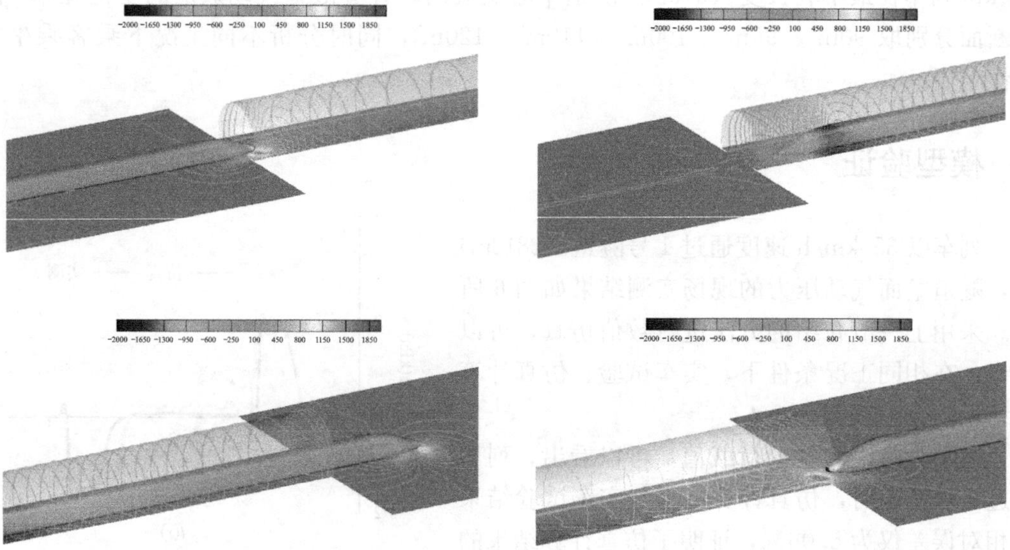

图7　压力云图

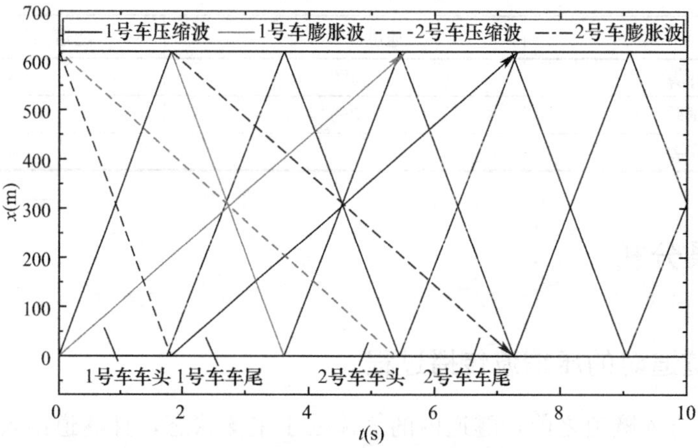

图8　波系结构图

列车1从隧道入口进入隧道后，会在隧道入口处产生压缩波与膨胀波，并以声速向隧道出口传播；列车2从隧道出口进入隧道后，也会在隧道出口处产生压缩波和膨胀波，并以声速向隧道入口传播。两列压缩波、膨胀波在隧道内传播、反射，从而形成如图8所示的波系结构图。该图显示，列车车尾进入隧道所产生的膨胀波与列车2车头进入隧道所对应的膨胀波（由压缩波反射引起）刚好重合叠加，列车2车尾的膨胀波也与列车1叠加，此时两列车头车刚好经过隧道中心测点，即隧道内的波系由两车压缩波与压缩波、膨胀波与膨胀波、两车交会产生的负压波叠加而成，使得列车表面和隧道内的压力变化要比一般会车工况大得多，为最不利工况。从图中还可以看出，两车产生的压缩波系和膨胀波系在隧道中心处相交，引起隧道中心的气动载荷在较大范围内发生变化。此外，压缩波、膨胀波与会车压力波发生叠加时，列车会受到很大的横向冲击力。

3.3 气动荷载沿隧道纵向的分布规律

列车以 400km/h 速度在净空面积 100m² 最不利长度隧道中心交会时，隧道内不同位置处气动荷载的正峰值压强、负峰值压强、峰峰值沿隧道纵向的分布特征如图 9 所示。

由图可知，隧道内气动荷载正峰值压强、负峰值压强、峰峰值沿隧道纵向的分布规律接近，在距隧道入口 $L/6$（L 为隧道长度）范围内增加不显著，$L/6$～$L/3$ 范围内显著增长，到隧道中心处达到最大值，之后随着进入隧道距离的增加而逐渐减小。隧道中心处气动荷载正峰值压强、负峰值压强、峰峰值分别为 6.17kPa、−10.22kPa、16.39kPa。

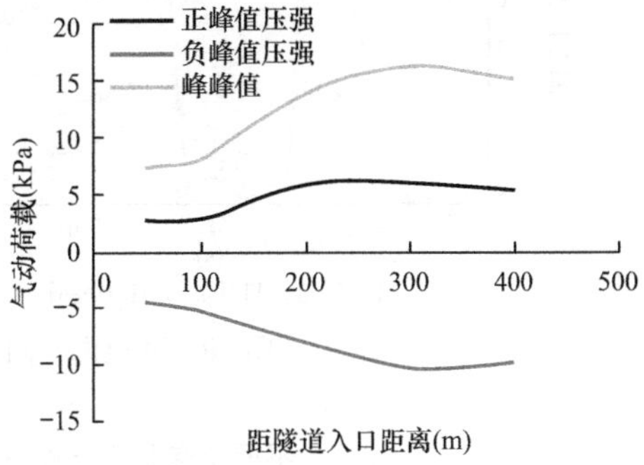

图 9 隧道内气动荷载沿隧道纵向的分布规律

3.4 隧道净空面积对气动荷载的影响规律

隧道内气动荷载的变化规律与隧道断面面积显著相关，列车以 400km/h 速度在净空面积为 90m²、95m²、100m²、110m²、120m² 隧道中心交会时，隧道内不同位置处的气动荷载时程曲线如图 10 所示。

由图可知，随着隧道净空面积增加，隧道内气动荷载降低。净空面积增加有利于缓解列车高速运行导致的隧道内气动效应。

列车以 400km/h 在不同净空面积隧道中心交会时，沿隧道纵向不同位置隧道中心处气动荷载特征值如表 2 所示。

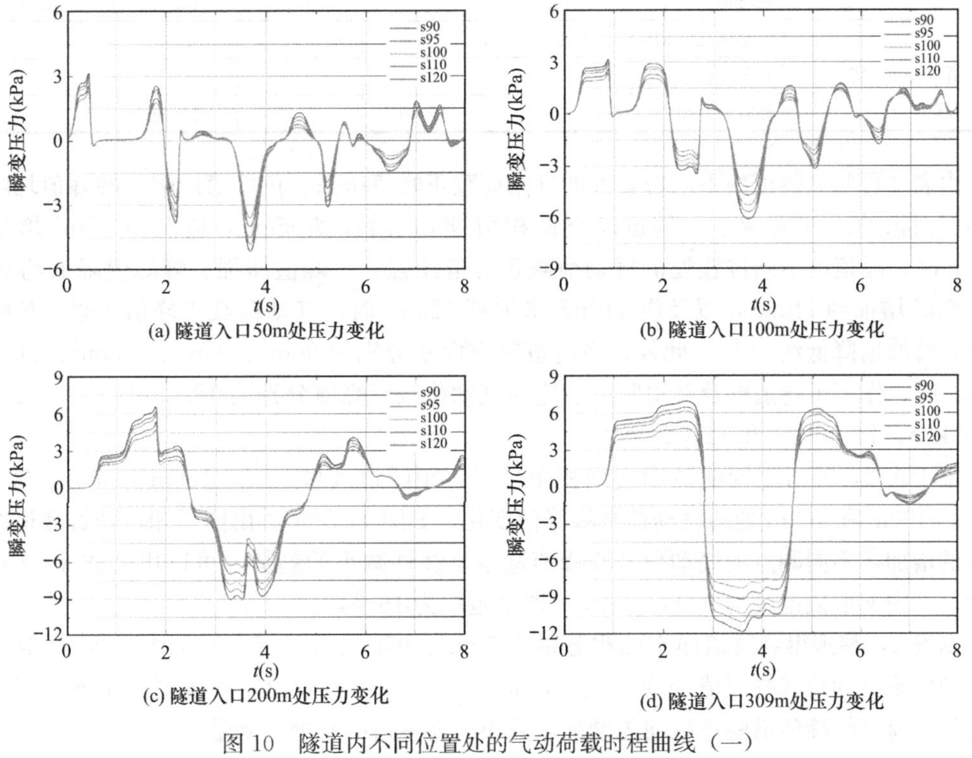

(a) 隧道入口50m处压力变化

(b) 隧道入口100m处压力变化

(c) 隧道入口200m处压力变化

(d) 隧道入口309m处压力变化

图 10 隧道内不同位置处的气动荷载时程曲线（一）

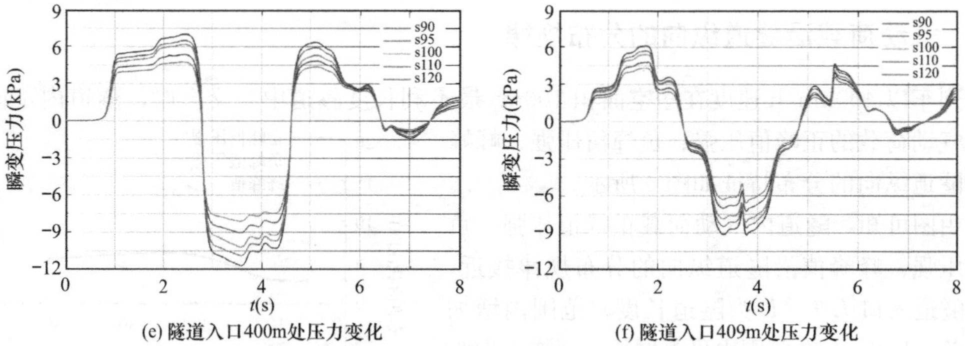

图 10　隧道内不同位置处的气动荷载时程曲线（二）

不同净空面积条件下隧道不同位置处的气动荷载特征值　　表 2

净空面积（m²）		90	95	100	110	120
隧道 50m 位置	正峰值压强（kPa）	3.15	2.99	2.83	2.57	2.36
	负峰值压强（kPa）	−5.11	−4.79	−4.50	−3.99	−3.57
	峰峰值（kPa）	8.26	7.78	7.33	6.56	5.93
隧道 100m 位置	正峰值压强（kPa）	3.22	3.05	2.91	2.62	2.40
	负峰值压强（kPa）	−6.08	−5.68	−5.29	−4.70	−4.21
	峰峰值（kPa）	9.3	8.73	8.2	7.32	6.61
隧道 200m 位置	正峰值压强（kPa）	6.65	6.25	5.95	5.45	4.77
	负峰值压强（kPa）	−9.02	−8.46	−7.94	−7.11	−6.43
	峰峰值（kPa）	15.67	14.71	13.89	12.56	11.2
隧道 309m 位置	正峰值压强（kPa）	6.96	6.48	6.17	5.33	4.75
	负峰值压强（kPa）	−11.72	−10.94	−10.22	−9.09	−8.17
	峰峰值（kPa）	18.68	17.42	16.39	14.42	12.92
隧道 400m 位置	正峰值压强（kPa）	6.12	5.73	5.45	4.88	4.31
	负峰值压强（kPa）	−10.93	−10.30	−9.76	−8.73	−7.92
	峰峰值（kPa）	17.05	16.03	15.21	13.61	12.23

由表 2 可知，隧道内不同位置处的气动荷载正峰值压强、负峰值压强、峰峰值均随隧道净空面积的增加而减小。隧道净空面积由 $90m^2$ 增加到 $95m^2$，以及由 $95m^2$ 增加到 $100m^2$ 时，隧道内不同位置处的气动荷载正峰值压强、负峰值压强、峰峰值降低约 6%；由 $100m^2$ 增加到 $110m^2$，以及由 $110m^2$ 增加到 $120m^2$ 时，气动荷载正峰值压强、负峰值压强、峰峰值降低约 10%。此外，当隧道净空面积分别为 $90m^2$、$95m^2$、$100m^2$、$110m^2$、$120m^2$ 时，作用于隧道壁及隧道附属设施的气动荷载峰峰值分别为 18.68kPa、17.42kPa、16.39kPa、14.42kPa 和 12.92kPa。

基于表 2，分析不同隧道净空面积条件下，距隧道入口 50m、100m、200m、300m、309m、400m 和 409m 处的气动荷载峰峰值变化，如图 11 所示。由图可知，随着隧道净空面积的增加，不同测点的气动荷载峰峰值基本呈线性减小的趋势，可以用公式 $y=kx+b$ 表示，其中 k 取值范围为 0.05～0.2，b 取值范围为 15～40。

据表 2，整理得到隧道净空面积分别为 $90m^2$、$95m^2$、$100m^2$、$110m^2$、$120m^2$ 时隧道内不同位置气动荷载峰峰值的变化规律，如图 12 所示。可看出，在不同净空面积下，隧道内气动荷载峰峰值沿隧道纵向先增加后减小，在隧道中心处达到最大。

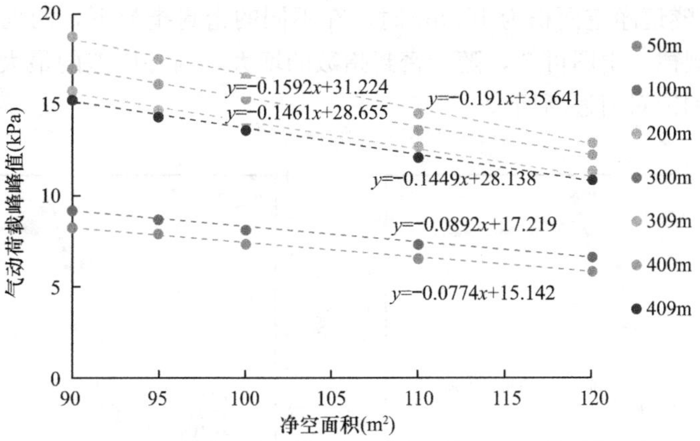

图 11　气动荷载峰峰值随隧道净空面积的变化规律

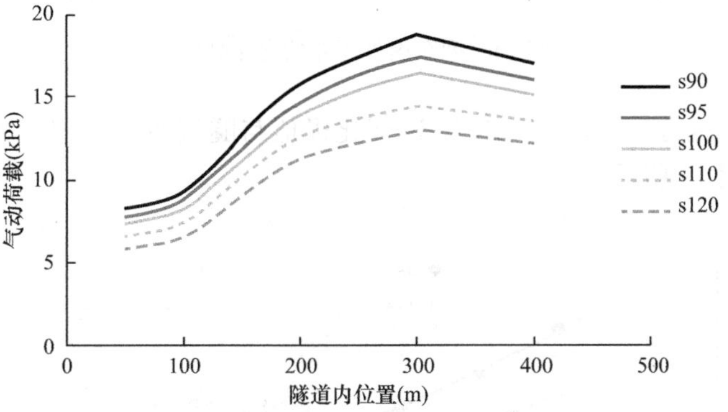

图 12　气动荷载峰峰值沿隧道纵向的变化规律

3.5　车内压力及车内外压差的变化规律

列车通过隧道引起的压力波作用在车体表面，引起车身表面压力快速波动，进而通过车窗及车身其他缝隙向车内传播，引起车内压力变化。当隧道净空面积为 100m² 时，车身典型测点及不同密封指数下的车内压力变化如图 13 所示，采用四阶龙格—库塔方法可求得列车内压力的变化规律。由图可知，列车车身压力变化与波系结构有关：压缩波传播至车身测点时，压力增大；膨胀波传播至车身测点时，压力减小。同时，列车车内压力的变化规律与车身压力类似，但变化幅值相对较小，且其时程存在一定的滞后性。随着密封指数的增大，列车内外压力的变化幅度逐渐减小。

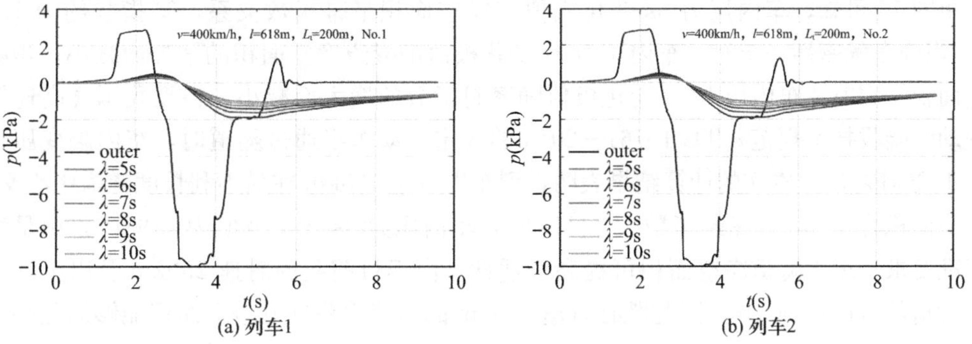

(a) 列车1　(b) 列车2

图 13　列车内外压力的变化规律

图 14 给出了隧道净空面积为 100m² 时，在不同的密封指数下，两列车车身表面测点的内外压差变化规律。由图可知，随着密封指数的增大，内外压差的最大值逐渐减小，而内外压差最小值的绝对值逐渐增大。

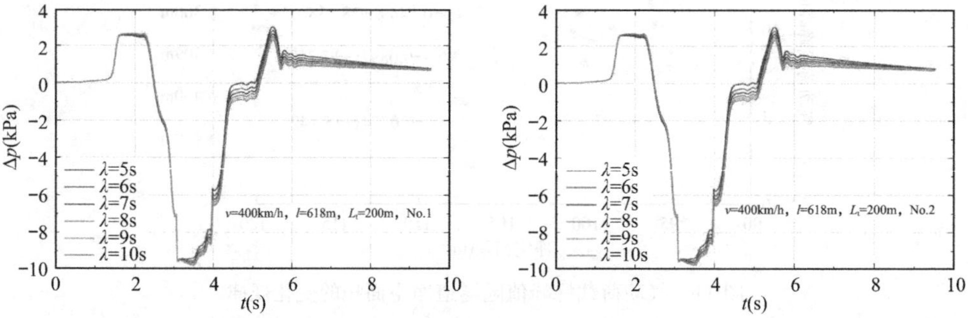

(a) 列车1　(b) 列车2

图 14　列车内外压差的变化规律

根据车身测点压力，计算车内压力 3s 变化极值与隧道净空面积的关系，并采用幂函数进行拟合，如图 15 所示。

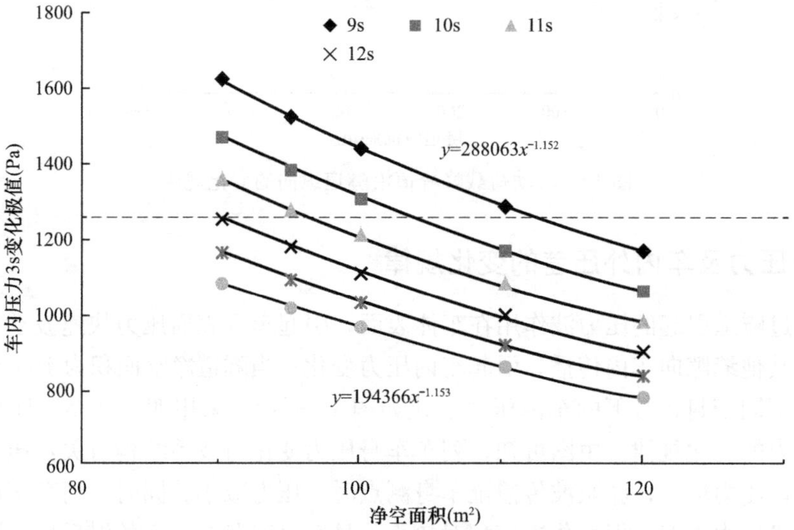

图 15　车内压力 3s 变化极值与隧道净空面积关系曲线

由图 15 可知，车内压力 3s 变化极值与净空面积呈幂函数关系，幂指数约为 1.1～1.2。当列车气密性一定时，车内压力 3s 变化极值随隧道净空面积的增加而减小；当隧道净空面积一定时，车内压力 3s 变化极值随密封指数的增大而减小。根据我国《高速铁路工程动态验收技术规范》TB 10761—2013 的规定：动车组通过隧道时，车内瞬变压力应小于 1.25kPa/3s。本文的计算结果表明，列车以时速 400km 在最不利长度隧道中心交会，当净空面积为 100m²、密封指数大于 11s 时，车内压力 3s 变化极值为 1198Pa，满足舒适度标准要求。增大隧道净空面积可提高舒适性。由于目前我国时速 250km 及以上动车组的密封指数可以达到 11s，因此既有时速 350km 的高速铁路隧道净空面积能够满足列车以 400km/h 运营的舒适性要求。

4 结论

本文研究了时速 400km 高速铁路隧道内的压缩波传播、气动荷载分布规律，分析了不同净空面积条件下的气动荷载峰值，以及不同密封指数下的车内压力 3s 变化极值，得出以下结论：

（1）8 编组列车以时速 400km 在最不利长度隧道中心交会时，两车产生的压缩波系和膨胀波系在隧道中心处相交，引起隧道中心的气动载荷在较大范围内发生变化；

（2）沿隧道纵向，气动荷载正峰值压强、负峰值压强、峰峰值的分布规律较为接近，均呈现出先增大后减小的特点，最大值出现在隧道中心处，其值分别为 6.16kPa、−10.21kPa、16.37kPa；

（3）随净空面积的增加，隧道内不同位置的气动荷载均呈线性减小的趋势，因此增加净空面积有利于缓解隧道内气动效应；

（4）当净空面积分别为 $90m^2$、$95m^2$、$100m^2$、$110m^2$、$120m^2$ 时，作用于隧道壁及隧道附属设施的气动荷载峰峰值分别为 18.68kPa、17.42kPa、16.39kPa、14.42kPa 和 12.92kPa；

（5）车内压力的变化幅值小于车身外表面压力，且其时程呈现出一定的滞后性，随着密封指数的增大，车内外压差逐渐减小。

参考文献

[1] Vardy A, Brown J. Influence of Ballast on Wave Steepening in Tunnels [J]. Journal of Sound and Vibration, 2000, 238 (4): 595-615

[2] Wang H, Lei B, Bi H, et al. Wavefront evolution of compression waves propagating in high speed railway tunnels [J]. Journal of Sound and Vibration, 2018, 431: 105-121

[3] Ozawa S, Maeda T, Matsumara T, et al. Micro-pressure waves radiating from exits of Shinkansen tunnels [R]. Railway Technical Research Institute, Quarterly Reports, 1993, 34 (2): 134-140

[4] Howe M. On the compression wave generated when a high-speed train enters a tunnel with a flared portal [J]. Journal of Fluids and Structures, 1999, 13 (4): 481-498

[5] Howe M, Iida M, Fukuda T, et al. Theoretical and experimental investigation of the compression wave generated by a train entering a tunnel with a flared portal [J]. Journal of Fluid Mechanics, 2000, 425: 111-132

[6] Howe M. Design of a tunnel-entrance hood with multiple windows and variable cross-section [J]. Journal of Fluids and Structures, 2003, 17 (8): 1111-1121

[7] Howe M, Iida M, Maeda T, et al. Rapid calculation of the compression wave generated by a train entering a tunnel with a vented hood [J]. Journal of Sound and Vibration, 2006, 297 (1-2): 267-292

[8] 李艳，徐银光，李浩冉等. 400km/h 高速列车通过隧道气动效应数值模拟 [J]. 高速铁路技术，2021，12 (5)：52-56

[9] 史佳伟，王浩，圣小珍. 400 km/h 速度下转向架气动噪声特性研究 [J]. 噪声与振动控制，2020，40 (3)：125-130

[10] 魏雨生，刘峰，张翠平等. 高速列车以 400km/h 通过隧道时气动效应的数值模拟与分析 [J]. 中国科技论文，2019，14 (6)：652-656，704

[11] Johnson T, Chiu T W. Numerical methods in the prediction of pressure fluctuations on board trains passing through tunnels [J]. preprint, 1999

基金项目：中国国家铁路集团有限公司科技研究开发计划（K2021T014）、中国铁道科学研究院集团有限公司院基金课题（2021YJ177）

作者简介： 方雨菲（1993—），女，博士，助理研究员。主要从事隧道空气动力学方面的研究。
马伟斌（1977—），男，博士，研究员。主要从事隧道空气动力学方面的研究。
程爱君（1974—），男，硕士，研究员。主要从事隧道空气动力学方面的研究。
邵明玉（1988—），男，博士，讲师。主要从事流固耦合振动方面的研究。
李山朵（1990—），男，本科，工程师。主要从事空气动力学现场测试方面的工作。
王　辰（1998—），男，硕士研究生。主要从事隧道空气动力学方面的研究。
郭小雄（1985—），男，硕士，副研究员。主要从事隧道防排水方面的研究。
冯伟强（1985—），男，博士，博士生导师。主要从事海洋岩土技术方面的研究。

铁路预应力混凝土轨枕疲劳寿命及大修周期研究

尤瑞林[1,2]　王继军[1,2]　宁　娜[1,2]　姜子清[1,2]

（1. 中国铁道科学研究院集团有限公司铁道建筑研究所，北京，100081；
2. 高速铁路轨道技术国家重点实验室，北京，100081）

摘　要：铁路预应力混凝土轨枕是有砟轨道结构中重要的轨道部件，随着我国铁路建设的快速发展，预应力混凝土轨枕也得到了大量铺设应用。预应力混凝土轨枕的主要原材料为水泥、钢丝、砂子及石子等，其生产、运输和铺设过程中均会产生碳排放。研究预测铁路预应力混凝土轨枕的疲劳寿命，确立轨枕合理大修周期，不仅可以指导铁路线路的现场养护维修工作、提升轨道结构整体状态，而且可以避免轨枕过早更换造成的资源浪费和碳排放量增加。基于可靠度理论，结合既有轨枕现场测试的荷载弯矩谱和室内试验建立的轨枕疲劳强度统计参数，本文评估了我国常用的Ⅲa 型轨枕疲劳寿命，并基于轨枕通过总量的变化，提出了轨枕理论大修周期。研究成果可为轨枕结构设计及现场轨枕的大修工作提供参考。

关键词：混凝土轨枕；可靠度理论；疲劳寿命；大修周期

Research on fatigue life and overhaul period of railway prestressed concrete sleepers

You Ruilin [1,2]　*Wang Jijun* [1,2]　*Ning Na* [1,2]　*Jiang Ziqing* [1,2]

(1. Railway Engineering Research Institution, China Academy of Railway Sciences Corporation Limited, Beijing 100081, China;
2. State key laboratory for track technology of high-speed railway, Beijing 100081, China)

Abstract: Railway prestressed concrete sleepers are important track components in ballast track. With the rapid development of railway construction in China, prestressed concrete sleepers are also used widely. The main raw materials of prestressed concrete sleepers are cement, steel wires, sand and stones, etc., and carbon emissions are generated during the production, transportation and laying process. Research on the fatigue life of railway prestressed concrete sleepers and establishing a reasonable sleeper overhaul period can not only guide the on-site maintenance work of railway lines, improve the quality of the track, but also avoid the wasting of resources and the increasing carbon emissions caused by the premature replacement of sleepers. Based on the reliability theory, combined with the load-bending moment spectrum of the existing sleeper field test and the statistical parameters of the sleeper fatigue strength established by the laboratory test, the fatigue life and overhaul period of the commonly used type IIIa sleeper was evaluated in this paper. The research results would be useful for sleeper structure design and on-site sleeper overhaul work.

Keywords: concrete sleepers; reliability theory; fatigue life; overhaul period

引言

轨枕是铁路轨道结构的重要轨道部件，轨枕的作用是承受钢轨传递下来的各向荷载并向下分散至下部基础，同时有效保持轨道的轨距、轨向等几何形态[1-3]。轨枕按外形可分为整体式轨枕、双块式轨枕、梯子形轨枕、Y形轨枕等；按材质可分为木枕、混凝土枕、钢枕、复合材料轨枕等。目前整体式混凝土轨枕是世界上用量最大的轨枕形式，世界铁路网每年约需5亿根混凝土轨枕，其主要特点是强度大、稳定性高、耐久性好[4-6]。

我国从20世纪50年代开始预应力混凝土轨枕技术研究，1956年研制出第一种预应力混凝土轨枕，1957年在北京丰台建立第一条预应力混凝土轨枕生产线，此后开始在我国逐步推广使用[7]。根据2019年《铁道年鉴》的统计结果，我国全路在线轨枕约有3.70亿根，其中木枕约为730万根，混凝土轨枕约为3.17亿根。在混凝土轨枕中，Ⅲ型轨枕约为1.37亿根，Ⅱ型轨枕约为1.49亿根，其他轨枕约为3100万根[8]。可以看出，混凝土轨枕在我国铁路线路中大量铺设采用。

预应力混凝土轨枕的主要原材料为水泥、钢丝、砂子及石子等，其生产、运输和铺设过程中不仅会产生碳排放，而且花费大量的人力、物力和财力资源。在美国和加拿大每年大约有5%的轨枕需要更换[9]。在德国，铁路部门可预期的养护维修工作中，有1100万根轨枕需要更换。在澳大利亚，铁路部门每年有25%～35%费用用于养护维修，其中包括更换轨枕[9-12]。因此研究预测铁路预应力混凝土轨枕的疲劳寿命，确立轨枕合理大修周期，不仅可以指导铁路线路的现场养护维修工作、提升轨道结构整体状态，而且可以避免轨枕过早更换造成的资源浪费和碳排放量增加。

目前国内外对于轨枕的伤损分析研究较多，美国铁路学会（AAR）及UIUC（伊利诺伊大学香槟分校）曾对北美铁路混凝土轨枕承轨面伤损机理及其对轨道结构几何状态影响开展了系统研究[13,14]。澳大利亚卧龙岗大学及英国伯明翰大学的相关学者从极限状态设计方法研究的角度出发，将轨枕的伤损状态分为极限破坏状态及疲劳伤损状态，并对伤损影响程度进行了研究分析[11,15]。我国既有线对于轨枕的使用状态评估主要是根据轨枕的伤损程度进行划分，仅对混凝土轨枕的失效及严重伤损标准做了规定[16,17]，但目前国内针对预应力混凝土轨枕的疲劳寿命及大修周期仍缺乏深入研究。

本文首次建立基于可靠度理论的混凝土轨枕疲劳寿命及大修周期评估方法，结合既有轨枕现场测试的荷载弯矩谱和室内试验建立的轨枕疲劳强度统计参数，评估我国常用的Ⅲa型轨枕疲劳寿命，并基于轨枕通过总量的变化，提出轨枕理论大修周期。

1　轨枕受力特点

根据混凝土轨枕在轨道上的受力情况，我们可以把混凝土轨枕看作是一个置于弹性基础上的梁，它的受力形式如图1(a)所示，轨枕各个截面的弯矩如图1(b)所示。通常轨枕轨下截面承受较大的正弯矩，而轨枕的中间截面承受较大的负弯矩，这两个截面弯矩值是控制轨枕设计的关键参数。

轨枕在使用中不仅由于列车轴重、行车速度、轨道状态的不同，所受荷载有很大不同，而且由于道床支承情况的不同，轨枕截面所受弯矩也有很大变化。一般随着钢轨下方枕底的道床密实度增加，轨下截面的正弯矩值不断增大，随着轨枕中间部分道床密实度增加，枕中截面的负弯矩值不断增大，因此轨枕在其使用寿命中所承受的荷载是随机、不稳定的疲劳荷载，对轨枕疲劳寿命的计算预测，需基于可靠度的理论进行研究分析。

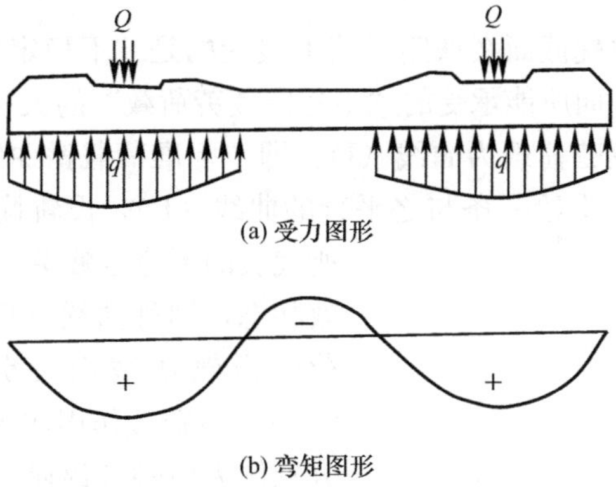

图 1　轨枕受力及弯矩示意图

2　研究方法

2.1　结构可靠度理论

结构的可靠度是指结构在一定使用期限内和一定使用条件下，到达极限状态的概率[18]。对于结构的可靠度，首先作用在结构物上的荷载（S）是个随机变量，它随结构物具体使用条件的不同而产生很大的变异性。其次结构物的承载能力（R）也是一个随机变量，由于材料强度、截面尺寸和制造工艺的差异，每个构件的承载能力也是随机变化的。因此对每个具体结构物来说是否达到了极限状态，并不是一个确定的事件，而是由荷载（S）和承载能力（R）两个随机变量的概率分布决定的，见图 2。

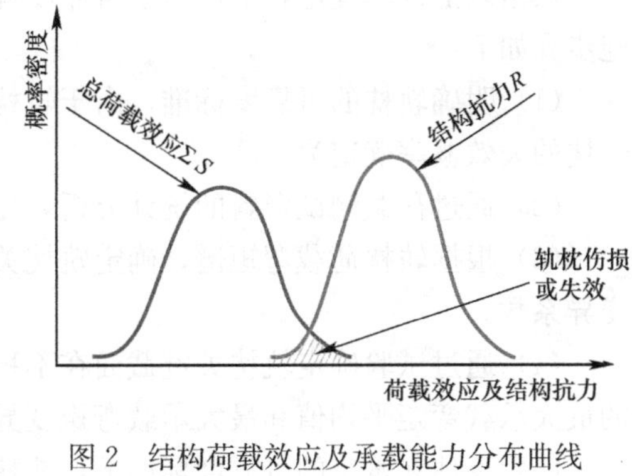

图 2　结构荷载效应及承载能力分布曲线

混凝土轨枕按使用可靠度方法计算，要求轨枕的轨下截面或枕中截面在预定使用期限内，接受列车所产生的大量不稳定疲劳荷载作用的失效概率不超过某一个预定的数值。轨枕失效状态与前面可靠度定义中极限状态是一致的，是指轨枕截面到达这一种状态后轨枕的使用情况已比较恶劣，以致难以保证轨枕的正常使用。结合国内外预应力混凝土轨枕标准的相关标准，我们对混凝土轨枕的失效状态做了如下的规定：

（1）轨枕截面受拉钢筋处混凝土在不稳定疲劳荷载弯矩作用下出现宽度大于 0.5mm 的裂缝。

（2）轨枕截面受拉钢筋处混凝土在不稳定疲劳荷载弯矩作用下出现宽度大于 0.05mm 的残余裂缝。

这里需要说明，上述失效状态的指标是指在实验室内模拟轨枕不稳定疲劳荷载作用下应达到的状态，在实际轨道上由于轨枕裂缝处受风砂和水的影响，轨枕表面所看到的裂缝宽度会大于上述指标。

2.2 轨枕可靠度分析方法

前面提到，混凝土轨枕截面在铁路线路上接受的是“不稳定疲劳荷载”，因此轨枕截面的承载能力是指轨枕截面所能承受的“不稳定疲劳荷载”的大小。设轨枕截面在预定使用期内所接受的不稳定疲劳荷载为曲线（I），即“标准荷载谱曲线”，其最大荷载弯矩值以 M_S 表示。在曲线（I）上绘一条与之平行的曲线（I′），设轨枕截面在荷载谱曲线（I′）所代表的不稳定疲劳荷载的作用下恰好达到失效状态，则称曲线（I′）所代表的不稳定疲劳荷载为轨枕截面疲劳承载强度，以 M_R 表示[19]。以荷载作用次数 N 和弯矩值 M 的对数分别作为横轴和纵轴，可以将轨枕的 I-I′曲线绘制如图 3 所示。

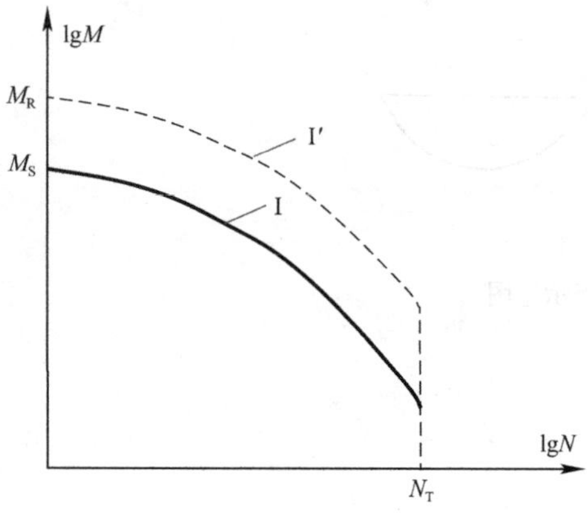

图 3　轨枕可靠度分析的 I-I′曲线

通过对轨枕 I-I′曲线分析，可以看出轨枕疲劳寿命的可靠度分析主要计算参数包括：由轨枕荷载弯矩谱分析得到的轨枕最大荷载弯矩平均值 $\overline{M}_{Smax}$ 及表征荷载弯矩离散性的变异值 V_S；由轨枕疲劳承载强度分析得到的最大弯矩平均值 $\overline{M}_{Rmax}$ 及表征承载弯矩离散性的变异值 V_R。在获得轨枕荷载弯矩及承载能力统计特征相关参数的基础上，就可以计算确定轨枕在相应运营条件下的失效概率和可靠度指标了。

2.3 轨枕疲劳寿命及大修周期计算步骤

根据以上计算理论，确定基于可靠度理论轨枕使用寿命和大修周期预测方法的具体实施步骤如下：

（1）明确轨枕的可靠度标准，由于轨枕在轨道结构中属于可更换部件，设计基准期内轨枕的失效概率确定为 10%。

（2）通过荷载测试资料的统计分析，建立轨枕荷载弯矩谱。

（3）根据轨枕荷载弯矩谱，确定轨枕关键截面的最大荷载弯矩平均值和最大荷载弯矩变异系数。

（4）通过试验确定轨枕关键截面在不稳定疲劳荷载下的承载能力，确定轨枕关键截面的最大承载弯矩平均值和最大承载弯矩变异系数。

（5）评估在设定的可靠度标准下，轨枕的疲劳寿命以及相应的大修周期。

3 轨枕疲劳寿命及大修周期计算

3.1 轨枕设计概况

本文计算以我国目前客货共线铁路中用量最大的Ⅲa 型轨枕作为研究分析对象。Ⅲa 型轨枕采用 C60 强度等级的混凝土，长度为 2.6m，关键截面的主要尺寸为：轨下截面高度为 230mm，顶面宽度 170mm，底面宽度 304mm；枕中截面高度 185mm，顶面宽度 220mm，底面宽度 280mm[20]。轨枕的设计情况如图 4 所示。

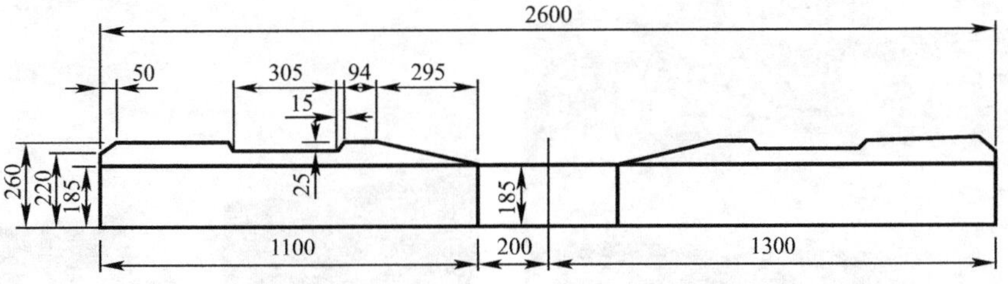

(a) 立面图

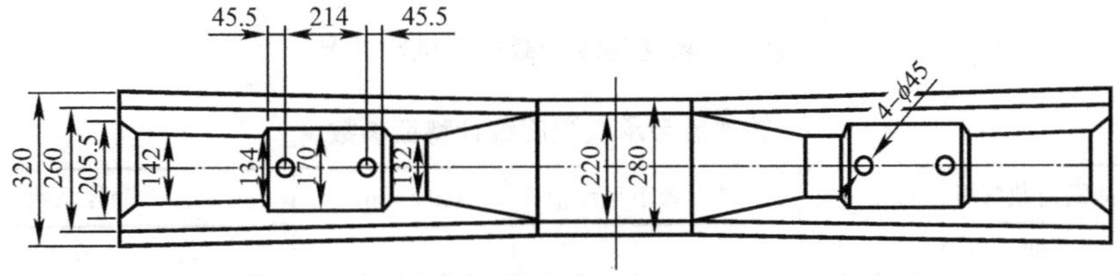

(b) 平面图

图 4　我国常用Ⅲa 型轨枕外形尺寸图

3.2　轨枕荷载弯矩谱

铁科院曾在我国客货共线铁路进行了多次混凝土轨枕轨下截面和枕中截面荷载弯矩的测试工作，通过对既有测试数据的统计分析，按Ⅲa 型轨枕设计基准期 50 年、每年通过总重 50M_t、行车最高速度 160km/h、货车最大轴重 25t 的工况考虑，推算出客货共线铁路混凝土轨枕轨下截面和中间截面的荷载弯矩谱参数如表 1 所示。

轨枕截面荷载弯矩谱参数　　　表 1

截面荷载弯矩	作用次数 N_T	最大弯矩平均值 $\overline{M}_{Smax}$(kN·m)	变异系数 V_S
轨下截面正弯矩	1.2×10^8	26.13	0.21
枕中截面负弯矩	1.2×10^8	−17.64	0.18

3.3　轨枕疲劳承载强度

混凝土轨枕截面在不稳定疲劳荷载下的承载能力可以模拟轨枕在实际使用中所承受的“荷载谱”进行试验。由于采用实际的“荷载谱”进行轨枕的疲劳试验，试验程序比较复杂，研究表明轨枕截面在不稳定疲劳荷载下的承载能力可以用逐级加载疲劳试验方法测试。逐级加载载疲劳试验中每一级的疲劳荷载加载次数为 1×10^4 次，当轨枕截面通过某一组重复加载试验后恰好达到失效状态，则这一级荷载的截面荷载弯矩，即为该轨枕截面在变幅疲劳荷载下的最大疲劳承载能力。

针对我国客货共线铁路主型的Ⅲa 型轨枕，采用逐级疲劳加载的试验方法，试验情况如图 5 所示，并对试验结果进行统计分析，得到轨枕关键截面承载弯矩的最大可能值和变异系数汇总如表 2 所示。

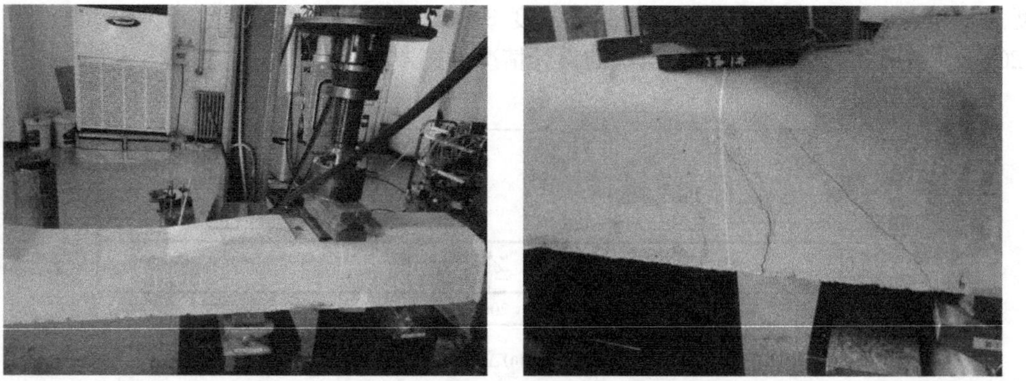

图5　轨枕逐级加载疲劳试验情况

轨枕疲劳承载强度统计特征参数　　表2

截面荷载弯矩	最大弯矩平均值 $\overline{M}_{Rmax}$(kN·m)	变异系数 V_R
轨下截面正弯矩	39.58	0.10
枕中截面负弯矩	−25.84	0.088

3.4　轨枕疲劳寿命及大修周期计算

混凝土轨枕的疲劳可靠性可用设计基准期内轨枕的可靠度 β 和疲劳失效概率 P_f 表示，可根据一次二阶矩法按下式进行计算：

$$\beta = \frac{\overline{M}_{Rmax} - \overline{M}_{Smax}}{\sqrt{\sigma_S^2 - \sigma_R^2}} \tag{1}$$

$$P_f = 1 - \phi(\beta) \tag{2}$$

式中：σ_S——轨枕荷载弯矩值的统计标准差，$\sigma_S = \overline{M}_{Smax} \cdot V_S$；

σ_R——轨枕疲劳强度的统计标准差，$\sigma_R = \overline{M}_{Rmax} \cdot V_R$；

ϕ（　）——标准正态分布函数。

根据混凝土轨枕受力特点，其失效概率可主要分为以下两个方面：

（1）混凝土轨枕轨下截面因正荷载弯矩引起的疲劳失效概率以符号 P_{f1} 表示；

（2）混凝土轨枕中间截面因负荷载弯矩引起的疲劳失效概率以符号 P_{f2} 表示。

对于同一根混凝土轨枕包含两个轨下截面和一个枕中截面，不同截面之间的失效概率独立且不相容，因此可计算出轨枕总失效概率 $\sum P_f$：

$$\sum P_f = 2P_{f1} + P_{f2} \tag{3}$$

将以上统计数据代入，计算出轨枕的可靠度及失效概率。按照轨枕50年设计基准期考虑，可得到Ⅲa型轨枕在设计基准期内轨枕失效概率与通过总重之间的关系，如图6所示。

根据图6的统计结果，针对客货共线铁路用Ⅲa型轨枕，基于可靠度理论和相关试验结果的统计分析，控制轨枕总失效概率不超过10%，则轨枕的计算大修周期为累积通过总重50亿t。

由以上计算可以看出，目前Ⅲa型混凝土轨枕虽然设计基准期按50年考虑，但轨枕的实际疲劳使用寿命还与累积通过总重有关，当线路的行车密度不大、每年列车的通过总重不高时，轨枕失效概率将会降低，同时轨枕的大修周期也可以适当延长。建议在养护维修工作实施过程中，轨枕大修周期可在理论分析的基础上，结合线路的实际运营条件、轨枕使用状态和轨道结构整体大修工作合理确定，避免过早进行轨枕大修导致资源浪费和碳排放量增加。

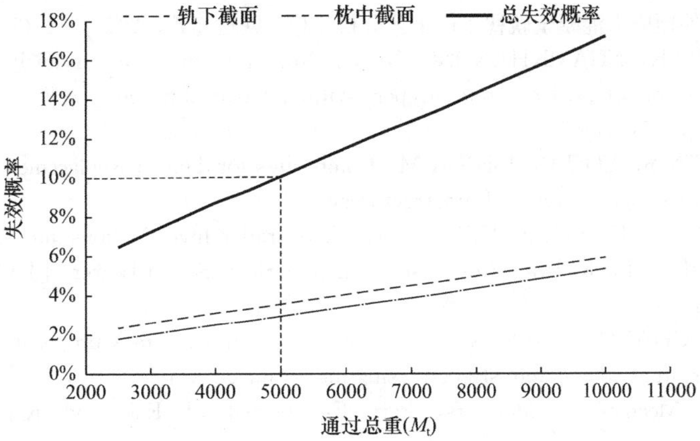

图 6　轨枕设计基准期内失效概率与通过总重关系图

4　结论

预应力混凝土轨枕是我国铁路线路大量采用的轨道部件，通过对轨枕疲劳寿命和合理大修周期的研究，不仅可以为轨枕结构设计及现场轨枕的大修工作提供参考，还可以在保证线路整体状态的前提下，避免过早进行轨枕大修更换，从而避免导致资源浪费和碳排放量增加。本文针对混凝土轨枕疲劳寿命及大修周期评估开展了相关研究工作，主要成果总结如下：

（1）基于可靠度理论建立了轨枕疲劳寿命和大修周期分析方法，并基于轨枕自身结构特点，提出轨枕在设计基准期内的失效概率确定可按10％确定。

（2）通过对既有轨枕荷载测试资料的统计分析，建立了客货共线铁路Ⅲa型轨枕的荷载弯矩谱，并根据轨枕荷载弯矩谱，确定了Ⅲa型轨枕关键截面的最大荷载弯矩平均值和最大荷载弯矩变异系数。

（3）通过试验确定Ⅲa型轨枕关键截面在不稳定疲劳荷载下的承载能力，确定轨枕关键截面的最大承载弯矩平均值和最大承载弯矩变异系数。

（4）研究分析表明，Ⅲa型轨枕虽然设计基准期按50年考虑，但轨枕的实际疲劳使用寿命还与累积通过总重有关，按照轨枕总失效概率不超过10％来控制，则Ⅲa型轨枕的计算大修周期为累积通过总重50亿t。如果线路的行车密度不大、每年列车的通过总重不高时，轨枕失效概率将会降低，同时轨枕的大修周期也可以适当延长，从而避免过早进行轨枕大修导致资源浪费和碳排放量的增加。

另外，轨枕的受力状态受列车轴重、行车速度、轨道状态及道床支承情况等多种因素的影响，实际荷载弯矩变化较大，轨枕自身的承载强度也与原材料、截面尺寸及生产工艺等因素有关。本文相关数据是基于已有的测试结果统计得到，未来可以针对更多不同的工况，建立更加丰富的轨枕荷载弯矩谱和承载强度统计数据库，从而更好地评估和预测轨枕使用寿命以及合理大修周期。

参考文献

[1] 尤瑞林，范佳，刘伟斌. 国内外预应力混凝土轨枕强度检验标准对比研究［J/OL］. 铁道标准设计，2019，63（5）：183-188

[2] 尤瑞林. 国内外预应力混凝土轨枕生产工艺分析［J］. 铁道建筑，2021，61（10）：104-108

[3] YOU R，GOTO K，NGAMKHANONG C，etc. Nonlinear finite element analysis for structural capacity of railway prestressed concrete sleepers with rail seat abrasion［J/OL］. Engineering Failure Analysis，2019，95：47-65

[4] KAEWUNRUEN S，YOU R，ISHIDA M. Composites for Timber-Replacement Bearers in Railway Switches and Crossings［J/OL］. Infrastructures，2017，2（4）：13

[5] YOU R，WANG J，KAEWUNRUEN S，etc. Comparative Investigations into Environment-Friendly Production Methods for Railway Prestressed Concrete Sleepers and Bearers［J/OL］. Sustainability，2022，14（3）：1059

[6] JING G，YUNCHANG D，YOU R，etc. Comparison study of crack propagation in rubberized and conventional prestressed concrete sleepers using digital image correlation［J/OL］. Proceedings of the Institution of Mechanical Engineers，Part F：Journal of Rail and Rapid Transit，2021：095440972110205

[7] 汪加蔚，白玲. 我国预应力混凝土轨枕生产工艺综述［J］. 混凝土世界，2013（8）：38-49

[8] 韩江平. 中国铁道年鉴［M］. 中国铁道年鉴，2019

[9] FERDOUS W，MANALO A，VAN ERP G，etc. Composite railway sleepers-Recent developments，challenges and future prospects［J/OL］. Composite Structures，2015，134：158-168

[10] JING G，SIAHKOUHI M，RILEY EDWARDS J，etc. Smart railway sleepers-a review of recent developments，challenges，and future prospects［J/OL］. Construction and Building Materials，2021，271：121533

[11] LI D，KAEWUNRUEN S，YOU R. Time-dependent behaviours of railway prestressed concrete sleepers in a track system［J/OL］. Engineering Failure Analysis，2021，127：105500

[12] MANALO A. Behaviour of Fibre Composite Sandwich Structures：A case study on railway sleeper application［J］. 305

[13] Railroad Concrete Tie Failure Modes and Research Needs［J］. 2015：14

[14] ZEMAN J C，EDWARDS J R，BARKAN C P L，etc. Failure Mode and Effect Analysis of Concrete Ties in North America［J］. 10

[15] YOU R，KAEWUNRUEN S. Evaluation of remaining fatigue life of concrete sleeper based on field loading conditions［J/OL］. Engineering Failure Analysis，2019，105：70-86

[16] 崔旭亮. 提高普速铁路线路养护维修效率的实践与探索［J］. 2021

[17] 杨旭东. 铁路既有线成段更换轨枕设计与施工分析［J］. 铁道运营技术，2019，25（4）：43-46

[18] 赵国藩，金伟良，贡金鑫. 结构可靠度理论［M］. 北京：中国建筑工业出版社，2000

[19] 姚明初. 混凝土轨枕设计和制造.［M］. 北京：人民铁道出版社，1979

[20] 尤瑞林，范佳，宁迎智. 我国铁路有砟轨道预应力混凝土轨枕的研究与发展综述［J/OL］. 铁道标准设计，2020，64（7）：1-6

基金项目：中国国家铁路集团有限公司科研开发项目（K2021G015）、中国铁道科学研究院集团有限公司科研开发项目（2020YJ031）

作者简介：尤瑞林（1986—），男，硕士，副研究员。主要从事铁路轨枕、无砟轨道方面的研究。

王继军（1971—），男，博士，研究员。主要从事铁路无砟轨道、轨枕方面的研究。

宁　娜（1986—），女，硕士，助研员。主要从事铁路国际标准化、轨枕方面的研究。

姜子清（1982—），男，硕士，副研究员。主要从事铁路养护维修、无砟轨道方面的研究。

基于机-土相互作用的铁路路基压实质量连续检测方法

蔡德钩[1,2]　安再展[1,2]　姚建平[1,2]　闫宏业[1]
(1. 中国铁道科学研究院集团有限公司高速铁路轨道技术国家重点实验室，北京，100081；
2. 北京铁科特种工程技术有限公司，北京，100081)

摘　要：铁路路基压实质量对线路安全运营至关重要，传统检测方法无法实现路基压实质量实时、全面控制。为实现铁路路基压实质量连续检测，利用振动压路机-粗粒土填料(机-土)动力耦合模型，分析了路基刚度、阻尼系数对机-土相互作用的影响，提出采用地基反力(F_g)作为路基压实质量连续检测指标。开展了路基碾压足尺模型试验，提出了机-土相互作用力检测方法，分析了路基碾压过程中地基反力的变化规律。结果表明，地基反力与路基刚度、阻尼系数呈正相关关系，碾压过程中地基反力随碾压遍数增大而增大，最终趋于稳定。地基反力与路基常规质量检测指标具有较好的相关性，可以客观反映路基压实状态，为铁路路基压实质量连续检测与控制提供了依据。

关键词：铁路路基；压实质量；连续检测；地基反力；足尺模型试验

Compaction quality continuous detectionmethod of railway subgrade based on roller-soil interaction

Cai Degou[1,2]　*An Zaizhan*[1,2]　*Yao Jianping*[1,2]　*Yan Hongye*[1]
(1. State Key Laboratory for High-speed Railway Track Technology, China Academy of Railway Science Corporation Limited, Beijing 100081, China;
2. Beijing Tieke Special Engineering Technological Corporation Limited, Beijing 100081, China)

Abstract: The compaction quality of railway subgrade is very important for the safe operation of the lines. The traditional detection methods can not realize the real-time and overall control of subgrade compaction quality. To realize the continuous detection of compaction quality, the vibratory roller-coarse grained soil (roller-soil) dynamic coupling model was used to analyse the influence of subgrade stiffness and damping coefficient on the roller-soil interaction. Then the ground reaction (F_g) was proposed to be the continuous detection index. The subgrade rolling compaction full-scale model tests were carried out. A method to detect the roller-soil interaction force was proposed and the variation of ground reaction during rolling compaction process was analyzed. The results show that, the ground reaction has a positive correlation with the subgrade stiffness and damping coefficient. During the rolling compaction process, the ground reaction increases with the increase of roller passes, and tends to be stable. There is a good correlation between the ground reaction and the conventional quality detection indexes of subgrade, which indicates that the ground reaction can objectively reflect the compaction state of subgrade. Thus, it would provide basis for the continuous detection and control of railway subgrade compaction quality.

Keywords: railway subgrade; compaction quality; continuous detection; ground reaction; full-scale model test

引言

路基是铁路基础设施的重要组成部分，其填筑质量对路基结构长期运营安全至关重要。路基主要通过振动压路机碾压成形，目前我国铁路路基压实质量主要采用压实系数K、动态变形模量E_{vd}和地基系数K_{30}进行控制[1]。传统点抽样检测以单一测试点的压实质量代表一定面积的路基压实质量，时间上存在滞后性，无法实现压实质量过程控制，空间上无法全面掌握全碾压面压实质量，可能导致欠压、过压等情况发生。

为克服传统检测方法的缺点，自20世纪70年代开始，学者们就开展了路基压实质量连续检测技术研究。Thurner等[2]在振动压路机上安装加速度传感器，发现加速度频域中二次谐波幅值与基波幅值之比与填料压实状态相关，定义此值为压实计值（Compaction Meter Value，CMV），目前被广泛用于路基压实质量评价中[3-5]。在实践中人们发现，振动轮加速度频域中不仅存在二次谐波，还存在高次谐波以及分数次谐波，在此基础上，不同学者提出了各种加速度频域类指标，如考虑所有整数次谐波的总谐波失真量（Total Harmonic Distortion，THD）[6]，综合考虑整数次和分数次谐波的压实控制值（Continuous Compaction Value，CCV）[7]，考虑1/2次谐波的共振计值（Rsonance Meter Value，RMV）[8]等。以上基于振动加速度频域特征的连续检测指标在细粒土路基中应用较多，但该类指标经验性强，目前对于谐波出现的机理尚未明确，同时现场试验表明谐波类指标对于粗粒土填料的检测效果较差[9]。针对我国铁路路基粗粒土填料，徐光辉等[10-11]提出可以采用路基结构抗力的变化评估路基压实质量，但目前尚无能准确检测压路机与路基填料相互作用力的方法与设备。

本文基于机-土动力耦合分析，提出采用地基反力作为铁路路基压实质量连续检测指标，开展了路基碾压足尺模型试验，提出了机-土相互作用力检测方法，分析了地基反力与路基压实质量常规检测指标的关系及其检测精度，为实现铁路路基压实质量连续检测与控制提供了基础。

1 基于机-土相互作用的路基压实质量检测原理

路基碾压过程中，振动压路机通过偏心块旋转产生激振力，与其自重共同作用于路基填料，两者构成一个动力系统，路基填料力学参数和振动参数均对系统动力响应有影响[12-13]。本文基于集中参数“质—弹—阻”理论，建立机-土动力耦合模型，如图1所示。模型假设土体为弹性体，振动轮与路基填料的相互作用采用弹簧与阻尼器描述，振动压路机简化为上机架与振动轮两个部分，两者通过减振器相连。以竖直向下为正，机-土动力系统的动力学方程见式（1）。

$$\begin{cases} m_f\ddot{x}_f + c_f(\dot{x}_f - \dot{x}_d) + k_f(x_f - x_d) = m_f g \\ m_d\ddot{x}_d + (c_f + c_s)\dot{x}_d + (k_f + k_s)x_d - c_f\dot{x}_f - k_f x_f = F_0\cos(\omega t) + m_d g \end{cases} \tag{1}$$

式中：m_f和m_d分别为上机架和振动轮等效质量，kg；x_f和x_d分别为上机架和振动轮的质心位移，m；k_f 和 k_s 分别为减振器和土体的刚度，N/m；c_f 和 c_s 分别为减振器和土体的阻尼系数，N·s/m；F_0 为激振力幅值，N；ω 为角频率，rad/s；t 为时间，s。

当路基填料刚度较大时，振动轮可能脱离地面，形成跳振。由于振动轮与路基之间只传递压力，跳振时振动轮与路基相互作用力为0，此时机—土系统的动力学方程为：

$$\begin{cases} m_f\ddot{x}_f + c_f(\dot{x}_f - \dot{x}_d) + k_f(x_f - x_d) = m_f g \\ m_d\ddot{x}_d + c_f(\dot{x}_d - \dot{x}_f) + k_f(x_d - x_f) = F_0\cos(\omega t) + m_d g \end{cases} \tag{2}$$

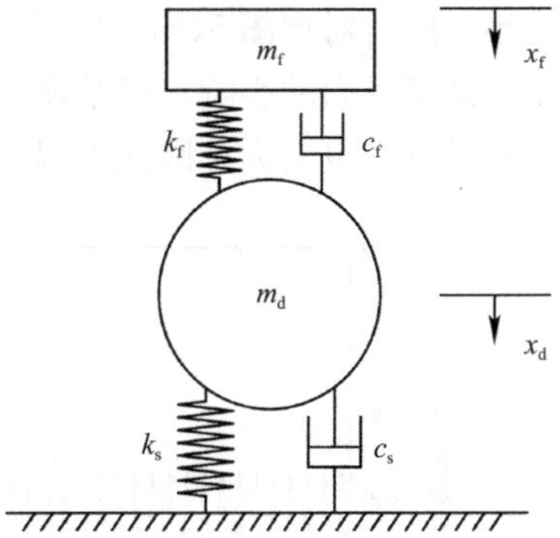

图1　机-土动力耦合模型

式中各符号同式（1）。

本文使用 Matlab/Simulink 实现模型的建立与仿真计算。Simulink 是 Matlab 的重要工具箱之一，其采用视窗化环境，将微分、积分等运算功能模块化，通过搭建模块构建动力系统，广泛应用于各种线性、非线性系统的动态仿真模拟和数字信号处理与控制中。图2为机—土动力耦合模型 Simulink 仿真框图。

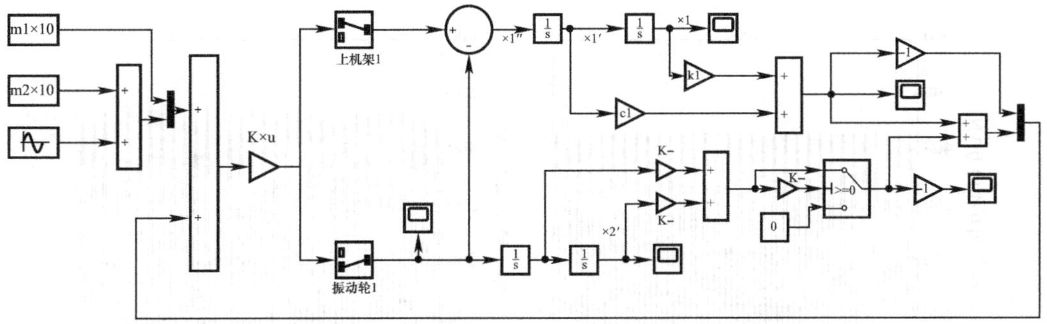

图2　机-土动力耦合模型 Simulink 仿真框图

根据碾压试验中使用的压路机工作参数，模型参数设置如下：振动轮质量 m_d 为 9000kg，上机架质量 m_f 为 8000kg，减振器刚度 k_f 为 20MN/m，减振器阻尼系数 c_f 为 50kN·s/m，偏心块质量矩为 7.68kg·m，振动频率为 32Hz。模型计算采用固定步长 ode4 算法，仿真步长为 0.001s，计算总时间为 10s。设定 c_s=800kN·s/m，图3(a) 与 (b) 分别为 k_s=40MN/m 和 200MN/m 条件下的机—土相互作用力，可以看出刚度对机—土相互作用力有显著影响：k_s 为 40MN/m 时，机—土相互作用力为正弦曲线，变化范围为 5～332kN；k_s 为 240MN/m 时，机—土相互作用力增大，最大值为 510kN，最小值为0。机—土相互作用力为0表示振动轮脱离路面，说明在路基刚度较大时会发生跳振。设定 k_s=160MN/m，图4(a) 和 (b) 分别为 c_s=200kN·s/m 和 1000kN·s/m 条件下的机—土相互作用力，可以看出机—土相互作用力随阻尼系数的增大而增大，两种阻尼系数下均发生了跳振。

定义机-土相互作用力的最大值为地基反力（F_g）。为进一步分析刚度与阻尼系数对地基反力的影响，分别计算刚度为 60～200MN/m 和阻尼系数为 200～1000kN·s/m 范围的地基反力，结果如图5所示。从图5(a) 可以看出，地基反力随刚度增大而增大，且在 120～200MN/m 范围的增大率要大于 40～120MN/m 范围的增大率。从图5(b) 可以看出，地基反力也随阻尼系数的增大而增大，在 200～1000kN·s/m 范围内两者近似呈线性关系。同时对比图 5(a) 和 (b) 可以看出，刚度变化对地基反力的影响要大于阻尼系数变化对地基反力的影响。路基碾压过程中，随着填料被碾压密实，路基的刚度逐渐增大，导致地基反力也增大，因此可以采用地基反力评价路基的压实质量。

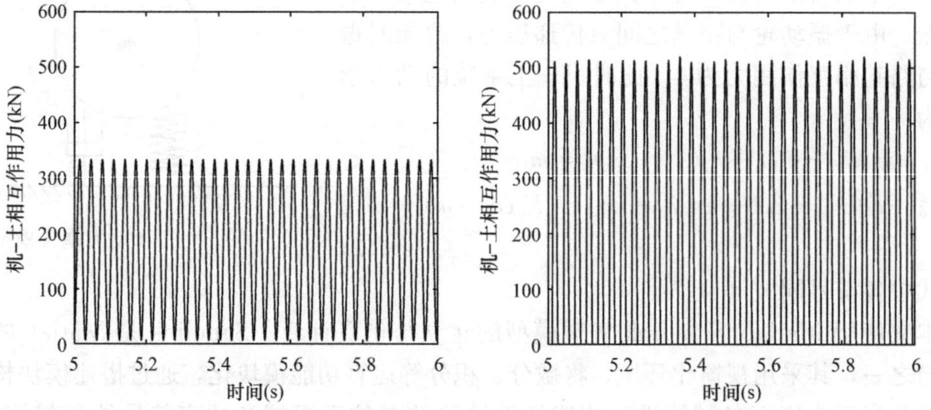

(a) k_s=40MN/m (b) k_s=200MN/m

图 3 不同刚度下加速度时域信号

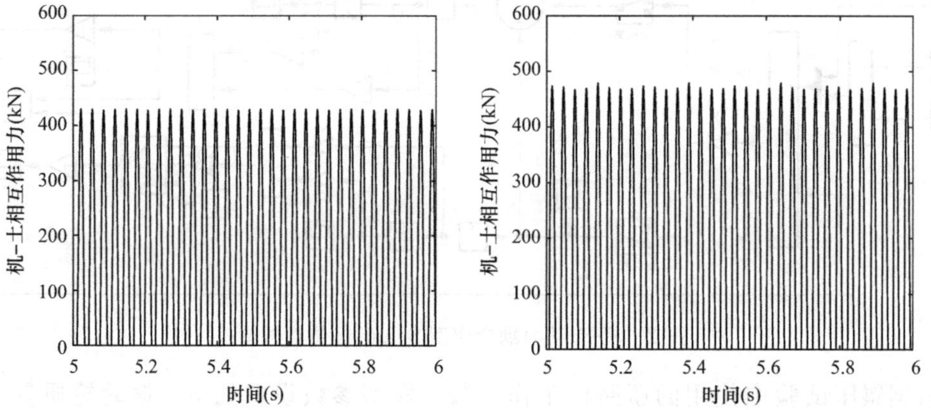

(a) c_s=200kN · s/m (b) c_s=1000kN · s/m

图 4 不同阻尼系数下加速度时域信号

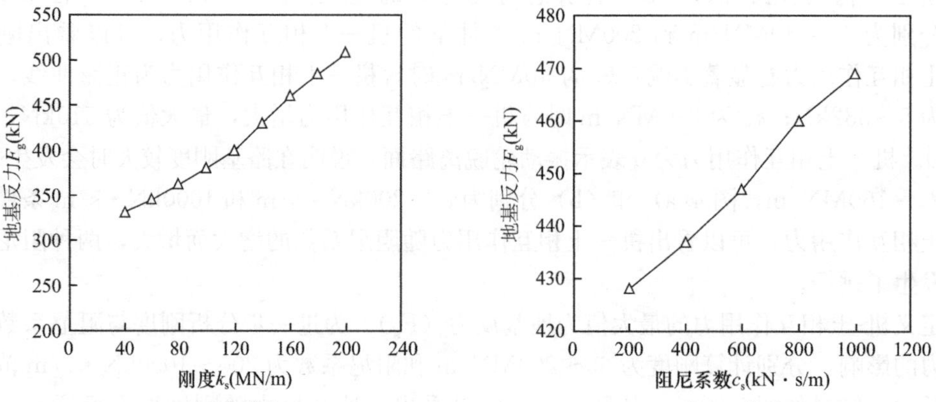

(a) $F_g k_s$关系 (b) $F_g c_s$关系

图 5 地基反力与刚度、阻尼系数的关系

2 路基碾压足尺模型试验

2.1 试验方案

为验证地基反力 F_g 作为铁路路基压实质量连续检测指标的可行性与精度，开展了路基碾压足尺模型试验。试验场地为河北黄骅路基智能填筑试验基地。试验填料为 A/B 组粗粒土填料，填料平均含水率为 5%。试验场地布置如图 6 所示，共设置两条试验条带，每条试验条带长度为 8m，宽度为 2.1m，填料摊铺厚度为 35cm。

采用 26t 单钢轮压路机以 32Hz 振动频率对每条试验条带进行 12 遍连续碾压。试验采用三向加速度传感器检测振动轮竖向振动信号，加速度传感器量程为±50g，竖直安装在与振动轮直接相连的机架上；采用霍尔传感器检测偏心块旋转通过最低位置的时刻。碾压过程中同步采集振动轮竖向加速度信号与霍尔电压信号，采样频率为 5kHz。

图 6 碾压试验场地布置

在每条试验条带第 1～8 遍碾压过程中，对路基压实系数 K 和动态变形模量 E_{vd} 进行检测。沿试验条带长度方向每 0.5m 设置为一个 K 检测单元，每遍碾压后采用灌砂法进行 2 个检测单元的 K 检测，每个检测单元内沿条带宽度方向均匀布置 3 个测点，取其平均值作为该检测单元的 K 值，共得到 K 数据 32 组。沿试验条带长度方向每 1m 设置为一个 E_{vd} 检测单元，每遍碾压后进行 8 个检测单元的 E_{vd} 检测，每个检测单元内沿条带宽度方向均匀布置 3 个测点，取其平均值作为该检测单元的 E_{vd} 值，共得到 E_{vd} 数据 128 组。

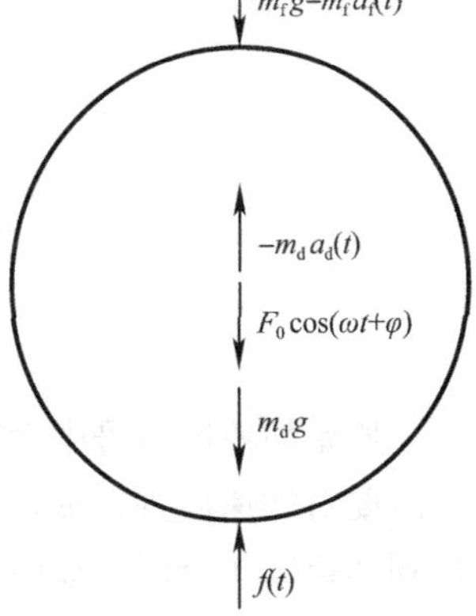

图 7 振动轮受力示意图

2.2 机-土相互作用力检测方法

振动轮的受力情况如图 7 所示，在竖直方向上受自身重力、激振力竖向分力、上机架作用力、机-土相互作用力以及自身惯性力作用。由于上机架与振动轮通过减震装置相连，上机架惯性力 $m_f a_f(t)$ 可以忽略，因此 t 时刻的机-土相互作用力大小可按式（3）计算。

$$f(t) = F_0\cos(\omega t + \varphi) + (m_d + m_f)g - m_d a_d(t) \tag{3}$$

式中，$f(t)$ 为 t 时刻机—土相互作用力，N；F_0 为激振力幅值，N；ω 为偏心块转动角速度，rad/s；φ 为偏心块初始相位角，rad；m_d 为振动轮质量，kg；m_f 为上机架质量，kg；$a_d(t)$ 为 t 时刻振动轮竖向加速度，m/s^2。但由于偏心块初始相位角 φ 无法确定，因此现场试验中无法直接通过式（3）得到机-土相互作用力。徐光辉等[11]认为振动轮位于最低位置时激振力竖向分力最大，此时加速度幅值最大，得出机—土相互作用力最大值的计算公式如下：

$$f_{max} = m_0 e_0 \omega^2 + (m_d + m_f)g - m_d a_{max} \tag{4}$$

式中，f_{max} 为一个振动周期内的机—土相互作用力最大值，N；m_0 为偏心块质量，kg；e_0 为偏心距，m；a_{max} 为一个振动周期内最大加速度值，m/s^2；其他符号同式（3）。

由于路基粗粒土填料变形具有黏性特征，振动位移总是迟滞于激振力发生，激振力竖向分力最大值并不出现在振动轮最低位置处。振动位移与激振力之间的相位差称为滞后相位角。滞后相位角与填料力学性能和振动参数相关，在碾压过程中随填料压实状态变化而改变，对机-土相互作用力有很大影响。式（4）中没有考虑滞后相位角，因此得到的机-土相互作用力与实际有较大差别。刘东海等[14]在路基中埋设土压力传感器，通过对比振动轮振动位移峰值与压应力峰值的时间差计算滞后相位角，但该方法只能得到埋设土压力传感器位置处的滞后相位角，无法实时、连续得到碾压面各处的滞后相位角及机-土相互作用力。

偏心块旋转通过最下方位置时激振力竖向分力最大，通过确定偏心块位置即可构造出激振力竖向分力随时间的变化规律。基于此，本文提出采用霍尔传感器检测偏心块位置的方法：偏心块与带有磁粒的圆环随振动轴同步旋转，通过设置圆环磁粒的初始安装位置，使偏心块旋转通过最下方位置时，圆环上磁粒恰巧经过霍尔传感器，产生霍尔电压信号。如图8所示，可根据霍尔电压信号产生的时刻，采用式（5）插值计算任一时刻激振力竖向分力大小。

$$F_0\cos(\omega t + \varphi) = m_0 e_0 \left(\frac{2\pi}{t_2 - t_1}\right)^2 \cos\left[\frac{2\pi}{t_2 - t_1}(t - t_1)\right] \tag{5}$$

式中：t_1 和 t_2 分别是相邻两次霍尔电压信号出现的时刻；t 为 t_1～t_2 间任一时刻。

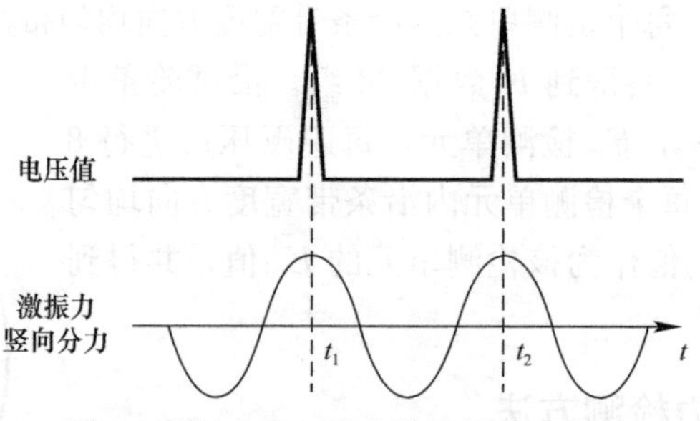

图8　激振力竖向分力计算原理示意图

原始加速度信号中含有高频噪声，对加速度幅值有较大影响，在计算机—土相互作用力需要对加速度进行滤波处理。图9(a)为加速度原始信号，对其进行快速傅里叶变换，得到加速度频谱图，如图9(b)所示。从图中可以看出，加速度在基频、二次谐波以及三次谐波处出现峰值，高频噪声主要集中在280～400Hz范围。本文采用FIR低通滤波器滤除150Hz以上信号，图9(c)为滤波后加速度信号。将式（5）与滤波后的加速度信号代入式（3），即可得到 t 时刻的机—土相互作用力。

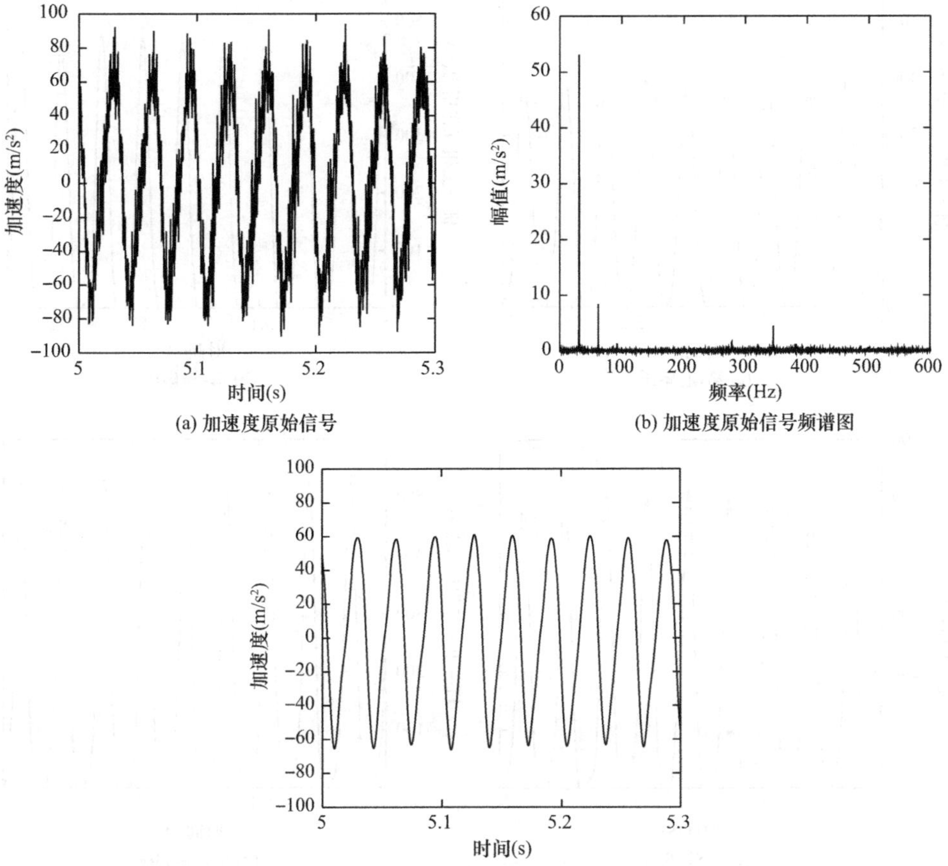

(a) 加速度原始信号

(b) 加速度原始信号频谱图

(c) 低通滤波后加速度信号

图 9　加速度信号滤波信处理

3　试验结果分析

3.1　机-土相互作用力分析

图 10 分别为试验条带 1 第 1、4、8、12 遍碾压的机-土相互作用力。可以看出第 1 遍碾压时机-土相互作用力较小，最大机-土相互作用力约为 380kN，机-土相互作用力呈正弦曲线形式。机-土相互作用力随着碾压遍数的增大而增大，第 4 遍碾压时出现机-土相互作用力为 0 的情况，说明此时发生了跳振，第 12 遍碾压时最大机-土相互作用力达到了 500kN。试验实测机-土相互作用力变化与机-土耦合动力模型仿真结果一致，说明本文提出的检测方法可以准确得到碾压过程中的机-土相互作用力。

图 11 为不同碾压遍数下地基反力在试验条带内的分布及其变化情况。从图中可以看出，条带各处地基反力均随碾压遍数的增大而增大，第 8 遍碾压后基本稳定；两条试验条带在 0～4m 范围的地基反力大于 4～8m 范围的地基反力，各碾压遍数下地基反力在试验条带内的分布情况基本一致。地基反力在试验条带内的不同主要是由于填料级配、含水率存在离散性，碾压面不同部位填料的物理力学性能不同导致的。以上结果说明采用地基反力指标可以评价路基压实程度，确定压实薄弱区域。

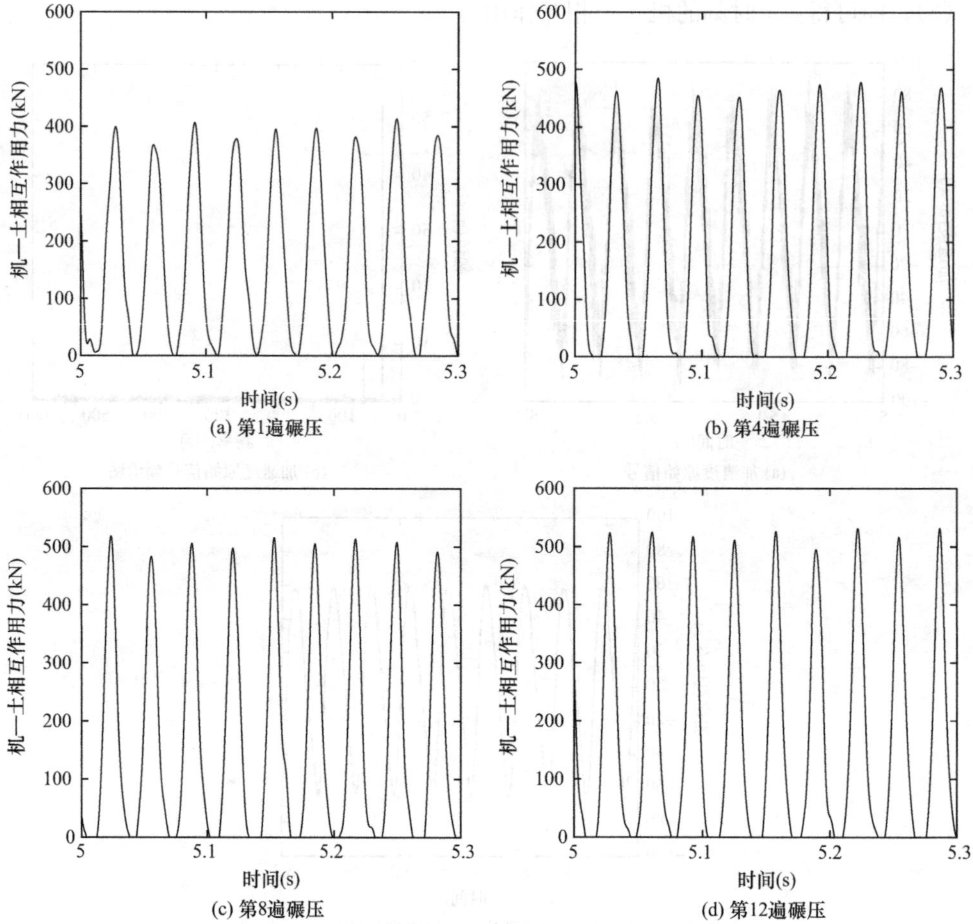

图 10 不同碾压遍数下机—土相互作用力

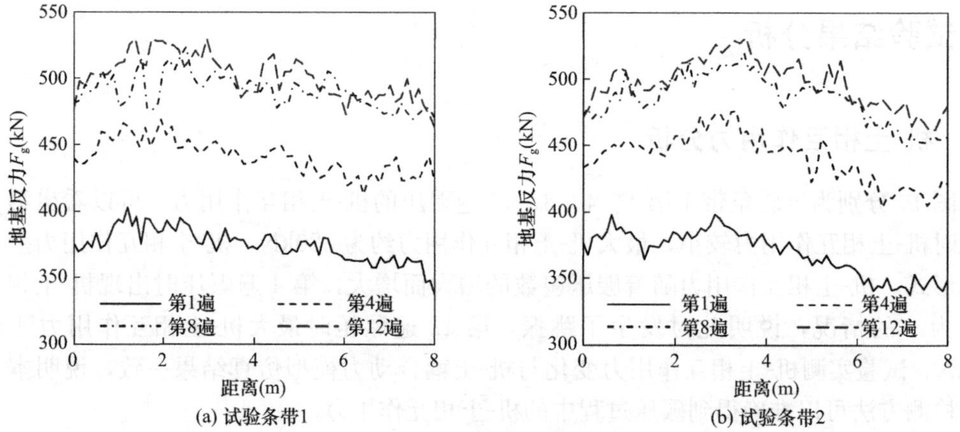

图 11 不同碾压遍数下地基反力

图 12 为两条试验条带的平均地基反力与碾压遍数的关系。从图中可以看出，地基反力首先随碾压遍数增大而迅速增大，且增大速率随碾压遍数的增大而减小，最终地基反力稳定在 500kN 左右。对两条试验条带，前 8 遍碾压地基反力的增长率分别为 31.64%和 31.03%，后 4 遍碾压地基反力的增长率仅为 2.56%和 2.38%，说明填料压密主要发生在

前 8 遍碾压，继续增大碾压遍数对压实效果提高较小，甚至可能发生过压现象，如试验条带 2 第 10 遍和第 11 遍碾压使地基反力减小。地基反力与碾压遍数的关系可以用对数曲线拟合，其 R^2 分别为 0.975 和 0.977。两条试验条带测得的地基反力—碾压遍数曲线大小与变化规律基本一致，说明对于铁路路基粗粒土填料，地基反力指标具有良好的稳定性。

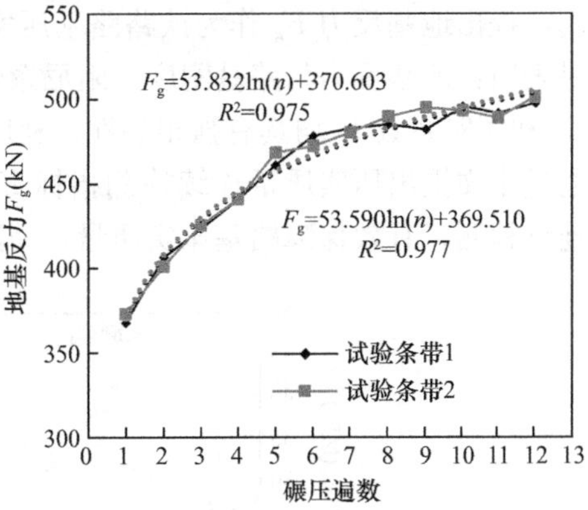

图 12　平均地基反力与碾压遍数关系

3.2　地基反力与常规检测指标相关性分析

为进一步分析地基反力预测路基压实质量的精度，对地基反力与铁路路基压实质量常规检测指标进行相关性分析。图 13(a) 与 (b) 分别为地基反力与动态变形模量 E_{vd} 和压实系数 K 的相关关系。地基反力与 E_{vd} 的相关系数为 0.866，与 K 的相关系数为 0.910，均具有强相关性。地基反力与 E_{vd}、K 的相关系数均大于规范要求值 0.70[15]，因此可以作为铁路路基压实质量连续检测指标。

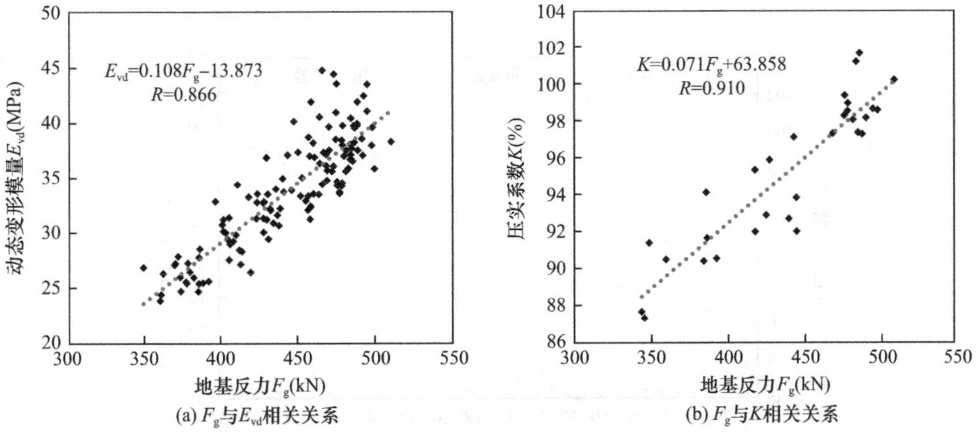

图 13　地基反力与常规检测指标相关关系

分别建立 K、E_{vd} 与地基反力的线性回归模型：

$$E_{vd} = 0.108F_g - 13.873 \tag{6}$$

$$K = 0.071F_g + 63.858 \tag{7}$$

分别利用式 (6) 和式 (7)，根据地基反力预测 E_{vd} 和 K，图 14 和图 15 分别是 E_{vd}、K 预测值与实测值的对比。E_{vd} 预测值与实测值的平均绝对误差为 1.96MPa，最大绝对误差为 8.35MPa，平均相对误差为 5.75%，最大相对误差为 18.68%；K 预测值与实测值的平均绝对误差为 1.34%，最大绝对误差为 3.50%，平均相对误差为 1.41%，最大相对误差为 3.80%。

4　结论

本文通过理论分析与路基碾压足尺模型试验，分析了振动压路机-粗粒土填料相互作用，提出地基反力 F_g 作为铁路路基压实质量连续检测指标，并对其适用性进行验证。结果表明：地基反力与路基刚度、阻尼系数均呈正相关关系，地基反力与路基动态变形模量 E_{vd} 和压实系数 K 均具有强相关性，利用地基反力进行压实质量连续检测均具有较高精度。通过本文提出压实质量连续检测指标 F_g 及其检测方法，可以实现路基压实质量的实时、连续检测，有效保障路基压实质量，为路基智能压实的实现提供基础。

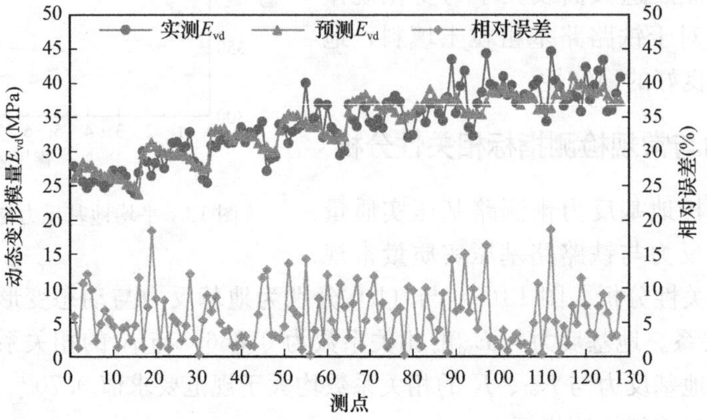

图 14　动态变形模量 E_{vd} 预测值与实测值对比

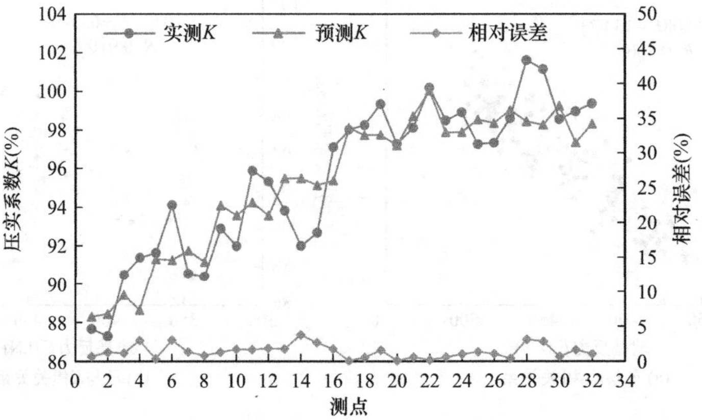

图 15　压实系数 K 预测值与实测值对比

参考文献

[1] 中国铁路总公司. 高速铁路路基工程施工质量验收标准：TB 10751-2018 [S]. 北京：中国铁道出版社，2018

[2] Thurner H，Sandström A. A new device for instant compaction control [C]. In Proceedings of the International Conference on Compaction，Paris，France，1980，2：611-614

[3] Hu W，Huang B. S，Shu X，et al. Utilising intelligent compaction meter values to evaluate construction quality of asphalt pavement layers [J]. Road Materials and Pavement Design，2017，18 (4)：980-991

[4] 窦鹏，聂志红，王翔等. 铁路路基压实质量检测指标 CMV 与 E_{vd} 的相关性校检 [J]. 铁道科学与工程学报，2014，11 (2)：90-94

[5] 安再展，刘天云，皇甫泽华等. 利用CMV评估堆石料压实质量的神经网络模型 [J]. 水力发电学报，2020，39 (4)：110-120

[6] Gorman P. B，Mooney M. A. Monitoring roller vibration during compaction of crushed rock [C].

2003 Proceedings of the 20th International Association for Automation and Robotic in Construction, Eindhoven, ISARC, 2003, 415-419

[7] Xu Q. W, Chang G. K. Evaluation of intelligent compaction for asphalt materials [J]. Automation in Construction. 2013, 30: 104-112

[8] Vennapusa P. K, White D. J, Morris M. D. Geostatistical analysis for spatially referenced roller-integrated compaction measurements [J]. Journal of Geotechnical and Geoenvironmental Engineering, 2010, 136 (6): 813-822

[9] 徐光辉，雒泽华. 连续压实控制技术中压实计方法的谐波比指标的局限性问题研究 [J]. 筑路机械与施工机械化，2015，32 (8)：39-42

[10] 徐光辉. 路基系统形成过程动态监控技术 [D]. 成都：西南交通大学，2005

[11] 张家玲，徐光辉，蔡英. 连续压实路基质量检验与控制研究 [J]. 岩土力学，2015，36 (4)：1141-1146

[12] 秦四成，程悦荪，李忠等. 振动压路机振动轮-土壤系统动力学分析 [J]. 同济大学学报（自然科学版），2001，29 (9)：1026-1031

[13] 张青哲，杨人凤，戴经梁. 振动压实过程土体参数识别方法研究 [J]. 公路交通科技，2009，26 (8)：10-27

[14] 刘东海，高雷. 基于碾振性态的土石坝料压实质量监测指标分析与改进 [J]. 水力发电学报，2018，37 (4)：111-120

[15] 中国铁路总公司. 铁路路基填筑工程连续压实控制技术规程：Q/CR 9210—2015 [S]. 北京：中国铁道出版社，2015

基金项目： 中国铁道科学研究院集团有限公司科研项目（2020YJ032）

作者简介： 蔡德钩（1978—），男，博士，研究员。主要从事铁路岩土工程技术方面的研究。
安再展（1991—），男，博士，助理研究员。主要从事铁路路基建造技术的研究。
姚建平（1976—），男，博士，研究员。主要从事铁路工务技术方面的研究。
闫宏业（1981—），男，硕士，研究员。主要从事铁路路基结构方面研究。

铁路工务基础设施智能建造技术应用与发展

朱宏伟[1,2]

(1. 中国铁道科学研究院集团有限公司高速铁路轨道技术国家重点实验室，北京，100081；
2. 中国铁道科学研究院集团有限公司铁道建筑研究所，北京，100081)

摘　要：智能高铁体系架构的确立促进了铁路工务工程智能建造技术的持续深入发展。文章介绍了铁路工务基础设施智能建造的总体架构，阐述了智能建造技术在一体化工程勘察、装配式构件制造、智能工厂建设、自动化质量检测、智能化机械施工、融合 BIM 的建设管理等方面取得的主要成果，并对智能建造下一阶段的发展方向进行展望，提出了管理制度创新、三维协同设计、成套智能装备升级、工地协同管控、面向全生命周期的效能提升等主要发展方向，可为铁路、公路等相关工程建设的智能化升级提供参考。

关键词：铁路工程；智能建造；BIM；信息化

Application and development of intelligent construction technology for railway public works infrastructure

Zhu Hongwei[1,2]

(1. State Key Laboratory of High-Speed Railway, China Railway Research Institute Group Co., Ltd., Beijing 100081, China;
2. Railway Construction Research Institute, China Railway Research Institute Group Co., Ltd., Beijing 100081, China)

Abstract: The establishment of intelligent high-speed railway architecture promotes the sustainable and in-depth development of intelligent construction technology of railway public works engineering. This paper introduces the overall framework of intelligent construction of railway public works infrastructure, expounds the main achievements of intelligent construction technology in the aspects of integrated engineering survey, fabricated component manufacturing, intelligent factory construction, automatic quality inspection, intelligent mechanical construction, and construction management integrating BIM, and prospects the development direction of intelligent construction in the next stage, putting forward major directions such as management system innovation, three-dimensional collaborative design, upgrading complete sets of intelligent equipment, coordinated site management and control, and improving efficiency for the whole life cycle. The relevant achievements provide reference for intelligent upgrading in railway and other related engineering construction.

Keywords: railway engineering; intelligent construction; BIM; informatization

引言

2015 年 5 月 8 日，国务院正式印发《中国制造 2025》，其核心是要通过智能制造技术进一步优化流程，到2020年实现由“制造大国”向“制造强国”的转变，并基本实现工业化。2015年12月，原铁路总公司发布“中国铁路总公司信息化总体规划（2016—2030）”征求意见稿，2017年6月发布《铁路信息化总体规划》，明确了铁路信息化建设的总体目标和要求。“十三五”期间，为推动铁路数字化、智能化工程建设，在国铁集团指导下，铁路工程管理平台1.0及信息化终端系统上线运行，初步实现了铁路基础设施建造安全、质量、进度的信息化管理。2020年国铁集团发布的《智能高速铁路体系架构1.0》，提出了技术、标准、数据三位一体的智能高铁体系架构，明确了智能建造的内涵与组成[1]。在铁路工务工程智能建造领域，勘察设计、工程施工、建设管理三个主要板块的信息化全面普及，重点环节的智能化转型逐步展开。

1 铁路工务基础设施智能建造架构

“智能建造”综合应用新一代信息技术对生产过程进行感知、分析、决策与控制，实现工地的数字化、精细化、智能化生产和管理。智能建造技术是建筑业信息化与工业化融合的体现，是数字化、网络化、智能化与工程建造的结合，是建立在高度信息化基础上的新型施工方式。智能建造技术的发展总体上可分为感知、替代和智慧三个阶段，从对生产过程信息的全面采集到借助智能诊断、自动化控制部分代替人工劳作，最后借助AIoT、智能控制等技术实现对整个生产过程的全面管理和控制，完成由“人”决策向“计算机”决策的转变。

铁路智能建造在推动信息化建设的基础上，将BIM、GIS、智能工装、自动化检/监测、装配式结构智造等与先进的工程建造技术相融合，实现铁路基础设施勘察设计、工程施工、建设管理三方面的精细化、智能化生产服务。铁路智能建造总体架构中涵盖技术、数据、标准三个体系的建设[2]，如图1所示。

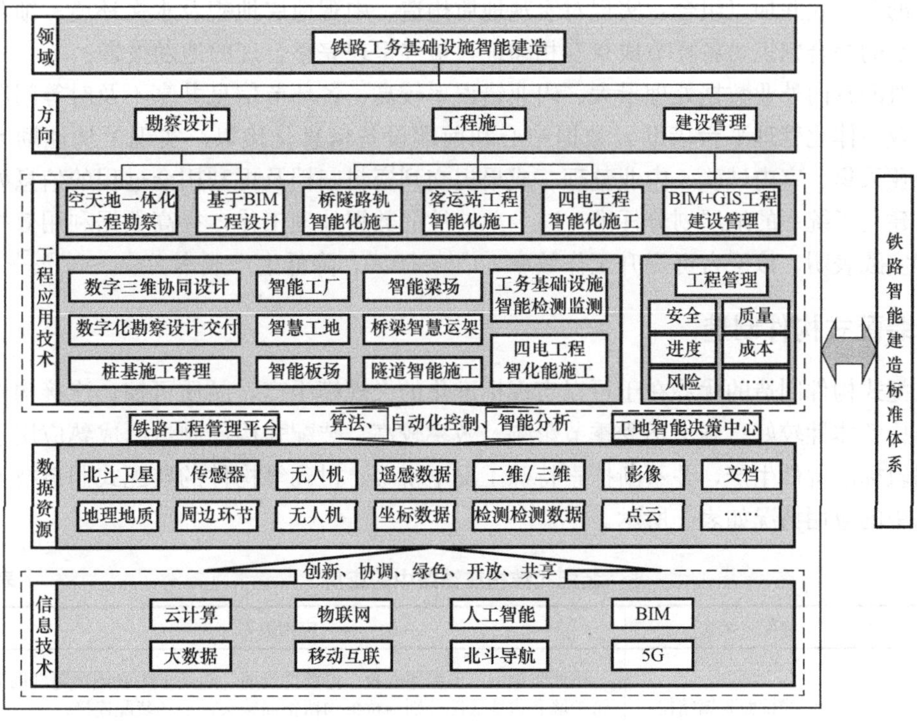

图1 铁路智能建造总体架构

在铁路信息化总体规划和高速铁路智能架构的指导下，铁路桥、隧、路、轨专业基本完成了施工全过程的信息化建设，在关键施工环节上完成了工装设备的自动化、智能化改造，相关技术在以郑万、京张、京雄高铁为代表的工程建设项目中逐步普及，初步形成了以勘察设计、建设、运维一体化管理为目标，以全过程安全、质量、进度管控为主线，以一体化工程勘察、装配式构件制造、少人化工厂建设、自动化质量检测、智能化机械施工、融合BIM的建设管理为代表的能化转型技术路线，为我国高铁技术领跑世界提供支撑。

2 铁路工务基础设施智能建造技术应用

2.1 一体化工程勘察

一体化工程勘察包含两个层面的含义，一是对"空""天""地"不同层级勘察技术的综合应用；二是对勘察内外业数据的一体化处理。

"空"类勘察技术传统上指卫星遥感及测绘技术，近年来涌现出InSAR形变监测、北斗卫星定位、多光谱/高光谱地层岩性识别、卫星热红外遥感地热识别等新技术，主要适用于地质背景识别、岩层构造、地表水系等宏观地质水文描述以及基于卫星的勘察定位等。"天"类勘察技术主要借助飞行器进行航空摄像、机载激光雷达、热红外航空扫描等勘察服务，无人机的进步更是促进了相关技术的发展，主要适用于区域性或线状工程的高清图像获取及识别，可进行较大范围的构造分析、地质调绘与判释、地热与地下水探测等。"地"类勘察技术主要包括常规物探、钻探、超前地质预报等针对较小范围的精细化勘测技术，近年来也创新发展了三维激光扫描、液压钻探、等值反磁通瞬变电磁等技术[3]。"空天地一体化勘察"即根据不同勘察阶段、勘察目标、工程形式、地质特征，合理选择勘察方式并加以组合，实现对宏观地质构造、中观地层地貌及水文环境、细观水文地质参数的综合判识，各环节成果互相印证，最终呈现完整合理的地勘报告。

针对勘察内外业数据处理量大、内业错误率较高、各环节信息共享不及时等问题，勘察内外业一体化管理平台借助云数据中心和前端设备信息化接口，实现了从地勘方案策划、外业采集、室内试验、内业整理、成果提交到资料归档及再利用全过程的信息处理与共享，建立了统一的地层划分标准，减少单一性的数据处理工作，提高数据利用效率。相关工程实践表明，该平台可提升工作效率30%～50%，降低生产成本20%～30%[4]。

2.2 装配式构件制造

装配式构件制造的优势在于可以实现标准化的大规模生产，品质可控；连接构件受力小，结构整体性较好；施工不受季节影响，效率较高。装配式构件制造已成熟应用于铁路桥隧路轨标准构件生产，并不断探索特殊工况下桥墩、衬砌等构件的装配式制造技术，其在铁路中的应用情况如表1所示。

装配式结构在铁路中的应用 表1

专业	装配式结构	应用效果
桥梁工程	装配式桥面附属结构	桥面防护墙、电缆槽底板、电缆槽竖墙、边墙采用整体预制（倒E型），防护墙和边墙底部分别与桥梁预留钢筋接头，现场装配连接； 整体式装配桥面附属设施同时可作为桥面的防水层和保护层

续表

专业	装配式结构	应用效果
桥梁工程	预制混凝土梁	实现了标准跨径混凝土梁的预制装配； 短线法解决了运输困难条件下的装配式梁体制造难题[5]
	预制钢-混组合梁	混凝土桥面板先后采用了预制底模板＋现浇混凝土、分块全高预制＋现浇接缝、全高全宽节段预制＋现浇剪力连接混凝土等方式[5]； 运输及架设条件满足下，可以采用整跨预制组合梁
	预制钢箱梁	钢构件预制拼装
	装配式桥墩	相较于现浇桥墩费用较高，适用于现浇困难、或混凝土养护难度较大的工程，如跨海大桥、场地狭窄的市政项目、干旱地区等
隧道工程	盾构管片	实现了衬砌管片预制拼装
	矿山法隧道预制装配式衬砌	包括全断面衬砌装配式结构和装配式仰拱，解决了偏远山区长大隧道衬砌浇筑及质量控制难题
路基工程	装配式挡土墙	解决山区铁路困难条件下边坡支档、防护结构施工工期、质量控制难题，减少施工引发地灾风险，提升边坡灾害防治水平
	装配式预应力锚索框架结构	
轨道工程	预制板式/双块式无砟轨道	形成了较为成熟的工厂化制造、智能化铺装工艺工装
	预制装配式聚氨酯道床	解决了现浇聚氨酯道床对道砟施工的高要求难题，增强结构可维修性，降低综合成本30%以上[6]

2.3 智能工厂建设

铁路智能工厂典型代表包括智能梁厂、智能板/枕厂，其智能化建设以两方面的技术为代表，一是面向生产全过程的信息采集与综合管理，二是关键生产装备的智能化升级。

信息采集与管理依托生产管理系统进行，普遍包括生产计划管理、生产过程数据采集、生产日志记录、进度/安全/质量预警、智能化装备数据接入等功能。以轨道板智能工厂为例，轨道板生产管理系统集成试验室、张拉系统、养护系统、外观检测系统等多个信息孤岛，通过业务流程优化、数据关联与信息整合，实现生产进度、质量控制，经工程实践表明该系统可提高生产效率10%、提高数据统计效率20%。

智能装备应用于工厂生产的关键环节，形成了自动化作业流水线，并逐步实现质量诊断、智能控制、装备健康管理等功能提升。智能梁场采用了箱梁自驱式内模系统、箱梁钢筋预扎自动升降内架、预应力孔道橡胶棒抽拔台车、预应力成品束钢绞线穿束台车、预应力筋自动张拉系统、预应力管道自动压浆系统、箱梁自动静载试验系统、箱梁混凝土自动养护系统等一系列智能化装备及系统，解决了传统内模变径无法一次成型、梁体钢筋人工绑扎整体刚性不强、钢筋定位不准、张拉伸长测量累积误差较大等问题[7]。轨道板/枕厂发展出流水机组法工艺，通过中央控制系统指挥模具清理、脱模机喷涂、预埋套管安装、钢筋入模及张拉杆连接、预应力张拉、绝缘检测、蒸汽养护、轨道板养护、外观尺寸检测全过程智能装备作业[8]，结合轨道传输＋台车横移的运输方式，将产品依次通过各生产工位，实现10min流水节拍作业，实现了板/枕生产管理标准化和生产工艺智能化，达到了板场次品率小于0.05%的目标。

2.4 自动化质量检测

随着智能建造技术的推进，三维扫描、图像识别、自动化监测等技术越来越多地应用于铁路工务基础设施的质量检测，可以代替传统设备，实现覆盖面更广、精度更高、内容更全面的质量检测目标。

在桥梁工程中，毫米波雷达、光栅位移计可应用于静载试验中的挠度位移检测[9]，具有无需安装靶标、可多点同时测试、可同时测量纵横向的动态挠度和静态挠度的优势；图像识别技术可以应用于静载试验过程中的裂纹检测。在隧道工程中，三维扫描可快速识别光面爆破平整度和半孔率，识别隧道净空尺寸，为光爆效果评估提供依据，有利于隧道超欠挖控制，降低衬砌浇注成本。在路基工程中，压实振动连续检测不仅可以实现全覆盖式的检测，而且可以提高检测效率50%以上，该技术的广泛应用将促进铁路路基压实质量检测体系的变革。在轨道工程中，基于图像识别的轨道板/轨枕外观质量快速检测系统将单板检测耗时由20min缩短至5min[10]；无缝线路焊连锁定作业管理系统可自动监控轨温、气温，实现自动判断施工方法和钢轨拉伸量，自动判断撞轨是否达到零应力状态，全程监控钢轨纵向位移值和均匀性。

此外，结合无人机的自动巡检系统可应用于桥梁、轨道等结构的裂缝、伤损检测；搭载雷达设备的爬壁机器人开始应用于隧道衬砌检测；综合地质雷达检测、衬砌表面病害快速自动识别、机器人自动追踪的轮胎式高铁隧道衬砌质量检测车大幅提高了隧道衬砌质量检测效率[11]。

2.5 智能化机械施工

物联网、5G、智能控制等技术的发展，规模化机械作业的普及，为智能化机械奠定了基础；人力成本的持续上涨，我国由制造大国向制造强国的转变促进了智能化机械的快速发展。机械智能化的关键特征就是基于科学算法的自主决策和协同管控，可在提高作业效率的同时节省大量人力。

桥梁运架施工中应用了精确落梁控制、测力支座装备。精确落梁控制装备主要实现两个方面的功能：一方面是纵向、横向、竖向千斤顶的协同控制，另一方面是箱梁竖向千斤顶支反力/简支梁梁底标高及位移精确控制，最终目标是实现过孔、喂梁、落梁全工序的高精度控制，端线到终线误差控制在1mm之内。测力支座专门针对桥梁荷载及附加结构应力的不确定性问题而研制，可实现桥梁荷载远程、实时测试和分析，并进行支座受力状态判断和风险分级预警[12]。

我国隧道机械化施工起始于20世纪80年代带有液压机械臂的凿岩钻机的应用。近年来，京张高速铁路和郑万高速铁路典型隧道修建过程中，已经掌握了全断面、台阶法开挖方式下硬岩、软岩在超前钻探、开挖作业、支护作业、仰拱作业、防（排）水板作业、二次衬砌作业及水沟电缆槽七条作业生产线智能化装备的配套应用。目前正在研发集成爆破设计与施工控制、爆破有害效益监控、爆破效果监测评价的智能爆破综合应用系统；研制将凿岩台车、混凝土湿喷机、钢拱架台车、吊车、注浆泵、集（除）尘器、破碎锤（剪）、排风管组合为一体并集中管控的多功能衬砌台车[13]。

在铁路路基填筑中已发展出包括推土机、平地机、压路机和挖掘机在内的全套智能填筑施工机械，通过精准感知机械姿态和压实质量、动态调整作业参数实现路基及站场局部空间多机型高效协同作业[14]，提高机械利用效率50%以上，提升施工工效15%以上；相关作业参数的累积为进一步提升压实振动连续检测精度、发展智能调频调幅压路机提供了支撑。

双块式轨道施工中，新型嵌套式轨排实现了轨向与高程独立调整，精调工序作业时间节省50%以上，作业人员减少60%；自动分枕平台实现自动收拢、自动分枕、轨枕定位、轨排框架定位等功能，实现轨枕间距误差≤5mm，轨枕与钢轨垂直度误差≤1mm；智能化轨排铺装可控制轨排纵、横向位置精调，保证轨排落在分枕平台的精度；自动精调机实现了自动计算并调整纵向、横向螺杆，减少作业人员 50%，缩短工期约 50%，节省费用近 70%；承轨台检测机器人自动分析承轨台空间偏差，统计非标件采购清单，节省作业人员近 60%，缩短单板测量时间约 60%，单日检测长度由 350m 提升至 800m[15]。

2.6 融合 BIM 的建设管理

BIM 模型可以搭载从设计、施工至运维期的全周期信息，为全生命周期健康管理提供支持，已成功应用于铁路建设项目的施工组织管理以及安全、进度、质量的总体管控等。

在铁路施工组织中，利用 BIM 技术可以关联 WBS 元素与模型构件，直接显示 WBS 元素对应的交付物，提升分解效率和准确性；可以关联工作任务与结构模型，读取结构尺寸、材料及施工信息，自动算量和统计工时；结合倾斜摄影建立铁路沿线地质地理模型，便于施工人员快速查询分析地质情况及周边环境影响；可用于场地布置方案优化，进行用地界校核、管线优化、限界干涉检查、大型设备进场及调度安排等方面的应用；可对进度计划和关键工序进行可视化模拟，利用 BIM 模型结构间的信息关联，实现对复杂结构施工方案的推演，验证方案合理性、时效性和可执行性[16,17]。

基于 BIM+GIS 的工程建设管理平台可实现安全、进度、质量等方面的总体管控，并针对不同层级的管理需求提供解决方案。安全管理方面，可进行人员疏散及应急救援方案预演，做到灾害早发现、早处理，准确选择疏散通道；可以结合现场检监测数据进行安全风险辨识与预警。进度管理方面，可以进行实际进度、形象进度和计划进度的可视化对比，直观清晰，便于抓住主要矛盾。质量管理方面，可对原材料进行追溯，可跟踪质量问题进行闭环管理。成本管理方面，可将 EBS 分解构件与合同单价、责任成本单价关联，综合人材机消耗，统计、分析成本与利润等。

3 铁路工务基础设施智能建造技术发展

自 2015 年原铁路总公司启动信息化建设总体规划以来，铁路信息化、智能化建设快速发展，在智能建造的 3 个阶段中，已经完成“感知”，在关键环节实现了“替代”，开始进入“智慧”阶段。智能建造技术的进一步发展需要在管理制度、信息技术关键基础、铁路工程建设理念等方面的持续创新，为铁路建设提供更多科技力量。

3.1 智能建造管理制度创新

智能建造不仅仅是新技术的研发、应用，更是对传统建造方式的变革，且对传统管理制度造成了一定程度的冲击。如造价管理方面，智能建造应用的成本、效益可能存在阶段上、或对象上的不统一，造成成本、效益在时间、对象上的错位。比如 BIM 设计增加了设计成本，带来的是建造、运维阶段的效益提升；部分信息化技术带来建设管理的便利，但在施工造价中却没有相应的体现。质量管理方面，智能技术的应用拓展了信息感知的深度和广度，有可能反映出原有的设计、施工标准的不足之处，这些问题该如何处理需要建立相应的机制。智能建造涉及安全、成本、质量的管理，如何明确它的责任主体，如何去平衡研发与应用的需求和成本，这些矛盾在智能建造发展的初始阶段并不突出，但如今铁路智能建造发展到一定规模，需要进一步拓展时，就亟须改革现有的管理制度，建立开放的创新环境，鼓励建设、设计、施工等多方的共同参与，从全生命周期管理的角度统筹考虑智能建造发展。

3.2 基于BIM的三维协同设计

BIM设计在管线综合、协调检查、可视化模拟方面具备优势，在建筑学、机电设计中有着较深应用，而在包括桥隧路轨的结构设计中，因BIM软件平台本土化不足、与CAD相比缺乏完善的二次开发工具、生成图档不符合国内设计要求等原因，导致BIM设计效率较低，出现“翻图”现象。各大设计院虽然重视BIM技术的发展，成立了各自的BIM设计中心，但也受到“基础设施”不完善的制约。BIM三维协同设计可实现复杂结构参数化设计、BIM与结构分析计算协同、BIM模型出图等，可消除本专业内或专业间错漏空缺造成的设计错误或碰撞，打破设计与算量、设计与工程的割裂状态，为全生命周期管理提供基础工具，是铁路设计的重要发展方向。

3.3 成套智能装备升级应用

以路基智能填筑智能机械群、轨道板/枕铺装成套智能化机械、梁/板/枕工厂智能装备为代表的智能工装初见规模，未来桥隧路轨专业将在以上环节智能化建设的示范引领下，逐步开展成套智能工装的研发与应用，在桥梁运架、隧道爆破、衬砌施作、地基处理、轨道精调等方向进行突破，发展主动感知、自主决策、智能管理的新一代桥隧路轨施工装备，逐步实现单一生产环节至施工全过程的工装、工艺、工法智能化升级，为工地提质增效贡献力量。

3.4 融合BIM的智慧工地协同管控

桥、隧、路、轨工地协同管控系统将构建智慧工地决策中心，在北斗定位、智能控制、BIM、物联网、大数据等新一代技术支持下，构建以BIM为核心，GIS数据、设计信息、施组要素信息为基础的完整管理信息链，实现施组要素动态管理、施工进度推演模拟、工程费用快速计算、物料平衡管理、大临工程自动规划等功能，建立协同化、集成化的智慧工地组织管理模式。通过AIoT、BIM、智能机械的融合与创新，建立工地决策中心—智能化装备协同作业模式，实现作业数据全面感知与分析、作业参数动态调控、作业质量智能评价等。

3.5 面向全生命周期管理的工务基础设施效能提升

铁路全生命周期管理不是铁路建设各阶段的物理揉合和简单叠加，而是一种既能反映各个阶段目标需求与管理特点，又能保障最终运营目标实现的集成管理模式。通过全面的设计、建造、运维数据采集与分析，可在铁路建设大数据的支持下进行重大基础性材料用量统计分析与统筹安排、通用材料力学性能分析、质量监督与风险防控、设计优化、施工单位行为画像、服役性能预测与验证等技术创新，提升铁路工程建设理论、技术与管理水平，最终实现面向全生命周期管理的工务基础设施效能提升。

4 小结

信息全面感知、数据协同共享、科学分析决策是智能建造技术的关键特征。铁路工务基础设施在勘察设计、工程施工、建设管理三个板块开展信息化、智能化建设，已在一体化工程勘察、装配式构件制造、智能工厂建设、自动化质量检测、智能化机械施工、融合BIM的建设管理等方面取得显著成效。在此基础上，铁路智能建造将继续拓展其研发、应用的深度和广度，在管理制度、信息技术关键基础、铁路工程建设理念等方面进行持续创新。智能建造是面向数字链驱动的铁路工程全生命周期协同管控与智能决策体系的重要组成，为交付以人为本、绿色可持续的铁路工程项目提供了重要支撑。

参考文献

[1] TJ/QT008—2020 智能高速铁路体系架构 1.0 [S]. 北京：中国国家铁路集团有限公司，2020

[2] 王同军. 智能铁路总体架构与发展展望 [J]. 铁路计算机应用，2018，27 (7)：1-8

[3] 冯涛，蒋良文，曹化平等. 高铁复杂岩溶“空天地”一体化综合勘察技术 [J]. 铁道工程学报，2018，35 (6)：1-6

[4] 朱霞，马全明，唐超等. 轨道交通工程勘察全过程一体化信息系统的建设与应用 [J]. 都市快轨交通，2022，35 (1)：41-47

[5] 周志祥，钟世祥，张江涛等. 桥梁装配式技术发展与工业化制造探讨 [J]. 重庆交通大学学报（自然科学版)，2021，40 (10)：29-40，72

[6] 徐旸，杨国涛，王红等. 预制装配式聚氨酯道床结构研究 [J]. 中国铁道科学，2020，41 (1)：18-24

[7] 刘向明. 高速铁路用 40m/1000t 级箱梁建造技术的研究 [J]. 中州大学学报，2020，37 (5)：125-128

[8] 王梦，王继军，赵勇等. CRSⅢ型先张预应力轨道板设计及制造技术 [J]. 中国铁路，2017 (8)：16-20

[9] 孙金更. 铁路桥梁静载试验自动控制装置的研制 [J]. 铁道标准设计，2016，60 (12)：54-60，61

[10] 凌烈鹏，薛峰，王亮明等. 双块式轨枕外形质量快速检测系统研制及应用 [J]. 铁道建筑，2020，60 (4)：46-50

[11] 高春雷，王鹏，韩自力等. 高速铁路新建隧道衬砌质量检测车的研制与应用 [J]. 铁道建筑，2020，60 (7)：69-72

[12] 臧晓秋，李学斌，李东异等. 三向测力盆式橡胶支座的设计及试验研究 [J]. 铁道建筑，2012 (4)：1-5

[13] 张民庆，辛维克，贾大鹏等，张吉怀铁路吉首隧道衬砌施工信息化控制系统 [J]. 现代隧道技术，2021，58 (6)：182-187

[14] 叶阳升，朱宏伟，尧俊凯等. 高速铁路路基振动压实理论与智能压实技术综述 [J]. 中国铁道科学，2021，42 (5)：1-11

[15] 羿士龙. 双块式无砟轨道智能化工装施工技术 [J]. 高铁速递，2020 (10)：68-70

[16] 陈学峰，刘建友，吕刚等. 京张高铁八达岭长城站建造关键技术及创新 [J]. 铁道标准设计，2020，64 (1)：21-28

[17] 吕刚，刘建友，赵勇等. 京张高铁隧道智能建造技术 [J]. 隧道建设（中英文)，2021，41 (8)：1375-1384，中插 23-中插 32

基于时序 InSAR 技术的城市环境轨道交通沉降监测研究

简国辉[1,2]　姚京川[1,2,3]　张　勇[1,2,3]　郭继亮[2]　袁慕策[1,2]　冯　楠[1,2]　郑佳怡[1,2]
（1. 中国铁道科学研究院集团有限公司铁道建筑研究所，北京，100081；
2. 高速铁路轨道技术国家重点实验室，北京，100081；3. 铁科检测有限公司，北京，100081）

摘　要： 时序合成孔径雷达干涉测量技术在地表形变监测方面具有大范围、全天时、高精度的优势，利用其优势进行地表沉降信息提取，从而服务于城市环境轨道交通全生命周期沉降监测，在城市环境具有大量人类生产活动的情况下，该技术相比传统地面沉降监测手段整体效率更高。在该技术的应用过程中，使用高分辨率 SAR 影像可以得到更精细的地物信息，但在长时间跨度内能否提取到足够数量的目标点有待进一步研究。本文以城市环境轨道交通中具有代表性的铁路为例，搜集了 79 景高分辨率 Cosmo-SkyMed 影像，其时间跨度为 2013 年 1 月到 2020 年 8 月，利用这些数据进行某铁路沿线沉降信息提取，在研究区域内得到了 440120 个目标点，形变速率结果显示该区域最大沉降速率达到了 −86.3mm/year，同时沉降时间序列信息展示了观测期间内的沉降变化趋势，体现了高分辨率影像在长时间跨度内进行城市环境轨道交通沉降监测的有效性。另外，得到的沉降速率和历史沉降信息将为沉降分析和治理提供参考。

关键词： 时序合成孔径雷达干涉测量；轨道交通；沉降监测

Research on subsidence monitoring of rail transit in urban area based on Time-Series InSAR technology

Jian Guohui[1,2]　*Yao Jingchuan*[1,2,3]　*Zhang Yong*[1,2,3]　*Guo Jiliang*[3]
Yuan Muce[1,2]　*Feng Nan*[1,2]　*Zheng Jiayi*[1,2]
(1. Railway Engineering Research Institute, China Academy of Railway Sciences Corporation Limited, Beijing 100081, China;
2. State Key Laboratory for Track Technology of High-Speed Railway, Beijing 100081, China;
3. Tieke Inspection Corporation Limited, Beijing 100081, China)

Abstract: Time-Series Interferometric Synthetic Aperture Radar (TSInSAR) has the advantages of large-scale, all-day, and high-precision in extracting ground surface deformation. Its huge advantages make it capable of playing an important role on full life cycle subsidence monitoring of rail transit in urban area. Compared with traditional subsidence monitoring methods, it has higher overall efficiency in the case of urban area with a large number of human productive activities. In the application of this technology, the use of high-resolution SAR images can provide more detailed information about the ground features, but whether a sufficient number of target points can be extracted within a long time

span requires further research. Taking the representative railway in urban area as an example, this paper collected 79 high-resolution Cosmo-SkyMed images from January 2013 to August 2020. Using these data to extract subsidence information along a railway in China, 440120 targets were obtained in the study area. The deformation velocity results show that the maximum subsidence in this area has reached -86.3mm/year, and the subsidence time series shows the trend of subsidence changes during the observation period. The work reflects the effectiveness of high-resolution images for monitoring rail transit subsidence in urban environmental over a long span. In addition, the obtained subsidence velocity and subsidence time series will provide references for subsidence analysis and treatment.
Keywords: TSInSAR; rail transit; subsidence monitoring

引言

地面沉降是一种地壳表面标高降低的局部工程地质现象，大多发生在城市区域，给人们的生产、生活带来了极大的困扰，严重影响了城市的宜居性[1]。在城市的发展和人口的不断扩张中，会伴随着大量的地下水开采和人类工程活动进行，这使得城市沉降现象越来越严重，对城市基础设施的健康造成了极大的危害[2]。其中，对高速铁路这样的轨道交通而言，地面沉降会直接影响到轨道的平顺性，从而影响行车安全，因此针对轨道交通开展沉降监测对轨道交通的安全运营具有重要意义。在传统的沉降监测中，主要以 GNSS 和水准测量等监测手段为主，这些技术都是基于离散点目标，监测范围小，耗费的成本较高，尤其是在环境较为复杂的区域，安全性也有待衡量[3]。

星载合成孔径雷达干涉测量（Interferometric Synthetic Aperture Radar，InSAR）技术作为一种主动式微波遥感监测手段，具有大范围、全天时、高精度的优势，同时其非接触的监测方式，对于某些危险区域的沉降监测工作开展意义重大。尤其是最新的时序 InSAR 技术，以覆盖同一地区的多景 SAR 影像为基础，提取影像中的高相干点目标进行分析，削弱了时空失相干和大气效应的影响，其理论精度可达到毫米级别[4]。在中国，研究人员基于时序 InSAR 技术也进行了大量的沉降监测研究，例如在北京、天津、苏州、上海等城市开展的工作，均取得了较好的效果[5-10]。

时序 InSAR 技术在轨道交通沉降监测中具有巨大优势，但以前的研究大部分是基于分辨率较低的 SAR 影像，并且所使用的数据时间跨度较短，而在长时间序列内能否提取足够数量的相干点有待进一步研究。在前人研究的基础上，本文以某铁路为例，采用 3m 分辨率的 Cosmo-SkyMed 数据，得到了该区域的沉降信息，希望在体现基于高分辨率 SAR 数据的时序 InSAR 技术在轨道交通沉降监测中的巨大潜力的同时，利用得到的长时间跨度内的历史沉降信息，为分析该区域沉降演变规律和沉降发生的诱因提供参考信息。

1 数据和方法

1.1 数据集

本次研究的轨道交通线路为某铁路的一部分，选取线路两侧各 1km 的范围为研究区域，见图 1，其中底图为 ALOS-DSM。搜集了覆盖该区域的 Cosmo-SkyMed 数据 79 景，其地面分辨率为 3m，X 波段，波长为 3.1cm，时间跨度为 2013 年 1 月到 2020 年 8 月。此外，数据处理过程中所用 DEM 数据为 30m 分辨率 STRM1 数据。

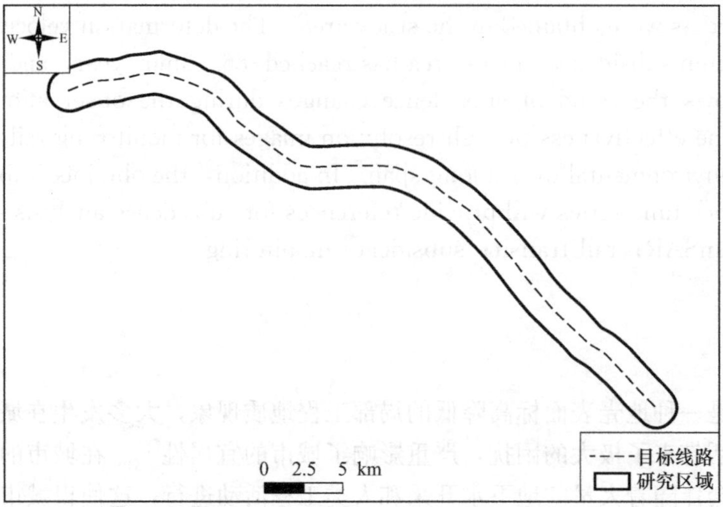

图 1　研究区域

1.2　方法和处理

本文采用了时序 InSAR 技术中极具代表性的 PS-InSAR 技术，该技术选取覆盖同一地区的多幅 SAR 影像，通过分析所有 SAR 影像的幅度信息和相位信息，从而选取高相干点，这些点目标在时间上散射特性相对稳定，回波信号较强，受斑点噪声的影响很小，从而可以保证结果的精度[11,12]。

数据处理的主要步骤包括：原始 SAR 数据的预处理、相干目标点的选取、主影像选择与干涉条纹图的计算、差分干涉图的生成、形变模型建立和相位解缠、大气效应等误差的估计与去除、形变速率和时间序列形变量估计。具体流程如下：

(1) 对 N 幅 SAR 影像进行辐射定标处理，并选取其中一幅影像为参考对其余 N－1 影像进行配准处理，配准精度需达到亚像元级别；

(2) 利用频谱相干系数法或者振幅离差阈值法进行相干目标点的选取，相干目标点一般对应房屋、道路、裸露的岩石等实际地物；

(3) 在 N 幅 SAR 影像中，选取其中一幅干涉图作为主影像，其他影像为从影像，分别与主影像共轭相乘进行干涉处理，获取到 N－1 幅干涉图；

(4) 利用外部的 DEM 数据，对 N－1 幅干涉图进行差分干涉处理，得到 N－1 幅差分干涉图；

(5) 在差分干涉图中提取相干目标点对应的干涉相位，对相干目标点建立回归模型，进行高程误差和形变值的解算；

(6) 通过迭代计算进行精密基线估计，同时利用时空滤波算法对不同时空频率的相位成分进行分离，重新获取高程误差和形变信息；

(7) 优化模型，将线性和非线性形变分量叠加，输出平均形变速率值和时序形变量等形变信息；

(8) 将形变信息进行地理编码，并在地理空间信息分析平台进行可视化和后续的空间分析处理。

另外，由于 SAR 传感器是侧视成像，因此得到的原始结果是视线向上的形变信息，需要将其转换成垂直向上的形变信息，这样才能反映出沉降状况，该过程只需要知道入射角参数即可完成转换[4]。

2 地表形变分析

在研究区域内得到了 440120 个目标点，每个点都有相应的平均沉降速率和以起始日期为参考的各个观测日期的累计沉降量，并且这些数据都可以以矢量格式进行保存，同时可以为每个点添加经纬度属性，便于进行空间分析。由于大量的点一次性展示对于软硬件要求极高，因此此处以光学影像为底图，选取一部分来展示提取到的目标点的分布状况，如图 2 所示。从图中可以看到，由于影像分辨率较高，加上城市区域内影像失相干现象较弱，因此即使在较长的时间跨度内，依然可以提取到足够多的目标点，通过计算，点的平均密度为 6054 个/km^2。这些目标点主要位于轨道、道路、周边房屋建筑等地物上，符合时序 InSAR 算法的理论预期结果，同时在轨道上有足够数量的点，可以保证对轨道基础设施的精细监测。

图 2 目标点分布情况

为了展示该区域完整的沉降分布状况，对得到的沉降结果进行插值处理，该过程通过反距离加权算法来实现，这样整条线路的区域性沉降状况就能得到完整的体现。由于点的密度足够大，对于研究区域内目标点没有覆盖到部分，也能很好地进行沉降趋势预估，结果的可靠性也可以得到保证，结果如图 3 所示。

从图 3 中可以看出，形变速率的分布范围为－86.3～8.1mm/年，从该图中可以很直观地看出线路不同部分的形变速率，其中线路西北部分较为稳定，而东南部分有一些沉降明显的点，另外对于中部区域（图中中部深色），沉降速率较大，需要重点关注。

通过 InSAR 技术对目标区域进行形变监测，除了得到空间域内的平均形变速率趋势，还能获取时间域内各个点在不同日期的累积形变量，我们选取其中的一个形变点作为示例，展示其对应的地面区域的沉降变化趋势，结果如图 4 所示。

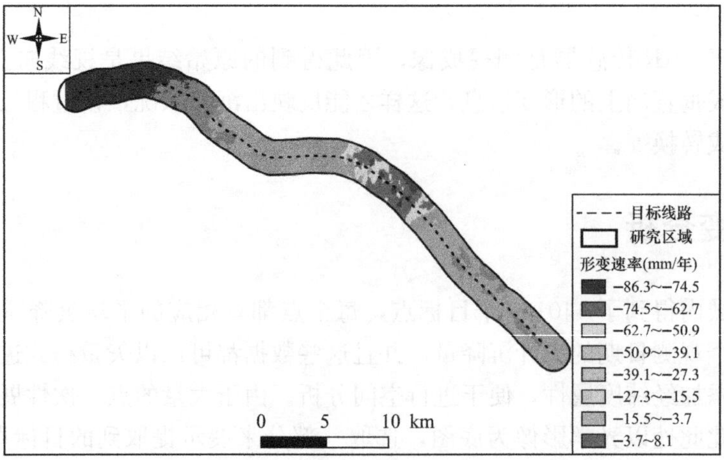

图3 研究区沉降速率图

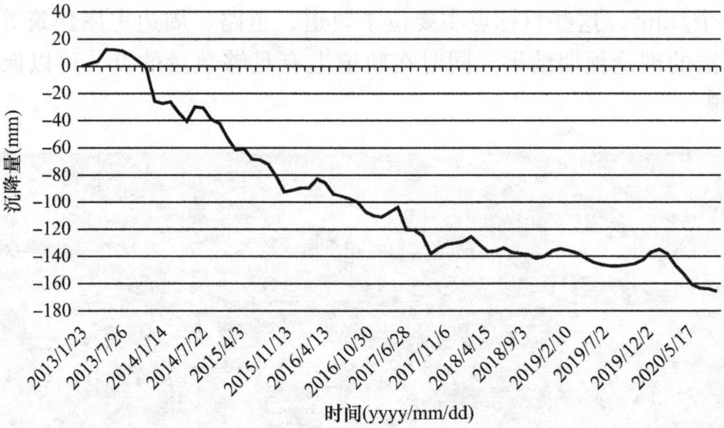

图4 累积沉降量图

从图4中可以看出，总体上该点的沉降量在逐渐增大，在2013年到2017年底之间，下沉速率较快，2018年到2019年底趋于缓和，之后又有加速的趋势。另外，可将该结果与高分辨率光学影像进行叠加，分析形变点和对应轨道交通设施的联系，同时基于该结果可在地理空间信息分析平台中开展对研究区域的沉降季节性变化分析、局部区域不均匀沉降情况分析、与其他数据进行融合的沉降风险性评估等工作。通过形变速率和累积沉降信息，不仅展示了沉降变化趋势，还可以与地下水位变化量、地质活动、工程建设等其他信息结合来分析沉降诱因，从而为沉降的治理提供帮助[13]。

3 结论

通过使用时序InSAR技术，结合高分辨率的Cosmo-SkyMed数据，在目标区域内得到了440120个目标点，点的空间平均密度为6054个/km^2，尤其是轨道和路基上分布的点较为密集，展示出了高分辨SAR数据在轨道交通沉降监测中的巨大潜力。得到的沉降速率插值图展示了研究线路区域的完整沉降分布状况，可以据此对沉降较为严重的点进行重点监测。另外，得到的历史沉降信息将为研究该线路的沉降演变状况和分析沉降诱因提供参考信息。

当然，InSAR 技术在使用过程中还需要注意一些问题。一是随着 SAR 影像的分辨率越来越高，探测到的相干点密度相比中低分辨率数据增加了许多，由于这些点本身不带有物理性质，因此需要考虑其定位精度，从而更好地服务于基础设施形变解译和精度验证[14]。二是在多云多雨地区，大气的时空变化频率较高，大气相位难以准确去除，这将影响对轨道交通的沉降监测精度，因此需要考虑更优的模型来抑制其影响。

参考文献

[1] 薛禹群，张云，叶淑君等. 中国地面沉降及其需要解决的几个问题 [J]. 第四纪研究，2003，23 (6)：585-593

[2] 林珲，马培峰，王伟玺. 监测城市基础设施健康的星载 MT-InSAR 方法介绍 [J]. 测绘学报，2017，46 (10)：1421-1433

[3] 刘丙强. 高速铁路基础变形测量技术体系探讨 [J]. 铁道建筑，2015 (7)：92-94，124

[4] Crosetto M，Monserrat O，Cuevas-González M，et al. Persistent scatterer interferometry：A review [J]. ISPRS Journal of Photogrammetry and Remote Sensing，2016，115：78-89

[5] 周玉营，陈蜜，宫辉力等. 基于时序 InSAR 的京津高铁北京段地面沉降监测 [J]. 地球信息科学学报，2017，19 (10)：1393-1403

[6] 张永红，张继贤，龚文瑜等. 基于 SAR 干涉点目标分析技术的城市地表形变监测 [J]. 测绘学报，2009，38 (6)：482-487，493

[7] 陈强，刘国祥，丁晓利等. 永久散射体雷达差分干涉应用于区域地表沉降探测 [J]. 地球物理学报，2007，50 (3)：737-743

[8] Zhao Q，Lin H，Gao W，et al. InSAR detection of residual settlement of an ocean reclamation engineering project：a case study of Hong Kong International Airport [J]. Journal of Oceanography，2011，67 (4)：415-426

[9] 王茹，杨天亮，杨梦诗等. PS-InSAR 技术对上海高架路的沉降监测与归因分析 [J]. 武汉大学学报（信息科学版），2018，43 (12)：2050-2057

[10] 张永红，吴宏安，康永辉. 京津冀地区 1992—2014 年三阶段地面沉降 InSAR 监测 [J]. 测绘学报，2016，45 (9)：1050-1058

[11] 朱建军，李志伟，胡俊. InSAR 变形监测方法与研究进展 [J]. 测绘学报，2017，46 (10)：1717-1733

[12] Ferretti A，Prati C，Rocca F. Permanent scatterers in SAR interferometry [J]. IEEE Transactions on Geoscience and Remote Sensing，2001，39 (1)：8-20

[13] 秦晓琼，杨梦诗，王寒梅等. 高分辨率 PS-InSAR 在轨道交通形变特征探测中的应用 [J]. 测绘学报，2016，45 (6)：713-721

[14] Selvakumaran S，Plank S，Geiß C，et al. Remote monitoring to predict bridge scour failure using Interferometric Synthetic Aperture Radar (InSAR) stacking techniques [J]. International Journal of Applied Earth Observation and Geoinformation，2018，73：463-470

基金项目：中国铁道科学研究院集团有限公司科技研究开发计划项目（2019YJ028）

作者简介：简国辉（1995—），男，硕士，研究实习员。主要从事微波遥感形变监测、铁路检监测技术方面的研究。

姚京川（1977—），男，博士，研究员。主要从事铁路综合遥感、工务基础设施运行与维护方面的研究。

张　勇（1979—），男，博士，研究员。主要从事铁路综合遥感、工务基础设施运行与维护方面的研究。

郭继亮（1983—），男，博士，副研究员。主要从事铁路综合遥感、工务基础设施运行与维护方面的研究。

袁慕策（1994—），男，硕士，研究实习员。主要从事光学遥感地物提取、铁路检监测技术方面的研究。

冯　楠（1993—），女，硕士，助理研究员。主要从事光学遥感地物提取、铁路检监测技术方面的研究。

郑佳怡（1995—），女，硕士，助理工程师。主要从事光学遥感地物提取、铁路检监测技术方面的研究。

我国大跨度铁路斜拉桥技术创新与发展

郭　辉[1,2]

（1. 中国铁道科学研究院集团有限公司铁道建筑研究所，北京，100081；
2. 高速铁路轨道技术国家重点实验室，北京，100081）

摘　要：我国大跨度铁路斜拉桥自进入21世纪以来取得快速发展，主跨跨径从21世纪初的312m发展至1092m，成为大跨度铁路桥梁的代表桥型，为适应不同建设条件和节省投资提供了有利条件。本文总结了我国铁路斜拉桥的主要技术创新，结果表明：国产高性能桥梁结构钢、斜拉索和高性能混凝土等新材料引领了桥梁创新发展，使超千米跨径铁路斜拉桥成为可能；从功能需求角度发展了多种新型结构体系，涵盖公铁两用双层/平层主梁、无砟轨道高铁斜拉桥、多塔铁路斜拉桥等，为改善结构受力、提高行车性能做出了贡献；整体预制及信息化安装在大型基础施工、大吨位钢梁整体吊装等方面的应用有效提高了施工效率，保证了施工质量；国产大位移梁端伸缩装置、2000t级架梁吊机、数控伺服电动扳手等新装备/设备的研发，提升了桥梁建造质量，并为运营期的安全服役奠定基础。最后提出了双碳目标下大跨度铁路斜拉桥的技术发展方向建议。

关键词：铁路斜拉桥；新材料；新结构；梁端伸缩装置；数控伺服电动扳手；技术创新；“双碳”目标

Innovation and development of long-span railway cable-stayed bridges in China

Guo Hui[1,2]

(1. Railway Engineering Research Institute, China Academy of Railway Sciences Corporation Limited, Beijing 100081, China;
2. State Key Laboratory for Track Technology of High-speed Railway, Beijing 100081, China)

Abstract: Rapid development of long-span railway cable-stayed bridge (RCSB) in China has been obtained since 2000. As a representative structural type for long-span bridges, its main span has increased from 312m to 1092m in just 20 years, which can adapt to different construction conditions and save the cost. After summarizing major innovations of RCSB, results show that new material made the kilometer-scale RCSB possible by adopting high-performance bridge structural steel, stay-cables with high tensile strength, and high-performance concrete, etc. Innovative structural system has also been proposed and applied to improve the mechanical properties and train running performance, such as RCSB with ballastless track and train speed 350km/h, three-pylon RCSB, main girder with upper and lower deck or single deck supporting multi-line railway and multi-lane highway, steel-concrete composite pylon, new railway bridge deck, etc. Furthermore, application of integral prefabrication and informative erection for mega foundation and large-tonnage steel girder improves the construction efficiency and quality. And several new facilities and equipment such as integral bridge expansion joint, hoisting crane, and smart torque wrench, etc. have also been created which promotes the construction quality and provides a better foundation for safety maintenance. Technological development trends of long-span RCSB are proposed finally under carbon peaking and carbon neutrality goals.

Keywords: railway cable-stayed bridge; new material; structural system; bridge expansion joint; torque wrench; technological innovations; carbon peaking and carbon neutrality goals

引言

自2000年主跨312m的芜湖长江大桥建成以来，我国铁路斜拉桥在20余年的时间里取得快速发展[1]。据初步统计，我国已建及在建铁路斜拉桥总数达60余座（含部分斜拉桥22座)。以主跨504m的武汉天兴洲长江大桥、主跨630m的铜陵长江公铁大桥、主跨1092m的沪苏通长江公铁大桥等为代表[2]，铁路斜拉桥在新材料、新结构、新工艺、新设备等方面实现了突破和创新。此外，我国目前还有多座在建的千米级铁路斜拉桥，如主跨1176m的常泰长江大桥[3]、主跨2×1120m的马鞍山长江公铁大桥[4]等，体现出我国在铁路斜拉桥建造领域的最新发展。本文总结了进入21世纪以来我国铁路斜拉桥的主要技术创新，提出了当前“双碳”目标背景下的铁路斜拉桥技术发展方向建议，可为我国铁路斜拉桥高质量发展提供参考。

1　新材料发展

以桥梁结构钢、高强度斜拉索和超高性能混凝土为例，介绍新材料在助力斜拉桥技术发展方面的支撑作用。

1.1　桥梁结构钢

我国桥梁结构钢从20世纪50年代开始研发，始终紧密结合铁路钢桥发展需求。在早期A3q钢、16Mnq钢和15MnVNq钢的研发和应用基础上，20世纪90年代初，我国通过开展大量科学研究及工艺试验研发了14MnNbq微合金化桥梁钢，在16Mnq钢基础上降低钢中C、P、S的含量，通过添加Nb元素提高钢的强度，同时具有良好的低温韧性，很好地解决了板厚效应，使得32～50mm的厚钢板得以批量供应[5]，新钢种首次用于主跨312m的芜湖长江大桥，并纳入桥梁钢国家标准，成为Q370qE钢，此后该钢种广泛应用于我国铁路大跨度钢桥，如主跨504m的武汉天兴洲长江大桥。随着钢桥跨度、结构型式、承载功能等需求的发展，对钢材板厚的要求也逐步提高（如某桥主桁构件最大轴力达9万kN，采用传统Q370qE钢最大板厚须达120mm)，给设计施工带来极大困难，由此研发了Q420qE钢，该钢种以超低碳贝氏体（ULCB）为设计主线，采用TMCP等多项先进工艺，使开发新钢种具有高强度、高韧性、优良的焊接性，以及良好的耐候性能等优点[6]。进一步提高钢材强度、保证韧性，提高工厂制造性能（焰切性能、焊接性能和热矫性能等)，并针对新钢种结构设计考虑极限承载力、典型构造细节疲劳抗力和钢结构压杆稳定或板件稳定，是桥梁结构钢创新发展的内核要求。2020年7月建成通车的世界首座主跨超千米的公铁两用钢桁梁斜拉桥——沪苏通长江公铁大桥，在主塔与辅助墩区部分桁梁采用 Q500qE 钢，有效减小了板厚，助力铁路斜拉桥主跨突破千米，实现了桥梁结构钢的新发展[7,8]。

近年来，我国又研发了屈服强度更高的 Q690qE 钢并在武汉江汉湾大桥和澳门澳氹四桥得到应用[5]。与美国和日本等国家相比，我国在桥梁结构钢的研究方面起步较晚，但依托于大型钢结构桥梁建设，通过开展持续的科学研究和工程应用，实现了桥梁结构钢的高质量发展，为铁路斜拉桥以及其他大跨钢桥发展提供了有力支撑。

1.2 高强度斜拉索

斜拉索作为斜拉桥最重要的承力部件，起到将主梁重量、移动荷载等传递至索塔的功能，由于大跨度铁路桥梁特别是公铁两用桥梁结构自重大、列车活载明显大于公路活载，对斜拉索的强度和抗疲劳性能等提出了更高要求。同时，提高斜拉索强度级别，降低斜拉索直径，可以减小斜拉索在风荷载作用下的变形，对行车性能有利。我国铁路斜拉桥普遍采用 ϕ7mm 平行钢丝斜拉索，钢丝标准抗拉强度多采用 1670MPa[9]，如芜湖长江大桥、武汉天兴洲长江大桥、安庆铁路长江大桥、公安长江公铁大桥、宁波铁路枢纽甬江特大桥、赣州赣江特大桥、编鱼洲长江大桥等；近年来钢丝标准抗拉强度进一步发展到 1770MPa[10]（代表桥例为黄冈长江大桥）、1860MPa[11]（代表桥例为平潭海峡公铁两用大桥三座主通航孔钢桁梁斜拉桥、宜宾临港长江大桥）。铜陵长江公铁大桥采用钢绞线斜拉索，单股钢绞线公称直径 15.2mm，抗拉强度为 1860MPa[12]。

芜湖长江公铁大桥、沪苏通长江公铁大桥考虑其受力特点，均采用 2000MPa 级平行钢丝斜拉索[13,14]，为国内目前已应用的最高强度斜拉索。研发 2000MPa 级平行钢丝斜拉索涉及的关键技术包括盘条及钢丝成品研发、锌铝合金镀层抗腐蚀工艺、与 2000MPa 级高强度钢丝相匹配的斜拉索用锚具、成品索的锚固可靠性和抗疲劳性能。采用经过微合金化的、索氏体含量较高的高强度热轧盘条，结合合适的钢丝拉拔技术、热镀技术以及稳定化处理技术，开发出的成品钢丝通过了拉伸试验、抗疲劳试验、扭转试验、缠绕试验和弯曲试验等力学性能试验，其中，钢丝抗拉强度 2032～2060MPa，屈服强度 1832～1856MPa，反复弯曲 6～8 次，扭转次数不低于 8 次，强度高、韧性好，具有良好的综合力学性能[15]。在建桥梁中，常泰长江大桥采用 2000MPa、2100MPa 两种规则平行钢丝斜拉索，马鞍山长江公铁大桥采用 2100MPa 平行钢丝斜拉索[16]。

1.3 超高性能混凝土（UHPC）

超高性能混凝土具有强度高、耐久性强的特点，其抗拉、抗弯、抗剪、粘结强度、峰值应变等均远大于普通混凝土，掺入钢纤维可显著提高超高性能混凝土的韧性[17]。同时，超高性能混凝土的抗冻性和抗锈蚀性能均优于普通混凝土。为提高钢正交异性桥面板的抗疲劳性能，钢-UHPC 轻型组合桥面在国内多座桥梁中应用，其中包括多座大跨度铁路斜拉桥，如沪苏通长江公铁大桥、浩吉铁路洞庭湖大桥等[18]。以沪苏通长江公铁大桥为例，铁路钢桥面 UHPC 铺装施工工艺及流程为：桥面板喷砂除锈→防腐涂装→焊接栓钉→绑扎钢筋网→浇筑 UHPC 层[19]，如图 1 所示。UHPC 在桥梁上部结构的进一步应用，有望减小断面尺寸并减轻自重，从而减小下部结构尺寸，减少混凝土用量，并提高混凝土结构耐久性，延长结构使用寿命，助力桥梁建设低碳发展[20]（图 1）。

图1 铁路斜拉桥钢桥面 UHPC 铺装应用

2 铁路斜拉桥结构创新

结构创新是铁路斜拉桥在满足交通功能需求、改善结构受力、适应铁路列车运行安全与平稳等性能需求的重要技术手段。我国大跨度铁路斜拉桥在结构创新方面开展了大量研究并得到成功应用。如在武汉天兴洲长江大桥提出三主桁三索面结构体系，提高了桥梁整体刚度和铁路桥面局部刚度，从而可以适应多线、多车道的承载需求，明显改善了行车性能，在多座大跨度铁路斜拉桥、拱桥中得到应用[9]。在桥上轨道结构体系方面，成功在多座高速铁路斜拉桥上应用无砟轨道结构，并形成了关于刚度标准、精细化施工工艺等方面的成套技术[21]。此外，我国目前在建的千米级三塔公铁两用斜拉桥，则是世界范围内首次应用该技术[22]。

2.1 铁路斜拉桥主梁结构形式创新

我国已建及在建的多座大跨度铁路斜拉桥因承载多线铁路和多车道公路，主梁多采用桁梁结构形式，上、下层分置，早期采用两主桁结构，如芜湖长江大桥。为提高桥梁整体刚度、改善铁路桥面受力和变形，适应高速行车需要，武汉天兴洲长江大桥、铜陵长江公铁大桥、沪苏通长江公铁大桥、马鞍山长江公铁大桥等大跨度桥梁均采用三主桁三索面结构。早期天兴洲桥铁路桥面采用板桁组合结构，后续铜陵长江公铁大桥在桥塔根部和压重区的铁路桥面采用箱桁组合结构，在跨中结构受力较小的区域，取消钢箱梁底板及加劲肋，变为正交异性钢桥面板结构[12]；沪苏通和马鞍山桥的铁路桥面则全部采用整体钢箱桁结构[23]。在发展新型主梁结构形式过程中，针对各类新型焊接构造开展了疲劳性能试验，确定了 S-N 曲线，成果纳入铁路桥梁钢结构设计规范[24]（图2)。

除三主桁结构，箱梁也是铁路斜拉桥常用的主梁结构形式，包括混凝土箱梁、钢箱梁或钢-混组合箱梁，如图3所示。采用箱梁结构的斜拉桥多为铁路专用，从节约通道资源和工程投资角度考虑，公铁平层铁路宽箱梁结构也成为一种选择。川南城际宜宾临港长江大桥主桥梁部采用钢箱梁，搭载4线铁路、6车道公路，其中4线设计速度300km/h高速铁路设置在桥面中间，6车道公路则分置于铁路两侧，同时考虑人行道与非机动车道，桥宽达 63.9m，在国内高速铁路大跨度桥梁中首次采用公铁平层设计，为世界跨度最大、主梁宽度最大的公铁两用钢箱梁斜拉桥，主桥桥面布置及钢箱梁断面如图 4 所示[25]。

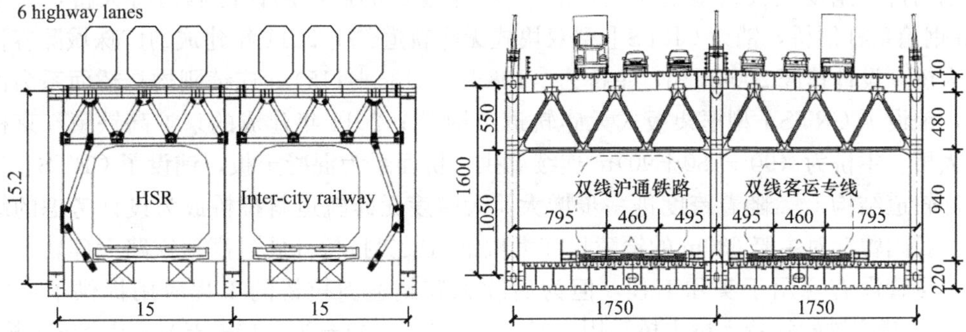

(a)板桁组合结构（单位：m）　(b)箱桁组合结构（单位：cm）

图 2　大跨度铁路斜拉桥主桁断面形式（中铁大桥院）

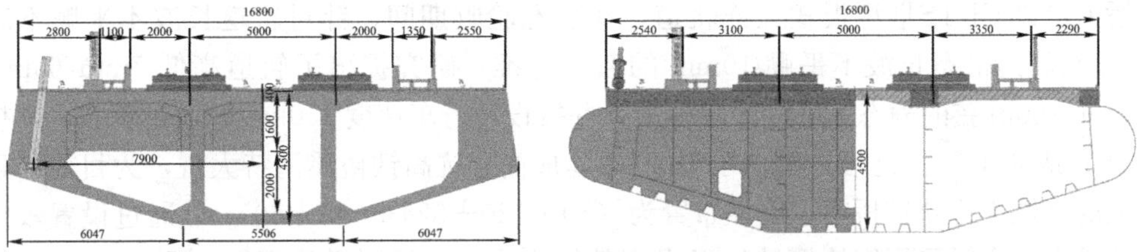

图 3　斜拉桥混凝土箱梁、钢-混组合箱梁主梁结构（单位：mm，铁四院）

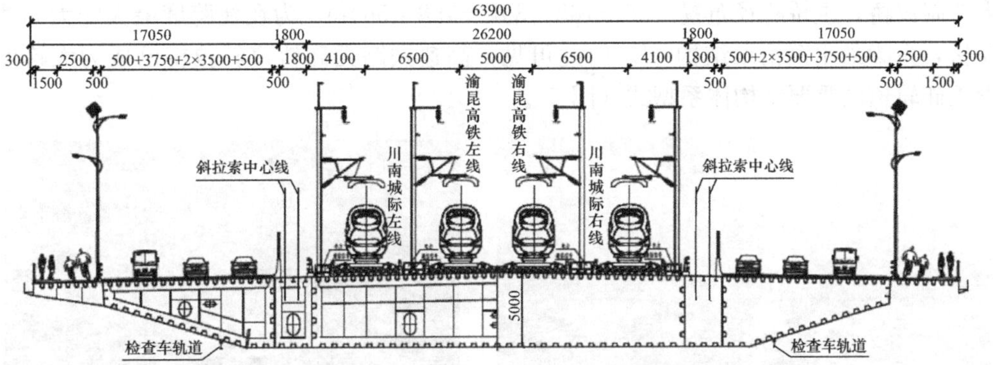

图 4　川南城际宜宾临港长江大桥的主桥桥面布置及钢箱梁断面示意图（单位：mm，中铁二院）

2.2　高速铁路无砟轨道斜拉桥

与有砟轨道相比，无砟轨道具有高平顺性、高稳定性、耐久和少维修等优点，对于设计速度在 300km/h 及以上的线路而言，在大跨度铁路桥上铺设无砟轨道对于降低运营维修成本也有优势。但同时，大跨度铁路桥梁刚度低、变形大的特点又与无砟轨道严格的轨道几何形位要求形成一对矛盾。目前，国外最大跨度高速铁路斜拉桥为日本北陆新干线第二千曲川桥，为孔跨布置 2×133.9m 的独塔预应力混凝土连续梁斜拉桥，于 1997 年建成通车，设计行车速度 260km/h，采用板式整体无砟轨道[26]。德国于 2017 年建成的埃本斯费尔德-埃尔福特铁路 Froschgrundsee 高架桥为跨径 270m 的上承式混凝土拱桥，设计行车速度 300km/h，实际运行速度 250km/h，铺设 OBB/PORR 板式无砟轨道。由此可见，大跨度无砟轨道桥梁为获得足够大的刚度往往采用混凝土结构[27]。

近年来，我国在高速铁路大跨度无砟轨道桥梁方面也取得了较快发展，早期在拱桥和连续刚构桥等刚度较大桥型上应用，如2009年建成的武广高铁汀泗河特大桥，为单孔140m钢箱系杆拱桥，铺设CRTSⅠ型双块式无砟轨道[28]；2011年建成的广珠城际容桂水道特大桥，设计速度200km/h，主桥为（108+2×185+115）m连续刚构，桥面系为混凝土板，铺设了CRTSⅠ型框架板式无砟轨道结构[29]；2011年建成的京沪高铁镇江京杭运河特大桥，主桥为（90+180+90）m连续梁拱，桥面系为混凝土板，铺设了CRTSⅡ型板式无砟轨道结构[30]。随着跨度进一步增大，大跨度无砟轨道斜拉桥成为设计考虑的结构型式。我国曾针对主跨630m的铜陵长江大桥钢桁梁斜拉桥开展过高速铁路无砟轨道专题研究，尽管没有应用于实际工程，但为后续无砟轨道斜拉桥的工程应用提供了研究基础[31]。昌赣高铁赣江特大桥主桥采用（35+40+60+300+60+40+35）m混合梁斜拉桥，边跨及辅助跨采用混凝土箱梁以增强对主跨的锚固作用，通过设置两个辅助墩，可以明显减小梁端转角和梁端主引桥横向相对变位，提高整体和局部刚度；中跨采用钢-混结合箱梁，桥上铺设CRTSⅢ型板式无砟轨道，在静态验收期间，针对轨道长波不平顺不满足300m基线轨道静态长波不平顺10mm的验收标准，研究提出了轨道高低7mm/60m弦、轨向6mm/60m弦的静态不平顺验收标准，并按设计行车速度350km/h通过验收，本桥于2019年建成通车[21]。之后，国内于2020年建成商合杭高铁裕溪河特大桥，为目前已建跨度最大的高铁无砟轨道桥梁，跨径布置为（60+120+324+120+60）m，通过设置较短边跨和辅助墩、主梁采用钢箱桁结构以提高整体刚度，该桥同样采用60m弦作为轨道静态长波不平顺验收标准[32]。图5为两桥建成后实景图。目前，在建的巢马城际马鞍山长江公铁大桥副汊桥，主桥跨径布置（56+168+392+168+56）m，为在建跨度最大的无砟轨道斜拉桥，主梁采用钢桁梁结构[33]。由此可见，高速铁路无砟轨道斜拉桥已成为大跨度桥铺设无砟轨道的重要结构体系型式（图5）。

(a)赣江特大桥

(b)裕溪河特大桥

图5 高速铁路无砟轨道斜拉桥（铁四院）

大跨度无砟轨道斜拉桥施工对线形控制要求很高，在实桥施工过程中采用桥梁预加载获取主梁变形用以修正主梁刚度；对CPⅢ控制网进行实时控制，做到随用随测，也有桥梁在施工中利用CPⅢ测点与轨道底座板相对高程不变的原则对轨道施工高程进行控制[32]。

2.3 多塔铁路斜拉桥

多塔斜拉桥在公路桥梁中应用较多，国外如法国米约高架桥、希腊里翁-安蒂里翁大桥，英国福斯公路新桥等，国内如香港汀九桥、岳阳洞庭湖大桥、浙江嘉绍大桥、马鞍山长江公路大桥右汊主桥、武汉二七长江大桥等，多塔斜拉桥因为中塔缺少端锚索，导致整个结构体系刚度偏小，加之桥梁温度跨度大，过大的温度变形也会加大结构设计难度。我国在多塔铁路斜拉桥方面开展了研究和工程实践。2012 年建成的京广高铁郑州黄河公铁两用桥采用（120＋5×168＋120)m 六塔单索面部分斜拉桥，索塔只起到加劲作用，主梁采用连续钢桁结合梁；2019 年建成的浩吉铁路洞庭湖特大桥采用（98＋140＋406＋406＋140＋98)m 三塔双主跨斜拉桥，按 1.2 倍中-活载设计，双线铁路，主梁采用钢箱-钢桁组合结构，并设置中塔稳定索以提高竖向整体刚度，是真正意义的多塔铁路斜拉桥[34]。目前，我国有多座在建的多塔铁路斜拉桥，如珠机城际金海特大桥采用（58.5＋116＋3×340＋116＋58.5)m 四塔三主跨钢箱梁斜拉桥，为双线城际铁路、双向 6 车道公路，铁路设计速度 160km/h[35]；池黄铁路太平湖特大桥采用（48＋118＋2×228＋118＋48)m 混凝土部分斜拉桥，双线铁路，设计行车速度 350km/h[36]。

马鞍山长江公铁大桥为目前在建的世界跨度最大三塔公铁两用钢桁梁斜拉桥，承载四线铁路、6 车道公路，铁路设计速度 250km/h，主桥跨径布置为（112＋392＋2×1120＋392＋112)m，总长 3248m[37]。为提高桥梁整体竖向刚度，中塔与边塔采用不等高布置方式，中塔塔顶比边塔高 24.5m，采用空间三角形桥塔，塔高为 345m，锚固区采用 112.5m 钢结构，3m 高 UHPC 过渡区，下部为 229.5m 混凝土结构；边塔采用横向 A 型、纵向 I 字形桥塔，塔高分别为 308m、306m，锚固区采用 87.5m 钢结构，3m 高 UHPC 过渡区，下部为 217.5m（215.5m）混凝土结构。为降低梁端纵向伸缩量，在中塔设置纵向弹性索，边塔设置纵向阻尼器，对应梁端纵向伸缩量为±800mm。为降低风荷载作用下的横向位移，在边墩、辅助墩及主塔墩均设置横向抗风支座（图 6）。

主梁纵向为 N 形桁，标准节间距 14m，共 232 个节间，横向布置三片主桁，桁宽为 2×15.5m,桁高边桁为 15.5m，中桁为 15.737m，主梁采用钢材分为 Q370qE、Q420qE、Q500qE 三种。全桥共划分为总计 121 个大节段，按照长度划分为 28m、21m、14m 三种类型，普通节段重量约 1400t，最大节段重量约 1620t。铁路桥面采用整体钢箱结构，参与结构整体受力。道砟下方钢桥面板采用轧制复合钢板，不锈钢钢板厚度为 3mm，材质为 316L，顶底板厚度分为 16mm、20mm、24mm 三种。铁路桥面顶底板普通节段采用 200×18mm 板肋加劲，板肋横向间距顶板基本为 350mm，底板为 360mm，箱体每隔 2.8m 设置一道隔板。本桥斜拉索采用 ϕ7mm 平行钢丝斜拉索，钢丝抗拉强度 2100MPa，全桥共有斜拉索 642 根，最大斜拉索规格为 379－ϕ7mm，拉索最大长度为 650.55m，单根最大重量为 79.6t。

图 6　巢马城际马鞍山长江公铁大桥（主跨 2×1120m 高速铁路三塔斜拉桥，中铁大桥院）

2.4 其他代表性结构创新

铁路斜拉桥的结构创新从服务交通功能、结构力学性能和高速行车等需求角度出发，实现了系统性和普遍性的工程应用，产生了良好的社会经济价值。除此以外，我国在多座大跨度铁路斜拉桥上还应用了其他多种结构创新。如安九铁路鳊鱼洲长江大桥为主跨672m的双塔钢箱混合梁斜拉桥，首次采用交叉拉索提高箱梁竖向刚度，钢箱梁顶板采用316L不锈钢＋Q370qE复合钢板，其上铺有15cm厚的混凝土道砟槽板，钢箱梁与道砟槽板间通过剪力钉连接[38]，如图7所示。主跨1176m的常泰长江大桥，通过在塔、梁间纵向设置碳纤维复合材料拉索（CFRP）形成温度自适应结构体系（TARS），与传统的半漂浮体系比较，实现梁端纵向位移量降低23%，活载和风荷载作用下的桥塔弯矩分别降低19%和39%，与黏滞阻尼器配合之后同时具有优越的抗震性能；此外，该桥还通过设置台阶型沉井基础减小局部冲刷深度、降低自重，沉井总高由97m（89m）调整为72m，大大降低了工程规模和施工难度；通过采用空间钻石型桥塔以降低常规单个塔肢的塔根弯矩，上塔柱索塔锚固结构采用钢箱-核心混凝土组合结构降低了拉索锚固区最小构造间距，合理解决塔顶混凝土开裂难题[3]，大桥效果图如图8所示。平潭海峡公铁两用大桥、黄冈长江大桥等多座公铁两用钢桁梁斜拉桥主梁均采用上宽下窄的倒梯形断面，桥面利用率较高，钢梁用料较省[39]。

图7 安九铁路鳊鱼洲长江大桥（交叉索钢箱斜拉桥）

图8 常泰长江大桥（空间钻石型桥塔）

3 铁路斜拉桥关键施工技术与创新

3.1 巨型沉井施工及检测技术

沉井基础作为深水区域深厚沉积层砂土地基以及悬索桥锚碇基础的代表性结构，其施工全过程的安全成为工程领域关注的焦点。我国在早期钱塘江大桥、南京长江大桥等的基础建造中积累了比较丰富的沉井施工经验，但当时信息化水平不高，沉井施工过程经历了诸多技术风险。在近年来的铁路桥梁大型基础建造中，深水沉井和陆上沉井的施工得到研究和应用，以沪苏通长江公铁大桥和五峰山长江大桥为代表。沪苏通长江公铁大桥的主塔和主墩基础均采用钢-混组合沉井结构，其中，28号、29号主塔沉井基础顶平面尺寸为86.9m×58.7m，沉井总高分别为105m和110.5m（钢沉井分别高50m、56m），为已建体积最大的深水沉井基础。大桥沉井施工过程复杂，通过施工精细化组织、关键技术攻关和全过程控制，完成了世界最大体积沉井基础的建造，积累了宝贵的施工经验。沪苏通长江公铁大桥沉井基础施工包括：钢沉井整体制造、出坞和浮运施工，钢沉井锚泊定位、钢沉井定位着床、河床冲刷防护及预防护、钢沉井井壁混凝土灌注、沉井接高与下沉、大截面沉井封底施工等。其中，沉井定位采用“大直径钢锚桩＋混凝土重力锚”锚泊系统，以及“液压连续千斤顶多向同步快速定位”技术，使得28号、29号沉井着床精度平面位置最大偏差为29cm，最大扭转角度控制在5.02″，远小于设计要求的1/150沉井高和1°的平面扭角偏差要求[40]。沉井在下沉过程中随水沙边界条件的不断变化，使得沉井周围河床产生复杂的冲刷，其定量估计非常困难，在建设期间开展了水槽冲刷试验，但试验结果与设计值存在较大差别，导致沉井出现较大的偏斜，施工中采用抛石防护、沉井隔舱内水位调整、部分井孔内吸泥、部分隔舱提前灌注井壁混凝土、钢沉井接高等措施进行河床防护和沉井纠偏。沉井施工如图9所示。在沉井下沉到位后，沉井井孔内水深超过100m，为掌握基底地形情况、刃脚和隔墙的埋深情况、基底土层的扰动情况等，采用水下声呐探测、搭载摄像装置的水下机器人、超声波检孔仪、海床式静力触探系统等先进装备对水下地形图像、刃脚埋深、基底浮土厚度、土层性质等进行快速检测[41]。

(a) 钢沉井整体制造　　(b) 钢沉浮运施工

(c) 钢沉井锚泊定位与着床　　(d) 钢沉井井壁混凝土灌注

(e) 沉井接高与下沉　　(f) 大截面沉井封底施工

图9　深水沉井基础施工（中铁大桥局）

3.2 两节段钢梁整体吊装技术

我国大跨度斜拉桥主梁多采用钢桁梁，钢桁梁的施工受施工设备的限制，早期采用散拼吊装施工，现场焊接施工量大，施工质量不易控制，在武汉天兴洲长江大桥的主梁施工中，研究了单节段钢梁施工并取得成功，为保证施工进度提供了可靠保障。在铜陵长江公铁大桥施工过程中，研究了整桁片吊装施工工艺，降低了对吊机起重量的要求。在沪苏通长江公铁大桥、芜湖长江公铁大桥等大桥施工过程中，提出了两节段钢梁整体吊装的施工工艺，两节段钢梁总重约1700t，在工厂内制造加工完毕后运输至现场，通过2000t级架梁吊机进行吊装，明显提高了现场施工效率[42]。钢梁吊装施工工艺发展如图10所示。

(a) 散拼吊装施工　(b) 单节段钢梁整体吊装施工

(c) 整桁片吊装施工　(d) 两节段钢梁整体吊装

图10　钢梁吊装施工工艺的发展（中铁大桥局）

3.3 塔梁同步快速施工技术

塔梁同步施工技术在我国大跨度铁路斜拉桥中应用已较为普遍，可加快桥梁施工速度，代表性桥梁包括武汉天兴洲长江大桥、芜湖长江公铁大桥、沪苏通长江公铁大桥等。塔梁同步施工是提高桥梁施工效率的有效手段，其涉及多个作业面的施工，施工组织比较复杂，以武汉天兴洲长江大桥为例，在主塔进入上塔柱施工时同时开始钢梁架设工作，采用塔梁同步施工方案。考虑到主塔施工和钢梁架设的立体交叉作业，从三个方面确保钢梁架设人员的人身安全：一是开展主塔施工人员安全意识教育；二是将上塔柱施工的爬模进行全封闭，防止杂物坠落；三是在主塔中塔柱位置处设置一道安全防护平台以拦截意外坠落物（防护范围为：纵桥向20m×横桥向30m）。

与武汉天兴洲桥是在主塔形成封闭框架之后才开始塔梁同步施工不同，芜湖长江公铁大桥由于主塔高度低（桥面以上塔高约 90m），塔梁同步施工作业时，主塔两肢尚未合龙，因此对塔梁同步施工方案开展了详细分析，提出了增加主塔临时横撑改善主塔受力和变形，对主梁较轻侧平衡压重，悬臂两侧钢梁施工最大不平衡重量由常规的 50t 减小为 25t，张拉索力偏差控制在 2%以内且不大于 10t，在温度平稳、无风等环境影响最小的时段进行主塔和钢梁线形的测量[43]。芜湖长江公铁大桥的塔梁同步施工如图 11 所示。

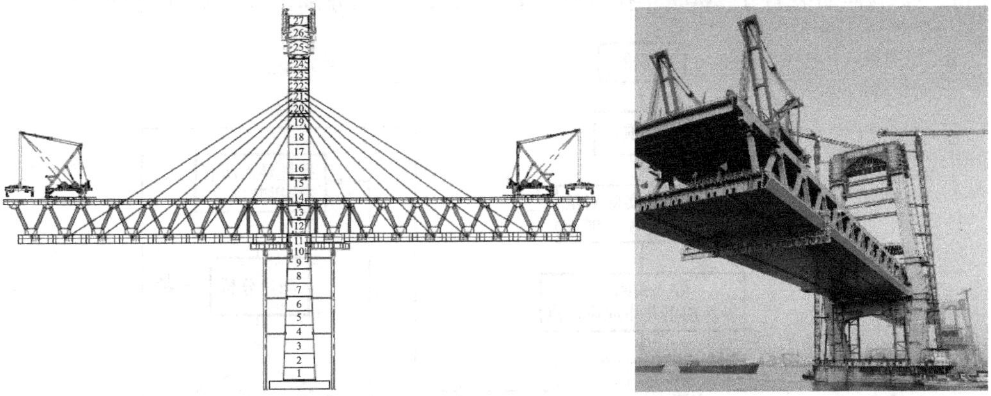

图 11　塔梁同步施工示意图

3.4　铁路斜拉桥信息化建造技术

近年来，伴随着 BIM、大数据、人工智能等的蓬勃发展，如何将先进的信息化、智能化手段引入传统的桥梁建造领域，实现桥梁高质量施工，国内均开展了大量的探索和实践[44-46]，以沪苏通长江公铁大桥等为代表的一批铁路斜拉桥，在信息化建造技术方面取得了一定成果[47]。沪苏通长江公铁大桥对 BIM 应用进行了总体布局，基于全生命周期的管理理念进行了全方位探索，形成了“以业主为主导，坚持同一模型、同一平台，并构建数据中心”的项目 BIM 应用模式[48]。构建了大桥统一建模标准，形成了涵盖地形地貌、桥梁主体结构、施工临时设施、施工模拟、三维渲染和漫游等模型基本功能，实现空间复杂结构设计优化、碰撞检查、复杂部位图纸输出、精细化工程量统计等应用价值。在施工方面，建立了施工深化设计、场地规划、辅助优化施工方案、信息化监控等模型应用功能，并依托信息化平台实现了进度管理、安全质量管理、可视化交底和施工监控管理。在钢结构制造应用方面，采用信息化手段实现了焊缝质量管理、虚拟预拼装、螺栓连接施工信息管理等应用[49]。前期实践得到的体会是，桥梁信息化建造只是手段，如何利用数据实现安全质量目标，同时创造更多价值（如全生命周期管理、成本分析等），才是桥梁信息化建造技术发展的核心要义。

4　新装备/设备研发

4.1　国产大位移梁端伸缩装置

大跨度铁路斜拉桥的温度跨度大，梁端纵向伸缩量大，同时在温度、列车、风等外部作用下，梁端存在复杂的空间变位，在适应梁端较大位移的前提下，应对梁端变位进行严格控制，以保证行车品质和梁端伸缩装置的工作性能。我国在大位移梁端伸缩装置方面开展了大量的研究和工程实践，早期在武汉天兴洲长江大桥研究了±500mm 的梁端伸缩装置，为下承式滑动轨枕式，当时调节器采用的是双向调节器，伸缩区扣件采用小阻力扣件，在长期运营过程中发现下承式梁端伸缩装置因结构构造比较复杂，给养护维修带来诸多不便。主要病害包括伸缩装置连杆折断、活动轨枕歪斜，调节器尖轨因双向浮置于梁缝部位使得状态不稳定，扣件阻力不均，因梁端有砟道床易劣化，梁端区域的刚度均匀性不易保持。梁端伸缩装置于 2009 年投入使用，至 2022 年工务部门决定对其进行整修。

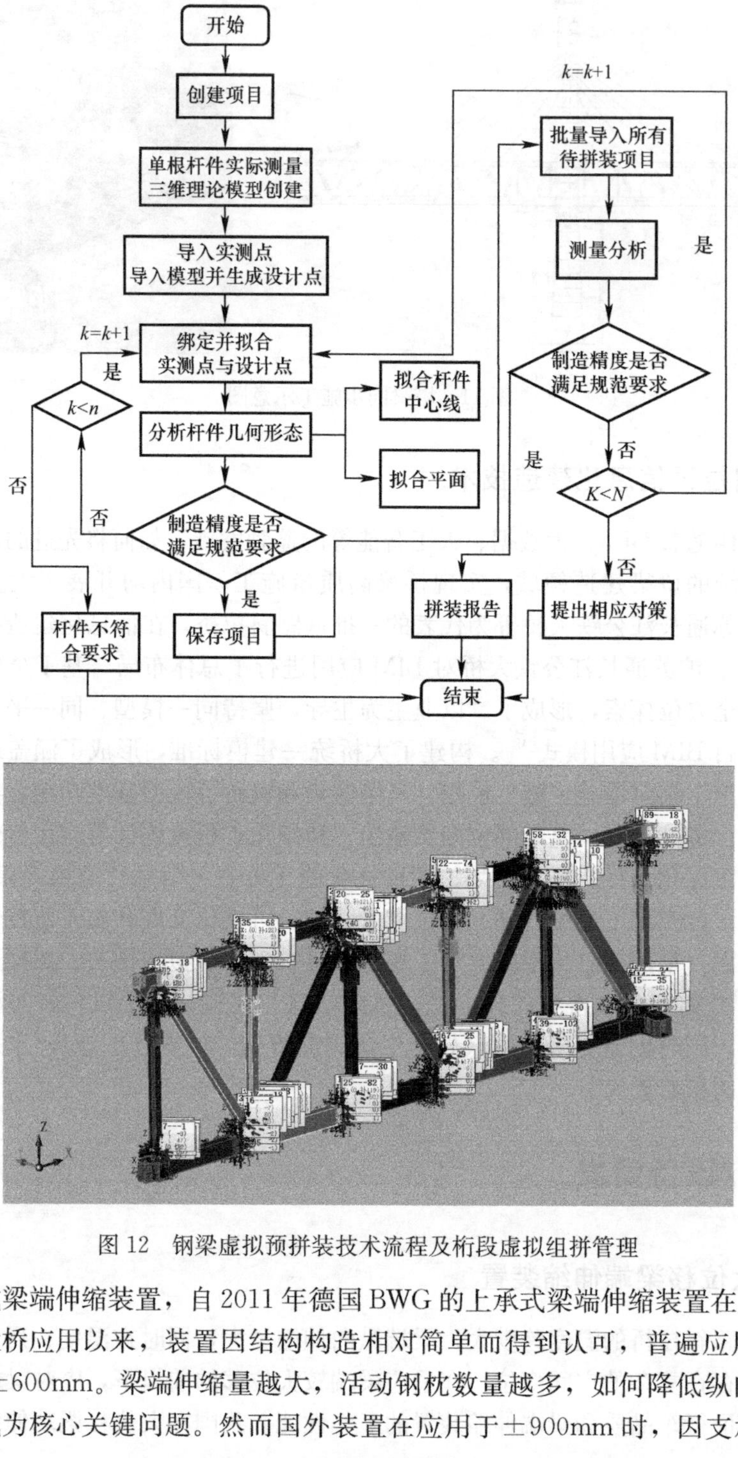

图 12　钢梁虚拟预拼装技术流程及桁段虚拟组拼管理

除下承式梁端伸缩装置，自 2011 年德国 BWG 的上承式梁端伸缩装置在京沪高铁南京大胜关长江大桥应用以来，装置因结构构造相对简单而得到认可，普遍应用的伸缩量为±300mm 和±600mm。梁端伸缩量越大，活动钢枕数量越多，如何降低纵向滑动过程中的纵向阻力成为核心关键问题。然而国外装置在应用于±900mm 时，因支承纵梁、活动钢枕数量多导致滑动界面明显增多，纵向伸缩阻力增大，无法适应梁端较大的纵向伸缩位移，出现梁缝附近混凝土轨枕拉裂、钢枕歪斜、剪刀叉弯曲等病害。国产梁端伸缩装置在充分吸纳国内外先进技术基础上，提出了钢轨伸缩调节器与上承式梁端伸缩装置的一体化设计方法，研发了±300mm、±600mm、±800mm 等系列国产大位移梁端伸缩装置，通过样机制造和室内足尺模型试验，证明其纵向伸缩阻力、刚度、抗疲劳等各项性能满足工作要求[50]，并实现在商合杭高铁裕溪河特大桥、芜湖长江公铁大桥、安九铁路鳊鱼洲长江大桥等大跨度斜拉桥的铺设[51]，并首次走出国门，应用于中老铁路琅勃拉邦湄公河特大桥（连续梁桥），目前运营效果良好。《高速铁路上承式梁端伸缩装置》Q/CR 836—2021 已由国铁集团发布并于 2021 年 9 月 1 日实施（图 13）。

(a) 中老铁路琅勃拉邦湄公河特大桥（有砟）

(b) 商合杭高铁裕溪河特大桥（无砟）

(c) 安九铁路鳊鱼洲长江大桥（有砟，±800mm）

图 13　应用于有砟、无砟轨道大跨度斜拉桥的国产上承式梁端伸缩装置（伸缩量±300～±800mm）

4.2　大吨位架梁吊机

大跨度铁路斜拉桥主梁一般采用悬臂法架设，通过架梁吊机提升主梁至对应位置后与既有梁段连接，整节段钢桁梁或钢箱梁结构自重大，对架梁吊机的起重吨位提出了更高要求，武汉天兴洲长江大桥单节段钢梁自重约 640t，采用 700t 架梁吊机进行梁段架设；沪苏通长江公铁大桥采用两节段三主桁钢梁整体吊装架设工艺，最大节段重量达 1744t，为此专门研发了 1800t 架梁吊机。吊机采用四桁片结构，机架由四个菱形桁片加上横向联结系组成，可以拆解组拼成两台 900t 架梁吊机。前支腿和后锚固点设计为自动翻转系统，以在走行工况下避让已挂设斜拉索[40]（图 14）。

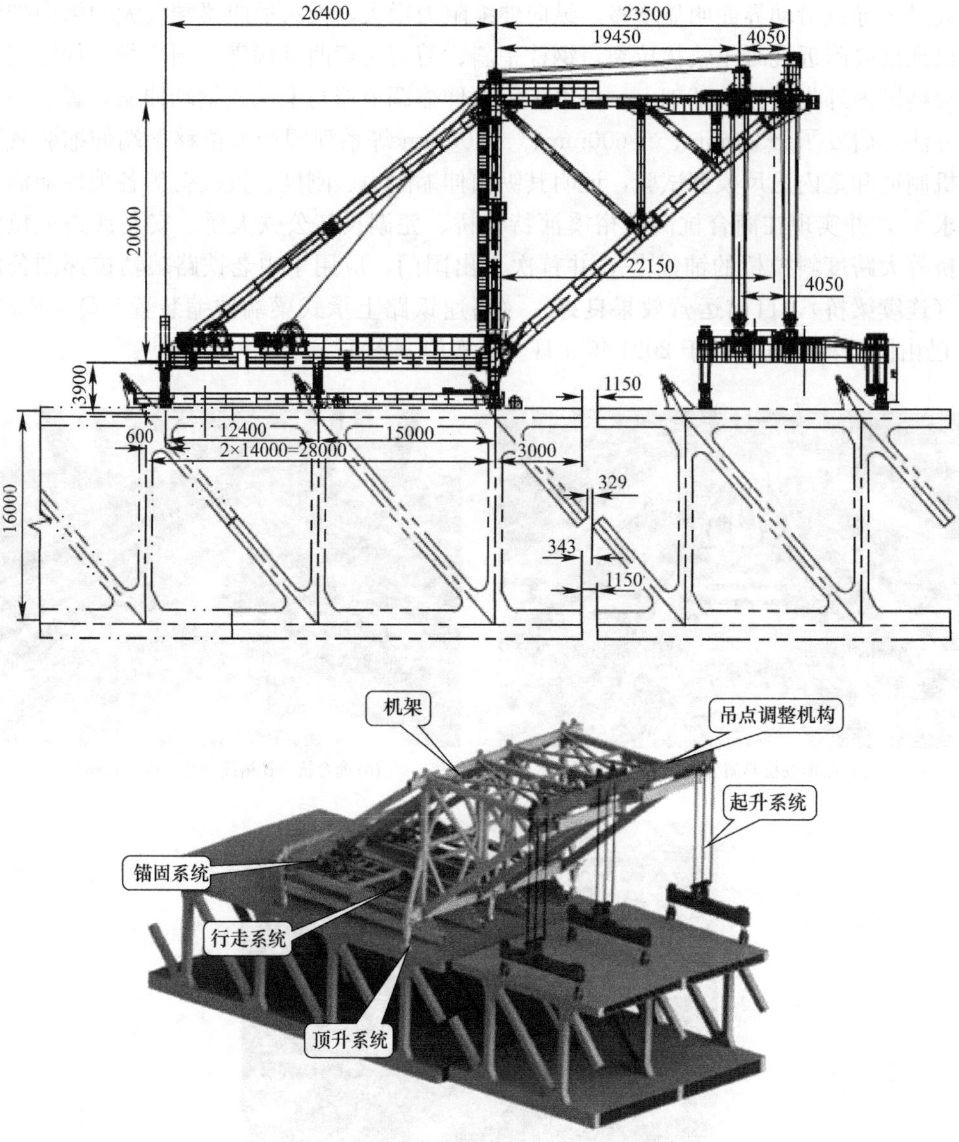

图 14　大吨位架梁吊机示意（中铁大桥局）

4.3　高强度螺栓施工设备及信息管理系统

高强度螺栓施工是大跨度铁路钢桥钢梁节段连接施工的关键工序。高强度螺栓在运营期间的断裂脱落对结构和行车带来影响，特别针对线路上方的螺栓，其断裂带来的风险更大。高强螺栓断裂脱落的原因复杂，包括氢致延迟断裂、施工期超拧等，为了提高高强度螺栓连接施工质量，我国在螺栓安装技术方面开展了长期的研究[52]。20 世纪 60～70 年代主要采用扭角法施工，施工配套采用的第 1 代电动扳手为风动冲击扳手，较难满足施拧高强度螺栓连接副的要求。到 20 世纪 90 年代，在修建九江长江大桥期间，我国成功研制第 2 代定扭矩扳手，提高了施工精度，减轻了工人劳动强度并降低了污染，此后第 2 代定扭矩扳手广泛用于高强度螺栓的施拧，延续至今，高强度螺栓施工包括初拧、复拧、终拧、检查等环节，操作较为繁琐复杂，每个步骤不可避免地存在误差。为提高螺栓施工效率和精度，避免繁琐的班前、班后标定，研发了新的数控伺服电动扳手，配备了专门的管理系统，可在施拧螺栓时同步上传施拧信息，系统设置了超拧和欠拧阈值，具备实时上传超欠拧报警信息的功能。与第 2 代定扭矩扳手相比，数控伺服电动扳手可以大大提高复拧精度[53]（图 15）。

图 15　用于高强度螺栓连接施工的数控伺服电动扳手、手机 APP 操作界面及现场施工

5　双碳目标下铁路斜拉桥技术发展方向

2020 年 9 月，中国明确提出 2030 年“碳达峰”与 2060 年“碳中和”目标。发展以低能耗、低污染和低二氧化碳排放为主要特征的土木工程建设，是在全球发展低碳经济新形势下学科发展的主要方向之一[20]。在此背景下，系统思考铁路斜拉桥技术发展方向，可为土木工程桥梁行业的低碳发展提供借鉴和参考。

根据中国工程院战略咨询报告，与混凝土结构相比，钢结构可以减少 12%的能源消耗、减少 15%的二氧化碳排放，而且钢结构在生产阶段比混凝土节能 3%，减少二氧化碳排放 10%，无论在资源消耗，还是在污染排放方面，钢结构都要优于混凝土结构[54]。另根据《中国铁道年鉴 2020》，至 2019 年底全路共有铁路桥梁 87301 座，全长 26632.71km，其中钢梁桥为 2373 座，全长 498.322km，钢梁桥座数占比为 2.72%，长度占比为 1.87%，其余均为圬工桥和临时性桥。与铁路类似，目前全国建成公路钢桥占全部桥梁比例不足 2%，远低于欧洲等发达国家。适当提高钢桥占比、加快铁路钢桥的高质量发展；研究提升铁路桥梁的耐久性，降低其运维养修成本，使其达到设计使用寿命期内的性能目标；同时开展桥梁设计方法的优化，从全生命周期角度探索桥梁低碳发展路线，是当前我国桥梁低碳发展的重要课题。在此背景下，前述铁路斜拉桥在新材料、新结构、新技术、新装备/设备等领域的技术创新研究，对于助力我国桥梁低碳绿色发展，具有非常重要的意义。在现有技术发展现状基础上，为适应双碳发展目标要求，提出我国铁路斜拉桥的技术发展方向建议。

（1）高性能材料的研发与应用

研发具有更高强度、更高韧性与高耐候性等综合性能的桥梁结构钢，从低碳冶炼技术、性能精细调控、基于高性能钢的结构优化设计、钢型材应用等角度优化桥梁结构钢全链条低碳绿色发展[55]；研发更高强度与更耐久缆索，进一步提升斜拉索的设计使用寿命，在生命周期内实现少更换目标，是缆索体系绿色发展的核心；同时，探索 UHPC 在铁路斜拉桥主梁及索塔的应用，充分发挥钢材和混凝土各自力学性能，是高性能材料应用的重要方向之一，目前在公路三塔斜拉桥——南京长江五桥钢混组合梁的顶板采用17cm厚粗骨料UHPC桥面板，作者认为由于混凝土、钢材用量减少，减少二氧化碳排放25545t[56]。此外，开发利用地域性材料，就地取材，节省建筑材料加工、运输的成本，可实现过程减碳。

（2）基于性能的铁路桥梁设计理论和方法

目前，我国铁路斜拉桥仍采用容许应力法进行设计，桥梁技术经济指标较国外如日本、美国等存在一定差距。积极推动铁路斜拉桥乃至铁路桥梁由容许应力法向极限状态法的应用转轨，进一步开展基于性能的铁路桥梁设计理论和方法的研究，是未来较长时期的重要工作，也是落实节能减排、绿色低碳发展的核心举措。通过采用更先进的设计理论和方法，在满足结构与行车性能要求的前提下，降低桥梁工程量，提高铁路桥梁技术经济性，是实现铁路桥梁可持续发展的关键。

（3）工业信息化时代铁路桥梁施工建造转型升级

当前世界正处于工业信息化时代，工业4.0的概念最早出现在德国，于2013年的汉诺威工业博览会上正式推出，是指利用物联信息系统（Cyber—Physical System，简称CPS）将生产中的供应、制造、销售信息数据化、智慧化，最后达到快速、有效、个人化的产品供应。随后，国务院在2015年5月正式印发《中国制造2025》，部署全面推进实施制造强国战略，给我国经济结构调整与转型升级、产业高质量发展与技术创新应用提供了机遇[57]。在这一历史大背景下，我国铁路斜拉桥以及铁路桥梁的施工建造应遵循“智慧、高效、绿色、协同”的发展理念，需加快推进钢桥构件标准化施工，预制装配化施工，机械化、自动化与信息化施工，降低施工阶段资源消耗与能源排放。

（4）基于性能与成本的铁路桥梁养护维修及回收利用技术

铁路斜拉桥或铁路桥梁在运营维护阶段的碳排放主要来自于维修养护过程所用材料生产及设备的使用[58]，考虑到目前我国铁路桥梁的设计使用寿命基本为100年，铁路斜拉桥在运营维护阶段需要重点考虑支座、斜拉索、梁端伸缩装置、阻尼器、涂装体系等易损部件合理更换周期和易劣化部位的养护维修周期，同时针对主体结构，这与桥梁所处的服役环境、列车荷载等移动荷载的长期作用、结构性能劣化特征及运营性能指标阈值等均有密切联系，需要建立基于性能与成本的铁路斜拉桥养护维修技术，使在桥梁设备设计使用期内正常实现其功能目标，同时尽可能地降低成本、减少碳排放。

针对铁路钢桥而言，其在完成服役功能废弃后的回收利用方面较混凝土桥具有更突出的优势，考虑到我国铁路和公路桥梁绝大部分均为混凝土桥梁，从性能改造、经济与碳排放成本等角度，研究探索混凝土材料的回收利用，是今后一个时期重要的技术发展方向。

参考文献

［1］ 陈良江，文望青. 中国铁路桥梁（1980-2020）［M］. 北京：中国铁道出版社，2020

［2］ Xuhui H., Teng W., Yunfeng Z., Y. Frank Chen., Hui G., and Zhiwu Y. Recent developments of high-speed railway bridges in China. Structure and Infrastructure Engineering，2017：1-12

［3］ 秦顺全，徐伟，陆勤丰等. 常泰长江大桥主航道桥总体设计与方案构思［J］. 桥梁建设，2020，50（3）：1-10

［4］ 韩旭，向活跃，罗扣，李永乐. 三主桁断面车-桥气动特性的风洞试验研究［J］. 振动与冲击，2022，41（7）：268-275

［5］ 毛新平，武会宾，汤启波. 我国桥梁结构钢的发展与创新［J］. 现代交通与冶金材料，2021（6）：1-5

［6］ 邹德辉，郭爱民. 我国铁路桥梁用钢的现状与发展［J］. 钢结构，2009，24（9）：1-5，56

[7] 易伦雄，高宗余，陈维雄. 沪通长江大桥高性能结构钢的研发与应用 [J]. 桥梁建设，2015，45 (6)：36-40
[8] 闫志刚，赵欣欣，徐向军. 沪通长江大桥 Q500qE 钢的适用性研究 [J]. 中国铁道科学，2017，38 (3)：40-46
[9] 秦顺全，高宗余. 中国大跨度高速铁路桥梁技术的发展与前景 [J]. Engineering，2017，3 (6)：23-38
[10] 李卫华，杨光武，徐伟. 黄冈公铁两用长江大桥主跨 567m 钢桁梁斜拉桥设计 [J]. 桥梁建设，2013，43 (2)：10-15
[11] 梅新咏，徐伟，段雪炜，陈翔. 平潭海峡公铁两用大桥总体设计 [J]. 铁道标准设计，2020，64 (S1)：18-23
[12] 万田保，张强. 铜陵公铁两用长江大桥主桥设计关键技术 [J]. 桥梁建设，2014，44 (1)：1-5
[13] 张州，易伦雄，王东晖. 商合杭高铁芜湖长江公铁大桥总体设计 [J]. 中国铁路，2020 (6)：12-18
[14] 闫志刚，薛花娟. 沪通长江大桥直径 7mm 2000MPa 级钢丝试验研究 [J]. 铁道学报，2018，40 (7)：115-120
[15] 胡骏，郑清刚. 2000MPa 平行钢丝斜拉索在千米级公铁两用斜拉桥中的应用 [J]. 桥梁建设，2019，49 (6)：48-53
[16] 郭志明，华晓烨，薛花娟. 2100MPa 高强度主缆索股疲劳性能试验研究 [J]. 公路，2020，65 (11)：216-219
[17] 蒋欣，汤大洋，胡所亭，张周煜，石龙. 超高性能混凝土在国内外桥梁工程中的应用 [J]. 铁道建筑，2021，61 (12)：1-7
[18] 许斌，童欢，陈露一. 浩吉铁路洞庭湖大桥钢桥面铺装 UHPC 性能研究及应用 [J]. 世界桥梁，2022，50 (3)：86-92
[19] 魏林. 超高性能混凝土在沪通长江大桥上的应用 [J]. 铁道工程学报，2019，36 (5)：85-89
[20] 覃维祖. 混凝土材料与结构在低碳经济新形势下的发展方向 [J]. 混凝土世界，2011 (7)：30-31
[21] 李的平，文望青，严爱国，王斌，张政. 大跨度斜拉桥上铺设无砟轨道工程实践 [J]. 铁道工程学报，2020，37 (10)：78-82
[22] 刘晓光，郭辉，高芒芒，胡所亭，易伦雄，蒋金洲，朱希同. 千米级铁路桥梁线-桥一体化设计研究及探讨 [J]. 中国铁路，2021 (9)：32-39
[23] 高宗余. 沪通长江大桥主桥技术特点 [J]. 桥梁建设，2014，44 (2)：1-5
[24] 刘晓光. 铁路钢桥疲劳研究进展 [J]. 铁道建筑，2015 (10)：19-25
[25] 李秀华，任万敏，曹海静，何友娣. 宜宾临港长江大桥抗震设计研究 [J]. 铁道标准设计，2020，64 (S1)：177-182
[26] 严国敏. PC 双线铁路斜拉桥 第二千曲川桥的设计 [J]. 国外桥梁，1995 (1)：1-16
[27] Kang C.，Schneider S.，Wenner M.，& Marx S. Development of design and construction of high-speed railway bridges in Germany [J]. Engineering Structures，2018，163：184-196
[28] 张志才，邓文洪，李晓波. 140m 钢箱系杆拱拼装及无砟轨道施工技术 [J]. 铁道建筑，2010 (1)：78-81
[29] 曹建安. 无碴轨道大跨度预应力混凝土桥梁后期徐变变形和控制方法研究 [D]. 中南大学，2011
[30] 刘利军. 镇江京杭运河特大桥主跨（90＋180＋90）m 连续梁拱施工技术 [J]. 铁道标准设计，2012 (6)：74-78
[31] 李永乐，夏飞龙，李龙，万田保，盛黎明. 大跨度钢桁梁斜拉桥无砟轨道局部脱空及优化 [J]. 桥梁建设，2013，43 (6)：27-33
[32] 李秋义，张晓江，韦合导. 商合杭高铁裕溪河特大桥铺设无砟轨道关键技术研究 [J]. 中国铁路，2020 (6)：44-51
[33] 方绪镯. 马鞍山长江公铁大桥副汊航道桥设计研究 [J]. 中国铁路，2021 (9)：167-172
[34] 易伦雄. 洞庭湖主跨 406m 三塔铁路斜拉桥设计关键技术 [J]. 桥梁建设，2018，48 (5)：86-90
[35] 李的平. 公铁平层合建多塔斜拉桥大挑臂式钢箱梁设计 [J]. 铁道标准设计，2019，63 (12)：69-72
[36] 陈怀智，张欣欣. 池黄高速铁路大跨度多塔矮塔斜拉桥总体设计 [J]. 铁道建筑，2022，62 (3)：94-98
[37] 徐京海，潘博. 马鞍山公铁两用长江大桥 Z3 号墩承台施工关键技术 [J]. 世界桥梁，2022，50

(3)：39-44
[38] 宁伯伟. 新建安九铁路鳊鱼洲长江大桥总体设计 [J]. 桥梁建设，2020，50 (1)：86-91
[39] 文坡，杨光武，徐伟. 黄冈公铁两用长江大桥主桥钢梁设计 [J]. 桥梁建设，2014，44 (3)：1-6
[40] 李军堂. 沪苏通长江公铁大桥主桥基础、主塔、钢桁梁及斜拉索施工技术 [J]. 中国铁路，2021 (9)：155-160
[41] 张贵忠，马晓贵. 沪通长江大桥巨型沉井超深基底水下检测技术 [J]. 桥梁建设，2016，46 (6)：7-12
[42] 李军堂. 沪苏通长江公铁大桥主航道桥钢桁梁整体制造架设技术 [J]. 桥梁建设，2020，50 (5)：10-15
[43] 熊琦，郭辉，刘爱林，苏朋飞，戴福忠. 矮塔斜拉桥塔梁同步施工可行性分析 [J]. 铁道建筑，2019，59 (7)：37-41
[44] 潘永杰，赵欣欣，刘晓光，蔡德钩. 桥梁BIM技术应用现状分析与思考 [J]. 中国铁路，2017 (12)：72-77
[45] 王同军. 铁路桥梁智能建造关键技术研究 [J]. 中国铁路，2021 (9)：1-10
[46]《中国公路学报》编辑部. 中国桥梁工程学术研究综述·2021 [J]. 中国公路学报，2021，34 (2)：1-97
[47] 张贵忠. 沪通长江大桥BIM技术应用探索 [J]. 铁路技术创新，2017 (01)：7-11
[48] 张贵忠. 沪通长江大桥BIM技术应用的总结与思考 [J]. 中国铁路，2018 (11)：88-93
[49] 刘晓光，潘永杰. 虚拟预拼装技术在钢桁梁中的应用研究 [J]. 铁道建筑，2020，60 (1)：1-6
[50] 郭辉，蒋金洲，高芒芒，刘晓光，赵会东，苏朋飞，朱颖，何东升. 高速铁路大跨度钢桥梁端伸缩装置设计研究 [J]. 铁道建筑，2020，60 (10)：1-7
[51] 张晓明. 商合杭高铁芜湖长江公铁大桥钢轨伸缩调节器及梁端伸缩装置研究 [J]. 中国铁路，2020 (6)：38-43
[52] 陶晓燕，沈家华，史志强. 我国钢桥高强度螺栓连接的发展历程及展望 [J]. 铁道建筑，2017，57 (9)：1-4
[53] 赵欣欣，潘永杰，刘晓光. 铁路桥梁高强度螺栓施拧扭矩智能控制系统 [J]. 铁路计算机应用，2018，27 (7)：105-108
[54] 岳清瑞. 钢结构与可持续发展 [J]. 建筑，2021 (13)：20-21，23
[55] 李庆伟，岳清瑞，冯鹏，谢娜，刘毅. 双碳目标下钢结构行业发展现状及展望 [J]. 建筑钢结构进展，2022，24 (4)：1-6，23
[56] 刘加平，崔冰. 南京五桥上的粗骨料UHPC应用，助力桥梁结构的体系创新 [J]. 桥梁，2021 (5)：1-10
[57] 韩晓强，刘文荐，江忠贵，王万齐. 铁路智能化预制梁场实践 [J]. 中国铁路，2021 (9)：73-78
[58] 刘沐宇，欧阳丹. 桥梁工程生命周期碳排放计算方法 [J]. 土木建筑与环境工程，2011，33 (S1)：125-129

基金项目：国家自然科学基金高铁联合基金项目（U1934209）、国铁集团科技研究开发计划重大课题（K2021G020）、中国铁道科学研究院集团有限公司院基金重大课题（2021YJ084）、中国铁路上海局集团有限公司科研计划项目（2021142）

作者简介：郭 辉（1982—），男，博士，副研究员。主要从事大跨度铁路桥梁关键技术研究。

房地产对碳达峰与碳中和的影响——持续挖潜还有空间

郭 军 蒋宇龙 罗显文 沈 赫
（广东博意建筑设计院有限公司长沙分公司，湖南 长沙，410100）

摘 要：2006～2017年，我国新建房屋竣工面积105.2亿m^2，其中住宅92.0亿m^2；在建住宅55亿m^2。中国建筑节能协会能耗专委会发布的《中国建筑能耗研究报告（2020）》显示，2018年全国建筑全过程碳排放总量占全国碳排放总量的比重达到51.3%。建筑领域的节能减排、低碳转型是我国实现双碳目标的关键一环，推动建筑行业减排、大力发展绿色建筑并努力提升绿色建筑品质显得尤为重要。随着城市化进程以及社会经济的快速发展，解决较低层次居住需求的“容器型高层住宅”应该朝着能够满足邻里交往需求的“邻里型高层住宅”发展。本文以房地产市场常见的将来所占市场比例将明显提升的单元18层私家电梯厅户型的优化为例，探讨在居住区开发建设过程中在注重经济效益的同时也要注重社会效益和人文细节，分析住宅设计从优化到创新的持续挖潜以助力实现碳达峰与碳中和。介绍一种首创的18层住宅交通核，实现住宅楼层的公共空间集约化整合，减少公摊增加得房率，同时争取绿色节能、流线便捷、环境舒适，利于邻里的交往，综合提高住宅品质。

关键词：碳中和；绿色房地产；邻里交往；设计优化

The impact of property on carbon dioxide peaking and carbon neutral——there is room to continue to explore potential

Guo Jun Jiang Yulong Luo Xianwen Shen He
(Guangdong Boyi Architectural Design Institute Co., Ltd, Changsha 414100, China)

Abstract: From 2006 to 2017, China had completed 10.52 billion square meters of new buildings, including 9.20 billion square meters of residential buildings and 5.5 billion square meters of residential buildings under construction. *China Building Energy Consumption Research Report* (*2020*) released by the Energy Consumption Committee of China Building Energy Conservation Association shows that in 2018, the total carbon emission from the whole process of construction is 51.3% of the total carbon emission in China. Energy conservation, emission reduction and low-carbon transformation in the construction sector are key factor for China to achieve dual carbon goals. It is particularly important to promote emission reduction in the construction industry, vigorously develop green buildings and strive to improve the quality of green buildings. With the urbanization process and the rapid development of social economy, the “container” type of high-rise housing which can only meet the living needs of lower level standard should be developed into the “neighborhood friendly” high-rise housing which can meet the needs of neighborhood communication. This paper takes the optimization of 18-story private elevator hall as an example to discuss the importance of social benefits and humanistic details as well as economic benefits in the development and construction of residential areas, and analyzes the continuous tapping of potential from optimization to innovation in residential design to help achieve carbon peak and carbon neutrality. This paper introduces an original 18-story residential traffic core, which can realize intensive integration of public space of residential floors, reduce public share and increase the rate of housing, strive for green energy saving, convenient circulation and comfortable environment, which is conducive to neighborhood communication and comprehensively improve the residential quality.

Keywords: carbon neutral; sustainable building; neighborhood communication; design promotion

引言

原建设部总工程师王铁宏多次提到“建筑的能耗（包括建造能耗、生活能耗、采暖空调等）约占全社会总能耗的30%，如果加上建材生产过程中消耗的能源，与建筑相关的能耗占到社会总能耗的46.7%。”要达到碳达峰、碳中和的目标，绿色建筑是减碳的关键环节之一，推行绿色建筑可以节能并减少大量的碳排放，推行绿色住宅并努力提升绿色住宅品质在助力减碳的同时，也能促进人居朝着健康居住、健康建筑来发展。

财政部相关负责人表示，“房地产产业链条长，对下游产业的带动作用大，如建筑用钢占全社会钢材消费的50%，建筑用水泥占全社会水泥消费的60%。”发展绿色建筑将有效带动新型建材、新能源、节能服务等产业发展。

1 房地产的大拆大建、大社区严重影响碳中和

我国自1992年房改全面启动，虽经多次调整，总体而言房地产企业急剧快速增长，1998年以后，随着住房实物分配制度的取消和按揭政策的实施，房地产进入平稳快速发展时期，2003年将房地产定位为“国民经济的支柱产业”以来，大陆房地产投资规模开始高速增长，老城区内大量的仍处于正常设计使用年限的旧建筑，包括许多远不算旧的盖起来还只有一二十年甚至更短时间的建筑被拆除了，有资料显示，2003年前后大陆被拆掉的旧房子约3亿m^2，达同期商品房竣工面积的40%左右。

少拆除多利用，延长建筑的使用寿命是最大的节能环保。与大拆大建相比，建筑的加固、维修和改造也能满足功能提升的需要，由此导致的碳排放都远小于大拆大建。与我国建筑的“短命”相比，欧美国家的建筑则非常长寿，比如英国注意对建筑物的维护、加固和病害处理以延长建筑使用年限、提高资源利用效率，其建筑平均寿命在世界上居首位，可达到132年，“百年老屋”随处可见。欧洲其他国家住宅平均寿命普遍在80年以上，美国住宅平均使用年限也接近五十年。

2006～2017年，我国新建住宅面积92亿m^2，在建55亿m^2，一年建起了原来多年的量。我们难以预计将来生活方式的改变可能对住宅的新的要求，却把儿孙那一代的房子也早早地建好了，把本该留给他们来建设的土地也开发掉了，大拆与大建不可避免地对土地和资源进行了掠夺式的开发，其本身是与可持续发展的观点相违背的。

新建的小区完全摒弃了传统居住模式，连带把传统居住方式中能够产生健康邻里关系

的因素也一并祛除了，以往可以随意穿行的小街小巷，星罗棋布的农贸集市、小店铺，以及古井、小桥、住家庭院等弥漫着生活气息的元素，在轰轰烈烈的建设中都被拆除而消失殆尽，取而代之的是宽阔的马路和一个个动辄数十万平方米的封闭小区，小区多是满铺的地下室，改变了原有的地表生态土壤，原生植被改变、大型乔木难以生长，不少新建小区恶化了原有的乡土植物情况。

每个居住区自成一体，改扩建后的城市路网宽阔而稀疏，没有了走街串巷的体验，新建的小区严格的封闭管理改变了我们居住、生活和交往的方式，有的大型小区从单元楼栋到公共交通常常要走上一两公里甚至更远的路程，公共交通的不便捷，迫使人们不得不开车出行，却拥堵在路上。

“摊大饼式”的城市扩张，不但造成街区宜居性不高，社区活力缺乏，也令不少人的城市生活并不快乐。伴有很多土地资源的浪费，造成交通能耗很高，不光是人的上下班时间，大量的货运运输、很多市政管线，都造成了大量能源的耗费。少扩张多省地，做紧凑型的城市、紧凑型的发展是非常重要的，节省土地资源是最长久的节能环保。合理确定居住区规模，探索以街区为单元统筹建设公共服务设施，打造尺度适宜、配套完善、邻里和谐的生活街区可以有效促进邻里关系改善，方便公共交通网络深入社区，有利于减少私家车出行，有助于减少碳排放。

绿色建筑本是要求从立项、选址、设计、建设到运营，直至拆除全过程的绿色，大拆与大建，新建的房子有可能符合绿色建筑的定义，但大拆大建的过程无论如何也算不上“绿色建设”，甚至有很多应该被称为“灰色建设”。房地产的发展应该是实现土地资源的永续利用、住宅业的稳定发展、房地产市场完善与人居环境的改善等多方面目标和要求。要达到碳达峰、碳中和的目标，绿色住宅是减碳最大的行业之一，延长建筑的使用寿命将是最大的节约。

2 狂建高层住宅影响碳中和

大拆大建中拆迁安置房建设的一个特点是“钢筋混凝土的高层小户型在建，砖混的小户型在拆”，房地产早期的拆迁安置房和经济适用房还是以多层的砖混结构为主，随着地价的不断攀升，层数不断增加，直至发展成百米高层。相对于市场销售的商品住房而言，安置房户型面积一般比较小，其他保障性住房的面积也普遍比较小。受公摊面积的影响，相同的户型面积，新建的钢筋混凝土的小户型的户内面积要比原来的砖混结构小很多，很多在设计上没有注重居住品质的改善，甚至连功能都没有仔细分析过，一些拆迁安置房并没有明显改善居住条件，均好性不足，有些住起来闷热不通风没有南向日照，甚至还没有被拆掉的房子住起来舒服，这样的安置房无异于把地面的棚户区改造成了空中外表光鲜的棚户大楼，而这个棚户大楼要比原来花费更多的运营成本，可能综合产生更多的碳排放。

图 1 为一个地处湖南的安置房实际工程设计，平面的布置很紧凑，一个单元设计了 7 户不同面积的户型，设计努力让每一户至少有一个南向的居室，但是，有比较多的不利于形成通风的户型，多数套型的餐厅处于出入的主流线上，空间局促摆不下一个四人餐桌，除了南向两户，其余各户都没有考虑入户玄关的换鞋空间。方案中空间的交错、墙体的错位，令空间感觉不好也使结构方案更难布置一些。

当社会和后人评价我们的工作时就会发现，我们建设了仅有短期价值的粗糙品，因为这些粗糙品本身就不是一个符合可持续发展的绿色建筑，若干年后，棚户区没有了，我们

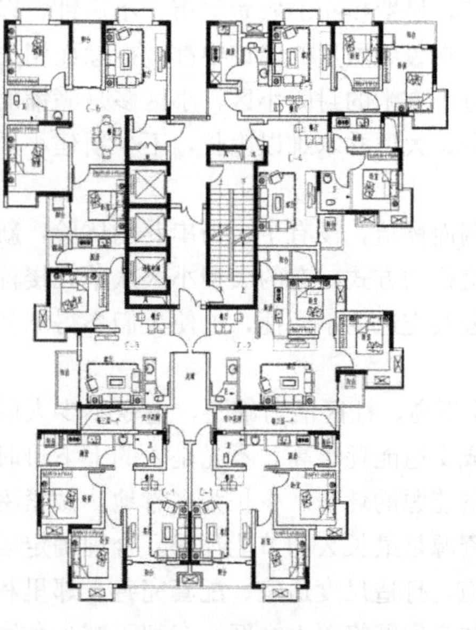

图1 某安置房户型平面

大概要开始拆这些新盖的“棚户大楼”了。

在计划经济时代，我们大量重复地建设着低标准的住宅，其主要特点就是面积比较小，这些小户型住宅是结合当时的经济情况和生活水平建造的。房改30余年间也建造了不少小户型的住宅，30年间，经济取得了长足的发展，设计规范不断更新，一些房子甚至在建造的过程中已不满足新的设计规范的要求，甚至违反了新规范的强条要求（如图1的交通核部分设计）。按照前些年房地产的“繁荣”来看，这些房子似乎大多难逃早晚被拆的命运，尤其是其中的砖混结构住宅，他们之所以被拆很大一个原因是容积率低，拆掉后土地可以通过高容积率得到回报，但是短时期内，相当一部分还不会被马上拆掉，政府应该尽可能延缓它们被拆掉，对这部分住宅最好能够考虑改造利用，鼓励进入二手市场。不然的话，我们一方面放着大量的遗留小户型住宅待拆，另一方面在新建小户型住宅，这会造成资源的巨大浪费，产生大量的碳排放。

受地价容积率的牵引，我们的城市住宅向着百米高层单一化方向狂奔，甚至在一些二三线城市也出现了超高层住宅。居民偏离社会属性被塞进封闭小区中的钢筋混凝土的立柜格子里，人与人之间的关系变得越来越陌生与冷漠。几十层高的住宅楼，建造、运营成本高，资源消耗大，存在着诸如电梯、供排水、燃气、外立面、保温层等的运营和维护的诸多不便，拆除再建的难度更大，安置成本也更高，城市居住小区清一色高耸的钢筋混凝土“森林”为拉动地价做了贡献，却也可能为将来带来难以承受的负担，直接或间接影响到未来长久的碳中和。

2018年实施的《城市居住区规划设计标准》GB 50180—2018对新建住宅小区的容积率和可建高度控制指标都有所降低，其中Ⅰ类高层住宅最大控制高度为54m（折合18或19层）、Ⅱ高层住宅最大控制高度为80m，但是这个标准施行3年以来并没有在各地得到有效实施。住房和城乡建设部等15部门于2021年5月正式发布了《关于加强县城绿色低碳建设的意见》，就推进县城绿色低碳建设提出意见，其中对县城民用建筑高度进行了限制：“……县城新建住宅最高不超过18层”，我们认为可以在更大的范围内加以限制，然而，意见发布之后半年多来，似乎同样尚未看到各地相应的落实意见。

3 绿色住宅响应碳中和

3.1 绿色住宅的误区

绿色建筑最大的误区是在一个“灰色”的建设过程中用一个“灰色”的设计建起一栋绿色的建筑。

就设计而言，谈到绿色建筑，很容易联想到屋顶绿化、垂直绿化或者太阳能热水、地源热泵等附加技术，并且似乎附加的技术越多，绿色等级越高，有的设计不在被动式技术优先上花功夫，而是在主动式技术采用上搞罗列，热衷于各种人工技术的创新与组合，最能节约资源的朝向、通风解决得不好，遮阳技术、太阳能和地源热泵却得了分，其实是背离绿色建筑本意的。绿色建筑的主动式技术科技含量足、经济成本高，有些还会产生较大的能源消耗，在能源消耗的过程中又进一步引起环境的恶化，这是不符合绿色建筑的中心思想的。绿色建筑注重减碳的结果而不是技术本身，从结果上看只要是实现了减低碳排放这一环保的目标，都可以称之为绿色建筑，绿色建筑“注重强身健体，减少穿衣戴帽”，绝不应该是各种技术的堆砌与拼凑，要从建筑先天条件出发，绿色住宅尤其要合理利用天然资源，包括但不局限于合理充分地吸纳利用采光、日照和自然通风，可以用设计解决的就不用材料解决，可以用建筑构造优化的就不用机械设备来优化。

绿色住宅要尽可能的根据地区的气候条件，争取较好的朝向，获得较多日照和较好通风环境，在做好了被动式设计的前提下再辅以适当的主动式技术，这样的绿色住宅才绿得有价值也容易被使用者感知到。

3.2 被动式优化，品质提升还有空间

一些项目只是在施工图设计时为了通过各种审查才考虑围护结构的保温节能、新材料新技术的利用，并不是从方案源头上提高建筑的整体性能。把绿色建筑的理念、绿色建筑的策略、绿色建筑的技术措施等落实到前期方案设计中，在设计中体现这些要求，以建筑技术的组织集成构建建筑本体与外部环境、室内等综合系统协调，才能更好实现绿色建筑的目标。如果说之前绿色建筑发展解决了有没有的问题，后续的发展阶段我们要侧重解决好不好的问题。

设计的优化也要勿以利小而不为，节约降本应从点滴做起，当一时难有大的创新，做好点滴优化也能起到聚沙成塔的作用。

图 2 为某地产航母现行户型库中的户型，使用率非常高，中间户厨房占据了南向，而一间卧室在北向天井中，卧室的日照、防噪声、私密性等多方面都受到影响，如果如图 3 把图 2 中卧室与厨房的位置互换就增加了一间不受外廊影响的更有利于健康的且耗能更少的南向居室，用水房间也集中在了一起，好处是显而易见的。

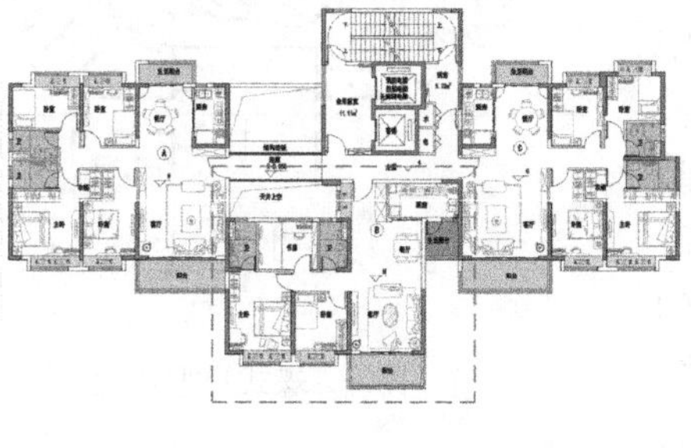

图 2 某集团户型库户型

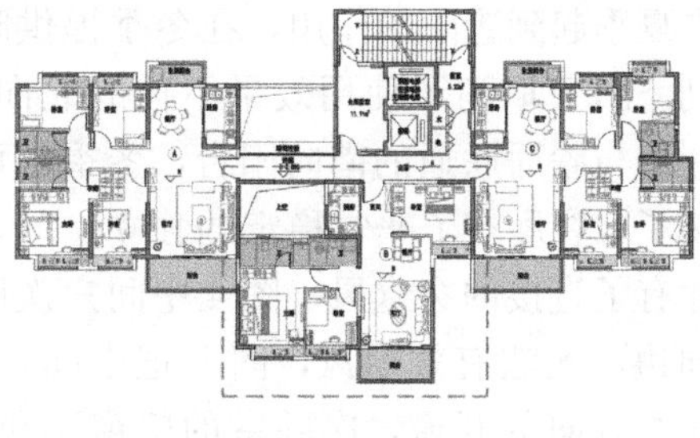

图 3 某集团户型局部优化

图 4 是另一家著名地产集团户型库里的一个蝶式户型平面，该蝶式户型在规划布置上比较灵活，能丰富规划形态又容易出面积，在各地市场上出现的频率也很高，并且常被其他地产公司套用，遗憾的是这样的房子住起来并不舒服也不节能，主要原因是没有用绿色建筑所要求的被动式技术优先来解决好住宅的健康性要求，住宅的健康性大体包含对自然通风与日照等健康自然资源的充分利用、设计布局适宜居家健康行为的合理性、相关设施的安全性等三个方面。采光日照、自然通风是绿色建筑技术中最基本、最环保，也是最有

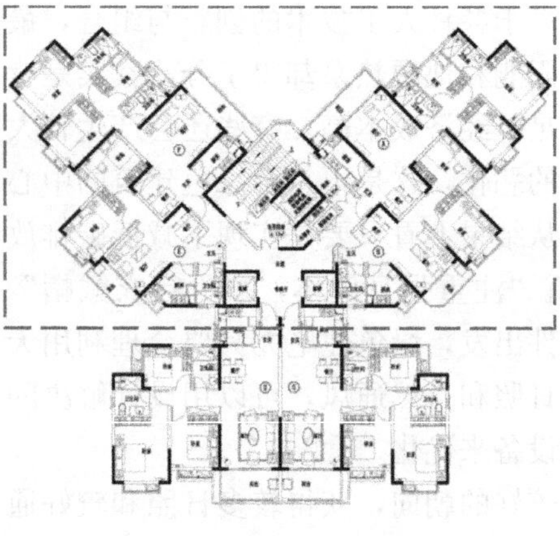

图4　某集团户型库蝶式户型

效的因素，为首要考虑。结合湖南地区夏热冬冷的气候特点，对于住宅的平面设计，其绿色设计重点要解决的就是在争取良好的日照与自然通风、解决好遮阴与遮阳的前提下获得健康、适用和高效的使用空间。

相对于单元式的板式住宅，这种塔式住宅更多地面向刚需客户群体，户型面积一般也会控制在满足刚需的范围。设计中小户型重点在于力求在较小的空间内创造较高的生活舒适度，其本质是经济适用。这个户型在各户朝向设计上不是很均衡，北向两户的套内公共空间与南向没有任何关联，也没有南向阳台，无法满足湖南地区居家生活的一些需求，例如冬季晾晒衣物的需求。

北向四户餐厅与客厅是相对独立的，空间的错位形成不规则的常说的斜8字厅，各自区域都显得狭小局促，不规则的空间给人的感觉很不好。空间不规则、零碎、阳角直对主要活动空间都会感觉很不舒服。在通风方面，客厅和餐厅部分的通风情况都不好，尤其餐厅部分，几乎是通风的死角。中间两户的通风效果最差，整个套型空间是一个单朝向的，几乎没有一个居住空间能获得良好的通风，空气不流通当然会让人住起来觉得很不舒服。

针对原方案存在的这些问题进行优化形成图5的方案，主要在平面布局、整合空间、改善通风和更多争取南向日照等方面进行改进。

优化方案把北向4户的餐厅与客厅整合在一个规整的空间，让人在各处都感觉开阔了很多，也给装修的变化带来更多的可能。

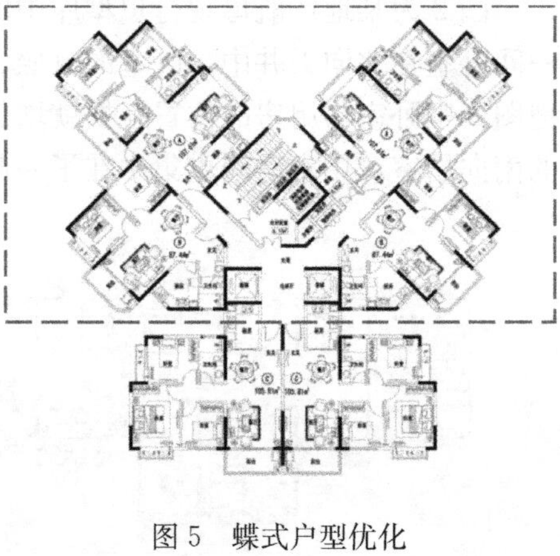

图5　蝶式户型优化

湖南大多地区冬季主导风向是西北风，夏季是东南风，北向阳台的居住体验比朝南的差很多，比如夏天的时候会很热，而冬天的时候又会很冷，此外，湖南潮湿的气候特点在有的季节会经常需要晾晒衣物，所以大多住户更希望能有个南向阳台，在夏季起到遮阳的作用，在冬季提供晒太阳的便利。图5取消了使用效果不佳的北向阳台，增加一个与餐厅联通的南向阳台，冬季也可以晾晒衣物了，客厅有了非常稳定的独立空间，客厅和餐厅有了直接的穿堂风，图4中间户次卧室的门窗同边，无法有效通风，图5把中间户外移，增加东西方向的开窗，次卧室的门窗不再同边，自然通风条件得到改善。

图4空间的错位直接影响结构的布置，剪力墙错位多、很少对齐，整个单元平面难以形成整体性更好的连续梁布置，结构的相互作用整体性要差一些，建造成本可能更高一些，并且结构构件可能给装修带来更多需要处理的地方。图5的方案尽可能地让空间趋于规整，主要使用空间均为方正的空间，在同一空间中没有空间和墙体的错位，有更多的纵横向墙体对齐贯通，剪力墙对刚度的贡献比图4方案要强很多，结构方案的简洁，简化了设计与施工，结构整体性趋好，成本也有所降低。

4 绿色创新助力碳中和

4.1 18层住宅市场占比将明显提升

2021年5月住房和城乡建设部等15部门发布的通知中要求县城新建住宅最高不超过18层，塔式高层因占地少、容积率高的特点使其在土地缺少成本又高的地区有很好的走向，但因为它的朝向、采光、通风等不能均好，使其在人们更加关注居住品质时，受到较大影响，连廊式通常中间户的私密性要差一些，防火方面也有缺陷，二者难以成为未来高层住宅的主导发展方向，单元板式的优势在于互相干扰少，通风、采光各方面条件都比较好，从市场的趋势来看，单元拼接的板式更有理由成为未来发展的重点。越来越多的住户开始选择容积率更低的小区居住，预计今后18层的单元拼接板式住宅所占市场份额将增加。

4.2 常见18层住宅交通核品质亟待提升

我们查看了国内排名领先的多家大型房地产企业的户型库，发现这些企业的18层单元两户住宅产品用的最多的交通核的电梯厅（前室）竟然基本上是黑的，品质不佳。2021年8月，一篇业主投诉闷楼道、楼梯间和电梯厅窗子不能开启的标题为“死扣规范，大楼成‘闷罐头’——设计师被骂，谁之过?”的文章在地产圈子里引起热议，一些新闻媒体也经常看到类似的业主投诉，业主不接受黑的、不通风的电梯厅和楼梯间，改进这类住宅的交通核设计，提升住宅品质，给5部委的通知提供有力的技术支撑，显得极为迫切。

房地产市场化运行之后政府的干预越来越少，住宅创新的最大源动力变为开发商对最大利润的追求，营销策划不断提出的新概念，基本上也都是出于增值考虑以吸引更多客户。在地产集团高周转和高利润驱动下的小区规划和方案设计，多以强排实现容积率指标，市场尽快去化为目标，有的开发商千方百计制造卖点，极力炒作概念，“偷面积”搞赠送，标新立异玩噱头，形形色色的“卖点”和层出不穷的“创新”让购房者眼花瞭乱、无所适从。仔细分析，表面文章多，贴近实际生活少，尤其是考虑绿色低碳技术创新的更少，有的甚至牺牲绿色理念来制造噱头，没有自然采光与通风的私家电梯厅是其中一种表现。

少人工多自然，适宜技术的应用是最应推广的节能环保。住宅工程倡导建筑绿色低碳设计理念，充分利用自然通风、天然采光，创造“少用能、不用能”的建筑空间。我们以市场常见的18层住宅单元2户交通核的优化设计为例，分析在住宅平面的设计中，将交通核的公共空间集约化整合，争取自然采光、通风，减少隐秘和灰色空间，做到绿色节能、流线便捷、环境舒适，通过明确空间归属、减少模糊空间来提升公共空间意识，以促进邻里关系的和谐和社会风气的良好转变。优化交通核设计，提高得房率的同时改进户内设计，综合提升住宅品质。

图6～图8均为某地产航母区域标准户型库里的产品，该集团素以标准化设计高周转快速推进闻名遐迩，其产品常为业内各企业竞相模仿。据说这三个户型产品在市场上都卖得比较好，集团内项目、营销和设计管理常常强势指定在各个项目中使用这些户型。然而，这三个标准户型却是在背离绿色建筑理念方面越走越远。

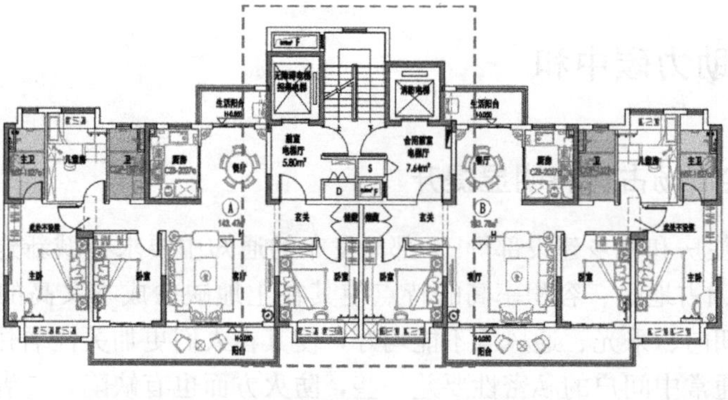

图6　某地产集团户型库140户型

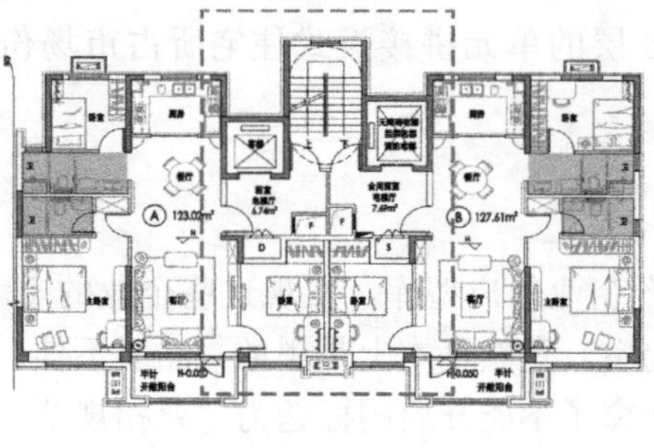

图7　某地产集团户型库125户型

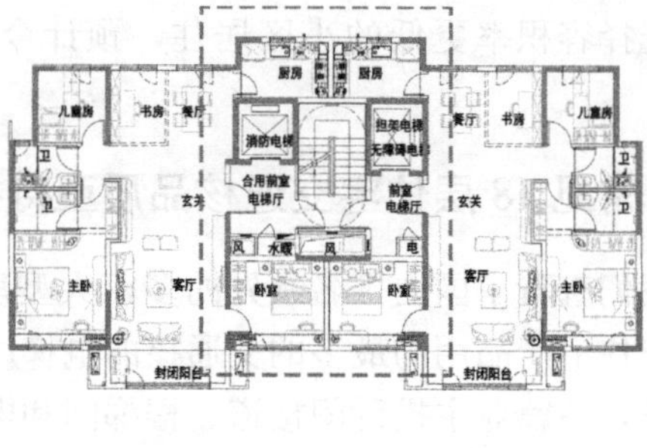

图8　某地产集团区域户型库125户型

图6～图8营销推出的都是“私家电梯厅”的概念，这些私家电梯厅都是没有直接采光和自然通风的，作为防烟楼梯间和消防电梯前室，在设计上都有严格的规定，是完全的公共空间，不应该作为私用空间使用，图6无法做到前室的加压送风正对户门，楼梯间和一个前室需要加压送风，楼梯间的窗户不能开启，图7的两个前室需要加压送风，因为送风口正对户门，楼梯间不需要加压送风，窗户可以开启，图8的前室和楼梯间被严严实实包裹在中央没有对外窗口，全天需要人工照明，楼梯间和一个前室需要加压送风。加压送风只在火灾时启动，这三个户型的交通核部分是常年没有自然通风的，机械通风也没有，图7中的电梯厅和楼梯间在打开楼梯间的门窗后，借助户门能够产生些许通风换气，图6和图8则完全是一个密闭空间，终年没有通风换气，其空气质量可想而知。

不能够自然采光与排烟，就必须依赖人工照明与机械防烟，增加送风井、送风设备和送风机房，增加本可避免的更多的资源消耗，增加碳中和的负担。图7、图8主卧室的卫生间也是没有自然采光和通风的。

图6的户内空间组织相对比较合理，流线少有交叉干扰，自然通风良好，图7、图8南向次卧由于门窗同边而使该房间不能有效产生通风，穿越客厅进出房间对客厅产生很大干扰，两台电梯分别对应一个营销输出的私家电梯厅（防烟前室），没有如图6的户型那样设置入户玄关，如果禁止在前室摆放私人物品，该户型的鞋柜很难找到合适的位置。

住宅楼的公共交通空间是楼内居民每天经过、停留和发生际遇性交流的场所，设计除了应符合各项规程、规范，还要争取绿色节能、环境优化，力求综合品质得到提升。

4.3　18层住宅交通核的绿色创新

倡导建筑绿色低碳设计理念，充分利用自然通风、天然采光，创造“少用能、不用能”的建筑空间，从根本上解决业主投诉的楼道窗户不能开启的问题，就是要争取自然通风不要机械送风。实际上，对于低于100m的住宅工程，其防烟楼梯间、独立前室、共用前室、合用前室及消防电梯前室，都应首选采用自然通风系统。

在住宅平面公共部分的设计中，将公共空间集约化整合，通过合理设计，尽量避免空间的浪费，可减少业主买房时在公摊面积上的花费。明确归属，减少模糊空间的出现，将减少邻里纠纷并方便物业管理，有助于邻里关系的和谐、促进社会风气的良好转变。将压缩的模糊空间面积实实在在给到户内，会很大程度改善户内的布局和房间尺度。入户位置的良好设计可以明显改变空间效果增强隐私，亦能方便组织套内空间。公共空间环境优化，公共交通空间的设计除了应符合各项规范，满足为客户服务的要求外，其本身也是楼内居民每天经过、短暂停留和发生际遇性交流的场所，设计中应争取自然采光良好的通风，布置好等候空间及入户空间，合理设置设备管井，以提高整个住宅的设计品质。

图6～图8两台电梯分别对应一个营销输出的私家电梯厅（防烟前室），所以无法联动，所有电梯厅都是没有采光与通风的，每个电梯厅都通过楼梯间与另一个电梯厅连通，这样有了更多的引起心里不安的未知隐秘空间。我们将电梯联动成组布置，在图9、图10的方案中，电梯面对面联动设计，最大限度地整合了候梯空间，电梯成组布置可以方便联动，提高使用效率，候梯厅集中设计以利争取直接采光通风，这是一个符合绿色建筑理念的明亮、空气清新、空间良好、有助于际遇性交往的积极空间。

将压缩下来的公摊面积用来完善一个完全私有的入户门厅和改善户内的布局。候梯厅直接面向花园绿地开窗，公共空间舒适明亮。户门分列电梯两侧，入户位置的良好设计可以明显改变空间效果增强隐私，亦能方便组织套内空间。彼此看不到客人的来访，站在门口不再对邻居的户内一览无余，私密性得到很好的保证。

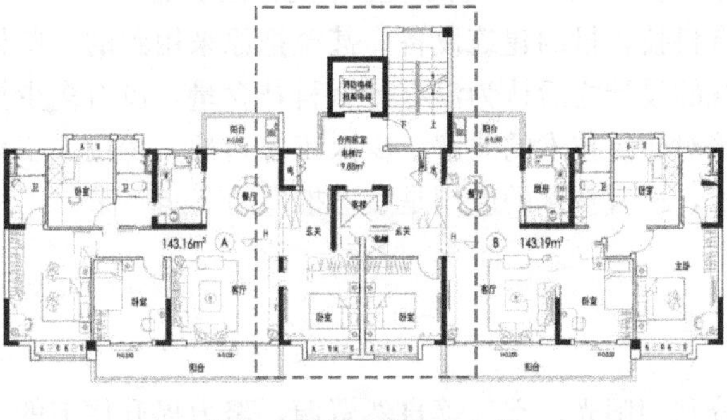

图9　对图6的修改方案

注：本图已申请国家发明专利

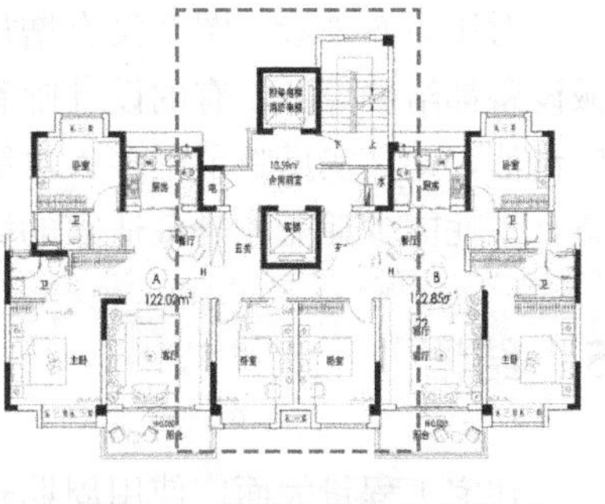

图10　对图7的修改方案

注：本图已申请国家发明专利

设置良好的玄关方便提供出入户时的使用要求，能够保证套内的私密性，不希望在门口就对户内一览无余。要保证客厅、餐厅等居室空间不会直接看到鞋子摆放的混乱状态，考虑老人孩子的需要能够方便设置坐凳，其位置能够方便从鞋柜中取鞋，有的住户习惯在入户处设置冬季挂置外套的空间，门厅处需要有写字空间，方便快递签收、抄表等签字使用。非典疫情和2020年新冠肺炎疫情后，有居民提出希望在入户的位置能够设置简易洗消，在这个方案中可以很容易实现这一要求。

4.4　创新前后方案指标对比

新的能自然采光和通风的交通核，可以在原交通核位置进行替换，替换后同样的户型面积户内可以增加4～5m^{2}的使用面积，住户得房率提高了3%～4%，社会效益和经济效益明显。将压缩的模糊空间面积实实在在给到户内，会很大程度改善户内的布局和房间尺度。图9与图6户型标准层面积都是283m^2（表1），图9比图6的公摊面积减少了10.6m^2，户均增加了套内有效使用面积5.3m^2，得房率提高了4%，有条件设计一个完整的入户玄关，各房间也可以根据需要适当增加尺度。客厅的一面墙能与餐厅的墙面对齐，空间感觉更为舒适，每个单元有更多的横墙能够对齐贯通使结构体系更加简洁，结构刚度分布均匀，这样的结构体系显然造价更低并且抗震性能更好。

图6、图7户型修改前后面积指标 **表1**

项目	标准层建筑面积(m^2)	标准层得房率(%)	套内使用面积(m^2)		公摊面积(m^2)	套型面积(m^2)	前室采光/送风
图6	283.37	82.60	108.55		26.59	143.47	无/有
图7	248.10	80.01	左	94.32	24.74	123.02	无/有
			右	97.96	25.69	127.61	
图9	283.16	86.09	左	113.10	21.29	143.16	有/无
			右	113.32	21.29	143.19	
图10	241.67	83.38	左	96.45	21.61	122.02	有/无
			右	97.14	21.75	122.85	

图10与图7相比较，标准层的面积减少了6.5m^2，套内使用面积不仅没有减少还有增加，得房率提高了3%，住户花更少的钱买到了更多的使用面积。有条件设计一个完整的入户玄关，由此解决了图7、图8户型无处摆放鞋柜的问题，避免了户门正对主卧室的门，次卧室的门可以设在窗户相对的一侧，可以形成良好的通风了，进出这间卧室不再穿越客厅，图7、图8中间户的主卧室是暗卫生间，图10的两个卫生间都是明的。

对比图6来看，图9没有增加任何有科技含量的建筑设备，甚至把原来用到的一些机械设备都给拿掉了，有的设计师看了图9的设计之后认为没有什么科技含量，没有多少推广价值，这其实反映了很多人对绿色建筑对建筑技术的曲解，少人工多自然，少用人工设备，不耗能少耗能才是最适宜的绿色技术，适宜技术的应用是最应推广的节能环保。

5 结语

住宅工程量大面广使用周期长，充分利用阳光、空气等自然资源，努力提升住宅的绿色设计尤其是被动式设计品质，让采光、日照、通风都得到比较好的解决，让日常的基本生存需求在节约能源的前提下也能得到满足，更符合绿色建筑的理念。

房地产的发展应该是实现土地资源的永续利用、住宅业的稳定发展、房地产市场完善与人居环境的改善等多方面目标和要求。要达到碳达峰、碳中和的目标，绿色住宅是减碳最大的行业之一，用可持续发展和绿色建筑的角度看房地产对碳达峰、碳中和的影响，房地产的健康发展、住宅设计从优化到创新的持续挖潜还有空间。

作者简介： 郭　军（1967—），男，教授级高级建筑师。主要从事绿色建筑的研究并运用到建筑设计领域。

蒋宇龙（1991—），男，硕士，工程师。主要从事绿色建筑的研究并运用到建筑设计领域。

罗显文（1997—），男，学士，建筑师。主要从事建筑设计。

沈　赫（1991—），男，硕士，建筑师。主要从事建筑设计。

预应力连续梁桥满堂支架施工监控关键技术

李小胜
（中铁西南科学研究院有限公司，四川 成都，611731）

摘　要： 预应力大跨径连续梁满堂支架法施工中，由于满堂支架工程量较大也比较复杂，在计算时难以准确模拟，故在施工过程中梁体在满堂支架支撑下发生的下沉量难以预估，在张拉过程中梁体的变形量（主要是上抬量）又较大，所以梁体的线形控制和受力控制都有一定的难度。特别是梁体线形控制中的预拱度设置是一个难点。本文借助特定工程实例，针对这些问题进行了模拟计算和施工控制，在实践中取得了明显效果，希望对此类工程有一定的参考价值。

关键词： 预应力连续梁；满堂支架；施工监控；有限元计算；线形控制；受力监测；预拱度设置

Key technologies in construction monitoring of full support of prestressed continuous box girder bridge

Li Xiaosheng
(Southwest Research Institute of China Railway Engineering Co., Ltd.,
Chengdu 611731, China)

Abstract: During the construction of the prestressed long-span continuous box girder bridge, because of the large quantities and complexity of its full support that difficult to accurately simulate when calculating, thus the subsidence of the full supported girder is difficult to forecast, And the deformation of the girder in the prestressed tensioning process is larg, so the deformation and mechanical control of the girder has some certain difficulty. Especially, it is difficult to set the pre-camber in the deformation control of the girder. In this paper, with the help of a specific project example, the finite element simulation calculation and construction control are carried out to solve these problems, and obvious results have been achieved in practice, which is expected to have certain reference value for this kind of project.

Keywords: prestressed continuous girder; full support; construction monitoring; finite element calculation; deformation control; stress monitoring; camber setting

引言

在预应力连续梁桥施工中，高墩大跨刚构桥梁一般采用悬臂现浇法施工，即在梁体零号块施工完成后在零号块两端安装挂篮，然后逐块向两端对称施工，直至合龙贯通（具体为挂篮安装及试验后进行立模，然后对每块段绑扎钢筋、浇筑混凝土并进行养护、张拉预应力筋并压浆、移动挂篮，逐块如此循环直至梁体合龙）。而在施工实践中，也有极少数大跨径预应力连续梁桥采用满堂支架法施工，在这种情况下，由于满堂支架法与悬臂法在施工方法上完全不同，所以梁体线形及受力控制也有很大不同。尤其是梁体线形控制方面差异性最为明显。悬臂施工法的线形控制[1,2]中，施工预拱度的设置往往为正值，这是因为在整个施工过程中挂篮重量、梁体各块段重量、临时荷载、收缩徐变等作用下梁体的变形主要表现为下挠，而预应力的张拉虽然会引起上挠，但总体上不足以抵消下挠量，故梁体预拱度的设置往往为正值，这种特点在中跨最为明显。但在满堂支架法的施工中，情况就大不相同了，梁体的变形主要表现为预应力张拉后的上抬量，故施工预拱度的设置往往为负值。这是因为在施工过程中满堂支架阻止了梁体重量等荷载引起的下挠。而桥梁在运营过程中，由于收缩徐变、结构自重、温度荷载、车辆荷载等的共同作用会出现梁体跨中下挠的情况，对于大跨径桥梁这种下挠量往往比较可观，严重时会影响桥梁的正常使用和引起桥梁寿命的缩短，为了减少这种情况引起的不利影响，需要在桥梁施工过程中提前在梁体上设置一定的上挠量，这种上挠量称为设计预拱度，往往由设计方根据有限元模拟计算或由运营过程中的观测值提炼后的经验公式来给出[2]。

对于满堂支架施工，由于施工过程中的梁体变形主要表现为纵向预应力张拉后的上挠量，故就可用这种上挠量来代替全部或部分设计预拱度，具体应通过有限元模拟计算整个施工过程来确定。当知道了施工预拱度和设计预拱度后便可通过比较分析来确定线形控制的方法，本文通过笔者的工程实践，就此问题进行探究分析。

1 工程概况

某桥跨越釜溪河，主桥孔跨布置为 40m＋70m＋40m，上部结构采用变截面预应力混凝土连续箱梁，桥墩采用双柱式门型墩，承台加桩基础，半幅桥面宽 18.25m。全桥分两幅对称设计，上部结构及下部结构均进行独立设计，桥面铺装整体铺筑。主桥采用预应力混凝土结构，箱梁采用单箱三室截面。采用斜腹板，保证斜率布置，箱顶板宽 18.25m，底板宽 13.32m 渐变至 12.114m。箱梁根部梁高 4.0m、中跨跨中及现浇合龙段梁高 2.0m，箱梁底板下缘按 1.8 次抛物线变化。各梁段底板厚从悬臂根部至悬浇段结束处有 28～70cm，其间按 2 次抛物线变化，主梁采用 C55 混凝土现场浇筑。小里程 4 号主墩墩身高 12.7m，大里程 5 号主墩墩身高 15.3m，墩柱为 C40 混凝土。主梁腹板束为 15-ϕ^s15.2 高强低松弛钢绞线，顶板束及中跨底板束采用 12-ϕ^s15.2 高强低松弛钢绞线。该桥主桥梁体采用钢管贝雷支撑满堂支架法施工。

梁体施工满堂支架及梁体纵剖面如图 1 所示。

该桥梁体主要施工步骤为：(1) 施工便道及便桥，桥墩基础围堰筑岛；(2) 基桩钻孔及浇筑，施工承台，施工墩柱；(3) 水中地基钢管桩处理，搭设满堂支架及支架预压；(4) 中跨合龙段两侧梁体立模，连续梁绑钢筋，浇筑混凝土，养护及张拉压浆；(5) 中跨合龙段绑钢筋、浇筑混凝土及养护；(6) 中跨合龙段预应力张拉及压浆；(7) 满堂支架拆除，先边跨支架拆除，后中跨支架拆除；(8) 桥面铺装及附属设施施工。

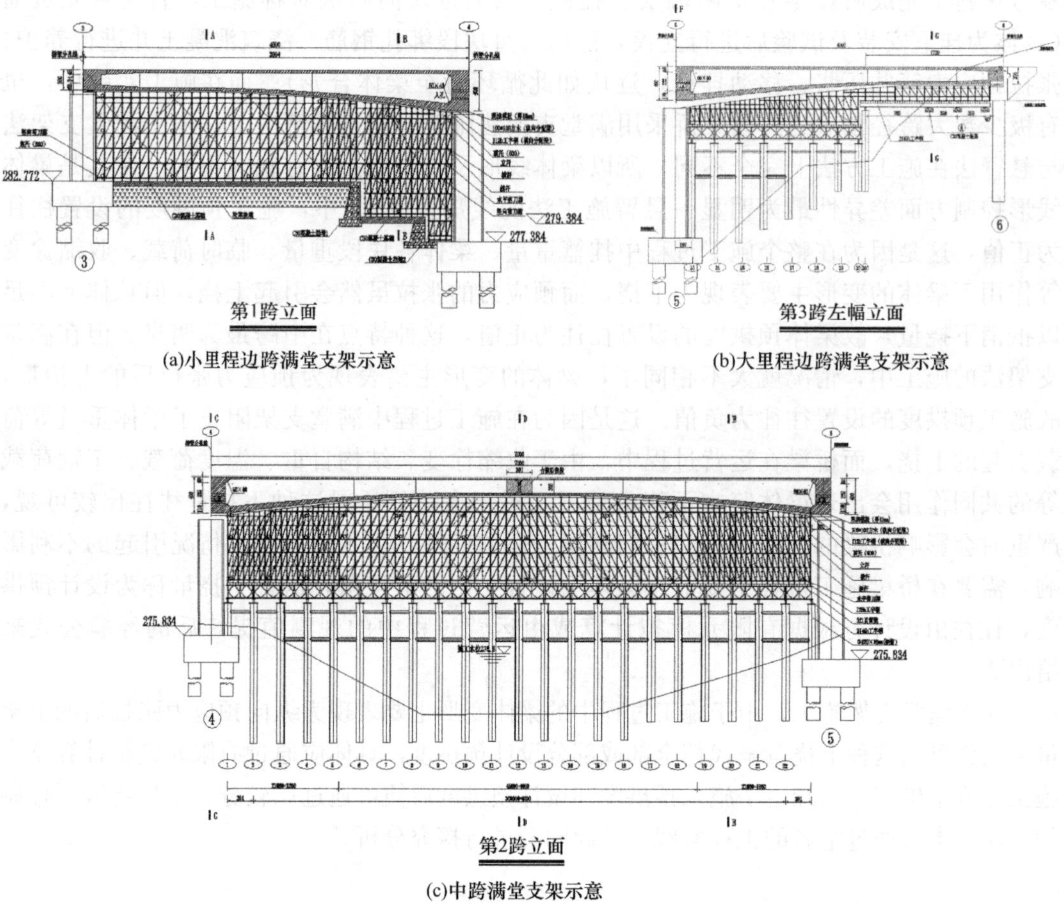

(a)小里程边跨满堂支架示意

(b)大里程边跨满堂支架示意

(c)中跨满堂支架示意

图1 梁体满堂支架示意

2 施工全过程仿真计算

为了明确各满堂支架支撑点竖向位移，有限元计算时，依据满堂支架纵向间距、墩台支点、截面尺寸变化等关键点对主桥梁体进行了单元分割，每个分割点（含支点）作为单元节点，共263个节点（262个梁单元），每个满堂支架支点用竖向弹性支承模拟。由于本桥主墩较矮，计算时忽略墩柱竖向变形，墩柱和桥台竖向约束按照竖向固定支座模拟。各支座处水平和横向约束依据设计图纸要求进行模拟。

满堂支架各支点处竖向刚度按照公式 $k=EA/L$ 等效近似计算（根据施工组织设计，竖向支撑钢管为 $\phi60.3\times3.2$ 的 Q345 钢管，按照横向 18 根竖撑，纵向间距 60cm 等效计算），经计算，每节点（支撑点）竖向刚度约为 372580kN/m。

依据设计方对施工顺序的要求和施工方施工组织设计情况，梁体满堂支架施工过程总体划分为 9 个施工阶段，分别是：(1) 满堂支架安装及预压后，两边跨梁体模板安装、钢筋施工、混凝土浇筑及养护 7d；(2) 合龙前纵向预应力张拉；(3) 中跨合龙段模板安装、钢筋施工及混凝土浇筑并养护 7d；(4) 中跨合龙段张拉；(5) 拆除边跨满堂支架；(6) 拆除中跨满堂支架；(7) 桥面钢纤维混凝土调平层铺装；(8) 桥面沥青混凝土及沥青碎石层铺装；(9) 成桥后收缩徐变 1000d。图 2 为主桥梁体有限元模型图。

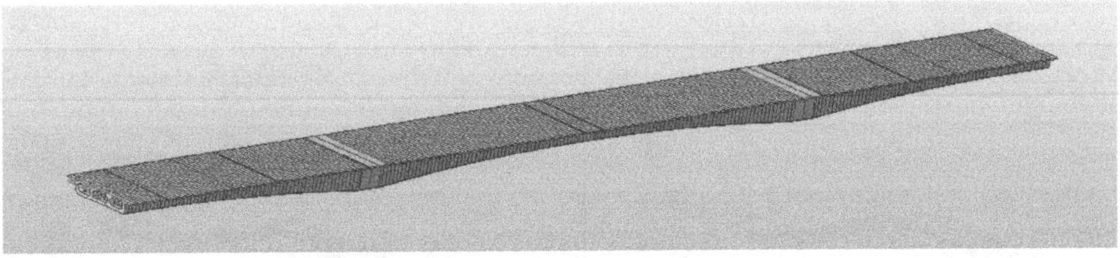

图 2　主桥梁体有限元模型

3　施工过程计算结果

由于篇幅问题，这里仅列出施工过程部分计算图形结果。

（1）施工过程中主梁各施工阶段的变形计算图形结果如表 1 所示。

各施工阶段计算变形（位移）情况　　**表 1**

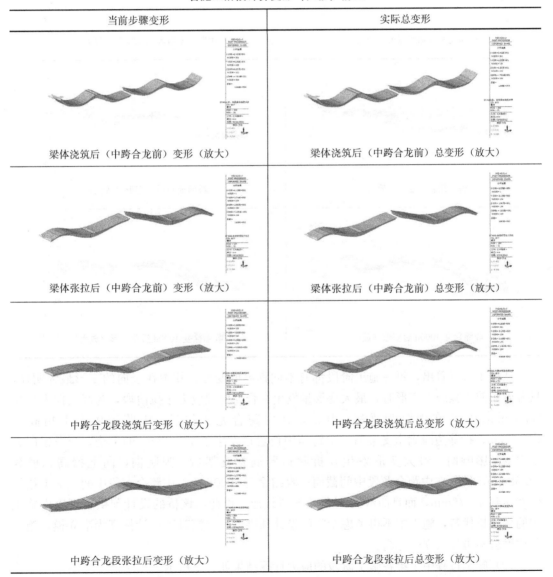

当前步骤变形	实际总变形
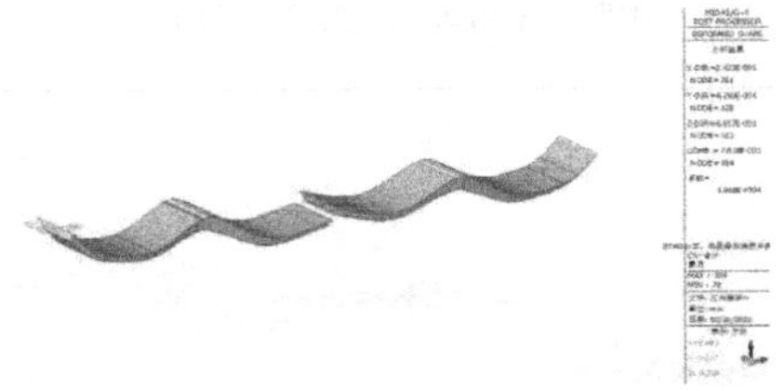 梁体浇筑后（中跨合龙前）变形（放大）	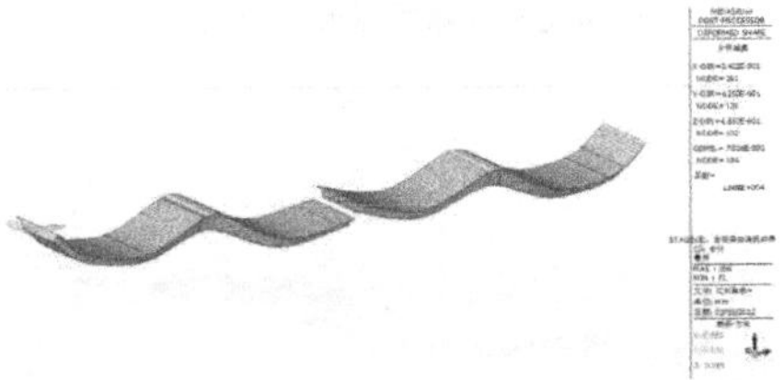 梁体浇筑后（中跨合龙前）总变形（放大）
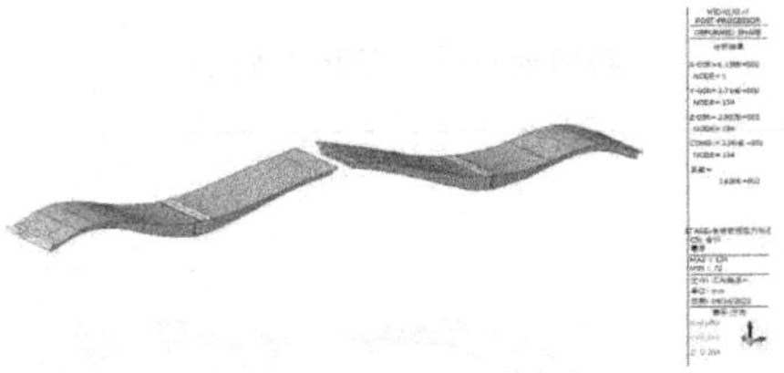 梁体张拉后（中跨合龙前）变形（放大）	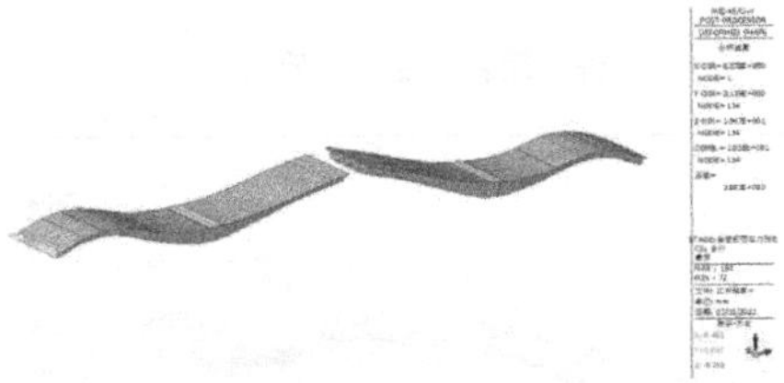 梁体张拉后（中跨合龙前）总变形（放大）
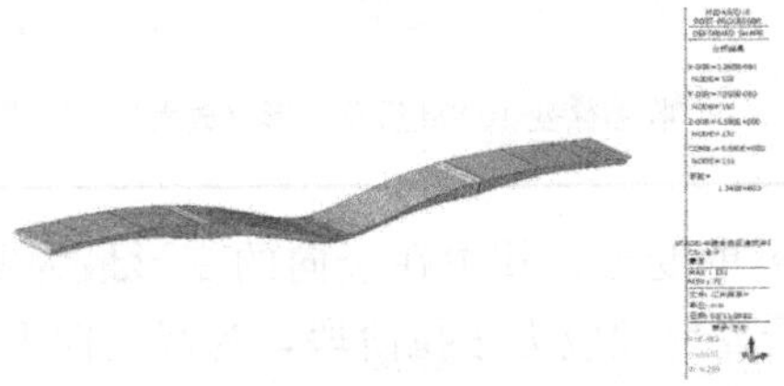 中跨合龙段浇筑后变形（放大）	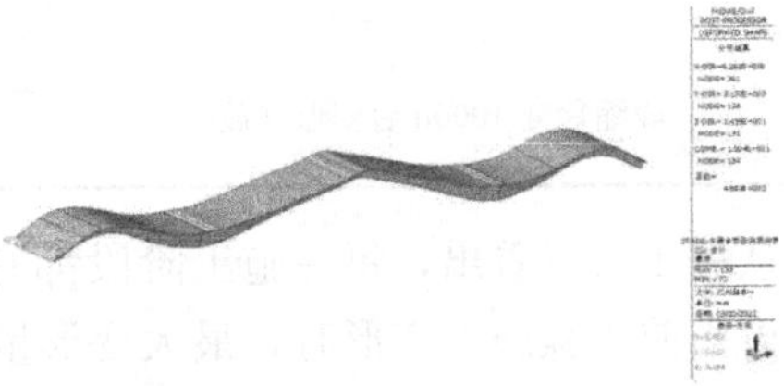 中跨合龙段浇筑后总变形（放大）
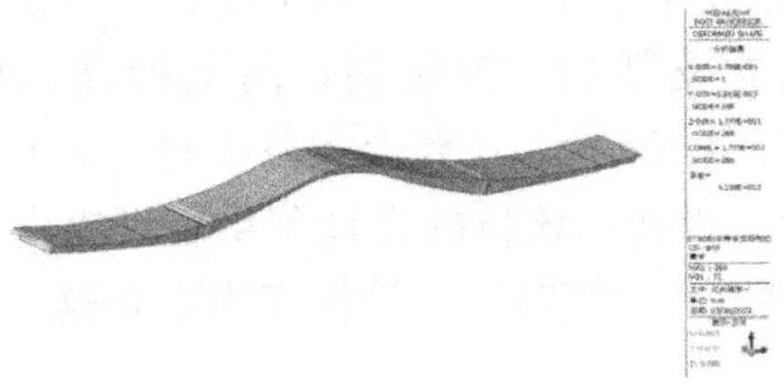 中跨合龙段张拉后变形（放大）	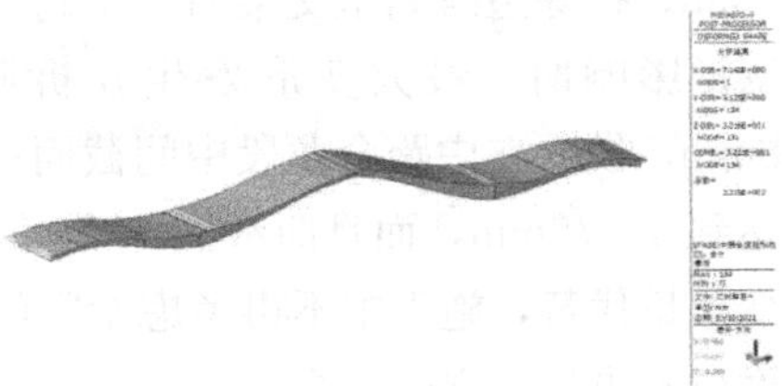 中跨合龙段张拉后总变形（放大）

续表

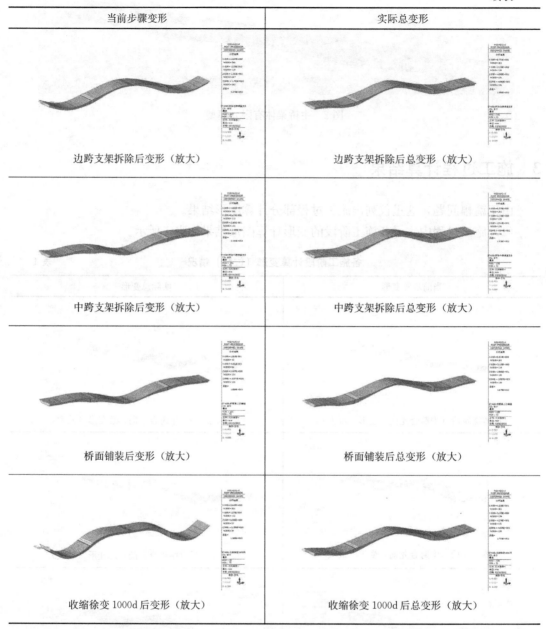

当前步骤变形	实际总变形
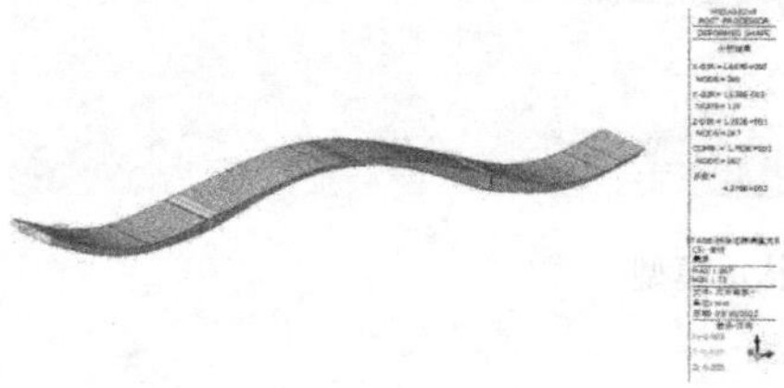 边跨支架拆除后变形（放大）	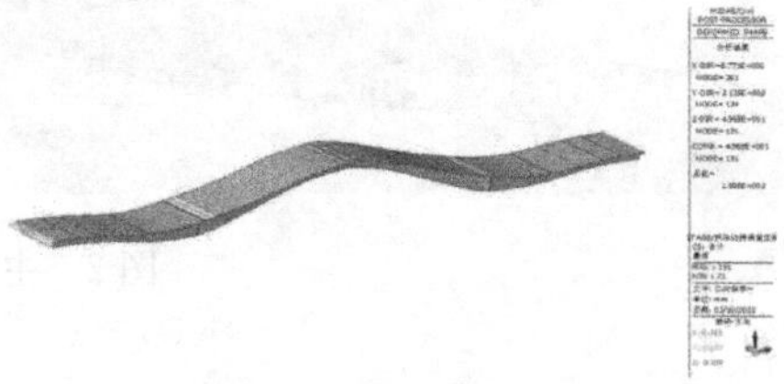 边跨支架拆除后总变形（放大）
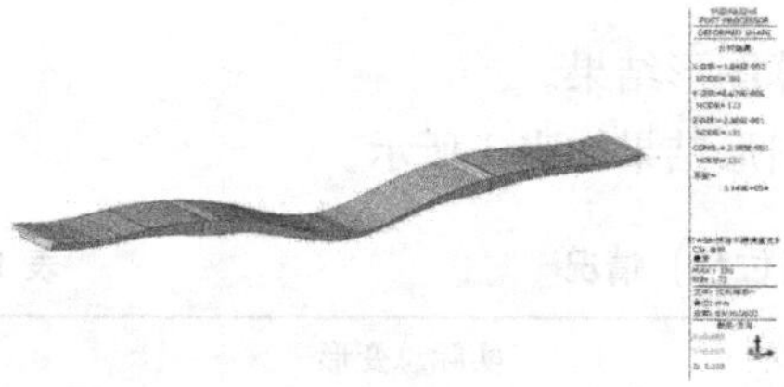 中跨支架拆除后变形（放大）	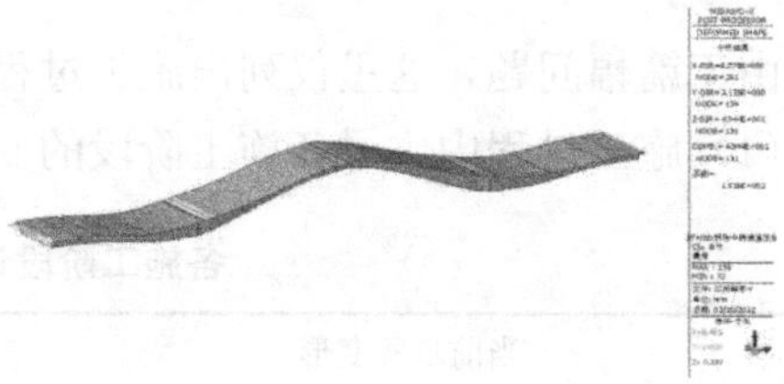 中跨支架拆除后总变形（放大）
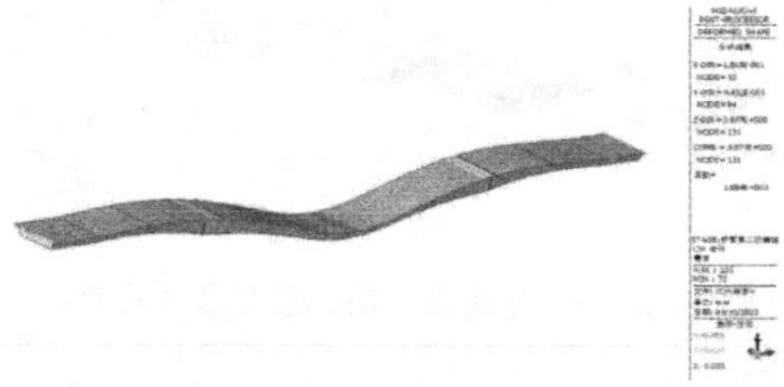 桥面铺装后变形（放大）	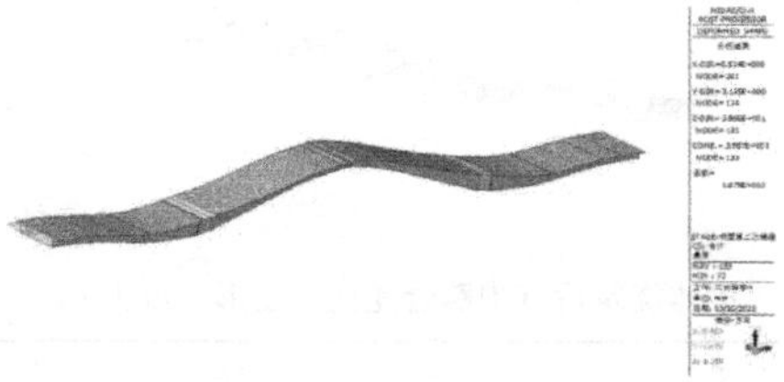 桥面铺装后总变形（放大）
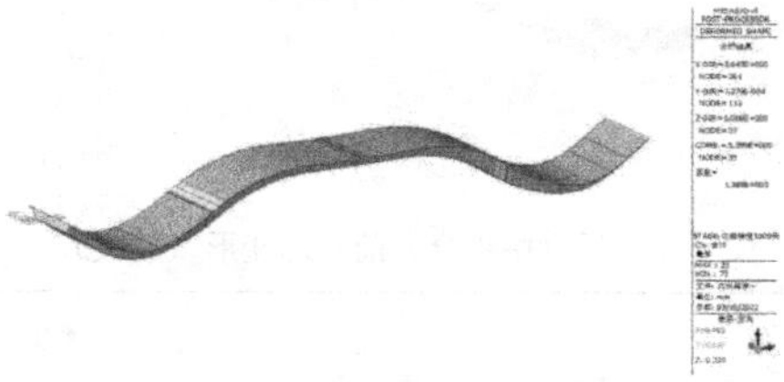 收缩徐变 1000d 后变形（放大）	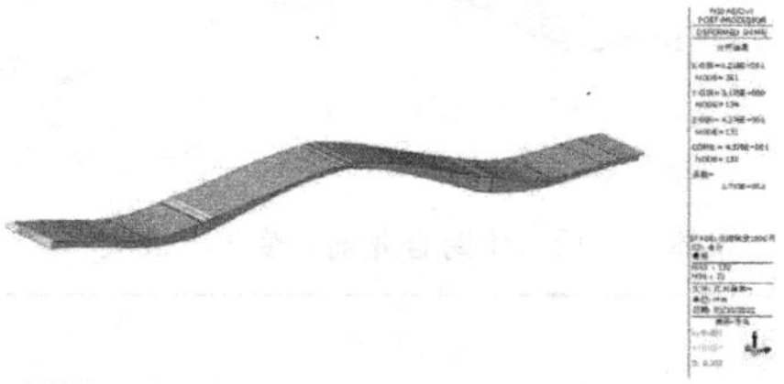 收缩徐变 1000d 后总变形（放大）

从表1可以看出，每一施工阶段都有不同程度的变形，其中在竖向的变形最为明显，只考虑当前步骤施工变形时，最大变形量发生在合龙前预应力张拉阶段，为竖向向上抬高20.07mm，发生在中跨侧梁端；其次，在中跨合龙张拉后，中跨跨中向上抬高了17.77mm；拆除边跨满堂支架后，中跨跨中位置也发生了17.53mm的上挠。当考虑所有步骤变形影响时，最大变形发生在拆除边跨满堂支架后，为竖向，向上抬高总值为49.68mm，发生在中跨合龙段中间截面；收缩徐变1000d后，中跨合龙段中间截面上抬量依然达到43.76mm，而且曲线为上凸的光滑线形。由此，该桥的设计预拱度可以由施工中的变形量代替，施工中不再考虑专门的设计预拱度。立模时以设计标高为准立模，施工预拱度就不再加入立模标高。

（2）施工过程中主梁各施工阶段的应力计算结果如表2所示。

各施工阶段主梁各单元应力图　　　　表 2

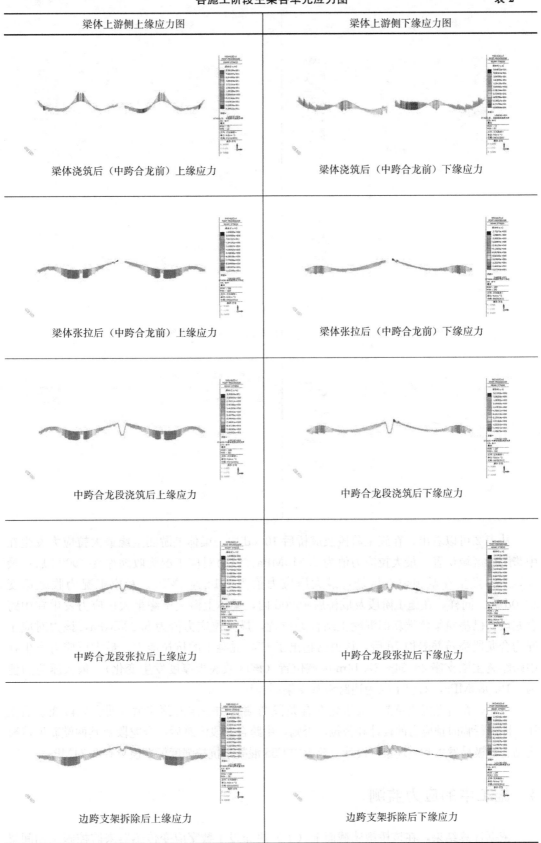

梁体上游侧上缘应力图	梁体上游侧下缘应力图
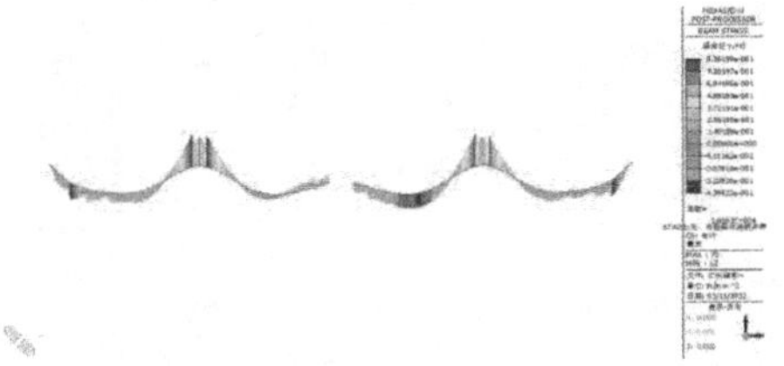 梁体浇筑后（中跨合龙前）上缘应力	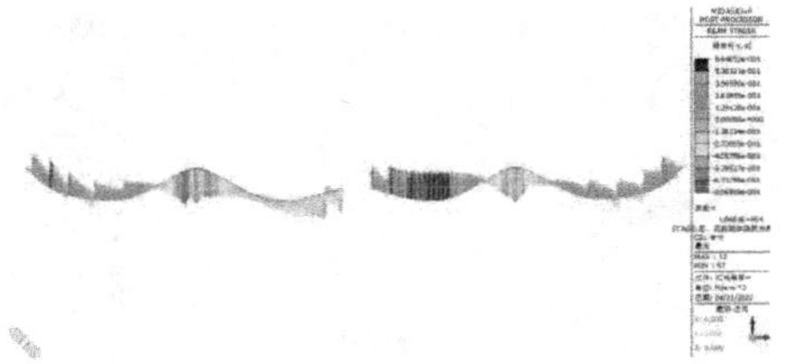 梁体浇筑后（中跨合龙前）下缘应力
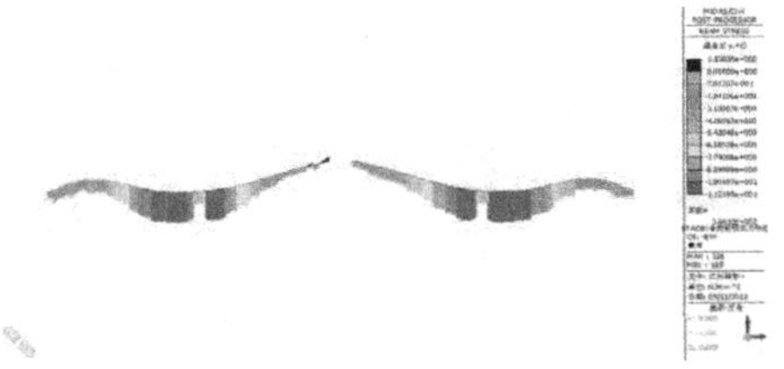 梁体张拉后（中跨合龙前）上缘应力	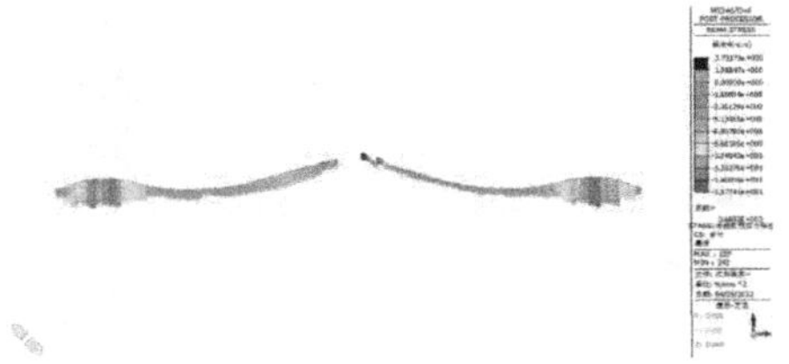 梁体张拉后（中跨合龙前）下缘应力
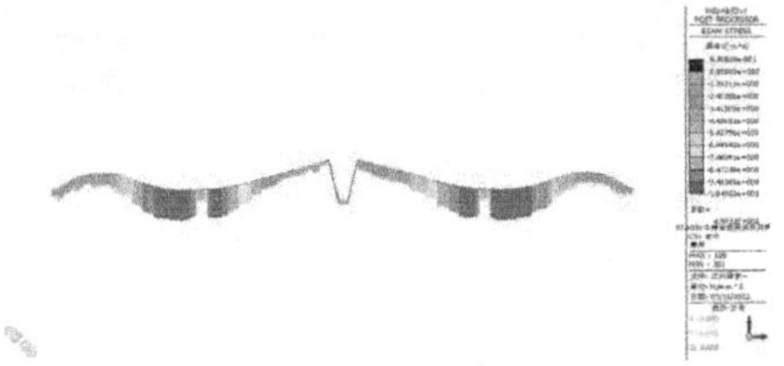 中跨合龙段浇筑后上缘应力	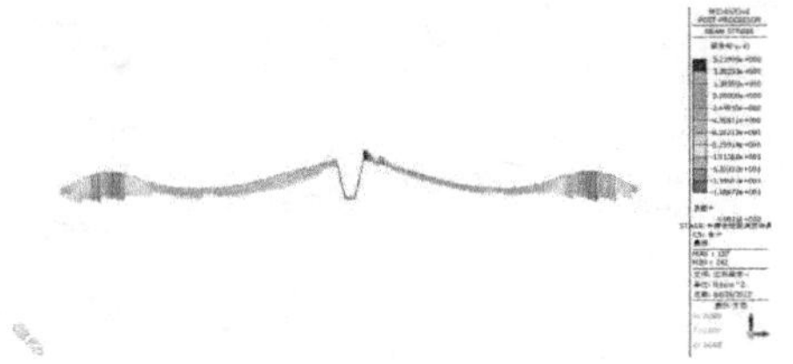 中跨合龙段浇筑后下缘应力
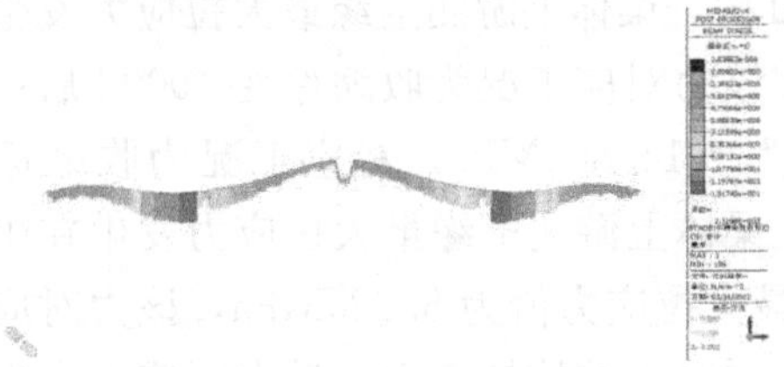 中跨合龙段张拉后上缘应力	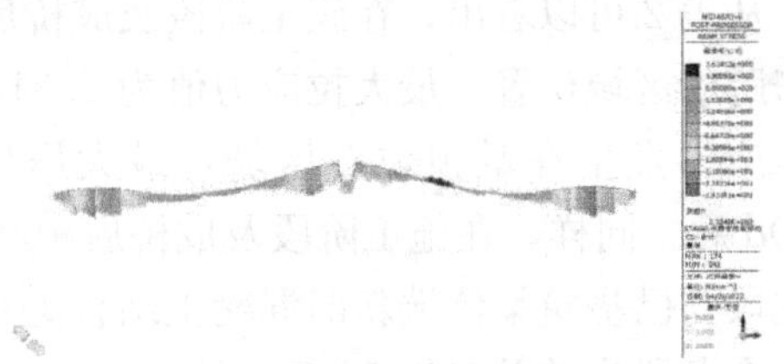 中跨合龙段张拉后下缘应力
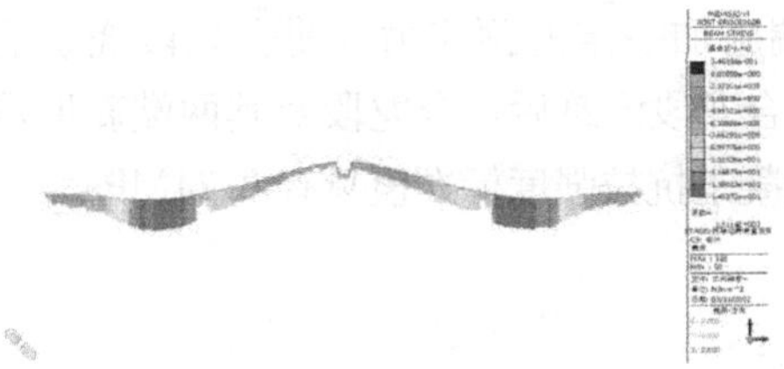 边跨支架拆除后上缘应力	 边跨支架拆除后下缘应力

续表

梁体上游侧上缘应力图	梁体上游侧下缘应力图
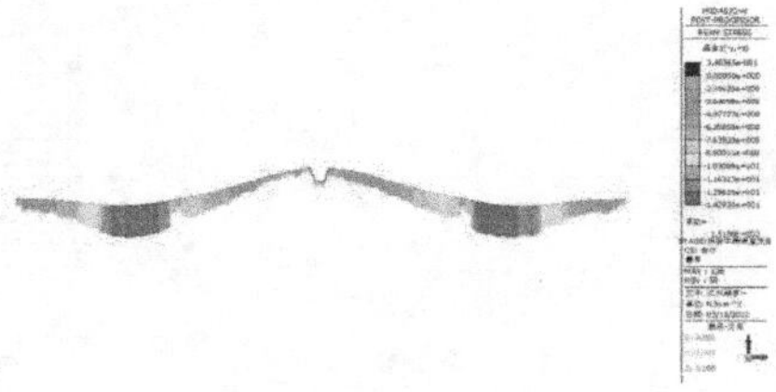 中跨支架拆除后上缘应力	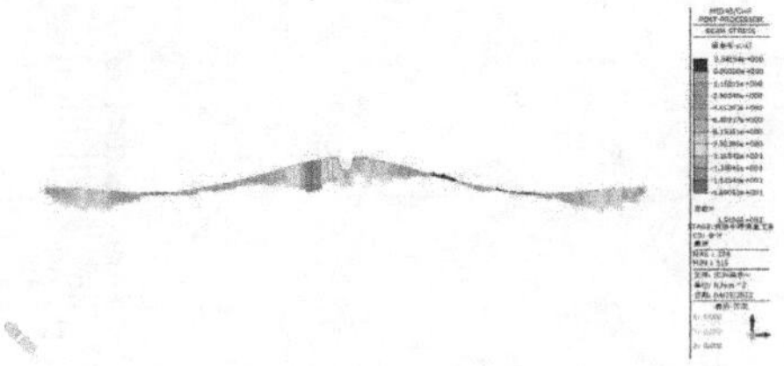 中跨支架拆除后下缘应力
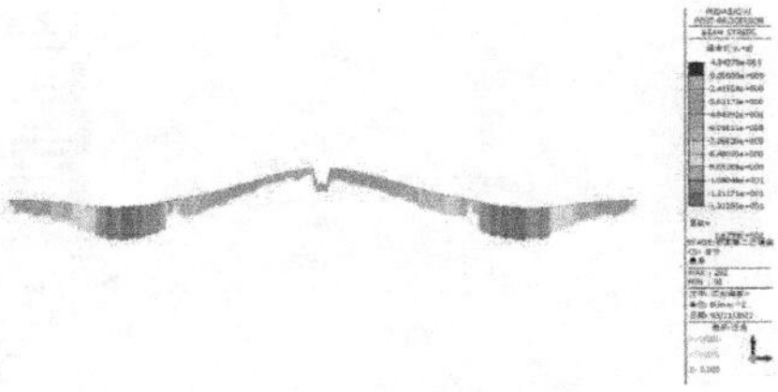 桥面铺装后上缘应力	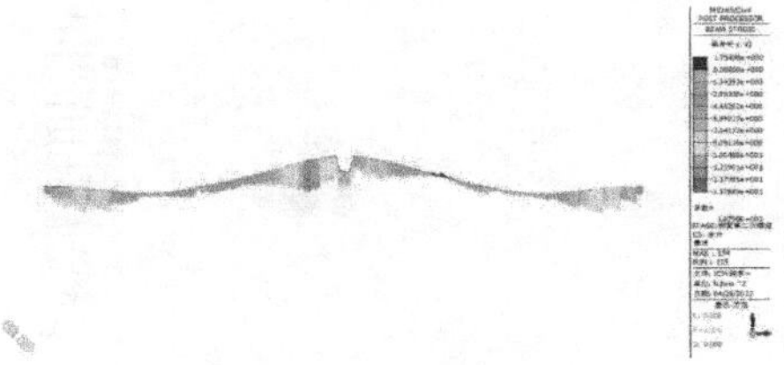 桥面铺装后下缘应力
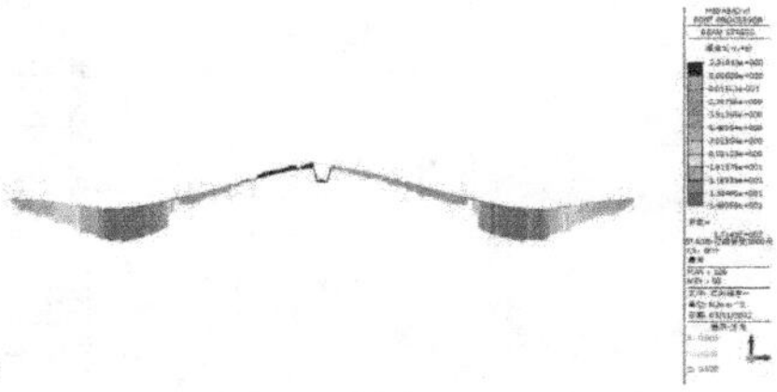 收缩徐变 1000d 后上缘应力	 收缩徐变 1000d 后下缘应力

从表 2 可以看出，在施工阶段及成桥后 1000d 内，梁体上游测上缘最大拉应力发生在中跨跨中区域位置，最大拉应力值为 2.310MPa，该力对应工况为收缩徐变 1000d 后；最大压应力发生在墩顶位置区域，最大压应力值为－14.806MPa，对应工况为收缩徐变 1000d 后。同样，在施工阶段及成桥后 1000d 内，梁体上游测下缘最大拉应力发生在中跨合龙段与已浇筑梁体端新旧混凝土结合处位置，最大拉应力值为 5.220MPa，该力对应工况为合龙段浇筑并养护 7d 后，该力已超出了 C55 混凝土的抗拉能力；最大压应力发生在中跨距离主墩支座 26.54～27.14m 区域位置（该区域底板厚度发生变化），最大压应力值为－16.983MPa，对应工况为边跨满堂支架拆除后。

可见，在合龙段浇筑前，要事先在合龙段两端施加一定的预应力（使合龙段浇筑后受压）即进行临时预应力的设计和张拉，否则，中跨合龙段浇筑后，合龙段及其两端新旧混凝土结合处极易发生开裂现象（设计规范[3]中 C55 混凝土抗拉强度标准值只有 2.74MPa）。

4 施工中的应力监测

依据计算结果，在该桥敏感截面上（下）缘布设了数字应变传感器来监控施工期间梁体受力[4]情况，传感器布设截面如图 3、图 4 所示。

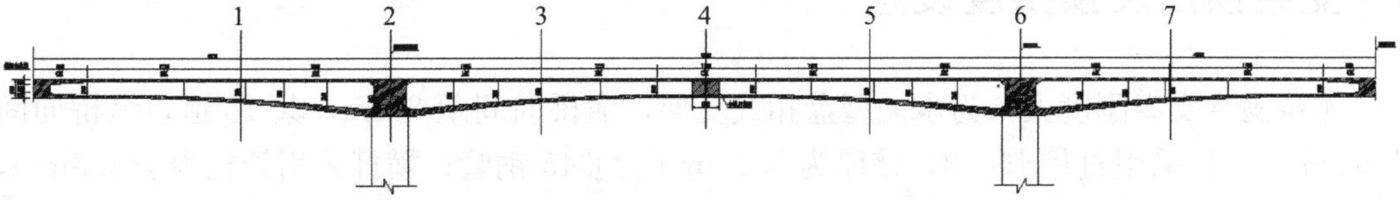

图 3　主梁应力监测截面布置示意图

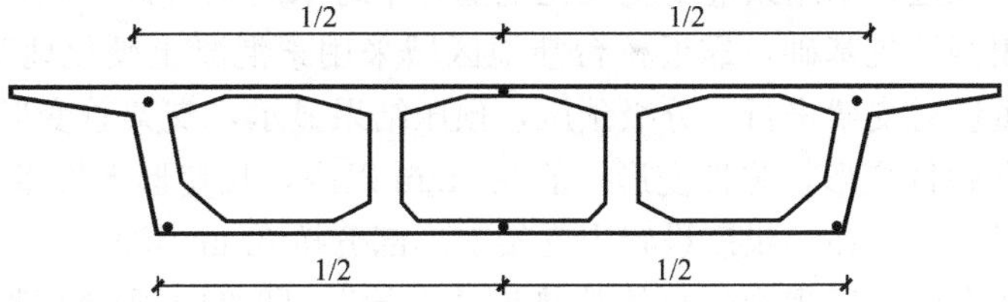

图 4　主梁应力监测截面测点位布置图

由于篇幅问题，这里只列出右幅中跨合龙段截面（传感器布设于中间横隔板与小里程箱梁空心交界处）浇筑后及张拉后监测情况（表 3、表 4）。

右幅中跨合龙段浇筑后合龙段中间截面应力监测成果　　表 3

测点位置		应变计位置	实测应变（με）	实测应力（MPa）	实测应力平均（MPa）	截面理论应力（MPa）	实测-理论（MPa）
右幅 4＃截面（合龙段）	顶板	左	−31.9	−0.955	−1.077	−1.160	0.083
		中	−30.4	−1.257			
		右	−35.7	−1.019			
	底板	左	38.4	1.363	1.327	1.433	−0.106
		中	34.8	1.235			
		右	38.9	1.381			

右幅中跨合龙张拉后合龙段中间截面应力监测成果　　表 4

测点位置		应变计位置	实测应变（με）	实测应力（MPa）	实测应力平均（MPa）	截面理论应力（MPa）	实测-理论（MPa）
右幅 4＃截面（合龙段）	顶板	左	−50.7	−1.800	−1.803	−1.518	−0.285
		中	−49.1	−1.743			
		右	−52.6	−1.867			
	底板	左	−282.7	−10.036	−9.847	−9.131	−0.716
		中	−273.0	−9.692			
		右	−276.4	−9.812			

可见，表 3、表 4 中实测平均值与计算值基本吻合。个别传感器误差较大，主要原因是预应力位置集中于腹板附近，由于应力集中以及应力扩散等原因，埋设于腹板附近或靠近波纹管的传感器受力较大，而较远的点位传感器受力较小。其次，传感器位置的受力还要受到传感器埋设方位、传感器绑扎松紧度、传感器本身性能及精度、混凝土温度、收缩徐变、数据采集时机与计算龄期差异等因素影响[5]。最关键的是现场张拉力的准确施加，这是影响传感器读数大小及误差的最主要因素，张拉环节要有专人指导监督，对于控制张拉力大小的油压表及千斤顶要按有关规范[6]规定定期校准。

5 支架预压及预拱度设置

本桥满堂支架刚度大，为承插型盘扣式支架，横桥向间距80cm，共18道，纵桥向间距60cm，立杆采用直径ϕ60.3，壁厚为3.2mm的Q345钢管；横杆采用管径为ϕ48.3mm，管壁厚为2.5mm的Q235钢管；斜拉杆件采用管径为ϕ42.7mm、管壁厚为2.5mm和ϕ33.5mm、管壁厚为2.3mm的Q195钢管。均经过热镀锌处理。

支架基础小里程边跨采用素混凝土硬化地基，中跨采用钢管桩基础，大里程边跨靠近中跨涉水区域采用钢管桩基础，靠近桥台涉地区域采用素混凝土硬化地基。模板就位后，模拟梁体混凝土重量对支架进行了分级预压，预压结果显示，支架总变形量最大值未超过5mm，大部分为非弹性变形，弹性变形一般在2mm以内，且变形无规律。故支架预压后，对模板标高进行了精调，在预拱度设置中支架变形部分按5mm考虑。

经计算，本桥在施工过程中的总体趋势为“上抬”，即纵向预应力张拉后引起梁体的上抬量大于因梁体自重及收缩徐变而引起的下挠，之所以出现这种现象，是因为在整个施工过程中，梁体的重量由满堂支架承担，而满堂支架的竖向变形是很小的，几乎可以忽略，这导致了梁体在满堂支架拆除前几乎不会下挠，而纵向预应力张拉引起的上挠量是比较大的。从图5中可以看出，在成桥3年后，中跨跨中依然有近4.5cm的上抬量。而公路桥梁为了延长正常使用寿命以及行车的舒适性，需要在施工过程中预设一定的设计预拱度，对于特大跨径连续梁桥，可按照中跨跨中$L/1000$为最大值，并按光滑上凸曲线对称分配于中跨跨径各控制节点位置，边跨可不设预拱度或取某一小量值按上凸曲线设置。而对于中小跨径连续梁桥，预拱度设置要小一些，本桥依据计算结果，设计预拱度可以用施工预拱度代替。即在满堂支架立模时，按照设计标高立模，而不再考虑施工中因上抬量而需要加上相应节点的施工预拱度（边跨为正值，中跨为负值）。

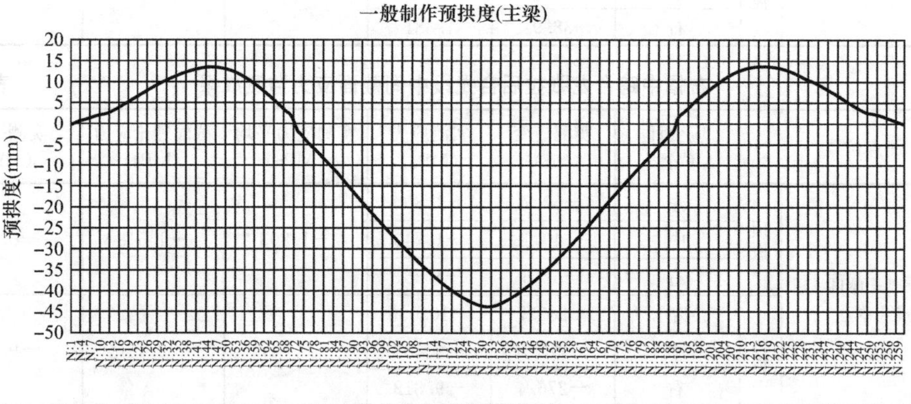

图5　主梁预拱度图

6 桥面铺装前对应预拱度

在桥面铺装前，在桥面中线及两侧要进行放样，这就需要知道铺装前的实测标高和放样标高，通过对二者的对比分析确定是否对理论放样标高进行调整以使桥面线形光滑流畅，达到行车舒适及美观效果。对实测标高进行分析后发现，该桥铺装前线形控制比较理想，竖曲线控制结果与理论计算基本吻合（由于平曲线在施工过程中变形可忽略，这里不做叙述），不需要再行调整理论标高中的预拱度部分。所以，铺装前的放样标高为对应工况设计标高加上对应拱度（铺装前拱度为总预拱度与铺装前对应预拱度之差的反号），如图 6 所示。

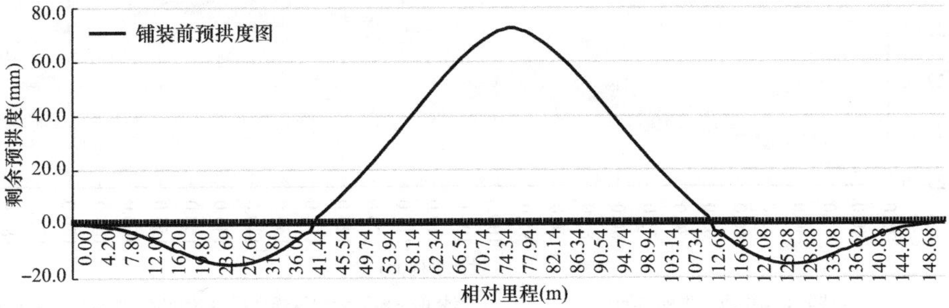

图 6　桥面铺装前预拱度图形曲线

7　理论与监测结果对比

下面是立模阶段（图 7）和桥面铺装前（图 8）实测标高和理论标高的控制情况，在整个施工过程中，各阶段变形量与计算结果基本相符，满足相关规范[7]要求。

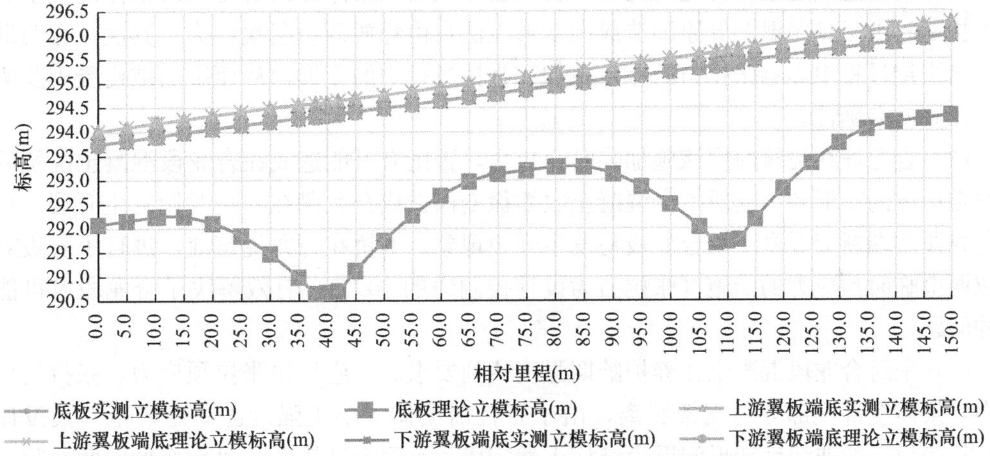

图 7　实测立模标高与理论立模标高对比

8　结论

预应力连续梁满堂支架法施工监控内容从技术层面可分为结构施工安全监控、结构线形监控[2]、结构受力监控[3,4]等几方面，但由于满堂支架法施工的桥梁墩柱往往比较低，结构的安全风险有所降低，但该法由于梁体浇筑时采用整梁浇筑（合龙段除外），一次性浇筑混凝土方量大，对整个施工过程中的质量要求较高，比如满堂支架安装及稳定性试验、模板制作及安装、钢筋施工、预应力管道安装及定位、穿预应力钢筋、混凝土浇筑及振捣、混凝土养护、预应力张拉等方面环环相扣，施工质量要求较高，具体施工工艺方面除了解决好常规的安全、质量和技术问题外，还需注意以下几个特殊问题：

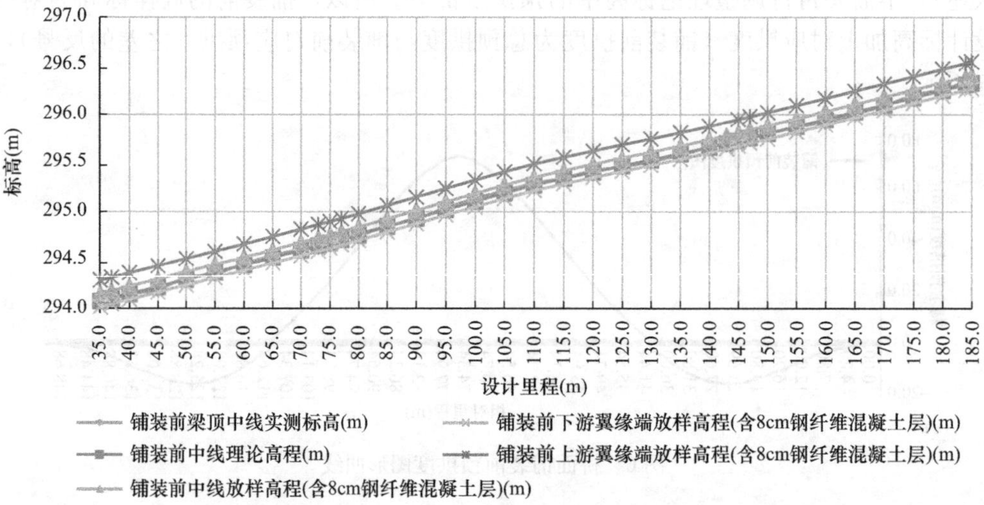

图 8　桥面铺装前实测标高与放样标高对比

(1) 中跨两侧的梁体应尽量同时浇筑，同时养护，同时对称张拉，否则，由于龄期差造成的变形比较大，导致在中跨合龙段两端的标高超差。

(2) 中跨合龙段钢筋应在两端梁体张拉后单独施工，不能为了节省时间和施工方便由两端梁体钢筋直接连通提前施工完成，否则会造成两端梁体在钢筋完成及梁体混凝土浇筑及养护期间由于日照温差等原因造成的变形无法自由释放而引起次内力；其次，在两端梁体纵向张拉过程中影响张拉力的有效施加和张拉过程中的变形，从而影响结构受力及梁体线形控制的准确性。

(3) 合龙段在浇筑前应该施加临时张拉力，否则有可能造成在合龙段混凝土浇筑后由于两端梁体的变形和合龙段本身混凝土收缩徐变而造成合龙段在养护时期发生开裂，特别是合龙段两端新旧混凝土结合处极易发生开裂现象。本桥在合龙浇筑前，进行了底板对称张拉两束临时预应力的措施（张拉力为设计控制力的 10%），有效解决了合龙段有可能开裂的问题。

(4) 中跨合龙段混凝土在养护龄期强度达到要求后，应尽快张拉预应力。张拉变形过程中，梁体全部或部分与支架脱离，由于张拉前梁体混凝土强度已满足规范[3]及设计要求，故张拉后的非线性变形问题由结构天然完成，有限元计算中非线性变形问题在收缩徐变和时间依存材料连接中已按相关规范考虑。

(5) 如本文所述，预拱度的设置要考虑施工中的上抬量是否可以代替设计预拱度的问题。如差异较大，要考虑调整量，如二者接近，就可不再单独考虑设计预拱度，而由施工过程中的上抬量代替。

参考文献

[1] 徐君兰，项海帆. 大跨度桥梁施工控制 [M]. 北京：人民交通出版社，2000

[2] 李小胜，张三峰，唐英. 悬臂现浇预应力连续梁桥施工线形监控 [C] //第十七届全国混凝土及预应力混凝土学术会议暨第十三届预应力学术交流会会议论文集，2015：297-307

[3] JTG 3362—2018 公路钢筋混凝土及预应力混凝土桥涵设计规范 [S]. 北京：人民交通出版社，2018

[4] 李小胜，悬臂浇筑连续梁桥施工应力监控 [C] //中国土木工程学会 2016 年学术年会论文集，2016：373-384
[5] 李小胜．桥梁监控应变传感器数据处理中应注意的几个问题 [J]．建筑科学，2011，27（S2）：74-79
[6] JTG/T 3650—2020 公路桥涵施工技术规范 [S]．北京：人民交通出版社，2020
[7] JTG F80/1—2017 公路工程质量检验评定标准（第一册 土建工程）[S]．北京：人民交通出版社，2017

作者简介：李小胜（1968—），男，硕士，高级工程师。主要从事桥梁及结构工程、桥梁施工监控方面的工作。

大型悬挑钢结构吊顶装配式施工技术研究

郭 琳[1] 李娇娇[1] 唐 欢[1] 姚延化[2]
（1. 中建不二幕墙装饰有限公司，湖南 长沙，410000；2. 中建五局，湖南 长沙，410000）

摘 要：长沙国际会展中心项目的东西檐口为大型悬挑钢结构，悬挑长度达到7.77m，单一吊篮无法满足安装要求，为了解决测量难、施工定位难、弧形安装效果难保证的问题，针对本项目进行了大型悬挑钢结构吊顶装配式施工技术的研究，主要是设计上由原框架式节点设计，改为小单元的节点设计，实现可装配式吊装，免装脚手架，节约措施费，避免了与幕墙立面施工的交叉作业影响，提高了施工效率，同时运用三维BIM建模技术、全站仪三维定位技术，解决了施工定位难题，实现快速建造，为以后装配式施工技术积累经验、提供参考。
关键词：大型悬挑钢结构；檐口吊顶；三维建模技术；三维定位；装配式施工技术

Research on assembling construction technology of large cantilevered steel structure ceiling

Guo Lin[1] *Li Jiaojiao*[1] *Tang Huan*[1] *Yao Yanhua*[2]
（1. China Construction Buer Curtain Wall & Decoration Co., Ltd., Changsha 410000, China;
2. China Construction Fifth Engineering Division Corp., Ltd., Changsha 410000, China）

Abstract: Changsha international convention and exhibition center project of eaves for large cantilever steel structure, the cantilever length of 7.77 meters, single hanging basket can't meet the requirements of installation, in order to solve measurement, construction positioning, arc installation effect is difficult to ensure, with the large cantilever steel structure of the project in condole top prefabricated construction technology research, mainly is to design the original frame type node design, Design, implementation, into a small unit nodes can be fabricated hoisting, free of scaffolding, saving measures, avoid the effect of construction and glass facade cross homework, improve the efficiency of the construction, at the same time using the 3D BIM modeling technology, total station three-dimensional positioning technology, solve the location problem, rapid construction, accumulation of experience, to provide the reference for later assembled construction technology.
Keywords: large cantilevered steel structure; cornice ceiling; 3D modeling technology; three-dimensional positioning; assembly construction technology

引言

2019年12月中旬，新型冠状病毒肺炎出现，此次疫情对幕墙企业的影响涉及产业链各大环节，企业管理效率大幅降低，材料费、劳务费大幅上涨，用工荒，生产加工进度延误，市场销量大幅下滑，进度款、结算款延迟等现象层出不穷，幕墙企业的利润空间进一步被压缩，企业需要进行转型思考，主动适应市场环境，适应现在高质量发展的要求[1]。

幕墙企业深入项目，通过施工、设计难点分析，研究一种降低成本、快速建造，全工厂化加工组装，现场吊装的装配式施工技术，是新形势下积极应对市场环境的一种主动技术革新，也是未来幕墙设计、施工的一种发展趋势[2]。

本文在长沙国际会展中心幕墙工程中的大型悬挑钢结构吊顶外装饰工程中开展了装配式施工技术的研究和运用，为类似工程提供参考依据。

1　施工技术研究实例

1.1　项目概况

长沙国际会展中心地处黄黎组团浏阳河东岸，其四个单层展馆的东西檐口均为大型悬挑钢结构，最大悬挑长度达到 7.77m，装饰工程为 25mm 蜂窝铝板，形成平滑的曲面造型，蜂窝铝板总长度达到 103.9m（图 1、图 2）。

图 1　长沙国际会展中心项目鸟瞰图

图 2　西面大型悬挑吊顶工程照片

1.2　方案确定

本项目东、西檐口吊顶铝板施工主要存在四个难点：

（1）东、西檐口属于大型悬挑钢结构，由于跨度较大、结构之间位置存在施工误差、空间结构复杂，其檐口吊顶装饰工程存在测量、吊点定位困难。

（2）檐口蜂窝铝板的吊顶原招标设计要求立面分格有规律（500mm、1000mm、1500mm 有规律地布置），且板块纵向之间要求 15mm 的开缝设计、板块横向之间要求 40mm 的开缝设计，对于板块安装的精度要求高，施工水平直接影响缝宽，影响美观。

（3）原设计该处蜂窝铝板吊顶是框架式设计，需要在大型悬挑钢结构上安装支座、龙骨、面板；这种施工模式，受施工工人自身能力的影响大，支座、龙骨、面板的定位困难，施工后，易造成吊顶面板与面板之间不能形成原设计预期的完美平滑过渡的曲线效果。

（4）由于钢结构悬挑长度过大，单一的吊篮施工无法满足安装要求，而采用脚手架施工，会影响幕墙立面的施工。

综合以上四个难点，并考虑项目进度和成本，为了高质量按期完成施工任务，确定采用大型悬挑钢结构吊顶装配式施工技术。

1.3 方案实施

蜂窝铝板吊顶沿长度方向是曲面造型，且吊顶板之间是按照1500mm、1000mm、500mm有规律地间隔，并错缝布置，为了实现吊顶的外观效果，制作合适的小单元板块是本技术的重点工作，具体操作如下：

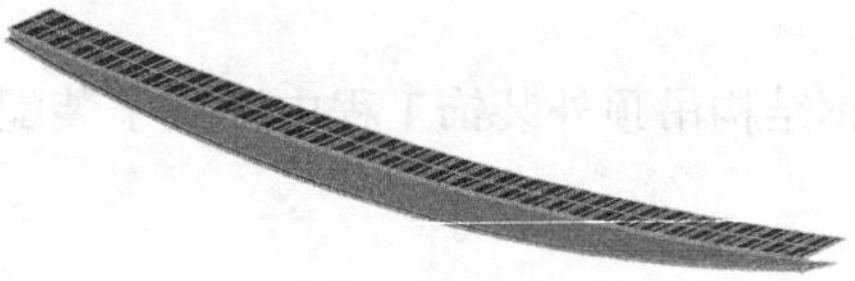

图3 犀牛软件模拟蜂窝铝板吊顶

（1）现场利用全站仪测量出檐口实际钢结构的实际测量数据，确定原设计曲线是否可以在实际钢结构外围实现，然后将钢结构实际测量数据导入犀牛软件进行模拟，论证原设计曲线的可行性，以确定蜂窝铝板的各个板块的制作宽度，见图3。

（2）原蜂窝铝板是1500mm、1000mm、500mm有规律地间隔，并错缝布置的效果，小单元板块的宽度为500＋1500＋1000＝2000mm，见图5，可以实现设计板块单元化。

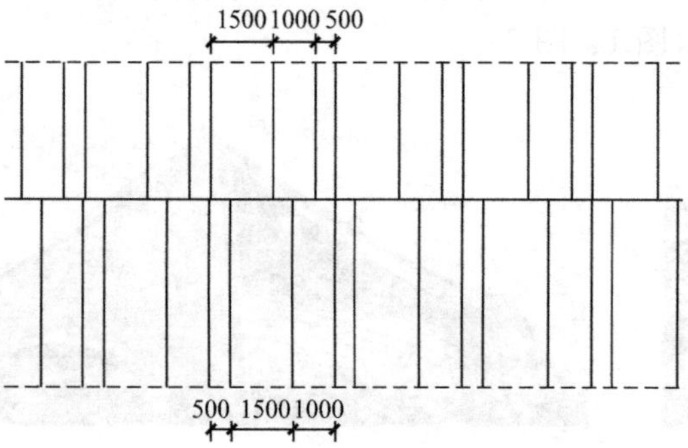

图4 原招标设计蜂窝铝板吊顶的分格图

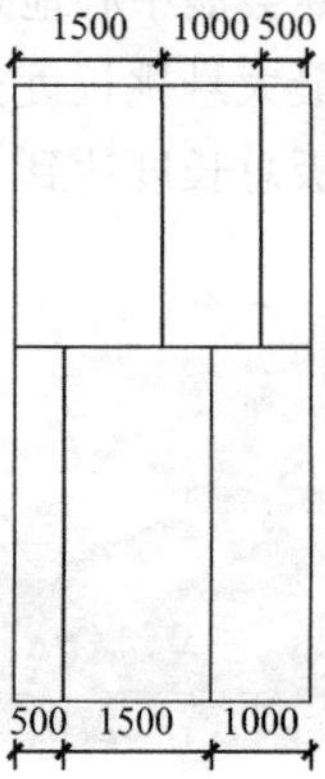

图5 单元板块的组合

（3）在小单元节点设计中，通过单元体板块与板块之间的限位设计控制缝宽，避免施工水平影响缝宽，见图6。

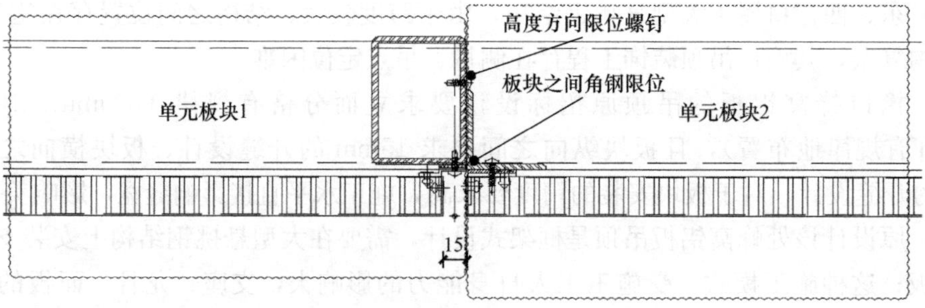

图6 单元板块之间限位设计

（4）确定小单元板块的龙骨布置图、单元板块中各蜂窝铝板板块的下单尺寸以及单元板块吊装支座龙骨定位图，并运用犀牛软件进行三维可视化交底，从技术方面有效指导劳务人员制作单元板块。

（5）吊装工具采用卷扬机一台，先进行西面檐口的施工，从低侧往高侧吊装。

（6）吊装中设置3条绳索，三条绳索的作用分别是：第1、2条为了确保板块被吊起，第3条为了控制小单元板块水平面的摆动，当小单元板块往上吊装过程中，靠近已安装的立面玻璃时，第3条绳索起到关键作用。

（7）采用全站仪对吊装定位点进行定位，确定小单元板块的支座位置。

（8）当板块临时固定前，钢桁架上的施工人员用木板对顶部玻璃进行防护，避免在吊装时玻璃被损坏；

（9）临时固定单元板块后，通过单元板块中的连接杆件的螺栓孔进行位置微调，保证其在设计的标高和水平的位置上。

本项目采用样板引路，先由一个展馆的劳务队制作完成两个单元板块，进行吊装，以验证方案的可行性，最终总结设计、施工过程中的经验，将此装配式吊装技术完善，制定了标准化的操作流程，并推广运用于本工程全部的东西檐口吊顶处（图7～图9）。

图7　西面檐口吊装

图8　现场制作完成的单元体板块

图9　蜂窝铝板单元板块现场吊装

2　结论

通过对大型悬挑钢结构吊顶装配式施工技术的研究，可以得到如下结论：

（1）运用三维BIM建模技术、全站仪三维定位技术，可以解决大型悬挑钢结构施工定位难题，同时为劳务人员提供了可视化交底。

（2）免装脚手架、吊篮，节约措施费，避免与幕墙立面施工的交叉作业，提高了施工效率，从而降低成本，实现快速建造。

（3）装配式技术可以实现工厂组装小单元板块，施工质量得到保证。

结合自身高质量发展的需求，幕墙企业应广泛开展装配式施工技术的研究，在设计方案中开展以装配式施工为目标的设计优化，施工组织设计中管控装配式施工在材料生产、系统组装、现场吊装等全过程质量监督，促进装配式施工技术在项目中的运用，实现科研技术成果转化，创造了良好的经济效益与社会效益。

参考文献

［1］　王成．浅谈：疫情下的幕墙行业如何自处及发展［DB/OL］．中国幕墙网，2021

[2] 姜清海. 装配式幕墙的设计、施工及造价特点 [DB/OL]. 中国幕墙网，2020

作者简介： 郭　琳（1981—），女，本科，高级工程师。主要从事既有幕墙监测技术、低碳幕墙技术、装配式幕墙及装修技术的研究。

城市黑臭水体整治探讨——以吉安市安福县护城河为例

钟　超　蔡　勇　务境飞　王先宝　王定军　徐雪生

（中建国际投资（江西）有限公司，江西 南昌，330038）

摘　要：城市黑臭水体问题越来越引起人们重视，整治工作刻不容缓。本文以吉安市安福县护城河整治为例，结合安福护城河现状，分析护城河黑臭水体产生的三点原因：外源污染、内源污染和水动力条件不足。制定专项治理措施，从控源截污、内源治理、清水补给、生态修复四方面对黑臭水体进行整治，并对黑臭水体整治的思路和方法进行总结，以期为城市黑臭水体整治工作提供借鉴。

关键词：护城河；黑臭水体；整治；控源截污

Discussion on treatment of black and odorous water in City ——taking the moat in Anfu county of Ji'an City as an example

Zhong Chao　Cai Yong　Wu Jingfei　Wang Xianbao　Wang Dingjun　Xu Xuesheng

(China Construction International Investment (Jiangxi) Co., Ltd., Nanchang 330038, China)

Abstract: More and more people pay attention to the problem of black and odorous water bodies in cities. This paper takes the renovation of the moat in Anfu County, Ji'an city as an example, and analyzes the three causes of the black and smelly water in the moat: exogenous pollution, endogenous pollution and insufficient hydrodynamic conditions. Special treatment measures were formulated to regulate black and odorous water bodies from four aspects of source control and pollution interception, internal source control, clean water supply and ecological restoration, and the ideas and methods of black and odorous water body remediation were summarized in order to provide reference for urban black and odorous water body remediation.

Keywords: moat; black and smelly water; remediation; source control and pollution interception

引言

以老百姓感观判断为依据，在城区内产生厌恶颜色和不适气味的水体称为城区黑臭水体[1]。黑臭水体的出现不仅破坏河道生态环境、影响城市景观，还会严重影响居民生活、损坏健康[2]。2015年国务院颁布了《水污染防治行动计划》，对各地河道黑臭水体提出了明确治理要求，全国掀起了治理黑臭水体的热潮[3]，吉安市安福县护城河改造项目应运而生。本文以吉安市安福县护城河黑臭水体整治为例，分析污染原因，总结治理方法与经验，以期为其他地区黑臭水体整治提供参考。

1 安福护城河现状

护城河是县城内东西走向的内部水系，分为暗渠和明渠，总长度约2.4km，河道宽度1.7～15.2m，整治前沿河两岸违规建房、生态环境差、河道垃圾肆意，周边百姓苦不堪言，如图1和图2所示，成为群众反映强烈的民生热点问题。

图1 整治前两岸违规建房

图2 整治前河道污染严重

2 护城河黑臭原因分析

水体黑臭是因为水体分解有机物所需要的氧气远远大于本身具备的氧气容量，在河道缺氧状态下，厌氧微生物大量繁殖，这是导致河道水体黑臭的直接原因[4]。通过实地考察、查阅资料，分析出护城河黑臭产生主要有以下三点原因。

2.1 外源污染

安福县护城河是一条具有上千年历史的古护城河，承载了安福人民千年文明和记忆。但随着城市化快速发展，人口密度不断增加，工业、生活所产生的废水量也越来越多，而城市规划中污水管网系统又相对滞后，随之大量未经处理的污水直排入护城河河道中。同时，南方雨水多，雨水携带着许多杂质汇入河道中，都加深了河道水体的污染。

2.2 内源污染

外源污染持续消耗着水体中本就不多的氧气，厌氧微生物大量生长繁殖，与大块垃圾、泥沙等沉积在河底造成了严重的内源污染。沉积在水体的杂质，在流动的河道中漂浮起大量小颗粒污染物，引起水体发黑发臭，特别是护城河的暗渠段，由于上游菜市场等大量污染物的直排，造成了很深的淤积物。德国埃姆舍河、江苏滆湖、云南滇池等都是内源污染的代表[5,6]。同时，河底沉积的底泥和杂质，又是各种微生物生长的天堂，甲烷化、反硝化层出不穷[7]，造成污染的恶性循环。

2.3 水动力条件

河流水量小、流速慢引起的水动力不足同样是引起黑臭水体的重要原因。由于水动力弱，水体流动性差，导致淤积物滞留、杂物沉积、河水自净能力衰弱。安福护城河上游水渠水量小，且来水源只有一处，很难达到通过水体置换稀释污染水体的目的。且上游水源主要途经村庄、农田，水体与雨水和村庄废水交汇，或多或少造成上游水源的污染。

3 对应措施

结合实际情况，制定了以控源截污、内源治理为基础，清水补给、生态修复为保障的技术措施进行整治。

3.1 控源截污

控源截污是指从源头上进行控制，防止污废水进入河道，在治理黑臭水体的方法措施中，控源截污无疑是最基本和最核心的。安福护城河整治主要采取两种方式：完善城市污水管网、严控城市污染源。

首先，对现场实际情况进行摸排，把沿线护城河直排污水管、污水沟全部纳入新建污水管道中，并根据现场实际位置增设化粪池，详见图3，具体做法为：

（1）武功山大道—安平北路段。本段新建管道位于护城河北侧，在箱涵处承接箱涵污水后经过倒虹进入护城河南岸现状截污干管中，本段设计管径400mm。

（2）安平北路—安成北路段。本段新建管道位于护城河北侧，承接北侧居民建筑污水经过倒虹进入护城河南岸现状截污干管中，本段设计管径400mm。

（3）安成北路—安福县教育体育局段。本段新建管道位于护城河北侧，承接北侧居民建筑污水后直接接入下游北岸截污干管中，本段设计管径400mm。

（4）安福县教育体育局南段。本段新建管道位于护城河南侧，承接上游现状截污干管污水以及收集南侧居民污水后最终在花园路倒虹至北侧现状截污干管中，最终经过湿地公园截污干管进入污水处理厂，本段设计管径500mm。

（5）本次设计结合现状在排出口前端增设化粪池，化粪池位置根据现场实际情况调整及增设。化粪池出水采用管径300mm的HDEP缠绕增强管（B型）就近接入污水检查井中，坡度采用5‰。

图3　新增污水管网示意图

根据排污量，新建不同管径全长约2400m的污水管，覆盖了护城河全线，将沿线直排老污水管、污水沟全部纳入到新建污水管道中，和新增化粪池结合构建了护城河的排污体系，从源头上控制了污水对河道的污染。

3.2 内源治理

内源治理是指通过淤泥清除、垃圾清理打捞等措施使河道中污染物去除，从河道本身出发达到水质净化、改善的效果[8]。安福护城河内源治理主要分为两个部分，箱涵（暗渠）段清淤和河道清淤。

箱涵段全长570m，东西走向，主要采用人工清淤方式。考虑到箱涵内部空气不流通，腐败垃圾产生沼气、二氧化硫等毒害气体。首先，在暗渠顶板上开洞，开设工作孔，分段施工，通过风机送风，派专人实时气体浓度监测。在箱涵两头施作围堰，拦截外部流水，用水泵抽取前期经过沉淀的清水和后期沿线居民排放的污水，直至施工结束。清淤采用人工清淤，手推车运输的方式，由于原箱涵底部没有经过硬化处理，手推车在箱涵内部无法进行推运，现场先从淤泥出口处开始清淤，清理出初步的工作面，然后铺设高密度竹胶板作为手推车运输通道，清淤至工作面10m距离时，在箱涵底部填入20cm厚的石渣（石渣的最大粒径不超过10cm）进行初步硬化，并铺设高密度竹胶板，满足已经清理完毕工作面手推车的推运和后续施工管道的基础处理，手推车上部焊接4个挂钩吊点，人工把手推车推到调运工作面后，由地面上小型汽车式起重机调运至小型运输车随后外运。

河道段清淤，采用机械、人工相结合的方式。当明沟宽度过窄，大型机械和污泥运输车无法通过情况下，采用人工清淤。正常路段，采用机械清淤，提高工作效率。在上游处，筑坝拦截上游来水，下游根据施工距离间隔设置拦截坝，细分六个施工段，根据每个施工段操作空间、水流、污泥运出路线等情况，采取不同清淤方式。坝与坝之间水泵抽水，并敷设一根直径600mm的双壁波纹管用于临时排水。依次从下游到上游方向清淤，为保证清淤彻底，每个施工段清淤完成后，采用高压水枪从上游向下游喷射、冲洗。

3.3 清水补给

清水补给指通过引入外来水增强水体流动性、加强河道自净能力，稀释、分解河道污染物，从而改善水质。安福护城河在箱涵起点位置新增引水工程，通过全长约660m、管径2000mm的引水管将现状水系引入护城河河道中，如图4所示。经计算，引水管道流量379L/s，每次引水时间1d，每次引水量32746m³，解决了现状护城河水量小，自净能力差的问题。

图4　引水工程示意图

3.4 生态修复

老护城河两岸沿线建筑物多，杂草丛生，起不到观光游览、休憩、锻炼的作用，且两岸边坡老旧破损，稳定性差，如图5所示。为进一步提高水质，提升安福护城河整体形象，结合景观改造，在护城河两岸新增硬质铺装9000m^2，绿化4332m^2，景观桥梁2座，文化景墙5座，月洞门4座，六角亭2座，景观灯、垃圾桶座椅若干。两岸生态修复的建设，既维护了生态护坡，保证了河道合适的宽度，又与河水整治相结合，生态环境大大提升，如图6所示。

图5　生态修复前

图6　生态修复后

4　总结

城市黑臭水体严重影响着周围居民的正常生活，近些年，政府部门对河道整治工作力度也在不断加大。安福县护城河改造结合实际情况，从控源截污、内源治理、清水补给、生态修复四个措施入手，改造出一个河水清澈、绿树林立、配套设施完善的民生工程，提升了周围居民生活的满意度和幸福感。

参考文献

[1]　林培.《城市黑臭水体整治工作指南》解读[J].建设科技，2015(18)：14-15，21. DOI:10.16116/j.cnki.jskj.2015.18.001

[2]　冯强，易境，刘书敏，赵风斌，张杰，柴晓利.城市黑臭水体污染现状、治理技术与对策[J].环境工程，2020，38(8)：82-88. DOI：10. 13205/j. hjgc. 202008014

[3]　张列宇，王浩，李国文，熊瑛.城市黑臭水体治理技术及其发展趋势[J].环境保护，2017，45(5)：62-65. DOI:10.14026/j.cnki.0253-9705.2017.05.013

[4]　孙磊，马巍，吴金海，班静雅，齐德轩.城市黑臭水体治理进展及水利措施研究[J].中国农村水利水电，2021(8)：23-28

[5]　易鑫.德国的乡村治理及其对于规划工作的启示[J].现代城市研究，2015(4)：41-47

[6]　孙健，曾磊，贺珊珊，蔡世颜，刘向荣，万年红.国内城市黑臭水体内源污染治理技术研究进展[J].净水技术，2020，39(2)：77-80，97. DOI:10.15890/j.cnki.jsjs.2020.02.013

[7]　孔韡，汪炎.黑臭水体形成原因与治理技术[J].工业用水与废水，2017，48(5)：1-6

[8]　孙欣，唐思.城市黑臭水体治理技术探讨[J].再生资源与循环经济，2018，11(11)：42-44

作者简介：钟　超(1987—)，男，本科，工程师。主要从事黑臭水体整治方面的研究。
蔡　勇(1982—)，男，本科，高级工程师。主要从事黑臭水体整治方面的研究。

务境飞（1994—），男，硕士，助理工程师。主要从事黑臭水体整治、岩土工程方面的研究。
王先宝（1971—），男，本科，高级工程师。主要从事黑臭水体整治方面的研究。
王定军（1983—），男，硕士，高级工程师。主要从事黑臭水体整治、岩土工程方面的研究。
徐雪生（1990—），男，本科，工程师。主要从事黑臭水体整治方面的研究。

覆膜防水毯施工工法在河道治理工程中的应用

李奉雨　高　远　钱　赛
（中建城市建设发展有限公司，北京，100037）

摘　要：覆膜防水毯作为一种新型复合防渗材料，现行规范仅对其原材料指标进行了规定，并未针对其施工方法有明确要求。本文基于林州市红旗渠生态涵养项目，从覆膜厚度、铺设装置、搭接方法等多个方面对覆膜防水毯施工工法进行了具体研究，此方法能够充分发挥膜与防水毯的防渗作用，确保施工质量。
关键词：覆膜防水毯；铺设装置；覆膜厚度；搭接方法

The construction method of PE membrane covered GCL-blanket applied in the regulation of river works

Li Fengyu　Gao Yuan　Qian Sai
(CSCECC, Beijing 100037, China)

Abstract: PE membrane covered GCL-blanket is a new kind of composite impermeable material. The current specification only specifies its raw material indicators. There are no clear requirements for its construction methods. This paper is based on the ecological conservation project of Hongqi Canal in Linzhou City, from the thickness of the lamination, laying device, lap method and other aspects of the construction method of the PE membrane covered GCL-blanket has been studied in detail, which can give full play to the anti-seepage effect of the membrane and the waterproof blanket to ensure the construction quality.
Keywords: PE membrane covered GCL-blanket; laying device; the thickness of the lamination; lap method

引言

覆膜防渗毯是一种新型防水防渗材料，它是将防渗效果极佳的钠基膨润土填充在有纺织物及无纺织物之间，用特殊的针刺方法固定于高强度两层纺织物之间，然后在防渗毯无纺织物一面上粘接一层高密度聚乙烯（HDPE）薄膜，达到双重防水、防渗效果。使覆膜防渗毯比普通的膨润土防渗毯具有更强的防水、防渗能力。

其防水机理为膨润土粒子遇水膨胀，膨润土遇水膨胀到原体积的13～16倍，在两层土工布限制作用下，使膨润土从无序变为有序的膨胀，水化后形成一种致密、连续的凝胶体，形成有效的阻水层[1]。遇水形成的胶凝体，会根据受到的限制环境而形成不同的形状，并且能填补微小裂缝和空隙[2]。

林州市红旗渠生态涵养项目位于河南省安阳林州市，是林州市重点民生工程，项目共涉及新开挖湖区两处，河道5.59km，旧河道治理2km，河道防渗采用覆膜防水毯作为主要材料，项目建成可有效地连通林州周边水系，调蓄林州境内水资源，极大地提升林州市水系空间范围，有效破解城市相对缺水难题，真正地实现“以水润城，以水活城”，提高林州市环境治理水平。

1 工艺流程

林州市红旗生态涵养项目防渗结构层自下而上设计分别为灰土垫层→覆膜防水毯→素土保护层→卵石土压重层。施工按如下工序施工：下承层检测→灰土垫层施工→覆膜防水毯铺设→素土保护层施工→卵石土压重。

由于灰土层、素土层及卵石土层施工均为现有成熟工艺，本文不做针对性描述，本文重点阐述覆膜防水毯铺设的施工方法。

2 覆膜防水毯铺设

覆膜防水毯铺设前需绘制铺设顺序图及裁剪图，分区域进行的铺设。覆膜膨润土防渗毯宜按品字形进行铺设，接缝位置宜成T字形接口。严禁铺设成十字形接口。铺设方式为毯在下膜在上，铺设顺序为上游压下游。由于单卷防水毯重量较重，多采用人工配合机械的方式进行施工，项目通过对传统铺设方式的研究，研发了新型防水毯铺设装置进行铺设，具体如下：

2.1 传统铺设方式

目前现有的覆膜防水毯施工方法与传统的普通防水毯施工方法一致，主要为人工配合装载机或挖掘机施工，搭接仅考虑防水毯与防水毯搭接，未考虑覆膜之间的连接，具体工序见图1。此铺设方式需要人工较多，且施工效率低。

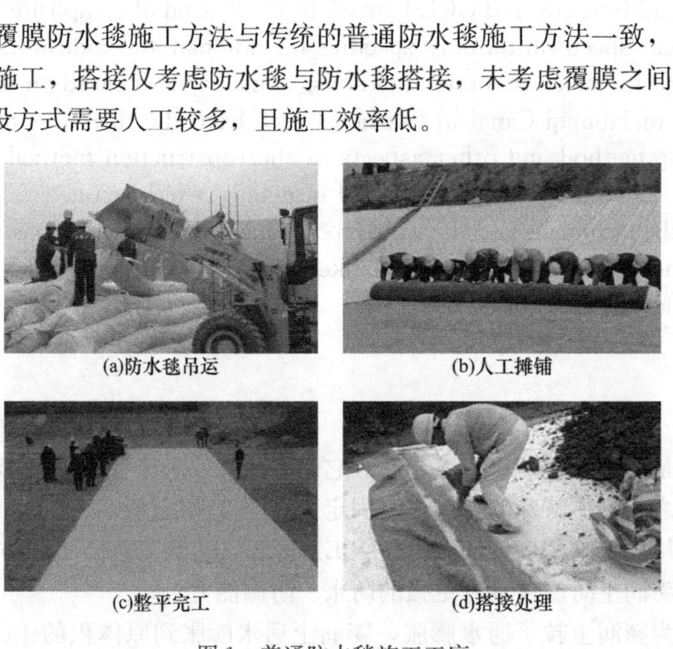

(a)防水毯吊运 (b)人工摊铺

(c)整平完工 (d)搭接处理

图1 普通防水毯施工工序

2.2 新型铺设装置

为提高覆膜防水毯铺设施工机械化程度，提高施工效率节约人工成本，基于林州项目研发了一种吊、运、铺一体化的防水毯铺设装置，详见图2，采用本装置首先先将防水毯吊装至铺设支架之上，然后将机械就位至铺设地点，最后用机械行进进行铺设，铺设同时用机械自带刮平系统将底基层表面孤石清理干净。

图2 吊、运、铺一体化的防水毯铺设装置

3 覆膜防水毯搭接

现行规范对于覆膜防水毯搭接方式未做明确规定，针对林州项目，为充分发挥防水毯表面覆膜的防水作用，采用毯与毯搭接、膜与膜焊接的方式，形成双重防护，详见图3。

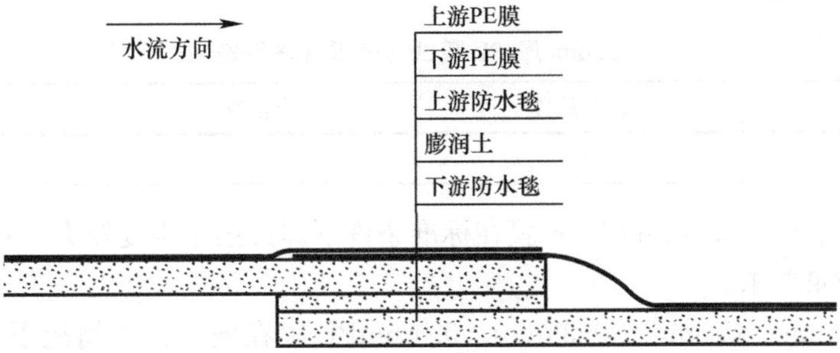

图3 覆膜防渗毯搭接示意图

3.1 毯与毯搭接

防水毯为自然搭接，搭接之间利用膨润土粘合，搭接缝应清洁、密贴、平整，严禁皱折，具体要求如下：

（1）横向搭接宽度不小于500mm，纵向搭接宽度不应小于300mm，在搭接底层覆膜膨润土防水毯（GCL）的边缘75mm处撒上膨润土密封粉。遇有大风天气时，应使用膨润土密封膏进行密封处理[3]。搭接详见图4。

（2）搭接不宜设置在拐角处，搭接缝距拐角不应小于500mm。

（3）相邻幅面的防水毯错缝搭接，错缝距离不应小于600mm。

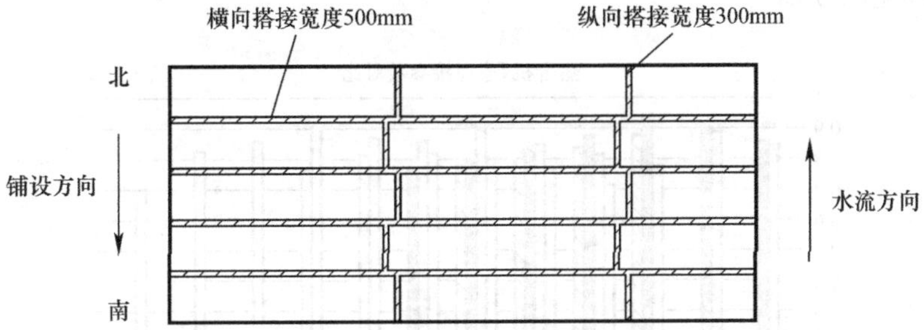

图4 覆膜防渗毯搭接示意图

3.2 膜与膜焊接

毯与毯搭接完成后，对表面PE膜进行焊接处理，焊接形式采用双焊缝搭接，双缝焊接宽度宜为 2×10mm。

覆膜防渗毯表面 PE 膜焊接前，应用干净纱布擦拭焊缝搭接处，做到无水、无尘、无垢；土工膜应平行对正，适量搭接。根据当时当地气候条件，调节焊接设备至最佳工作状态。在调节好的工作状态下，做小样焊接试验；试焊接 1m 长的塑膜样品。采用现场撕拉检验试样，焊缝不被撕拉破坏、母材被撕裂认为合格。现场撕拉试验合格后，用已调节好工作状态的热合机逐幅进行正式焊接。由于 PE 膜与防水毯之间存在结合，与传统 PE 膜焊接的基础环境条件不同，项目针对最小覆膜厚度及焊接参数做针对性研究，具体结果如下。

3.2.1 最小覆膜厚度要求

工程前期，在标准条件下，裁取 2m 长 0.2mm 厚 PE 膜母材试样，进行 50 次试焊，合格率仅为 60%。详见表 1。

0.2mm 厚 PE 膜试样试焊合格率表 **表 1**

PE 膜厚度	试验总数	合格数	合格率
0.2mm	50	30	60%

经试验结果表明，0.2mm 厚 PE 膜在标准条件下焊接操作难度较大，且极易焊穿，不符合现场施工质量要求。

通过对 0.25mm、0.3mm、0.35mm、0.4mmPE 膜在同等标准情况下分别进行 50 次试焊。详见表 2。

PE 膜标准条件下试焊合格率表 **表 2**

PE 膜厚度（mm）	试验总数	合格数	合格率
0.25	50	38	76%
0.3	50	48	96%
0.35	50	49	98%
0.4	50	50	100%

试验结果表明，在标准情况下，PE 膜大于 0.3mm 时，满足施工要求。

3.2.2 最佳焊接参数

在确定变更覆膜厚度为 0.3mm 情况下，对不同环境温度下焊接温度进行调整，分别进行试焊。详见图 5。

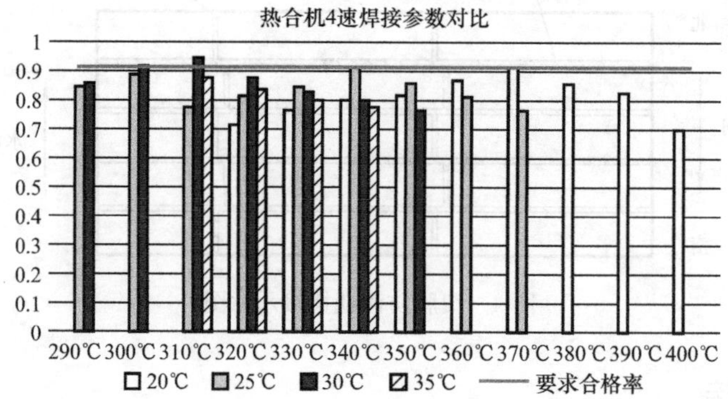

图 5 热合机 4 速焊接参数对比图

通过对试验数据进行分析，20℃、25℃、30℃、35℃下最佳焊机温度分别为：370℃、340℃、310℃、300℃，并确定了最佳焊接温度组合为30+310℃。

4 质量检测及缺陷处理

覆膜防渗毯焊接完成后，应对全部焊缝及缺陷修补部位进行检查。检测方法采用充气法进行检测。焊缝质量要求为对双缝充气长度为30～60cm，双焊缝间充气压力达到0.15～0.2MPa，保持1～5min，压力无明显下降即为合格[4]。

在覆膜膨润土防渗毯铺设过程中应逐块检查有无破损、孔洞等质量缺陷。发现有破损或孔洞等缺陷时，应做好标记，使用大于破损直径100～200mm新鲜母材进行修补，修补时应在破损位置铺洒膨润土，膜面边角位置应进行修圆焊接，经验收合格后方可消除标记。

5 覆膜后生态环境保护

覆膜防水毯铺设后大面积覆盖河道基层，考虑生态环境保护，项目设计防水毯上层铺设30cm素土回填、20cm卵石土回填及10cm厚连锁砖，连锁砖铺设完毕后在空洞内种植灌木树种、草本植物。有效保障生态环境。

灌木类木本植物根系的先端部位能向土壤母质内部延伸，在吸取其营养的同时固持风化土层，增强边坡的稳定性。灌木对水、肥的需求少，适应性强，对小气候的改善作用明显，能缓和阳光的热辐射，使酷热的天气降温、失燥，给人以舒适的感觉。同时由于灌木的生物量比草本植物大，进行光合作用吸收的二氧化碳多，吸滞烟灰粉尘，稀释、分解、吸收和固定大气中的有毒有害物质也较多，能更好地净化空气。在边坡防护过程中，植物种的选择以草本植物与灌木配合为宜，二者结合，可起到快速持久的护坡效果，有利于生态系统的正向演替。

6 结论

覆膜防渗毯作为一种经济环保、防渗效果强的新型防渗材料，未来将持续应用于河道治理项目中，本文针对规范内未明确规定的最小覆膜厚度、搭接方式等内容进行了研究，并通过新型铺设装置的研发与应用，在确保施工质量的前提下，有效地提高了覆膜防水毯的施工效率，具有较高的推广应用价值。

通过优化覆膜防渗毯施工方法，在湖区、河道工程中防水、防渗效果得到提高的同时，降低经济成本投入，大幅度降低劳动强度，提升施工效率，极大改善了当地的生态环境。在社会、经济与生态环保方面，具有较高的推广应用价值。

参考文献

[1] 曹宏伟. 防水毯防水施工技术的实践与应用［DB］. 北京：中国学术期刊电子出版社，2014

[2] 李润英. 防水毯施工技术在人工湖防渗工程中的应用分析［DB］. 北京：中国学术期刊电子出版社，2017

[3] CSCEC 457—2016 钠基钠基膨润土防水毯技术规程［S］. 北京：中国计划出版社，2017

[4] SL/T 231—98 聚乙烯（PE）土工膜防渗工程技术规范［S］. 北京：中华人民共和国水利部，1999

作者简介：李奉雨（1991—），男，硕士研究生，工程师。主要从事施工技术管理工作。
高　远（1985—），男，本科，工程师。主要从事施工项目管理工作。
钱　赛（1997—），男，本科，助理工程师。主要从事施工质量管理工作。

安康汉江大剧院钢结构工程施工技术研究与应用

高 坡　韩 运　成文虎　连依明

（陕西建工第十二建设集团有限公司，陕西 安康，725000）

摘　要：本工程钢结构部分约 2010t，主要施工内容包括：型钢混凝土中的钢骨柱、钢骨梁，剧场顶部钢桁架，屋盖钢管桁架等。施工过程中面临场地条件差，穿插工序多，屋盖管桁架拼装难度大，屋盖管桁架安装难度大等施工难点。通过超长钢骨梁整体提升，跨层桁架分段施工，屋盖管桁架分单元高空组对等施工技术高水平完成施工，施工过程中通过计算分析、制度建设、测量控制、信息化技术应用等质量控制措施完成高质量施工。

关键词：钢结构；钢桁架；钢骨梁提升；施工

Research and application of steel structure construction technology of Hanjiang Grand Theater in Ankang

Gao Po　Han Yun　Cheng Wenhu　Lian Yiming

（SCEGC No. 12 Construction Engineering Group Company Ltd.，Ankang 725000，China）

Abstract：The steel structure of this project is about 2010t，and the main construction contents include：steel columns and beams in steel reinforced concrete，steel trusses at the top of the theater，steel pipe trusses for roofs，etc. In the process of construction，there are some construction difficulties，such as poor site conditions，many interspersed procedures，difficult assembly of roof pipe trusses，difficult installation of roof pipe trusses and so on. Through the overall lifting of the super-long steel beam，the sectional construction of the cross-layer truss，and the high-level construction technology of the roof pipe truss unit，in the process of construction，high-quality construction is completed through quality control measures such as calculation and analysis，system construction，survey control，application of information technology and so on.

Keywords：steel structure；steel truss；steel beam lifting；construction

引言

安康汉江大剧院是安康委市政府确定的重点民生建设项目，是打造安康市“一江两岸”核心区的标志性工程之一，也是安康市首个国家 A 类剧场项目。汉江大剧院位于安康市汉滨区滨江大道东段，总建筑面积 49743m^2。

安康汉江大剧院是由中国工程院院士、著名建筑设计大师“张锦秋”领衔设计，其造型主题为“汉水舞韵”，设计理念继承了安康传统翘角建筑的灵与秀，体现出安康楚文化的飘逸与浪漫。

1 工程概况

当前钢结构建筑已经在全世界范围内成为先进国家的主导建筑结构，已基本形成标准化、通用化、系列化的建筑产业现代化模式[1]。其中大跨度钢结构工程这种新型设计理念与建筑风格被广泛应用在我国大型建筑中[2]。安康汉江大剧院采用大跨度钢结构设计，其工程概况如下：

本工程钢结构部分约2010t，钢结构工程主要施工内容包括：型钢混凝土部分钢骨柱、梁的施工、剧场顶部钢桁架的施工、曲线形钢屋盖顶管桁架的施工以及屋面部分零星钢结构的施工。

型钢柱、型钢梁主要有十字形、方形及H形截面，个别构件为组合型。钢构件最大截面尺寸为HI1300-16-20×300，跨度32.4m，单根钢梁最大重量约为8t。

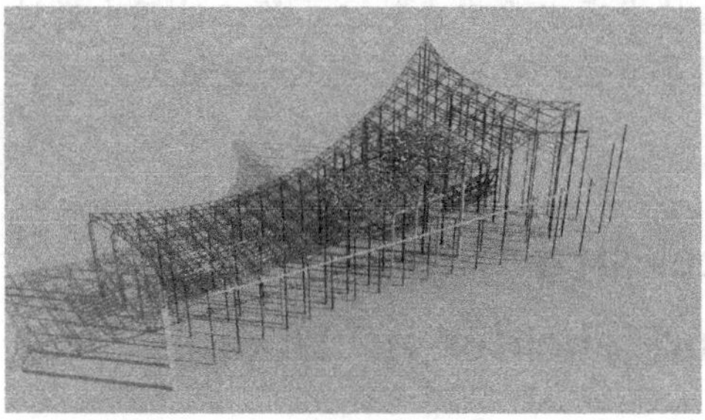

图1 钢结构模型图

在大小剧场上部设计有桁架，马道桁架高度1.6m，跨度25m，单片重量约3.5t；剧场顶部桁架高度2.5～2.8m不等，跨度8.4～33m不等，单片重量6～14t不等；跨层桁架高度为6.9m，跨度25m，单片重量约35t，上下弦均为型钢混凝土结构，单根弦杆重量约为8t，单根腹杆重量约为1.5t，钢结构模型图如图1所示。

屋盖部分投影与地面为不规则四边形，造型新颖、别致，外形复杂，屋盖顶部四条边均由弧线组成，弧形半径53.5～235m不等，高度20～50m不等。屋盖剖面投影也为弧形，所有管桁架均为曲线造型，外围管桁架造型为双曲结构，管桁架制作难度大。高空拼装难度大，拼装时尺寸精度控制难度大。桁架杆件均采用无缝钢管，最大管径为P-402×20，最小管径为P-121×6，不同规格多根钢管相贯节点较多，部分支座节点有9根不同规格钢管相贯，施焊难度大，是本工程的重点控制工序之一，屋盖投影简图如图2所示。

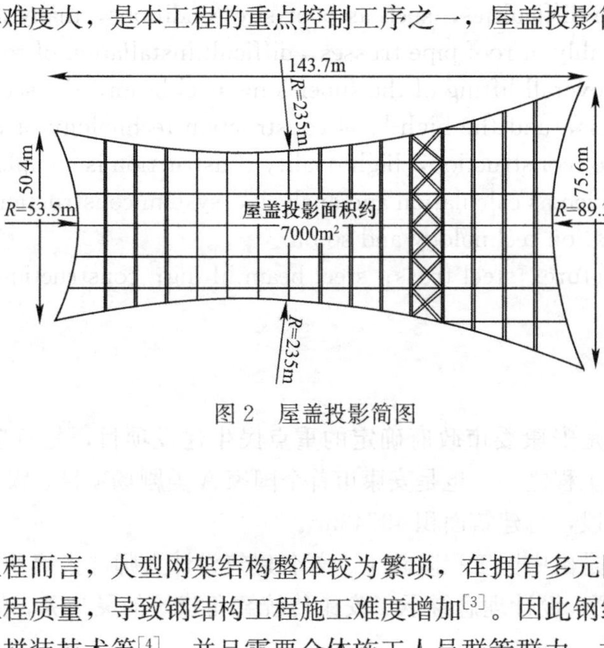

图2 屋盖投影简图

2 施工难点

对于钢结构工程而言，大型网架结构整体较为繁琐，在拥有多元网架结构的同时，还需要更高要求的工程质量，导致钢结构工程施工难度增加[3]。因此钢结构工程施工中要重点关注构件吊装、拼装技术等[4]，并且需要全体施工人员群策群力，共同克服施工难点。

2.1 场地条件差，穿插工序多

安康汉江大剧院位于河堤边深坑里，基底标高为−10m，基础南北两侧紧邻坡脚，西侧亦无吊车站位场地，无法使用履带式起重机等大型起重设备，只能选择采用塔式起重机吊装，受起重量限制，构件需要增加分段并结合整体提升、高空分段对接等传统方法施工，与土建穿插的工序非常繁多，施工现场图如图3所示。

2.2 屋盖管桁架拼装难度大

屋盖管桁架呈反曲线造型，外围呈双曲线造型，桁架拼装难度大，精度要求高，必须最大程度上确保弯弧方向的准确性，现场拼装时采用全站仪放样，以弦杆中心线、在边线和另一端两个固定的控制点，在控制桁架的拼装精准定位的基础上，最后辅以相对标高双重控制桁架弯弧的方向，确保拼装精度，屋盖管桁架拼装简图如图4所示。

图3　施工现场图

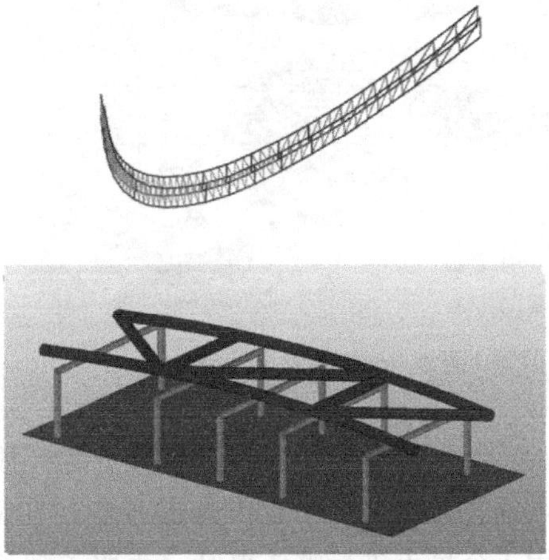

图4　屋盖管桁架拼装简图

2.3 屋盖管桁架安装难度大

管桁架采用支撑架高空分片对接的方法安装，由于不同规格多根钢管相贯节点较多，部分支座节点有9根钢管相贯，因此安装时必须严格把控好安装顺序，屋盖管桁架安装简图如图5所示。

图5　屋盖管桁架安装简图

3 施工技术

钢结构工程多为装配式，能够有效提高施工效率，在施工过程中需投入多种技术提高吊装、安装精度和效率[5]。在钢结构工程施工中，科学合理地应用各种钢结构工程施工技术显得尤为重要，只有这样才能最大程度的提升钢结构工程施工水平和质量[6]。在安康汉江大剧院的钢结构工程施工中，通过对现有施工技术的改进和优化，最终克服多种不良因素影响。

3.1 型钢构件施工

本项目从基础开始，每层有78根钢骨柱，组成主体的受力结构及屋盖体系的支撑结构，深化设计时，根据现场施工条件对不同区域的钢柱进行合理分段，随着主体混凝土结构的进度，采用现场的3台塔式起重机及时进行预埋锚栓的埋设及钢骨柱、梁的安装，型钢骨柱示意图如图6所示。

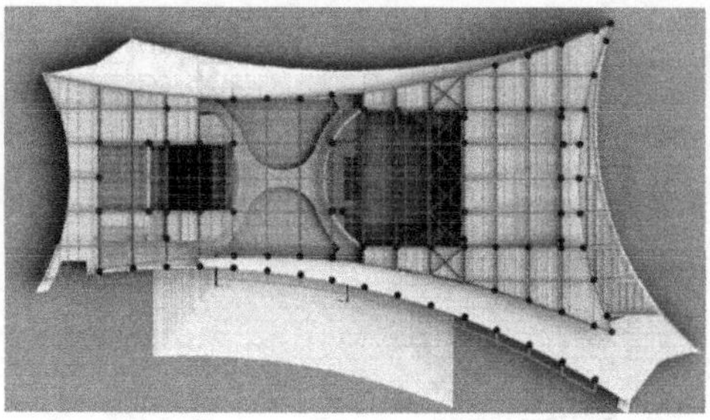

图6 型钢骨柱示意图

3.2 超长钢骨梁整体提升

大剧场二层观众席悬挑部分的承重结构为超长超大劲性钢骨梁，受现场条件限制无法采用起重一次吊装到位。将该钢骨梁分为三段加工运输，在地面相应位置拼装成整体，在两端节点处各设置一个吊点作为提升点，在钢骨梁1/4处增设两个辅助吊点防止构件变形，共采用4个吊点进行整体提升，克服了超长、超大钢梁吊装及施工变形等一系列难题，顺利完成施工，超长钢骨梁提升示意图如图7所示。

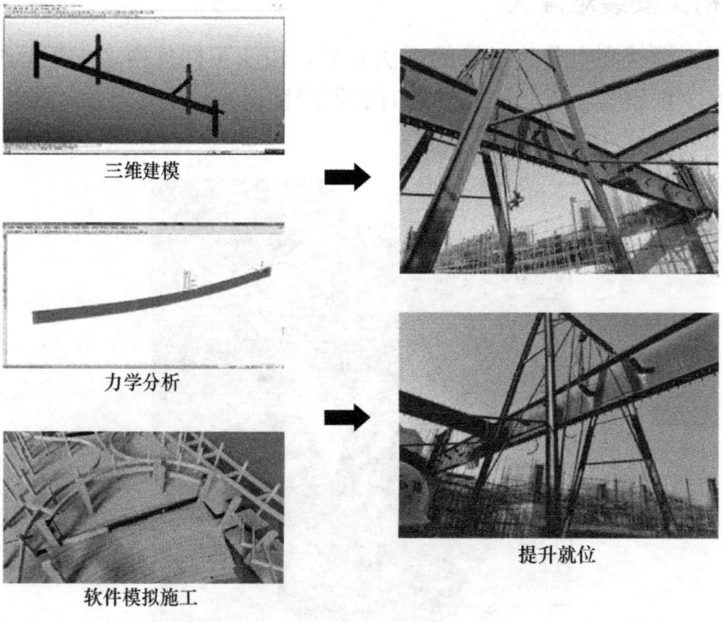

图7 超长钢骨梁提升示意图

3.3 大剧场舞台跨层桁架分段施工

本工程两榀跨层桁架分别位于大剧场舞台南北两侧，桁架整体高度 6.9m，单榀总重量约 35t。上下弦杆重量约 8t，为钢骨混凝土结构，腹杆重量约 1.5t。

该部位为满足现场土建施工，共经历过两次方案调成，由于最初的“地面拼装整体提升”和“高空原位散拼装”都不利于提高土建施工进度，经过和总包、设计及土建单位沟通深入分析，最终一致同意采用跨层桁架分段施工方法，最终将该部位的施工进度至少提前了一个月，跨层桁架分段施工示意图如图 8 所示。

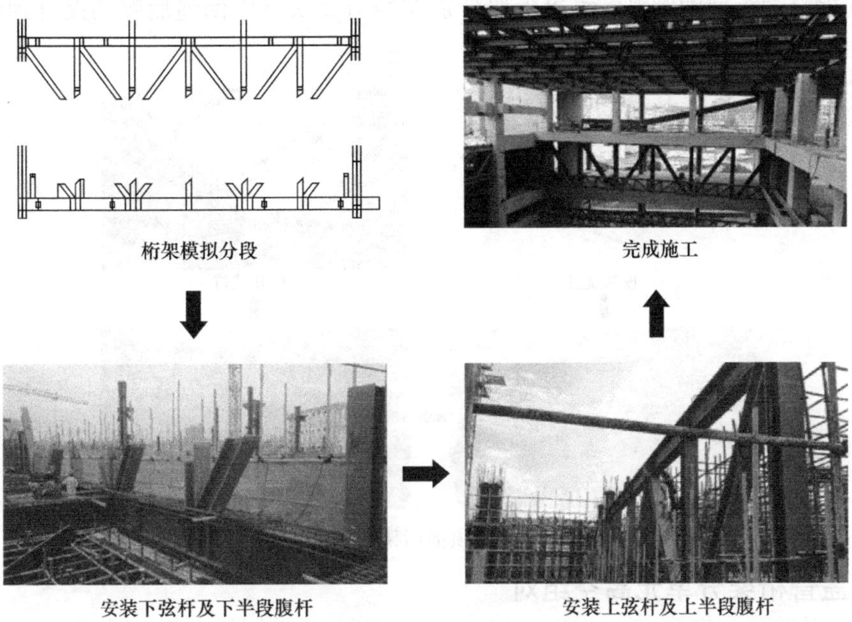

图 8　跨层桁架分段施工示意图

3.4 大剧场看台顶部桁架分段施工

大剧场看台顶部主桁架最大跨度 33.2m，单榀重量约 15t，严重超出塔式起重机起重范围。现场采用分三段高空对接的方法施工。在每榀桁架断开位置各设置一个支撑架，然后高空进行对接。待主桁架高空对接并焊接完成后再安装对应次桁架，最后拆除支撑架，看台顶部桁架分段施工示意图如图 9 所示。

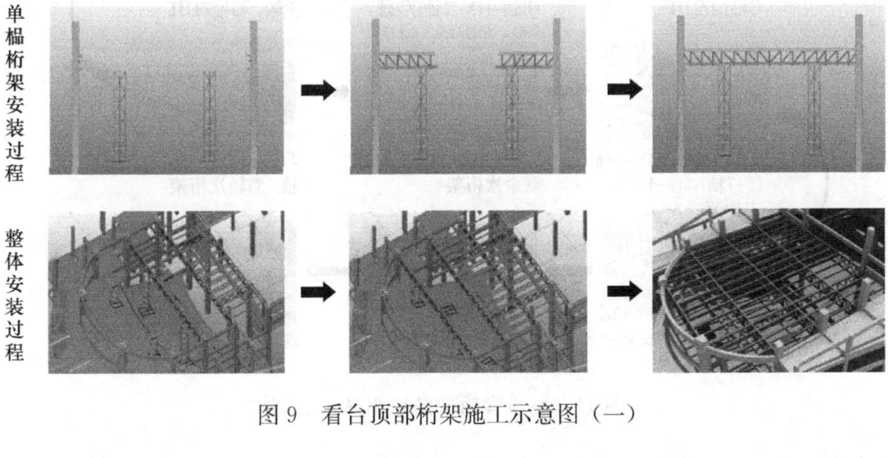

图 9　看台顶部桁架施工示意图（一）

图9　看台顶部桁架施工示意图（二）

3.5　大剧场舞台顶部桁架整体提升

大剧场舞台顶部主桁架最大跨度为25.2m，单榀重量约9.5t。采用整体提升的方法进行施工，提升高度23m。在桁架两端设置两台10t电动捯链葫芦作为主吊设备，另外用2台5t电动捯链葫芦辅助倒绳，每榀桁架分别在经历2次空中倒绳后顺利提升到位，舞台顶部桁架提升示意图如图10所示。

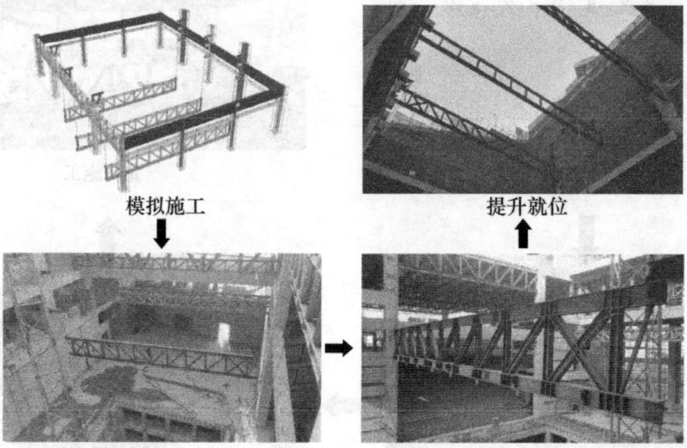

图10　舞台顶部桁架提升示意图

3.6　屋盖管桁架分单元高空组对

屋盖管桁架为反曲面空间立体结构，造型复杂。屋盖管桁架施工现场采用模块化施工，将桁架每两个轴线之间作为一个吊装单元，在地面拼装为单榀平面桁架之后，在屋盖重要受力部位共设置8个临时支撑架，从9轴开始，对称向东西两个方向同步施工，最后进行整体卸载，极大地减少高空作业量，屋盖管桁架高空组队示意图如图11所示。

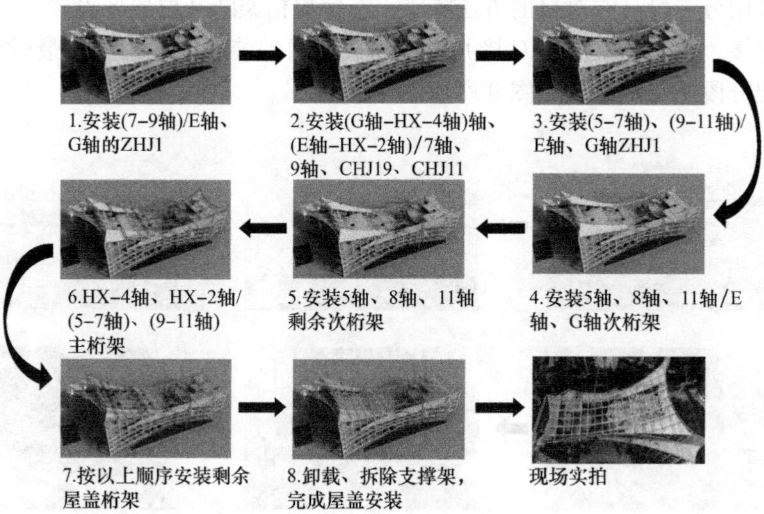

图11　屋盖管桁架高空组队示意图

4　工程质量控制措施与方案

大跨度钢结构工程因其自身重量大、体积大的特点，在施工过程中多选用特殊工程技术进行施工[7]。在保证工程施工质量的同时需不断提高钢结构工程的施工水平，才能够确保其工程性能充分发挥的同时有效实现钢结构工程的系统性、经济性和先进性，并能满足施工工程质量和工程验收要求。安康汉江大剧院在质量控制中主要采取如下措施：

4.1　组织机构

公司选派优秀管理人员组建汉江大剧院项目经理部，形成完善的组织架构，组织机构图如图 12 所示。

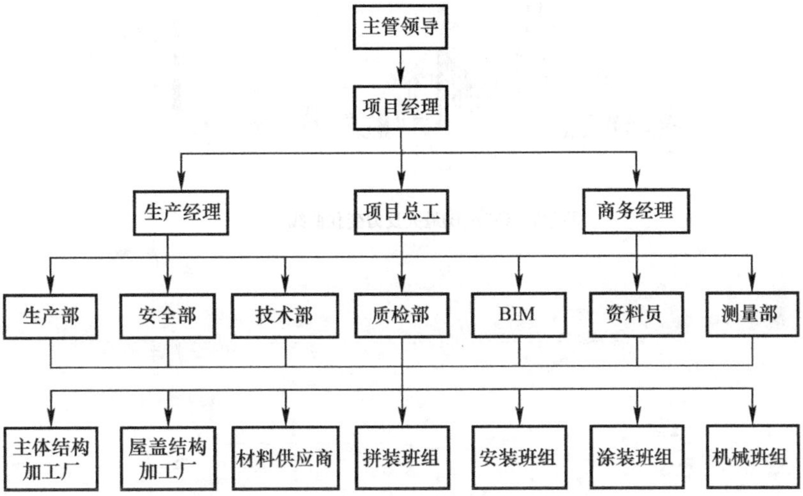

图 12　组织机构图

4.2　相关制度

根据企业工程质量、职业健康安全、环境管理体系及其他相关管理制度，建立项目安全管理、质量控制、技术管理、进度计划管理、劳务管理、材料进场检验、工序及隐蔽工程报验、材料取样送检等制度，进行全面统筹管理。

4.3　计算分析

采用 MIDAS/Gen、SAP2000 等软件对各构件进行三维结构整体性能分析，分析各构件在不同施工阶段中、不同施工过程下的受力情况，以及不同施工状态中构件的变形情况，对可能发生的不利状态采取措施予以消除，钢结构工程计算分析示意图如图 13 所示。

4.4　测量控制

由于钢结构屋盖为曲线形状，并且四周为双曲型，且每榀桁架需要采用多个坐标控制点，现场施工采用 BIM 技术模拟桁架的施工过程，选择合理的控制点并提取坐标，最后采用全站仪控制桁架的空间定位，测量控制示意图如图 14 所示。

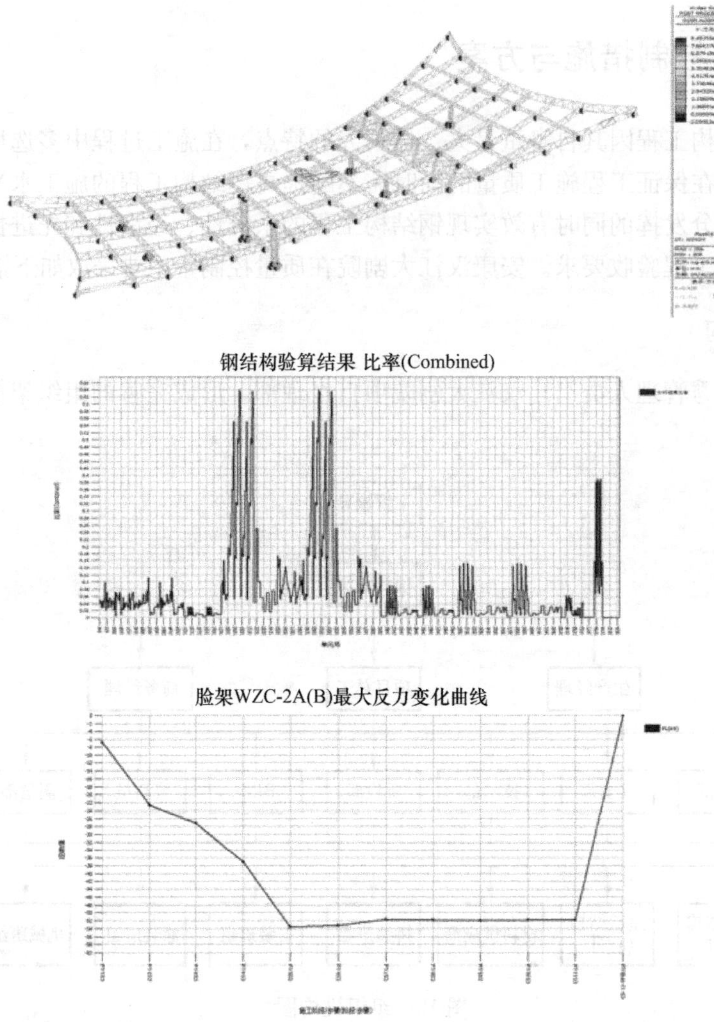

图13　计算分析示意图

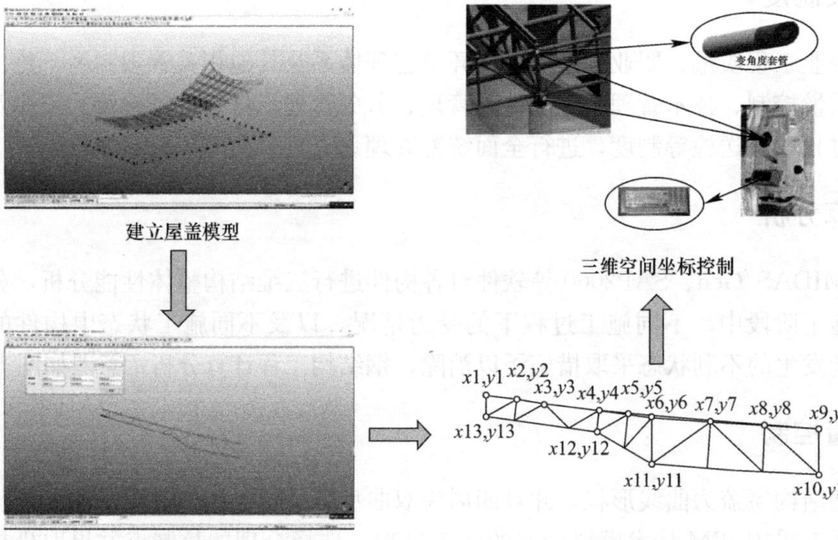

图14　测量控制示意图

4.5 信息化技术应用

目前钢结构深化设计常用的软件主要有美国的 Autocad、芬兰的 Tekla、英国的 Strucad 专业深化设计软件。

根据工程的结构形式及构件特征，本工程采用 Tekla 钢结构设计软件进行深化设计。该软件的优点是能方便、快捷地建出整体模型，能快速建立次梁连接节点（软件预制自动节点），能准确快捷地导出深化图纸，该软件导出的深化图纸由三维模型直接生成，且能自动形成构件尺寸材料表，软件的自动化程度高，能最大限度地减少图纸中的错误，深化设计示意图如图 15 所示。

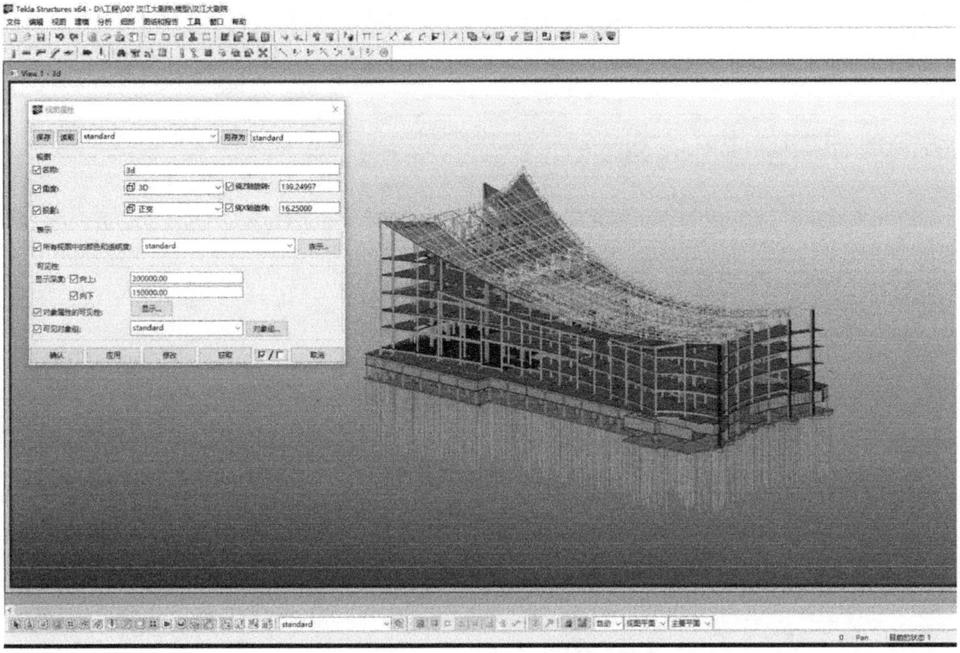

图 15　深化设计示意图

5　结语

综上所述，钢结构技术作为建筑业不断发展的一部分，因其抗压能力强、安全等级高等优势特点，在土木工程建设中被大量使用，尤其是在大剧院等公共地标建筑等广泛应用。在钢结构施工中，应尤其关注钢结构骨架吊装、拼接、焊接技术等，在施工工程质量控制中应着重于制度建设、优化设计、模拟施工、信息化技术应用等。随着钢结构技术及其应用的不断发展，企业也需要增加钢结构工程的投资，不断改进和完善自身技术，提高钢结构施工质量和整体性能。

参考文献

[1]　柏进财. 基于某会议中心钢结构工程质量管理研究与分析［D］. 青岛理工大学，2017

[2]　崔佳. 西部地区新建大跨度钢结构工程介绍［C］//第四届全国现代结构工程学术研讨会论文集，2004：219-224

［3］ 曹润坤. 钢结构网架工程难点保证措施［J］. 四川水泥，2020（11）：89-90
［4］ 李瑞良. 土木工程施工中钢结构技术的应用［J］. 居舍，2020（18）：53-54
［5］ 张杨. 论某建筑工程钢结构施工技术要点［J］. 科学技术创新，2022（11）：129-132
［6］ 常乐. 土木工程项目中的钢结构施工技术研究［J］. 中国住宅设施，2022（1）：85-87
［7］ 阮鹏. 大跨度钢结构施工安装变形控制技术措施［J］. 居业，2021（12）：163-164

作者简介： 高　坡（1994—），男，硕士研究生。主要从事农村水污染治理、矿山修复及土木工程方面的研究。

韩　运（1981—），男，本科，高级工程师。主要从事土木工程相关方面的研究。

成文虎（1994—），男，硕士研究生。主要从事污水处理相关方面的研究。

连依明（1996—），男，硕士研究生士。主要从事污水处理相关论方面的研究。

深基坑施工对既有地铁隧道结构安全影响分析

何智威　刘大伟　丁　凯　王杰洋

（广州荔安房地产开发有限公司，广东 广州，510380）

摘　要：以广州海珠区中海观云府项目为案例，研究基坑开挖对邻近既有隧道产生的影响规律，并利用 MIDAS GTS/NX 有限元软件建立模型，动态模拟了基坑开挖施工过程，研究基坑开挖对既有隧道位移和变形的影响，并与现场实测数据作比较。研究结果表明：深基坑开挖施工对旁侧既有地铁隧道整体位移变形影响较小，均在安全值范围内。两平行隧道近基坑侧的隧道的位移变形影响比远基坑侧的大，且沿着隧道方向，水平和竖向位移量先增大后减小。在同一断面监测点内，各点的位移量不同，拱腰的水平位移量最大，拱底的竖向位移量最大。现场监测数据与数值模拟数据基本一致，验证了模拟的合理性。本文的研究成果可为类似的实践工程提供参考。

关键词：基坑开挖；隧道；数值模拟；位移变形

Analysis of the influence of deep foundation pit construction on the safety of existing subway tunnel structure

He Zhiwei　Liu Dawei　Ding Kai　Wang Jieyang

(Guangzhou Lian Real Estate Development Co., Ltd., Guangzhou 510380, China)

Abstract: Taking the deep foundation pit of Zhonghai Guanyun mansion project as an example, the influence law of foundation pit excavation on adjacent existing tunnels is studied, and the MIDAS GTS/NX finite element software is used to establish a model, and the construction process of foundation pit excavation is dynamically simulated, and the influence of foundation pit excavation on existing tunnel displacement and deformation is studied, and compared with the field measured data. The results show that the deep foundation pit excavation has little influence on the overall displacement and deformation of the existing subway tunnel, which are all within the safe range. The influence of the displacement deformation of the tunnel near the foundation pit side of the two parallel tunnels is greater than that of the far foundation pit side, and along the tunnel direction, the horizontal and vertical displacement increases first and then decreases. In the same section, the displacement of each point is different, the horizontal displacement of the arch waist is the largest, and the vertical displacement of the arch bottom is the largest. The field monitoring data is basically consistent with the numerical simulation data, which verifies the rationality of the simulation. The research results of this paper can provide reference for similar practical projects.

Keywords: foundation pit excavation; the tunnel; numerical simulation; displacement deformation

引言

近年来，越来越多的城市一直致力于开发地铁，以缓解交通压力。由于城市地区的可用空间有限，一些挖掘工作已经开始在现有隧道的上方进行挖掘。在复杂和敏感的地面条件下进行深挖可能导致地下地铁隧道的变形甚至损坏，直接影响现有隧道的服务安全[1,2]。因此，许多研究者都集中于预测上部开挖对现有隧道的影响。现有隧道的变形是评价开挖影响的一个重要指标，因为它相对容易监测，因此，起伏变形的预测在该研究领域至关重要。根据国内外学者的研究，可将相关的研究可分为三类：（1）理论研究；（2）模型试验研究；（3）数值模拟。

在理论方面，刘涛[3]等研究了施工过程对隧道竖向位移的影响。Attewell等[4,5]研究了隧道开挖对邻近地下管线的影响，研究结果表明，采用温克勒地基梁模型和弹性均质半空间地基梁计算邻近管线变形位移和弯矩时，计算结果相同。周杰[6]主要利用了数学软件计算出基坑坑底竖直卸载和坑壁水平卸载对临近地铁隧道的附加应力值的计算公式，还分析了基坑开挖深度、隧道走向等对隧道附加应力的影响规律。在模型试验方面，梁发云等[7,8]的研究结果表明合理的开挖方案可有效控制隧道变形。胡欣[9]通过常重力试验研究了基坑开挖对既有地铁隧道附加内力和变形的影响。在数值模拟方面，朱国权等[10]利用PLAXIS程序研究了基坑开挖顺序对隧道水平位移和结构沉降的影响规律。区穗辉等[11]使用MIDAS GTS有限元软件模拟，分析综合管廊基坑及顶管开挖对既有地铁隧道变形的影响。潘红宝等[12]运用FLAC3D有限差分软件分析无隔离桩和有隔离桩两种工况对深基坑开挖施工的影响。

鉴于此，本文以广州海珠区中海观云府项目深基坑项目为案例，通过有限元结构分析软件 MIDAS GTS进行数值模拟，计算基坑开挖过程中隧道的位移变形，并与现场实测数据进行对比，验证数值模型的正确性，为类似的实践工程提供参考。

1 工程概况

1.1 工程概况

中海观云府项目位于广州市海珠区，拟建3栋58层塔楼，剪力墙结构，灌注桩基础，基坑大开挖深度约12.4～14.0m，基坑支护主要采用ϕ1000（1200）@1200（1300/1400）大直径灌注桩加2道预应力扩大头锚索或1道钢筋混凝土内支撑进行支护，基坑外侧采用一排ϕ850@600三轴水泥搅拌桩形成止水帷幕。

基坑东侧边线距东侧地铁隧道结构42.0～44.5m，项目南侧地下室边线距地铁广佛线隧道边约47.0m。中海观云府项目与地铁位置关系图如图1所示。

1.2 工程地质情况

根据钻探揭露，岩土层从上到下顺序如下：①素填土，厚度约为3.0m；②淤泥质土，厚度约为2.6m；③粉质黏土-可塑，厚度约为2.2m；④中粗砂，厚度约为1.2m；⑤粉质黏土-可塑，厚度约为4.9m；⑥粉质黏土-硬塑，厚度约为2.6m；⑦泥质粉砂岩，厚度约为14.2m。基坑与地铁结构剖面图如图2所示。

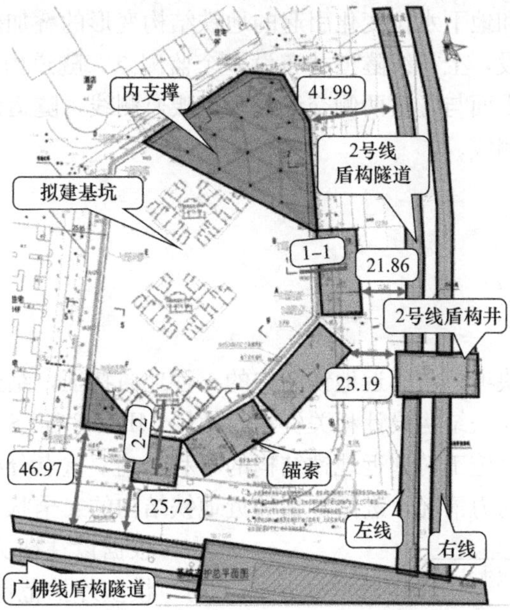

图 1　中海观云府项目与隧道总体平面位置

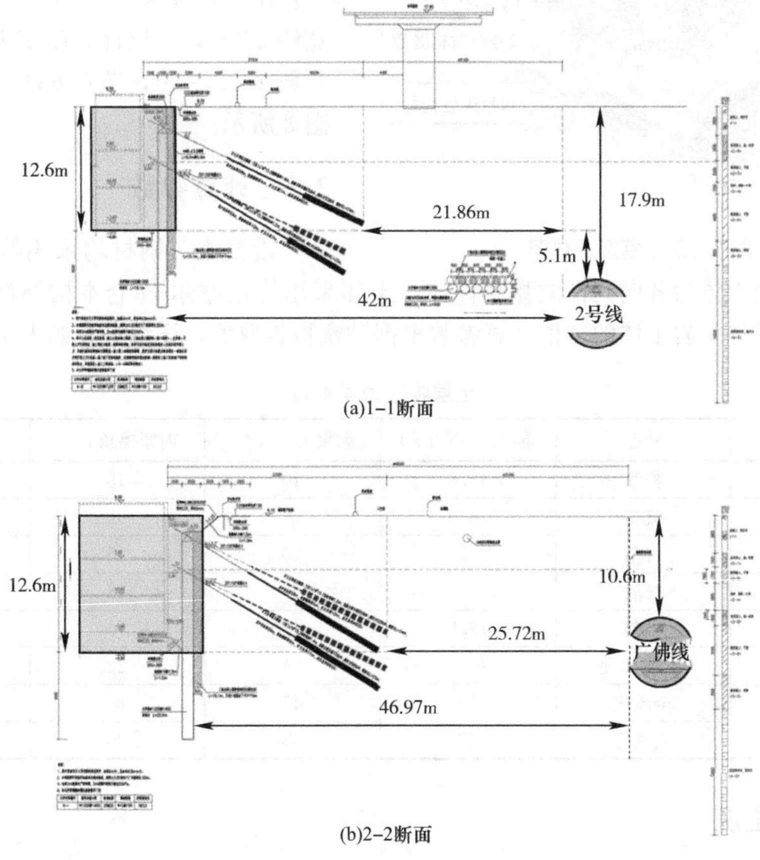

图 2　基坑与地铁结构剖面相对位置

1.3　监测点位设置

根据国内类似地铁结构安全保护经验和省内地铁结构保护规范的要求，考虑了项目施工期间的支护结构变形和地下水位变化引起的地铁结构变形的叠加效应，对地铁2号线和广佛线隧道进行测点布设，上行线隧道共布设多个监测点，隧道内每6m布设1个监测断面。将隧道中心所在水平面与隧道两侧交线作为拱腰监测线，隧道的最上部和最下部分别为拱顶监测线和拱底监测线。

2 数值模拟

2.1 模型方案

根据中海南洲路地块项目与邻近地铁结构的工程地质特征，结合中海南洲路地块项目设计、施工方案及邻近地铁结构设计相关资料，使用MIDAS GTS/NX软件建立三维整体模型，模拟计算拟建项目施工对邻近地铁结构的不利影响，重点分析基坑开挖及拆撑施工期间地铁结构的变形和内力情况，进而评估邻近地铁结构的安全状态和地铁的运营安全状态。根据以往研究经验，基坑数值计算时，模型外扩范围宜不小于3倍基坑深度。本模型中包含了拟开挖基坑和邻近地铁结构，模型计算范围为长约310m，宽约260m，土层计算深度为50m。单元总数133292个，节点66469个，模型如图3所示。

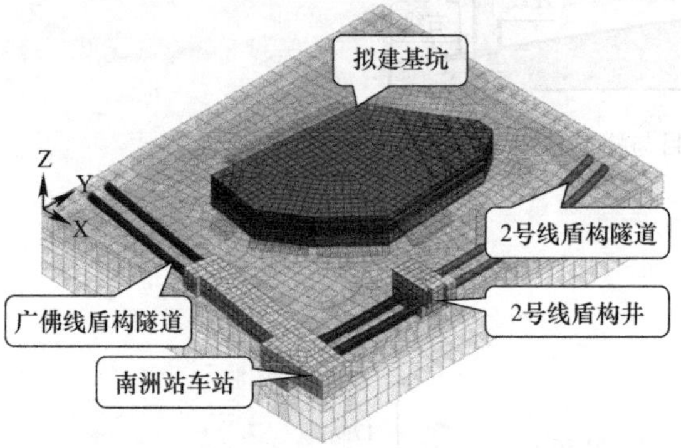

图3 整体模型透视图

2.2 计算参数

混凝土、钢材均采用线弹性本构模型，本文假定土体为各向同性的弹塑性体，土体采用修正摩尔-库仑本构模型，采用六面体实体单元模拟，岩土体的数值计算参数根据勘察报告取值，详细参数如表1所示。

土层物理力学参数 **表1**

土层名称	状态	重度 γ(kN/m^3)	黏聚力 c(kPa)	内摩擦角 φ(°)	泊松比 ν
素填土	松散	18.5	10	15	0.42
淤泥	流塑	16.5	7	6	0.40
粉质黏土	可塑	18	20	15	0.36
中粗砂	松散	18	0	28	0.40
粉质黏土	可塑	18.5	18	16	0.42
粉质黏土	硬塑-坚硬	18.6	21	22	0.38
泥质粉砂岩	全风化	19	45	25	0.35
泥质粉砂岩	强风化	22	55	28	0.30

2.3 模拟工况

本次分析主要是针对拟建基坑施工对邻近地铁2号线和广佛线结构的影响，考虑的是基坑开挖及地下室施工引起的地铁结构增量位移。根据实际的施工情况，按照地铁隧道变形最不利情况考虑，针对基坑开挖、地下室结构施工及拆撑的全过程进行三维模拟，共分为7个施工步骤，具体如表2所示。

模拟施工步骤　　表 2

序号	工况	描述
1	初始地应力状态	考虑未开挖状态的岩土层应力状态
2	地铁结构施工	模拟地铁结构施工
3	围护结构施工	模拟围护桩、立柱施工
4	基坑开挖 1	施工第 1 道支撑和第 1 道锚杆，向下开挖至第 2 道锚杆
5	基坑开挖 2	施工第 2 道锚杆，向下开挖至基坑底
6	地下室回筑 1	施工地下室底板、侧墙及负二、负一层楼板，拆除第 1 道内支撑及基坑立柱
7	地下室回筑 2	施工地下室顶板、侧墙，回填土

3　结果分析

3.1　基坑施工对地铁 2 号线隧道的位移影响

3.1.1　地铁 2 号线隧道的水平位移

基坑开挖完成后，地铁 2 号线隧道水平位移云图如图 4 所示。图 4 所示为地铁 2 号线左右两侧隧道在模拟基坑开挖过程中水平位移图。从图中可知，左右线隧道的变形总体上规律相似，随着开挖深度加深，隧道的水平位移向 X 轴的负方向移动，即向靠近基坑水平方向变形。隧道的水平位移沿着隧道走向均呈现先减小后增大的趋势。左右两侧隧道在距离隧道起始点约 48m 处水平位移绝对值达到最大值，但左线隧道的水平位移量远大于右线隧道位移量。左线隧道的最大水平位移为 1.023mm，而右线隧道的最大水平位移仅为 0.562mm，均未超过隧道水平位移的报警值（±8mm）。

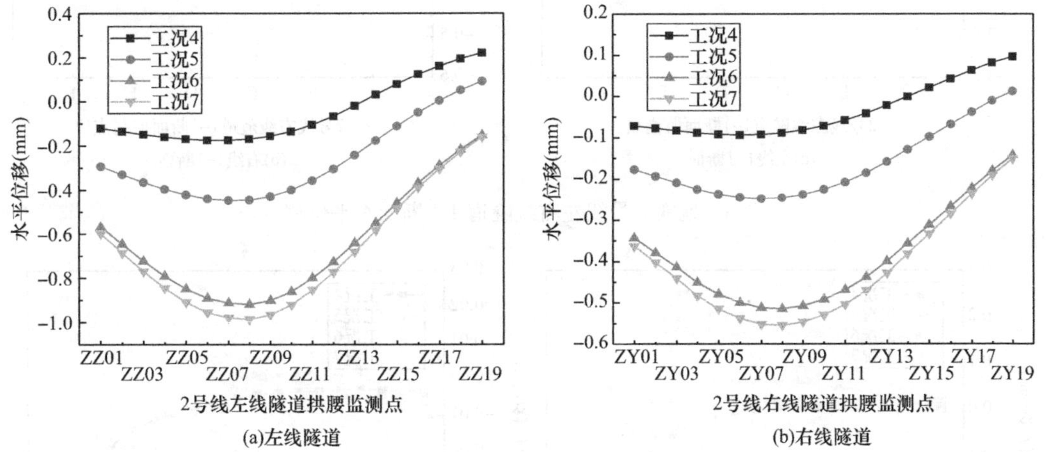

图 4　地铁 2 号线左右线隧道水平位移

通过地铁 2 号线 1-1 断面来分析拱顶、拱腰及拱底位置在开挖过程中的位移状况（图 5）。从图 6(b) 得知，基坑开挖完成后，与左线隧道相比，右线隧道的水平位移量较小，但位移量最大和最小的点分别都为拱腰 C 和 D 点，最大位移为 0.55mm，最小位移为 0.43mm。

由此可知，隧道的水平位移量与基坑开挖深度有关，同时与基坑离监测点的位置有

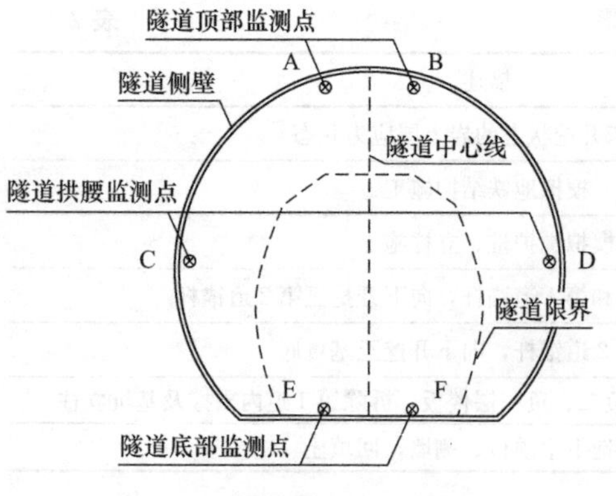

图 5 断面监测点位布设位置

关。基坑开挖对地铁 2 号线隧道左线影响较大，对右线隧道影响较小，隧道整体朝基坑方向偏移，靠近基坑侧的隧道监测点的水平位移较远离基坑侧的隧道监测点水平位移大。

3.1.2 地铁 2 号线隧道的竖向位移

图 7 和图 8 分别为地铁 2 号线左右两侧隧道拱顶和拱底的竖向位移图。由图 7 可知，左右两侧隧道拱顶竖向位移变化趋势基本一致，随着开挖深度的增加，拱顶的竖向位移增大，即向 Z 轴的正方向移动，即隧道发生回弹现象[13]。左侧隧道的拱顶和拱底竖向位移增量比右侧隧道大。拱顶和拱底的竖向位移增量沿着隧道均先增大后减小，拱底竖向位移增量最大发生在左侧隧道距离原点 60m 处，为 0.137mm，拱顶竖向位移增量最大发生在右侧隧道距离隧道起始点 55m 处，为 0.097mm，同时不难看出拱底的竖向位移增量是大于拱顶的竖向位移增量，说明基坑开挖过程中对隧道拱底竖向位移的影响大于拱顶竖向位移，以及对近基坑侧隧道的竖向位移的影响更大（图 9）。

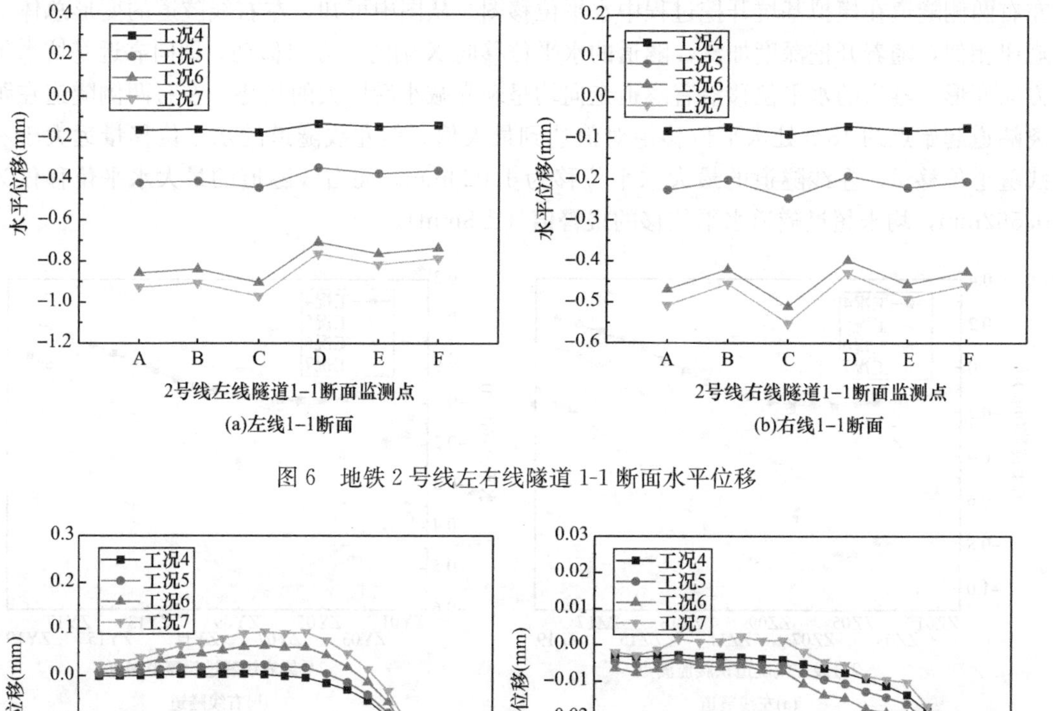

图 6 地铁 2 号线左右线隧道 1-1 断面水平位移

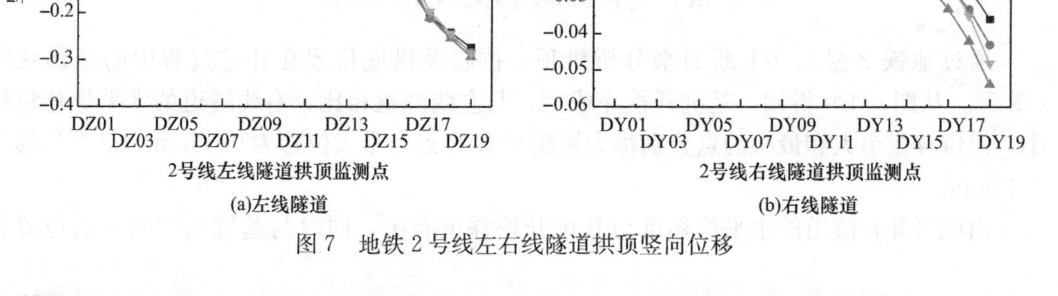

图 7 地铁 2 号线左右线隧道拱顶竖向位移

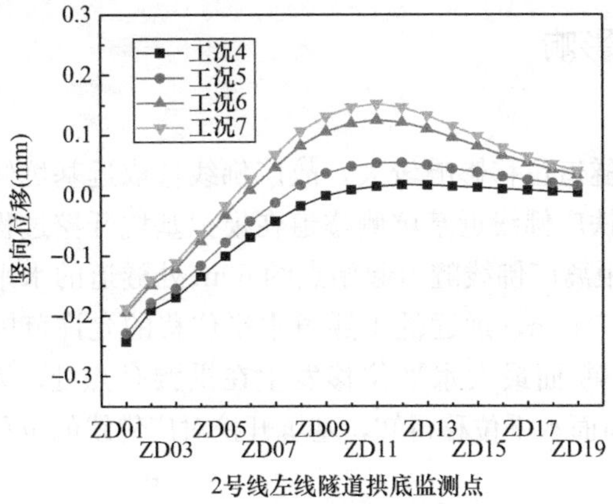

(a)左线隧道

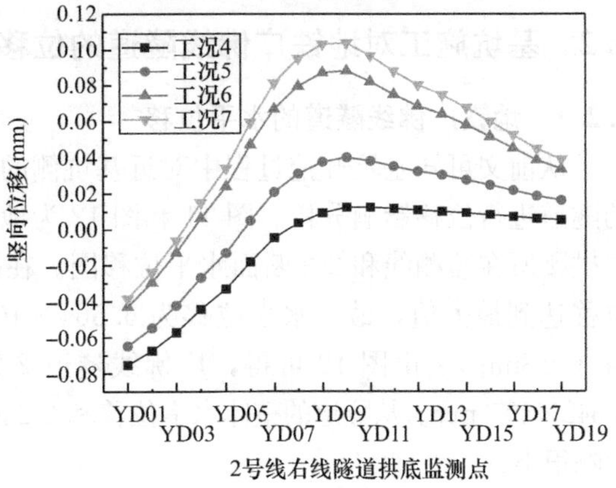

(b)右线隧道

图 8　地铁 2 号线左右线隧道拱底竖向位移

通过模型数据可得左右侧隧道断面处各监测点在各个施工阶段的位移变形规律，如图 10 所示。同一监测点随着基坑开挖深度加大，竖向位移均向 Z 轴正方向发展，竖向位移逐渐增大。当基坑开挖完成后，各监测点的 Z 向位移达到最大，断面各点的竖向位移增量分别为 0.097mm、0.044mm、0.136mm、0.109mm、0.191mm 和 0.137mm，其中拱底 E 点的竖向位移增量最大，拱顶 B 点的竖向位移增量最小。从图 10(a) 中看出，拱底 E 点的竖向位移也是最大的，为 0.209mm，拱顶 B 点的竖向位移也是最小的，为 0.034mm。相比之下，右侧隧道的竖向位移较小，但最大竖向位移也是发生在拱底 E 点处，最大位移为 0.069mm。整体而言，拱顶与拱底的竖向位移变化较为明显，说明隧道在回弹变形趋势下，还存在"竖鸭蛋"变形趋势，这将导致隧道拱顶处内侧挤压、隧道竖向椭圆度增加以及接缝两侧管片不平整接触（错台），拱顶区域管片接缝位置出现挤压碎裂[13,14]。

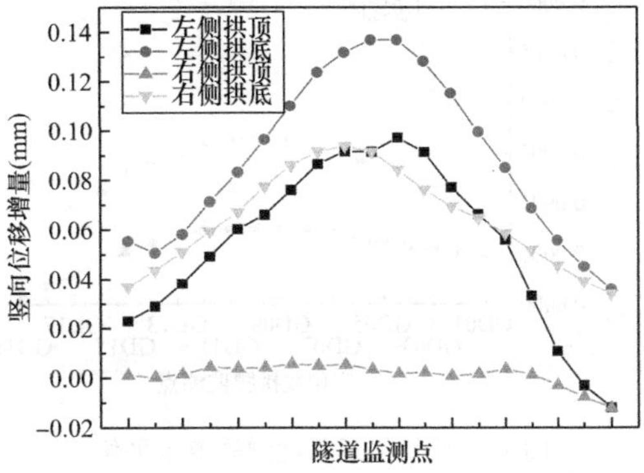

图 9　地铁 2 号线左右侧隧道竖向位移增量

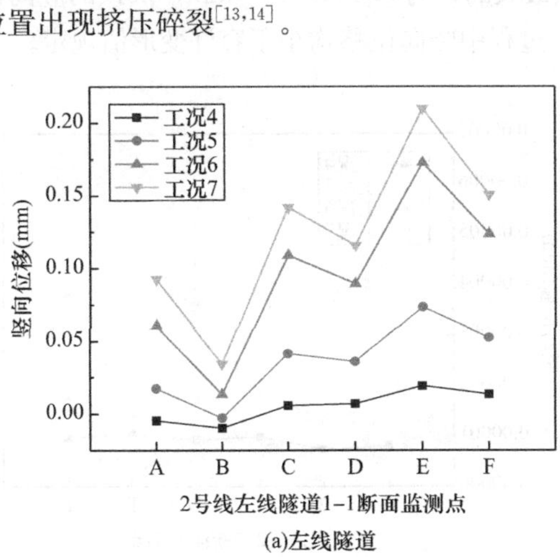

(a)左线隧道

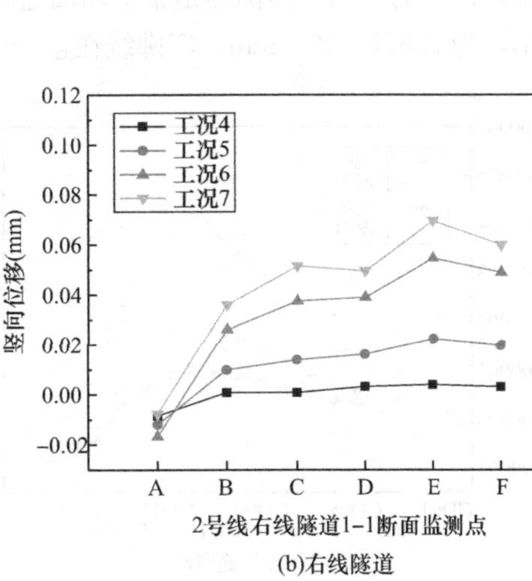

(b)右线隧道

图 10　地铁 2 号线左侧隧道断面竖向位移

3.2 基坑施工对地铁广佛线隧道的位移影响

3.2.1 地铁广佛线隧道的水平位移

从前文可知基坑开挖过程中对近基坑侧的隧道位移影响较大，故广佛线选取近基坑侧的隧道进行位移影响分析。图 11 和图 12 为地铁广佛线近基坑侧隧道在模拟基坑开挖过程中拱腰所在监测线和 2-2 断面水平位移图。在距离广佛线隧道起始点约 60m 处隧道的水平位移达到最大值，最大水平位移为 6.564×10^{-4} mm，远远低于隧道水平位移的允许范围值（±8mm）。由图 12 可得，广佛线隧道 2-2 断面最大水平位移发生在拱腰 C 点处，为 6.342×10^{-4} mm。从隧道的整体水平位移和 2-2 断面水平位移得知，基坑开挖对广佛线的位移影响很小。

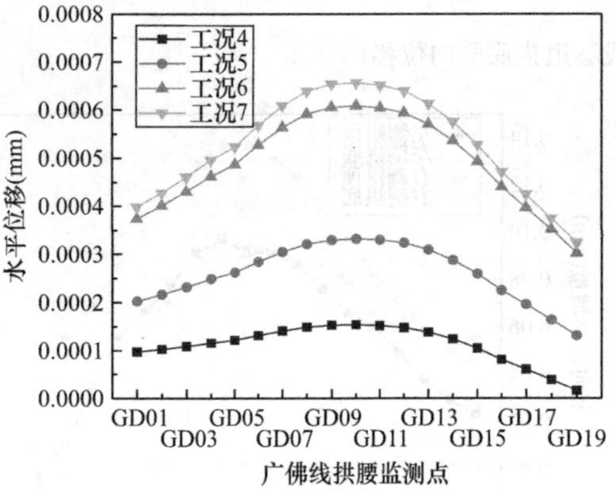

图 11 广佛线近基坑侧隧道水平位移

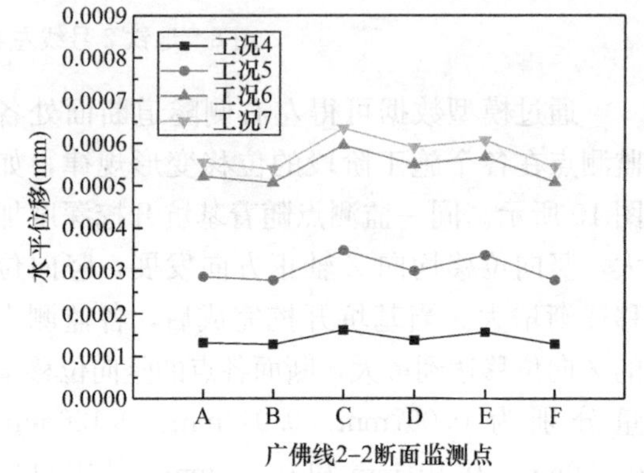

图 12 广佛线近基坑侧隧道 2-2 断面水平位移

3.2.2 地铁广佛线隧道的竖向位移

图 13 和图 14 分别为地铁广佛线隧道和 2-2 断面竖向位移图。由图 13 可知，基坑开挖完成后，隧道的各监测点竖向位移达到最大，竖向位移向着 Z 轴的正方向移动。且距离隧道起始点越大，隧道的竖向位移先增大后减小，在距离隧道起始点 72m 处，监测点的竖向位移达到最大，为 5.163×10^{-5} mm。通过观察广佛线近基坑侧隧道 2-2 断面的竖向位移（图 14）可以发现，拱底的竖向位移仍然是整个断面监测点最大的，为 5.006×10^{-5} mm，拱顶的竖向位移最小，为 3.627×10^{-5} mm。广佛线在整个施工过程中竖向位移均小于容许变形值规定。

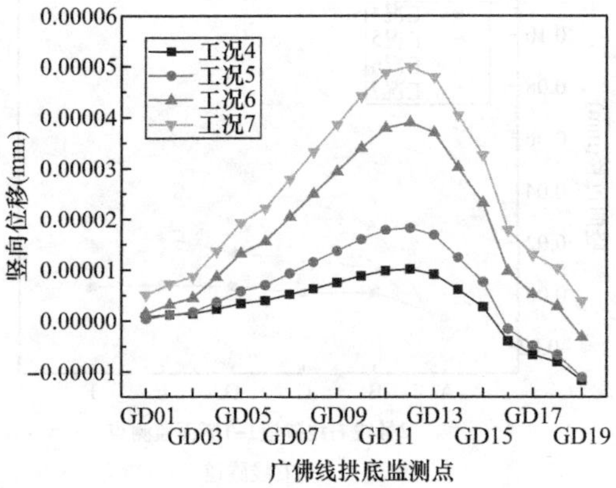

图 13 广佛线近基坑侧隧道竖向位移

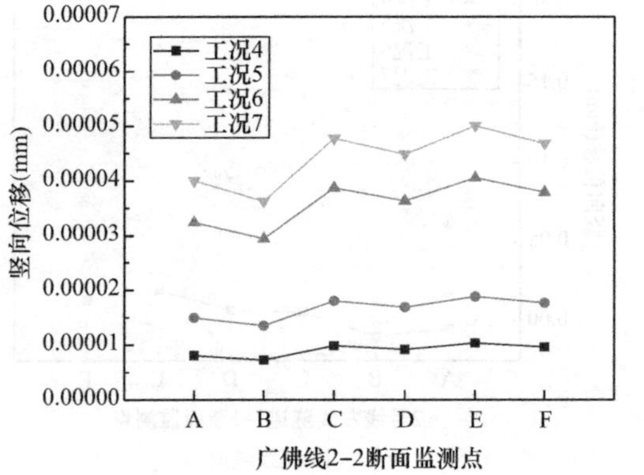

图 14 广佛线近基坑侧隧道 2-2 断面竖向位移

3.3 模型计算结果与监测数据对比分析

基坑开挖完成后，取 2 号线左侧隧道的水平位移和竖向位移监测数据与模拟数据进行对比分析，从图 15 和图 16 可以看出隧道的水平位移和竖向位移的监测值与数值模拟值变化规律一致，都向基坑方向发生水平变形和竖向变形，验证了模型的合理性。分析图中监测数据可知，隧道的水平位移的整体趋势是先减小后增大。水平位移的绝对值约在距离隧道起始点 48m 处达到最大值，约 1.024mm。隧道的竖向位移的整体趋势是先增大后减小。竖向位移约在距离隧道起始点 66m 处达到最大值，竖向位移最大值约 0.138mm，均远小于隧道位移控制标准 8mm；说明本次项目基坑开挖对旁侧既有地铁隧道的影响较小，可以保证既有地铁隧道安全运营。

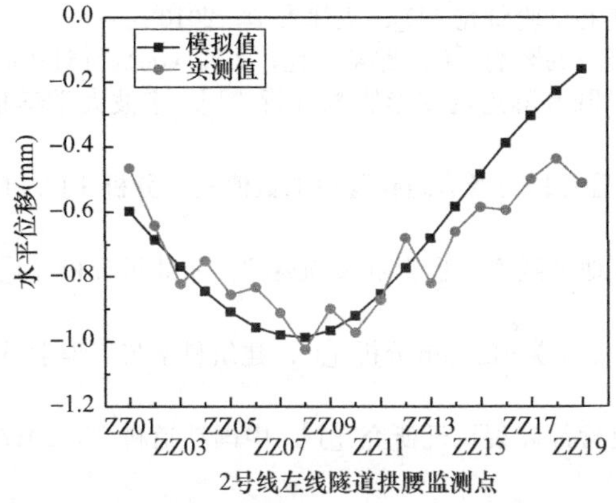

图 15　2 号线左线隧道水平位移监测值与模拟值

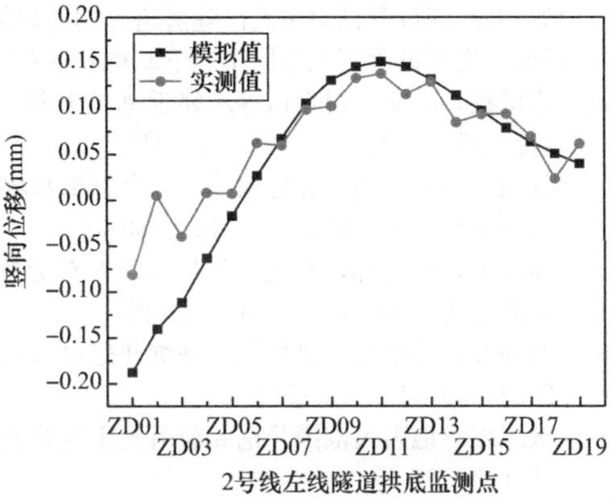

图 16　2 号线左线隧道竖向位移监测值与模拟值

4　结语

本文根据广州市海珠区某深基坑近接既有地铁隧道开挖工程，通过有限元用 MIDAS GTS/NX 软件模拟了深基坑开挖施工，分析了深基坑开挖对旁侧既有地铁隧道的变形影响，对比分析了数值计算结果与监测数据，得出了以下结论：

（1）深基坑开挖过程中对旁侧地铁 2 号线和广佛线的位移变形影响较小，对广佛线的影响更小。基坑开挖完成后隧道水平和竖向位移最大值分别为 1.023mm 和 0.151mm，远小于规范允许值（8mm）；

（2）两平行隧道距离基坑较近的隧道的位移大于较远隧道的位移。通过数值模拟结果得知，2 号线左侧隧道的最大水平位移（1.020mm）大于右线隧道的最大水平位移（0.560mm）。2 号线左侧隧道的最大竖向位移（0.151mm）比右侧隧道的最大竖向位移（0.103mm）要大。同一断面内的监测点的位移量各不相同，拱腰处的水平位移量最大，为 0.970mm，而拱底处的竖向位移量最大，为 0.209mm。

（3）通过对隧道的位移变形模拟结果与实际监测结果变化规律对比，验证了施工过程模拟分析的准确性及可靠性一致，向基坑方向发生水平变形的特征基本一致，且隧道水平位移和竖向位移均远小于隧道位移控制标准 8mm，符合既有地铁隧道安全运营。

参考文献

[1]　Iwasaki Y，Watanabe H，Fukuda M，et al. Construction control for underpinning piles and their be-

haviour [J]. Geotechnique, 1994, 44 (4): 681-689
[2] Fu J, Yang J, Klapperich H, et al. Analytical prediction of ground movements due to a nonuniform deforming tunnel [J]. International Journal of Geomechanics, 2016, 16 (4): 04015089
[3] 刘涛，刘国彬，史世雍．基坑加固扰动引起地铁隧道隆起变形 [J]．哈尔滨工业大学学报，2009，41 (02)：141-144
[4] Attewell P B, Woodman J P. Predicting the dynamics of ground settlement and its derivatives caused by tunneling in soil [J]. Ground Engineering, 1982, 15 (8)
[5] Klar A, Vorster T E B, Soga K, et al. Soil-pipe interaction due to tunnelling: comparison between Winkler and elastic continuum solutions [J]. Geotechnique, 2005, 55 (6): 461-466
[6] 周杰，周文，陈柏全．不规则基坑开挖导致紧邻地铁隧道附加应力的计算 [J]．重庆交通大学学报（自然科学版），2017，36 (9)：17-21，27
[7] 梁发云，褚峰，宋著等．紧邻地铁枢纽深基坑变形特性离心模型试验研究 [J]．岩土力学，2012，33 (3)：657-664
[8] 魏少伟．基坑开挖对坑底已建隧道影响的数值与离心试验研究 [D]．天津大学，2010
[9] 胡欣．模型试验模拟不同工况下基坑开挖对既有隧道的影响 [J]．路基工程，2015 (06)：151-155
[10] 朱国权，陆幸，司壹恒等．邻近基坑开挖顺序对既有隧道的变形影响分析 [J]．宁波大学学报（理工版），2021，34 (5)：89-94
[11] 区穗辉，乔升访，方恩权等．综合管廊基坑及顶管开挖对既有地铁隧道的数值模拟分析 [J]．广东土木与建筑，2022，29 (2)：59-62
[12] 潘红宝，傅志峰，罗鑫．深基坑开挖对旁侧既有地铁隧道变形影响及隔离桩控制效果分析 [J]．安徽建筑，2022，29 (3)：119-121
[13] 张莎莎，苏焰花，樊林等．基坑开挖对邻近既有盾构隧道的影响分析 [J]．建筑科学与工程学报，2022，39 (1)：134-142
[14] 戴志仁．地表大范围开挖卸载引起下卧盾构隧道管片碎裂机理研究 [J]．中国铁道科学，2017，38 (4)：62-69

作者简介：何智威（1984—），男，工学硕士，高级工程师。主要从事工程结构设计、深基坑支护设计方面的研究。

“双碳”目标背景下城市滨水空间治理研究

黄　永[1,2]　何子杰[1,2]　沈晓明[1]　常宗记[1,2]
(1. 长江勘测规划设计研究有限责任公司，湖北 武汉，430000；
2. 流域水安全保障湖北省重点实验室，湖北 武汉，430000)

摘　要：碳达峰和碳中和分别是我国2030年和2060年的碳治理目标，需要我们从国家层面、行业层面、工程层面等多层次考虑治理思路或措施。城市滨水空间是城市区域实现“双碳”目标的重要一环。本文从节能减排、持续发展、绿色能源、运行管理等方面对滨水空间“双碳”治理展开探讨，总结已有技术在滨水空间的应用，提出改扩建技术、生态化修复、空间复合利用等技术，最终形成滨水空间“双碳”治理框架。本研究以创新的思路和理念，有效降低碳排放、提升碳汇能力，为“双碳”目标作出应有的贡献。
关键词：碳达峰；碳中和；滨水空间治理

Research on the treatment of urban waterfront space based on carbon peak and carbon neutrality

Huang Yong[1,2]　*He Zijie*[1,2]　*Shen Xiaoming*[1]　*Chang Zongji*[1,2]
(1. CISPDR，Wuhan 430000，China；
2. Hubei Key Laboratory of Watershed Water Security，Wuhan 430000，China)

Abstract：The two goals of carbon peak and carbon neutrality are China's goals for 2030 and 2060 respectively. Which requires us to consider some new ideas or measures at the national，industrial and engineering levels，operation management，this paper mainly discusses the urban waterfront space，as an important part of realizing the dual carbon goal in urban areas，in the aspects of energy conservation，emission reduction，sustainable development，green energy，then summarize the application of existing technologies in waterfront space and put forward reconstruction and expansion technologies，ecological restoration，spatial composite utilization and other technologies，so as to finally form a dual carbon governance framework for waterfront space. With innovative ideas and concepts，this study effectively reduces carbon emissions，improves carbon sink capacity，and makes contributions to the dual carbon goal.
Keywords：carbon peak；carbon neutrality；treatment of urban waterfront space

引言

气候变化是人类面临的全球性问题。随着各国二氧化碳排放，温室气体猛增，对生命系统形成威胁。在这一背景下，世界各国以全球协约的方式减排温室气体，我国由此提出碳达峰和碳中和目标。

2020年9月国家主席习近平在第75届联合国大会上提出，中国将力争于2030年前达到碳排放峰值，努力争取2060年前实现碳中和（简称“双碳”目标）。

碳达峰就是指在某一个时点，二氧化碳的排放不再增长达到峰值，之后逐步回落。碳达峰是二氧化碳排放量由增转降的历史拐点，标志着碳排放与经济发展实现脱钩。碳中和是一定时间内直接或间接产生的二氧化碳或温室气体排放总量，通过植树造林、节能减排等形式，以抵消自身产生的二氧化碳或温室气体排放量，实现正负抵消，达到相对“零排放”，主要技术手段包括减源（减少碳排放）、控碳（碳捕捉和碳存储）和增汇（如植树造林、增加水面等）等。

碳达峰和碳中和需要国家、企业、产品、活动或个人在一定时间内采取一定措施所期望达到的目标，涉及层次多，国家层面考虑产业结构、控碳增汇总体把控，需要各行业、城市、企业、个人从细小的方面给予支持。对于水利行业中的城市滨水空间治理方向，在“双碳”目标背景下如何贡献这部分力量是相关从业者需要考虑的重要问题。

1 城市滨水空间的“双碳”治理思路

1.1 “双碳”治理总体思路

我国“十四五”和“十五五”是实现碳达峰关键时段，要保障“双碳”目标与经济高速增长，需要从总体层面制定完整合理的思路。

“双碳”目标的实现路径复杂。从根本上讲可以分为减少碳源和增加碳汇两方面。减少碳源的主要措施思路包括：调整产业结构和能源结构，引入低碳技术与生产工艺降低碳排放，通过产业转型和绿色低碳技术的推进来减少化石能源消耗；同时大力发展新能源，如水能、太阳能、地热能等；以此减少化石能源消耗。增加碳汇可以分为森林、草地、耕地、土壤碳汇四种类型，比如扩大森林面积的同时重视生物质能源林和碳汇林培育，提高森林质量，发展草地生态系统是碳固存和陆地碳循环依赖碳汇资源库。其中耕地碳汇是通过农作物秸秆还田来实现固碳，土壤碳汇主要是指土壤可以通过植物光合作用吸收大气中二氧化碳，在微生物作用下转变为有机质存储[1]。

1.2 “双碳”治理的水利思路

部分学者开展了水利行业实现碳达峰、碳中和目标的总体思路，王鼎等[2]归纳了水利行业的业务特点，水利行业主要涉及与水利基础设施建设和运营相关的工程措施，以及与水资源管理相关的非工程措施。工程实施在建设过程中可能会排放较多碳，而非工程实施下碳的排放量很小，因此工程实施是碳减排的重点关注部位。应考虑水利工程全生命周期的碳中和平衡，通过水利工程助力其他行业的碳中和进程，特别是水电作为清洁能源，提高电力行业的水电比例，可有效降低燃煤发电的比重，降低碳排放。而工作重点也应当集中于水利基础设施生命周期内的碳排放与吸收管理、强化开展碳汇能力突出的水利项目。

1.3 “双碳”治理的城市滨水空间思路

城市空间以人口密集、建筑众多、生活生产活动频繁为特点，是碳排放的重要区域，城市缺乏森林、草地、耕地、土壤等自然资源，因此城市范围内可采用的碳汇措施较为有限，对于双碳治理的可实施面比较窄。城市滨水空间一般没有密集人口，也没有大量的生产生活活动，同时目前对滨水空间的利用程度不足，因此滨水空间对于城市是实现“双碳”目标的重要战场之一。

城市滨水空间的双碳治理遵从总体思路，从减少碳源和增加碳汇两个主要方面考虑，根据作者分析，滨水空间的“双碳”治理措施主要体现在节能减排、可持续发展、绿色能源发展、运行管理方法等。

2 城市滨水空间的“双碳”治理措施

2.1 生产过程的节能减排

2.1.1 建设材料

对于广义的建筑领域，建筑材料生产过程中产生大量的碳排放，其比例远高于施工阶段的碳排放量。而对于城市滨水空间治理，主要的建设材料包括：土料、砂石料、混凝土、钢筋、模板等，其中混凝土和钢筋为碳排放主体，其生产过程，用能情况和工艺水平决定了碳排放的总量，比如炼钢所需要的煤、天然气等。目前，部分研究成果已经在建设材料的固碳、减碳效果上有了进展[3]：

(1) 混凝土固碳。混凝土固碳技术是利用二氧化碳矿化养护生产低碳混凝土。不同于传统的混凝土生产过程，该种混凝土的生产需要吸收一定量的二氧化碳，主要过程是将工业废气，如水泥生产过程中排放的二氧化碳，利用特殊的方法注入到新拌混凝土中，与混凝土中的钙镁组分之间发生化学反应，从而将二氧化碳永久固结在混凝土中。

(2) 吸碳添加剂。在混凝土中添加少量纳米二氧化钛，可增强混凝土对 CO_2 的吸收。有研究表明，通过 24h 监控混凝土对 CO_2 的吸收情况，二氧化钛可以让混凝土吸收二氧化碳的速度提升一倍。

(3) 碳负性水泥。普通硅酸盐水泥，是由石灰岩或黏土加热到大约 1500℃后形成，而以镁硅酸盐取代常用碳酸钙或石灰岩制造水泥则大约在 650℃的低温运行，大大降低生产过程能耗及碳排放。

(4) 新型混凝土胶凝材料。目前，煅烧黏土石灰石复合胶凝材料（LC3）是绿色低碳硅酸盐水泥的研究前沿。与普通硅酸盐水泥相比，LC3 水泥在生产过程减少熟料并用 SCM（辅助胶结材料）代替使其可节省 30%～40%的二氧化碳排放。

2.1.2 施工技术与节能

在工程建设期内，一般施工流程复杂、资源占用高、施工过程繁琐。为响应国家提倡“节能减排、低碳经济”的科学发展目标，在工程建设施工生产、生活过程中，围绕“绿色发展、节能减排”目标，努力建设生态、低碳、环保路线。例如，使用节能环保的新型先进设备，淘汰能耗高、排放超标的机械；合理控制施工机械设备的能耗与改进施工工艺；对机械操作人员进行节能驾驶技术培训和节能节油培训；材料按计划采购，不超购、不剩余；合理安排施工进度，减少模板、支架、机械的使用量。通过合理施工技术或者措施，实现节能减排的目的。

2.1.3 装配式建设技术

目前滨水岸坡、防洪墙、防洪排涝闸站等主要为混凝土结构，普遍采用现浇技术，现浇施工技术工序多，施工现场复杂，对周边的环境影响大，施工工期长。

装配式建筑是指在工厂生产混凝土构件，再将其运送至项目现场，通过可靠、稳固的连接方式将其连接起来。为实现“双碳”为目标，合理发展并使用装配式建筑技术，不仅是控制生产国能能耗的重点，更是全生命周期能耗控制的关键[4]。但目前，水利行业技术中，对于绿色装配技术尚缺乏健全的标准体系，各个工程型式、尺寸不一，也对装配式技术的普及产生了影响。因此，水利行业亟需发展一套装配式建筑技术标准体系，涵盖规划、设计、选型、尺寸率定、装配技术标准等，将复杂问题简单化，对于装配式技术的应用和双碳目标的实现都非常重要。

2.1.4 改扩建技术

城市滨水空间较为常见的建筑物包括岸坡、闸站、码头等设施，在滨水空间治理过程中，可能会对已有建筑产生影响，需要对其采取保护或改造措施。此外，滨水滩地及岸坡由于常年受到冲刷，局部损毁的情况比比皆是，也需采取一定的防护或改造措施。而闸站、码头等穿堤/垮堤建筑，在其合理使用年限内，若发生功能受限，也需要采取加固措施。面对以上问题，滨水空间治理过程中常常因为建筑物覆土或垮堤，以不影响总体安全作为前提存在一定技术难度，最终往往对建筑物进行拆除重建。

在“双碳”的时代背景下，一个重要的思路是以改建代替重建，重点发展穿堤建筑物的改扩建技术，以不影响安全和功能为前提，研究改扩建措施中的新老结合技术[5]。相比于拆除重建，不仅减少了建筑垃圾的产生，更降低了建筑材料和施工的实际工作量，有效降低相应工作的碳排放。

2.2 生态可持续发展措施

2.2.1 加强水土保持

随着经济快速发展，人类的活动导致水生态的快速恶化，水土流失现象依然呈现严重的趋势。因此，亟需开展对水土流失的治理，从各个层级、行业出发，加强水土保持措施的落地，切实有效减少水土流失总量，为构建良性可持续的水生态系统奠定基础，也能够避免今后处理水土保持所带来的能源消耗。部分学者提出了：减少发展中国家因森林砍伐与森林退化导致的碳排放和保持碳储量，其中典型的措施为增强水土保持[6]。因此，加强水土保持，是实现“双碳”目标的重要环节之一。

2.2.2 加强截污控源

我国人均水资源占有量低，水资源利用要遵从“保护优先、统筹协调”的原则。目前对于水资源节约利用、水资源保护依然存在不足。重要的一点体现在水污染控制方面，工业农业生产中需要引进最新技术，有效减少污水的产生，提升污水回收和利用，能够减少对水环境、水生态的影响和破坏，更能够缓解优质水资源的不足，避免今后为处理污染水体而必需的能源消耗。因此，加强截污控源、增强污水的资源化利用、提升污水处理水平，是“双碳”目标实现的重要举措。

2.3 绿色能源及增加碳汇

2.3.1 滨水新能源开发及利用

城市滨水空间因水流、风道、光照的存在，具备多种新能源开发的条件。其中城市水域的水能利用，因为水流的特点而存在差异，对于近海城市可充分利用潮汐能[7]，对于临近大江大湖的城市可考虑利用波浪能[8]，由于这些能源具有天然的不稳定性，需要与先进的储能技术配合，目前备受关注的可能方案是利用氢储能及化学储能设施对不稳定电能进行存储。

在水面宽阔的位置，风能资源相对较为丰富，可考虑布局部分风力发电设施；而在水面宽阔且日照充足的位置，可利用水面光伏技术[9]，提升新能源开发效率。但对水域风能及光伏电能开发中，应遵循河道管理要求，不影响水安全、水生态、水环境。

2.3.2 山区滨水城市抽蓄路线

抽水蓄能的诞生不是为了增加净发电量，而是充分利用电网存在的高峰和低谷属性，在负荷低谷情况下，抽水蓄能是一种绿色、稳定、安全、容量大、成本低的储能技术。对于山区滨水城市，可充分利用地形优势发展抽水蓄能[10]，对可再生能源并网发电后的电网进行削峰填谷。可充分利用现有水库，结合建设新库，形成上下库。在用电低谷中，使用电力将下库水抽至上库，等到用电高峰时，将上库水放回下库进行发电。这对于山区滨水城市，如攀枝花，具备得天独厚的条件，可以有效避免用电低谷时的浪费，更可节约总电能、降低碳排放。安徽[11]、贵州[12]等地已经针对“双碳”目标研究了省级抽水蓄能技术发展的思路。

2.3.3 生态化修复及碳吸附

森林、草地等生态体系是增加碳汇的重要措施，《生态文明绿皮书：中国特色生态文明建设报告（2022）》也要求加强生态保护，维持生态系统稳定。对于城市滨水空间，防洪排涝是基本功能，生态系统是延伸属性，目前较多城市对滨水空间的生态化利用方面仅处于起步阶段[13]，可从以下方面采取增强措施：

（1）优化滨水空间生态布局。针对城市周边及内外的干流、支流及毛细水网，分层级、分功能区优化滨水生态布局，使空间布局与水面载体、季节更替、水安全布局相协调，增强资源整合，构件层次分明、空间连续的滨水生态布局。

（2）植物种类布局。在不影响行洪的前提下，通过植物措施增强滨水带区域的碳汇总量，通过岸坡草皮、滩地绿植、堤外防护林、堤内生态林等措施，与水系疏浚、岸坡缓坡改造、生态廊道建设结合，建设亲水植被体系，改善生物栖息环境，打造植物生物复合型生态基地。在植物类型选择方面，应从规划层面考虑选择碳汇能力强、生存能力强（可适应水位消落）、成长速度快的树种，增强临水空间的碳汇能力。

（3）生态化改造措施。目前城市滨水空间因早年修建时未考虑生态化因素，常常可见混凝土护坡、浆砌石护坡、浆砌石防洪墙等硬质防护工程。可对硬质防护部分进行生态化改造，例如在混凝土预制块护坡上方，加铺土工布和植生块护坡，框格内填土植草，可显著扩大滨水空间的绿化范围。

2.3.4 空间复合利用

城市的快速发展让城市建设用地逐渐局促，此趋势已逐渐蔓延至城市滨水空间，但野蛮地侵占滨水空间是不可取的，为此，可采用滨水空间复合利用的技术，比如笔者提出的堤防与道路结合的堤路合一工程[14]、水闸与桥梁结合的闸桥合一工程[15]、堤防与地下建筑结合的覆土建筑缓坡堤防技术等。空间复合利用技术具备两个方面的优势：第一方面是增强不同属性建筑的结合，通过部分结构的共用，有效减少滨水构筑物的材料总使用量，从而降低因建筑材料使用而产生的碳排放；第二方面，通过滨水建设的空间融合技术，将更多的空间留给生态化改造或其他可增加碳汇的措施。通过以上两个方面的优势，空间复合利用技术可从减源和增汇两个角度同步支撑“双碳”目标的实现。

2.4 运行与管理

2.4.1 智能管理系统

水利信息化经过多年发展，已经取得了显著的成就。而在“双碳”控制的时代背景下，水利信息化也需做出一定调整，以更好地实现“双碳”目标。第一，巩固发展滨水空间控制的自动化、智能化，降低调控过程中的人力成本；第二，进一步发展信息化控制的云端化和轻量化，以云服务器替代购买硬件服务器[16]，以轻量化控制程序替代繁琐程序，降低智能管理系统中的能源消耗。

2.4.2 先进管理理念和制度

为实现“双碳”目标在滨水空间的落地，需要以人为本、提升理念、强化制度。将人水和谐的理念贯穿于治理工作中，将碳达峰和碳中和的思想融入管理理念中，作为一种文化扎根于滨水带治理的全阶段工作中。此外，还应当将理念落实于管理制度，建立起与双碳理念相适应的先进管理制度，奖励与处罚并存，目标与措施有机结合，促进双碳目标的长远发展和持续发展。

3 结语

碳达峰、碳中和作为我国未来发展的战略目标，从全行业至水利行业，再细化至城市滨水空间治理方向，都亟需提出新的工程技术和治理框架。本文从节能减排、持续发展、绿色能源、运行管理等方面展开探讨，总结已有技术在滨水空间的应用，提出改扩建技术、生态化修复、空间复合利用等技术，最终形成滨水空间双碳治理框架。目前部分技术开展大规模应用尚存在一定困难，如潮汐能、波浪能等，但鉴于城市滨水空间开发程度低，具有广阔的发展前景，需要在绿色能源、生态修复、空间复合利用等方面开展更深入的研究。

参考文献

[1] 左其亭，邱曦，钟涛. “双碳”目标下我国水利发展新征程 [J]. 中国水利，2021 (22)

[2] 王鼎，赵钟楠，邢子强等. 碳达峰碳中和背景下水利工作的思考 [J]. 水利规划与设计，2022 (3)

[3] 王峥，郭振伟. 双碳目标下减碳固碳建筑材料展望 [J]. 建设科技，2021 (19)

[4] 汪盛. “双碳”目标下装配式建筑技术发展研究 [J]. 建筑科技，2022，6 (1)：3

[5] 黄永，方健，刘国强等. 一种新老排水箱涵连接结构：CN202021631964. 3 [P]. 2021-06-01

[6] 刘桂芳，关瑞敏，夏梦琳等. 西双版纳地区森林变化碳效应与生态效益评估 [J]. 生态学报，2022，42 (3)：1118-1129

[7] 张晓君，程振兴，张兆德. 潮汐能利用的现状与浙江潮汐能的发展前景 [J]. 中国造船，2010，51 (z1)：144-147

[8] 路晴，史宏达. 中国波浪能技术进展与未来趋势 [J]. 海岸工程，2022，41 (1)：1-12

[9] 孙杰. 水上光伏电站应用技术与解决方案 [J]. 太阳能，2017 (6)：32-35

[10] 张建云，周天涛，金君良. 实现中国“双碳”目标水利行业可以做什么 [J]. 水利水运工程学报，2022 (1)：1-8

[11] 程龙君，丁臬. 双碳目标下安徽抽水蓄能产业发展研究 [J]. 区域治理，2021 (25)：14-15

[12] 安莉娜，范国福，龚兰强等. “双碳”目标下贵州省电源侧储能技术发展思路初探 [J]. 电力系统装备，2022 (2)：138-140

[13] 杨天翔，王德朋，史今等. 基于“双碳”目标的大都市近郊生态修复规划策略分析 [J]. 园林，2022，39 (1)

[14] 黄永，徐照明，何子杰等. 一种设置市政设施的堤路合一结构：CN202121020565. 8 [P]. 2021-12-21
[15] 黄永，何子杰，刘国强等. 一种多孔水闸与跨河桥梁分离式连接结构：CN202122714040. 0 [P]. 2022-05-13
[16] 王妍，于洋，乔徳. 云计算技术在水利信息化向低碳化发展中的应用 [J]. 海河水利，2013 (1)：3

基金项目： 国家重点研发计划项目（2021YFC3200202）、中国工程科技发展战略湖北研究院咨询研究项目"武汉长江新区绿色发展战略研究"（GCY2020G03）、长江设计公司自主科研项目"长江中下游水生态系统评价与保护策略研究"（CX2019Z06）。

作者简介： 黄　永（1988—），男，博士，工程师。主要从事水工结构工程规划设计方面的研究。
何子杰（1977—），男，硕士，高级工程师。主要从事水利规划研究。
沈晓明（1988—），女，博士，工程师。主要从事水利枢纽设计方面的研究。
常宗记（1971—），男，高级工程师。主要从事水利工程规划设计的研究。

钢木箱体(W系列)空心楼盖施工技术与实施效果分析

黄　晶

(湖南省第六工程有限公司，湖南 长沙，410000)

摘　要：目前现浇混凝土空心楼盖箱体容易受外力影响产生变形；浇筑混凝土时箱体易上浮、位置变动，对混凝土实体质量影响较大。本文围绕钢木箱体（W系列）空心楼盖施工技术展开分析，具体探讨了工法特点、工艺原理、材料设备与操作要点，并展开了效益与工程案例论述，以供参考。

关键词：钢木箱体；空心楼盖；大型厂房；大跨度建筑

引言

现代住宅和公共建筑发展的多样性要求传统的结构形式和施工作业方法不断改进以适应时代的发展，现浇混凝土空心楼盖是最近几年国内发展起来的结构新技术。根据工程实际应用情况，目前现浇混凝土空心楼盖箱体容易受外力影响产生变形；浇筑混凝土时箱体易上浮、位置变动，对混凝土实体质量影响较大。现在一般是通过铁丝绑扎的方法进行抗浮处理，当楼层较高时，此方法并不适用，同时后期处理需要大量的人工。为此，我们通过一系列的优化、改进和创新，提供一种钢木箱体（W系列）及其施工工艺，优势明显。

1　技术特点

本技术尤其适用于传统梁板结构中，因梁底对设备安装高度的影响，无法正常运行设备，而又无法调整梁截面尺寸的情形。钢木箱体（W系列）空心楼盖施工技术可归纳如下：

(1) 本技术在施工过程中，支模体系高度一致，只需铺设平板，模板安装和钢筋绑扎效率大幅提升，缩短了工期。本技术钢筋绑扎时完全在支撑好的模板面上进行作业，极大地降低了高空作业和临边作业时的安全风险。

(2) 使用该工艺施工的混凝土板底结构，在装饰层施工时，无需花费大量人力和精力去除铁钉所留下的锈迹，饰面施工高效且质量优良。

(3) 箱体内设PVC管，外部特制拉钩进行加固，混凝土分层浇筑，利用箱体特制拉钩的拉力和混凝土的包裹力，有效地防止箱体上浮。

(4) 本技术中钢木箱体结构稳固、造价经济、易采购、施工成本低，通过木板替换金属，降低了金属的使用量，节约了成本，同时使废弃建筑模板变废为宝。

2　工艺原理、材料与操作要点

2.1　工艺原理

本技术箱体的横截面为梯形结构的支撑骨架，支撑骨架的外部包覆有由有筋钢板折叠制成的矩形箱体，矩形箱体内的中心位置安装有纵向设置并具有中心通孔的PVC管，PVC管的内径为10cm，PVC管的上下两端分别贯穿至矩形箱体的上下端面上，且PVC管上下两端的外圆周分别与矩形箱体的上下端面密封连接。钢木箱体外部包裹所用的镀锌铁皮为1mm厚，钢木箱体内的梯形骨架与竖向加强钢筋、二道横向加强筋进行焊接。

箱体内部的钢筋骨架主要对整个箱体起支撑作用，以此提高箱体的整体刚度和强度，避免在混凝土浇筑过程中箱体自身结构变形或者垮塌。箱体中部的PVC管，使得在浇筑混凝土时箱体底部的空气可以排出，有利于防止整个箱体上浮，此外还使得振动棒能够插入PVC管对箱体底部混凝土进行充分振捣，确保底部混凝土振捣密实不出现空洞等质量隐患。四周包裹的模板和镀锌铁皮是整个箱体的外部结构，防止混凝土灌入箱体内部，减轻结构自重，形成的箱体空腔对隔声隔热起到了一定的作用。在箱体安装过程中，附加一些其他措施，箱体防止在混凝土浇筑过程中发生整体上浮、肋梁截面移位和变形。详见后续施工工艺和操作要点。

箱体装置示意图如图1所示，箱体实体图如图2所示。

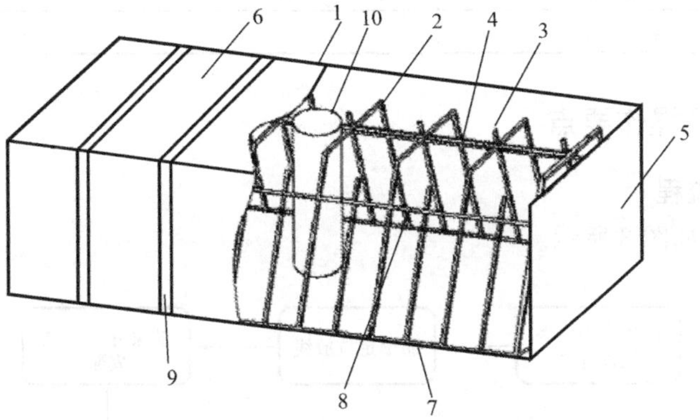

图1　箱体装置示意图

1—矩形箱体；2—梯形骨架；3—竖向加强筋；4—第一横向加强筋；5—木板；6—有筋钢板；7—底框；8—第二横向加强筋；9—凸筋；10—PVC管

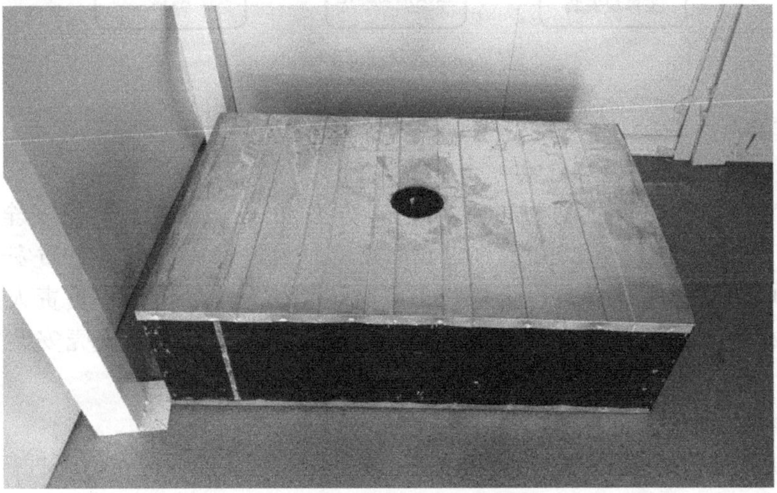

图2　钢木箱体实体图

2.2 材料与设备

本技术所使用的主要材料为模板、PVC管材、镀锌铁皮等。主要材料规格见表1。

主要材料规格表　　表1

序号	材料名称	型号规格	材质
1	模板	14mm	杉木
2	PVC管材	100mm	
3	铁皮	1mm	镀锌
4	井字支撑马凳	ϕ10	HRB400
5	射钉	30mm	
6	射钉枪	F30	
7	气泵	国产	
8	门鼻	镀锌	
9	拉钩	镀锌	
10	电焊机	ZX7-200	
11	混凝土支撑		混凝土

2.3 工艺流程及操作要点

2.3.1 施工工艺流程

施工工艺流程如图3所示。

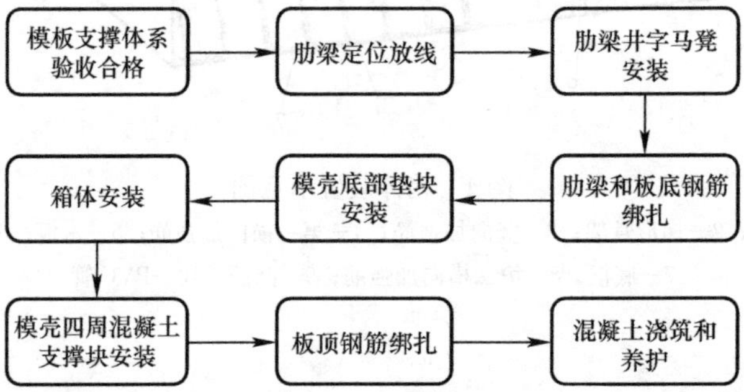

图3　工艺流程图

2.3.2 操作要点

(1) 模板支撑体系安装和验收

模板安装严格按照审批通过的专项施工方案和《建筑施工模板安全技术规范》JGJ 162进行搭设，搭设至6000～7000mm高度时由技术负责人组织质安部门进行阶段性联合验收，搭设完成后自检合格，工序交接手续完善后，技术负责人报建设和监理单位对支模体系进行专项验收，为后续在模板面上绑扎钢筋和模壳安装提供安全和质量保障。

(2) 肋梁定位放线

在钢筋绑扎前依据肋梁截面尺寸和位置，对肋梁和板底筋的分布情况进行控制线的放样，便于钢筋绑扎时钢筋位置的准确控制。

（3）肋梁井字马凳安装

为保证肋梁截面尺寸，预先用 $\phi10$ 钢筋按照肋梁截面净尺寸焊好井字形支撑马凳，沿肋梁纵向每隔 2000mm 设置，将井字马凳临时固定牢固。

（4）肋梁和板底钢筋绑扎

将肋梁上部和底部纵筋绑扎在安装固定好的井字马凳上，箍筋按照传统绑扎工艺套在肋梁主筋上，弯钩朝上并相互错开，用镀锌扎丝将箍筋绑扎在主筋上。肋梁钢筋绑扎完毕后，拉通线检查并调整肋梁的位置与定位线一致。确保肋梁截面尺寸和位置与设计图纸一致。

在肋梁绑扎完毕并对照图纸核验无误后，按照设计要求进行板底钢筋的绑扎，钢筋间距确保与设计图纸一致，绑扎完毕后在板筋底部以 1500mm 的间距布置 15mm 厚预制混凝土垫块，确保保护层厚度满足要求，不发生露筋的现象。

（5）模壳底部垫块安装

板底筋绑扎完成，隐蔽验收完成后，将带脚座的塑料垫块安装在模壳四个角部，距离模壳各边 100mm 范围内共安装 4 个，并与板底筋绑扎牢固。

（6）箱体安装

沿纵横向拉通线从一侧开始安装模壳。使用尼龙施工线根据肋梁边线的位置，将其在纵向和横向拉通线悬挂在肋梁纵筋上，用于控制箱体的安装位置，确保边角顺直，以此保证肋梁的截面宽度与设计文件相一致。

防止单个箱体上浮的措施。根据实施项目特征，将箱体底模板四角的定制拉钩与板底钢筋牢固连接。该定制拉钩由两部分组成：门鼻和金属镀锌拉钩。在箱体加工过程中，四个面距底部 15mm 处安装门鼻，施工现场箱体安装时，将定制拉钩（上端 180°弯头，下端 135°，长 50mm）上端插入门鼻 U 环，下端拉结板底筋。

（7）模壳四周混凝土支撑块安装

本技术实施工程，肋梁宽为 150mm，特预制了混凝土支撑棍，在已安装的箱体四个侧面用长度 150mm 混凝土支撑顶紧周边模壳，并与肋梁钢筋绑扎固定，确保模壳位置准确，肋梁截面宽度满足设计要求且不发生水平位移。

（8）板顶钢筋绑扎

模壳安装完毕，固定牢固后，开始绑扎板面钢筋，板面钢筋与肋梁连接，模壳四周板顶钢筋与肋梁交接处全部采用镀锌扎丝满绑，绑扎扣朝下，模壳顶面与板顶钢筋接触处按照混凝土垫块保护层厚度要求，将钢筋垫起，完成板顶钢筋绑扎后进行验收。

（9）混凝土浇筑和养护

因箱体底部与模板间距只有 50mm，楼板混凝土强度为 C30，常规 C30 混凝土颗粒粒径较大，混凝土难以振捣密实，且成型以后箱体底部的混凝土易出现空腔，后期修补工作极为困难。

本技术将箱体底部混凝土改为强度等级一致，最大粒径不大于 20mm 的连续级配混凝土，含砂率控制在 45%～50%，并与混凝土实验室商讨混凝土骨料粒径及配合比（表 2）。

调整后混凝土配合比 **表 2**

水泥（kg）	水（kg）	混合砂（kg）	5～20mm 石子	粉煤灰（kg）	减水剂（kg）	W/B
310	190	900	920	80	7.02	0.48

经试配并检测合格的细石混凝土方可进行混凝土浇筑，浇筑顺序是从四周到中心，且优先从箱体周边肋梁部位进行浇筑，泵管距离板面约500mm，从垂直板面的方向进行浇筑，利用此种方式将板底空气从箱体PVC排气孔进行排除，降低箱体上浮的风险。

待板底混凝土与模壳底面平齐时，即可加快浇筑混凝土至混凝土面高于箱体底面20mm，使用振捣棒依次插入PVC孔内和模壳四周肋梁部位对板底混凝土进行振捣，待箱体四周混凝土泛浆且浆液充盈时，将底部混凝土振捣密实。

底部混凝土初凝后终凝前，箱体在混凝土的包裹约束下，已基本定位稳固，极大地减少了上浮的现象，此时快速将上层剩余部分混凝土浇筑完毕并振捣密实，在上层混凝土浇筑过程中，利用拉钩的拉力和混凝土的包裹力，大幅降低箱体上浮风险，浇筑过程安全高效，构件尺寸未发生允许偏差外的变形。

在混凝土面层覆盖塑料薄膜保水，待水化热降低且里表温差在规范允许范围之内时，覆盖麻袋并洒水湿润麻袋，使板面在凝固初期，长时间处于湿润保温状态，防止板面出现温度裂缝。

3 实施效果分析

3.1 经济效益

本工程应用实例的柱网间距为9500mm和9900mm，使用钢木箱空心楼盖体系，使得钢筋、模板、混凝土的指标含量均有所下降。后续结构成型拆模后，避免了顶棚去钉、除锈等繁琐工序，在人工消耗方面亦产生了一定的经济效益。

本工程应用实例主体结构的钢筋、模板、混凝土指标含量分别为0.067、2.496、0.619，空心楼盖的面积为52000m^2。

(1) 木工和钢筋工功效大幅提升，相应工时消耗也出现不同程度的降低，传统框架结构每个工日可以绑扎钢筋约0.8t，模板安装约35m^2，钢木箱体空心楼盖每个工日可以绑扎钢筋约1.1t，模板安装约55m^2，木工每个工日350元，钢筋工每个工日400元。

即(52000×0.067/0.8－52000×0.067/1.1)×400＝475200元，(52000×2.496/35－52000×2.496/55)×350＝471970元。

(2) 本技术的实施，免除了后续去钉和除锈的工序，对人工消耗和登高操作车租赁费用以及安全风险金额的降低也产生了较大的作用。登高操作车进出场费1200元/台，租金2400元/月，人工2人，工时15d。

即1200×2＋(2400/30)×15×2＋2×15×300＝13800元（层高较低的办公区域忽略不计入）。

(3) 钢木箱体加工过程中可以对废旧模板进行利用，利用率约为40%，其中模板安装工程的损耗约为10%，模板29元/m^2。

即52000×2.496×0.1×0.4×29＝150559元。

根据成本计算分析，采用本技术，可直接带来的经济成本节约为1111529元。

3.2 安全效益

本技术的实施，极大地提高了施工效率，模板安装时除柱子、柱帽有侧模外，其余均为大面积平板，施工进度显著提升，工时消耗量明显减少，另外，梁钢筋绑扎时无需在操作架上搭设木跳板和悬挂安全兜网，降低安全隐患的同时提高了绑扎效率。

3.3 社会效益

使用废旧材料再利用进行加工，减少木材的使用量以及固体废弃物的数量，响应了国家环保节能、绿色施工的号召。钢木箱模壳拆装便捷，有利于加快施工进度，降低了施工过程中的安全隐患，成型效果优良，优化了有效的建筑空间，赢得了业主单位、厂房使用单位等社会同行的一致好评。

4 应用实例

本工程为潍坊智能制造产业园工程总承包项目（EPC），位于山东省潍坊市潍城区长松路以西，潍昌路以南，开工日期为2019年6月10日，计划竣工日期为2021年6月30日。本工程项目A-4-3号和B-1-2号车间进行了本技术的实施，车间共2层，局部5层办公，无地下室，结构形式为钢筋混凝土框架结构，基础形式为独立基础，两个产品功能区均使用钢木箱空心楼盖体系，总应用面积约为52000m^2，施工过程顺畅，未发生任何安全事故，主体结构操作工艺效率较高，满足建设单位的节点任务要求并超前完成，拆模后成型质量佳，板底平整度较好，整个板顶空间通透，气势恢宏。

5 结论

综上所述，本技术对原空心楼盖施工技术进行了改进和创新，在进行抗浮处理时采用了箱体内设PVC管，外部特制拉钩进行加固，特制混凝土分层浇筑，利用箱体特制拉钩的拉力和混凝土的包裹力，有效防止箱体上浮，采用混凝土支撑、井字支撑马凳保证了肋梁截面宽度以及格板周边和柱周楼板设计实心部分尺寸符合要求，有效地保证了工程实体质量。

参考文献

[1] 张运锋，张松海. 浅析工程施工中提高大跨度现浇钢筋混凝土空心楼盖内置GRC箱体楼盖施工质量的控制 [J]. 河南建材，2011（2）：94-95

[2] 俞水新，陆宏敏，王伟等. 超高大跨度混凝土BDF箱体空心楼盖施工技术 [J]. 浙江建筑，2014（12）：37-39

[3] 李艳. GBF箱体现浇混凝土空心无梁楼盖技术在高校图书馆的应用 [J]. 建材技术与应用，2012（1）：32-33

[4] 陈卫军，邱为人，卢盈. 混凝土薄壁箱体空心楼盖技术存在的问题及创新 [J]. 浙江建筑，2010，27（12）：45-46

作者简介： 黄　晶（1990—），男，本科，工程师。主要从事施工技术方面的研究。